編委會

國家古籍整理出版專項經費資助項目

天文數學卷

第壹分冊

主編 鄧亮

中國科學技術大學出版社

圖書在版編目(CIP)數據

江南製造局科技譯著集成.天文數學卷.第壹分册/鄧亮主編.—合肥:中國科學技術大學出版社,2017.3

ISBN 978-7-312-03807-5

Ⅰ.江…　Ⅱ.鄧…　Ⅲ.①自然科學—文集 ②數學—文集　Ⅳ.①N53 ②O1-53

中國版本圖書館CIP數據核字(2015)第204826號

出版　中國科學技術大學出版社
安徽省合肥市金寨路96號,230026
http://press.ustc.edu.cn
https://zgkxjsdxcbs.tmall.com

印刷　安徽聯衆印刷有限公司

發行　中國科學技術大學出版社

經銷　全國新華書店

開本　787 mm×1092 mm　1/16

印張　41

字數　1050千

版次　2017年3月第1版

印次　2017年3月第1次印刷

定價　526.00圓

前言

明清時期之西學東漸，大約可分爲明清之際與晚清時期兩個大的階段。無論是哪個階段，翻譯西書均是其中重要的基礎工作，正如徐光啟所言：『欲求超勝，必須會通，會通之前，先須翻譯。』明清之際耶穌會士與中國學者合作翻譯西書，這些西書主要介紹西方的天文數學知識、地理發現，以及水利技術、機械、自鳴鐘、火礮等方面的科技知識。晚清時期，外國傳教士爲了傳播宗教和西方文化，在中國創辦了一些新的出版機構，翻譯出版西書、發行報刊。傳教士與中國學者共同翻譯了多種高水平的科技著作，重開了合作翻譯的風氣，使西方科技第二次傳入中國。清政府也設立了一些譯書出版機構，這些機構與民間出現的譯印西書的機構，使翻譯西書和學習科技成爲當時的一種時尚。明清之際第一次傳入中國的西方科技著作，以介紹西方古典和近代早期的科學知識爲主，而晚清時期翻譯的西方科技著作，更多地介紹了牛頓力學建立以來至19世紀中葉的近代科技知識。晚清時期翻譯西書之範圍與數量也遠超明清之際，涵蓋了當時絕大部分學科門類的知識，使近代科學較爲系統地引進到中國。在當時的翻譯機構中，成就最著者當屬江南製造局翻譯館。江南製造局（全稱江南機器製造總局）於清同治四年（1865年）在上海成立，是晚清洋務運動中成立的近代軍工企業。由於在槍械機器的製造過程中，需要學習西方的先進科學技術，因此同治七年（1868年），在徐壽、華蘅芳等建議下，江南製造局附設翻譯館，延聘西人，翻譯和引進西方的科技類書籍，又自設印書處負責譯書的刊印。至1913年停辦，翻譯館翻譯出版了大量書籍，培養了大批人才，對中國科學技術的近代化起了重要作用。

江南製造局翻譯館翻譯西書，最初採用的主要方式是西方譯員口譯、中國譯員筆述。西方口譯人員中，貢獻最大者爲傅蘭雅（John Fryer,1839–1928）。傅蘭雅，英國人，清咸豐十一年（1861年）來華，同治七年（1868年）成爲江南製造局翻譯館譯員，譯書前後長達28年，單獨翻譯或與人合譯西方書籍百餘部，是在華西人中翻譯西方書籍最多的人，清政府曾授其三品官銜和勳章。偉烈亞力（Alexander Wylie, 1815–1887）、瑪高温（Daniel Jerome MacGowan, 1814–1893）、林樂知（Young John Allen, 1836–1907）和金楷理（Carl Traugott Kreyer, 1839–1914）也是最早一批著名的譯員。偉烈亞力，英國人，倫敦會傳教士，曾主持墨海書館印刷事務，同治七年（1868年）入館，僅短暫從事譯書工作，翻譯出版了《汽機發軔》《談天》等。瑪高温，美國人，美國浸禮會傳教士醫師，同治七年（1868年）入館，但從事翻譯工作時間較短，翻譯出版了《金石識別》《地學淺釋》等。林樂知，美國人，同治八年（1869年）入館，共譯書8部，多爲史志類、外交類著作。金楷理，美國人，同治九年（1870年）入館，共譯書17部，多爲兵學類、船政類著作。此外，尚有衛理（Edward Thomas William, 1854–1944）、秀耀春（F. Huberty James, 1856–1900）和羅亨利（Henry Brougham Loch, 1827–1900）等西人於光緒二十四年（1898年）前後入館。除了西方譯員外，稍後也聘請了部分中國口譯人員，如吳宗濂（1856–1933）、鳳儀、舒高第（1844–1919）等，其中舒高第是最主要的一位。舒高第，字德卿，慈谿人，出身於貧苦農民家庭，曾就讀於教會學校。咸豐九年（1859年）以Vung Pian Suvoong名在美國留學，先後學習醫學、神學，同治九年（1870年）入哥倫比亞大學內外科學院學習，同治十二年（1873年）獲得醫學博士學位。舒高第學成後回到上海，光緒三年（1877年）被聘爲廣方言館英文教習，幾乎同一時間成爲江南製造局翻譯館譯員，任職34年，翻譯了二十餘部著作。中方譯員參與筆述、校對工作者五十餘人，其中最重要者當屬籌劃江南製造局翻譯館的創建并親自參與譯書工作的徐壽（1818–1884）、華蘅芳（1833–1902）和徐建寅（1845–1901）。徐壽，字生元，號雪村，無錫人。清咸豐十一年（1861年）十一月，徐壽和華蘅芳入曾國藩幕府；同治元年（1862年）三月，徐壽、華蘅芳、徐建寅到曾國藩創辦的安慶內軍械所工作，建造中國第一艘自造輪船『黃鵠』號；同治四年（1865年），徐壽參與江南製造局籌建工作；同治五年（1866年），徐壽由金陵軍械所轉入江南製造局任職，被委爲『總理局務』『襄辦局務』，主持技術方面的工作；同治七年（1868年），江南製造局附設之翻譯館成立，徐壽主持館務，并親自參加翻譯工作，共譯介了西方科技書籍17部，包括《汽機發軔》《化學鑒原》《化學考質》《化學求數》等。華蘅芳，字畹香，號若汀，江蘇金匱（今屬無錫）人，清同治四年（1865年）參與江南製造局籌建工作，是最主要的中方翻譯人員之一，前後從事譯書工作十餘年，所譯書籍主要爲數學類著作，如《代數術》《微積溯源》《三角數理》《決疑數學》等，也有其他科技著作，如《金石識別》《地學淺釋》等。徐建寅，字仲虎，徐壽的次子。受父親影響，徐建寅從小對科技有濃厚興趣，18歲時就在安慶協助徐壽研製蒸汽機和火輪船。翻譯館成立後，他與西人合譯二十餘部西方科技著作，如《汽機新制》《汽機必以》《化學分原》《聲學》《電學》《運規約指》等。同治十三年（1874年）後，徐建寅先後在龍華火藥廠、天津製造局、山東機器局工作，并出使歐洲，遊歷各國工廠，考察艦船兵工，訂造戰船。光緒二十七年（1901年），徐建寅在漢陽試製無煙火藥，因實驗室爆炸，不幸罹難。此外，鄭昌棪、趙元益（1840–1902）、李鳳苞（1834–1887）、賈步緯（1840–1903）、鍾天緯（1840–1900）等也是著名的中方譯員。

關於江南製造局翻譯館之譯書，國內尚有多家圖書館藏有匯刻本，如國家圖書館、上海圖書館、北京大學圖書館、清華大學圖書館、西安交通大學圖書館等，但每家館藏或多或少都有缺漏。

雖然先後有傅蘭雅《江南製造總局翻譯西書事略》（1880年）、魏允恭《江南製造局記》（1905年）、陳洙《江南製造局譯書提要》（1909年），以及隨不同書附刻的多種《上海製造局各種圖書總目》《上海製造局譯印圖書目錄》，以及Adrian Bennett, Ferdiand Dagenais等學者關於傅蘭雅研究中所發現、整理的譯書目錄等，但仍有缺漏。根據王揚宗《江南製造局翻譯書目新考》的統計，由江南製造局刊行者193種（含地圖2種，名詞表4種，連續出版物4種），另有他處所刊翻譯館譯書8種，已譯未刊譯書40種，共計241種。此文較詳細甄別、考證各譯書，是目前最系統的梳理，但仍有少許不足之處。比如將《化學工藝》一書兩置於化學類和工藝技術類，致使總數多增1種。又如認爲《礮法求新》與《礮乘新法》兩書相同，又少算1種。再如，此統計中有《克虜伯腰箍礮說、礮架說、螺繩礮架說》1種3卷，而清華大學圖書館藏《江南製造局譯書匯刻》本之《攻守礮法》中，附有《克虜伯腰箍礮說》《克虜伯礮架說船礮》《克虜伯船礮操法》《克虜伯礮架說堡礮》《克虜伯螺繩礮架說》，且藏有單行本5種，金楷理口譯，李鳳苞筆述。又因一些譯著附卷另有來源，可爲一種新書，如《電學》卷首、《光學》所附《視學諸器圖說》、《航海章程》所附《初議記錄》等。

在江南製造局的譯書中，科技著作占據絕大多數。在洋務運動的富國强兵總體目標下，這些譯著介紹了大量西方軍事工業、工程技術方面的知識，對中國近代軍隊的制度化建設、軍事工業的發展以及民用工程技術的發展產生了重要影響；同時又在自然科學和社會科學等方面作了平衡，翻譯傳播了西方的科學成果，促進了中國科學向近代的轉變，一些著作甚至在民國時期仍爲學者所重視；在譯書過程中厘定大批名詞術語，出版多種名詞表，體現出江南製造局翻譯館在科技術語規範化方面所作的貢獻，其中很多術語沿用至今，甚至對整個漢字文化圈的科技術語均有巨大影響；通過對西方社會、政治、法律、外交、教育等領域著作的介紹，給晚清的社會文化領域帶來衝擊，對晚清社會的政治變革也作出了一定的貢獻，促進了中國社會的近代化。此外，通過譯書活動，也培養了大批科技人才、翻譯人才。江南製造局譯書也爲其他國家所重視，如日本在明治時期曾多次派員赴上海專門收購，根據八耳俊文的調查，可知日本各地藏書機構分散藏有大量的江南製造局譯書。近年來，科技史界對於這些譯著有較濃厚的研究興趣，已有十數篇碩士、博士論文進行過專題研究。

有鑒於此，我們擬將江南製造局譯著中科技部分集結影印出版，以廣其傳。本書先是納入『2011-2020年國家古籍整理出版規劃』之『中國古代科學史要籍整理』項目，後於2014年獲得國家古籍整理出版專項經費資助，名爲《江南製造局科技譯著集成》。

對江南製造局原有譯書予以分類，可分爲史志類、政治類、交涉類、兵制類、兵學類、船類、學務類、工程類、農學類、礦學類、工藝類、商學類、格致類、算學類、電學類、化學類、聲學類、光學類、天學類、地學類、醫學類、圖學類、地理類，并將刊印的其他書籍歸入附刻各書。從已刊行之譯書內容來看，與軍事科技、工業製造、自然科學相關者最主要，約占總量的五分之四。本書收錄的著作共計162種（其中少量著作因重新分類而分拆處理），包括150種江南製造局翻譯館翻譯且刊印的與科技有關的譯著，5種江南製造局翻譯但別處刊印的著作，7種江南製造局刊印的非翻譯館翻譯或非譯著類著作。本書對收錄的著作按現代學科重新分類，并根據篇幅大小，或學科獨立成卷，或多個學科合而爲卷，凡10卷，爲天文數學卷、物理學卷、化學卷、地學測繪氣象航海卷、醫藥衛生卷、農學卷、礦學冶金卷、機械工程卷、工藝製造卷、軍事科技卷。

儘管已有陳洙《江南製造局譯書提要》對江南製造局譯著之內容作了簡單介紹，析出目錄，但缺漏不少。上海圖書館《江南製造局翻譯館圖志》也對江南製造局譯著作了一一介紹，涉及出版情

况、底本與内容概述等。由於學界對傅蘭雅已有較深入的研究，因此對於傅蘭雅參與翻譯的譯著底本已有較明確的信息，然而對於其他譯著的底本考證，則尚有較大的分歧。本書對收錄的著作，一一寫出提要，簡單介紹著作之出版信息，盡力考證出底本來源，對内容作簡要分析，并附上目錄。此外，我們計劃另撰寫單行的提要集，對其中重要譯著的原作者、譯者、成書情況、外文底本及主要内容和影響作更全面的介紹。

馮立昇　鄧　亮

2015年7月23日

凡例

一、《江南製造局科技譯著集成》收錄150種江南製造局翻譯館翻譯且刊印的與科技有關的譯著，5種江南製造局翻譯但別處刊印的著作，7種江南製造局刊印的非翻譯館翻譯或非譯著類著作。

二、本書所選取的底本，以清華大學圖書館所藏《江南製造局譯書匯刻》爲主，輔以館藏零散本，并以上海圖書館、華東師範大學圖書館等其他館藏本補缺。

三、本書按現代學科分類，凡10卷：天文數學卷、物理學卷、化學卷、地學測繪氣象航海卷、醫藥衛生卷、農學卷、礦學冶金卷、機械工程卷、工藝製造卷、軍事科技卷。視篇幅大小，或學科獨立成卷，或多個學科合而爲卷。

四、各卷中著作，以內容先綜合後分科爲主線，輔以刊刻年代之先後排序。

五、在各著作之前，由分卷主編或相關專家撰寫提要一篇，介紹該書之作者、底本、主要內容等。

六、天文數學卷第壹分冊列出全書總目錄，各卷首冊列出該分卷目錄，各分冊列出該分冊目錄。

七、各頁書口，置兩級標題：雙頁碼頁列各著作書名，下置頁碼；單頁碼頁列各著作卷章節名，下置頁碼。

八、『提要』表述部分用字參照古漢語規範使用，西人的國別、中文譯名以及中方譯員的籍貫等與原翻譯一致；書名、書眉、原書內容介紹用字與原書一致，有些字形作了統一處理，對明顯的訛誤作了修改。

《江南製造局科技譯著集成》總目錄

天文數學卷

第壹分册

第貳分册

第叁分册

物理學卷

化學卷

地學測繪氣象航海卷

醫藥衛生卷

農學卷

礦學冶金卷

機械工程卷

工藝製造卷

第貳分册

第叁分册

軍事科技卷

第壹分册

分卷目錄

分册目録

江南製造局科技譯著集成

天文數學卷

第壹分册

格致啟蒙·天文

《格致啟蒙·天文》提要

《格致啟蒙·天文》一卷，英國天文師駱克優（Sir Joseph Norman Lockyer, 1836–1920）纂，美國林樂知（Young John Allen, 1836–1907）、海鹽鄭昌棪同譯，光緒五年（1879年）刊行。底本爲《Astronomy in Science Primer Series》，出版於倫敦。

此書共分七章，簡要地介紹了天文學的各種基礎知識，如地球圓形，日心地動說，地球自轉公轉，地球運行軌道，太陽系的構成，星等、星座、星氣等恒星知識，天體的運行，萬有引力等。此書原爲蒙童學習天文知識而作，譯本有所節略，用語精練。

此書內容如下：

小引

天文

第一章　論地球並地球之動

一論地球圓形

二論地球之大

三論地球非靜

四論地球轉如抽陀螺

五論地球一日夜自轉一週

六論地球非獨自轉更有繞轉太陽之能

七論地球繞行太陽歲一週徧

八論地球轉繞太陽非平面行

九論四季晝夜長短之理

一論恆星爲遠天之日類
二論恆星以光定等次
三論星座
四論恆星似動
五論恆星眞動
六論多合星一名雙星
七論星團星氣
八論星與星氣之形性
第六章　論分晝天穹之用
一總結前說並星圖
二論極距
三論星之極距
四論赤經度
五總論
六論緯度
七論經度
第七章　論日月諸星行次亙古不紊
一論天文之重學
二論吸力漸遠漸減
三論亮月所以繞行地球之理
四總論吸力

格致啟蒙卷之三

英國天文師駱克優篡　美國　林樂知　海鹽　鄭昌棪　同譯

小引

凡學者於書館不見外物耳目皆囿於近一出門即知有他處過推姆斯江橋略遠便知有他邑城池每邑合有幾許都圖坵戶而成即吾英亦合威而士斯古得蘭阿爾蘭等處爲一國人無論在何地何國讀書而書其所在必曰某館在某街某圖某縣某省某國以是見此書館如太倉之一粟學者縱未至法德俄奥意士等國亮早聞而知之

合各國成爲歐羅巴一大洲無異合多許城邑成一大國也學者應亦聞知外有亞美理加亞細亞阿非利加澳大利亞或有人即在彼處讀此種書彼處亦如歐羅巴各自成爲一大洲陸地外環以海者也若言乎地之全體照天文師所講是一行星其所以知其爲行星者說見於後於是書此書館所在又必曰某館在某街某圖某縣某省某國某洲某行星爾等聞吾言得毋謂吾不論天而論地乎顧欲知天文先明地理地理之終即天文之始有如書館何等形景能指明其處在地球之某洲某國某縣某地或人在他洲亦能指明所在然後識地球在天空諸行星間若何行徑有與天學相關者於此編特著明之

天文

第一章　論地球並地球之動

一論地球圓形前言人住之行星名曰地球球果何等形狀學者見地面有山有平地高高下下層疊不一目力所不能盡中隔樹林不能辨其爲方爲平爲圓之全體且無論至何地見天際與地接連然則地果平耶實無以辨若至一處無山無樹林一望無際之海邊見有船往來如第一圖其來船先見桅頂漸見船身其去船漸不見船身至末僅見桅頂試爲吾徒試驗之方桌面有二蠅任其往來

第一圖

第二圖

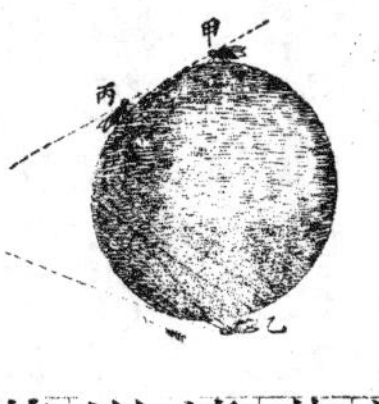

甲

丙

乙

全身俱見惟有遠近略分大小非若船在海面遠去漸隨目盡以是知海面不若桌面之平也又試用橘一枚如第二圖有二蠅一在橘上甲字處一在橘底乙字處彼此皆不相見嗣橘底之蠅走至丙字處只見甲字處蠅頭甲處之蠅亦只見丙處之蠅頭如蠅再走近則彼此始見

全身是桌面不能形地球惟橘能狀船桅漸上之理可知地球直是橘形矣以橘觀地其理易明如第三圖船在甲字處人不能見至乙字處見桅至丙字處見船矣又人愈

第三圖

高則望見愈遠地非有陡削稜峭其圓亦漸而不覺如第四圖人在甲處目力祇到兩甲字人在乙處目力祇到兩乙字人在丙處目力直到兩丙字

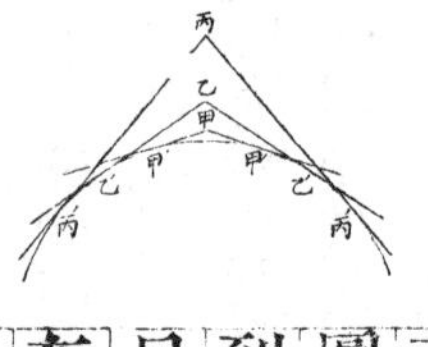

第四圖

二論地球之大以橘狀地為球學者將謂橘小不足以形地橘皮光平不足以形地之高山深壑吾今為爾等解之試在甲處俯視大小兩球球小則目盡乙字圓處自近球大則目盡丙字圓處便遠如第五圖地球既大海面天際線廣遠目力之盡處亦遠也地球東西對徑有八千英里地面雖有崇山峻壁而其體大比之橘面更不覺其不平由地面至地心半徑約有四千英里山之高有四英里以四千英里計之止得千分之一分是書館內

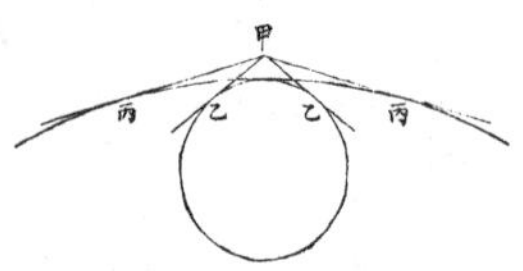

第五圖

所用圓球地圖不過加一層紙之厚耳然則地較橘不更平乎若以橘放大與地球等則橘面皺皮較地面之山川其高下倍甚吾於地球之全體其可知者有五一在平曠處或海邊略得其狀一其不平處仍無礙其平一其圓非有陡削乃由漸而呈一雖有高山不礙其圓體以其體大耳一地面之高山如一粒沙在球上若大視之即不覺其高也

三論地球非靜地球附土與水圓徑甚大學者周行球面一小時行三英里晝夜不息須一年期滿纔回書館然則地球懸於天空如輕氣球靜歟動歟學者以書館樹木不

移便以為地無轉動此拘墟窺管之見不足深責試用一針插入橘內僅露其眼比之書館又用一針插入比之樹木等物針不行即謂橘不行即橘移動而針不移動便以為地球不動可以橘之針卜之是何所見之狹也爾等僅視針曷不視橘僅視地面近物曷不視地外遠物乎天空之恆星本不易其處自東方天際出漸高至天頂轉至西方漸沒日月東升西降俱然豈不顯然可悟地面所居之房屋樹林雖不移動而地外之日星不附於地不動而似動其理安在學者可深思得之日星出沒於天際線似與海船出沒於天際線同今試與表明之如第六圖用一球

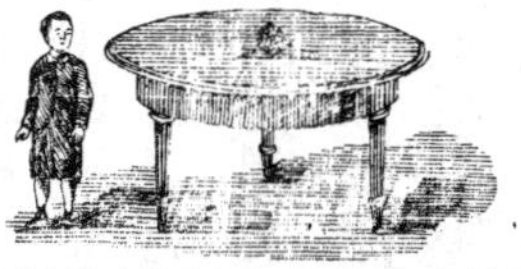

置圓桌中間以針插入球內針眼即作人眼觀學者即立於桌外以身作太陽觀學者之目與球平由東初轉則針眼視人如日初出行至正中身對針即為正午復轉至西則針眼視人如日西落然此猶未盡其理以日動地不動也學者試坐於此令人將球自西轉東見球旋行與針眼見人

第六圖

盤旋無異如第七圖日星出沒大致相似顧或有謂日星自行而地球不動或有謂地球自轉而日星不行皆古人未明其理是以有地不動而日星動之說今天文家考究

第七圖

精詳咸知地球動而日星不行也蓋地球動而日星非動而似動也即如汽車駛行車外樹林屋宇亦移動如飛人在車中不覺車之行而僅見外物之行地球動而日星移亦因此理然此罕譬而喻猶未確也若果地球東行日星西行一過之後即不復見日星矣請更進言之

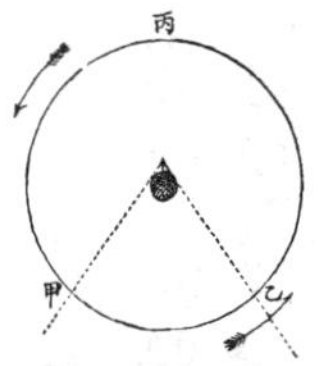

四論地球轉如抽陀螺地球之行究屬何似益考得地球之行乃轉行也其轉行如抽陀螺一般如第八圖學者不論在何洲所見日星東升西沒無不如是試以書館所常

用之地圖球北極在上南極在下推球自右轉如抽陀螺轉行即可以為地球東轉之喻（抽陀螺即惜千見通雅戲具滬俗名地黃牛）

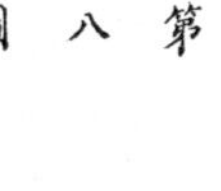

第八圖

五論地球一日夜自轉一週地球轉行每晝夜一週如第十圖以橘為地球插有針即以針眼為人目豎立於銅座長針上置於暗室復用一圓玻璃燈作太陽即將橘轉行如第九圖地球向東轉行視

第九圖

第十圖

其轉旋何似球之上下為南北極長針通過橘心作地軸觀橘之腰際四圍畫一圈恰當南北之中是為赤道其針眼近赤道若正對燈光則明如正午背燈則無光將針眼略向東轉四分之一正在有光無光之際即為日沒再略轉四分之一針眼在無光之正中與燈相背即是中宵再略轉四分之一針眼可微見燈光即為旭日東升再轉四分之一針眼正對燈光又為正午此即地球自轉一週為一晝

夜也針眼如人只見燈行而不見橘轉太陽每二十四小時循環一週仍回原處方知二十四小時地球轉一週也又將地圖球離燈二三尺球軸上北下南視球一半有光一半無光試挨次漸漸推轉則初見微光處爲東方朝曦將出之狀再轉爲正午再轉爲夕陽西沈之狀各洲各地皆有朝暮之分晝夜之別是球可作眞地觀燈可作眞太陽觀然亦不可拘泥也蓋眞地球並非裝在架上地軸不過爲南北直線非眞有軸也地球在天空二十四小時轉一週太陽在天空仍不移也地面向太陽有光背太陽即無光此易明易曉之理人皆以爲太陽自東轉西而不知

實因地球自西轉東即夜間星辰東升西沒與太陽亦無異理

六論地球非獨自轉更有繞轉太陽之能 以上表明地爲球形其轉如地黃牛分晝夜朝暮此第言獨自旋轉之道尚未能盡所見將燈與橘置於暗室四圍牆壁懸掛諸星圖其屋頂地板亦應有圖茲不便陳設上下四旁皆有星辰因晝間太陽光大目不能見將橘與燈安置如前以爲地球與太陽若地球不動則對太陽處永遠有光背太陽處永遠昏黑即星辰亦永遠不移其在明暗交界處亦永遠如是試將針仍插近赤道露其針眼以作人用將橘

向東略轉針眼在光中即正午針之反面正當暗處若轉四分之三針眼自明入暗如晝入夜以是知太陽本不動若地球不動則所見永遠不移試思每夜所見星辰果悉同焉否乎夏天昏旦之星與冬天昏旦之星逈不相同如能接連數夜觀星則見星漸移向西隔一年而星辰仍回原處試將橘繞燈而轉則針眼所見星辰詎非四方全現各不相同

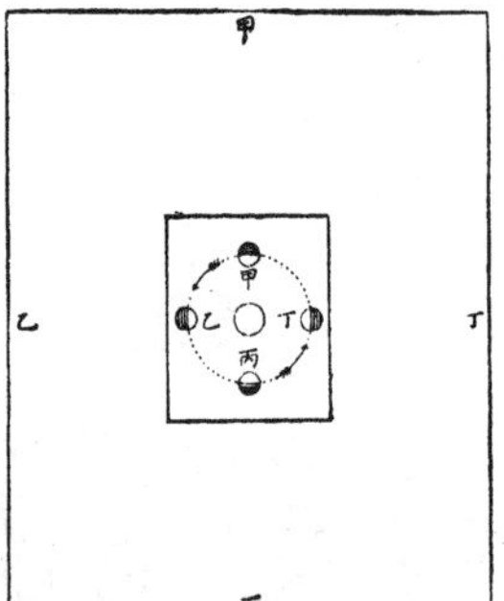

第十一圖

甲 乙 丙 丁

乎如第十一圖置燈於桌之中間橘在甲字處如夜中針眼見北方星圖自甲行乙處爲三閱月針眼見西方星圖與前逈異自乙行至丙處爲三閱月針眼見南方星圖又自丙至丁處爲三閱月針眼見東方星圖各不相同是爲週行一年倘或謂太陽星辰環繞地球而行其形亦相彷然天文家眞知灼見地球繞太陽非太陽繞地球也

七論地球繞行太陽歲一週徧 地球不僅獨自旋轉並繞行太陽人在各處觀星無論在英在美在印度在中國等處所見星辰數夜內不甚改變惟隔半年則所見逈異矣試以橘與燈觀之正如地球自轉成一晝夜繞行太陽

一週成一年也蓋閱十二箇月星辰仍轉至原處所見與隔年同以此知已成一歲也

八論地球轉繞太陽非平面行　地球繞行太陽究竟作如何行吾爲汝等曉之地球行有軌道如馬在鬪場作圈繞行若平路然今臆造一平圜法令學者易曉如第十二

第十二圖

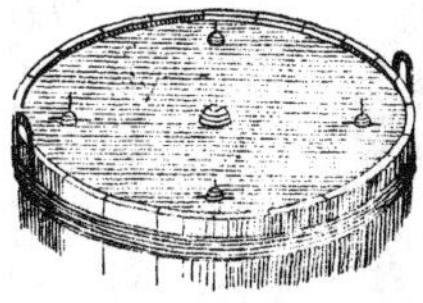

圖用球五箇其一爲大球置水盆中間作太陽其四箇小球分置東西南北作地球以表明四面繞行成四季之軌道願學者所當明曉者地球軌道非左右調行非上下

行乃一順繞行地心與日心一線相平故球形半沈半浮其水沿處即爲黃道四方相交水之平面即爲黃道平面於此見黃道圈即地球繞行太陽一週之軌道然則黃道線平面與地球自轉赤道線有相關否乎曰有地軸果逐日正直行黃道平面與太陽並軌如第十三圖是地球赤

第十三圖

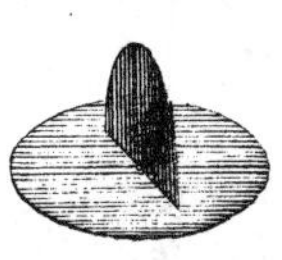

道線與黃道線相平則晝夜永不分長短矣乃吾英國冬日晝短夜長夏日晝長夜短不但此也英國之冬日爲澳大利亞之夏日英國之秋日爲澳大利亞之春日足見

黃道線與赤道線並不相平蓋地軸每欹側行有時南極見日北極不見日有時北極見日南極不見日地球赤道

第十四圖

第十五圖

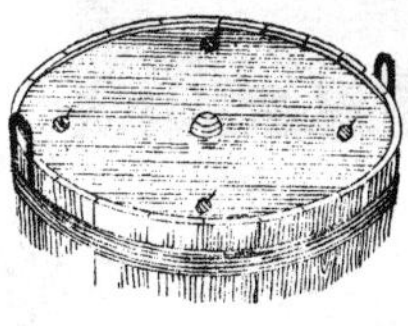

線與黃道線斜交如第十四圖是以地球自轉以繞行太陽如第十五圖可諦視而得之

九論四季晝夜長短之理　學者須知黃道平面即燈與橘相平之線前論晝夜短長何以四季各有不同試置橘與燈於暗室插橘之長針略爲欹側以轉行之光照北極

即不照南極無論如何祇照一頭不能照兩頭茲用針插橘近北極處針眼或不見光將針改插近南極處針眼或常見光此即北極爲永夜南極爲永晝之理又將針插於北極距赤道中間四十五度之處見燈光時少見昏暗時多此以顯夜比晝長又試插針於北極近處比之前在四十五度處得光更少至北極更無光矣試移針近赤道則得光多即顯晝長之理更移針至赤道南則得光更多移近南極則晝愈長而不夜矣反是則南極光少北極光多其理相同倘將橘之長針倍加欹側則光久暫多寡愈不同惟在赤道光始平勻英國在赤道北略近北極故冬晝

比夜短甚若至春分晝夜均平又六閱月至夏間晝比夜長與冬相反至秋分晝夜又平此理何解或者設一法以試之將插橘之長針漸漸竪直以爲春漸令右斜以爲夏又漸漸竪直以爲秋漸令左斜以爲冬其背光多爲夜長晝短竪直轉之則晝夜均平向光多爲晝長夜短此說或亦近似然地軸線非忽左欹忽右側何以知之北極軸頂永指天空北極一點其北極之點無星取一近極之勾陳明星以定之極點距勾陳明星約一度二十分又北斗第一星名天樞正指北極其極點處尤易辨認地軸北指極點永不偏移故知前說非是今必別設一法以明之天空北極一點永不移地軸所指亦永不移如第十五圖所以表明軸北指定一處雖軌道四圍旋轉而軸線所向不改又地球繞行太陽之軌道非若時辰表之針順轉而必循黃道圈以逆轉如第十六圖乃倫敦六月二十二日夏至正午自太陽照見地球之圖赤道之北皆有光晝比夜長北極即爲永晝南極反是轉四分之一如第十九

第十六圖

圖乃倫敦九月二十二日秋分正午自太陽照見地球之圖太陽在赤道交線晝夜均平再轉四分之一如第十七圖乃倫敦十二月二十二日冬至正午自太陽照見地球之圖赤道之南皆有光北則光少晝比夜短北極即爲永夜南極反是再轉四分之一如第十八圖乃倫敦三月二十二日春分正午自太陽照見地球之圖太陽在赤道交線晝夜均平再轉四分之一仍回原處繞行太陽一歲一週十六圖爲夏至十七圖爲冬至十八圖爲春分十九圖爲秋分圖祇繪半球而全球即此可見北極每至

第十七圖

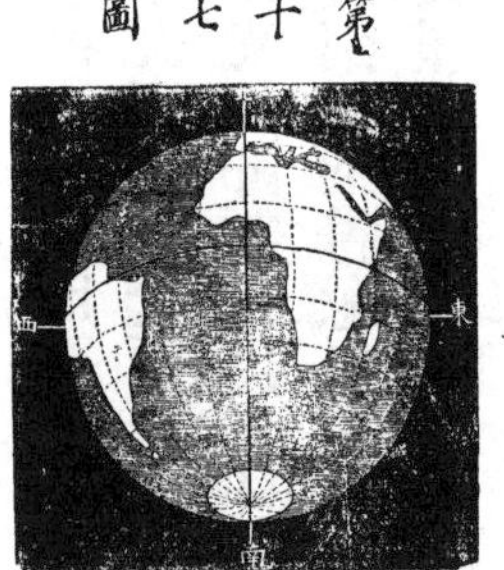

第十八圖

第十九圖

夏間日光不落成六箇月永晝春分即見太陽於天際線盤旋漸上至夏至度不分晝夜但見太陽作一圈盤旋於上由是圈漸低至秋分即於四圍天際線轉下無光矣南極反是

十論四季以晝夜長短而分　學者應明晝夜不能一律平勻之理並應知澳大利亞冬天即英之夏天澳大利亞之夏天即英之冬天南北極轉換向陽故節氣不同無論在南半球北半球每屬晝長夜短之時光熱聚時多故氣候熱若屬晝短夜長之時光熱散時多故氣候寒春秋晝夜雖同而春則由陰沍以轉陽和萬物萌生秋則由暑溽

第二十圖

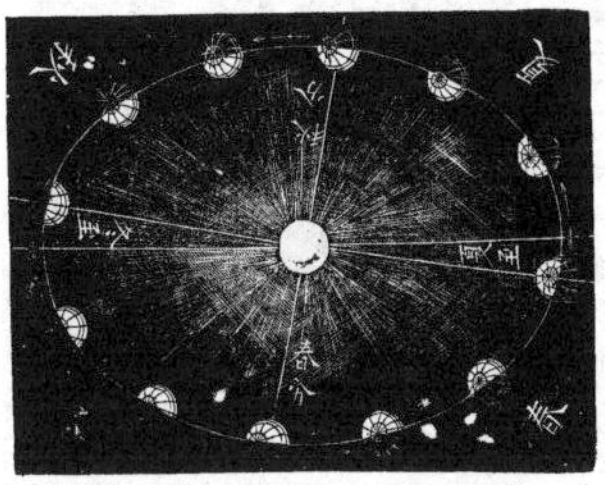

以至霜寒萬物收藏如第二十圖春分爲西國冬盡春初夏至爲西國春盡夏初秋分爲西國夏盡秋初冬至爲西國秋盡冬初地球繞行太陽作十二地球形其向陽所在各不相同以是分各氣候以成四季

十一論日與恆星　日與恆星在地球各處觀之各異今

思爲學者解之南北二極有永晝六閱月有永夜六閱月赤道晝夜均平不但此也人在二極觀星星在天頂盤旋無東升西降之分人在赤道觀星星自東直上天頂向西直下倫敦地方星辰出沒應皆熟睹學者不必觀東與西而觀他處之星作何轉法試觀極南諸星出自南略東上至正南天頂移往南略西而沒其距等圈小弧形不高又觀南極略北之星自東至西其距等圈略大弧度漸高逐層近北弧度愈高大至赤道則星東升西沒一直行而弧之最高處即爲赤道天頂今英略近北極北望星在北極不上不下在四圍天際線內旋轉如圜以繞行北極一點

第二十一圖

如第二十一圖圖之中爲北極之點北斗七星在四面作繞行狀每六小時行四分之一其實北斗不動而地球軸轉一似北斗亦繞北極點而行北斗之天樞星正指北極極易認也又試用小球以譬之球軸豎立北極在上用紙作一小圈黏於北極軸處以當北極之天際線在北極望星紙邊以上星圖皆見紙邊以下星圖皆不見將球軸一轉紙邊作輪磨轉形仰視星辰不出不沒僅隨球軸盤旋而北極點在天

項總不移也今復於赤道試之用紙作一大圜黏於赤道如帶東四圍以作赤道之天際線球轉不似前大輪磨平轉而似半輪高弧左右環轉仰視星辰東出西沒遥視北極勾陳星正在天際線上（北極勾陳星距北極約一度有奇故得見）一定不動常常見之卽南極諸星亦然惟正東所出之星在東天際線上者閱六小時上至天頂正午線中又閱六小時轉至西邊天際線直上直下行大距等圜循環不息若將燈置壁間作太陽向燈十二小時有光背燈十二小時無光故赤道間晝夜均平且不分冬夏學者可將紙圜自移置四十度或三十度或二十度均可觀星作何狀　以上指陳

皆赤道以北星象如欲查南半球諸星象卽將紙圜移置赤道以南觀之試將紙圜黏於南三十度以作天際線八如在澳大利亞觀赤道在紙圜之北遥望前在赤道所見之星一一似東出西沒凡人在大海四無邊際之處仰望天穹弧高度可一百八十度左可九十度右可九十度如在南半球四十度可望見北半球五十度之星故在澳大利亞可望見英國天頂經過之星正在北邊天際線上惟再北之星則望不見也

第二章　論月並月之動

一論月在星間行　學者已曉地球動法其自轉一週成一晝夜繞行太陽一週爲四季成歲又地球之眞動顯明日星之似動卽所謂東升西沒是也附近赤道左右所見星象逐月不同至一歲而仍還舊觀夫論地理必究地球本質屬涼質四圍天空氣爲日氣擊動緣由或者謂吾論天文於論地球後何不繼論月乃今正到論月之時矣學者試觀月在某星間月明時不能辨小星可擇一大星誌其處乃隔數小時或隔宿而月不在原處月乃若向東行又逐日觀之每出必遲相距一小時又四分小時之三逐日漸遲直至與日同出同沒又閱二十八日仍復舊觀試將橘與燈置暗室又置小球以作亮月如第二十二圖地

第二十二圖

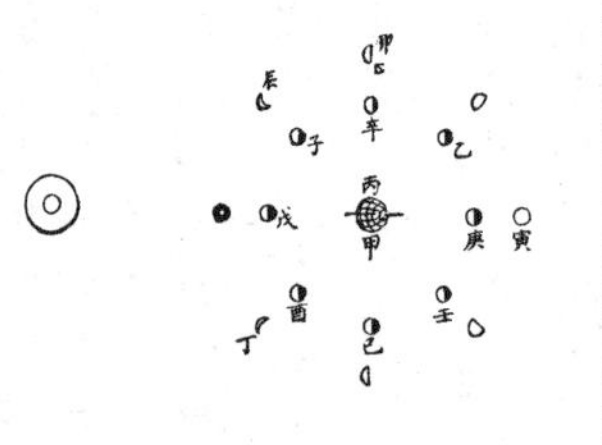

球橘與太陽燈相距數尺而以亮月小球旋繞地球而行學者仔細觀之與平常所見天上月輪出沒晦朔弦望同否試將月球移至戊字處正當日球與地球之中間人於地球甲字處望之不見其光將地球一轉月球與日球同出同沒卽晦朔之月又將月球移至酉字處卽隔三日有半人於地球甲字處望之日落在月落之前又將月球移至巳字處又隔三日有半人於地球甲字處望

之夕陽下山月球正在南方與前所見相距有六小時工夫又將月球移至壬字處又隔三日有半日落時月已高矣又將月球移至庚字處又隔三日有半入於地球甲字處望之日落時月始出至中宵子正月球正在正午線天頂又將月球移至乙字處又隔三日有半光又偏矣又將月球移至辛字處又閱三日有半入於地球甲字處望之日落時月尚未出須至中宵子正然後月上倘有人在地球丙字處望之日初出時而月尚在正午線又將月球移至子字處又閱三日有半月球東升距日出有二十一小時月出在日出前三小時又移月球至戊字處又閱二日

有半即日月並出以是知地球轉行速率較月球速率更速故月球逐漸落後遲出月之繞行地球漸離太陽二十八日後又與太陽相值此月行定率也

二論月盈朒　前論月行星間茲又有盈虧之定率朔後由虧而浸盈望後由盈而浸虧此學者自幼所熟觀或謂月有盈朒月不時自改變乎而非也月永不變其得太陽光有面背多寡之分以月繞行地球所得之光非常常向地故所見每分虧盈試從月圓（即中國望日）時視之日西下月即東上日光正照月之前面將第十圖之燈照橋以小月球置橋之後小球向日之處有光如二十二圖寅字之月

光圓滿是爲望即月與日相望也過此則月出漸遲閱七日（即中國二十二日）月出須中夜學者有謂待月出太晚不知學者之夜即天文家之爲晝乎月如卯字光祇一半請繼此再觀學者既不能守至深夜曷不蚤起觀之如辰字之月天未明而月已出復繞行至戊字之月全黑無光以地面所見正是月之背日處（即月之晦朔）再遲三日有半光露一線如丁字之月祇見其下邊一鈎有光與辰字月上邊一鈎有光上下弦正相反由是月沒漸比日沒更遲月之得日光處漸多又三日後如己字月一半有光當日落時月球在正南午線又七日月與日又相對而光圓滿矣又試將

橋懸於線繞人頭而四周旋轉即見光之分朔望也月轉地球無異地轉太陽計自月圓轉至月圓約有二十九日有半時候

三論日月之蝕　依上所見月球每月經過太陽地球之中間豈不月月有蝕乎亦非也月雖每月經過其間有時略上有時略下或有經過太陽所遮蔽之光不多是以不見其蝕試將燈置於桌橋置長針架上而以絲線懸一小月球於地球前相近處如第二十三圖小月球在燈與橋之中間偏近於橋便月影可照到地球地球上人不見日光之處即以爲日蝕然他處遮蔽不到尚有日光即非全

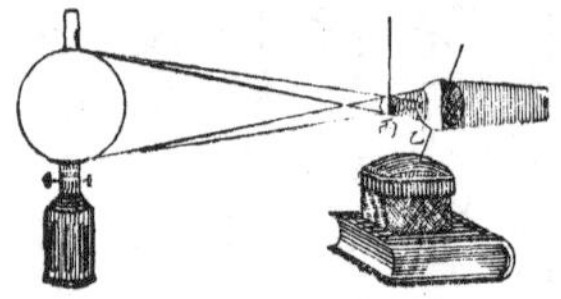

第二十三圖

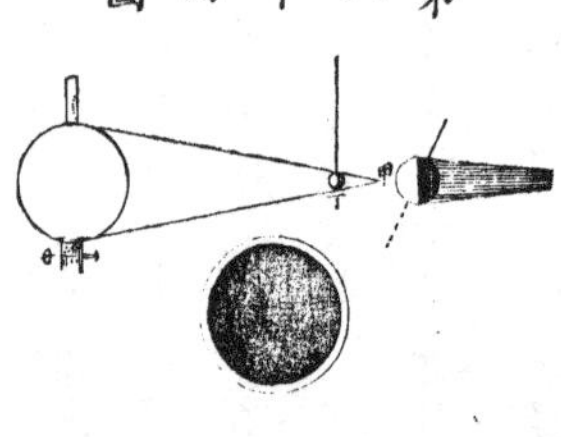

第二十四圖

蝕離該處愈遠則光遮愈少其不遮光處便全不蝕矣試將月球移離地球漸遠則月之遮影漸少人在遮影內見其蝕而四邊尚有光圈如第二十四圖試移去當地球之橋而人目正對小月球視燈便見燈只剩四邊

光圈而其中圈皆黑暗也若人目低視即見燈有半圈明亮再低則見燈更多矣人目離小月球愈遠則燈之外圈明亮愈大如人目切近小月球則全不見光而為日蝕盡

第二十五圖

矣日蝕如是更有月蝕試法即月球經過地球如第二十五圖仍以燈為太陽以線懸一小球為月而地球在月與日之中間三球如連珠相平則地球遮蔽太陽而月全黑無光倘日蝕時有人在月球上視地球一似有黑圓點在地面移

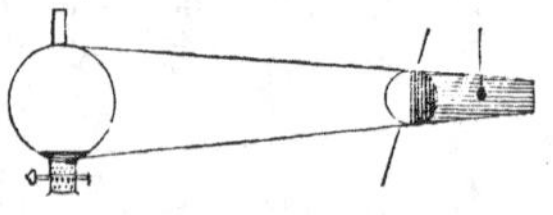

過且其黑圓點四周外闊處有淡黑影若月全蝕時地球之影全遮亮月以故見日蝕不越新月之時（即朔日）見月蝕不越月滿之候（即望日）其不屢蝕者以有時近上有時近下光不為蔽否則每月必蝕矣然則其近上近下作何法以表明之學者業知月有繞行地球之軌道茲將鐵絲作一圈以為軌道而穿一玻璃小珠於上以當亮月四圍可以旋轉地球即置於鐵絲圈之中間假令鐵絲圈與地球平則月行至地與太陽之中間每次必全黑而蝕不知月行軌道不與黃道平而側行多斜度試取一盆水以大球置盆之正中半沈半浮以作太陽再用一球為地球可四面

繞行其水面即是黃道平面是為地球所行之軌道向固謂月球軌道不與地球軌道相平有時斜度在上有時斜度在下即如鐵絲圈穿一珠裝於地球上有一半圈在水

第二十六圖

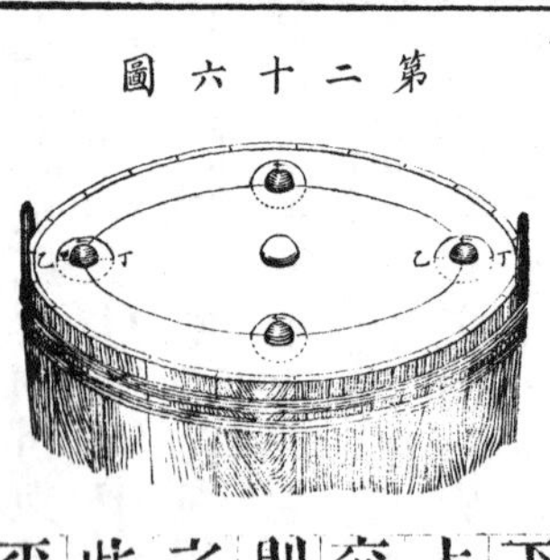

下一半圈在水上月自行軌道而上下轉至地球之黃道平面即為交點如第二十六圖乙丁二字處則必有蝕蓋月球正當日光遮蔽之時其餘或上或下故不蝕也於此見月之軌道側行非與地球作平面行不然不幾月月俱有蝕乎

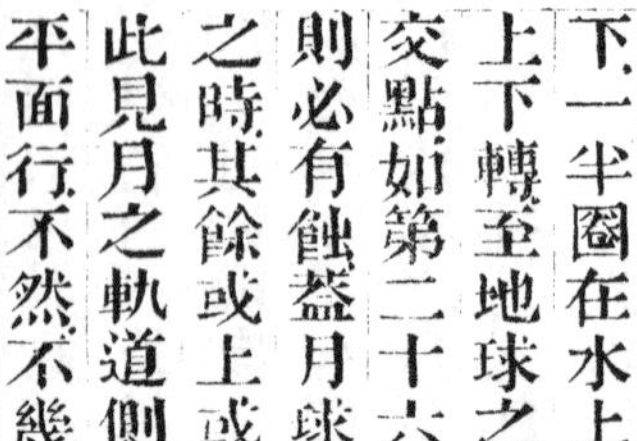

第二十七圖

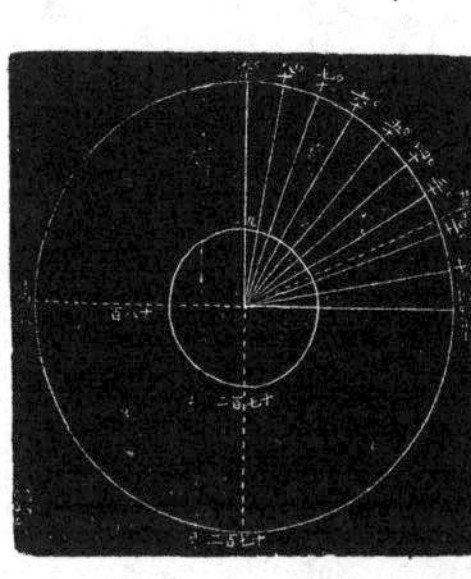

前以地球欲側行與太陽中心線黃道平面有斜度今復知月繞地球其軌道亦側有斜度是以每六閱月至軌道與黃道交點之處陽光不照月體昏暗爲蝕也究其斜度若干天文家有法以指明之如第二十七圖以圖相距有等無論圈之大小俱作三百六十度算將一圈畫兩線作象限九十度直角其中心作小距等圈一直角小弧爲九十度其直

角大弧亦爲九十度全圈分三百六十角每角一度或分四直角每角九十度其外圈爲天穹其中點爲地心諸角線之聚點即地心由地心以測黃赤交角得二十三度二十八分名黃斜度月球斜度測得五度

四論月爲何體　前論地而指明地之體質今月球距地最近約二十四萬六千英里於月球體質略知一二僅以目窺之但見有暗有亮古人以暗處爲海今知暗處爲陸地然月球圖上猶以海名之有名靜海有名風海若以小遠鏡窺之月球面有大小山巒其山皆童形無樹木等物并無水雖用大遠鏡觀之亦不見有海有江河如第一

第一大圖

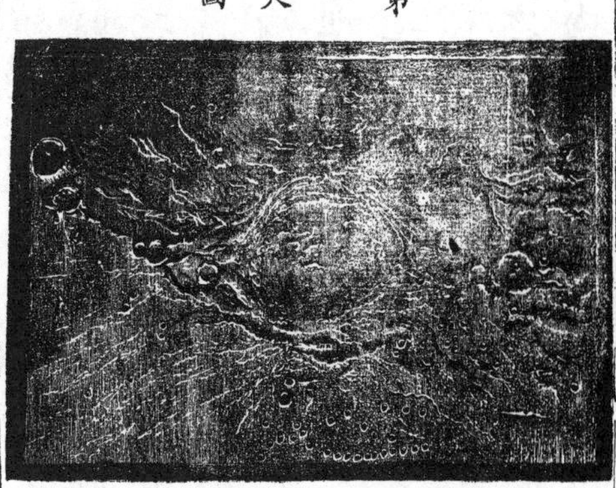

大圖是以月面無雲從不遮蔽陽光亦無空氣故無動物近知月球面多火山甚高大非若地面火山由是觀之本地球所有各物各形景不必他行星皆有是則無水故無雲無雲故無雨露冰雪無江河無泉

源故無植物亦無動物又無昏無旦有太陽光處則極明無太陽光處則極黑并無空氣以傳聲音此何謂即謂月也惟有一端與地同月球無光借太陽之光爲光其明亮處即是也月之對徑二千里以月球料質比較地球更輕約地球爲一月爲六六之數（即三分地球重率之二）蓋物質有緊而重有鬆而輕試以一立方寸軟鉛一立方寸軟木秤之易分輕重木較鉛須加幾倍倘不用立方寸而用立方尺立方里輕重相去亦數倍天文師業知地與月有若干重亦知月與地有若干立方里以故天文家能查月之立方里料質與地球之立方里料質輕重若何並能分體質之鬆

緊今已查明地球一方寸料質較之月球一方寸料質重一倍有半所以月球體質之鬆緊較地球體質鬆緊亦即二與三之比若以較重於水論之以一立方里水重數爲一數則地球一立方里重數水須加四倍半即一與五五之比月球一立方里重數水須加二倍半即一與三五之比方得彼此衡平由是論之學天文者得有三說一得其球對徑之數可算得立方里數二欲得其球之何等重即因其與他球有若干吸力而知之三欲得其體質疏密率須知其若干重有若干大便得其疏密之率也月球繞行地球其得光之全面不向地球蓋月球須二十九日轉地

球一週不啻以二十九日爲一日其背光若干日側光若干日全面光若干日一如地球之轉有晝與夜也地球以十二小時爲晝十二小時爲夜月即以十四夜無太陽光其冷較地球數倍以十四夜有太陽光其熱亦較地球數倍也

第三章　論太陽所屬天穹諸星

一論星在地球軌道內圈較近太陽形狀　前說所居之本地球及繞地之月尚未論及諸星今試觀地球軌道圈內近太陽之星彼星本無光得太陽光以爲光且亦繞行太陽某狀何似以燈作太陽以所懸之小球爲星又置一

第二十八圖

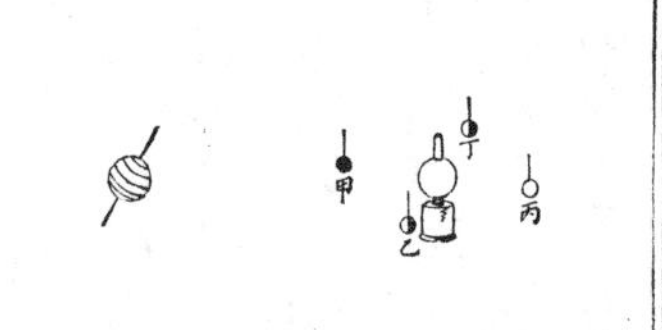

甲 乙 丙 丁

地球如第二十八圖將小球繞燈而轉圖中甲字小球適於地與日之中間三球一線相平自然視之不清亦不辨出沒以太陽光耀目故也若轉至乙字處在地球右面即天未明而星已早出即啟明至暮星較日先沒又轉至丙字處太陽光大又不能見又轉至丁字處日出後纔出日既落而星尚在即長庚其形狀與月相似光亦有偏全之處當正子午時必不現也然亦有相異者地球繞行軌道甚遠視日之大小亦不改變即

月繞地雖變形狀而大小亦不改變獨此星繞行軌道有時近地而形大有時遠地而形小用遠鏡窺之不獨如月之變形並時有變大變小如天氣清朗能見其星之有海有洲又能見其軸行之速率以辨晝夜短長

二論星在地球軌道外圈較遠太陽形狀　仍將小球置於地球軌道之外以爲外軌道之星星在地球之對面外軌道丙字處中隔太陽不見星之出沒逆轉四分軌道之一在太陽上圈丁字處日落而星尚南現再逆轉四分軌道之一至甲字處星與地球切近並在一邊離日較遠不若內軌道諸星而日落時星始出至中宵星在正南其向

陽光處正對地球是以光大當未過地球之前與已過地球之後止見側光不多此外軌道諸星遠近祇顯光之大

第二十九圖

小不能如內軌道諸星可分盈朒之象如第二十九圖彼內軌道諸星或早晨見在東或黃昏見在西一似東西移盪此外軌道諸星軌道遼濶一似徑遂順行略有別耳

三論各行星　首二節所論各星在內外各軌道即所謂行星是也地球亦爲行星之一人如在他行星觀地球轉

行亦有光凡內外各軌道之大等行星并地球在內計有八行星其切近太陽第一圈軌道之行星名水星第二圈軌道之行星名金星第三圈軌道之行星即地球第四圈軌道之行星名火星第五圈軌道之行星名木星第六圈軌道之行星名土星第七圈軌道之行星名天王星第八圈軌道之行星名海王星其一二四圈軌道之行星比地球小其餘行星比地球大水金二星在內軌道即日與地之中間水星不常見以其圈切近太陽幾與太陽同轉有時在太陽上圈日落尚能見之不多時即不見金星軌道距太陽略遠黃昏可望見兩次其在地球軌道之外各行

星有比地球行速有比地球行遲地球自轉不息比他行星略速比水金二星略遲比外軌道諸行星行更速非燈與橘球等所能形容其各轉各軌道各速率須用機器以爲之以上各行星天文家稱各行星軌道爲太陽所統屬之天此外復有彗星流星其說見後如第二大圖各行星各軌道分大小此編難以表明如欲顯明太陽所統屬之天圖亦可另爲設法將一小球二尺對徑爲太陽居中宮外以小芥菜子一粒爲水星距日八十二尺而軌道全圈對徑有一百六十四尺以黃豆一粒爲金星距日一百四十二尺而軌道全圈對徑倍之以略大黃豆一粒爲地球

第二大圖

距日二百十五尺而軌道全圈對徑倍之以小粟米一粒爲火星距日三百二十七尺而軌道全圈對徑倍之火星木星中間有各小行星以一粒沙比之距日五百至六百尺以中等廣橘一枚爲木星距日一千三百二十尺而軌道全圈對徑倍之以略小廣橘一枚爲土星距日二千一一百十二尺而軌道全圈對徑倍之以櫻桃一顆爲天王星距日三千九百六十尺而軌道全圈對徑倍之以大梅子爲海王星距日六千六百尺而軌道全圈對徑倍之各行星對徑如此即各作一全圈海王星軌道最遠對徑有二英里半此外恆星距度愈極遠地球面繪其距度亦無此廣遠之地面圖內地球距日二百十五尺即九千一百萬英里雖有汽車之速一小時可行三十里晝夜不息須二百三十八年方能行至日球學者於此粗知天文大略試進言內軌道各行星

四水星即切近太陽之行星距日有三千五百萬英里其對徑比地球得三分之一有於日之出沒時見之總是切近太陽其軌道一周計行八十四日不足地球一年四分之一星軸亦欹側行於黃道在西似隨日而落在東日將出而先現如以遠鏡窺之光有盈朒似月狀二十八圖可按而知之行至日與地之中間向地無光轉四分之一略有半光轉四分之一至地球對面軌道中隔太陽其得光處正向地球再轉四分之一亦得半光至其本體有地有水或無水如月或有極濃空氣遮護皆未詳惟知其重率比地略加　外圈爲金星距日六千六百萬英里其星之對徑與地球差不甚遠或於日出或於日落皆得見之其軌道距日比水星已遠是以較易觀看且其光大於諸行星亦易辨認計二百二十四日轉軌道一週二十三小時又十五分爲金星自轉一週以爲一晝夜前以地球欹斜行以成四季斜度有二十三度有奇金星亦欹斜行斜度有五十度比地球斜側愈甚是金星之四季較地球改變更多金星與水星皆有盈朒之變至金星本體屬何無從推測用遠鏡窺之每有黑斑或係雲氣或爲山峰之色皆

第三十圖

未可知如第三十圖其輕重亦與地球髣髴每從地面觀看金星其大小常有更改其所以爲大小者即其盈朒之象與月同理所異於月者月無大小之變而金星有大小之變也金星行近地球兩軌道相距二千五百萬里蓋金星距日六千六百萬地球距日九千一百萬里金星行至地與日之中間

地與金星相距只二千五百萬英里也金星行至地球對面軌道中間隔有太陽離地極遠相距有十五千七百萬英里蓋地與太陽距九千一百萬里再加日距金星之六千六百萬里即得此所求里數

第三十一圖

至其大小之分即二千五百萬里與十五萬七百萬里之分蓋大小即六與一之比如第三十一圖其大形之金星即其最小形之金星六倍也每見金星與水星轉至地與日相衡之直線經過太陽面若爲黑點金水二星軌道即與地球黃道相交行至交點處與月之蝕日理同因有此黑點也二千八百七十四年金星過日面一千八百八十二年金星又過日面蓋一百五年金星過日一次繼八年又一次也金星軌道之外圈即地球軌道地球業詳於前茲不復述更論地球軌道外之外軌道行星

五外軌道近地球者爲火星其軌道橢圓合袤長狹短勻計之距日一百三十九兆英里（即一萬三千九百萬里）二十四小時又三十分自轉一週所以其晝夜比地球之晝夜多三十分星之對徑約有地球之半六百八十六日繞行軌道一週故其歲序之長較地倍之火星在外軌道不在日與地之間是以永無盈朒之象其軌道繞行有二處光略暗見二十九圖一似亮月在十五前後兩三日減少光狀火星行至地球外圈與地相衡之處距地最近光甚大計距地四千八百萬英里蓋火星距日一百三十九兆里而除其九十一兆里即得此距地里數也一千八百七十七年九月行近地球再閱七十九年又與地球相値其所以能近者以其軌道橢圓最近之處較最遠之處不啻半之其斜度有二十九度四季短長與地球髣髴人目所見畧有赤色用遠鏡窺之不見其赤且其星面有蒙暗處其白色爲陸地其暗色爲水如第三十二圖又其反面如第三十三圖人在地球望火星無異在火星望地球若他行星則不能其極頂有白小圈遠鏡屢測火星之夏北極白色小南

第三十二圖

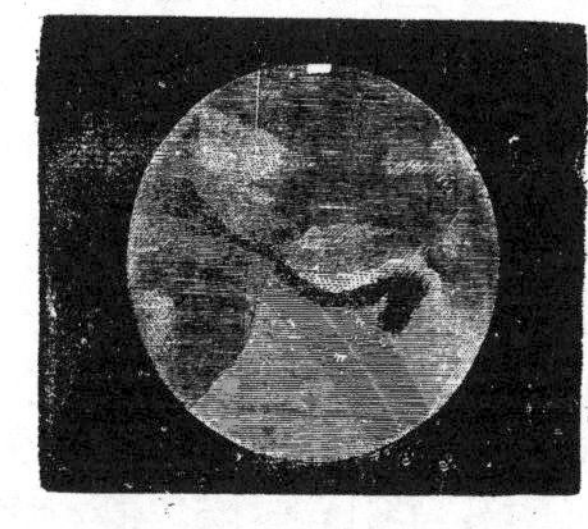

第三十三圖

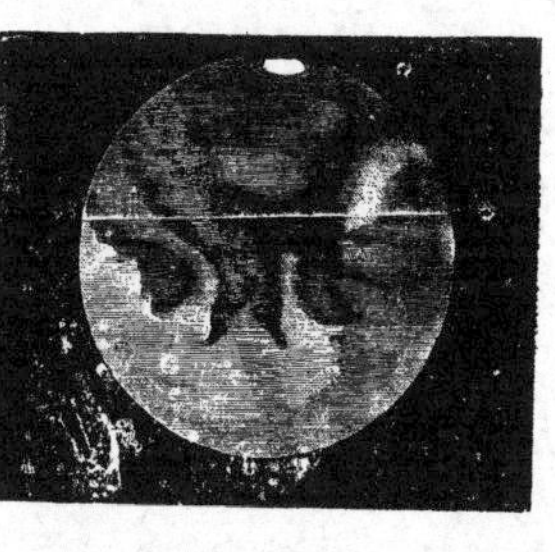

極白色多至火星之冬則反是知其白色卽冰雪所積也此圖用大遠鏡照而繪成其形狀無異地球惟火星有四分陸地一分水耳一千八百七十七年查得火星有月球三箇繞行

火星之外有小行星數約一百三十星其中有略大者一曰火女一曰天后一曰穀女一曰武女其星之對徑止數百里人目視之不甚明顯因其星小玆不具論續有查出之小行星大半得見其光與第十等恆星髣髴

小行星之外又有大行星名木星凡在天際線以上者總可得見其光頗大惟不及金星之明其軌道距日有四百七十六兆英里計四千三百三十三日繞日一週以爲一歲用中等遠鏡窺之可見其星形如橘二極低平其星面有黑斑如雲每十小時自轉一週不及地球自轉一半之久其對徑九倍於地球其自轉不及半日比地球有十九倍快速所以赤道圜分外凸出地球赤道圜轉一小時祇行一千餘英里木星赤道圜轉一小時行有二萬餘英里其星面白光當是雲氣故所見常不同其黑斑卽雲氣裂開露其本體之處有大小多寡之各異有時黑斑中連如橋形知白色非其星體

第三十四圖

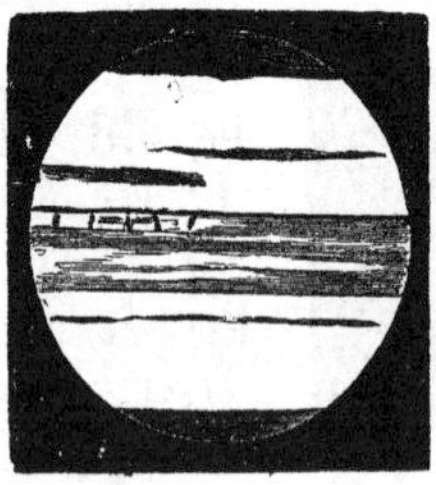

第三十五圖

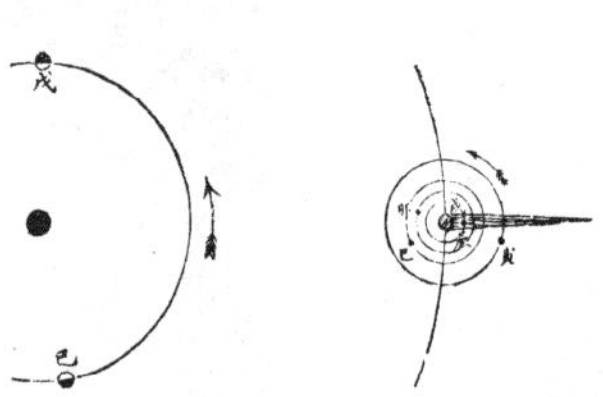

前輩論行星有一事與地球異以其無月也後查得木星亦有亮月計有四月繞之無異繞地之月月之對徑約二千里距木星有近有遠如第三十五圖其最近者爲辰字之月二晝夜轉繞一週其次略遠者爲卯字之月三晝夜有半轉繞一週其次又略遠者爲巳字之月七晝夜又三小時轉繞一週其次又略遠者爲寅字之月十六日又四分日之三轉繞一週其軌道與木星軌道略斜是以經過太陽木星之中間月之軌道與黄道面作交點自木星視之卽見太陽有黑點其寅字月在外圈斜度獨多故非每轉必蝕若木星掩其月卽蝕此圖表明木星之日月蝕也用大遠鏡窺之其月繞行木星無異金星繞行太陽東西盪漾月轉木星亦有蝕以故木星面見有黑點若行至木星背後則不見圖內地球繞日行至本軌道戌字處視木星之卯字月在木星與地球中間直線卽木星蝕寅字月在木星背後故不見辰字月爲木星遮掩之黑影內如蝕若地球轉行至巳字處則寅字月在外圈顯明可覩巳字月在木星地球中間直線木星面有黑點爲蝕辰字月仍在黑影

格致啟蒙三 天文

內倘走過黑影仍不見因木星本體又為遮蔽之也因此木星之月有時見二月有時見三月總不能全見木星軸欹斜祇四度有奇其四季不甚差異木星雖大於地球加一千二百九十九倍而其重比地球只加三百倍重以是知木星料質比地質輕即為一與四之比 木星之外又有土星土星有八月繞之星外有光環以遠鏡窺之甚為美觀距日八百七十二兆英里計須一萬七百五十九日繞行軌道一週蓋必三十年而為土星之一歲星之對徑比地球加八倍其星面亦有黑斑如帶每十小時三十分自轉一週與木星相似其料質比地球愈輕不過得木星

之半是為一與八之比星軸斜有二十六度半所成四季與地球髣髴光環四圍似有三層如第三十六圖其最外之光環對徑有十六萬六千英里次層光環略小此外二

第三十六圖

層光環十分光明其內層光環須用大遠鏡窺之方明星球正在光環中間然其光環雖遼濶而其厚不過一百三十八英里以故用極美遠鏡窺之亦不甚詳細以意度之其光環或即無數小月四圍環行極速之象土

星之八月遠而難窺非若木星之月略近尚易辨其掩光與蝕也月軸斜度較多其蝕亦不常有耳 再外大圈軌道之行星名天王距日一千七百五十三兆英里離地過遠無能查其體質計三萬六百八十六日為一晝夜亦有四月繞之星之對徑比地球加有三倍而重率較地球尤輕約天王五地球一之比 再外大圈軌道尤遠其行星名海王距日二千七百四十六兆英里計六萬一百二十六日為一晝夜星之對徑比地球加三倍其重率較天王星略少當初祇知天王星為行星之極遠者並不知有海王星又在天王星之外嗣天文家比較天王星應行速率

有快有遲軌道亦略偏便知彼處必有大吸力之行星於是於該處測其軌道核其年時用遠鏡查之果得一大行星即海王是也蓋海王星在他行星覺察而得之今又查得海王星亦有月繞惟未得其數耳

六論彗星流星 太陽所統屬之天穹除行星外更有一種星非所常見譬之行星為主他種星為客其星即彗星

第三十七圖

學者見過固無須詳述如未經見者可觀圖以知其略如第三十七圖顯彗星形狀不一有時中體一點

四圍星氣作團以裹之即彗星對面觀也有時尾散於後長有數兆里尾似金光如薄雲中有遠星歷歷仍現即彗星側面觀也其極遠者難見須用遠鏡窺之其軌道橢圓繞日而過之象如第三十八圖星氣兩邊分布其來時星向日其尾在後其過後星向外尾向日有彗星屬於本天穹其行如行星有時近日有時遠日天文家所推測而曉者有五年一至名恩克有七十四年一至名哈律圖內之彗星體大名徒那的其星尾有數兆里長尾內仍見小恆

第三十八圖

星可知其尾為星氣甚薄也軌道亦各不同斜度又多寡不一其行每逆行星星體不甚重　每見流星常發亮光迅駛如飛一二秒時始沒有時落地謂之隕石大小不一極大者如木星有如亮月飛流經天有數秒工夫光甚長其隕地之星為化學師化分之有為金類質有為石類質在空氣迅疾飛流磨擦生熱發火有光其細小之質未至地而已化其大者面如經過烈火英國博物院存儲不少約有三等重流星經天文家屢屢試驗似有一定所在駛行亦有軌道而地球橢圓軌道適介居於中每半年轉至其處一年經過其兩端故冬夏之季所見恆多今始明曉

彗星流星均轉繞太陽如行星一般流星軌道似彗星軌道以此知彗星非他不過為流星之星氣耳此天文家新得此學識曩古見彗星出皆以為怪以卜災祲二千八百年前埃及國見大彗星如一羣火在天空裊繞望之生畏近格致昌明已將古人疑畏之見全行消釋如得見之惟相與推測而已

第四章　論日

一論太陽關係　前言地球體質當於化學明之地面形景當於輿地覘之地球為涼質本無光而光從太陽得來不特地為然即行星亦涼質無光其轉行皆相似各繞行

太陽一週以成歲軌道有遠近故歲序有短長又各自轉一週以成晝夜星體有大小故晝夜有盈縮又各軸斜度不一其分四季亦不同由是觀之太陽所關於諸行星者不少即此太陽居中行星四圍旋轉如活不已見太陽之功用乎

二論日之光熱大小遠近　太陽一極炎之火球其熱度極大無可比喻學者須知地與行星皆涼質定質而太陽熱極無物不化一似燒灼熱甚化為白色之氣一般熱度既大本體即發大光至其圓徑之大將地球與各行星併合計之而太陽仍加五百倍大積地球一百五十萬箇可

髣髴其數至欲推測其詳非精於算法不辦茲編不及詳載學者既知其遠有若干又目所覩大有若干茲設一法爲吾徒曉之自目至日頂作一直線又自目至日底作一直線如第三十九圖即從目量直線至一百零七尺之處復量二線距數中離或一尺則一百七尺遠得一尺再加一百七尺遠得二尺以次相加可得所求或一百七里兩線中距一里累次倍加以計里數地球距日有九千一百萬里分作一百七分而得其一分即得其對徑

第三十九圖

數爲八十五萬四百六十七里大也

三論日之烈　觀日之法除用黑色鏡外萬不能觀以其光熱甚烈隔雙凸玻璃光點聚處能燒灼各物若用遠鏡窺之人目即爲燒灼實屬危險有以玻璃在燭焰上熏黑窺日見其色甚紅自發炎光常盈不昃可名日爲光球用遠鏡照之見有黑斑有時斑大易見斑旁光倍明亮西名法鳩流光如汽堆湧有數千里長如用心久觀黑斑與極明處亦常變換

四論日斑　日雖遠而大若用遠鏡照其形相可窺見其細斑如第四十圖其圓黑斑合數地球大不能補滿其處

試視其黑斑記其處連日頻照之黑斑漸自左至右向西漸沒知太陽亦自轉再閱十二日又露黑斑在東邊漸轉至中又轉至西不見以其時考之須二十五日太陽自轉一週其轉之形相最黑一面向右側轉并其四邊淡黑影亦不見試將茶碗蓋之中心塗一黑團正望之四邊凹入處皆顯如第四十一圖甲字圓相將

第四十圖

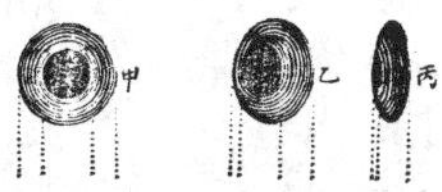

碗蓋半側黑影不全現如乙字形再側之不獨黑斑漸不見而反面之形亦露如丙字形倘以球挖成凹鏡式試之亦然以是知太陽之黑斑即太陽之凹處不但此也其凹處並有氣充滿

第四十一圖

五論日之光氣　前論所見日球是其本體四邊外有光氣極大有數千里之濶平時看不甚清至日蝕時見其光氣四射如第四十二圖四邊露有鮮明紅色此光氣近日

第四十二圖

球本體處分外明亮如光套又知光氣之輕者迸發於遠處光氣之重者團結於球邊然其光氣亦常改變

六論日質　用光色分原鏡(西名斯伯督斯哥伯)辨別太陽光色內有地球中金類質不少但非定質乃金類氣質耳如輕氣養氣鎂鈣鈉鐵錳鎳等質更有他質大都太陽氣質有數種爲地球所無因日多氣質較地球定質自輕譬地一立方里有太陽四立方里重而太陽大於地球一百五十萬倍氣質雖輕而總計之仍比地球重也

七論日爲恆星　前論日之體質不獨知其與行星形性迥異而確知太陽乃一恆星其體大而光亮者非他以其近於地耳學者能指明太陽所屬天穹有多許涼質行星繞行一熱質日球之理旣知地球爲行星太陽爲恆星則此外各恆星皆各有所屬之天穹與本太陽所屬天穹非有異也

第五章　論恆星

一論恆星爲遠天之日類　今從最近地之恆星(卽太陽)而論以外諸天恆星星如光點極小然其光熱皆極大因在遠方諸天不覺其光熱之大其近者比日距地加五十萬倍遠是以望之極小不知恆星中有比本太陽大加數百倍此以見天大無外也

二論恆星以光定等次　夜觀恆星光大小不一其極明者果因星體大而亮歟抑星近地球而亮歟顧星有小而近較大而遠更明者今分等次不論星之遠近大小祇論星光大小以序之第一等爲極亮者次則二等三等以及十六等其十五六等星須用極佳遠鏡窺之若人目於黑夜瞭見星之極微者卽爲第六等星其餘七八等以下非遠鏡不能見學者不得以光之大小漫定爲星之大小其大而遠而光暗者或置於五六等以下其小而近而光明者或置於一二等之中平常所見自一等至六等計恆星約有三千其餘皆不得見如用大遠鏡窺之計有二千萬恆星又有天河卽無數細小星似聚集於天空望之如微雲明亮大約二千萬星有一千八百萬在天河一帶內此非星之排聚成堆乃星外有星星星相間或至數百萬里人目視之若在一處耳譬之每里一樹數十百里有數十百樹而人於遠處望之若聚一堆星又分各色有白有黃有綠有藍有紅有赤如寶石嵌於天空人目不易辨須以遠鏡照之

格致啟蒙三天文

三論星座　古昔星分各羣，視其形狀以命名，即星座是也。今仍其名，其在黃道帶（即地球一年繞行太陽之黃道）地球經過星紀有十二座，一曰白羊，一曰金牛，一曰陰陽或名夫婦，一曰巨蟹，一曰獅子，一曰室女或名少女，一曰天秤，一曰天蝎，一曰人馬或名弓，一曰摩羯，一曰寶缾，一曰雙魚。此外在赤道以北星座有二十五座，在赤道以南星座有十八座，如欲識認須用星圖，有天文師指明之，每座有星數十或十數或七八不等，均有名某星在某座，按圖可辨。

四論恆星似動　前論地球之行，如一天文館移行一般，今欲分辨其動之屬於我乎，抑屬彼也，試看海船自為旋

轉，船中人視他船亦各旋轉，且逆我船而轉，彼船移動前排右移後排若左移，船與船似相錯而仍相分。今觀星雖似移而方位仍不易其處，始知星非自動，乃地球轉而星亦似轉也。又使他船繞過我船，則四面所泊之船應無改變，倘四面之船與前不同方位，則必我船繞行他船所致明矣。今地球繞行太陽，所見各星四時不同，冬夜所見之星即夏夜所見星之對面各星，以是知星似動而非真動。試認定一星隔歲比較，星仍在原處，因其不移，古人名曰恆星。後人得觀星妙法，而以影相法照星成圖，絲毫不錯，知古圖不足憑，並知星非永遠不動，其所以不一定者，以

地軸轉行有偏差，欲知星之所在須較地球之軸指定所在，星本不動而似動，故名之曰歲差。天文家測得有一定歲差，預為算定數十百年後星偏某處，以驗之，倘數十百年後星不照所算定之方位而竟易所在，則星或有自動之處。如船左移見他船逆而右移，近視各船相隔甚濶，乃在後觀之似併在一堆，其在船後各船初不見而後各顯露，觀星亦然。然則恆星似日，太陽有所屬行星繞轉，恆星亦應有所屬行星繞轉，惟其天穹過遠，人目所不及見耳。

五論恆星真動　有如船在他船中間見他船之行，非因我船行而動者，便為真動。恆星亦改換方位，非因地球轉

動而改變者，即知星有真動。歷次試驗灼見有多許恆星自變方位，即如黃道帶之北第五星座曰阿格妥魯為第一等明星，其行比地球迅疾，加有二倍，每一秒工夫計行五十四英里。天文家以重學之理論之，天穹諸星蓋無一不轉動也。

六論多合星（一名雙星）　星不獨各行各道，亦有雙星互繞而行，名多合星，如第四十三圖。此恆星彼此相距頗近，如地球繞日，惟無地球繞行之速，其最速者須三十六年繞行一週。今天文家業查出多合星

第四十三圖

有八百星此種星距地極遠即有行星繞轉雖用大遠鏡亦不得見每星各有所屬之天穹其雙星互繞似爲兩太陽互繞而行

七論星團星氣　以上諸等星外更有多許星團如天河斷碎散於各天穹與白雲一般用遠鏡窺之實有無數纖微星光團聚亦有小遠鏡能窺見者顧其易見者爲星團如第四十

第四十四圖

四圖若須大遠鏡能窺見者謂之星氣如第四十五圖亦有星氣遠極雖用大遠鏡尚難分辨其星點由是天文家別爲三等一等曰星團二等曰星氣三等雖大遠鏡不能分辨直謂之雲氣可也不但此也更有一種星四圍如迷霧即謂爲有星氣之星又星團星

第四十五圖

氣各不相同查大天文書可略得其形狀

八論星與星氣之形性　吾曾與爾等言恆星爲遠天之太陽類然不得謂一切恆星形性與太陽無異吾有表其不同之據每觀極明亮之恆星有空氣與太陽所有之氣迥異其五六等星有紅色不甚明者不獨體質有異其紅色亦異其體質似不若太陽之炎熱星氣與星質有異或有同天文師測度星氣能化變爲星其所謂同者星氣料質聚集凝結可成爲大星有散於外而未結成一處者可復另結爲行星嘗見有星氣收聚越小越圓成爲有星氣之星而星之外仍有星氣四散越小越熱視其中腰赤道

上圍繞有光氣如土星光環一般此光氣有時漸斷成一圓點是爲行星其中結成之大星常常收聚凝結愈聚愈熱熱甚發光照徧四圍行星與太陽所屬行星自爲一天穹無異由是初爲明星數千百萬年漸暗發紅色將來可漸滅而無有也凡宇宙間萬物之質無一不如是無論何質如煤在爐如星在天終有了期此可以理斷之據天文師所論如是

第六章　論分晝天穹之用

一總結前說並星圖　今欲易一說以論之因復總結前說吾曾論地球亮月行星之眞動續論恆星因地球之動

而似動又論星氣與夫太陽類行星類於此見地球在天穹有所屬卽凉質繞行熱質並指明天穹恆星分爲各星座編有等次又指明太陽亮月行星循序轉行絲毫不紊今學者能將天穹各星作一圖吾爲指明如何分配星之方位再論其作用顧爾等縱能繪成圖像而天文家不合用蓋別有法以加詳焉圖雖十分整齊而以南北左右定方位施之於用甚不便茲將另法爲學者明之

二論極距　吾意將地球之赤道兩極施之於天穹恆星間猶如置火於玻璃球中令赤道與南北極之影照至天上成爲天空之赤道南北極試從南北極影暈至赤道影

是卽爲極距如是能令天穹之星在極處認定不動仍似橘頂一針直指天極橘轉而針不易向觀天文者卽於極之所在爲起度用有圓圈之遠鏡自極之所在起度處向上移十度卽爲距極十度向上又移十度卽爲距極二十度遂於十度二十度處認定某星由此移上三十四十五十度以至九十度此九十度正當天穹赤道無異地球兩極中之赤道圈

三論星之極距　依上法可定星之極距惟每十度大圈一周地方遼濶無從辨定星之所在須有法以認定之學者勿忘定星所在如第四十六圖卽定某物在某處之法

第四十六圖

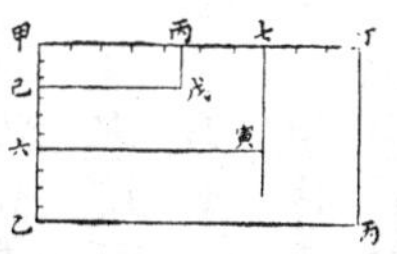

甲　丙　七　丁　戊　寅　己　六　乙　丙

可移用於天穹以定某星在某度有如一方紙四角甲乙丙丁其戊字處一點用何法以定所在則必將一方紙勻分直線十條又勻分橫線十條其戊字直線相連丙字距甲字四線有半戊字橫線相連己字距甲字二線有半便於兩線相交處定其所在也設或有人告以一點在直線第七條在橫線第六條卽於第七直線第六橫線交點處定之如寅字處也故僅指直線則直線內之星極繁僅指橫線則橫線內之星亦極繁惟須橫直兩線並用得其交點所在則

星之所在確實矣天文家測量天穹定星之方位亦然如欲量某星之極距則自極量之譬之離極十度卽離赤道八十度離極八十度卽離赤道十度餘倣此至若後四十七圖則自赤道圈起度南北每線距十度勻分至極南北各得九十度此一定之率也

四論赤經度　欲定星之所在先須測得直角（卽橫直兩線直交十字之角）是以測量家不獨得其橫線並須得其直線於二線正交之點得其確實所在學者試將橘之中腰以針徧插一周爲赤道線再以針自南極插至北極兩面兜轉徧插一周爲大圈又名子午圈如第四十七圖其在赤道之針

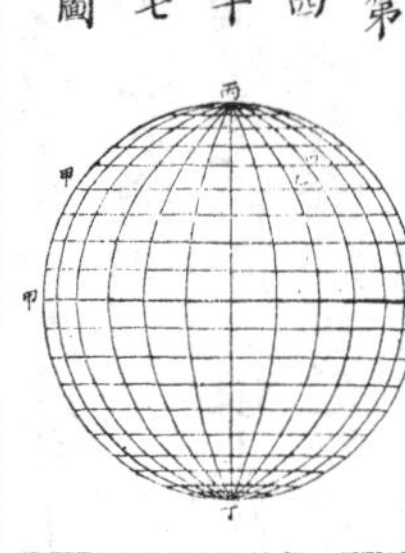
第四十七圖

絲毫不得移易此卽赤道線爲地球正中之腰圍至經過南北二極作大圈之直線隨疎隨密不拘濶狹而勻分之設或每條相距作十五度一周赤道總計三百六十度勻分二十四條卽每條相距十五度則一晝夜二十四小時卽爲地球轉一週也顧其中更有難者勻分各圈線條條相似無從分辨更須擇一條線以爲起度作天穹赤道並非擇一明星爲起度須擇天穹赤道與地行黃道平面交角處卽白羊星座中之第一點此點既定將星所在正午線與鐘表對整

十二點鐘不差一秒由是星轉一周正行二十四小時其星仍回原處如此鐘表已準然後測他星次無論他星在何處距極多少度但從白羊星推步可也譬十二點鐘白羊星在大圈某赤經度正午線上而所指之他星隨後轉至正午線卽算白羊星在正午線距今正午線有若干小時便知相距有若干度從此逐小時測他星行至正午線距白羊第一點在午線若干時逐一計算相距度數此卽定赤經度也設距五小時卽知距七十五度餘可類推

五總論　依上所指已得定星所在之法首測星距極若干度明此極距卽易定赤緯度次則視白羊星所在之大圈某線星距該線若干度亦可定赤經度其餘天穹諸星均可由此定之不但此也太陽亮月行星無論行至何處雖在一秒工夫內能指其所在之度此天文家極有用之學問俾地面繪圖或在陸行或在海行可隨時指經緯度所在

六論緯度　欲於隨處地方定經緯度所在應用何法定之設有人問途而指其所向告以路程在近處則可若大海茫茫四無邊際欲辨所向以計程途非測天不辦又地面果悉平卽用四十六圖以定所在而地球實圜而非平也法必從赤道向二極量之以勻分距等圈卽爲地之緯

度學者勿忘星次極距設認一星在正北極爲無極距蓋在地軸尖錐之上永久不移是爲正極之點又認一星距極九十度則在赤道天頂是爲赤道之點由是兩點之中不拘何處見天頂之星卽可測距赤道點若干度或距極點若干度卽於兩點界度內勻分九十度並可定天穹赤緯度於地球若干度每緯線相距十度卽赤緯度也行海者欲定所在之地在某度必如此測之始無差也卽如倫敦在北緯度五十一度半以倫敦天頂有星名龍正在赤道北五十一度半之緯線上以地言之爲倫敦之緯度以天穹言之爲倫敦之赤緯度也又有一法可定所在之緯

度。蓋視北極星在天際線若干高以定之。設人立於赤道望北極星正在天際一條線上無高度之處。人或向星行赤道北六十八英里半。則北極星略上距天際線高一度每一度計英里六十八里半。此卽緯線起一度。再向北行。行至九十度。則北極星正在頭上之天頂。由是不拘人在何處只須看北極星高幾度卽知已身在某度。假如北極星高天際線十度卽人距赤道十度。星高二十度卽人亦在二十度。餘可類推。惟是北極星非正極所在。正北極並無明星。特取近極之星以爲識認。北極星偏距正北極有一度二十分故推步家每合一度二十分以計算之也。

七論經度　緯度雖定尚不足以測星以緯度圈遼濶不能確指所在。當加一法以定之。而測法始密。以天穹赤經度卽定白羊星次之度施之於地爲地之經度。地理師將垂線經過二極爲大圈。中間經過赤道作十字形。是名直角。每角得九十度。此依天文測量之法。虛空擬之非眞有線也。在英之格令業蛗天文館天頂子午線卽爲經度線之原點。推之美之華興頓法之巴黎中國之順天皆可爲起度原點之經線。若於地平線量之或在線之東或在線之西。無異天穹之星或東或西。皆可以太陽每一點鐘行十五度計算也。試用橘以比喻之指一處爲格令業蛗經

度。自北至南作一直線。偏插針一周。每針作一人觀每人各帶一時辰表。其表均照格令業蛗鐘表對準無錯用一燈作太陽。將橘一轉自西向東移。移至正午線則一條針插之線均在正午線中。假如再插一針於格令業蛗之西將橘再向東轉。則格令業蛗直線已過正午線。而西偏之針纔移到正午線。兩線先後相距約若干小時工夫。便可測其距若干度。譬之格令業蛗之表先得十二點鐘迨行至二點鐘。而該處之表纔得十二點鐘則知我在格令業蛗之西。又格令業蛗之表方十二點鐘。而該處之表已爲二點鐘。則知我在格令業蛗之東。彼此相去有兩小時卽

相去有三十度。蓋一小時太陽行十五度。六小時太陽行九十度。十二小時太陽行一百八十度。二十四小時太陽行三百六十度爲一週。卽地球自轉一偏。行海之船或東或西均可如此推測。英之行海各船有一器名經度表蓋用以測經度者。中國名度時表在格令業蛗十二點鐘對準太陽當正午線。以定眞時。而又求得時差以之行海。不拘行至何地。卽於所到之處用他表測得太陽當正午線上正十二點鐘比較經度表相去若干小時。假令相去有三小時卽知相去格令業蛗有四十五度。或相去有五小時。卽知相去格令業蛗有七十五度。以每度作六十八里半計之。

四十五度爲三千零八十二英里，卽中國九千二百四十六里。或七十五度爲五千一百三十七英里，卽中國一萬五千四百十一里。至經度表用太陽在午線之眞時不拘一定，美則華與頓，法則巴黎，均可對準太陽在正午線之眞時以爲經度表之標的，隨處比較太陽在正午線之眞時而測相去之度數以計行程也。昔人行海去格令業蚩略遠，欲得格令業蚩鐘表之眞時而未有其法，或放礮傳聲，或舉烽報信，祇能用於近處而不能傳於遠方。迨經度表出而遠方始得英之眞時，近來電線徧處通連，一霎時信卽到。然行海在船非經度表不辦。經度表用久亦易損壞，今更有他法可測算而得者。天穹上極高之物雖隔千萬里皆可同時瞭見，因將諸星行度照英都平午正時從地心起數，晝則量日，夜測月星，以認地球之經緯，預算全年天星行度以成行海通書。太陽赤道經緯度、恆星時、太陽黃道經度、太陽半徑、太陰半徑、五行星赤道經緯度、太陰赤道經緯度、太陰五行星過午平時、地平視差分秒無不推算確實。譬之木星之月，依行海通書，一點鐘逢蝕，而所到之海面測木星月蝕在兩點鐘，距格令業蚩眞時有一點鐘工夫，便知人在格令業蚩之東十五度。又使正十二點鐘見木星月蝕，便知人在格令業蚩之西十五度。餘可類推。

第七章　論日月諸星行次亙古不紊

一論天文之重學　前論各節見星學之有裨於用，因以預算星次於數十百年後定其所在。假令星之似動與地之眞動不如此循次不紊，則無由推步。今爲學者更進一解以明如何可定數十百年後星次之方位，此所謂天文重學是也。天文重學無他，所以明天行之理而已。昔人謂地球不動，日星旋轉，嗣後知其不然而衆惑漸解，惟未明行星轉行之理。又謂行星之行如旋渦然，迨後愈測愈精，始知各行星繞行太陽，其月各繞本行星。然其軌道非規圓而爲橢圓，且太陽並不在其正中。英天文師鈕敦始以重學理解之，並指明當如是行之理。今試言之：擲一球於空中卽時墜下，凡不明墜下之理者必以爲無論何物而重者皆欲墜下，洵如是言，是又發一難矣。試思物何以重，物蓋各有相吸之能，物大者吸力大，物小者吸力小。石與石本相吸而力微，不若地球體積大而吸力多，旣有地球之大吸力則石與石吸之能卽不顯。夫所謂重者物向地心吸力之各有分數以成其重也。凡物之吸力本視體積以相稱，有幾倍體積卽有幾倍吸力。地球體積如加倍則吸力亦加倍，地面各物被吸之力亦倍大，而物之重率亦加倍。吾前曾論一分軟鉛比一分水重，以其料質較緊，故重也譬在地一磅物置於木星成兩磅重顧地球體積果加大一倍物之重率固加倍砝碼亦物其重率亦加倍然則何以辨之有用一鋼法條因其體輕不顯吸力然亦不全美今於物之下墜視其於初一秒時落若干尺以爲試驗吸力越大則下墜越速於無空氣管中擲一小鐵球其初一秒落十六尺一直落雖無吸力第二秒尚須落三十二尺是以地球吸力號爲三十二木星吸力較地球更大卽二五與一之比木星吸力號爲七十八以物一直下墜其初一秒落有七十八尺之多也

二論吸力漸遠漸減　前言地面物之重數卽以量地面

吸力之數然吸力非可輕重一例以吸力因遠近而分大小知其理者卽用吸鐵試之以馬蹏鐵吸碎鐵相離過遠吸力不顯試移近之則鐵爲其所吸天文師鈕敦查驗吸力在此處有若干在彼處有若干層層試驗而得其數卽如地球吸力號爲三十二離有一倍遠則吸力失四分之三並非得半數也再離三倍遠則吸力得九分之一再倍離之則得十六分之一再倍離之則得三十二分之一若再離有八倍遠則得吸力爲六十四分之一也

三論亮月所以繞行地球之理　紐敦有法試月以驗吸力人第知月繞地球而行而未知其所以繞行之理依上

所論吸力便知月球爲地球吸住不令飛遠如有線繫之

第四十八圖

卯 子 寅 乙 戊

而轉者然試觀第四十八圖圖之中心戊字爲地球其外圈爲月行之軌道譬或月在上圈寅字處若地心吸力一歇則月球直向前行由卯字一路駛去乃月球行至子字處而爲地心吸力所吸月若爲其牽牽至乙字處以就軌道天文師測得亮月軌道若干大以算法推算每秒工夫月行若干路因知月行子字處吸至乙字處計一秒工夫月行十八分寸之一分此圖卽表明月球爲地心吸力所吸之理試問月距地若干遠如任其下墜

約一秒工夫落有若干答以月距地約二十四萬英里地球半徑（由地心量至地面）爲四千英里是月距地心較地面距地心之半徑計有六十倍以六十與六十乘之則地心吸力吸月爲三千六百分之一分吸力今照地面吸力論之一物下墜初秒時落有十六尺卽以十六尺分作三千六百分亮月於一秒時落祇三千六百分之一分卽爲十八分寸之一分正與紐敦所推符合

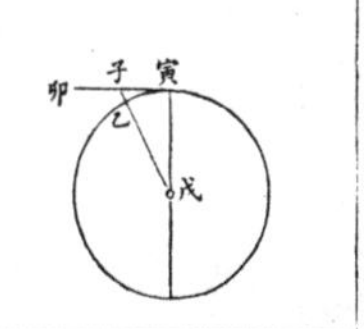

四總論吸力　由是言之紐敦查明石類被吸落地其力正與亮月被吸繞地同理並表明地球與各行星繞行日球同理推之諸天穹衆恆星亦各有吸力以相吸於天空

紐敦推步天文雖諸星行次遠率不齊而經緯遠近方位軌道及相屬之理循次轉繞各以吸力以定其率此紐敦昌明天學之功俾後人大裨於用益以窺造物之大而神焉

江南製造局

科技譯著集成

天文數學卷

第壹分册

談天

《談天》提要

《談天》十八卷，首一卷，表一卷。英國侯失勒（John Frederick William Herschel, 1792–1871, 今譯爲約翰·赫歇爾）著，英國偉烈亞力（Alexander Wylie, 1815–1887）口譯，海甯李善蘭删述，無錫徐建寅續述，同治十三年（1874年）刊行。

此書第一個中譯本由偉烈亞力、李善蘭合譯，墨海書館1859年出版，底本爲1851年出版之《Outlines of Astronomy》（第4版），并補入1851~1858年間天文學家所觀測到的新星體。江南製造局徐建寅續述本依據1869年出版的《Outlines of Astronomy》（第10版），對墨海書館本中部分陳舊的觀測結果和資料進行了修正，增譯了部分内容，并把1859~1871年間發現的星體編輯成表加入其中。新增《侯失勒約翰傳》一篇，詳細介紹了原書作者約翰·赫歇爾的生平及天文學成就。傳記中的内容多譯自當年的皇家天文學院理事會助理秘書約翰·威廉(John Williams)爲悼念約翰·赫歇爾所寫的『侯失勒訃告』。傳記中所附約翰·赫歇爾畫像，採自論文集《Leisure Hour》。

此書系統地論述了太陽系的結構和太陽系各行星的運動規律，以及萬有引力定律、光行差、太陽黑子理論、行星攝動理論等，使從哥白尼開始一直到建立在牛頓力學體系基礎上的西方近代天文學傳入我國，大大推進了我國天文學的研究，在我國天文學史上占有非常重要的地位，且意義非比尋常。

此書前五卷主要介紹地球概貌、天文學名詞術語、天文儀器原理、恒星觀測誤差等相關的基礎天文學知識；卷六日躔、卷七月離除了描述日月食外，還分别論述了太陽與月球的半徑、地表風貌、運行規律及對地球萬物的影響；卷八動理重點介紹牛頓萬有引力定律；卷九至卷十一描述了太陽系行星及其衛星、彗星的軌道運行規律；卷十二至卷十四闡述由於攝動的存在給天體軌道運行和逐時經緯度計算帶來的影響；卷十五講述恒星測量和分類；卷十六介紹變星、雙星、太陽及其他恒星的自行；卷十七論述星團、星雲的構成和分類以及流星的運行原理；卷十八爲曆法；書末有附表一卷，包括諸行星根數表等六種觀測表。

此書內容如下：

卷十二　攝動

卷十三　橢圜諸根之變

卷十四　逐時經緯度之差

卷十五　恆星

卷十六　恆星新理

卷十七　星林

卷十八　歷法

附表

天文之學其源遠矣太古之世旣知稼穡每覩天星以定農時而近赤道諸牧國地炎熱多夜放羣羊因以觀天間嘗上攷諸文字之國肇有書契即記及天文如舊約中屢言天星希臘古史亦然而中國堯典亦言中星歷家據以定歲差焉其後積測累推至漢太初三統而立七政統母諸數從此代精一代至郭太史授時術法已美備惟測器未精得數不密此其缺陷也中國言天者三家曰渾天曰蓋天曰宣夜然其推歷但言數不言象而西國則自古及今恆依象立法昔多祿某謂地居中心外包諸天層層硬殼傳其學者又創立本輪均輪諸象法綦繁矣後代測天

之器益精得數益密往往與多氏說不合歌白尼乃更創新法謂太陽居中心地與諸行星繞之第谷雖譏其非然恆得確證人多信之至刻白爾推得三例而歌氏之說始爲定論然刻氏僅言其當然至奈端更推求其所以然而其說益不可搖矣夫地球大矣統四大洲計之能盡歷其面者無幾人焉然地球乃行星之一耳且非其最大者計繞太陽有小行星五十餘大行星八其最大者體中能容地球一千四百倍其次能容九百倍也設以五百地球平列土星之光環能覆之而諸行星又或有月繞之總計諸月共二十餘設盡幷諸行星及諸月之積不及太陽積五

百分之一太陽體中能容太陰六千萬倍可謂大之至矣而恆星天視之亦只一點耳設人能飛行空中如最速礮子亦須四百萬年方能至最近之恆星故目能見之恆星最小者可比太陽其大者或且過太陽數十萬倍也夫恆星多至不可數計秋冬清朗之夕昂首九霄目能見者約三千設一恆星爲一日各有行星繞之其行星當不下十五萬況恆星又有雙星及三合四合諸星則行星之數當更不止於此矣然此僅論目所能見之恆星耳古人論天河皆云是氣近代遠鏡出知爲無數小星遠鏡界內所已測見之星較普天空目所能見者多二萬倍天河一帶設

皆如遠鏡所測之一界其數當有二千零十九萬一千設一星爲一日各有五十行星繞之則行星之數當有十億零九百五十五萬意必俱有動植諸物如我地球偉哉造物其力之神能之鉅眞不可思議矣而測以更精之遠鏡知天河亦有盡界非佈滿虛空也而其界外別有無數星氣意天河亦爲一星氣無數星氣實即無數天河我所居之地球在本天河中近故覺其大在別星氣外遠故覺其小耳星氣已測得者三千餘意其中必且有大於我天河者初人疑星氣爲未成星之質至羅斯伯之大遠鏡成始知亦爲無數小星聚而成而更別見無數星氣則亦但覺

如氣不能辨爲星之聚設異日遠鏡更精今所見者俱能辨恐更見無數遠星氣仍不能辨也如是累推不可思議動法亦然月繞行星行星繞太陽近代或言太陽率諸行星更繞他恆星與雙星同然則安知諸雙星不又同繞一星而所繞之星不又繞別星耶如是累推亦不可思議偉哉造物神妙至此蕩蕩乎民無能名矣昔大闢有詩曰觀爾所造之穹蒼又星月之輝光世人爲誰兮爾垂念之人子爲誰兮爾眷顧之夫大闢所見天空理非甚深也尚歡欣贊歎不能自已况我人得知天空如此精奇神妙耶夫造物主之全智鉅力大至無外小至無內罔不蒞臨罔不

鑒察故人雖至微無時不蒙其恩澤試觀地球上萬物莫不備具人生其間渴飲饑食夏葛冬裘何者非造物主之所賜竊意一切行星亦必萬物備具生其間者休養樂利如我地上造物主大仁大慈必當如是也設他行星之人類渾樸未雕與天合一見我地球天性盡失欺僞爭亂厥罪甚大而造物主猶不棄絕令愛子降生舍身代贖當必贊歎造物主之深仁厚澤有加無已而身受者反不知感激圖報可乎余與李君同譯是書欲令人知造物主之大能尤欲令人遠察天空因之近察己躬謹謹焉修身事天無失秉彝以上答宏恩則善矣

咸豐己未孟冬之月英國偉烈亞力序於春申浦上

西士言天者曰恆星與日不動地與五星俱繞日而行故一歲者地球繞日一周也一晝夜者地球自轉一周也議者曰以天爲靜以地爲動動靜倒置違經畔道不可信也西士又曰地與五星及月之道俱係撱圜而歷時等則所過面積亦等議者曰此假象也以本輪均輪推之而合則設其象爲本輪均輪以撱圜面積推之而合則設其象爲撱圜面積其實不過假以推步非眞有此象也竊謂議者未嘗精心攷察而拘牽經義妄生議論甚無謂也古今談天者莫善於子輿氏苟求其故之一語西士蓋善求其故者也舊法火木土皆有歲輪而金水二星則有伏見輪同

爲行星何以行法不同歌白尼求其故則知地球與五星皆繞日火木土之歲輪因地繞日而生金水之伏見輪則其本道也由是五星之行皆歸一例然其繞日非平行古人加一本輪推之不合則又加一均輪推之其推月且加至三輪四輪然猶不能盡合刻白爾求其故則知五星與月之道皆爲撱圜其行法面積與時恆有比例也然俱僅知其當然而未知其所以然奈端求其故則以爲皆重學之理也凡二球環行空中則必共繞其重心而日之質積甚大五星與地俱甚微其重心與日心甚近故繞重心卽繞日也凡物直行空中有他力旁加之則物卽繞力之心

而行而物直行之遲速與旁力之大小適合平圜率則繞行之道爲平圜稍不合則恆爲撱圜惟歷時等所過面積亦等與平圜同也今地與五星本直行空中日之攝力加之其行與力不能適合平圜故皆行撱圜也由是定論如山不可移矣又證以距日立方與周時平方之比例及恆星之光行差地道半徑視差而地之繞日益信證以煤坑之墜石而地之自轉益信證以彗星之軌道雙星之相繞多合撱圜而地與五星及日之行撱圜益信余與偉烈君所譯談天一書皆主地動及撱圜立說此二者之故不明則此書不能讀故先詳論之

咸豐己未重陽後八日海甯李善蘭序於崑山舟次

談天

凡例

一此書原本為侯失勒約翰所撰約翰昔為英國天學公會之首其父曰維廉曰爾曼之阿諾威人遷居英國專精天學不假師授有盛名維廉有妹曰加羅林相助測天功亦不細約翰有子亦名約翰乃印度軍中之武官郎有博學之名其次子名亞力己勤習天學而今郎大學內之一師也侯失勒氏言天者凡五人學者勿混為一云

一此書原本咸豐元年刊行其後測天家屢有新得今一

一附入如小行星最後有如同治十年所得者又有論太陽等事說非原書所有而由重刊之本文新譯之也

一凡年月日時原本皆用西國法準倫敦經度今用中國法準順天經度譯改以便讀者如第八百二十三條中本文為耶穌降世一千八百四十六年正月三日○時九分五十三秒今譯改道光二十五年十二月初六日戌初三刻十分四十七秒是也亦間有用各國本地時者如第五百九十條中午後三小時六分若改用中國時則在夜中不能見日與下文測見其中體距日心句不合故仍原文也

一中國步天黃經赤經皆用度分西國黃經用度分赤經用時分例見第九十一二百零八二百零九三條今間依中法亦譯改度分如八百二十九條本文為十六小時五十一分一秒五今譯改二百五十二度四十五分二十二秒五是也

一凡數皆直書單位下帶小數則以●別之如三百五十條一·○一六七九其小數即十萬分之一千六百七十九也間有橫書者則因與代數記號相雜依代數例不便直書也

一凡度里尺諸數皆遵數理精蘊每度二百里每里一千

八百尺近代西國細測地球密推赤道徑得英尺四千一百八十四萬八千三百八十赤道周得英尺一億三千一百四十七萬五百六十五以三百六十度約之則一度得英尺三十六萬五千一百九十六設一度為中尺三十六萬乃以一度之英尺為一率一度之中尺為二率一為三率求得四率○·九八五七七是英國一尺為中尺九寸八分五釐七毫七絲也凡原文英尺譯改中尺俱準此又英國一里得英尺五千二百八十中國一里得英尺一千八百二十五·九八依此推得英一里當中國二里·八九一六凡原文英里譯改中里俱準此

一中國天圖有新舊二種舊圖與步天歌合新圖與經天該合書中諸星凡舊圖所有者則云某座第幾星如角宿第一星之類是也若舊圖無而新圖有者則云某座增第幾星如老人增第二之類是也若二圖俱無則或云近某星如近外屏第三星之類是也

談天目錄

侯失勒約翰傳

侯失勒約翰英國斯羅人也天性開明父曰維廉以博學聞尤精天文維廉有妹加羅林亦穎慧維廉攷天輒輔相之約翰自幼見父若姑朝夕營營以測望爲事耳目濡染既久稍長遂能一一詳說其理約翰童時嘗問其父曰萬物之中何者最古父曰爾以何爲最古約翰所答父不然之因俯取一石子示之曰有古於此石子者乎他日父問之曰何物同類絕相似約翰默思移時曰一樹之葉皆相似焉父命掬葉令於中擇二葉絕相似者以呈約翰辭無可擇由是知物雖同類終無恰似者家庭問答一若無甚相關然推此而知萬物之中有幾種可合爲一類而又可各分其本性後約翰論物理格物性一本於此此實佳種播於心田發生滋長以得佳果非細事也年既長入以敦之大學離家近常省其母未幾爲同學所毆母憐之延師家課學日進善讀書能各國方言又精音律名漸著每曲全其師祿澤然師敎殊不靈敏約翰曾言幾何原本雖能背誦而精意茫然此未能受益於師之證焉年十七入堪比日大書院學益精院師令學者治奈端萬物總理一書書俱臘丁文師選日用之篇譯以英文授諸生各手錄一本以便誦習約翰必合本文以研究不拘拘於英文也蓋

其生平之學必包舉全體不安小就可概見矣院中因推選約翰爲第一比各格次之亦有聲當時者約翰初入院時算理諸學教法尚未盡善旣而武竇斯首創新規以去弱更强然亦非因其甚深諸論僅以三角術一本開導後學此書成於約翰進院之年以資探索未幾自撰一書其理一本武竇斯說蓋名未立時輔武竇斯以立望及學大成專心教學者令知新理與同學二人共譯微分學論其書妙緒環生末附有限較數法一篇此不獨堪比日一院受其益卽通國皆奉爲圭臬也其後三人又另附精理推算諸式約翰所附爲有限較數說罷扱起所附爲函數方

程理從此英之數學家相繼而起推算精微不讓歐洲諸大家約翰之功也嘉慶十七年著書一章由其父呈王立公會所論微分奧義本武竇斯三角術書所引費愛他之術而引伸之更得精深之理焉十九年選爲會士復作一論自呈公會刊入本年載冊此論發明詳推諸例縷晰相生之函數皆本拉白拉斯所傳深思而得之者細玩此論可知其用心所在實本於童年悟徹石葉二喻其言曰此時算理諸論略已美備用勸天算之家毋偏守各門之精意須綜乎至公之大道推其宗旨在約萬物之繁統歸於一理繼此別有所著言算學其推法極精微在書院名旣

著卽赴倫頓學律例約翰之性好全不好偏好公不好私居恆嘗由萬殊索一本卽一本貫萬殊而律例之道在公而直行之卒不免曲而私與素性不合意不屑遂舍去已而遇武喇斯頓蒐德二人武喇斯頓精化學及萬物總理約翰聞其議論大悅之引爲他山之助最後治天學自云非特性所近且可述父之業故其平生習化學究光理然不專於此反潛心於天學用以纘承遺緒盡孝道焉二十四年又著書一卷論輕礦强酸諸和刊入格物月冊中內言硵礬之本性昔待味所創照像事未得定晝之法所照遇光卽飛倘已知其藥性則預於二十五年而創照之法

已成旣又著一卷論光學表明萬物一貫之公理究凡平面紋之理推悟螺鈿成五采之故又著一卷亦論光學呈王立公會卷中研究諸雙軸水晶爲歧光所徹因發爲五采自創一術能窺測此事傳至於今有用之者又著一卷呈王立公會論遠鏡內物鏡玻璃凹凸相消令無光行差卷內用記號甚繁立術甚深時光學家畏其難未取用近日作鏡之大者異於疇昔約翰雖算數不差第成昔者之鏡便用然近時甚大之鏡必待工藝之善者也約翰自交蒐德得助良多蒐德有至精無暈遠鏡巧妙絕倫雖未及今時至大遠鏡然已測得諸雙星著功天學追與約翰交

適天學公會創始之時蒐德輔成其會總領卽約翰父約翰爲書記長首呈二論均有益天學家凡算術之繁重者均改以簡易先論月掩諸恆星理多類幾何次論立表所以能從定記推諸恆星平度其推法必通天重學極繁且奧之理道光元年迄三年偕蒐德於倫頓重測維廉所得諸雙星初嘉慶二十一年與父家居時覺天上諸日中多有互相旋繞者卽留心測之至是得蒐德相助據備至精器克承先業與蒐德合測而詳誌之事載王立公會歲册公會重其勞績贈金牌各一天學公會亦贈焉法國大學亦以拉朗金牌寄贈之此時斯德路佛在俄國陶伴德用

拂鑾斛弗無暈之遠鏡測天有所得英之天學公會賚以金牌斯德路佛曰觀維廉之功勳巍巍莫比曷勝情殷則傚旣蒐德以倫頓天氣不甚清朗往巴黎斯二人合測之事遂中止然蒐德於巴黎斯所測亦未見有勝也約翰周游歐洲各國晚歸斯羅重繼父志維廉已歷多年測諸雙星及諸星氣約翰起而重測之其自論測器曰父維廉昔所用掃天遠鏡架木已朽無濟於用乃於嘉慶二十年重造仿古制父子共監督所謂對面鏡是也古之回光鏡專守測望極細之功其用最妙故新造回光鏡徑十八寸距聚光點二丈初維廉掃天時其妹加羅林助之凡北極距

與赤經等常代筆於書此時加羅林已死約翰無人佐理每事必手錄之殊不便故所測僅得其半又須光以記之目輒眩故最淡之星氣不能測成雙星第六表天學公會刊入道光十五年歲册又測北半球諸星氣刊入王立公會歲册今世學天文者當奉侯失勒父子爲標準後之測天者定亦服此二人之巧思蓋其潛心力學以成各式精妙之法超越尋常試觀今測器之妙轉滑而靜出於自然無假手始知古法之不易七年約翰爲天學公會總領每年集會士自講諸論文極博例極備大開數學之門超羣絕類無可比擬約翰旣測北半球諸雙星復思測南半

球諸星乃攜所用二丈聚光點遠鏡又有徑五寸之七尺聚光點無暈之赤道儀並他儀器於十三年十月二日放船南行十二月六日抵亞非利加洲岌外欲城置精舍事測望至明年正月十四日測得十字架第二星海山第二星之二星氣等事至二十五日遂起掃天之事自此掃南半球之天歷四年功甚深十八年反故里以所測諸事推算修列成書二十七年刻始竣是書初編凡八十二頁言南半球所測星氣及星團次列表載一千七百七事俱記以道光十年之經緯度各有記號約而明又選其中最奧者細圖其像另取相近諸小星并繪於圖以誌之以便將

來攷其形有變動與否其圖説代第二星及海山第二星二處之星雲爲獨出之妙論今已歷三十餘年據之以辨相近星氣之形有變與否故攷測此二處較攷一切餘諸星氣功更大焉於僅倍月面積之界內測記一千二百十六星之經緯自云於此用數月苦功次攷此諸星散列之理初維廉意諸星氣非任散於天蓋亦有法必皆聚集於天河一層星笠中其厚不遠於十一等星之距而約翰所攷得之理與父意合次論掃天時所得雙星全列之表此後天學家可比而攷焉初五十年前維廉初測此諸星以爲因之可知恆星與太陽之距及攷之與意不合而得知

諸星中有無數雙星相與環繞而行至此約翰復創一法能定其繞道之行與行道周時如太微左垣上相亦雙星也測其行道至交會時遠鏡不能分而合爲一星與預推之時合喜甚于是修整其推測之法得其行道之周時約近一百八十二年與海王繞太陽之周時略同次論諸恆星之等以明暗定之次論好里彗星一編論彗體質之本性及動重學理既而克考父黑京沙帕勒利諸人精益求精後來居上約翰亦自謂不及也然創始之功不可輕焉約翰又始攷太陽面諸黑斑而特勒路色而混諸人因之細測太陽之面更得最要之理焉其測簿事繁且多英國

天學家愛慕不已初道光十年已刊格致入門行世既又著天文略即談天初稿至二十九年詳推諸根而增廣之至今行世已重刊十有二次矣光理音理二論經始于十年通國數學家無不習焉約翰于天算外又能詩所作亦可傳年七十漸衰辭職歸閒時以英文譯希臘詩又歷叙其父與已前所測諸事俱極詳備刊入月報內又有論格致理諸篇年七十二作一大表呈王立公會父子所測得諸星氣咸列焉後數年又作一表列所測得一切雙星各星或有攷論諸事亦附焉是表成于臨歿之歲凡一萬雙星其赤經及距極度俱詳備其中五千星皆載有攷測之

事此表今存天學公會約翰爲英國士林所欽仰其性寬宏謙抑迥逾尋常四爲天學公會總領而未任王立公會總領者謙讓故也嘗詔授寶泉局首領職雖尊事實閒也與人交輒傾肝膽不立城府見庸愚流樂爲開導未嘗輕藐攷其一生苦志研求細入微奧實天學之功臣也然深自掩抑信奉耶穌益可敬焉年七十八卒於家同治十年三月二十三日也詔賜葬于倫頓之大禮拜堂其在岌朴敵時交游甚廣去後同人懷慕不已共建石塔於所置測天鏡處以誌不忘并攷其事實著於篇

談天卷首

英國侯失勒原本

海甯　李善蘭　删述

英國　偉烈亞力　口譯

無錫　徐建寅　續述

例

爲學之要必盡祛其習聞之虛說而勤求其新得之實事萬事萬物以格致眞理解之與目所見者大不同所以萬物相關之理當合見而學即覺昔之未明因昔眞理多未知且爲習俗舊說所惑也故初學者必先去其無據之空意凡有理依格物而定雖有舊意不合然必信其眞而求其據此乃練心之門博學之堦也

凡有據之理即宜信之雖與常人之意不合然無可疑一切學皆如是而天學乃以此爲要道凡世上無據之意未攷其據而止憑目所見與天學之諸端大不同如人居之地即世世爲最堅房屋之基以爲最靜之物而天學家之意則謂不靜而繞軸而轉最速又同時行於空中亦最速人見日與月爲遠體不甚大天學家則謂之甚大球月則略配地球日則甚大於地球諸行星目見之與恆星略同而較明而天學家以爲大亦如人居之球其中或甚大於地球或小於地球者人見恆星以爲一點光而天學家謂之最明甚大乃太陽之類爲無數未見之地球所繞行之中心故天學家方開發已心以自心之本力通其所至之意又盡已之意與說造譬語以明宇宙之大至末四視地球止覺一點之大也乃繞本太陽諸行星之一而行星中之大者有不能見我地球因其小也況在恆星乎

天學之諸端心中已明者心中無疑阻即能信之已信之則固守不失所以知眞理在人心之本力故此書以爲人欲學其眞而不辨其假學今時之實事則舊時之虛說不必論有誠心信此者即能省多少議論而爲此書之益且學亦易進自邇而行遠自卑而登高爲益甚大焉

此書之法非純言當然之理亦非純言所以然之理而並用此二理因第二理更合於學故多用之本意非辨論如勝敵亦非以假爲自未明而攷其理其意以已知而教人此書不甚繁每段必略細解說因人現已熟天學之理也故不辨而但教爲便也諸學中有新創而不甚定者常有新理混亂已有之說但天學則不然若辨駁已廢之理引學者漸知去其假而信其眞不如說明眞理而使知萬物相關之道所以非不用當然之理此書不過欲語簡而使人易明不欲因法而阻其學也

此書以歌白尼之理爲眞解說萬物之變攷明其理簡易

自然不必用辨論而使學者信爲眞即倍根所言凡理之據依其諸分與全體相合如一橋環之諸石相靠而成全體也間有指舊說之繁而比新理之簡愈發明其新理之勝

凡學者觀此書而得益應先明算學諸法又須略知幾何平弧三角法及重學之初理另略知光學以通造遠鏡與凡測天之器此上諸事皆明則更易進前所得之學更全備但大概此書各事欲全說故不必仗別書

凡學者此書之外不觀天學書則不能得天學之全其意惟引人入格致一角之門或如高立在宮外能略見其全

或如助明其房基之圖即知如何而人欲進密室得學者之心止有一法乃熟數學之理爲攷究之根未有此理之人不能入博學諸技而於辨論之時不能自已造意有此智者與無此智者談之不易告明此事蓋無公說使此等人明之也智者觀二例略相同易明不智者爲要而難之題其據二人見之亦大不同如此攷題不能用心理而必用譬喻或已知之事明之凡不知算理不能以公論而明之惟常欲推公論之源即必由其萬物日常之事所發出之本理即因事而另造一理其二法之別如新開未走路之難與行已走路之易若必欲人通此理無有別法至於

使學者不明而信之則余不用此法亦勸人不用也不用算術而用譬說論格致之理雖非常法然已略知天學者恐不厭此譬自此路可到一處或自彼路亦可到也其有眞理之據更多更好如此發明諸式各人觀之心中各不同因每二人心意之象不相同故常有人已熟之題而可用新勢明之使觀之如新式者或新明從前之不明或開疑竇或續鏈其鈌環所以忽見與他理相合書中所用之各式皆余心中生出而非自別所錄者冀益於學者也

已知數學者知重學內常有之事其數已全其數理與幾

何理皆顯明其諸力已算明其線已度其例已推過所得者不差而於心中實有鈌非在憑據因其事已攷各理俱全非在其理因知其爲堅固不搖但在其行運之法有不明此人已用有理之法推得但心中所成之象非萬物之實象若用日常之事發明其理則忽補其所鈌以其多慮之記號皆爲實物恐有時此意亦不得成有時其日常之事不足明之但此意常須勉而爲之如此勉之時余自得者行星移動最密之事比算得更明所以冀人亦如此也按上言可知此書之天學不細論測天諸例與細論推步之諸法學者觀此書之用法恐少本意不過欲明各事各

論各法所得之理免得用多代數與幾何之號令其書帙繁而難閱即列易明之實事天學猶經線一條可穿多珠也所以人觀此珠之妙而不知其內有線之貫之也此書以示明其經線即天學之根爲主諸珠即各家推得之理有時其珠之排列非直而易於從既不直而不易從亦非穿珠者之錯其穿珠之人必用心甚廣有時其自已雖極明不得使人通此理之難亦不知何法能使人明爲最要故用心之學者常有謬誤之意而常人言此學法之不明現解學者之疑又使常人明天學難能得與不能得之二事知二等之人俱有差會處

談天卷首終

談天卷一

英國侯失勒原本　英國偉烈亞力口譯

海甯李善蘭刪述

無錫徐建寅續述

論地

欲知經緯星之大小遠近方位軌道及相屬之理必先於地面測之不明地之理則所測得之理俱誤故以論地居首

地爲球體乃行星之一也第憑目所見則地甚大行星俱只一點地無光行星俱有光地不覺動行星刻刻移動悉

皆相反是以人非大智聞此說未有不駭異者然強分地與行星爲二類則推步諸曜俱扞格不通矣故天學入門當首明此理

假如空中有諸物欲悉定其方位必先知我身之或動或靜若我身實動而誤爲靜則所定方位俱不合矣我身居地面動靜因乎地故欲定諸曜方位必先攷地之爲動爲靜此實天學中最要事也

地係行星故地亦動地動而所載之物如山岳河海風雲之類莫不隨之俱動故人不能覺譬如舟不遇風浪車在坦道以平速行所載什物與之俱行人坐其中如居安宅

初不覺動其理一也

以地爲不動者由於未明地之狀蓋常人之心必以地爲無限之平面面之上爲虛空面之下爲無窮深皆土也果如此日東出西沒將洞穿堅實之地底而過乎抑地中有穴自西通東爲日出入之路乎而日出入之方位日日不同且月與諸星亦每日出入將地有無數穴如蜂窠乎必不然矣故地不能無限廣且厚其體必有盡界而浮於空中四周無他物相連若然則地不難於動而返難於靜蓋無他物粘連之令不動則有力加之卽動矣故地動無疑

欲明地之形狀必于大平原或大海面無林木峯巒礙目之處測之凡陸登高塔海居艙頂升桅末所見地面水面必有一定界線四周成大平圓界線外不能見非蒙氣遮隔也登高山頂則界線之周更大亦成平圓此事無論何地皆然凡體無論何方視之其見界恆成平圓則必爲球體

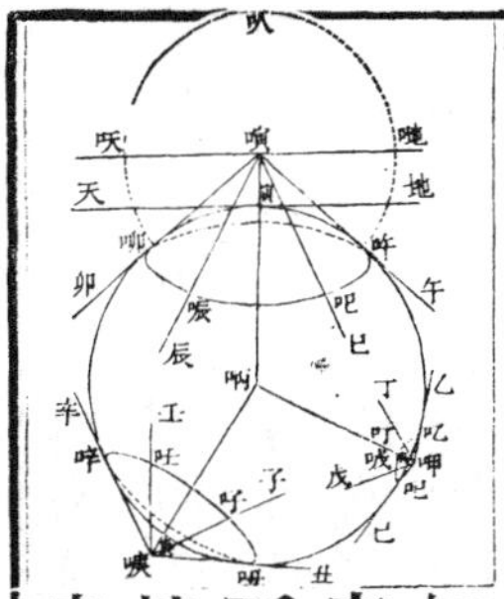

如圖丑辛卯午球爲地丙爲心甲庚寅爲高出地面之三點正距地面申庚寅三點遠近不同從寅作地面之切線寅卯卯爲切點卽寅點所見地面界線內之一點以寅寅爲軸將切線旋轉一周必經過寅辰辰寅巳巳寅午午諸切線切點卯必行成卯辰巳午平圓人在寅則平圓內之地面可見其外不可見故名地面界線卯寅午爲對平圓全徑之角蒙氣不論名測深角卽地之視徑度寅距寅愈遠則卯辰巳午圓面愈大寅卯距亦愈遠而卯寅午角愈銳地之視徑度愈小寅庚甲三點高卑不同各有地面界線今但論最高者以例其餘假設以卯寅寅午爲規尺之二股寅點爲活銷中銜一球則寅點愈近球二股愈開寅寅合爲一點則尺爲球面之切線天地

寅寅正交地面于寅點垂準線必與寅寅合于寅點作地平線天地必正交寅寅而與寅點之切線天地平行人在寅點不僅見天地地平線上之天空幷見天寅卯地寅午二角內之天空故所見天空較半球多地午天卯一段其較角地寅午名地面界深度深度四周皆同故地面界爲平圓無疑

地面必有平圓界線者此非爲平面而爲球面之證蓋界外不見非目力不能及乃目之視線直行不能如弧線之彎故不見也是以地形大略如球海陸皆在球面雖山谷有高深不過如橘皮之微不平耳

凡海舶出洋人在海岸中望之末過地面界雖漸遠漸小

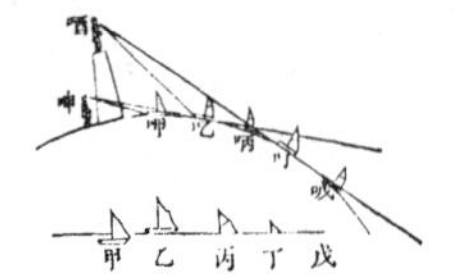

然俱見全身過界乙後則一若沉入水中而漸不見至丙一若船身全入水僅見桅至丁則并桅入水幾全不見矣若人在高處丙令地面界展遠至丁則船至丁時尚全見過丁而漸不見然則船非因漸遠而不見乃地面界遮隔而然也

昔阿爾蘭國都伯林之地有人曰煞特拉乘氣球上升風吹過海近威勒士球忽下墜將入海時日已昏黑急去藤牀中之石復上升至極高仍見太陽行至威勒士乃下墜至地再見日入

續乾隆四十八年法國都城巴黎斯有人曰查里士乘輕氣球上升所見與此同此皆非平面之證也

設有二峯等高登此頂僅望見彼頂若無蒙氣差則測其高及相距即可推地球大小

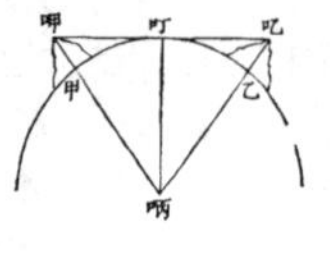

如圖甲乙二峯其高相等爲甲甲乙乙相距爲甲丁乙丁爲中點丙丁爲地半徑設峯高與距俱甚小則乙乙與丁乙比若丁乙與倍丙丁比故測得高與距即可推地球半徑也以數推之有二點高于地面十尺相距二十二里無蒙氣時相望與地面界參相直則得十尺爲一百八十分里之一置二十二折半得十一以一百八十乘之得一千九百八十則一與一千九百八十比爲高與半距比同于半距與地徑比故以半距十一里乘一千九百八十得二萬一千七百八十里爲地球徑然地面有蒙氣差此所推斷難密合不過得其大約耳

山之最高者不能至十五里較地徑約得一千六百分之一假如有球徑十六寸其微凸處不及百分寸之一則其高畧如一厚紙耳故諸高山不過如諸細沙而高原不過如一薄紙壑之最深者不過一里半此如球面針芒之孔非顯微鏡不能見也而海之最深處畧如山之最高則僅

若點墨之著紙矣前條以橘皮之凹凸喻地面之高山深谷猶未確切也

續同治二年七月二十三日英國格類失與告水勒二人乘氣球上升二十里之高若非雲隔之則所當見之地面甚大於古今所曾見之地面也推算全地球之面與在此高所當見地面之比例準弧三角法凡球面截段與全球比若截段之厚與球半徑比按此次氣球距地面之高畧等於所見地面截段之厚故全地球面與所見地面比若八千與七比約得全地球面一千一百四十分之一挨德納德內黎非某納羅三山最高峰之巔

所見之地面約爲全地球面四千分之一

凡人或乘氣球上升或登高山去地漸遠氣漸輕而薄呼吸必漸苦用風雨表測之高一千尺氣輕三十分之一高一萬零六百尺輕三分之一高一萬八千尺輕二分之一準此推之則氣愈高愈薄而無盡界雲最高不過二十九里測其氣重爲海面氣重八分之一故氣居地球之外近地最重漸上漸輕離地稍遠已甚薄無迹矣無論地面何處離地若干則氣清若干皆同故氣全包地球可任分爲無數層逐層以漸而輕也

或云氣如水有盡界亦近理蓋高如地徑一百分之一氣

已薄極不能生物故無論氣有盡界與否但高過地徑一百分之一外作無氣論可也

氣能變光道令生差角所謂蒙氣差也如圖子甲孑爲地面丑丑寅寅卯卯爲氣之諸層與地子孑同圜心人在甲申爲星在氣之外若無蒙氣差則人視星其視線之方向當爲申甲而準光學理申甲光線遇氣面于丁必曲向下如丁丙在上氣甚薄曲甚微漸下氣漸厚曲漸大故申甲光線變爲申丁丙乙甲曲線遇地面不在甲而在甲另有申子光線無蒙氣差當遇地面子孑因蒙氣變爲申丁丙乙甲曲線而遇地面于甲故人目不能由甲申直線見星

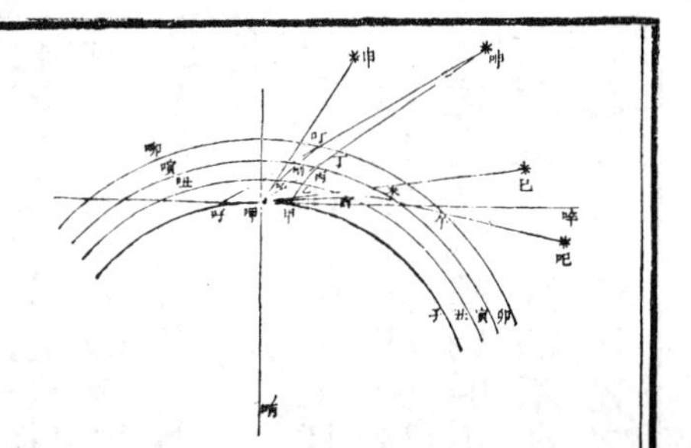

而由甲乙丙丁申曲線見星準光學理光線入目之方向卽目見物之方向故人見星不在甲申方向而在甲申方向卽申丁丙乙甲曲線內甲點之切線也光線恆曲而下視線方向恆差而上故視高度恆大于眞高度焉光線但有上下差而無旁差因環人目甲四周其氣皆同故也故其差角恆在星地心人目三點所居之申呬甲平面內

蒙氣恆映卑爲高故諸曜在地平線時視之亦有高度不第此卽在地平下視之反在地平上如日在地平下巳點光線成巳午未酉甲曲線故人見在地平上巳點卽甲點切線之方向也

曜在申見在申故必測定其差角申甲申以減視高度申甲辛方得眞高度申甲辛然測差角最難其故有三氣漸高漸薄而漸薄之率未能定一也氣之厚薄每因寒暖而變二也燥溼亦能變差角而氣之逐層燥溼未有測法三也因此三端差角未能測定故天文有數事亦未能定以近時推步之精言之雖未定其差亦甚微但精益求精則

必思求定其列蒙氣差角諸例于左
一凡天頂點無差角諸曜至此點與無蒙氣同
一漸遠天頂差角漸大至地平爲最大
一差角漸大之比略如視點距天頂度切線漸大之比此例近天頂則合近地平則不合蓋切線驟增大且有氣變諸事故也
一視點高四十五度差角約一分而在地平面差角得三十三分大于日月視徑故人見日月全體初出地平其眞體尚俱在地平下也
一凡風雨針以五十五度爲中數升則差角變大降則差

角變小升降十分寸之一差角變三百分之一
一凡寒暑針降則差角變大升則差角變小升降一度差角變四百二十分之一
蒙氣差角表詳列各處自地平至天頂諸高度之差角再用風雨寒暑二針隨時校正之以加減諸視度可畧得諸眞度
準蒙氣差角之理則視日月在地平上之時刻必大于眞時刻而夜之時刻小于眞時刻不特此也日之視體入地平後尚有朦朧影成晨昏分此其故由蒙氣回太陽之光返照地面而然也蓋光線遇物卽返射氣中有無數細質

點能令光返照試于暗室中開微隙日光僅漏入一線而滿室皆明此其證也如圖甲乙丙丁爲地面甲點見日在地平申寅光線恰切甲點而過申卯申辰二光線在甲點之上三線出蒙氣在巳午未三點二線入蒙氣皆微曲向下故出蒙氣成折勢申巳寅折勢最大申午卯畧小至申辰切蒙氣界未點而過不復折甲寅線爲暗界乙丙丁諸點遞遠于甲入暗遞深甲點尚有日之一線眞光又有巳未酉甲

一段蒙氣回光乙點日已入地不能得眞光回光亦少僅有地平乙未上巳午未天一段蒙氣返射而已未點回光最盛漸近巳漸微至巳而無丙點則僅有地平丙午上巳午入一段回光更小于乙點至丁點則無回光而爲夜矣

續 太陽在地平之上其光照於空氣與雲之諸點此諸點將光返照而四面散射至地面各處故晝時所有返照之光與曚曨影時返照之光其理無異若空氣無此返照散射之性則不在正日光之下不能有所見雲下之影及房中無日光之處黑暗如夜晝能見星也空氣返

照之光差另有能增加之性即以空氣之受日光各處熱度不勻而常成浪動其不同熱度諸段之公界亦稍有返照與光差光乃不行直線路而散至四面爲各物所受故在丁點之後尚有副朦朧影即正朦朧影返照四散於空氣而重返照所生也阿非利加洲努比阿國之曠野空氣極淸日落之後仍有光名曰夜光即此理也

凡光線斜入氣中無論自上至下自下至上不能直射必曲向下故或測星或測高山皆有差角但蒙氣差逐層不同地面之物僅有下諸層差而無上諸層差與諸曜異故

名地蒙氣差以別之

蒙氣差不獨變物之高度且能變物之形狀如太陽近天頂時則見爲平圜近地平則橫徑大于直徑而見爲橢圜最近地平則下半更匾于上半既非平圜亦不成正橢圜蓋漸近地平差角漸變大下差角大于上差角故直徑變小而橫徑不變也人視日月近地平時覺大于近天頂時此非由蒙氣差亦非目誤乃意會之誤蓋近地平有遠樹相襯而覺大近天頂無物相襯而覺小用器測之則近地平時日之視徑與近天頂時畧同月之視徑非特不變大且反變小離人目更遠故也

準上諸條蒙氣界與地面相距線較之地半徑爲甚小天空諸曜距地俱甚遠不在蒙氣內與地不相涉也

諸曜距地遠近不一近則見大遠則見小人視月大小無異于日者因遠近相懸而然視日月俱大于恆星亦然實則日與恆星大小畧同而甚大于月也

設人不附地立于空中盡見上下四周天空諸曜一若爲一大球諸曜皆在球殼而已在球心也人居地面則不能見地平下諸曜升最高處有地面界深度加蒙氣差所見亦不過二度且不能了了蒙氣昏濁故也故若人不遠行星不自移地球不自轉則地平下半諸曜永不能見矣人

在地面畧移其處則所見天空界亦必畧移譬人背大樹而立樹後諸物俱不能見環樹而轉則盡見四周之物故人每日向南行則每夜必見南方新出地平之星地平界漸移而南反若天星漸移而北也觀圖中甲乙丙三點之地平界理自明

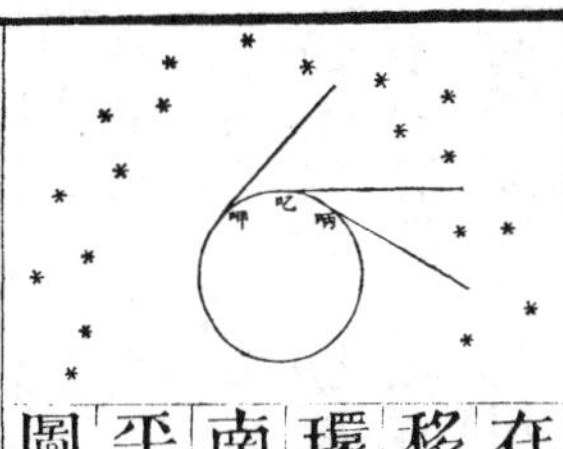

地球自轉人居地面亦隨之而轉然不覺者因地平上諸物與之俱轉一切山河林木房屋俱不變狀大塊全動極安穩故也而天空諸曜不與地連反若刻刻移動與人繞地球行無異焉故前圖或人不動而地轉人隨之自甲至

乙至丙或地不動而人行自甲至乙至丙見天空界移換同也譬人或繞樹轉或倚樹樹轉而人隨之轉理無異所異者一則能見樹全體二則僅見樹之一面也

地自轉故地平界之東半向下行而西半向上行然其行人不能覺故反疑諸曜漸移見地平界吐星而曰星出地平焉見地平界掩星而曰星入地平焉嗚呼亦傎矣

凖重學理地自轉必有定則二一其轉不變方向恆用平速二轉必有軸軸之兩端不變方位或曰物旣自轉則軸未始不可變方位曰正體行於空中不遇他物亦無他力加之其軸斷無變方位之理也

設自轉不用平速或軸變方位則視天星必有變行而自古測諸星周時載於典籍者俱與今同故云地球之轉必依二定則焉

欲知地球自轉之說于理合否當先攷天體左旋與地球自轉目所見盡同與否

一設居赤道北夜觀天則見諸星皆行平圜線圜之大小各不同在地平界上之度多少亦不同正當地平圈午點之星纔出即入其度最少自午點迤東地平所出諸星其度漸增平圜漸大自出至入歷時亦漸久出地點在午點東若干度則入地點在午點西亦若干度而出卯點者必入酉點自出至入恰得六時在地平界上之度恰得半周其平圜爲最大自卯點迤北地平所出諸星其時遞增于六時其度遞增于半周而平圜漸小至子點之星則漸降切地平而過又漸升不復入地子點上而諸星則常在地平界之上平圜俱全見而漸小至于一點即北極也北極無星而有相近之星名極星極星之平圜最小非細測幾疑不動焉諸星每日皆于本平圜行一匝而其相距之方位不變聯一切星爲諸星座諸座向地平界之體勢刻刻不同最甚者北方諸星座常見不隱者其向地平界體勢有時相反然各星座距極之體勢永不變故無論何時無

論離地平若干度測各座之形狀亦永不變然則聯周天爲一大座必如一星圖畫于球殼地爲球心球之軸貫北極斜交地平

一冬時澈夜觀天則昏所見沒于西方之星旦必見其復出東方昏所見初出東方之星旦必見其已沒西方故昏所見半球諸星旦已全沒而旦所見半球諸星乃昏所不見者然則一夜中已盡見全球之星故上所云聯周天星爲一大星座者此大星座布滿全球也是則地平上之半天球恆有星晝不見者爲日光所奪耳若用最精遠鏡當正午能見最小星而坐深井或煤洞中雖無遠鏡亦見金

木二星若知其經緯度不須遠鏡亦不必坐深井但竭目力察之亦能見也又日食既大星俱見此尤明證焉

一全球之星雖依次遞隱遞見然地平上近北極一段常見不隱地平下近南極一段常隱不見其常隱段界上之星每漸升切地平界而過復漸降猶之常見段界上之星每漸降切地平界而過復漸升也蓋球面每點必有正相對之點地平界既中分球面則有出地之北極點即有入地之南極點繞北極既有常見界中諸點則繞南極即有常隱界中諸點一一相對也

欲觀常隱界中之星必向南行向南行則前所見北方諸星或切地界而過或并不切地平者今俱見其入地矣其初入地即出漸南則入地漸久然繞北極如故北極漸低故也北極低若干度則南極于地平下升若干度故愈南則見常隱界中之星愈多直至赤道則二極俱在地平界而全見天球諸星此即前繞樹而轉之理也

準上諸條則謂諸星不動而地球每日自轉一周于理亦合也

假如人定立一處四望峯巒林屋遠近不一畧移數武則諸物之近者方位各大變如向北行則初見在正東西者俱漸退後二若物之向南行也初見一線上之物若相合者今見其相離初見其相離者今適在一線而見其相合而遠物則但覺微變如初見在正東者行三四里仍見在正東也此何故蓋由人心有一虛空之平圓周以己目為圓心人行則此平圓隨之而行設行于甲丁線在甲時見巳午二物同在一半徑線甲丙內行至乙則甲巳丙變為乙巳巳甲午丙變為乙午午此二視線以巳午為心而旋而二線過虛空圓周之點向後而移巳物近巳點之移速午物遠午點之移遲故甲巳乙角大于甲午乙角即丙巳巳角大于丙午午角凡視線漸移所生視

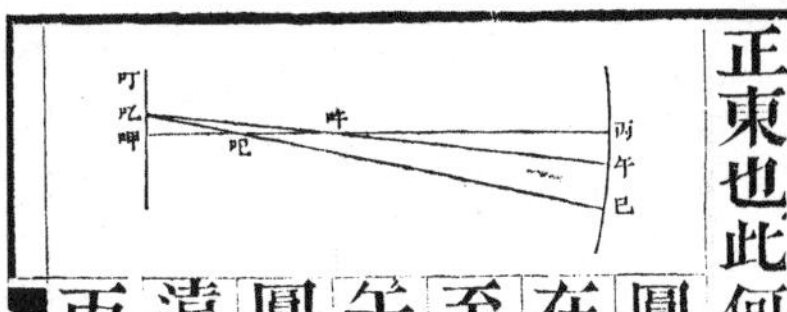

差角即今視線與原視線之交角也如人于甲乙二點望巳物其視差角為丁乙巳丁甲巳二角之較夫丁乙巳為乙甲巳三角形乙角之外角依三角例必等于甲巳二角之和故丁乙巳丁甲巳二角之較等于甲巳乙角也準此理則視差角之大小由于物距人目之遠近若物甚遠則視差角甚小而不覺人視之若不變方位也

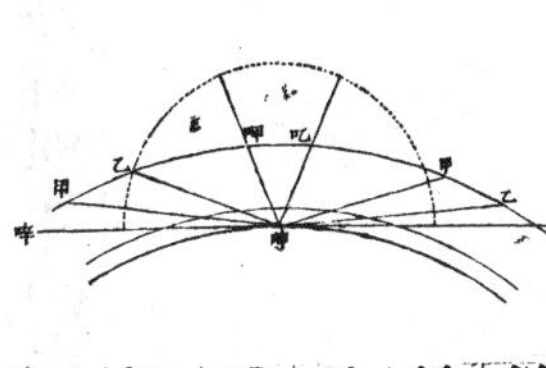

星之距地必甚遠否則在天頂時其視徑及星座所占之度必大于在地平時以圓

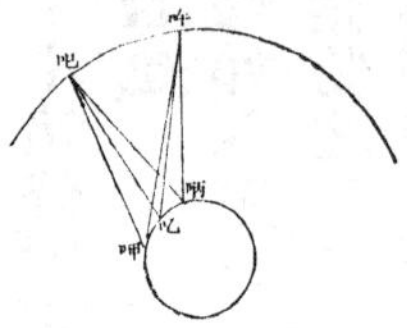

明之如申乙甲乙申乙三弧俱等人在申望之則甲申乙角必大于申申乙角而星則無論在甲乙在申乙用最精之器測之不見有差角任于地面何處測之皆然故星距地必甚遠以視地半徑蓋甚微矣

于高平之地以數百步為徑作大平圜任取其周甲乙丙三點用象限儀測地面界上巳午二物成巳甲午巳乙午巳丙午三角目中雖不覺有視差然察儀器實有微差物之距目縱十萬倍于平圜徑用最精儀器測之亦能得其差而于地球赤道上用最精器測星畧無

微差故星距地球必遠于十萬倍地徑也

假若有人居恆星上用我所用之儀器以望我地球必不能見又當恆星處設有體大若地球我用器望之亦不能見故若自我目至恆星作一平面又于地心作一平面與之平行此二面雖永不相遇然自地望至恆星處則二面若合為一不能分也命地心之平面為眞地平我目之平面為視地平至極遠若合為一處為天空地平界則或居地心依眞地平界望星或居地面依視地平界望星俱見在天空地平界上無纖毫異也

觀上諸說則或人居一處而星環行或星不動而人依正東西線繞地球行所見無少異也又或地不動而諸星西轉繞地或諸星不動而地球東轉所見無少異也

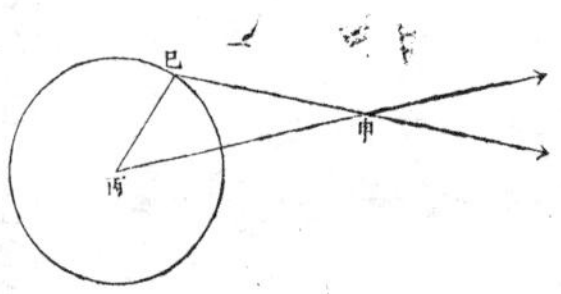

談天卷一終

談天卷二

英國侯失勒原本

英國 偉烈亞力 口譯
海甯 李善蘭 删述
無錫 徐建寅 續述

命名

古有諸層玻璃天載星而轉之說此于恆星環繞之理未始不可通而于日月及諸行星之理則殊不合然即以恆星天言之如此大玻璃球每日自轉一匝亦大不易或古人力大故作此想耳近已廢此說不用而以歌白尼地球自轉之說爲定論既除舊法必

立新名故此卷專主命名

地球以平速向東自轉所繞中心直線爲地軸見某星在地平上某度某分明日復見其在某度某分爲自轉一周地軸之兩端爲二極終古不變近中國者爲北極遠中國者爲南極

平分地爲南北二半球之大圈爲赤道赤道每點距南北二極俱等故赤道所居之平面必過地心且正交地軸

凡地面任一點作過兩極之大圈爲地子午圈子午圈所居面爲子午面

凡地平有眞地平視地平詳前卷

各地子午面交地平面之線名午線所以定地平圈正南北二點

各地子午圈上距赤道之度爲各地緯度最小爲〇最大爲九十度在赤道南爲南緯在北爲北緯如順天府爲北緯四十度是也按緯度之名初學暫用之若地之狀及天文之理益明此名當改也

凡地球面與赤道平行之諸小圈爲赤緯圈圈之各點緯度皆同如順天府在四十度緯圈上是也

歷家恆以本國都城之觀星臺爲原點各地子午圈與原點子午圈交赤道二點之距度爲各地經度即二經圈之交角度分也以後凡經度皆以順天爲原點

緯度分南北則經度自當分東西如法蘭西都城巴黎斯或爲東經二百四十五度五十一分五十二秒或爲西經一百十四度八分八秒是也然不若從原點〇度起至三百六十度俱向西推更便故以後但用西經度經度亦可以時分秒計之法以一小時代十五度以一分代十五分以一秒代十五秒如巴黎斯爲十六時二十三分二十七秒九是也

知各處之經緯度即可準之作地球儀及地球全圖若作各國圖不過地球面之一段可以法改球面爲平面蓋但欲知本地之經緯度不必拘定作球形也餘詳四卷

赤道南北各約二十三度二十八分之緯度圈，爲晝長晝短圈。二圈上諸點，當春秋分時，俱見太陽過天頂。

距南北極各約二十三度二十八分之緯度圈，爲南北二寒帶圈，其緯度約六十六度三十二分。（此二圈及晝長晝短圈在地面恆變，故曰約，其變詳後。）

虛擬一無窮大之球，以定諸星之方位，爲天空球，其半徑無窮長，地心及人目俱可作球心。

地軸所指天空球之點，爲天空南北極。

地赤道所居面割天球之線，爲天赤道，乃天球之大圈也。

展廣地平面所割天球之線，爲天空地平界，視員二地平面無異。

所居地平面正中點作垂線，上遇天球之點爲天頂點，下遇天球之點爲天底點。

凡遇天頂天底二點之大圈，爲垂圈，必正交地平，亦名地平經圈。諸曜在地平上，依此諸線測其高度，高度之餘度爲距天頂度。

地子午圈所居面割天空球之線，爲本處天子午圈。歷書凡言每處子午圈者，皆指天子午圈，乃過天空兩極之垂圈也，正交地平界于子午二點。

正交子午圈之垂圈，爲卯酉圈，必過地平界正東西二點。

諸曜所居垂圈交地平圈之點，距正南北二點，爲地平經度，乃過極過曜二垂圈之交角也。地平經度舊從正南北二點向東向西計之，例不過一百八十度；今從距極最遠點向西計之，自○至三百六十度爲正度，向東計之爲負度，以免淆亂，便于用代數也。

諸曜在地平上之度爲高度，即爲距天頂之餘度。知高度及地平經度，即知其所居之點。

凡諸曜距天赤道度，名赤緯度，其餘度名距極度。赤緯度以北爲正，南爲負；距極度從北極起至一百八十度，無正負，較便于用。

過極正交赤道之圈，爲赤經圈，亦名時圈。時圈交赤道之點，一如垂圈交地圈之點也。

凡過某曜及本處天頂二時圈之較度，爲本曜之時度，恆從子午圈正向西度之，從○至三百六十度，與曜之每日視行合也。

凡從春分點至某曜經圈交赤道點，爲本曜之赤經度，即春分及本曜時圈之交度也。欲定春分點法詳後。

凡諸曜之赤經度，從春分點起，以度分秒計之，與地赤經度同例，自○至三百六十度；或以時分秒計之，自○至二十四小時。諸曜之視行與地自轉相反，故亦向西度之。

用恆星每日向西行計時名恆星時從春分點起春分點雖有變然甚微在一周時中不覺可不論一周名恆星日亦分爲二十四小時及分秒凡星臺中必用恆星鐘表以分點在午線爲針之始即○時○分○秒也諸曜之時度以十五度爲一小時即指距午線若干時也在午線後爲正在前爲負諸赤經時度即本曜及分點距午線時之和較也在前後同則爲較異則爲和

凡渾天球及全天圖或一段天圖亦仿地球地圖法作之則位置諸星一一與天合觀其圖如在地心觀天也故不論在地面何處用之皆與天合蓋此圖無天頂天底二點

亦無地平界及東西方位而過兩極之大圈與地諸子午圈合然與地面各處之定子午圈不同蓋地面各點每日必盡經過天之各子午圈也

歷家欲天地二圖通爲一理以天球之赤道與地球之赤道合而地之諸子午圈在天球名時圈諸圈於極成角度名時度此法甚便于用又有黃道經緯圈地球所無惟天球有之以地與諸行星繞日之軌道爲主二者歷家兼用之

如圖丙爲地心卯丙申爲軸卯申爲二極戊午爲赤道甲乙爲地面甲點上赤緯圈甲巳與申丙卯平行乃人在甲

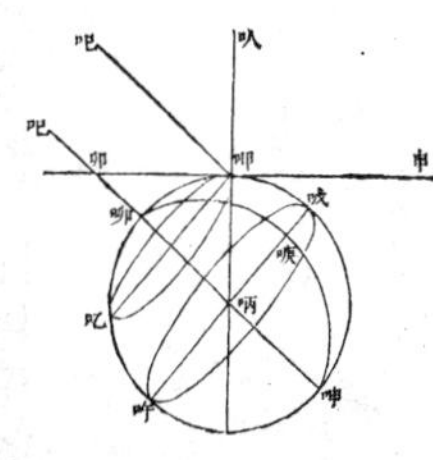

點望天極之視線甲人由地半徑丙甲引長乃天頂之垂線卯甲戊申爲甲點之子午圈卯庚申爲原點之子午圈如中國即順天之子午圈也庚戊即庚卯戊之弧角爲甲點之經度戊甲即緯度卯申爲地面之切面即視地平面面之正南北二點爲卯申故卯甲申線爲甲點之午線

作天球圖法地之大小不論一若人居地心準眞地平面作之如圖丙爲人目人爲天頂卯爲天底辛甲辰爲天空

地平界以人卯爲二極已已爲南北二極辛已爲極出地度辛已人戊辰爲子午圈戊酉午大圈正交已巳爲天赤道設星在申準赤道推之則已申酉已爲本星之時圈羊爲春分點羊酉爲申點之赤經度酉申爲赤緯度巳申爲距極度乙申丁爲每日視繞極之圈若準人申寅垂圈推之則辰寅爲申點之地平經度寅申爲高度人申爲距天頂度辰辛爲地平正南北點戊物爲正東西點辛辛辰辰爲南北點上二赤緯圈故辛辛爲恆見圈其內

之星永不入地辰辰爲恆隱圈其內之星永不出地二圈之間任何星如申每日視繞極之度甲乙甲一分在地平上甲丁申一分在地平下餘彷此

天視學爲視學之一門知諸曜體線角動等事之實象卽能知其視象或先測得其視象亦可推得實象僅論天之一小分與地面同若測天之大分或測全天球則與地面不同地面視法只有一個視點乃作畫之心畫心至入目之線正交畫面爲一點餘直線顯于畫面仍爲直線天之視法各點皆爲畫心畫心至入目之線爲球之半徑餘直線引長之皆爲球之半周任作若干平行線方向不論皆

視合于球之相對二點常視學只用其一點名曰合點餘一點不用天球上無論何點從地望之皆爲本點上半徑平行諸線之合點對面之點爲餘一合點而凡球之大圈爲本圈平行諸面之合線

凡雲開微隙日光漏入成直線數條此諸線從天之最遠處來可作平行線論成天球之大圈有二合點一在日一在日對面之點在日之點平地可見而對面之點必登高山當日初出或將入時見此諸線發于東漸歛于西或發于西漸歛于東成對面合點也又北曉（俗名天開眼）或云是電氣光其光成諸直線皆與指南針平行視之向地平漸歛

若合于針所指之點其上皆如天球之大圈而合于對面之點又立冬後四五兩夜諸奔星之方向（詳十七卷）若引長之可彙于一點故諸奔星大約方向平行觀此諸事前條之理自明

準天視學則南北二極爲地軸諸平行線之合點頂底二點爲地平面垂線諸平行線之合點也

天赤道爲地赤道諸平行面之合線天球之地平界爲眞地平面諸平行面之合線

測地面物能知遠近故目之視差易改測天空諸曜不能預知其實體大小故視差不易知欲知其方向遠近之眞

非精心攷察不能然必先測其實象方能得其視差此天學之最要事也

用弧三角以推諸曜乃天學之一門今畧論之爲學者入門之法

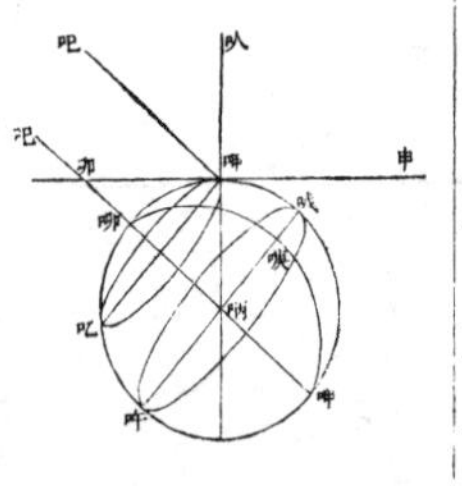

凡各處極出地度卽各處赤道之緯度如圖極距天頂之角度巳甲人卽卯丙甲而人甲卯與卯丙戊皆爲直角則極出地度巳甲卯必等于赤道緯度甲丙戊也故居地之北極則以天之北極爲頂點向南行則北極出地度漸小至赤道則

二極皆在地平面再南行則北極入地南極出地至南極則天之南極爲頂點

諸星每日繞地復至本所爲十二恆星時其繞地用平速故至本處之時同星過二子午圈之時較爲二地經度較率二星過子午圈之時較爲二星經度較率

赤道交地平面在正東西二點其交子午圈點之高度爲極出地度之餘度天之南北極爲赤道之二極各處地平東西二點爲子午圈之二極南北二點爲卯酉圈之二極天頂天底二點爲地平圈之二極諸曜皆以至子午圈爲最高度蒙氣最小最便于測

諸曜在恆見圈中日兩次至子午圈一在極上一在極下

凡推天星諸題皆用弧三角推其鈍正銳形而弧三角依大圈之二極布算較便故用距極度便于赤緯度用距天頂度便于高度知此則推星較易矣

若但求一星之位置可仿下推之如圖人巳申三角形人爲天頂巳爲出地之極申爲星此形有極出地巳辛之餘度巳人即天頂赤緯之餘度有星赤緯之餘度巳申即星距極度有星距天頂度人申即星餘高度若巳申大于九十度則星必赤道下若人申大于九十度則星必在地平下又有人巳申角爲距午度有巳人申角爲地平經度申人辰之餘度有巳人申角因無大用不立名故有五事一天頂赤緯餘度二星距極度三星距天頂度四距午度五地平經餘度不論何題任有五事之三則餘二事亦可推假如有赤道經度有距極度求其出入時凡見星初出地平實尚在地平下三十四分此由于蒙氣差故有人申邊爲九十度三十四分又有距極度巳申天頂赤緯餘度人巳則巳有三角形之三邊求得人巳申距午角以減赤經度得出時以加赤經度得入時此係恆星時欲知太陽時依表變之

凡星在子午圈兩邊其高度相等之時測其距時若干即知其地之恆星時及赤道緯度凡高度等其距午亦等故測其兩邊相距度半之即本時距午度也此三角形有距午時度人巳申角有星距極度巳申有高餘度人申故可求赤緯餘度巳人又若已知距午度赤經度即知此時之分點距地平度故亦知此時之本地恆星時是爲求新地緯度之要術

談天卷二終

談天卷三

英國侯失勒原本

英國　偉烈亞力　口譯
海寧　李善蘭　删述
無錫　徐建寅　續述

測量之理

前二卷論地球之大凡諸曜之相屬測量所憑諸事及諸名目今以天學之實事及諸法詳論之其要每法之立必攷求其測量之理蓋不明測量之理不能深信其法故特詳論之俾學者確知古法之誤而今有法以改其誤然後歎立法之精密無可疑焉

造測天器爲工之最精細者非精通幾何之理不能充此工如作銅環分爲三百六十等分置其中心于軸端令其面恰平似甚易事而不知此事極難蓋測角度用遠鏡設遠鏡力爲一千則測天差一分一若差一千分矣設一尺爲半徑則一分角度爲周線三百五十分寸之一非顯微鏡不能察矣然此尚爲測天麤器今西國觀星臺之器能分一秒之角度夫一秒之弧不滿二十萬分半徑之一故以六尺爲徑則一秒之弧不滿六千八百分寸之一非大力顯微鏡不能分也于銅環周分三百六十度令無微差已非易事況度既成再作分分既成再作秒世未有能作如此細分而無差也即曰能之而寒暑及質重俱能生差蓋寒暑能令銅長縮不能令環通體同變故生差而四周所憑不能如一故質重亦生差又安環于架時必微有震動亦能生差故近法先安環于架然後分爲度分再用諸巧法分爲極細分然亦不能無差也要之天學家所願得之器良工不能造不得已精心設法補救良工之差故測量必當擇時又必當知器之差又必當知器之質性攷之既詳乃用其正者去其差者此爲天學家之妙用然理甚深曲此特言其大略耳

用有差之器能令測得之數不差爲天學家之要事其法

必精心勤求其差或改正器或改正所得之數攷器生差之故其大端有三一曰自然之差人力不能爲氣之變化是也所以蒙氣差雖有表與實測恆不合其理人不能知故大小不能定又器之大小方向亦因寒暑而生差其餘不能備述二曰測量之差乃人不巧便或目力不精或測量略先略後不得眞時之度或天氣不淸或器之力不足或器微動如是者亦難枚舉三曰器之諸差分爲二端其一器不精或軸銜不正圜或環心不在正中或非的係正圜或非眞平面或度分不停勻其他亦難盡言此非心目之過測天者每恨之其一置器不審或配合未能恰好或

動分相屬未能恰好此不能免者如地面或房屋不十分堅實雖生差甚微在他事可不論而于測天則不能不論也又如工匠安器時非極穩固久而生差此諸差最難知蓋非用本器不能知器之地平子午卯酉地軸等諸要線有差與否而用本器測本差則甚難也

設所差有定數則能用法改正之而自然及測量諸差參差不齊故必累次測望約取其中數則出入相消而得數畧近也至于工匠及安器諸差須慎防之凡人之手器之體必不能成正圜及直線垂線但其差甚微目不能見手不能揣而測望時必能覺之蓋人所造之器與造所生之

物以大力鏡勘之而知人所造者其差甚大可立見也故先測望以所得之數造法即以其法攷測望之器求其誤而改正之循環察驗其差易去也攷天地自然之法必由漸而精先用疎器測得數亦疎命名亦疎以所得數細攷之而知其不合或仍其名而釋其理或立新名如此攷察必至其名與測量之實合而止當攷求時大法之中又生小法故初所立名及數皆當改易而用新法時其中又有分支之法必再攷之凡初得之法其理往往誤會心以爲如此與所測恆不合初以爲偶然再四推之皆然然後知器必有差乃推其差之最大當得若干若最大之差大于

測望當得之差則器爲無用或棄之或改正之改正非能消其差但令差益明而知前所立法俱當改故幾次測望新理乃明

凡攷天覺有不合理處必思有未知之理隱而未顯則以測望之數列表見表有級數之理則再改正器復測之而不合之數與前不同則或係器差用幾何之理推其差之根凡器必有差若不知其差之例恆誤謂天地之理蓋天地之理與器之差恆雜而難分也此差非同測量之差生于偶然由于器之病器不改差不滅所以或造器或安器必俱有一定法推其差此差既明方知其中有一級數之

差與此不合理之事合昔所難分者一旦忽分故測望能正器之差也

天學家最要者當先明器之理此理明則造器安器差俱能知而有法以消其差測天乃密也假如器之理環與活軸當同心而人所造不能一定同心則攷其不同心當得差若干乃準幾何理環軸不同心一邊之角必較小一邊之角必較大又兩心相去無論若干于環之相對二分各測其角取所得之中數必無差蓋此大彼小恰相消也又器之理其軸當與地軸平行而人所造不能恰平行則當攷其不平行之差凡此攷器差之理乃最要事若一一明

之則器雖不精用以測天仍精密也此準幾何理攷之不難後凡言器俱作精器論也

上所論凡欲從事天學者必應知之天學必由疎漸密今畧舉數條言之古未有測天之器有俱大智慧者仰觀而知各星每晝夜繞極一匝後用疎器測之覺諸星繞極之道非平圜而近橢圜愈近地平愈橢攷知非器之差推求其故忽悟蒙氣之理（與前論太陽同）則知測望所得星道有蒙氣差以法推之而得眞星也

未有器時覺諸曜一晝夜俱繞地心一匝後用器測諸曜過午以鐘表測時知有不同且亦非測量之差細測諸恆

星至子午圈時俱同而一匝非同太陽二十四小時乃爲二十三小時五十六分四秒○九故有恆星日有太陽日二日不同若以太陰言之所得之日更長爲二十四小時五十四分也

以太陽每至子午圈爲日之本攷諸恆星之日爲二十三小時五十六分四秒○九俱同故知此係地球自轉一周無疑

太陽太陰之周時與公法不合故二物自有動法無論或眞或視與地之動法無涉欲測證之不必用器任取一牆之界線用銅板中開小穴安定一處令不動人立于牆之

北方以鐘表攷各星過穴之時太陽過時用煤薰玻璃測其東西二邊至界線之時取其中數即太陽心至界線之時依此測之即知日至子午圈每日不同或早于鐘或遲于鐘故太陽周時長短不同冬至大于平周時半分秋分小于平周時半分相連二周時長短不同故太陽之視動不獨與恆星異且每日不同其遲速可以法測之測此理必用精器非徒仗目力所能也既有子午儀再細攷鐘表之差如此攷之至器之理極精細則知太陽周時差中又恆生諸細差昔未知者因與器差相雜故也海中之平面可比太陽之平周時一月之潮差可比一年中太陽之差

太陽日與恆星日之別爲西歷諸法大綱之一恆用者太陽平日中術起于子正至明日子正爲一晝夜西術起于午正至明日午正爲一晝夜（惟民事間常用者自子正至子正與中術無異）如正月初二午初歷家謂一日二十三小時初二未初歷家謂二日一時此法有便有不便

二地推時必不同此自然之理爲地球相對二地此方日中彼方夜半此方日出彼方日沒甚或差至一日是甚不便也近立新法徧地球同用一時不以本地晷影中星爲主而以太陽躔度爲主名之爲分點時其詳見後

以天文言時其要有二一顯動角地球平轉一匝各星用

平時繞地故以各星過子午圈時計之為星之赤經度一用歷法之時恆為自變數天文之大綱在求諸曜之動法及其故而星視動之法及攷其過去見在未來之方位用此法與測量比較必先有古測望之簿及測之時

古測時用水漏沙漏沙漏最疏而未有鐘表時水漏製造亦甚精今因不及鐘表故廢之獨用鐘表近代武弁迦得以法令水銀恆滿器中下開微穴恆漏而不淺測時承以斜溝令注他器測畢去其溝秤他器水銀之輕重即得二時中間之分秒此法甚妙可用也

擺鐘及度時表表之別一種乃最精者歷家恆憑以測時近日二器

造法益精密一晝夜差至一秒即以為無用故所用者十二時以內其差不過十分秒之二三然積時愈多其差必大故相連數日欲全憑鐘表必不能須逐日察其差而改之則積時雖久與暫無異焉

測中星得時最準確故歷家取最明便測之星定時以察鐘表之差

用光差遠鏡測中星法如圖甲乙為筒以螺旋定于架甲為象鏡用二種玻璃相合而成令無紅藍暈色鑲以銅圈圈周作螺旋旋入筒口令不動丙為目鏡或用數鏡依光學令視力增大視物更明目鏡亦須旋定令象鏡自鏡筒

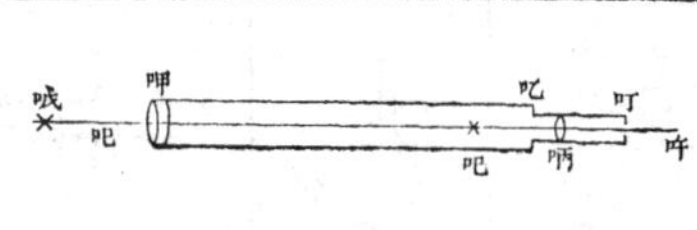

三者合為一體則不生變己午線過象目二鏡之心此線之方向與筒合名曰視軸戊為所測物己為戊之倒象在象鏡聚光點從目鏡窺之如真形目鏡力增大如真形增大焉此象在筒之空際無實體故當象處作二正交徑或用銅絲或畫于平面玻璃俱可窺之見二徑交點與物點戊合為一設微不合目鏡增大力能覺之即知視軸非正射戊則微轉螺旋令恰合乃止用此法而置鏡又極平則縱有差角不過十分秒之二三測物每患不恰當視軸有此法可免

此患如此用遠鏡能分微角如顯微鏡之能察微物焉再用變大理推其微度能知其形狀所得與幾何所推幾無別焉

測中星之鏡名子午儀其鏡連一橫軸鏡與軸必正交則測望所得皆真軸之兩端其徑必等以銅為圜轂兩半合而圜之轂之下半堅定于石安軸時必正其高低及卯酉二方向高低憑視軸準卯酉憑測望皆用螺旋正之當目鏡聚光點處作一地平線正交視軸又作垂線若干相距俱等

皆以細銅絲爲之測時須令諸線全見晝則映以日光夜則用法映以燈光線之外圈用螺旋正之令中垂線正交視軸則星過中線即過子午圈驗表記其時再以所測星過左右諸線之時較其誤否若恐器不平則易置横軸之東西而測之所得仍不異則筒與横軸果正交而筒旋轉恰在天空大圜面內也最精子午儀測中星除鐘表差外所差不過十分秒之二三

視軸旋轉之面當合本地之子午面攷察法取極見界中一星測其二次過鏡中線若在中線兩邊之時相等俱得半周時則其面爲眞子午面蓋子午面必正交星所行圈

于相對二點也

用子午儀及鐘表測度分所得即赤極之角度也此法即以地球自轉之時刻爲準不必用銅環之度分蓋若干時有一定若干弧分過去也其率一時十五度若非赤道經

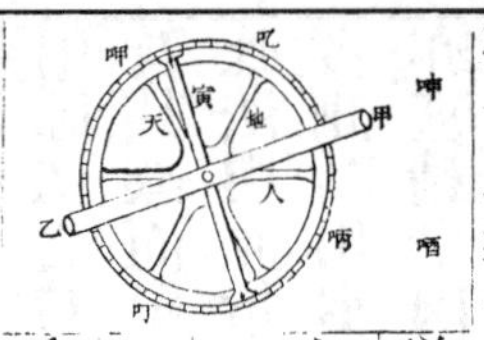

欲知其度分須作銅環細分度分秒以測之如圖甲乙丙丁爲銅環分爲三百六十度用天地人諸輻連于中心心開圜孔孔中鑲以短活軸可旋轉軸上裝一遠鏡鏡之視軸申乙與環面平行而正交短軸鏡之腰連一横桿桿正交視軸短軸轉動則鏡與桿循環而轉假使欲知申酉二物之距度先令環合于申酉及人目所居之面而以法定環令不動乃轉鏡令視軸正射申復定鏡令不動而視桿端小針所指察其度或恰滿一度但察其度或在二度之間須細察分秒法詳後復移鏡令視軸正射酉定鏡察其度二度之較即環中心之角申酉之距度也

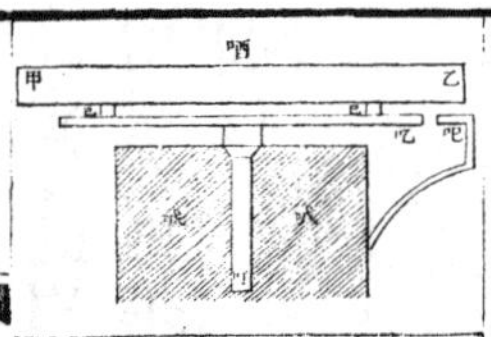

一法遠鏡筒與環合爲一體不動而活軸另連一銅墩理亦同如圖酉爲遠鏡筒以巳巳二柱連于甲乙環丁爲環之活軸轉于戊戊銅墩墩裝一曲尺巳其端有針近環乙以指環之度鏡與環轉時過針之度分即角度也

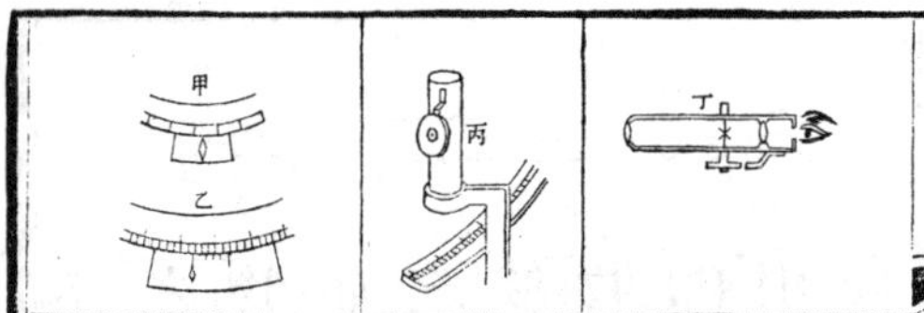

針若鐘表之針如甲或用佛逆如乙最妙者用顯微鏡如丙法于目鏡象鏡公聚光點處作正交二線用細螺旋轉之如丁先令交點與所察點之最近度合乃轉螺旋復令與所察點合螺旋若干轉即知距視軸所指點若干分秒鏡力須極深螺旋須極佳此法能辨度分之極微與遠鏡之細測相輔而行也

用此法測量全憑三事甲乙筒向物須的準一也環之度分須極勻二也二分中間須細辨其秒微三也察筒之方向甲乙兩端或用

交線或開小穴或一端用交線一端開穴俱可皆全憑目力若易以遠鏡象鏡在乙目鏡在甲而于公聚光點置交線則遠勝目力之細測也

前條爲測度分之最簡法但僅能測不動之角度如地平界之類若天星則刻刻漸移此法不能合惟測二極星視道相距則亦合諸星每日周行天空所成之道若有迹可見隨時可測其相距今無迹可見然鏡之交點與星合卽與其道合故候星過時以交點合之而定其鏡察其度分乃轉遠鏡候他星過復以交點合之而定其鏡察其度分二度分之較卽二星道之距也運測之以攷其誤否此乃

牆環之理牆環者卽前條之環而與子午面合法令環連一地長軸堅固不動軸深入石牆用螺旋正其高卑及東西方向令環與子午面合凡恆星道皆正交子午圈牆環測得二星過子午圈點中間之角度去蒙氣差爲二星道之距卽二星赤緯之較亦卽子午圈高度之較

凡曜之赤緯度爲距極之餘度極在子午圈內設極點有星以環測定其度則餘星之距極及赤緯度俱可測今極點無星故取一近極之最明星測其上下過子午圈之較度折半以加下高度或減上高度卽極之高度如圖辛巳辰爲天空子午圈巳爲極乙未甲午丙丁爲三星道上過

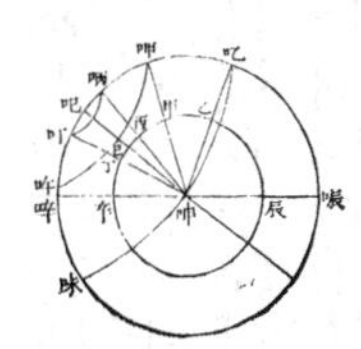

子圈在乙甲丙三點下過子午圈在未午丁三點辛巳辰爲牆環申爲心其邊乙甲丙巳丁諸度分與天空乙甲丙巳丁諸星相合既測得乙甲乙丙乙丁丙丁四度分則各星距極俱可知蓋丙巳等于巳丁故丙巳等于巳丁俱爲丙丁之半則環之極點巳知而巳乙巳甲巳丙三星距極度分亦可知矣

極星爲最近極之明星距極約一度半過子午圈上下二點甚相近極出地度多則二點距地平俱遠蒙氣甚微又

甚明晝亦可測故天學家恆用之以正諸器之差如子午儀測此星以驗其合子午圈與否法見前是也

環上極點既測定永爲原點諸星距極度皆準之設環上度分或有不勻可旋轉其環再測三測比勘以定之移動遠鏡有螺旋能定之故環可任意旋轉也

牆環上更有最要者爲地平點一切子午圈高度皆準之測定之法與極點同天空地平交子午圈點無星法于夜中測一星過子午圈明夜測水銀中此星之影過子午圈環上二測中間之度去蒙氣差爲星之倍高度折半得地平點準視學理光射平面之倚度與回光之倚度等水銀

之面恆平星在地平上影在地平下其度恆相等也故水銀面名曰借地平

牆環之軸惟一端着于牆力不甚固亦不能如子午儀兩端可易置以正其差故其用不若子午儀然其環可連于子午儀之軸與鏡同轉定顯微鏡于銅墩以測其分秒名曰子午環可并測赤道經度及距極度測時用鐘表定其過午時用顯微鏡察其分秒欲造恆星表用此法經緯度一時同得甚便也子午環上之遠鏡其力無論若干大俱可牆環鏡太大則重力不能勝也

環上定地平點爲天學最要事其法不一曰借地平曰垂線準曰酒準曰視軸準借地平已見前垂線準用極細鐵絲或銅絲或蔴線下懸磄磄浸入水中則不擺動線之方向即地心力方向此法非精心細察最易差故今不用

酒準用玻璃管貯燒酒等物微不滿令中有小空著于直板上邊微凸準平則小空恆在中如圖甲乙爲管定于直板丙丁先置板令底極平于小空之界甲乙二點各作識後凡置準令小空與甲乙合則丙丁必與地平合若稍不平小空必偏向高邊也如欲驗巳午合地平否置丙丁板于上視小空二界合甲乙反置之視

小空仍合甲乙則巳午必合地平若不然則小空所向一邊必偏高也天學家所用酒準皆有細分視小空二界所在能辨一秒之角差此準必用法細磨管內非易造也用酒準定環之地平點法如圖甲乙爲遠鏡與戊己環相附而轉于橫軸丙其軸亦可東西易置見前而環固定于軸丑爲酒準正交戊己桿而于己或戊用顯微鏡或佛逆察其分秒巳戊桿與丙軸連或令易轉而軸不轉或與軸俱轉將遠鏡正對物申乃定之令酒準之小空合甲乙二點亦定其桿則桿與鏡成一定角度乃察已點之度而以橫軸東西易位令環南北易位復將環與鏡同轉于軸令鏡仍對申定之如前定酒準再察已點之度二測中間之度折半得申距天頂度其餘弧爲高度知申之高度即可定環之地平點此法雖繁然用酒準必如此不能簡也

視軸準者迦得所創乾隆五十年立敦厚始依光學之理用之此器佳者用遠鏡當聚光點有交線其鏡之筩連以二柱橫立于厚鐵板上而鐵板浮于水銀面故與地平成角恆同用燈映鏡中之交線交線在象鏡聚光點令光線出鏡平行復聚于他鏡之聚光點與同方向天空之星無

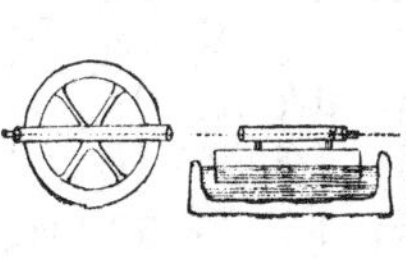

異鏡之倚度卽星之高度故測二線之交點如測星焉法置視軸準于環之兩邊距環遠近不論以環之鏡二次窺之俱令二鏡交線之點相合則環上半之度卽倍距頂點度故天頂及地平點俱可知準鏡二交線一正交地平一與地平平行環鏡二交線俱交地平四十五度故測時交角之度五相平分焉後便孫伯又變化其法卽以環鏡正對水銀面而以燈傍映鏡中之交線交線之光出象鏡平行過水銀面而回復入象鏡聚于聚光點成交線之象故轉動

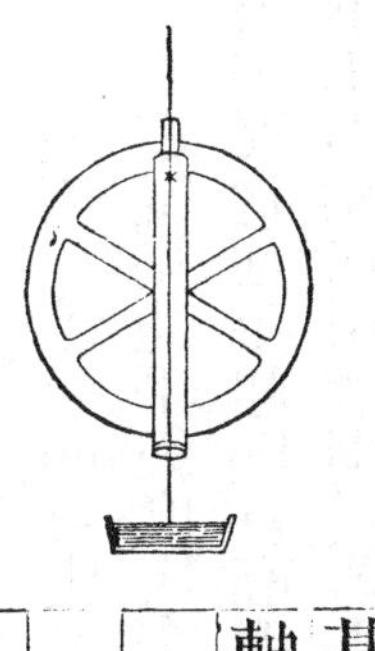

其鏡令象與線合卽知鏡之視軸正對天底點

子午儀與牆環皆所以測諸星過子午圈之時刻測星過子午圈時刻以正遠鏡方向最易蓋星視道與鏡中交線之橫者平行而用螺旋能細移至密合少有未合有餘暇改正他處不能也凡測角務得眞確若角有變者則當于最大最小時測之蓋此時不驟變有餘暇可安徐細測也

星之高度亦然其變之最大最小皆在子午圈上

星任在何處皆當測之不定在子午圈也其法天球上無論何點以正交二大圈定之幾何所謂點之縱橫線是也如知地面之經緯度卽知本地之點知赤道之經緯度卽知本星之點知地平經度及高度卽知出地之點是也

欲任測星道上何點先當置遠鏡令有上下及四周二旋動法用二環令所居之面恆正交亦與遠鏡旋動之二面平行二環之軸亦正交一爲本軸其兩端裝入銅竅可旋轉餘一軸卽裝入本軸之腰二環或用二佛逆或用二顯微鏡一着于石墩一着于本軸察其度二環俱可任意定

於軸其定之之物亦連於墩及軸此器測天之大用在置本軸丙丁有二方向一與地軸平行直指天空之極則甲乙環與赤道面合測其時角卽赤經度之較丙丁軸旋轉則庚辛環恆與天空之諸時圈合其環之度分爲赤緯度或距極度此置法名赤道儀欲久測一星此器最便蓋遠鏡已正對其星則遠鏡與極軸交角等于星距極度乃定遠鏡于庚辛環隨極軸而轉如此鏡所指不出星道也正赤道儀最不易其法先隨極星轉一周則知極軸偏于何方向而改正之極軸已定乃以緯度環依

子午圈定于極軸任取數星緯度大不同者各測其過子午圈若其過午之時較俱與表合則鏡正對子午圈而環之軸恆正交極軸或與表有不合則視其差而改正之近時亦道儀用輪法測時能自轉于極軸以隨星測者但專心候星無煩手轉也法用懸錘轉諸輪以轉極軸錘力極準恰二十四小時極軸一轉二令本軸爲地平垂線而甲乙環與天空地平面合庚辛環恆與天空垂大圈合甲乙環上之度爲地平經度庚辛環上之度從頂點起則爲距天頂度從地平起則爲高度此置法名地平經儀用垂線準正本軸或用酒準置器上而轉之視小空不變即正矣

定平環上南北二點則以垂環正向子午用攷子午儀合子午面法定之前覘又法取子午圈東邊一星令與遠鏡內之交點合察地平環上之度分乃定鏡于垂環俟此星過午後轉器隨之至星復與交點合再察平環之度分乃以二度分之較折半即得地平之南北點蓋前後所測二高度等凡星在子午圈兩邊之高度等則兩點距午之地平經度亦必等故也此名等高度法歷家恆用鐘表測二高點之時較折半得午正此法亦可正鐘表之差

地平環上南北點已定以垂環正對之即與子午面合乃轉鏡正對地平環上之北點視交線所合之點識之南點亦然過此二點之線爲午線地平經儀之妙用莫大于測蒙氣差法先取一過天頂之星再取一切地平而過之星俱測其視道攷每點與平圜差若干即知蒙氣大小

天頂尺地平尺製與地平經儀略同天頂尺細測近天頂諸星垂環惟用下面之一分餘俱不用故垂軸極長環之半徑極大令弧度寬大便于細分也地平尺用以測地面諸物遠鏡俯仰無幾度故不用垂環或用小者亦不必細分也遠鏡連一橫軸着于二柱與子午儀同二柱堅定于平環之輻與環同轉

又有紀限儀用以測二物之距度或測一物之高度如圖

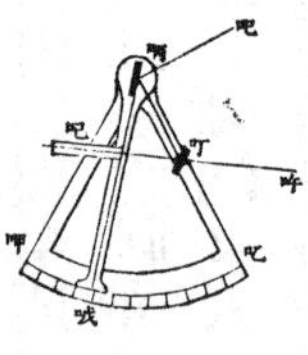

甲乙爲全圜之六十度分爲一百二十等分丙乙半徑上有鏡半回光半透光正交儀面而與甲丙半徑平行丙戊爲活半徑可移動其末有佛逆戊可細測度分其端有回光鏡丙亦正交儀面而與本半徑平行甲丙半徑上有遠鏡視軸與乙丙半徑成巳丁丙六十度角如欲測巳午二物先以遠鏡從丁之透光鏡正對午乃移動活半徑令巳光線從丙回至丁從丁回入遠鏡筒至遠鏡內二物之象合于一即定其活半徑則丙巳巳午二線之交角必倍于戊丙甲角

卽二物之距度也故此儀倍其分數以三十分爲一度蓋光與二次回光三線在一面內則首末二線之交角必倍于二回光鏡面之交角也此器或云哈得烈所造實則作于奈端可手握而測航海者測星距太陰及高度非此器不能蓋海面高度洒準垂線準借地平俱不可用故必用此器令所測之星與海中地面界合卽得星距地面界之高度（見前）減地面界深度卽得眞高度陸地可用借地平無地面界深度也

正紀限儀之差法最簡令活半徑所指之度爲〇則二回光鏡當平行若不平行則任測一星令遠鏡見丁透光回

光鏡中星之二象合爲一卽知其差數蓋象合時其度當爲〇若不爲〇所得度分卽差數每測去其差數卽得眞度分焉若回光鏡不正交儀面則鏡傍有小螺旋可旋動正之大率活半徑上之回光鏡造儀者已詳細定之無須正惟丁鏡當正其差而遠鏡之視軸亦必詳審令與儀面平行其正差法用一地平線一垂線相交而以儀面合地平之垂面以遠鏡正對交線移動活半徑令地平線與回光之影相合又轉小螺旋令垂線與回光之影相合視地平線仍與影合卽正矣

回光環之用與紀限儀同而圜周皆有度分此器有三佛

逆每測俱察其度分以三度分相并約之三差相消畧得眞度分故此器稱最精妙

疊測之例實大所造有大小二環遞次疊測可任至若干次故其差幾可消盡也如圖甲寅丑爲定環子丑爲遠鏡定于甲乙丙環與甲辰活桿共轉于定環之心辰活桿之端有針或佛逆設欲測巳午二物之距度先以遠鏡正對巳察其度乃定桿于內環旋鏡正對午桿隨之俱轉過環

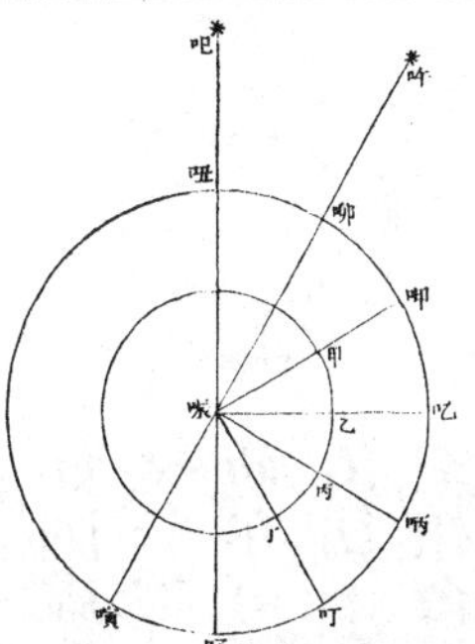

甲乙弧與巳辰午角度等再察其度二度之較必等于巳辰午角然必有二差一分度差一測量差乃定桿于定環脫于內環轉遠鏡向巳復定桿于內環脫于定環轉遠鏡向午桿同轉至丙所過乙丙弧亦等于巳辰午角再察其度二次察得度之較弧甲辰丙倍于巳辰午角亦有二差如此累測至十次得十倍所求之角以十約之則其差幾可消盡此法甚妙然依此測之仍有差未知其故俟測者攷之

分微尺能細分角度之秒微可測諸曜視徑之角度其妙全憑螺旋法于遠鏡內象目二鏡公聚光點置二平行線

以細銅絲為之定于二活架用二螺旋移其架其動之方向俱正交平行線令二線恰至星之二界再轉至二線相合視螺旋轉幾周幾分知在星界時二線之相距以轉數化為度分秒即得或僅用一螺旋移一界之線亦可

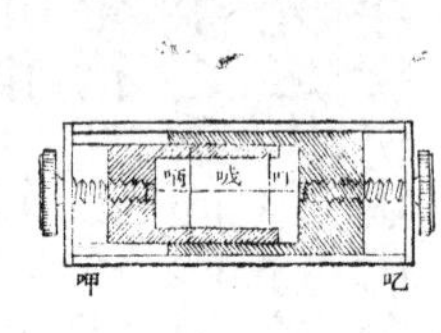

分微術或用光學法能變其象為雙象如圖甲為本象變為相等相似甲乙二象其相距若干及方向一任測望者令之故可令二象相切如甲丙復令移于又一邊相切如甲丁自此

切移成彼切所過之分秒即象之倍徑也

變一象為雙象法甚多一法平分象鏡即能變其象為二以象鏡之兩半分置二架而參差移動之此名量日鏡用以量日之徑最便也如圖甲乙為象鏡之兩半準光學理二半鏡之象俱在本軸上故目鏡窺聚光點處有二

相似之象並列轉螺旋能令相近相遠也一法用水晶之一種視物成雙象者此水晶中有一線名光軸二象之相距準此線有定限最近至相合最遠至限而止用此水晶作球代目鏡轉其球則球之光軸與目之視線角度漸變當光軸與象鏡之視軸合則象為一轉之至光軸正交視軸則見本象分為二漸離而遠視晶球所轉度分而知二象相距度分也

又一法最簡易凡三稜體二種玻璃（一名冕號玻璃一名火石玻璃）相併能消去光之彩暈而視物形狀不變但有光線差法令二稜體彼此相對各面畧近平行光線差甚小約五分平剖

之兩半各裁為正圜鑲以銅架而以尋常平面玻璃隔之

如圖虛線為一半玻璃架之輻實線為又一半玻璃架之輻令在後之架能轉動亦可察其轉之度若二半相合其差角為十分則相逆必無差角而自相逆至相合俱有差角自○至于十分皆以圜架之轉若干計之凡光自象鏡至聚光點成尖錐形置此兩半玻璃于尖錐之腰恰占截面之半則象鏡之光一半有差一半無差故成雙象其分合之度可測也若象鏡不大則置于象鏡之外貼近象鏡其徑較象鏡之徑比例

體爲七百零七與一千又輻畧凝光約爲七與十方位分微尺只一線轉于目象二鏡之公聚光點恆正交遠鏡之視軸取視界中一線爲準線依準線以定二物聯線之方向法轉分微線令與二物相合或與二物聯線平行遠鏡外有度分小環察其度分若干即聯線與本線之交角也此尺若用于赤道遠鏡上則本線方向合于赤緯其方位角恆從原點一邊計之自北而後而南而前原點之方向正北也九十度之方向正東即後也一百八十度之方向正南也二百七十度之方向正西即前也

續二星相近而能並見欲定其聯線之方向則不用疊線而平行雙線若二星大小不等此法更便用法使二星在雙線之間而相配則易知其聯線之方向若人立之勢頭正直立則更易準

凡在夜中窺測必用燈光使視界亮而線暗或視界暗而線亮否則分微尺中之交線難見使視界亮之法以燈光自遠鏡筩邊之孔映入筩內不亮之白面使光四散不凝成象之尖錐形光也惟所用燈光之色爲要試知用紅色之光見線甚明於別色之光使交線亮之法以燈光映入筩內交線向目之面燈光之餘者或至筩內之黑面或自對面之孔入黑箱中皆能滅也

窺測太陽必用暗玻璃隔之紅玻璃易透太陽之熱而傷目不可用若用深紅玻璃而久觀之則目眩而不能見惟用青綠二色之上品玻璃相疊最佳此二色相疊透純黃之色而略無熱焉日之光熱遇玻璃面亦能返照而甚減小其返照者約爲正光千分之二十五故造窺測太陽之回光遠鏡可用玻璃作回光象鏡二面俱凹前面合拋物線與聚光點之距相合後面合大曲率之球體使其餘光由玻璃透出而折射散入空中故或正或斜或粗或細俱無妨也前面所回之光已能顯甚淸之象矣若第一次回光光尚太多則或多用數平行玻璃回光以減之或用三稜玻璃以一面回光一面放餘光則所回得之光約爲正光九百分之一因依光差之理使面與光線成正角可稍得回光而減小甚多也若用大力之鏡欲細察太陽面之小處可用金類板作小孔安於聚光點以透所欲察太陽面小處之光則光熱多爲所阻而至目鏡者已甚少可不害目矣導斯欸設此法能見太陽面最奇之狀別法所不能也後詳論之

天學家多用回光大遠鏡其體重大難於安置使鏡面不改方位故必有便易之法可時時試較其視軸設鏡

面有改方位可改正其視軸故用視軸準之法見本卷視軸準條外以燈光映之視軸準象鏡之端向回光鏡自回光鏡筩之目鏡窺見視軸準內之銅絲對燈火則與窺同方向之星無異視軸準之倚度即星之高度也因使此銅絲正對一星則回光鏡或平動或立動其銅絲仍必對其星而星之光線與視軸準之視軸仍平行故可用視軸準之視軸爲回光鏡之實視軸而回光鏡筩之軸非爲回光鏡之實視軸也惟欲測微差或所窺之物不明及視界不明而不能用此法則必時時試較回光鏡之改動而有機稍動回光鏡以改正之使分微之銅絲與回光鏡之視軸相合

談天卷三終

談天卷四

英國侯失勒原本

英國 偉烈亞力 口譯
海甯 李善蘭 删述
無錫 徐建寅 續述

地理

地理乃天文之一事而實爲最要蓋地球爲測天之公方位如兩地測星得數不同而生角差即可據之推星之遠近然必先知地面諸方位之不同推之方不誤故此卷詳論測天以定地理之事

地理家所論之大概爲洲島海洋山河之形以及地質地氣物產人民諸事地質物產人民無與于天文故不論今僅論地之形狀及大小地球之面爲海洋爲洲島洲島之形狀有山谷有原隰而海底與洲島土面相連其形狀亦當攷之今未能悉知若悉知之實有裨于天學

地之狀大約近圜球見一卷而細測之知非正球乃微扁狀若橘其南北軸短于赤道徑然所差甚小不過三百分之一設以木彷此作徑十五寸之球其差不過二十分寸之一雖目力甚精者亦難辨故恆以球稱之必細度始知非正球也

地之狀若此故若非依赤道平剖之其面皆非正圜而爲

橢圜，人居地面，舍二極外，所見地面界亦非正圜，但所差
甚微，目既不能覺，深度尺亦不能辨，苟不知測地球大小
法，則地非正球亦不能知也。
圜之周徑率為三一四一五九二六與一之比例，故若地
為正球，則測得其大圈為幾里幾尺，即知其徑若干，而但
測大圈之一分，即可知全周，如測一度，即知三百六十度
也。故若依子午圈細測一度之里數，即全周可知。然地面
無表，亦無準繩，指南針不能無小差，亦無用，則何以能知
度分？何以能不離子午圈？故法當用地外之表，恆星是也。
恆星距極度可查，故測其高度，即知本地極出地度，乃依

子午圈向南或向北，至極出地差一度，計其所過里數，即
三百六十分地球大圈之一也。
用子午儀，則逐秒知子午圈之方向，雖地面有諸阻礙，不
能盡依子午圈行，然其差可知，即能算而除去之。
用上法量子午圈度分之里數最簡要，但不能步步築星
臺，故二測處相去不能恰得一度，然此亦無須，可任意築
星臺相去或一度或二三度，或度下帶奇零，俱可。測星之
高度須精心細察，不可令有差，蓋在一度為小差，在全周
則三百六十倍，在全徑則一百十五倍，即積成大差也。故
二測處須取一星近本處天頂者測之，則蒙氣小，生差甚

微，幾若無也。見一百二十八條之圖。設一處測此星過天頂，一處測
此星過子午圈時距天頂或南一度或北一度，則知二處
地面緯度差一度，一度之二界已知，即有法量其里數。凡
數定地面一度之二界，有微差必不能大于測星距天頂
度之微差，而精心細測，所差不能過半秒。設二處相去五
度，而地面每度之差為一丈，用此差并二處之測差各半
秒，以推地之全徑，其差僅約二里耳。
右測地球大小法，蓋以地為正球，子午圈上每度長短俱
相等也。乃如法依子午圈逐度量其距，則其差大于上所
言，且逐度不同，故知地非正球。今取各國天文名家用最

精器測得之數，列表于左。

國名		弧線中點之緯（度 分 秒）	弧線之度（度 分 秒）	弧線之尺	弧中線一度尺數率
瑞顛	愛白	丄六六 二〇 一〇	一 三七 一九·六	五八五一四九	三六〇七三三
瑞顛	愛	丄六六 一九 三七	五七 三〇·四	三四七〇一二	三六二〇五七
俄羅斯	愛	丄五八 一七 三七	三 三五 五·二	一二九一七九九	三六〇三六二
俄羅斯	白	丄五六 三 五五·五	八 二 二八·九	二八九七一九六	三六〇二八七
普魯士	白	丄五四 五八 二六	一 三〇 二九	五四三五二三	三六〇四一四
嗹	白	丄五四 八 一三·七	一 三一 五三·三	五五一四六一	三六〇〇八五
阿諾威	愛白	丄五二 三二 一六·六	二 〇 五七·四	七二六三三六	三六〇二九五
英	愛	丄五二 三五 四五	三 五七 一三·一	一四二三一八五	三五九九七一
英	白	丄五二 二 一九·四	二 五〇 二三·五	一〇二二二一〇	三五九九五一
法蘭西	愛	丄四六 五二 二	八 二〇 〇·三	二九九八九四九	三五九八七三
法蘭西	愛白	丄四四 五一 二·五	一二 二二 一二·七	四四四八〇四五	三五九五七七
羅馬	愛	丄四二 五九	二 九 四七	七七七一二五	三五九二七二
米利堅	愛	丄三九 一二	一 二八 四五	五三〇七二八	三五八八〇二
印度	愛白	丄一六 八 二一·五	一五 五七 四〇·七	五七一五二一二	三五八〇七〇
印度	愛白	丄一二 三二 二〇·八	一 三四 五六·四	五六六四五〇	三五七九八四
秘魯	愛白	丅一 三一 〇·四	三 七 三·五	一一一五五五五	三五七八二〇
岌朴敦	愛	丅三三 一八 三〇	一 一三 一七·五	四三九四〇三	三五九七一六
岌朴敦	白	丅三五 四三 二〇	三 三四 三四·七	一二八四一五六	三五九〇七二

表中識愛白二字者，指愛里、白西勒推算之所用，或同或異也。
測地球弧線諸家表：
瑞顛一，恩凡白；二，摩伯多、
俄羅斯一，斯得路佛；二，斯得路佛、教納、
普魯士，白西勒、倍爾、
嗹，書瑪割、
阿諾威，高斯、
英羅衣、迦得、
法蘭西一，拉該勒、葛西尼；二，特湼勒、墨商、
羅馬，薄思各維、
米利堅，梅森、迭格孫、
印度一，蘭敦；二，蘭敦、哀佛勒斯、
秘魯，拉工、大民部、額
岌朴敦一，拉該勒；二，馬格釐、

末行數以前二行數比例而得此法若弧線太大則不甚密觀表中二五兩行知緯度愈大度之尺數亦愈大故近極最大近赤道最小準此推之得地之形狀

假如以木作一地球象不許以規尺度球之各相對二點而欲知其是正球否則當別用法測之法製一薄銅板其底微凹置于甲密合無縫乃移于球之各處試之若俱密合則爲正球設有時其下中空如乙有時兩端空如丙是乙平于甲丙凸于甲則非正球也木球面以銅板測之猶之地球面逐度測之也蓋曲面逐點之切線方向俱不同地若爲正球則向前行所過里數同地面之切線變方向其角度亦同今測地或前後所行二里數同則所變方向二角度不同又或前後變方向其角度同則二次所行里數不同故知地球子午圈赤道凸于二極而地非正球乃扁橢球也如圖卯甲乙丁戊巳爲依子午圈割地球之面丙爲心卯甲乙丁庚戊爲子午圈內三段皆容緯一度卽人行子午圈測極高弧各差一度也卯爲極戊爲赤道卯卯甲甲乙乙子丁庚庚戊戊爲

卯甲乙丁庚戊地面六點之垂線六點之切線必正交諸垂線諸垂線引長之兩兩相交于天地人三點卯天甲乙地丁庚人戊俱爲一度之角故甲卯丁乙戊庚皆可當作平圜一度之弧其心卽天地人以幾何言之此三點爲曲率之心天卯等于天甲地乙等于地丁人庚等于人戊皆爲曲率半徑故諸點之曲率可測而知凡大小正圜其等角弧之比若半徑之比今卯甲弧長于乙丁弧乙丁弧長于庚戊弧故卯天半徑大于乙地半徑乙地半徑大于戊人半徑故諸垂線之交點不能在圜心丙而在天地人三點此三點同在一曲線內此曲線爲卯甲乙丁庚戊曲線之毋曲線乃諸曲率心點之聯線

凡圜面一徑略短而其正交之徑略長則爲橢圜故子午圈非正圜而微橢其短徑卯申卽地軸長徑戊巳卽赤道徑蓋因地球自轉于卯申軸而成此形也此與從極至赤道逐度漸大之里數密合凡橢圜長徑端之曲率半徑最小短徑端之曲率半徑最大準幾何凡橢圜可因曲率變之比例而定長短二徑之比例亦可任取一處之度度其長若干而定其二徑之長若干今不細論但本此攷幾何家用所度緯度之里數推地球二徑近有二家一爲白西勒取十一弧推之一爲愛里取十三弧推之其數如

赤道徑四千一百二十五萬二千九百六十一尺即二萬二千九百十八里三一

二極徑四千一百十一萬五千零八十尺即二萬二千八百四十一里七一

二徑之較十三萬七千七百八十三尺即七十六里四六

二徑比例率二百九十九○一五二百九十八○一五

右白西勒推得之數

赤道徑四千一百二十五萬三千一百九十三尺即二萬二千九百十八里四四

二極徑四千一百十一萬五千三百七十二尺即二萬二千八百四十一里八七

二徑之較十三萬七千八百二十一尺即七十六里五六

二徑比例率二百九十九○三三二百九十八○三三

右愛里推得之數

前卷約言地球徑二萬一千七百八十里以今測較之實略小其較爲一千一百三十八里約差二十分之一也大略一度得二百里共三十六萬尺二秒得一千五百尺地赤道之周爲七萬二千里其扁率約三百分赤道徑之一依軸線剖地球意其面必爲橢圜以前所列諸數攷之而信雖間有不合處大于測量之差然較之正球差甚小矣其不合處或因地勢所生或更有他故耳

續作前表之數後至今疇人攷得地球之眞形與大小益明取大弧線二以測量地球之面一弧線過俄羅斯國長二十五度二十分一弧線過印度國長二十一度二十分近時武官格拉格將各處所測地面之度數以推算法合成一帙其說曰地球非是正扁橢圜體而當赤道亦略橢其長徑四千一百二十五萬八千五百五十三尺其短徑四千一百二十四萬八千九百二十四尺赤道周之橢率爲四千二百八十三分之一長徑約大於短徑五里有半長徑之兩端一在西經二百零二度

五分一在東經七十七度五十五分短徑之兩端一在西經十二度五分一在東經一百六十七度五十五分地球南北極相對之徑四千一百一十一萬五千五百四十五尺故經圈之橢最多者橢率爲二千八百七十五分之一經圈之橢最少者橢率爲三千零八十三之一書白得將軍另用別法推之所得略同惟赤道圜之橢率爲八千八百八十五分之一長徑之兩端則在格拉格所得者之東二十六度四十一分依俄國印度國法國三處大弧線推得地球之南北極相對之徑一爲四千一百一十一萬八千七百二十三尺二爲四千一

百一十二萬零二百一十六尺一爲四千一百一十萬五千三百九十一尺取此三數之中數略得四千一百一十一萬六千四百四十六尺再取此數與格拉格所得數之中數爲四千一百一十一萬五千九百九十六尺略近於四千一百一十一萬六千尺

故地球自轉所當生之形與測得之數相符故定地爲扁球無可疑議設云地爲正球不動各處之質俱相同統地面之海等深如此輕重相抵定水不流若移二極多質于赤道令極與赤道之徑差七十六里令赤道上成山與洲然水必流向二極此理易明蓋定質隨所置而定而流質

則一若在高山必流向下也如此二極必成大海而赤道爲高地以環之乃今赤道與二極皆有海而海面距地心赤道多于二極三十八里未嘗背赤道向極流此必有力攝之若正球不動不當有此力故地球必動此與地形扁圜及地自轉之說俱合其理詳下

凡重物旋行每欲離心名曰離心力試以繩一端繫石手執一端旋舞空中其理自見又試懸桶水于繩旋轉其桶水面必中凹蓋水之諸點皆欲離軸向外行故積于桶之四邊而漸高至離心力與抵力相等而止若

轉漸緩則四邊之水漸降中心之水漸升而凹漸小其水而恆如玻璃無波至轉定而平故設地爲正球靜而不動四周有海其深俱等忽令自轉由緩而速至十二時行一周水之諸點生離心力皆欲離軸勢必四面散飛試于雨中轉其繖繖上之水皆四面散飛此其證也然有重力阻之水恆欲離軸而又不能故常離兩極向赤道成凸勢與趨桶邊之理同焉水恆趨赤道令兩極生夾力而當赤道有地心攝力二力相等故水之凸勢不變如此二極必有大地而無水故地形若爲扁球而不自轉則水必向二極赤道必有大地若爲正球而轉則水必向赤道二極必有

大地

海水衝激堤岸漸被消蝕成泥沙石子沉海底察地家攷今所有大洲皆如此蓋陸地被海水蝕盡成泥復積成大洲非一次矣地面陸地無一定之處今所有高地久必壞故地之形狀依等重之理屢變設地球不動則赤道所有大洲必漸壞其質移至二極成正球設地球復動則極上之高地必漸壞其質移至赤道成扁球與今之形同

已知地球大小及自轉時分則離心力亦可知赤道上無論何物其離心力爲向心力二百八十九分之一赤道上之海水必依此而輕故所居之面高于極上極上無離心

力海水必依此而重故所居之面低于赤道上幾何家曾準此理推之謂地體若各處等重或有一分水或全體皆水自轉二十四小時一周當成此形算數所得與測驗所得約畧相近故若能明知地中之質則算與測當無絲毫差也

地形扁圓乃地球自轉之明證昔人言地球自轉但用以解每日恆星繞地耳未嘗及此理然已知自轉卽可爲扁球之證自轉與球扁理相關如此初奈端用自轉之理推地之形謂當爲扁球時尚未測量也今旣測量而知奈氏之說果不謬

離心力必減地面諸物之重力當赤道上所減最大漸遠赤道漸小至二極而無故凡物南北移置緯度變重力亦變曾于各緯度測其輕重故能定其級數物至二極增重最大比赤道重一百九十四分之一從赤道行至極加重之比若各地緯度正弦冪之比

各緯度測物之輕重不能用天平及秤蓋二器皆用此重測彼重彼重變此重亦變故不能用也假如有物在赤道重一百九十四觔移至極重一百九十五觔若用天平于赤道平之移至極加法碼一觔必偏重不能平矣設有重物懸于赤道如天其索過滑車甲又過滑車乙至北極過

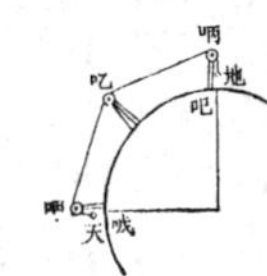

滑車丙亦懸以重物如地設此二重在赤道或在北極用天平平之輕重相等則如圖懸之必不能相定地重必向下行若于天重加一百九十四分之一則定矣

故各緯度測物之輕重必用別器一用簧簧力不隨地面而變也如圖甲乙丙爲銅曲尺與底板戊丁連爲一體板內鑲以光面白瑪瑙如丁置板用酒準令極平庚爲螺線簧懸于尺之鈎丙已爲圜體重

物底下須極光先于緯度最大之地懸簧及重物令已丁相距僅一絲復以微重物遞加于已令丁已相切而止乃去微重及已重又輕輕去簧裝于匣內于路須謹愼防護勿令生鏽亦勿動搖至緯度漸小之地再懸簧懸已重并前所加諸微重必不能復切瑪瑙再遞加微重令復切瑪瑙而止則後加微重爲已重前所加微重并簧三重和二地重力之較設螺線簧之力連本體能懸一萬分伸縮一寸不壞則加一分重能加長一萬分寸之一其數易測故不論何處測其重力其差不能過一萬分寸之一此靜重學之理也

一用鐘擺凡同一鐘擺用大小二力擺動之則同時分中擺動之次數不同置于緯度大小二地擺動之亦然因重力有大小也其二力之比若二次數平方之比假如用一擺置赤道上一太陽平日擺動八萬六千四百次移置倫敦擺動八萬六千五百三十五次則赤道與倫敦二處重力之比若八萬六千四百自乘數與八萬六千五百三十五自乘數之比約之若一與一○○三一五之比故倫敦有體質十萬觔與赤道上體質十萬零三百十五觔二重力相等此動重學之理也

各緯度用上法細測知赤道與二極重力較數爲一百九十四分之一此與赤道離心力數二百八十九分之一不合二數之較爲重力五百九十分之一蓋地球自轉生離心力離心力令地成扁球扁球變地面之攝力而生此較數攝力雖一而分爲二一直加一傳遞而加直加易推傳加須用幾何精理解之別有專書今略言其理凡物不論離心力但論其重卽地之攝力奈端論攝力云諸質點非其向一心乃各點爲餘諸點所攝故地攝地面之物非用一力而用地球中各點所生之諸力也若地爲正球則物不論在地面何處所得攝力皆等因所有諸質點之方向皆相似故也今地爲扁球則地面各點所有諸質點之方

向各不相似則所得攝力亦各不同故設有二等體一在赤道一在極則二體與扁球相關之理大不同球攝此二體其力亦不同測而推其數與說合此乃數學中理之最深者奈端麥祿林格來老諸家俱詳推之從赤道至北極若無離心力當加重五百九十分之一依其數再加離心力則爲一百九十四分之一

地面有恆風爲航海者所必需西人名之曰貿易風此風之生其故有二一地面赤緯度不同受太陽之熱氣亦不同二流質之公理熱則漲大而輕冷則縮小而重準此二故合地球東西自轉卽能明此風之理蓋二至圈中間之地太陽恆正照故地面恆熱于他處傳入氣中氣得熱則漲大輕而上升二至圈外南北之冷氣重輒來補之已升之氣高出氣而卽分流向二極漸遠赤道漸冷漸降以補前氣向赤道之空如此上下循環流轉不息

續自二至圈向赤道其空氣之壓力遞減在赤道上風雨表之水銀恆低于溫帶五分寸之一乃實據也

地球自轉當赤道之地面最速漸遠赤道漸遲各緯度地面之速率比若各距等圈比當無風時非氣停也乃隨地而轉似氣不動耳近極之氣行至赤道其向東本速遲于近赤道之地面必一若風逆行自東而西故地球若不自

轉則赤道北恆北風其南恆南風今因自轉故北恆東北風南恆東南風也二至圈外之氣若忽移至赤道兩地之速率不同必激成颶風然恆徐徐行沿路爲地面所攝速率漸增若畧停不行則速率驟增必與所停之地面同速蓋包地之氣甚薄見卷一凡八乘輕氣球上升條其積較地球積約僅一億分之一故地面攝之東行甚易其原動力若非恆有新生則易消盡也近赤道距等圈大小之差甚微故風西行之方向漸消至赤道而消盡而南北二風相遇若無他故其方向亦必互相消盡故赤道上應無風左右有二大帶在北者恆東北風在南者恆東南風驗之悉合

或問曰此二大帶之風恆與地面逆行則必磨地面而令地轉漸遲以至于停今地轉不變何也曰赤道上面之氣流向二極其向東速于各緯度地面故降至地面在北爲西南風在南爲西北風則必磨地面令地轉漸速與前恰相消故地轉不變溫帶中多西風西南風大西洋之北恆有西風皆其證也

續大緯度帶內緯較不甚多之兩緯圈已大不同設有故而使北半球數方度內之空氣自北極移向赤道而行人在近赤道之帶內必初覺有風正自北極來繼必漸改至自東來此因初來之風自相近處所來其轉速與人所在處相同故略無向西行後來之風自漸北之緯度所來其轉速小於人所在之處故漸後於人所在處地面之東行而人漸覺爲東風也因此初有北風不能久存必漸改而東其方向由子而丑而寅也風若自赤道向極則方向之漸變相反初爲南風漸變向西其方向由午而未而申也南半球之空氣與此同理而各相反故在二至圈內之帶其風之方向漸變恆有一定而同於太陽繞行之方向以測候學之據推之亦確合故可無疑也

最大之颶風吹掃地面海面有絕大之力幾與地震相將赤爲此之大據蓋颶風之發也緣北半球之某處或陸或海受日熱獨多于周圍故空氣甚熱而成柱上升風雨表即降周圍之空氣速即衝來以補其虛其自東自西所來者同得地面自轉之動各至中心即相遇而直上升其自北來者漸近力即漸小其自東北來者向西之力必漸加其自西北來者向東之力必漸減故其自北來者略總得自東向西之動其自南來者略總得自西向東之動故南北兩風相遇必成圈形繞立軸旋轉而上升其旋轉之方向自北而西而南而東此因地球自轉之故也若地球靜而不自轉則周圍之氣衝來

之力相平而同直至中心相遇上升必不能成圜形也其圜形上升而旋轉之方向在北半球者與時辰表針之行相反在南半球者與時辰表針之行相同其圜形所現之風力與所有成其圜形之風力有比遠赤道之處日熱小而所成空氣柱上升之力不能大近赤道之處日熱雖大而地面轉動之較不多所成空氣柱旋轉之力不能大難成圜形故圜形旋轉之力最大者必在遠近之中處攷大西洋中及米利堅國西印度島之西邊印度洋中國南海颶風羊角風之故其廣大而暴猛在兩半球恆相同赤道無此風與上理悉合來特非爾

黎特畢丁登三人攷得此理爲地球自轉之大據也

近時富告得亦攷得與此相似者非地球自轉不能解釋也法以長細鐵線掛重鉛球於屋梁之下球下置平面鐵線下端連棉線合子午線橫引而繫定之將火燒斷棉線則鉛球合子午線移過絕無東西之動細察其動在其下平面之上作多點記其相對之行跡初時專向東西數分時後則行跡已變若在北半球行跡之北端漸向東南端漸向西在南半球則反是其行跡之變數動之後已然惟微而難見耳依動重學之理平面若不動則鉛球之行跡在平面必成直線今乃漸變而行

曲線如甲圖其各次行跡之曲線俱相交於中心知平面必有動也設鉛球初動時微有東西動必與此甲圖不合而成諸長橢圓線或橢螺線不交於中心而環繞中心如乙圖其初動偶偏於何方向則行跡之方向隨之反之若球之行跡絕不變而球下之平面自北而西逆行則球之行跡在平面上必與甲圖合地球自轉則平面實有如此之動而目不見也蓋地球向東自轉故全平面隨之行過南北兩邊不能平行

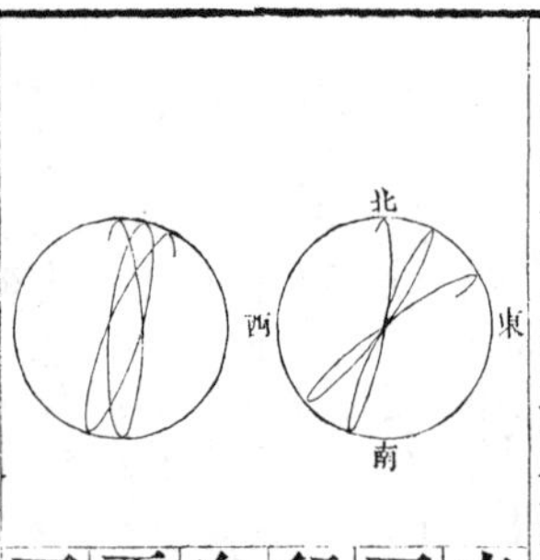

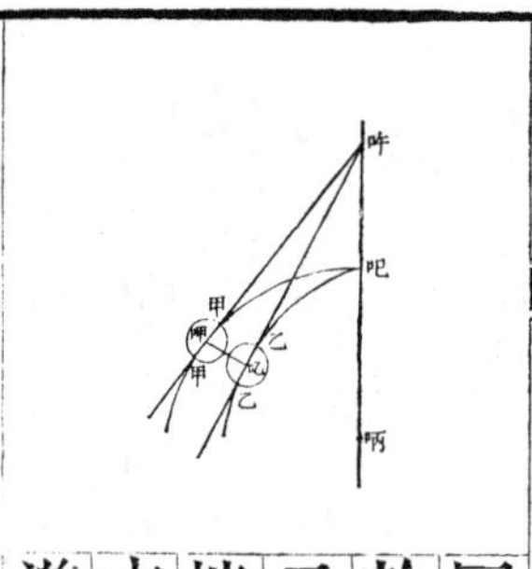

同在某時中南邊向東之動必多於北邊其所旋轉之角度與南北二邊移動之較相配也平面適在地球之極則二邊之較最大僅在本處旋轉而不移動平面適在赤道則二邊之較無而絕不旋轉故甲圖之理在緯度大之處更易見也以圖之吧爲北極呐爲地心呐吧吽爲引長之地軸呷吃爲平面在歷一分時所在之二處此時中子午線呷吧已繞吧點過十五分之角而至吃吧其呷吃與地面既爲切面則或在

呷點或在吃點引長其面必遇軸線於咋假設一圓錐形以咋爲頂點以呷吃爲底則一分時中所過之呷咋吃面爲圓錐面之一分而呷吃平面又爲此面內之一分其平面自呷以咋點爲樞環繞而至吃則其經線甲甲必移至乙乙成呷咋吃角也故在地球之兩極則其角最大因原平面以中心旋轉也在赤道則其角小至無因圓錐形之頂點無窮遠也

富告得剏造之環繞器亦可徵地球之自轉凡體環繞其軸而自轉有不肯改其自轉面之性如無外力强動之則可久存其方位而不改如圖呷吃爲銅圓板之剖面內心薄而外邊甚厚哂叮爲軸定於板之中心而正交兩端在銅環之小孔內能旋轉銅環外又有二樞與軸孔之方向正交此二樞在半環哦咦吧兩端之二孔內半環中點咦繫以不能絞之絲線上繫活鉤鉤於鋼架端之碼磁小杯內造此器之工宜極精必面阻力極小且能眞相定乃使其圓板速旋轉而任其自轉板重而旋轉極速則可久轉不停而方向久不改故

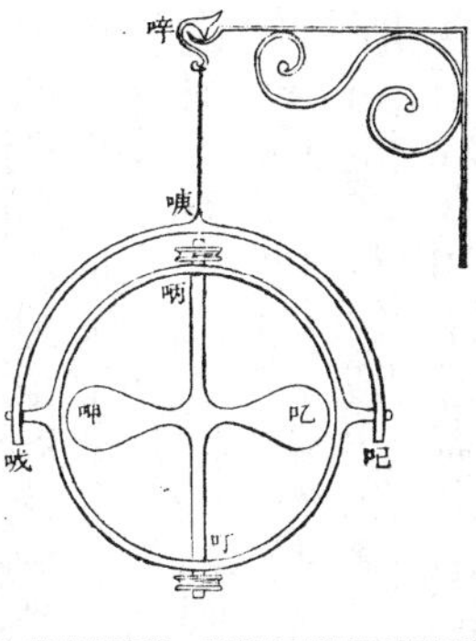

可徵地球之自轉也蓋其樞與掛點絕無面阻力不能改其旋轉之平面故轉軸哂叮之方向可久不改而久平行假如在某時哂叮軸指某恆星若以地爲不自轉而恆星繞地行動則少頃之後其星必已在軸所指之點之前而軸與地之方向則絕不改若以地爲自轉而恆星不動則星必久對軸所指之點而軸與地面之方向則少頃之後而已覺其改圓板之旋轉若能一日夜不停則軸能指定恆星在地平之上下行成一周以此徵地球之自轉更無疑義矣

若能使其圓板之軸不離與地平有定度之平面如正合地面或合經線之面則依動重學之理得圓板旋轉與地球自轉之并力此理詳於卜爲勃所撰咸豐五年四月英國天學公會之月册茲姑不論惟此器速轉之時其轉軸有不肯改方向之性甚大可用簡法明之將二尺徑之地球自其架取出雙手執其銅環使銅環與地面平行另使人速轉其球若不改其軸之方向則手中覺其重與不轉之時同若改其軸之方向無論依地平面或立平面或斜平面皆覺其球現不肯動之大力與球不轉時大異似球爲活物欲自手中躍出者又似有小牲在球內現力者又似球不以重心而掛者也又

將球速轉而用手扶其銅環使直立而輥於地面則覺其球不肯直行必扶之始能循直線而行也若將環直立而合地球之子午線軸合地平使球旋轉合視天繞行之方向以二指輕夾環之頂使輥向北則必覺球漸向東而環在地面行之跡與時辰表針之轉相合使輥向南則其跡與時辰針之轉相反在上向下視之似球之軸上升之端隨地球自轉而動者

欲作地球或地圖當詳攷陸海之界限大洲羣島之位置山脈河流之方向城郭部落之形勢而尤當知各處之經緯度知緯度則知各處之距極與赤道知經度則知各處所居之午線

定球上每處之位置其緯度乃本處午線上距赤道之度分亦卽極出地之度分然地為扁球故緯度不過用以測量與地之形像不合作地圖無論全體或一段當知緯度之較同里數未必同也

用三角法測地面之形狀先當細定各地之緯度舊法用天頂尺測過子午圈時近天頂之星其星之赤緯可檢表而知故名測量之基星近法用一器略如子午儀而鏡之轉面不與子午圈合而與卯酉圈合如圖甲丙乙丁為地平上天空半球巳為極人為天頂甲乙為子午圈丙丁為卯酉圈午未申為星一日之道巳未過子午圈時星在未距極巳未略大于天頂距極度巳人星過卯酉圈在午申二點若器極準則恰當遠鏡中間之界線上詳前卷子午儀條二次至界線中間之時分卽過午未申度之時分故知時分卽知極上午巳申角卽午未申弧度也已知午巳申角或午巳未半角及星距極巳午用午人巳正弧三角推之可得天頂距極度巳人卽本地餘緯也此法之妙有三

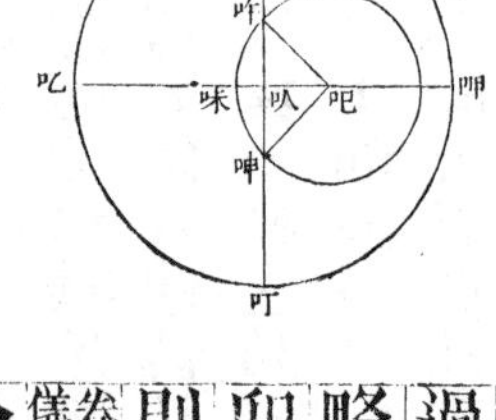

緯度之弧不須測可免察度細分之差一也午未申弧較其矢未人甚大未人卽本地天頂與星二緯度之較是測大而知小故午未申卽有大差未人之差必甚小二也此器測天有器差可不論反鏡測之卽相消三也

定各地之緯度易定各地之經度難假如二地同在一子午圈內則所見各星道交地面之角與地面割星道所分上下二分及高度兩地俱不同若二地同在一距等圈內則所見各星道交地面之角與地面割星道所分上下二分及高度兩地俱同故曰定緯度易定經度難也然二地緯度同同時測天所見半天球必不能相同假如二地同

在赤道上相去一象限同時中在東之地見一星在天頂則在西之地必見此星初出地平歷六小時方至天頂也故若能知此地星過子午圈與彼地星過子午圈二時之較即知二地之經度較假如星過甲地子午圈後歷一小時過乙地子午圈一小時當弧線十五度即知乙地在甲地西十五度也

欲明測定經度法當先知繞地球之公時及各地之星時取黃道之一點為時之元點推日平行距元點若干度分得若干日時名分點時乃地球之公時也春分在子午圈為○刻○分○秒乃各地之星時也西國有恆星鐘表春

分在子午圈為針之始各星距分點俱有一定度分歷家時測大星以攷恆星鐘表有微差即改之故各地之恆星時無纖毫差也設有二人于甲乙二地各測大星以正恆星表令二分至子午圈時表針正指○刻○分○秒乃取二表並置一處視其二時之較即星自甲子午圈至乙子午圈之時分化為度分即兩地經度較也

鐘表有擺盪移震動必生差而海船所用之度時表獨不生差故莫如以度時表與甲地恆星表較其時攜至乙地復與乙地恆星表較其時即得二恆星表之時較測經度之法無妙于此者

假如在甲地分點至子午圈時令度時表針指○刻○分○秒西行歷二十四恆星小時過十五度至乙則度時表之針仍行至○時而分點仍在甲地子午圈上必再歷一小時方至乙地子午圈然表之針已不指○時而指一時矣是度時表之時必先天也若東行則必後天

設人向西行繞地一周復至本處則計月日必少一日如至日實初二必誤為初一也蓋所謂晝夜者因日出入而生實則因地球自轉而生也地自轉人隨之而轉歷明暗二界而成一晝夜轉若干周即有若干晝夜若人繞地一周與地自轉方向同則較地必多轉一周與地自轉方向

逆則較地必少轉一周多轉一周必多一日少轉一周必少一日又方向與地轉同所得晝夜必短于眞晝夜與地轉逆所得晝夜必長于眞晝夜所以二地同在一子午圈上緯度遠者其歷書或差一日蓋其民古時一自東而來一自西而來二地之民偶相會見始知也若繞地而用黃道時即無此差矣

度時表雖極精然遠行日久或偶有差不能知則亦未足憑或用數表比勘可令差略小然費大煩且亦不能消盡故測定經度用通標更妙于度時表何謂通標甲乙二地俱建星臺可互相望見各以法測定本處之時正其鐘表

甲地驗鐘表至某時即發標以報乙地乙地即驗鐘表察二地之時差即知二地之經度較如甲地之針指恆星時五小時乙地之針指恆星時五小時四分則兩地之時較爲四分化爲度分得一度即兩地之經度較或累次測時連發標以相比勘則鐘表之差可消盡更妙也標或用花爆當憑地勢而異令彼此可望見海面距四百三四十里放花爆能見有山之地以瓢貯火藥發于山頂望見之地更遠有時火光上照雲則望見之地更遠今用電氣通標無論遠近俱能比勘鐘表之時則更精矣

續咸豐四年用此法測固林爲志與巴黎斯經度之較二十九次其最差之一次所差者約四分秒之一

無電氣通標之處兩地中間另取一地發標令兩地皆見之或兩地中間取相連數地相間發標則兩地相去任何遠任有何阻隔俱能比勘鐘表時亦妙法也如圖甲人爲最遠二地中間取乙丙丁戊已五地乙地于某時放花爆甲丙二地各驗度時

呷 𠮙 哂 叮 哦 叱 嗹

表丁地于某時又放花爆丙戊二地各驗度時表已地于某時又放花爆戊人二地各驗度時表則甲丙二地之時差望乙標而定丙戊二地之時差望丁標而定戊人二地之時差望已標而定并三時差即得甲人二地之時差乙丁已三地以次發標每次遲早相去不及一刻表差不大又累次連發則得數之差可消去

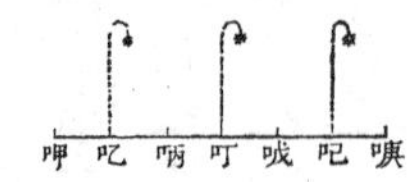

用奔星代發標最妙奔星自發至隱歷時無幾二地雖極遠可同見立秋後二三兩夜立冬後五六兩夜奔星最多二地可預期約同測之

指南針有時忽自動偏而復正數萬里內皆同時而動或統地球皆同亦未可知今諸國常觀針候之若果同用以測經度差法無妙于此者

木星月蝕半地球同見之乃自然之標也此事臺官已預推得一定之時故不必多地多人但一人于一地測之即能知本地之經度也然此法非最密又海舶搖盪測亦不便

測月離亦可以定各地經度月之動法甚繁今不細論略以其理淺言之譬如有時表其針恆指京師之時則無論何處已測知本地之時與此表之時相較即可知本地經度又設此表面其周記分秒之刻識非勻分且表針之軸又不在中心而針之轉又非平速則欲知表之時當先知三事一表周時分當先測定造立成以記之二針軸距中心若干三表內之巧機以定逐時速率知何時何分當轉

若干度知此三事方能知此表所指之時夫天空界時表之面也諸恆星表面分秒之刻識也月表之針也月繞楕員之一心是針軸不在中心也月行有遲速是針不以平速轉也月行之差甚繁其根之理極深妙即表中之機巧也月一月約行一周行時或掩星或出二星之間不論何時可用紀限儀測之如用規尺量表面之針也又月甚近地星甚遠地人在地面見月行于星中之道各處不同所謂里差當以地心所見月道爲準各地須推其差角而加減之此譬針不貼表面相離甚遠人立于旁側視則見針所指必生大差須知己目視線之方向而推正之方得眞

時也有表如此用之甚難然憑此表能知至難知之事則實爲至寶當殫心竭力以攷察上所言諸事矣猶之月離可憑之定經度故不憚詳攷其行法列爲表細載某月某日某時某分某秒月離何處經緯度各若干又詳攷各處月道之里差以近月道諸星距月各地之角差列爲表從此無論或居陸地或在海中但測月距表中諸星之度又知本處之時即知各處星臺距本地之經度

準上諸法則一切要地之經緯度可定中間之地可細測量以作圖今量地之法最便捷法分大地面爲諸三角形令諸角俱可彼此相望用地平尺測其角先用法測定一邊爲三角底底約以六十里爲率不可太長底之二端爲測量處須擇極平之地用金版鑲于太平石內而精測其底長旣確準乃各作點于金版上次測其底交午線之角度次測二端之經緯度依此連作三角形如圖甲乙爲底辰丙爲地面二點甲乙俱能望見之辰點最近底有星臺便測也丁戊己庚辛子爲地面附近各點已測定甲乙丙三角形之底甲乙及其三角則甲丙乙丙二邊亦可知復以二邊爲甲丙庚乙丙己

二三角形之二底各測定其角則二形之餘邊甲庚丙庚丙己乙己皆可知復以丙庚丙己爲庚丙己三角形之二邊測定庚丙己角則餘邊庚己亦可知餘倣此可推無數三角形以作一國或一洲全地圖

右法有二要須知一當擇地令三角略相等如子乙巳形從乙子二點測定巳點大不便因巳角太銳故測子角之度若小差則乙巳線上之巳點必大差所以三角若大不等不適于用也能免此病則測與量無大異故愈遠第一三角形可愈用大邊爲底如庚巳庚辛辛子三邊是也後測所得地面漸大于初測所得地面則分一國之地爲諸

三角形亦不甚繁大約其邊自三百里至九百里俱可諸大邊已測定可更分爲諸小形而細測之若欲作圖極細可分至最小形令一人可測則作圖最密矣二諸三角形非平面皆弧三角也小形之邊四十五至六十里不甚覺若大形不能作平算也如圖戊爲地心甲乙丙爲球面三點甲巳午爲戊甲戊乙巳戊丙午引長三半徑之三點若于甲點置地平尺極正無差則地平環之軸必指戊而其面與甲點之切線合割戊乙巳戊丙午二半徑引長線于寅卯二點轉遠鏡先對巳後對午視地平環上之度不得巳甲午角而得地平經寅甲卯角即弧三角形之乙甲丙角故凡測地面所得三角之和必大于一百八十度若平三角則止一百八十度不當有餘度也此地形爲球之證地面高卑不一各處以海面爲準

作地圖乃于平面畫球面悉依視法有處當大有處當小與地面之眞大小比例俱不合作圖有三法一曰簡平儀法如圖以球腰之平面爲準于半球面各點作線正交此平面憑之作圖此如遠見球之半近中心則與眞形合漸近地則漸變狹而不合故此法可作地面小分圖若作大分圖不甚妙也

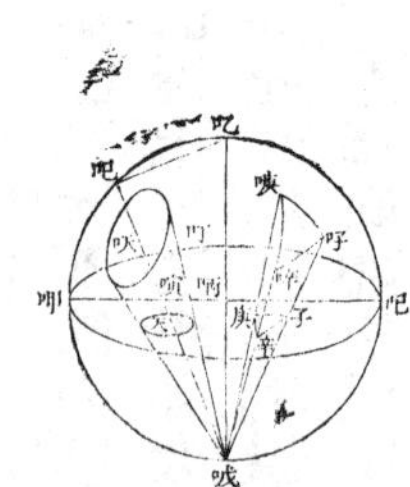

二曰渾蓋通憲法如圖亦以球腰之平面甲丁巳爲準甲乙巳半球面之物各點俱作線至對半球之中點戊取過平面諸點憑之作圖如庚辛子三角形爲庚辛子三角形天員面爲天員面而甲乙巳半圓線爲甲丙巳直線此法如人目在戊點窺半球之凹面球面之形在平面俱略相似無大差勝于簡平儀法三曰墨加禱人名法乃以意造之以赤道爲直線諸經線正交赤道皆爲直線經緯度大小俱同此法亦可作地面小分圖而大分不合愈近極愈不合也

續

又法其理甚簡知某地面或某星之經緯度則易畫於

圖內或觀圖內之某地面或某星亦易知其經緯度法以半徑平分九十分每分各爲距極之度作同心諸圈過其各分爲緯度圈作各半徑爲經度圈此法作地圖則不同處而等面積者在圖內之比例畧合且較諸別法更近于眞形雖作多于半球之圖其差亦不過大也哲密司設新法可作三分球之二之圖亦能如此又法圖面各相等之面積與球面各相等之面積相配有時用此爲便（侯失勒在好望角測天記內第十一圖用此法顯星圖之位置）法依任何比例取正弦之三十分與一度與一度三十分至於四十五度爲半徑同以一點爲心作圓線可爲一度與二度與三度至於九十度之各緯度圈也

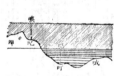

于球面畫大洲及海可平分全地球爲二諸大洲在半球諸洋面在半球英京倫敦約居諸大洲半球之中如是分球爲天學中之要事蓋準此知地兩半球之質輕重不等也土本重于水則大洲半球當重于洋面半球今仍相定與常例若不合然此必別有理須深思之後卷論地與撱圓球應得之輕重不合可與此事互相證明欲詳知地球土面當細測陸地各處高于海面若干海底各處低于海面若干海底之深淺于海舶沉錘測之陸地之高卑用三角法測之或用風雨針測之視水銀升降卽知氣厚薄此與沉錘之理同蓋一用實繩測海底距海面若干一用虛繩測地面距氣面若干也假使地球四周非氣包之而有油包之如甲乙丙丁戊爲積土甲乙丙一段出水面成洲島丙丁戊一段在水下爲海底己丙爲水面庚爲油面設欲測海底任一點丁之深淺法于己沉錘至丁量其繩卽知距海面若干也設欲測陸地乙點之高卑則用繩繫一物上浮油面如庚復于丙點上浮一物二繩之較卽乙距海面也今地外所包者爲氣無從測其面亦不能浮物然凡兩地距海面等則氣之輕重亦等是無面而有面之理設任取地面一點乙欲知其高卑視風雨針水銀高若干則知乙之上面有若干氣壓之依重學之理卽知乙距海面若干高也

上法二地相去不甚遠則可用之若太遠則不合蓋地面有常風令氣層不平與地之高卑相似故有地水銀高于常度而南北海水銀低于常度一寸蓋各處氣俱輕故此處獨重也

續 在急流小河之底有凸出之石水面必成常浪故知流質之面常有高低之狀非奇事也

既測定各地高卑分爲數層各作虛線聯之以海灘爲最下一層最高山頂爲上一層設海盡包陸地極高山頂亦在水中則于水面用垂線測之最高山頂爲最短之線最深壑底爲最長之線是原陸山嶺爲水淺諸層而江湖川瀆爲水深諸層也

近察地家言各大洲若平其山谷改爲大平原則亞西亞高于海面一千一百二十一尺歐羅巴高于海面六百六十一尺北亞墨利加七百三十七尺南亞墨利加一千一百三十五尺

談天卷四終

談天卷五

英國侯失勒原本

英國 偉烈亞力 口譯
海甯 李善蘭 删述
無錫 徐建寅 續述

天圖

測定天空諸曜相距之方向并遠近作圖或球顯其象作表詳其度分較作地球圖表尤易

天空諸星俱可取爲本點而用三角形求他星相距之度與地面之理同推蒙氣差求得眞度方可著于圖表又與地面之山嶺城郭同而安坐一處可盡測半球則較測地

面更易也又有簡法因地球自轉測各星過本地子午圈而準赤道推其經緯度即能一一定某星在天球某點甚密也蓋天球每一點之經緯度與地球每一處之經緯度理無異知星之經緯度能定其星于天球面猶之知某城之經緯度即能定其城于地球面也而用子午圈測星較弧三角法其便有四各星至子午圈高弧最大蒙氣最輕一也測器爲子午儀子午環器差最微二也無論角之銳鈍俱甚便三也用此法測得之數即可著于表不似三角法須推算四也故今天文家恆用此法

欲知星之經度但用子午儀測其過子午圈驗恆星鐘表

之時刻卽得地面可任取一處爲經度所起則作天圖亦可任取一星爲原點不必從春分起也準原點以測時角有時之較卽知他星之經度測諸較有微差當正之方得眞經度法詳後

欲知星之緯度有二法一用牆環或子午環測星過子午圈時之高弧準本地緯度卽知星之緯度一用牆環測星之距極數見卷三與九十度相減卽星之緯度去其蒙氣差方得眞緯度旣得諸曜之經緯度卽可作圖與球

天空諸曜有時時變其處者月之變最速其次爲日其次爲諸行星而恆星則相與之方位恆不變然詳攷歷代測望簿亦有數星小變其處是謂恆星之自動然其動甚遲作不動論亦可故諸曜分爲二類恆星類不變日月行星彗星皆歸行星類時時變作天圖者于圖或球識天空諸曜之處又識天球之極爲天之不動處卽地軸諸平行線之合點又識二分點及赤道之處極點分點及赤道爲虛點虛圈非有星顯之也地軸變則亦隨之變憑之測最便故作球與圖恆識之最妙者造同心大小數天球最外者識諸心于上餘識便測望之諸點與圈當知此諸球任相磨而轉因地軸或他故緩緩變則此諸點及圈與歷代所測之星簿皆合而星之小變不足異其故可攷矣

天空中人人能知者爲天河天河約略成天空大圈一帶中分爲二道復合爲一自古至今其形狀不變近代用遠鏡測之見爲無數小星相聚而成

黃道十二宮之星爲日月諸行星之所經故當論列之設欲于諸星中測日月與諸行星之道當屢測各曜與諸星相近之度作線聯之卽成本星道一似航海者日作海中所行之路圖也日道爲球上一大圈卽黃道也與赤道相交于二點卽春秋分點其交角爲二十三度二十八分太陽自南向北之點爲春分自北向南之點爲秋分也諸行星之道亦周于天球但不若日道之爲大圈而成螺線之一種又易其處卽易其速率與日同者惟皆自西而東也諸行星道恆在黃道兩邊最遠不過八九度火木二道間有數小星不在此例然其體甚微故不論又恆變自古至今黃道相近一帶中各點俱會經過故其道不能著于圖行星之動法最繁因我所居之地亦動故也設居日面觀諸行星則不若是之繁矣蓋居日面觀諸行星動與居地面觀日動無異也是以測日躔爲最要其益非一事而已也攷定其行法準之卽可攷諸星之行法

黃道爲日之視道見日行黃道一周爲一歲歲實三百六十五日六小時九分九秒六此太陽時之數若恆星時則

爲三百六十六日六小時九分九秒六二時之異蓋由每日見太陽與星皆向西行而一年見太陽于黃道則向東行即如太陽西行遲于諸星每日約一度歷一年則見太陽繞地較諸星少一周而太陽時較恆星時少一日也故恆星時與太陽時之比若一〇〇二七三七九一與一之比以此二數測時猶之以二國之尺度物既有定率則便于用也

攷古今測望簿知黃道有小變其故詳後卷但其變甚緩若數百年中作不變論可也

黃道之二極爲球上相對二點距黃道四面俱九十度黃赤二極相距如黃赤交角亦二十三度二十八分名曰黃斜度如圖巳己爲南北二極（凡單言極皆指赤極後倣此）戊甲午亥爲赤道子予爲二黃極亥申甲物爲黃道午亥申角與巳子申午二弧度俱相等爲黃斜度亥爲春分點甲爲秋分點申物俱爲黃道距赤道最遠點名二至點申在黃道最北爲夏至物在最南爲冬至也過黃赤兩極之大圈戊子巳午子巳名二至經圈過二分之子午圈巳亥巳甲名二分經圈準從黃極過諸星之線亦可推諸星之方位理與赤道同此諸線名曰黃經圈黃經圈上星距黃道度分名黃緯度赤經圈距春分度分名黃經度如前圖天爲星巳天未爲過星之赤經圈子天酉爲過星之黃經圈亥未爲星之赤經度未天爲赤緯度亥酉爲星之黃經度酉天爲黃緯度黃道在天球如赤道在地球黃道在諸星中間方位永不變如赤道在地面方位永不變也（詳見後卷）知星之赤道經緯度即可推得黃道經緯度反之亦然如上圖戊子巳午爲二至經圈距春分亥俱九十度亥點即爲二至圈之極故若知赤經度亥未則亦知戊未即戊巳未角亦即子巳天角今設有弧三角形子巳天已知巳子弧即黃斜度亦知巳天弧即星距極亦即赤緯未天之餘度又知子巳天角依三角法可推得餘邊子天及子天二角夫子天弧即黃緯酉天之餘度而巳子天角即申子酉角爲黃經酉亥之餘度是知赤經緯即可推黃經緯也若先知黃經緯亦可反推之此題在天文中其用最廣

設欲知某時黃道交地平之二點及黃平象限即高弧最大之點也及此點距分點之度當準天頂及黃赤二極所成之弧三角形推之如圖人爲天頂即地平之極巳爲赤極戊爲黃極設有恆星時又有黃極赤經度十八時即亦

知人巳戊時角推黃道所在取人巳戊三角形有巳人弧卽天頂赤緯餘度有巳戊弧卽黃赤二極距度二十三度

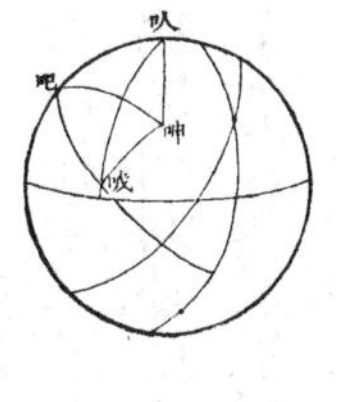

二十八分有人巳戊角卽黃極距午度也依三角法推得人戊弧等于黃平象限之高弧又得巳人戊角爲黃極地平經度以加減九十度卽得黃道交地平二點之地平經度又推得巳戊人角其餘度卽黃平象限之黃經度設欲知星之黃赤二經交角以申爲星用巳申戊三

角形推之巳有巳申巳戊二弧亦有申巳戊角爲星之赤經與二至經線之交角依法可推得巳申戊角卽所求之角也

旣測得諸星中間之黃道亦可知此時春分點亥見黃道之二極條之圖所在此點爲赤道經度所起爲最要點攷歷代測簿知此點時時移動以平速行于黃道自東至西以諸曜每日西行言之則分點恆速于星以東行言之則分點每歲退行五十秒一名歲差雖甚微然積久則大亦天學中一不便事因星表恆須改造故也最古之星表與今星表相較二分點退至三十度今推得二萬五千八百六十八年

行于黃道一周

因有歲差故恆星行星經度俱以平速漸變蓋春分點爲黃赤經度所起此點退後則無論恆星行星經度必俱變也一若天球自轉于黃道極其一周與每日繞赤道極一周相似諸星經度之變非星自動由原點卽春分點退行而然也若任取一恆星爲原點則無此變矣置分點不論但觀赤極屢變其處其故自明無論何時用子午環或牆環任測三星用三角形推之能知赤極所在黃道及他圈俱不論細攷之雖二時甚相近其變不能覺然據理一定有變赤極之變法有多端其一略近平速歲差所由生又有諸

不平速章動詳後所由生此二事本于一根俱因地球自轉而生也歲差之動以平速繞行黃極所行平員之半徑爲二十三度二十八分自東而西一年行五十秒一歷二萬五千八百六十八年而一周觀極有如是行法卽明歲差

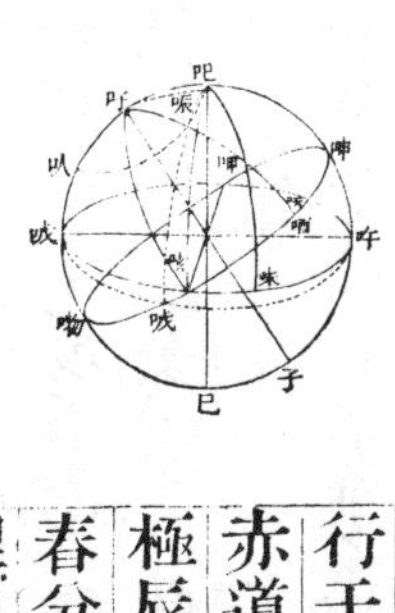

之故矣如圖赤極巳繞黃極子行于小圈巳辰人赤極至辰則赤道戊亥午變成戊戌午距新極辰皆九十度而黃赤交點卽春分自亥西行至戌是歲差之理由于赤極繞黃極行于諸星

間成小圈故天球之轉日日生變而古今所見天球之極恆易其處天極爲地軸諸平行線之合點極旣見有如是之行則地軸必有尖錐形動法其端恆指極所行之小圈地軸變全地球與之同變蓋地軸一如鐵條貫地球其兩端在地面永不變方位故從太古至今地面之緯度永不變而海潮升降亦略無少異此軸與球同變之明證也

準歲差理諸恆星與極有漸近者有漸遠者今之極星昔非恆近于極後亦非恆近于極攷最古之星表此星距極十二度今一度二十四分後必近至半度再後必復漸遠而他星爲極星後一萬二千年織女大星必爲極星最近時距極五度

埃及客塞之地有石築四方大尖堆九其築時迄今約四千年爾時諸星之經度較今少五十五度四十五分推赤極當近右樞相距三度四十四分二十五秒爾時近極諸星中此爲最明則必爲極星攷客塞地北極出地三十度故此星下過客塞子午圈其高度爲二十六度十五分三十五秒近有西士外仕者闢此諸尖堆驗之其大者六俱有隧道斜下與地平交角略同一爲二十六度四十一分一爲二十五度五十五分一爲二十六度二分一爲二十七度一爲二十七度十二分一爲二十八度約得中數爲二十六度四十七分又阿婆媳地二尖堆其隧道與地平交角一爲二十七度五分一爲二十六度當時坐諸隧道底能見極星下過子午圈則此諸尖堆蓋爲測極星而設非漫然築之也

地軸除歲差外別有搖旋之動十九年一周名章動若無歲差則十九年中赤極必行成一小橢圜長徑十八秒五短徑十三秒七四長徑恆向黃極地軸有此動故天空諸星十九年中與赤極必乍近乍遠而分點在黃道必乍進乍退諸星之黃赤二經度必乍加乍減

地軸兼有此二動章動橢圜之長徑一章中依歲差之動

繞黃極行于小圈過若干分此若干分與圈之比若一章與歲差周時之比乃十九倍五十秒一以眞數計之設小圈徑爲二十三度二十八分則得六分二十秒赤極依此二動而行故其道非正圜亦非橢圜而成浪紋之圈（圖見後）

天空諸曜無論或動或定皆有此二差故不能不云地軸之動蓋若惟恆星有此二差則可云恆星天如硬殼以黃極爲心而轉二萬五千八百六十八年而一周又有小動十九年而一終今日月行星俱有此二差則其故舍地軸之動不能解之矣

天空諸曜因上二動其方位時時生變故凡言諸曜之經

緯度必當云在某年又當分別平赤經度眞赤經度眞赤經度者從春分實在之點起算也凡推步皆用一定之元或用正月初一日或用每十年之第一年或用每百年之第一年皆推其時之歲差及章動而定其赤經緯度其推法即前用黃經緯求赤經緯也試依簡平儀法作圖子爲黃極巳爲赤極天爲星已有子巳爲黃赤大距子天爲星之黃緯餘度巳子天角爲星之黃經餘度子天不變餘二數俱因歲差章

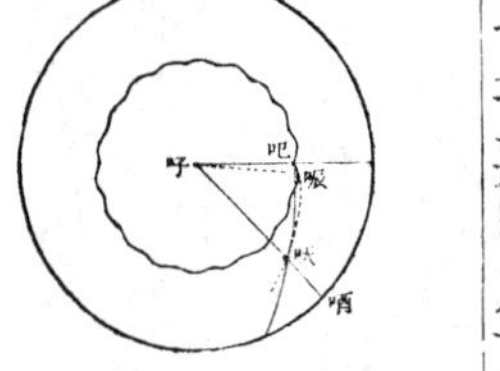

動而微變用所變弧角求巳天邊及子巳天角即可定赤經緯度蓋巳天即赤緯餘度而子巳天角乃赤經加象限也

歲差之經度與積時比若五十秒一與一年比而無緯度差故黃赤大距不變章動則兼有經緯度差其數即地軸所行小橢圜之諸縱橫線也

天算家所用之恆星時以春分點過子午圈爲時之始而春分點因章動而變則時有加減不平矣章動之差已推得除去之而時仍不平蓋太陽一年中向西之行比恆星少一日而分點因逆行二萬五千八百六十八年中多一

日故有平恆星時眞恆星時平太陽時眞太陽時

歲差章動令諸曜同變而相與之方位不變譬若舟在中流搖動視岸上物俱生變而相與之方位如故也

諸曜又有光行差因地球繞日行甚速而諸曜之光亦有行法故人視之俱生微差譬如無風時人立雨中雨俱直下僅着笠而不溼身若疾行向前則必着面一若雨斜入笠下也又譬如有球從甲下墜斜置巳午筒筒口在乙承之若筒不動則着巳邊若球至乙時筒向申行筒底自午至申與球自乙至丙其速率恰相合則球雖直下人視之一若斜行于筒之軸線也遠鏡與人目亦然無論光或如

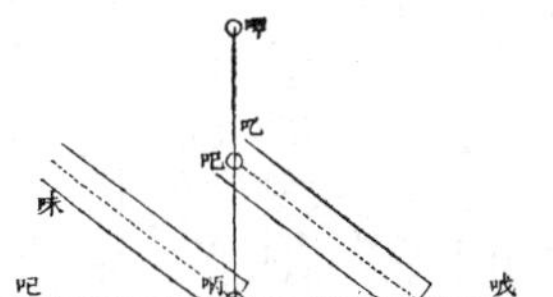

浪之來或爲無數細點相聯直射過物鏡未至聚光點時若鏡中之交線橫移而聚光點不變則與交點不能合又過目明角罩未至聚光點時若目中之腦筋衣橫移而聚光點不變則與目底之中點不能合故視物之處不眞即光行差也今地球繞日行于橢圜道每秒約五十五里其方向刻刻不同而光行每秒約五十五萬五千里此二速率之比例雖甚大然非無窮乃若二十秒

五之正切與半徑比也如前圖甲爲星甲巳申爲星之光線巳午爲遠鏡筒斜置之令物鏡之聚光點恰遇銅線交點則巳申與申午比必若光速率與地速率比卽若半徑與二十秒五正切之比也故申巳午角（卽巳申未角）爲遠鏡視軸方向與星眞方向之交角必爲二十秒五若地行方向與星眞方向非正交理亦合如圖申乙爲星之眞方向甲丙爲遠鏡斜置方向則乙丙與乙甲比若光速率與地速率比亦若半徑與二十秒五正切比準三角理乙丙與乙甲比若乙甲丙之正弦與甲丙乙（卽丙乙巳）之正弦比夫甲丙乙卽光行差角也光行差之正弦與地道及視線交角之正弦有比例故視線與地道正交則光行差最大此事本當詳于後卷因與天圖之理有關故先論之

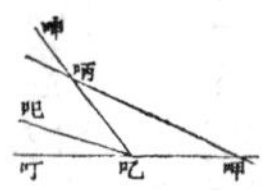

光行差令諸曜之度俱微移共向天空一點卽本時地行方向諸平行線之合點也地球行于黃道則此點必居黃道面在地球所在經度前九十度卽太陽後九十度故此點刻刻變一年周于黃道若每星論其差則一年必成一小撱圜設地不動必見星在撱圜之中心

諸星之視赤經緯歲差章動外又有此光行差西士白西勒已造表故求赤道之眞經緯甚便也

凡物發光入我目我方見物然我所見之光非我見時所發之光乃未見前所發之光其光自物至我目中間所行之時卽我見物距物發光之時準地球速率推得光行差而改正之得恆星之眞方向然此方向非發光時地球至星之一直線乃光到時地球至星之一直線也故凡步行星當以星地之距推光行若干時始至地此若干時中地當行若干路星當行若干路乃能得星視行度之全差此差令星行之方向與視行之方向不符其故有二一爲光行差卽上條地行與光行相合而生一爲光道差乃因光行之時星亦行而生（光道差恆并入光行差而合推之）

凡用器測天所得之數有五差須改正之方可著于圖或球一蒙氣差二視差三光行差四歲差五章動差以蒙氣差改之則知無蒙氣時星當在何處以視差改之則知從地心視星當在何處以光行差改之則知地不動視星當在何處以歲差章動差改之令天空屢變之赤道改爲一定之赤道凡測天所得無此五改則不能作圖與球故今一一論之

蒙氣差已詳前（卷一）今不論

視差之理如本當從地心視之今乃從地面視之則有地

半徑差。又如本當從日心視之，今乃從地視之，則有黃道半徑差，用視差推之，卽得從地心或日心所見諸曜之方位。

凡已知星地相距，卽可知地半徑差；若已知地半徑差，亦可知星地相距。如甲爲星，丙爲地心，甲爲地面測星處，人甲丙爲地面甲點之垂線，從甲視星之方向爲甲申，距天頂爲人甲申角，從丙視星之方向爲丙申，距天頂爲人丙申角，二角之較爲甲申丙，卽地半徑差也。準三角法，丙申與丙甲比，若丙甲申正弦，卽人甲申正弦與甲申丙正弦比，故地半徑丙甲乘星距天頂度人甲申正弦，以星地距丙申約之，卽得視差角之正弦。是地半徑差與星距天頂度有正比例，故諸曜在地平時視差最大，欲知諸曜在各高度時之視差，以其距天頂正弦乘地平視差，卽得。甲丙申恆小于人甲申，故以視差改正之，距天頂度恆變小，與蒙氣差之改相反。

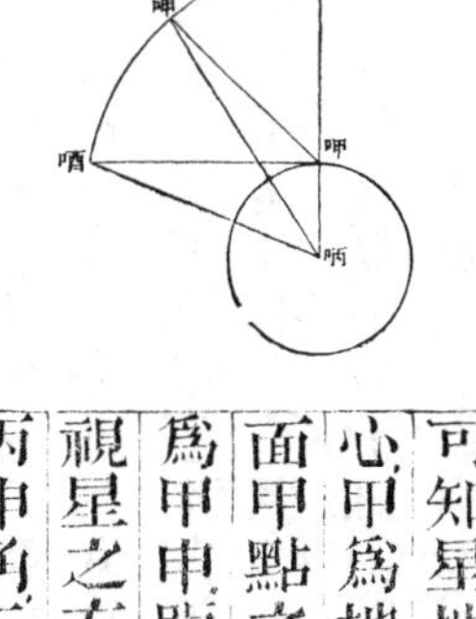

地半徑差起于天頂點，黃道半徑差起于衝日點，其差角在過星日地三心之面內，改後星距此點之角恆變小，卽距日之角變大，其推法，星日距與地日距比，若所見星日距度正弦與黃道半徑差正弦比。

諸改法分爲二類：其一，令諸曜相與之方位俱變，爲實改；其一，相與之方位不變，爲法改。蒙氣差、光行差、視差之改皆實改也，歲差、章動差之改皆法改也。

凡實改者，諸曜之差皆共向一點，如蒙氣差令諸曜皆向天頂點，地半徑差令皆向天底點，黃道半徑差令皆向太陽心點，光行差令皆向地行方向諸平行線之合點，改之皆令向對面一點。

地半徑差、黃道半徑差、光行差大小之比，皆若距所向點度分正弦之比，蒙氣差之理較繁重，其比例略近于正切，而距所向點九十度，其差最大，則三者皆同。

其改依理之次序：一蒙氣差，二光行差，三地半徑差，四黃道半徑差，五章動差，六歲差。然光行差、章動差俱甚小，并入歲差而最後改之爲便。

談天五 天圖

談天卷五終

談天卷六

英國侯失勒原本

英國 偉烈亞力 口譯
海寧 李善蘭 删述
無錫 徐建寅 續述

日躔

前論日之視道爲天球面一大圈，一歲日行一周，準此則地心至日心諸線恆在一面內，此面即名黃道面，視黃道日所在，爲日躔某宮某度。

攷日躔于赤經度，其行不平，厥故有二：一因黃赤斜交，故黃經度與赤經度不合；一太陽行黃道亦非平速，蓋太陽平速每日當行五十九分八秒三三，而逐日遲速不等。冬至後十日行一度一分九秒九，爲最速；夏至後十日行五十七分十一秒五，爲最遲。不獨遲速不等也，用量日鏡測太陽大小，亦逐日不等。冬至後十日，視徑最大，爲三十二分三十五秒六；夏至後十日，視徑最小，爲三十一分三十一秒。日體不能變大小，必因距地遠近不同而然，是太陽距地遠近逐日不等也。凡視物大小與相距遠近有反比例，故冬至後十日，日距地最近；夏至後十日，日距地最遠也。其比例最遠爲一○一六七九，中距爲一○○○○○，最近爲○九八三二一。凡距地變小，速變大；距地變大，速變小。

準上條之理，設地不動，則日道非平圜，地亦不在日道中心。地心距日道心數，名兩心差。兩心差與日地中距比，若○○一六七九與一○○○○○比。今依此試作日道，即顯爲橢圜法：取辰點爲地，任取一日地距辰甲，爲本線；次取一年中日地諸距，依其方向作辰乙、辰丙、辰卯、辰丁諸線，於線端甲乙丙丁諸點作線聯之，即日繞地之道也。其道之面長大于廣，故不爲平圜而爲橢圜。又辰卯大于辰寅，故地不居中點，而居橢圜之一心。定爲橢圜者，以法推辰乙、辰丙諸距，皆與橢圜諸帶徑相合也。

日地距以一○○○○○爲中數，則最大爲一○一六七九，最小爲○九八三二一。日行遲速以一○○○○○爲中數，則最大爲一○三三八六，最小爲○九六六七○。故日行遲速最大最小之較，倍于距地最大最小之較。累測之，凡距數大於中數若干，則速數小於中數恆倍之；距數小於中數若干，則速數大於中數亦倍之。故知速數與距數之平方有反比例。如太陽前日在甲點，次日在乙點，則辰乙之平方與辰甲之平方比，若甲點速率與乙點速率比也。餘仿此。若太陽以平速行于橢圜，則視速率與距地數必有反比例蓋所行之度分雖同然遠則見小而覺遲近則見大而覺速也今太陽之遲速更大於此比例則其故非獨由於遠近而實另有遲速也其遲速之理刻白爾苦思積久始得之謂日若依撱圜繞地球則日地相連之帶徑必盡經過撱圜之面太陽之行法歷時同帶徑經過之面積亦同時分與所過面積恆有比例如前圖太陽自甲至乙之時與自丙至乙之時比若甲辰乙面積與丁辰丙面積之比也約言之自北極俯視太陽之繞行自西而東與時辰表之針相反黃道非平圜而爲撱圜地不居中點而居撱圜之一心若中距爲一〇〇〇〇〇〇則兩心差爲〇〇一六七九中距即半長徑也故兩心差約爲六十分半長徑之一太陽行法帶徑所過面積與時分比例恆同欲知太陽距地之里數體之大小當用地半徑視差推之如圖巳甲乙午爲地面丙爲地心申爲日甲乙爲同時二測處甲處見日之方向爲甲申巾如在天空甲點乙處見日之方向爲乙申乙如在天空乙點此二方向之交角爲天空巾乙弧度即甲申乙角之度甲申丙爲甲點測日之視差乙申丙爲乙點測日之視差故甲申乙爲二視差之和設二人測天一在南半球一在北半球同一子午圈于太陽過子午圈時同測其距天頂度去蒙氣差若太陽之遠與恆星等則二距天頂度之和必等于二赤緯之和如人丙天角即赤緯之和其較即二視差之和甲申乙角也旣得甲申乙角以二緯度正弦之和約之得地平視差若二測處子午圈不同亦可但必以太陽至二子午圈中間若干時中距天頂之差改正之求其差或用日躔表或前後數日連測太陽之高度俱可推得之然二處經線愈近則歷時愈小改亦愈小較便也如法測得地平視差八秒六依其數推得日地中距爲二萬三千九百八十四個地半徑約二億七千餘萬里

已知太陽距地數又測得視徑爲三十二分三秒推其實徑必爲二百五十五萬里故太陽與地球二徑比若一百十一半與一比太陽與地球二體積比若一百三十八萬四千四百七十二與一比

續 近時火星衝日近於地球便定其視差末尼格預議使數人屆期測火星與相近諸恆星視赤緯之較由所測求得火星之視差大于舊所設諸行星道當得之視差二十七分之一按此則舊所設諸行星與地道之數俱過大也日之地平視差舊略謂八秒六詳之爲八秒五

七六六今推之當爲八秒九五三日地中距舊謂二億七千餘萬里今推之當爲二億六千餘萬里近時富告測光行速率所得之數與此略合故知格致各學彼此相需而顯明也此所謂之數不特小于費皂所得之數亦小于常用之數（卷十光行之理條）五萬五千里依光行地道全徑之路歷時一刻一分二十六秒八因歷時同而速率減小則地道全徑亦必減小故用減小速率與測得時差之歷時求日距地之數則所得之數必以同比例減小按此可知舊定太陽行星之數俱過大當減小約二十八分之一也

乾隆三十四年會測金星過日之諸事近時英國斯多尼將其所得重詳推之天學公會贈以同治八年之金牌斯氏云舊時推算此事之誤因測者之說內金星體之內外切日推算者未明故也此事與光學之理相關爲推算之最要若測者之說與光學之理已明而實推之必得日視差八秒九一所差不過○秒○三而已此與斯氏推算同治元年在固林爲志及朴敦及新南維里斯之維多里三地所測火星衝日諸數密合前言當減小二十八分之一又可依此爲確據也諸行星距數依比例減小則其體積必依距數立方之比例減小因

諸行星之距數依新得之數故諸行星之月道全徑亦必重推又因行一周諸歷時之平方既與體積有正比例亦與距數之立方有反比例故若歷時不變則體積必減小與其立方有比例諸行星元數減小之實倍數今究不能詳定必待同治十三年二十一年二次測金星過日乃能詳定之惟未定此之時則按前數諸行星之相距約當減二十八分之一而體積減小若二十七之立方與二十八之立方比即○八九六六四與一比推算太陽之遠差至一億餘里常人有以此譏格致之學者然而當知測太陽視差所失之數僅○秒三二此比諸一髮在一百二十五尺之遠或一銅錢在二十四里遠之角度也其所失之微如此且今格致之徒已改正之望說者毋以此爲譏焉

以遠鏡窺太陽知是實質非虛體也面有諸黑斑其位置及形狀時時變動久測之知太陽亦自轉與地球同其軸約略正交黃道面其轉亦自西而東約二十五日而一周以體大故轉遲也以輕重之理論之則太陽大體繞地球小體恐無是理譬如有二球以鐵條相連令旋于空中則二球必俱繞重心而重心不動若二球輕重大小不等則重心必近大球或在大球體中故小球必繞大球而大球

不甚易其處準重學之理凡二體在空中相環繞雖無鐵條相連亦必共繞公重心公重心距二體心遠近之比若二體質輕重之比準此推得太陽與地球二體質之比若三十五萬四千九百三十六與一之比則其公重心距太陽心當得七百七十二里爲三千三百分日徑之一故太陽與地球俱繞重心而太陽一若不動地球一若繞太陽焉然而一年中測恆星無視差故知恆星距太陽俱極遠最近之恆星視地球繞太陽之道若一點耳

此後諸條以太陽爲不動居橢圓之一心地球繞太陽行於橢圓道每年一周其道之大小兩心差速率俱與前同

地球向太陽之半面一年中日日不同一日中刻刻不同其行道自西而東(本卷日距地條)故有寒暑晝夜

地球繞太陽一年一周而地球自轉之軸方向不變恆指天空之一點此四時所由生也

續解四時之理設以地道爲正圓而不爲橢圓太陽爲圓心地球行過四象限之時各等因行正圓即以平速故也

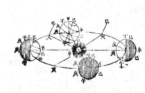

如圖申爲日甲乙丙丁爲地球在軌道上之四處相距各九十度甲爲春分點乙爲夏至點丙爲秋分點丁爲冬至點其自轉皆以巳午方向爲軸日照地球不過半面圖中白者乃受日光之半面黑者乃背日光之半面也地球在甲點日正照赤道故巳午二極恰在受光半面之界上而繞地面晝夜之時平分故名春分地球在丙點爲秋分亦然地球在乙點爲夏至北寒帶巳乙恆在日照半面內爲恆晝相對南寒帶恆在背日半面內爲恆夜北寒帶中愈近北極恆晝愈久南寒帶中愈近南極恆夜亦愈久而赤道北至寒帶界雖無

恆晝然俱晝長於夜赤道南至寒帶界雖無恆夜然俱夜長於晝地球在丁點爲冬至與乙點一一相反

凡太陽在地平上地面受熱氣太陽在地平下地面散熱氣各處皆然晝長夜短則太陽地平上之時多於在地平下熱氣必大於平率反之則小於平率地球自甲至乙北半球之晝漸長夜漸短南半球之晝漸短夜漸長故自春分至夏至北半球之熱氣日盈南半球之熱氣日朒地球自乙至丙晝夜漸近相等故自夏至後北半球熱氣之盈率南半球熱氣之朒率俱漸小至秋分而各得平率地球自丙至丁復至甲則與上一一相反故各處一年所受之

熱氣恆與所散相等也

地道上任取一點天作地軸天巳又至日心作天申線則巳天申角爲日距北極之度地球在丁點此角最大爲九十度加二十三度二十八分即一百十三度二十八分在乙點此角最小爲九十度減二十三度二十八分即六十六度三十二分至此二點見太陽在最南最北故謂之至

續前以地道爲正圜茲將地道之橢圜及長徑與二至徑交角所有改變詳細攷之地道之橢圜率本卷日地距條略爲六十分日地距中數之一故日地距最大與最小之較略爲三十分中距之一所以同若干時中對日之半地球最近之時所受光熱必多於最遠之時十五分之一也蓋熱氣如光散於日之四周愈遠日則所散之面愈廣而熱力愈薄力之厚薄與面積有反比例即與距日線之平方有反比例以算式明之

$$\left(\frac{\text{五九}}{\text{六一}}\right)^{\text{二}}\text{略}=\left(\frac{\text{六〇}}{\text{六二}}\right)^{\text{二}}$$

$$\left(\frac{\text{六〇}}{\text{六二}}\right)^{\text{二}}=\left(\frac{\text{三〇}}{\text{三一}}\right)^{\text{二}}$$

$$=\frac{\text{九〇〇}}{\text{九六一}}\text{略}=\frac{\text{九〇}}{\text{九六}}$$

$$\frac{\text{九〇}}{\text{九六}}=\frac{\text{一五}}{\text{一六}}$$

今時太陽最近地球之時太陽在黃經二百八十度二十八分爲太陽之最卑點亦即地球之最卑點在北半球冬至後十一日亦在南半球夏至後十一日也本卷地球繞太陽條今時太陽最遠地球之時太陽在黃經一百度二十八分爲太陽之最高點亦即地球之最高點在北半球夏至後十一日亦在南半球冬至後十一日也茲設爲最卑最高二點合於二至以便易明故當南半球夏至之時地球近太陽而全地球每日受熱氣最多而南半球又受大半此時南極與寒帶恆向日而北極與寒帶恆背日故也反之當北半球夏至之時地球遠日而全地球每日受熱氣較少而南半球仍受其大半故地球若以平速行於其道而四時皆相等則南半球每年受熱必較多於北半球其天氣必更暖

按前論本卷日距地條地球不以平速行於其道而其速率之變比若日距地之平方反比即受熱率之正比因地球行道各點在一刹那中所受熱氣之多少正如一刹那中所行經度之多少無論在行道之何點所行之經度與所受之熱氣有比設任意過日作直線分其道爲二分則線二邊之角度必合爲一百八十度而相等其所受之熱氣亦必相等所自一分點行至又一分點全地球所受熱氣皆相等因受太陽熱氣之力雖不等而受熱氣之時亦不等兩不等恰相消而成相等以時長適補其力少也北半球之春夏多於南半球約七日半之

比如春秋二分徑分地道撱圓面積所得二分相較之比。本卷日地距條

人與諸植物所覺天氣之適宜，常以夏令之最熱時與冬令之最冷時而論。然冬夏所受熱氣之總數則相等也。設地道橢率甚大於當今之數，而最卑點與當今之數等，則兩半球之四時必大不同。北半球之秋冬必更短而受一年總熱氣之半，故必溫；春夏時必更長而亦受一年總熱氣之半，故必涼，而四時各恆如長春。南半球之春夏時必更短而受一年總熱氣之半，則必酷暑；秋冬時必更長而亦受一年熱氣之半，則必嚴寒。惟今時冬夏天氣寒暑之別，多因後條之故，而非前說之故也。

凡太陽近天頂過，其光正射地面，同緯度之地，晴天正午時必較熱，而南半球更熱於北半球，其熱率約加十五分之一，故曠野無水處，上無庇蔭，人必大苦。凡游行探地者，暑月在澳大利較在阿非利加之北，煩暍尤甚甚苦之。近時西士陀拂于各地各時比驗寒暑針之度，言凡球面相對二地，測各時氣之平率，知統地面仲夏之平率較仲冬之平率更大，此與仲冬日地距最近之理不合。陀氏云：其故由於北半球陸地多於南半球，仲夏太陽正照北半球故也。蓋太陽之熱氣遇土則回入氣中，而散於普地面；遇水則深入，為水所收，回入氣中者少。故仲冬太陽雖正照南半球，而赤道之南海面無大熱也。

續

推算地面受太陽熱氣所加若干分之一如十五分之一不可以寒暑表之任一元點起至夏令最熱時計之，必設為無太陽時所當得之度起至夏令最熱時之度計之。無太陽時所當得之度，在法倫海得表元點之下二百三十九度。夏令太陽過天頂之最熱時，在陰處常有一百度，以此加二百三十九度，得三百三十九度，其十五分之一，即二十三度，為日地距之差熱度最小之

變數

前以地道長徑與二至線相合，乃是略數，實則尚有十一日之差。然此數亦非恆如此，依歲差之理，卷五測得諸星條二分二至兩線每年在黃道行過五十秒一。以地道長徑為不動，則二分二至兩線必二萬五千八百六十八年行成一周，二分二至兩線必逐合最卑點。惟長徑亦動，每年十一秒八，較歲差動更慢，而與歲差動相逆。故若無歲差，則長徑亦必十萬九千八百三十年行成一周。今合二動之和，故每年為六十一秒九，而五十八年一六行過一度。所以最卑點與春分點必在二萬九百

八十四年相合一次按此推之約六千年之前最卑點必合於春分點殷祖甲時最卑點在黃經九十度同治元年後約四千六百年必至一百八十度同治元年後約九千八百年至二百七十度至此時前說諸事（本卷前以地道爲平圜等條）悉相反南半球之酷暑嚴寒移至北半球矣察地家考究地球荒古之來歷知南北兩半球天氣寒暑之相反必已有數千次矣但即以地殼內所見諸事徵古今天氣之大異則前言之故恐稍有相因而實不足全釋之也

凡天文家於諸曜之動必取一中點以爲測望推算之本

地球旣繞太陽而太陽不動則地心不可爲中點而太陽心爲中點夫地因自轉地面測得之數不足用故以地半徑視差推得地心測得之數用之則地行於本道地上測得諸行星之行法亦不足用故以黃道半徑視差推得日心測得之數或推得諸行星之公重心測得之數用之如此則簡便而不紊亂凡言日心球上諸曜之經緯度一若人居日星測之也人居日心測地心其方向心在地心所見日心方向之對面地心測日心無緯度則日心視地心亦無緯度其經度必爲地心所測日心經度加半周故日心所見二至二分與地心所見二至二分相反而適合欲

明此理心中當設一過日心而與地赤道平行之面此面與黃道面交線爲二分線距二至各九十度也

設地道爲平圜太陽居中心地球以平速繞之則從春分起無論何時欲推地球之方位或經度俱甚易但以歲實爲一率已過之時分爲二率三百六十度爲三率求得四率卽已過之經度也是爲地球之平經度今地之道非平圜其繞日亦非用平速故必撿表取本時均數加減平經度方得眞經度蓋表所列均數卽逐時眞經度與平經度之較也如前圖地球從最卑甲起行於甲巳寅半周眞經度恆大於平經度至最高寅而眞度與平度合行於寅午

甲半周眞經度恆小於平經度至甲點而眞度與平度復合故甲巳寅半周中均數爲加在甲點之均數爲〇後漸大至甲寅中一點而最大過此漸小至寅點而復爲〇寅午甲半周中均數爲減初起亦甚小後漸大至寅甲中一點而最大過此漸小至甲點而復爲〇均數之最大爲一度五十五分三十三秒三或加或減皆同

最大均數生於地道之兩心差故有兩心差可推均數有均數亦可推兩心差蓋凡兩數有相關之理則知其一餘一亦可推也細測太陽過子午圈得每日赤經眞度以推得每日黃經眞度與黃經平度相減卽得每日之均數亦

得一年中之最大均數準之推地道之兩心差較以日之視徑推日地距更易更密設黃道與赤道合而地行有均數加減則每日測太陽過子午圈時必不等有均數故也設地無均數以平速行而黃赤道斜交則每日測太陽過子午圈時亦不等蓋黃赤二經度與赤緯度成正弧三角形黃經度爲對直角之一邊此邊平變大餘二邊隨之變大而其率必不能平也今地行既有均數而黃赤道又斜交故每日太陽過子午圈時兼有二差最大至半小時強其眞午正或在平午正前十六分十五秒或在平午正後十四分三十秒歷家每日記午正平眞二時之較名時差

率或記太陽過子午圈之眞時

地球上每日見太陽西行之道其赤緯日日不同以二至圈爲南北二限其緯度俱二十三度二十七分三十秒地圖名此二圈爲晝長晝短圈二圈之間日地之距線恆正交地面

古分黃道爲星紀元枵等十二次西歷分爲白羊金牛等十二宮本皆以星象命名今因歲差十二宮次所在較當時俱約差三十度而仍係以星紀白羊等名與天象不合矣竊謂但以十二支名之始通耳蓋黃道十二宮爲推步所用起於春分春分退行故此十二宮亦退行也當漢孝

武元朔元年依巴谷測角宿第一星在秋分西六度順治七年在秋分東二十度二十一分是分點已退行二十六度二十一分也因有此差故近時但言度分而宮不常用

凡日在晝長晝短圈上則其光過本半球之極二十三度二十七分三十秒依此度分繞極作一小圈名寒帶圈南爲南寒帶圈北爲北寒帶圈寒帶圈之內爲寒帶晝長晝短圈之間爲熱帶而寒帶圈與晝長晝短圈之間爲溫帶然此不過記日及日光所至之界耳其實地之寒暑與緯度圈不相應因二半球水陸之位置參錯不齊故也

凡地上見日在某宿幾度東行一周復至某宿幾度名恆

星年見日在春分點復至春分點名太陽年若春分點不動則太陽年必與恆星年合今因地軸有尖錐動令春分點退行於黃道故太陽未及恆星一周已復至春分點春分點每年退行五十秒一太陽於黃道過五十秒一歷時二十分十九秒九卽太陽年與恆星年之較故太陽年爲三百六十五日五小時四十八分四十九秒七而恆星年爲三百六十五日六小時九分九秒六也又地道橢圜之長徑有微動每年順行於黃道十一秒八故地球從最卑點起行恆星一周必再過十一秒八方復至最卑點行十一秒八必歷時四分三十九秒七以加恆星年得三百六

一板

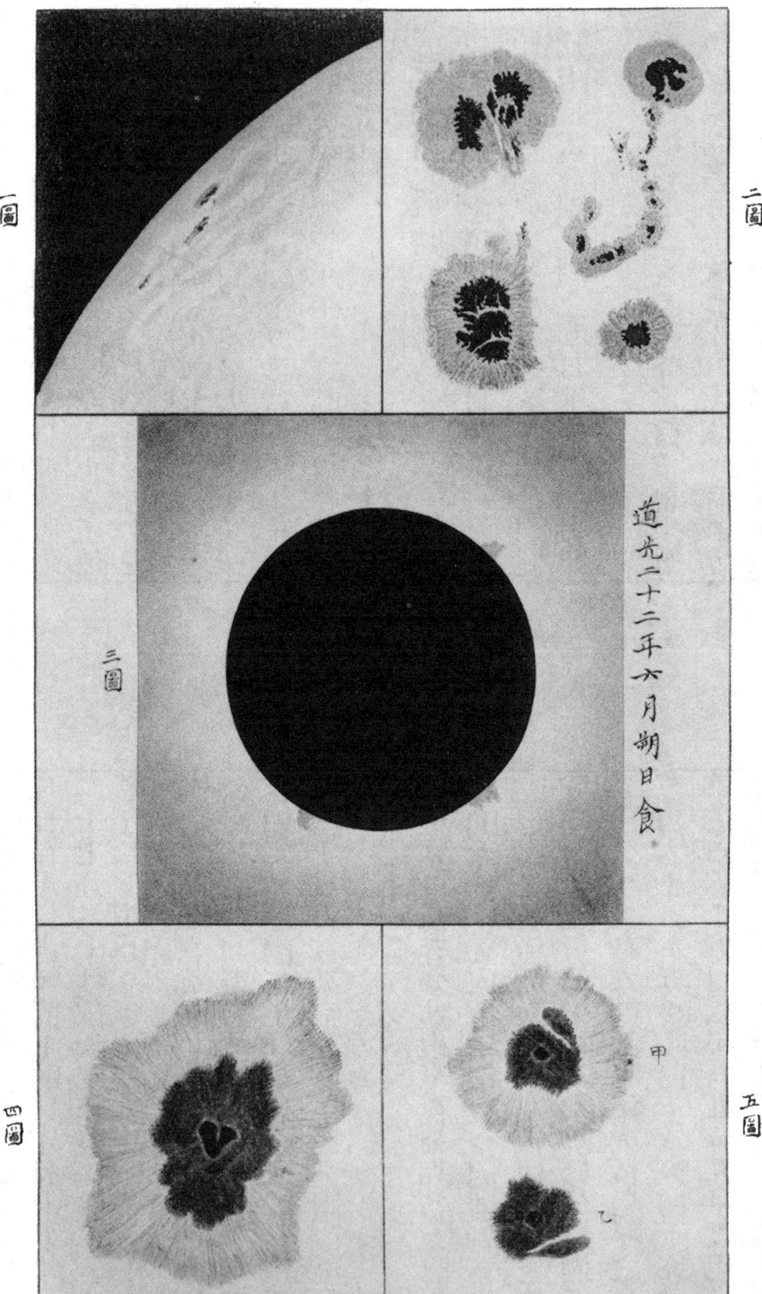

十五日六小時十三分四十九秒三名最卑年此諸年天算家俱用之而民間惟用太陽年四時憑之定故也太陽年合二故而成一因地球繞日一因地軸尖錐動故生歲差也

用最精遠鏡隔黑色玻璃窺太陽見其面時見大黑斑斑之中深黑其邊略淡如一版二圖即此斑也此斑累日累時測之則見或變大或變小或變形狀久而舊斑消滅他處復見新斑其滅時中之深黑者先滅四周之淡者遲滅時或一斑分爲二三斑即此太陽面爲流質之證又其變動甚速此爲氣之證所見最小之斑其徑一秒地球測日

面一秒之角爲一千三百三十三里而大斑有徑十三萬餘里者自初見至消滅久者約一月有半故斑之邊每日約縮近三千里又無斑之處光非純一其中有無數細點若人身之毫孔細測之其點時時變動極似水中沙泥欲澄時向底之狀因意日面必有發光之質雜於透光之質中而然也而近大斑或諸斑羣聚之地時見一線或曲或歧其光較日面之常光愈明相近處時有斑發出或意此線乃光氣浪之頂相近處必大動盪故發斑也此事多在近日邊處其狀如一版一圖

續太陽面之無數小點似毫孔者近時柰斯密攷察而釋之同治元年曼識特格致會歲册載柰氏之說謂自造大回光遠鏡常時窺測太陽之面知此諸毫孔皆係同式光物相交而毫孔乃其相交間所成之角形也其光物之形如楊柳之葉在無黑斑之處充滿太陽之面位置無定乙版即柰氏說中之圖也第一圖爲太陽無斑處之式第二圖爲黑斑之中與邊及無斑處之式英國之特拉路不立撘斯多尼三人羅馬之色幾俱攷此事與柰氏所攷大同小異斯多尼比此物如米粒之狀或謂如條草之狀按此物大似諸定質浮於透光之氣中而此氣最薄因流質受大熱與上面所歷之重漸變而

成也此物有光可爲定質之徵蓋流質若透光而無色則熱雖極大皆不能發光也

咸豐九年八月初四賈令敦好者孫二人各在家中忽見無法形大斑之相近處發二光雲較諸無斑之處甚亮約歷五分時而忽滅見時行過大斑之面十萬餘里並見指南針有大搖動古今所記磁氣諸大搖動中此爲最奇

近時賈令敦著書論詳測太陽黑斑最多最少之時謂黑斑一周之時依在太陽面之緯度在近太陽之赤道所行一周之時必短於在遠赤道所行一周之時也黑

乙板

一圖

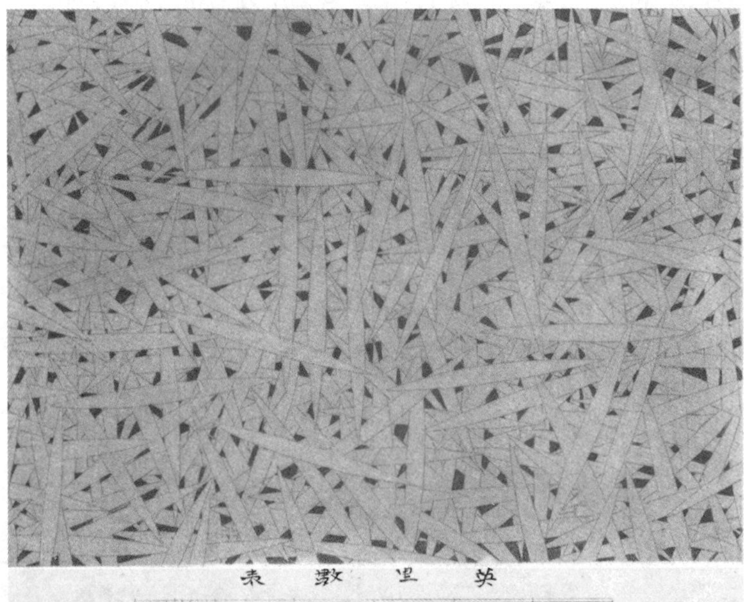

二圖

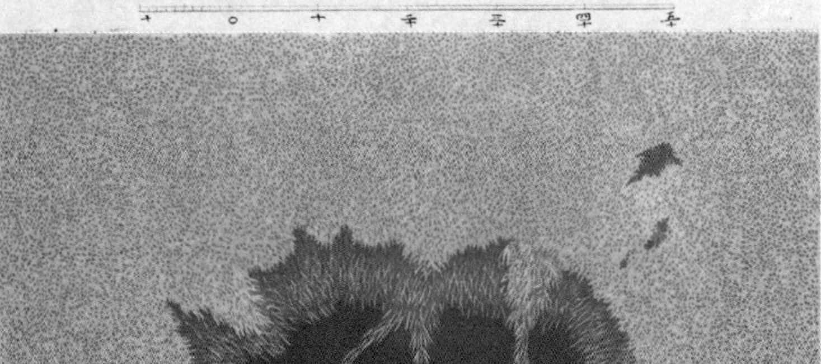

斑在丑太陽緯度一日所行度之公式爲 $八六五\top一六五(正弦丑)^{\frac{七}{四}}$ 所以太陽赤道處之斑在二十四日二〇二南北十五緯度處之斑在二十五日四四南北三十度處之斑在二十六日二四皆行全恆星周

太陽赤道左右各二十五度之內黑斑最多三十度之外黑斑甚少常成行列（本卷太陽赤道左右條）故可知太陽面外常有氣質旋轉與地球之貿易風相似或云太陽面外之氣質是扁球形故赤道處厚於兩極處厚者多阻日

體之發熱而致赤道與兩極之熱不同即使其氣質生動與地球之貿易風同理果如此則在赤道處亦當靜而不動蓋地球外若包黑雲而人在外觀之則但見黑雲轉動而不見地球之體亦可想見地球亦必旋轉測黑雲外層在赤道及近極旋轉之速可求得地球自轉一周之時第見赤道與兩極間雲之動而即以爲地球之動則必差於太速因其間雲之上層常略向西而動也自兩極起向赤道其轉漸速至距赤道南北二帶而最速過此再向赤道轉又漸慢與賈令敦之例不合必設別理解之而可解者僅有一理即太陽外之力加於

雲上使動之理也外力者即行星之未成者繞太陽而轉漸低而漸濃其繞轉甚速於太陽之自轉以星氣之理（卷十七星氣條）論之中體皆爲四面之物相聚而成各物之原轉力彼此相消而稍有餘轉力故所餘之轉速比原時甚慢依此又可明中體極熱之理

問黑斑係何物曰其說不一或言是太陽實體乃上面之光氣開裂而顯露者也此說似可信問開裂之故曰其說亦不一拉浪謂黑斑乃太陽中突起之地如地面之山其頂高出光氣面故見深黑其下斜入光氣底光氣不厚故見淡黑準此說則四邊淡黑自內至外必由深漸淺以至

於無今深淺不分且外有定界於理不合侯失勒維廉謂太陽實體外四周有氣包之氣之外有光氣一層浮於上距實體甚遠光氣下有雲一層受此光返照地球二層俱

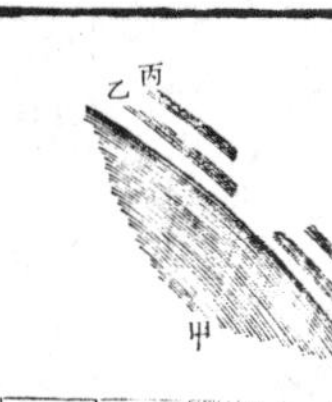

裂開則見黑斑中之深黑者太陽實體也四邊淡黑者雲也光氣之裂口必大於雲之裂口者因氣旋動成風愈遠實體愈大或別有他故不得而知也如圖甲爲實體乙爲雲丙爲光氣

續初著此書時知黑斑之事如此咸豐元年導斯用前所論之器卷三凡在黑夜中窺測條之末攷察黑斑之異者淡色邊中之黑處昔測之人謂日體透過光氣而見者導斯以此器之大力測之知為另一層小光之質名之為雲層此雲層亦有時見有小圓孔更黑想是太陽之體質一板四五兩圖為咸豐元年十一月初四日與二十九日二次所見之黑斑也導斯逐日測其斑之變而思之謂皆自轉其心惟二十九日所見如此自此日至十月初五日已轉過九十餘度其雲層之原形如五圖甲至初五日則如乙形俱略同

細測日面諸斑其方位俱漸變自東向西至邊而不見另有斑出於東邊過日面復沒於西邊凡他曜過日面俱平速而斑之行在中間則速在兩邊則遲又其過日面之道皆如橢圜此必附於日面與日同轉其道與日之赤道平行而然也其最大之橢圜以日徑為長徑餘各以日面諸通弦為長徑諸長徑俱平行夏至前約十七日冬至前約十六日見諸斑之道皆如直線則此二日地球所居之處即日之赤道斜交黃道之二點而黃赤二面之交線必經過地球此二日從太陽視地之經度依賈林登於道光元年測得一為七十三度四十分一為二百五十三度四十分即相對之兩點也

欲知日軸斜交黃道面之角度取一最明晰之斑測其過日面橢圜之長短二徑即可推得之此事當用分微尺自初出至沒刻刻細測之又測時地在黃道距太陽赤道交黃道點之度亦當推之假如鶩勢後四日地球在太陽黃赤交線之垂線上其日心經度一百七十度二十一分太陽之軸在過地球正交黃道之面內設地球定於此則最易測如圖丙為日心巳丙巳為日軸戊丙為地球之視線卯甲申面引廣之必過地球午為太陽赤道上之一斑地球望之如在丁點在日心北其距為丙丁即視橢圜之小半徑也既測得丙丁則以日之視半徑與丙丁比若一與午丙卯角之餘弦比午丙卯角即日軸與黃道面之交角也

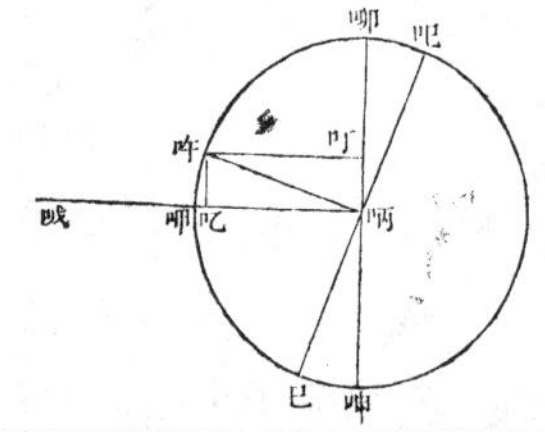

續此時見黑斑在北半行成圈其在南半者為太陽體所隔而太陽之南極已在所見之面內此乃自冬至前約十六日至夏至前十七日之間所正見太陽赤道之南邊也自夏至前十七日至冬至前十六日則所見相反太陽赤道之正交點在太陽在黃經七十三度四十分

卽此時太陽赤道上之一點自黃道之南半至北半也若餘時則推算甚繁今不載案太陽赤道與黃道交角依賈令敦爲七度十五分太陽自轉一周爲二十七日六小時二刻六分

太陽赤道左右各二十五度之內斑最多三十度之外甚少近二極則無近赤道一帶少於南北二帶又北半球大而多南半球小而少赤道北自十一度至十五度最大最多亦最久又斑多時恆列爲一帶與赤道平行故知日體上必有一故最易生此斑其故今尚未知又因日自轉令斑成列可見光氣爲流質其動有若地面之貿易風也卷四地面有恆風等條

斑自生至滅歷時不久最小者僅見一次過日面其次或一二周有歷數周者則甚少乾隆四十四年有一大斑閱六月而滅道光二十年有衆斑羣聚歷八周而滅凡測斑必記其距赤道方位及其形狀又有出沒之時可推故沒而復出誠能識之也或言有數次所見斑在日面之處略同或本卽一斑滅而復發也然未有證未敢定其是否

續日耳曼德騷人失瓦白自道光六年至三十年記太陽面上斑之多少而比較之得知斑之多少及其時之變均有定例其最少至最少周時恆略同而最多至最多周時亦同按所記之事推之知自第一次最少至第二次最少約歷十年嗣有瑞士國伯爾尼人胡而弗以自萬歷三十八年初用遠鏡窺測之時以來所記一切窺測太陽之事會集商議知最多至最多之周時十一年一一而一百年之中有最多之時九次與失氏之說合如康熙三十九年嘉慶五年皆最少之時也此時黑斑或甚少或無最多之時或見五十斑或見一百斑此時不在二最少時間之正中而約在一最少時後之第五年也又未造遠鏡之前史中屢記日面有黑斑如唐憲宗元和二年文宗開成五年宋哲宗紹聖三年明萬歷

三十五年是也又梁武帝大同二年日光大滅至十四日而復明梁書數次日老人星見唐高祖武德九年七月至貞觀元年五月日光滅至半唐書數次日太白晝見明嘉靖二十六年日光甚小晝見恆星約皆因黑斑之多或大也此可爲胡而弗所定周時之徵惟元和二年萬歷三十五年二次與定時所差者多其餘與定時所差不及二年也

侯失勒維廉謂日面之多斑因日體之氣包亂動而成又發光與熱因各雜料彼此有愛力化合極緊而成故據此諸說而謂當日面之斑甚多之年地球之熱度大而五穀豐日面之斑甚少之年地球之熱度小而五穀

歎但稽之史中不足爲全據嗣有告爺以歐羅巴三十三處米利堅二十九處十一年內所測之天氣會集而取其中數與侯失勒之說相反而謂斑多之年地球之熱度小斑少之年地球之熱度大其差約○度一一胡而弗又攷蘇黎之史自宋眞宗咸平三年至嘉慶五年間確知多斑之年略旱而多穀少斑之年陰溼而有暴風與侯氏說合又日面多斑之年指南針必搖且斑之多少與搖之多少亦相合其針之搖遍地球同時故知此二者必有相因格致中之要事也現在天學與吸鐵學皆未能解其理焉

用遠鏡隔黑玻璃望太陽面見其中間之光最盛四邊之光略微或用映日鏡照於白紙上驗之亦然此必太陽光體之外另有最清之氣包之四邊之光所過氣厚故然也嘗以日食證之月掩日則見食月之視體大於日之視體則見食既若日外無氣受日之本光則食既時天空必黑乃當食既時恆有光帶溢出月外漸遠漸暗其光帶與日同心非與月同心則知非出於月此日外有氣之證也道光二十二年六月朔日食見食既之地測其光最詳而巴未亞米蘭維也納諸地俱見月體外發出三峰其色若玫瑰如一板三圖或云如火燄或云如山其形甚大而甚小

此必日之光體外有雲浮於所包之氣中也

續咸豐元年七月朔日蝕既見玫瑰色峰自日面直發出如圖是暘密特在日耳曼國之拉丁堡所見之狀甲峰忽曲略成直角如煙支在無風時上升至高處而被風所吹過者另乙塊亦是玫瑰色稍距甲峰而不相連又有兩峰以紅色帶連於甲峰此皆是有雲狀之據也

太陽光包之外設有空氣則可明光條爲光球之內大浪也本卷最精遠鏡條凡空氣漸高漸輕下層若成浪則上層必舉起更高故比諸流

質所生之浪甚大此因空氣不全受向心力而永動性能使之更高也試將水一盆上面浮油易知其徵

同治七年七月朔日蝕既自紅海邊之亞丁起印度全地又自馬瓦過摩鲁隅奧大利亞之境皆見之皆最便測望其邊所發出之峰及四周之光帶此光帶在日蝕影之中線能見故不可謂是地球之空氣所成因地面上之影闊約三百四十里故也有測望之數人預知其蝕既甚久儘可詳測並照相故先以最精之器擇影中線之數處待日蝕時測之在印度之根都與亞喇伯之亞丁皆有照得之相甚佳其所測得者有四要其一在

影內之暗不及人意所料者略因光帶與高出之峰所發之光也又知光帶所發之光能成光圖有全色而甚有歧光之性光帶之各處見於所測之點及太陽中心之平面內由此知必因光球外所包最闊最輕之氣所發之光也若是在地球所發之光則大不合理蓋地球近太陽之空氣所發之光絕無歧光之性也其二高出之峰甚多皆絕無歧光之性必其自能發光也其最顯之一峰似牛角自光球之邊高出三分十秒約高出光球之面二十六萬零八百里根都而照相所得

者如圖有螺絲之形似上升時旋轉之狀意自光球內發燃燒之大氣支至不發光之氣內而旋轉也其三用光圖鏡攷諸峰之光與此意合其光圖之色不全而俱為單色之光線如燒氣質者然根都而之然孫在光圖之紅黃綠青淡青諸分見六條與弗路好拂光圖之二線內已相合而指峰體有輕氣相合同地有南德僅見四條弗氏之圖在紅色之呐指有輕氣在火黃色有叮指有鈉在綠色有吧指有輕氣在青色雖見而近於咦在儀干氏有多雲之處武官侯失勒見紅色火黃色青巴三條甚明其餘不見光圖無全色量之知火黃線與

弗氏之叮密合餘二條與呐吧相近因難於窺測未定其確不相合也於摩魯隅之瓦屯有來亦測得光亮之線九條與黑線叱叮戍乙吧合兩條近咦一條在乙與叱之間恐是鋇以此知其峰必是氣質焚燒甚猛而在光球外之氣內上升有大力其四此明形物之外又有如連山而無定形想是雲或氣質因其熱稍小而形不清也黑京陸甲二人謂氣燒而發光是單色又謂其峰是亂發之燒氣故意為峰連於太陽之外或在光球所不照之黑斑中果如此則不在日既蝕之時亦可用光圖鏡測之也同治七年七月之前黑京用光圖鏡及他

器精心窺測二年不能見陸甲請英國大公會造精器測之至日蝕之時器尚未成當時然因孫其光為單色而其諸線與光球之光圖內光少之處正合思用光圖鏡可以測此數光線武官侯失勒亦思用數層有色之玻璃相疊而測之至日食之明日然孫用其法所得不差以光圖鏡之槽使鏡之半為光球之邊所照而又半為光球外之光所照見光球之光圖在近呐光線之處為此黑線所交過初見太陽光球邊之處其外不見他物惟漸循光球之邊忽見紅光一點直連於黑線之外漸移鏡循其邊則紅光漸變長後又變短如此顯峰發

紅色之光所以能測其外形又放黑線吧所見相同光色與彼處相合其中有處見峰之光線進光球所合之黑線九月初五日陸甲之器成測之始見峰之光圖其一段有三光線一與呐正合一近可一與吧略合八年正月初六日黑京用妙法使進光圖鏡之諸光線略獨有呐之折光又開關其槽使峰能全見其餘有他折光諸線皆以紅玻璃消盡之故能一見峰之形稍後陸甲但開其槽不消其光而使光球及空氣皆遮蔽在槽內能見峰之全形漸移其槽在影內見有奇形飛過或似細雲形又似花園外之籬笆及高挺之榆樹或似茂林

其枝相交如網發出之處向外漸闊其形漸變而不覺三月二十三二十四二十五三日之間武官侯失勒得太陽外包之光圖獨用光圖鏡連遠鏡易見之略能畫太陽四面光帶之形特放二峰成景雲之狀浮於面上高一二分之處此時初見第四光線近呋又有一光線在吧與呋之間末一次循太陽之全周觀之不見有異至原處見其線甚明於常細察之知所見者乃發氣甚猛也其歷時僅數分因屢次移動遠鏡而能見日面之雲形且人目內腦筋衣能存所受之形少頃故前見者與後見者能相連而成全形侯氏云太陽之雲與地球

之雲相似光亮而成無法之形似棉花與羊毛之狀日食時能見之此載於太陽之格致新聞後能深太陽之體質或以此爲始基也黑京亦用光圖之法放測彗星之鬚與尾謂是炭質

太陽面熱最大何以知之凡熱與光離所發處漸遠則其力漸小其力漸小之比例若距線平方之反比例假如有大小相等二面一在地面一在日面其受熱大小之比若太陽視面與半天球面之比即一與三十萬之比今地面些子熱以陽燧聚之尚能銷諸金令化爲氣則日面之熱當如何耶凡化學中之熱愈猛則愈易透玻璃而太陽之

熱已遠行至地球透玻璃尚甚易則日面之熱當何如耶最大火燄在日光中即不見燒物至通赤移置日光中但見黑色則日面之熱當如何耶觀通赤燒物變黑色則黑斑爲日之體可信日體必最熱恐亦猛火也然此不敢遽定日體或冷亦未可知蓋光熱在外日體在內中間有雲隔之令光照日體不太猛而元氣漸近日體漸緊令外之熱氣不得入則云日非熱體亦未始不可也

曾有人地上測若干面積若干熱以測得太陽全體若干時中當發若干熱謂設有大圓冰柱其徑一百三十里其長無窮插入日中與光行同速隨入隨消化水氣四散則

日所發之熱盡用以消冰而面上之熱如故

續唐孫云太陽發熱之數可以一言喻之用太陽面三尺方之熱加於汽機能得六萬三千馬力即等於每小時燒煤九千觔於此可見天地功力之大也太陽常發之熱如是之多則其面上流質變動之故不待解自明矣地面諸物無日之光與熱則不能生動氣非熱則永靜而不成風雷電亦由熱氣所感動噏鐵力北曉皆由日氣所發也植物資水土動物食植物亦互相食然無太陽之熱則俱不生草木成煤以資火化海水化爲氣散入空際凝爲雨露以潤地脉湧而爲泉滙而爲澤流而爲江河皆熱之力也因熱之力化學中諸元質之變化生焉或合而分或分而合以成諸新物而地質或爲風雨所消耗或因寒暑而變化瀕海濱河之地浪激波衝日受侵蝕沙泥石屑隨流遷移運入大海日積月累海底壓力增大相對之地壓力減小地中之火受壓不均則從力小處湧出而爲火山推其源皆日氣所爲也日之功用大矣哉

日果爲火耶其火何以能久存不滅化學中諸理皆不能推其故可見天下習見者其理最深難明也或言其熱因磨而生或電氣永永常發而非氣與實質所能生也

續近倫敦之地有特拉以照日鏡照得日之黑斑甚佳衣來地有敎師色而混亦能照得日斑之形

談天卷六終

談天卷七

英國侯失勒原本

英國　偉烈亞力　口譯
海寧　李善蘭　刪述
無錫　徐建寅　續述

月離

月行于諸恆星之間與天球每日向西之行相反亦如日而甚速于日故一夜中歷視數時卽能覺之其行有遲有速而不留不逆約二十七日七小時四十三分十一秒五而繞地一周然所離之宿度與前微不同其故卷中詳論之

月繞地之道略近平圜故月之視徑大小略同如前卷見三百五十五條測太陽地半徑差法于地面二處測得月之地半徑差卽可推月地二心距此事于月掩星之時測之更便如法推得月之地半徑差中率爲五十七分二秒三二五其月地二心距與地赤道半徑比若六十二。五五與一比約爲六十九萬四千五百六十里當太陽徑四分之一強故太陽之體幾能容並列二月道于此可見太陽體之大知地面測處與月心之距卽可推月之實徑而月地二心距已知則但知測處月距天頂度卽知測處與月心之距如圖甲丙申三角形中爲月甲爲測處丙爲地心已知申

丙邊爲月地二心距又知丙甲申角爲距天頂角人甲申之外角故測處與月心之距甲申亦可知而月之實徑不難推矣如法推得月之實徑爲六千二百五十里設地徑爲一。○○○○○則月徑約爲○。二七二九又地體積爲一。○○○○○則月體積爲○。○二○四約爲四十九分之一凡地面月之視徑必大于地心月之視徑月在天頂時二視徑之較最大地心月之視徑亦時大時小中數爲三十一

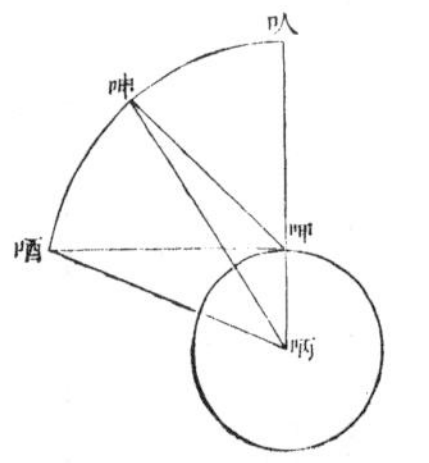

分七秒其大小恆爲○。五四五乘地平視差之數地平視差亦時大時小頻測月地二心距至月繞地數周則知月道之各點距地心數亦知所過諸角度卽可依前卷作日道圖法作月道圖蓋月道亦爲橢圜與日道同而兩心差更大且時時不同其中數與半長徑比若○。○五四八四四與一比地居橢圜之一心此外尚有諸小差今不論月道與黃道不同面二道之交角五度八分四十八秒爲月道之斜度二交點相距一百八十度月自南至北爲正交自北至南爲中交按月道名曰白道

地繞日之橢圜道方位及大小其變甚微必細測乃知之月繞地之橢圜道月行一周中其變略測即覺一周終不至原處蓋其道之面刻刻變方位連月測之知其交點刻刻退行于黃道如圖甲爲地甲乙申子爲月道面甲乙丙丁戊己爲月行一恆星周所過之軌跡設月道不變則月從正交甲點起行過中交必在相對之點申而一周終復至甲點今其行不過甲點乃成甲乙丙曲線而交黃道于丙點距甲點不滿一百八十度其行黃道南成丙丁戊曲線亦不過丙所對之丙點而交黃道于戊點距丙點亦不滿一百八十度故二次過正交中間所行不滿三百六十度其較爲甲申戊角度即正交退行于黃道之數必再行曲線之戊己一段而成一恆星周然月不復至甲點而在甲點之北己點也

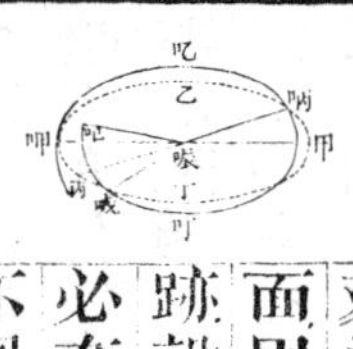

黃白交點退行于黃道每日約三分十秒六四積六千七百九十三日三九約十八年六而一周是謂正交行當半周時月道之方向必與初相反故月行每周必變其道而成螺線行而黃道左右各五度九分二緯圈內之一帶天空于交點一周之中月必盡經過星遇之被掩

月道橢圜之長徑亦刻刻變方向與地道同而更速順行凡三千二百三十二日五七五三約九年而一周每月行一周差約三度約歷四年半其長徑高卑二點之方向正相反因此事月地二心距在橢圜法之外又別生差

上諸條約言之月繞地之道爲橢圜地居其一心而此橢圜有二動法一其長徑順行于本面二其面之方位恆變如地之赤道因軸之尖堆動而漸移但更速耳

諸曜中月甚近地太陽及諸星較之俱甚遠故前所云黃道左右各五度九分內一帶之星時被掩者以地心言之耳若地面望之則必過此界左右各一度設遇日即掩日而爲日食食分深淺不一或食既則昏黑如夜星俱見有時月視徑小于日則全食時月在日中四邊日光溢出如環名金錢食

凡日食必在朔因日月同經度也然非每朔有食蓋黃白二道斜交其大緯五度八分四十八秒故合朔遠交點雖同經度不食也若合朔近交點則當推日之視半徑及月之最大視半徑蓋地面月之視半徑各處不同俱大于地心之視半徑也又當推月之地平視差若日月兩心距小于二半徑和加月地平視差則地面必有見食之處此數最大爲一度三十四分二十六秒如圖申卯寅弧三角形申爲日心寅爲月心申卯爲黃道寅卯爲白道卯爲黃白

交點申爲直角設申寅爲一度三十四分二十六秒卯角爲五度八分四十八秒推得申卯爲十六度五十八分爲最大食限合朔時日距交點大于食限則不食小于食限則地面必有見食處欲推某地食分若干當檢日月表查交點所在及日月二半徑本地之視差地面地心月視半徑之較乃可推也推月掩星亦如上法凡月距星之數小于月視半徑地平視差之和則能掩星其細推法俱詳別書

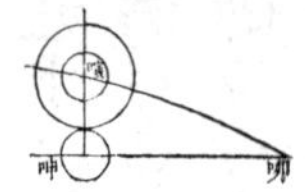

觀日食掩星而知月爲不透光之實體故掩星時不見有星光透出也又知有時月雖不見然恆在天空有時月光雖僅爲半體或如眉然其體恆圜未嘗缺也故掩星時星之出入月體或在光邊或在暗邊也朔前後二三日月體暗處亦有微光能全見之月光初生僅一線漸增至半又漸增至滿一若有球半黑半白先以黑向人目而漸轉其球令白漸見月爲球體亦如此其半爲日光所照而明朔時其明面背地而向日行漸遠日見明面漸多漸近日漸少

日地距二萬三千九百八十四倍地半徑月地距僅六十倍地半徑日地距約四百倍月地距故從日至白道各點作線必略同平行線如圖辰爲地球甲乙丙丁等爲月在白道諸處申爲日之方向月任在何處向日之半明背日之半暗月在甲爲朔明面背地故俱暗而不見在丙則向地之面半暗半明在庚亦然是謂上下弦在戊則明面正向地故見光滿而爲望而朔弦望之間在乙在丁則見明面由少漸多在己在辛則見明面由多漸少間月係

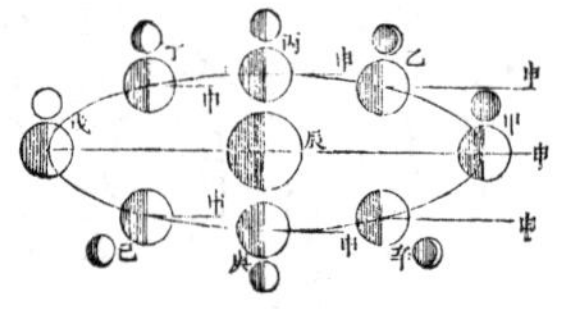

實質何以能回光照地曰不足異也試以白雲證之晝時月色與白雲無異落日返照白雲發光亦與夜中月同是實體俱能回光也故不獨月照地地亦照月初三夕月之暗面微明職是故也蓋近朔時地以明面向月月受地光復回照地故見暗處有微光焉距朔漸遠則月照地之光漸增地照月之光漸減故月之暗面漸不見

續部額以測光之比例推算月光爲日光三十萬分之一

從前朔至後朔爲一月即月二次會中間所歷之時也若地視日如恆星不變方位則二會相距與恆星月即月行周天之時等今見日亦行于天空但較月甚遲故月行一

周時日已前行若干度分更追及于日而再會歷時必大于一周是謂朔望月按每日日行爲〇度九八五六五月行爲十三度一七六四〇推恆星月與朔望月之較以代數入之命一日月行度爲亥日行度爲亥二月之弧度較爲天則亥與亥比若三百六十度加天與天比又亥亥之較與亥比若三百六十度與天比既得天以亥約之即得二月之較弧而朔望月爲三百六十度以亥亥之較約之得數化之爲二十九日十二小時四十四分二秒八七

前圖中月在甲時若近交點則必掩日之光而爲日食在戊時若近交點則地影必侵月而爲月食故日食必朔月食必望也又地影入月恆作圜狀亦地爲球體之一證蓋凡影任在何方向恆圜其體必爲球也

凡日月食皆由一體之影掩一體而發光之體大于相掩之二體如圖甲乙爲日丙丁上爲地下爲月甲乙大于丙丁故甲丙乙丁二線引長之必遇于戊點成丙戊丁尖錐形錐形中必黑暗名闇虛在闇虛中不能見日在闇虛外已丙戊界中如寅則僅能見日之甲辰卯已一分故得光少名外虛在外虛外界丙已外始全見日持小木球于日光中以紙乍遠乍近承取其影驗之即信此上一圖爲月食辛爲月月先入外虛望之如隔煙色甚昏黃次入闇虛其初入雖已蝕然光盛目不能察用遠鏡乃能察之如灰色焉入漸深光漸損不能侵其食界始易察在闇虛中月體亦非全黑似有微光自月周至心色不同近周四五分色藍微帶綠內一層作玫瑰色又內一層紅銅色或作熱鐵退紅色入闇虛最深則最內一層之色偏于月面此乃透過地氣之日光生蒙氣差故然也如圖甲丁申爲闇虛尖錐已乙辛已爲外虛界

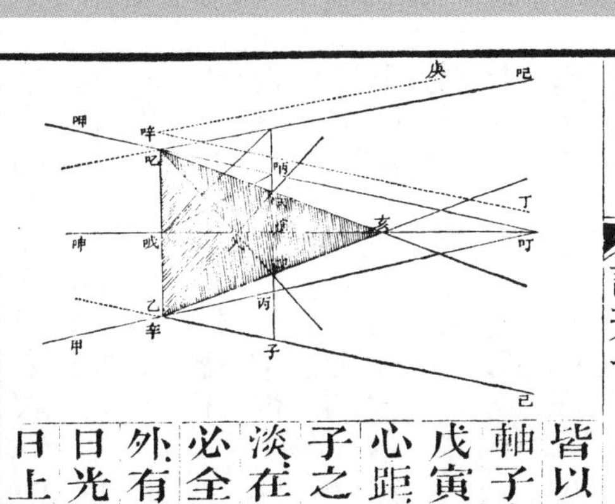

皆以過日地二心之丁戊申線爲軸子寅子爲闇虛及外虛之截面戊寅爲白道半徑戊申爲日地二心距若地面無氣則月在子丙丙子之間日光爲地球所侵色必黯淡在丙丙之間則全爲地球所隱必全黑無微光今地全徑乙乙之外有乙辛乙辛之氣理如凸鏡故日光透過此氣必生蒙氣差而從日上邊甲所出之光其外界必爲

辛子其內界必爲乙地從日下邊申所出之光其外界必爲辛庚其內界必爲乙亥二內界交戊丁軸于人亥二點乙辛之光仿此戊亥大于白道半徑戊人小于白道半徑距地面約十三里內氣甚厚月入闇虛在天丙地丙之間其光從薄氣來故見藍綠色在天地之間其光從厚氣來故見紅紫色也然每月食所見微光不同蓋地之四周或有雲或晴明異也微光最多時能令物生影測以遠鏡亦能辨月面之各地也

續其乙點所折之光必散蓋亥乙地其辛點所折之光亦散蓋庚辛子其中間各點亦必似之故月在影時僅成

諸外虛而終不成實闇今不詳論所折之光線而略謂月在影界內所受折進之光與地球所隔之光比如地球外空氣中圜剖面與地球中圜剖面比故甚小也又在月面若見地球外空氣內有雲則折進之光更減小若有多雲則折進之光至月者極少若地球周圍半有暗雲而半晴則對晴之處必有紅光進月面闇虛而有變散之光若地球周圍全晴則月面闇虛必甚淸

細推上條諸數命地球半徑戊乙爲一則日地距戊申爲二萬三千九百八十四日半徑爲一百十一推闇虛尖距地丁戊爲二百十八而距月丁寅爲一百五十八推戊丁乙角爲十五分四十六秒而丁乙戊角爲八十九度四十四分十四秒即得闇虛半徑寅丙爲〇。七二五即八千二百九十三里在戊點之視半徑丙戊寅角爲四十一分三十二秒又推得外虛半徑寅子爲一。二八即一萬四千六百四十三里其視半徑子戊寅角爲一度十三分二十秒月心用平速過闇虛全徑當歷二小時四十六分過外虛全徑當歷四小時五十六分丁乙地已乙亥二蒙氣差角俱倍地平蒙氣差各一度六分丁乙戊角爲八十九度四十四分十四秒已乙戊角爲丁乙戊加日視徑故得九十度十六分十七秒而戊乙地角爲八十八度三十八分十

四秒戊乙亥角爲八十九度十分十七秒以地半徑爲一則得戊人爲四十二。四小于白道半徑十七。九六戊亥爲六十九。一四大于白道半徑九。一四

地體大闇虛尖錐長月道在尖錐之腰故月食月必入闇虛月體小尖錐短日食時其尖或侵地或僅及地或不及地尖侵地則如前圖見凡日月食條第二圖地面有黑斑繞斑有淡影在黑斑中全食在淡影中見食幾分淡影外不見食尖僅及地則尖所過處見食旣卽生光尖不及地則繞地面不見食旣尖所指處見月全體入日而不能全掩日所謂金錢食也

續金錢食外環初缺時倍里測見其奇狀如光珠與黑條在月之外邊相錯者名曰倍里珠

月行一章與交點一周之時略合一章二百二十三月爲六千五百八十五日三三交點一周十九交終爲六千五百八十五日七八故每二百二十三月即十八年又十日中間有若干日月食食之時食分之深淺次第略相同也在古昔迦勒底天算家已有此說蓋未明其理先得其時也大率一章中共有七十食月食二十九日食四十一一年日月食最多七次最少二次

月食時刻及食分較日食易推蓋地面所見與地心同無視差也闇虛與外虛恆在黃道上其心與日心恰相對望時白道闇虛即見食而每日每時白道之方位月離表皆可查但察月與闇虛兩心距等于月外虛二半徑之和即月入外虛之時等于月闇虛二半徑之和即月入闇虛之時凡望時日距黃白交點在十一度二十一分內則月入闇虛而有食

日食距地俱有遠近之變則闇虛尖錐有長短月入尖錐之處有高卑而闇虛之截面有大小之不同矣故月食時日月距地各若干皆當推之日地距依橢圜推之亦易月地距則略難因長徑屢變故也

續其日地距在歴表中可以檢得其數月地距在歴表中可檢得月之視徑而推得其數二者表內俱逐日有數也（本卷月道橢圜之長理條）

有時日尚未沒能見月食因蒙氣差角大於日之視徑故雖見日月同在地平之上而實則已在地平之下也（卷一準蒙氣差角之理條）康熙七年巴黎斯諸博物士曾見此事

望日最近秋分之月西國名之爲穡月因此月望後日入至月出之時較諸他月更近而便於收穫也設秋分適在望日即日在翼宿而正西入月在室宿而正東出黃道南半周盡在地平上北半周盡在地平下故黃道與地平之交角最小每日月行白道十二度則降在地平之度亦最小故秋分後一日日入時至月出時行之時角小於他月所以望在秋分而月在正交時爲穡月之最便也

以遠鏡窺月面見有山有谷其對日方向山俱生影影有長短之變比例悉合又光暗之界線參差不齊近此線山影甚長蓋此線上之地見日出或日入故也入光面漸深則其地見日漸高故影漸短望時光面正向地故不見有影用分微尺測其影可推諸山之高近有二人曰比爾曰梅特勒以此法測得月中一千零九十五山之高著于册

五 版

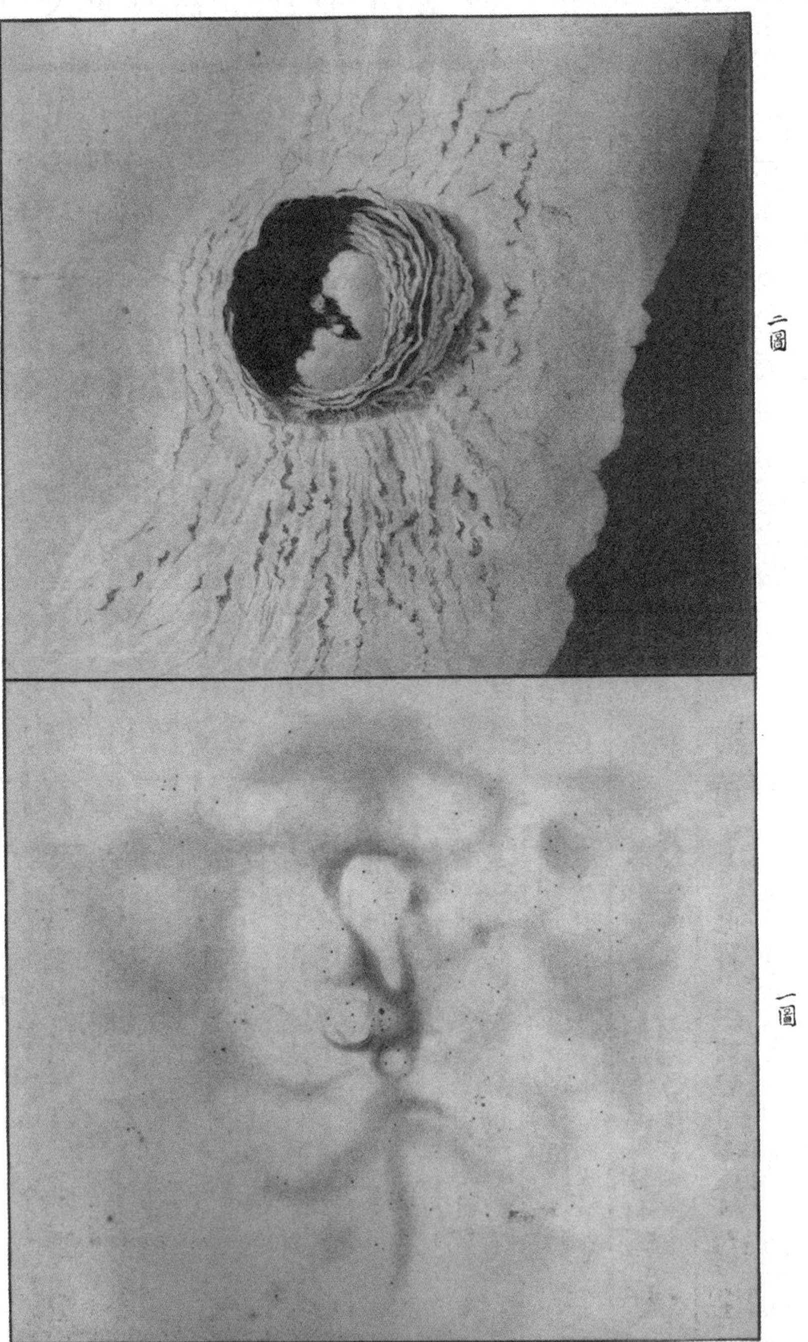

二圖

一圖

最高者約二萬二千五百尺較南亞墨利加安的斯之最高山成波拉鎖更多一千三百八十尺此山近光界時其頂先見小光點亦如地面最高山先得日光也

月中多山而南半尤多徧月面幾盡山也山形皆中窪若碗口俱正圜在月邊者視之若橢圜而山之大者內有小峯矗起其狀酷肖地面火山試觀以大利那不勒維蘇威火山及更比勿薩奇與法蘭西卑得陀墨二地諸火山之圖則信矣其不同者山中之火壑甚深更在月面之下大率壑之深較山之高恆二三倍用最精之遠鏡窺最明晰之火山能分溫石之層次且見石汁四面下流如五板二圖而用羅斯所造最精回光鏡能見亞白得紐山（月中火山）火壑底之大石塊又亞里梯路山（月中火山）之四周凸邊俱有裂縫向裏又月中不見有海而有大平原其壤皆類沙土

續 又有連山散列其狀為無火山

月面多火山之壑大而深較地面之火山甚偉壯初似奇異然依已知月面之事推之無不合理蓋火山噴火之力不依球之大小而攝力則全依球之大小按月體為地球六分之一故月面攝力為六分地球面攝力之一又月地二球之火山內噴出石質之力與速率相同故月面之石質散開必遠是以不能再落於壑中而必散於壑外又月面無氣故噴出之物不若地面有空氣之阻力故更遠也

人常疑月面之形必有改變然自古至今遠鏡愈精屢覩月向日向地諸勢未見其形有改變之證惟昔時陸爾蠻月圖內之甲壑梅特勒名為立內者徑約十六里而甚深同治五年九月初八日雅典星臺官賜密特見此壑現成平面無形跡又十月十一日間最便之時數次測望影俱不見而相近之數小壑乃易見其不見之故或謂自下噴出之鎔流質滿壑內而溢出流散塞其粗毛而成平滑之斜坡故無影也

窺月面不見有雲亦似無氣蓋有氣則掩星時以星出入月體時所推得之月徑與分微尺測得之徑當有差其數倍月面蒙氣差今不覺有差即有氣亦甚薄所生之差不能至一秒即其重不能及一千九百八十分地氣之一也又若有氣則日食時月邊外當有一光線今亦未嘗見焉小星近月未至掩時先不見者乃為天空中月光所奪雖在暗邊亦然不足為證日食既時雖十一等小星切月邊尚見也

月面無氣故受日光處其熱最猛更甚于地面赤道之午正而暗處必極冷更甚于地面之二極故月面各地每半

月酷暑半月嚴寒若有溼氣則向日半面必散而移于背日半面而半月炎荒半月積霜惟當光暗之界疑有水流也其或一面水蒸化汽一面汽凝爲水因各得氣之平不至盛暑盛寒然如此則汽乍生乍滅亦甚微不能測也

月向日之面甚熱然當月滿時地面不能覺用回光鏡映聚其熱亦不能變寒暑針之度是月中之熱較日中之熱力甚薄疑入地氣上層已消盡故不能至下層當月滿時雲每不多意其熱能消之也

自地推月徑一秒之圜面約方三里故今之遠鏡雖精尚未能證其有人與否因未能察及房屋田畝也且質輕于地攝力亦小設有力在地面能舉若干質在月面必能舉六倍之質故若有動物必與地面動物異否則體性不宜也又月面不見有四時變化故有植物否亦未能知

月亦自轉其一周與繞地球一恆星周之時等其赤道與黃道之交角爲一度三十分十一秒而正交點與白道之中交點合故白道交點退行于黃道一周月自轉之軸搖動成一尖錐形環黃道軸一周此二周之時相合

月自轉一周與繞地一恆星周等故月向地之面略不變然自轉用平速而行于白道有遲疾故月向地半赤道之東西兩邊能多見二三度蓋月地二心之聯線時進退于

月赤道也又月自轉之軸不正交白道面故月之二極遞次側向地而亦可見二動俱名天平動因此二動故月向地之面無一定之中點而半球外二三度一帶遞次能見之

設月向地之面有人則彼視地如地視月其徑二度其朔弦望之時與月恰相反又見地定于天空略不動諸星在地之前後左右徐徐而過又見地面有斑點變化不定而因貿易風則見赤道及晝長晝短圈諸帶上其斑屢變又見大洲與海歷代改變則月中人必久測不能定地面之形狀又月食時月中爲日食則見地面之氣如細光環近地邊色紅稍遠爲淡藍中包黑地面其周有雲必見不平狀

續前言月面無氣（本卷窺月面不見有氣條）然未必全月面如此故亦可有生物近時韓孫云月常一面向地恐因月體之形非正球而一面略凸其凸者與地月二球之聯線相合而月球之重心與月形之中心不合果如此則背地之面未必不能有生物也試將木條一端連重物一端連輕物當中繫線執線而旋舞之則重物必遠人手輕物必近人手月之繞地爲地攝力所牽而行於其道如手牽線相同設月體之質兩面輕重不同使月形之中心

不合于重心則繞行時重面必背地球若月面有氣或水或別流質而不足滿全面則其散流非以形之中心爲心而必以重心爲心故必流向重心之面最低之處而在此處或成湖海其大小依流質之多少其定質之輕者在重心之對面成大州其重心形心二點之相距卽陸地高于海面之數也設月之重心形心相距約一百里則其陸地高于海面亦必一百里所以在地球見之月面俱必高于背面之海面而爲有山之陸矣

水必成平面氣亦相同月而上之氣必蓋于月面之水上而成大氣故向地之面雖有氣亦必極薄況月面之

氣少于地面更當如此所以月向地之面雖無水迹而背地之面未必無生物也地球亦略有如此之狀地之半球面略盡爲陸地餘半球面略盡爲海卷四于球面畫大洲及海條可知太平洋正中之下必有重質甚多故其略對面有印度之高地及崑崙也此山頂氣之疏密率僅三分海面氣疏密率之一動物不能生焉

葛西尼伯作月面圖最著名而羅色力用七尺回光遠鏡察月狀作之更精此外有陸爾鑾比爾梅特勒諸人所作阿諾威有女士曰維德用梅特勒圖參以己測精心造半月球象又與奈斯密各造月中火山象甚大至咸豐元年

米利堅獲醜勒于堪比日星臺用大赤道鏡及影畫器作之

續奈斯密鏡測月面極粗毛而似出火之處作其像照其相而刻之如呐板韋思敦思得妙理能使照得月體之圖觀之不似平面而似球面山俱凸出如實體因月之天平動本卷月自轉一周條故月面之一處有時在中心之一邊有時在中心之又一邊此同于月定而人目移動與天平動相等之角而一次在右一次在左觀之也照相而見爲眞形卽按此理故擇月之天平動至二邊之時各作一月圖以二圖同在鏡內觀之能相合而成月體之

眞形矣此如月球在極大八之二目間而見之也拉路以所造大力回光鏡所得之圖可爲格致內最妙之物能顯月體之眞形無以加焉又近時白德亦詳攷月面之數小處

又英國哈德努在里味不星臺用赤道鏡作之又特拉路用奈端十尺聚光點之赤道回光鏡其目鏡孔徑十三寸所作者最精焉

談天卷七終

丙板

談天卷八

英國侯失勒原本

英國 偉烈亞力 口譯
海甯 李善蘭 删述
無錫 徐建寅 續述

動理

地繞日月繞地已知之無可疑矣而地何以繞日月何以繞地且俱終古不停也今特推闡其理

凡物在空中必依地面之垂線下墜其下墜必有力使之名曰攝力（一名地心力）攝力之方向恆對地心若物斜拋空中則下墜時不正對地心然地心之方向仍寓于中不滅也

（理詳動重學）若正向上拋則拋力與攝力相消消至相等則下墜至地面而拋力消盡凡斜拋物其方向本直攝力令漸變方向故下彎成曲線名曰拋物線拋物線有最高點如月道焉此曲線至地面時其方向斜交地平與發時方向交地平之角等物在其線無一處向地心者烏知其向地心烏知此線非極長橢圜道地心爲其一心若無地質隔礙烏知物不回至本處果爾則拋物行曲線與月繞地乃一理也

以索之一端縶石手持一端而旋舞之石必生離心力拉索令緊而索力必有限旋太急拉索力大過其限則索絕而石飛恰如限則不絕知索力之限卽能推當用若干速率設以索聯地心與地面之重物而旋之令速率所離心力恰如索力則物必繞地心行而有攝力令物恆向地心與索力等用以代索則物仍繞地心行不變月之繞地亦此理也而攝力小何以知之準動重學法以地半徑推得地面重物欲令繞地心行不停其速率當爲一小時二十三分二十二秒繞地一周若攝力加于月體與地面同則推其速率當十小時四十五分三十秒而繞地一周今月繞地一周爲二十七日七小時四十三分故知地心攝力加于月較加于地面物小也推其比例若一與三千六百

設二物一在月道一在地面同下墜地面物當速于月道物三千六百倍也月距地心約六十倍地半徑三千六百與一比卽六十與一之二平方數比蓋攝力漸遠地心則漸殺其比例若距地心線平方之反比例也此與光熱漸殺之理同與吸鐵電氣二力雖證據未多然其理亦必同也

奈端言天空諸有質物各點俱互相攝引其力與質之多少有正比例而與相距之平方有反比例凡一體中各點相攝所受攝力各不等當推體之形狀法甚繁而地與月俱爲球體奈端云球體之攝力與球質俱收聚于心點而

發攝力無異故凡球皆如一點也地雖非正球然其差甚微可不論

奈端又言徧虛空界攝力無不到設有二球體本各行直線道因攝力互相引必成曲線道或彼體繞此體或二體共繞一公重心其道必爲圜錐諸曲線之一視其速率方向及相距遠近而異所繞之心乃曲線一心除平圜外不在中點又距心線及速率刻刻不同恆成反比例而距心線所過之面積同則歷時亦同觀地繞日月繞地皆與此理合其道皆爲撱圜而兩心差不同則其說信而有徵也以日地兩心距及地繞日一周之時推得地之離心

力又設一與地等質積之物距地如日地距推得其恰當地球攝力之離心力則地繞日之離心力大于所設物離心力三十五萬四千九百三十六倍即知日之攝力大于地之攝力三十五萬四千九百三十六倍蓋日之質與三十五萬四千九百三十六箇地球質相等故也而日之體積大于地一百三十八萬四千四百七十二倍則日質較地質疎而輕設取等大之積衡其輕重則地爲一日爲〇二五四三夫日之攝力甚大則四面之壓力甚重而質反如此輕疑日中有猛火或大熱故受甚大壓力而不被擠小也

凡球通體之攝力與全質收聚于心點而發攝力無異而攝力與球質積有正比例與距心之平方有反比例若論球面之攝力則距心數乃球之半徑也如法推得日地二球面之攝力如二十七〇九與一之比地面一斤重移至日面當重二十七斤九也故日面當用地面抵力約二十八倍方與攝力相當也地面之人若至日面必不能行動因攝力大而增重不能自勝其體也

觀上諸條益知地球率月繞日而日不動蓋日質甚大地月之攝力甚微加之不覺也與前所云公重心甚近日心非地面所能測之說合故地或繞日心或繞重心無須分

別也

地與月共繞其公重心而又同行于黃道以繞太陽此如大小二球聯于棍以索繫于重心而旋舞空中而二球又共繞其重心是行于繞日之撱圜道者非地非月乃地月之公重心也準此則地上視日又有小差每月一周凡推日度當加減此差又月繞日之道似十二曲線合成其曲線俱凹向日名次擺線每月二次交地道一由內出外一由外入內然月地二心距不能過四百分地道半徑之一則出入于地道亦甚微設畫于紙非用至精之規度之不能覺也

月若僅依地球之攝力繞地行則必爲眞橢圜道行一周仍至本處且在一面內今又受日之攝力故有交點逆行橢圜長徑順行及橢圜變形諸差也譬如以二石相並于高處同下墜攝力相等而漸增二石之速亦必同增而相偕至地設一石受攝力微大則增速亦更大必先至地而生相屬之動日地距大于月地距約四百倍故朔望月距日差二百分之一如圖申爲日戌爲地寅卯爲白道朔時月在寅受日之攝力大于地望時月在卯受日之攝力小于地在白

道各點受日之攝力比地各不同攝力之方向亦不同設地與月受日之攝力大小與方向俱不變則月繞地之行亦不變今既俱變故生差力其方向斜交地月之聯線令月或速于橢圜行或遲于橢圜行且或令地離月或令月離地又白道斜交黃道面而日之攝月力非與黃道平行故恆令月欲離白道面則生交點行等差也此名攝動差其詳見後卷恐人因此疑攝力之公理有時不合故先略言于此以釋其疑

談天卷八終

談天卷九

英國侯失勒原本

英國 偉烈亞力 口譯
海甯 李善蘭 删述
無錫 徐建寅 續述

諸行星

於地面仰測諸曜見其時時行動異于恆星者不獨日月已也又有諸星其近且大者曰水曰金曰火曰木曰土古所謂五緯星也其遠而難見非遠鏡不能察者曰天王曰海王其微而難見亦必窺以遠鏡續所已測見者約有百十餘恐未測見者尚多與小

恆星難別也每夜窺測見其移動者即知是小行星俱自嘉慶以來所測得內有四小星在道光二十四年之前所得也書末附表有小行星之名與測得之人名及測得之時

諸行星之道亦自西而東除穀女武女天后諸小星外其道俱近黃道（見三百零三條）在地望之不能正見各道之面僅能側見其邊其各面相交角及遠近俱不能了惟星距黃道面之度能明見之

地上視日月之行略有遲速由于橢圜而行星則大異于日月有順逆行順行由速而遲而留而逆行逆行亦由速

而遲而留而復順行總計之順行多于逆行順逆二行之較爲星東行之度試以黃道相近一帶所見之星道展爲平面而圖之戊丙爲黃道己午未申爲星道己至午順行午爲留午至未逆行未爲復留未至申順行餘可類推卯爲二道之交點地在黃道面內交點亦在黃道面內故見星至卯必無視差欲知星過交點時刻取相連二日一在黃道南一在黃道北各測其緯度用比例推之卽得屢推之知凡星二次過中交或正交中間之積時恆等無論順逆遲速皆然然則星之行皆有

定法我見其忽順忽逆忽留若無法者因我所居之地不在星道之心而地又行于本道生視差故也蓋諸行星道皆以日爲心故若居于日面觀之必見其行有定法而無順逆留諸變矣行星皆爲球體與地同類本皆無光日照之而生光此以遠鏡測而知之又皆爲實質面之狀各不同見三版圖卽火木土三星之圖諸星距地較月甚遠故月能掩之有更遠于日者故距地球最近之星地半徑視差甚小不過數秒而其遠者視差更微難測也推行星大小以本星之地半徑視差與星之視半徑比若地徑與星實徑比蓋視差卽在星上所測地之視半徑而同用一星

地距故比例同也凡行星皆小于日然有大如地或大于地者

行星視徑有時變大有時變小以三角法推得距地諸數則知若以地爲心無論行正圜行橢圜其數俱不合而于日則大有相屬之理如火星衝日之時視徑最大爲十八秒衝後漸變小至合日時最小僅四秒他行星亦然故知俱繞日又金水火三星以遠鏡測之見有弦望與月同其明面恆正對日故知諸行星無光皆借日之光也

以日爲諸行星道之心則地上所見諸參錯行之故盡明而一切行星幷地球之動法皆歸一公理蓋行星皆繞日

其道斜交黃道交角甚小而交點不移聯二交點爲二道面之交線交線平分黃道行星自正交或中交起復至本點爲繞日一周其時可測而推也

諸行星繞日一周在地望之各不同金水二星如偕日而行離日之度有定界或在日東或在日西在日東則日入後見于西方名昏見在日西則日出前見于東方名晨見離日最遠水星不過二十九度而金星四十七度在日東最遠與日同速旣而留而逆行初遲後速與日漸近而伏伏時或見其過日面如小黑圜班此必行星過交線而地球亦在交線乃有之與日月食理同伏若干日而復見在

三板

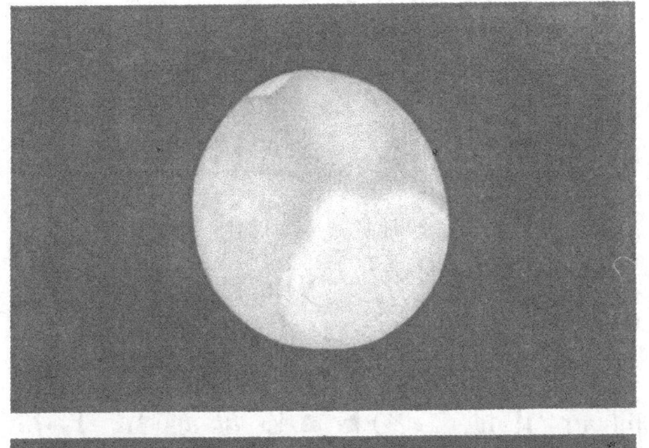

一圖

二圖

三圖

日西仍逆行初速後遲遲極復留而順行復離日最遠而與日同速既而速漸增追及于日而又伏伏數日復見在日東焉順逆伏留之時有增損如圖巳午為黃道甲乙丁為行星道日居星道心乙申為二交點若日定居黃道無視動則必見行星進退于日之前後設地在交線則在日下必見星過日面在日上必見日掩星今日與黃道巳午有視行設過申酉酉戌戌亥諸分每分中行星在本道過一象限則其視道必成甲卯辛

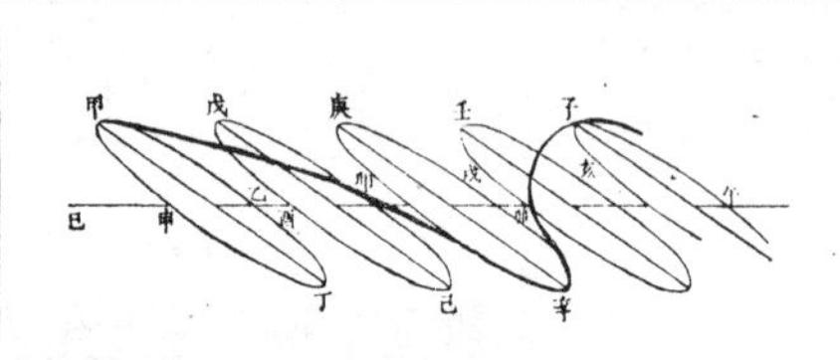

子曲線在甲卯辛分內必見順行在辛卯子分內必見逆行而在辛點必見留也此惟金水二星為然二星在地道內名內星伏時星在日地間名下合日在星地間名上合

又圖正視星地二道申為日申子乙丙為水星道甲乙丙丁為地道矢表星地所行之方向星在甲時設地在甲其方向為星道之切線申甲則必見其離日最遠其角度申甲申為最大甲申申為直角則半徑與申甲申角正弦比若地道半徑甲申與星道半徑申申比故測得

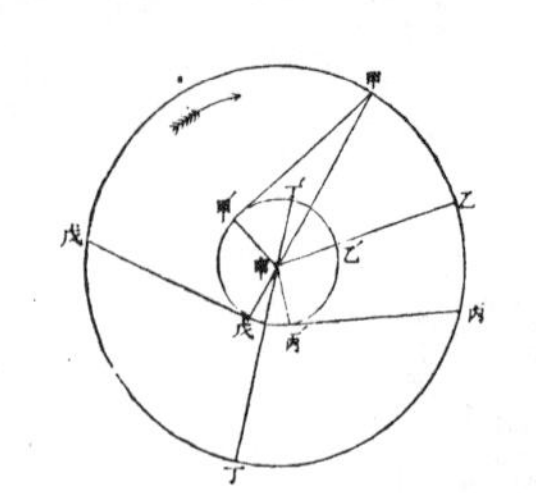

申甲申角即能知星道之半徑然屢測其半徑不等故知星道非正圜而為橢圜用連次測數推得水星距日中數約一億零四百萬里金星距日中數約一億九千七百里地道半徑為二億七千五百萬里又以高卑二點正交點之微差推得水星一周之恆星時為八十七日二十三小時一刻零四十三秒九金星一周之時為二百二十四日十六小時三刻四分八秒而晨昏見一周之時水星為一百十五日八七七金星為五百八十三日九二此恆星周太陽周之別設地定居于甲則行星在申為晨見離日最遠行一周復至申仍得晨見離日最遠今地自甲向乙行

于本道故星復至申時地已前行追至戊遇地在戊始同在切線上而復得星晨見離日最遠也中間星至乙時地至乙則見星下合日星至丙時地至丙則得星昏見離日最遠星復過申至子時地至丁則見星上合日星自申起復至申是謂恆星周一周後更行至戊是謂太陽周也

以金水二星地球三道之半徑推得三道里數各以一周之時約之得一小時中水星約行三十一萬六千二百三十里金星約行二十三萬一千三百三十里地球約行十九萬六千七百五十里故星在下合日乙點左右時星地之行方向同而星速于地從地視之見星行之方向與日

視行逆故爲逆行在上合日子點左右時星地之行方向逆而從地視之見星行之方向與日視行順更速于日故爲順行二留點不在離日最遠申丙二點而在甲乙與丙乙之間又圖戊戊爲地道上之微弧巳巳爲星道上之微弧若二微弧與二速率比恰令地過戊戊星過巳巳其距線巳戊至巳戊方向不變則地視星或背地上行或向地下行而不見有順

逆行故曰留也若離日最遠時則見其與日同速而爲順行矣欲推留點所在引長巳巳戊戊爲巳戊二點之切線會于未點任引長戊巳至午巳戊與巳戊平行則準平三角例巳巳與戊戊比若巳未與未戊比命星地之二速率爲亥亥則巳巳與戊戊比若亥與亥比故亥與亥比若巳未與未戊比亦若巳戊未與未巳戊二角之正弦比亦若申戊巳與申巳午二角之餘弦比因申巳未申戊未俱爲直角故也亦若申戊巳角餘弦與申戊巳戊申巳二角和之餘弦比又命星地二道之半徑爲未未則未與未比若申戊巳角正弦與申戊巳戊申巳二角和之正弦比而申

戊巳戊申巳二角可推一爲行星留時離日之角一爲日視行星與地二經度之較角也然星地二道俱非平圜故推算更繁今不詳論而著其已推得之數水星之留點離日最小約十五度最大約二十度金星恆在二十九度左右其逆行水星約二十二日金星約四十二日金水二星有弦望如圖申爲日戊爲地乙甲丙丁爲星道星因日照向日半面明背日半面暗故當上合星在

甲戊視之見光滿如望星在乙甲甲丙之間光必多于弦在乙丙二點則如弦在丙丁丁乙之間光必少于弦漸近下合丁點則見其如線或全無光如朔或見其過日面如黑斑焉凡金星之光見其時明時微者有二故焉一因弦望一因距地遠近星之視體大小不同如自離日最遠至下合日之時光面漸變少然漸近地視體漸大每相補焉依此推之離日四十度時光最明焉

金星過日面有一定時而二次相距之年不等率初八年次一百二十二年次八年次一百零五年如是周而更始恆近冬夏二至測此以推地日距及日之地半徑視差法

最妙如圖酉爲日戌爲地亥爲金星丙丁爲過日面時之道甲乙爲二測處在地球面相對二點其徑甲乙正交黃道面若地不轉星過日面時甲乙徑不動則甲點見星在日面甲乙點見星在日面乙甲亥申乙亥乙皆爲直線則亥點之相對二角必等故申乙與甲乙比若星之距日與距地比即若六十八與二十七比約爲五與二比則日面之申乙必五倍地半徑其視度必五倍地平視差是以測申乙設有差推得地平視差其差減小不

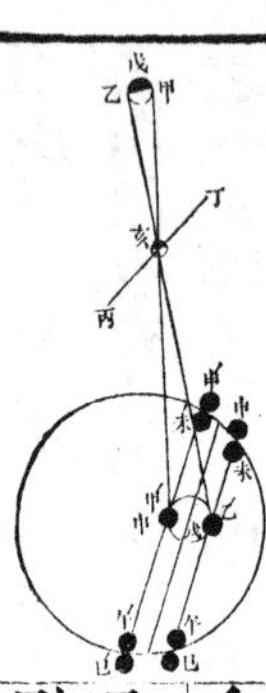

過五分之一故曰法最妙也巳午未申巳午未申二線爲金星視道之二界從日之西邊入東邊出甲乙測者必細測出入二點以定界線所在若細測過日面之時更妙蓋查金星表能知其行度速率而視道約同直線知其時即知過日面線之長用作通弦以日徑求其矢甲乙所得二矢之較即甲乙也此必測星心過日面故先測入日時一星日外切之時如巳一星日內切之時如午次測出日時與前同如未如申取外切內切之中時以日周之弧致之則得星心出入之時然地球自轉而二測處又不能恰在相對二點故推步甚曲折與日食月掩星同而更細密今

不詳論但論測金星過日面爲最要事云乾隆三十四年星過日面英法蘭西俄羅斯等國俱分遣疇人至遠方測之合各國測數推得太陽之地平視差爲八秒五七七六此後過日面當在同治十三年二十一年見三百五十七條乙

水星道之兩心差最大約爲四分半長徑之一故其離日最遠度相差甚多小則十六度十二分大則二十八度四十八分金星道亦爲撱圜而兩心差不甚大

水星過日面在正交點近小雪在中交點近小滿分計之在正交點約十三年或七年一次率三次相距俱十三年一次相距七年在中交點亦然然此約言之耳水星道與

黃道之交角大故時或不合當以二百十七年一交之終計之其次周而復始也水星近日用以致日之視差不便故非若金星之當詳測焉道光二十八年咸豐十一年水星過日面

凡星道包地道者名曰外行星何以知其包地道其證有二內行星離日度有限遠至限而復近外行星則無限衝日時遠至半周地不在星日中間不能如是一也星之光常滿不見有弦缺其遠者爲木土天王海王恆爲圜體其近者爲火星雖或小虧亦不能過八分之一故知在地視星與日照星之方向略同非地道在星道內不能如此二

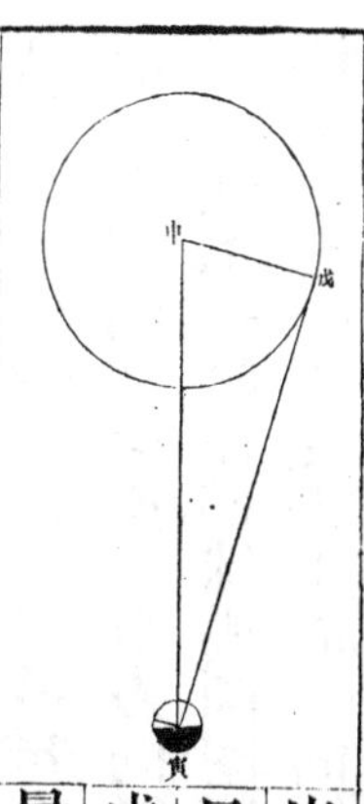

也以火星論之如圖申爲日戌爲地寅爲火星地在戌時火星上見地離日度最大地上視火星見暗面亦最多準星之光分能推申寅戌角及星日二心距申寅與日地二心距申戌之比例故知火星道半徑爲一箇半地道半徑強而木土天王海王之虧不能見則其道必包地與火二道

外行星于衝日前後皆逆行逆行之時及所過度分及速率各不同俱火大于木木大于土土大于天王天王大于海王若知星之周時則測其逆行能推星道大小如圖申爲日衝日時地在戌星在寅同在申天直線內歷若干時地行至戌星行至寅作戌寅聯線引長之交申天線于天成申戌天申寅天二三角形先用申戌天形已有申戌邊卽日地距亦有天申戌角卽地所過之弧度亦有申天戌角卽地戌天角爲星逆行之度則可推得申天邊次用申寅天形已有申天寅角亦有天申寅角卽星所過之弧度以星周時與今所歷時比例而得又有申天邊則可推得申寅邊卽星日距也

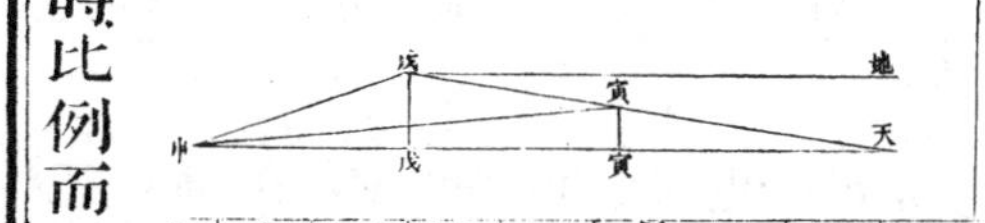

然星道非平圜必累測而推之取其中數爲星道半徑也前論測星道交黃道點能知周時然其交角有甚小者交點非易測若于衝日前後數日連測之以定衝時二次衝日中間積時卽星之太陽周時也然因橢圜有微差必屢測取其中數方得太陽平周時知太陽周卽知恆星周測次愈多得數愈密五緯星已歷測二千年推得其周可云密之至矣

凡二行星周時之平方比若二距日線之立方比如地與火星二周時之率爲三百六十五萬二千五百六十四與六百八十六萬九千七百九十六二距日之率爲十萬與十五萬二千三百六十九上二率各自乘下二率各再乘其比例同也此爲古今來天學中第一至妙無上之理刻白爾精思苦索而得之是時未有對數推三角頗不易諸行星之根數未能若今時之精密而刻白爾乃能探得此理則又難之難已苟非大智何以能之自明此理而知地球與諸行星不獨形體相似顯然一類無可疑矣

刻白爾攷火星行法悟得火星之道爲橢圜日居橢圜之一心星日距線所過面積等則歷時亦等驗之火星旣密合以其法推諸行星皆合因立三例一曰歷時同則星日距所過面積亦同二曰諸行星皆行橢圜道以日爲橢圜

之一心三曰諸行星距日中數與周時有公比例此三例以奈端動重學之理攷之俱合其第一例歷時同距線所過面積亦同者蓋諸行星本欲以平速行于直線其行于曲線者必有力恆加之令曲也其力之方向恆指日心奈端論此理甚明其大略云凡力恆加于一動體力之方向恆指一點則體必行曲線道歷時同體距點之線所過面積亦同此可以淺近事顯之譬如以繩懸一小鐵球手執一端依地平面旋轉之一指向下令繩纏指則球必漸近所繞之心而速率漸大周時變小同時過同面積目驗即知無煩細論也若反旋令繩展于指必由速漸遲與前相

反其第二例行星皆行橢圜道以日爲橢圜之一心者蓋諸行星皆依日之攝力而行曲線與他星無涉以動重學言之凡動體無他力加之必行直線恆加以他力則行曲線動體行平圜周者動體之本速率與所加他力令本道各點之曲率恰相等也若力更大則曲率亦更大力更小曲率亦更小此皆不合平圜而動力必時大時小曲率亦時大時小凡動體行曲線道若先知其本動之方向與本曲線之理則亦可推其令方向變之力令物行橢圜道用力之法不一設作鐵線橢圜圈穿一珠令行其上則令方向變之力恆正交鐵線而不向橢圜心其行必爲平速此

與同時同面積之理不合必如前論用繩懸小鐵球乃合也欲攷橢圜之力有三理一準同時同面積能知體在各點之速率二準曲率能知各點離切線而向心之數三準速率變大小能知各點力之大小令體向心而離直線之率任在何點皆可推算欲驗體行橢圜之理最妙以亂絲懸一細鋼球下置一大力噏鐵圜柱噏鐵之極與懸點正相對乃動其球令繞噏鐵則球必行橢圜而不行平圜也其第三例諸行星距日與周時有公比例者蓋諸行星各行本道皆由于日之攝力凡化學中質點愛攝力及噏鐵力僅能攝數質而日之攝力凡所屬諸星無論何質皆攝

之攝力有大小由于諸星距日有遠近蓋攝力與質多少有正比例而與相距遠近有反比例也準奈端之理凡二體互相繞其周時必如橢圜道半長徑立方之平方根以二體質和約之之數準此若諸星之質較日質相去非俱甚懸絕則刻白爾之例不能合今諸星質雖有大小而較諸日則俱甚小故皆略合其差甚微不能覺也

欲明各行星橢圜道之根數有三要一爲橢圜形及大小以長短二徑定之或以半長徑及兩心差定之如橢圜之長徑十短徑八則半長徑爲五兩心差爲三其橢率爲五分之三二爲橢圜之方位以黃道面及分點線爲準此有

三事星道與黄道二面之交角一也二面交線之方向二也長徑之方向三也交線必過日心故知交點經度即知其方向星過交點自南至北爲正交此時星之經度即交點經度也而知最卑點經度即知長徑方向最卑點長徑之一端也一爲星于某時當在本道某點但知最卑點或擠圜上一定之點及周時則依同時同面積之理即能知之也三要已知則無論何時能知行星所在之處而從日心與地心之二視方位俱可推得也先論從日心之視方位如圖申爲日已甲卯爲行星擠圜道以申爲心甲爲最卑點巳申卯羊爲依星道作柱面正交黄道面所成形申羊爲分點線爲經度所起申卯爲星道黄道二面交線設乙在黄道南甲在黄道北星自乙向甲則卯爲正交點羊申卯角爲交點經度若星在已從甲已二點俱作線正交黄道面于申巳二點則羊申巳角爲行星經度羊申申角爲最卑點經度已申巳角爲行星緯度已知周時及擠率擠圜面積故但知星過最卑點之時則準同時同面積之理能知甲申已面積而用幾何法能推得甲申已角即星距最卑度乃取甲卯申正弧三角形推之已知卯申弧即最卑與交點二經度之較卯申申角

亦知卯角即二面之交角故卯甲弧即卯申甲角亦可知以卯申甲加甲申已得卯申已角爲星距交度乃用已卯巳正弧三角形已知卯角及卯已邊即星距交度推得已巳邊即已申巳角乃星之緯度也又推得卯巳即卯申巳角加交點經度卯申羊角得羊申巳角乃星之經度也

再論從地心之視方位地心視行星方位異于日心者因地球距日而生故必先求行星距地距日之數次求地距日之數乃可推也如圖申爲日戊爲地已爲行星申羊爲分點線羊戊爲地道已巳爲行星心至黄道面之垂線申巳戊爲星之地道半徑差角戊已爲從地視星之方向戊巳爲地至星垂線底之方向作申午線與戊巳平行則羊申午角爲星之地心經度而已戊巳角爲地心緯度夫羊申戊爲地之日心經度有日表可查羊申巳爲星之日心經度已申巳爲日心緯度依上法可推前條而申已爲星道之帶徑名積拾級本代微 申戊爲地道之帶徑各準道之大小及體所在度可推既有此諸數則星之地心經緯度俱可推法先用申已巳直角三角形已知申已邊及已申巳角求得申巳已巳二邊次用申戊巳三角形已知申巳申戊二邊及戊申巳角乃星地二日心經度之較求得

申己戊角及戊己邊申己戊與己申午二角等故申己戊己申戊羊申戊三角和等于羊申午角卽星之地心經度又用巳戊己直角三角形已知戊己巳己二邊求得巳戊巳角卽星之地心緯度也

五緯星上古以來人皆知之天王星乃侯失勒維廉于乾隆四十六年二月十九夜以遠鏡細測諸恆星始知爲行星前此因遠鏡未精每誤列于恆星表也火木二道間諸小星嘉慶時先得其四一爲穀女得于六年測地爲以大利之西西里巴勒摩城人爲必亞齊一爲天后得于九年測地爲日耳曼之阿諾威高丁近人爲哈爾定一爲武女

一爲火女得于七年十二年測地爲日耳曼之不來梅人爲阿爾白士初有波特者普魯士伯靈之天文士也言火木二道之間必有行星但未測得耳蓋各行星道距水星道約俱遞倍如地水二道距約倍金水二道距火水二道距約倍地水二道距推之土天王莫不皆然惟火木二道間太遠與例不合故也後測得此四星其道大小略等俱在火木中間距火木二道之數與上例合歷家咸異之或謂此四小星本一大星破碎而成果爾其數當不止于四後人因細測近黃道一帶小星盡著于圖以核其中有行星否于是道光二十五年十一月初十夜亨該得嚴女二十七年五月十九夜又得稱女續得此二小行星後天學家咸喜精心再測更得多小行星見書末附表

大行星中海王最後得初測望家見天王星有無法之小動英亞但史法蘭西力佛理亞驗其動法皆以爲別有一行星其攝力加于天王而生此動其說不謀而符二人各以法推未見之行星謂今當在某經度某緯度其推又略相近力佛理亞以所推送伯靈星臺是夜臺官嘉勒用遠鏡依所推之處測諸小星核以星圖果得一行星距力佛理亞所定之經緯其差不至一度距亞史所定之經緯其

差不至二度半名之曰海王時道光二十六年八月四日也

前條言諸星道相距有定例其數雖不能如刻白爾諸例之密合然甚相近求其所以然之理未能得及得海王其道距水星道非倍于天王距水星而僅加半與例不合然後知此例乃偶合不足憑而凡說之無證者俱當細攷之不可遽信矣

諸行星上設有動植諸物其性與質必較地面諸物大不同蓋諸行星異于地球者三受日之光熱多少不同一也攝力大小不同二也體質疏密不同三也受日光熱水星

多于地約七倍地多于海王約九百倍其二界之比若五十六與一之比試思我地面之光熱若多七倍何以堪之若少九百倍又何以堪之

攝力大小木星視地約若五與二火星約半于地月較地若六分之一小行星約二十分之一質疏密以重率言之則土星重率爲八分地重率之一意土星質當略如乾松木此三者旣如是不同則動植諸物若性質無異地面必不能生活也

續 諸行星所受太陽之熱氣雖多少大不同然行星外所包之密雲或能透熱氣而易射至行星之面又能阻之使不易發散故遠日之行星所受太陽之熱氣雖不多而所受者能多存于其面也如藏植物之玻璃房受太陽之熱氣雖至有雲之時房內寒暑度仍大也按此理行星距太陽甚遠者未必是甚冷矣

以遠鏡測諸行星所得諸事條列于左

水星略如球體光如月有盈虧因最近日而小不能細測其質實徑約九千二百里視徑五秒至十二秒金星亦有盈虧其實徑二萬二千六百里視徑最大六十一秒大于他行星然其面但見有光而不能見有山與影雖有光暗之異而非能一定故或言金水二星自轉之時畧與地同或言多于地二十四倍因其面無斑未能測定也或星之體我人不能見但見包星之雲雲所以蔽日光以護星也

火星之面甚明晰道光十年六月二十九日用二丈回光鏡測之見有大洲與海狀如三板一圖大洲作紅色意其紅土也海作綠色有時不清晰或狀改變意包星之氣中有雲故耳而當清晰時有一定形狀星自轉其面以次而見已有好事者細測著于圖其二極有白斑最明見本圖或云是積雪故向日久則小背日久則大最大時約距極六度細測此白斑知火星自轉其赤道面與黃道交角三十度十八分歷二十四小時二刻七分二十三秒而一周其轉亦自西而東與地同其實徑約一萬三千一百里視徑最小四秒最大十八秒

木星在行星中爲最大實徑二十六萬六千里其體積大于地球一千三百倍視徑最小三十秒最大四十六秒其面有帶數道道光十二年八月二十九日用二丈回光鏡測之如三版二圖其帶之廣狹位置屢變非一定間或散于星之全面

續 星面或見白斑其帶或見分枝而諸帶之最奇者有時見其內有明晰之正圓小斑如其月體卷十地球之月食條過于木星地球之間有時見其位置與數有變咸豐七年九

月十一日見有十而已見者俱在星之南半球道光二十九年春導斯初見之三十年二月十五日拉斯拉初作圖以解之

近時導斯見之更明次第解之記于天學會之歲册此必在包星之氣中因風而成如地之貿易風也而星之轉其面行速于地故其風愈有一定其黑者為星之體然不至星之邊其邊氣愈厚故也

續 其白斑或是本處發出之曇雲如地球空氣中雲柱上之有曇雲也

細測之知木星自轉依愛力歷恆星時九小時三刻十分二十一秒三而一周其軸與帶正交木星體非正圜而微匾與地同用分微尺測得赤道徑與二極徑之比若一百零六與一百之比依算理推木星之體質并繞日之時與測得數合故知此法可推最遠行星無不合也

木星有四月繞之如地之有一月也其繞法自西而東亦同諸月繞木星與諸行星繞日理與法俱合

土星實徑約二十二萬五千里體積大于地球約一千倍距地遠近適中時視徑十八秒其面亦有帶數道不及木星之清晳理與木星同間或見大斑即星之體候失勒維廉據以測自轉得十小時一刻一分〇秒四四而一周土星有八月繞之最異者體外有光環分三層與星同心而共在一平面內外環之外徑五十一萬零一百四十四里視徑四十秒〇九五內徑四十四萬八千九百九十七里視徑三十五秒二八九內環之外徑四十三萬八千六百三十九里視徑三十四秒四七五內徑三十三萬九千三百零七里視徑二十六秒六六八環之厚難測然必不能過七百里星之赤道徑二十二萬八千九百零五里視徑十七秒九九一赤道距內環內周五萬五千二百零二里視距四秒三三九兩環之間五千一百七十九里視距〇秒四〇八此二空處望之若二黑環焉環之前半對日生影影在星面環之後半有星體之影故知環為實體非虛象也星面諸帶與環平行故知星自轉之軸正交環面也見三版三圖

續 或謂其環非是實體有理可證惟無論為實體為虛象地球在便當之時能見其環影在土星向日之面亦見土星影在環向日之面而在土星之後曾用遠鏡細測之矣或意其外環之外邊略有褊圓之形又意其二環不在一箇平面內土星繞日行其自轉軸與光環方向不變故光環面交黃道面之角亦不變恆為二十八度十一分其二面交線與分點線成角一百六十七度三

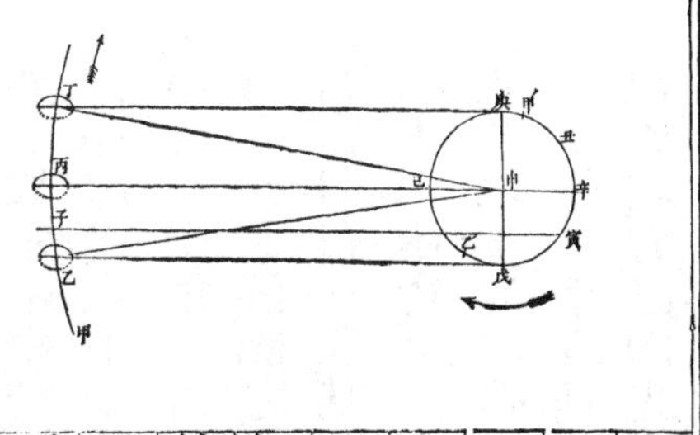

十一分而光環二交點之經度一爲一百六十七度三十一分一爲三百四十七度三十一分土星至此二點光環之邊正對日若適當衝日時地上視光環如一細長光線非最精遠鏡不能見謂之光環隱土星約十五年一過交點過交點時光環或隱一次或隱二次三次如圖申爲日甲丁爲土星道戊已庚辛爲地道矢所指爲星地行道方向丙爲交點丙申爲交點距日線作戊乙庚丁與丙申平行切地道于庚戊二點光環之方向恆不變故土星在乙丁之間若與地球會于丙申平行線如子寅戊乙等線光環必隱土日距申乙與地日距申戊之比若九五四與一之比推得丙申乙角爲六度一分倍之即乙申丁角爲十二度二分即乙丁度土星過此約三百五十九日四六較地繞日一周僅少五日八地或在戊已庚或在庚辛戊二半周俱可與土星會于丙申平行線會則光環必隱設地從庚行五日八至申之時土星初至乙則必一會于辛戊象限內再會于庚點計其隱有二次若地在申辛戊弧內土星至乙則必一會于辛戊象限內再會于戊已庚半周內三會于庚辛象限內計其隱有三次若地在戊乙弧內土星至乙則其初地斜行而遲星追及地而一會後地行近正而速追及星而再會俱在戊已庚半周內而星未至丁地已過庚又會于庚辛象限內計其隱亦三次地在乙時土星至乙其初地斜行星速于地追及地與會會後地行漸正即速于星而前行再會于庚辛象限內計其隱只二次若地在乙已甲半周內則僅一會于庚辛戊半周內而其隱不過一次光環向日之面明背日之面暗若丙爲光環之正交點圖之面爲黃道北其背爲黃道南則地會星在辛戊象限內爲從明至暗在戊已象限內地追及星爲從暗至明星追及地爲從明至暗在已庚象限內爲從明至暗在庚辛象限內爲從暗至明地入暗面時望星見面上有帶數道而赤道上有細黑線若星在乙丁弧外則無此狀凡土星之日心經度自一百七十三度三十二分至三百四十一度三十分見環之北面恆受日光自三百五十三度三十二分至一百六十一度三十分見環之南面恆受日光在七十七度三十一分及二百五十七度三十一分時見光環之面最廣其短徑約爲長徑之半或疑光環如此大而係實體何

以能懸居空中而不落于星面。曰光環亦依本面自轉，環上之光有不同處，據以測得歷十小時二刻二分十五秒而一周。準土星攝力推之，如物在環半繞星應得之速，故能懸居空中不落也。

續 或言其環如此之薄，若爲實質，恐外邊內邊所加二離心力之較必將環撕碎；若爲流質，則無此事。或疑環爲氣質，又謂气與氣質交和，如雲之類也。以分微尺細測，知光環之重心行于一小圜周，以繞星之重心，非與星共一重心也。如此環之攝力加于星之四面不同，令星恆欲向環之最近點，而最近點繞星而行，頻移其處，故

環甚穩，不致搖動，亦不致與星附着也。又環與星繞日遲速如一，故永不變；若速率微不同，環亦必落于星面也。或言外環之光小于內環，而內環內半之光亦小于外半。道光三十年十月初八夜，米利堅堪比日星臺官本特用大赤道儀測之，見內環之半有暗帶界之，其內半較闊，覺別有一環，其闊若五分舊二環和之一。後二十二、二十六兩夜，英國根德天文士導斯用精遠鏡徑六寸者測之，亦見暗帶更明晳，與本特不謀而合。故定爲三環，暗帶乃新環、舊環間之空處也。而新環半亦見有黑線界之，界已內光更小。

道光二十八年閏四月十八日，伯靈星臺官嘉勒初測見內環之內邊又加闊，以分微尺測之，約爲星與環間之半。此加闊者畧能透光，故隔此能見星體。嘉勒測得雖在先，而其須行已在本特與導斯測得之後。又有多人測得，亦謂其能透光，又見光環之面有數黑線與環間之黑帶平行，屢有屢無。按此及前說前條，可信土星之光環爲氣質也。

斯得路佛謂光環之內餘環，昔時未見之者，蓋自海更士初測得光環之後，用分微尺測得光環與星間之漸減小，乃知始有內餘環而漸闊也。然固林爲志星臺官

美以納用分微尺測得者與該撒議之，知斯氏之意不合也。

人若居土星光環之邊而觀光環，必如大光弧橫亘天空，而兩端至土星之地平界，甚奇妙也。人若居土星之軸，則見光環之內外邊必合其赤道之距等圈，而恆掩距等圈間之多星。人若居土星面，使星體能透光，則因視法之理，見光環之內外邊必成不同心之橢圜，且近邊闊而遠邊狹，其橢圜不合其赤道之距等圈，必向高之一極而偏。以圖明之，于土星面之某點申作申酉與光環甲乙正交，以甲丁爲其赤道距等圈之徑，以此爲

底旋成正圓錐形甲申丁則圓錐形之底為赤道距等圈又以甲乙為光環之徑以此為底成斜圓錐形甲申乙則圓錐形之底為光環此圈惟在甲點與前圈相合其餘則俱在前圈之外至對面之乙點而相距最遠如乙申丁角即二尖錐角之較也環邊之曲線既在合點與其赤道距等圈漸近星之極而漸離故使人居土星見諸星與日之出有時先在環下能見後為環所掩後在環上再能見也土星既有多面久不受太陽之光且所缺之光小月所難補故意其難居生物然此乃依地球之事論之耳是否尚未可必信或地球之人以為極苦而在土星實為最適亦未可知也

天王僅見為一小光面無環無帶斑亦難見實徑若十萬三千里視徑四秒此星之道甚大故視徑之變不甚覺其體積較地大八十二倍其月或四或五或六未測定月道異于他星詳後卷

海王最後測得其道最近黃道面不能審視故其狀不能言

續 昔人疑其有光環未有確據惟拉斯拉斯得路佛本特三人測見有一月可無疑

火星外諸小星俱甚微不能詳視武女狀似星氣想係厚氣星之攝力小不能令聚也又惟武女火女用最精遠鏡能測其視徑他俱不能也設人居諸小星上能躍高六丈如在地面躍高三尺也地上水族之大者移于諸小星可陸居也

續 近時力佛理亞攷知諸小行星體質之和亦不足計也

欲顯繞日諸星大小及相距之率當擇一極平地面置一球徑二尺為日距球一百六十四尺置一芥子為水星距球二百八十四尺置一豌豆為金星距球四百三十尺又置一豌豆為地距球六百五十四尺置一菉豆為火星距球一千尺至一千二百尺置五十餘沙粒為穀女等諸小星距球一里餘置一橘為木星距球二里半置一小橘為土星距球四里半置一大櫻桃為天王距球七里置一大李為海王若作圖于紙不能得真比例也

續 諸行星可分內外二類在木星道之內者為內類如水星金星地球火星與諸小行星是也在木星道之外者為外類如木星土星天王海王是也諸小行星亦可另為一類其體之小于內星比如內星之小于外星比又

諸內星自轉其軸每周之時皆略二十四小時外類之木星土星已知自轉其軸每周之時不及此數之半疑天王海王亦然諸內星體質之疏密率與地質略同諸外星體質之疎密率僅四分地質之一木星天王與太陽體質疏密率皆畧同

談天卷九終

談天卷十

英國侯失勒原本　英國偉烈亞力口譯
海甯李善蘭刪述
無錫徐建寅續述

諸月

諸行星除水金火及諸小星外皆有月少者一多者至六七月之繞行星猶行星之繞日焉

地有一月月非繞地乃地與月共繞二體之公重心而公重心行于撱圜道以繞日故地與月皆行浪紋撱圜道見圖卷五以繞日一周約有十三浪然浪之出入于撱圜甚微故二道向日之邊恆爲凹也地月之公重心在地體中故地心繞公重心之道小于地球之大圜然測日之經度有微差名曰月差亦視差理也月差之最大不能至八秒六八秒六者日之地平視差也

水星距日最近爲八十四日半徑天王距日至二千零二十六日半徑而月距地心只六十地半徑月地如此相近故月恆隨地若相距甚遠則月地必相離各獨行繞日而因道之大小令周時不同當如刻白爾所定之例也雖地有攝月之力然甚小月不能因之生遞遲遞速之率惟在本道生不平動所謂攝動也詳後卷

月地雖甚近，然月受地之攝力小于受日之攝力。若欲推其比例，法以地球繞日與月繞地二道之大小，用相等時分推地月所過弧分之二矢，即日攝力引地地攝力引月令向心之數，依法推得二矢之比若二。二三三與一之比，即月受日地二攝力之比例也。又攝力近則大而遠則小，其大小之比若相距平方之反比，而日地距大于地月距約四百倍，以四百自乘得十六萬，以乘二。二三三得三十五萬七千二百八十，是日與地二攝力之比畧若三十五萬七千與一之比，故地質僅為日質三十五萬七千分之一。凡行星帶月者，已測得行星繞日、月繞行星二道之大小及二周時，即可推行星之質積若干也。（卷十以日地兩心距條）

木星有四月，土星有八月，天王已測得四月，或云六月，海王已測得一月，疑不止一月。此諸月之于各本星，猶諸行星之于日，其攝力及動法皆與刻白爾所定之例合。細測之，尚微有不合處，乃諸月互相攝動，又本星非正球，攝力時有微變，故生此小差也。諸月繞本星之道非平圜，實微撱，本星居其一心。同星之諸月，其各周時平方之比若各道半長徑立方之比，周時及半長徑之數見末卷附表中。帶月諸行星中，惟木星歷代曾經細測，蓋其四月甚明了，用最精遠鏡能測其月之視徑，又月食多而易測，可準之定地面經度。（詳卷四木星月蝕條）前代測地球之月，未能如今時密合，故恆測木星月食以定各地經度及時差。

木星諸月繞本星，亦自西至東，各道之面畧近本星之赤道與星面諸帶略平行。攷木星赤道面與星道面之交角為三度五分三十秒，二面甚相近，故地上望諸月之道俱畧于直線。而諸月有時過星面，有時過星背，為星所掩，有時入星影，光為所奪，即月食也。造諸月表甚精密，各處測其月食之時，可定本地面經度也。

木星月食大略與地球之月食同，但木星距日較地甚遠，星體較地甚大，故其闇虛較地更長且廣。（卷十凡日月食條）又星與諸月大小之比例較地球與月大小之比例甚大，而諸月道與星道之交角俱甚小，又諸月道徑與木星徑之比例視地之月道徑與地徑之比例較小，故四月中有三月每周必過闇虛，必食既。餘一月，其道交星道之角畧大，則非每周食既，時或切闇虛邊而過，見微食，然亦食既時為多也。

地球之月食，人在月道之中望之；木星之月食，人在月道之外望之，視線與其闇虛之方向交角時時不同。準此，見食之方向及月與本星之視方位不能一定，而食時不變。如圖，申為日，戌為地，戊己庚子為地道，癸為木星，甲乙寅卯爲星之月道闇虛之尖在天空中如天距諸月之道甚遠因日距木星甚遠故也木星見日之視徑甚小約六分故當諸月之道其外虛甚微可不著于圖月自西至東其方向如矢行至甲入闇虛必見食自初虧至食既月行之弧必如木星心所見月之視徑分秒自生光至復圓亦然然遠鏡及目不能無小差則初虧食既生光至圜之時刻不能密合無訛故但測星之隱見二時相較折半得食甚時用之此時月在申癸天線內即木星見月衝日時也測此時可定地面經度有二食中間之積時即其月之太陽周時而月之恆星周時亦可推（詳卷七從前朔至後朔爲一月條）觀此圖知地在申癸線之西則見月食必在木星之西其時在木星衝日前地在申癸線之東則反是地漸近申癸線則視線與闇虛之方向漸相近見月食處必漸近木星之體自乙作線切木星而過至地道巳點設地在巳則月出闇虛在木星背不能見自巳至木星衝日皆然又自甲作線切星至地道壬點地自木星衝日至壬則月入闇虛在木星背不能見地在庚則月入闇虛在星邊地在辛則月出闇虛在星邊地在庚辛間則月出入闇虛俱在星背而俱不能見若月至寅點其影必入星面望之若黑斑月自寅至卯見黑斑過星面月離卯見黑斑出星面又從戊作二線切木星之二邊地在戊月至二切線之間則見月體過星面故木星衝日前月過星面必影先于體衝日後反是諸月體過星面時用最精遠鏡測之有時若光斑在黑帶上有時若黑斑小于影理當大于影今反小意非月之全面必面上或包月氣中之大黑斑也諸月之表列于左

木星諸月表

	地中之視徑	木星中之視徑		實徑	體積
	秒	分	秒	里	
木星	三九.九一			二六六一五○	一.○○○○○○○
第一月	一.一○五	三三	一一	七二五二	.○○○○一七三
第二月	.九一一	一七	三五	五九七九	.○○○○二三二
第三月	一.四八八	一八		九七六五	.○○○○八八五
第四月	一.二七三	八	四六	八○六八	.○○○○四二七

觀此表知木星上視第一月如我地球上視我月視第二第三月大小畧等其視徑若第一月視徑之大半第四月之視徑若四分第一月視徑之一諸月必恆相食亦令日食然木星上見食之處不多也

地上見諸月過木星背則月爲星掩月過木星視徑分秒之時即掩時月行有遲速故掩時不同第一月二小時一刻五分第二月二小時三刻十一分第三月三小時二刻十三分第四月四小時三刻十一分地距木星較諸月甚遠故雖有軌道差而掩時略同推諸月所見木星之視徑第一月十九度四十九分

第二月十二度二十五分第三月七度四十七分第四月四度二十五分木星衝日前月之掩在食後衝日後月之掩在食前第一第二月最近木星故掩食出入星及出入闇虛不能全見在衝日前入星在食時出闇虛在掩時在衝日後出星在食時入闇虛在掩時俱不能見也觀前圖自明地在庚辛弧居日與木星之間則掩之出入俱能見之而食不能見木星之第一第二第三月平速之率最奇假如同時中第一月平速度內加兩箇第三月平速度等于三箇第二月平速度故第一月之平經度內加兩箇第三月之平經度減三箇第二月之平經度恆得一百八十

度故知兩月所在度餘一月之度亦可知準此三月不能同時食蓋第二第三月同經度則第一月相去必半周故第一月食則第二第三月必合日也反之亦然此事或以攝力相聯之理釋之

木星諸月雖不能同食然四月同時中或食或掩或過星面則未嘗無也此時必四月俱不見蓋月在星面非最精遠鏡不能測見也此事康熙二十年十月初三日摩利牛始記于測簿嘉慶七年四月二十三日侯失勒維廉又記之其後瓦麗士記道光六年三月初九日歷二小時不見又道光二十三年八月初五日葛列斯巴記之

昔人測木星之月因悟光行之理爲格致學中最大事蓋地道在木星道之內（見前圖中）而二道同心故星地距恆不同最大爲二道半徑和最小爲二道半徑較大小之較爲地道全徑康熙十四年嗹國天文士勒墨爾取歷年木星諸月食測簿較勘之覺木星近衝日測得時必略早于推得時近合日測得時必略遲于推得時詳攷諸時差及諸遠近差與最大時差一刻一分二十六秒六及最大遠近差地道全徑比例皆同因悟光自遠而近行若干路必歷若干時徧推之悉合每歷時一秒光行五十五萬五千里人初疑速率太大不甚信其欲求其證後以白拉里所得

光行差理證之（五卷光行差條）則光行差所得光行速率與木星月食所得光行速率其較不及八十分之一後細測之恐適相等也

木星諸月道之兩心差俱甚小其內二道不甚覺難測也其相攝動生小差與諸行星無異拉白拉瑟諸天學家已細測詳推之又屢測覺諸月之光準與星之方向而變其變有定處且有定時意諸月必自轉其自轉一周與繞木星一周之時等與我月同例

土星之諸月距地更遠較木星更難測故不能詳細如木星諸月距土星最遠之月其道與光環面之交角最大爲

十二度十四分其距土星之心六十四倍土星半徑餘月之道俱略與光環面平行其距星最遠者僅得此月距三分之一惟我地之月距地六十地半徑差堪與比他星之月俱不能及也康熙十年葛西尼偵初測得此月然在土星東半道幾不能見今用最精遠鏡始見全周但在東半道光變小難測因思此月必自轉其一周與繞土星一周之時等與我月同想諸星之各月皆同此例也自外至內舊時所謂之第二月爲順治十二年二月二十八日海更士所測得乃土星諸月之最大而明者其實體略與水星等第三第四第五月俱甚小非精遠鏡不能見葛西尼

于康熙十一年及二十三年中測得之第六第七月侯失勒維廉于乾隆五十四年測得之此二月甚近光環外周于清朗夜用最精遠鏡方能測之見光環如線時二月若珠附于線而行久而各離線端既而各退行過線端而爲星所掩

續 道光二十八年八月二十一日之夜導斯拉斯拉二人在拉斯拉之星臺測得第八月在第一第二月之間暗而難見本特在堪比日星臺同時亦測見之

土星之光環及諸月道與星道交角大故月食過面諸事惟內二月爲多外諸月非近光環如線時不能有也且測

其食甚難故非若木星之月可用以定地面之經度也

天文家定土星諸月之次不一或以最近土星之月爲七其次爲六其次至最遠爲一二三四五或自一至七俱自內至外順數因各家之次不同恐易淆亂故今以古神之名名之自內至外一密麻二安起拉三特堤四弟渥泥五利亞六低單七雅比都特堤之周時倍于密麻之周時弟渥泥之周時倍于安起拉之周時雖有微不合不能過八百分大周時之一

天王諸月非最大力遠鏡不能測之已確知者有四月以古仙之名名之曰阿白倫曰底旦雅曰翁白利曰亞利而

阿白倫底旦雅皆是侯失勒維廉在乾隆五十二年所測見以十八寸回光遠鏡測之所見略明約翰亦見之其後拉斯拉斯得路佛拉門三人又見之翁白利甚暗恐亦是侯失勒維廉始測見而以爲內月但見時不多亦不甚詳未能定知是月與否後斯得路佛于道光二十七年九月初一日亦測見之更後拉斯拉亦測見數次亞利而是拉斯拉于道光二十七年八月初六日所測得又在里味不星臺及咸豐二三年間在馬達島用分微尺詳測此四月在測天之事此爲甚要此四月之周時與距數見附表侯失勒維廉疑阿白倫與底旦雅之間或再有三月而未之

見恐竟無之也

天王諸月大異于他星之月其道面與星道交角最大者至七十八度五十八分其繞本星皆自東而西非自西而東其道俱畧近平圜其交點不見或移測本星繞日至今已半周月道之交角未見有變地與其月道面相近視月道如直線或如長橢圜時月之光爲本星光所奪未切本星已隱不見故用今之最大力遠鏡尚未能測其食與掩也

海王之月較天王更遠更難測惟拉斯拉于道光二十七年五月二十六夜測得一月可無疑蓋是年歐羅巴米利堅諸疇人俱覆測相合也斯得路佛于八月初三日至十一月十三日測得其道與本星道交角三十五度其繞星或左旋或右旋尚未知須後人測定之拉斯拉于道光三十年七月初七日又測得第二月

談天卷十終

談天卷十一

英國侯失勒原本

英國 偉烈亞力 口譯

海寧 李善蘭 删述

無錫 徐建寅 續述

彗星

古人以彗星之行速率甚大而無法恆隱而忽見光或甚巨異于常星故恆目爲災異人皆畏之雖智者不免焉今始知其行與繞日諸星同理未嘗無法然其狀及功用亦未能深悉又有難解者數事如尾其一也凡此俱俟後賢深攷之

彗之見于史者多至數百次意古時未有遠鏡所見者彗之大者耳近代遠鏡日精大率每年必見一二彗甚或二彗三彗並見于一時故知彗之數必多至數千有彗晝在地平上則不能見惟日食既方見之漢宣帝元康四年日食見大彗在日旁事載賽乃加所著書又有數彗光最大正午亦能見載于史者明建文五年嘉靖十一年近道光二十三年諸彗皆是也而前古漢初元五年羅馬國主該撒亞古士督新嗣位大會臣民陳百戲賽祀鬼神彗忽晝見時前主該撒儒畧死未逾時國人皆謂彗即儒畧之神也至作詩歌詠其事

凡彗之頭大率爲大光體其狀不一定中心一點最明如一行星或如一恆星背日之面發長光二道近頭合爲一或不合漸遠頭漸闊漸散其本末略似流星後之光或似火箭後之光是謂尾亞利斯多託周威烈王五年之彗尾長六十度而近代萬歴四十六年之彗尾長一百零四度康熙十九年之彗尾長七十度或云九十度乾隆三十四年之彗尾長九十七度道光二十三年之彗尾長六十五度二版二圖乃嘉慶二十四年之彗也此彗不甚大然不難目見之

彗非恆有尾有光甚明而尾短不顯者有體甚大而絕無尾者萬歴十三年乾隆二十八年二次所見彗是也葛西尼言康熙三年二十一年二次之彗爲正圜形甚清晳若木星然彗或有數尾者乾隆九年之彗有六尾如摺扇狀長三十度道光三年見一小彗二尾其交角約一百六十度一尾背日光更明一尾幾向日稍淡凡彗之尾恆微曲向後若有力撓之

凡小彗非遠鏡不能見者甚多或無尾望之若正圜或橢圜之星氣漸近中心漸厚疑無實體女士密哲勒于道光二十七年八月二十七日用一百倍力之遠鏡測一彗正過五等恆星不能言其質何邊爲厚此恆星地面霧氣高

十餘尺尚能掩之而隔彗望之甚明晳此彗非實體之證彗雖大不見有朔弦望之象然借日光而明無可疑者蓋彗乃薄氣積成能透日光故內外通明也竊意彗體甚小而包體之氣甚大體與氣俱受日光而明則上三事俱非難解矣譬如日落時天半之霞通體光明以彗之薄比之此霞猶是實體也故以目視彗疑爲實體用遠鏡察之知非實體或中心有一點更明者意是實體耳此實體甚小其攝力不能收束所包之氣故氣漲甚大甚薄也假如地球之質積變小僅賸千分之一則攝外氣之力亦變小僅得千分之一其氣必漲大多一千倍或不止一千倍蓋氣距中心愈遠攝力愈小故也然氣雖大必仍包其中體此理僅能解彗氣之薄至其尾當別有理也

彗之頭其外體或似煙或似霧或似雲可以上條理解之尾之本包頭而與頭不相連望之若雲二層中有空處其狀如水漚其曲勢合拋物線頭在內近漚之頂如圖此可明尾分爲二之故人于地斜望其漚故愈近邊光愈深

彗之行一若無法有數日內連次見者有歴數月見者有行甚緩有行甚速亦有于本道之二處一甚緩一甚速者明成化八年之彗其最速時一日中過四十度有順有逆

二板

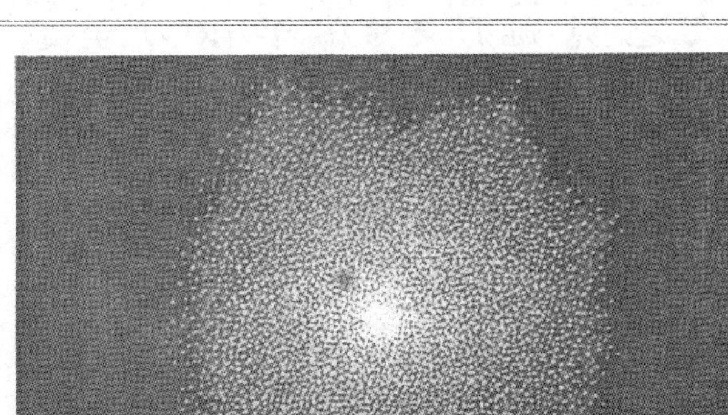
一圖

二圖

三圖

有曲折又諸彗之道徧天空皆有之不似諸行星道俱近黃道一帶也有初見光甚淡而小行甚緩尾甚微旣而漸速光漸明大尾出漸大甚長且甚明至近日而隱復見出對邊大率過卑點後光最大尾亦最長故疑彗之尾生于日光也又過卑點後其行先速後遲久之尾漸短光亦漸淡而小以至不見

若不知攝力之理則彗之行無法能解之奈端已攷明繞日諸體皆依圜錐諸曲線而行因悟彗星道亦必依此理康熙十九年之彗尾長且近日用以驗其理最便因測之果合其道爲橢圜而極長與拋物線幾無別日居其一心

彗之行道所過面積與時有比例與行星無異此後人皆信之無復疑者

凡有彗星見大率三次測其赤道經緯度以推其橢圜道或拋物道之大小及方向即可定其諸根數曰最卑點之經度曰正交點之經度曰與黃道交角度曰半長徑曰兩心差曰過最卑之時及繞日順逆行大略皆與行星同諸根旣定即可依法推其全道詳卷九再論從地心之視方位條而更測驗以攷其合否攷驗之法此爲最嚴

拋物線爲圜錐上橢圜與雙曲線二線分界處之一線即長徑大至無窮之橢圜彗所行橢圜道大率極長故見時

其所行道依拋物線推之不覺其不合然彗有再見者若其道爲拋物線則已過最卑後不能復回而或入于恆星中或滅于天空安能再見耶今測得彗星行橢圜道者居多此等彗若不因行星攝動令道大變必永爲太陽之屬星或疑有彗行雙線道者但未有二人詳推其道而得實證

彗星道之根數已知則無論何時距地球數及尾之實方向亦可知故其頭之實徑尾之實長實廣俱不難推今取已推得者錄數則于此以廣見聞康熙十九年之彗過最卑點後僅二日奈端測其尾已長一億七千萬里推其最

長時必至三億六千萬里乾隆三十四年之彗其尾長一億四千萬里嘉慶十六年之彗其尾長三億一千萬里其頭在透光氣中了了可見與尾不連實徑一百六十萬里其質漲大至此以意度之必不能復歛其中心質積微攝力甚小故也凡彗數次復見其尾漸小或亦因此也

康熙二十一年有彗見尾長三十度好里測其過最卑得諸根數與嘉靖十年萬歷三十五年二次之彗根數略同意必一彗也其再見約計七十五或七十六年因言乾隆二十四年必再見及期將至天學家俱欲驗其言或恐因大行星攝動必生差格來羅依奈端攝力之理推得因土

六板

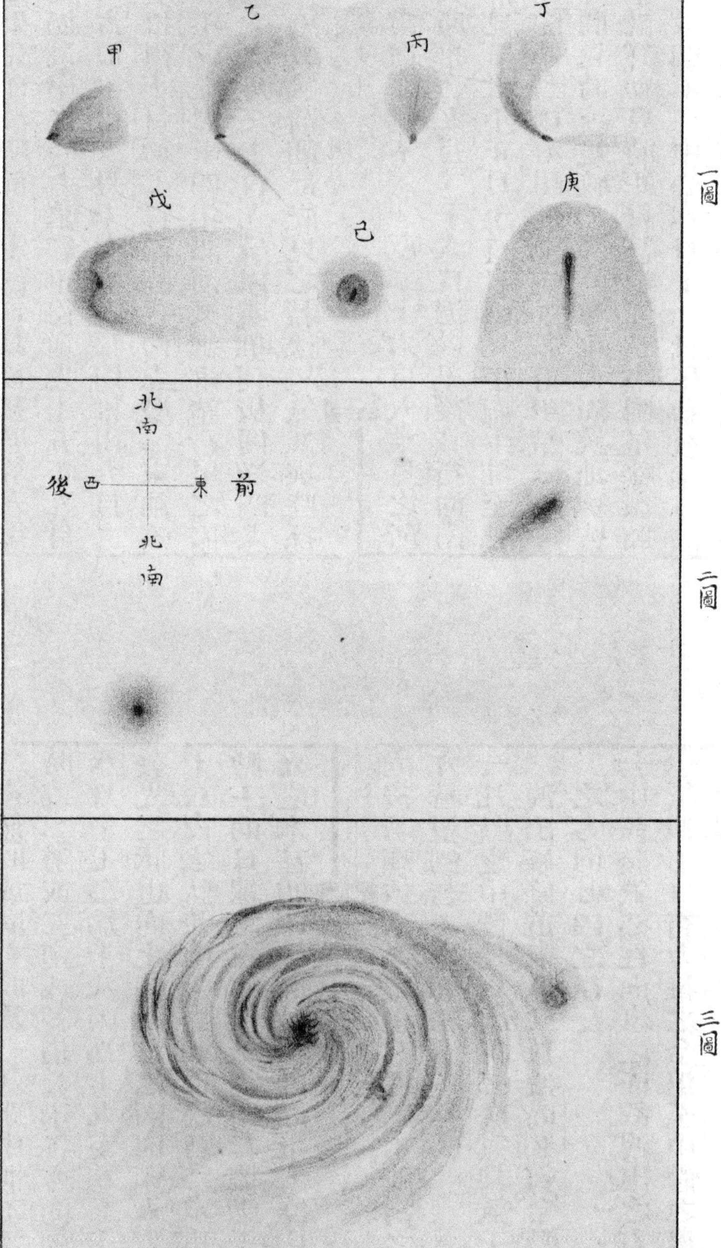

星攝動當退後一百日因木星攝動當退後五百十八日并之得六百十八日乃依根數預推其時內減此日數謂見時當在乾隆二十四年清明前後二月之中既而二月十四日彗星果見在清明前二十四日其後精歷算者復預推其再見過最卑之時大慕鎖推得道光十五年九月十四日邦的古浪推得九月十七日陸孫白推得九月二十一日立曼推得十月初七日而陸孫白立曼二家細攷康熙二十一年乾隆二十四年測簿又細推諸行星之攝動故人更信之六月三十日立曼以所推刊板傳送閏六月十一日羅馬天氣清朗最先見之若淡星氣然與陸孫

白所推是日當在之處不差一度二十六日人共見之所過之道略與所推合九月二十六日過最卑後其行向南北半球不能見十六年正月至三月俱見于南半球至三月二十日而隱此彗因好里所測定即名好里彗云

好里彗道光間見時遠鏡較乾隆時力更大而統地球皆測之故攷察最詳初見時距日甚遠僅若小圜星氣微撱無尾有一點較明不在中心八月十一日尾初發逐日漸大至十四日長四五度二十四日至二十度為最長既而漸小至九月初八日僅長三度十五日二度半意未至最卑點其尾已隱過最卑點日俄羅斯之波羅咯有人測之

不言有尾也當八月十一日尾初發時其中體忽明向日之面發光一道未幾即隱既而復發至十七日其勢更猛既而時隱時發以至不見其光之狀及方向變化不定連二夜無時或同有時為一道距中體不遠有時為扇形有時或二道或三道或多道發于各方向如六板一圖甲為八月十七乙為十八丙為十九丁為二十一四夜內中體發光之狀也向上即向日之面因頭太大不能作成圖亦十八夜之狀兼中體與頭作之乃縮本也此時見光道擺動于向日線之左右一若指南針擺動于午線之左右其光之本甚明距中體稍遠即暗散入空中而不見其形曲

向後若煙或水氣出小孔遇風不能當之狀天學家據此立彗星例若干條如左

一凡彗之中體受日之熱必發氣其氣于彗體包力小處洩出條條直射意此氣洩時必有令彗倒退力而彗行之方向必因之微變

一中體發氣必在向日之面故洩出之方向恆對日

一氣洩出日有力推之令退至中體之後行甚遠而成尾之質

一彗之質有不變氣者有變氣而包中體以成頭及鬚者

一日推氣成尾之力與攝力異而較攝力更大何則此氣

洩時有中體漲力又有彗之本行力而退後甚速故知推力甚大蓋推力能銷盡此二力尚有餘力推氣令急向後也

一若彗之攝力不大于一切萬物之攝力尾必離彗而去竊意尾離彗中體如是之遠中體如是之小其攝力必不能攝定之然則彗每近日一次必稍減體中成尾之質久之能令洩出之氣漸少而其狀漸似行星

一續彗尾發至甚遠意必散于天空而不能回聚至中體故每過最卑點一次必稍減中體成尾之質因成尾之質不受日之攝力而受日之推力則減餘之質受日之攝力必益大與體質之多少爲反比行道爲橢圜每過最卑點一次其周時必減小于前一次之周時至受日推力之質盡去而止

好里彗過最卑後二月不見至十二月初八夜始復見其狀大異于前尾已無以目望之大如四五等星而薄若星氣用大力遠鏡窺之爲小光面徑二分强外有氣包之鬚甚多其面內近心處有中體略明背日發一短光線如六版一圜中之巳彗離日稍遠鬚速滅若面食之而其面驟變大初九及十六二日依彗距地以分微尺測而推之其光面變大之比若一與四十比從此漸大漸薄以至不見

其不見由于無光可測非關遠也變大時其面背日之半略變長其全形作拋物線狀如六版一圜中之庚向日之半恆有明晳之界而底變淡難辨意此時若光未滅亦能見其發尾但其面漸大漸暗故惟見其後有若尾之根者目與小力遠鏡俱能察之而彗已極遠數夜遂不見拋物包漸大漸暗時其中體無大變但所發之光線漸變長而明其方向合拋物體之軸亦不似前向日發光時變化無定也竊意若前日之向日發光爲養尾之用則今日之背日發光必爲收尾之用久之此光亦漸變暗又末一夜所見之狀如始一夜所見之狀一若小圜星氣近中心有光點也

彗之見于史者中有若干次或疑卽一彗一爲康熙十九年之彗推得其周時爲五百七十五年其前一次北宋崇寗五年正月時君士但丁及猶太亦見之故中西史中俱載焉又前一次陳太建七年四月史載正午見彗近日又前一次前漢初元五年彗書見意卽一彗也又前有二次一載古希臘書一載和馬詩此時之歷不甚明今推之一當在周頃王元年一當在殷時也英士韋思敦謂此彗昔行近地時成挪亞之洪水云

續此類之彗所見者罕前所記者可爲典要因格細辨所

記康熙十九年彗星之理其內有諸行星攝動之力依所推得者言其周時既爲五百七十五年則無有橢圜道能合之故憶度其周時當爲八千八百十四年也另有所記北宋崇寧五年之彗與康熙十九年之彗不能合一道故以此二彗爲一彗必不能也

一爲明嘉靖三十五年之彗甚大近或推得約于咸豐十年當復見而至今未見也此彗或疑即南宋景定五年七月之彗欣特曾取當時測簿細推之根數悉合無可疑也又宋開寶八年六月之彗其光日出後尚能見尾長四十度又晉太元二十年所見漢永元十六年所見恐皆即此彗其周時約二百九十二年弱又順治十八年明嘉靖十一年建文五年南宋紹興十五年唐大順二年四月蜀漢延熙六年俱有大彗或云是一彗其周時一百二十九年果爾則乾隆五十四五十五二年之間當再見而竟不見意其過最卑或在夏至後一月則以其道之方向推之法當恆隱也嘉靖十一年順治十八年二次測簿罨商曾細推之謂根數不同恐非一彗阿爾白士覆推所得嘉靖年根數與罨商大異而順治年根數與罨商合故此一彗尚未能定

彗之周時有甚小者一曰因格彗初推得其根而預定其再見時者爲白靈之因格即以人之名名之也亦行橢圜道兩心差甚大其道與黃道交角約十三度二十二分其周時爲一千二百十一日嘉慶二十四年用四次測簿參攷得之因格推得其橢圜道謂道光二年當復見至期果見龍格于新南維立斯巴拉馬大測之時歐羅巴州不見此後天下星臺皆預推而測之以因格彗逐次過最卑之時細攷之除諸行星之攝動外尚有差覺其周漸小每周減一百分日之十一如此距日之中數及長徑亦必略變小因格言此必天空中有薄氣阻其行令速率變小故離心力亦變小而日之攝力拉之令近也此說若確則彗之體若非自消盡久之必與日相併惟因其體質之輕故無所不可依前言（本卷彗星例條）能有別理解說之彗體可不必滅也又測因格彗之體積漸近日漸小漸遠日漸大與好里彗同乏勒思謂徧天空有薄氣漸近日漸厚故擠彗之體令變小也果爾則將謂彗體之外如一皮令內氣與天空氣不通耶恐未必然竊意因距日遠近冷熱不同令彗之體或變爲雲或變爲不能見之薄氣故覺有大小耳（善蘭案此恐乏氏之說不誤）此彗無尾有小中體不在中心恆偏于向日之一邊其形狀未能測定一曰比乙拉彗乃道光六年比乙拉在墺地利所測得者意即乾隆三十七年及嘉慶十年

之彗也所行道甚𢗰其周時爲二千四百十日其道與黄道交角十二度三十四分道光十二年二十六年咸豐二年俱爲再見之期其交點最近地道道光十二年設地行速一月必遇彗于交點恐亦一大危事也比乙拉彗甚小最明時尚不能以目見而道光二十五年乃獨顯一大異事忽分爲二彗並行七十度遠鏡能合觀之十一月二十一日初覺有異望之如一梨至十二月十六日米利堅華盛頓初見分爲二十八日統歐羅巴州皆見爲雙彗初分時見小彗之中體距本中體之心二分其距心線之方向與經圈交角約三百二十八度小彗在本彗之北從此漸

分爲二至二十六年正月初四日小彗距本彗心三分十二日距心四分十八日距心五分二月初八日距心九分十九秒而距心線之方向略不變其分後二彗各有變狀且各有中體及短尾尾之方向平行與距心線略近正交十二月十六日新彗較舊彗小而暗其後大小明暗互相消長正月十四日新彗爲月所奪而舊彗仍見十五日二彗大小明暗略同十九至二十一日新彗明于舊彗中體清晳若恆星二十三日舊彗倍明于新彗中體最明若恆星從此新彗漸暗直至二月十八日後二彗並見至二月二十七日而僅見一彗至三月二十七日而俱隱二彗互

爲明暗時新彗于尾之外另發光一條作弧形與舊彗相聯若橋然舊彗復明時亦另發光一條故正月二十七二十八二夜視舊彗若有三小尾其一聯于新彗三尾之角約一百二十度時瑞士日內瓦星臺官披蘭大木詳攷測薄分推得二彗之根數謂正月十五夜至二月二十五夜所見二體相距之大小乃視距非眞距也準地距二彗線及此距線與二彗聯線之交角推其眞距約三十九倍地半徑幾及月地距三分之二彗之質甚微相距如是遠其相與之攝動必幾若無

續此事甚奇也因其根數知此雙彗在咸豐二年必復見

測天家咸詳測之至六七月間英國堪比日星臺查里司羅馬之色幾與斯得路佛三人皆測此二彗其方向相與之勢相同所以當時見太陽又加一屬星也見第六版二圖參弟尼以根數推之言其二彗當于同治四年十二月十一日與十三日各復過最卑點然而諸測天家雖勤測之皆未見之也

又有一彗道光二十三年十月初一日巴黎斯飛測得之其道爲𢗰圜呢谷來推其根數力佛理亞復改正之其周時爲二千七百十七日六八兩心差爲〇。五五五九六其道與黄道交角十一度二十二分三十一秒依諸根及諸行星攝動力推得再見過最卑約在咸豐元年三月初二日其後于道光三十年十一月二十三夜査里斯測見之斯得路佛亦測之至明年二月初三日而隱在三十日過最卑點與推得之數略合咸豐八年復過最卑

諸彗之道俱爲極長橢圜與黃道交角又大小不一則其出入諸行星道必有時與星最近甚者或相遇如比乙拉彗道與地道甚近恐數百萬年後與地球必有相遇之時

又乾隆三十五年之彗閏五月初八日距地最近時約七倍月地距又三十二年此彗與木星最近時爲五十八分木星道半徑之一或謂此時爲木星所攝動而其道愈近地勒石力推此彗之兩心差爲〇。七八五八其周時約五年半其道與黃道交角一度三十四分乾隆三十五年六月二十二日過最卑四十一年復過最卑近日不能見四十四年七月十一日距木星最近爲四百九十一分木星道半徑之一即木星第四月道半徑五分之四此時受木星攝動更大其道大變測算諸根與勒石力前所推大異而木星及諸月不見有攝動故知彗體之質甚微也

道光二十四年七月初九日羅馬星臺官迪未谷測得一彗知其道爲橢圜與拋物線大不合自二十日過最卑直至十月二十八日每夜俱可測之各家推其根數大畧相同其周時約一千九百九十日若無攝動再過最卑當在道光二十九年十二月此時彗恆近日不能見凡小彗測其體恆不淸晳故最難推今以諸家所推根數列爲表令讀者知測算之精密也（推者六家曰呢谷來曰欣特曰哥勒斯迷曰飛曰書白曰白倫諾）

道光二十四年七月各家所推迪未谷彗諸根數表

	過最卑時	最卑黃經度	正交黃經度	交黃道角	半長徑	兩心差	周日
	日	度 分 秒	度 分 秒	度 分 秒			
尼	二一.二九九四八	三四二 三一 五.五	六三 四八 四八.九	二 五四 四五.八	三.〇九八五三	〇.六一七一六	一九九二
欣	二一.三二七六六	三四二 三二 四〇.一	六三 五二 二四.一	二 五四 二七.一	三.〇八五八二	〇.六一五六六	一九八〇
哥	二一.二七七八四	三四二 二九 四四.九	六三 四八 五五.二	二 五五 一.九	三.一一一一一	〇.六一八六一	二四〇〇
飛	二一.三一〇九九	三四二 三一 一五.五	六三 四九 三〇.六	二 五四 四五.	三.〇九九四六	〇.六一七二六	一九九三
書	二一.三八七〇二	三四一 三四 三一.五	六三 五四 四〇.八	二 五二 五一.八	三.〇二六一二	〇.六〇八六八	一九二三
白	二一.二九七五六	三四二 二〇 四九.六	六三 四九 .一	二 五四 五〇.三	三.一〇二九五	〇.六一七八八	一九九六

此彗最明時目亦能見有小尾力佛理亞細推謂與康熙十七年所見同一彗而樂竭與毛費二人謂與萬歷十三年第谷所測者同一彗又乾隆八年三十一年嘉慶二十四年三次所見恐俱即此彗也（凡半長徑以地道半徑爲一兩心差以半長徑爲一）

道光二十六年二月初一日勃陸孫測得一彗言其道非拋物線今以諸家推得橢圜諸根數列爲表（推者四家曰白倫諾曰欣特曰威令根曰特漢）

道光二十六年各家所推勃陸孫彗諸根數表

	過最卑時	最卑黃經度	正交黃經度	交黃道度	半長徑	兩心差	周日
	月 日	度 分 秒	度 分 秒	度 分 秒			
白	二 一.二〇一四八	一一六 二八 三四.	一〇二 三九 三六.五	三〇 五五 六.五	三.一五〇二一	.七九三六三	二〇四二
欣	二 一.一五四六三	一一六 二八 一七.八	一〇二 四五 二〇.九	三〇 四九 三.六	三.一二二九二	.七九七七一	一〇一六
威特	一 三〇八四五八一	一一六 二三 五二.九	一〇三 三一 二五.七	三〇 三〇 三〇.二	二.八七〇五二	.七七三一三	一七七六

此彗甚暗形狀無大異其根數與嘉靖十一年之彗大略相近

道光二十六年閏五月初三夜彼得測得一彗達喴詳推其根數得周時五千八百

零四日三兩心差○.七五六七二半長徑六○.三二○六六交黃道角三十一度二分十四秒是年五月初八日過最卑

道光二十三年有大彗見未過最卑時繞地球俱不見正月二十九日過最卑二月初一日始見于蔔地曼蘭初三日北半球熱帶內初見其尾而赤道南日落後見其頭在西地平上用遠鏡察之其面若行星尾分爲二交角甚小有黑氣一道隔之長約二十五度尾根有光射出與尾同方向其北又發光一道引長其尾與尾交角五六度其長距頭六十五度其南亦有光一道但暗于北者中體甚明若一二等恆星至十一日若三等恆星光驟暗十九日月不能見而尾仍極明愈遠中體愈明若以目視不能見其與頭連初三日後尾成一長光帶覺微彎十一日加爾各搭草勒里休測見尾之南又發一尾與本尾交角十八度而長幾倍本尾約一百度前後日俱不見于一日中發之能令如是遠可想見中體發力之大若所發爲實質則其力更強于攝力此彗過最卑後一日印度貿易公局有船曰阿文格論頭爾過好望角日將落時其見此彗狀若小佩刀是日米利堅波德蘭格拉格午後三小時六分用紀限儀測見其中體距日心僅三度五十分四十三秒中體

諸家所推道光二十三年正月大彗星諸根數表

推步家	過最卑時	最卑黃經度			正交黃經度			交黃道角			最卑距日	順逆行
	日	度	分	秒	度	分	秒	度	分	秒		
因格	三○.二七四五○	二七九	二	三○	四	一五	五	三五	一二	三八	○.○○五二二	逆行
拔蘭大木	三○.二五二八七	二七八	一八	三		五一	四	三五	八	五六	○.○○五八一	逆行
騰爾	三○.二一九九二	二七八	二八	二五	一	四八	三	三五	三五	二九	○.○○五七九	逆行
呢谷來	三○.二五三七七	二七八	二六	三二	一	三七	五五	三五	三六	二九	○.○○五五八	逆行
彼得	三○.二三六七三	二七九	五九	一七	三	五五	一七	三五	一五	四二	○.○○四二八	逆行

與尾俱甚明皙如月在清天近頭處色略異格氏謂中體如此厚設過日面亦能見也又測尾長五十九分約倍日視徑此日彗距地與日畧同推其實長約五百萬里此爲古今最異之彗故其根數歷算家多推之今擇其尤密者列爲表凡最卑距日以地道半徑爲一此彗之異者最卑距日甚近古今所見之彗未有若是近日者試以日地距之中數爲半徑命爲一則日半徑爲十六分一秒五之正弦○○○四六六取上表中諸距日之中數爲○.○○五三四大于日半徑僅○.○○○六八約爲七分之一是彗在最卑時距日面數如七分日半徑之一凡日所發光與熱距日愈遠則愈分而愈薄其比例如半天球與日視面之比地球所見日之視面其徑爲三十二分三秒此彗在最卑時所見日之視面其徑爲一百二十一度三十二分準幾何凡球截面之比若四分截弧之一之正弦平方比依法推得地與彗所見日二視面之比若一與四萬七千零四十二之比即地與彗所受日光熱之比試思若四萬七千零四十二箇太陽合以照我其光與熱當若何耶巴格所

造陽隧徑二十七寸聚光點距鏡六尺半用時光熱盡彙于聚光點必與見日視徑二十三度二十六分處同比球所受光熱大一千九百十五倍與彗所受光熱比若二與四十九比而此鏡已能鎔瑪瑙與水晶或再用一歛光鏡增其力至七倍則比地所受光熱爲一萬三千四百零五倍卽此聚光點之光熱與彗所受光熱比若二與七比然則此彗所受光熱眞不可思議也此彗在最卑時其速率一秒中行一千零五十八里自正交至中交不過二小時强在中交距日倍最卑時所受光熱少四分之三按康熙十九年之彗最卑距日心爲〇。〇〇六二其距日面如三

分日半徑之一弱較此彗一倍强奈端推其受熱已多于赤鐵二千倍云此彗之道雖未能細推然測知其非拋物線而爲橢圜康熙七年里斯本薄羅那及巴西等地俱見大彗之尾與此時所見之尾畧同自正月二十一日後數日間其方向亦略同光甚大照海面生影其後頭出地平亦如此彗不甚清晳當時雖未細測但諸事俱相似人多意其爲一彗其周時約一百七十五年後細攷舊彗測簿而益信又攷史而知晉泰始四年正月劉宋元嘉十九年九月唐貞元七年宋開寶元年南宋紹興十三年元延祐四年明弘治七年諸次所見必皆卽此彗也盖準所推當

見于泰始四年劉宋元嘉二十年唐武德元年貞元九年開寶元年紹興十三年延祐五年弘治六年與史所見或同年或先後一二年因有諸行星攝動故不能一定也或疑康熙二十八年十月二十六日至十一月十一日所見之彗與此彗同爾時粗測其方位冰立取測簿細推其根數最卑甚近日又最卑及交點之經度俱畧同但交黃道角六十九度大不合庇爾思復推之僅三十度四分則非甚不合然則一百七十五年中當見八次其周時爲二十一年八七五自道光二十三年正月二十九日上推見于史者不獨如上所云又有雍正十一年康熙二十八年明

嘉靖三十八年及十六年正德十年成化七年宣德元年永樂三年洪武十六年元至正二十一年後至元六年二月元貞二年宋咸湻十年紹定三年嘉定元年元符元年嘉祐元年七月景祐元年大中祥符五年湻化元年後唐同光三年唐大中十一年九月嗣聖元年梁承壽元年中大通二年劉宋永和二年蜀漢延熙八年或十年漢光和三年冬延熹元年諸彗疑皆是也果爾則同治三年冬過最卑前後俱當見于南半球後格勞孫合各次測簿綜攷其根數謂其周時僅六年三八或云二十一年八七五以三分之當爲七年二九二方與諸史合此說恐未必合理

然用如此小周時其行法尙能合則二十一年之周時更可信矣

近代天算家所最究心者莫如彗推彗之法曰精一曰攷諸行星攝動之力曰密一曰徧查古史所記及測簿以新法盡推其根數一有彗見輒用新法攷之三四日後卽能得其根數之大畧復細測而推之遂愈密人人樂此不疲略覺有不合拋物線處則大喜輒徧查舊彗根數相合否以證其爲橢圜道若干年復見也又悉推諸行星之攝動以證其見之期或差而前或差而後嗹國昔王下令徧地球能測得一彗者旌以金牌由是測彗者益衆亦益精而得彗亦益多每得一彗卽郵告嗹國嗹國卽以金牌郵寄之而以其測單徧送各國星臺令詳測之故彗一出卽能盡得其根數也

續測天諸家所得彗星之多者有木斯得二十九梅西爾得十四墨商得十迪未谷得八女士侯失勒加羅林得八又米利堅女士密哲勒與旱堡女士龍格于道光二十七年異處同時得一彗而密哲勒稍先

因測彗又得旁通諸理濕周時差而知徧天空有薄氣能阻動其一也又彗近行星時測其攝動力可推行星質積多少如水星之質積古昔未知道光十八年有彗近之始大略能推定二十八年十二月二十六日是彗復過水星較前更近僅十五倍月地距而推得其質積益密

彗之尾若係實質則當其過最卑時疾行旋轉而尾不曲與攝力理不合與重學中動理亦不合康熙十九年道光二十三年二次之彗其尾幾與地道半徑等旋過最卑皆不壞而道光之彗其尾之方向旋過一百八十度僅二小時畧強如是之速恐未必是實質也或云彗能于薄氣中作負影似有理此須俟後世格致家精思密察方能定也

有多彗測其道似與拋物線合或謂彗本非日所屬因入我日屬界而暫遵日法此說是否難定若果爾則諸橢圜道之彗昔時必因近行星爲所攝動而變拋物線爲橢圜也恐又有彗近行星或變拋物線爲雙線者然變爲橢圜必行無數周變爲雙線則永不再見故測得彗道雙線少而橢圜多也

諸行星諸月大率皆順行而彗則有逆行者嘉慶時所見諸彗之道拉白拉瑟推其與黃道交角之中數畧近九十度則皆可云順行因交角鈍似逆行耳近代彗之橢圜根數已推定者凡三十六其交黃道角大小不等逆行者只有五彗其二已有確證一卽好里彗一乃道光二十三年之大彗也而交角十七度以內無一逆行者此外書瑪割

與阿爾白士所推得道光三年以前諸彗之根數其交角小于十度者九彗逆行者二小于二十度者二十三彗逆行者七凡道近于黃道而周時有一定者大率皆順行與行星同欣特言周時一定之彗當分爲二類一周時約七十五年略與天王等好里彗周時七十六年阿爾白士測得一彗七十四年迪未谷所測得第四彗七十三年勃陸孫所測得第三彗七十五年共四彗一周時畧如小行星與木星周時之中率詳末卷附表中又言小行星中有一二畧如彗之狀

續凡有定時之彗其道之長徑畧在一方向向北在天球

黃經七十度北緯三十度乃近天河內積水星也其向南亦在天河相對之一點

近代嘉慶十六年道光三年二大彗之外咸豐八年杜捺底測得第三大彗自四月二十一日至十二月間其頭甚明尾似羽帚最長至三十度曲向彗已離之處似留于後者其曲非因有所阻也乃因尾自彗發出彗向日而行與其本速率而行之和而然也米利堅測者云有長狹而直之淡光線二條爲羽帚連其頭內外曲線之二切線用大力遠鏡觀其頭形繁而奇咸豐十一年見一大彗其尾甚長而一邊直六月二十三日地球雖

未通過其尾亦已甚近同治元年又見一大彗其頭結成定質噴氣之光獨有一條

談天卷十一終

談天卷十二

英國侯失勒原本

英國　偉烈亞力　口譯
海寧　李善蘭　删述
無錫　徐建寅　續述

攝動

前數卷屢言月與行星于刻白爾所定三例外尚有小差名曰攝動在行星則因他行星之攝力加之令繞日之道小變在月則有二故一因本星之他月攝力加之令繞星之道小變二因日與他行星之攝力加于本星及月時時不同又生小變攝動之差雖甚

微然積久則成大差故古昔所定撱圜之根數今不合也

設天空只有一日一行星則或行星繞日或日與行星共繞一公重心其所行之道必永久不變設空中又增一體則新體必攝二舊體令其道生微差蓋攝力加于二體不等則二體相連屬之例必變而生差也故差非生于攝二體之全力而生于攝二體力之較也

諸行星之質積較日皆甚微最大者爲木星亦僅得一千一百分日質積之一故其攝力較日亦甚微而攝動他星之力甚小也諸月所受攝動力最大者莫如日但月距本星甚近而距日甚遠故星月二體受日攝力之較甚微全攝力令星與月同繞日而其較令月星攝動奈端推我月受日攝動力之中數爲六十三萬八千分地面攝力（卽重力）之一而爲地令月行撱圜力一百七十九分之一日之攝動力尚如此小他行星攝動力之微更可知矣故諸體攝動力之和所生差甚微然積久而著則令所行之道亦變其變之源從刹那時中起故當以法推刹那時中諸體攝動之和力所生微差以爲根設欲密之又密當推諸體互相攝動以求本體之差然若歷時非甚遠亦不必如是但分推各體攝動本體所生差并之卽得其法恆推三體之

力一中體二發攝動力體一受攝動力體發力受力二體可交互相易中體恆作不動論設二星相攝動則日爲中體設二月相攝動或月爲日所攝動則以本星爲中體將日當作最遠之大月其繞本星之道如本星繞日之道凡相攝動之二體恆稱內行星外行星日攝動月月卽內行星日卽外行星也乃命發力體爲寅中體爲申受力體爲已設寅加攝力于申已二體等且平行則已或繞申行或已申共繞公重心其行俱不變此如二球在空中受地攝力下墜其方位不變攝力等故也然攝力之理近則大而遠則小故寅加于已申二體之力必不能恆等又方向恆

甲圖

不同則亦不能平行。故不能不生攝動。今細論之。加于巳體者有四力。一申攝巳之力。一巳攝申之力。巳引申猶申引巳也。此二力俱爲巳申方向并爲一力。巳依此力繞申成橢圜。一寅之攝力。在寅巳方向。令巳向寅。一寅加申之攝力。令巳于寅申平行線上退行。善蘭案此力加申不加巳申依此力進行一若巳依此力退行而申不動也。如圖丙巳甲爲受攝動體之道。寅乙爲發攝動體之道。二道面之交線爲丙申甲乙。

其交角爲巳甲申。引長寅巳成寅卯。令寅卯與寅申比若寅申之平方與寅巳之平方比。則申寅線顯寅加申之攝力大小方向。寅申線卽顯令巳退行力之大小方向。卯寅線顯寅加于巳之攝力大小方向。準重學理。卯寅寅申二力之并力線爲卯申。卽顯巳所受攝動力之大小方向也。自巳點與卯申平行作一相等線。理卽明。蓋攝動力實加于巳也。設欲知卯申力若干。有比例如左。

一率　申寅　　申積　　申寅平方

二率　卯申　　寅積　　申巳平方

三率　寅攝申力　　申攝寅力　　申攝巳力

四率　攝動力　　寅攝申力　　申攝寅力

以合理推之如左

一率　申寅立方乘申積

二率　申巳平方及卯申及寅積連乘數

三率　申攝巳力

四率　攝動力

諸數皆已知。故攝動力易推也。設發攝動體之道爲平圜。則申寅不變。而攝動力之比例恆如卯申之比例。道爲微橢。理亦略同。凡卷中或不言橢圜。卽作平圜論也。令略取受攝動發攝動二體相距最遠最近適中三處。其攝動力

諸體攝動表

發攝動體	受攝動體	最遠	中距	最近
日	月	九〇	一七九	八九
木星	土星	二五四	三一二	一二八
木星	地	九五六八三	一四七五七五	五三二六八
金星	地	二五五二〇八	二一〇二四五	二六八三三
海王	天王	五七四二〇	五六五九二	五五一九
水星	海王	八四五	八四五	八四五
木星	穀女	六四三三	六九三七	一〇三三
土星	木星	二〇二四八	二一五七九	三〇六五

與中體攝力之比例。列爲表。中體力恆爲一以表中諸數約之得攝動力。設巳距寅小于申距寅。如甲圖。則寅卯大于寅巳。卯必居寅巳引長之線內。在巳道面之上。而寅在巳道面之下。故卯申力推巳向寅道面內申寅線中之天點。設巳距寅等于申距寅。則寅卯寅申寅巳三線俱等。且卯與巳合。天與申合。故卯申力推巳向中體。設巳距寅大于申距寅。如乙圖。則寅卯小于寅巳。卯必居寅巳之間。與寅同在巳道面之下。故卯申力推巳向寅道餘半面內寅申引長線中之天點。甲圖爲近

乙圖

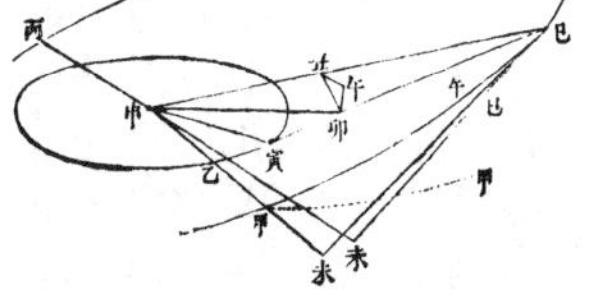

體受遠體之攝動如地受木星攝月受日攝是也乙圖爲遠體受近體攝動如火星受地球攝是也凡攝動力之方向恆在寅巳申三體之面內以此力當作獨力則攷論諸行星之力互相加心中不亂又設以寅爲定點而巳行于橢圜道繞申則卯點亦必行成橢圜道

攝力之方向即卯申之方向而卯申之方向因申寅申巳二半徑及巳寅之距及巳行之方向而變僅以攝力爲獨力則歷久所生星道之變不能瞭然故當依重學理復論其分力有數法一分爲三力在天空有一定方向相與俱成直角推每力之數其合力即獨力之數論攝動之公理此法最便近代諸家俱用之以攷攝動之深理二亦分爲三力相與俱成直角而方向不一定如圖中卯午午丑丑申三線是也丑申與帶徑申巳同方向名帶徑率午丑正交丑申而在巳道面內名橫率卯午正交巳道面名垂率此三率力其方向相與皆正交故不相憑藉而加于巳令生動差各不同帶徑力或向中

體或背中體故不能變巳道面之方位亦不能變同時同面積之比例僅能變橢圜各點之曲率及速率蓋橢圜道視巳中相距之遠近而異此力向中體則令巳申變近此力背中體則令巳申變遠故也而同時同面積之理不關中體之攝力凡帶徑上之力皆然此力方向恆在帶徑上故不變面積也橫力既正交帶徑力則不能變巳申距又在巳道面內則不能變巳道面之方位而能變巳之遲速令同時同面積之例不合蓋巳繞申每刹那中所成面積即巳申線所過之積巳行增速則面積亦增巳行減速則面積亦減故也垂力正交巳道面故不能變巳申距亦不能變巳之遲速但或拉巳令近寅道面或推巳令遠寅道面而令巳道變方位也此爲奈端以後諸歷家同用之法三亦分爲三力相與亦俱成直角而方向時變不一定前法帶徑率今改用巳點之法線前法橫率今改用巳點之切線二線詳代微積拾級名法切二力設巳道爲正圜或微橢則此法與前法畧無異若橢率甚大則法切二方向與帶徑率橫率之方向不同帶徑之力令巳申之距變遠近橫力令巳行變遲速法力能變曲率此力向內則曲率增向外則曲率損切力能變速率此力順則速率增逆則速率損設欲知攝動力所變角度及距中體遠近則第二法較顯明

易推設欲知攝動力所變橢圜道之根數則第三法爲妙而第二法垂率令不改垂力之用令巳出于巳道原面而行于重曲線此重曲線以申爲心而逐點之方向不同而因此巳道之根數恆變令其面之方位刻刻移動設空中有一定面則巳道面與定面之交線刻刻旋移也今以前圖詳解之設巳體自丙行至巳無攝動力則在巳點時其行必向巳而有卯午平行之垂力加于巳則巳必因之斜行故不行于巳巳曲線而行于巳午曲線甲圖巳午線在巳巳線之下乙圖在巳巳線之上是巳道面因垂力變其方位原面巳申巳一分變爲新面巳申午一分也引長巳巳爲巳未切線遇寅道面于未點作申未即原面之交線引長巳午爲巳未切線遇寅道面于未點作申未即新面之交線故準甲圖必令寅道面內之交線退後準乙圖必令寅道面內之交線進前法切二力于此事無涉不能令巳離原面亦不能阻其離原面僅能令切線遇交線之點稍移令未申及未申之距或變近或變遠而二交線不動再申論之假如前圖寅在巳原道面之上天在寅申之間則亦在原道面上而卯必在原道面之下則垂力卯午必向上故推巳向上而巳午曲線必在巳巳曲線之上引長之遇寅道面未點必在未點之前故若寅道面不動則交

點必進前即動而不消盡進前之理仍如故

設以寅道面爲定面而垂力拉巳體令向寅道面則寅道上之交點必退後若推巳體令遠寅道面則交點必進前

如圖丙辛甲爲從申點平視寅道半周丙庚甲爲未攝動時巳道半周巳行自丙至甲垂力拉巳令行于巳午在丙庚甲丙辛甲之間引長巳午成巳未爲巳新道之一分是二交點俱退行一自丙至未一自甲至未也若垂力推巳令行于巳午在丙庚甲之外引長巳午成巳未爲巳新道之一分是二次點俱進行一自丙至未一自甲至未也

前乙圖巳道大于寅道設二道相距大于寅道半徑又寅巳二星同在交線之一邊則垂力必推巳令遠故無論巳寅各在半周何點寅道上交點必進前若二星在交線之兩邊則垂力必拉巳令近亦無論巳寅各在半周何點寅道上交點必退後故寅巳繞申無論各若干周但二星在交線一邊交點必進行在交線兩邊交點必退行若二道俱畧近正圜則進退之時等而每次退行必大于進行

取相對之二方向、以圖明之、二星在交線一邊時、內星爲
噴在交線兩邊時、內星爲噴、其方向恰相對、引長已申作
噴寅噴寅二垂線、星道略近正圜、則噴申等于噴申、故噴
寅等于噴寅、準前噴咿與噴申比、若噴申與噴已之二平
方比、又噴咿與噴申比、若噴申與噴已之二平方比、噴申
等于噴申、而已噴大于已噴、則噴咿必小于噴咿、故已咿
與已噴比、大于已咿與已噴比、作咿卯咿卯爲已申之二
垂線、準相似三角形理、咿卯與噴寅比、大于咿卯與噴寅
比、故咿卯大于咿卯、攷已噴噴三點之公面與已道面之
交線爲已寅、故若從咿咿作已道面二垂線、其比例必若

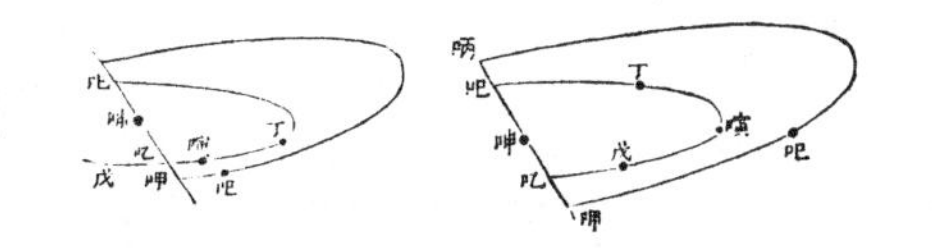

咿卯與咿卯比、是咿點之垂線、大于咿
點之垂線、夫咿申與咿申、顯噴噴攝動
已之二全力、則此二垂線、必顯二垂力、
咿點垂力、令交點退行、咿點垂力、令交
點進行、二力有大小、故退行大于進行
也、

設二道相距、小于寅道半徑、無論已在
何處于交線一邊、取寅道丁戊二點、相
距不滿一百二十度、令距已申俱等、設
寅行全周、已仍在原處不動、則寅自丁

至戊時、交點亦退行、是退行愈多、若丁寅戊弧、大半在交
線此邊、如丁乙、小半在交線彼邊、如乙戊、則寅在丁乙分
內、交點退行、在乙戊分內、交點進行、
而寅道距已最近點在丁乙分內、退
行力最大、則丁乙分內之退行、大于
乙戊分內之進行、不能消盡、故寅在
乙戊分內、計交點之度、仍爲退行、是
以總全周論之、視前條退行更大也、
又設內星爲外星攝動、寅道大于已
道、取寅丁寅戊、皆等于寅申、設已行

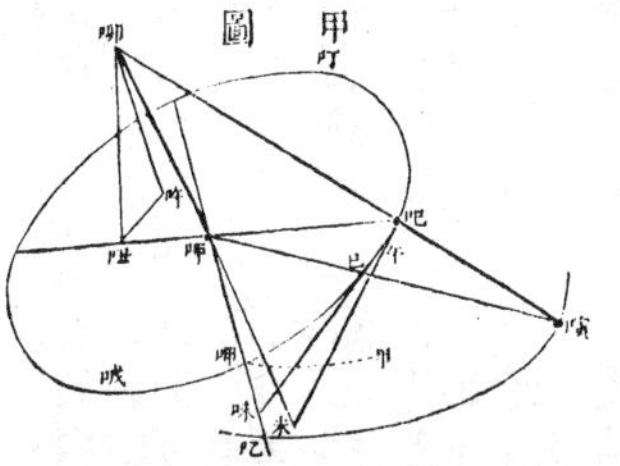

一周、寅在原處不動、則已自丁至甲、自戊至丙、交點必退
行、自丙至丁、自甲至戊、交點必進行、凡寅在交線、則無垂
力、交點不動、寅不在交線、則丁甲與戊丙和、恆大于半周、
寅愈近交線申點之垂線、則其和愈大、垂力亦愈大、交點
之進退愈速、已愈近于丁或戊、垂力愈小、在此二點則無
而交點不動、已在交點、交點亦不動、蓋垂力雖非消盡、方
向亦不變、然此時交點退行變進行、則必留也、統論之、交
點退行之時長、進行之時短、又退行之力更大、其行更速、
故已每周其退行必多于進行也、此以平圜言之、若橢
理亦合、

今立公款凡二道此道交彼道之點退行于彼道上設別有定面在原交角內則二道交定面之點亦必退行于定面在原交角外則一道之交點退行于定面一道之交點反進行于定面如圖巳巳寅寅為二道原方位巳巳寅寅為二道各退行後新方位巳交點退行于寅道自甲至五寅交點退行于巳道自甲至四丙丙定面在原交角內則巳交點退行于定面

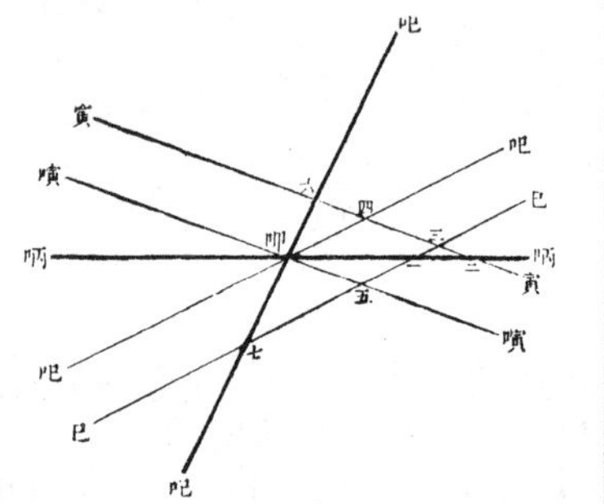

自甲至一寅交點退行于定面自甲至二巳巳定面在原交角外則寅交點退行自甲至六巳交點反進行自甲至七若非共交于一點依三面方位推之理同

諸行星道交黃道點俱退行于黃道此以黃道為本而推諸行星之攝動若于諸行星中另虛設一定面以為本則當并推黃道被諸星之攝動而準上條諸行星交定面之點或進行或退行不一定也

諸行星相距甚遠質積又俱甚微故其交點之行甚緩大率百年中最速者不滿一度其遲者不滿半度而月獨不然約十八年六巳退行一周其故有二一太陽所發攝動力與地攝力之比甚大于諸行星所發攝動力與太陽攝力之比二因月之周時僅二十九日半較諸行星之周時甚小也準上條理用垂力推其退行度分與測望所得合故知攝動之理確無可疑也

各行星交點之移所關尚輕而各星道交角之變所關甚大以黃道言之黃道交定面之角變則黃道交赤道之角亦變而各地之四時俱變假如黃道與赤道合則統地球恆如春時設黃道過二極則冬夏二時寒暑極盛萬物不能生故各星道交角之變為最要事今詳攷之前諸圖中巳申午面為受攝動體纔離巳點後一剎那中所過之面

此面交寅道面或定面之角與未攝動時之巳申巳面不同而巳申巳巳申午二面之交角即巳申未巳申未二面之交角既知此角亦知寅道面二交線之角未申未即可依弧三角法推其與寅道面之二交角然則一剎那中交角之變與交點之移理相聯屬欲攷此亦必攷彼也此一若巳道為鐵線圈巳體為一珠行其上巳道之方位變巳行之方向亦必變然則巳行之方向變巳道之方位亦必變所以交角與交點必同變也諸行星及我月之道相與成角俱甚小故雖交角與交點同變而交角之變較交點變甚小蓋巳申未未申未之交角即二道之交角既甚小

則未巳未角必甚小于未申未角若二道面之交角甚微幾近于合則巳巳午角變雖甚微未點移至未點必甚大也

準前說一刹那中因攝動所成之微曲線若在丙辛甲丙庚甲二道面之中間如巳午交點必退行若在丙庚甲面之外如巳午交點必進行而交角之變大變小不與交點相應微曲線爲巳午交角必變爲巳未辛微曲線爲巳午交角必變爲巳未辛在丙庚象限內巳未辛小于巳丙辛巳未辛大于巳丙辛在

庚甲象限內巳未辛大于巳甲辛巳未辛小于巳甲辛故凡攝動力拉巳向寅面（前甲乙二圖）巳之本動亦漸近寅面或攝動力推巳遠寅面巳之本動亦漸遠寅面則交角變大凡攝動力拉巳向寅面巳之本動却漸遠寅面或攝動力推巳遠寅面巳之本動却漸近寅面則交角變小約言之巳本動與攝動其向寅面背寅面同則交角變大異則交角變小

角之變一刹那中甚微積久則大欲推其數非積分術不能今不言數但依上條之理論其由小漸變大復由大漸變小有一定時分一其道之面擺動于中面之兩邊設外

行星爲內行星所攝動內星道之半徑不及外星道半徑之半如圖甲丙申爲從申望寅全道在天空如一直線甲庚丙辛申爲巳道設寅體在甲丙半周內則巳行第一象限甲庚爲漸遠寅面垂力亦令遠寅面故交角變大行第二象限庚丙爲漸近寅面垂力却令遠寅面故交角變小行第三象限丙辛爲漸遠寅面垂力却令近寅面故交角變小行第四象限辛申爲漸近寅面垂力亦令近寅面故交角變大是巳行一周其道面擺動二次

若寅定于庚點不動兩邊之攝力等則巳行一周其道面必復至原處若寅在他點兩邊攝力不等則巳行一周其角變大變小不能適相補但寅體在寅與在寅距庚相等所生之變必恰相反而二處所得中數二似寅體平分爲二一在寅一在寅所生之變必適相補以遍寅道各點所得中數推之二似寅體勻分于全道成一圈故在交線左右所生各變二一相對相補也若外星爲內星攝動而內星道之半徑大于外星道半徑之半又或內星爲外星所攝動則巳道內丁戊一段其變必與本象限相反任設寅體在寅乃取庚寅等于庚寅又取丁戊與丁戊相似則寅

體在寅寅已在丁戊子戊其相關之理亦正相反而恰相補仍同也寅偕已及交線相與之方位莫不周徧則其變盡相補足而其道復如故假如我月為受攝動力之體已其周二十七日三二二日為發攝動力之體寅其周三百六十五日二五六交線之周六千七百九十三日三九一其比例約如一十三二百四十九故已行十三周寅行一周設無交線動則已與寅之方位必略如故但此時交線所行度分已過二百四十九分周天之十三約如十九分之一為退行故已與寅之原方位差于交點前十九分周天之一必更十九倍之已行二百四十九周寅行十九周

然後方位復如初古歷所謂一章也然數末尚有小分去之不用故其方位仍微不合欲令此微不合亦消去當用會數即章數之若干倍也此設二體之道皆為平圜則然若皆為橢圜則統計諸方位令交角增之力恆大于令交角損之力設交點與長徑俱不動則交角必有增無減令不然者一因交點有行分過半周時諸方位令交角增損之力相反一因長徑亦以不平速行則令交角增損之方位恆移易于道中故也又交角因兩心差所生變亦有一定時而兩心差甚小所生變甚微則所生交角差大小之限亦必甚微幾何家言諸道相與之交角令諸行星之力

相定于空中拉格溴細推其理謂各行星之質積乘本道長徑之平方根又以交定面角之正切平方乘之所得諸數其和恆等試以令黃道面為定面依法推得其和數果恆等而甚小然則諸大行星之道永無大變而諸行星互相補其差此幷小行星亦在內

黃道面恆因諸行星之攝動力而變令黃赤大距漸小百年約四十八秒測諸星之緯度或增或損而知之準上條理則其變小必有限至限必復變大也其最大最小在中數之左右各一度二十一分

黃道面變方位交定面之點必退行此事與歲差雜糅難

分此當詳攷歲差之理以辨別之歲差者黃赤交點恆退行于黃道面是也此與諸行星道交點退行之理同亦生

甲圖

于攝動其攝動力非發于諸行星而發于日與月蓋日較諸行星甚大月較諸行星甚近故此二體之攝力同攝地球赤道上之凸積地又自轉而歲差生焉今細論之如甲圖外星寅攝內星已假如已之質積平散于全道成一流質圈寅之攝力加之令繞申行于本面則必生二事一道之面

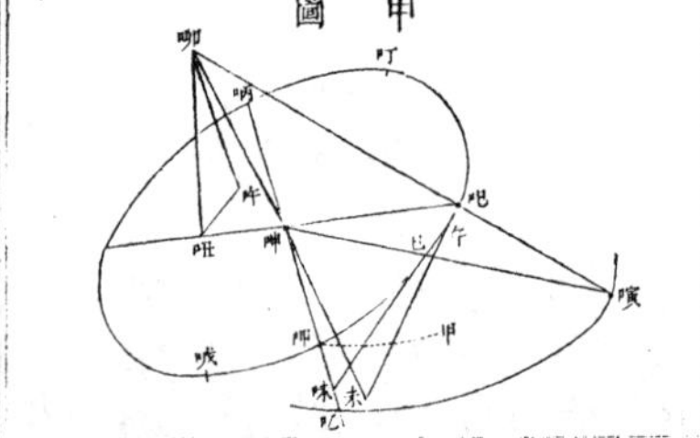

必變如浪紋形丁甲與戊丙二段交寅而角必愈大甲戊與丙丁二段交角必愈小一交點必退行于寅道而此二事各不相涉若不爲流質圈而爲定質成一堅圈則圈中有若干分欲令交角變大有若干分欲令交角變小此必相消每時刻依圈行用其相消之餘成角之變又圈中諸質點有若干分欲交點順行有若干分欲交點退行亦必相消以其餘成進退行夫赤道卽定質圈也發攝動力者爲日爲月俱不與赤道同面則其交點必恆退行蓋堅圈與質體周行于圈理同也此圈若不帶他物交點之退行當甚速今赤道圈與地球合爲一體交點行之理惟赤道

及諸距等圈有之與全地球無涉諸圈體質之和卽地殼較全地球甚小則諸圈退行力爲地球質阻力所消甚多故交點行速率變甚小以日力言之卽歲差也然赤道之交點又因月攝退行于白道夫白道旣退行于黃道交角略不變故白極依交點行之速繞黃極而赤道旣退行于黃道又退行于白道則赤極依二退行必行成次擺線道如圖已爲黃極甲乙丙丁爲白極所行之小圈十九年一周申丙戊爲赤極所行之次擺線其時大

于十九年若僅有日攝力赤道當行于申戊虛線今又有月攝力則赤極所行方向恆正交赤白二極距如白極在甲赤極行在申其方向正交甲申白極至乙赤極行至乙其方向正交乙乙白極自甲行一周餘至戊赤極行成一次擺線申丙戊其速率時大時小每次皆然是謂歲差合尖錐動所生之行法依此理攷諸力之率卽得歲差及尖錐動之數與測望密合日月所生二差之比若二與五之比旣得此二差則黃道交定面點因諸行星攝動退行之數亦得與理所應得亦密合也

續此諸外攝動之全力成此變動而不使赤黃二道之交

角改變或疑不合例但觀前言（見本卷角之變條）知不論發攝動力之體在何方向其繞圈之各點不同而使圈之交角有改變必有相反之改變以消故無不合例

諸動外又有一動名曰感動先言其公理凡諸體或以實質相聯或以攝力相聯中有一體以一定之周時旋行必感動各體令其各分生一定時之動其周時俱與原動相應而其最速最遲時不盡相應各體有易感者有不易感者有一分易感一分不易感者故其感動有時不覺有時可推有時較本動更易見故地軸因日月旋行所感又生二小尖錐動其周時一爲半歲一爲半月感動中事之最

大者爲潮汐乃水之感動也理詳別卷

談天卷十二終

談天十二　廿九

談天卷十三

英國侯失勒原本

英國　偉烈亞力　口譯

海甯　李善蘭　删述

無錫　徐建寅　續述

撱圜諸根之變

上卷論垂力令受攝動之面變方位故交點有進退交角有增損此卷論法切二力令撱圜道變狀及星行撱圜周變速率之理

行星道因攝動不復成撱圜亦無他曲線可比擬而歷家恆用撱圜者取其便于推步也其法謂撱圜道之方位形狀大小兩心差依攝動徐變而本星一若未嘗受攝動力但隨星道之變而依常法行于其周是則諸攝動力皆加于星道而星與道相屬之理不變此法出于自然非假設也各星道根數之變甚緩如地道百年中兩心差之增損不過○·○○○○四最卑點之行不過十九分三十九秒若一周時中微細之變雖盡其道于徑六尺之板用最精顯微鏡亦難察也則雖有變不可不謂之撱圜但其變積久必著是又不能不推也

凡撱圜道之變分爲二一曰長差其復時遠一曰短差其復時近如上卷論交角之變寅巳周數相會略相補者即

短差也相補後尚餘微差積久而大此必俟寅已及交點三者之周俱相會然後消盡即長差也二差中短差尤要長差不過短差之小餘大率行星于剎那中微離其道漸離漸遠既而復漸近漸歸本道再漸離于對面亦然兩面自離至復皆相似終古恆如是本道乃兩面軌跡之中數是謂短差在所必推長差理亦畧同但久而後復中間積數甚大則亦不可不推也

此後詳論本面內諸長短差不及交角故設諸道在一面內令其理更易明也如圖甲已乙為已未被攝動之橢圜道寅為發攝動力體作寅已聯線任引長之申為中體取寅子等于寅申又取寅卯令寅卯與寅子比若寅子與寅已之二平方比乃作卯申線表已所受之攝動力及方向次作已點之切線入地次作入地之垂線申地又作申地之垂線卯酉又引長已申線而作卯丑為垂線乃分卯申攝動力為卯酉切力酉申法力或分為卯丑橫力丑申帶徑力設其道為正圜或微橢則已申丑與地申合而切法二力與橫帶徑二力略等乃以公理攷二力所生橢圜諸根每刻之變先論長徑行星受日攝力并他星攝動力行成無法之曲線分此曲線為無數小分則每分有一定曲率及方向與橢圜合故可恆以橢圜推之但每刻中橢圜之根數與前一刻後一刻橢圜之根數不同因曲率能變距日之遠近方向能變橢圜之方位也然長徑不因之而增減距日之遠近生于長徑不能變長徑而橢圜之方位與長徑無涉也準刻白爾測定之例凡橢圜道皆憑中心攝力而成星任在道中何點若知其速率及距日數長徑亦可知而星行之方向不論蓋方向變僅能令兩心差及橢圜之方位變而不能令長徑變也然則長徑因何而變乎曰長徑之刻刻增減其故因速率之變而生速率之變因切力而生切力與星行方向同則速率增而長徑亦增方向異則速率減而長徑亦減如上圖甲乙為長徑作申已申寅二虛線其交長徑角與申已申寅二線等設外星在寅內星在已則寅加攝力于已申二體與寅加攝力于已申二體等而已已所受之切力亦等故已所增之速等于已所減之速而長徑必一增一減其所增必等于所減設寅道為正圜寅已二周時無等數則二星行至多周必

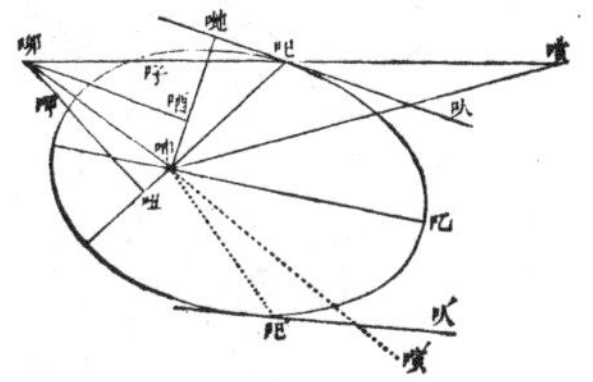

有時寅與巳在長徑此邊之方位，與前在彼邊之方位相似，此方位長徑之變與彼方位長徑之變必恰相反，至無窮周歷盡一切方位，則所生長徑之變必恰補盡。設寅巳二道俱爲正圜，則寅行一周，長徑必復如初，蓋四象限之切力兩兩相等而相反，故恰相補也。設巳道爲正圜，寅道爲橢圜，則寅從最卑至最高半周，漸遠于申，其攝動力必漸衰；從最高至最卑半周，漸近于申，其攝動力必漸加。巳不能定居于寅道之長徑上，故寅行一周，其切力雖相反而不相等，不能恰相補，必行多周，歷盡巳寅申相與之各方位，然後長徑之變盡補。

設巳寅二道俱爲橢圜，而二長徑之方向不同，則與上條所論之理不合，當以動重學之公理論之。凡物動時，有向心力恆加之，令刻刻變速率，名曰長加力，其力之大小與距心遠近之平方有反比例。物在空中從此點至彼點，其速率之變，憑二點空中之方位，不憑二點中間所過之曲線。諸長加力中之平行力，可當作無窮遠定心所發。如此若物行從巳起，仍至巳時，其速率必仍如初。上條諸理俱不論，準此設寅有定處不動，巳恆受三力：一，申之攝力，方向爲巳申；二，寅之攝力，方向爲巳寅；三，寅加申之攝力，方向爲寅申，恆在寅申平行線上。巳行一周，復至原處，其速

率與長徑必略如初，倘有小差，爲攝動力變其道所生，然甚小，可不論。設寅雖不繞申，而漸遠于申，則巳至原處，速率之差不能補足，必巳行多周，俟寅復漸近申，然後消盡。則寅無論定于何方位，巳行多周，必得各點相對俱如上圖。巳已令寅所加之力相反，然則寅雖不定，行無數周時，必盡得寅在道中各方位，巳行若干周中之相對各點，其力兩兩相反，故歷年甚久，後所生之差必消盡也。又設令巳定于一處，寅行若干周，理亦同。夫攝動力令兩心差生短差，又令長徑移方位，則巳與寅至原方位時，其距申遠近及速率必各不同，然長徑行一周，其距申遠近必復原

兩心差之變一終，其速率必復原，故巳寅至原方位，長徑周、兩心差變終，三者會于一時，則一切如初。此必多歷年所，久之又久之始一遇也。此乃動重學之理。其力之方向或在平面內，或無論從何處來，皆同，故寅巳二道雖有交角，理亦合，但有交角變及交點行，則巳行一周，不能至一定之原方位，然交角變大小，其面恆在中面之二邊，相去不遠，而每次交點行一周時，巳至原經度，必不在原處，或在中面上，或在中面下，其距必有時彼此相等，故歷無數周，其差必消盡。如上所論，既爲公理，則無論有若干定心，無論何方位，且無論有若干發攝動力之體，其理俱同。不

過推其相消法更繁耳有此奇理故知諸行星道之長徑其差必復其平速周時亦然如歲實雖有消長統計之實無增損也故諸行星距日之數不能增至無窮亦不至漸近日而合爲一統計之其道大小不變也此事拉格湢致得之實推步家至要之理也地日距若加十分之一則一切動植諸物俱難生活然長徑變長變短離中數不遠依理推測諸行星長徑之增損除火木間諸小星外未有過中數千分之一也

長徑之增損憑切力而兩心差及長徑方向二根之變則兼憑法切二力今分攷之先論切力如圖己爲受攝動力之體甲己乙爲己之道甲申乙爲長徑申爲本心地己人爲己點之切線命甲乙爲二甲取人己辛角與地己申角等而地己辛角等于一百八十度少人己辛角則申己辛角等于一百八十度少二地己申角又取己辛等于二甲少申己而橢圜之餘心辛可推蓋橢圜理凡從二心作二線會于橢圜周一點則二線交切線之角必等又二線之和必等于長徑故也設切力加于己令其速率大則長徑亦必

變大理見上條命爲二申然切力不能變地己申人己辛二角故新餘心辛必在引長己辛線內取己辛等于二申少申己即得乃作申辛線兩端引長之戌申乙爲長徑之新方位申辛折半爲新兩心差故切力令己增速則有諸例一最卑新方位申與己俱在原長徑甲乙之一邊無論己從最高至最卑或從最卑至最高皆然二于餘心辛點上作長徑之垂線己庚己在庚甲己之間兩心差增在己乙庚之間兩心差損三己在己庚二點一刹那中卑點之變爲最大己漸近最高卑其變漸小己在甲乙二點則不變兩心差則反是己在甲乙二點其變最大在己庚二點則不變也若切力令己減速則此諸例俱恰相反若己道略近

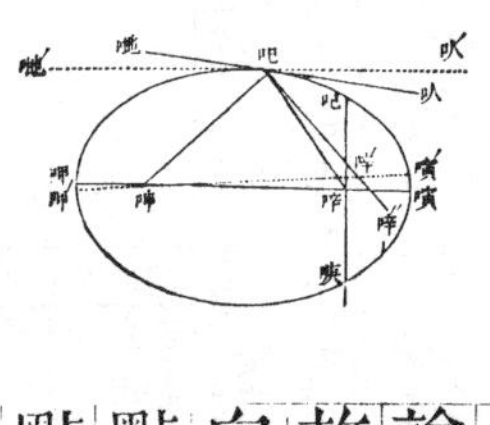

正圜則己行甲己己乙乙庚庚甲四分其時相等俱爲周時四分之一再論法力法力加于己己行速率不變故長徑亦不變惟能令曲率變法力向內則曲率增而已己行自高點至卑點則申己地角必損若自卑點至高點則申己地角必增今設己自高點至卑點因申己地角損故切線己地必變爲己地而餘心辛必移其處欲

知在何點取申巳辛角等于一百八十度少二申巳地角或取辛巳辛角等于二地巳地角又取巳辛與巳辛等則辛即餘心所移之處也乃作申辛線引長成申寅爲長徑之新方位申爲新卑點半申辛爲新兩心差故法力向內巳自高點至卑點則有諸例一若巳在巳甲之間則長徑順行辛與巳在原徑一邊巳恰在巳則長徑不行巳在巳寅之間則長徑逆行辛與巳在原徑兩邊二兩心差增巳在巳點其增最大在高卑二點不增若巳自卑點向高點則諸例俱相反又若法力向外則一切相反又兩心差卑點距一事之變互爲消長此變速則彼變遲此極速則彼爲

無也又餘心之移憑切法二力此二力恆正交亦互爲消長此力愈大則彼力愈小也欲推剎那中攝動之差必準動重學分推剎那中切法二力所得之速率各令二根所生之差視其同號則相加異號則相減或先取辛巳辛角倍于法力所生地巳地角又取巳辛等于巳辛加減切力所生長徑差得辛爲餘心之處其他俱可推矣欲知地巳地角以此時巳行速率約法力所生之速率即得今列二表巳行全道切法二力生差之例一覽可了然矣

切力生差表

吧行	吧所在	切力所生	根之差
高至卑	無論	速率增	長徑退
高至卑	無論	速率損	長徑進
卑至高	無論	速率增	長徑進
卑至高	無論	速率損	長徑退
無論	近高點	速率增	兩心差損
無論	近高點	速率損	兩心差增
無論	近卑點	速率增	兩心差增
無論	近卑點	速率損	兩心差損

法力生差表

吧行	吧所在	法力所向	根之差
無論	近高點	向內	長徑退
無論	近高點	向外	長徑進
無論	近卑點	向內	長徑進
無論	近卑點	向外	長徑退
高至卑	無論	向內	兩心差增
高至卑	無論	向外	兩心差損
卑至高	無論	向內	兩心差損
卑至高	無論	向外	兩心差增

設巳寅二星各從某處起積若干時欲推諸根之積差當用積分法其法極精深今不細述

長徑之行兩心差之變本一理試設其道爲正圜論之簡而易明也道爲正圜則切法二力與橫帶徑二力合故推橫力帶徑力如推切法二力也如圖寅巳與寅申之二平方比若寅申與寅卯比卯巳爲寅卯少寅巳卯丑等于卯

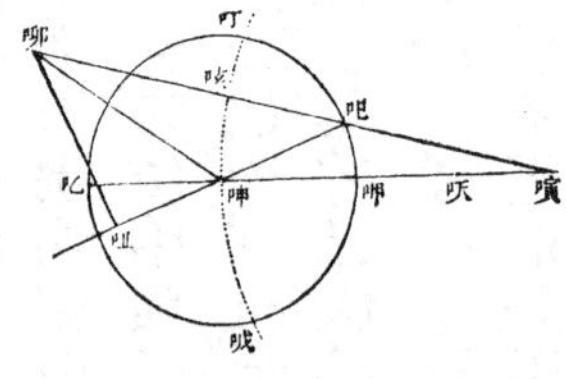

巳乘卯巳申正弦亦等于卯巳乘甲申巳申寅巳二角和之正弦又丑申爲巳丑少巳申即等于卯巳乘卯巳申餘弦少巳申亦等于卯巳乘甲申巳申寅巳二角和之餘弦少申巳卯丑即顯切力丑申即顯法力也凡巳從戊至甲從丁至乙切力令其速增從甲至丁從乙至戊切力令其速減在甲丁乙戊四點切力消盡在甲丁丁乙乙戊戊甲四分之中則最大又巳近甲乙二點法力向外近丁戊二點法

力向內在甲丁乙戊四點法力最大在甲丁丁乙乙戊戊甲四分之中則消盡試設巳在各處一一作圖玩之自明也若寅最遠則法力消盡之點略近丁戊而遠甲乙

依上條之理推月道法更簡蓋寅爲日距地月甚遠月道半徑目視之不過八分故卯巳與甲乙一若平行線而丁申戊一若直線正交甲乙以申巳爲半徑則巳亥爲甲申巳之餘弦故卯丑等于卯巳乘甲申巳正弦丑巳等于卯巳乘甲申巳餘弦又卯巳等于三箇巳亥即等于三箇申巳乘甲申巳餘弦是以卯丑等于三箇申巳乘甲申巳正餘弦相乘積亦等于二分申巳之三乘甲申巳倍角之正弦丑申等于三倍甲申巳餘弦之平方以一減之又以申巳乘之亦等于三倍甲申巳倍角之餘弦以一加之又以二分申巳之一乘之若甲申巳餘弦之平方等于三分半徑之一則丑申消盡蓋卯巳線割巳道二點距甲乙二點各六十四度十四分也試向巳道全周諸點作申午線等于三箇申巳乘甲申巳餘弦平方數聯諸午點必成二卯形之橢圜出入巳道四交點距甲乙二點各六十四度十四分巳午恆顯加于巳點之法力大小方向也

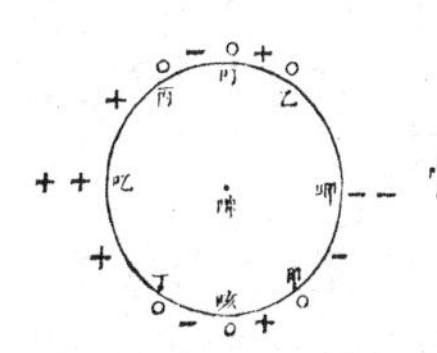

準上條凡甲乙線兩邊甲申巳角等攝動力恆與申巳有比例申巳即月地距故月在橢圜高點攝動力增大在卑點攝動力減小其最大最小之比例約如二十八與二十五準此論法力變長徑方位設長徑向日卑點在甲高點在乙取甲申甲乙乙丙乙丁四分各六十四度十四分巳在卑乙之間法力向外而近卑點則長徑必退後理見前下同在丙丁之間法力向外而近高點則長徑必進前在甲乙二點其行最速漸遠二點漸遲在申乙丙丁四點則遲極而定自乙至丁法力向內而近卑點則長徑必進前但行甚遲蓋初離乙法力小漸近丁法力雖漸大然其方位不易動長徑故也過丁至橢圜長徑餘心上垂線界而復定自此界至丙法力向內而近高點則長徑必退後而亦甚遲巳在丁戊及戊申之間理同圖中⊥⊥爲速進⊤⊤爲速退⊥爲遲進⊤爲遲退○爲定若兩邊⊥⊤之力相等則一周中遲速之數必相消然高點之力恆大于卑點其比例若二

十八與二十五惟丁戊左右二象限之力相等故近丁戊二點上下二行略消盡而近甲乙二點上下二行不能消盡進必多于退若高點在甲卑點在乙則理俱相反圖中上下之號必皆易位而最大之力在甲仍爲進故一周中長徑之進亦多于退又設長徑正交向日之線高點在戊卑點在丁已在乙丙之間法力向內而近卑點則長徑必進而不速因法力不大也在甲乙及丙乙之間法力向外而近卑點則長徑必退亦不速在卑甲及乙子之間法力向外而近高點則長徑必進亦不速在子卑之間法力向內而近高點則長徑必退高點法力大于卑點故一周中

長徑之退多于進若高點在丁卑點在戊理同總論之最高在甲乙二點法力向外全周中長徑進多于退在丁戊二點法力向內退多于進然月近甲乙二點法力大近丁戊二點法力小又乙丙丁卑二弧甚小于卑乙丙丁二弧又長徑在全周各方位中有定而不行時其方位亦較近丁戊二點故一歲中日繞地一周長徑盡歷諸方位統計其行進必多于退也更論切力變長徑方位設卑點在甲月行甲丁象限切力必令速率損而月自卑至高故長徑退行丁乙象限切力必令速率增月仍自卑至高故長徑進行乙戊象限切力必令速率損而月自高至卑故長徑

進行戊甲象限切力必令速率增月仍自高至卑故長徑退是在戊甲丁半周長徑恆退在丁乙戊半周長徑恆進然近高點之切力強于近卑點故全周中進必多于退若卑點在乙則俱相反在戊甲丁半周長徑恆進在丁乙戊半周長徑恆退而進仍近高點則全周中亦進多于退又設卑點在丁月行甲丁象限速率損而自高至卑故長徑進行丁乙象限速率增而自卑至高故長徑進行乙戊象限速率損而自卑至高故長徑退行戊甲象限速率增而自高至卑故長徑退是在甲丁乙半周恆進在乙戊甲半周恆退高點在戊力更強故全周中退多于進若卑點在

戊理同總論之最高在甲乙二點進多于退在丁戊二點退多於進其數畧相等而相消也故日繞地一周長徑盡歷諸方位其近朔望點時法力必令進前近二弦點時法力必令退後但進速而退遲故總計之爲進切力亦然而進退之遲速等故總計之無進退是一歲中切力不能變法力所生長徑之總差然逐時能令法力所生差增大何則日行與月同方向長徑近朔望點其進隨日故切力之加比日不動更久長徑近二弦點其退逆日故切力之加比日不動更暫夫準法力進本有餘今因切力加久而更有餘退本不足今因切力加暫而更不足是謂以攝動加

于攝動天算家言長徑之動大畧若攝動力平方之比理本此也

上諸條論月道長徑攝動之法最為繁重初奈端用帶徑力推長徑之行所得較實測數僅得半後歷算諸家細測詳推終不能密合遂謂奈端攝力之理未足盡憑格來老始亦云然既而忽得其解乃知攝力之理精深神妙不能改也案月道長徑順行三千二百三十二日五七五三四三而一周約九年弱

論法力變月道兩心差任設卑點在人高點在地月行方向自甲至丁準前論已在申乙丙子四點及地人高卑點

兩心差皆不變則在人乙地子二弧其變甚小因向外法力甚小又其方位不能大變也而在人乙為自卑至高在地子為自高至卑正相反則一令增一令損略相消雖近高點力稍強必損多于增然統全周計之甚小也乙丁丙及子戊申二弧較象限甚小法力俱向內已在此二弧不能令兩心差大變而令增損正相反子申弧近高點力稍強增多于損與前人乙地子二弧之損多于增正相消也已在

申人丙地二弧法力向外力最大而丙地近高點力尤強已自卑向高則必增多于損此較不能消為全周兩心差之變設卑點在地高點在人全周兩心差之變亦增多于損蓋法力最強在申人弧仍向外已仍自卑至高也凡長徑在甲丁乙戊二象限內兩心差恆增多于損在丁乙戊甲二象限內則反是圖中上指增多丅指損多也

論切力變月道兩心差已行甲丁乙戊二象限切力令速率減行丁乙戊甲二象限切力令速率增故已在甲丁象限距卑點不滿九十度恆令兩心差損在乙戊象限距高點不滿九十度恆令兩心差增乙戊之增多于甲丁之損

若高點在甲丁間卑點在乙戊間則甲丁增而乙戊損亦增多于損又已在丁乙象限距卑點不滿九十度恆令兩心差增在戊甲象限距高點不滿九十度恆令兩心差損戊甲之損多于乙丁之增若高點在丁乙間卑點在戊甲間則戊甲增而丁乙損亦損多于增統計之日行一周切力所生差適消盡但逐時與法力合令其差增大與變長徑方位之理同至日與長徑之周相會而復初設日與長徑同起程于一點日一年一周長徑九年一周則歷四分年之一又加三十二

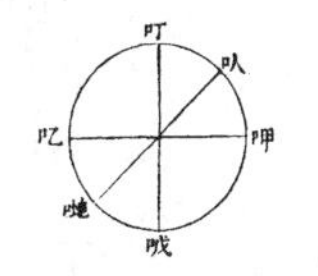

分年之一共三十二分年之九長徑一若退行一象限先自甲至戊兩心差恆損至戊爲最小次自戊至乙兩心差恆增至乙爲最大而復與日會餘彷此兩心差最大最小比若三與二比

月道長徑行之理可以器顯之法用鐵線或銅線任長十餘尺懸一鉛球下承以平板球板相去甚微取球略偏向旁推放之令旋轉必行成小橢圜原垂線在其中點若于球底中心安一鉛筆必畫橢圜圈于板此長徑之方向不甚變爲風氣所阻橢圜必漸變小而定若取球大偏與垂線成角約十五度至二十度旁推之則所行橢圜大其長

徑之方向每周必以漸增速移與球行之方向同久之長徑必至短徑之處旣而還至原方向卽如月道長徑之行也曰此橢圜道之長徑何以能進前行曰取球偏而放之令旋轉必常有力加之其方向恆正交鐵線此力恆變其大小之比若鐵線交原垂線角正弦之比弧甚小則正弦之比略如弧之比取球小偏弧與正弦無別其行一周球受中心之攝力與距數比例恆合故長徑不移若球大偏鐵線與垂線成大角則受中心之攝力恆如正弦之比例而距數恆如弧之比例

弧變大正弦亦變大而正弦之變不能若弧之速故球向中心之力較行橢圜之力略小則近長徑界曲率必損故至原長徑界甲不能復正交距心線必行至申方正交是長徑進前也觀圖是明此不過借以明月道實與月道之理不全合蓋其攝動僅有帶徑力無橫力也

推諸行星道長徑之行兩心差之變有簡于月道者有繁于月道者其簡者何一周中長徑之變甚微則體與長徑逐周所成各方位略不變又發攝動體或進或退受攝動體之長徑雖隨之進退亦甚小俱可不論又月道之長徑進退甚大故其行有倍數須重推而得諸行星之長徑進

退微皆無倍數也其繁者何受攝動發攝動二體周時之比甚小于十三與一之比則已行一周寅與巳道長徑變方位之度甚大前論月已一周設寅爲不動以便算其差不甚大若行星則已一周寅已行多度設爲不動其差甚大故不能也如木受土攝動木一周土已行一百四十度設爲不動則攝動諸力盡不合矣又若外星受內星攝動則寅與巳道長徑方位之變速于寅與中體方位之變更不能設寅爲不動矣又寅道兩心差變爲最要事其故甚繁不能以言喻必用代數式及微分法方能推之又水金及地球爲木土諸星所攝動與常理不甚合各道之長徑

因土木諸星所攝而進前常也乃有時憑已寅二體相距二兩心差之大小二長徑相與之方位令長徑退後與常理相反如金星道之長徑受地球水星攝動力之和而退後受木土諸星之力而進前而退更速于進故其長徑恆退行是也

推諸行星道長徑行兩心差之變設其道略近正圜則攝動諸力無大變故長徑進退兩心差大小行若干周後盡歷諸方位必相消而復初觀前切法二力生差表理易明蓋寅任在本道恰相對二點一與已之高點成方位一與已之卑點成方位相似而相反二道既略近正圜則切法二力距合點線同即俱相似故已之卑點前後半周與寅道此點諸力相關一如已之高點前後半周與相對點諸力相關又已自高至卑半周與寅道此點諸力相關一如自卑至高半周與相對點諸力相關而長徑進退兩心差增損俱恰相反故寅任在何點加于已之力與寅已俱在對面所加之力必恰相消而長徑兩心差之變亦必恰相消設二道俱非正圜則諸力不能恰相消然兩心差非甚大則其大分仍如上相消所謂短差也而餘小分積久不消以成長差推長差法甚繁今不暇細論但論生差之大凡亦必分法切二力法力所生在二星合點為最大蓋在

合點法力最强故也雖合點距高卑點各九十度時長徑不移合點合高卑二點時兩心差不生變而距此二方位各九十度則法力所生之差最大也切力最强時每因方位之故相消又無論合點距高卑二點若干二星合時無切力故長差生于法力者為多生于合點之法力為最多也設合點在二道最近點則所生差尤多今試論之夫同心二撱圜各有卑點其方位刻刻不同則二道最近點在已道之卑點可在已道之高點可在道中無論何點俱可設在卑點已道在內寅道在外則法力向外故長徑退已道在外寅道在內則法力向內故長徑進設在高點則俱相反然兩心差俱不變在高卑中間諸點則長徑之進退小而兩心差之增損大準此若僅有二行星久之最近點必因長徑兩心差之變而亦漸變而長徑之行又因最近點變而或增或損或相反兩心差亦因之或增或損俱有定時與長徑相應然又有諸行星皆相攝動則亦當推諸道兩心之最近點故其法雜糅而甚繁也

統觀卷中諸條之理知交點行與交角變相應長徑行與兩心差變相應二者彼此相似卑點進退行成大弧其較餘歷久而一周兩心差微增微損以應之歷久而復初交點行亦歷久而一周交角亦增損以應之歷久而復初如

月道交點行甚速交角變速而不能積爲長差則卑點行愈速兩心差亦變速而不能積爲長差蓋月受日及衆行星及地赤道上凸質諸攝動力生諸小變其變甚速故不能久積以令橢率大變測月之兩心差中數古今同也

諸行星相攝動最卑之行兩心差之變二道互爲消長交點交角亦然畢土木二星以例其餘設土木外無他行星則土道兩心差最大必爲○·○八四○九最小必爲○·○一三四五木道兩心差最大必爲○·○六○三六最小必○·○二六○六木之兩心差最大時土之兩心差最小木最小時土最大歷七萬四百十四年而一終若諸星道之

兩心差俱復初必歷幾萬萬年也

卑點之行于本星無甚關係而兩心差之變則關係甚大蓋本星面寒暑之中率實憑之增損焉各行星每周受日之光熱與橢圜道之短徑恆有比例兩心差變則短徑變而寒暑之中率必變然則幾萬萬年中所生之差必有行星兩心差之變甚大令附面諸物俱不能生活設我地球當之則人物必俱死即不死亦必大苦矣解者曰無慮也天算家已詳推之而知其必無是事拉格浪謂諸行星之質積各乘其道之長徑平方根又以其兩心差之平方乘之其得數之和恆等此乘數中一爲長徑之平方根一爲

兩心差之平方而各道之長徑增損無長差則兩心差之增損必不至懸絕也

續 乾隆四十七年拉格浪推諸行星道兩心差變之限依諸相與之攝動而計之惟因其所爲根數之金星體質有誤故得數不確道光二十三年力佛理亞以確切之根數推之得當時七行星道之最大兩心差爲水星道○·二二五六四六金星道○·○八六七一六地道○·○七七七四七火星道○·一四二二四三木星道○·○六一五四八土星道○·○八四九一九天王星道○·○六四六四六雖拉格浪之數因其根數有數差而得兩心

差之常變差不合但所得變之最大界限則與力佛理亞所得者大同而小異耳力佛理亞得地道之最小兩心差○·○○三三一四在嘉慶五年以此年爲元漸變大大極而又漸小再至最小之時歷二萬三千九百八十年適在同治元年後二萬三千九百十九年也木星土星天王星道之兩心差自最小至最小之時約九十萬年而多少四千年不定土星道之兩心差最小○·○一三六自最小至最小之時約三萬四千六百四十七年而多少一百十七年不定下次最小當在同治元年後一萬六千零五十三年附表載有力佛理亞所推地

道之根數自元之前十萬年至後十萬年每萬年之數
另有克羅爾所推得地道兩心差在元之前後各一百
萬年之數.

談天卷十三終

談天卷十四

英國侯失勒原書
英國 偉烈亞力 口譯
海甯 李善蘭 刪述
無錫 徐建寅 續述

逐時經緯度之差

欲知行星與月逐時經緯度之差不特當知長差亦不特當知短差必當知短差令橢圜行變遲速而經度變令星月道之面與定面變交角而緯度變經緯度諸變法其中有因久測而得前人但知其當然未知其所以然後人用攝力遞解遞明初若與攝力不合細攷之知亦本于攝力而攝力之理愈確不可易已.

發攝動受攝動二體之周相會所生之差或自相消而復初此差因受攝動道之本心繞中心點行成曲線道而生

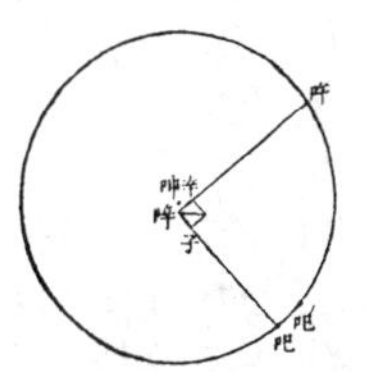

設道爲正圜則中心點卽圜心若微橢則中心點卽本心所繞之心本心繞中心點兼用法切二力如圖哶爲本心已爲受攝動體已已爲一刹那中所過之道若無攝動力則已已爲橢圜之一分哶不動

因有攝動力故晬移至辛求辛點所在準前卷法力變已晬線爲已辛線晬已辛角倍于法力所變切線角而已晬之距不變故辛必行于晬午線午距已九十度若法力向外則晬行向午法力向內則晬行背午晬所至恆爲辛又切力能增損已晬若切力令已行增速則已晬亦增令已行損速則已晬亦損晬所至恆爲子作辛辛與晬已平行作子辛與晬午平行交于辛即得受攝動體本心所在月受日攝此差最顯名曰二均差一月而復宋開寶八年亞喇伯歷家阿波維法所測得其限約一度四分奈端以攝動力明其故設月道爲正圜理更易明道既正圜則恆當

以平速行乃朔望前二象限切力恆令速率增後二象限恆令速率損故其速率在朔望二點爲最大在上下弦二點爲最小近朔望必大于平速近二弦必小于平速故其道在朔望必較正圜微匾在二弦必較正圜微凸又朔望點左右各六十四度十四分法力向外令道之曲率略小二弦點左右各二十五度四十六分法力向內令道之曲率略大是切法二力其變正圜爲撱圜其長徑二界即二弦點其短徑二界即朔望點也故在朔望點月最近地且速于平速在二弦點月最遠地且遲于平速故從地望月當朔望時其行度最速而當二弦時其行度最遲朔弦弦

望之間有點恰得平速然其前或積速或積遲俱未消故在此點眞經度平經度之較最大在朔望二弦點其變遲速最大而積差却消盡正得平經度依理推其數與測望密合案切力在朔望二弦點爲無而在朔弦弦望間之點爲最大在戊甲丁乙二象限令速率增在甲丁乙戊二象限令速率損速率增則長徑變長速率損則長徑變短法力在申乙子戊四點距朔望點各六十四度十四分爲無力在戊甲申及乙乙子二弧向外在申丁乙子戊戊二弧向內乃先論切力令辛點行法已行甲丁乙戊二象限辛漸近已已行丁乙戊甲二象限辛漸遠已已在戊甲丁乙四

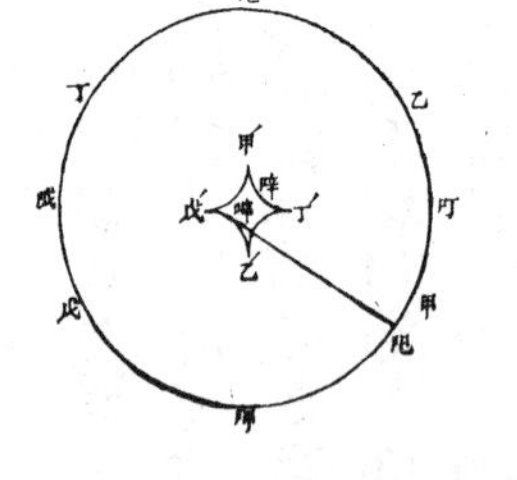

點辛不動故已在甲一刹那中辛在申不動已離甲向丁則辛恆向已行而成甲丁線辛已恆爲申子之切線已至甲丁之中則辛距已得中與已申距等此時辛向已行最速已自此至丁辛向已漸遲至丁而定已自丁至乙辛背已而行成子乙線速率之變與前同已自乙至戊自戊至甲辛行成乙戊戊申二線理同故依切力辛必繞申行成申子乙戊四岐點曲

線道與巳行相逆再論法力令辛點行法巳在甲乙二點辛向午行爲最速巳在丁戊二點辛背午行爲最速巳在甲乙子戊四點辛不動故巳在甲午在丁辛在申向午行最速巳離甲向丁午離丁向乙辛向午行漸遲巳行六十四度十四分至申午行亦同而辛行至丑成申丑線辛午線恆爲曲線之切線辛至丑不復向午而定巳至丁午至乙辛背午行至子在

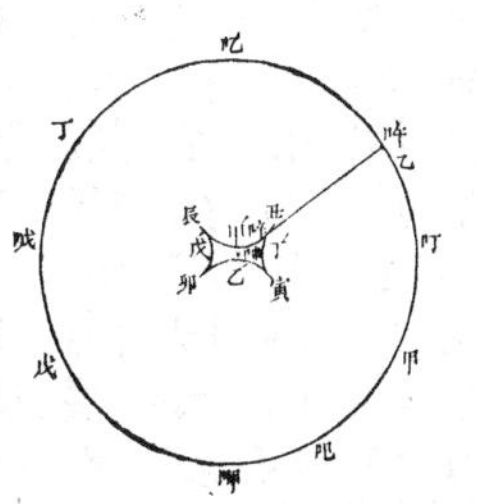

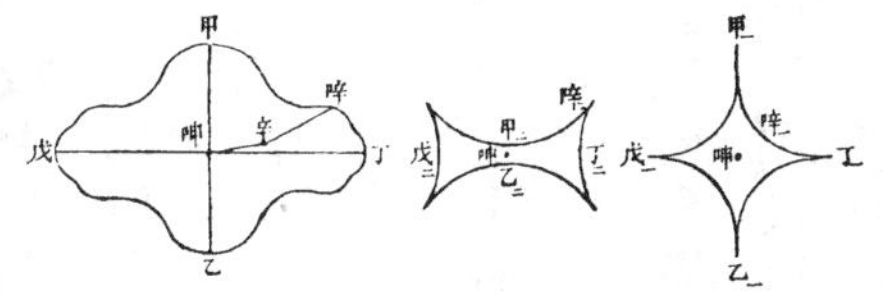

子背午最速巳行全周復至甲則辛行丑寅卯辰四歧點曲線道而復至申亦繞申與巳行相逆乃取此二行并之命二辛點爲辛辛申子乙戊亦依類作識法作申辛與申辛等且平行又作辛辛與申辛等且平行二曲線相對無數諸點皆依此作申辛辛辛諸線乃聯諸辛點成申子乙戊橢曲線形爲月道本心所行之眞道其半短徑申申等于申甲加申甲其半長徑申子等于申子加申

丁申子乙戊四點與巳道甲丁乙戊四點相對故朔望月在本道甲乙點其距餘心較近于本心二弦月在本道丁戊點其距餘心較遠于本心辛行申子乙戊橢曲道一周月行甲丁乙戊亦一周其行相逆朔望月所在爲一刹那中橢圜之卑點二弦月所在爲一刹那中橢圜之高點設月距地之中數爲一命申甲爲二甲命申甲爲二乙命申丁爲二丙則橢曲道之半短徑申申爲二甲丄二乙半長徑申丁爲二甲丄二丙故月在甲其一刹那之兩心差必爲甲丄乙月在丁其一刹那之兩心差必爲甲丄丙月自甲至丁切力令長徑漸損所損全分等于甲丁曲線必小于申甲加申丁即小于四甲

故半長徑之全較小于二甲其中數申甲與最長最短之較必皆小于甲命此較爲角設月在甲或乙爲一刹那之卑點其半長徑爲一丄角兩心差爲甲丄乙故距地數爲丄角丅甲丅乙角本小于甲則此數小于一丅乙月在丁或戊爲一刹那之高點其半長徑爲一丅角兩心差爲甲丄丙故距地數爲一丅角丄甲丄丙甲本大于角則此數大于一丄丙二距地數較爲二甲丅二角丄乙丄丙凡橢圜略近于正圜則其橢圜周各點速率之比若合各半徑平方根之正比及各點

距申數平方之反比，今在甲在丁二半徑爲 一⊥角 一丅角，即若一與 一丅二角 之比，則其二平方根之比若一與 一丅角 之比，又二距申數之比若 一⊥角丅甲⊥乙 與 一丅角⊥甲⊥丙 之比，其二平方之反比與 一丅二角⊥二甲丅二丙 之比，即若一與 一⊥四角丅四甲丅二乙丅二丙 之比，兩比例幷之若一與 一丅三角丅四甲丅二乙丅二丙 之比，玩此率知此差憑法力大于憑切力，諸式之例詳代數學

上條所論設日爲定，今設日行于略近正圜之道，則申所見已寅之距度等，切法二力亦等，惟朔望二弦四點及無

法力四點，不定于月道而隨日進行，其逐時所過度與日行等，故甲丁二乙二戊及甲三丁三乙三戊三二曲線形，辛行一周後不能復至原處而曲線必更彎，令歧點進行與日行同方向，故已與辛行之度必變大，其比若月之恆星周與太陽周比，見卷七而二曲線形幷之，仍略如撱曲道，但辛一周後不能復至原處，必繞申成撱曲螺線，其最近申恆在朔望點，最遠申恆在二弦點，四點相距各大于九十度，此例亦如上，而月隨之亦成撱曲螺線，其曲線隨切法二力變大變小，變大則二歧點中間之曲線必漸長，而歧點距申漸遠，撱曲道亦漸大，比例仍同，月行之差亦漸大，變小理同，行

星因發攝動體之行而變，與此無異。

上論以月距日爲甚遠，故近日半道與遠日半道所受攝動力大略相同，然朔時月距日近，望時距日遠，其較約二百分之一，因此生一月行差，名月角差，月行一周，經度約差二分，此差雖附于大差，然諸行星互相攝動所生諸差中，此亦爲要事，故細論之，此差生辛行曲線之差及所成撱曲道之差，如前切法二力圖，設月已從戊起行本道自甲至丁，本心辛從戊起行曲線形，在切力圖行戊申子，在法力圖行戊辰丑子，因切法力更大，故此二半曲線形大于子乙戊及子寅卯戊，餘二半曲線形則辛不能復至原

處戊，每周皆然，合二行，如圖，辛從戊起行撱曲道一周，不至戊而至己，戊己之聯線與二弦點之聯線平行，復從己起行一周，所成曲道與前一周曲道同例，以後每周皆然，是謂重撱曲道，辛行一周，日亦行黃道若干度，二弦點之方位隨日而變，故辛從己起行一周至庚，庚點不在聯戊己引長之直線內，而在二弦點聯線新方位平行線己庚內，故一歲中所得戊己等點環繞一中點申，一若重撱曲道中心點亦繞此中點，成一小

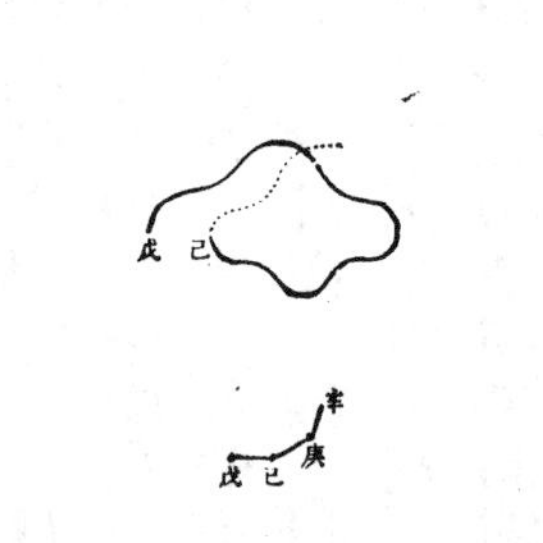

道故兩心差無長差若日不行(即地不行)則兩心差必生長差久之必變成極大也二行星相攝動亦生二差理與月差及月角差同然道之大小不同則其差亦異觀前二體攝動表(見十二卷)自明如海王攝動天王在下合點之力較上合點大十餘倍故重橢曲道中心點繞申之道與橢曲道之比例較月甚大又設外星受內星攝動則發攝動體之行度速于受攝動體故雖順行而道上切法諸無力點順行甚速恆追及已則已一若退行而已遇此諸點則道之本心辛適至曲線之歧點故無論寅在何處已行過諸無力點辛行過諸歧點中間之度必變小其比例若太陽周與

恆星周之比凡已行每太陽周辛依切法二力在二曲線形上次第過諸歧點其相距之度皆同距合點度又彼此相同故合切法二力之曲線形成一曲線道每周中相當諸點亦同二曲線之歧點必令合曲線道生凸處每二歧點間之曲線必令合曲線道生凹處故辛所行之眞道若寅不動則一周後必仍至原處若寅亦動則不能復至原處而成曲螺線道設已寅二周有等數則二合中間辛所過恆星

經度與三百六十度有比例若無等數則亦無比例而一太陽周中依所行二曲線若干歧點及方位以成合曲線道道上之向內向外及或速或遲每次仍同

準上論則凡二星之攝動法當分三種第一發攝動體寅在外則切法二力在已道上各有四無力點切力之四點一爲下合點一爲上合點餘二點在下合點左右其距發攝動體與日同名曰等距點法力之四點俱在合點與等距點之中間若寅體甚遠則法力四無力點遠于合點近于二弦點與月道同寅體漸近則下合等距中間二無法力點更近下合點若寅已二道等則二無法力點俱與下

合點合爲一第二發攝動體寅在內而寅道徑大于已道半徑則切力有四無力點法力只有二無力點切力之四點二在合衝二點二在兩等距點與上同寅道愈大等距點愈遠于衝點愈小愈近于衝點二道相等距衝點六十度已道徑倍寅道徑則與衝點合爲一如土星受木星攝動等距點離衝點二十三度三十三分已自衝後行一象限速率恆損再行至合速率恆增自合至衝亦然法力二點距合點近于距衝點寅道變大小此二點方位不甚變第三亦寅在內而寅道徑小于已道半徑則切法二力各有二無力點切力之二點在合衝二點已自衝至合半道

速率恆增自合至衝半道速率恆損距合點約九十度增損最大法力二點與第二種略同學者當依此三種作若干圖令寅道自極大至極小設寅爲不動如前卷作卯丑二點（十三卷長徑之行條）使各在一橢圜上玩之理自明也如圖申丑卯爲直角丑卯爲切力率申丑爲法力率卯恆行于寅卯橢圜丑恆行于丑申及申卯二橢圜此爲第三種圖若

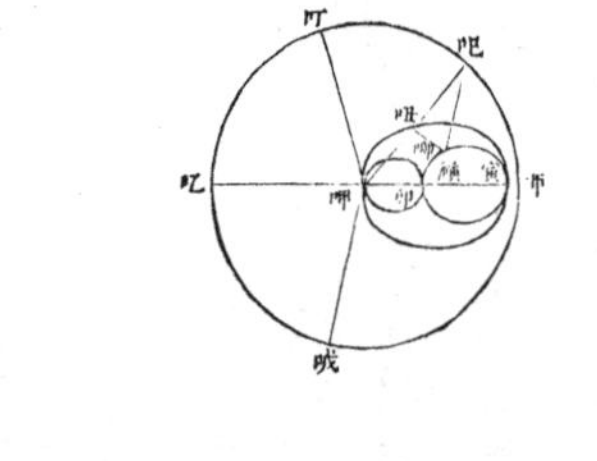

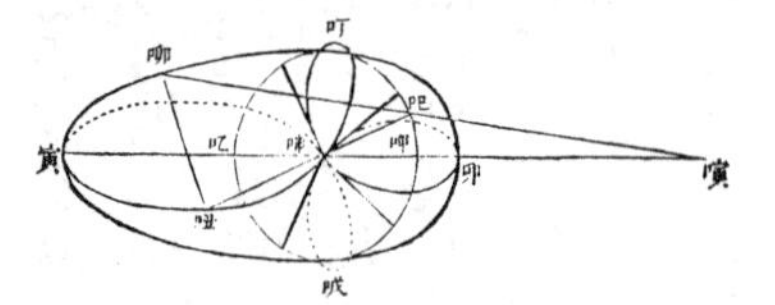

第二種二橢圜之公頂點寅在已道外若第一種則寅丑申卯二橢圜變爲四橢圜圈其二圈之頂點切寅卯橢圜餘二圈割已道于二等距點及二切點已至切點則寅已申爲直角

詳玩此二圖則木心辛所成螺曲線之圖亦易作有三事當論之一已與寅二合之中間辛所行成小曲線其諸小渦紋及末一點變方位大略同二寅爲外星辛行曲線道恆逆故每歷刹那橢圜之長徑恆微退若辛非屈曲行則每合長徑與合點方位恆同三若但長徑恆退而辛非屈曲行則已行一周必兩次在刹那中橢圜之卑點兩次在高點與月繞地之理同今辛又屈曲行則必生差亦與月之差相似所異者所生大差中又有諸微差附之諸差之積用以加減角差

諸差外又有一種差或因已道或因寅道之兩心差消不盡餘變所生或兼因已寅二道之兩心差變而生令每合二星之距太陽及相距俱不等故前後二合其兩心差不能如一長徑亦不能如一但其差不過一周中未消之微餘故其本心離當至處甚微長徑大小之差亦甚微此二差皆因切力而生若非久積可不論設諸行星之周有等數則諸合點之徑度有一定即能久積是諸合點散列本道其中必有一點加力于根數較強故歷盡諸合成一會終其每周之餘差已補因此一點力更强必尚留微差未補再一會終其差漸大如此遞推必待長徑變高卑點移令行星之周無等數而最有力之合點移其差方漸消

攷諸行星之平速相與有等絕無然有略近于有等者如木五周土二周其時略相近故方位略如初木五周得二萬一千六百六十三日土二周得二萬一千五百十八日其較一百四十六日一百四十六日中木約行十二度土

約行五度故木五周至原合點土已過原合點五度細推之二星每合爲七千二百五十三日四三合得二萬一千七百六十日在土星行爲較二恆星周多八度六分在木星行爲較五恆星周多八度六分故每三合較前三合必進前八度六分雖非盡密合然大略相近是以每合經度必增多而生一最長差名曰木土差置三百六十度以八度六分約之得四十四又九分之四用以乘二萬一千七百六十日得九十六萬七千一百十一日約二千六百四十八年爲合點一周然此乃三合點之一餘二合點距此點一約一百二十三度一約二百四十六度俱每合進八度六分故此點復至原處餘二點俱復至原處是以每八百八十三年即三分二千六百四十八年之一當有一合在此原點然其長差因積久而大故增至九百十八年而始有一合也初歷家用古今土木二星之測數相比較覺二星平速隨時不同如萬歷至康熙時土之周時變長木之周時變短蓋土之速率損木之速率增也康熙至嘉慶時則反是其速率增損雖甚微但積久而大則推算與測望不合歷代天文諸士不能解其故幾欲廢奈端攝力之說至拉白拉瑟發明之上所論列即拉白氏之說也此差遞增遞損最大土星經度約四十九分木星經度約二十一分淺言之一星變速則一星變遲蓋木令土自己向寅則土必令木自寅向己故一星退後一星必進前然其理尚未全何則凡論攝動恆以日爲定兩星相聯屬而行攝動力令聯屬之行變其力非加于二星之聯線也詳十二卷若云日與二星俱繞一公重心而二星加攝力于日各令行一小橢圜日兼用此二橢圜行成一小道如是則寅己互相攝動之力謂全加于聯線上于理方無虧缺也準此凡己因寅而生進行寅必因己而生退行二者相等又以其繞公重心之橢圜行言之一星之速率變則餘一星之速率亦必變而恆相反故長差之一終中函二星之多周案公重心在日體中距日心甚微故或以日爲心或以公重心爲心推平速之度無異也

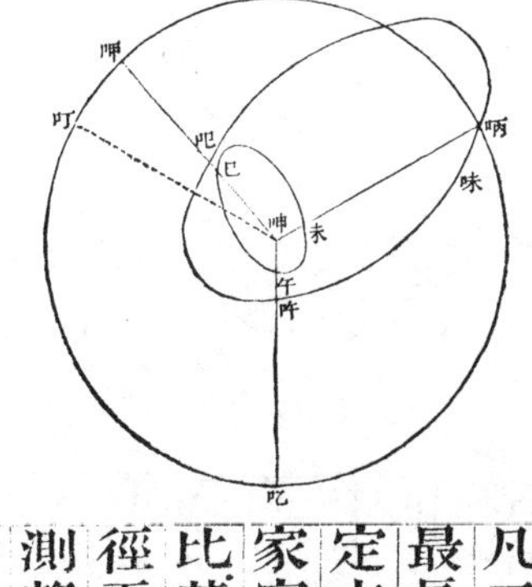

凡二星相與攝動其長徑于最長時分中變大變小有一定之時長差因之而生幾何家定其率謂二星經度變之比若二星體積各以本道長徑平方根乘之之反比驗諸測望相合今論其理如圖已午未爲土道己午未爲木道

已己為二星先合于申甲線次合于申乙線距申甲一百二十三度又次合于申丙線距申甲二百四十六度又次合于申丁線距申甲三百六十八度申乙申丙俱甚遠于申甲準二道之最高點所生變必與申甲大不同而申丁略近于申甲則必略如初故每三合必大消其差所以長差乃各合點之差每三合相消未盡之餘積久而成也幾何家以代數術推其差用三次式乃有立方及三元項之式也則隨兩心差及交角俱可知若干時中之積分亦可知積分者逐時之微分久積而成大分也

凡二行星之平速略近于等數者理皆如土木二星如金

十三周與地八周之時略相近故每五合方位略如初其差不滿二百四十分周之一故相消之餘甚微愛里曾細推之最大不過數秒其周時約二百四十年也經度之增減有長差本心移動亦有長差與之相應蓋本心移動生于兩心差之增減及長徑之易方位也詳前卷 凡正圜道本心辛所繞之中心點與日心申合橢圜道則不合而用一周中本心所歷諸方位可推中心點所在若體每在合點時曲線之岐點指切力令本心所行之曲線也距中心點俱等則中心點不動然在諸合點中必有一合令其岐點距中心點獨遠則中心點必移遞合遞移故本心繞其中心點而中心點

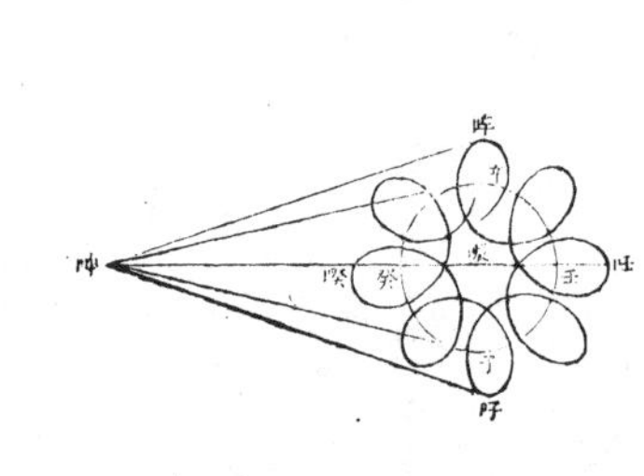

又繞一定中心定中心者長差一終時中心點所成道之中心也如圖申為日若無差則辰為本心今有差故本心行于辛壬子癸曲線道以繞辰而一終中兩心差最小為申癸最大為申壬長徑方位變之二限為申辛申子又中心點所行之道為辛壬子癸則壬癸為兩心差中數差辛申子為最卑點之經度

大差本心移動一終與經度差一終之時等但移動差之最大與經度差之最大非必同時蓋長徑之增損憑切力切力最大不在二合點而遠在他點兩心差之增損兼憑切法二力法力最大在下合點是以諸合點中令長徑增損最大之合點非必令兩心差增損最大之合點故長徑最大非必與兩心差或最大或最小合亦非必與高卑點進退最大合然此星道之長徑及兩心差變彼星道之長徑及兩心差必有相反之變此理之必然也

無論行星與月所變之根數皆有六曰交點經度曰交角曰長徑曰兩心差曰卑點經度曰元點卑點經度以上五

根之變前已詳論今特解元點之變元點者歷元星所在之點也前卷曾已平經度推橢圜之實經度詳卷九今反其法測得實經度并知諸根用以推其時之平經度則元點亦可知蓋平經度與時正相應歷若干平經度當有若干時也故此根名平經元點設星道之諸根數不變則任用何時實經度推得其元點皆同也

準上條其元點憑上推而得非昔時測望所得故難保其無二變二變惟何一憑他事而變一自然而變今試攷論之推算必用諸根而諸根恆變如測得星之日心經度用前後二種根數各上推其元所得必不同是憑他事之變

實有之推元不能用別法二數皆依常法推得其不同者因所設根數不同是自然之變實無也又無論何時星道之變與星在道上方位之變皆因攝動力變星之速率及方向而生可以本心逐時之行及道面方位逐時之變發明之故元點不能自變但憑他根數而變也然經度之差若非因長徑令周時變而生而因他根數變而生可當作元點之自然變攷此種差因受攝動體距中體之中數刻刻變不生于半長徑之變蓋半長徑為虛數此刻刻變之中數為眞數此種攝動差與月略同不因已道之變而生故可設已道本無兩心差長差而以本心辛繞中心點與

餘心相應又設寅甚遠與月同以便論算準前論及圖本卷一條先論切力切力逐時令長徑增損故其周時亦有增損此事之外已之每周切力又令本心辛繞辛行四歧點之曲線如甲子乙戊每二歧點間之曲線相似亦相等設寅為不動則已在二合點必居一刹那中橢圜之最卑點已在距合點一象限之二點必居一刹那中橢圜之最高點故于眞橢圜長徑增損所生差之外已在二合點距申必小于原正圜道之半徑已在二象限點距申必大于原正圜道之半徑然全周中諸距之中數不變因甲子乙戊四點距申皆等而四曲邊皆相似則近甲乙漸損之數與近

丁戊漸增之數相等故一周中長徑變大變小恰相消也則此種差非生于切力次論法力法力每周亦令本心辛行于四歧點之曲線如丑寅卯辰而每二歧點間之曲線不相等二長二短因法力向外之時多且強于向內之時故也雖已在二合點居最卑點在二象限點居最高點與切力同然申子甚大于申卯故近丁戊距數之增甚大于近甲乙距數之損則統全周諸距數計之增必有餘故每周已申距之中數必漸大此變不由于眞橢圜長徑之增損蓋法力不能變長徑也然法力能變已申距而不能變已之速率故已申距增已行度率必變小已申距損已行

度率必變大，是已申距增損，已行速率之大小，必有相反之變，且行度率變其比例必更大，蓋行橢圜法，等時得等面積，而行度率之比，恆若距數平方之反比，法力不能變此例，故每周行度率之中數必變小，而每周之時必變大。此與長徑之增損及所生之周時俱無涉，若寅甚近理無異，或在內道，則行度變大，周時變小，餘亦同。

上條之理，一若寅體散爲等積之圜，與申同心，其力與法力向內向外之較等，恆加于已申，申在中心，已繞申，故此加已之力，爲圜加于申已二攝力之較，凡圜之攝力恆向心，故統計申所受，四面恰消盡無餘，而統計已所受，則恆

有餘，已在圜內，餘力恆向外，令已離心，已在圜外，餘力恆向內，令已向心，故寅在已道外，能減申之中攝力，在已道內，能助申之中攝力，助中攝力，則已寅行多周，中攝力漸變大，其周時及已申距必俱變小，減中攝力，則已寅行多周，中攝力漸變小，其周時及已申距必俱變大，故凡諸內星之行度率恆變小，而諸外星之行度率恆變大，凡外星道之內有諸內星，其攝力和，令中攝力增大，然此事究不能測，舍推算外，無別法可證之，蓋可測者，星之平速，平速生于中力，而中力兼日與諸內星之攝力，雜糅難分也，但已知諸星之質分甚微，雖難分，亦無害也。

日攝動月，二體行多周，令月地距及周時恆變大，但亦有小差，此小差久則消盡，星亦有之，月尤易覺，其最顯者，爲月之年差，蓋月之經度準地行橢圜道最高至最卑，最卑至最高，而變小變大，故一歲一終，欲明此理，設日行橢圜繞地，自最高至最卑，距地漸近，則攝動力漸大，其比例若距數立方之反比例，故月道之本心辛，依法力所行甲子乙戊曲線，必漸大而遠于申，每周不能回至原處，而成歧點螺曲線，觀圖自明，準此則寅近高點，漸離申，寅近卑點，漸向

申，其寅在高卑二距之較，必漸增，而每周中寅申距之中數及周時，俱變大，設日自最卑至最高，則一切相反，故日地距漸小之時，月之平度率必變小，漸大之時，平度率必變大，設月道爲正圜，則日之行，僅令月受攝動力之諸分較日不行歷時更久，詳見前故所得無異，但歷時久而更大，其比若月之恆星周與太陽周之比，此理與測望所得合，故其差最大在十與十一分之一間，而月行有時大于平度，有時小于平度，此種差所關有甚要者，其積時最久，名曰月平速長差，好里取迦勃底人所記最古之月食，與近代月食相校，勘知月之周時，今小古大，又以唐時亞喇伯測

望之數合攷之知月之平速古小今大約百年積速十一秒數雖甚微但久久積之則漸著此事及木土差本卷攷諸行星條其理幾何家久攷不能知或謂攝力之理有時窮或謂古表不足憑至拉白拉瑟始發其秘假如日月同從合點起歷十二合日未至原處而所差無幾至十三合則日已過原處故十二合前半周經度所生差未消盡十三合消盡而生反差則度必微增由是二十六合日離原處略倍三十九合日離原處略三倍如此累加十三合累倍而每次增度之比例必漸小至日離原處半周而不增餘半周理同而度微損日離原處一周名曰大周其度之增損略消盡然其合視原處尚有小餘則度尚有小差然較十三合之差甚微也以此小餘之弧分約三百六十度所得用乘大周之時名曰廣周尚有小差則更微矣如此累推之若地道不變可數百年而得恰盡然諸行星之攝力加于地令地橢圜道之兩心差徐徐而變細攷之自上古以來恆變小如是久之又久必至兩心差消盡而地道變成正圜後復變橢圜其兩心差徐徐變大至限而復徐徐變小此變一終之時極久非言語譬喻所能明視開闢至今若一刹那耳月之平速長差因此而生故雖歷大周廣周之久時終不能消盡蓋地道兩心差恆變小則反力較正力更大故所補數與變數不相同亦不相等猶之上山力不足下山力有餘也必俟地道兩心差復變大正力較反力大始能消盡其差也故日月及日道之卑點三者相與之方位每一次復原月之諸差略消盡必餘甚微之增速久積之成經度之大差也

觀上所論知諸行星及諸月若一體有一定時之變亦令諸體相應而生一定時之變月與地球相屬之動惟日能令月生變諸行星之質微距地月遠除金星外其攝力不能令生大差然能令地道變即如令日道變月道因之而亦變而月道差較地道差更易見也

若日于橢圜理之外別有他故令距地數有一定時變大變小則必令月生同時差與月之年差理同故凡行星令地道生最小變其變卽顯于月之行度人在地但測月之經度行星之力易見卽前所云感動之理也凡月之經度變大一周中所增甚微乃速率漸增微分所積然每周輒得一倍又其速漸增之率恆增則經度變大之數亦必恆增久之相反速率恆變小則經度亦恆變小稍稍消其前所增之度分故月橢圜未受行星攝動力一若靜體迨此力加之令遞增速率一若靜體受長加力而動其速率刻刻增也

地日距與月地距之理同有二長差法一因動之切力變速率令撱圜之長徑有增損則準刻白爾之例必生周時之變蓋周時與中距之比恆若立方與平方之比也二因兩心差之變及卑點之移令一周中二體之距有增損撱圜之面積隨之變而平速亦變蓋平速與距數之平方根恆有反比例故以公理論之凡平速之變與距數之變恆相應也

前論金星攝動地球其經度之變二百四十年而復此亦平速差也故地速率損時日地中距變大增時日地中距變小平速差甚微所得日地距增損更微而月度率之變

爲微之又微然積之至一千四百八十四月經度增至二十三秒爲最大又歷一千四百八十四月亦損至二十三秒此事漢孫攷得之然金星之攝力不獨加于地令月生變亦直加于月所生之差漢孫亦推得之而推法不傳今略論其理凡金星攝動月之力可用諸分力代顯之其諸分力各于一定時中有一方向最大漸變小至無于對面方向相反至最大復變小至無又于原方向相反至最大如此遞變不已諸分力一終之時各不同凡三體以一體平速時之倍數減他體平速時之倍數以其較與餘一體之平速時相減視其較即知所推力一終之時此諸定時

之力可各推其攝動一若別無他力也設其力之一終時與受攝動體之周時不相涉而力最大之時于道中無一定方位則若干周所生差必自相消僅有短差無長差也若力之一終與月之轉終略同力最大之方位每次略相近則必有長差也假如力最大初在月道最高點所生之差若力一終不能相消必累次積之直至力最大與最卑點會始能消盡力之一終與月之轉終較愈小則長差消盡之時愈遠也

月受金星之攝動力依金星距地遠近而異其距數憑金地日三者依撱圜道內之方位而得由其距數所生之較

數有最繁者其中有一甚微率推其一終時法以地球平速時之十六倍減金星平速時之十八倍其餘略近月之平速時月轉終爲二十七日十三小時十八分三十二秒三力之一終爲二十七日十三小時七分三十五秒六差十分五十六秒七約爲三千六百二十五分月轉終之一此二時齊等約二百七十三年其半爲一百三十六年五所生之差恆積而大又歷一百三十六年五而漸消盡漢孫推得經度積差最大時爲二十七秒四近時測月經度有諸小差依上所論切法二種小差推之皆合按用表推月尚有小差甚多俱有表今不細論其中有大于此差者

前所論角差（本卷上論以月距日條）因近日遠日月之二半道而生其攝動力不等愈近日愈大已知日月二道之比例則其差俱可推若已知其差即可依諸差比例而得諸距數然其差甚小用以推日之距數恐不密若其差稍大則可耳

月因攝動而生之諸差最大者名曰出差因兩心差增損又因日與長徑移方位令長徑進退而生蓋長徑進退則月在本道之方位亦進退前後各約一度二十分三十秒昔多祿某攷上古所傳測望簿始知此差以上諸差并而成一公率詳月離專書今不論

月道又有小攝動生于地球赤道凸質之力凡正圜球諸質點所生攝力皆如發于球心而扁圜球諸質點所生攝力其方向不能盡對球心亦不能盡合距心平方之反比例故其力加于月必生最小攝動令月道之交點最高點生差最奇妙者令月道軸成小尖錐動猶月力加于赤道凸質而令地軸成小尖錐動凡行星成扁球狀恆攝所屬諸月道令漸近本星赤道面木星之扁率最大土星有光環助其凸質力故此二星之扁力較他星更強是以土木諸月之道與本星之赤道面幾相合最近之月則最近赤道稍遠則稍離力漸小也蓋距數增攝力之率驟變小則正球與扁球之較漸不覺也故土星諸內月之道幾與赤

道面合最遠之月距星心約如土星全徑六七十倍其道與赤道面之交角亦不小也然其遠月之攝力必不能攝動光環與赤道令生大差設有攝動令星軸成尖錐動則較地球必甚緩蓋土星與其月之比甚大于地與我月之比也故其歲差之周歷時甚久不能覺也

潮汐一事與日月之攝動相關或云日月之力攝正面之海水上升是矣而相對背面之水亦上升何也曰子但知攝力引動地面之水而不知并引動地體也設水受攝而地不受攝則惟正面之水上升矣今水地俱受攝正面之水受攝力較地體多故上升對面之水受攝力較地體少

地去而水留故亦上升也此與月地同受日攝力朔望時月地距大二弦時月地距小同一理也設前圖（十三卷長徑之行條）甲丁乙戊不為月道而為地球大圈上之水面寅不為日而為月已為水面之任一點卯申顯已點所受攝動力之大小方向申寅顯月攝地之全力加于申點卯申力加于已必引已向天其方向與卯申平行而地之攝力必引已向申此二力之并力為已酉引長之必與

丁申線相遇去申無幾因月之攝動力甚小于地之攝力故也設于甲丁象限各點俱作幷力線已酉必恆爲申子小曲線之切線而海面恆正交已酉線此流質重學理也故丁巳甲一象限各點依二力而成定面必恆以巳酉爲曲率半徑在丁點曲率最小在甲點曲率最大而成一撱圜申爲中點子申爲漸伸線（曲率漸伸線俱詳代微積拾級）申甲爲半長徑申丁爲半短徑故海面成長撱圜體其長徑恆向發攝動體準月之攝力推之長短二半徑之較約當得五十八寸準日之攝力推之長短二半徑之較約當得二十三寸設惟有月力而月不動地球亦不自轉則海面成撱圜體勢甚安穩既成而定永不變今此撱圜體剛欲成水面未定月已進前則撱圜體之頂點亦移刻刻如此故海面必依此勢成最廣而扁之浪此浪之頂恆隨月月有視行則必依感動之理與月之諸差相合此浪之最高卑行至海岸即爲潮之長落日之攝力亦成如此最廣之浪浪頂恆隨日之視行亦與日之諸差相合日月二浪有時合而相加有時離而相消朔望爲二潮之和兩弦爲二潮之較潮之定數今雖未能密推然若能推得其定面則無定何地其比例與撱圜體所應得之數俱可無大誤大率日月二潮之高約爲二尺與五尺故朔望兩弦潮之高卑若七與三之比

潮繞地一周爲潮日設止有月而月行于赤道面則潮日即太陰日爲月周時及地一日自轉相合而成又設止有日而日行于赤道面則潮日即平太陽日今皆不然乃憑二浪頂點相合之公共最高點繞地一周而成一潮日此點在二浪中間依二浪或漸相合或漸相離而生進退故潮日之變有大小在朔望時其變最大也無論何海口水之長落必與日月過午線相應若水不因他故而動亦無阻力如爲海底所滯或過長峽等事則本海口所當得撱圜體之最高應時而至與上條潮日之候必相合設有此諸故則必生差諸海口之差各不同察統地球一切海口潮汐最高之候亦一要事蓋準此能知統地球潮候之差也攷此事當細心勿以平潮誤爲最高之時雖有時平潮與長水落水合然其故大不同此若誤必不能攷定潮之理蓋一切俱紊也

凡日月之赤緯度異潮亦因之而異蓋潮之頂點恆欲正對發攝動之體其體之方位變則潮亦隨之而變也故每月每年潮必漸增而大復漸減而小當以黃白交點之周時推之一周中月在赤道南北之緯度最大爲二十九度最小爲十七度

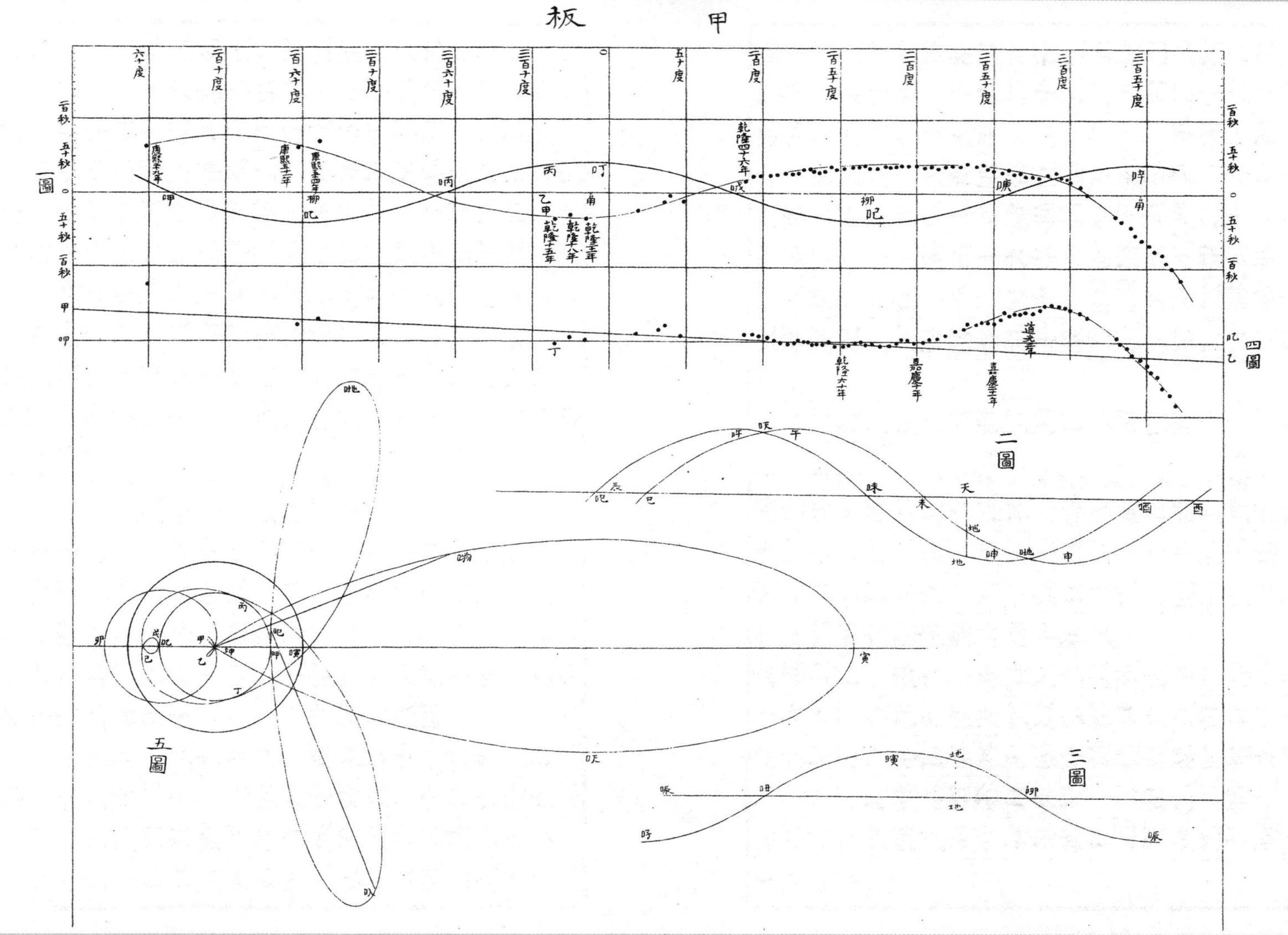
甲板
六十度
一百十度
一百六十度
二百十度
二百六十度
三百十度
0
五十度
一百度
一百五十度
二百度
二百五十度
三百度
三百五十度
百秒
五十秒
0
五十秒
百秒
一圖
二圖
三圖
四圖
五圖
乾隆四十六年
乾隆六十年
嘉慶十年
嘉慶二十年
道光十年

以幾何理言之日月攝水成潮之力與距地之立方有反比例日月之道俱爲撱圜其距地乍遠乍近故日力變大小在一十九與二十一之間其中數爲二十月力變大小在四十三與五十九之間其中數爲五十一故潮之最高與最卑之比若五十九二十一兩數和爲四十三一十九兩數較之比卽若八十與二十四之比約爲十與三之比也凡分別潮高卑之故最要者莫如地勢或地有峽口潮入必驟漲而高如北亞墨利加芬地灣阿那波里之潮高出平水十二丈英國孛力斯波漲水落水相去或至五丈中國海甯之潮高于平水或四五丈

攷行星之質積多少有月者可測其月但星推周時以推得星之攝力卽知星之質積無月者則不能攝而用攝動力則無論有月無月俱能推之蓋凡行星依其質積及方位加攝動力于他行星準方位可推其力之率測得其攝動力若干卽可以力之率比例而得其質積也用此法推得木星之質積知舊時牛特測木月所定木星之質積大不合因所用之器不精故也又用木星攝動因格茸推定之數亦知牛特所得不合大率舍太陽外攝力之最大無過木星近賴愛里攷定之知舊所用分微尺不甚精推月離木最遠度甚疎因改用精器細測前人之謬訛一一糾正厥功甚大

測諸行星相攝動而知各星與日二質積之比例率測木星諸月相攝動亦知各月與星二質積之比例率巽日細測土星諸月亦可知其比例率拉白拉瑟細推木星諸月參攷木月食時諸測望簿以定諸月之質積其最少者與太陽比若一與六千五百萬之比此大小二體一若用天平衡之法之精密至此嗚呼奇矣

定我月之質積有二法一攷日月之二潮精測其最大最小以分二體之攝力卽可推其質積之比例率也二攷地軸之尖錐動此動止屬月之攝力與日無涉既得其攝力

卽知其質積也二法所得同月之質約爲七十五分地質之一

天算家攷天王攝動能推未見之海王定其方位用遠鏡試測果得之前已略言其事九卷五緯經條此事爲攝動之奇證故復詳言之乾隆四十六年初測得天王星後屢測略得其道之諸根據以上攷疑佛蘭德于康熙二十九五十一五十四諸年六次所測得相等諸恆星後復不見者恐俱卽此星又乾隆十八年白拉里二十一年梅爾所測得之星及乾隆十五二十九三十三三十四三十六諸年勒未聶十二次所測得諸星亦皆卽此星也此諸人俱用精器

測亦細密故其測簿可信據以改正諸根數蓋橢圜之分愈大則根數愈易推定也又以土木諸行星所發之攝動加減之意其能密合矣步伐爾既作木土二表即今所用者又欲作天王表乃準乾隆四十六年至嘉慶二十五年所測用一橢圜道及諸攝動上推不能悉合因謂舊測不足信然用其所作表下推與測望亦不能密合所測經度恆多于表中經度自乾隆六十年其差漸大至道光二年而止此後漸小至道光十年所測與表合過此復不合所測經度恆少于表中經度則此表不能定星之行法也乃攷其不合之故如呷板一圖其橫線爲所推天王日心經度每分五十度其縱線爲經度差每分一百秒每年測天王經度或與所推合或大于所推或小于所推于橫線或上或下俱用黑點識之如康熙二十九年佛蘭德所測大于所推六十五秒九識于橫線之上是也餘仿此若作線聯諸黑點則成浪紋狀橫線之上有二彎其下有一彎又略依其狀作呷吃呐叮㖃吧咦啐線令交橫線之點相距各一百八十度乃依此線各點距橫線之度移相對諸黑點向橫線如乾隆十五年之點甲移向乙與乙距丙等則與交點㖃略合一橫線準此則知其差大半由于天王根數之誤蓋經度遞大遞小恰距一百八十度此兩心差或

卑點有誤所生差皆應如是也攷兩心差或誤則所推較所測每隔一百八十度其經度必遞大遞小而在最高最卑二點必恰合無差今步伐爾所推最卑點之經度約一百六十八度最高點約三百四十八度略在圖中呷呐呐㖃㖃咦等字之中物甲諸點而不在呷呐㖃等點則非兩心差之誤而必爲最卑點之誤矣如呷板二圖任取辰天爲星之平經度天人爲所推橢圜眞經度與平經度之差味爲最卑點之經度吧或哂爲最高點之經度各人點恆在吧吘味呻哂浪紋曲線內哂至味在吧哂線之下味至吧在其上設最卑點實在未全曲線當爲巳午未申酉則辰天平經度與眞經度之差爲天人而人人爲所推所測二眞經度之差乃取吧吘味呻哂曲線伸爲辰卯直線依二眞經度之人人諸差作吇吜𠻤𠰭㖘曲線如呷板三圖則曲線與直線之距即最卑點誤置之證也此圖之曲線必成上下二浪其交直線吜𠰭二點相距必一百八十度即二圖之吠叺二點在二眞經度最大差吘午及呻申之間距最卑最高點各九十度既知其差大半因最卑點誤置則必將最卑點移前若干度以改正之法取一圖之橫線并二浪紋曲線于橫線各點作諸縱線與二曲線相遇視諸縱線在上下兩邊則取其較在一邊則取其和依之

作線必如四圖諸點聯成之曲線又作甲乙線少斜于呷吃線以代之則自康熙五十一年至嘉慶五年所測與改正推法所得略無差而康熙二十九年所測尚差三十五秒此測本未精可不論夫以呷吃橫線為天王經度周時有小差以甲乙斜線代之其差消盡是其逐度小差之比若距二線交點之比交點在乾隆五十四年準此則依呷吃所推天王之度恆在所測度之前是表中所用平速稍強周時稍弱必減其平速增其周時依法推至嘉慶九年與測望略無差而此後又生一差其行增速愈久愈大較所推橢圓行恆進前直至道光二年積差最大自此至今

速率復漸減天算家論此事謂必有他力加之此力或前所無或雖有甚微不能覺至道光二年力之方向相反且反力更強于原力論此力者紛紛不一或謂必有未見之外行星此乃其攝動力也其說最合理于是英亞但史法蘭西力佛理亞用攝動之法反推之求未見星所在之方位二人所得略同力佛理亞推得道光二十六年八月四日未見星之日心經度為三百二十六度亞但史推得是日日心經度為三百二十九度十九分其較不過三度十九分又推其星之道面略與黃道面合力佛理亞寓書于伯靈星臺官嘉勒請依所推試測之是夜嘉勒與因格同

測果得之為八等星明夜復測之見其經度已變知確係行星非恆星也後復細測依奈端攝力之理推之知天王諸差果皆生于此星也嘉勒推得本日之地心經度為三百二十五度五十三分化作日心經度得三百二十六度五十二分較力佛理亞所推差五十二分較亞但史所推差二度二十七分而較二人所推得之中數僅差四十七分

今略言其推法海王之質積與諸根俱為未知之數惟波特曾言半長徑略倍天王半長徑約大于地道半徑三十八倍三六四而天王諸根亦為未知之數蓋發攝動體之

諸根俱未知則受攝動體之諸根亦難定也故推步之法甚繁惟略知一道之長徑則可設餘一道之長徑而半用代數號半用實數依拉白拉瑟天重學款中之公式寫其諸項無論何時可顯其攝動力之率以此諸式及所改天王之根數用表中經度推得其數以測望之數校勘之乃改正式中海王之諸根與質積及天王未定之根俱能得其真數次減小海王之距數再推之蓋據前推所得知先所設距數太大也而得諸數更密列表于後

推者	力佛理亞	亞但史

海王諸根表

道光二十六年 月	日	平黃經 度	分	半長徑	兩心差	卑點黃經 度	分	質積 以日質為一
一一	一五	三一八	四七.四	三六.一五三九	〇.一〇七六一〇	二八四	四五.八	〇.〇〇〇一〇七二七
八	一七	三二三	二	三七 二四七四	〇.一二〇六一五	二九九	一一	〇.〇〇〇一五〇〇三

力佛理亞依測望簿推至道光二十五年亞但史推至二十年亞但史又另推五年知半長徑不合當更減小定為三十三。三三與測望略合後人益復精測覺亞但史後所定半長徑尚失之大須再減既測得其數據以上推知拉浪于乾隆六十年三月二十日及二十二日所測得之恆星因前後測不合自疑初測誤者蓋即海王也米利堅瓦克據此諸測推得諸根數如後

元時 道光二十六年十一月十五日倫敦午正

平經度 三百二十八度三十二分四十四秒二

半長徑 三十。〇三六七

兩心差 〇。〇〇八七一九四六

最卑經度 四十七度十二分六秒五〇

正交經度 一百三十度四分二十秒八一

交角 一度四十六分五十八秒九七

周時 一百六十四太陽年六一八一

每年平速行 二度一八六八八

右根較力佛理亞及亞但史所推差甚大然所得海王之

方位甚相近蓋用二種根數推海王此日所在與測望所見之處俱相近也又其距日亦與二種根所得距日中數甚相近蓋用力佛理亞根數推得本日之帶徑為三十三而卑點距日為三十二。二六三四又推得嘉慶十一年至道光二十七年海王最卑點不過四十二度則本日海王距日必在三十二。六與三十三之間後有表兼列海王之眞度及二人推得之度觀之知其數之相近所列之度皆日心經度也

圖中諸黑點乃識天王星每年之經度及推與測之差其年皆記以英字今釋之康熙二十九

五十一 五十四 乾隆十五 十八 二十一

四十六 六十 嘉慶十 二十一 道光二

天王海王二星諸黃經度帶徑表

年	天王 黃經 度	海王 黃經 度	海王 帶徑	力佛理亞 黃經 度	力佛理亞 帶徑	亞但史 黃經 度	亞但史 帶徑
嘉慶十	一九七.八	二二五.九	三〇.三	二四一.二	三三.一	二四六.五	三四.二
十五	二二〇.九	二四七.〇	三〇.三	二五一.一	三二.八	二五五.九	三三.七
二十	二四三.二	二五八.〇	三〇.三	二六一.二	三二.五	二六五.五	三三.三
二十五	二六四.七	二六八.八	三〇.二	二七一.四	三二.四	二七五.四	三三.一
道光元	二六九.〇	二七一.〇	三〇.二	二七三.五	三二.三	二七七.四	三三.〇
二	二七三.三	二七三.二	三〇.二	二七五.六	三二.三	二七九.五	三三.〇
三	二七七.六	二七五.三	三〇.二	二七七.六	三二.三	二八一.五	三二.九
四	二八一.八	二七七.四	三〇.二	二七九.七	三二.三	二八三.六	三二.九
五	二八五.八	二七九.六	三〇.二	二八一.八	三二.三	二八五.六	三二.八
十	三〇六.一	二九〇.五	三〇.一	二九二.一	三二.三	二九六.〇	三二.八
十五	三二六.〇	三〇一.四	三〇.一	三〇二.五	三二.四	三〇六.三	三二.八
二十	三四五.七	三一二.二	三〇.一	三一二.六	三二.六	三一六.三	三二.九
二十五	三六五.三	三二二.一	三〇.〇	三二二.六	三二.九	三二六.〇	三三.一
二十七	三七三.三	三二七.六	三〇.〇	三二六.五	三三.一	三二九.三	三三.二

觀此表知天王與海王合在道光元年之末力佛理亞所推在三年之首阿但史所推在四年之末故二人所推海王之攝力方向與眞略同也凡攝力在合時最大今列諸家所推嘉慶十年道光二十五年及合時海王之攝力并質積列于後準前卷理十二卷諸數皆已知條日攝天王之力恆為一以所得各母數約之得全攝動力也

按庇爾思在米利堅堪比日星臺斯得路佛在波羅咯星臺用弗鑾斛拂所造之遠鏡測拉斯拉所得之海王月以推海王之質積然二得數大不同蓋用分微尺其細數最難確故不能决其誰得誰失也海王之質積既未能定故但憑力佛理亞所推嘉慶十年至道光二十五年四十年中之攝動爲最有力之時依前理（本卷準上論條）作圖以顯法切二力之大小率如甲板五圖吧爲天王嗊爲海王二平圜爲二星之道巳吻爲法力率其方向恆正交巳道卽前圖之申丑吧叺爲切力率其方向恆切吧道

推海王攝動力之比例表

推者	質積	嘉慶十年力	合時力	道光二十五年力
庇爾思	一九六四〇 一	二七五四〇	七五〇八	三三三九〇
斯得路佛	一四四九六 一	二〇二四四	五五一九	二三八一〇
力佛理亞	九三二二 一	二〇八三七	五一九三	一九九三五

卽前圖之丑卯呻吻寅呋呻甲呻卯呻乙呻四圈曲線爲吻點所行之道呷叺丙巳吃戊丁呲呷四圈曲線爲叺點所行之道在上下二合點之左右法力向外餘處皆向內近下合點法力最大遠勝于近上合點下合點左右各三十五度五分之點無法力故天王在下合點所受法力最大行八年三六漸變小而無此後法力向內自小而大然吻點在甲或乙小圈內則向內力最大時亦甚微歷時最少故也後吻點行呻卯圈向內力復漸小而無乃復向外至上合點而最大餘可類推天王在丙丁呷吃四點皆無切力乙呷呷丙二弧各七十一度二十分天王自乙至呷

行十七年其速率因切力而增自呷至丙亦行十七年其速率因切力而損自丙至吃至丁切力不大觀圖自明準此則四圖嘉慶五年後經度漸變大至道光二年而止者乃切力順加漸變大令速之增率漸大後切力復變小增率漸小至合點而切力爲無速率得平所生也道光二年後經度漸變小者乃切力逆加漸變大令速之損率漸大所生也故其曲線前高而後卑皆生于切力無可疑焉曰此與法力無關乎曰切力能直令速率變（十三卷此後詳論條）法力令距日數變準同時同面積之理而速率亦變（本卷準上條其元點條）然自嘉慶五年至道光二十五年法力所生經度差甚

小與測望數不相關也細論之切力所變速率合前合後恰相反而相消故平速仍不變又所變最卑點兩心差亦相反而相消故雖變如不變也法力不能直令速率變然自無力點至無力點其向外之力積久而大令星距日數變大而速率變小其向內之力甚小不能消盡故僅有切力則其差每周必消盡而有法力則恆有餘差自初測至令歷時未久未能得其確證然觀四圖黑點漸向下速于漸向上可知因法力令兩心差卑點生變而然也然則天王之經度差必恆如浪紋曲線直至後下合前二十年二根略變而浪之方向相反上合亦然但其變視下合甚小

也

力佛理亞亞但史二家推海王所在用心甚精而苦故嘉勒依其方位一測即得而論者或謂其推法無理其星之測得乃偶合耳嗚呼傎矣夫天王之周爲八十四年〇一四〇海王之周爲一百六十四年六一八一每一百七十一年五八而一下合近時之下合在道光二年前下合必在順治六年其時尚未知有天王至康熙二十九年始測得之後屢測未覺有差至嘉慶五年始覺有微差至十年而其差顯著至二十五年差益大而人人論此事未能解其故也後雖知爲未見之星所攝動然欲推未見星之方

位則甚難凡二星合時其攝動力最大必先推定其時則合之前後攝動漸大漸小之率始可知然欲憑測望而定其攝動最大其事非易測望不能無差也故至道光二年後又若干年尚不能定最大之時至二人出始略能推定之爲得云偶然耶夫樹作花時人見而候其果果熟而采之乃云此果得自偶然智乎愚乎

續前數條所論推定屬太陽諸體之相距及相與之行動及體質與太陽體質之比以地球體質爲一而謂之元此元與地面體質或輕重之比尚未論及也能知地球體質之全重爲鉛或他物一觔重之若干倍則知此元

矣已知地球之大小再求其疏密率即可知其全重之數惟其疏密率終未有定數茲能定之則天學能與重學相合矣詳論如左求地球疏密率之法將已知大小之體並知其與任何別體之相距數而試得其在此體所有之攝力即可得地球之疏密率準地心力之例凡各球體質之疏密率相等而有大小不等則各球面每質點攝力相與之比如球半徑之比設有徑一尺之球而其體質之疏密率等于地球之體質則球面之上一質點之攝力僅爲四億一百八十四萬九千二百八十分此質點本重之一故此一尺徑之球與別一尺徑之

球相切之攝力僅爲十六億七百三十九萬七千一百二十分球體之一也如此極微之數尋常權重之法所不能測必用精妙之法方能測得而再可詳推也若用大攝力之物則能令其微數變大而易見法用地面上所有最大之物而不必造作一球因凡物無論大小形狀知其體質可用積分法推算此物面之上一質點之攝力故擇形狀合宜之大山一座依奈端之例用線懸重物于大山之旁則必受山之攝動而不能合原垂線惟山雖甚大與原垂線所差者甚微且用懸線或水準于山旁皆不能合原垂線必用精妙測天之器在山相

對之兩邊各測定天星得其準線之交角再與用三角法測此二處當有之原角比較而得受山旁攝力之偏度也如圖嘖為山呷叱為赤經圈交于山旁之吧咋二點此二點之聯線經過山之最大攝力處哂為地球之中心見卷四假如以木作一地球象條吧哂咋角為二處緯度之較可用三角法測地面而得吧咋之實相距再由地球之徑與扁率而變之為緯較之秒數用天頂尺于吧咋兩處測天頂之恆星因天頂尺之酒準必受旁攝力向山而偏故所得之準線必與地

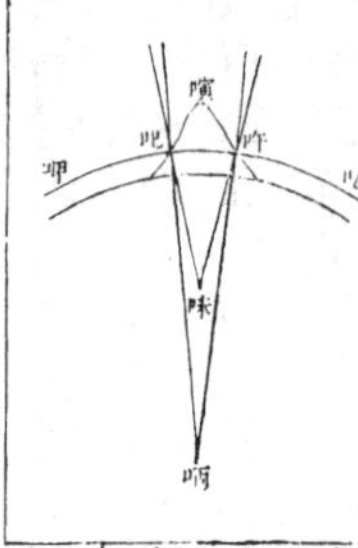

球之半徑線不合而成吧味咋角大于吧哂咋角二角相減即得山之南北兩邊攝力偏度之和次乃測量此山而作小樣又取山內各處之質而求得其重率依此法推算雖覺繁重而得數恆確惟其旁攝力必依命為一之元數定之如以一觔重之球其心相距一尺之點為元是也將諸元之和變為合地平方向之力即為山之旁攝力之全數此數與地球合垂線方向之攝力比如兩處攝力偏度和之切線與半徑比分其兩處偏度之法使兩處偏度和與兩處偏度比如攝力全數與兩處推得之攝力比惟用以上之法繁難之至必有精妙

之器及能精測之多人乾隆三年法蘭西博物士部額與拉工大民在秘魯國測量地球之子午線時見卷四量子午圖度里數條用此法測成波拉索山得準線兩處偏度之和約十一秒惜測量之器非極精所得不足甚信乾隆三十九年馬斯奇林測蘇格蘭之失哈連山得準線偏度之和十六秒六其山雖僅高三千尺而形勢甚便所得可信

黑頓白來非二人先後各依此推算之得地球之疏密率中數與地面水之疏密率比若四〇七一三與一比近時用三角法測量英國全地之官哲末士在蘇格蘭之

壹丁不測一山得北邊偏度二秒二一南邊偏度二秒依此推算之得地球疏密中數為五〇三一六又法以鐘擺測山峰之攝力與地球之攝力而比較之亦可得地球疏密率之中數因地心力之減小與距地心之平方有比而依鐘擺每動之歷時可知鐘擺所受之地心力見卷四用鐘擺條設將已知在地面處每動歷時之鐘擺置于空中距海面若干高之處其每動之歷時可詳推而得若將此擺置于與前等高之山峰之巔則有山質之攝力與地心力相合其每動之歷時較前次之在空中必少也白拉納賈利尼在亞卑斯山之一峰名色尼依此

法測量而推算之得地球疏密率中數爲四○九五又法將鐘擺置于深礦之內亦可測得地球之疏密率按奈端之例凡勻質之空球殼以一點任置殼內之何處皆無偏向一邊之力因其四面之攝力皆相同也又例一點受同質大小二球之攝力與二球之徑有比準此二例則物若降至地球面之下入於深礦之內若干尺其所受地球攝力必等于全攝力內減去此若干深地球殼所有攝力是以全地球之內外質若疏密率相同者則在礦內之攝力必小于全地心力矣一全地球內質之疏密率若大于外殼之疏密率者則在礦內之攝力

或較全地攝力不但不減小而反有加大者地球外殼之疏密率既易推測而得則依此可得地球疏密率之中數矣英國天文官愛里曾試此法數次第一次在哥奴瓦銅錫礦內深一千二百尺將鐘擺之器自下取上至半途而礦內自燃因致礫開落下未得試成第二次仍在此礦內適有大磬石漸漸低下致多水滿礦底亦皆試未成第三次在達罕府之南恃爾字煤礦內深一千二百尺用電氣線連上下二鐘擺以比較動數絕不參差得礦口之秒擺（此擺每秒動一次）較礦底之秒擺一日中少二秒又四分秒之一依此推算得地球之疏密率中

數爲六○五六五以上諸法所得之數參差頗多而末一次與前各次參差更多皆難取信有密者勘㧕思一法依前言用鉛球之攝力與地心攝力相比將其得數與前數相消而得可信之數後賈分第依此法試之如圖用長木桿兩端各連小球甲乙用細鐵絲一條橫繫木桿之兩端又用細鐵絲繫于橫鐵之中點丁而上掛于丙鉤則木桿不受折力若有外力使

談天卷十四 逐時經緯度之差

木桿平轉則直鐵絲受絞力而其質生相等之簧力去其外力則簧力使木桿退回而仍平轉至原處再以永動性轉過至不勝絲質之簧力而再退回如此往復轉動成合地平面之弧線而每次成弧線所歷之時相同已知二球與木桿之重則依每次成弧線所歷之時可按靜重學之理定鐵絲加于球之動力卽爲絞力之率加外力之法以大鉛球近于甲乙二球一在左一在右則甲乙二球同受攝力而移動卽使鐵絲受絞力移至絞力與攝力相定而再移過則攝力不勝絞力球必自回後則自行擺動必多次而始停木桿之末有針指其

平轉之弧度另用時辰表表其每動所歷之時則將每動之歷時與弧度可與鐵絲之較力比較而知其攝力然人若近此球則另加人之攝力而不準故弧度宜用遠鏡窺之且其桿與球爲空氣所阻弧度必漸短又二大鉛球以地平方向現攝力而攝力與相距之平方有反比合于絞力而成弁力因此弁力故其時其速其弧度與獨有鐵絲之絞力者大不同若欲詳攷各事推算甚繁幸其攝力極微可不必詳推而用簡便之略數得數亦無大差矣惟此外能混亂其數之故尚多不可不防皆因寒暑不同而空氣流動也兹不盡言賈分第用

此法得地球之疏密率中數爲五〇四八嗣後來迄用此法得五〇四三八再後倍里弗用此法精心詳攷得五〇六六此二數爲更可信兹將所得諸數臚列之馬斯奇林測于失哈連之地白拉非推算之得四〇七一三賈利尼以鐘擺測于色尼山如畧攺定得四〇九五哲末士以攝力測于壹丁不山得五〇三一六來迄用賈分第法得五〇四三八賈分第測得五〇四八倍里弗重推之得五〇四四八倍里弗再用賈分第法測得五〇六六愛里用鐘擺測于南恃爾字碟礦得六〇五六五此諸數之中數則爲五〇四四一若取最大最小二數之中數則爲五〇六三九故五〇五可爲略近數而易記憶以地爲正圓球徑二萬二千八百八十里則得地球體積爲六兆三千三百三十九億一千五百九十七萬立方里以水一立方尺之重爲四十八觔八則地球之重爲九秭八千一百四十五垓六千京觔也

談天卷十四終

談天卷十五

英國侯失勒原本

英國　偉烈亞力　口譯
海甯　李善蘭　删述
無錫　徐建寅　續述

恆星

天空除日行星彗月之外尚有無數光體大小明暗不等而相與成方位有一定永不變亂故名之曰恆星然其中亦多有遲遲行者非精測久測不能覺也天文家測恆星之明暗分爲若干等光最大者爲一等其次爲二等又次爲三等四等又次爲五六七等光雖漸微

然清朗之夜目能見之自八等至十六等則非遠鏡不能見矣然遞次造遠鏡力愈大所見星亦愈多故恐不止十六等十六等以下必尚有無數星今未能見也各人所測定之等不盡同然大略一等星或二十三或二十四二等約五六十三等約二百愈小愈多總計一等至七等見于各家表者自一萬二千至一萬五千未定

恆星之體不能見不過憑其入目之光分以定其等夫光分大小之故有三一星距我遠近二星之實光面大小三星之光力強弱準此則星之光分參差不等其最大最小必如數萬萬與一之比今光分之三故既不能略知則所

分之等亦不足憑且天文家測光分大小亦非定用一法有用連比例者如下一等之光分恆半于上一等或恆爲三分之一或任用他比例有用逐數平方之反比例者如一等爲一二等爲四分之一三等爲九分之一四等爲十六分之一以下類推今案前法與光理合蓋逐等之光有一定比例也然依視學理測光之比例人目所不能則亦有病也後法與體積等齊之理合其意蓋謂星之實光本相等但距我有遠近一等最近我二等以下其距我或倍于一等或二倍三倍于一等餘類推準此七等與六等比若三十六與四十九比十等與九等比若八十一與一百

比而一等與二等比若四與一比此法無病蓋目之辨別小光較易于大光察六七等之差爲四十九分之三十六與察一二等之差爲四分之一初無異故後法勝于前法也近代所用之等數理與第二法略同設一等星如南門第二星距我爲○。四一四乃移此星漸遠令其距我爲一。四一四又爲二。四一四又爲三。四一四則其光分遞變小必與二三四諸等之星同也餘仿此

凡相連二等諸星其光分不齊中間尚可分爲若干等而一等與二等尤不齊或分爲一二等二三等餘類推或于一二兩等間增兩等曰一等一二等二一等二等一二等

者謂其等在一二等之間而近于一等也二一等者亦謂在一二等之間而近于二等也然不如用整數小數以整數表其等以小數表其分爲較密如井宿第三星在二三兩等之間其光分與一等星中參宿第四星比若一之平方與二·五一之平方比則爲二·五一等又與南門第二星比若一之平方與二·九二四之平方比則爲二·九二四等末卷附恆星表俱依此法列之測星光分大小其難有多端星之色不同一也無一定大小之光爲本二也人目僅能辨光之等不等而不能定大小之比例三也法之最善者取木星之光爲本率蓋木星之光明于諸大恆星無弦

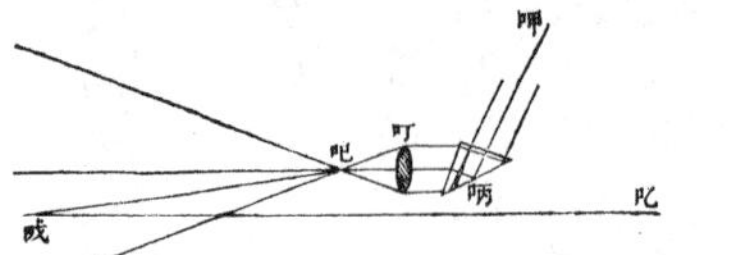

望之變不過準距日遠近而小變亦易推也法依視學令其光變小與所測之恆星光相等乃推其比例而知所測星之光分也如圖乙爲所測星甲爲木星丙爲三稜玻璨丁爲凸鏡己爲聚光點甲光入丙而回透過丁而聚于己己必有小光點熒熒若星置丙法必令甲之回光與乙之視線平行戊爲人目見己并見乙乃進退戊令己變大小至己乙二光分相等

而止夫己光之大小與戊己距平方有反比例乃如法累測二星定戊己之二距即得二星光分之比例也先選取數星用此法測其光分以定其等其餘諸星暗于上一等明于下一等者即用測定之星相較以推其小分則可成星等之全表自最明天狼星起至最小僅能見之星俱能推定其光分也天學中此一門今初濫觴若能精益求精用以測諸變星（詳後）有大用也

觀最明諸星之方位覺其散布天空疏密略同而參宿第二星十字架第四星所居之大圈左右一帶最多又南半球多于北半球若并目所能見諸小星統論之則覺近天

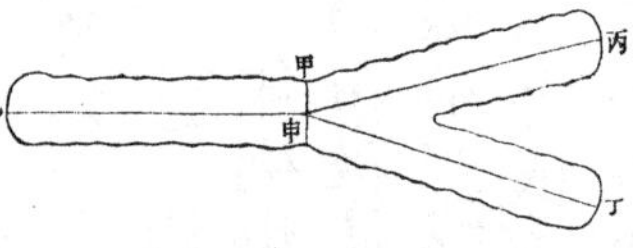

河最多而遠鏡測之則近天河一帶多至不可數計目所見天河之白光實無數小星之光也由是觀之恆星非散滿太虛中乃聚居一處其聚處之界如圖乙申丙或乙申丁爲其長倍甲申爲其厚申甲面之垂線爲其廣厚較長與廣甚小日爲恆星之一與諸行星及地居于申約在厚之中點近申處分爲申丙申丁二股二股之交角不甚大人在地望天空四周申甲方向爲界之厚厚之徑最小故見星最少申乙申丙申丁三方向爲界之長長之徑最大故見星最

多侯失勒維廉以最大遠鏡測天河悟得恆星之理如此
以遠鏡窺天河最明處闊二度一帶一小時中所過之星約五萬又當赤經一百五十七度三十分距極一百四十七至一百五十度之處方一度中數之得五千餘星小星如是多而大星甚少蓋距申最遠也
用目視天河最明之一道大率為天球之大圈與赤道交角約六十三度其二交點之赤經一為十一度四十五分一為一百九十一度四十五分故天河圈之北極其赤經一百九十一度四十五分距極六十三度其南極之赤經十一度四十五分距極一百十七度此大圈當分股處在

二股之間略近尤明之股依赤經度細測之初過閣道為其最明處約在閣道第三星北二度即距極二十八度再過策星與閣道第二星之間發一分支向西南近天船第三星最明近卷舌第二星漸淡過此幾不可見約略近畢昴二宿為分支盡界其中幹最淡過柱第一第二第三星出五車第二星之西又過諸王司怪而交黃道略近二至經圈過水府四瀆而交赤道其經一百零三度三十分光淡而難辨過此漸明自四瀆過天狼之北至弧矢漸闊而益明色白直至近日短圈又分一支細而曲至天社第一星而盡其中幹向南行至距極一百二十三度散為數支

狀若摺扇闊約二十度錯雜相交至天記及天社第一星之聯線而數支忽俱隱歷若干度而再見仍為數支至南船第三星而合狀亦如摺扇約至海山成小洞狀半圜穴作小頸狀最明闊約三四度而至十字架為最狹處過此忽變闊而明中間函十字架第三第四星及馬腹第三星將及南門第二星白光之中忽函黑洞作梨狀甚清晰入人能見海船中指名曰煤袋此洞長八度闊五度用目察之中惟一微星測以遠鏡則有多星所有黑暗者因四周皆白光故也此即最近南極處其光較北半球甚明因思天河必作扁環或別回原之形其闊與厚不等我地與日

所處四面皆遠天河而非恰居中心略近南也當南門第二星又分一支其初甚闊約如本幹之半驟削而狹其削邊與本方向交角約二十度西至積卒第一星漸淡不可見其本幹變闊過尾宿成曲肘形又分為二支其東支闊狹明暗參差不等其西支發諸小支相交過神宮漸闊漸淡近天籥而隱距北極一百零三度與北邊大支相隔其空處十四度無光本幹成曲肘形處彎向東過杵又過尾宿第五第六星至箕宿第一星忽聚為橢圜狀約長六度闊四度光極明測其星至少當有十萬過此而北與黃道交其經度二百七十六過斗宿至于天弁其狀有極凹處

三與縣凸處相間其凸最甚而明者一近河鼓乃中國所見天河最明之處當赤經二百八十五度過赤道此處屈曲無定過右旗河鼓左旗至天津第九星作亂續之狀不甚相連在天津第九第三第一星之間有廣黑洞略如南方之煤袋是爲三大支之源三大支者一即本支其餘二支一自黑洞處起從天津第三星向北過螣蛇造父而復至閣道一自天津第一星起光甚明向南行過輦道第四星八天市垣約至赤道當星點希疏處而隱此支若過赤道可與天龠所隱之支相連而本幹又分一支從造父直向北極大約函天鈎第四第九星及造父第一星中間一段焉

上條論天河如此詳細者因他書未嘗論及且天河實爲攷恆星理之要事故也我地亦在天河中故欲測此無法之形較測雲之狀更難蓋雲之高不能過一定之限且雲之動其方向俱可見而我恆在其下故作雲之圖尚非甚難而天河并無此諸端可憑大率不過知其爲扁形其厚較長闊俱甚小而已此外諸事不能憑視學理而測所可意度者如忽遇空處其中無星若煤袋類則知非如管之長空洞透見界之外乃遠方扁處有空洞耳又如觀諸分支則知或爲薄層我從側視或爲圜凸面我從切線視而非柱形也又或數支交錯如網若尾宿內須知諸支或遠或近相去懸絕非在一面內相交相遇也當大風時或有雲數層上下移動觀之可明此理若欲實知天河之形狀大小不能虛揣而得也侯失勒維廉用徑十八寸之遠鏡其聚光點距鏡二十尺其力一百八十倍目力測天空徑十五分一界細數諸等之星若干如此察天數百處則知在天河大圈之極星光之和分最少距極漸遠漸多至天河爲最多從極至天河其光變多之比例初甚小漸近大圈漸大斯得路佛詳攷其數如左

星數比例表

距天河北極度	每十五分界內星數
〇	四·一五
一五	四·六八
三〇	六·五二
四五	一〇·三六
六〇	一七·六八
七五	三〇·三〇
九〇	一二二·〇〇

觀此知天河內星數之密多于極若三十與一比較交其圈十五度角一帶之諸星若四與一比强前所論天河之狀本卷觀最明諸星條憑此數而得細攷此數覺前說甚有理譬如人在霧中向天頂視覺霧甚薄視線漸近地平則漸厚且其變厚之比例漸增至地平而最厚蓋不獨視線過霧界由短而長亦由霧之質漸近地漸濃也天河之星亦然斯得路佛攷其比例知諸星愈近天河大圈愈密列表如下此表右一行以纔能見中等星遠鏡力之限爲一名本距數漸離天河大圈面恆星之密率驟變小離面如二十分本距數之一其密已減小一半離面〇·八六

星疏密比例表

距天河面	諸星疏密率
〇·〇〇	一·〇〇〇〇〇
〇·〇五	〇·四八五六八
〇·一〇	〇·三三二八八
〇·二〇	〇·二三八九五
〇·三〇	〇·一七九八〇
〇·四〇	〇·一三〇二一
〇·五〇	〇·〇八六四六
〇·六〇	〇·〇五五一〇
〇·七〇	〇·〇三〇七九
〇·八〇	〇·〇一四一四
〇·八六六	〇·〇〇五三二

六幾若二百分之一攷此理欲令無病當先設二事一逐層各爲平面而每面各處疏密相等一取遠鏡之力有定限限之外雖有星不能見與無星同

天河之南半星之方位略與北半同嘗用遠鏡與侯失勒維廉之鏡同力者測繞天河南極諸帶內每界星數界各十五分每帶相距十五度列表如左

星數比例表

距天河北極度	每界星數
〇至一五	六·〇五
一五至三〇	六·六二
三〇至四五	九·〇八
四五至六〇	一三·四九
六〇至七五	二六·二九
七五至九〇	五九·〇六

前斯得路佛之表不能與此表相比絜蓋前表乃距天河北極限度若干處之數此表乃每帶中之約數也而斯得路佛別有一表列距天河北極每度之約數準之可推每帶之約數如下

星數比例表

距天河北極度	每界星數
〇至一五	四·三二
一五至三〇	五·四二
三〇至四五	八·二一
四五至六〇	一三·六一
六〇至七五	二四·〇九
七五至九〇	五三·四三

觀此表則南北二半球疏密之比例略同而南半略密于北半故意我日及地所居非恰當厚之中而偏于北半也

用最有力遠鏡察天河一帶知其質分大不同諸星有疏密停勻處有亂列無法處或爲諸小星座俱相近或爲空處星甚稀或爲黑暗處欲覓得星甚難有十五分界內得四五十星有十五分界內得四五百星各處星之等數不同亦然各界大等與小等星之比例不等亦然有黑暗處不見有微星故知今遠鏡之力已望至星界之外不然遠鏡力加大微星何以不加多也又若其外尚有無數小星

不當如此黑暗也又有處諸星之光分略相等散布天空若在平面且疏密有理無甚大甚小之星或有亦甚少則知此諸星在一層中其層之厚小于距我數或云其中或有最遠之星乃最大故雖遠而光不甚小也此說恐非是蓋他處又有一層星俱大等後襯一層星俱小等無中間諸等星相雜知二層相去甚遠其懸隔處無星也

天河南北兩半球用最精遠鏡周徧察之見天面黑處甚多可知遠鏡之力能望及恆星之外而諸恆星非散滿太虛無盡界焉否則諸小星聚而發光無論若何遠必能見之不至天面黑暗也或曰不然準阿爾白士之說星漸遠光漸變小其光衰較因距數變小之衰甚大蓋光衰爲按分之比例而距數爲遞加之比例依此理推之遠鏡力必有定限故最遠處雖有星不能見而天面黑暗也曰此理雖若甚奧然半依性理非全格致家言今姑不論但此理果精確則凡最遠處之光皆當不見何以遠方之星氣却能見也又在尾宿處一大段見空洞之外有星極繁散布無法遠之又遠至遠鏡不能分而成白氣此必爲天河最遠處若遠鏡力有定限不能過何以又能見也故所見黑面實星界外無星之證所見最小星尚在星界內乃體實小非因遠極而小也設有人問最近之恆星距我若干遠

又所見恆星之天球幾何大又恆星天與諸行星天之比若何能答否曰天文若今日之精不難答也以地道徑爲三角形之底測恆星一歲視差視差若得則距數亦可知然用各種精密之法測之甚久最近恆星之視差終未能定也蓋視差與測望諸差雜糅不可分其和不至一秒故不能辨別諸差而得眞數雖諸差亦不甚大而中有乍大乍小無定之差故分別最難也近時測器歲精一歲改正測差之法歲密一歲至嘉慶間于北半球測諸星始知其視差無有過一秒者凡半徑與一秒正弦之比若二十萬六千二百六十五與一之比又日地距與地半徑之比若二萬三千九百八十四與一之比則有一秒視差之星其距日爲四十九億四千七百零五萬九千七百六十倍地半徑地半徑約一萬一千五百里故星距日約五十六兆八千九百十一億八千七百二十四萬里卽最近恆星之遠也光行最速歷時一秒行五十五萬五千里過地道半徑當歷八分十三秒三以二十萬六千二百六十五乘之得一千一百七十七日十六小時二分四秒五卽三年八十三日爲最近恆星光行至日之時分然則遠鏡所見無數最遠小星其遠當何如耶又天河最遠之星望若白氣者其遠又當何如耶

以遠鏡之徑與目瞳徑比又以其回光透光之力與目力比卽得遠鏡望遠之力如前條所論遠鏡其力爲七十五設移六等星更遠日至七十五倍原距日數此鏡能見之又六等星光爲一等星光百分之一設移一等星遠日至七百五十倍原距日數此鏡望之如目視六等星故天河遠處必有無數大星與近處之一等星相等此諸星之光到我地大率必二千年故測望此等星非觀今日之天文乃觀二千年前之天文也

與視差相雜糅者有歲差有恆星自行差（詳後）有地球十九年一周之尖錐動差此諸變俱詳細知之故推而去之不難卽根數尙有小差亦甚微不覺也而又有光行差則異是此差一年一終與視差之時合一年中逐時變之理亦相似視差之頂點爲日心點光行差之頂點爲地行方向諸平行線之合點故推二差同用一術惟置日之經度彼此九十度餘法盡同蓋視差之理一若從星出線聯地球地球繞日一周則此線必行成極鋭之斜圜錐其軸卽星日之聯線其底周卽地道此線過星引長之必行成相似倒錐準視差理每年見星行于小橢圜一周此小橢圜乃天球所割倒錐之面也視線與其周恆正交又若其星實行一道其道與地道等亦平行人居太陽心望之光行差

之理亦然而橢圜周之大小不同又視線交周點之方位亦不同恆星九十度今以視差之最大一秒光行差之最

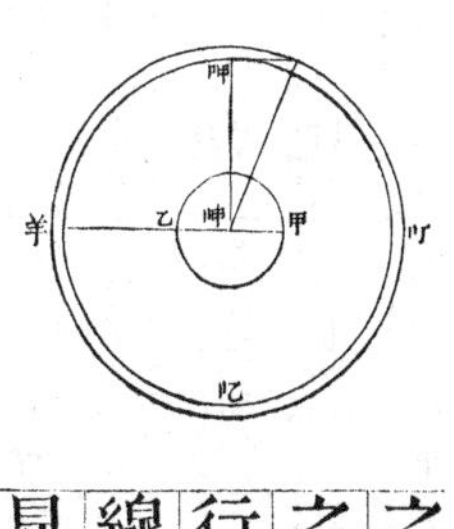

大二十秒五俱設爲正圜作圖明之如甲乙爲因光行差所見星行之小圜道申乙爲因視差所見星行之小圜道同繞一中點申申羊線與二分線平行若僅有視差必見星在內道甲點若僅有光行差必見星在外道甲點甲申申必爲直角乃作甲丙與申甲等且平行作申丙聯線則丙必爲

因視差光行差二故見星所在之點且見星行于丙丁羊圜道申丙爲二十秒五二四即道之半徑星恆在甲點之前其度如甲申丙角爲二度四十七分三十五秒申甲與甲丙比若二〇五與一比故欲推視差申甲必先測得甲申丙角即二差所生角羊申丙與光行差所獨生角羊申甲之較也此角度在徑數十秒之圜周故甚微而測之甚難焉此外又有測器差器之質暑則漲大寒則縮小器所憑依之石墩及地亦因寒暑而變生極微之側動垂線準及諸平準俱不能覺凡此諸差皆與測望之差相雜糅然久測用其中數自能消去而又有蒙氣差每夜不同蓋逐

層之地氣四時冷熱異蒙氣差亦隨之而變測恆星視差如此其難焉

南門第二星爲南半球諸星中之最明者好望角星臺官恆特孫于道光十二十三兩年中用墻環累測此星推得視差一秒測相近諸星無此差故知此差非因寒暑而生焉後馬格鼇于道光十九二十年用墻環之最精者復測而推之所得略小爲〇秒九一二八約近十一分秒之十然較一秒所差甚微不可謂一定故大略仍可言一秒也此星視差數未流傳之前哥窗堡星臺官白西勒言赤經三百十五度十分十五秒赤緯三十八度四分十七秒星

名鶴翼者視差可推係六等星然覺其有自行詳後每年五秒强較他星一年之小差甚大則距我地必較近故曰視差易測也前南門第二星亦有自行每年四秒恆特孫亦因此而測其視差云道光十七年秋哥窗堡星臺最精之量日鏡成乃日耳曼慕尼克人弗鑾斛拂所造也白西勒即以此鏡測鶴翼星用新測法其命意極精故測較易而得數更密凡二星之視線略相近而距日遠近大不同名視雙星非實雙星也詳下卷此二星所有光行差歲差尖錐動差蒙氣差及測器諸差俱略同可不必細推惟地道半徑視差不同因視差與距日數有反比例故也故一歲中

因視差所成之小撱圜亦大小不同若逐時測二星之相距及聯線方位即可得其視差不必用赤經及距極數但

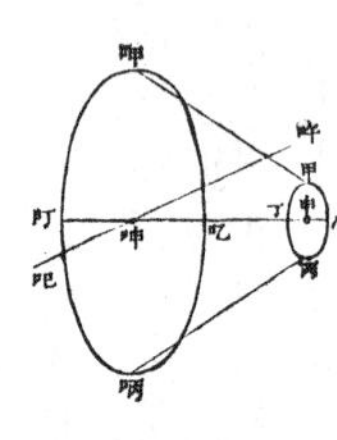

以雙星之遠者爲主而測近者之遠近方位即得上諸差俱不相涉也二星與日之方位既略同則二小撱圜必相似且等勢如申申爲從日所見二星之方位甲乙丙丁申乙丙丁爲因視差所成之二撱圜二星在其周其方位恆同如近星在甲遠星必在申地行一象限二星必在乙乙又行一象限二星在丙丙又行一象限二星在

丁丁二星距日不等故二撱圜大小不等甲申丙丙二線不能平行乙乙丁丁二線不能相等故二星距分之大小及方向逐時不同用分微尺細測之可得其一定之變此須用最精雙象分微尺量日鏡（詳三卷）則測時雖或因光差或因器動二星之視體刻刻移然二星同移與相與之方位無關也又量日鏡之界大于尋常分微尺故可取一大星與相近數小星比較白西勒測鶴翼星用相近二星一爲申距本星七分四十二秒一爲申距本星十一分四十六秒本星與二星之聯線略成直角故申申申申二距變大變小不同時當此距不變時彼距之變最速每隔三月

彼此適相反測其距之變推得本星與餘一星二視差之較約三分秒之一累測所得恆同可不疑因推得此星之視差爲〇秒三四八其距我地約三倍一秒視差之星近時波羅哈星臺官彼得復測之得數與前合則益可信矣織女第一星相近有微星其距四十三秒斯得路佛自道光十五年後用雙象分微尺屢測之攷覈甚嚴知大星之視差僅四分秒之一雖小于鶴翼星然測器甚精妙測法又巧故十五十六兩年中纔測五夜即得之後累測盡十八年俱合彼得復測之得數亦同初乾隆四十六年侯失勒維廉定此測法謂于天學必有裨益然此時分微尺未

精又有他故久測未合近時善用此法始于斯得路佛云設申申（見前條之圖）二星相距甚近則其方位之差角必甚大即甲申丙丙二線之交角也如二星相距十五秒視差之較八分秒之一方位之差角必半度又如二星相距五秒視差之較一秒方位之差角十一度二星相距愈近則方差角愈大此法陸得色利測多星用之大有裨益冀他日更用之也

已推得有

星	視差角	測定之人
南門第二	〇秒九七六	恆特孫即彼得所啟著
天津增第六十一	〇秒三四八	白西勒
織女第一	〇秒二五五	斯得路佛即斯得路佛阿所啟著
天狼	〇秒一五〇	恆特孫即彼得所啟著

上所列末四星視差甚小不敢深信然因此知視差大小與等數無涉焉此外又有天津第四

視差諸星表

星	視差	測者
天大第四	○秒二二六	格路覓
上台第一	○秒一三三	彼得
大角	○秒一二七	彼得
勾陳第一	○秒○六七	彼得
五車第二	○秒○四六	彼得

星彼得亦曾測之絕無視差焉

既得地道半徑視差星之遠近已知次當測其實體之大小然遠鏡所見星之體乃光線相交所成之假體非眞體也故用大小不等數遠鏡測星之體不同鏡愈大星體愈小最明之星其體爲最小之點故月掩恆星霎時而隱無初虧食既次第也若遠鏡所見爲眞體不當如是設太陽移遠至地道徑視差一秒之處則今所見三十二分三秒之視徑必變小爲○秒○○九三不滿一百分秒之一則遠鏡雖極精必不能察其眞體矣故星體大小無從測僅能測

其光分而以其遠近推得其實光測光用三稜玻瓈法本卷測星光分條 太陽光太大不能與星比較故用月之光爲本率會以南門第二星與月光比較十一次取其中數推得望時月與本星之二光分比若二萬七千四百零八與一比而武喇斯頓用精法測得日月二光分比若八十萬一千零七十二與一比合二比例得日與本星二光分比若二百十九億五千五百七十八萬强與一比乃以本星之視差推得其實光與太陽實光比若二·三二四七與一比又測得天狼之光四倍南門第二星其視差不過○秒一五○推其實光與太陽實光比若三百九十三·七與一比與

南門第二星實光比若一百六十九·三五與一比

談天卷十五終

談天卷十六

英國侯失勒原本

英國　偉烈亞力　口譯
海甯　李善蘭　删述
無錫　徐建寅　續述

恆星新理

恆星散布天空何用耶或云用以照夜與月同功則但更生一小月若今月一千分之一已遠勝諸星矣或云裝嚴天空以為美觀或云令測天者易定方位說雖近是然謂造物主之大旨不過爾爾恐未必然夫天空如是其大也諸星如是其多也安知非別有

動植諸物生于其中耶行星俱受日光恆星不藉日而自發光安知非各自為日而別有諸行星繞之耶凡此雖不能懸斷而要不可云無是理焉

恆星雖甚遠然亦有攝力之理與我諸行星相同此非臆說也諸恆星中或有光變明變暗有一定周時甚者其光消盡而復生此類星名曰變星如天囷第十三星萬歷二十四年法必修覺其為變星大率十一年中明暗十二次其周時三百三十一日十五小時七分其最明之時約半月時或與二等大星相若乃漸暗約三月而目不能見約五月而復見乃漸明約三月而復最明但每次最明光分

非恆同其變大變小亦無一定次第每二次最明相距之時亦無定近代阿及蘭特詳攷測簿知一切有定期八十八周而復初周時之最長最短差至二十五日最明時之光分變大變小意亦有一定又赫佛流言此星自康熙十一至十五年俱不見道光十九年八月二十八日為最明大于天囷第一星與五車第三星等近最小之時其色自後變為深紅又大陵第五星最明時若二等星歷二日十三小時二刻忽漸暗約三小時半而僅若四等星歷一刻乃漸明歷三小時半復如初其周時為二日二十小時三刻三分五十八秒五乾隆四十七年歌特歷格初測得其

數自此至今屢有人測之覺其周時漸小阿及蘭特亥師賜密特三人俱言其變無一定比例而其比例恆變速意後當復變遲若干周而復初必有一定也今未能測定又造父第一星亦有明暗自暗變明一日十四小時自明變暗三日十九小時其周時為五日八小時三刻二分三十九秒五最明時為三四等最暗時為五等歌特歷格于乾隆四十九年始測之自此至今屢測俱同又漸臺第二星歌特歷格亦于乾隆四十九年始測之其周時六日九小時至十一小時言人人殊其光自明至暗有大變阿及蘭特復細測之謂其周時實十二日二十一小時三刻八分

十秒每周之變有二次最明二次最暗二最明俱爲三四等而二最暗一爲四三等一爲四五等其周時每次不等亦須久而復初自乾隆四十九年後其周時恆變大而變大之比例漸小至道光二十年而止自此至今恆變小準阿及蘭所推此星最暗之限在道光二十五年十二月初五日戌時三刻十分五十三秒又天桴第一星必哥得于乾隆四十九年測知爲變星其周時爲七日四小時十三分五十三秒其漸變明歷五十七小時漸變暗歷一百十五小時最明爲四三等最暗爲五等上諸星俱已細測確知其周時及光分之變此外有略知其周時及光分變而

未細測者列于後

星	周時	變等	測者	測年
大陵第五	二日八六七三	二至四	歌特歷格	乾隆四十七
畢宿第八	四日未強定弱	四至五四	伯生特利	道光二十八
造父第一	五日三六六四	三四至五	歌特歷格	乾隆四十九
天桴第一	七日一七六三	三四至四五	必哥得	乾隆四十九
鬼宿變星 嘉慶五年表赤經一百二十八度七分三十秒距極七十度十五分	九日〇一五	七八至十	欣特	道光二十八
井宿第七	十日二	四三至四五	賜密特	道光二十七
漸臺第二	十二日九一一九	三四至四五	歌特歷格	乾隆四十九
帝座	六十三日未強定弱	三至四	侯失勒維廉	嘉慶元年
天弁變星 嘉慶六年表赤經二百七十九度十五分距極九十五度五十七分	七十一日二〇〇	五至〇	必哥得	乾隆六十
柱第一	二百五十日未強定弱	三至四	亥師	道光二十六
天囷第十三	三百三十一日六三	二至〇	法必修	萬歷二十四
市垣鄭變星 道光八年表赤經二百三十六度四十一分十五秒距極七十四度二十分三十秒	三百三十五日未強定弱	七至〇	哈爾定	道光六
輦道變星	三百九十六日八七五	六至十一	格戢	康熙二十六
張宿變星	四百九十四日未強定弱	四至十	馬拉題	康熙四十三
騰蛇變星	五六年	三至六	侯失勒維廉	乾隆四十七
天津變星	十八年未強定弱	六至〇	然孫	萬歷二十八
軒轅變星	多年	六至〇	高黑	乾隆四十七

星	周時	變等	測者	測年
狗西三	多年	三至六	好里	康熙十五
靈臺第一	多年	六至〇	門他那力	康熙六
輦道第四	多年	四三至五六	侯失勒	道光二十二
屏變星 道光二十年表赤經一百八十度四十五分距極八十二度八分	一百四十五日	六七至〇	哈爾定	嘉慶十九
貫索變星	十月半	六至〇	必哥得	乾隆六十
婁宿變星	五年	六至八	必哥齊	嘉慶三
海山第二	不等	一至四	不頂勒	道光七
參宿第四	不等	一至一二	侯失勒	道光十六
天樞	數年	一二至二	侯失勒	道光二十六
搖光	數年	一二至二	侯失勒	道光二十六
帝	二三年	二至二三	斯得路佛	道光十八
王良第四	二百三十五日	二至二三	侯失勒	道光十八
星宿第一	二十九三十日	二三至三	侯失勒	道光十七
雷電變星 道光二十七年表赤經三百四十四度四十四分四十三秒距極八十度十七分三十秒	未知	八至〇	欣特	道光二十八
積薪第一變星 道光二十八年表赤經二百十三度二十八分四十八秒距極六十六度十二分五十六秒	未知	九至〇	欣特	道光二十八
積薪第二變星 道光二十八年表赤經二百十五度二分三十四秒距極六十五度五十三分二十九秒	未知	九至〇	欣特	道光二十八
虛梁變星 道光二十八年表赤經三百三十五度十五分六秒距極一百度四十二分四十秒	未知	七八至〇	龍格	
氐宿變星 道光二十八年表赤經二百二十一度九分五十四秒距極一百零一度四十五分二十五秒	未知	八至九十	書馬赫	
天權	多年	三至二三	家云	

道光三十年所記已知諸變星列表如左

星名	赤經時	北極距	變等	周時	測者	測年
近壁增第十三星	二十四分	七十六度二十三分	九五至十一	三百四十二⊥丅	路得	咸豐五年
王良第四星	三十二分	三十四度十七分	二至二·五	七十九·一	白德	道光十一年
近外屏第三星	一小時十分	八十一度五十一分	九至十三		欣特	咸豐十一年
近外屏增五星	一小時二十三分	八十七度五十四分	七·五至九·五	三百四十三	欣特	道光十年
蒭藁增第二星	二小時十二分	九十三度四十分	二至十二	三百三十一·三三六	法必修	萬歷二十四年
大陵第五星	二小時五十八分	四十九度三十八分	二·三至四·五	二·八六七三	歌特歷格	乾隆四十七年
畢宿第八星	三小時五十二分	七十七度五十六分	四至五·四	四⊥丅	伯生特利	道光二十八年
近天節第七星	四小時二十分	八十度十分	八至十三·五		欣特	道光二十九年

更近天節第七星	四小時二十二分	八十度二十二分	八至十二·五	二百五十七		
近參旗增第十星	四小時五十一分	八十二度六分	九至十二·五	二百三十七 未定	欣特	道光二十八年
柱第一星	四小時五十一分	四十六度二十四分	三至四	二百五十上丁	亥師	道光二十六年
近九旌第五星	四小時五十三分	一百零五度二分	七		賜密特	咸豐五年
參宿第四星	五小時四十七分	八十二度三十八分	一至一·五		侯失勒約翰	道光二十六年
井宿第七星	六小時二十五分	六十九度十三分	三·七至四·五	十·一五	賜密特	道光二十七年
近天罇增第六星	六小時五十八分	六十七度四分	七至十一	三百七十日	欣特	道光二十八年
近四瀆第一星	七小時	七十九度四十四分	八		阿及蘭特	咸豐四年
近南河第二星	七小時二十五分	八十一度二十二分	八·一		欣特	咸豐六年
近積薪	七小時三十四分	六十六度十二分	九至十三·五	二百九十五日	欣特	道光二十八年

近積薪	七小時四十分	六十五度五十四分	九至十三·五	二百八十七	欣特	道光二十八年
近積薪增第三星	七小時四十六分	六十七度三十七分	九至十三·五	未定	欣特	咸豐五年
近柳宿增第九星	八小時八分	七十七度五十一分	六至十	三百八十	衰而特	道光九年
近鬼宿第四星	八小時三十五分	七十度二十五分	八至十·五	九·四八四	欣特	道光二十八年
近柳宿第六星	八小時四十六分	八十六度二十二分	八·五至十三·五	二百六十	欣特	道光二十八年
近鬼宿增第十二星	八小時四十八分	六十九度三十五分	八·五至十二		欣特	道光三十年
近外廚增第七星	八小時四十九分	九十八度三十九分	八·五至十·五	二百四十上丁	欣特	咸豐元年
星宿第一星	九小時二十分	九十八度	二·五至三	五十五	侯失勒約翰	道光十七年
酒旗增第五星	九小時二十一分	八十一度十分	六	七十八	斯密忒	不定
酒旗第一星	九小時三十六分	七十五度十八分	六	多年	門他那力	康熙六年

近軒轅增第四十四星	九小時三十九分	七十七度五十三分	五至十	三百十三 未定	高黑	乾隆四十七年
近天樞增第三星	十小時三十四分	二十度二十六分	七·五至十三	三百零一 三五	包克孫	咸豐三年
海山第二星	十小時三十九分	一百四十八度五十四分	一至四	四十六年 未定	不直勒	道光三年
天樞	十小時五十四分	二十七度二十六分	一·五至二	多年	拉淚	乾隆五十一年
近幸臣	十一小時五十七分	七十度二十三分	八			
天權	十二小時八分	三十二度八分	二至二·五	多年		
軫宿增第一星	十二小時二十六分	九十八度二十八分				
近三公第一星	十二小時三十一分	八十二度十一分	六·五至十一	一百四十 五·七二四	哈爾定	嘉慶十四年
近內廚增第二星	十二小時三十七分	二十八度五分	七至十二	二百二十 一·七五	包克孫	咸豐三年
近三公第三星	十二小時四十三分	八十三度三十八分	七·八			

張宿第一星	十三小時二十二分	一百十二度二十分	四至十	四百九十五	馬拉題	康熙四十三年
近角宿增第二星	十三小時二十五分	九十六度二十五分	五·五至十一	三百七十七 未定	欣特	咸豐三年
搖光	十三小時四十二分	三十九度五十六分	一·五至二	多年	拉淚	乾隆五十一年
近氐增第四星	十四小時四十五分	一百零一度四十五分	八至九·五		書馬割	不定
帝	十四小時五十一分	十五度十四分	二至二·五	多年	斯得路佛	道光十八年
氐宿增第一星	十四小時五十三分	九十七度五十五分				
近周增第一星	十五小時十五分	七十五度九分	八至十	三百六十七	哈爾定	道光八年
近貫索第六星	十五小時五十二分	六十一度二十三分	六	三百二十三	必哥得	乾隆六十年
近周增第十三星	十五小時四十四分	七十四度二十四分	六·五至十	三百五十九	哈爾定	道光六年
近心宿增第三星	十六小時九分	一百十二度二十分	九		沙哥納	不定

近心宿增第三星	十六小時九分	一百十二度二十分	九至十二		沙哥納	咸豐五年
近心宿增第一星	十六小時九分	一百十二度二十六分			包京孫	咸豐十年
近東咸第一星	十六小時二十六分	一百零六度五十二分	九·三至十三·五	二百二十 未定	包克孫	咸豐四年
近宋增第一星	十六小時五十一分	一百零二度三十九分	四·五至十三·五		欣特	道光二十八年
近宋	十六小時五十九分	一百零五度五十三分	八至十三	三百九十六 未定	包克孫	咸豐三年
帝座	十七小時八分	七十五度二十六分	三·一至三·七	六十六·三三 未定	侯失勒維廉	乾隆六十年
鱉第十星	十八小時二十三分	一百二十八度五十分	三至六	多年	好里	康熙十五年
近天弁第四星	十八小時三十九分	九十五度五十一分	五至九	六十一	必哥得	乾隆六十年
漸臺第二星	十八小時四十五分	五十六度四十九分	三·五至四·五	十二·九一四	歌特歷格	乾隆四十九年
輦道第一星	十八小時五十一分	四十六度十五分	四·三至四·六	四十八	伯生特利	咸豐六年

近徐增第三星	十八小時五十九分	八十二度	六·五			
近奚仲第三星	十九小時三十三分	四十度八分	八至十四·	四百十五·五	包克孫	嘉慶十七年
輦道第五星	十九小時四十一分	五十六度三十七分	五至十一	四百零○六·○六	格而吸	康熙二十六年
天棓第四星	十九小時四十五分	八十九度二十二分	三·三至四·七	七·一七六三	必哥得	乾隆四十九年
輦道增第五星	十九小時五十一分	五十五度十九分	四·五至五·五	多年	侯失勒約翰	道光二十二年
近牛宿第三星	二十小時三分	一百零四度四十二分	九·五至十三·五		欣特	道光二十八年
天津增第九星	二十小時十二分	五十一度二十六分	三至六	十八年未定	然孫	萬歷二十八年
近敗瓜第三星	二十小時三十三分	七十七度四十九分	八至八有奇	二百七十四 未定	斯得路佛	道光三年
近勾陳增第五星	二十小時三十八分	一度二十分	五至十一		包克孫	咸豐三年
近女宿增第一星	二十小時四十二分	九十五度四十二分			哥勒斯迷	

近代第一星	二十一小時十五分	一百零五度四十七分	九	二百七十四		
造父第四星	二十一小時三十九分	三十一度五十四分	三至六	多年	侯失勒維廉	乾隆四十七年
近土公吏第二星	二十二小時二十五分	八十二度四十四分	八·五至十三·五		欣特	道光二十八年
造父第一星	二十二小時二十四分	三十二度二十一分	三·七至四·七	五·三六六四	歌特歷格	乾隆四十九年
室宿第二星	二十二小時五十七分	六十二度四十四分	二至二·五	四十一	賜密特	道光二十八年
近雷電增第五星	二十二小時五十九分	八十度十六分	八·五至十三·五	三百五十	欣特	道光二十八年
近羽林軍第四十五星	二十三小時三十七分	一百零六度六分	六·五至十	三百八十八·五	哈爾定	嘉慶十五年
近螣蛇增第十二星	二十三小時五十一分	三十九度二十六分	六至十四	四百三十四 未定	包克孫	咸豐三年

表中有星光分最明最暗時其等不定或周時不等與前所論天囷第十三星相似葛西尼言輦道變星康熙三十八年至四十年當最明時亦不易見又天弁變星當最暗時或目能見之或不見其最明時等亦不定又必哥得所測貫索變星阿及蘭特言其明暗相去甚微目不能辨而每隔數年忽大變暗至不見又參宿第四星于道光十六至二十年其變顯然二十至二十八年不甚可辨

續至二十八年終時其變又起至咸豐二年十月二十四日弗賴出觀參宿第四星比五車第二星更明當時爲北半球諸星之最大者右表內近積薪增第三星之變星包克生云變大變小自九等至十三等變時九秒至十五秒其光如螢而相近處等明諸星不變

古今史志所載客星亦變星類也但其見時甚暫而不見之時甚久意其復見必有一定之時古今測望僅一見而未再見故未能知蓋其周時甚長也漢元朔四年有客星見日中不隱依巴谷因此創作恆星表又晉太元十四年近河鼓第二星有客星見歷二旬明如金星而隱又石晉開運二年元至元元年明隆慶六年皆有客星俱在王良造父之間攷其年數相距略同恐即一星也約三百十二年或一百五十六年而一見在隆慶時其見驟非由小漸大其見之夜第谷由化學館歸路見村人羣聚望一星第谷亦望之見明如天狼半時前尚未有也于是逐夜測之其光分漸大過于木星正午不隱歷一月漸小至萬歷二年春始隱而萬歷三十二年亦有客星見于天市垣明于前星同至明秋始隱又康熙九年安得林見近漸臺有一三等星隱而復見歷二年其光數次大變後隱不復見又道光二十八年三月二十五日欣特見近天市垣宋有一五等星其赤經二百五十二度四十五分二十二秒五距極一百零二度三十九分十四秒此處星俱最小欣特所常測知初二日以前無大如九十等之星攷古表此處亦無星此星見後光漸減未幾而隱其色紅或因高度少蒙氣厚故耳

南半球海山第二星其光分之變見于測簿者可異焉康熙十六年好里測爲四等星乾隆十六年拉該勒測爲二等星嘉慶十六至二十年俱爲四等星道光二年至六年又爲二等星七年正月初六日卜直勒見其變大爲一等星與十字架第四星等明復漸暗爲二等星盡十七年冬至十八年春復變大爲一等大星略與南門第二星等明惟不及天狼老人後復漸小然仍爲一等至二十三年春又變大明過老人惟少遜于天狼耳凡變星俱有一定周時其漸明漸暗俱有法而此星若任意變大小歷測數百年未有一定之次第其忽明忽暗究屬何理設有動植諸物藉其光熱而生必甚不便也此非妄論蓋意諸恆星皆爲太陽俱有行星繞之而行星上必生諸物也證以察地家言知亘古以前我地球有大變化非海陸變遷所可比蓋日之光熱若有變地質必隨之而變故知此星所屬諸行星上之物必大不安也

續阿波得云此星在同治二年三月僅爲六等星羅密士以爲其變有一定之周時其二次最小之間約七十年馬端臨文獻通攷所載客星意大半是彗然其中亦有眞客星如云漢熹平二年十月癸亥客星在南門中五色至後年六月消此必客星也又宋大中祥符四年正月丁丑

客星見南斗魁前意即西史五年所見者西史言在南半球歷三月最明其經緯度與馬氏所載合又漢元光元年六月客星見于房或即依巴谷所見之星也

續同治五年三月二十八日罕忽在阿爾蘭之都安新見近貫索第七星有二等星速變小黑京于是年四月初一日見此如三六等初二日見如四二等初三日見如四九等初四日見如五三等初五日見如五七等初六日見如六二等小至十等則又變大八月二十七日賜密特見爲七等依是年之星表赤經十六小時三刻九分距北極六十三度四十二分其成之光圖有二式顯明正負二質之線指有火炎及收他物之質

攷歷代恆星表參以新測則知有多星古有今無其故或由表誤或誤以行星爲恆星亦有恆星實隱者蓋變星也變星之理雖未能全知然此事無須諸器人人可以目驗之侯失勒維廉作恆星表詳每星光分若干爲攷變星者之助云

恆星中多雙星尤可爲攝力之證何謂雙星目視之爲一星以遠鏡測之則爲甚相近之二星若統天空止有二三星如是則或偶然耳今甚多且或二星大小略等此必有相聯屬之理焉如北河第二星以大力遠鏡測之爲兩三

等星相距五秒三等星不多故相距甚近非偶然況有多星皆如是則更非偶然矣乾隆三十二年有密者勒者曾推昴宿六星甚近合偶然與否以相等之一千五百星推得當如是相近與不當之比若一與五十萬之比斯得路佛設雙星相距四秒以本國所見七等以上諸星推其當如是與不當之比若一與九千五百七十八之比此時已得雙星九十一後測得更多且有三合者再推當三合與不當之比若一與十七萬三千五百二十四之比而三合星已得其四相距最遠三十二秒一爲代第二星一參旗第九星一近四瀆一水位第四星故知諸星必有相聯屬之理非偶然矣又南門第二星及鶴翼皆爲雙星相距十五秒而鶴翼爲兩七等星其當不當之比爲一與九千五百七十八南門第二星爲兩二等星統天空二等星不過五六十則其當不當之比例當更大又此二星各有自行若非相屬則久必相離矣古測不知其爲雙星乾隆十六年拉該勒用約九倍力之遠鏡測之始知設一星行一星不行此時當相離六分而仍如故故知其相聯屬也

侯失勒維廉作雙星表共五百相距最遠不滿三十二秒斯得路佛用精器測所得之數五倍之後人屢測所得益多然必尚有未測得者斯得路佛依其相距遠近分爲八

類第一類不過一秒第二類一秒至二秒第三類二秒至四秒第四類四秒至八秒第五類八秒至十二秒第六類十二秒至十六秒第七類十六秒至二十四秒第八類二十四秒至三十二秒又依其光分大小分爲二大類以八二五等已上諸星爲顯雙星中等遠鏡能見之以下諸星爲微雙星非最精遠鏡不能見也欲測第幾類星當用若干力遠鏡今每類取數顯星爲例列于後依其例測之可攷遠鏡之力

第一類〇至一秒

貫索第五　庫樓第七　騎官第三　左更增第七

天紀第一　天大將軍第一　貫索增第三　天紀增第一　王良第五

列肆第二　騎官第八　天津增第三十　市樓第六

柱史　文昌第三　河鼓增第三　酒旗第三

軍南門　昴宿第八　女宿第三　女宿增第一　上將

胃宿增第四　奎宿增第六

第二類　一秒至二秒

南門第一　天津第二　小斗第一　左攝提第三

閣道第一　下台第二　河鼓增第四　貫索增第七

天船增第八　參宿增第十三　參宿增第十七

第三類　二秒至四秒

外屏第七　翼宿第十六　天囷第八　軒轅第十二

鱉第七　左垣上相　天市垣秦　梗河第一

天廚第三　柳宿第五　墳墓第一　參宿第一

右垣次將　奎宿增第十二　軍井第二　天棓增第九

天猨增第三　文床第三　螣蛇第十一　槍增第四

第四類　四秒至八秒

十字架第二　帝座　北河第二　天鐏第二

七公增第七　火鳥增第一　天柱　觜宿第一

左攝提增第一　天鈎第八　左攝提第二　牛宿第六

海石第五　五車增第六　九斿第二　宗人第四

天苑增第四　九州殊口增第二　帛度第一

第五類　八秒至十二秒

參宿第七　婁宿第二　匏瓜第二　天紀增第三　王良第三

天園增第六　伐第三　天園第八　常陳第六

第六類　十二秒至十六秒

南門第二　上衛增第一　房宿第四　飛魚第二　積卒第一

開陽　天槍第一　四瀆第四　闕邱　天津增第十九

第七類　十六秒至二十四秒

常陳第一　尾宿增第二　外屏第三　天市垣徐　鱉第十

礪石第三　五諸侯第五　宗正增第一

第八類　二十四秒至三十二秒

天市垣魏　輦道增第二　天市垣晉　女史　輦道第五

參宿增第十

恆星又有合三星四星多星者略列數星于左

天大將軍第一　織女第二　水位第四　伐第二　騎官第七

七公第六　八穀增第三十四

右天大將軍第一星七公第六星騎官第七星用尋常大力遠鏡測之見爲雙星用最精大力遠鏡測之見其副星

又分爲二星共三星又織女第二星爲雙雙星蓋用尋常鏡測見爲雙星用精鏡測之見其二星又各分爲二星其一相距二秒半其一相距三秒又水位第四星心宿三合星闕邱三合星內階三合星測見其正星爲密雙星略遠有一小副星而伐第二星有四明星其等爲四爲六爲八作四不等邊形其對角線之最長爲二十一秒四又有副星二甚微而近非極精遠鏡不能見也其狀如圖

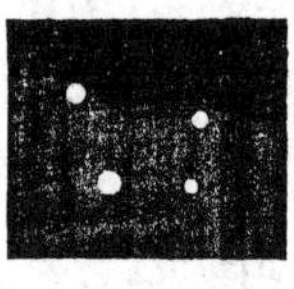

雙星中有正星明大而副星極微者畧列數星于左

柳宿增第四　牛宿第二　波斯第二　織女第一　勾陳第一　心宿第二
虛宿第一　平第一　上台第一　積薪　天船第七　右攝提第二
亢宿第三　天園第二　天潢增第一

侯失勒維廉欲密測諸雙星相與之方位，細驗其視差，恐其有一定變法也。乾隆四十四年至四十九年，所用遠鏡力益大于前，乃作雙星表。蓋有此表，知每星方位可據以測視差也。然維廉亦因此測得每星相距有一定變法，且又得一事，為古人所未發者，蓋測得雙星有相距變，有方位變，同趨一方向而動，因知恆星必有本行，否則太陽與諸恆星俱直行，故測得視差大于黃道視差，可據為法。假如日與雙星俱行，而日星不相屬，則視其道必直，而用平

速行，故但取雙星之一星為本點，觀餘一星必行于直線，測之即知所行之方向矣。又得一事，凡雙星不相聯屬，則有如上文所言，而有相聯屬者，則二星以攝力相加，必相環繞，或共繞其公重心，則取一星為本點，餘一星必行于曲線以繞本星。星之行甚緩，非久測不能知，故歷二十五年至嘉慶八年，始能辨其非直線而實為曲線也。自此至明年，維廉著書二通以寄公會，大略言諸星中有相與環繞者，名曰聯星，與他雙星異。他雙星視之雖甚近，其距地遠近實懸絕也，而聯星距地略等，其較不能大于相繞道之半徑。書中所舉聯星約五六十，其聯線易位所過之度

大小不等，其中有甚明晰，其相環繞可不疑者若干星，曰北河第二星、左垣上相、三台第六星、宦者第一雙星、貫索第一雙星、貫索西八星、左攝提西四星、王良第三星、軒轅第十二星、天紀第一星、天津第二星、七公第六星、織女第二之四星、第二之五星、列肆第一星、天棓第一雙星、墳墓第一星。此諸星中已有略推定其環繞周時者，如北河第二星為三百三十四年，左垣上相為七百零八年，軒轅第十二星為一千二百年云云。準此，則奈端所悟得攝力之理，不獨日與行星為然，且推之恆星無不然矣。其後薩迭理始推得三台第六星之環繞行橢圓道，五十八年二五

而一周，測其行法一一相合。而因格用新術推得宦者第一雙星之環繞亦行橢圓道，七十四年而一周。又梅特勒所推得者最多，欣特、師密、雅各、包維勒、維拉鎖、米尼格、格林格府及約翰亦各推得數星，今俱列于後。

星名	視半長徑	兩心差	交點方位	
	秒		分	度
帝座聯星	一.一八九	○.四四四五四	二六	二九
貫索西八	一.○八八	○.三三七六○	一八	二四
水位第四	一.二九二	○.二三四八六	二八	一
三台第六	三.八五七	○.四一六四○	二二	九五
三台第六	三.二七八	○.三七七七○	四七	九七
三台第六	二.四一七	○.四一三五○	五二	九八
三台第六	二.四三九	○.四三一四八	五○	九五
酒旗第三	○.八五七	○.六四三三八	一一	一三五
天籥聯星	四.三二八	○.四三○○七	一二	一四七
天籥聯星	四.三九二	○.四六六七○	二	一三七
天籥聯星	四.一九二	○.四四三八○	五五	一二六
斯氏表聯星	一.二五五	○.四四九五八	三	一五
左攝提西四	一二.五六○	○.五九三七四	五九	三五九
天津第二	一.八一一	○.六○六六七	五四	二四
左垣上相	三.五八○	○.八七九五二	三三	五
北河第二	八.○八六	○.七五八二○	一六	五八
北河第二	七.○○八	○.七九七二五	五	二三
北河第二双星	六.三○○	○.二四○五○	二四	一一
貫索第一双星	三.九一八	○.六九九七八	七	二五
貫索第一双星	五.一九四	○.七二五六○	三	二一
七公第六之次	三.二一八	○.八四○一○	二一	一一七
南門第二	一五.五○○	○.九五○○○	七	八六
天紀第一	一.二五四	○.四四八二一	二一	三四

表中第四行指雙星道面交天殼點之方向，自正北轉東計之；第六行指此二面之交角；第五行指雙星道交點距東點之度。其酒旗第三星、左攝提西四星、南門第二星諸根數俱尚有可疑，七公第六之次星亦未審定，因此諸星用本道之最小弧線所推，不能詳細也。

推步家	過畢點時 年	周時 年	交角 度	交角 分	畢交距 度	畢交距 分
梅特勒	道光 九五五	三三一四六八	五〇	五三	二六二	四
梅特勒	嘉慶 二〇二六	四三二四六	七一	八	二六一	二一
梅特勒	咸豐 三四〇	五八九一〇	六三	一七	二六六	
薩之理	嘉慶 二二二八	五八二六二	五〇	四〇	一三一	三八
侯失勒	二一七六	六〇七二〇	五六	六	一三四	二二
梅特勒	二一四七	六一四六四	五四	五六	一三〇	四八
維拉鎖	二一八九	六一五七六	五二	四九	一二八	五七
維拉鎖	道光 二九七九	八二五三三	四六	三三	一八五	二七
因格	嘉慶 一一九一	七三八六二	四六	二五	一二五	二二
侯失勒	一二〇九	八〇三四〇	四八	五	一四五	四六
梅特勒	一七七六	九二八七〇	六四	五一	一四二	五三
梅特勒	道光 一七四四	九四七六五	三五	三一	一三七	二七
侯失勒	乾隆 四四九一	一一七一四〇	八〇	五	一〇〇	五九
欣特	咸豐 一二九〇	一七八七〇〇	四六	二三	二四三	二四
侯失勒	道光 一六四六	一八二一二〇	二三	三六	三一三	四五
侯失勒	咸豐 五八六	二五二六六〇	七〇	三	九七	二九
梅特勒	六三九三	二三二一二四	七〇	五八	八七	三七
欣特	康熙 三八二九	六三二二七〇	四三	一四	三五六	二二
梅特勒	道光 六六三	六〇八四五〇	二九	二九	六四	三八
欣特	六五一	七三六八八〇	二五	三九	六九	二四
欣特	咸豐 二五三	六四九七二〇	四六	五七	一〇三	一七
雅各	一五三	七七	四七	五六	二九一	二二
維拉鎖	道光 一〇五一	三六三五七	四三	四三	一〇四	五五

第八行年之小餘從天正冬至後計之

右諸星俱經精測其中左垣上相係三等星其二星大小略等而有微變斯得路佛言有時此星大于彼星有時相等有時彼星大于此星康熙間已知其為二星時相距約

六七秒乾隆四十五年侯失勒維廉測得五秒六六漸相近至道光十六年而合為一雖最精遠鏡測之亦然惟波羅咯一千倍力之遠鏡覺兩頭有大小之狀斯得路佛測其長闊之比推得兩心距〇秒二二其後復分為二至今明分為二星此聯星之距數變聯線之行度亦變乾隆四十八年一年行半度弱道光十年增至五度十四年二十度十五年四十度十六年最大其率至七十餘度乃每五日行一度也準動重學理凡二體以攝力相環繞無論行何曲線亦無論或真道或視道其速率與距在二道各恆有反比例攷此星測簿俱與此理合初康熙五十七年白

拉里以子午儀測此星聯之方向記于簿與角宿第一左垣次相二星之聯線平行今憑此推得其繞行之道係橢圜依其道推至道光二十六年冬與所測一一密合三台第六星依梅特勒之根數推之亦然又天紀第一星自測知為聯星後見其相繞行已二周見大星掩小星二次貫索西八星水位第四星三台第六星各見其行一周餘宦者第一雙星左垣上相見其行大半周然則恆星亦有攝力更無可疑矣

梅特勒自言所測諸聯星之相繞其天篇聯星之道不合橢圜亦非誤測不知何故余意此其正星亦係聯星故副

星之行別有攝動耳蓋凡正星為聯星副星因攝動其道必生變有長差短差也

恆星各為日則聯星之相繞是二日相繞也恐其日所屬亦有行星及月但其體小而遠故我不能見然意必甚近本星否則為餘一星所攝必離本道矣

南門第二星鶴翼星俱為第六類顯雙星已測得其地道半徑視差又測得鶴翼二星之相距其中數為十六秒五自乾隆四十六年測至今其距之差一秒弱其聯線方向之變約五十度故其道必略近平圜道之面約正交視線其周時約近五百年而其地道半徑視差為〇秒三四八

即星中所見地道之視半徑也故二星相距中數與地道半徑比若十五秒五與○秒三四八比即四十四.五四與一比是二星相繞之道甚大于海王道設其周時恰爲五百年依奈端所設公題及刻白爾第三例推之我太陽積與二星之共積比若一與○.三五三比二積相去不甚懸絕也南門第二星自道光二年後二星相距數以平速變小每年約半秒而其聯線之方向至近時略不變然則其道之面展廣之約當過地又咸豐九年二星最近幾相掩然未能定其橢圜之根數但知其半長徑必大于十二秒或甚大未可知而地道半徑視差爲○秒九一三設其半

長徑僅爲十二秒亦必爲十三.一五倍地道半徑故其橢圜道必不小于土星道或恐大于天王道也諸聯星中此兩星距地最近相繞之視弧亦最大其雙星之光俱略等其色俱近橘黃而副星之色更深天空諸曜之質各不同此兩星恐或一類焉

諸聯星之正星其色恆或紅或橘黃而副星之色恆或青或綠準光學理凡目爲有色之光所眩則視無色之光必成本色之餘色如鬼宿雙星正星之色黃副星之色青又如天大將軍第一星正星之色紅副星之色微綠是也若有色之星光微而無色之星光大則不變如玉良第三星大者白小者紫則不可云二星之色恆爲正餘也設有行星附此種聯星則日日見光必不同如一日爲紅一日爲綠或一日爲白一日爲暗是也獨星之色有紅如血者從未見爲青爲綠惟小星與大星俱方有此種色也

恆星俱有自行初好里于康熙五十六年測恆星方位上攷多祿某依漢元光五年依巴谷測數所作表其中天狼大角畢宿第五星較已測俱差而北一爲二十分一爲二十二分一爲三十三分古今相距一千八百四十七年以黃赤道交角之變論之設諸星不動今當差而南一爲十分一爲十四分一無差故知此三星自行向南一爲三十

七分一爲四十二分一爲三十三分其差皆合理則非表之誤矣又攷梁天監八年正月三十日希臘國雅典所測畢宿第五星爲月掩復見之時知其方位在月道上亦與自行之理合設當時星之緯度與今時同其掩不當如此也況星體甚大居空中無力令常靜能不生動乎蓋諸星互相攝其力雖甚遠而小且相敵而相消然歷久其敵力之較必積而大則不能不動矣近代天文家以聯星證之如鶴翼星二星相距約十五秒五十年來略不變其方位移四分二十三秒每年自行五秒三是此二星恆行其道之狀未知數百年視之恆如以平速行直線也又以獨星

證之如波斯第七星其方位每年移七秒七四閣道第四旁星每年移三秒七四也又有多星其移之數小于此俱確然無可疑焉恆星既自行則亦有變不可云恆矣然行分甚微非數百年積之不能見故不易名仍曰恆星也

天文家或言太陽係恆星之一以公理論之恆星既自行則太陽亦當自行此說甚是設太陽與諸恆星之行同一方向而遲速各不等則凡遲于太陽者在太陽前必見其背此方向諸平行線之合點而行在太陽後必見其向此諸平行線之餘一合點而行速于太陽者則反是若詳知諸星之自行準上理可測太陽之自行法諸星同方向行

而遲速不等者此如眾塵浮行氣中因風而移知此方能測太陽行

乾隆四十八年侯失勒維廉依上條理測得諸平行線之合點近天市垣趙星其赤經二百六十度三十四分距極六十三度四十三分（乾隆五十五年表）是年百勒伏亦推得平行線之合點距極度分略與前合而赤經差二十七度此後天算日精測得恆星每年有行分者更多知恆星之自行益眞天學最精深者凡四家俱推明此事一曰阿及蘭特取二十一星每年行一秒强者推日與諸星平行線之合點赤經二百五十六度二十五分距極五十一度二十三

分又取五十星每年行○秒五至一秒者推得合點之赤經二百五十五度十分距極五十一度二十六分又取三百十九星每年行○秒一至○秒五者推得合點之赤經二百六十一度十一分距極五十九度二分二曰倫大勒取一百四十七星之行推得合點之赤經二百五十二度五十三分距極七十五度三十四分三曰斯得路佛細攷三百九十二星推得合點之赤經二百六十一度二十二分距極六十二度二十四分三家所推俱乾隆五十五年之合點也約取其中數爲赤經二百五十九度九分距極五十五度二十二分然所測皆北半球之星四曰迦羅畏

于道光二十六年作文一通宣告英國博物公會論南半球諸星平行所向合點也其大略言準拉該勒乾隆十六十七二年在好望角所測及閏孫于道光九年至十三年在三厄里那島所測又恆特孫于道光十十一兩年在好望角所測其中有八十一星前三家所未用者取以相比勘推得乾隆五十五年諸平行線之合點赤經二百六十度一分距極五十五度三十七分與北半球所測之中數相差無幾則信而有徵矣

細推日與恆星諸平行線之合點其法甚繁不能詳載今略述其理之源凡天文諸要事恆因奇零數推得蓋事之

已知者依法推之恆有小奇零不合此小奇零即他事之端倪如推太陽每年一周有小奇零不合爲歲差之端倪已詳知歲差之根如法推之仍有小奇零不合爲光行差尖錐動之端倪已知光行差尖錐動之根如法推之仍有不合乃恆星與太陽自行之端倪也凡測天與所推有小奇零不合必精心思其故令此不合遞減小以至于無未至于無必更思其故也旣思得一故當攷此故能生此差否又攷生此差之最大其力若干今太陽自行之故能生前不合之差二一方向一速率也然可見者不過小奇零憑以推得太陽自行之根察其與恆星自行之數密合否

若不能盡合而所餘之差更微此更微差若不可解當以偶然法推之法用幾何中最小平方術即可得所求根數與當得之數或無大差法詳別書前條諸幾何家推日與恆星之合點亦用上法推日自行之方向與速率當準諸恆星速率之比例蓋日行必攷諸恆星距日遠近察其每年行差之不同而知也然惟二三星能知其距日確數餘俱不能不足以定公理故此必用設數之法其法有二一依諸星之大小明暗分若干類每類星之距日俱設爲略等二依諸星之自行分分類以最速者爲最近斯得路佛用第一法阿及蘭特用第二法攷第二法有不便事二一準視學

星之行不能知其實行但知其視行一也恆星視行生于日之自行者因距日線及距諸平行線合點之度而異蓋距合點度之正弦與此視行有比例二也每星須知此二事乃可攷而第一事無從知故不能不多用若干星取其大率冀其或消去也第二事當先設諸恆星之距地俱等推得其全行乃各以太陽行所得諸星之視行減之視其餘數用以分諸類此法測望甚費功然亦不甚可憑第一法但言星愈明愈近其分類較易也

斯得路佛推得設人在第一等星望太陽一歲之行率爲○秒三三九二而其父言此類星之地道半徑視差約爲

○秒二○九然則一歲太陽行與地道半徑比若一·六二三與一比是每歲太陽率諸行星彗星在空中行四億四千五百八十五萬四千里計每日當行一百二十二萬餘里視地行速率大四分之一也

續　近時英國天文官用新法推算太陽之自行與前條所言之法大異其法不必知太陽與恆星之合點而以空中之縱橫線爲準定太陽與恆星每年之自行以其屬于幾何之例推之先假設二限使所得必在此二限之中以諸自行法外之變皆非恆星之實自行而全是測量之差一限也以諸自行法外之變皆非測量之差而全

爲恆星之實自行二限也乃用美以納所作之一百十三大白行恆星表（即天學會所發行者）而依斯得路佛分類之例求太陽與恆星合點之方向及設人在第一等恆星太陽每年當有之行差角則依一限得合點在赤經二百五十六度五十四分北極距五十度三十一分每年行差角一秒二六九又依二限得合點在赤經二百六十一度二十九分北極距六十五度十六分每年行差角一秒九一二此假設之二限所得之合點與前推得者（見卷十六測得平行線合點條）略同其太陽自行之路比前條所言甚大此因不計有大自行之星而有此差也咸豐九年愛

里在天學會中講此得數其後盾斯依此法更推之而用之自行恆星更多大小諸等及各率之星在北球有八百十九在南球有三百四十八共一千一百六十七依愛里所設幾何之例推之則依一限得合點在赤經二百六十一度十四分北極距五十七度五分每年行差角○秒三三四六又依二限得合點在赤經二百六十三度四十四分北極距六十五度每年行差角○秒四一○三此與前略合而與斯得路佛所得之行差角全合

太陽實有自行天學大家算學大家均已屢用多法精心攷之知其方向略近赤經二百五十九度北極距五十六度所言之行率亦略近而皆可無疑然若推算恆星自行之全分有若干則減歲差光行差章動各數（見本卷細推日與恆星條）所餘者即知恆星自行之大半如盾斯之一千一百六十七恆星諸奇零平數之和以秒角記之若不減太陽之自行數則得總數爲赤經七十八秒七五八三北極距六十三秒二六八若減太陽之自行數則得總數爲赤經七十五秒五八三一北極距六十秒九○八四不爲詫異因太陽能自行則恆星亦必自行無論用何法推算其所得之移處若緣此故則太陽自行

實不能出此全分之小分也惟此諸亂移動及諸球諸點移動之例人尚絕然未知而其中有一小分與其全分極難分別今竟能定此一小分之數而知諸恆星之動及太陽相關之故則最爲奇異矣

前條所推太陽自行其數合否其行果平速否其道或係直線或係曲線并後世天學家累代精測不能定也今但能于天空作一弧線當作日道以表諸星攝力令日所行之方向耳案舊測天狼與南河第三星俱覺不行直線疑其繞一無光之體若聯星然近世彼得攷天狼之周爲五十年○九三其橢圜道之兩心差爲○·七九九四當乾隆

五十六年四五八過最卑點俱與今測合

續攝動天狼之體未必爲暗體而或爲副星以尋常遠鏡窺之或被星光所奪而不見以大力遠鏡窺之則能見也心宿第二星有副星相距十二秒織女第一星有副星相距四十三秒南河第三星有副星相距四十六秒凡二星不論大小環繞公重心而移動則距公重心愈大其移動亦愈大在赤經及距北極皆有定時近時格拉格亞用所造十八寸徑之無暈遠鏡見天狼星之旁有副星依路特福與本特及沙哥納三人測見副星今在天狼之略正東約距十秒必得累年連測其相距與

方位以定其是否爲副星則其攝力之例能解天狼自行不平速之實據也又哥勒斯迷言其所用遠鏡之力甚小于格氏所用者能測見天狼有六副星距天狼十秒至六十秒不等若將來有人能得此副星之實據則能於自行不平速之數內而擇其一故也奧汐彼得二人所言之自行微不平速或能先解明而後再徵各體攝動之實據也但既未得此實據則各家之說僅依測赤經所得不平速之數而已米利堅沙夫特又依測距極所得不平速之數然依行橢圓道或行前言之道或新攷之副星皆可解其自行之不平速也

近時有數天文士用光圖之理攷恆星之光及星氣之光甚得妙意累攷諸恆星有所得光圖內之諸光線各有不同而與地球內諸原質之光線相合黑京用此法攷天狼知其指輕氣三光線內之最明一線之位略合于太陽光圖內此線之位詳言之測得天狼光圖內此最明光線在三稜玻璃折光之度數稍小于太陽光圖內此光線折光之度數依光浪之理凡光浪在折光質內之速率依光浪自初生至折光質面長短自初生至折光質面一秒中之浪數愈少則光浪愈長而折光之度數愈小設天狼內之一點定質有鎔動而在光氣內

生等時之動發一光線若以星與地球爲皆不動則初生之動與後生之各動必依次序而至折光質面（即三稜玻璃面）至時之次序歷時與生時之次序歷時各相等若星與地球皆以平速相離則初動後之各動所行之路必依次加大所歷之時亦必依次加長故光線至折光質面折光之度數必小于星與地球各不動之度數也光浪每動歷時加多之較用精法可測得之則星與地球相離速率之比若光行速率之比亦可得矣黑京測得星與地球相距之速率每秒一百二十里當時地球行道之速率每秒三十四里七故得天狼星之速率每秒

八十五里三，即天狼星與地球相離，每日七百三十四萬四千八百餘里。然以光圖之定線爲輕氣所成，則此數略可信；若因未知之原質所成，則此數不可信也。

意太陽或亦有如是之行，而其所憑之理，與前推測所定之諸法，皆不相涉。天學諸家有言天河與諸恆星及太陽聯爲一體，而旋轉同繞天河面內之一點，因諸星互相攝，故不因離心力散飛空中。近梅特勒定其所繞之點在昴宿中，顧此點離天河平面至二十六度，則未可深信。蓋所繞之點疑必在天河面內也。此當取天河中諸等星，雖最小等不遺，擇其易測者，測其經度距極度，即能知天河果

自轉否。惟望南北各地星臺用心測此事，如是三四十年，方能定也。

日若果自行，且與他星之行不相涉，則必有日行視差、日行光行差。設恆星行而日不行，則星但有實行；日亦行，則星并有視行，而不知星日之距，則實行視行混而爲一，不可分，是視差不能定日行也。日行則視諸星必有光行差，最大爲五秒，故諸星方位皆依過星及合點之諸大圈而移，其移多少之比，若星距合點度正弦之比。但其移往而不復，若日恆以平速直行，則無從知。設久後日行之方向速率變，則其移位之方向大小亦隨之而變，雖可知，然與

星之實行相雜而難分，是光行差亦未能定日行也。

合光行及星自行二事，測聯星環繞必生差。假如二星相繞之面與視線成直角，又設其周時爲萬日，若日與聯星之重心皆定于空中，則歷一周時，二星必仍至原度。若聯星之重心離日，以平速直行退後，每日過十分地道半徑之一，則歷一萬日，距我之數必增一千個地道半徑，光行到我必遲五十七日，故星雖已至原度，然我視之尚不在原度，再加五十七日，始見其至原度，是其視周時爲一萬零五十七日也。若其重心進前則反是。

談天卷十六終

談天卷十七

英國侯失勒原本

英國 偉烈亞力 口譯
海甯 李善蘭 刪述
無錫 徐建寅 續述

星林

澄明之夜仰觀天星往往有簇聚而密于他處者用遠鏡窺天見簇聚之處益多有星團星氣星雲雲星之別總名之曰星林焉

恆星多簇聚處此必有一公理最易見者為昴宿用目力察之僅見六七星測以遠鏡則見有五六十大星他星俱

距此稍遠即位亦然但散而疎星亦略大鬼宿中積尸氣望之若一點白氣測以小力遠鏡即能分為無數星大陵閣道間亦然然非精遠鏡其星不能分焉此類皆名為星團天空有若無尾之彗星者用遠鏡測之乃小平圜或橢圜之星氣乾隆四十九年法蘭西通書中載有梅西爾星氣表共一百零三處欲測覓彗星者須熟悉此表庶免誤視星氣皆諸星密聚其邊界略可辨愈近中心愈密光愈多如二版一圖即梅氏表中第十三星氣也星氣多有作平圜狀一若玻璨球中滿儲諸星自成一部與外星不相交涉也以其球之徑略推其星數當不下五千而球徑所

占度不過十分此諸星光之和至我目小于四等星則其遠不可思議故意其每星必俱如太陽之大其相距如我距恆星也觀諸星自成一部知其有相屬之理觀其作球形知其有攝力觀其漸近心漸密之比例知其星非皆等距攝力中大于外也此諸星設無繞心行則無離心力必愈久愈密而合成一體若有繞心行則有離心力必共繞一軸不然則難保其相遇而相擊或謂準奈端理諸星互相攝因此每星必向球中心其向心力大小必與質積有正比例與距中心平方有反比例依此理各星必行于橢圜以公重心為橢圜之本心其面與方向不論諸橢圜同

時成諸星之行周而復始永遠不變不必共繞一軸也

所測得道光十年諸星氣之方位列表于左

諸星氣經時距極表

	赤經時			距極度	
	秒	分	時	分	度
一	二五	一六		二	一六三
二	三三	八	九	一〇	一五四
三	四二	四七	一二	五七	一五九
四	三〇	四	一三	五五	七〇
五	三八	一六	一三	三五	一三六
六	一〇	三四	一三	四六	六〇
七	五六	九	一五	一六	八七
八	五六	三四	一五	一三	一二七
九	五五	六	一六	三三	一一二
十	二	二三	一六	四〇	一〇二
十一	三七	三五	一六	一三	五三
十二	二四	五〇	一六	五一	一一九
十三	五一	二六	一七	三四	一四二
十四	四二	二八	一七	八	九二
十五	四	二六	一七	二	一一四
十六	四九	五五	一八	一四	一五〇
十七	四三	二一	二一	三四	七八
十八	四〇	二四	二一	三四	九一

表中第五近車騎最顯目能見之狀若彗光分若四五等星測以大力遠鏡圜如球其徑二十分愈近中心愈明乃無數十三十五等星團聚而成又第十五在天紀第一星及第一雙星之間無雲之夜目亦能見此二星氣乃好里于康熙十六年及五十三年所測得者

侯失勒維廉分星林為六類一為星團其星皆明朗可見

有二種一成球形一作無法之形二爲星氣若遠鏡更精于今意能分爲諸星也三亦爲星氣則絕無可分爲星之證觀其光分大小區爲數種四行星氣五恆星氣六雲星維廉所用遠鏡在當時爲力最大所測得皆昔人所未見者言諸星林散列天空無一定次序而近天河之北極處最多如軒轅內平北斗三公郎位大角角宿中間一帶約爲天球八分之一星林在此者乃有三分之一婁昴畢觜四宿及五車天船八穀天棓候宗正天市垣徐吳越織女中間一帶則甚稀少約計之北半球赤經三十至七十五度二百二十五至二百七十度甚少而一百三十五至一

百八十度甚多其中一百六十五至一百八十度尤多南半球分布停勻除墨瓦臘尼雲外詳後無聚于一處者

星團作無法形者疎列天空不甚密聚大半俱近天河團中諸星或俱相等或大不等中心不甚密其界亦不明晰或即係恆星最密之處其內或有一星作深紅色甚明侯失勒維廉謂是未成球之星團蓋因諸星交互相攝從四面滙集漸漸成球然未有確證僅因諸星團之色有深淺而想當然耳有一星團中函十字架中一星拉該勒謂是星氣測其面積約四十八分方度之一中共一百十星俱七等以下最明者八星其色或紅或綠或青合觀之如七

寶佩

可分之星氣乃星團之極遠者故其星光甚微非二三星相并不能見也其狀或爲平圜或爲撱圜恐實係無法形其星疎處不能見但見最密處爲有法形也凡用小力遠鏡測一切大星團皆成有法形用大力遠鏡始見爲無法形則若用力更大之遠鏡諸星必能分也近羅斯用大回光遠鏡管徑六尺能分舊遠鏡絕不能分諸星氣之星故星氣爲極遠之星團無可疑焉

不能分之星氣測以最精遠鏡仍如白氣不見有星然亦必與星團無異其星不能分乃愈遠光愈微故也而好里

諸人謂係尚未成星之氣侯失勒維廉言若果是氣此氣必能憑己之攝力凝聚成球故近中心最密其凝聚時有諸重心故成諸小體各體俱憑一公重心而凝故能成星氣久後成諸星而爲星團用已所造遠鏡測此諸星氣以證此理則見有所成之星已微能辨中有最密之重心近時所見諸星氣俱與此理合然則諸星團有星氣理有星聚理二者不相涉星氣乃無始來未成星之質星聚乃動重學之理諸星各依攝力向其公重心而成環繞動也

諸撱圜星氣其兩心差大小不等所函諸星較平圜行者更難分其狀或微撱或幾成直線然中心星更密同也凡

最密處其光俱似平圜或星更大或因密聚視二三星如一星故中心諸星較易辨也凡自外向內漸近心漸密其漸密之比例有甚小者則中心微密而光少有甚大者則中心甚密而光多望之糢糊若一恆星爲星氣所隔焉有二最美觀一赤經一百八十二度三十八分十五秒距極四十一度四十六分一赤經二百零一度五十二分距極一百十九度俱道光十年之經緯度也

撱圜星氣最大而整齊者有二一在奎宿第七星旁一赤經九度四十八分距極一百十六度十三分乾隆四十八年侯失勒維廉之妹加羅林所測得者奎宿星氣如二版

三圖目能見之人恆誤謂彗星萬歷四十年馬流會測之言如燭光在玻璃燈中可謂善喻其狀用尋常遠鏡窺之爲長撱圜其光自外而內漸變大近中心變大尤速而較明然非一星而爲最密之星氣其面有他星可見用徑十八寸之回光遠鏡尚不能分所函之星用力更大者方能分之米利堅堪比日星臺官本特測得長二度半廣一度强其狀近撱圜而其東北一點有凸出于撱圜界外者中心最密略如一星不能明辨心之四周見無數微星徑二十分之界內約有二百星最異者有二黑帶細而直亘撱圜面略與長徑平行非精心細測不能見也又有一星氣

道光十年其赤經一百九十八度五十二分四十五秒距極一百三十二度八分亦有一黑帶更明晰略與長徑合分撱圜爲兩半黑帶中間有一白帶色淡而細又有二星氣一赤經一百八十六度四十五分四十五秒距極六十三度五分一赤經一百八十七度四十七分四十五秒距極一百度四十分亦俱有黑帶也

星氣作環形者最少有一最顯者在漸臺第二第三星之間中力遠鏡即能見之雖小而甚清晰狀作撱圜環長短二徑比若五與四比其孔徑占徑之大半孔中非黑暗有微光淡薄如羅羅斯所造遠鏡能辨此爲最微之諸星其

邊有無數小星相聯如線

環形星氣已測得者列表如左乃道光十年之方位也

環形星氣表

	赤經時	分	秒	距極度	分
一	一七	一〇	三九	一二八	一八
二	一七	一九	二	一一三	三七
三	一八	四七	一三	五七	一一
四	二〇	九	三三	五九	五七

行星氣之狀與行星相似其面或平圜或微撱其界或清晰或糢糊其光或通體停勻或明暗錯雜行星氣不多所測得者不過二十四五在南半球者居四分之三星氣中此類最美麗可觀今取最顯者十二列表如左乃道光十年之經緯度也

表中第六星氣在十字架中其光分約如六七等星徑約十二秒其面圜而微橢界甚明晰狀似行星色深青近綠凡恆星作青色者恆在黃星之旁而行星氣每有青色者如表中第四作天青色第十一十二俱青而更淡又第二第七第九第十二俱美觀第三第四第十一俱為長橢圜其長徑為三十八秒三十秒十五秒第三近中心有九等星而其面之光如絨球如塵團則知亦為無數微星聚而成也表中第五最大在天璇稍南偏東十二分其視徑二分四十秒設距日略如鶴翼星則其

行星氣表

	赤經秒	分	時	距極分	度
一	三	二四	七	二二	一○四
二	二九	一六	九	三五	一四七
三	五二	五九	九	三六	一二九
四	三六	一六	一○	四七	一○七
五	四九	四	一一	四	三四
六	五六	四一	一一	一四	一四六
七	一八	五	一五	一	一三五
八	九	一○	一九	四六	八二
九	二一	三四	一九	三三	一○四
十	一九	四○	一九	五四	三九
十一	五三	五四	二○	二二	一一二
十二	四四	一七	二三	二四	四八

實徑當七倍海王道徑此星氣之光通體若一設為無數星簇聚而成則漸近中心必漸明不能如此停勻也意或為空球或為平面與視線成直角俱未可知也

行星氣之光力必甚小于太陽割太陽面徑一分之平圜其光七百八十倍望時之月今行星氣徑數分而目不能見則其光之大小豈可同年語耶阿拉哥意謂是胞體中心有一太陽因遠極故不能見其光映于胞胞大故能見蓋光不論遠近俱能到其遠而不能見者因分太小故改作大分即能見也此說未確若俱係本光則小者不能見大者能見今太陽之光映于胞必更薄則雖變大必仍不能見也

續近時羅斯與拉瑟拉用最大力之遠鏡精心久測仍未解其故且更見其中奇異之狀益難解焉

有雙星氣者或二球形星氣或二球形星團其相距其方位其光分之比例二一與雙星相似惟形狀及光分變大小則不同其相與環繞未有確證蓋其為物甚大則其行必甚遲雖測之數千年恐仍不覺也然既甚近若聯星而雙列天空與別星氣不相近其有相屬之理無疑矣以諸行星彗星屬之太陽聯為一體又聚無數太陽為星氣復聯為一體今觀星與恆星理同則又必合無數星氣聯為

一體如是遞推愈大愈無窮造物主之大智大力真不可思議矣

星氣之狀作有法形者或與恆星之獨星雙星有連屬之理間有若一明星四周包氣氣有淡光漸遠心漸薄以至于無間或有清晰之界此類名曰雲星最美麗者二一赤經一百零九度四十七分距極六十八度四十五分一赤經六十一度三十九分距極五十九度四十分二星俱係八等俱在明球中心其球徑一為十二秒一為二十五秒此即侯失勒表第四類中四十六六十九二星也表分八類一明星氣二淡星氣三最淡星氣四行星氣有帶星氣有鬚星氣短光星氣一切異狀星氣五甚大星氣六最密星團七

累密星團八疎星團此類最大者近奎宿及常陳皆有之星氣有與雙星相屬者其理最異如赤經二百七十一度四十五分十五秒距極一百零九度五十六分有撱圜星氣長徑約五十秒有雙星近長徑兩端俱係十等星又斯得路佛測得赤經二百七十六度十五分距極二十五度七分亦有雙星大小不等居撱圜星氣長徑之二端又赤經二百零七度十五分五秒距極一百二十九度九分有撱圜星氣長徑二分近中點有密雙星皆九十等而大小略異相距不過二秒又梅西爾表中第六十四星氣人疑是密雙星更有數星氣亦如是

星氣之畧作有法形其最奇者爲梅西爾表第二十七道光十年赤經二百九十八度三分距極六十七度四十四分其狀作二小撱圜星氣有短頸相聯頸之疎密與二體略相等體頸四周漸外漸淡成撱圜總胞小撱圜居胞之短徑上測以徑十八寸之回光鏡見其面有星疎列而不能辨其皆爲星否羅斯用倍大回光鏡測之則見分爲無數小星中有星氣相雜而所見之狀不若小鏡之甚異也又第五十一其赤經二百度三十九分四十五秒距極四十一度五十六分測以徑十八寸之回光鏡見爲球體星氣大而且明球外有一光環環之光不停勻五分環周之

二分爲二層其一層略向上與原環不同面別有小而明之圜星氣距環約如環之半徑用羅斯徑六尺之回光鏡測之則前所見向上一層今見作螺卷形又聯環與中體之諸帶亦似欲成螺卷形外之小星氣以細而曲之光線與環相聯見六版三圖此星氣全體俱可分爲無數微星焉續羅斯與拉瑟拉見他星氣亦有此螺卷形而卷更清此種星氣頗多可爲另成一類梅西爾表中第九十九星氣爲此類內之最

星雲爲星氣之別一種俱爲無法形其面最廣其狀與光各各不同惟其方位近天河之邊則俱同焉略遠者近參

宿距天河大圈僅二十度距天河視界十五度則仍在近天河左右一帶之內也前十五卷用目視條言天河有一分支從天船第三星卷舌第二星向畢昴二宿恐與此星雲相連焉故意星雲爲天河所分其方位可區爲四一參宿二老人三斗宿四天津益可信星雲爲天河之屬設我能見天河之全意必爲無法形焉

當伐第二星處有大星雲自順治十三年海更士測得後天文士恆作圖論之其圖各不同蓋遠鏡之力不齊所見之狀各異焉見四版一圖乃用徑十八寸之回光鏡在好望角所測者其地之高度大于歐羅巴測較易此圖之横得赤

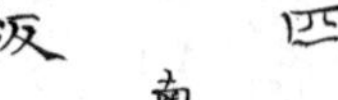
四板

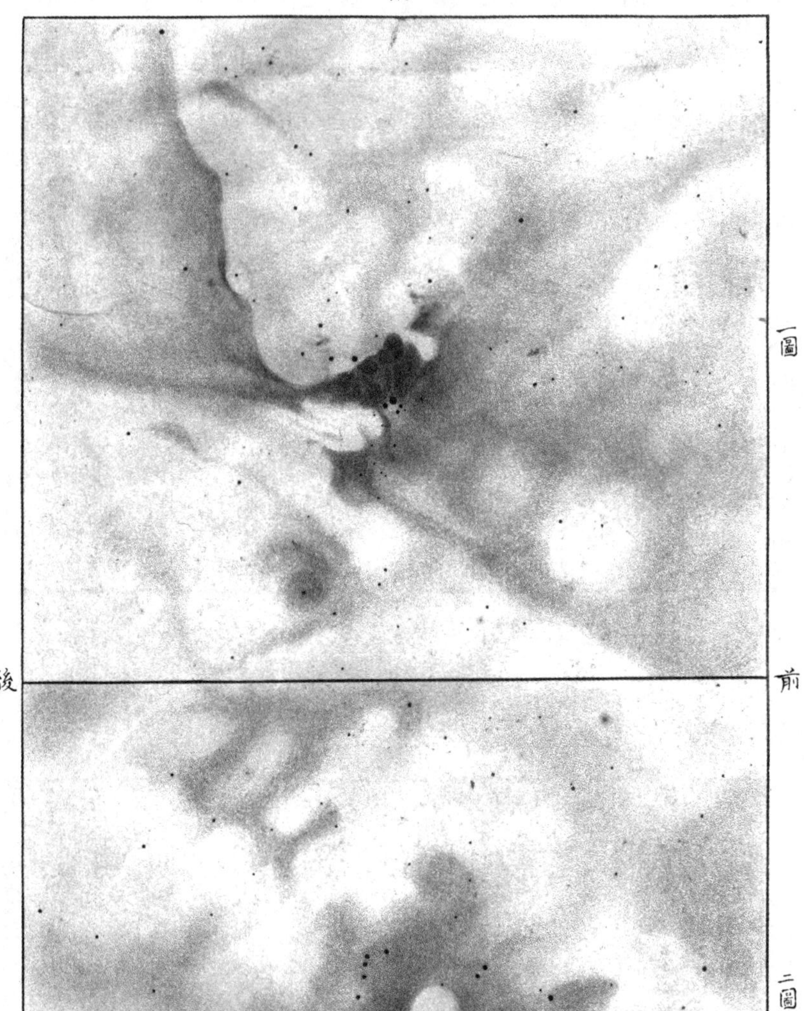
南
後
前
一圖
二圖
北

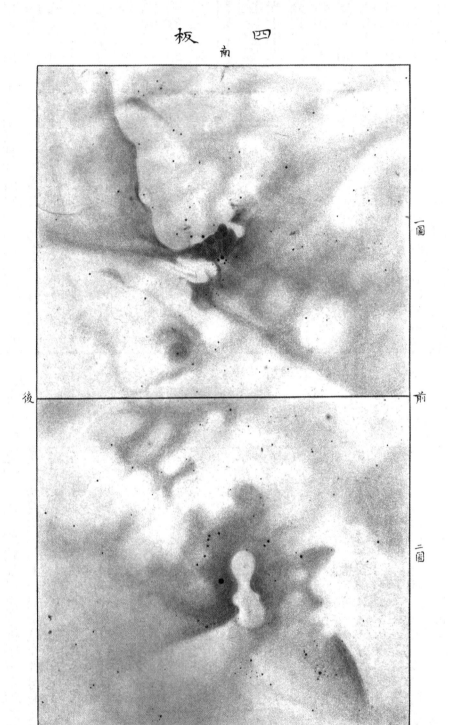

經度三十分其縱得緯度二十四分圖與天相反北在下西在左也星雲之最明處若猛獸之頭張口呀呿厥鼻如野豬面上有諸星散列與雲不相連前所云伐第二星爲六合星十六卷右壁宿條近獸口最明處其六合星中乃星雲之空處稍暗處乃雲之不可分者近六合星最光明則獸之額也測以徑十八寸之回光鏡爲無數小光塊光不停勻顯在粒粒之狀知必爲諸星所合成用羅斯之回光鏡或米利堅堪比日星臺之無量鏡測之始見爲無數星密列而成然欲獨察一星雖精鏡不能惟近而最密處見爲無數光點其爲眾星無疑焉伐第二星之北約三十三分經度晷同有二小星同爲一星氣所函其星氣明而有支狀最奇伐第三星亦爲一厚星氣所函用大力遠鏡細測之此二星氣各有光一帶與大星雲相連其光帶北行意其又聯爾參宿第二星及相近數小星之星雲米利堅格致公會歲冊中本特所繪之圖最精

續英國大格致公會同治七年歲冊內有奥斯曼之圖更精

海山第二星在諸星雲密聚之處其星雲滿方度見四版二圖約得諸星雲四分之一占赤經三十二分赤緯二十八分圖之右爲西上爲南在圖外者不甚明然益可見爲無法

之形測以徑十八寸之回光鏡無可分爲星之處中有橢圓洞近洞最明而濃然其光無分粒之狀不若伐之星雲可辨爲無數星也此星雲在天河星最密而明處其星在星雲面者多至一千二百然此一千二百星與星雲相去甚遠絕不相連乃天河掩遮星雲耳蓋近此星雲赤經三十度之內約計天河每方度之星不下三千一百三十八俱列于天空暗處別無他星雲相雜故知此星雲在天河外遠至不可思議與我天河諸星各不相屬也

近斗宿第三星有星雲團聚處其狀甚奇難于形容中有一星雲合三星氣而成作無法形向內諸邊甚明向外光漸薄以至不見中間有空洞無光分三支作屈曲狀其中一星氣向內邊有三合星在空洞分支處又有一星氣如摺扇亦如鳥羽從一星出其星近三星氣梅西爾表中第八星氣作展疊狀中有橢圓形暗洞若干有一最明處似其中心其面之上稍偏有甚密之星團與星雲不相連亦非若前星雲函參宿第二星也又梅氏表中第十九星氣距上諸星雲雖有數度然亦必同部此星氣作二弓相合形一明一暗合處有帶闊而明其中最明處可分爲諸微星團外有暗帶繞之其弓之背有不甚明之圜星氣與之相連

天津之星林亦爲幾箇星雲所合成其中有一星雲爲長帶狹而曲發二三支過天津第九星南之雙星餘星雲亦經三百十二度二十分距極五十八度二十七分乃侯失勒維廉及約翰所測得俱爲獨星雲而梅森謂乃繁而異狀之星雲其狀作曲狹長帶之分支又作蜂房形此星雲與星相雜而蜂房空處無星

噩瓦臘尼雲狀若二白雲又若割取天河二段二形大略俱圜而微撱然其界不整齊大者更參差似有光軸中間不甚了了兩端漸廣若撱圜線其東邊有一小斑色更明乃異星氣也詳後大雲亦經自七十度至九十度距極自一

百五十六度至一百六十二度其面積方度者約四十三小雲亦經自七度至十八度四十五分距極自一百六十二度至一百六十五度其面積方度者約十小雲之光月能奪大雲不能奪測以大力遠鏡見其狀極龎雜大雲更甚大率爲衆星林所合成其中有星氣徑十八寸之回光鏡不能分者亦有諸星明晰易分若天河者又有球體星團或疎或密者及無法形之星雲有獨具異狀他處所無者統大雲中之星林有二百七十八相近者又有五六十意必同部計每方度約得六箇半較天球各處爲最密也小雲中略少然測得者已有三十七相近者有六凡球體

星團撱圜星氣天河中甚少其最多處距天河甚遠此二雲中諸微星與天河無異而有一切星氣星團攙入其中是可異焉

大雲之視半徑爲三度當作正球則球頂底二點之距爲十分球心距日之一強故最近處之光力不太盛而最遠處之光力不太微此球內七八九十諸等星約六百餘諸種星林約三百又有無數微星散列其中自十一等以下至微極而爲星雲人或謂此雲自頂至底遠至不可思議譬從柱端望柱故不覺其甚遠耳余謂若只一雲此說亦可通然不當二雲皆如是故七八等星與難分之星氣其

距我遠近必如九與十之比謂近是而前所云凡星氣皆諸星聚而成尚未敢斷爲定論矣小雲中心偏西有一最密之球體星團目能見之作淡玫瑰色包于疎星白球中甚美觀其視徑十五分至二十分未定卽前表本卷所測得條中第一星氣也大雲中有異星氣狀若小彗之中體目能見之約爲五百分本雲面之一拉該勒曾細測之五版一圖卽測得之狀也

續有數星氣昔現今隱中有一者以遠鏡窺測確是彗星卽乾隆五十七年之第二彗星也上推此彗之道至明年正月初四日確是馬斯奇林所測得之星氣無疑因

彼時之表當在赤經二小時三十九分距北極四十六度十五分與所測得者相合也惟此外另有實是星氣忽隱而後又現者或初暗而後大明者或在熟知之處昔無今忽現者不可謂昔本有而未見也咸豐二年八月二十八日欣特在畢宿處測得昔所未見之星氣依咸豐十年之表赤經四小時十四分北距極七十度四十九分後又屢見之咸豐五六兩年中達嗄亦屢見之咸豐十一年八月二十七日又測之不見至十一月二十八日斯得路佛用波羅咯之大回光鏡測之雖能一見而甚難矣同治元年二月二十三日又變甚亮以遠

鏡窺之見聚光之細線發光芒也咸豐九年八月初五日搭得勒測得昔所未見之星氣依咸豐十年之表赤經十八小時二十三分五十五秒距北極十五度二十九分四十八秒奧沕言此星氣略明而長同治元年閏八月初一日達嗄見其明大異常昔時維廉與約翰曾用遠鏡盡察此處之諸星若有此星氣不能不見之也同治二年三月十一日巴黎斯雲學會之報載沙哥納于近天關測得一星氣依咸豐十年之表赤經五小時二十九分四秒距北極六十八度五十二分二十秒其星氣甚亮且在此甚熟之處若昔時已有如此之亮亦

不能不見之也咸豐九年九月二十四夜但白勒在切近昴宿第五星新見一星氣甚奇初似彗星次見其位不移乃知實是星氣十年十一月二十日但白勒與波伯二人在馬塞里用十六尺回光鏡測之難見依咸豐十年之表赤經三小時三十七分五十二秒距北極六十六度四十分十三秒奧沕云其大十五分形為三角想因近昴宿第一之明星故昔未見也欣特亦言常疑昴宿界內有星氣梅西爾表內第八十星團人已屢經窺測而熟知其為扁球團形內函無數微星包克孫于咸豐十年四月初八日見其內有七八等之小星依咸

談天卷十七 星林

豐十年之表赤經十六小時八分四十一秒距北極一百十二度三十七分三十四秒前次三月十九日曾用遠鏡測之不見所異三月二十一日無微星之狀惟異常明亮而縮小至四月初一日路得與奧沕亦見為微星而記為六七等星二十一日包克孫測之不見而奧沕仍見之知此星與星團不同一心

海山第二星中之撱圓洞（四版二圖）繪圖之時其界線明晰而全閉惟近時包維勒來書云撱圓南邊之界線已開此後武官侯失勒用五寸徑之無暈遠鏡窺測之而與同治七年十一月初九日初十日測得而作之圖相比

知橢圜洞尙存但不及用更大力之遠鏡所見者明耳又圜內近于本星即海山第二星之四十九星內之四十八星其相與之位置未改能見也其第四十九星最小而難于認識又本星即海山第二星之光雖比昔大減然恆在橢圜洞東邊之最明處如藏入甚深者非如舊說在橢圜洞之內而在星氣外也蓋舊說以爲如此今知其誤也同治三年英國大格致公會歲册內有星氣與星團五千七十八之總表依咸豐十年之赤經記之又有已推至後同治二十年之歲差及說皆約翰所著也

用光圖法測明星氣知雖最明者其實光亦甚淡故光

圖中不能見黑線如太陽之光圖也但所現之事異常不似太陽光與星光而更類火炎光或燒氣質光也最明之星球團與能分星之無法形星氣所成之光圖皆有諸光度之光帶爲侯失勒維廉所測星氣之第四類名之爲行星氣及不分星之諸星氣則與前者不同此類內有伐與海山諸大星氣其光成單色光線有一定之折度合于太陽所成之淡氣光線亦合于以電氣附過淡氣之光線或爲此光線乃別單色光線或二或三相合而成又一光線合于太陽輕氣之光線此略言黑京所得之要事也武官侯失勒居印度之邦家羅耳于無雲晴明之夜用英國大格致公會所贈光圖鏡測得與黑京者相合又有一據可解之武官侯失勒移去光圖鏡小槽之板以三稜玻璃觀遠鏡之全視界測梅西爾表中第四十六星團見此處有多明亮之星內有侯失勒第四類第三十九行星氣如淡光在諸星所發無數光條之間此星氣之光若非略單色則三稜玻璃變長不能如明辨之物此據可爲極妙也

或言太陽有薄質包之故與雲星同類其證有二一曰黃道光二三四月間若天氣淸朗日初入時能見之或八九十月日未出前亦能見之狀如光尖錐其軸在黃道面內

頂點距太陽之視度自四十至九十不等與軸正交之底自八度至三十度不等其尖錐角包太陽于中其頂出水星金星道之外有時頂點距太陽九十度則至地道矣愈近赤道見之愈明不可云北曉之類也或云太虛中薄氣略厚處能阻彗星此乃數萬彗星過最卑時所留尾上餘質積而成也或云是太陽之本氣然有如是氣胞當有橢率及大小而與中體同轉與動重學之理大不合也意或是無數小體與日相屬俱若小行星各有本道各有周時距我甚遠故視之甚微耳所見尖錐一若日光透門隙見光中無數微塵也此諸小體幷之較日體尚甚微不可比

故攝動不能覺然其各道相交則有時必相遇而相擊而或落于日中或落于行星中各國史中所載隕石隕鐵諸事即此物也西史有四人爲隕石所擊死周貞定王四年隕石于土耳其之哀可卜大縻大六七石後梁龍德元年以大利之那尼隕石于河中高出水面四尺明泰昌元年隕鐵于印度本若之斜林特其王曰杭格以鑄劍此後隕石于英國十六次一在倫敦嘉慶八年三月初六日午正法蘭西諸滿的之來格城空中有大火球裂爲數千石而隕徧散于地方里者七八十王命人往觀之不誣此外不能勝載昔人謂此係地面或月中火山口飛出者非也今

人皆知是空中小體與行星同類其隕時有火光至地尚甚熱或于空中碎裂者蓋其下行速率遞增甚大與氣相磨力甚猛故發熱且生火也一曰流星與上鐵石諸小體異當別是一質每見大流星曳長光或大火球經過地氣之上層有時過後所曳光帶留于空中歷時數分始滅有時發喧鬧聲其體豁裂而隱有時無聲而自隱此必地氣外之物偶入地氣中而發光也乾隆四十八年七月二十一日有大流星經過歐羅巴州從蘇格蘭之舌蘭島至羅馬其速率一秒中約九十里距地面一百五十里其光較望時之月尤大實徑一里半其狀屢變後分爲數體並行

各曳光尾爲最異焉或有時見流星多至無數如花礮亂放光滿天空歷數時之久徧大州大洋皆見之或兩半球皆見之此必在立冬後五六兩夜嘉慶四年道光十二十三十四諸年皆然其見史志者攷之亦恆在此二夜又立秋後二三兩夜亦有之然不能如是之多但常有大流星皆曳光尾徹夜不絕又有數夜略可定其時不如此諸夜之確準意地球行道每周至此處必過無數流星繞日道之面一二日始過盡其過時諸流星及地球之路皆當作直線論又諸流星俱若用同速平行而視地若定故從地望之若俱從天空一公點發出此與雲隙日光平行線之

合點同理二卷凡雲開微隙條故諸流星所行之弧線引長之俱成大圜立冬後五六兩夜所向之點近軒轅第十二星立秋後二三兩夜所發之公點恆近傳舍第七星無論此二星與地平成何方位皆然流星道非必與黃道同面但設爲撱圜且兩心差無定而各流星之速率及方向無論與地同異其所發公點之緯度雖大同未嘗不合理也若諸流星勻列于此撱圜道則地球繞日每年必一次遇之若諸流星分作數隊依次相隨行于撱圜道而周時與地球不同則或閒數年一遇之所遇之隊有疎密故所見不同也近時天文家俱究心流星之理使孫伯勃蘭特二人欲知

其道與地道之交角細測各流星初見至隱之時分及恆星中之方位用底線長五千丈從兩端測之知其高從四十六里至四百餘里不等速率每秒中五十二里至一百餘里不等其速如是繞日無疑也

道光二十七年七月初九日有大流星過法蘭西提挨伯及巴黎斯測如上法土魯士星臺官白底推得其繞日之道爲雙曲線半長徑○·三二四○○八三負兩心差三·九五一三○最卑點距日○·九五六二六與地赤道面之交角十八度二十分十八秒正交點黃經十度三十四分四十八秒依此諸根推之此流星從最近恆星(即視差一秒之星)天行三萬七千三百四十年而始至也

諸流星之行道設有方向速率略與地同而又近地則意必爲地攝力所留而繞地也若爲實體能借光照地則有時必于一刹那中見之即入闇虛而隱觀白底所測中有一疑其繞地如月其周時三小時一刻五分其距地心與地半徑比若二·五一三與一比其距地面爲一萬四千五百里也

續依前言太陽之熱因摩盪而生(見卷六日果爲火耶條)故其體不燒毁礫裂古時倍根搠說謂凡動者之熱皆因體內之質點常速轉而生其後細勒亦附和其說然其是否未定近時梅爾儒勒唐生三人新論此理云凡體之動無論如何而生已生之後永不能滅若有物阻之則其動力變形而存于體內使其諸質點加速旋轉因此而成熱或成光或成光及熱而加入天空氣內之諸點分散于天空各處成所顯之光及熱也此說有數事不解而難信然合之則有妙論故謂熱因擊力與面阻力而生此可爲例矣瓦得孫唐孫二人因此解太陽之光熱瓦得孫云諸隕石行甚長之橢圜道如彗星相似其遇太陽之雲氣而落至太陽面者甚多而速率亦甚大太陽所發一切之大光大熱即由此而成準此太陽面每方尺每小時必受隕石重五觔速率每秒一千一百三十里設隕石之疏密率等于花綱石則每年必盖于太陽面高十二尺唐孫信此說而謂太虛之黃道光(黃道光如氣質之星氣)以螺絲道轉行漸近太陽而摩盪太陽之光氣(見卷六問黑斑係何物條)以成太陽所發一切之大光大熱然此不必詳辨可依前說(見卷六用最精遠鏡隔黑色玻璃窺太陽條至細測太陽面諸斑條)而攷遠鏡所見太陽之事以知此說之合理與否也

同治五年立冬後五夜見流星極多故後必以是年爲流星天學之元年也近時勤于測流星之人甚多故大英格致公會設白來利格類失格勒格與侯失勒亞力

會合地面陸海多人如亥師及海定格等所測而用便孫伯勃蘭特二人之原法詳攷獨流星顯滅之高與速率行道而知立冬立秋後之外亦有依定時而見之流星今已定流星顯滅之高及速率而得總說如左

一流星所顯之光道距地面之高至少五十八里至多三百七十六里其初顯時高之中數爲二百里滅時高之中數爲一百五十里故依北曉之證言雲氣之高過于一百三十里有據也

一流星之速率每秒五十里至二百三十里中數爲九十八里與便孫伯勃爾特之數合

一立冬立秋後之外最要之各隊流星小寒前四日所顯者合點在赤經二百三十四度北赤緯五十一度穀雨日所顯者合點在赤經二百七十七度北赤緯三十五度霜降前五日所顯者合點在赤經九十度北赤緯十六度大雪後五日所顯者合點在赤經一百零五度北赤緯三十度

立冬後甚多之流星米利堅紐赫温之奈端攷相傳之書知自唐照宗至道光十三年共有十三次在唐昭宗天復二年後唐明宗應順元年宋眞宗咸平五年宋徽宗建中靖國元年宋甯宗嘉泰二年元順帝至正二十六年明嘉靖十二年明萬歷三十年康熙三十七年嘉慶四年道光十二年十三年也其間之期爲三十二年三十三年三十四年中數爲三十三年又四分年之一即一百三十三年內有四次唐昭宗天復二年在霜降前七夜以後日期移易不勻至道光十三年則在立冬後六夜依歷法變此年爲日數（見卷十八設有舊歷某日條及設有新歷某日條）得二百零五萬零七百九十九日與二百三十九萬零八百六十七日之較爲三十四萬零六十八日而九百三十一太陽年爲三十四萬零四十日其較爲二十八日故發流星之日期在九百三十一年內漸移後二

十八日約每百年移後三日也按嘉慶四年道光十二年十三年人所推算者知在同治五六年當再見甚多之流星將此預傳各處使人候之至期有驗雖不及嘉慶時之亮而已爲甚亮同治六年所見者則尤多米利堅見其最大者音地亞那不路明敦人格固烏特自半夜至卯初一刻共見五百二十五流星近馬的尼島見光星如雨在特尼塔島之舟主名赤木云自丑正至天明記所見共一千六百流星巴哈馬島之那掃有武官名司多爾得與其伴自丑初至卯初二刻記所見共一千零四十流星彼時細攷此流星之合點在黃經一百

四十二度三十五分黃北緯十度二十七分即在軒轅第十一第九之間也彼時自太陽觀地球之黃經爲五十一度二十八分故道光十三年因格謂合點在黃道面推之當時必略在地道內地球所在之點切線之方向故若以每流星爲細行星則必逆行環繞與地道同心之平圜或撱圜其最卑點或最高點略與合點相合在黃經五十一度二十八分而其道之長徑約在黃道之面內

設以流星爲細行星而地球與大發流星之處一百三十三年中相會四次則流星所行道之形有二法可解之第一法謂微撱圜道周時略一恆星年第二法謂行長撱圜道周時三十三恆星年又四分恆星年之一第一法之撱圜道亦有二式第一式米利堅奈端之說其相會在撱圜之最高點周時三百五十四日五七少于恆星年十日六七半徑〇·九八一兩心差〇·〇〇二〇四第二式同治七年英國月錄無名氏之說其相會在撱圜之最卑點周時三百七十六日五六多于恆星年十一日三三半徑一·〇二一兩心差〇·〇〇一九二依第一式每恆星年必行一周多十度五十分故在三十三年內必過原點二度三十分依第二式每恆星年必行一周而少如前數故在三十三年內必不及原點亦如前數故推算各周時得其元皆在三十一年三十二年三十三年及三十四年而流星恆必略近所會之原點也若諸流星散大至公總道闊十一度則幾必相會若散大至闊二十二度則定必相會而幾能連有兩年相會矣第二法以大利密蘭星臺官沙怕勒利之說其相會甚近撱圜道之最卑點周時三十三年又四分年之一半徑十〇·三四兩心差〇·九〇三三此法與前法其相會皆在往下時之中交點也其諸流星若散大至公總道之闊能容地球過此交點則歷時必多于一年爲一百三十三分之四相會約可在所定之年若諸流星散大之闊爲此二倍則相會必在所定之年若再濶則相會連有二三年而與古所記者相合矣每百年移後三日之故半因恆星年長于太陽年一日四尚有一日六乃因被他行星所攝動而每百年交點移前一度三十六分即每年五十七秒六地球屢近之攝力最大攝動必因此也故知必被地球攝動也

前言流星行道第一法之二式其速率必略同地球之速率而行與地球相逆可知其眞交角約倍其視交角而得二十度五十四分流星行道第二法在撱圜道之

最卑點速率與地球速率比若一.三七一與一比設呷哂爲地道吃叮爲流星道視交角吃呷叮十度二十七分吃叮邊爲一.三七一叮呷邊爲一則得叮吃呷角爲七度十三分故眞交角吃叮哂爲十八度三十一分

設諸流星爲細行星而略行正圜道與地道大小略同而逆行其道之交角不大于小行星中者之一道則與太陽所屬諸行星之例不合又因其無亂攝力能使外移而至其本道則必恆依此而行無窮之年而與地球相會無窮之次數故全圜必因地球之攝力所散亂而

使各流星行道之斜度與兩心差各不同設諸流星行長橢圜道而周時爲三十三恆星年又四分恆星年之一則似彗星之道彗星則常有逆行也彼得與沙帕勒利同時攷得但白勒于同治四年所測之彗星除過最卑點外其根數與此流星盡合列其二數如左以比較之

	流星道	但白勒彗星道
過最卑時	同治五年十月初七日	同治四年十一月二十五日
最卑點之距	○.九八九三即立冬後六日地道之帶徑	○.九七六五
兩心差	○.九○三三	○.九○五四
半長徑	一○.三四	一○.三三四
交角	十八度三分	十七度十八分一
中交黃經度	五十一度二十八分	五十一度二十六分一
周時	三十三年二五	三十三年一七六
行法	逆行	逆行

觀表內之半長徑一○.三四最卑點之距略爲一則知最高點距日必一九.六四稍出天王星道之外而道面與天王星道面之交角甚小長徑與黃道面略合故天王星與流星同時至二道之交處略必相遇無論長徑之方向有變古必已有相遇之時後亦必有相遇之時

也惟長徑之方向未必與交點同變尚未推算故未能確知其變否力佛理亞另立一說云在漢順帝永延元年必已相遇彼時天王星與流星之行俱慢于今流星在最高點之速率與地球速率比若○.○七與一比得每秒行三里八二故必久受天王星攝動之力而流星道之方向大有變移即與古時木星攝動勒石力彗星變之爲短時道相似也見卷十一諸彗之道條可知流星之行古尚在外若非天王星攝之使行于今之道則在地球永不能見之也沙帕勒利又另立說謂流星道之半短徑爲○.四四一其道面與地道面之交角小故出地道面

之距，永不能過于一•五地道半徑，又思古時必已近木星或土星，而受其攝動，使行于今之道也。按此說不合理，倘如此，則攝力必正加于道面，而行星與流星之速率皆甚大，加力之時必甚小，所受攝動亦必甚小也。

立秋後三日之流星，依同治二年侯失勒亞力測星所得其合點在大陵中，若其道合拋物線，則遇時之速率與地行正圜當有之速率比，若二之平方根與一比，此與侯失勒亞力及同測者所定之速率略同。又沙帕勒利依此而推得其道之根數，知與同治元年大彗星道之根數略合，列其二數如左，以比較之。

	沙帕勒利推流星之根數	大彗星道之根數
過中交點	同治五年七月初二日未正	
過最卑點	同治五年六月十三日午初	同治元年七月二十九日卯正
最卑點黃經度	三百四十三度三十八分	三百四十四度四十一分
正交之黃經度	一百三十八度十六分	一百三十七度二十七分
交角	六十四度三分	六十六度二十五分
最卑點距	○九六四三	○九六二六
周時		一千二百三十七年四

設非拋物線道，而是長橢圜道，周時約一百二十三年，亦是相合。惟若每年有相遇，則或正圜或橢圜，皆必全圜有流星也。立秋後流星之合點，各人各年所測者各不同，不及立冬後合點之有定，可知立秋後之流星屬太陽甚久，于立冬後之流星，蓋各流星之周時必有稍異，故久則行前留後，而團聚者散開成一帶。又因地球之攝動，而諸交角兩心差亦各不同，故合點不定也。立冬後之流星不如此，故合點有定也。

談天卷十七終

談天卷十八

英國侯失勒原本

英國 偉烈亞力 口譯
海甯 李善蘭 删述
無錫 徐建寅 續述

歷法

時如線可任用根度之設有時分用根度之得若干適盡則但言若干根卽得時分之全若用根度得若干尚有不盡數不滿一根則當言若干根又一根之若干分此歷法之大凡也

太陽日爲自然之根乃從日在子午圈至明日復在子午

圈爲一根也統一歲計之此根每日有增損其差之最大爲半分强數甚微若非步天可不論歷代至今恆用其中數爲平太陽日

地球自轉一周謂之平恆星日準動重學理此根無增損或謂地球之熱氣漸散去地質漸冷而小則自轉漸速然準公理肇生人類至今此故生差倘甚微不覺故以今測上攷古歷無少差拉白拉斯曰自前漢至今其差不能滿一百分秒之一故以平恆星日爲根可無差雖久後行星令地道長徑變必生差然旣改正十三卷設巳貫二道條則平恆星年仍可用

平太陽日本于恆星日與月之太陽周恆星周相關之理同七卷從前朔條歷法中定恆星日與太陽日之比例爲最要事故用地球自轉一周之時爲根蓋每星二次至子午圈之時爲恆星日較地球自轉一周之時有小差而每星之恆星日又有不同如圖周爲黃極巳爲赤極甲丙乙丁爲某元二至二分兩經圈其巳午未申爲赤極繞黃極之小圈春分點行黃道一周則黃極行此小圈亦一周

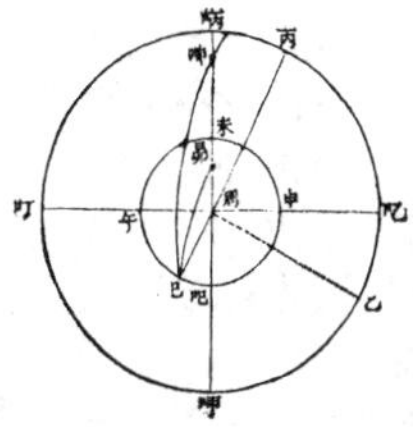

其積時爲二萬五千八百七十年卽九百四十四萬八千三百太陽日也假如申爲星在黃道甲乙丙丁與小圈巳申未午之閒恰當子午圈赤極巳若不動則地自轉一周地子午圈巳丙交黃道之點丙必歷丁甲乙而復至丙視星仍在子午圈果如是則星二次至子午圈與地球一周之時等今不然地球一周後赤極巳從巳行至乙子午圈從巳丙移至乙丙而視星不復在子午圈少一周乙申角度巳乙弧度無論大小理俱同設巳乙爲大弧赤極從巳行若干日至巳則周乙申角度爲若干日中子午圈退行距星申之時角凡星在丙未之閒此角漸大赤極至未爲

一百八十度極復至巳爲三百六十度故地球自轉九百四十四萬八千三百次赤極行一周而小圈外諸星過子午圈僅九百四十四萬八千二百九十九次此二數比若一•○○○○○○一一與一比設星在巳午未申小圈之內如昴則子午圈距星之時角爲周巳昴極初行漸大至午未弧中間一點爲最大過此漸小至未而爲○過未後子午圈在星之前亦漸大至申巳中間一點爲最大過此復漸小至巳而復爲○故小圈內之星赤極一周內二次過子午圈之中數即地球一周時與無歲差無異焉

任取黃道上一星用無窮年太陽至此星之中數爲恆星

年推太陽日與各地子午圈恆星周之比例法命平太陽日爲叮所取星二次過子午圈之中數爲丁恆星年爲地則叮時中太陽與子午圈所過二度分比若三百六十度乘地分之叮與三百六十度乘丁分之叮比此二率之較爲三百六十度則三百六十度乘丁分之叮等于三百六十度乘地分之叮加三百六十度恆星年爲三百六十五日六小時九分九秒六（六卷凡地上條）故得丁分之叮等于一加地分之叮亦等于一•○○二七三七八○然丁非地球自轉一周數尚有餘分若一•○○○○○○一一與一之比以此數增上數得一•○○二七三七九一與一爲太陽日與恆星日之比例也此根出于自然不變最便于用竊謂若古今但用此根于歷法大有益也

古挨及所行官歷之年爲三百六十五日爲最簡明之歷然發政授時之要依四時寒暑當用太陽年以太陽二次至春分爲一年也春分每年向西行故太陽年非恆星年（六卷凡地上條）春分行平速其差因黃道受諸行星攝動方位漸變而生（十二卷黃道面條）故太陽年亦有變今之太陽年較前漢時少四秒二一夫發政授時既不能不用太陽年而太陽年又未始無變故必另立一假歲實與眞歲實之數略近數百年中之積差可不論于常算便用也又太陽年與諸

小根無等數日不能度盡日帶分數亦不能度盡所度之餘爲無等數之數用時分秒收之亦不能盡故推時殊不便如每金錢當二十一銀錢幷若干大錢若干小錢及錢之若干分故必詳計諸小數積之滿日乃進一覺甚繁也

今西歷用格勒哥里法設二假歲實一三百六十五日一三百六十六日以哀棲球所推耶穌降世後第一箇正月初一日子正爲歷元所推之年在算內置積年以四約之不盡則爲三百六十五日若盡再以一百約之不盡則爲三百六十六日若亦盡再以四百約之不盡則爲三百六十五日若亦盡則爲三百六十六日如積年一千八百三

十三以四約之不盡爲三百六十五日又一千八百三十六以四約之盡以一百約之不盡爲三百六十六日餘類推假設積一萬格勒哥里年欲知其中有若干日自一至萬逐數計之四不能約盡者有七千五百四能約一百亦能約而四百不能約盡者有七十五故一萬年中七千五百七十五年俱三百六十五日二千四百二十五年俱三百六十六日統計得三百六十五萬二千四百二十五日約得每年之中數爲三百六十五日二四二五太陽年之歲實爲三百六十五日二四二二四故用格勒哥里法歷一萬年較太陽年少二日六卽二日十四小時二十四分

則三千年所差不滿一日于發政授時已可無誤欲令更密再以四千約之不盡爲三百六十六日盡爲三百六十五日則歷十萬年爲三千六百五十二萬四千二百二十五日較今太陽年僅差一日用格勒哥里年某節約在某月某日歲歲相同故雖婦人孺子亦能記之法最便也

凡紀年耶穌降世一年之前年卽爲耶穌前一年無耶穌降世○年也故凡以耶穌前若干年與耶穌降世若干年相并當減一數如耶穌前四千七百十三年正月初一至耶穌降世一千五百八十二年爲六千二百九十四年非六千二百九十五年推步家須謹記之

西歷起于羅馬羅馬歷自恕馬至該撒儒略一年爲十二月卽三百五十五日祭司與大吏任意改定有時欲令寒暑與太陽年合變亂至不可紀極該撒儒略徵請亞力山太天算家鎖西日泥定歷始創三百六十五日與三百六十六日二歲實之法以三百六十六日爲閏年每四年一閏于耶穌前四十五年正月初一日爲始改用新歷乃冬至後第一合朔也是時歷法甚亂旣用新歷令其前一年爲四百四十五日故史稱其年爲亂年也儒略旣定歷下令諭民其令不傳意其中必有每間三年閏一日之語歷未行而該撒死死後祭司不明歷以本年爲第一閏年第

四年又爲閏年如是每三年一閏歷三十六年法當閏九日而誤閏十二日該撒亞古士督覺其誤下令連十二年不置閏日乃合儒略之本意後不復改至小餘積久自生差而格勒哥里改之準亞古士督所改漢儒子嬰初始元年新莽建國四年天鳳三年等俱爲閏年歷家皆依此上推

各國歷法俱古今屢改記載時日非用本歷推之不能通今歷家定一法可與各歷相較而推以耶穌前四千七百十三年正月初一日午正爲歷元名儒略元以七千九百八十儒略年爲一總二十八年爲一會禮拜與月之日復

如初置耶穌降世積年加九以二十八除之餘爲入會年也十九年爲一章共二百三十五朔望與十九年每年三百六十五日四分日之一相較所差約一小時半故設章之首年正月初一合朔則每後十九年遇正月初一亦必合朔也又諸合朔在某月某日後一章俱與前章同此爲雅典天算家默冬所定故西名默冬章置耶穌降世積年加一以十九除之餘爲入章年也四章七十六年爲一蔀乃加里波所定故西名加里波蔀惟在一蔀內差六小時四蔀卽三百零四年內差一日十五年爲律會乃君士但丁所定律家用之置耶穌降世積年加三以十五除之餘

爲入律會年也會章律會俱名爲會以二十八乘十九再以十五乘之得七千九百八十年卽一總也則三會俱終三會俱無等數故一總中無二年相同者故任舉一年但知爲三會之各第幾年卽知爲某年蓋古今史中一總未終也總之第一年卽耶穌前四千七百十三年爲三會所同起以是年正月初一日亞力山太午正爲總之首卽歷元也攷古史時日皆以此歷元爲本從此歷元至他歷元推其積日若干則二歷卽可通也用亞力山太午正者因多祿某用此地之子午圈推定那波那要之歷元而其書中恆用之故也

設有年已知入三會之各第幾年求入總第幾年法以四千八百四十五乘入會年數以四千二百乘入章年數以六千九百十六乘入律會年數乘畢幷之滿七千九百八十去之餘爲入總之年也

儒略元至西國諸大事及諸歷元之積日列表如左

諸元	儒略歷	耶穌紀年	儒略歷	積日
儒略元	正月初一	前四千七百十三	一	○
開闢屋實所推	正月初一	前四千零四	七百十	二十五萬八千九百六十三
洪水阿波哈三古沙所推	二月十八	前三千一百零二	一千六百十二	五十八萬八千四百六十六
洪水常用	正月初一	前二千三百四十八	二千三百六十六	八十六萬三千八百十七
亞伯拉罕元泥各拉所推	十月初一	前二千零十五	二千六百九十九	九十八萬五千七百十八
破特羅呀城泥各拉所推	七月十二	前一千一百八十四	三千五百三十	一百二十八萬九千一百六十
開所羅門殿	五月初一	前一千零十五	三千六百九十九	一百三十五萬零八百十五
羅馬小會常用之元	七月初一	前七百七十六	三千九百三十八	一百四十三萬八千一百七十一

諸元	格勒哥里歷			
築羅馬城代羅元	四月二十二	前七百五十三	三千九百六十一	一百四十四萬六千五百零二
那波那耍元	二月二十六	前七百四十七	三千九百六十七	一百四十四萬八千六百三十八
默冬章天文元	七月十五	前四百三十二	四千二百八十二	一百五十六萬三千八百三十一
加里波蔀皮阿所推	六月二十八	前三百三十	四千三百八十四	一百五十九萬九千六百零八
腓立元	十一月十二	前三百二十四	四千三百九十	一百六十萬三千三百九十八
西晉寄地元	十月初一	前三百十二	四千四百零二	一百六十萬七千七百三十九
安提阿元	九月初一	前四十九	四千六百六十五	一百七十萬三千七百七十
儒略改歷	正月初一	前四十五	四千六百六十九	一百七十萬四千九百八十七
土班雅元	正月初一	前三十八	四千六百七十六	一百七十萬七千五百四十四
羅馬元	正月初一	前三十	四千六百八十四	一百七十一萬零四百六十六
亞力山太元	八月二十九	前三十	四千六百八十四	一百七十一萬零七百零六
耶穌降世	正月初一	一	四千七百十四	一百七十二萬一千四百二十四
丟格列山元	八月二十九	二百八十四	四千九百九十七	一百八十二萬五千零三十
回回元天文合朔	七月十五	六百二十二	五千三百三十五	一百九十四萬八千四百三十九
波斯元	六月十六	六百三十二	五千三百四十五	一百九十五萬二千零六十三
日拉利元泥各拉所推	三月十四	一千零七十九	五千七百九十二	二百十一萬五千二百八十五
諸西國舊歷之末日	十月初四	一千五百八十二	六千二百九十五	二百二十九萬九千一百六十
英國舊歷之末日	九月初二	一千七百五十二	六千四百六十五	二百三十六萬一千二百二十一

諸西國行新歷	十月十五	一千五百八十二	六千二百九十五	二百二十九萬九千一百六十一
英國行新歷	九月十四	一千七百五十二	六千四百六十五	二百三十六萬一千二百二十二
一千八百零一年之首	正月初一	一千八百零一	六千五百十四	二百三十七萬八千八百六十二
天文公會星表之元	正月初一	一千八百三十	六千五百四十三	二百三十八萬九千四百五十四
英格致公會星表元	正月初一	一千八百五十	六千五百六十三	二百三十九萬六千七百五十九

右默冬章及回回元熱帶間所行官歷較天文歷遲一日。蓋天文歷用眞朔而官歷以初見新月爲朔也。皮阿放加里波部之元爲冬至合朔而本日已可見新月焉。求二時中間之積分爲最要事。若不明法意易致誤。凡云某日云某年，即所求之日與年也。如云耶穌前一年正月初五，非入正月已過五日，乃已過四日而入第五日也。又前一年乃指耶穌降世第一年前之一年。耶穌降世與耶穌前相

接皆無○年。故耶穌降世之年即耶穌前一年也。

設有耶穌紀年求儒略歷之積年。其年爲耶穌前則以減四千七百十四，爲耶穌降世則以加四千七百十三。觀前表自明。

設有舊歷某日求儒略歷之積日。法如前以耶穌紀年變爲儒略年，所得減一，餘以四除之，所得命爲午，不盡數命爲未。乃依左第一表以午變爲積日，依第二表以未變爲積日，二日數之和即從儒略元至本年正月初一之日數也。又依第三表求正月初一至本日之數。未爲○則用閏年一層，未爲一二三則用常年一層。以所得日數加于午

未日數和即儒略元之積日，算外爲本日。

一表 四年積日之倍數

四年積日之倍數	
一	一千四百六十一
二	二千九百二十二
三	四千三百八十三
四	五千八百四十四
五	七千三百零五
六	八千七百六十六
七	一萬零二百二十七
八	一萬一千六百八十八
九	一萬三千一百四十九

二表 餘年之積日

餘年之積日	
○	○
一	三百六十六
二	七百三十一
三	一千零九十六

三表 正月初一至各月初一之積日

各月初一	常年	閏年
正月	○	○
二月	三十一	三十一
三月	五十九	六十
四月	九十	九十一
五月	一百二十	一百二十一
六月	一百五十一	一百五十二
七月	一百八十一	一百八十二
八月	二百十二	二百十三
九月	二百四十三	二百四十四
十月	二百七十三	二百七十四
十一月	三百零四	三百零五
十二月	三百三十四	三百三十五

假如有英國舊歷耶穌降世一千七百五十二年九月初二，求儒略歷之積日。法置一千七日五十二，加四千七百十三，得六千四百六十五爲積年。減一餘六千四百六十四，以四除之得一千六百十六，無餘。依第一表化年爲日，得二百三十六萬零九百七十六爲積日，算外得本年正月初一日。又依第三表求得正月初一至本日之數二百四十五，以加之得二百三十六萬一千二百二十一，即所求之積日，算外得本日。

設有新歷某日求儒略歷積日，即以新歷當作儒略歷，如上法求得積日，減若干日即得。在耶穌降世一千七百年

三月初一日之前減十日自耶穌降世一千七百年二月二十八日之後至一千八百年三月初一日之前減十一日自耶穌降世一千八百年二月二十八日之後至一千九百年三月初一日之前減十二日自耶穌降世一千九百年二月二十八日之後至二千一百年三月初一日之前減十三日餘類推

求二時中間之積日或一為舊歷時一為新歷時或皆為舊歷時或皆為新歷時俱不論但以二時各求儒略之積日相減即得若帶時分秒各加于日下然後相減按儒略法四年一閏以歲實為三百六十五日四分日之一較眞

歲實略大每九百年必差七日故至耶穌降世一千四百十四年覺春秋二分已不在三月二十一日及九月二十一日共議改歷至一千五百八十二年十月初四日始定用新歷以初五日為十五日初歐羅巴奉天主教諸國改用新歷而奉耶穌教之國尚用舊歷至一千七百五十二年九月初二英國亦改用新歷以明日初三為十四日舊歷以仲春月二十五日為歲首新歷以季冬月初一日為歲首故舊歷之末一年僅有二百八十二日不滿九月少三月有奇也今統歐羅巴洲惟俄羅斯未改故其歷較各國差十二日

凡攷史之年月日必用古歷推之史志中記天事其時不甚明者因今已深知月行動之法故可用法推定之如數千年之交食以今法上推不差一日史中或有他事與月食相連書者既知交食之日即知其事之日也

續有典要之日食四次已如此推之記其時于右歷元表（見本卷儒畧元條）此四次中之一名大粟日食諸天學家辨論繁多終不相合近時愛里用噶孫印行之月表推算而得確數可無疑義古時名為大粟日食者用合陸奪多史載大粟預言其時至期日食而米太與呂太亞兩國因而罷戰倍利云若此非日食既則軍中不見也因用

歷表推算此日食在周匡王三年九月二日其影必過哈利河口故昔人以其戰略在此處而不能確定者至此推算而始可定矣惟按噶孫之表則此日食之影不至小亞西亞之北而必在亞梭弗海之北又按噶孫之表推算此日既或在周簡王元年其影必過壹徧斯因此處之形勢更合于哈利河口故人皆謂其戰在此無疑周赧王時加搭其宜國人伐地中海內西西里島屑辣古之地彼地之官阿茄都格利以多船載其民人率之逃避至薄恩角次日船中多人見日食既倍里推算之知前所推者若合則古書所載此日食在周赧王五

年不合也今知前所推者不合因再推之知赧王五年之日食經過西西里之南角必掩阿茄都格利諸船無有他日食能如此也

古史任奴分載波斯人攻米太人于辣立撒城時米太人見日食而驚波斯人乘而克之辣立撒城雖已堙沒而近時攷古者攷之尚有城跡知即今之甯綠也以喊孫之表推算此日食在赧王五年七月九日其影甚小僅闊七十餘里必過今之甯綠此亦證爲即古辣立撒城也且可知月表之精矣

日既統之以年而一年中日太多令人難記故各國皆分

其年爲若干分每分繫以名而分中諸日又各有號則某分某日了然易記矣有以月分不論年之日者如猶太土爾其歷每年十二月共三百五十四日是也英國分爲十二分其日數不等亦名曰月二月最小故閏日恆在二月也中國亦以月分而有閏月故四時不亂西國步天每日從午正起而所行官歷每日從子正起故天文歷日之前半與官歷日之後半相合餘不合又各地以子午圈爲準每日之始無論用子正日入日出皆不同故測天既記日又必記地之經度各國推經度皆以福島爲準因此島無天算家免爭端也竊謂以亞力山太爲準亦可蓋多祿某

步天之處各國俱重之不相忌也然但經度不能知一定之日假如距亞力山太一百八十經度未能定知本日爲歷之第幾日設一處爲一千八百四十九年正月初一日禮拜一同時必有一處爲一千八百四十八年十二月三十一日禮拜日欲去此差必用公時或太陽過平春分時而不用春分點者蓋春分點恆變有地軸尖錐動有諸星攝動力令黃道變而歲差不等然俱有復初之時尖錐動十九年而復諸星攝動之復時甚長尚未推定故用平春分此二事俱不論一若春分以平速逆行而日以平速順行古今日表以日之平經度爲準乃日之平恆星行加分

點之平恆星行也此數用二千五百年測簿推得之三百六十度爲平太陽年無論何時以日之平經度變爲日時分秒即得統地球之公時名曰分點時以本年平春分爲元

用分點時始于耶穌降世一千八百二十八年定用特溟勃之日表表中平春分倫敦平時爲三月二十二日一小時二分五十九秒〇五巴黎斯平時爲三月二十二日一小時十二分二十秒五五白靈平時爲三月二十二日一小時五十六分三十四秒五五而分點時爲〇日〇時〇分〇秒〇〇自平春分至平春分得三百六十五日二四

二二六四爲一分點年。準此推得道光八年平春分爲耶穌降世一千八百二十八分點年之始。爲儒略歷六千五百四十一分點年之始。

各地午正所得分點時積分。同分點年中。其小餘每日皆同。異年則不同。如耶穌降世一千八百二十八年三月二十三日。倫敦午正所得分點時積分爲○日九五六二六一。卽○日二十二小時五十七分○秒九五。二十四日午正大餘一。二十五日午正大餘二。小餘俱爲九五六二六一。如是至一千八百二十九年三月二十二日。小餘皆同。至二十三日。則不同。蓋二十二日午正後加小餘二八六

○○三。卽六小時五十一分五十秒六六。爲前分點年所終。後分點年所起。故置一日。以此小餘減之。得○日七一三九九七。爲二十三日分點時積分。而後分點年。每日之小餘恆爲七一三九九七也。設從二十二日子正起歷十二小時。卽小餘五○○○○○。所得分點時積分爲三百六十四日九五六二六一。再加小餘五○○○○○。則得三百六十五日四五六二六一。大于分點年三百六十五日二四二二六四。卽知已入新分點年。以此二數相減得○日二一三九七七。爲一千八百二十九年倫敦三月二十二日。十二小時分點時積分。無論何地。但知一年中午

正分點時之小餘。則後若干年。以二四二二六四之若干倍減本年小餘。不足減者。加一日減之。卽得其年之小餘。設前若干年。以二四二二六四之若干倍加本年小餘。滿日去之。卽得其年之小餘。如法以倫敦一千八百二十七年之小餘一九八五二五。遞求得後諸年小餘如左。

耶穌降世年	小餘
一八二八	九五六二六一
一八二九	七一三九九七
一八三○	四七一七三三
一八三一	二二九四六九
一八三二	九八七二○五
一八三三	七四四九四一
一八三四	五○二六七七
一八三五	二六○四一三
一八三六	○一八一四九
一八三七	七七五八八五
一八三八	五三三六二一
一八三九	二九一三五七
一八四○	○四九○九三
一八四一	八○六八二九
一八四二	五六四五六五
一八四三	三二二三○一
一八四四	○八○○三七
一八四五	八三七七七三
一八四六	五九五五○九
一八四七	三五三二四五
一八四八	一一○九八一
一八四九	八六八七一七
一八五○	六二六四五三
一八五一	三八四一八九
一八五二	一四一九二五
一八五三	八九九六六一

談天卷十八終

談天附表

諸恆星常例等及光理等表

北半球

星名	常例等	光理等	星名	常例等	光理等
大角	〇·七七	一·一八	五車二	一·〇	一·四
織女一	一·〇	一·四	南河三	一·〇	一·四
參宿四	一·〇	一·四三	畢宿五	一·一	一·五
河鼓二	一·二八	一·六九	北河三	一·六	二·〇
軒轅十四	一·六	二·〇	天津四	一·九〇	二·三一
北河二	一·九四	二·三五	玉衡	一·九五	二·三六
天樞	一·九六	二·三七	天船三	二·〇七	二·四八
搖光	二·一八	二·五九	參宿五	二·一八	二·五九
五車五	二·二八	二·六九	勾陳一	二·二八	二·六九
軒轅十二	二·三四	二·七五	婁宿三	二·四〇	二·八一
開陽	二·四三	二·八四	參宿九	二·四五	二·八六
五車三	二·四八	二·八九	天大將軍一	二·五〇	二·九一
策	二·五二	二·九三	壁宿二	二·五四	二·九五
王良四	二·五七	二·九八	井宿三	二·五九	三·〇〇
大陵五	二·六二	三·〇三	危宿三	二·六二	三·〇三
天棓四	二·六二	三·〇三	五帝座一	二·六三	三·〇四
候	二·六三	三·〇四	王良一	二·六三	三·〇四
天津一	二·六三	三·〇四	室宿一	二·六五	三·〇六
室宿二	二·六五	三·〇六	貫索四	二·六九	三·一〇
天璣	二·七一	三·一二	天璇	二·七七	三·一八
梗河一	二·八〇	三·二一	天津九	二·八八	三·二九
天鈎五	二·九〇	三·三一	天市垣蜀	二·九二	三·三三
太微垣右上相	二·九四	三·三五	河鼓三	二·九八	三·三九
閣道三	二·九九	三·四〇	右攝提一	三·〇一	三·四二
紫微垣少宰	三·〇二	三·四三	天棓三	三·〇六	三·四七
婁宿一	三·〇九	三·五〇	壁宿一	三·一一	三·五二
太微左垣次將	三·一四	三·五五	五車四	三·一七	三·五八
天市垣河中	三·一八	三·五九	常陳一	三·二二	三·六三
宗正一	三·二三	三·六四	天津二	三·二四	三·六五
卷舌二	三·二六	三·六七	昴宿六	三·二六	三·六七
卷舌四	三·二七	三·六八	天紀二	三·二八	三·六九
五車一	三·二九	三·七〇	太子	三·三〇	三·七一
離宮四	三·三一	三·七二	天市垣吳越	三·三二	三·七三
輦道增七	三·三三	三·七四	天船二	三·三四	三·七五
中台二	三·三五	三·七六	天大將軍九	三·三五	三·七六
天船五	三·三六	三·七七	太尊	三·三六	三·七七
杜一	三·三七	三·七八	紫微垣上弼	三·四〇	三·八一
女牀一	三·四一	三·八二	南河二	三·四一	三·八二
天關	三·四二	三·八三	天廚一	三·四二	三·八三
井宿一	三·四二	三·八三	招搖	三·四三	三·八四
井宿五	三·四三	三·八四	天市垣魏	三·四四	三·八五
天罇二	三·四四	三·八五	上衛增一	三·四五	三·八六
文昌四	三·四五	三·八六	上台一	三·四六	三·八七
柱三	三·四六	三·八七	漸臺三	三·四七	三·八八
鉞	三·四八	三·八九	少衛增八	三·四八	三·八九
上台二	三·四九	三·九〇	閣道二	三·四九	三·九〇

南半球

星名	常例等	光理等	星名	常例等	光理等
天狼	〇·〇八	〇·四九	海山二	變大小無恆等	
老人	〇·二九	〇·七〇	南門二	〇·五九	一·〇〇
參宿七	〇·八二	一·二三	水委一	一·〇九	一·五〇
馬腹一	一·一七	一·五八	十字架二	一·二	一·六
心宿二	一·二	一·六	角宿	一·三八	一·七九
北落師門	一·五四	一·九五	十字架三	一·五七	一·九八
鶴一	一·六六	二·〇七	十字架一	一·七三	二·一四
參宿二	一·八四	二·二五	弧矢七	一·八六	二·二七
尾宿八	一·八七	二·二八	參宿一	二·〇一	二·四二

南船五	二〇三	二四四	天社一	二〇八	二四九
海石一	二一八	二五九	三角形三	二二三	二六四
箕宿二	二二六	二六七	尾宿五	二二九	二七〇
星宿一	二三〇	二七一	弧矢一	二三二	二七三
孔雀十一	二三三	二七四	鶴二	二三六	二七七
斗宿四	二四一	二八二	天社三	二四二	二八三
土司空	二四六	二八七	天記	二四六	二八七
庫樓三	二五四	二九五	軍市一	二五八	二九九
參宿六	二五九	三〇〇	參宿三	二六一	三〇二
庫樓七	二六八	三〇九	尾宿二	二七一	三一二
弧矢增二十二	二七二	三一三	火鳥六	二七八	三一九
海石二	二八〇	三二一	騎官十	二八二	三二三
南門一	二八二	三二三	弧矢二	二八五	三二六
虛宿一	二八五	三二六	房宿三	二八六	三二七
天市垣宋	二八九	三三〇	軫宿一	二九〇	三三一
尾宿七	二九一	三三二	庫樓二	二九一	三三二
天社五	二九四	三三五	軫宿四	二九五	三三六
房宿四	二九六	三三七	庫樓一	二九六	三三七
天市垣韓	二九七	三三八	危宿一	二九七	三三八
弧矢九	二九八	三三九	馬尾三	二九九	三四〇
厠一	三〇〇	三四一	天市垣梁	三〇〇	三四一
斗宿六	三〇一	三四二	天江一	三〇五	三四六
氐宿四	三〇七	三四八	太微左垣上相	三〇八	三四九
老人增五	三〇八	三四九	箕宿二	三一一	三五二
氐宿一	三一二	三五三	斗宿二	三一三	三五四
騎官四	三一四	三五五	丈人一	三一五	三五六
南柱十一	三二〇	三六一	壘壁陣四	三二〇	三六一
軫宿三	三二二	三六三	玉井三	三二六	三六七
南船三	三二六	三六七	蛇尾一	三二七	三六八
軫宿二	三二八	三六九	杵三	三三一	三七二
鳥喙一	三三二	三七三	牛宿一	三三二	三七三
弧矢增二十五	三三二	三七三	房宿一	三三五	三七六

厠二	三三五	三七六	騎官一	三三六	三七七
尾宿九	三三七	三七八	伐三	三三七	三七八
杵二	三四〇	三八一	建三	三四〇	三八一
蜜蜂三	三四三	三八四	蛇首一	三四四	三八五
心宿三	三四四	三八五	柳宿六	三四五	三八六
平一	三四六	三八七	三角形二	三四六	三八七
心宿一	三五〇	三九一	弧矢增十九	三五〇	三九一

諸行星根數表

體名	距日中數（地距日爲一）	中恆星周中太陽日數	兩心差（長半徑爲一）
月			
水星	〇·三八七〇九八一	八七九六九二五八〇	〇·二〇五四九二五
金星	〇·七二三三三一六	二二四七〇〇七八六九	〇·〇〇六八七二二
地	一·〇〇〇〇〇〇〇	三六五二五六三六一二	〇·〇一六七九一八
火星	一·五二三六九二三	六八六九七九六四五八	〇·〇九三一一二五
穀女	二·七六六四三一三	一六八〇·六五〇	〇·〇八〇五〇九六
武女	二·七六八六九〇六	一六八三·一〇三	〇·二四〇〇一一六
天后	二·六七〇七五四三	一五九四·二二一	〇·二五六五九四九
火女	二·三六一六六八二	一三二五·六四〇	〇·〇八九〇八七九
殿女	二·五七七八九六〇	一五一一·八〇〇	〇·一八七二一二三
褘女	二·四二四六二九〇	一三七九·〇〇七	〇·二〇二八八五六
虹女	二·三八六〇三六〇	一三四六·二一二	〇·二三一二一四五
花女	二·二〇一三八六〇	一一九三·〇〇四	〇·一五六七〇四〇
慧女	二·三八六〇三三三	一三四六·二一一	〇·一二三八一五六
医女	三·一五一一九七二	二〇四三·二〇〇	〇·〇九九三九一一
虒女	二·四五二四〇六二	一四〇二·七七〇	〇·〇九九〇一九七
勝女	二·三三四四九一六	一三〇二·七五六	〇·二一七八二一四
傅女	二·五七六二九七〇	一五一〇·四〇〇	〇·〇八六七五二〇
和女	二·五八六三九六五	一五一九·二八八	〇·一六五六七二五
時女	二·六四四一三七三	一五七〇·四五二	〇·一八六八三〇八
靈女	二·九二六三八四〇	一八二八·四九三	〇·一三四一二五四
海女	二·四七三二八一一	一四二〇·七二一	〇·一二七六四四一
歌女	二·二九五六三二一	一二七〇·四三〇	〇·二一七四四二〇
古女	二·四四一五六六二	一三九三·四八一	〇·一五七二三二六
王女	二·四〇八九一二二	一三六五·六二一	〇·一四四二九七七
梁女	二·四三四七四四四	一三八七·六四三	〇·一六一七〇九一
詩女	二·九〇九四九八七	一八一二·六九九	〇·一〇一九六〇二
戲女	二·六二八二一五四	一五五六·二九一	〇·二三二一八一七
公女	三·一四三九四一五	二〇三六·一四七	〇·一一七〇六二七
幅女	二·三九九九八二二	一三五八·〇三三	〇·二五四七九〇〇
陰女	二·六五五二一〇〇	一五八〇·三一九	〇·〇八七一五七二
鏞女	二·五四六三四六〇	一三一二·七六〇	〇·一七三六二一〇
戰女	二·七七八四七〇〇	一六九一·九八六	〇·一五〇〇九八六
洋女	二·五五三六六四七	一四九〇·五四二	〇·〇七三七八五〇
天女	二·三六五四一三三	一三二八·七九五	〇·一二七六一四二
麗女	三·一五七一四二一	二〇四八·九八八	〇·二一八一四九四
果女	二·五八八七一三七	一五二一·三三二	〇·〇八〇二一四四
瑟女	二·八六五〇六二〇	一七七一·三二八	〇·三三八一九六〇
巫女	二·八六七〇九五〇	一六〇八八七七	〇·一〇五六一四二
沉女	三·〇〇六〇五四八	一九〇三六八〇	〇·二一三六三一五
馳女	二·七四七九〇〇六	一六六三·七九二	〇·二九七一三〇九
信女	二·六四二一四七三	一五六八·六七四	〇·一七四八九二七
明女	二·七四〇一四八三	一六五六·七五八	〇·一五五四三二二

元時星之中黃經 度	分	秒	卑点距正交黃緯 度	分	秒	正交點黃經 度	分	秒	木星道與黃道交角 度	分	秒
一六六	○	四八六	七四	二一	四六九	四五	五七	三○九	七	○	九一
一一	三三	三○	一二八	四三	五三一	七四	五四	一二九	三	二三	二八五
一○○	三九	一○二	九九	三○	五○						
六四	二二	五五五	三三二	二三	五六六	四八	○	三五	一	五一	六六二
二五	四四	五○六	一四八	二七	一四一	六○	四八	四七九	一○	三六	二七八
三五四	四四	三八九	一二二	四	四八一	一七二	四二	一五一	三四	四三	八七
二六八	一八	四六八	五四	四四	九六	一七○	五二	四九	一三	一	九○
五二	三四	二六	二五○	三八	一○三	一一三	二三	一一七	七	七	五五七
二六二	二四	二二五	一三五	二○	二六三	一四一	二五	四三五	五	一九	五七
二六九	八	一六九	一五	二二	一二六	一三八	三七	二一四	一四	四六	三八○
八	九	六五	四一	一九	三三五	一五九	四八	一二三	五	二七	五三三
六八	四八	三一九	三二	五四	二八三	一一○	一七	四八六	五	五三	六○
二四八	一	四八七	七一	三二	一九○	六八	三一	五八四	五	三六	七三
三一六	五四	一六七	二三四	四九	五七七	二八六	四三	五五○	三	四八	四七一
三○四	五七	四五	三一七	二一	四七	一二五	五	五六一	四	三七	○九
三一二	三三	五二四	三○一	五六	三六○	二三五	三三	三四九	八	二三	一五
一一一	五一	五九四	一一九	○	一六二	四三	一九	四五四	六	三一	五五九
九八	五七	三三四	一八○	六	三三九	八六	四二	八八	九	七	二七三
一○七	○	二四五	二七	三七	二四七	二九三	五八	二○七	一一	四三	三五二
二二六	七	三二六	一四	四四	五七六	二五○	三四	一六	三	三	五八六
二四五	五	一一	二六○	四○	八一	一二五	二一	三七二	五	五六	五六
一六七	三九	二○九	一五	九	五八○	一五○	四	三○七	一○	八	五八六
四一	五一	一三五	三○	二九	三二三	二一一	二七	一八二	一	三二	三○二
三五一	二	三九八	九八	二六	二二四	二○六	四二	三○八		四一	一一
三四九	二一	三三○	三二六	二七	○六	八○	三○	五六二	三	三五	二一○
二二四	四六	二六六	五六	三四	一三一	六六	三六	二八	一三	四五	二八四
一四一	三	五九三	一二四	九	六七	六七	三九	一二○	一○	一三	一三一
六二	二四	三九七	一三九	四九	二四二	三六	一一	四八一		四八	五一六
一○八	四	二七七	三○二	五三	五八三	二一四	三	○一	二一	三四	五四九
六一	一四	三○○	二三四	五○	二三九	四五	五五	三四	三	三五	三八○
三一一	五六	四五	八七	四○	八九	九三	四六	二二一	一	三五	三○三
六六	三	五七四	一二二	五五	二九六	一四四	四一	九九	九	二一	二六三
二八三	四○	五八五	五七	二三	一二一	三五六	二八	三七九	六	七	四九八
三七	五九	九五	三○	五二	四九六	三○八	一六	八四	二	六	一八
一五五	一○	三四一	九四	一五	六四	三一	二八	四○○	二六	二六	○○
六	二九	一五	一九四	二	三二三	一二○	四七	三七三	五	二八	五一六
二八五	三九	一二六	三四二	二七	五三九	九	六	四四一	一	五六	一八九
一○五	三四	二二○	一五○	一四	四五二	一八四	四二	二二○	五	二六	三七三
六二	五二	二四三	二○一	二六	二七一	三五九	五一	二○九	八	一○	八二一
七二	三○	三六六	四二	二八	二○○	三五九	一○	四六四	一八	四一	五一六
四二	三四	三三三	六六	四	二八二	八	九	三七四	三	七	一○五
一一二	五八	二七六	一○○	五一	四四三	二九六	二七	三四九	六	五八	二五三

體徑之角度秒數	體徑之里數	質積母數 子數爲一	格勒司里曆今地元時 地	年	月	
一九二三六四	二五五○○○○	一				
六六九	九二○○	四八六五七五一	倫敦	一八○一	一	一·○
一七五五	二三四四五	四○一八三九	同上	一八○一	一	一·○
	二二九一八	三五九五五一	同上	一八○一	一	一·○
六四六	一三一四五	一一八○三三七	同上	一八○一	一	一·○
			同上	一八六四	一○	一二·○
			同上	一八六四	九	六·○
			同上	一八六四	六	八·○
			同上	一八六三	一一	二三·○
			同上	一八六四	六	二六·○
			伯靈	一八六二	五	三一·○
			華盛頓	一八六二	九	一二·○
			伯靈	一八四八	一	一·○
			同上	一八六三	五	三○·○
			倫敦	一八六二	四	二六·○
			伯靈	一八六二	七	二一·○
			倫敦	一八五七	八	二·○
			伯靈	一八六四	一	一○·○
			倫敦	一八六二	六	一·○
			華盛頓	一八六二	一	三○·○
			同上	一八六三	四	二九·五
			伯靈	一八六○	七	一二·○
			倫敦	一八五八	三	六·○
			伯靈	一八六○	一一	八·○
			同上	一八六三	八	二九·五
			倫敦	一八六○	一	一九·○
			伯靈	一八六○	一	○·○
			華盛頓	一八六二	二	一九·○
			倫敦	一八六二	一○	二三·○
			伯靈	一八六三	一	一三·○
			倫敦	一八六○	二	六·○
			伯靈	一八六三	七	二三·○
			同上	一八六二	三	二四·○
			同上	一八六三	六	三○·○
			同上	一八六三	一二	一七·○
			同上	一八六二	三	九·○
			華盛頓	一八六二	一○	一·○
			同上	一八六三	五	二八·五
			伯靈	一八六三	一	三·○
			同上	一八六三	一一	一六·五
			同上	一八六一	一	○·○
			同上	一八五六	一	○·○
			同上	一八五六	一	○·○

球率赤徑分 橢爲道之母	受太陽光熱之中率	本星軸與黃道面交角 度	分	秒	自轉時 時	分	秒	球密率
	四五九四○	八二	四五	○	六○九	七	○	○·二五
	六六七四				二一	五	○	一·一四
	一九一一				二三	二一	○	○八四
二九八	一·○○○	六六	三二	六	二三	五六	四	一·○○
六二	○·四三一	五九	四一	四九	二四	三七	二二·七	○七二

諸行星根數表

兩心差 長半徑爲一	中極星周中太陽日數	距日中數 地距日爲一	體名
○·一一一一○一八	一六八三八六二	二·七六九九八二○	喜女
○·○四六三一四三	一二四七三三五	二·二六七七二二六	律女
○·二六九○八一○	一六八○七二五	二·七六六五五二六	桂女
○·二二五六一四三	一三九二一四	二·四三九九九九	地女
○·一六七五九三三	一一九四六一	二·二○三三五八	愛女
○·一五○三五四五	一三七九一○	二·四二四七四一	使女
○·○八二二三六一	一六三八九八	二·七二○五一○	穀女
○·一六四六六六○	一四六六五二	二·五二六一五一	家女
○·一三二四○○五	一七八五三八	二·八八○一九七	仁女
○·○七六九四六七	二○○二七一	三·一○九四二○	淇女
○·二三八五○二四	一九七四六○	三·○八○二五九	牧女
○·二八七三二九○	一五七五四五	二·六四九七四一	貞女
○·○六六二四○○	一三二八九四	二·三六五五七九	禽女
○·一○一四七四五	一九九三三九	三·○九九七七三	虜女
○·二○三八二○七	一五四九八四	二·六二○九五七	烏女
○·一九六六一七四	一六三三八八	二·七一四八六四	哲女
○·一四二○三三四	一六七四四五	二·七五九六二一	賜女
○·二三七○四三四	一五二八七四	二·五九七一一○	中女
○·一○四一一五七	二○四九一三	三·一五七二八八	記女
○·○四○一六八六	一六一五四八	二·六九四四四一	台女
○·一一七三五三九	一六三二九八	二·七一三八七○	乾女
○·一八四七三八六	一三五二一九	二·三九三○八八	制女
○·一六八四三五四	一九○一七一	三·○○三九七八	四女
○·一七○九八二○	二○二三二九	三·一三○六九五	效女
○·一二四七二二八	一三五二七八	二·三九三七八五	澳女
○·一二九○九五二	一六○三○一	二·六八○五五七	神女
○·一二○一七一九	二三○九九八	三·四一九八四二	螞女
○·一三三九一六五	一五八七七七	二·六六三五四四	光女
○·一八四八四八二	一三七五二九	二·四二○二七七	彩女
○·一六九七八四七	一六四○九二	二·七二二六五八	游女
○·一七四五二四二	一八九三一二	二·九九四九三二	夕女
○·一九五○一九○	一五五七○九	二·六二九一一五	瀟女
○·一七三七二八九	一六七一三○	二·七五六一五九	石女
○·一一六四六四一	一二五三三一	二·二七四九五八	期女
○·○四五四三八一	一五八九五六	二·六六五五四一	芥女
○·二五五四三一○	一五○九四五	二·五七五二一二	獅女
○·三○五四三七七	一五八九八四	二·六六五八五六	獄女
○·○三○二一一○	二○八○○四	三·一八八九六○	舒女
○·一三五八一三六	一五九六九一	二·六七三七五二	寒女
○·二○六六八○四	一五五四六○	二·六二六三一六	獵女
○·一九五三三二九	一三九五七一	二·四四四一七三	配女
○·二○○二一七八	一二七一○五	二·二九六三七五	滅女
○·二一○○四六一	一七五七七七	二·八五○四二八	舞女

本星道與黃道交角 度	分	秒	正交点黃經 度	分	秒	卑点距正交黃經 度	分	秒	元時星之中黃經 度	分	秒
一〇	二〇	五八三	一五七	二〇	六六	二	一一	三六九	一四六	四一	三四五
四	一五	五二三	九三	三四	三七	一	二	四一七	二二五	四七	二九八
一六	三	一三七	一七九	二	二〇一	二二〇	五	二〇一	三三五	三	二一七
八	三四	二九八	八四	三一	六九	三一七	五九	三九二	二四七	四六	一九五
三	二七	三九一	二六四	二五	五二七	二七七	五〇	五〇四	一三二	一	三〇二
三	四一	四〇九	二三一	三	五二	一一一	二八	二九三	一一六	一八	一九一
六	三四	五七〇	一四八	五	五一八	二二九	五一	五二七	二九四	三五	二八
二	一七	二六七	一八一	三三	四二一	三五四	四三	五六三	八六	七	三四三
五	〇	九六	四	一一	五二二	三一三	五三	〇八	一六	三四	一一四
六	二九	四〇九	一八五	一四	一三三	七六	五二	三八五	一六	六	四七〇
三	八	四五一	二九〇	二九	四二	三二	三一	四〇六	一五九	三四	五五三
二	四七	三六九	一七三	三六	一二二	九	五一	三〇三	八九	一六	五二二
九	五六	四七三	一七五	三九	一一三	一七五	一〇	五三一	一七七	一一	二五三
七	二	四〇三	一二九	五七	一六五	一〇一	五四	五七二	一三六	二〇	五一四
五	六	四二七	一四四	一	五二五	九二	四七	三五八	二三九	一九	一六八
一	四七	一一三	三一三	四九	〇七	二九四	五三	四六一	一四九	四〇	二一六
七	一三	二八一	一〇	五七	二九一	一一	二八	三八六	二八	二六	五七六
八	一	五〇八	一九四	二五	五九四	二九三	三七	三七九	六二	一六	四五七
一五	八	一六	二〇〇	五	二五一	五二	五三	一三〇	二八	三五	二五六
五	一	六七	一六一	一一	三九八	一八〇	一七	二四〇	一六二	二八	二六一
八	三七	四一三	一七〇	二二	三一四	一六	五四	四四四	一九〇	六	一八六
三	三四	一八七	一九一	五九	四七二	九八	三〇	一七三	二三二	二七	一一八
一八	一六	三二三	三三四	一六	五七九	三四二	四四	一二七	七三	六	二五四
二	一二	二三九	一二六	一二	五五一	三四	〇	八二	一七六	一	二三二
五	四六	五四五	三三八	三	四八九	二六九	四一	〇七	一七七	七	九一
一	一九	五一五	三一一	四	四六九	一二三	四三	五〇三	一八二	五七	五四
三	二八	九五	一五八	五三	四八七	二五八	二二	一七一	一九二	一七	二一四
三	三	二四六	八	一三	一三五	三八	一三	四七	一八八	四二	三二五
五	五九	二七三	二〇二	四〇	一〇一	三〇六	一八	四七九	三一三	三八	二三三
八	一〇	一六五	四四	三七	四〇七	三五八	五七	三二〇	二八二	二三	四七二
八	二八	二五〇	一八六	五九	四三	一一一	八	四二〇	一六四	二	二一〇
一	三一	五六五	四八	一六	二七八	二九九	四七	三一六	二五〇	三四	一六一
三	一八	二九五	三一六	一八	四八四	二二一	五八	四六八	三二二	一五	二〇八
五	二六	五五二	二〇七	三七	一三一	三〇九	四八	二七九	二二	五二	五五九
二	一四	五七六	七	三二	一八九	六一	三三	五一一	一八九	四七	一一九
三	一五	四三八	二〇〇	二九	二〇二	六	四二	三六五		三一	二九四
四	五九	八八	三五九	五二	一九一	三三四	四〇	一二一	四	四〇	二三一
二	一三	三〇	一一二	九	三二五	六七	一〇	一七九	二八	四八	二八
二	二七	五五二	二	七	二七	五八	九	二二	三九	二五	二六四
八	三九	四七〇	二二	二	二四二	一一	一三	五九	一七三	四一	四八
四	三六	五〇五	二〇六	四二	四〇二	四四	一〇	[illegible]	四五	五〇	[illegible]
八	三六	四七九	二一八	三一	一八八	五五	七	二〇七	六一	[illegible]	[illegible]
七	五五	二二〇	二	三一	四五一	四八	一七	二九六	二九	三五	一六四

格勒哥里歷各地元時 地	年	月	日
靈伯	一八五六	一	一〇
上同	一八六三	五	一二〇
上同	一八六二	九	二三
上同	一八六〇	一	一〇
上同	一八六三	一	〇〇
上同	一八六〇	一	二八〇
上同	一八五八	一	〇〇
上同	一八六三	一	〇〇
上同	一八五九	六	一七〇
上同	一八五八	二	三〇
上同	一八六〇	一	二六〇
上同	一八六三	一	〇〇
上同	一八五六	三	二五五
上同	一八五六	一	〇〇
上同	一八六二	五	三一五
上同	一八六一	一	八〇
上同	一八五八	一二	三〇
上同	一八六二	一二	一八〇
上同	一八六〇	一	一〇
上同	一八六〇	一	〇〇
上同	一八六三	一	〇〇
上同	一八六三	一	〇〇
上同	一八六二	一	〇〇
上同	一八六三	三	二五五
上同	一八六二	三	五〇
上同	一八六一	五	二八〇
上同	一八六一	三	一八〇
頓盛華	一八六一	五	二七〇
靈伯	一八六二	一	〇〇
上同	一八六二	一	〇〇
上同	一八六一	六	三〇
上同	一八六一	六	〇〇
上同	一八六一	九	二五五
上同	一八六三	一	〇〇
頓盛華	一八六二	五	二六〇
靈伯	一八六二	九	一六〇
頓盛華	一八六二	一一	〇〇
敦倫	一八六二	一〇	二四五
靈伯	一八六三	一	〇〇
下同	一八六三	五	八五
敦倫	一八六四	一	一〇
靈伯	一八六五	一二	三〇
上同	一八六四	一一	一三〇

諸行星根數表

體名	距日中數 地距日為一	恆星周中太陽日數
數女	二七六四一四四	一六七八五七
欣女	二四三七二四四	一三八九七八
史女	二三六一八二三	一三二五七七
犢女	二六八三八八四	七五七九一四
化女	二〇九〇七八六	一九八四七三
林女	三四九四一一〇	二[illegible]八五六六
蠶女	二七六八八八五	一六八二八九
妖女	二五四九八三五	一四八七一九
休女	三一三八七八九	二〇三一一五
河女	二四九一七一七	一四三六六三
波女	三一九一六一八	二〇八二六五
賀女	二七五五九一〇	一六七一〇七
且女	三一六〇四一〇	二〇五二一二
鸝女	三〇六八七八六	一九六二五八
燁女	三〇五四五〇〇	一九四九七一
紡女	二六六八六二一	一五九二二一
佳女	二六八四五三五	一六〇六五八
秦女		
權女	二九九三九七三	一八九二二一
拐女	二五七三一一九	一五〇七六一
墾女	二六六二三六七	一五八六七三
夫女	二七〇二二六五	一六二二五二
伴女	三一七九八〇九	二〇七一〇九
犨女	二三七九九七五	一三四一〇六
坤女	三二〇一〇一〇	二〇九一八四
木星	五二〇二七七六	四三三二五八四八
土星	九五三八七八六	一〇七五九二一九八
天王	一九一八二三九〇	三〇六八六八二〇八
海王	三〇〇五六六〇	六〇一八六六三八五

體徑之角度 秒數	疎審率	自轉時 時	分	秒	本星軸與黃道面交角 度	分	秒	受太陽光熱之中率	球滿率爲赤道徑之分母
三七·九一	〇·二四	九	五五	二一·三	八六	五四	三〇	〇·〇三六	一六·八四
一七·五〇	〇·一一	一〇	一六	〇·四	六一	四九		〇·〇一一	
三·九一	〇·二〇							〇·〇〇三	
二·八六	〇·一五							〇·〇〇一	

元時星之中黃經 度	分	秒	格勒哥里歷各地元時 地	年	月	日	質積母數 子數爲一	體徑之里數
九四	四	四一〇	靈伯	一八六五	一	〇·〇		
二三九	四九	三五一	上同	一八六六	一〇	一五		
三五三	四八	四三六	上同	一八六五	一一	一三·〇		
一〇二	六	四三六	上同	一八六九	一	〇·〇		
三九	一二	五七一	上同	一八六六	一	二〇·〇		
二五一	三二	五八三	上同	一八六六	五	一六·四		
三〇四	五九	二一七	上同	一八六六	八	四·五		
三三〇	四四	五七一	上同	一八六六	八	三一·〇		
三五一	四四	二九六	上同	一八六六	一〇	二八·〇		
二八一	二七	一六八	上同	一八六九	六	三〇·〇		
二七八	二五	五六八	上同	一八六七	一	〇·〇		
三四二	四〇	一五四	上同	一八六七	一〇	二·〇		
一五九	四七	三三	上同	一八七〇	一	〇·〇		
一二七	五九	一一二	上同	一八六九	一	〇·〇		
二七五	一一	五一	上同	一八七〇	一	〇·〇		
一二六	八	五〇〇	上同	一八六八	一	〇·〇		
一五〇	二五	一六九	上同	一八六八	一	〇·〇		
三一六	七	五二七	靈伯	一八六八	七	一一·〇		
三四六	三八	一六一	上同	一八六八	九	一四·〇		
三〇二	二八	五四〇	上同	一八六八	一	〇·〇		
	二	六一	上同	一八六八	一〇	一三·〇		
一八	二四	一四二	上同	一八六八	九	一四·〇		
三四八	五四	六〇	上同	一八六八	一〇	一三·〇		
二二	二五	〇二	上同	一八六八	一〇	一一·〇		
一一二	一五	二三〇	敦倫	一八〇一	一	一·〇	一〇四七八七	二六六一五〇
一三五	二〇	六五	上同	一八〇一	一	一·〇	三五〇一六〇	二二五二五〇
一七七	四八	二三〇	上同	一八〇一	一	一·〇	二〇四七〇	一〇二五六六
三三五	六	〇四	上同	一八五〇	一	一·〇	一八七八〇	一一六七二〇

海王之質積與體徑之里數未定

兩心差（長半徑爲一）	本星道與黃道交角 度	分	秒	正交點黃經 度	分	秒	卑點距正交黃經 度	分	秒
〇二二九九〇六五	二	五〇	三四〇	二六	五〇	三三〇	一三一	一二	四八〇
〇〇八五九二五一	五	〇	三〇	二七	三三	三一二	一九三	四九	三二〇
〇二三六一五四二	九	二二	二五一	三三七	二二	一一	三三九	一一	五八一
〇一九〇八九〇七	一一	五三	九七	二〇三	五三	二七〇	三二二	三五	五二七
〇二〇四九一一三	四	四七	四四六	八七	五五	五二一	二八	三九	六七
〇〇八二三五一一	一〇	五〇	五六九	七六	二四	四六	三三六	五九	九二
〇一六五一〇六七	五	一四	三〇一	二七七	四二	五二五	三〇八	五〇	五二四
〇一八〇三〇四一	一六	一一	二五五	三一一	三〇	一一七	三五三	一七	八一
〇一七四七一六六	二	一六	四七八	七一	一四	五九六	三〇一	一	二八五
〇〇六六二〇一三	二	九	三一六	一一	四一	三四八	六八	五四	三三
〇一〇三一七一〇	九	五七	三〇	一〇二	五二	三二七	三三三	二一	五六〇
〇一四〇二六七〇	八	三六	三一八	五	四	一一四	二七五	三八	一六三
〇〇八八九三一二	八	五	一八五	四	三四	三六四	四四	三七	一九五
〇一四六五三三八	一二	五一	一五	二四四	二二	三一四	三〇	二二	三四四
〇一四〇二七六三	一六	六	三一一	三二二	五一	四三	一六四	一六	五一五
〇二五六八九四一	一一	四四	五八四	一六〇	三六	三四八	六五	三三	三六〇
〇一八九一八九一	一五	三二	三五一	三五四	一六	四三二	一四七	四三	七五
〇一六九〇四五六	六	九	五〇四	一二八	一六	五九三	三四三	〇	四六一
〇一三九四〇四〇	一〇	四	一九五	三四三	三五	〇一	三二八	四〇	五一〇
〇二五四七六六八	五	六	三三	二一一	三二	四三二	三五五	九	一〇二
〇〇八〇六七〇七	五	二一	三五二	一三五	五六	五六四	三二六	一五	四八
〇一六七三四〇四	二	五三	二六七	四三	四六	四二一	六二	一一	五五四
〇一七六一九七二	二一	三八	五九〇	一八七	五四	一八	二四二	三六	一七八
〇一九五〇二三七	四	四一	三三二	六二	四二	三八九	三五	三七	五三六
〇〇四八一六二六	一	一八	五一三	九八	二六	一六九	一一	八	三四六
〇〇五六一五〇二	二	二九	三五七	一一一	五六	三七四	八九	九	二九八
〇〇四六六六八三		四六	二八四	七二	五九	三五二	一六七	三一	一六一
〇〇〇八四九六二	一	四七	〇六	一三〇	七	三一九	四三	一七	三〇三

測得諸小行星者之名與測得之日

小行星名	測得者	測得之日
穀女	必亞齊	嘉慶五年十一月十七日
武女	阿爾白士	嘉慶七年二月二十五日
天后	哈爾定	嘉慶九年七月二十八日
火女	阿爾白士	嘉慶十二年二月二十一日
嚴女	亨該	道光二十五年十一月初十日
稱女	亨該	道光二十七年五月十九日
虹女	欣特	道光二十七年七月初三日
花女	欣特	道光二十七年九月初十日
慧女	格類漢	道光二十八年三月二十二日
醫女	嘉斯把力	道光二十九年三月二十日
處女	嘉斯把力	道光三十年三月三十日
勝女	欣特	道光三十年八月初八日
傳女	嘉斯把力	道光三十年十月初九日

小行星名	測得者	測得之日
和女	欣特	咸豐元年四月十九日
時女	嘉斯把力	咸豐元年七月初二日
靈女	嘉斯把力	咸豐二年正月二十七日
海女	路得	咸豐二年二月二十八日
歌女	欣特	咸豐二年五月初七日
吉女	欣特	咸豐二年七月初八日
王女	嘉斯把力	咸豐二年八月初六日
琴女	哥勒斯迷	咸豐二年十月初四日
詩女	欣特	咸豐二年十月初五日
戲女	欣特	咸豐二年十一月初五日
公女	嘉斯把力	咸豐三年二月二十七日
福女	沙哥納	咸豐三年二月二十八日
險女	路得	咸豐三年三月二十八日
籲女	欣特	咸豐三年十月初八日
戰女	路得	咸豐四年二月初三日
洋女	馬爾得及包克孫	咸豐四年二月初三日
天女	欣特	咸豐四年六月二十八日
麗女	弗舊孫	咸豐四年閏七月初九日
果女	哥勒斯迷	咸豐四年九月初五日
瑟女	沙哥納	咸豐四年九月初七日
巫女	沙哥納	咸豐五年二月二十日
沉女	路得	咸豐五年三月初四日
馳女	哥勒斯迷	咸豐五年八月二十五日
信女	路得	咸豐五年八月二十五日
朔女	沙哥納	咸豐五年十二月初五日
喜女	沙哥納	咸豐六年正月初三日
律女	哥勒斯迷	咸豐六年正月二十五日
桂女	哥勒斯迷	咸豐六年四月十九日
地女	包克孫	咸豐六年四月二十日
愛女	包克孫	咸豐七年三月二十一日
使女	哥勒斯迷	咸豐七年五月初五日
香女	哥勒斯迷	咸豐七年閏五月初七日

家女	包克孫	咸豐七年六月二十七日
仁女	路得	咸豐七年七月二十七日
溟女	哥勒斯迷	咸豐七年八月初二日
牧女	哥勒斯迷	咸豐七年八月初一日
貞女	弗舊孫	咸豐七年八月十七日
禽女	羅侖得	咸豐七年十二月初八日
虞女	哥勒斯迷	咸豐七年十二月二十一日
鳥女	路得	咸豐八年二月二十一日
哲女	哥勒斯迷	咸豐八年二月二十八日
賜女	斯爾勒	咸豐八年七月初二日
中女	哥勒斯迷	咸豐九年八月十三日
記女	路得	咸豐九年八月二十六日
合女	路得	咸豐十年三月初三日
乾女	沙哥納	咸豐十年七月二十八日
鬻女	弗舊孫	咸豐十年八月初一日
囚女	哥勒斯迷	咸豐十年七月二十四日
效女	勒思	咸豐十年七月二十九日
渙女	嘉斯把力	咸豐十一年正月初二日
神女	但白勒	咸豐十一年正月二十六日
瑪女	但白勒	咸豐十一年二月初一日
光女	搭得勒	咸豐十一年三月初二日
彩女	包克孫	咸豐十一年三月初十日
游女	路得	咸豐十一年三月二十一日
夕女	沙帕勒利	咸豐十一年三月二十一日
瀛女	哥勒斯迷	咸豐十一年三月二十七日
石女	路得	咸豐十一年七月初九日
期女	彼得	咸豐十一年十二月三十日
苶女	搭得勒	同治元年三月初九日
姉女	但白勒	同治元年八月初五日
獄女	彼得	同治元年八月二十九日
舒女	達哄	同治元年九月二十三日
寔女	彼得	同治元年九月二十一日

獵女	路得	同治二年正月二十六日
配女	瓦存	同治二年八月初二日
賦女	包克孫	同治三年三月二十八日
舞女	但白勒	同治三年八月三十日
懟女	路得	同治三年十月二十九日
欣女	嘉斯把力	同治四年四月初二日
史女	路得	同治四年七月初五日
犢女	彼得	同治四年七月三十日
化女	鐵然	同治四年十一月十八日
林女	包克孫	同治五年四月初二日
盡女	彼得	同治五年五月初三日
妖女	士提仮	同治五年六月二十六日
休女	路得	同治五年八月二十三日
河女	士提仮	同治五年九月二十七日
波女	彼得	同治六年六月二十五日
智女	瓦存	同治六年七月二十五日
旦女	瓦存	同治六年八月初九日
靨女	路得	同治六年十月二十八日
煇女	角迦	同治七年正月二十四日
紡女	但白勒	同治七年正月二十四日
佳女	彼得	同治七年三月二十六日
泰女	波勒立	同治七年閏四月初七日
權女	瓦存	同治七年五月二十二日
拐女	瓦存	同治七年六月二十七日
聖女	彼得	同治七年七月初六日
夫女	瓦存	同治七年七月二十一日
伴女	瓦存	同治七年七月二十七日
羣女	瓦存	同治七年八月初一日
坤女	瓦存	同治七年八月二十五日
駛女		
犬女		
祥女		

名	測得者	日期
呂女		
苟女		
祭女		
羊女	路得	同治十年正月二十二日
見女	彼得	同治十年六月初七日
	瓦存	同治十年六月二十日
細女	彼得	同治十年七月二十四日
羅女	波勒立	同治十年七月二十八日

已知諸月根數表

距數皆準本星赤道半徑元時以嘉慶五年十一月十七日為準其時皆用平太陽日

太陰根數表

距地中數	六十半徑二七三四三三〇〇	平恆星周	二十七日三二一六六一四一八
平太陽周	二十九日五三〇五八八七一五	道之兩心差	〇〇五四九〇八〇七〇
交點平周	六千七百九十三日三九一〇八〇	高點平周	三千二百三十二日五七五三四三
元時交點平黃經	十三度五十三分十七秒七	元時卑點平黃經	二百六十六度十分七秒五
交角中數	五度八分二十九秒九六	元時月平黃經	一百十八度十七分八秒三

質（地球質積為一） 〇〇一一三六四　徑 六千二百五十九里

質踈密率（以地為一） 〇五五六五四

木星諸月根數表

月	恆星周 日	小時	分	秒	中距數	各道交定面角 分	秒	定面交木赤道之角 分	秒	交點退行於地面周 年	質積（以木星積為十萬倍）
一	一	一八	二七	三三五〇六	六〇四八五三	〇	〇		六		一七三二八
二	三	一三	一四	三六三九三	九六二三四七	二七	五〇	一	五	二九九一四二	二三二三五
三	七	三	四二	三三三六三	一五三五〇二四	一二	二〇	五	二	一四一七三九〇	八八四九七
四	一六	一六	三一	四九七〇二	二六九九八三五	一四	五八	二四	四	五三一〇〇〇〇	四二六五九

第一第二兩月之兩心差不能測第三第四甚小且因相與攝動時有變也

土星諸月根數表

月	名	恆星周 日	小時	分	秒	中距數	時元數根	元時之平黃經 度	分	秒	兩心差	距土卑點黃經 度	分	秒
一	[illegible]		二二	三七	二二九	三三六〇七	乾隆五十五	二五六	五八	四八				
二	[illegible]	一	八	五三	六七	四三一二五	道光十六	六七	四一	三六				
三	[illegible]	一	二一	一八	二五七	五三三九六	道光十六	三一三	四三	四八	〇〇〇四	五四		
四	[illegible]	二	一七	四一	六九	六八三九八	道光十六	三二七	四〇	四八	〇〇〇二	四二		
五	[illegible]	四	一二	二五	一〇八	九五五[?]	道光十六	三五三	四四	〇	〇〇〇二	九五		
六	[illegible]	一五	二二	四一	二五二	二二一四五〇	道光十二	一三七	二一	二四	〇〇二九三一四	二五六	三八	一一
七	[illegible]	二一	七	七	四〇八	二六七八三四					大略			
八	[illegible]	七九	七	五三	四〇四	六四三五九〇七九	乾隆五十五	二六九	三七	四八				

凡經度自光環與黃道中交點起第八月道與光環之交角約為光環與土道交角之半餘七月之道俱略近光環面低單之長徑順行每年三十分二十八秒希伯廉乃道光二十八年八月二十一日拉斯拉在英國里味不本特在米利堅堪比日同夜所測得其距數及周時大半出於意度又迦得因格拉斯拉皆言土星之光環除尋常遠鏡所見諸黑帶外尚有諸黑線界之

天王星諸月根數表

月	名	恆星周 日	小時	分	秒	中距數	交點交角
一	亞利而	二	一二	二九	二〇六六	七四〇	諸月道之面交黃道角俱約七十八度五十八分嘉慶三年正月黃經一百六十五度三十分其道俱畧近平圜其行皆左旋
二	翁白利	四	三	二八	八〇〇	一〇三一	
三	底旦雅	八	一六	五六	三一三〇	一六九二	
四	阿白倫	一三	一一	七	一二六	二二五六	

海王諸月根數已測定者惟一月其周時五日二十一小時二分四十三秒正交點黃經一百七十五度四十分卑點之黃經一百七十七度三十分其道與黃道之交角一百五十一度兩心差〇·一〇五九七中距數約十二倍海王之半徑

諸復見彗

彗名	道光 日	月	年	過卑點時 秒	分	刻	時	卑點之黃經 秒	分	度	正交黃經 秒	分	度
好里	二六	九	一五	一六	一二	一	正酉	三二	三一	三〇四	五九	九	五五
因格	八	七	二五	五	一二	三	正巳	二一	四四	一五七	三三	一九	三三四
比乙拉	一六	一	二六	四四	三	三	初戌	四七	五	一〇九	五八	五六	二四五
飛	二四	八	二三	一〇	一三	一	初子	一九	三四	四九	一九	二九	二〇九
迪未谷	二一	七	二四	四七	七	一	初辰	一五	三一	三四二	三一	四九	六三
勃陸孫	一	二	二六	二九	一四	三	正寅	三四	二八	一一六	三六	三九	一〇二

道光二十年因格重訂阿爾白士所著書中有嘉勒所造彗星表全載古今所推諸彗之根共一百七十八彗攷此表可證定上六百零一條之說表中彗道之交角不滿十度者凡十五逆行者三不滿二十度者凡二十九逆行者九擠圜之軌跡易見者三十七逆行者十一其中交角不滿十七度者九無逆行者準此前說更有據蓋測彗愈多知此理愈確也又有姑伯所頒行之表載一百九十八彗之諸根數及說

根數表

行法	周時（日）	兩心差	長半徑	彗道交黃道角 度	分	秒
逆	二七八六五·七四	〇·九六七三九一	一七·九八七九六	一七	四五	五
順	一二〇五·二三	〇·八四七四三六	二·二一六四〇	一三	七	三四
順	三三九三·五二	〇·七五五四七一	三·五〇一八二	一二	三四	一四
順	二七一八·二六	〇·五五五九六二	三·八一一七九	一一	二二	三一
順	一九九三·〇九	〇·六一七二五六	三·〇九九四六	二	五四	四五
順	二〇四二·二四	〇·七九三六二九	三·一五〇二一	三〇	五五	七

力佛理亞所推得地道之根數自元之前十萬年至後十萬年（以嘉慶五年爲元）

元前後之年數	兩心差	卑點之黃經 度	分	交角 度	分	秒	正交點之黃經 度	分
前								
一〇〇〇〇〇	〇·〇四七三	三一六	一八	三	四五	三一	九六	二三
九〇〇〇〇	〇·〇四五二	三四〇	二〇	三	四二	一九	七六	一七
八〇〇〇〇	〇·〇三九八	四	一三	一	一八	五八	七三	四七
七〇〇〇〇	〇·〇三一六	二七	二二	一	一三	五八	一三六	八
六〇〇〇〇	〇·〇二一八	四六	八	二	三六	四二	一三六	二九
五〇〇〇〇	〇·〇一三一	五〇	一四	三	四〇	一一	一一六	九
四〇〇〇〇	〇·〇一〇九	二八	三六	四	三	一	九一	五九
三〇〇〇〇	〇·〇一五一	五	五〇	三	四一	五一	六六	四九
二〇〇〇〇	〇·〇一八八	四四	〇	二	四四	一二	四一	三四
一〇〇〇〇	〇·〇一八七	七八	二八	一	二四	三五	一六	三九
元	〇·〇一六八	九九	三〇	〇	〇	〇	〇	〇
後								
一〇〇〇〇	〇·〇一五五	一三四	一四	一	一四	二六	一四八	一五
二〇〇〇〇	〇·〇〇四七	一九二	二二	二	七	四六	一二四	二九
三〇〇〇〇	〇·〇〇五九	三一八	四七	二	三三	一九	一〇〇	二九
四〇〇〇〇	〇·〇一二四	六	二五	二	二七	五三	七五	三一
五〇〇〇〇	〇·〇一七三	三八	三	一	五一	五四	四八	一三
六〇〇〇〇	〇·〇一九九	六四	三一	〇	五一	五二	一〇	四七
七〇〇〇〇	〇·〇二一一	七一	七	〇	三四	五五	二二〇	三八
八〇〇〇〇	〇·〇一八八	一〇一	三八	一	四五	四〇	一七〇	一五
九〇〇〇〇	〇·〇一七六	一〇九	一九	二	四〇	五六	一三九	三
一〇〇〇〇〇	〇·〇一八九	一一四	五	三	二	五七	一〇九	五七

克羅爾所推得地道之兩心差與卑點之黃經自元之前一百萬年至後一百萬年（以嘉慶五年爲元）

元前後之年數	兩心差	卑點之黃經 度	分
前			
一〇〇〇〇〇〇	〇·〇一五一	二四八	二二
九五〇〇〇〇	〇·〇五一七	九七	五一
九〇〇〇〇〇	〇·〇一〇二	一三五	二
八五〇〇〇〇	〇·〇七四七	二三九	二八
八〇〇〇〇〇	〇·〇一三二	三四三	四九
七五〇〇〇〇	〇·〇五七五	二七	一八
七〇〇〇〇〇	〇·〇二二〇	二〇八	一三
六五〇〇〇〇	〇·〇二二六	一四一	二九
六〇〇〇〇〇	〇·〇四一七	三二	三四
五五〇〇〇〇	〇·〇一六六	二五一	五〇
五〇〇〇〇〇	〇·〇三八八	一九三	五六
四五〇〇〇〇	〇·〇三〇八	三五六	五二
四〇〇〇〇〇	〇·〇一七〇	二九〇	七
三五〇〇〇〇	〇·〇一九五	一八二	五〇
三〇〇〇〇〇	〇·〇四二四	二三	二九
二五〇〇〇〇	〇·〇二五八	五九	三九
二〇〇〇〇〇	〇·〇五六九	一六八	一八
一五〇〇〇〇	〇·〇三三二	二四二	五六
一〇〇〇〇〇	〇·〇四七三	三一六	二
五〇〇〇〇	〇·〇一三一	五〇	三
〇	〇·〇一六八	九九	三〇
後			
五〇〇〇〇	〇·〇一七三	三八	一二
一〇〇〇〇〇	〇·〇一九一	一一四	五〇
一五〇〇〇〇	〇·〇三五三	二〇一	五七
二〇〇〇〇〇	〇·〇〇七六	三〇三	三〇
二五〇〇〇〇	〇·〇二八六	三五〇	五四
三〇〇〇〇〇	〇·〇一五八	一七九	二九
三五〇〇〇〇	〇·〇〇九八	二〇一	四〇
四〇〇〇〇〇	〇·〇四二九	六	九
四五〇〇〇〇	〇·〇二二一	九八	三七
五〇〇〇〇〇	〇·〇五三四	一五七	二六
五五〇〇〇〇	〇·〇二五九	二八七	三一
六〇〇〇〇〇	〇·〇三九五	二八五	四三
六五〇〇〇〇	〇·〇一六九	一四四	三
七〇〇〇〇〇	〇·〇三五七	一七	一二
七五〇〇〇〇	〇·〇一九五	〇	五三
八〇〇〇〇〇	〇·〇六三九	一四〇	三八
八五〇〇〇〇	〇·〇一四四	一七六	四一
九〇〇〇〇〇	〇·〇六五九	二九一	一六
九五〇〇〇〇	〇·〇〇八六	一一五	一三
一〇〇〇〇〇〇	〇·〇九二八	五七	三一

天學家常用之數

天學家常用之諸率	倍數	對數	餘對數
圜周之率（以徑爲一）	三·一四一五九二七	〇·四九七一四九九	九·五〇二八五〇一
等半徑之弧度數	五十七·二九五七七九五	一·七五八一二二五	八·二四一八七七五
等半徑之弧秒數	廿萬六千二百六十四·八	五·三一四四二五一	四·六八五五七四九
圜周之秒數	一百二十九萬六千	六·一一二六〇五〇	三·八八七三九五〇
一分正弦之數（以半徑爲一）	〇·〇〇〇二九〇九	六·四六三七二六一	三·五三六二七三九
訥白爾對數一之眞數	二·七一八二八一八	〇·四三四二九四五	九·五六五七〇五五
以常對數化訥白爾對數之倍數	二·三〇二五八五一	〇·三六二二一四九	九·六三七七八五一
偶似一半偶似曲線之大	〇·四七六九四	九·六九六三〇四〇	〇·三〇三六九六〇
以法國之法尺化英尺數	三·二八〇九〇	〇·五一五九九二九	九·四八四〇〇七一
以法國之法尺化英寸數	三十九·三七〇七九	一·五九五一七四一	八·四〇四八二五九
以法國米化英尺數	六·三九四五九三	〇·八〇五八一二九	九·一九四一八七一
以法國繫化英繫數	十五·四三二三四六〇	一·一八八四三五一	八·八一一五六四九
以法國升化英立方寸數	六十一·〇二七〇四三	一·七八五五二二三	八·二一四四七七七

倫敦海面空中秒擺長之寸數	三十九·一三九二九	一·五九二六一二九	八四○七三八七一
重力一秒中所生速率一秒之尺數緯三十五度十六分	三十二·一八一六九	一·五○七六○八八	八四九二三九一二
地球中徑之英里數	七千九百十二·四一○	三·八九八三○八八	六二○一六九一二
海面一方寸上風雨表壓力之英斤數	十四·七三○四	一·一六八二一四五	八八三一七八五五
寒暑表六十度風雨表三十寸時一英立方寸蒸水之釐數	二百五十二·四五八	二·四○二一八九二	七五九七八一○八
寒暑表三十二度水銀之重	十三·五九六	一·一三三四一一二	八八六六五八八八
寒暑表三十二度乾氣中音之速率一秒之尺數	一千○八十九·四二	三·○三七一九六四	六九六二八○三六
空中光之速率一秒之英里數	十九萬一千五百十五	五·二八二二○二九	四七一七七九七一
以恆星日化中太陽日之數	○·九九七二六九六	九·九九八八一二六	○○○一一八七四
以恆星年化中太陽日之數	三百六十五·二五六三八三	二·五六二五九七七	七四三七四○二三
以太陽年化中太陽日之數	三百六十五·二四二二四	二·五六二五八○九	七四三七四一九一
以中朔望月化中太陽日數	廿九·五三○五八八七	一·四七○二七二六	八五二九七二七四
太陽中赤道地平視差	八秒·五七七六	○·九三三三六五八	九○六六六三四二
太陰中赤道地平視差	三千四百廿二秒·三三五	三·五三四三三一二	六四六五六七八八
太陽中視半徑	九百六十一秒·八二○	二·九八三○九三八	七○一六九○六二
太陰中視半徑	九百卅四秒·六八五	二·九七○六六五二	七○二九三三四八
光行差之常數	二十秒·四四五二	一·三一○五九一四	八六八九四○八六
黃道交角章動之最大數	九秒·二二三六	○·九六四九○○五	九○三五○九九五
章動經度之最大	十七秒·三五二四	一·二三六八四九五	八七六二一五○五
歲差之中數乾隆五十五年為準	五十秒·二三四九二	一·七○一○○五七	八二九八九九四三
四十五度高蒙氣差之常數風雨表廿九寸六寒暑表五十度	五十七秒·五二四	一·七五九八四九一	八二四○一五○九
中地平蒙氣差	一千九百八十秒	三·二九六六五二	六七○三三四八
咸豐九年十二月初九黃道中交角	二十三度二十八分二十三秒三八		

談天附表終

江南製造局

科技譯著集成

天文數學卷

第壹分冊

幾何原本

《幾何原本》提要

《幾何原本》十五卷，古希臘數學家歐幾裏得（Euclid，前 330—前 275）著。明末，徐光啟與來華天主教耶穌會傳教士利瑪竇（Matteo Ricci, 1552—1610）譯前六卷，底本是利瑪竇的老師、德國人克拉維烏斯（Clavius）校訂增補的拉丁文十五卷本《幾何原本》，1607 年出版。至清咸豐年間，李善蘭和英國人偉烈亞力（Alexander Wylie, 1815—1887）譯出後九卷，底本則是英文本，1857 年出版。此書非江南製造局翻譯，但江南製造局曾經出版，因其對中國近代數學的發展具有重大作用，特將其收錄。

此書於公元前 300 年左右編成，原著十三卷，是歐洲數學的基石。其後，自古羅馬時期始，不斷地翻譯成各種文字，在全世界傳播開來。此書的翻譯是中西科技交流史上的里程碑，第一次把歐幾裏得幾何學及其嚴密的邏輯體系和推理方法引入中國，同時創造了許多數學名詞，并沿用至今，比如點、線、面、平面、曲線、曲面、平行線、對角線、三角形、四邊形、多邊形等。

此書內容如下：

序

續譯原序

原序

原跋

續譯原跋

雜議

第十卷中　論比例
第十卷下之首　界說六則
第十卷下　論比例
第十一卷之首　界說二十九則
第十一卷　論體一
第十二卷　論體二
第十三卷　論體三
第十四卷　論體四
第十五卷　論體五

幾何原本十五卷

米一五三元

同治四年夏月刻於金陵
曾國藩署檢

幾何原本序

幾何原本前六卷明徐文定公受之西洋利瑪竇氏同時李涼庵彙入天學初函而圜容較義測量法義諸書其引幾何頗有出六卷外者學者因以不見全書爲憾咸豐間海甯李壬叔始與西士偉烈亞力續譯其後九卷復爲之訂其舛誤此書遂爲完帙松江韓綠卿嘗刻之印行無幾而板燬於寇壬叔從余安慶軍中以是書眎予曰此算學家不可少之書失今不刻行復絕矣會余移駐金陵因屬壬叔取後九卷重校付刊繼思無前六卷則初學無由得其蹊徑而亂後書籍蕩泯天學初函世亦稀覯近時廣東

海山仙館刻本紕繆實多不足貴重因并取六卷者屬校刊之蓋我中國算書以九章分目皆因事立名各爲一法學者泥其迹而求之往往畢生習算知其然而不知其所以然遂有苦其繁而視爲絕學者無他徒眩其法而不知求其理也傳曰物生而後有象象而後有滋滋而後有數然則數出於象觀其象而通其理然後立法以求其數則雖未覩前人已成之法刱而設之若合符契至於探賾索隱推廣古法之所未備則益遠而無窮也幾何原本不言法而言理括一切有形而概之曰點線面體點線面體者象也點相引而成線線相遇而成面面相疊而成體面線

與線面與面體與體其形有相兼有相似其數有和有較有有等有無等有有比例有無比例洞悉乎點線面體而御之以加減乘除譬諸閉門造車出門而合轍也奚敝敝然逐物而求之哉然則九章可廢乎非也學者通乎聲音訓詁之端而後古書之奧衍者可讀也明乎點線面體之理而後數之繁難者可通也九章之法各適其用幾何原本則徹乎九章立法之源而凡九章所未及者無不賅也致其知於此而驗其用於彼其如肆力小學而收效于羣籍者歟同治四年十月曾國藩

續譯原序

泰西歐几里得譔幾何原本十三卷後人續增二卷共十五卷明徐利二公所譯其前六卷也未譯者九卷卷七至卷九論有比例無比例之理卷十論無比例十三綫卷十一至十三論體十四十五二卷亦論體則後人所續也無七八九三卷則十卷不能讀無十卷則後三卷中論五體之邊不能盡解是七卷以後皆為論體而作即皆論體也自明萬歷迄今中國天算家願見全書久矣道光壬寅國家許息兵與泰西各國定約此後西士願習中國經史中士願習西國天文算法者聽闓之心竊喜歲壬子來上海與西士偉烈君亞力約續徐利二公未完之業偉烈君無書不覽尤精天算且熟習華言遂以六月朔為始日譯一題中間因應試避兵諸役屢作屢輟凡四歷寒暑始卒業是書泰西各國皆有譯本顧第十卷闡理幽元非深思力索不能驟解西士通之者亦尠故各國俗本掣去七八九十四卷六卷後即繼以十一卷又有前六卷單行本俱與足本並行各國言語文字不同傳錄譯述既難免參錯又以讀全書者少翻刻譌奪是正無人故夏五三豕層見疊出當筆受時輒以意匡補偉烈君言異日西士欲求是書善本當反訪諸中國矣甫脫稾韓君綠卿寓書請捐貲

上板以廣流傳卽以全槀寄之顧君尚之張君嘯山任校覈閱二年功竣韓君復乞序之憶善蘭年十五時讀舊譯六卷通其義竊思後九卷必更深微欲見不可得輒恨徐利二公之不盡譯全書也又妄冀好事者或航海譯歸庶幾異日得見之不意昔所冀者今自爲之其欣喜當何如耶雖然非

國家推恩中外一視同仁則懼干禁網不敢譯非偉烈君深通算理且能以華言詳明剖析則雖欲譯無從下手非韓君力任剞劂嘉惠來學張顧二君同心襄力詳加讐勘則雖譯有成書後或失傳凡此諸端不謀麕集實千載一

時難得之會後之讀者勿以是書全本入中國爲等閒事也咸豐七年龍在丁巳正月五日海甯李善蘭序

粵稽中國算量厤律之學古書咸扗獨言幾何者絕少幾何之學不知託始何國或云埃及或云巴比倫博攷之士偁其造自天竺迄無定論今所傳最古者周定王時他勒著是學於希臘景王時閉他臥剌修明其術元王時依卜加造作諸題始有成書皆幾何法也顯王赧王時有歐几里得者不知何許人傳是學於亞力山太（埃及城名見新約全書使徒行傳六章九節）述樂律算數等書尤著名者曰幾何原本較昔術尤精後人宗之莫可訾議故歐几里得之幾何原本獨爲

物體而偕其物議之則議數者如在音相濟爲和而立律呂樂家議度者如在動天迭運爲時而立天文厤家也此四大支流析百派其一量天地之大若各重天之厚薄日月星體去地遠近幾許大小幾倍地球圍徑道里之數又量山岳與樓臺之高井谷之深兩地相距之遠近土田城郭宮室之廣袤廩庾大器之容藏也其一測景以明四時之候晝夜之長短日出入之辰以定天地方位歲首三朝分至啟閉之期閏月之年閏日之月也其一造器以儀天地以審七政次舍以演八音以自鳴知時以便民用以祭上帝也其一經理水土木石諸工築城郭作爲樓臺宮殿

上棟下宇疏河注泉造作橋梁如是諸等營建非惟飾美觀好必謀度堅固更千萬年不圮不壞也其一製機巧用小力轉大重升高致遠以運芻糧以便泄注乾水地水乾地以上下舫舶如是諸等機器或借風氣或依水流或用轉盤或設關捩或恃空虛也其一察目視勢以遠近正邪高下之差照物狀可畫立圓立方之度數於平版之上可遠測物度及真形畫小使目視大畫近使目視遠畫圓使目視球畫像有坳突畫室屋有明闇也其一爲地理者自輿地山海全圖至五方四海方之各國海之各島一州一郡僉布之簡中如指掌焉全圖與天相應方之圖與全相

接宗與支相稱不錯不紊則以圖之分寸尺尋知地海之百千萬里因小知大因邇知遐不悞觀覽爲陸海行道之指南也此類皆幾何家正屬矣若其餘家大道小道無不藉幾何之論以成其業者夫爲國從政必熟邊境形勢外國之道里遠近壤地廣狹乃可以議禮賓來往之儀以虞不虞之變不爾不妄懼之必悞輕之矣不計算本國生耗出入錢穀之凡無以謀其政事自不知天文而特信他人傳說多爲僞術所亂熒也農人不豫知天時無以播殖百嘉種無以備旱乾水溢之災而保國本也醫者不知察日月五星躔次與病體相視乖和逆順而妄施藥石針砭非

徒無益抑有大害故時見小恙微痾神藥不效少壯多夭折蓋不明天時故耳商賈懵於計會則百貨之貿易子母之入出儕類之衰分咸晦混或欺其偶或受其偶欺均不可也今不暇詳諸家借幾何之術者惟兵法一家國之大事安危之本所須此道尤最亟焉故智勇之將必先幾何之學不然者雖智勇無所用之彼天官時日之屬豈良將所留心乎良將所急先計軍馬芻粟之盈詘道里地形之遠近險易廣狹死生次計列營布陣形勢所宜或用圓形以示寡或用角形以示衆或爲卻月象以圍敵或作銳勢以潰散之其次策諸攻守器械熟計便利展轉相勝新新

無已備觀列國史傳所載誰有經營一新巧機器而不爲戰勝守固之藉者乎以衆勝寡強勝弱奚貴以寡弱勝衆強非智士之神力不能也以余所聞吾西國千六百年前天主教未大行列國多相并兼其間英士有能以羸少之卒當十倍之師守孤危之城禦水陸之攻如中夏所稱公輸墨翟九攻九拒者時時有之彼操何術以然熟於幾何之學而已以是可見此道所關世用至廣至急也是故經世之雋偉志士前作後述不絕於世時時紹明增益論撰綦爲盛隆焉乃至中古吾西庠特出一聞士名曰歐几里得修幾何之學邁勝先士而開迪後進其道益光所制作

甚衆甚精生平著書了無一語可疑惑者其幾何原本一書尤確而當曰原本者明幾何之所以然凡爲其說者無不由此出也故後人稱之曰歐几里得以他書踰人以此書踰己今詳味其書規摹次第洵爲奇矣題論之首先標界說次設公論題論所據次乃具題題有本解有作法有推論先之所徵必後之所恃十三卷中五百餘題一脈貫通卷與卷題與題相結倚一先不可後一後不可先纍纍交承至終不絕也初言實理至易至明漸次積累終竟乃發奧微之義若暫觀後來一二題旨卽其所言人所難測亦所難信及以前題爲據層層印證重重開發則義如列

眉往往釋然而失笑矣千百年來非無好勝強辯之士終身力索不能議其隻字若夫從事幾何之學者雖神明天縱不得不藉此為階梯焉此書未達而欲坐進其道非但學者無所措其意卽教者亦無所措其口也吾西庠如向所云幾何之屬幾百家為書無慮萬卷皆以此書為基每立一義卽引為證據焉用他書證者必標其名用此書證者直云某卷某題而已視為幾何家之日用飲食也至今世又復崛起一名士為竇所從學幾何之本師曰丁先生開廓此道益多著述竇昔游西海所過名邦每遘顓門名家輒言後世不可知若今世以前則丁先生之於幾何無兩也先生於此書覃精已久既為之集解又復推求續補凡二卷與元書都為十五卷又每卷之中因其義類各造新論然後此書至詳至備其為後學津梁殆無遺憾矣竇自入中國竊見為幾何之學者其人與書信自不乏獨未睹有原本之論既闕根基遂難創造卽有斐然述作者亦不能推明所以然之故其是者已亦無從別白有謬者人亦無從辨正當此之時遽有志翻譯此書質之當世賢人君子用酬其嘉信旅人之意也而才既菲薄且東西文理又自絕殊字義相求仍多闕略了然於口尚可勉圖肆筆為文便成艱澀矣嗣是以來屢逢志士左提右挈而每患作輟三進三止嗚呼此游藝之學言象之粗而齟齬若是允哉始事之難也有志竟成以需今日歲庚子竇因貢獻僑邸燕臺癸卯冬則吳下徐太史先生來太史既自精心長於文筆與旅人輩交游頗久私計得與對譯成書不難於時以計偕至及春薦南宮選為庶常然方讀中秘書時得晤言多咨論天主大道以修身昭事為急未遑此土苴之業也客秋乃詢西庠舉業余以格物實義應及譚幾何家之說余為述此書之精且陳翻譯之難及向來中輟狀先生曰吾先正有言一物不知儒者之恥今此一家已失傳為其學者皆闇中摸索耳既遇此書又遇子不驕不吝欲相指授豈可畏勞玩日當吾世而失之嗚呼吾避難難自長大吾迎難難自消微必成之先生就功命余口傳自以筆受焉反覆展轉求合本書之意以中夏之文重復訂政凡三易稿先生勤余不敢承以怠迄今春首其最要者前六卷獲卒業矣但歐几里得本文已不遺旨若丁先生之文惟譯註首論耳大史意方銳欲竟之余曰止請先傳此使同志者習之果以為用也而後徐計其餘大史曰然是書也苟為用竟之何必在我遂輟譯而梓是謀以公布之不忍一日私藏焉梓成竇為撮其大意弁諸簡端自顧不文安敢竊附述作之林益聊敘本書指要以及翻譯因

起使後之習者知夫創通大義緣力俱艱相期增修以終美業庶俾開濟之士究心實理於向所陳百種道藝咸精其能上爲國家立功立事即貧輩數年來旅食大官受恩深厚亦得藉手萬分之一矣萬歷丁未泰西利瑪竇謹書

原序

唐虞之世自羲和治歷暨司空后稷工虞典樂五官者非度數不爲功周官六藝數與居一焉而五藝者不以度數從事亦不得工也襄曠之於音般墨之於械豈有他謬巧哉精於用法而已故嘗謂三代而上爲此業者盛有原原本本師傳曹習之學而畢喪於祖龍之焰漢以來多任意揣摩如盲人射的虛發無效或依儗形似如持螢燭象得首失尾至於今而此道盡廢有不得不廢者矣幾何原本者度數之宗所以窮方圓平直之情盡規矩準繩之用也利先生從少年時論道之暇留意藝學且此業在彼中所

謂師傳曹習者其師丁氏又絕代名家也以故極精其說而與不佞游久講譚餘晷時時及之因請其象數諸書更以華文獨謂此書未譯則他書俱不可得論遂共翻其要約六卷既卒業而復之由顯入微從疑得信蓋不用爲用衆用所基眞可謂萬象之形囿百家之學海雖實未竟然以當他書既可得而論矣私心自謂不意古學廢絕二千年後頓獲補綴唐虞三代之闕典遺義其裨益當世定復不小因偕二三同志刻而傳之先生曰是書也以當百家之用庶幾有羲和般墨其人乎猶其小者有大用於此將以習人之靈才令細而確也余以謂小用大用實在其人

如鄧林伐樹棟梁榱桷恣所取之耳顧惟先生之學畧有三種大者修身事天小者格物窮理物理之一端別爲象數一一皆精實典要洞無可疑其分解擘析亦能使人無疑而余乃亟傳其小者趨欲先其易信使人繹其文想見其意理而知先生之學可信不疑大槩如是則是書之爲用更大矣他所說幾何諸家藉此爲用畧具其自敘中不備論吳淞徐光啓書

夫儒者之學亟致其知致其知當由明達物理耳物理渺隱人才頑昏不因旣明累推其未明吾知奚至哉吾西陬國雖褊小而其庠校所業格物窮理之法視諸列邦爲獨備焉故審究物理之書極繁富也彼士立論宗旨惟尙理之所據弗取人之所意蓋曰理之審乃令我知若夫人之意又令我意耳知之謂謂無疑焉而意猶兼疑也然虛理隱理之論雖據有眞指而釋疑不盡者尙可以他理駁焉能引人以是之而不能使人信其無或非也獨實理者明理者剖散心疑能强人不得不是之不復有理以疵之其所致之知且深且固則無有若幾何一家者矣幾何家者專察物之分限者也其分者若截以爲數則顯物幾何衆也若完以爲度則指物幾何大也其數與度或脫於物體而空論之則數者立算法家度者立量法家也或二者在

完書當是時埃及國王多祿某問曰幾何之法更有捷徑否對曰夫幾何若大路然王安所得獨闢一途也自此方輿之內繙譯是書者亞於新舊約全書余來中國見有幾何六卷明泰西利氏繙算學家多重之知其未爲全書故亦不甚滿志宣城梅氏云有所祕耶抑義理淵深繙譯不易故耶學問之道天下公器奚可祕而不宣不揣檮昧欲續爲成之顧我西國此書外間所習或六卷或八卷俱非足本自來海上留心蒐訪實鮮完善仍購之故鄉始得是本迺依希臘本繙我國語者我國近未重栞此爲舊版較勘未精語譌字誤豪釐千里所失匪輕余媿譾陋雖生長泰西而此術未深不敢妄爲勘定會海甯李君秋紉來游滬壘君固精於算學於幾何之術心領神悟能言其故於是相與繙譯余口之君筆之删蕪正譌反復詳審使其無有疵病則李君之力居多余得以藉手告成而已是書六卷後至十五卷始全末二卷出自他手非歐几里得所箸以全書綱領言之前四卷論線與面弟五卷論比例弟六卷論面與比例相合此利氏譯弟七八九卷論數弟十卷論無比例之幾何分二十五類明各類各線與他類諸線俱無等此卷在幾何術中最爲精奧弟十一卷至末卷俱論體而弟十三卷論中末線之用弟十四十五卷中言等

面五體此余所譯書旣成微特繼利氏之志抑亦解梅氏之惑殊深忻慰所重有感者我西人之來中國有疑其借厤算爲名陰以行其耶穌主教者夫耶穌主教本也厤算諸學末也厤算非主教宗旨而格致窮理亦人人所宜講明切究者明徐光啟之序前書也謂西學甚大先於其小者測之小也者卽吾所云末也大也者卽吾所云本也本何在則帝子降生捐身救世是也故余之來實以首明聖敎爲事願與天下學者謹謹焉求其本而弗還於其末愈爲余之所厚望也已咸豐七年正月十日偉烈亞力序

原跋

是書刻於丁未歲板留京師戊申春利先生以校正本見寄令南方有好事者重刻之朞年來竟無有校本留寘家塾曁庚戌北上先生沒矣遺書中得一本其別後所自業者校訂皆手跡追惟篝燈函丈時不勝人琴之感其友龐熊兩先生遂以見遺庋置久之辛亥夏季積雨無聊屬都下方爭論歷法事余念牙絃一輟行復五年恐遂遺忘因偕二先生重閱一過有所增定比於前刻差無遺憾矣續成大業未知何日未知何人書以俟焉吳淞徐光啟

續譯原跋

幾何原本原書十五卷前六卷利瑪竇譯而徐光啟所筆受者乾隆間已由兩江總督採進收入　四庫　四庫總目兼引徐利序語知徐利序亦並經錄入利序云太史意方銳欲竟之又云太史曰是書也苟為用竟之何必在我而徐題語亦云續成大業未知何日未知何人今偉烈氏亞力既續譯其後九卷海甯李氏善蘭為之筆受而幾何原本原書遂全夫徐利俱精天算家言李偉烈亦俱精天算家言徐居吳淞李亦寓吳淞利生於歐羅巴而游於中土偉烈亦生於歐羅巴而游於中土利信奉耶穌偉烈亦信奉耶穌前書徐利各譔一序此書李偉烈亦各譔一序何前後一一相同如是顧未知後日亦得收入　四庫與否也而果在何時收入由何人獻進也書以俟焉咸豐七年二月十一日婁韓應陛

幾何原本雜議

下學工夫有理有事此書為益能令學理者祛其浮氣練其精心學事者資其定法發其巧思故舉世無一人不當學聞西國古有大學師門生常數百千人來學者先問能通此書乃聽入何故欲其心思細密而已其門下所出名士極多

能精此書者無一書不可精好學此書者無一事不可學

凡他事能作者能言之不能作者亦能言之獨此書為用能言者即能作者若不能作自是不能言何故言時一毫未了向後不能措一語何由得妄言之以故精心此學不無知言之助

凡人學問有解得一半者有解得十九或十一者獨幾何之學通即全通蔽即全蔽更無高下分數可論

人具上資而意理疎莽即上資無用人具中材而心思縝密即中材有用能通幾何之學縝密甚矣故率天下之人而歸於實用者是或其所由之道也

此書有四不必不必疑不必揣不必試不必改有四不可得欲脫之不可得欲駁之不可得欲減之不可得欲前後更置之不可得有三至三能似至晦實至明故能以其明明他物之至晦似至繁實至簡故能以其簡簡他

物之至繁似至難實至易故能以其易易他物之至難易生於簡簡生於明綜其妙在明而已

此書爲用至廣在此時尤所急須余譯竟隨偕同好者梓傳之利先生作敘亦最喜其亟傳也意皆欲公諸人人令當世亟習焉而習者蓋寡竊意百年之後必人人習之即又以爲習之晚也而謬謂余先識余何先識之有

有初覽此書者疑奧深難通仍謂余當顯其文句余對之度數之理本無隱奧至於文句則爾日推敲再四顯明極矣倘未及留意望之似奧深焉譬行重山中四望無路及行到彼蹊徑歷然請假旬日之功一究其旨即知諸篇自首迄尾悉皆顯明文句　吳淞徐光啟記

幾何原本第一卷之首 界說三十六 公論十九 求作四

泰西　利瑪竇　口譯

吳淞　徐光啟　筆受

界說三十六則

凡造論先當分別解說論中所用名目故曰界說

凡歷法地理樂律算章技藝工巧諸事有度有數者皆依賴十府中幾何府屬凡論幾何先從一點始自點引之爲線線展爲面面積爲體是名三度

第一界

點者無分

無長短廣狹厚薄　如下圖 凡圖十干爲識干盡用十二支支盡用八卦八音

甲

第二界

線有長無廣

試如一平面光照之有光無光之間不容一物是線也眞平眞圜相遇其遇處止有一點行則止有一線

乙 甲

線有直有曲

第三界

凡線之界是點 凡線有界者兩界必是點

第十界

直線垂於橫直線之上若兩角等必兩成直角而直線下垂者謂之橫線之垂線

量法常用兩直角及垂線垂線加於橫線之上必不作銳角及鈍角

若甲乙線至丙丁上則乙之左右作兩角相等爲直角而甲乙爲垂線

若甲乙爲橫線則丙丁又爲甲乙之垂線何者丙乙與甲乙相遇雖止一直角然甲線若垂下過乙則丙線上下定成兩直角所以丙乙亦爲甲乙之垂線如今用矩尺一縱一橫互相爲直線互相爲垂線

凡直線上有兩角相連是相等者定俱直角中間線爲垂線

反用之若是直角則兩線定俱是垂線

第十一界

凡角大於直角爲鈍角

如甲乙丙角與甲乙丁角不等而甲乙丙大於甲乙丁則甲乙丙爲鈍角

第十二界

凡角小於直角爲銳角

如前圖甲乙丁是

通上三界論之直角一而已鈍角銳角其大小不等乃至無數

是後凡指言角者俱用三字爲識其第二字即所指角也 如前圖甲乙丙三字第二乙字即所指鈍角若言甲乙丁即第二乙字是所指銳角

第十三界

界者一物之始終

今所論有三界點爲線之界線爲面之界面爲體之界體不可爲界

第十四界

或在一界或在多界之間爲形

一界之形如平圜立圜等物多界之形如平方立方及平立三角六八角等物 圖見後卷

第十五界

圜者一形於平地居一界之間自界至中心作直線俱等

若甲乙丙爲圜丁爲中心則自甲至丁與乙至丁丙至丁其線俱等

外圜線爲圜之界內形爲圜

一說圜是一形乃一線屈轉一周復於元處所作如上

圜甲丁線轉至乙丁乙丁轉至丙丁丙丁又至甲丁復元處其中形即成圜

第十六界

圜之中處爲圜心

第十七界

自圜之一界作一直線過中心至他界爲圜徑徑分圜兩平分

戊 丙 甲 乙 丁

甲丁乙戊圜自甲至乙過丙心作一直線爲圜徑

第十八界

徑線與半圜之界所作形爲半圜

第十九界

在直線界中之形爲直線形

第二十界

在三直線界中之形爲三邊形

第二十一界

在四直線界中之形爲四邊形

第二十二界

在多直線界中之形爲多邊形五邊以上俱是

第二十三界

三邊形三邊線等爲平邊三角形

甲 乙 丙

第二十四界

三邊形有兩邊線等爲兩邊等三角形或銳或鈍

第二十五界

三邊形三邊線俱不等爲三不等三角形

第二十六界

三邊形有一直角爲三邊直角形

第二十七界

三邊形有一鈍角爲三邊鈍角形

第二十八界

三邊形有三銳角爲三邊各銳角形

凡三邊形恆以在下者爲底在上二邊爲腰

第二十九界

四邊形四邊線等而角直爲直角方形

第三十界

直角形其角俱是直角其邊兩兩相等

如上甲乙丙丁形甲乙邊與丙丁邊自相等甲丙與乙丁自相等

第三十一界

斜方形四邊等但非直角

第三十二界

長斜方形其邊兩兩相等但非直角

第三十三界

已上方形四種謂之有法四邊形四種之外他方形皆謂之無法四邊形

第三十四界

兩直線於同面行至無窮不相離亦不相遠而不得相遇爲平行線

第三十五界

一形每兩邊俱平行線爲平行線方形

第三十六界

凡平行線方形若於兩對角作一直線其直線爲對角線又於兩邊縱橫各作一平行線其兩平行線與對角線交羅相遇卽此形分爲四平行線方形其兩形有對角線者爲角線方形其兩形無對角線者爲餘方形

甲乙丙丁方形於丙乙兩角作一線爲對角線又依乙丁平行作戊己線依甲乙平行作庚辛線其對角線與戊己庚辛兩線交羅相遇於壬卽作大小四平行線方形矣則庚壬己丙及戊壬辛乙兩方形謂之角線方形而甲庚壬戊及壬己丁

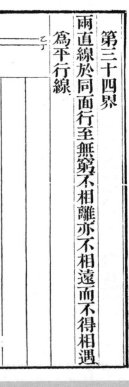

辛謂之餘方形。

求作四則

求作者不得言不可作。

第一求

自此點至彼點求作一直線。

此求亦出上篇蓋自此點直行至彼點卽是直線。

自甲至乙或至丙至丁俱可作直線。

第二求

一有界直線求從彼界直行引長之。

如甲乙線從乙引至丙或引至丁俱一直行。

第三求

不論大小以點爲心求作一圜。

案圖下無說今補云如甲爲心以甲乙爲度繞甲一周成甲乙圜甲丙甲丁甲戊爲度俱同。

第四求

設一度於此求作彼度較此度或大或小凡言度者或線或面或體皆是或言較小作大可作較大作小不可作何者小之至極數窮盡故也此說非是凡度與數不同數者可以長不可以短長數無窮短數有限如百數減半成五十減之又減至一而止一以下不可損矣自百以上增之可至無窮故曰可長不可短也度者可以長亦可以短長者增之可至無窮短者減之亦復無盡嘗見莊子稱一尺之棰日取其半萬世不竭亦此理也何者自有而分不免爲有若減之可盡是有化爲無也有化爲無猶可言也今已分者更復合之合之又合仍爲尺棰是始合之初兩無能并爲一有也兩無能并爲一有不可言也。

公論十九則

公論者不可疑。

第一論

設有多度彼此俱與他等則彼與此自相等。

第二論

有多度等若所加之度等則合并之度亦等。

第三論

有多度等若所減之度等則所存之度亦等。

第四論

有多度不等若所加之度等則合并之度不等。

第五論

有多度不等若所減之度等則所存之度不等。

第六論

有多度俱倍於此度則彼多度俱等

第七論

有多度俱半於此度則彼多度亦等

第八論

有二度自相合則二度必等以一度加一度之上

第九論

全大於其分如一尺大於一寸寸者全尺中十分中之一分也

第十論

直角俱相等見界說十

第十一論

有二橫直線或正或偏任加一縱線若三線之間同方兩角小於兩直角則此二橫直線愈長愈相近必至相遇

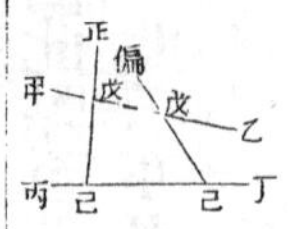

甲乙丙丁二橫直線任意作一戊己縱線或正或偏若戊己線旁同方兩角俱小於直角或并之小於兩直角則甲乙丙丁線愈長愈相近必有相遇之處

欲明此理宜察平行線不得相遇者界說卅四加一垂線即三線之間定為直角便知此論兩角小於直角者其行不得不相遇矣

第十二論

兩直線不能為有界之形

第十三論

兩直線止能於一點相遇

如云線長界近相交不止一點試於丙乙二界各出直線交於丁假令其交不止一點當引至甲則甲丁乙宜為甲丙乙圜之徑而甲丁丙亦如之界說十七夫甲丁乙圜之右半也而甲丁丙亦右半也界說十七甲丁乙為全甲丁丙為其分而俱稱右半是全與其分等也本篇九

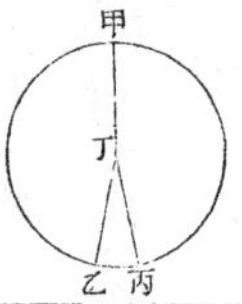

第十四論

有幾何度等若所加之度各不等則合并之差與所加之差等

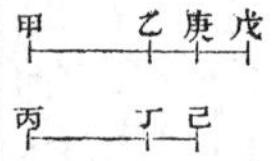

甲乙丙丁線等於甲乙加乙戊於丙丁加丁己則甲戊大於丙己者庚戊線也而乙戊大於丁己亦如之

第十五論

有幾何度不等若所加之度等則合并所贏之度與元所

贏之度等。

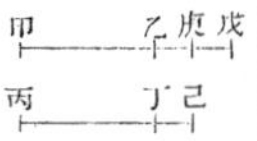

如上圖反說之戊乙己丁線不等於戊乙加乙甲於己丁加丁丙則戊甲大於己丙者戊庚線也而戊乙大於己丁亦如之

第十六論

有幾何度等若所減之度不等則餘度所贏之度與減去所贏之度等

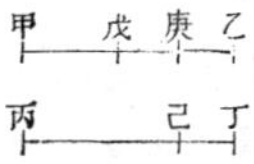

甲乙丙丁線等於甲乙減戊乙於丙丁減己丁則乙戊大於丁己者庚戊也而丙己大於甲戊亦如之

第十七論

有幾何度不等若所減之度等則餘度所贏之度與元所贏之度等

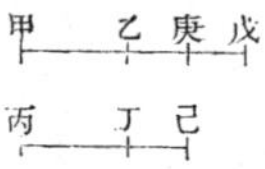

如十四論反說之甲戊丙己線不等於甲戊減甲乙於丙己減丙丁則乙戊長於丁己者亦庚戊也與甲戊長於丙己者等矣

第十八論

全與諸分之并等

第十九論

有二全度此全倍於彼全若此全所減之度倍於彼全所減之度則此較亦倍於彼較（相減之餘曰較）

如此度二十彼度十於二十減六於十減三則此較十四彼較七

幾何原本第一卷 本篇論三角形 計四十八題

泰西 利瑪竇 口譯
吳淞 徐光啟 筆受

第一題

於有界直線上求立平邊三角形

法曰甲乙直線上求立平邊三角形先以甲爲心乙爲界作丙乙丁圜次以乙爲心甲爲界作丙甲丁圜兩圜相交於丙於丁末自甲至丙丙至乙各作直線卽甲乙丙爲平邊三角形

論曰以甲爲心至圜之界其甲乙線與甲丙甲丁線等以乙爲心則乙甲線與乙丙乙丁線亦等何者凡爲圜自心至界各線俱等故界說十五既乙丙等於乙甲而甲丙亦等於甲乙卽甲丙亦等於乙丙公論一三邊等如所求

凡論有二種此以是爲論者正論也下倣此

其用法不必作兩圜但以甲爲心乙爲界作近丙一短界線乙爲心甲爲界亦如之兩短界線交處卽得丙

諸三角形俱推前用法作之詳本篇廿二

第二題

一直線線或內或外有一點求以點爲界作直線與元線等

法曰有甲點及乙丙線求以甲爲界作一線與乙丙等先以丙爲心乙爲界乙爲心丙爲界亦可作作丙乙圜第三求次觀甲點若在丙乙之外則自甲至丙作甲丙線第一求如上前圖或甲在丙乙之內則截取甲至丙一分線如上後圖兩法俱以甲丙線爲底任於上下作甲丁丙平邊三角形本篇一次自三角形兩腰線引長之第二求其丁丙引至丙乙圜界而止爲丙戊線其丁甲引之出丙乙圜外稍長爲甲己線末以丁爲心戊爲界作丁戊圜其甲己線與丁戊圜相交於庚卽甲庚線與乙丙線等

論曰丁戊丁庚線同以丁爲心戊庚爲界故等界說十五於丁戊線減丁丙丁庚線減丁甲其所減兩腰線等則所存亦等公論三夫丙戊與丙乙同以丙爲心戊乙爲界亦等界說十五卽甲庚與丙乙等公論一

若所設甲點卽在丙乙線之一界其法尤易假如點在丙卽以丙爲心作乙戊圜從丙至戊卽所求

第三題

兩直線一長一短求於長線減去短線之度

法曰甲短線乙丙長線求於乙丙減甲先以甲為度從乙引至別界作乙丁線（本篇二）次以乙為心丁為界作圜（求第三）圜界與乙丙交於戊即乙戊與等甲之乙丁等葢乙丁乙戊同心同圜故（界說十五）

第四題

兩三角形若相當之兩腰線各等各兩腰線間之角等則兩底線必等而兩形亦等其餘各兩角相當者俱等

解曰甲乙丙丁戊己兩三角形之甲與丁兩角等甲丙與丁己兩線甲乙與丁戊兩線各等題言乙丙與戊己兩底線必等而兩三角形亦等甲乙丙與丁戊己兩角甲丙乙與丁己戊兩角俱等

論曰如云乙丙與戊己不等即令將甲角置丁角之上兩角必相合無大小甲丙與丁己甲乙與丁戊亦必相合無大小（公論八）此二俱等而云乙丙與戊己不等必乙丙底或在戊己之上為庚或在其下為辛矣戊己既為直線而戊庚己又為直線則兩線當別作一形是兩線能相合為形也辛做此（公論十二）○此以非為論者駁論也下倣此

第五題

三角形若兩腰等則底線兩端之兩角等而兩腰引出之其底之外兩角亦等

解曰甲乙丙三角形其甲丙與甲乙兩腰等題言甲丙乙與甲乙丙兩角等又自甲丙線任引至戊甲乙線任引至丁其乙丙戊與丙乙丁兩外角亦等

論曰試如甲戊線稍長即從甲戊截取一分與甲丁等為甲己（本篇三）次自丙至丁乙至己各作直線（求第一）即甲己乙甲丁丙兩三角形必等何者此兩形之甲角同甲己與甲丁兩腰又等甲乙與甲丙兩腰又等則其底丙丁與乙己必等而底線兩端相當之各兩角亦等矣（本篇四）又乙丙己與丙乙丁兩三角形亦等何者此兩形之丙丁乙與乙己丙兩角既等（本論）而甲己甲丁兩腰各減相等之甲丙甲乙線即所存丙己乙丁兩腰又等（公論三）丙丁與乙己兩底又等（本論）又乙丙同腰即乙丙丁與丙乙己兩角亦等也則丙之外乙丙己角與乙之外丙乙丁角必等矣（本篇四）次觀甲乙己與甲丙丁兩角既等於甲乙已減丙乙己角甲丙丁減乙丙丁角則所存甲丙乙與甲乙丙兩角必等（公論三）

增從前形知三邊等形其三角俱等

第六題

三角形若底線兩端之兩角等則兩腰亦等

解曰甲乙丙三角形其甲乙丙與甲丙乙兩角等題言甲乙與甲丙兩腰亦等

論曰如云兩腰線不等而一長一短試辨之若甲乙為長線即令比甲丙線截去所長之度為乙丁線而乙丁與甲丙等（本篇三）次自丁至丙作直線則本形成兩三角形其一為甲乙丙其一為丁乙丙而甲乙丙全形與丁乙丙分形同也是全與其分等也（公論九）何者彼言丁乙丙分形之乙丁與甲乙丙全形之甲丙兩線既等丁乙丙分形之乙丙與甲乙丙全形之乙丙又同線而元設丁乙丙與甲丙乙兩角等則丁乙丙與甲乙丙兩形亦等也（本篇四）是全與其分等也故底線兩端之兩角等者兩腰必等也

第七題

一線為底出兩腰線其相遇止有一點不得別有腰線與元腰線等而於此點外相遇

解曰甲乙線為底於甲於乙各出一線至丙點相遇題言此為一定之處不得於甲上更出一線與甲丙等乙上更出一線與乙丙等而不於丙相遇

論曰若言有別相遇於丁者即問丁當在丙內邪丙外邪若言丁在丙內則有二說俱不可通何者若言丁在甲丙元線之內則如第一圖丁在甲丙兩界之間矣如此即甲丁是甲丙之分而云甲丙與甲丁等也是全與其分等也（公論九）若言丁在甲丙乙三角形頂間則如第二圖丁在甲丙乙之間矣即令自丙至丁作丙丁線而乙丁丙甲丁丙又成兩三角形次從乙丁引出至己從乙丙引出至戊則乙丁丙形之乙丁乙丙兩腰等者其底線兩端之兩角乙丁丙乙丙丁宜亦等也其底之外兩角己丁丙戊丙丁宜亦等也（本篇五）而甲丁丙形之甲丁甲丙兩腰等者其底線兩端之兩角甲丙丁甲丁丙宜亦等也（本篇五）夫甲丙丁角本小於戊丙丁角而為其分今言甲丁丙與甲丙丁兩角等則甲丁丙亦小於戊丙丁矣何況己丁丙又甲丁丙之分更小於戊丙丁可知何言底外兩角等乎若言丁在丙外又有三說俱不可通何者若言丁在甲丙元線外是丁甲即在丙甲元線之上則甲丙與甲丁等矣即如上第一說駁之若言丁在甲丙乙三角頂外即如上第二說駁之若言丁在丙外而從出二線一在三角形丙

一在其外。甲丁線與乙丙線相交。如第五圖。卽令將丙丁相聯作直線。是甲丁丙又成一三角形。而甲丙丁宜與甲丁丙兩角等也。（本篇五）夫甲丁丙角本小於丙丁乙角。而為其分。據如彼論。則甲丙丁角亦小於丙丁乙角矣。又丙丁乙亦成一三角形。而丙丁乙宜與丁丙乙兩角等也。（本篇五）夫丁丙乙角本小於甲丙丁角。而為其分。據如彼論。則丙丁乙角亦小於甲丙丁角矣。此二說者。豈不自相戾乎。

第八題

兩三角形。若相當之兩腰各等。兩底亦等。則兩腰間角必等。

解曰。甲乙丙、丁戊己兩三角形。其甲乙與丁戊兩腰。甲丙與丁己兩腰各等。乙丙與戊己兩底亦等。題言甲與丁兩角必等。

論曰。試以丁戊己形加於甲乙丙形之上。問丁角在甲角上邪。否邪。若在上。卽兩角等矣。（公論八）或謂不然。乃在於庚。卽問庚當在丁戊線之內邪。或在三角頂之內邪。或在三角頂之外邪。皆依前論驗之。（本篇七）

系。本題止論甲丁角。若旋轉依法論之。卽三角皆同。可見凡線等則角必等。不可疑也。

第九題

有直線角。求兩平分之。

法曰。乙甲丙角。求兩平分之。先於甲乙線任截一分為甲丁。（本篇三）次於甲丙亦截甲戊。與甲丁等。次自丁至戊作直線。次以丁戊為底。立平邊三角形。（本篇一）為丁戊己形。末自己至甲作直線。卽乙甲丙角為兩平分。

論曰。丁甲己與戊甲己兩三角形之甲丁與甲戊兩線等。甲己同是一線。戊己與丁己兩底又等。（何言兩底等。初從戊丁底作此三角平形。此二線為腰各等戊丁故）則丁甲己與戊甲己兩角必等。（本篇八）

用法。如上截取甲丁、甲戊。卽以丁為心。向乙丙間任作一短界線。次用元度。以戊為心。亦如之。兩界線交處得己。（本篇一）

第十題

一有界線。求兩平分之。

法曰。甲乙線。求兩平分。先以甲乙為底。作甲乙丙兩邊等三角形。（本篇一）次以甲丙乙角兩平分之。（本篇九）得丙丁直線。卽分甲乙於丁。

論曰丙丁乙丙丁甲兩三角形之丙乙丙甲兩腰等而丙丁同線甲丙丁與乙丙丁兩角又等本篇九則甲丁與乙丁兩線必等本篇四

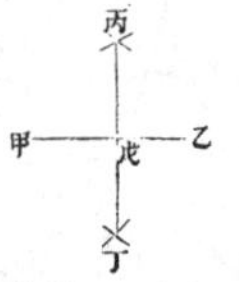

用法以甲爲心任用一度但須長於甲乙線之半向上向下各作一短界線次用元度以乙爲心亦如之兩界線交處卽丙丁末作丙丁直線卽分甲乙於戊

第十一題

一直線任於一點上求作垂線

法曰甲乙直線任指一點於丙求丙上作垂線先於丙左右任用一度各截一界爲丁爲戊本篇三次以丁戊爲底作兩邊等角形本篇一爲丁己戊末自己至丙作直線卽己丙爲甲乙之垂線

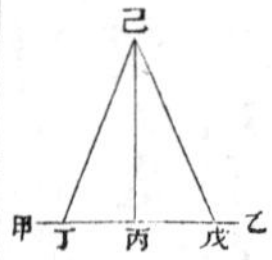

論曰丁己丙與戊己丙兩角形之己丁己戊丙腰等而己丙同線丙丁與丙戊兩底又等卽兩形必等丁與戊兩角亦等本篇五丁己丙與戊己丙兩角亦等本篇八九則丁丙己與戊丙己兩角必等矣等卽是直角直角卽是垂線界說十此後三角形多稱角形省文也

用法于丙點左右如上截取丁與戊卽以丁爲心任用一度但須長於丙丁線向丙上方作短界線次用元度以戊爲心亦如之兩界線交處卽己

又用法於丙左右如上截取丁與戊卽任用一度以丁爲心於丙上下方各作短界線次用元度以戊爲心亦如之則上交爲己下交爲庚末作己庚直線視直線交於丙點卽得是用法又爲嘗巧之法

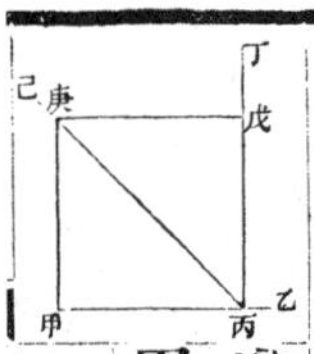

增若甲乙線所欲立垂線之點乃在線末甲界上甲外無餘線可截則於甲乙線上任取一點爲丙如前法於丙上立丁丙垂線次以甲丙丁角兩平分之本篇九爲己丙線次以甲丙爲度於丁丙垂線上截戊丙線本篇三次於戊上如前法立垂線與己丙線相遇爲庚末自庚至甲作直線如所求

論曰庚甲丙與庚丙戊兩角形之甲丙戊丙兩線旣等庚丙同線戊丙庚與甲丙庚兩角又等卽甲庚戊庚兩線必等本篇四而對同邊之甲角戊角亦等本篇四戊旣直角則甲亦直角是甲庚爲甲乙之垂線界說十

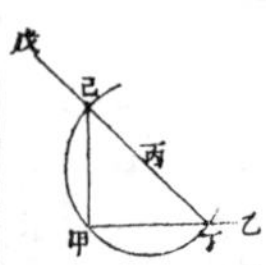

用法甲點上欲立垂線先以甲爲心向元線上方任抵一界作丙點次用元度以丙爲心作大半圜圜界與甲乙線相遇爲丁次自丁

至丙作直線引長之至戊爲戊丁線戊丁與圜界相遇爲己末自己至甲作直線即所求此法今未能論論見第三卷第三十一題

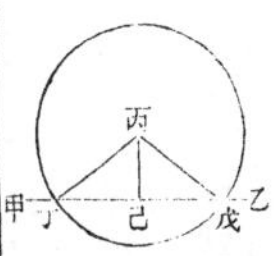

第十二題

有無界直線線外有一點求於點上作垂線至直線上

法曰甲乙線外有丙點求從丙作垂線至甲乙先以丙爲心作一圜令兩交於甲乙線爲丁爲戊次從丁戊各作直線至丙次兩平分丁戊於己本篇十末自丙至己作直線即丙己爲甲乙之垂線

論曰丙己丁丙己戊兩角形之丙丁丙戊兩線等丙己同線則丙戊己與丙丁己兩角必等本篇八而丁丙己與戊丙己兩角又等則丙己丁與丙己戊等皆直角本篇四而丙己定爲垂線矣

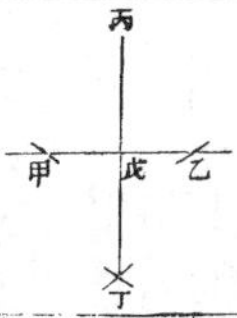

用法以丙爲心向直線兩處各作短界線爲甲爲乙次用元度以甲爲心向丙點相望處作短界線乙爲心亦如之兩界線交處爲丁末自丙至丁作直線則丙戊爲垂線

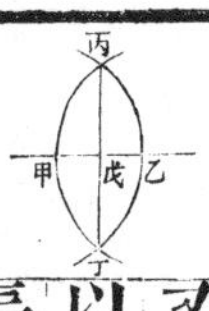

又用法於甲乙線上近甲近乙任取一點爲心以丙爲界作一圜界於丙點及相望處各稍引長之次於甲乙線上視前心或相望如前圖或進或退如後圖任移一點爲心以丙爲界作一圜界至與前圜交處得丁自丙至丁作直線得戊若近界作垂線無可截取亦用此法

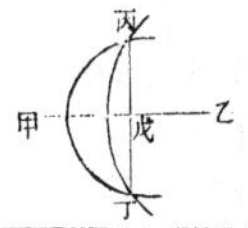

第十三題

一直線至他直線上所作兩角非直角即等於兩直角

解曰甲線下至丙丁線遇於乙其甲乙丙與甲乙丁作兩角題言此兩角當是直角若非直角即是一銳一鈍而并之等於兩直角

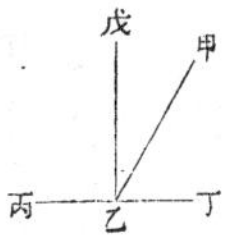

論曰試於乙上作垂線爲戊乙本篇十一令戊乙丙與戊乙丁爲兩直角即甲乙丁甲乙戊兩銳角并之與戊乙丁直角等矣次於甲乙丁甲乙戊兩銳角又加戊乙丙一直角并此三角定與戊乙丙戊乙丁兩直角等也公論十八次於甲乙戊又加戊乙丙并此銳直兩角定與甲乙丙鈍角等也次於甲乙戊戊乙丙銳直兩角又加甲乙丁銳角并此三角定與甲乙丁甲乙戊戊乙丙三角既與兩直角等則甲乙丁與甲乙丙兩角定與兩直角等公論一

第十四題

一直線於線上一點出不同方兩直線偕元線每旁作兩角若每旁兩角與兩直角等即後出兩線爲一直線

甲 己 戊 丁 丙 庚 乙

解曰甲乙線於丙點上左出一線爲丙丁右出一線爲丙戊若甲丙戊甲丙丁兩角與兩直角等題言丁丙與丙戊是一直線

論曰如云不然令別作一直線必從丁丙更引出一線或離戊而上爲丁丙己或離戊而下爲丁丙庚也若上於戊則甲丙線至丁丙己直線上爲甲丙己甲丙丁兩角此兩角宜與兩直角等本篇十三如此卽甲丙戊甲丙丁兩角與甲丙己甲丙丁兩角亦等矣試減甲丙丁角而以甲丙戊與甲丙己兩角較之果相等乎公論三夫甲丙己本小於甲丙戊而爲其分今曰相等是全與其分等也公論九若下於戊則甲丙線至丁丙庚直線上爲甲丙庚甲丙丁兩角此兩角宜與兩直角等本篇十三如此卽甲丙庚甲丙丁兩角與甲丙戊甲丙丁兩角亦等矣試減甲丙丁角而以甲丙戊與甲丙庚較之果相等乎公論三夫甲丙戊實小於甲丙庚而爲其分今曰相等是全與其分等也公論九兩者皆非則丁丙戊是一直線

第十五題

凡兩直線相交作四角每兩交角必等

解曰甲乙與丙丁兩線相交於戊題言甲戊丙與丁戊乙兩角甲戊丁與丙戊乙兩角各等

甲 丁 戊 丙 乙

論曰丁戊線至甲乙線上則甲戊丁丁戊乙兩角與兩直角等本篇十三甲戊線至丙丁線上則甲戊丙甲戊丁兩角與兩直角等本篇十三如此卽丁戊乙甲戊丁甲戊丙兩角等公論十試減同用之甲戊丁角其所存丁戊乙甲戊丙兩角必等公論三又丁戊線至甲乙線上則甲戊丁丁戊乙兩角與兩直角等本篇十三乙戊線至丙丁線上則丁戊乙丙戊乙兩角與兩直角等本篇十三如此卽甲戊丁丁戊乙兩角亦與丁戊乙丙戊乙兩角等公論十試減同用之丁戊乙角其所存甲戊丁丙戊乙兩角必等

一系推顯兩直線交於中點上作四角與四直角等

二系一點之上兩直線相交不論幾許線幾許角定與四直角等公論十八

增題一直線內出不同方兩直線而所作兩交角等卽後出兩線爲一直線

甲 戊 丙 丁 乙

解曰甲乙線內取丙點出丙丁丙戊兩線而所作甲丙戊丁丙乙兩交角等或甲丙丁戊丙乙兩交角等題言戊丙丙丁卽一直線

論曰甲丙戊角旣與丁丙乙角等每加一戊丙乙角卽甲丙戊戊丙乙兩角必與丁丙乙戊丙乙兩角等公論二

而甲丙戊、戊丙乙與兩直角等。本篇十三 則丁丙乙、戊丙乙亦與兩直角等。是戊丙、丙丁為一直線。本篇十四

第十六題

凡三角形之外角，必大於相對之各角。

解曰：甲乙丙角形，自乙甲線引之至丁。題言外角丁甲丙必大於相對之內角甲乙丙、甲丙乙。

論曰：欲顯丁甲丙角大於甲丙乙角，試以甲丙線兩平分於戊。本篇十 自乙至戊作直線，引長之，從戊外截取戊己與乙戊等。本篇三 次自甲至己作直線，卽甲戊己、戊乙丙兩角形之戊己與戊乙兩線等，戊甲與戊丙兩線等，甲戊己、乙戊丙兩交角又等。本篇十五 則甲己與乙丙兩底亦等。本篇四 兩形之各邊各角俱等。而己甲戊與戊丙乙兩角亦等矣。夫己甲戊乃丁甲丙之分，則丁甲丙大於己甲戊，亦大於相等之戊丙乙。而丁甲丙外角不大於相對之甲丙乙內角乎。次顯丁甲丙大於甲乙丙。試自丙甲線引長之至庚。次以甲乙線平分於辛。本篇十 自丙至辛作直線，引長之，從辛外截取辛壬與丙辛等。本篇三 次自甲至壬作直線，依前論推顯甲辛壬、辛乙丙兩角形之各邊各角俱等，則壬甲辛與辛乙丙兩角亦等矣。夫壬甲辛乃庚甲乙之分，必小於庚甲乙也。庚甲乙又與丁甲丙兩交角等。本篇十五 則甲乙丙內角不小於丁甲丙外角乎。其餘乙丙上作外角，俱大於相對之內角，依此推顯。

第十七題

凡三角形之每兩角，必小於兩直角。

解曰：甲乙丙角形，題言甲乙丙、甲丙乙兩角，丙甲乙、甲乙丙兩角，甲丙乙、丙甲乙兩角，皆小於兩直角。

論曰：試用兩邊線丙甲引出至戊，丙乙引出至丁，卽甲乙丁外角大於相對之甲丙乙內角矣。本篇十六 此兩率者每加一甲乙丙角，則甲乙丁、甲乙丙必大於甲丙乙、甲乙丙矣。公論四 夫甲乙丁、甲乙丙與兩直角等也。本篇十三 則甲丙乙、甲乙丙小於兩直角也。餘二倣此。

第十八題

凡三角形，大邊對大角，小邊對小角。

解曰：甲乙丙角形之甲丙邊大於甲乙邊，乙丙邊。題言甲乙丙角大於乙丙甲角，乙甲丙角。

論曰：甲丙邊大於甲乙邊，卽於甲丙線上截甲丁，與甲乙等。本篇三 自乙至丁作直線，則甲乙丁與甲丁乙兩角

等矣。（本篇五）夫甲丁乙角者，乙丙丁角形之外角，必大於相對之丁丙乙內角。（本篇十六）則甲乙丁角亦大於甲丙乙角，而況甲乙丙，又函甲乙丁於其中，不又大於甲丙乙乎。如乙丙邊大於甲乙邊，則乙甲丙角亦大於甲丙乙角，依此推顯。

第十九題

凡三角形大角對大邊，小角對小邊。

解曰：甲乙丙角形，乙角大於丙角，題言對乙角之甲丙邊必大於對丙角之甲乙邊。

論曰：如云不然，令言或等或小。若言甲丙與甲乙等，則甲丙乙角宜與甲乙丙角等矣。（本篇五）何設乙角大於丙角也。若言甲丙小於甲乙，則甲丙邊對甲乙丙大角，宜大。（本篇十八）又何言小也。如甲角大於丙角，則乙丙邊大於甲乙邊，依此推顯。

第二十題

凡三角形之兩邊并之，必大於一邊。

解曰：甲乙丙角形，題言甲丙、甲乙邊并之，必大於乙丙邊；甲丙、丙乙并之，必大於甲乙；甲乙、乙丙并之，必大於甲丙。

論曰：試於丙甲邊引長之，以甲乙為度，截取甲丁。（本篇三）自丁至乙作直線，令甲丁、甲乙兩腰等，而甲丁乙、甲乙丁兩角亦等。（本篇五）即丙乙丁角大於甲乙丁角，亦大於丙丁乙角矣。夫丁丙邊對丙乙丁大角也，豈不大於乙丙邊對丙丁乙小角者乎。（本篇十九）又甲丁、甲乙兩線各加甲丙線等也，則甲乙加甲丙者，與丙丁等矣。丙丁既大於乙丙，則甲乙、甲丙兩邊并，必大於乙丙邊也。餘二倣此。

第二十一題

凡三角形，於一邊之兩界出兩線，復作一三角形在其內，則內形兩腰并之，必小於相對兩腰，而後兩線所作角，必大於相對角。

解曰：甲乙丙角形，於乙丙邊之兩界各出一線，遇於丁。題言丁丙、丁乙兩線并，必小於甲乙、甲丙并；而乙丁丙角，必大於乙甲丙角。

論曰：試用內一線引長之，如乙丁引之至戊，即乙甲戊角形之乙甲、甲戊兩線并，必大於乙戊線也。（本篇二十）此二率者，每加一戊丙線，則乙甲、甲戊、戊丙并，必大於乙戊、戊丙并矣。（公論四）又戊丁丙角形之戊丁、戊丙線并，必大於丁丙線也。此二率者，每加一丁乙線，則戊丁、戊丙、丁乙并，必大於丁丙、丁乙并矣。（公論四）夫乙甲、甲戊、戊丙既大於乙戊戊丙豈不更大於丁丙丁乙乎本篇二十又乙甲戊角形之丙戊丁外角大於相對之乙甲戊內角本篇十六卽丁戊丙角形之乙丁丙外角亦大於相對之丁戊丙內角矣而乙丁丙角豈不更大於乙甲丙角乎

第二十二題

三直線求作三角形其每兩線并大於一線也

法曰甲乙丙三線其第一第二線并大於第三線若兩線比第三線或等或小卽不能作三角形見本篇二十求作三角形先任作丁戊線長於三線并次以甲爲度從丁截取丁己線本篇三以乙爲度從己截取己庚線以丙爲度從庚截取庚辛線次以己爲心丁爲界作丁壬癸圜以庚爲心辛爲界作辛壬癸圜其兩圜相遇下爲壬上爲癸末以庚己爲底作癸庚癸己兩直線卽得己癸庚三角形用壬亦可作若丁壬癸圜不到子辛壬癸圜不到丑卽是兩線或等或小於第三線不成三角形矣

論曰此角形之丁己己癸線皆同圜之半徑等界說十五則己癸與甲等庚辛庚癸線亦皆同圜之半徑等則庚癸與丙等己庚元以乙爲度則角形三線與所設三線等

用法任以一線爲底以底之一界爲心第二線爲度向上作短界線次以又一界爲心第三線爲度向上作短界線兩界線交處向下作兩腰如所求

若設一三角形求別作一形與之等亦用此法

第二十三題

一直線任於一點上求作一角與所設角等

法曰甲乙線於丙點求作一角與丁戊己角等先於戊丁線任取一點爲庚於戊己線任取一點爲辛自庚至辛作直線次依甲乙線作丙壬癸角形與戊庚辛角形等本篇廿二卽丙壬丙癸兩腰與戊庚戊辛兩腰等壬癸底與庚辛底又等則丙角與戊角必等本篇八

第二十四題

兩三角形相當之兩腰各等若一形之腰間角大則底亦大

解曰甲乙丙與丁戊己兩角形其甲乙與丁戊兩腰甲丙與丁己兩腰各等若乙甲丙角大於戊丁己角題言乙丙底必大於戊己底

論曰試依丁戊線從丁點作戊丁庚角與乙甲丙角等本篇廿三則戊丁庚角大於戊丁己角而丁

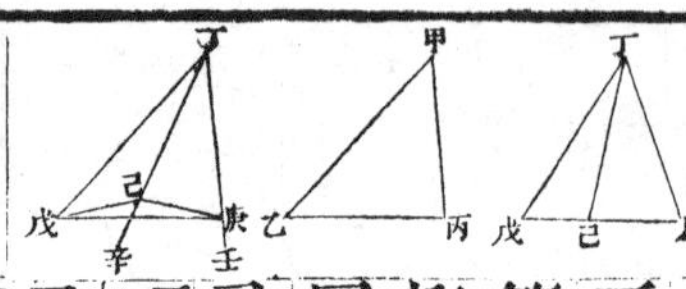

庚腰在丁己之外矣。次截丁庚線與丁己等本篇三，卽丁庚丁己俱與甲丙等。又自戊至庚作直線，是甲乙與丁戊，甲丙與丁庚，腰線各等，乙甲丙與戊丁庚兩角亦等，而乙丙與戊庚兩底必等也本篇四。次問所作戊庚底，令在戊己底上邪，抑同在一線邪，抑在其下邪。若在上，卽如第二圖，自己至庚作直線，則丁庚己角形之丁庚、丁己兩腰等，而丁庚己與丁己庚兩角亦等矣本篇五。夫戊庚己角乃丁庚己角之分，必小於丁庚己，亦必小於相等之丁己庚，而丁己庚又戊己庚角之分，則戊庚己益小於戊己庚也公論九。則對戊庚己小角之戊己腰，必小於對戊己庚大角之戊庚腰也本篇十九。若戊己與戊庚兩底同線，卽如第四圖，戊己乃戊庚之分，則戊己必小於戊庚也公論九。若戊庚在戊己之下，卽如第六圖，自己至庚作直線，次引丁庚線出於壬，引丁己線出於辛，則丁庚、丁己兩腰等，而辛己庚、壬庚己兩外角亦等矣本篇五。夫戊庚己角乃壬庚己角之分，必小於壬庚己，亦必小於相等之辛己庚，而辛己庚又戊己庚角之分，則戊庚己益小於戊己庚也公論九。則對戊庚己小角之戊己腰，必小於對戊己庚大角之戊庚腰也本篇十九。是三戊己皆小於等戊庚之乙丙本篇四也。

第二十五題

兩三角形相當之兩腰各等，若一形之底大，則腰間角亦大。

解曰：甲乙丙與丁戊己兩角形，其甲乙與丁戊，甲丙與丁己，各兩腰等，若乙丙底大於戊己底，題言乙甲丙角大於戊丁己角。

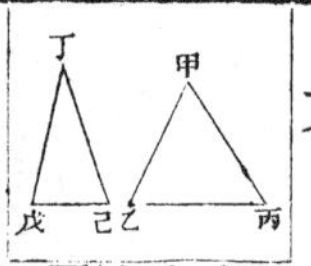

論曰：如云不然，令言或小或等。若言等，則兩形之兩腰各等，腰間角又等，宜兩底亦等本篇四，何設乙丙底大也。若言乙甲丙角小，則對乙甲丙角之乙丙線宜亦小本篇廿四，何設乙丙底大也。

第二十六題二支

兩三角形有相當之兩角等，及相當之一邊等，則餘兩邊必等，餘一角亦等。其一邊不論在兩角之內，及一角之對。

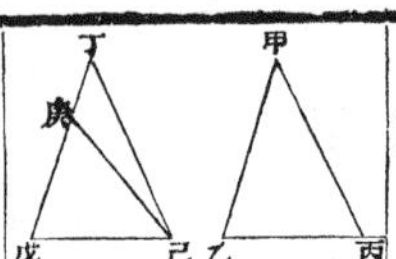

先解一邊在兩角之內者，曰：甲乙丙角形之甲乙丙、甲丙乙兩角，與丁戊己角形之丁戊己、丁己戊兩角各等，在兩角內之乙丙邊與戊己邊又等，題言甲乙與丁戊兩邊，甲丙與丁己兩邊各等，而乙甲丙角與戊丁己角亦等。

論曰：如云兩邊不等，而丁戊大於甲乙，令於丁戊線截取庚戊與甲乙等（本篇三），次自庚至己作直線，即庚戊己角形之庚戊、戊己兩邊宜與甲乙、乙丙兩邊等矣。夫乙角與戊角元等，則甲丙與庚己宜等（本篇四），而庚己戊角與甲丙乙角宜亦等也（本篇四）。既設丁己戊與甲丙乙兩角等，今又言庚己戊與甲丙乙兩角等，是庚己戊與丁己戊亦等，全與其分等矣（公論九）。以此見兩邊必等，兩邊既等，則餘一角亦等。

後解相等邊不在兩角之內，而在一角之對者，曰：甲乙丙角形之乙角、丙角與丁戊己角形之戊角、丁己戊角各等，而對丙之甲乙邊與對己之丁戊邊又等。題言甲丙與丁己兩邊、丙乙與己戊兩邊各等，而甲角與戊丁己角亦等。

論曰：如云兩邊不等，而戊己大於乙丙，令於戊己線截取戊庚與乙丙等（本篇三），次自丁至庚作直線，即丁戊庚角形之丁戊、戊庚兩邊宜與甲乙、乙丙兩邊等矣。夫乙角與戊角元等，則甲丙與丁庚宜等（本篇四），而丁庚戊角與甲丙乙角宜亦等也。既設丁己戊與甲丙乙兩角等，今又言丁庚戊與甲丙乙兩角等，是丁庚戊外角與相對之丁己戊內角等矣（本篇十六），可乎？

以此見兩邊必等，兩邊既等，則餘一角亦等。

第二十七題

兩直線有他直線交加其上，若內相對兩角等，即兩直線必平行。

解曰：甲乙、丙丁兩直線加他直線戊己，交於庚於辛，而甲庚辛與丁辛庚兩角等。題言甲乙、丙丁兩線必平行。

論曰：如云不然，則甲乙、丙丁兩直線必至相遇於壬，而庚辛壬成三角形，則甲庚辛外角宜大於相對之庚辛壬內角矣（本篇十六），乃先設相等乎？若設乙庚辛角與丙辛庚角等，亦依此論。若言甲乙、丙丁兩直線相遇於癸，亦依此論。

第二十八題（二支）

兩直線有他直線交加其上，若外角與同方相對之內角等，或同方兩內角與兩直角等，即兩直線必平行。

先解曰：甲乙、丙丁兩直線加他直線戊己，交於庚於辛，其戊庚甲外角與同方相對之庚辛丙內角等。題言甲乙、丙丁兩線必平行。

論曰：乙庚辛角與相對之內角丙辛庚等（本篇廿七），戊庚甲與乙庚辛兩交角亦等（本篇十五），即兩直線必平

行

後解曰甲庚辛丙辛庚兩內角與兩直角等題言甲乙丙丁兩線必平行

論曰甲庚辛丙辛庚兩角與兩直角等而甲庚戊甲庚辛兩角亦與兩直角等（本篇十三）試減同用之甲庚辛即所存甲庚戊與丙辛庚等矣既外角與同方相對之內角等即甲乙丙丁必平行（本題）

第二十九題（三支）

兩平行線有他直線交加其上則內相對兩角必等外角與同方相對之內角亦等同方兩內角亦與兩直角等

先解曰此反前二題故同前圖有甲乙丙丁二平行線加他直線戊己交於庚於辛題言甲庚辛與丁辛庚內相對兩角必等

論曰如云不然而甲庚辛大於丁辛庚則丁辛庚加辛庚乙宜小於辛庚甲加辛庚乙矣（公論四）夫辛庚甲辛庚乙元與兩直角等（本篇十三）據如彼論則丁辛庚辛庚乙兩角小於兩直角而甲乙丙丁兩直線向乙丁行必相遇也（公論十一）可謂平行線乎

次解曰戊庚甲外角與同方相對之庚辛丙內角等

論曰乙庚辛與相對之丙辛庚兩內角等（本題）則乙庚辛交角相等之戊庚甲（本篇十五）與丙辛庚必等（公論一）

後解曰甲庚辛丙辛庚兩內角與兩直角等

論曰戊庚甲與庚辛丙兩角既等（本題）而每加一甲庚辛角則庚辛丙甲庚辛兩角與甲庚辛戊庚甲兩角必等（公論二）夫甲庚辛戊庚甲本與兩直角等（本篇十三）則甲庚辛丙辛庚兩內角亦與兩直角等

第三十題

兩直線與他直線平行則元兩線亦平行

解曰此題所指線在同面者不同面線後別有論如甲乙丙丁兩直線各與他線戊己平行題言甲乙與丙丁亦平行

論曰試作庚辛直線交加於三直線甲乙於壬戊己於子丙丁於癸其甲乙與戊己既平行即甲壬子與相對之己子壬兩內角等（本篇廿九）丙丁與戊己既平行即丁癸子內角與己子壬外角亦等（本篇廿九）丁癸子與甲壬子亦為相對之內角亦等（公論一）而甲乙丙丁為平行線（本篇廿七）

第三十一題

一點上求作直線與所設直線平行

法曰甲點上求作直線與乙丙平行先從甲點向乙丙

線任指一處作直線爲甲丁即乙丙線上成甲丁乙角次於甲點上作一角與甲丁乙等本篇廿三爲戊甲丁從戊甲線引之至己即己戊與乙丙平行

論曰戊己乙丙兩線有甲丁線聯之其所作戊甲丁與甲丁乙相對之兩內角等即平行線本篇廿七

增從此題生一用法設一角兩線求作有法四邊形有角與所設角等兩兩邊線與所設線等

法曰先作己丁戊角與丙等次截丁戊線與甲等己丁線與乙等末依丁戊平行作己庚依己丁平行作庚戊即所求

本題用法於甲點求作直線與乙丙平行先作甲丁線次以丁爲心任作戊己圜界次用元度以甲爲心作庚辛圜界稍長於戊己次取戊己圜界爲度於庚辛圜界截取庚辛末自甲至辛作直線各引長之即所求

又用法以甲點爲心於乙丙線近乙處任指一點作短界線爲丁次用元度以丁爲心於乙丙上向丙截取一分作短界線爲戊次用元度以戊爲心向上與甲平處作短界線又用元度以甲爲心向甲平處作短界線後兩界線交處爲己自甲至己作直線各引長之即所求

第三十二題

凡三角形之外角與相對之內兩角并等凡三角形之內三角并與兩直角等

先解曰甲乙丙角形試從乙丙邊引至丁題言甲丙丁外角與相對之內兩角甲乙并等

論曰試作戊丙線與甲乙平行本篇三一令甲丙爲甲乙戊丙之交加線則乙甲丙角與相對之甲丙戊角等本篇廿九又乙丁線與兩平行線相遇則戊丙丁外角與相對之甲乙丙內角等本篇廿九既甲丙戊與乙甲丙等而戊丙丁與甲乙丙又等則甲丙丁外角與內兩角甲乙并等矣

後解曰甲乙丙三角并與兩直角等

論曰既甲丙丁角與甲乙兩角并等更於甲丙丁加甲丙乙則甲丙丁甲丙乙兩角并與甲乙丙內三角并等矣公論二夫甲丙丁甲丙乙并元與兩直角等本篇十三則甲乙丙內三角并亦與兩直角等

增從此推知凡第一形當兩直角第二形當四直角第

三形當六直角自此以上至於無窮每命形之數倍之爲所當直角之數凡一線二線不能爲形故三邊爲第一形四邊爲第二形五邊爲第三形六邊爲第四形倣此以至無窮又視每形邊數減二邊卽所存邊數是本形之數

論曰如上四圖第一形三邊減二邊存一邊卽是本形一數倍之當兩直角本題第二形四邊減二邊存二邊卽是本形二數倍之當四直角欲顯此理試以第二形作一對角線成兩三角形每形當兩直角并之則當四直角矣第三形五邊減二邊存三邊卽是本形三數倍之當六直角欲顯此理試以第三形作兩對角線成三三角形每形當兩直角并之亦當六直角矣其餘依此推顯以至無窮

又一法每形視其邊數每邊當兩直角而減四直角其存者卽本形所當直角

論曰欲顯此理試於形中任作一點從此點向各角俱作直線令每形所分角形之數如其邊數每一分形三角當二直角本題其近點之處不論幾角皆當四直角本篇十五之系次減近點諸角卽是減四直角其存者則本形所當直角如上第四形六邊中間任指一點從點向各角分爲六三角形每一分形三角六形共十八角今於近點處減當四直角之六角所存近邊十二角當八直角餘倣此

一系凡諸種角形之三角并俱相等本題增

二系凡兩腰等角形若腰間直角則餘兩角每當直角之半腰間鈍角則餘兩角俱小於半直角腰間銳角則餘兩角俱大於半直角

三系平邊角形每角當直角三分之二

四系平邊角形若從一角向對邊作垂線分爲兩角形此分形各有一直角在垂線之下兩旁則垂線之上兩旁角每當直角三分之一其餘兩角每當直角三分之二

增從三系可分一直角爲三平分其法任於一邊立平邊角形次分對直角一邊爲兩平分從此邊對角作垂線卽所求如上圖甲乙丙直角求三分之先於甲乙線上作甲乙丁平邊角形本篇一次平分甲丁於戊本篇九末作乙戊直線

第三十三題

兩平行相等線之界有兩線聯之其兩線亦平行亦相等

解曰甲乙丙丁兩平行相等線有甲丙乙丁兩線聯之

題言甲丙乙丁亦平行相等線

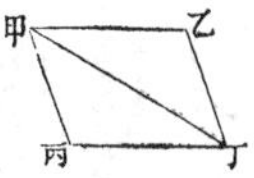

論曰試作甲丁對角線爲甲乙丙丁之交加線卽乙甲丁丙丁甲相對兩內角等本篇廿九又甲丁線上下兩角形之甲乙丙丁兩邊旣等甲丁同邊則對乙甲丁角之乙丁線與對丙丁甲角之甲丙線亦等本篇廿九而乙丁甲與丙甲丁兩角亦等也本篇四此兩角者甲丙乙丁之內相對角也兩角旣等則甲丙乙丁兩線必平行本篇廿七

第三十四題

凡平行線方形每相對兩邊線各等每相對兩角各等對角線分本形兩平分

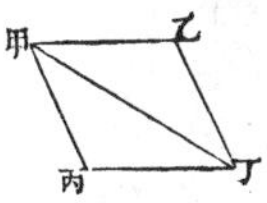

解曰甲乙丁丙平行方形界說三五題言甲乙與丙丁兩線甲丙與乙丁兩線各等又言乙與丙兩角乙甲丙與丙丁乙兩角各等又言若作甲丁對角線卽分本形爲兩平分

論曰甲乙與丙丁旣平行則乙甲丁與丙丁甲相對之兩內角等本篇廿九甲丙與乙丁旣平行則乙丁甲與丙甲丁相對之兩內角等本篇廿九甲乙丁角形之乙甲丁乙丁甲兩角與甲丁丙角形之丙丁甲丙甲丁兩角旣各等甲丁同邊則甲乙與丙丁甲丙與乙丁俱等也而丙角與相對之乙角亦等矣本篇廿六又乙丁甲角加丙丁甲角與丙甲丁角加乙甲丁角旣等卽乙甲丙與丙丁乙相對兩角亦等也公論二又甲乙丁甲丁丙兩角形之甲乙乙丁兩邊與丁丙丙甲兩邊各等腰間之乙角與丙角亦等則兩角形必等本篇四而甲丁線分本形爲兩平分

第三十五題

兩平行方形若同在平行線內又同底則兩形必等

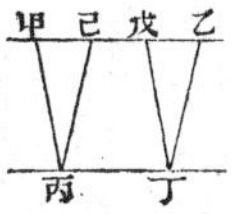

解曰甲乙丙丁兩平行線內有丙丁戊甲與丙丁乙己兩平行方形同丙丁底題言此兩形等等者不謂腰等角等謂所函之地等後言形等多倣此

先論曰設己在甲戊之內其丙丁戊甲與丙丁乙己皆平行方形丙丁同底則甲戊與丙丁己乙與丙丁各相對之兩邊各等本篇三四而甲戊與己乙亦等公論一試於甲戊己乙兩線各減己戊卽甲己與戊乙亦等公論三而甲丙與戊丁元等本篇三四乙戊丁外角與己甲丙內角又等本篇廿九則乙戊丁與己甲丙兩角形必等矣本篇四次於兩角形每加一丙丁戊己無法四邊形則丙丁戊甲與丙丁乙己兩平行方形等也公論二

次論曰設己戊同點依前甲戊與戊乙等乙戊丁與戊

甲丙兩角形等（本論四）而每加一戊丁丙角形則丙丁戊甲與丙丁乙戊兩平行方形必等（公論二）

後論曰設己點在戊之外而丙己與戊丁兩線交於庚依前甲戊與己乙兩線等而每加一戊己線即戊乙與甲己兩線亦等（公論二）因顯己甲丙與乙戊丁兩角形亦等（本篇四）次每減一己戊庚角形則所存戊庚丙甲與乙己庚丁兩無法四邊形亦等（公論三）次於兩無法形每加一庚丁丙角形則丙丁戊甲與丙丁乙己兩平行方形必等（公論二）

第三十六題

兩平行線內有兩平行方形若底等則形亦等

解曰甲乙丙丁兩平行線內有甲丙戊己與庚辛丁乙兩平行方形而丙戊與辛丁兩底等題言兩形亦等

論曰試自丙至庚戊至乙各作直線相聯其丙戊庚乙各與辛丁等則丙戊與庚乙亦等（本篇卅四）庚乙與丙戊既平行線則庚丙與乙戊亦平行線（本篇卅三）而甲丙戊己與庚丙戊乙兩平行方形同丙戊底者等矣（本篇三五）庚辛丁乙與庚丙戊乙兩平行方形同庚乙底者亦等矣（本篇三五）既爾則庚辛丁乙與甲丙戊己亦等（公論一）

第三十七題

兩平行線內有兩三角形若同底則兩形必等

解曰甲乙丙丁兩平行線內有甲丙丁乙丙丁兩角形同丙丁底題言兩形必等

論曰試自丁至戊作直線與甲丙平行次自丁至己作直線與乙丙平行（本篇三一）夫甲丙丁戊乙丙丁己兩平行方形在甲乙丙丁兩平行線內同丙丁底既等（本篇三五）則甲丙丁角形為甲丙丁戊方形之半與乙丙丁角形為乙丙丁己方形之半者（甲丁乙丁兩對角線平分兩方形見本篇卅四）亦等（公論七）

第三十八題

兩平行線內有兩三角形若底等則兩形必等

解曰甲乙丙丁兩平行線內有甲丙戊與乙己丁兩角形而丙戊與己丁兩底等題言兩形必等

論曰試自庚至戊辛至丁各作直線與甲丙乙己平行（本篇卅一）其甲丙戊庚與乙己丁辛兩平行方形既等（本篇卅六）則甲丙戊與乙己丁兩角形為兩方形之半者（本篇卅四）亦等（公論七）

增凡角形任於一邊兩平分之向對
線即分本形爲兩平分
論曰甲乙丙角形試以乙丙邊兩
本篇十 自丁至甲作直線即甲丁線分本形爲兩
者試於甲角上作直線與乙丙平行本篇卅一則甲乙丁甲
丁丙兩角形在兩平行線內兩底等兩形亦等本題
二增題凡角形任於一邊任作一點求從點
分本形爲兩平分
法曰甲乙丙角形從丁點求兩平分先自丁
至相對甲角作甲丁直線次平分乙丙線於戊本篇十作
戊己線與甲丁平行本篇卅一末作己丁直線即分本形爲
兩平分
論曰試作甲戊直線即甲戊己己丁戊兩角形在兩平
行線內同己戊底者等而每加一己戊丙形則己丁丙
與甲戊丙兩角形亦等公論二 夫甲戊丙爲甲乙丙之半
本題增 則己丁丙亦甲乙丙之半

第三十九題

兩三角形其底同其形等必在兩平行線內
解曰甲乙丙與丁丙乙兩角形之乙丙底同其形復等
題言在兩平行線內者蓋云自甲至丁作直線必與乙
丙平行
論曰如云不然令從甲別作直線與乙丙平
行本篇卅一必在甲丁之上或在其下矣設在上
爲甲戊而乙丁線引出至戊即作戊丙直線
是甲乙丙宜與戊丙乙兩角形等矣本篇卅七夫甲乙丙與
丁丙乙既等而與戊丙乙復等是全與其分等也公論九
設在甲丁下爲甲己即作己丙直線是己丙乙與丁丙
乙亦等如前駁之

第四十題

兩三角形其底等其形等必在兩平行線內
解曰甲乙丙與丁戊己兩角形之乙丙與戊
己兩底等其形亦等題言在兩平行線內者
蓋云自甲至丁作直線必與乙己平行
論曰如云不然令從甲別作直線與乙己平
行本篇卅一必在甲丁之上或在其下矣設在上爲甲庚而
戊丁線引出至庚即作庚己直線是甲乙丙宜與庚戊
己兩角形等矣本篇三八夫甲乙丙與丁戊己既等而與庚
戊己復等是全與其分等也公論九 設在甲丁下爲甲辛
即作辛己直線是辛戊己與丁戊己亦等如前駁之

第四十一題

兩平行線內有一平行方形一三角形同底則方形倍大於三角形

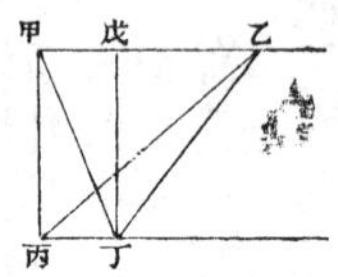

解曰甲乙丙丁兩平行線內有甲丙丁戊方形乙丁丙角形同丙丁底題言方形倍大於角形

論曰試作甲丁直線分方形為兩平分則甲丙丁與乙丁丙兩角形等矣本篇卅七夫甲丙丁戊倍大於甲丙丁本篇卅四必倍大於乙丁丙

第四十二題

有三角形求作平行方形與之等而方形角有與所設角等

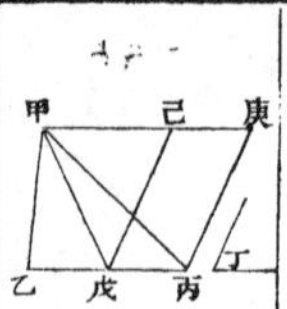

法曰設甲乙丙角形丁角求作平行方形與甲乙丙角形等而有丁角先分一邊為兩平分如乙丙邊平分於戊本篇十次作丙戊己角與丁角等本篇廿三次自甲作直線與乙丙平行本篇卅一而與戊己線遇於己末自丙作直線與戊己平行為丙庚本篇卅一而與甲己線遇於庚則得己戊丙庚平行方形與甲乙丙角形等

論曰試自甲至戊作直線其甲戊丙角形與己戊丙庚平行方形在兩平行線內同底則己戊丙庚倍大於甲戊丙矣本篇四一夫甲乙丙亦倍大於甲戊丙本篇卅八增即與己戊丙庚等公論六

第四十三題

凡方形對角線旁兩餘方形自相等

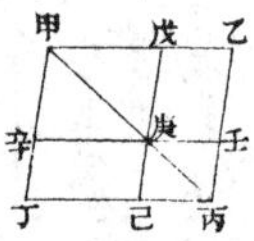

解曰甲乙丙丁方形有甲丙對角線題言兩旁之乙壬庚戊與庚己丁辛兩餘方形界說卅六必等

論曰甲乙丙甲丙丁兩角形等本篇卅四甲戊庚甲辛庚兩角形亦等本篇卅四而於甲乙丙減甲戊庚於甲丙丁減甲庚辛則所存乙丙庚戊與庚丙丁辛兩無法四邊形亦等矣公論三又庚壬丙己角線方形之庚丙己庚丙壬兩角形等本篇三四而於兩無法四邊形每減其一則所存乙壬庚戊與庚己丁辛兩餘方形安得不等公論三

第四十四題

一直線上求作平行方形與所設三角形等而方形角有與所設角等

法曰設甲線乙角形丙角求於甲線上作平行方形與乙角形等而有丙角先作丁戊己庚平行方形與乙角形等而戊己庚角與丙角等本篇四二次於庚己線引長之作己辛線與甲等次作辛壬線與戊己平行本篇三一次於

丁戊引長之與辛壬線遇於壬次自壬至己作對角線引出之又自丁庚引長之與對角線遇於癸次自癸作直線與庚辛平行又於壬辛引長之與癸線遇於子末於戊己引長之至癸子線得丑即己丑子辛平行方形如所求

論曰此方形之己辛線與甲等而辛己丑角爲戊己庚之交角本篇十五則與丙等又本形與戊己庚丁同爲餘方形等本篇四三則與乙角形等

第四十五題

有多邊直線形求作一平行方形與之等而方形角有與所設角等

法曰設甲乙丙五邊形丁角求作平行方形與五邊形等而有丁角先分五邊形爲甲乙丙三三角形次作戊己庚辛平行方形與甲等而有丁角本篇四二次於戊辛己庚兩平行線引長之作庚辛壬癸平行方形與乙等而有丁角本篇四四末復引前線作壬癸子丑平行方形與丙等而有丁角本篇四四即此三形并爲一平行方形與甲乙丙并形等而有丁角自五以上可至無窮俱倣此法

論曰戊己庚與辛庚癸兩角等而每加一己庚辛角即辛庚癸己庚辛兩角定與己庚辛戊己庚兩角等夫己庚辛戊己庚是兩平行線內角與兩直角等也本篇廿九則己庚辛辛庚癸亦與兩直角等而己庚庚癸爲一直線也本篇十四又戊辛庚與戊己庚兩對角等而辛壬癸與辛庚癸兩對角亦等則戊己庚辛庚辛壬癸皆平行方形也本篇卅四壬癸子丑依此推顯本篇三十即與戊己癸壬并爲一平行方形矣

增題兩直線形不等求相減之較幾何

法曰甲與乙兩直線形甲大於乙以乙減甲求較幾何

先任作丁丙己戊平行方形與甲等次於丙丁線上依丁角作丁丙辛庚平行方形與乙等本題即得辛庚戊己爲相減之較矣何者丁丙己戊之大於丁丙辛庚較餘一辛庚戊己也則甲大於乙亦辛庚戊己也

第四十六題

一直線上求立直角方形

法曰甲乙線上求立直角方形先於甲乙兩界各立垂線爲丁甲爲丙乙皆與甲乙線等本篇十一次作丁丙線相聯即甲乙丙丁爲直角方形

論曰甲乙兩角俱直角則丁甲丙乙為平行線本篇廿八此兩線自相等則丁丙與甲乙亦平行線本篇三三而甲乙丙丁四線俱平行俱相等又甲乙俱直角則相對丁丙亦俱直角本篇卅四而甲乙丙丁定為四直角方形

第四十七題

凡三邊直角形對直角邊上所作直角方形與餘兩邊上所作兩直角方形并等

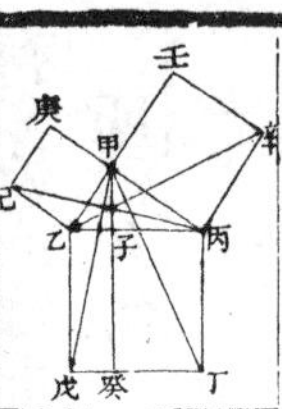

解曰甲乙丙角形於對乙甲丙直角之乙丙邊上作乙丙丁戊直角方形本篇四六題言此形與甲乙邊上所作甲乙己庚及甲丙

邊上所作甲丙辛壬兩直角方形并等

論曰試從甲作甲癸直線與乙戊丙丁平行本篇卅一而分乙丙邊於子次自甲至丁至戊各作直線末自乙至辛自丙至己各作直線其乙甲丙與乙甲庚既皆直角即庚甲甲丙是一直線本篇十四依顯乙甲甲壬亦一直線又丙乙戊與甲乙己既皆直角而每加一甲乙丙角即甲乙戊與丙乙己兩角亦等公論二依顯甲丙丁與乙丙辛兩角亦等又甲乙戊角形之甲乙乙戊兩邊與丙乙己角形之己乙乙丙兩邊等甲乙戊與丙乙己兩角復等則對等角之甲戊與丙己兩邊亦等而此兩角形亦等

矣本篇四夫甲乙己庚直角方形倍大於同乙己底同在平行線內之丙乙己角形本篇四一而乙戊癸子直角形亦倍大於同乙戊底同在平行線內之甲乙戊角形則甲乙己庚不與乙戊癸子等乎公論六依顯甲丙辛壬直角方形與丙丁癸子直角形等則乙戊丁丙一形與甲乙己庚甲丙辛壬兩形并等矣

一增凡直角方形之對角線上作直角方形倍大於元形如甲乙丙丁直角方形之甲丙線上作直角方形倍大於甲乙丙丁形

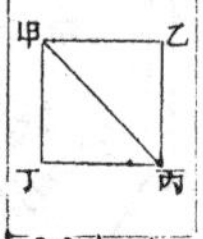

二增題設不等兩直角方形如一以甲為邊一以乙為

邊求別作兩直角方形自相等而并之又與元設兩形并等

法曰先作丙戊線與甲等次作戊丙丁直角而丙丁線與乙等次作戊丁線相聯末於丙丁戊角丙戊丁角各作一角皆半於直角己戊己丁兩腰遇於己公論十一而等本篇六即己戊己丁兩線上所作兩直角方形自相等而并之又與丙戊丙丁上所作兩直角方形并等

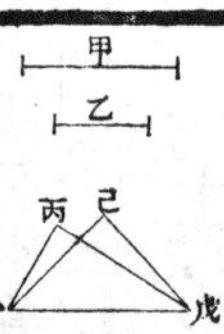

論曰己丁戊己戊丁兩角既皆半於直角則丁己戊為直角本篇卅二而對直角之丁戊線上所作直角方形與兩

腰線上所作兩直角方形并等矣本題己戊與己丁既等則其上所作兩直角方形自相等矣又丁戊線上所作直角方形與丙丁丙戊線上所作兩直角方形并既等則己戊己丁上兩直角方形并與丙戊丙丁上兩直角方形并亦等

三增題多直角方形求并作一直角方形與之等

法曰如五直角方形以甲乙丙丁戊為邊任等不等求作一直角方形與五形并等先作己庚辛直角而己庚線與甲等庚辛線與乙等次作己辛線旋作己辛壬直角而辛壬與丙等次作己壬線旋作己壬癸直角而壬癸與丁等次作己癸線旋作己癸子直角而癸子與戊等末作己子線題言己子線上所作直角方形即所求

論曰己辛上作直角方形與甲乙兩形并等本題己壬上作直角方形與己辛及丙兩形并等餘倣此推顯可至無窮

四增三邊直角形以兩邊求第三邊長短之數

法曰甲乙丙角形甲為直角先得甲乙甲丙兩邊長短之數如甲乙六甲丙八求乙丙邊長短之數

其甲乙甲丙上所作兩直角方形并既與乙丙上所作直角方形等本題則甲乙之冪自乘之數曰冪得三十六甲丙之冪得六十四并之得百而乙丙之冪亦百百開方得十即乙丙數十也又設先得甲乙丙如甲乙六乙丙十而求甲丙之數其甲乙甲丙上兩直角方形并既與乙丙上直角方形等則甲乙之冪得三十六乙丙之冪得百百減三十六得甲丙之冪六十四六十四開方得八即甲丙八也求甲乙倣此

此以開方盡實者為例其不盡實者自具算家分法

第四十八題

凡三角形之一邊上所作直角方形與餘邊所作兩直角方形并等則對一邊之角必直角

解曰此反前題如甲乙丙角形其甲丙邊上所作直角方形與甲乙乙丙邊上所作兩直角方形并等題言甲乙丙角必直角

論曰試於乙上作甲乙丁直角而乙丁與乙丙兩線等次作丁甲線相聯其甲乙丁既直角則甲丁上直角方形與甲乙乙丁上兩直角方形并等本篇四七而甲乙乙丁上兩直角方形并與甲乙乙丙上兩直角方形并又等甲乙同乙丁乙丙等故即丁甲上直角方形與甲丙上直角方形

必等夫甲乙丁角形之甲乙乙丁兩腰與甲乙丙角形之甲乙乙丙兩腰既等而丁甲甲丙兩底又等則對底線之兩角亦等本篇八 甲乙丁既直角即甲乙丙亦直角

幾何原本第二卷之首

泰西 利瑪竇 口譯
吳淞 徐光啟 筆受

界說二則

第一界

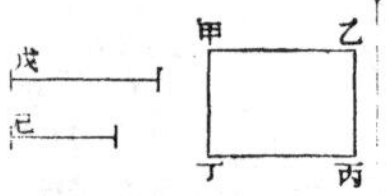

凡直角形之兩邊函一直角者爲直角形之矩線

如甲乙偕乙丙函甲乙丙直角得此兩邊即知直角形大小之度今別作戊線己線與甲乙乙丙各等亦即知甲乙丙丁直角形大小之度則戊偕己兩線爲直角形之矩線

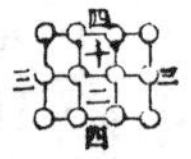

此例與算法通如上圖一邊得三一邊得四相乘得十二則三偕四兩邊爲十二之矩數凡直角諸形之內四角皆直故不必更言四邊及平行線止名爲直角形省文也

凡直角諸形不必全舉四角止舉對角二字即指全形如甲乙丙丁直角形止舉甲丙或乙丁亦省文也

第二界

諸方形有對角線者其兩餘方形任偕一角線方形爲罄折形

甲乙丙丁方形任直斜角作甲丙對角線從庚點作戊

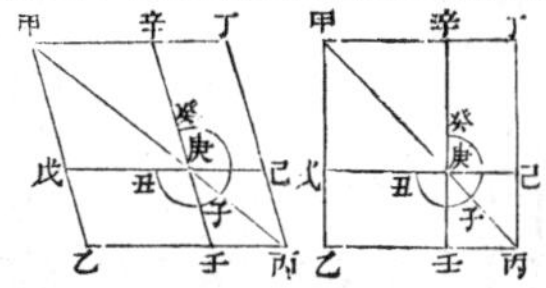

己辛壬兩線與方形邊平行而分本形爲四方形其辛己庚乙兩形爲餘方形辛戊己壬兩形爲角線方形一卷界說三六兩餘方形任借一角線方形爲罄折形如辛己庚乙兩餘方形偕己壬角線方形同在癸子丑圜界內者是癸子丑罄折形也用辛戊角線方形倣此

幾何原本第二卷 本篇論線 計十四題

泰西 利瑪竇 口譯

吳淞 徐光啟 筆受

第一題

兩直線任以一線任分爲若干分其兩元線矩內直角形與不分線偕諸分線矩內諸直角形并等

解曰甲與乙丙兩線如以乙丙三分之爲乙丁丁戊戊丙題言甲偕乙丙矩線內直角形與甲偕乙丁甲偕丁戊甲偕戊丙三矩線內直角形并等

論曰試作乙己直角形在乙丙偕等甲之己丙矩線內作法于乙界作庚乙丙界作己丙兩垂線俱與甲等爲平行次作庚己直線與乙丙平行次於丁戊兩點作辛丁壬戊兩垂線與庚乙己丙平行一卷卅三其辛丁與庚乙壬戊與己丙既平行則辛丁與壬戊亦平行而辛丁壬戊與己丙等即亦與甲等一卷卅四如此則乙辛直角形在甲偕乙丁矩線內丁壬直角形在甲偕丁戊矩線內戊己直角形在甲偕戊丙矩線內并之則三矩內直角形與甲偕乙丙兩元線矩內直角形等

注曰二卷前十題皆言線之能也能者謂其上能爲直角形也如十尺線其上能爲百尺方形之類其說與算數最近故九卷之十四題

俱以數明此十題之理今未及詳因題意難顯畧用數明之如本題設兩數當兩線爲六爲十以十任三分之爲五爲三爲二六乘十爲六十之一大實與六乘五爲三十及六乘三爲十八六乘二爲十二之三小實并等

第二題

一直線任兩分之其元線上直角方形與元線偕兩分線兩矩內直角形并等

解曰甲乙線任兩分於丙題言甲乙上直角方形與甲乙偕甲丙甲乙偕丙乙兩矩線內直角形并等

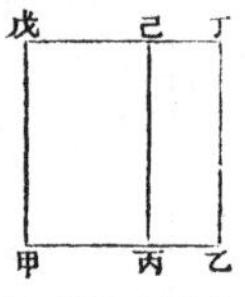

論曰試於甲乙線上作甲丁直角方形從丙點作己丙垂線與甲戊乙丁平行卅一卷一其甲戊與甲乙既等卅四卷一則甲己直角形在甲乙甲丙矩線內乙丁與甲乙既等則丙丁直角形在甲乙丙乙矩線內而此兩形并與甲丁直角方形等

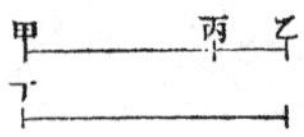

又論曰試別作丁線與甲乙等其甲乙線既任分於丙則甲乙偕丁矩線內直角形即甲乙上直角方形與甲丙偕丁丙乙偕丁兩矩線內直角形并等本篇一

注曰以數明之設十數任兩分之爲七爲三十乘七爲七十及十乘三爲三十之兩小實與十自之百一大實等

第三題

一直線任兩分之其元線任偕一分線矩內直角形與分餘線偕一分線矩內直角形及一分線上直角方形并等

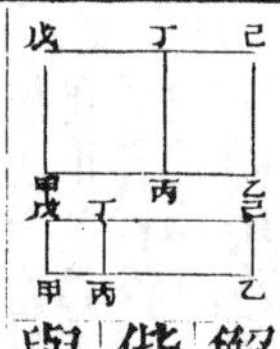

解曰甲乙線任兩分於丙題言元線甲乙任偕一分線如甲丙矩內直角形不論甲丙爲長分爲短分與分餘丙乙偕甲丙矩線內直角形及甲丙上直角方形并等

論曰試作甲丁直角方形從乙界作乙己垂線與甲戊平行卅一卷一而於戊丁引長之遇於己其甲戊與甲丙等則甲己直角形在元線甲乙偕一分線甲丙矩內丙丁與甲丙等則丙己直角形在一分線甲丙偕分餘線丙乙矩內而甲己直角形與甲丙丙乙矩線內丙己直角形及甲丙上甲丁直角方形并等

又論曰試別作丁線與一分線甲丙等其甲乙線既任分於丙則甲乙偕丁矩線內直角形即甲乙偕甲丙矩線內直角形與丁偕丙乙即甲丙丙乙丁偕甲丙即甲丙上直角方形兩矩線內直角形并等本篇二

注曰以數明之設十數任兩分之為七為三如前圖則十乘七為七十與七乘三之實二十一及七自之羃四十九并等如後圖十乘三為三十與七乘三之實二十一及三之羃九并等

第四題

一直線任兩分之其元線上直角方形與各分上兩直角方形及兩分互偕矩線內兩直角形并等

解曰甲乙線任兩分於丙題言甲乙線上直角方形與甲丙丙乙線上兩直角方形及甲丙偕丙乙丙乙偕甲丙矩線內兩直角形并等

論曰試於甲乙線上作甲丁直角方形次作乙戊對角線次從丙作丙己線與乙丁平行遇對角線於庚末從庚作辛壬線與甲乙平行而分本形為四直角形即甲乙戊角形之甲乙甲戊兩邊等而甲乙戊與甲戊乙兩角亦等一卷五夫甲乙戊形之三角并與兩直角等一卷卅二而甲為直角即甲乙戊甲戊乙皆半直角一卷卅二之二系依顯丁乙戊角形之丁乙戊丁戊乙兩角亦皆半直角則戊己庚外角與內角丁等為直角一卷廿九而己戊庚既半直角則己庚戊等為半直角矣角既等則己庚己戊兩邊亦等一卷六庚辛辛戊亦等一卷卅四而辛己為直角方形也依顯丙壬亦直角方形也又庚辛與甲丙兩對邊等一卷卅四而乙丙與庚丙俱為直角方形邊亦等則辛己為甲丙線上直角方形丙壬為丙乙線上直角方形也又甲庚及庚丁兩直角形各在甲丙丙乙矩線內也則甲丁直角方形與甲丙丙乙兩線上兩直角方形及兩線矩內兩直角形并等矣

系從此推知凡直角方形之角線形皆直角方形

又論曰甲乙線既任分於丙則元線甲乙上直角方形與元線偕各分線矩內兩直角形并等本篇二又甲乙偕甲丙矩線內直角形與甲丙偕丙乙矩線內直角形及甲丙上直角方形并等本篇三甲乙偕丙乙矩線內直角形與丙乙偕甲丙矩線內直角形及丙乙上直角方形并等本篇三則甲乙上直角方形與甲丙丙乙上兩直角方形及甲丙偕丙乙丙乙偕甲丙矩線內兩直角形并等

注曰以數明之設十數任兩分之為七為三十之羃百與七之羃四十九三之羃九及三七互乘之實兩二十一并等

第五題

一直線兩平分之又任兩分之其任兩分線矩內直角形

及分內線上直角方形并。與平分半線上直角方形等。

解曰。甲乙線。兩平分於丙。又任兩分於丁。其丙丁為分內線（丙丁線者丙乙所以大於丁乙之較又甲丁所以大於甲丙之較故曰分內線）。題言甲丁丁乙矩線內直角形。及分內線丙丁上直角方形并。與丙乙線上直角方形等。

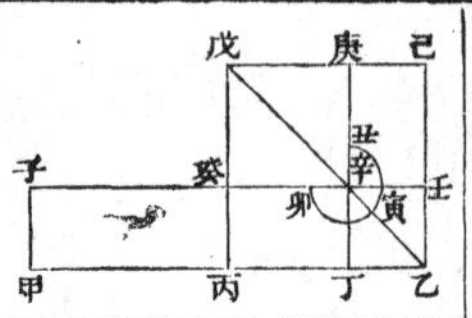

論曰。試於丙乙線上。作丙己直角方形。次作乙戊對角線。從丁作丁庚線。與乙己平行。遇對角線於辛。次從辛作壬癸線。與丙乙平行。次從甲作甲子線。與丙戊平行。末從壬癸線引長之遇於子。夫丁壬癸庚皆直角方形（本篇四之系）。而辛丁與丁乙兩線等（一卷卌四）。癸辛與丙丁兩線等。則甲辛直角形在任分之甲丁丁乙矩線內。而癸庚為分內線丙丁上直角方形也。今欲顯甲辛直角形及癸庚直角方形并。與丙己直角方形等者。於丙辛辛己相等之兩餘方形（一卷四三）。每加一丁壬直角方形。即丙壬及丁己兩直角形等矣。而甲癸與丙壬兩形同在平行線內。又底等。即形亦等（一卷卌六）。則甲癸與丁己亦等也。即又每加一丙辛直角形。則丑寅卯磬折形。豈不與甲辛等矣。於磬折形又加一癸庚直角方形。豈不與丙己直角方形等也。而甲辛癸庚兩形并。亦與丙己等也。則甲丁丁乙矩線內直角形及丙丁上直角方形并。與丙乙上直角方形等。

注曰。以數明之。設十數。兩平分之。各五。又任分之為八為二。則三為分內數（三者五所以大於二之較又八所以大於五之較）。二八之實十六。三之冪九。與五之冪二十五等。

第六題

一直線兩平分之。又任引增一直線。共為一全線。其全線偕引增線矩內直角形。及半元線上直角方形并。與半元線偕引增線上直角方形等。

解曰。甲乙線兩平分於丙。又從乙引長之增乙丁。與甲乙通為一全線。題言甲丁偕乙丁矩線內直角形。及半元線丙乙上直角方形并。與丙丁上直角方形等。

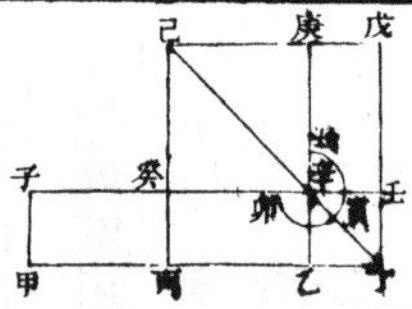

論曰。試於丙丁上作丙戊直角方形。次作丁己對角線。從乙作乙庚線。與丁戊平行。遇對角線於辛。次從辛作壬癸線。與丙丁平行。次從甲作甲子線。與丙己平行。末從壬癸線引長之遇於子。夫乙壬癸庚皆直角方形（本篇四之系）。而乙丁與丁壬兩線等（一卷卌四）。癸辛與丙乙兩線等。則甲壬直角形在甲丁偕乙丁矩線內。而癸庚為丙乙上直角方形也。今欲顯甲壬直角

形及癸庚直角方形并與丙戊直角方形等者試觀甲癸與丙辛兩直角形同在平行線內又底等即形亦等一卷卌六而丙辛與辛戊等一卷四三則辛戊與甲癸亦等即又每加一丙壬直角形則丑寅卯磬折形與甲壬等夫磬折形加一癸庚形本與丙戊直角方形等也即甲壬癸庚兩形并亦與丙戊等也則甲丁乙丁矩線內直角形及丙乙上直角方形并豈不與丙丁上直角方形等

注曰以數明之設十數兩平分之各五又引增二共十二二乘之爲二十四及五之冪二十五與七之冪四十九等

第七題

一直線任兩分之其元線上及任用一分線上兩直角方形并與元線偕一分線矩內直角形二及分餘線上直角方形并等

解曰甲乙線任分於丙題言元線甲乙上及任用一分線如甲丙上兩直角方形并不論甲丙爲長分爲短分與甲乙偕甲丙矩內直角形二及分餘線丙乙上直角方形并等

論曰試於甲乙上作甲丁直角方形次作乙戊對角線從丙作丙己線與乙丁平行遇對角線於庚末從庚作辛壬線與甲乙平行夫辛己丙壬皆直角方形本篇四之系而辛庚與甲丙等一卷卌四即辛己爲甲丙上直角方形也又甲戊與甲乙等即甲己直角形在甲乙偕甲丙矩線內也又戊丁丁壬與甲乙甲丙各等即辛丁直角形亦在甲乙偕甲丙矩線內也夫甲己己壬兩直角形卽癸子丑磬折形及丙壬直角方形并本與甲丁直角方形等今於甲己辛丁兩直角形并加一丙壬直角方形卽與甲丁直角方形加一辛己直角方形等矣則甲乙甲丙矩線內直角形二及丙乙上直角方形并與甲乙上直角方形及甲丙上直角方形并等也

注曰以數明之設十數任分之爲六爲四加前圖十之冪百及六之冪三十六并與十六互乘之兩實百二十及四之冪十六等如後圖十之冪百及四之冪十六并與十四互乘之兩實八十及六之冪三十六等

第八題

一直線任兩分之其元線偕初分線矩內直角形四及分餘線上直角方形并與元線偕初分線上直角方形等

解曰甲乙線任分於丙題言元線甲乙偕初分線丙乙矩內直角形四不論丙乙爲長分爲短分及分餘線甲丙上直角方

形并與甲乙偕丙乙上直角方形等

論曰試以甲乙線引增至丁而乙丁與丙乙等於全線上作甲戊直角方形次作丁己對角線從乙作乙庚線與丁戊平行遇對角線於辛次從丙作丙壬線與甲己平行遇對角於辛次從丙作丙壬線與甲己平行遇對角線於癸次從辛作子丑線與甲丁平行遇丙壬於寅末從癸作卯辰線與戊己平行遇乙庚於巳其卯壬寅巳乙丑俱角線方形一卷卌四之系而卯癸與甲丙兩線等一卷卌四卽卯壬爲甲丙上直角方形又寅辛與丙乙兩線等一篇卌四卽寅巳爲丙乙上直角方形與乙丑等丙乙與乙丁等故又乙辛辛己兩線亦各與丙乙等而甲辛子己兩直角形各在甲乙丙乙矩線內卽等子辛與甲乙等故寅庚辛戊兩直角形亦各在甲乙丙乙矩線內卽又等寅辛辛丑與丙乙乙丁等辛庚丑戊與等甲乙之子辛等故寅巳既與乙丑等而每加一癸庚卽乙丑癸庚并與寅庚又等是甲辛一子己二辛戊三乙丑四癸庚五五直角形并爲午未申罄折形與元線甲乙偕初分線丙乙矩內直角形四等而午未申罄折形及卯壬直角方形本與甲戊直角方形等則甲乙丙矩線內直角形四及甲丙上直角方形并與甲乙偕丙乙上直角方形等

注曰以數明之設十數任分之爲六爲四如前圖十六互乘之實四爲二百四十及四之冪十六共二百五十六與十六之冪等如後圖十四互乘之實四爲一百六十及六之冪三十六共一百九十六與十四之冪等

第九題

一直線兩平分之又任兩分之任分線上兩直角方形并倍大於平分半線上及分內線上兩直角方形并

解曰甲乙線平分於丙又任分於丁題言甲丁丁乙上兩直角方形并倍大於平分半線甲丙上分內線丙丁上兩直角方形并

論曰試於丙上作丙戊垂線與甲丙等次作甲戊戊乙兩腰次從丁作丁己垂線遇戊乙於己從己作己庚線與甲乙平行遇戊丙於庚末作甲己線其甲丙戊角形之甲丙丙戊兩腰等卽丙戊甲丙甲戊兩角亦等一卷五而甲丙戊爲直角卽餘兩角皆半直角一卷卌二之系依顯丙戊乙亦半直角又戊庚己角形之戊庚己角爲戊丙乙之外角卽亦直角一卷廿九而庚戊己半直角卽庚己戊亦半直角一卷卌二之系又庚戊己庚己戊兩角等卽庚戊庚己兩腰亦等一卷六依顯丁乙己角形

之丁乙丁己兩腰亦等夫甲丙戊角形之丙爲直角卽甲戊線上直角方形與甲丙丙戊線上兩直角方形并等（一卷四七）而甲丙丙戊上兩直角方形自相等卽甲戊上直角方形倍大於甲丙上直角方形矣又戊庚己角形之庚爲直角卽戊己線上直角方形與庚戊庚己線上兩直角方形并等（一卷四七）而庚戊庚己上兩直角方形自相等卽戊己上直角方形倍大於等庚己之丙丁上直角方形矣（庚己丙丁爲丙己直角形之對邊故見一卷卅四）則是甲戊戊己上兩直角方形并倍大於甲丙丙丁上兩直角方形并也又甲己上直角方形既等於甲戊戊己上兩直角方形并又等於甲丁丁己上兩直角方形并（一卷四七）則甲丁丁己上兩直角方形并亦倍大於甲丙丙丁上兩直角方形并矣而丁己與丁乙等則甲丁丁乙上兩直角方形并豈不倍大於甲丙丙丁上兩直角方形并也

注曰以數明之設十數兩平分之各五又任分之爲七爲三分內數二其七之冪四十九及三之冪九倍大於五之冪二十五及二之冪四

第十題

一直線兩平分之又任引增一線共爲一全線其全線上及引增線上兩直角方形并倍大於平分半線上及分餘半線偕引增線上兩直角方形并

解曰甲乙直線平分於丙又任引增爲乙丁題言甲丁線上及乙丁線上兩直角方形并倍大於甲丙線上及丙丁線上兩直角方形并

論曰試於丙上作丙戊垂線與甲丙等自戊至甲至乙各作腰線次從丁作己丁垂線引長之又從戊乙引長之遇於庚次作戊己線與丙丁平行末作甲庚線依前題論推顯甲戊乙爲直角而丙戊乙爲半直角卽相對之戊庚己亦半直角（一卷廿九）又己爲直角（一卷卅四）卽己戊庚亦半直角（一卷卅二）而己戊己庚兩腰必等（一卷六）依顯乙丁丁庚兩腰亦等夫甲戊上直角方形等於甲丙丙戊上兩直角方形并（一卷四七）必倍大於甲丙上直角方形而戊庚上直角方形等於戊己己庚上兩直角方形并（一卷四七）必倍大於對戊己邊之丙丁上直角方形（一卷卅四）則甲戊戊庚上兩直角方形并倍大於甲丙丙丁上兩直角方形并也又甲庚上直角方形等於甲戊戊庚上兩直角方形并亦等於甲丁丁庚上兩直角方形并則甲丁丁庚上兩直角方形并亦倍大於甲丙丙丁上兩直角方形并也而甲丁乙丁上兩直角方形并倍大

於甲丙丙丁上兩直角方形并矣丁庚與乙丁等故

注曰以數明之設十數平分之各五又任增三爲十三十三之冪一百六十九及三之冪九倍大於五之冪二十五及八之冪六十四也

第十一題

一直線求兩分之而元線偕初分線矩內直角形與分餘線上直角方形等

法曰甲乙線求兩分之而元線偕初分小線矩內直角形與分餘大線上直角方形等先於甲乙上作甲丙直角方形次以甲丁線兩平分於戊次作戊乙線次從戊甲引增至己而戊己線與戊乙等末於甲乙線截取甲庚與甲己等即甲乙偕庚乙矩線內直角形與甲庚上直角方形等如所求

論曰試於庚上作壬辛線與丁己平行次作己辛線與甲庚平行其壬庚與丙乙等即與甲乙等而庚丙直角形在甲乙偕庚乙矩線內也又甲庚與甲己等而甲爲直角即己庚爲甲庚上直角方形也一卷卌四今欲顯庚丙直角形與己庚直角方形等者試觀甲丁兩平分於戊而引增一甲己是丁己偕甲己矩線內直角形即丁辛直角形及甲戊上直角方形并與等戊己之戊乙上直角方形等本篇六夫戊乙上直角方形等於甲戊甲乙上兩直角方形并一卷四七即丁辛直角形及甲戊上直角方形并與甲戊甲乙上兩直角方形并等矣次各減同用之甲戊上直角方形即所存丁辛直角形不與甲乙上甲丙直角方形等乎此二率者又各減同用之甲壬直角形則所存己庚直角方形與庚丙直角形等而甲乙偕庚乙矩線內直角形與甲庚上直角方形等也

注曰此題無數可解說見九卷十四題

第十二題

三邊鈍角形之對鈍角邊上直角方形大於餘邊上兩直角方形并之較爲鈍角旁任用一邊偕其引增線之與對角所下垂線相遇者矩內直角形二

解曰甲乙丙三邊鈍角形甲乙丙爲鈍角從餘角如甲下一垂線與鈍角旁一邊如丙乙之引增線遇於丁爲直角題言對鈍角之甲丙邊上直角方形大於甲乙乙丙邊上兩直角方形并之較爲丙乙偕乙丁矩線內直角形二反說之則甲乙乙丙上兩直角方形及丙乙偕乙丁矩線內直角形二并與甲丙上直角方形等

論曰丙丁線既任分於乙卽丙丁上直角方形與丙乙乙丁上兩直角方形及丙乙偕乙丁矩線內直角形二并等本篇四此二率者每加一甲丁上直角方形卽丙丁甲丁上兩直角方形并與丙乙乙丁甲丁上直角方形三及丙乙偕乙丁矩線內直角形二并等也夫甲丙上直角方形等於丙丁甲丁上兩直角方形并一卷四七卽亦等於丙乙乙丁甲丁上直角方形三及丙乙偕乙丁矩線內直角形二并也又甲乙線上直角方形既等於乙丁甲丁上兩直角方形并一卷四七卽甲丙上直角方形與甲乙丙乙上兩直角方形及丙乙偕乙丁矩線內直角形二并等矣

第十三題

三邊銳角形之對銳角邊上直角方形小於餘邊上兩直角方形并之較爲銳角旁任用一邊偕其對角所下垂線旁之近銳角分線矩內直角形二

解曰甲乙丙三邊銳角形從一角如甲向對邊乙丙下一垂線分乙丙於丁題言對甲丙乙銳角之甲乙邊上直角方形小於乙丙甲丙邊上兩直角方形并之較爲乙丙偕丁丙矩線內直角形二反說之則乙丙甲丙上兩直角方形并與甲乙上直角方形及乙丙偕丁丙矩線內直角形二并等

論曰乙丙線既任分於丁卽乙丙丁丙上兩直角方形并與乙丙偕丁丙矩線內直角形二及乙丁上直角方形并等本篇七此二率者每加一甲丁上直角方形卽乙丙丁丙甲丁上直角方形三與乙丙偕丁丙矩線內直角形二及乙丁甲丁上兩直角方形并等也又甲丙上直角方形等於丁丙甲丁上兩直角方形并一卷四七卽乙丙甲丙上兩直角方形并與乙丙偕丁丙矩線內直角形二及乙丁甲丁上兩直角方形并等也又甲乙上直角方形等於乙丁甲丁上兩直角方形并一卷四七卽乙丙甲丙上兩直角方形并與乙丙偕丁丙矩線內直角形二及甲乙上直角方形并等反說之則甲乙上直角方形小於乙丙甲丙上兩直角方形并者爲乙丙偕丁丙矩線內直角形二也

注曰題中止論銳角形不言直角鈍角形而直角鈍角形中俱有兩銳角一卷十七卅二卽對銳角邊上形亦同此論如第二第三圖是但三銳角形所作垂線任用一角而直角形必用直角鈍角形必用鈍角此爲異耳直角鈍角形不用直角鈍角不能作垂線

第十四題

有直線形求作直角方形與之等

法曰甲直線無法四邊形求作直角方形與之等先作乙丁形與甲等而直角一卷四五次任用一邊引長之如丁丙引之至己而丙己與乙丙等次以丁己兩平分於庚其庚點或在丙點或在丙點之外若在丙即乙丁是直角方形與甲等矣蓋丙己與乙丙等又與丙丁等而餘邊俱相等故乙丁為直角方形見一卷卅四 若庚在丙外即以庚為心丁己為界作丁辛己半圜末從乙丙線引長之遇圜界於辛即丙辛上直角方形與甲等

論曰試自庚至辛作直線其丁己線既兩平分於庚又任兩分於丙則丁丙偕丙己矩內直角形即乙丁直角形蓋丙己與乙丙等故及庚丙上直角方形并與等庚己之庚辛上直角方形等本篇五 夫庚辛上直角方形等於庚丙丙辛上兩直角方形并一卷四七即乙丁直角形及庚丙上直角方形并與庚丙丙辛上兩直角方形并等次各減同用之庚丙上直角方形則丙辛上直角方形與乙丁直角形等

增題凡先得直角方形之對角線所長於本形邊之較而求本形邊

法曰直角方形之對角線所長於本形邊之較為甲乙而求本形邊先於甲乙上作甲丙直角方形作乙丁對角線又引長之為丁戊線而丁戊與甲丁等即得乙戊線如所求

論曰試於乙戊作戊己垂線從乙甲線引長之遇於己其乙戊己既直角而戊乙己為半直角一卷卅二即戊己乙亦半直角而戊乙與戊己兩邊等一卷六次作己庚與戊乙平行作乙庚與戊己平行即戊庚形為戊乙邊上直角方形也末作戊甲線即丁戊甲丁甲戊兩角等也一卷五夫乙戊己丁甲己既兩皆直角試每減一相等之丁戊甲丁甲戊角即所存己戊甲己甲戊兩角必等而己戊己甲兩邊必等一卷六則乙己對角線大於乙戊邊之較為甲乙矣 此增不在本書因其方形故類附於此

幾何原本第三卷之首

泰西　利瑪竇　口譯
吳淞　徐光啟　筆受

界說十則

第一界

凡圜之徑線等或從心至圜界線等爲等圜。

三卷將論圜之情故先爲圜界說此解圜之等者如上圖甲乙丙兩徑等或丁己戊庚從心至圜界等卽甲己乙己乙庚丙兩圜等若下圖甲乙乙丙兩徑不等或丁己戊庚從心至圜界不等則兩圜亦不等矣。

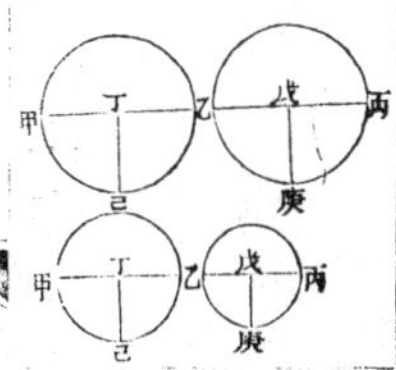

第二界

凡直線切圜界過之而不與界交爲切線。

甲乙線切乙己丁圜之界乙又引長之至丙而不與界交其甲丙線全在圜外爲切線若戊己線先切圜界而引之至庚入圜內則交線也。

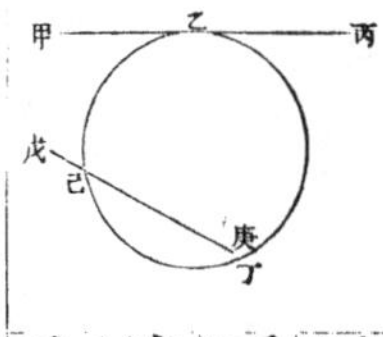

第三界

凡兩圜相切而不相交爲切圜。

甲乙兩圜不相交而相切於丙或切於外如第一圖或切於內如第三圖其第二第四圖則交圜也。

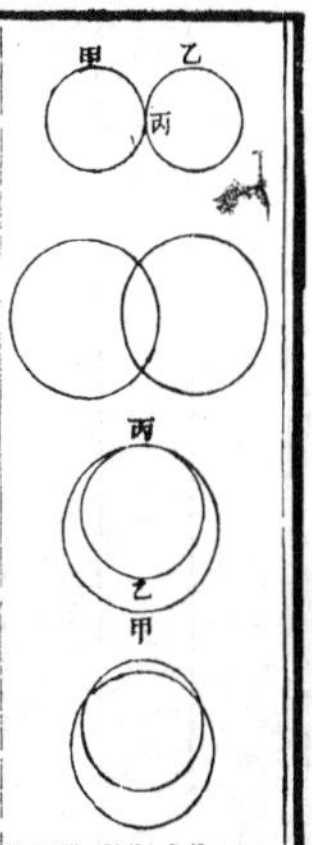

第四界

凡圜內直線從心下垂線其垂線大小之度卽直線距心遠近之度

凡一點至一直線上惟垂線至近其他卽遠垂線一而已遠者無數也故欲知點與線相去遠近必用垂線爲度試如前圖甲點與乙丙線相去遠近必以甲丁垂線爲度爲甲丁一線獨去直線至近他若甲戊甲己諸線愈大愈遠乃至無數故如後圖設甲乙丙丁圜內之甲乙丙丁兩線其去戊心遠近等爲己戊庚戊兩垂線等故若辛壬線去戊心近矣爲戊癸垂線小故。

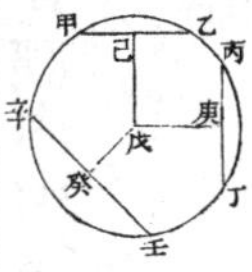

第五界

凡直線割圜之形爲圜分。

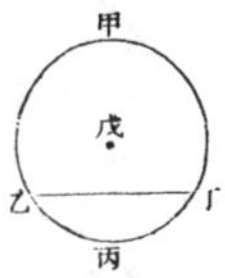

甲乙丙丁圜之乙丁直線任割圜之一分如甲乙丁及乙丙丁兩形皆爲圜分凡分有三形其過心者爲半圜分函心者爲圜大分不函心者爲圜小分又割圜之直線爲絃所割圜界之一

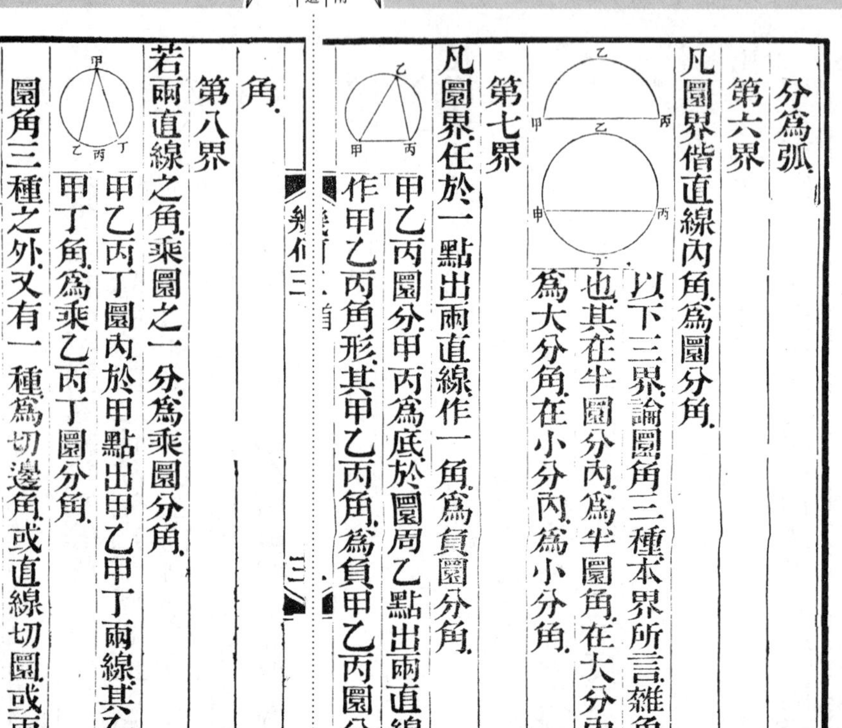

分爲弧

第六界

凡圜界偕直線內角爲圜分角

以下三界論圜角三種本界所言雖角也其在半圜分內爲半圜角在大分內爲大分角在小分內爲小分角

第七界

凡圜界任於一點出兩直線作一角爲負圜分角

甲乙丙圜分甲丙爲底於圜周乙點出兩直線作甲乙丙角形其甲乙丙角爲負甲乙丙圜分

角

第八界

若兩直線之角乘圜之一分爲乘圜分角

甲乙丙丁圜內於甲點出甲乙甲丁兩線其乙甲丁角爲乘乙丙丁圜分角

圜角三種之外又有一種爲切邊角或直線切圜或兩圜相切其兩圜相切者又或內或外如上圖甲乙線切丙丁戊圜於丙即甲丙丁乙丙戊兩角爲切邊角又丙丁戊己戊庚兩圜外相切於戊及己戊庚己辛壬兩圜內相切於己

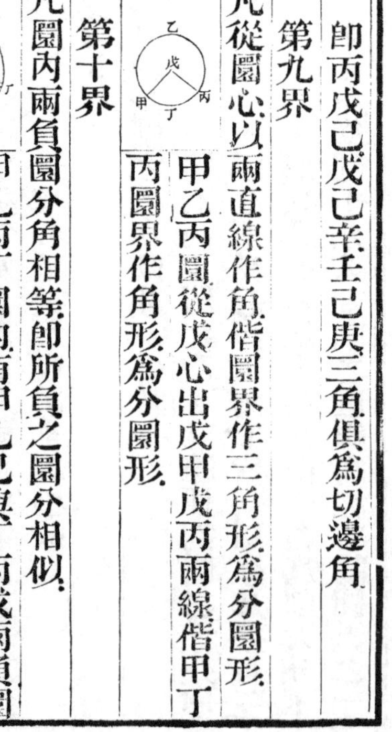

即丙戊己戊己辛壬己庚三角俱爲切邊角

第九界

凡從圜心以兩直線作角偕圜界作三角形爲分圜形

甲乙丙圜從戊心出戊甲戊丙兩線偕甲丁丙圜界作角形爲分圜形

第十界

凡圜內兩負圜分角相等即所負之圜分相似

甲乙丙丁圜內有甲乙己與丁丙戊兩負圜分角等則所負甲乙丁己與丁丙甲戊兩圜分相似

又有兩圜或等或不等其負圜分角等即圜分俱相似如上三圖三圜之甲乙丙丁戊己庚辛壬三負圜分角等即所負甲乙丙丁戊己庚辛壬三圜分相似相似者如云同爲幾分圜之幾也

幾何原本第三卷本篇論圜　計三十七題

泰西　利瑪竇　口譯

吳淞　徐光啓　筆受

第一題

有圜求尋其心

法曰甲乙丙丁圜求尋其心先於圜之兩界任作一甲丙直線次兩平分之於戊一卷十次於戊上作乙丁垂線兩平分之於己即己爲圜心

論曰如云不然令言心何在彼不得言在己之上下何者乙丁線既平分於己離平分不能爲心故必言心在乙丁線外爲庚即令自庚至丙至戊至甲各作直線則甲庚戊角形之甲戊既與丙庚戊角形之丙戊兩邊等戊庚同邊而庚甲庚丙兩線俱從心至界宜亦等即對等邊之庚戊甲庚戊丙兩角宜亦等一卷八而爲兩直角矣一卷界說十夫乙戊甲既直角而庚戊甲又爲直角可不可也

系因此推顯圜內有直線分他線爲兩平分而作直角即圜心在其內

第二題

圜界任取二點以直線相聯則直線全在圜內

解曰甲乙丙圜界上任取甲丙二點作直線相聯題言甲丙線全在圜內

論曰如云在外若甲丁丙線令尋取甲乙丙圜之戊心本篇一次作戊甲戊丙兩直線次於甲丁丙線上作戊乙丁線而與圜界遇於乙即戊甲丁丙當爲三角形以甲丁丙爲底戊甲戊丙兩腰等其戊甲丙戊丙甲兩角宜等一卷五而戊丁甲爲戊丙丁之外角宜大於戊丙丁角即亦宜大於戊甲丁角一卷十六則對戊丁甲大角之戊甲線宜大於戊丁線矣一卷十九夫戊甲與戊乙本同圜之半徑等據如所論則戊乙亦大於戊丁不可通也若云不在圜外而在圜界依前論令戊甲大於戊乙亦不可通也

第三題

直線過圜心分他直線爲兩平分其分處必爲兩直角爲兩直角必兩平分

解曰乙丙丁圜有丙戊線過甲心分乙丁線爲兩平分於己題言甲己必是垂線而己旁爲兩直角又言己旁既爲兩直角則甲己分乙丁必兩平分

先論曰試從甲作甲乙甲丁兩線卽甲乙己角形之乙己與甲丁己角形之丁己兩邊等甲己同邊甲乙甲丁兩線俱從心至界又等卽兩形等則其對等邊之甲己乙甲己丁亦等一卷八而爲兩直角矣

後論曰如前作甲乙甲丁兩線甲乙丁角形之甲乙甲丁兩邊旣等則甲乙丁甲丁乙兩角亦等一卷五又甲乙己角形之甲己乙甲乙己兩角與甲丁己角形之甲己丁甲丁己兩角各等而對直角之甲乙甲丁兩邊又等則己乙己丁兩邊亦等一卷廿六欲顯交論之旨又有一說如甲丁上直角方形與甲己己丁上兩直角方形并等一卷四七而甲乙上直角方形與甲己己乙上兩直角方形并亦等卽甲己乙上兩直角方形并與甲己己丁上兩直角方形并亦等此二率者每減一甲己上直角方形則所存乙己己丁上兩直角方形自相等而兩邊亦等

第四題

圜內不過心兩直線相交不得俱爲兩平分

解曰甲丙乙丁圜內有甲乙丙丁兩直線俱不過己心若一過心一不過心卽兩線不得俱爲兩平分其理易顯而交於戊題言兩直線或有一線爲兩平分不得俱爲兩平分

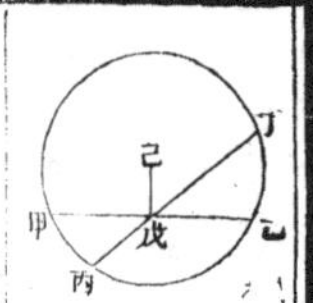

論曰若云不然而甲乙丙丁能俱兩平分於戊試令尋本圜心於己本篇一從己至戊作甲乙之垂線其己戊旣分甲乙爲兩平分卽爲兩直角本篇三而又能分丙丁爲兩平分亦宜爲兩直角是己戊甲爲直角而己戊丙亦直角全與其分等矣

第五題

兩圜相交必不同心

解曰甲乙丁戊乙丁兩圜交於乙於丁題言兩圜不同心

論曰若言丙爲同心令自丙至乙至甲各作直線其丙乙至圜交而丙甲截兩圜之界於戊於甲夫丙旣爲戊乙丁圜之心則丙乙與丙戊等而又爲甲乙丁圜之心則丙乙與丙甲又等是丙戊與丙甲亦等而全與其分等也

第六題

兩圜內相切必不同心

解曰甲乙丙乙兩圜內相切於乙題言兩圜不同心

論曰若言丁爲同心令自丁至乙至丙各作直線其丁乙至切界而丁丙截兩圜之界於甲於丙夫

丁既爲甲乙圜之心則丁乙與丁甲等而又爲丙乙圜之心則丁乙與丁丙又等是丁甲與丁丙亦等而全與其分等也

第七題

圜徑離心任取一點從點至圜界任出幾線其過心線最大不過心線最小餘線愈近心者愈大愈近不過心線者愈小而諸線中止兩線等

解曰甲丙丁戊乙圜其徑甲乙其心己離心任取一點爲庚從庚至圜界任出幾線爲庚丙庚丁庚戊題先言從庚所出諸線惟過心庚甲最大次言不過心庚乙最小三言庚丙大於庚丁庚丁大於庚戊愈近心愈大愈近庚乙愈小後言庚乙兩旁止可出兩線等

先論曰試從己心出三線至丙至丁至戊其丙己庚角形之丙己己庚兩邊并大於丙庚一邊（一卷二十）而丙己己庚等於甲己己庚則庚甲大於庚丙依顯庚丁庚戊俱小於庚甲是庚甲最大

次論曰己庚戊角形之己戊一邊小於己庚庚戊兩邊并（一卷二十）而己戊與己乙等則己乙小於己庚庚戊并矣次各減同用之己庚則庚乙小於庚戊依顯庚戊小於庚丁庚丁小於庚丙是庚乙最小

三論曰丙己庚角形之丙己與丁己庚角形之丁己兩邊等己庚同邊而丙己庚角大於丁己庚角（全大於分）則對大角之庚丙邊大於對小角之庚丁邊（一卷廿四）依顯庚丁大於庚戊而愈近心愈大愈近庚乙愈小

後論曰試依戊己乙作乙己辛相等角而抵圜界爲己辛線次從庚作庚辛線其戊己庚角形之戊己腰與庚己辛角形之辛己腰既等己庚同腰兩腰間角又等則對等角之庚戊庚辛兩底亦等（一卷四）而庚乙兩旁之庚戊庚辛等矣此外若有從庚出線在辛之上卽依第三論大於庚辛在辛之下卽小於庚辛故云庚乙兩旁止可出庚戊庚辛兩線等

第八題

圜外任取一點從點任出幾線其至規內則過圜心線最大餘線愈離心愈小其至規外則過圜心線爲徑之餘者最小餘線愈近徑餘愈小而諸線中止兩線等

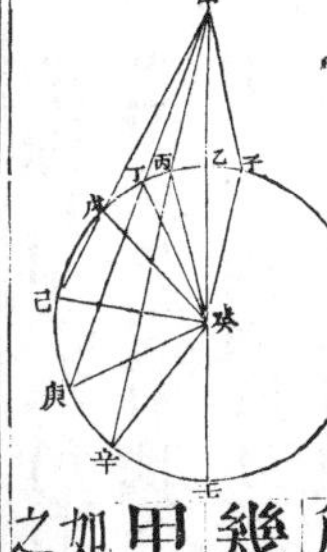

解曰乙丙丁戊圜之外從甲點任出幾線其一爲過癸心之甲壬其餘爲甲辛爲甲庚爲甲己皆至規內（規內線者如車輻之指牙）題先言過心之甲壬最大次

言近心之甲辛大於離心之甲庚甲庚又大於甲己三反上言規外之甲乙爲乙壬徑餘者規外線者如車輻之湊轂最小四言甲丙近徑餘小於甲丁甲丁又小於甲戊後言甲乙兩旁止可出兩線等

先論曰試從癸心至丙丁戊己庚辛各出直線其甲癸辛角形之甲癸癸辛兩邊并大於甲辛一邊一卷二十而甲癸癸辛與甲壬等則甲壬大於甲辛依顯甲壬更大於甲庚甲己而過心之甲壬最大

次論曰甲癸辛角形之癸辛與甲癸庚角形之癸庚兩邊等甲癸同邊而甲癸辛角大於甲癸庚角全大於分則對大角之甲辛邊大於對小角之甲庚邊一卷廿四依顯甲庚大於甲己而規內線愈離心愈小

三論曰甲癸丙角形之甲癸一邊小於甲丙丙癸兩邊并一卷二十次每減一相等之乙癸丙癸則甲乙小於甲丙矣依顯甲乙更小於甲丁甲戊而規外甲乙最小

四論曰甲丁癸角形之內從甲與癸出甲丙丙癸兩邊并小於甲丁丁癸兩邊并一卷廿一此二率者每減一相等之丙癸丁癸則甲丙小於甲丁矣依顯甲丙更小於甲戊而愈近徑餘甲乙者愈小

後論曰試依乙癸丙作乙癸子相等角抵圜界次作甲子線其甲子癸角形之甲癸癸子兩腰與甲癸丙角形之甲癸癸丙兩腰各等而兩腰間角又等則對等角之甲子甲丙兩底亦等也一卷四此外若有從甲出線在子之上卽依第四論小於甲丙在子之下卽大於甲丙故云甲乙兩旁止可出甲丙甲子兩線等

第九題

圜內從一點至界作三線以上皆等卽此點必圜心

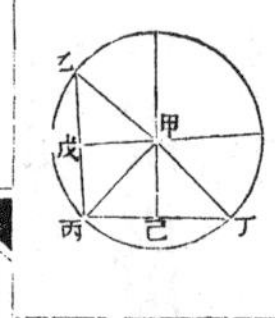

解曰從甲點至乙丙丁圜界作甲乙甲丙甲丁三直線若等題言甲點爲圜心三以上等者更不待論

論曰試於乙丙丙丁界作乙丙丙丁兩直線相聯此兩線各兩平分於戊於己從甲出兩直線爲甲戊爲甲己其甲乙戊角形之甲乙與甲戊丙角形之甲丙兩腰既等甲戊同腰乙戊戊丙兩底又等卽甲戊乙與甲戊丙兩角亦等一卷八爲兩直角依顯甲己丙甲己丁亦等爲兩直角則甲戊甲己之分乙丙丙丁俱平分爲直角而此兩線俱爲負心線本篇一之系

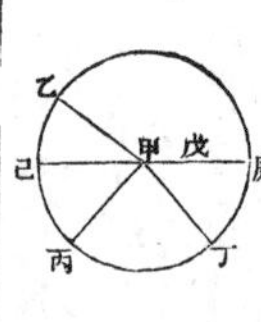

又論曰若言甲非心心在於戊者令戊甲相聯引作己庚徑線卽甲是戊心外所取一點而從甲所出線愈近心者宜愈大矣

幾何原本 330

十七篇則甲丁宜大於甲丙，而先設等，何也。

第十題

兩圜相交，止於兩點。

論曰：若言甲乙丙丁戊己圜，與甲庚乙丁辛戊圜，三相交於甲、於乙、於丁，令作甲乙、乙丁兩直線相聯，此兩線各兩平分於壬、於癸，從壬、癸作子壬、子癸兩垂線，其子壬分甲乙，子癸分乙丁，既皆兩平分，而各爲兩直角，即子壬、子癸兩線俱爲甲庚乙丁辛戊圜之函心線，本篇一之系 而子爲其心矣。依顯甲乙丙丁戊己圜，亦以子爲心也。夫兩交之圜，倘不得同心，本篇五 何緣得有三交。

又論曰：若言兩圜三相交於甲、於乙、於丁，令先尋甲庚乙丁辛戊圜之心於壬，本篇一 次從心至三交界，作壬甲、壬乙、壬丁三線，此三線等也。一卷界說十五 又甲乙丙丁戊己圜內有從壬出之壬甲、壬乙、壬丁三相等線，則壬又爲甲乙丙丁戊己圜之心。本篇九 不亦交圜同心乎。本篇五

第十一題

兩圜內相切，作直線聯兩心，引出之，必至切界。

解曰：甲乙丙、甲丁戊兩圜，內相切於甲，而己爲甲乙丙之心，庚爲甲丁戊之心。題言作直線聯庚己兩心，引抵圜界，必至甲。

論曰：如云不至甲，而截兩圜於乙、丁，及丙戊，令從甲作甲己、甲庚兩線，其甲己庚角形之庚己、己甲兩邊并，大於庚甲一邊。一卷二十 而同圜心所出之庚甲、庚丁宜等，即庚己、己甲大於庚丁矣。此二率者，各減同用之庚己，即己甲亦大於己丁矣。夫己甲與己乙，是內圜同心所出等線，則己乙亦大於己丁，而分大於全也。可乎？若曰庚爲甲乙丙心，己爲甲丁戊心，亦依前轉說之，甲己庚角形之己庚、庚甲兩邊并，大於甲己一邊，一卷二十 而同圜心所出之己甲、己戊宜等，即己庚、庚甲大於己戊矣。此二率者，各減同用之己庚，即庚甲大於庚戊矣。夫庚甲與庚丙，是內圜同心所出等線，則庚丙亦大於庚戊，而分大於全也。可乎？

第十二題

兩圜外相切，以直線聯兩心，必過切界。

解曰：甲乙丙、丁乙戊兩圜，外相切於乙，其甲乙丙心爲己，丁乙戊心爲庚。題言作己庚直線，必過乙。

論曰：如云不然，而己庚線截兩圜界於戊、於

丙令於切界作乙己乙庚兩線其乙己庚角形之己乙乙庚兩邊并大於己庚一邊而乙庚與庚戊乙己與己丙俱同心所出線宜各等即庚戊丙己兩線并亦大於庚己一線矣一卷二十夫庚己線分為庚戊丙己尙餘丙戊而云庚戊丙己大於庚己則分大於全也故直線聯己庚必過乙

第十三題二支

圜相切不論内外止以一點

先論曰甲乙丙丁與甲戊丙己兩圜内相切若云有兩點相切於甲又於丙令作直線函兩圜心庚辛引出之如前圖宜至相切之甲之丙本篇十一則甲丙為兩圜之同徑矣而此徑線者兩平分於庚又兩平分於辛何也一直線止以一點兩平分若云庚辛引出直線一抵甲一截兩圜之界於癸於壬卽如後圖令從兩心各作直線至又相切之丙次問之甲乙丙丁圜之心為庚邪辛邪如曰庚也而辛為甲戊丙己之心則丙庚辛角形之庚辛辛丙兩邊并大於庚丙一邊一卷二十而庚辛辛丙與庚癸宜等辛癸辛丙同圜心所出故卽庚癸亦大於庚丙矣夫庚丙與庚壬者外圜同心所出等線也將庚癸亦大於庚壬可乎如曰辛也而庚為甲戊丙己之心則丙庚辛角形之辛庚庚丙兩邊并大於辛丙一邊一卷二十而辛丙與辛甲宜等卽辛庚庚丙亦大於辛甲矣此二率者各減同用之辛庚卽庚丙亦大於庚甲也夫庚甲與庚丙者亦同圜心所出等線也而安有大小

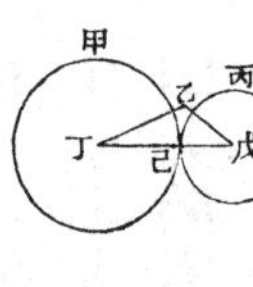

後論曰甲乙與乙丙兩圜外相切於己從甲乙之丁心丙乙之戊心作直線相聯必過己本篇十二若云又相切於乙令自乙至丁至戊各作直線其丁乙乙戊并宜與丁戊等而為角形之兩腰又宜大於丁戊一卷二十則兩圜相切安得兩點

又後論曰更令於兩相切之乙之己作直線相聯其直線當在甲乙圜内本篇二又當在乙丙圜内何所置之

第十四題二支

圜内兩直線等卽距心之遠近等距心之遠近等卽兩直線等

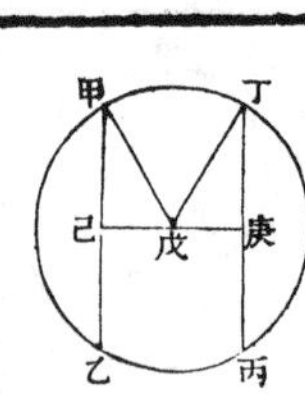

先解曰甲乙丙丁圜其心戊圜内甲乙丁丙兩線等題言兩線距戊心遠近亦等

論曰試從戊心向甲乙作戊己向丁丙作戊庚各垂線次自丁自甲至戊各作直線

其戊己戊庚既各分甲乙丁丙線爲兩平分（本篇三）而甲乙丁丙等則平分之甲己丁庚亦等夫甲戊上直角方形與甲己己戊上兩直角方形并等（一卷四七）等甲戊之丁戊上直角方形與丁庚庚戊上兩直角方形并等而甲己丁庚上兩直角方形既等即戊己戊庚上兩直角方形亦等則戊己戊庚兩線亦等是甲乙丁丙兩線距心之度等（本卷界說四）

後解曰甲乙丁丙兩線距戊心遠近等題言甲乙丁丙兩線亦等

論曰依前論從戊作戊己戊庚兩垂線既等（本卷界說四）而分甲乙丁丙各爲兩平分（本篇三）其甲戊上直角方形與甲己己戊上兩直角方形并等（一卷四七）等甲戊之丁戊上直角方形與丁庚庚戊上兩直角方形并等即甲己己戊上兩直角方形并亦等此二率者每減一相等之己戊戊庚上直角方形即所存甲己丁庚上兩直角方形亦等是甲己丁庚兩線等也夫甲乙倍甲己丁丙倍丁庚其半等其全必等

第十五題

徑爲圜內之大線其餘線者近心大於遠心

解曰甲乙丙丁戊己圜其心庚其徑甲己其近心線爲辛壬遠心線爲丙丁題言甲己最大辛壬近心大於丙丁遠心

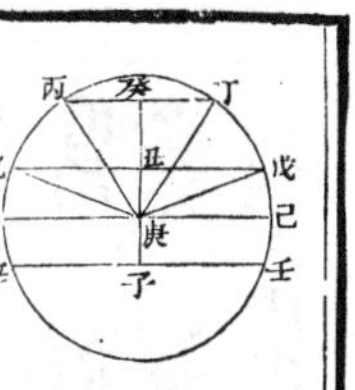

論曰試從庚向丙丁作庚癸向辛壬作庚子各垂線其丙丁距心遠於辛壬即庚癸大於庚子（本卷界說四）次於庚癸線截庚丑與庚子等次從丑作乙戊爲庚癸之垂線末於庚乙庚丙庚丁庚戊各作直線相聯其庚丑既等於庚子即乙戊與辛壬各以垂線距心遠近等（本卷界說四）而兩線亦等（本篇十四）夫庚乙庚戊并大於乙戊（一卷二十）而與甲己等即甲己大於乙戊亦大於辛壬矣依顯甲己大於他線則甲己最大又乙庚戊角形之乙庚庚戊兩腰與丙庚丁角形之丙庚庚丁兩腰等而乙庚戊角大於丙庚丁角則乙戊底大於丙丁底（一卷廿四）故等乙戊之辛壬亦大於丙丁也是近心線大於遠心線也

第十六題（三支）

圜徑末之直角線全在圜外而直線偕圜界所作切邊角不得更作一直線入其內其半圜分角大於各直線銳角切邊角小於各直線銳角

先解曰甲乙丙圜丁爲心甲丙爲徑從甲作甲丙之垂線題言此線全在圜外

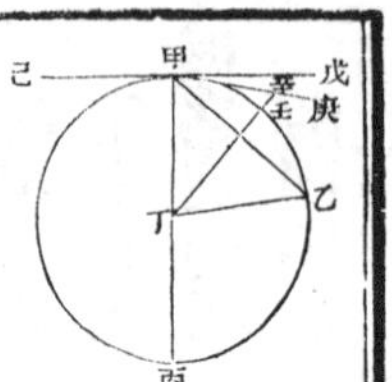

論曰若言在內、如甲乙、令自丁至乙作直線、卽丁甲乙與丁乙甲兩角等、一卷五丁甲乙爲直角、丁乙甲亦直角乎、夫角形三角并等兩直角、一卷十七豈得形內自有兩直角也、則垂線必在圜外、若己戊、必不在圜內、若甲乙、又不在圜界之上、如云在界亦依此論、故曰全在圜外、

次解曰、題又言戊甲垂線偕乙甲圜界所作切邊角、不得更作一直線入其內、

論曰、若云可作、如庚甲、令從丁心向庚甲作丁辛爲庚甲之垂線、一卷十二夫丁甲辛角形之丁甲辛、丁辛甲、兩角并小於兩直角、一卷十七而丁辛甲爲直角、卽對小角之丁辛線、小於對大角之甲丁線矣、一卷十九甲丁者、與丁壬爲同圜相等者也、將丁壬亦大於丁辛乎、則戊甲乙角之內、不得更作一直線、而戊甲之下、但有直線、必入本圜之內也、

後解曰、題又言丁甲垂線偕乙甲圜界所作丙甲乙圜分角、大於各直線銳角、而戊甲垂線偕乙甲圜界所作切邊角、小於各直線銳角、

論曰、依前論、甲戊下有直線、旣云必入圜內、卽此直線偕戊甲所作各直線銳角、皆小於圜分角、而切邊角小於各直線銳角、

系己甲線必切圜以一點、

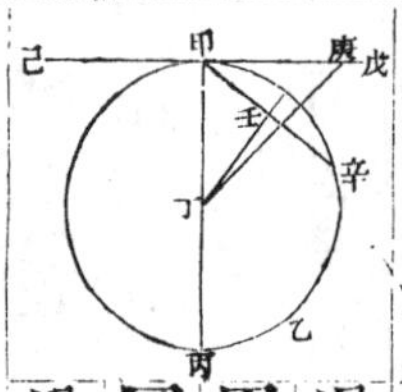

增先解曰、甲乙丙圜、其心丁、其徑甲丙、從甲作戊甲、爲甲丙之垂線、題言戊甲全在圜外

增正論曰、試於甲戊線內任取一點爲庚、自庚至丁作直線、其甲丁庚角形之丁甲庚、丁庚甲兩角小於兩直角、一卷十七而丁甲庚爲直角、卽丁庚甲小於直角、對大角之丁庚線、大於對小角之丁甲線矣、一卷十九則庚點在圜之外也、凡戊甲以內作點、皆依此論、故戊甲線全在圜外、

增次解曰、從甲作甲辛線在戊甲之下、題言甲辛必割圜爲分、

增正論曰、試作甲丁壬角、與戊甲辛角等、其甲丁壬、辛甲丁兩角并等於戊甲丁直角、必小於兩直角、而丁壬、甲辛兩線必相遇、公論十一其相遇又必在圜之內、如壬、何者、壬甲丁、壬丁甲兩角、旣與一直角等、卽甲壬丁必爲直角、一卷卅二而對大角之甲丁線、必大於對小角之丁壬線矣、一卷十九夫甲丁線僅至圜界、則丁壬不能抵圜界、必在圜之內也、

後支前已正論

或難曰切邊角有大有小何以畢不得兩分向者聞幾何之分不可窮盡如莊子尺棰之義深著明矣今切邊之內有角非幾何乎此幾何何獨不可分邪又十卷第一題言設一小幾何又設一大幾何若從大者半減之減之又減必至一處小於所設小率此題最明無可疑者今言切邊之角小於直線銳角是亦小幾何也彼直線銳角是亦大幾何也若從直線銳角半減之減之又減何以終竟不得小於切邊角邪既本題推顯切邊角中不得容一直線如此著明便當并無切邊角無角則無幾何此則不可得分耳且幾何原本書中無有至大不可加之率無有至小不可減之率若切邊角不可分豈非至小不可減乎答曰謬矣子之言也有圜有線安得無切邊角且既言直線銳角大於切邊角即有切邊角矣苟無角安所較大小哉且子言直線與圜界并無切邊角則兩圜外相切亦無角乎曰然曰試如作甲己乙圜其心丙而丁戊爲切線即丁甲己爲切邊角次移心於庚又作甲辛癸圜即丁甲辛爲切邊角而小於丁甲己次移心於子又作甲丑寅圜即丁甲丑爲切邊角而又小於丁甲辛如是小之又小疑無角焉次又於切線之外以辰爲心作甲巳午圜而與前圜外相切於甲依子所說疑無角焉然兩圜外相切而以丁戊線分之不可分乎更自辰至寅作直線截兩圜之界而分丁戊爲兩平分不可分乎兩圜兩直線交羅相遇於甲也能不皆以一點乎如以一點也即此一點之外不能無空即不能不爲四切邊角矣子所據尺棰之分無盡又言幾何原本書中無至小不可減之率也是也夫切邊角但不可以直線分之耳若用圜線則可分也如甲乙庚圜與丙甲丁直線相切於甲作丁甲庚切邊大角若移一心作甲戊辛圜又得丁甲辛切邊角即小於丁甲庚也又移一心作甲己壬圜又得丁甲壬切邊小角即又小於丁甲辛也如

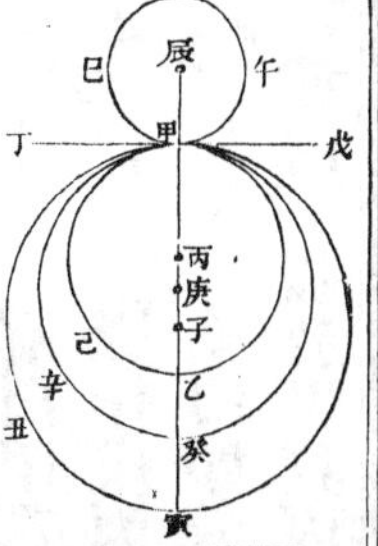

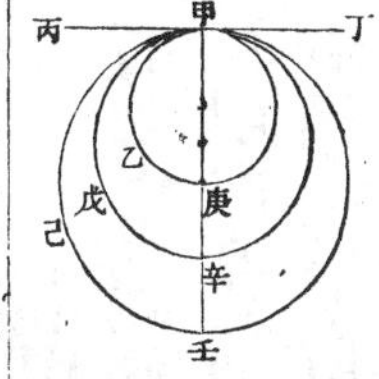

此以至無窮則切邊角分之無盡何謂不可減邪若十卷第一題所言元無可疑但以圜角分圜角則與其說合矣彼所言大小兩幾何者謂夫能相較爲大能相較爲小者也如以直線分直線角以圜線分圜線角是已此切邊角與直線角豈能相較爲大小哉

增題有兩種幾何一大一小以小率半增之遞增至於

無窮以大率半減之遞減至於無窮其元大者恆大元小者恆小

解曰戊甲乙切邊角爲小率壬庚辛直線銳角爲大率今别作甲丙甲丁等圜俱切戊己線於甲其切邊角愈增愈大如前論别以庚癸庚子線作角分壬庚辛角於庚愈分愈小然直線角恆大切邊角恆小乃至終古不得相比

又增題舊有一說以一小率加一大率之上或以一大率加一小率之上不相離逐線漸移之必至一相等之處又一說有率大於此率者有率小於此率者則必有率等於此率者昔人以爲皆公論也若用以律本題即不可得故今斥不爲公論

解曰甲乙丙圜其徑甲丙令甲丙之甲界定在於甲而引丙線逐線漸移之向己其所經丁戊己及中間逐線所經無數然依本題論則甲丙所經凡割圜時皆爲銳角即小於半圜分角纔離銳角便爲直角即大於半圜分角是所經無數線終無有相等線可見前一舊說未爲公論又直線銳角皆小於半圜分角直角與鈍角皆大於半圜分角是有大者有小者終無等者可見後一舊說未爲公論也

第十七題

設一點一圜求從點作切線

法曰甲點求作直線切乙丙圜其圜心丁先從甲作甲丁直線截乙丙圜於乙次以丁爲心甲爲界作甲戊圜次從乙作甲丁之垂線而遇甲戊圜於戊次作戊丁直線而截乙丙圜於丙末作甲丙直線即切乙丙圜於丙

論曰乙戊丁角形之戊丁丁乙兩腰與甲丙丁角形之甲丁丁丙兩腰各等一卷界說十五丁角同即甲丙乙戊兩底亦等一卷四而戊乙丁爲直角即甲丙丁亦直角則甲丙偕乙丙圜之半徑丁丙爲一直角矣豈非圜之切線本篇十六之系

第十八題

直線切圜從圜心作直線至切界必爲切線之垂線

解曰甲乙直線切丙丁圜於丙從戊心至切界作戊丙線題言戊丙爲甲乙之垂線

論曰如云不然令從戊別作垂線如至乙而截丙丁圜於丁其丙戊乙角形之戊乙丙既爲直角即

宜大於乙丙戊角。一卷十七而對大角之戊丙邊，宜大於對小角之戊乙邊矣。一卷十九夫戊丙與戊丁等也，戊丙大於戊乙，則戊丁亦大於戊乙乎。

又論曰：若云丙非直角，即其兩旁角一銳一鈍，令乙丙戊為銳角，則銳角乃大於半圓分角乎。本篇十六

第十九題

直線切圜，圜內作切線之垂線，則圜心必在垂線之內。

解曰：甲乙線切丙丁戊圜於丙，圜內作戊丙，為甲乙之垂線。題言圜心在戊丙線內。

論曰：如云不然，心在於己，令從己作己丙直線，即己丙亦為甲乙之垂線，本篇十八而己丙甲與戊丙甲等為直角，是全與其分等矣。

第二十題

負圜角與分圜角所負所分之圜分同，則分圜角必倍大於負圜角。

解曰：甲乙丙圜，其心丁，有乙丁丙分圜角，乙甲丙負圜角，同以乙丙圜分為底。題言乙丁丙角倍大於乙甲丙角。

先論分圜角在乙甲甲丙之內者，曰：如上圖，試從甲過丁心作甲戊線，其甲丁乙角形之丁甲丁乙等，即丁甲乙丁乙甲兩角等，一卷四而乙丁戊外角與丙相對兩角并等，一卷卅二即乙丁戊倍大於乙甲丁矣。依顯丙丁戊亦倍大於丙甲丁，則乙丁丙全角亦倍大於乙甲丙全角。

次論分圜角不在乙甲甲丙之內，而甲乙線過丁心者，曰：如上圖，依前論推顯乙丁丙外角等於內相對之丁甲丙、丁丙甲兩角并，一卷卅二而丁甲丁丙兩腰等，即甲丙兩角亦等，一卷五則乙丁丙角倍大於乙甲丙角。

後論分圜角在負圜角線之外，而甲乙截丁丙者，曰：如

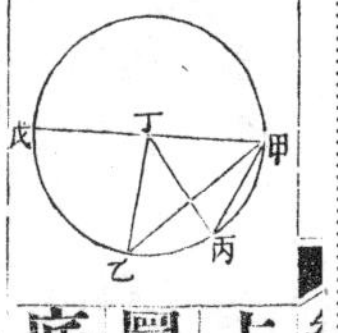

上圖，試從甲過丁心作甲戊線，其戊丁丙分圜角與戊甲丙負圜角，同以戊乙丙圜分為底，如前次論，戊丁丙角倍大於戊甲丙角。依顯戊丁乙分圜角亦倍大於戊甲乙負圜角，次於戊丁丙角減戊丁乙角，戊甲丙角減戊甲乙角，則所存乙丁丙角必倍大於乙甲丙角。

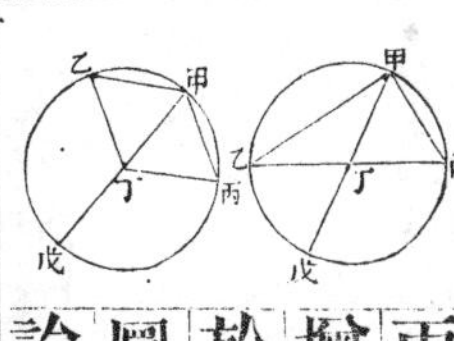

增：若乙丁丁丙不作角於心，或為半圓，或大於半圓，則丁心外餘地亦倍大於同底之負圜角。

論曰：試從甲過丁心作甲戊線，即丁心外餘

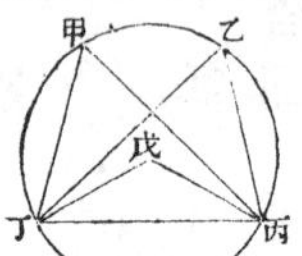

地分爲乙丁戊戊丁丙兩角依前論推顯此兩角倍大於乙甲丁丁甲丙兩角

第二十一題

凡同圜分內所作負圜角俱等

解曰甲乙丙丁圜其心戊於丁甲乙丙圜分內任作丁甲丙丁乙丙兩角題言兩角等

先論函心大分所作曰試從戊作戊丁戊丙線其丁戊丙分圜角旣倍大於丁甲丙角丁乙丙角（本篇十二）卽甲乙兩角自相等（公論七）

後論半圜分不函心小分所作曰丁甲乙丙或爲半圜分或爲不函心小分俱從甲從乙過戊作甲己乙庚兩線若不函心更從戊作戊丁戊丙兩線其丁戊己分圜角旣倍大於丁甲己負圜角（本篇二十）依顯丙戊己分圜角亦倍大於丙甲己負圜角而丁戊庚庚戊己兩角與丁戊己一角等則丁戊庚庚戊己己戊丙三角必倍大於丁甲丙依顯此三角亦倍大於丁乙丙則丁甲丙丁乙丙兩角自相等

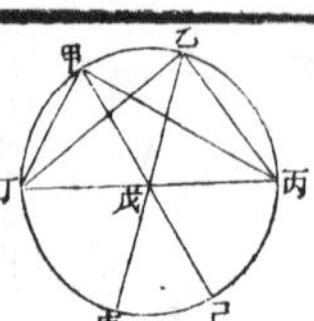

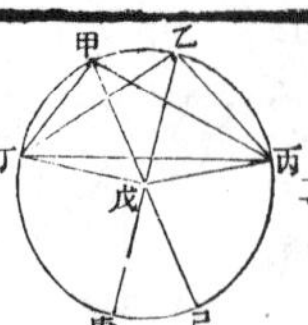

又後論曰二十題增言分圜不作角其心外餘地倍大於同底各負圜角卽各角自相等

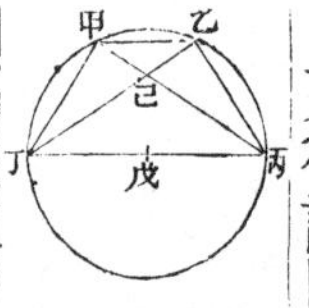

又後論曰甲丙乙丁線交羅相遇爲己試作甲乙線相聯其甲丁己角形之三角并與乙丙己角形之三角并等（一卷卅二）次每減一交角相等之甲己丁乙己丙（一卷十五）卽己甲丁己丁甲兩角并與己丙乙己乙丙兩角并等矣而甲丁乙乙丙甲兩角同在甲丁丙乙函心大分內又等（本題第一論）則丁甲丙與丙乙丁亦等

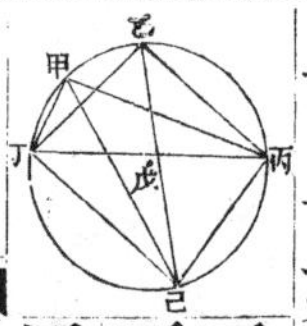

又後論曰丁丙之外任取一界爲己作丁己丙己兩線令俱函心而丁甲乙丙己與丙乙甲丁己俱爲大分次於甲己乙己各作直線相聯其丁甲己與丁乙己兩角同負丁甲乙丙己圜界卽等（本題第一論）依顯丙乙己與丙甲己兩角同負丙乙甲丁己圜界又等此二等率并之則丁甲丙丁乙丙兩全角亦等

第二十二題

圜內切界四邊形每相對兩角并與兩直角等

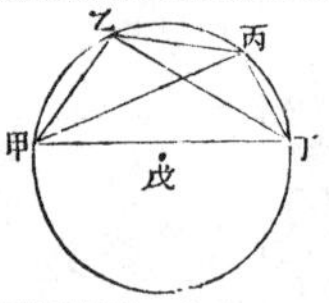

解曰甲乙丙丁圜其心戊圜內有甲乙丙丁四邊形題言甲乙丙丙丁甲兩角并乙丙丁丁甲乙兩角并各與兩直角等

論曰試作甲丙乙丁兩對角線其甲乙丁甲

丙丁兩角同負甲乙丙丁圜分既等（本篇廿一）依顯丙甲丁丙乙丁兩角亦等則甲乙丁丙乙丁兩角并為甲乙丙一角與甲丙丁丙甲丁兩角并等次每加一丙丁甲角即甲乙丙丙丁甲并與甲丙丁丙甲丁丙丁甲三角并等此三角并元與兩直角等（一卷卅二）則甲乙丙丙丁甲相對兩角并與兩直角等依顯乙丙丁丁甲乙并亦與兩直角等

第二十三題

一直線上作兩圜分不得相似而不相等

論曰如云不然令於甲乙線上作同方兩圜分相似而不相等必作甲丙乙又作甲丁乙其兩圜相交止於甲乙兩點（本篇十）即一圜分全在內一圜分全在外矣次令作甲丁線截甲丙乙圜於丙末令作丙乙丁乙兩線相聯夫兩圜分相似者其負圜角宜等（本卷界說十）則乙丙甲外角與相對之乙丁甲內角等乎（一卷十六）

第二十四題

相等兩直線上作相似兩圜分必等

解曰甲乙丙丁兩線上作甲丙乙丙己丁相似兩圜分題言兩圜分等

論曰甲乙丙丁兩線既等試以甲乙線加丙丁線上兩線必相合即甲丙乙丙己丁兩圜分相加亦相合如云不然必兩圜分相加或在內或在外或半在內半在外矣若在內在外即一直線上有兩圜分相似而不相等也（本篇廿三）若半在內半在外即兩圜三相交也（本篇十）兩俱不可故相似者必等

第二十五題

有圜之分求成圜

法曰甲乙丙圜分求成圜先於分之兩端作甲丙線次作乙丁為甲丙之垂線次作甲乙線相聯其丁乙甲角或大於丁甲乙角或等或小若大即甲乙丙當為圜之小分何也乙丁分甲丙為兩平分即知圜之心必在乙丁線內（本篇一之系）而心在丁點之外則從丁點所出丁乙為不過心徑線至小（本篇七）故對小邊之丁甲乙角小於對大邊之丁乙甲角也（一卷十八）即作乙甲戊角與丁乙甲角等次從乙丁引出一線與甲戊線遇於戊即戊為圜心

論曰試從戊作戊丙線其甲丁戊角形之甲丁線與丙丁戊角形之丙丁線等丁戊同線而甲丁戊丙丁戊兩皆直角即對直角之甲戊與戊丙兩線等一卷四 夫甲戊與乙戊以對角等故既等一卷六 戊丙與甲戊又等則從戊至界三線皆等而戊爲心本篇九

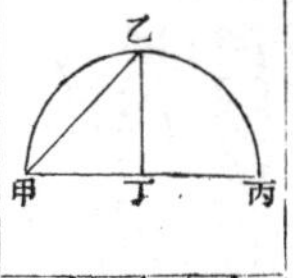

又法兼論曰若丁乙甲丁甲乙兩角等即甲乙丙爲半圜而甲丙爲徑丁爲心何也丁乙丁甲兩邊等然後丁乙甲丁甲乙兩角等一卷五 今丁乙甲丁甲乙兩角既等即丁乙丁甲兩線必等一卷六 丁丙元與丁甲等則從丁所出三線等而丁爲圜心本篇九

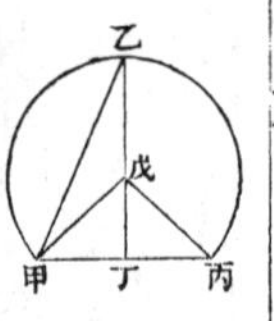

後法曰若丁乙甲小於丁甲乙即甲乙丙當爲圜大分何也乙丁分甲丙爲兩平分即知圜心在乙丁線內本篇一之系 而丁點在心之外則所出丁乙爲過心徑線至大七本篇 故對大邊之丁甲乙大於對小邊之丁乙甲也一卷十八 即作乙甲戊角與丁乙甲角等而甲戊線與乙丁線遇於戊即戊爲圜心

論曰試從戊作戊丙線其甲丁戊角形之甲丁線與丙丁戊角形之丙丁線等丁戊同線而甲丁戊丙丁戊兩皆直角即對直角之甲戊戊丙兩線亦等一卷四 夫乙戊與甲戊以對角等故既等一卷五 戊丙與甲戊亦等則從戊至界三線皆等而戊爲心本篇九

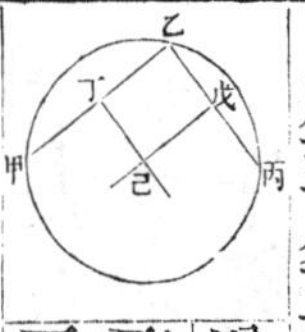

增求圜分之心有一簡法於甲乙丙圜分任取三點於甲於乙於丙以兩直線聯之各兩平分於丁於戊從丁從戊作甲乙乙丙之各垂線爲己丁爲己戊而相遇於己即己爲圜心

論曰己丁己戊既各以兩直角平分甲乙乙丙兩線即圜之心當在兩垂線內本篇一 而相遇於己即己爲圜心

其用法圜界上任取四點爲甲爲乙爲丙爲丁每兩點各自爲心相向各任作圜分四圜分兩兩相交於戊於己於庚於辛從戊己從庚辛各作直線引長之交於壬即壬爲圜心

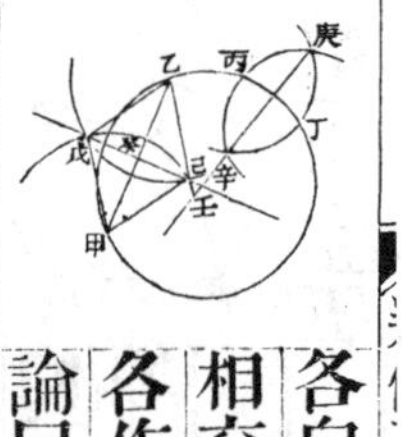

論曰試作甲戊戊乙乙己己甲四直線此四線各爲同圜等圜之半徑各等即甲戊己角形之甲戊己甲己戊兩角等而乙戊己角形之乙戊己乙己戊兩角亦等次作甲乙直線分戊己於癸即甲己癸角形之甲己邊與乙己癸角形之乙己邊等己癸同邊而對甲己癸角之甲癸邊與對乙己癸角之乙癸邊亦等一卷八 則甲癸己乙癸己俱爲直角而戊己線必過心本篇一

依顯庚辛線亦過心而相遇於壬為圜心

第二十六題二支

等圜之乘圜分角或在心或在界等其所乘之圜分亦等

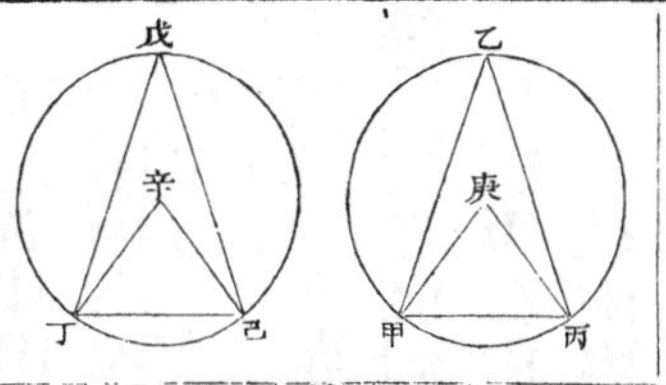

乙 庚 甲 丙 戊 辛 丁 己

先解在心者曰甲乙丙丁戊己兩圜等其心為庚為辛有甲庚丙與丁辛己兩乘圜角等題言所乘之甲丙丁己兩圜分亦等

論曰試於甲乙丙丁戊己兩圜分之上任取兩點於乙於戊從乙作乙甲乙丙從戊作戊丁戊己各兩線次作甲丙丁己兩線相聯其乙與戊兩角既各半於庚辛兩角即乙與戊自相等本篇二十而所負甲乙丙與丁戊己兩圜分相似本卷界說十又甲庚丙角形之甲庚庚丙兩邊與丁辛己角形之丁辛辛己兩邊各等庚角與辛角又等即甲丙與丁己兩邊亦等一卷四而相似之甲乙丙與丁戊己兩圜分在等線上亦等本篇廿四夫相等圜減相等圜分則所存甲丙丁己兩圜分亦等故云等角所乘之圜分等

後解在界者曰兩圜之乙與戊兩乘圜角等題言所乘之甲丙丁己兩圜分亦等

論曰乙戊兩角既等而庚辛兩角各倍於乙戊即庚辛自相等本篇二十依前論甲丙丁己兩邊亦自相等而甲乙丙與丁戊己兩圜分亦等本篇廿四今於相等圜減相等圜分則所存甲丙丁己兩圜分亦等

注曰後解極易明葢庚辛角既各倍於乙戊則依先論甲丙丁己自相等在心之乘圜角即分圜角隨類異名

第二十七題二支

等圜之角所乘圜分等則其角或在心或在界俱等

先解在心者曰甲乙丙丁戊己兩圜等其心為庚為辛若甲庚丙乘圜角所乘之甲丙分與丁辛己所乘之丁己分等題言甲庚丙丁辛己兩角等

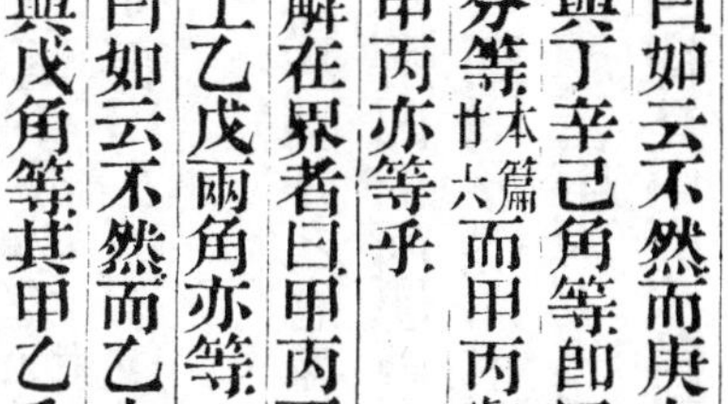

乙 庚 甲 丙 壬 戊 辛 丁 己

論曰如云不然而庚大於辛令作甲庚壬角與丁辛己角等即甲壬圜分宜與丁己圜分等本篇廿六而甲丙與丁己元等則甲壬與甲丙亦等乎

後解在界者曰甲丙丁己兩圜分等題言其上乙戊兩角亦等

論曰如云不然而乙大於戊令作甲乙壬角與戊角等其甲乙壬與丁戊己若等即所乘之甲壬丁己宜等本篇廿六而甲丙與丁己元等則甲壬與甲丙亦等乎

增題從此推顯兩直線不相交而在一圜之內若兩線界相去之圜分等則兩線必平行若兩線平行則兩線界相去之圜分等

先解曰甲乙丙丁圜內有甲丁乙丙兩線其相去之甲乙丁丙兩圜分等題言兩線必平行

論曰試自甲至丙作直線相聯其甲乙丁丙既等卽甲丙乙與丙甲丁兩乘圜角亦等本題既內相對之兩角等卽兩線必平行一卷廿七

後解曰甲丁乙丙爲平行線題言甲乙丁丙兩圜分必等

論曰試作甲丙線其甲丁乙丙既平行卽內相對之兩角甲丙乙丙甲丁必等一卷廿七而所乘圜分甲乙丁丙亦等本篇廿六

第二十八題

等圜內之直線等則其割本圜之分大與大小與小各等

解曰甲乙丙丁戊己兩圜等其心爲庚爲辛圜內有甲丙丁己兩直線等題言甲乙丙與丁戊己兩大分甲丙與丁己兩小分各等

論曰試於甲庚庚丙丁辛辛己各作直線其甲庚丙角形之甲丙與丁辛己角形之丁己

兩底既等而甲庚庚丙兩腰與丁辛辛己兩腰又等卽庚辛兩角亦等一卷八其所乘之甲丙丁己兩小分必等本篇廿六次減相等之甲丙丁己兩小分則所存甲乙丙丁戊己兩大分亦等

第二十九題

等圜之圜分等則其割圜分之直線亦等

解曰依前題兩圜之甲乙丙丁戊己兩圜分等而甲丙丁己兩圜分亦等題言甲丙丁己兩線必等

論曰依前題作四線其甲庚丙角形之甲庚庚丙兩腰與丁辛己角形之丁辛辛己兩腰等而庚辛兩角所乘之甲丙丁己兩圜分等卽庚辛兩角亦等本篇廿七而對等角之甲丙丁己兩線必等一卷四

注曰第二十六至二十九四題所說俱等圜其在同圜亦依此論

第三十題

有圜之分求兩平分之

法曰甲乙丙圜分求兩平分先於分之兩界作甲丙線次兩平分於丁從丁作乙丁爲甲丙之垂線卽乙丁分甲乙丙圜分爲兩平分

論曰從乙作乙甲乙丙兩線其甲乙丁角形之甲丁與丙乙丁角形之丙丁兩腰等丁乙同腰而甲丁乙與丙丁乙兩直角又等即對直角之甲乙乙丙兩底亦等一卷四而甲乙與乙丙兩圜分亦等本篇十八則甲乙丙圜界兩平分於乙矣

第三十一題五支

負半圜角必直角負大分角小於直角負小分角大於直角大圜分角大於直角小圜分角小於直角

解曰甲乙丙圜其心丁其徑甲丙於半圜分內任作甲乙丙角形即甲乙丙角負甲乙丙半圜分乙甲丙角負乙甲丙大分又任作乙戊丙角負乙戊丙小分題先言負半圜之甲乙丙為直角二言負大分之乙甲丙角小於直角三言負小分之乙戊丙角大於直角四言丙乙甲大圜分角大於直角後言丙乙戊小圜分角小於直角

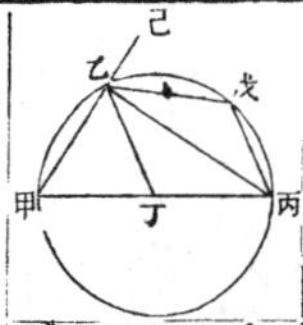

先論曰試作乙丁線次以甲乙線引長之至己其丁乙丁甲兩線等即丁乙甲丁甲乙兩角等一卷五依顯丁乙丙丁丙乙兩角亦等而甲乙丙全角與乙甲丙甲丙乙兩角并等又己乙丙外角亦與相對之乙甲丙甲丙乙兩內角并等一卷卅二則己乙丙與甲乙丙等為直角

二論曰甲乙丙角形之甲乙丙既為直角則乙甲丙小於直角一卷十七

三論曰甲乙戊丙四邊形在圜之內其乙甲丙乙戊丙相對兩角并等兩直角本篇廿二而乙甲丙小於直角則乙戊丙大於直角

四論曰甲乙丙直角為丙乙甲大圜分角之分則大於直角

後論曰丙乙戊小圜分角為己乙丙直角之分則小於直角

此題別有四解四論先解曰甲乙丙半圜其心丁其上任作甲乙丙角題言此為直角

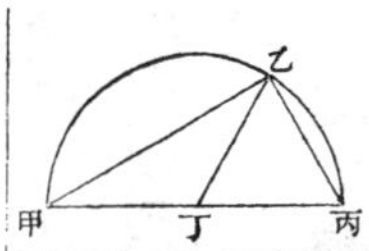

論曰試作乙丁線其丁乙丁甲兩線既等即丁乙甲丁甲乙兩角亦等一卷五而乙丁丙外角既與丁乙甲丁甲乙相對之兩內角并等一卷卅二即倍大於丁乙甲角依顯乙丁甲外角亦倍大於丁乙丙角即乙丁甲乙丁丙兩角并亦倍大於甲乙丙角矣乙丁甲乙丁丙并等兩直角一卷十三則甲乙丙為直角

二解曰甲乙丙大圜分其心丁任作甲乙丙角題言此小於直角

論曰試作甲丁戊徑線次作乙戊線相聯其甲乙戊既爲直角本題一論即甲乙丙爲其分而小於直角

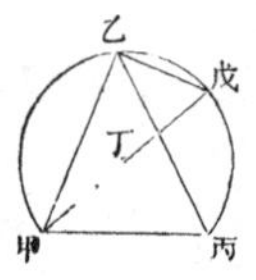

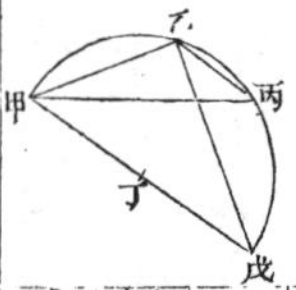

三解曰甲乙丙小圜分其心丁任作甲乙丙角題言此大於直角

論曰試作甲丁戊徑線而引乙丙圜界至戊次作乙戊線其甲乙戊既負半圜之直角而爲甲乙丙角之分則甲乙丙大於直角

四五合解曰甲乙丙大圜分丙丁甲小圜分其心戊題言丙甲乙大圜分角大於直角丙甲丁小圜分角小於直角

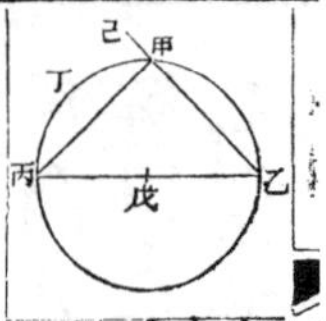

論曰試作乙戊丙徑線次作乙甲線引長之至己其乙甲丙直角爲丙甲乙大圜分角之分而丙甲丁小圜分角又爲己甲丙直角之分則大分角大於直角小分角小於直角

一系凡角形之內一角與兩角并等其一角必直角何者其外角與內相對之兩角等則與外角等之內交角豈非直角

二系大分之角大於直角小分之角小於直角終無有角等於直角又從小過大從大過小非大即小終無相等依此題四五論甚明與本篇十六題增注互相發也

第三十二題

直線切圜從切界任作直線割圜爲兩分分內各任爲負圜角其切線與割線所作兩角與兩負圜角交互相等

解曰甲乙線切丙丁戊圜於丙從丙任作丙戊直線割圜爲兩分兩分內任作丙丁戊丙庚戊兩負圜角題言甲丙戊角與丙庚戊角乙丙戊角與丙丁戊角交互相等

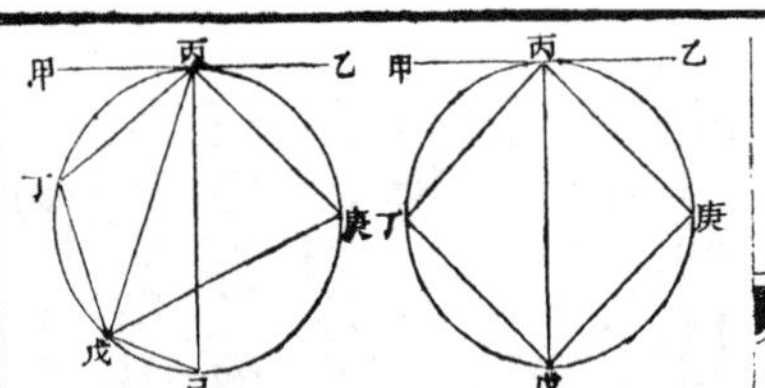

先論割圜線過心者曰如前圖甲丙戊乙丙戊兩皆直角一卷十八而丙庚戊丙丁戊兩負半圜角亦皆直角本篇卅一則交互相等

後論割圜線不過心者曰如後圖試作丙己過心直線次作戊己線相聯其己丙爲甲乙之垂線一卷十八而丙戊己爲直角本篇卅一即戊丙己戊己丙兩角并等於一直角亦等於甲丙己角矣此兩率者各減同用之戊丙己角即所存戊己丙與甲丙戊等也夫戊己丙與丙庚戊元等本篇廿一則甲丙戊與丙庚戊交互相等又丙丁戊庚四邊形之丙丁戊丙庚戊兩對角并等兩直角本篇廿二而甲丙戊乙丙戊兩交

角亦等兩直角。（一卷十三）此二率者各減一相等之甲丙戊丙庚戊則所存丙丁戊乙丙戊亦交互相等

第三十三題

一線上求作圜分而負圜分角與所設直線角等

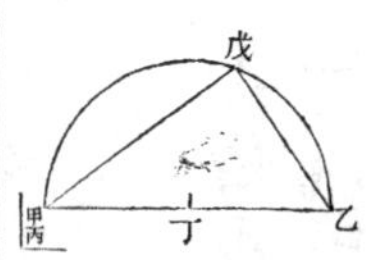

先法曰設甲乙線丙角求線上作圜分而負圜分角與丙等其丙角或直或銳或鈍若直角先以甲乙兩平分於丁次以丁為心甲乙為界作半圜圜分內作甲戊乙角即負半圜角為直角（本篇卅一）如所求

次法曰若設丙銳角先於甲點上作丁甲乙銳角與丙等次作戊甲為甲丁之垂線於甲乙之上次作己乙甲角與己甲乙角等而乙己線與甲戊線遇於己即己乙己甲兩線等（一卷六）末以己為心甲為界作甲庚圜必過乙即甲庚乙圜分內甲乙線上所作負圜角必為銳角而與丙等

論曰試作甲庚乙角其甲己戊線過己心而丁甲又為戊甲之垂線即丁甲線切甲庚乙圜於甲（本篇十六之系）則丁甲乙與甲庚乙兩角交互相等（本篇卅二）如所求

後法曰若設辛鈍角依前作壬甲乙鈍角與辛等次作戊甲為壬甲之垂線餘倣第二法而於甲乙線上作甲癸乙角即與辛等

後論同次

第三十四題

設圜求割一分而負圜分角與所設直線角等

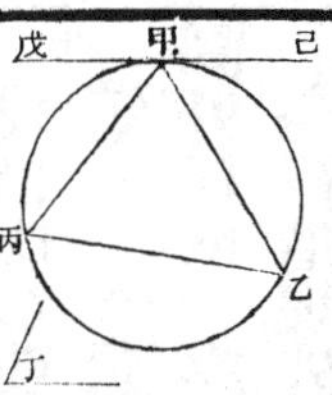

法曰設甲乙丙圜求割一分而負圜分角與丁等先作戊己直線切圜於甲（本篇十七）次作己甲乙角與丁等即割圜之甲乙線上所作甲丙乙角負甲丙乙圜分而與丁等

何者己甲乙角與丁等亦與甲丙乙交互相等故（本篇卅二）

第三十五題

圜內兩直線交而相分各兩分線矩內直角形等

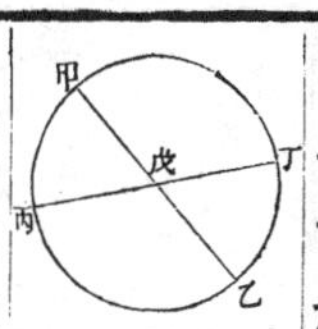

解曰甲丙乙丁圜內有甲乙丙丁兩線交而相分於戊題言甲戊偕戊乙與丙戊偕戊丁兩矩內直角形等其兩線或俱過心或一過心一不過心或俱不過心若俱過心者其各分四線等即兩矩內直角形亦等

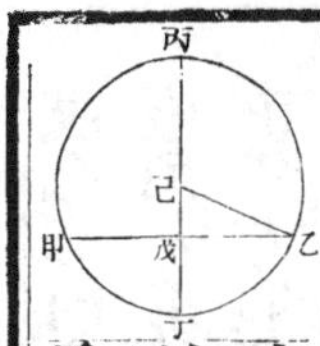

先論曰圜內線獨丙丁過己心者又有二種其一丙丁平分甲乙線於戊即丙戊線在甲乙上成兩直角（本篇三）試作己乙線相聯其丙

丁線既兩平分於己又任兩分於戊即丙戊偕戊丁矩內直角形及己戊上直角方形并與等己丁之己乙上直角方形等二卷五夫己乙上直角方形與己戊戊乙上兩直角方形并等一卷四七即丙戊偕戊丁矩內直角形及己戊上直角方形并與己戊戊乙上兩直角方形并亦等矣次每減同用之己戊上直角方形則所存丙戊偕戊丁矩內直角形不與戊乙上直角方形等乎戊乙與甲戊既等即甲戊偕戊乙矩內直角形與丙戊偕戊丁矩內直角形亦等

次論曰若丙丁任分甲乙線於戊即以甲乙線兩平分於庚次於庚己己乙各作直線相聯即己庚爲甲乙之垂線而成兩直角本篇三其丙戊偕戊丁矩內直角形及己戊上直角方形并與等己丁之己乙上直角方形等二卷五而己戊上直角方形與己庚庚戊上兩直角方形并等一卷四七己乙上直角方形與己庚庚乙上兩直角方形并亦等則丙戊偕戊丁矩內直角形及己庚庚戊上兩直角方形并與己庚庚乙上兩直角方形并等次每減同用之己庚上直角方形即所存丙戊偕戊丁矩內直角形及庚戊上直角方形不與庚乙上直角方形等乎夫甲戊偕戊乙矩內直角形及庚戊上直角方形并亦與庚乙上直角方形等二卷五此二相等率者每減同用之庚戊上直角方形則丙戊偕戊丁與甲戊偕戊乙兩矩內直角形等矣

後論曰圜內兩線俱不過心者又有二種或一線平分或兩俱任分皆從己心與戊相聯作直線引長之爲庚辛線依上論甲戊偕戊乙矩內直角形不論甲乙線平分任分皆與過心之庚戊偕戊辛矩內直角形等又依上論丙戊偕戊丁矩內直角形不論丙丁線平分任分亦與過心之庚戊偕戊辛矩內直角形等則甲戊偕戊乙與丙戊偕戊丁兩矩內直角形等

第三十六題

圜外任取一點從點出兩直線一切圜一割圜其割圜之全線偕規外線矩內直角形與切圜線上直角方形等

解曰甲乙丙圜外任取丁點從丁作丁乙線切圜於乙本篇十七作丁甲線截圜界於丙題言甲丁偕丙丁矩內直角形與丁乙上直角方形等

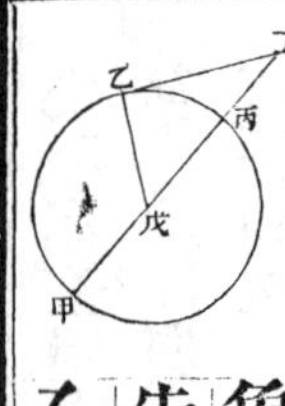

先論丁甲過戊心者曰試作乙戊線爲丁乙之垂線本篇十八其甲丙線平分於戊又引

出一丙丁線、即甲丁偕丙丁矩內直角形及等戊丙之戊乙上直角方形并、與戊丁上直角方形等。二卷六 而戊丁上直角方形與戊乙丁乙上兩直角方形并等。一卷四七 即甲丁偕丙丁矩內直角形及戊乙上直角方形并、與戊乙丁乙上兩直角方形并等。此兩率者、每減同用之戊乙上直角方形、則所存甲丁偕丙丁矩內直角形、與丁乙上直角方形等。

後論丁甲不過戊心者、曰試以甲丙線兩平分於己、次從戊心作戊己、戊丙、戊丁、戊乙四線、即戊乙為丁乙之垂線、本篇十八 戊己為甲丙之垂線、本篇三 其甲丙線既兩平分於己、又引出一丙丁線、即甲丁偕丁丙矩內直角形及己丙上直角方形并、與己丁上直角方形等。二卷六 次每加一戊己上直角方形、即甲丁偕丁丙矩內直角形及己丙、戊己上兩直角方形并、與己丁、戊己上兩直角方形并等。夫己丙、戊己上兩直角方形并、與等戊丙之戊乙上直角方形等。一卷四七 而戊丁上直角方形、與己丁、戊己上兩直角方形并等、即甲丁偕丁丙矩內直角形及戊乙上直角方形并、與戊丁上直角方形等矣。又戊丁上直角方形、與戊乙丁乙上兩直角方形并等、即甲丁偕丁丙矩內直角形及戊乙上直角方形并、與戊乙丁乙上兩直角方形并等。次每減同用之戊乙上直角方形、則所存甲丁偕丁丙矩內直角形、與丁乙上直角方形等。

一系、若從圜外一點作數線至規內、各全線偕規外線矩內直角形俱等。如從甲作甲丙、甲丁、甲戊各線、截圜界於己、於庚、於辛、其甲丙偕己甲、甲丁偕庚甲、甲戊偕辛甲、各矩內直角形俱等。何者、試作甲乙切圜線、則各矩線內直角形、與甲乙上直角方形俱等故。本題

二系、從圜外一點作兩直線切圜、此兩線等。如甲點作甲乙、甲丙兩切圜線、即甲丙與甲乙等。何者、試從甲作甲丁線截圜界於戊、其甲乙、甲丙上兩直角方形、各與甲丁偕甲戊矩內直角形等。本題 則此兩直角方形自相等。

三系、從圜外一點止可作兩直線切圜。若言從甲既作甲乙、甲丙兩線切圜、又可作甲丁線亦切圜、令從戊心作戊乙、戊丁兩線、即甲乙戊為直角、而甲丁戊亦宜等為直角、本篇十八 試作甲戊直線、則甲乙戊角形內、有甲丁戊角、應大於甲乙戊角、

一卷廿一安得爲直角也。又甲乙、甲丁若俱切圜，卽兩線宜等。本題二系試作甲戊線截圜於己，則甲丁爲近己線，甚小，當小於遠己之甲乙線。本篇八又安得相等也？故一點上止可作切圜線兩也。

第三十七題

圜外任於一點出兩直線，一至規外，一割圜至規內，而割圜全線偕割圜之規外線矩內直角形與至規外之線上直角方形等，則至規外之線必切圜。

解曰：甲乙丙圜，其心戊，從丁點作丁乙至規外之線，遇圜界於乙。又作丁甲割圜至規內之線，而截圜界於丙。其丁甲偕丁丙矩內直角形與丁乙上直角方形等，題言丁乙爲切圜線。

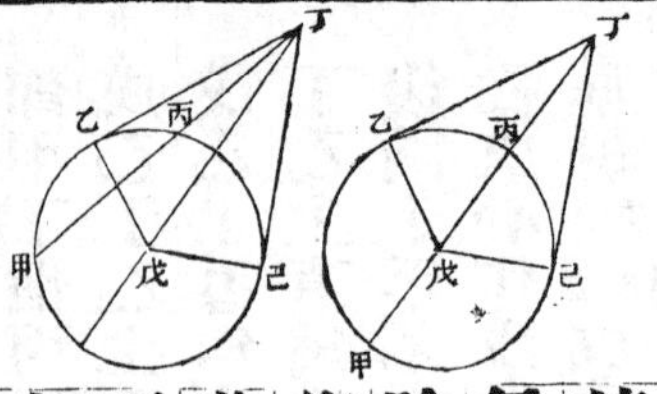

論曰：試從丁作丁己線切圜於己，本篇十七次作戊乙、戊己兩線相聯。若丁甲不過戊心者，又作丁戊直線。其丁己上直角方形與丁甲偕丁丙矩內直角形等，本篇卅六而丁乙上直角方形與丁甲偕丁丙矩內直角形亦等，則丁乙、丁己上兩直角方形自相等，而丁乙、丁己兩線亦等。夫丁乙戊角形之丁乙、乙戊，與丁己戊角形之丁己、己戊，各兩腰等，丁戊同底，卽兩角形之三角各等，一卷八而對丁戊底之丁己戊爲直角，本篇十八卽丁乙戊亦直角，故丁乙爲切圜線。本篇十六之系

幾何原本第四卷之首

泰西　利瑪竇　口譯
吳淞　徐光啓　筆受

界說七則

第一界

直線形居他直線形內，而此形之各角切他形之各邊，爲形內切形。

此卷將論切形在圜之內外，及作圜在形之內外，故解形之切在形內及切在形外者，先以直線形爲例。如前圖丁戊己角形之丁戊己三角切甲乙丙角形之甲乙、乙丙、丙甲三邊，則丁戊己爲甲乙丙之形內切形。如後圖癸子丑角形，雖癸子兩角切庚辛壬角形之庚辛、壬庚兩邊，而丑角不切辛壬邊，則癸子丑不可謂庚辛壬之形內切形。

第二界

一直線形居他直線形外，而此形之各邊切他形之各角，爲形外切形。

如第一界圖，甲乙丙爲丁己戊之形外切形。其餘各形倣此二例。

第三界

直線形之各角切圜之界，爲圜內切形。

甲乙丙形之三角各切圜界於甲、於乙、於丙，是也。

第四界

直線形之各邊切圜之界，爲圜外切形。

甲乙丙形之三邊切圜界於丁、於己、於戊，是也。

第五界

圜之界切直線形之各邊，爲形內切圜。

同第四界圖。

第六界

圜之界切直線形之各角，爲形外切圜。

同第三界圖。

第七界

直線之兩界各抵圜界，爲合圜線。

甲乙線兩界各抵甲乙丙圜之界，爲合圜線。若丙抵圜而丁不至，及戊之兩俱不至，不爲合圜線。

幾何原本第四卷 本篇論圓內外形 計十六題

泰西 利瑪竇 口譯

吳淞 徐光啓 筆受

第一題

有圓求作合圓線與所設線等此設線不大於圓之徑線

法曰甲乙丙圓求作合線與所設丁線等其丁線不大於圓之徑線（徑為圓內之最大線更大不可合見三卷十五）先作甲乙圓徑為乙丙若乙丙與丁等者即是合線若丁小於徑者即於乙丙上截取乙戊與丁等次以乙為心戊為界作甲戊圓交甲乙丙圓於甲末作甲乙合線即與丁等何者甲乙與乙戊等則與丁等

第二題

有圓求作圓內三角切形與所設三角形等角

法曰甲乙丙圓求作圓內三角切形其三角與所設丁戊己形之三角各等先作庚辛線切圓於甲（三卷十七）次作庚甲乙角與設形之己角等次作辛甲丙角與設形之戊角等末作乙丙線即圓內三角切形與所設丁戊己形等角

論曰甲丙乙與庚甲乙兩角等甲乙丙與辛甲丙兩角亦等（三卷三十二）而庚甲乙辛甲丙兩角既與所設己戊兩角各等即甲丙乙甲乙丙亦與己戊各等而乙甲丙必與丁等（一卷三十二）則三角俱等

第三題

有圓求作圓外三角切形與所設三角形等角

法曰甲乙丙圓求作圓外三角切形其三角與所設丁戊己形之三角各等先於戊己一邊引長之為庚辛次於圓界抵心作甲壬線次作甲壬乙角與丁戊庚等次作乙壬丙角與丁己辛等末於甲乙丙上作癸子子丑丑癸三垂線此三線各切圓於甲於乙於丙（三卷十六之系）而相遇於子於丑於癸（若作甲丙線即癸甲丙癸丙甲兩角小於兩直角而子癸丑癸兩線必相遇餘二倣此）此癸子丑三角與所設丁戊己三角各等

論曰甲壬乙子四邊形之四角與四直角等（一卷三十二題內）而壬甲子壬乙子兩為直角即甲壬乙甲子乙兩角并等兩直角彼丁戊庚丁戊己兩角并亦等兩直角（一卷十三）此二等率者每減一相等之丁戊庚甲壬乙則所存丁戊己與甲子乙等依顯丑角與丁己戊等則癸與丁亦等（一卷三十二）而癸子丑與丁戊己兩形之各三角俱等

第四題

三角形求作形內切圜

法曰甲乙丙角形求作形內切圜先以甲乙丙角甲丙乙角各兩平分之一卷九作乙丁丙丁兩直線相遇於丁次自丁至角形之三邊各作垂線爲丁己丁庚丁戊其戊丁乙角形之丁戊乙丁乙戊兩角與乙丁己角形之丁己乙丁乙己兩角各等乙丁同邊卽丁戊丁己兩邊亦等一卷二十六依顯丁丙己角形與丁庚丙角形之丁己丁庚兩邊亦等卽丁戊丁己丁庚三線俱等末作圜以丁爲心戊爲界卽過庚己爲戊庚己圜而切角形之甲乙乙丙丙甲三邊於戊於己於庚三卷十六之系此爲形內切圜

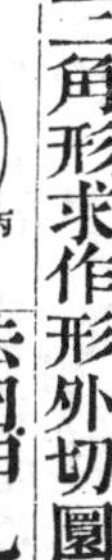

第五題

三角形求作形外切圜

法曰甲乙丙角形求作形外切圜先平分兩邊若形是直角鈍角則分直角鈍角之兩旁邊於丁於戊次於丁戊上各作垂線爲己丁己戊而相遇於己若自丁至戊作直線卽己丁戊角形之己丁戊己戊丁兩角小於兩直角故丁己戊己兩線必相遇其己點或在形內或在形外俱作己甲己乙己丙三線或在乙丙邊上止作己甲線其甲丁己角形之甲丁與乙丁己角形之乙丁兩腰等丁己同腰而丁之兩旁角俱直角卽甲己乙己兩底必等一卷四依顯甲己戊丙己戊兩形之甲己己丙兩底亦等則己甲己乙己丙三線俱等末作圜以己爲心甲爲界必切丙乙而爲角形之形外切圜

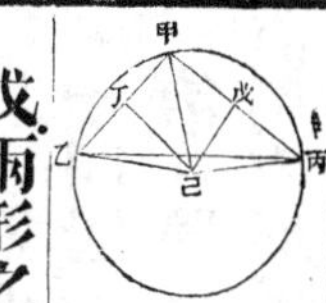

一系若圜心在三角形內卽三角形爲銳角形何者每角在圜大分之上故若在一邊之上卽爲直角形若在形外卽爲鈍角形

二系若三角形爲銳角形卽圜心必在形內若直角形必在一邊之上若鈍角形必在形外

增從此推得一法任設三點不在一直線可作一過三點之圜其法先以三點作三直線相聯成三角形次依前作

其用法甲乙丙三點先以甲乙兩點各自爲心相向各任作圜分令兩圜分相交於丁於戊次甲丙兩點亦如之令兩圜分相交於己於庚末作丁戊己庚兩線各引長之令相交於辛卽辛爲圜之心

論見三卷二十五增

第六題

有圜求作內切圜直角方形

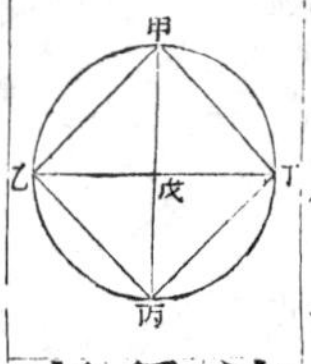

法曰甲乙丙丁圜其心戊求作內切圜直角方形先作甲丙乙丁兩徑線以直角相交於戊次作甲乙乙丙丙丁丁甲四線即甲乙丙丁為內切圜直角方形

論曰甲乙戊角形之甲戊與乙戊丙角形之戊丙兩腰等乙戊同腰而腰間角兩為直角即其底甲乙乙丙等一卷四 依顯乙丙丙丁亦等則四邊形之四邊俱等而甲乙丙丁四角皆在半圜分之上又皆直角三卷三十一 是為內切圜直角方形

第七題

有圜求作外切圜直角方形

法曰甲乙丙丁圜其心戊求作外切圜直角方形先作甲丙乙丁兩徑線以直角相交於戊次於甲乙丙丁作庚己己辛辛壬壬庚四線為兩徑之垂線而相遇於己於辛於壬於庚即己庚壬辛為外切圜直角方形

論曰甲戊乙己乙戊既皆直角即己辛甲丙平行一卷二十八 依顯甲丙庚壬亦平行則己庚辛壬亦平行一卷三十 又甲丙辛己既直角形即甲丙己辛必等一卷三十四 而甲丙辛甲己辛兩角亦等甲丙辛既直角即甲己辛亦直角依顯庚壬辛亦直角而辛壬庚庚己三邊俱等於甲丙乙丁兩徑既四邊俱等於兩徑則己庚壬辛為直角方形而四邊各切圜三卷十六之系

第八題

直角方形求作形內切圜

法曰甲乙丙丁直角方形求作形內切圜先以四邊各兩平分於戊於己於庚於辛而作辛己戊庚兩線交於壬其甲丁與乙丙既平行相等即半減線之甲辛乙己亦平行相等而甲乙與辛己亦平行相等一卷三十三 依顯丁丙與辛己亦平行相等甲丁乙丙戊庚俱平行相等而甲壬乙壬丙壬丁壬四俱直角形壬戊壬己壬庚壬辛四線與甲辛戊乙丁辛甲戊四線各等夫甲辛戊乙丁辛甲戊各為等線之半即與之等者壬戊壬己壬庚壬辛亦自相等次作圜以壬為心戊為界必過己庚辛而切甲丁丁丙丙乙乙甲四邊三卷十六 是為形內切圜

第九題

直角方形求作形外切圜

法曰。甲乙丙丁直角方形。求作外切圜。先作對角兩線。為甲丙乙丁。而交於戊。其甲乙丁角形之甲乙甲丁兩腰等。即甲乙丁甲丁乙兩角亦等。一卷五 而乙甲丁為直角。即甲乙丁甲丁乙俱半直角。一卷三十二 依顯丙乙丁丙丁乙亦俱半直角。而四角俱等。又戊甲丁戊丁甲兩角等。即戊甲戊丁兩邊亦等。一卷六 依顯戊甲戊乙兩邊亦等。而戊乙戊丙兩邊。戊丙戊丁兩邊各等。次作圜。以戊為心。甲為界。必過乙丙丁。而為形外切圜。

第十題

求作兩邊等三角形。而底上兩角各倍大於腰間角。

法曰。先任作甲乙線。次分之於丙。其分法須甲乙偕丙乙矩內直角形。與甲丙上直角方形等。二卷十一 次以甲為心。乙為界。作乙丁圜。次作乙丁合圜線。與甲丙等。本篇一 末作甲丁線相聯。其甲乙甲丁等。即甲乙丁為兩邊等角形。而甲乙丁甲丁乙兩角各倍大於甲角。

論曰。試作丙丁線。而甲丙丁角形外。作甲丙丁切圜。本篇五 其甲乙偕丙乙矩內直角形。與甲丙上直角方形等。即亦與至規外之乙丁上直角方形等。而乙丁線切甲

丙丁圜於丁。三卷十七 即乙丁切線。偕丁丙割線所作乙丁丙角。與負丁甲丙圜分之甲角交互相等。三卷三十二 此二率者。每加一丙丁甲角。即甲丁乙全角。與丙甲丁丙丁甲兩角并等。夫乙丙丁外角。亦與丙甲丁丙丁甲相對之兩內角并等。一卷三十二 即乙丙丁角與甲丁乙全角等。而與相等之甲乙丁亦等。丙丁與乙丁兩線亦等。一卷六 夫乙丁元與甲丙等。即丙丁與甲丙亦等。丙甲丁丙丁甲兩角亦等。而甲角既與乙丁丙角等。即乙丁丙與丙丁甲兩角亦等。是甲丁乙倍大於丙丁甲。必倍大於相等之甲角也。而相等之甲乙丁。亦倍大於甲也。

第十一題

有圜求作圜內五邊切形。其形等邊等角。

法曰。甲乙丙丁戊圜。求作五邊內切圜形。等邊等角。先作己庚辛兩邊等角形。而庚辛兩角各倍大於己角。本篇十 次於圜內作甲丙丁角形。與己庚辛角形各等角。本篇二 次以甲丙丁甲丁丙兩角各兩平分。一卷九 作丙戊丁乙兩線。末作甲乙乙丙丙丁丁戊戊甲五線相聯。即甲乙丙丁戊為五邊內切圜形。而五邊五角俱自相等。

論曰甲丙丁甲丁丙兩角皆倍大於丙甲丁角而兩角又平分即甲丁乙乙丁丙丙甲丁丁丙戊戊丙甲五角皆等而五角所乘之甲乙乙丙丙丁丁戊戊甲五圜分亦等三卷二十六即甲乙乙丙丙丁丁戊戊甲五線亦等三卷二十九是五邊形之五邊等又甲乙戊丁兩圜分等而各加一乙丙丁圜分即甲乙丙丁與戊丁丙乙兩圜分等乘兩圜分之甲戊丁乙甲戊兩角亦等依顯餘三角與兩角俱等是五邊形之五角等

第十二題

有圜求作圜外五邊切形其形等邊等角

法曰甲乙丙丁戊圜求作五邊外切圜形等邊等邊等角先作圜內甲乙丙丁戊五邊等邊等角切形本篇十一次從己心作己甲己乙己丙己丁己戊五線次從此五線作庚辛辛壬壬癸癸子子庚五垂線相遇於庚於辛於壬於癸於子庚戊甲庚甲戊兩角小於兩直角故甲庚戊庚線必相遇餘四倣此五垂線既切圜三卷十六即成外切圜五邊形而等邊等角

論曰試從己心作己庚己辛己壬己癸己子五線其己甲甲辛上兩直角方形己乙乙辛上兩直角方形之兩并各與己辛上直角方形等一卷四七即兩并自相等此兩并率者每減一相等之甲己己乙上直角方形即所存甲辛辛乙上兩直角方形等則甲辛辛乙兩線等也又甲己辛角形之甲己與乙己辛角形之乙己兩腰等己辛同腰而甲辛辛乙兩底又等即甲己辛辛己乙兩角等一卷八而甲辛己乙辛己兩角亦等一卷四則甲己乙角倍大於辛己乙角也依顯乙己丙角亦倍大於乙己壬角乙壬丙角亦倍大於乙壬己角也又甲己乙乙己丙兩角乘甲乙乙丙相等之兩圜分線等故圜分等見三卷二十八即兩角自相等三卷二十七半減之辛己乙乙己壬兩角亦等既乙己辛角形之乙己辛辛乙己兩角與乙己壬角形之乙己壬壬乙己兩角各等而乙己同邊是辛乙乙壬兩邊亦等也一卷二十六乙辛己乙壬己兩角亦等也則辛壬線倍大於辛乙線也依顯庚辛線亦倍大於辛甲線也前已顯甲辛辛乙兩線等則倍大之庚辛辛壬兩線亦等也依顯壬癸癸子子庚與庚辛辛壬俱等也是為庚辛壬癸子形之五邊等又依前所顯乙辛己與乙壬己兩角等是乙辛甲之減半角與乙壬丙之減半角等即倍大之乙辛甲與乙壬丙亦等也依顯辛壬癸壬癸子癸子庚子庚辛與庚辛壬俱等也是為庚辛壬癸子形之五角等

第十三題

五邊等邊等角形求作內切圜。

法曰：甲乙丙丁戊五邊等邊等角形，求作內切圜。先分乙甲戊、甲乙丙兩角，各兩平分。一卷九其線爲己甲、己乙，而相遇於己。己甲乙、己乙甲兩角小於兩直角，故己甲、己乙兩線必相遇。自己作己丙、己丁、己戊三線。其甲己乙角形之甲乙腰，與乙己丙角形之乙丙腰等。乙己同腰，而兩腰間之甲乙己、丙乙己兩角等，即甲己、己丙兩底亦等，乙甲己、乙丙己兩角亦等。一卷四又乙甲戊與乙丙丁兩角等，而乙甲己爲乙甲戊之半，即乙丙己亦乙丙丁之半，則乙丙丁角亦兩平分於己丙線矣。依顯丙丁戊、丁戊甲兩角，亦兩平分於己丁、己戊兩線矣。次從己向各邊作己庚、己辛、己壬、己癸、己子五垂線。其甲己庚角形之己甲庚、己庚甲兩角，與甲己子角形之己甲子、己子甲兩角，各等，甲己同邊，即兩形必等。一卷二十六己子與己庚兩線亦等。依顯己辛、己壬、己癸三垂線與己庚、己子兩垂線俱等。末作圜，以己爲心，庚爲界，必過辛、壬、癸、子，而爲甲乙丙丁戊五邊形之內切圜。三卷十六

第十四題

五邊等邊等角形求作形外切圜。

法曰：甲乙丙丁戊五邊等邊等角形，求作外切圜。先分乙甲戊、甲乙丙兩角，各兩平分，其線爲己甲、己乙，而相遇於己。說見前次從己作己丙、己丁、己戊三線，依前題論，推顯乙丙丁、丙丁戊、丁戊甲三角，各兩平分於己丙、己丁、己戊三線。夫五角既等，即其半減之角亦等，而甲乙己角形之己甲乙、己乙甲兩角等，即甲己與己乙兩線亦等。一卷六依顯己丙、己丁、己戊三線與己甲、己乙俱等。末作圜，以己爲心，甲爲界，必過乙、丙、丁、戊，而爲甲乙丙丁戊五邊形之外切圜。

第十五題

有圜求作圜內六邊切形，其形等邊等角。

法曰：甲乙丙丁戊己圜，其心庚，求作六邊內切圜形等邊等角。先作甲丁徑線，次以丁爲心，庚爲界，作圜兩圜相交於丙、於戊，次從庚心作丙庚、戊庚兩線，各引長之，爲丙己、戊乙，末作甲乙、乙丙、丙丁、丁戊、戊己、己甲六線相聯，即成甲乙丙丁戊己圜內切圜六邊形，而等邊等角。

論曰：庚丙、庚丁兩線等，而丁丙與丁庚亦等，依圜界說三邊俱等，即庚丙丁爲平邊角形，而庚丁丙、丁丙庚、丙庚丁三角俱等。一卷五此三角元與兩直角等，一卷三十二即每角

為兩直角三分之二，而丙庚丁角為兩直角三分之一也。依顯丁庚戊、戊庚己角亦兩直角三分之二，而丙庚丁、丁庚戊、戊庚己三角又等於兩直角一卷十三，即戊庚己角亦兩直角三分之一矣。則丙庚丁、丁庚戊、戊庚己三角亦自相等，而此三角與己庚甲、甲庚乙、乙庚丙三角亦等一卷十五。是輳庚心之六角俱自相等，而所乘之六圜分，三卷廿六及甲乙、乙丙、丙丁、丁戊、戊己、己甲六線俱自相等，三卷廿九則甲乙丙丁戊己形之六邊等。又乙丙與甲己兩圜分等，而各加一丙丁戊己圜分，即乙丙丁戊己與甲己戊丁丙兩圜分等，而所乘之乙甲己與甲乙丙兩角等三卷廿七。依顯乙丙丁、丙丁戊、丁戊己、戊己甲四角與乙甲己、甲乙丙兩角俱等，則甲乙丙丁戊己形之六角等。

一系。凡圜之半徑為六分圜之一之分弦。何者？庚丁與丁丙等故。故一開規為圜，不動而可六平分之。

二系。依前十二、十三、十四題，可作六邊等邊等角形在圜之外，又六邊等邊等角形內可作切圜，又六邊等邊等角形外可作切圜。

第十六題

有圜求作圜內十五邊切形，其形等邊等角。

法曰：甲乙丙圜求作十五邊內切圜形等邊等角，先作甲乙丙內切圜平邊三角形，與丁等角本篇二，即三邊等而甲乙、乙丙、丙甲三圜分亦等。三卷廿八 夫甲乙丙圜十五分之，則甲乙三分圜之一，當為十五分之五。次從甲作甲戊己庚辛內切圜五邊形等角，本篇十一 即甲戊、戊己、己庚、庚辛、辛甲五圜分等。三卷廿八 夫甲乙丙圜十五分之，則甲戊五分圜之一，當為十五分之三，而戊乙得十五分之二。次以戊乙圜分兩平分於壬，三卷卅 則壬乙得十五分之一。次作壬乙線，依壬乙共作十五合圜線，本篇一 則成十五邊等邊形，而十五角所乘之圜分等，即各角亦等。三卷廿七

一系。依前十二、十三、十四題，可作外切圜十五邊形。又十五邊形內可作切圜，又十五邊形外可作切圜。

注曰：依此法可設一法，作無量數形。如本題圖，甲乙圜分為三分圜之一，即命三；甲戊圜分為五分圜之一，即命五。三與五相乘得十五，即知此兩分法可作十五邊形。又如甲乙命三，甲戊命五，三與五較得二，即知戊乙得十五分之二。因分戊乙為兩平分，得壬乙線為十五分之一，可作內切圜十五邊形也。以此法為例，作後題。

增題若圜內從一點設切圜兩不等等邊等角形之各一邊此兩邊一爲若干分圜之一一爲若干分圜之一此兩若干分相乘之數即後作形之邊數此兩若干分之較數即兩邊相距之圜分所得後作形邊數內之分數

法曰甲乙丙丁戊圜內從甲點作數形之各一邊如甲乙爲六邊形之一邊甲丙爲五邊形之一邊甲丁爲四邊形之一邊甲戊爲三邊形之一邊甲乙命六甲丙命五較數一即乙丙圜分爲所作三十邊等邊等角形之一邊何者五六相乘爲三十故當作三十邊也較數一故當爲一邊也

論曰甲乙圜分爲六分圜之一即得三十分圜之五而甲丙爲五分圜之一即得三十分圜之六則乙丙得三十分圜之一也依顯乙丁爲二十四邊形之二邊也何者甲乙命六甲丁命四六乘四得二十四也又較數二也依顯乙戊爲十八邊形之三邊也丙丁爲二十邊形之一邊也丙戊爲十五邊形之二邊也丁戊爲十二邊形之一邊也

二系凡作形於圜之內等邊則等角何者形之角所乘之圜分皆等故三卷廿七凡作形於圜之外即從圜心作直線抵各角依本篇十二題可推顯各角等

三系凡等邊形既可作在圜內即依圜內形可作在圜外即形內可作圜即形外亦可作圜皆依本篇十二十三十四題

四系凡圜內有一形欲作他形其形邊倍於此形邊即分此形一邊所合之圜分爲兩平分而每分各作一合線即三邊可作六邊四邊可作八邊倣此以至無窮

又補題圜內有同心圜求作一多邊形切大圜不至小圜其多邊爲偶數而等

法曰甲乙丙丁戊兩圜同以己爲心求於甲乙丙大圜內作多邊切形不至丁戊小圜其多邊爲偶數而等先從己心作甲丙徑線截丁戊圜於戊次從戊作庚辛爲

甲戊之垂線即庚辛線切丁戊圜於戊也三卷十六之系夫甲庚丙圜分雖大於丙庚若于甲庚丙減其半甲乙存乙丙又減其半乙壬存壬丙又減其半壬癸如是遞減至其減餘丙癸必小於丙庚如下補論既得丙癸圜分小於丙庚而作丙癸合圜線即丙癸爲所求切圜形之一邊也次分乙壬圜分其分數與丙壬之分數

等次分甲乙與乙丙分數等。分丙甲與甲乙丙分數等。則得所求形。（三卷廿九）而不至丁戊小圜。

論曰。試從癸作癸子為甲丙之垂線。遇甲丙於丑。其庚戊丑癸丑戊兩皆直角。即庚辛癸子為平行線。（一卷廿八）庚辛線之切丁戊圜既止一點。即癸子線更在其外。必不至丁戊矣。何況丙癸更遠於丑癸乎。依顯其餘與丙癸等邊同度距心者。（三卷十四）俱不至丁戊圜也。（此系十二卷第十六題因六卷今增題宜藉此論故先類附於此。）

補論其題曰。兩幾何不等。若於大率遞減其大半。必可使其減餘小於元設小率。

解曰。甲乙大率。丙小率。題言於甲乙遞減其大半。至可使其減餘小於丙。

甲　辛　壬　乙
丙
丁　己　庚　戊

論曰。試以丙倍之又倍之。至僅大於甲乙而止。為丁戊。丁戊之分為丁己己庚庚戊。各與丙等也。次於甲乙減其大半甲辛。存辛乙。又減其大半辛壬。存壬乙。如是遞減。至甲乙與丁戊之分數等。夫甲辛辛壬壬乙與丁己己庚庚戊分數既等。丁戊又大於甲乙。若兩率各為兩分。而大丁戊之減丁己止於半。小甲乙之減甲辛為大半。即丁戊之減餘必大於甲乙之減餘也。若各為多分。而己戊尚多於丙者。即又於己戊減己庚。於辛乙減其大半辛壬。如是遞減。卒至丁戊之末分庚戊。大於甲乙之末分壬乙也。而庚戊元與丙等。是壬乙小於丙也。

又論曰。若於甲乙遞減其半。亦同前論。何者。大丁戊所減。不大於半。則丁戊之減餘。每大於甲乙之減餘。以至末分。亦大於末分。（此係十卷第一題借用於此以足上論。）

幾何原本第五卷之首

泰西　利瑪竇　口譯
吳淞　徐光啓　筆受

界說十九則

前四卷所論皆獨幾何也此下二卷所論皆自兩以上多幾何同例相比者也而本卷則總說完幾何之同例相比者也諸卷中獨此卷以虛例相比絕不及線面體諸類也第六卷則論線論角論圜界諸類及諸形之同例相比者也今先解向後所用名目爲界說十九

第一界

分者幾何之幾何也小能度大以小爲大之分

以小幾何度大幾何謂之分曰幾何之幾何者謂非此小幾何不能爲此大幾何之分也如一點無分亦非幾何即不能爲線之分也一線無廣狹之分非廣狹之幾何即不能爲面之分也一面無厚薄之分非厚薄之幾何即不能爲體之分也曰能度大者謂小幾何能盡大之分者也如甲爲乙爲丙之分則甲爲乙三分之一爲丙六分之一無贏不足也若戊爲丁之一即贏爲二即不足己爲丁之三即贏爲四即不足是小不盡大則丁不能爲戊己之分也以數明之若四於八於十二於十六於二十諸數皆能盡分無贏不足也若四於六於七於九於十於十八於三十八諸數或贏或不足皆不能盡分者也本書所論皆指能盡分者故稱爲分若不盡分者當稱幾分幾何之幾如四於六爲三分六之二不得正名爲分不稱小度大也不爲大幾何內之小幾何也

第二界

若小幾何能度大者則大爲小之幾倍

如第一界圖甲與乙能度丙則丙爲甲與乙之幾倍若丁戊不能盡己之分則己不爲丁戊之幾倍

第三界

比例者兩幾何以幾何相比之理

兩幾何者或兩數或兩線或兩面或兩體各以同類大小相比謂之比例若線與面或數與線相比此異類不爲比例又若白線與黑線熱線與冷線相比雖同類不以幾何相比亦不爲比例也

比例之說在幾何爲正用亦有借用者如時如音如聲如所如動如稱之屬皆以比例論之

凡兩幾何相比以此幾何比他幾何則此幾何爲前率

所比之他幾何爲後率如以六尺之線比三尺之線則六尺爲前率三尺爲後率也反用之以三尺之線比六尺之線則三尺爲前率六尺爲後率也

比例爲用甚廣故詳論之如左

凡比例有二種有大合有小合以數可明者爲大合如二十尺之線比十尺之線是也其非數可明者爲小合如直角方形之兩邊與其對角線可以相比而非數可明者是也

如上二種又有二名其大合者爲有兩度之線如二十尺比八尺兩線爲大合則二尺四尺皆可兩度之者是也如此之類凡數之比例皆大合也何者有數之屬或無他數可兩度者無有一數不可兩度者若七比九無他數可兩度之以一則可兩度之也其小合線爲無兩度之線如直角方形之兩邊與其對角線爲小合即分至萬分以及無數終無小線可以盡分能度兩率者是也此論詳見十卷末題

小合之比例至十卷詳之本篇所論皆大合也

凡大合有兩種有等者如二十比二十十尺之線比十尺之線是也有不等者如二十比十八比四十六尺之線比二尺之線是也

如上等者爲相同之比例其不等者又有兩種有以大不等如二十比十是也有以小不等如十比二十是也

大合比例之以大不等者又有五種一爲幾倍大二爲等帶一分三爲等帶幾分四爲幾倍大帶一分五爲幾倍大帶幾分

一爲幾倍大者謂大幾何內有小幾何或二或三或十或八也如二十與四是二十內爲四者五如三十尺之線與五尺之線是三十尺內爲五尺者六則二十與四名爲五倍大之比例也三十尺與五尺名爲六倍大之比例也倣此爲名可至無窮也

二爲等帶一分者謂大幾何內旣有小之一別帶一分此一分或元一之半或三分之一四分之一以至無窮者是也如三與二是三內旣有二別帶一一爲二之半如十二尺與九尺之線是十二內旣有九別帶三三爲九三分之一則三與二名爲等帶半也十二尺與九尺名爲等帶三分之一也

三爲等帶幾分者謂大幾何內旣有小之一別帶幾分而此幾分不能合爲一盡分者是也如八與五是八內旣有五別帶三一每一各爲五之分而三一不能合一爲五之分也他如十與八其十內旣有八別帶二一

每一各爲八之分與前例相似而二一却能爲八四分之一是爲帶一分屬在第二不屬三也則八與五名爲等帶三分也又如二十二與十六卽名爲等帶六分也

四爲幾倍大帶一分者謂大幾何內既有小幾何之二之三乙四等別帶一分此一分或元一之半或三分四分之一以至無窮者是也如九與四是九內既有二四別帶二一爲四四分之一則九與四名爲二倍大帶四分之一也

五爲幾倍大帶幾分者謂大幾何內既有小幾何之二之三之四等別帶幾分而此幾分不能合爲一盡分者是也如十一與三是十一內既有三三別帶二二每一各爲三之分而二二不能合而爲三之分也則十一與三名爲三倍大帶二分也

大合比例之以小不等者亦有五種俱與上以大不等五種相反爲名一爲反幾倍大二爲反等帶一分三爲反等帶幾分四爲反幾倍大帶一分五爲反幾倍大帶幾分

凡比例諸種如前所設諸數俱有書法書法中有全數有分數全數者如一二三十百等是也分數者如分一以二以三以四等是也書全數依本數書之不必立法

書分數必有兩數一爲命分數一爲得分數卽如分一以三而取其二則爲三分之二卽三爲命分數二爲得分數也分一爲十九而取其七則爲十九分之七卽十九爲命分數七爲得分數也

書以大小不等各五種之比例其一幾倍大以全數書之如二十與四爲五倍大之比例卽書五是也若四倍卽書四六倍卽書六也其反幾倍大卽用分數書之而以大比例之數爲命分之數以一爲得分之數如大爲五倍大之比例則此書五之一是也若四倍卽書四之一六倍卽書六之一也

其二等帶一分之比例有兩數一全數一分數其全數恆爲一其分數則以分率之數爲命分數恆以一爲得分數如三與二名爲等帶半卽書一別書二之一也其反等帶一分則全用分數而以大比例之命分數加一之得分數以大比例之命分數加一爲此之命分數如大爲等帶二之一卽此書三之二也又如等帶八分之一反書之卽書九之八也又如等帶一千分之一反書之卽書一千〇〇一之一千也

其三等帶幾分之比例亦有兩數一全數一分數其全數亦恆爲一其分數亦以分率之數爲命分數以所分

之數爲得分數如十與七名為帶三分卽書一別書七之三也其反等帶幾分亦全用分數而以大比例之命分數爲此之得分數以大比例之命分數加大之得分數爲此之命分數如大爲等帶七之三命數七得數三七加三爲十卽書十之七也又如等帶二十之三反書之二十加三卽書二十三之二十也

其四幾倍大帶一分之比例則以幾倍大之數爲全數以分率之數爲命分數恆以一爲得分數如二十二與七二十二內旣有三七別帶一一爲七七分之一名爲三倍大帶七分之一卽以三爲全數七爲命分數一爲得分數書三別書七之一也其反幾倍大帶一分則以大比例之命分數爲此之得分數以大之命分數乘大之倍數加一爲此之命分數如大爲三帶七之一卽以七乘三得二十一又加一爲命分數書二十二之七也又如五帶九之一反書之九乘五得四十五加一爲四十六卽書四十六之九也

其五幾倍大帶幾分之比例亦以幾倍大之數爲全數以分率之數爲命分數以所分之數爲得分數如二十九與八二十九內旣有三八別帶五一名爲三倍大帶五分卽以三爲全數八爲命分數五爲得分數書三別書八之五也其反幾倍大帶幾分則以大比例之命分數爲此之得分數以大比例之命分數乘大之倍數加大之得分數爲此之命分數如大爲三帶八之五卽以八乘三得二十四加五爲二十九書二十九之八也又如四帶五之二卽書二十二之五也

已上大小十種足盡比例之凡不得加一減一

第四界

兩比例之理相似爲同理之比例

兩幾何相比謂之比例兩比例相比謂之同理之比例如甲與乙兩幾何之比例偕丙與丁兩幾何之比例其理相似爲同理之比例又若戊與己兩幾何之比例偕己與庚兩幾何之比例其理相似亦同理之比例

十二 四 九 三 十六 八 四

甲 乙 丙 丁 戊 己 庚

凡同理之比例有三種有數之比例有量法之比例有樂律之比例本篇所論皆量法之比例也量法比例又有二種一爲連比例連比例者相續不斷其中率與前後兩率遞相爲比例而中率旣爲前率之後又爲後率之前如後圖戊與己比己又與庚比是也二爲斷比例斷比例者居中兩率一取不再用如前圖甲與乙比丙自與丁比是也

第五界

兩幾何倍其身而能相勝者為有比例之幾何

上文言為比例之幾何必同類然同類中亦有無比例者故此界顯有比例之幾何也曰倍其身而能相勝者如三尺之線與八尺之線三尺之線三倍其身即大於八尺之線是為有比例之線也又如直角方形之一邊與其對角線雖非大合之比例可以數明而直角方形之一邊一倍之即大於對角線兩邊等三角形其兩邊并必大於一邊見一卷二十是亦有小合比例之線也又圜之徑四倍之即大於圜之界則圜之徑與界亦有小合比例之線也圜之界當三徑七分徑之一弱別見圜形書又曲線與直線亦有比例如以大小兩曲線相合為初月形別作一直角方形與之等六卷三十三一增題今附即曲直兩線相視有大有小亦有比例也又方形與圜雖自古至今學士無數不能為相等之形然兩形相視有大有小亦不可謂無比例也又直線角與曲線角亦有比例如上圖直角鈍角銳角皆有與曲線角等者若第一圖甲乙丙直角在甲乙乙丙兩直線內而其間設有甲乙丁與丙乙戊兩圜分角等即於甲乙丁角加甲乙戊角則丁乙戊曲線角與甲乙丙直角等矣依顯壬庚癸曲線角與己庚辛鈍角等也又依顯卯丑辰曲線角與子丑寅銳角乃等圜分角各減同用之子丑丑辰內圜小分即兩角亦等也此五者皆疑無比例而實有比例者也他若有窮之線與無窮之線雖則同類實無比例何者有窮之線畢世倍之不能勝無窮之線故也又線與面面與體各自為類亦無比例何者畢世倍線不能及面畢世倍面不能及體故也又切圜角與直線銳角亦無比例何者依三卷十六題所說畢世倍切邊角不能勝至小之銳角故也此後諸篇中每有倍此幾何令至勝彼幾何者故備著其理以需後論也

第六界

四幾何若第一與二偕第三與四為同理之比例則第一第三之幾倍偕第二第四之幾倍其相視或等或俱為大或俱為小恆如是

兩幾何曷顯其能為比例乎上第五界所說是也兩比例曷顯其能為同理之比例乎此所說是也其術通大合小合皆以加倍法求之如一甲二乙三丙四丁四幾何於一甲三丙任加幾倍為戊為己戊倍甲己倍丙其數自相等次於二乙四丁任加幾倍為庚為辛庚倍乙

辛倍丁其數自相等而戊與己偕
庚與辛相視或等或俱大或俱小
如是等大小累試之恆如是卽知
一甲與二乙偕三丙與四丁爲同理之比例也
如初試之甲幾倍之戊小於乙幾倍之庚而丙幾倍之
己亦小於丁幾倍之辛又試之倍甲之戊與倍乙之庚
等而倍丙之己亦與倍丁之辛等三試之倍甲之戊大
於倍乙之庚而倍丙之己亦大於倍丁之辛此之謂或
相等或雖不等而俱爲大俱爲小若累合一差卽元設
四幾何不得爲同理之比例如下第八界所指是也

下文所論若言四幾何爲同理之比例卽當推顯第一
第三之幾倍與第二第四之幾倍或等或俱大或俱小
若許其四幾何爲同理之比例亦如之
以數明之如有四幾何第一爲三第二爲二第三爲六
第四爲四今以第一之三第三之六
同加四倍爲十二爲二十四次以第
二之二第四之四同加七倍爲十四
爲二十八其倍第一之十二旣小於
倍第二之十四而倍第三之二十四
亦小於倍第四之二十八也又以第
一之三第三之六同加六倍爲十八爲三十六次以第
二之二第四之四同加九倍爲十八爲三十六其倍第
一之十八旣等於倍第二之十八而倍第三之三十六
亦等於倍第四之三十六也又以第一之三第三之六
同加三倍爲九爲十八次以第二之二第四之四同加
二倍爲四爲八其倍第一之九旣大於倍第二之四而
倍第三之十八亦大於倍第四之八也若爾或俱大或
俱小或等累試之皆合則三與二偕六與四得爲同理
之比例也
以上論四幾何者斷比例之法也其連比例法倣此但

連比例之中率兩用之旣爲第二又爲第三視此異耳

第七界

同理比例之幾何爲相稱之幾何
甲與乙若丙與丁是四幾何爲同理
之比例卽四幾何爲相稱之幾何又
戊與己若己與庚卽三幾何亦相稱
之幾何

第八界

四幾何若第一之幾倍大於第二之幾倍而第三之幾倍
不大於第四之幾倍則第一與二之比例大於第三與

四之比例。

此反上第六界，而釋不同理之兩比例，其相視曷顯爲大，曷顯爲小也。謂第一第三之幾倍與第二第四之幾倍，依上累試之，其閒有第一之幾倍大於第二之幾倍，而第三之幾倍乃或等或小於第四之幾倍，卽第一與二之比例，大於第三與四之比例也。如上圖，甲一乙二丙三丁四，甲與丙各三倍爲戊己，乙與丁各四倍爲庚辛，其甲三倍之戊，大於乙四倍之庚，而丙三倍之己，乃小於丁四倍之辛，卽甲與乙之比例，大於丙與丁也。若第一之幾倍小於第二之幾倍，而第三之幾倍乃或等或大於第四之幾倍，卽第一與二之比例小於第三與四之比例，如是等大小相戾者，但有其一，不必再試。

以數明之，中設三二四三四幾何，先有第一之倍大於第二之倍，而第三之倍亦大於第四之倍，後復有第一之倍大於第二之倍，而第三之倍乃或等或小於第四之倍，卽第一與二之比例大於第三與四也。若以上圖之數反用之，以第一爲二，第二爲一，第三爲四，第四爲三，則第一與二之比例小於第三與四。

第九界

同理之比例，至少必三率。

同理之比例，必兩比例相比，如甲與乙若丙與丁，是四率斷比例也。若連比例之戊與己，若己與庚，則中率己，旣爲戊之後，又爲庚之前，是以三率當四率也。

第十界

三幾何爲同理之連比例，則第一與三爲再加之比例，四幾何爲同理之連比例，則第一與四爲三加之比例，倣此以至無窮。

甲乙丙丁戊五幾何，爲同理之連比例，其甲與乙，若乙與丙，乙與丙，若丙與丁，丙與丁，若丁與戊，卽一甲與三丙，視一甲與二乙，爲再加之比例，又一甲與四丁，視一甲與二乙，爲三加之比例，何者，甲丁之中有乙丙兩幾何，爲同理之比例，如甲與乙故也。又一甲與五戊，視一甲與二乙，爲四加之比例也。若反用之，以戊爲首，則一戊與三丙爲再加，與四乙爲三加，與五甲爲四加也。

下第六卷二十題言此直角方形與彼直角方形爲此形之一邊與彼形之一邊再加之比例何者若作三幾何爲同理之連比例則此直角方形與彼直角方形若第一幾何與第三幾何故也以數明之如此直角方形之邊三尺而彼直角方形之邊一尺卽此方形與彼方形若九與一也夫九與一之間有三爲同理之比例則九三一三幾何之連比例旣有三與一爲比例又以九比三三比一爲再加之比例也則彼直角方形當爲此形九分之一不止爲此形三分之一也大畧第一與二之比例若線相比第一與三若平面相比第一與四若

體相比也第一與五若算家三乘方與六若四乘方與七若五乘方倣此以至無窮

第十一界

同理之幾何前與前相當後與後相當

上文已解同理之比例此又解同理之幾何者葢一比例之兩幾何有前後而同理之兩比例四幾何有兩前兩後故特解言比例之論常以前與前相當後與後相當也如上甲與乙丙與丁兩比例同理則甲與丙相當乙與丁相當也戊己己庚兩比例同理則己既爲前又爲後兩相當也如下文有兩三角形之邊相

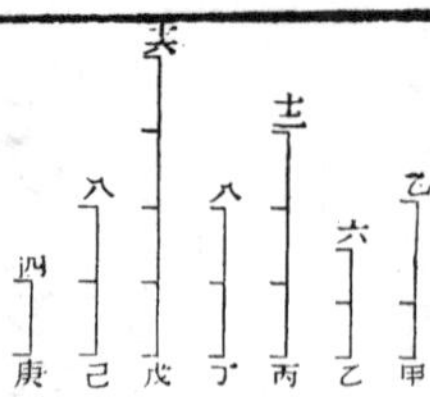

比亦常以同理之兩邊相當不可混也

上文第六第八界說幾何之幾倍常以一與三同倍二與四同倍則以第一第三爲兩前第二第四爲兩後各同理故

第十二界

有屬理更前與前更後與後

此下說比例六理皆後論所需也

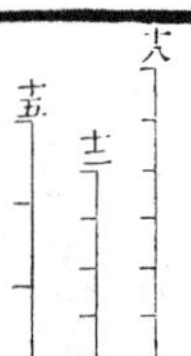

四幾何甲與乙之比例若丙與丁今更推甲與丙若乙與丁爲屬理　下言屬理皆省曰更

此論未證證見本卷十六

此界之理可施於四率同類之比例若兩線兩面或兩面兩數等不爲同類卽不得相更也

第十三界

有反理取後爲前取前爲後

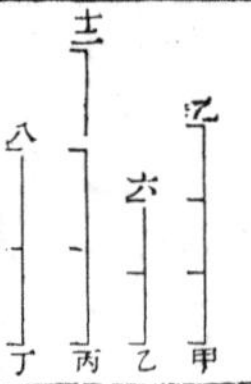

甲與乙之比例若丙與丁今反推乙與甲若丁與丙爲反理

證見本篇四之系

此界之理亦可施於異類之比例

第十四界

有合理。合前與後爲一而比其後。

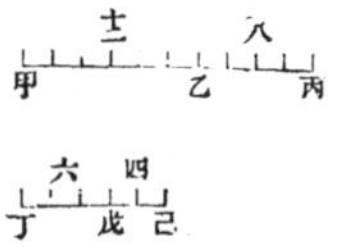

甲乙與乙丙之比例。若丁戊與戊己。今合甲丙爲一而比乙丙。合丁己爲一而比戊己。即推甲丙與乙丙。若丁己與戊己。是合兩前後率爲兩一率而比兩後率也。

證見本卷十八

第十五界

有分理。取前之較而比其後。

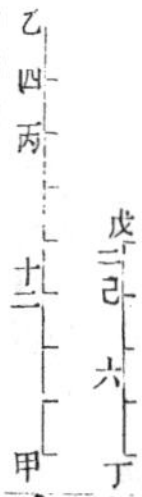

甲乙與丙乙之比例。若丁戊與己戊。今分推甲乙之較甲丙與丙乙。若丁戊之較丁己與己戊。

證見本卷十七

第十六界

有轉理。以前爲前。以前之較爲後。

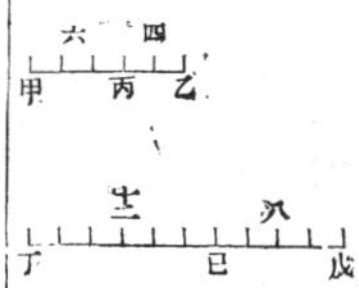

甲乙與丙乙之比例。若丁戊與己戊。今轉推甲乙與甲丙。若丁戊與丁己。

證見本卷十九

第十七界

有平理。彼此幾何。各自三以上相爲同理之連比例。則此之第一。與三。若彼之第一與三。又曰。去其中取其首尾

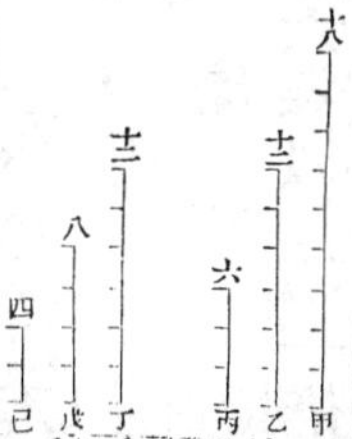

甲乙丙三幾何。丁戊己三幾何等數相爲同理之連比例者。甲與乙。若丁與戊。乙與丙。若戊與己也。今平推首甲與尾丙。若首丁與尾己。

平理之分。又有二種。如後二界。

第十八界

有平理之序者。此之前與後。若彼之前與後。而此之後與他率。若彼之後與他率。

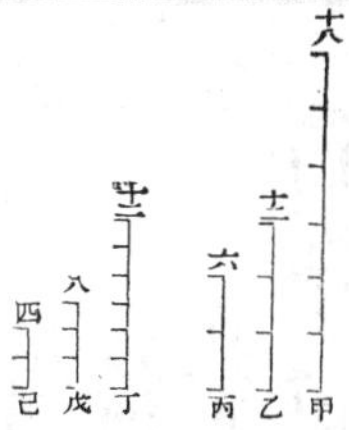

甲與乙。若丁與戊。而後乙與他率丙。若後戊與他率己。是序也。今平推甲與丙。若丁與己也。此與十七界同。重宣序義。以別後界也。

證見本卷廿二

第十九界

有平理之錯者。此數幾何。彼數幾何。此之前與後。若彼之前與後。而此之後與他率。若彼之他率與其前。

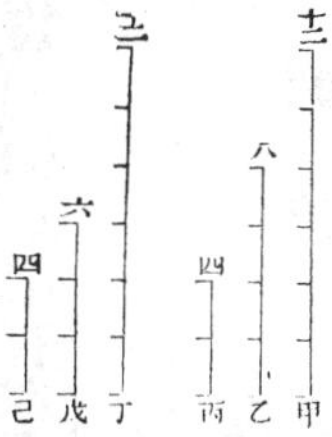

甲乙丙數幾何。丁戊己數幾何。其甲與乙。若戊與己。又此之後乙與他率丙。若

彼之他率丁與前戊是錯也今平推甲與丙若丁與己也十八十九界推法於十七界中通論之故兩題中不再著也

證見本卷廿三

增一幾何有一幾何相與爲比例即此幾何必有彼幾何相與爲比例而兩比例等一幾何有一幾何相與爲比例即必有彼幾何與此幾何爲比例而兩比例等此例同理省曰比例等

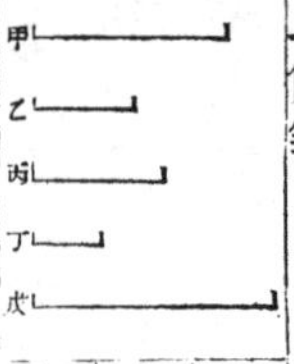

甲幾何與乙幾何爲比例即此幾何丙亦必有彼幾何如丁相與爲比例若甲與乙也丙幾何與丁幾何爲比例即必有彼幾何如戊與此幾何丙爲比例若丙與丁也此理推廣無礙於理有之不必舉其率也舉率之理備見後卷

幾何原本第五卷　本篇論比例　計三十四題

泰西　利瑪竇　口譯
吳淞　徐光啓　筆受

第一題

此數幾何彼數幾何此之各率同幾倍於彼之各率則此之并率亦幾倍於彼之并率

解曰如甲乙丙丁此二幾何大於戊己彼二幾何各若干倍題言甲乙丙丁并大於戊己并亦若干倍

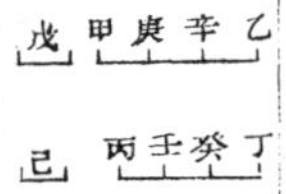

論曰如甲乙與丙丁既各三倍大於戊與己即以甲乙三分之各與戊等爲甲庚庚辛辛乙又以丙丁三分之各與己等爲丙壬壬癸癸丁即甲乙與丙丁所分之數等而甲庚既與戊等丙壬既與己等即於甲庚加丙壬於戊加己其甲庚丙壬并與戊己并必等依顯庚辛壬癸并辛乙癸丁并與戊己并各等夫甲乙與丙丁之分三合於戊己皆等本卷界說二則甲乙丙丁并三倍大於戊己并

第二題

六幾何其第一倍第二之數等於第三倍第四之數而第五倍第二之數等於第六倍第四之數則第一第五并

倍第二之數等於第三第六并倍第四之數

解曰一甲乙倍二丙之數如三丁戊倍四己之數又五乙庚倍二丙之數如六戊辛倍四己之數題言一甲乙五乙庚并倍二丙之數若三丁戊六戊辛并倍四己之數

論曰甲乙丁戊之倍於丙己其數等則甲乙幾何內有丙幾何若干與丁戊幾何內有己幾何若干其數亦等本卷界說二依顯乙庚內有丙若干與戊辛內有己若干亦等次於甲乙丁戊兩等數率每加一等數之乙庚戊辛率則甲庚丁辛兩幾何內之分數等而一五并之甲庚內有二丙若干與三六并之丁辛內有四己若干亦等

注曰若第一第三兩幾何之數與第二第四兩幾何之數各等而第五倍第二之數等於第六倍第四之數或第一倍第二之數等於第三倍第四之數而第五第二兩幾何之數與第六第四兩幾何之數各等俱同本論如上二圖甲庚爲第一第五之并率其倍二丙之數與丁辛爲第三第六之并率其倍四己之數等也甲庚內有丙若干與丁辛內有己若干等故同理他若第一第三兩幾何之數

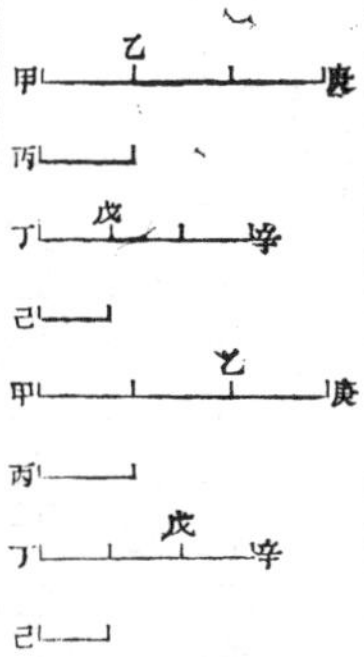

第五第六兩幾何之數與第二第四兩幾何之數各等此理更明何者第一第五并之倍第二若第三第六并之倍第四俱兩倍故

第三題

四幾何其第一之倍於第二若第三之倍於第四次倍第一又倍第三其數等則第一所倍之與第二若第三所倍之與第四

解曰一甲所倍於二乙若三丙所倍於四丁次作戊己兩幾何同若干倍於甲於丙題言以平理推戊倍乙之數若己倍丁

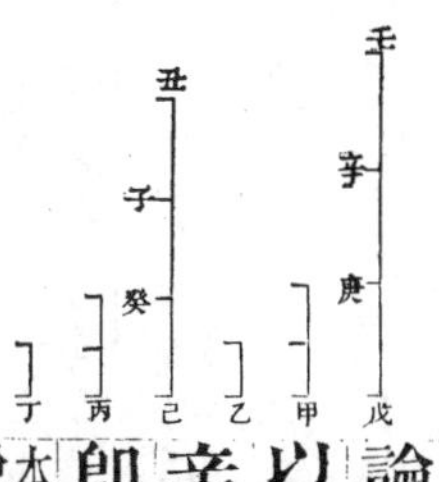

論曰戊與己之倍甲與丙其數既等試以戊作若干分各與甲等爲戊庚庚辛辛壬次分己亦如之爲己癸癸子子丑卽戊內有甲若干與己內有丙若干等本卷界說一夫戊庚與甲己癸與丙既等而甲之倍乙與丙之倍丁又等則戊庚倍乙若己癸倍丁也依顯庚辛辛壬各所倍於乙若癸子子丑各所倍於丁也夫一戊庚之倍二乙旣若三己癸之倍四丁而五庚辛之倍二乙亦若六癸子之倍四丁則一戊庚五庚辛并之倍二乙若三己癸六癸子并之倍四丁也本篇二

又一戊辛之倍二乙既若三己子之倍四丁而五辛壬之倍二乙亦若六子丑之倍四丁則一戊辛五辛壬并之倍二乙若三己子六子丑并之倍四丁也辛壬子丑以上任作多分皆倣此論

第四題（其系爲反理）

四幾何其第一與二偕第三與四比例等第一第三同任爲若干倍第二第四同任爲若干倍則第一所倍與第二所倍第三所倍與第四所倍此例亦等

解曰甲與乙偕丙與丁比例等次作戊與己同任若干倍於一甲三丙別作庚與辛同任若干倍於二乙四丁題言一甲所倍之戊與二乙所倍之庚偕三丙所倍之己與四丁所倍之辛比例亦等

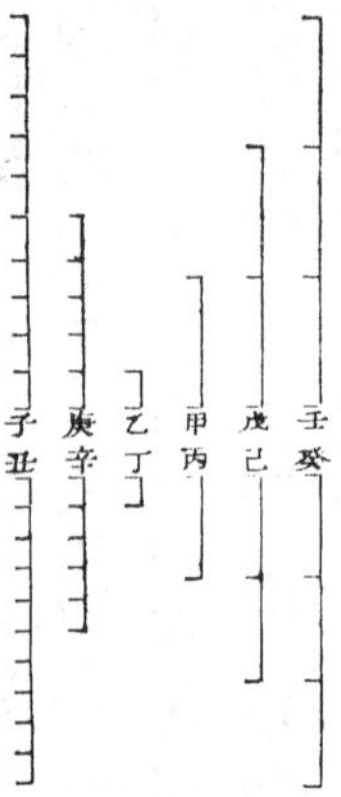

壬癸　戊己　甲丙　乙丁　庚辛　子丑

論曰試以戊己二幾何同任倍之爲壬爲癸別以庚辛同任倍之爲子爲丑其戊之倍甲既若己之倍丙而壬之倍戊亦若癸之倍己卽壬之倍甲亦若癸之倍丙也（本篇三）依顯子之倍乙亦若丑之倍丁也夫甲與乙偕丙與丁之比例既等而壬癸所倍於甲丙子丑所倍於乙丁各等卽三試之若倍甲之壬小於倍乙之子則倍丙之癸亦小於倍丁之丑矣若壬子等卽癸丑亦等矣若壬大於子卽癸亦大於丑矣（本卷界說六）夫戊己之倍爲壬癸也庚辛之倍爲子丑也不論幾許倍其等大小三試之恆如是也則一戊所倍之壬與二庚所倍之子偕三己所倍之癸與四辛所倍之丑等大小皆同類也而戊與庚偕己與辛之比例必等（本卷界說六）

一系凡四幾何第一與二偕第三第四比例等卽可反推第二與一偕第四與三比例亦等何者如上倍甲之壬與倍乙之子偕倍丙之癸與倍丁之丑等大小俱同類而顯甲與乙若丙與丁卽可反說倍乙之子與倍甲之壬偕倍丁之丑與倍丙之癸等大小俱同類而乙與甲亦若丁與丙（本卷界說六）

二系別有一論亦本書中所恆用也曰若甲與乙偕丙與丁比例等則甲之或二或三倍與乙之或二或三倍偕丙之或二或三倍與丁之或二或三倍比例俱等倣此以至無窮

第五題

大小兩幾何此全所倍於彼全若此全截取之分所倍於彼全截取之分則此全之分餘所倍於彼全之分餘亦

如之

解曰甲乙大幾何丙丁小幾何甲乙所倍於丙丁若甲乙之截分甲戊所倍於丙丁之截分丙己題言甲戊之分餘戊乙所倍於丙己之分餘己丁亦如其數

論曰試作一他幾何爲庚丙令戊乙之倍庚丙若甲戊之倍丙己也（本卷界說增）甲戊戊乙之倍丙己庚丙其數等卽其兩并甲乙之倍庚己亦若甲戊之倍丙己也（本篇一）而甲乙之倍丙丁元若甲戊之倍丙己則丙丁與庚己等也次每減同用之丙己卽庚丙與己丁亦等而戊乙之倍己丁亦若戊乙之倍庚丙矣夫戊乙之倍庚丙旣若甲戊之倍丙己則戊乙爲甲戊之分餘所倍於己丁爲丙己之分餘者亦若甲乙之倍丙丁也

又論曰試作一他幾何爲庚甲令庚甲之倍己丁若甲戊之倍丙己（本卷界說二十）卽其兩并庚戊之倍丙丁亦若甲戊之倍丙己也（本篇一）而甲乙之倍丙丁元若甲戊之倍丙己是庚戊與甲乙等矣次每減同用之甲戊卽庚甲與戊乙等也而庚甲之倍己丁若甲乙之倍丙丁也則戊乙之倍己丁亦若甲乙之倍丙丁也

第六題

此兩幾何各倍於彼兩幾何其數等於此兩幾何每減一分其一分之各倍於所當彼幾何其數等則其分餘或各與彼幾何等或尚各倍於彼幾何其數亦等

解曰甲乙丙丁兩幾何各倍於戊己兩幾何其數等每減一甲庚丙辛甲庚丙辛之倍戊己其數等題言分餘庚乙辛丁或與戊己等或尚各倍於戊己其數亦等

論曰甲乙全與其分甲庚旣各多倍於戊則分餘庚乙與戊其或等或尚幾倍必矣何者庚乙與戊不等不幾倍其加於甲庚不成爲戊之多倍也然則庚乙與戊等曷爲辛丁與己亦等試作壬丙與己等其一甲庚之倍二戊旣若三丙辛之倍四己而五庚乙之等二戊又若六壬丙之等四己則第一第五并之甲乙所倍於二戊若第三第六并之壬辛所倍於四己也（本篇二）而甲乙之倍戊元若丙丁之倍己卽壬辛與丙丁亦等次每減同用之丙辛卽壬丙與辛丁必等是辛丁與己亦等矣然則庚乙之倍戊曷爲與辛丁之倍己等試作壬丙其倍己若庚乙之倍戊依前論甲乙之倍戊若壬辛之倍己（本篇

二而壬辛與丙丁等壬丙與辛丁亦等是辛丁之倍己亦若庚乙之倍戊矣

第七題二支

此兩幾何等則與彼幾何各爲比例必等而彼幾何與此相等之兩幾何各爲比例亦等

解曰甲乙兩幾何等彼幾何丙不論等大小於甲乙題言甲與丙偕乙與丙各爲比例必等又反上言丙與甲偕丙與乙各爲比例亦等

論曰試作丁戊兩率任同若干倍於甲乙卽丁與戊等別作己任若干倍於丙其丁戊旣等卽丁視己與戊視己或等或大或小必同類矣夫一甲三乙所倍之丁戊偕當二又當四之丙所倍之己其等大小旣同類（本卷界說六）則一甲與二丙之比例若三乙與四丙矣反說之當一當三之丙所倍之己偕二甲四乙所倍之丁戊其等大小旣同類則一丙與二甲之比例若三丙與四乙矣後論與本篇第四題之系同用反理如甲與丙若乙與丙反推之丙與甲亦若丙與乙也

第八題

大小兩幾何各與他幾何爲比例則大與他之比例大於小與他之比例而他與小之比例大於他與大之比例

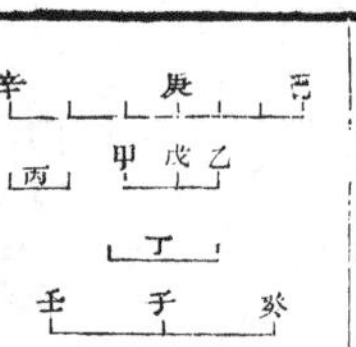

解曰不等兩幾何甲乙大丙小又有他幾何丁不論等大小於甲乙於丙題言甲乙與丁之比例大於丙與丁之比例又反上言丁與丙之比例大於丁與甲乙之比例

論曰試於大幾何甲乙內分甲戊與小幾何丙等而戊乙爲分餘次以甲戊戊乙作同若干倍之辛庚庚己而庚己爲戊乙之倍必令大於丁辛庚爲甲戊之倍必令大於丁或等於丁如不足以倍加之也其庚己辛庚之倍於戊乙甲戊旣等卽辛己之倍甲乙若辛庚之倍甲戊矣（本篇一）甲戊卽丙也次作一壬癸爲丁之倍令僅大於辛庚兩倍不足三之又不足任加之已大勿倍也次於壬癸截取子癸與丁等卽壬子必不大於辛庚何者向作壬癸爲丁之倍元令僅大於辛庚若壬子大於辛庚者何必又倍之爲壬癸也故僅大之壬癸截去子癸者必不大於辛庚也則壬子或等或小於辛庚矣夫庚己旣大於丁而子癸與丁等卽庚己必大於子癸又辛庚不小於壬子（或大或等）卽辛己亦大於壬癸也夫辛己辛庚同若干倍於第一甲乙第三丙也而壬癸之倍於當二之丁當四之丁又同一率也則第一所倍之辛己大

於第二所倍之壬癸而第三所倍之辛庚不大於第四所倍之壬癸辛庚元小於壬癸是一甲乙與二丁之比例大於三丙與四丁矣本卷界說八次反上說一丁所倍之壬癸反說則丁當一當三丙二甲乙四大於二丙所倍之辛庚而三丁所倍之壬癸不大於四甲乙所倍之辛己壬癸必小於辛己是一丁與二丙之比例大於三丁與四甲乙矣本卷界說八

第九題二支

兩幾何與一幾何各為比例而等則兩幾何必等一幾何與兩幾何各為比例而等則兩幾何亦等

先解曰甲乙兩幾何各與丙為比例等題言甲與乙等

論曰如云不然而甲大於乙即甲與丙之比例宜大於乙與丙本篇八何先設兩比例等也故比例等則甲與乙等

後解曰丙幾何與甲與乙各為比例等題言甲與乙等

論曰如云不然而甲大於乙即丙與乙之比例宜大於丙與甲本篇八何先設兩比例等也

第十題二支

彼此兩幾何此幾何與他幾何之比例大於彼與他之比例則此幾何大於彼他幾何與彼幾何之比例大於他與此之比例則彼幾何小於此

先解曰甲乙兩幾何復有丙幾何甲與丙之比例大於乙與丙題言甲大於乙

論曰如云不然甲與乙等即所為兩比例宜等本篇七何先設甲與丙大也又不然若甲小於乙即乙與丙之比例宜大於甲與丙本篇八何先設甲與丙大也

後解曰丙與乙之比例大於丙與甲題言乙小於甲

論曰如云不然乙與甲等即所為兩比例宜等本篇七何先設丙與乙大也又不然乙大於甲即丙與甲之比例宜大於丙與乙何先設丙與乙大也

第十一題

此兩幾何之比例與他兩幾何之比例等而彼兩幾何之比例與他兩幾何之比例亦等則彼兩幾何之比例與此兩幾何之比例亦等

解曰甲乙偕丙丁之比例各與戊己之比例等題言甲乙與丙丁之比例亦等

論曰試於各前率之甲丙戊同任倍之為庚辛壬別於各後率之乙丁己同任倍之為癸子丑其一甲與二乙之比例既若三戊與四己即三試之若倍一甲之庚小

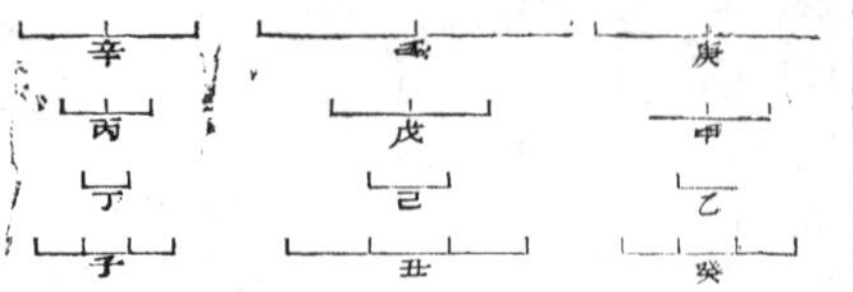

於倍二乙之癸即倍三戊之壬亦小於倍四己之丑矣若庚癸等即壬丑亦等若庚大於癸即壬亦大於丑矣本卷界說六依顯壬之視丑若辛之視子其等大小亦同類矣此三前三後率任作幾許倍其等大小皆同類也本卷界說六則甲與乙之比例若丙與丁也

庚 甲 乙 癸
壬 戊 己 丑
辛 丙 丁 子

第十二題

數幾何所爲比例皆等則并前率與并後率之比例若各前率與各後率之比例

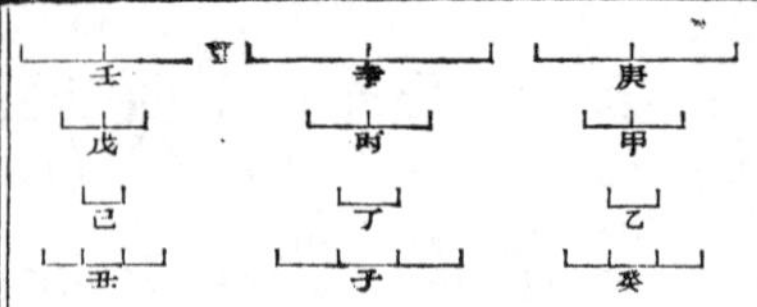

解曰甲乙丙丁戊己數幾何所爲比例皆等者甲與乙若丙與丁丙與丁若戊與己也題言甲丙戊諸前率并與乙丁己諸後率并之比例若甲與乙丙與丁戊與己各前各後之比例也

論曰試於各前率之甲丙戊同任倍之爲庚辛壬別於各後率之乙丁己同任倍之爲癸子丑即庚辛壬并之倍甲丙戊并若庚之倍

庚 甲 乙 癸
辛 丙 丁 子
壬 戊 己 丑

甲也癸子丑并之倍乙丁己并若癸之倍乙也本篇一夫一甲與二乙既若三丙與四丁又若三戊與四己則庚之倍一甲與癸之倍二乙或等或大或小偕辛壬之倍三丙戊與子丑之倍四丁己等大小同類也又各前所倍庚辛壬并與各後所倍癸子丑并其或等或大或小亦偕各前所自倍與各後所自倍其等大小必同類也本卷界說六則一甲與二乙之比例若三甲丙戊并與四乙丁己并矣

第十三題

數幾何第一與二之比例若第三與四之比例而第三與四之比例大於第五與六之比例則第一與二之比例亦大於第五與六之比例

解曰一甲與二乙之比例若三丙與四丁而三丙與四丁之比例大於五戊與六己題言甲與乙之比例亦大於戊與己

論曰試以甲丙戊各前率同任倍之爲庚辛壬別以乙丁己各後率同任倍之爲癸子丑其甲與乙既若丙與丁即三試之若倍甲之庚大於倍乙之癸即倍丙之辛必大於倍丁之子矣若庚癸等即辛子亦等若庚小於癸

庚 甲 乙 癸
辛 丙 丁 子
壬 戊 己 丑

卽辛亦小於子矣本卷界說六 次丙與丁既大於戊與己又三試之卽倍丙之辛大於倍丁之子而倍戊之壬不必大於倍己之丑也或等或小矣本卷界說八 夫庚癸與辛子等大小同類則壬丑不類於辛子者亦不類於庚癸也故甲與乙之比例亦大於戊與己本卷界說八

注曰若三丙與四丁之比例或小或等於五戊六己則一甲與二乙之比例亦小亦等於五戊六己倣此

論推顯

第十四題

四幾何第一與二之比例若第三與四之比例而第一幾何大於第三則第二幾何亦大於第四第一或等或小於第三則第二亦等亦小於第四

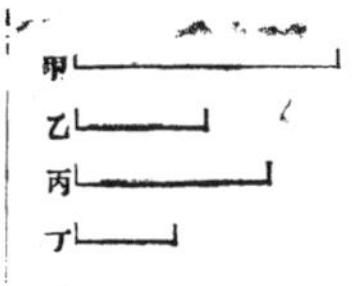

解曰甲與乙之比例若丙與丁題言甲大於丙則乙亦大於丁若等亦等若小亦小

先論曰如甲大於丙卽甲與乙之比例大於丙與乙矣本篇八 夫一丙與二丁之比例既若三甲與四乙而三甲與四乙之比例大於五丙與六乙卽一丙與二丁之比例亦大於五丙與六乙本篇十三 是丁幾何小於乙也本篇十

次論曰如甲丙等卽甲與乙之比例若丙與乙本篇七 夫甲與乙之比例元若丙與丁而又若丙與乙是丙與丁之比例亦若丙與乙也本篇十 則乙與丁等也本篇九

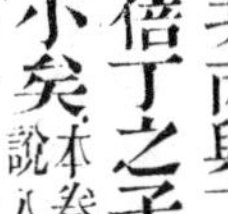

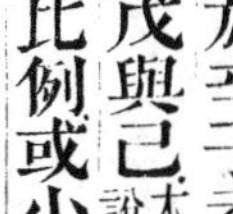

後論曰如甲小於丙卽丙與乙之比例大於甲與乙矣本篇八 夫一丙與二丁之比例既若三甲與四乙而三甲與四乙之比例小於五丙與六乙卽一丙與二丁之比例亦小於五丙與六乙也本篇十三 是乙小於丁也本篇十

第十五題

兩分之比例與兩多分并之比例等

解曰甲與乙同任倍之爲丙丁爲戊己題言丙丁與戊己之比例若甲與乙

論曰丙丁之倍甲既若戊己之倍乙卽丙丁內有甲若干與戊己內有乙若干等次分丙丁爲丙庚庚辛辛丁各與甲分等分戊己爲戊壬壬癸癸己各與乙分等卽丙庚與戊壬若甲與乙也丙庚與甲等戊壬與乙等故見本篇七 庚辛與壬癸辛丁與癸己皆若甲與乙也本篇十一 則等甲之丙庚與等乙之戊壬定若丙丁全與戊己全而丙丁全與戊己全若甲與乙矣本篇十二

第十六題 更理

四幾何爲兩比例等卽更推前與前後與後爲比例亦等

解曰甲乙丙丁四幾何甲與乙之比例若丙與丁題言更推之甲與丙之比例亦若乙與丁

論曰試以甲與乙同任倍之爲戊爲己別以丙與丁同任倍之爲庚爲辛卽戊與己若甲與乙也本篇十五庚與辛若丙與丁也夫甲與乙若丙與丁而戊與己亦若甲與乙卽戊與己亦若丙與丁矣依顯庚與辛若丙與丁卽戊與己亦若庚與辛也本篇十一次三試之若戊大於庚則己亦大於辛也若等亦等若小亦小任作幾許倍恆如是也本篇十四則倍一甲之戊倍三乙之己與倍二丙之庚倍四丁之辛其等大小必同類也而甲與丙若乙與丁矣

第十七題 分理

相合之兩幾何爲比例等則分之爲比例亦等

解曰相合之兩幾何其一爲甲乙丁乙其一爲丙戊己戊比例等者甲乙與丁乙若丙戊與己戊也題言分之爲比例亦等者甲丁與丁乙若丙己與己戊也

論曰試以甲丁丁乙丙己己戊同任倍之爲庚辛辛壬爲癸子子丑卽庚壬之倍甲乙若庚辛之倍甲丁也亦若癸子之倍丙己也本篇一夫癸子之倍丙己亦若癸丑之倍丙戊卽庚壬之倍甲乙亦若癸丑之倍丙戊也次別以丁乙己戊同任倍之爲壬寅爲丑卯其一辛壬之倍二丁乙旣若三子丑之倍四己戊而五壬寅之倍二丁乙亦若六丑卯之倍四己戊卽辛寅之倍丁乙亦若子卯之倍己戊也本篇二夫一甲乙與二丁乙之比例旣若三丙戊與四己戊而一與三二與四各所倍等卽三試之

若一甲乙所倍之庚壬大於二丁乙所倍之辛寅卽三丙戊所倍之癸丑亦大於四己戊所倍之子卯也若等亦等若小亦小也本卷界說六如庚壬小於辛寅而癸丑小於子卯者卽每減一同用之辛壬子丑其所存庚辛亦小於壬寅而癸子亦小於丑卯矣依顯庚壬等辛寅而癸丑等子卯者卽庚辛等壬寅而癸子等丑卯矣庚壬大於辛寅而癸丑大於子卯者卽庚辛大於壬寅而癸子大於丑卯矣夫庚辛爲甲丁之倍癸子爲丙己之倍壬寅爲丁乙之倍丑卯爲己戊之倍而甲丁丙己之所倍視丁乙己戊之所倍其等大小皆同類則甲丁與丁

乙若丙己與己戊也。本卷界說六

第十八題 合理

兩幾何分之為比例等則合之為比例亦等

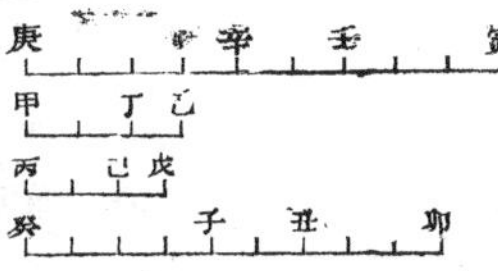

解曰甲丁丁乙與丙己己戊兩分幾何其比例等者甲丁與丁乙若丙己與己戊也題言合之為比例亦等者甲乙與丁乙若丙戊與己戊也

論曰如前論以甲丁丁乙丙己己戊同任倍之為庚辛辛壬為癸子子丑。本篇二次別以丁乙己戊同任倍之為壬寅為丑卯即庚壬之倍甲乙若癸丑之倍丙戊也。本篇一而辛寅之倍丁乙若子卯之倍己戊也。本篇二夫一甲丁與二丁乙既若三丙己與四己戊而一與三二與四各所倍等即三試之若一甲丁所倍之庚辛小於二丁乙所倍之壬寅即三丙己所倍之癸子亦小於四己戊所倍之丑卯也若等亦等若大亦大也。本卷界說六如庚辛小於壬寅而癸子亦小於丑卯即每加一辛壬子丑其所并庚壬亦小於辛寅而癸丑亦小於子卯矣依顯庚辛等壬寅而癸子等丑卯即庚壬等辛寅而癸丑等子卯矣庚辛大於壬寅而癸子大於丑卯即庚壬大於辛寅而癸丑大於子卯矣夫一甲乙所倍之庚壬與二丁乙所倍之辛寅偕三丙戊所倍之癸丑與四己戊所倍之子卯其等大小皆同類則甲乙與丁乙若丙戊與己戊也。本卷界說六

第十九題 其系為轉理

兩幾何各截取一分其所截取之比例與兩全之比例等則分餘之比例與兩全之比例亦等

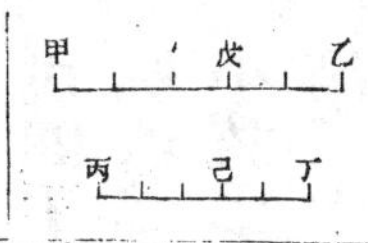

解曰甲乙丙丁兩幾何其甲乙全與丙丁全之比例若截取之甲戊與丙己題言分餘戊乙與己丁之比例亦若甲乙與丙丁

論曰甲乙與丙丁既若甲戊與丙己試更之甲乙與甲戊若丙丁與丙己也。本篇十六次分之戊乙與甲戊若己丁與丙己也。本篇十七又更之戊乙與己丁若甲戊與丙己也。本篇十六夫甲戊與丙己元若甲乙與丙丁則戊乙與己丁亦若甲乙與丙丁矣

一系從此題可推界說第十六之轉理如上甲乙與戊乙若丙丁與己丁即轉推甲乙與甲戊若丙丁與丙己也何者甲乙與戊乙既若丙丁與己丁試更之甲乙與丙丁若截取之戊乙與己丁也。本篇十六即甲乙全與丙丁全又若分餘之甲戊與丙己矣。本題又更之則甲乙與甲戊若丙丁與丙己也。本篇十六此轉理也

注曰凡更理可施於同類之比例不可施於異類若轉理不論同異類皆可用也依此系即轉理亦賴更理爲用似亦不可施於異類矣今别作一論不賴更理以爲轉理明轉理可施於異類也

論曰甲乙與丙乙若丁戊與己戊即轉推甲乙與甲丙若丁戊與丁己何者甲乙與丙乙既若丁戊與己戊試分之甲丙與丙乙若丁己與己戊也本篇十七次反之丙乙與甲丙若己戊與丁己也本篇四次合之甲乙與甲丙若丁戊與丁己也本篇十八

第二十題 三支

有三幾何又有三幾何相爲連比例而第一幾何大於第三則第四亦大於第六第一或等或小於第三則第四亦等亦小於第六

先解曰甲乙丙三幾何丁戊己三幾何其甲與乙之比例若丁與戊乙與丙之比例若戊與己而甲大於丙題言丁亦大於己

論曰甲既大於丙即甲與乙之比例大於丙與乙矣本篇八而甲與乙之比例若丁與戊即丁與戊之比例亦大於丙與乙矣本篇十三又丙與乙之比例若己與戊乙與丙若戊與己反之則丙與乙若己與戊即丁與戊之比例大於己與戊矣是丁大於己也本篇十

次解曰若甲丙等題言丁己亦等

論曰甲丙既等即甲與乙之比例若丙與乙矣本篇七而甲與乙之比例若丁與戊即丁與戊之比例亦若丙與乙矣本篇十一又丙與乙之比例若己與戊反理即丁與戊之比例亦若己與戊矣是丁己等也本篇九

後解曰若甲小於丙題言丁亦小於己

論曰甲既小於丙即甲與乙之比例小於丙與乙矣本篇八而甲與乙之比例若丁與戊即丁與戊之比例亦小於丙與乙矣又丙與乙之比例若己與戊反理即丁與戊之比例小於己與戊矣是丁小於己也本篇十

第二十一題 三支

有三幾何又有三幾何相爲連比例而錯以平理推之若第一幾何大於第三則第四亦大於第六若第一或等或小於第三則第四亦等亦小於第六

解曰甲乙丙三幾何丁戊己三幾何相爲連比例不序不序者甲與乙若戊與己乙與丙若丁與戊也以平理推之若甲大於丙題言丁亦大於己

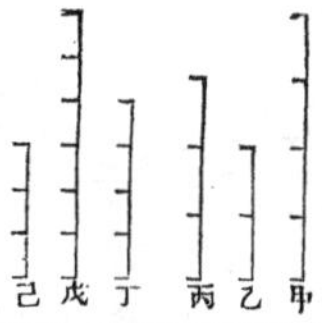

論曰甲既大於丙即甲與乙之比例大於丙與乙本篇八而甲與乙若戊與己即戊與己之比例亦大於丙與乙也又乙與丙既若丁與戊反之即丙與乙亦若戊與丁也本篇四則戊與己大於戊與丁也是丁大於己也本篇廿

甲 乙 丙 丁 戊 己

次解曰若甲丙等題言丁己亦等

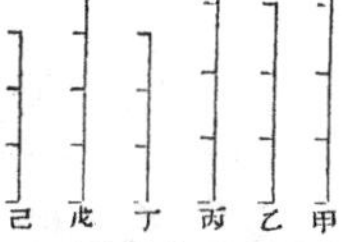

論曰甲丙既等即甲與乙之比例若丙與乙本篇七而甲與乙若戊與己即丙與乙之比例亦若戊與己也又乙與丙既若丁與戊反之即丙與乙亦若戊與丁也本篇四則戊與己若戊與丁也是丁己等也本篇九

甲 乙 丙 丁 戊 己

後解曰若甲小於丙題言丁亦小於己

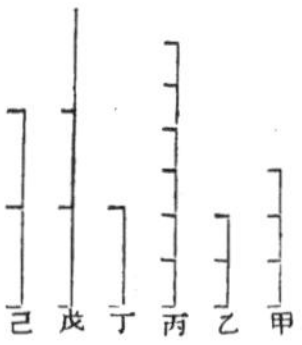

論曰甲既小於丙即甲與乙之比例小於丙與乙本篇八而甲與乙若戊與己即戊與己之比例小於丙與乙也又乙與丙既若丁與戊反之即丙與乙若戊與丁本篇四則戊與己小於戊與丁也是丁小於己也本篇十

甲 乙 丙 丁 戊 己

第二十二題平理之序

有若干幾何又有若干幾何其數等相為連比例則以平理推

解曰有若干幾何甲乙丙又有若干幾何丁戊己而甲與乙之比例若丁與戊乙與丙之比例若戊與己題言以平理推之甲與丙之比例若丁與己

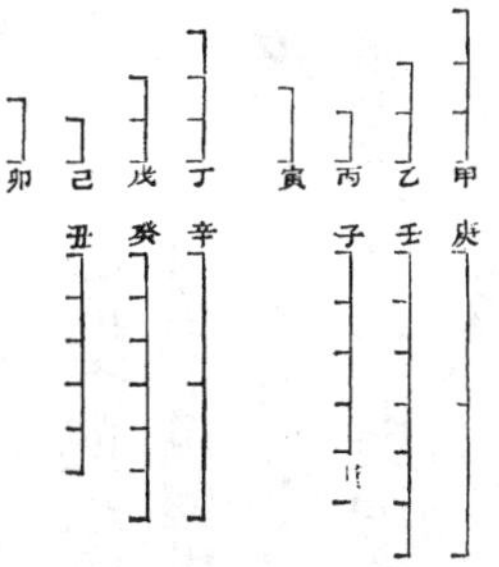

甲 庚 乙 壬 丙 子 寅 丁 辛 戊 癸 己 丑 卯

論曰試以甲與丁同任倍之為庚為辛別以乙與戊同任倍之為為壬為癸別以丙與己同任倍之為子為丑其一甲與二乙既若三丁與四戊即倍甲之庚與倍乙之壬若倍丁之辛與倍戊之癸也本篇四依顯一乙與二丙既若三戊與四己即倍乙之壬與倍丙之子若倍戊之癸與倍己之丑也是庚壬子三幾何辛癸丑三幾何又相為連比例矣次三試之若庚大於子即辛必大於丑也本篇二十若等亦等若小亦小也則倍一甲之庚倍三丁之辛與倍二丙之子倍四己之丑等大小皆同類也是甲與丙若丁與己也本卷界說六其幾何自三以上如更有丙與寅若己與卯亦依顯甲與寅若丁與卯也何者上既顯甲與丙若丁與己而今稱丙與寅若己與卯即以甲丙寅作三幾何以丁己卯作又三幾何相為連比例依上推論亦得甲與寅之比例若丁與卯也自四以上可至無窮依此

推顯

第二十三題 平理之錯

若干幾何又若干幾何相爲連比例而錯亦以平理推

解曰甲乙丙若干幾何丁戊己若干幾何相爲連比例而錯者甲與乙若戊與己乙與丙若丁與戊也題言以平理推之甲與丙之比例亦若丁與己

論曰試以甲乙丁同任倍之爲庚辛壬別以丙戊己同任倍之爲癸子丑卽甲與乙若所自倍之庚與辛本篇十五而甲與乙既若戊與己卽庚與辛亦若戊與己本篇十一戊與己又若所自倍之子與丑卽庚與辛亦若子與丑本篇十一依顯一乙與二丙既若三丁與四戊卽倍一乙之辛與倍二丙之癸若倍三丁之壬與倍四戊之子也本篇四是庚辛癸三幾何壬子丑三幾何又相爲連比例而錯矣次三試之若庚大於癸卽壬亦大於丑若等亦等若小亦小本篇廿一則一甲三丁所倍之庚壬與二丙四己所倍之癸丑等大小皆同類也是一甲與二丙若三丁與四己本卷界說六如三以上既有甲與乙若己與卯乙與丙若戊與己又有丙與寅若丁與戊亦顯甲與寅若丁與卯何者依上論先顯甲與丙若戊與卯次丙與寅又若丁與戊卽以甲丙寅作三幾何丁戊卯作又三幾何相爲連比例而錯依上論亦得甲與寅若丁與卯四以上悉依此推顯

第二十四題

凡第一與二幾何之比例若第三與四幾何之比例而第五與二之比例若第六與四則第一第五并與二之比例若第三第六并與四

解曰一甲乙與二丙之比例若三丁戊與四己而五乙庚與二丙若六戊辛與四己題言一甲乙五乙庚并與二丙若三丁戊六戊辛并與四己

論曰乙庚與丙既若戊辛與己反之丙與乙庚若己與戊辛也本篇四又甲乙與丙既若丁戊與己而丙與乙庚亦若己與戊辛平之甲乙與乙庚若丁戊與戊辛也本篇廿二又合之甲庚全與乙庚若丁辛全與戊辛也本篇十八夫甲庚與乙庚既若丁辛與戊辛而乙庚與丙亦若戊辛與己平之甲庚與丙若丁辛與己矣本篇廿二

注曰依本題論可推廣第六題之義作後增題第六題言幾倍後增題不止言倍其義稍廣矣

增題此兩幾何與彼兩幾何比例等於此兩幾何每截取一分其截取兩幾何與彼兩幾何比例等則分餘兩幾何與彼兩幾何比例亦等

解曰如上圖甲庚丁辛此兩幾何與丙己彼兩幾何比例等者甲庚與丙若丁辛與己也題言截取之甲乙與丙若丁戊與己則分餘之乙庚與丙亦若戊辛與己

論曰甲乙與丙既若丁戊與己即反之丙與甲乙若己與丁戊也（本篇四）又甲庚與丙既若丁辛與己而丙與甲乙亦若己與丁戊即平之甲庚與甲乙若丁辛與丁戊也（本篇廿二）又分之乙庚與甲乙若戊辛與丁戊也（本篇十七）夫乙庚與甲乙既若戊辛與丁戊而甲乙與丙若丁戊與己即平之乙庚與丙若戊辛與己也（本篇廿三）

第二十五題

四幾何為斷比例則最大與最小兩幾何并大於餘兩幾何并

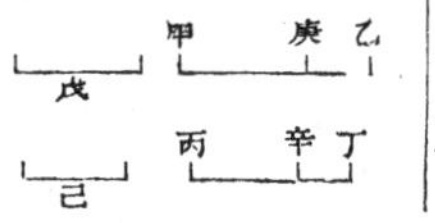

乙 庚 甲 丁 辛 丙 戊 己

解曰甲乙與丙丁之比例若戊與己甲乙最大己最小題言甲乙己并大於丙丁戊并

論曰試於甲乙截取甲庚與戊等於丙丁截取丙辛與己等即甲庚與丙辛之比例若戊與己也亦若甲乙與丙丁也夫甲乙全與丙丁全既若截取之甲庚與丙辛即亦若分餘之庚乙與辛丁也（本篇十九）而甲乙最大必大於丙丁即庚乙亦大於辛丁矣又甲庚與戊丙辛與己既等即於戊加丙辛於己加甲庚必等而又加不等之庚乙辛丁則甲乙己并豈不大於丙丁戊并

第二十六題

第一與二幾何之比例大於第三與四之比例反之則第二與一之比例小於第四與三之比例

解曰一甲與二乙之比例大於三丙與四丁題言反之二乙與一甲之比例小於四丁與三丙

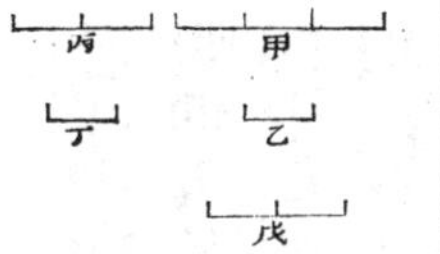

甲 丙 乙 丁 戊

論曰試作戊與乙之比例若丙與丁即甲與乙之比例大於戊與乙而甲幾何大於戊（本篇十）則乙與戊之比例大於乙與甲也（本篇八）反之則乙與戊之比例若丁與丙（本篇四）而乙與甲之比例小於丁與丙

第二十七題

第一與二之比例大於第三與四之比例更之則第一與三之比例亦大於第二與四之比例

解曰一甲與二乙之比例大於三丙與四丁題言更之則一甲與三丙之比例亦大於二乙與四丁

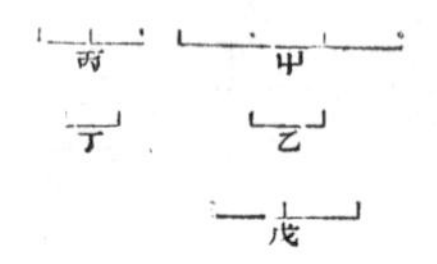

論曰試作戊與乙之比例若丙與丁即甲與乙之比例大於戊與乙而甲幾何大於戊本篇十則甲與丙之比例大於戊與丙也本篇八夫戊與乙之比例既若丙與丁更之則戊與丙之比例亦若乙與丁本篇十六而甲與丙之比例大於乙與丁矣

第二十八題

第一與二之比例大於第三與四之比例合之則第一第二并與二之比例亦大於第三第四并與四之比例

解曰一甲乙與二乙丙之比例大於三丁戊與四戊己題言合之則甲丙與乙丙之比例亦大於丁己與戊己

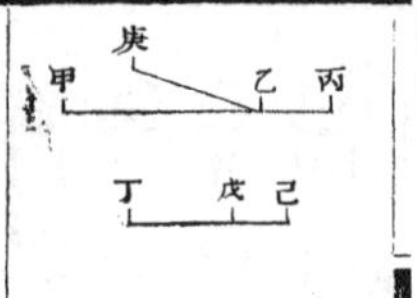

論曰試作庚乙與乙丙之比例若丁戊與戊己即甲乙與乙丙之比例大於庚乙與乙丙而甲乙幾何大於庚乙矣本篇十此二率者每加一乙丙即甲丙亦大於庚丙而甲丙與乙丙之比例大於庚丙與乙丙也本篇八夫庚乙與乙丙之比例既若丁戊與戊己合之則庚丙與乙丙之比例亦若丁己與戊己也本篇十八而甲丙與乙丙之比例大於丁己與戊己矣

第二十九題

第一合第二與二之比例大於第三合第四與四之比例分之則第一與二之比例亦大於第三與四之比例

解曰甲丙與乙丙之比例大於丁己與戊己題言分之則甲乙與乙丙之比例亦大於丁戊與戊己

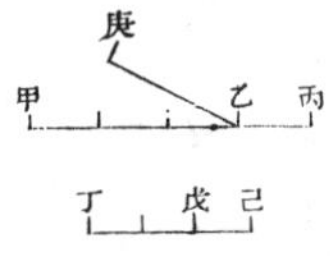

論曰試作庚丙與乙丙之比例若丁己與戊己即甲丙與乙丙之比例亦大於庚丙與乙丙而甲丙幾何大於庚丙矣本篇十此二率者每減一同用之乙丙即甲乙亦大於庚乙而甲乙與乙丙之比例大於庚乙與乙丙也本篇八夫庚丙與乙丙之比例既若丁己與戊己分之則庚乙與乙丙之比例亦若丁戊與戊己也本篇十七而甲乙與乙丙之比例大於丁戊與戊己矣

第三十題

第一合第二與二之比例大於第三合第四與四之比例轉之則第一合第二與一之比例小於第三合第四與三之比例

解曰甲丙與乙丙之比例大於丁己與戊己題言轉之則甲丙與甲乙之比例小於丁己與丁戊

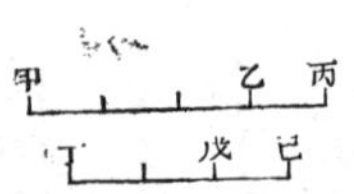

論曰甲丙與乙丙之比例既大於丁己與戊己

分之卽甲乙與乙丙之比例亦大於丁戊與戊己也本篇廿九又反之乙丙與甲乙之比例小於戊己與丁戊矣本篇廿六又合之甲丙與甲乙之比例亦小於丁己與丁戊也本篇廿八

第三十一題

此三幾何彼三幾何此第一與二之比例大於彼第一與二之比例此第二與三之比例大於彼第二與三之比例如是序者以平理推則此第一與三之比例亦大於彼第一與三之比例

解曰甲乙丙此三幾何丁戊己彼三幾何而甲與乙之比例大於丁與戊乙與丙之比例大於戊與己如是序者題言以平理推則甲與丙之比例亦大於丁與己

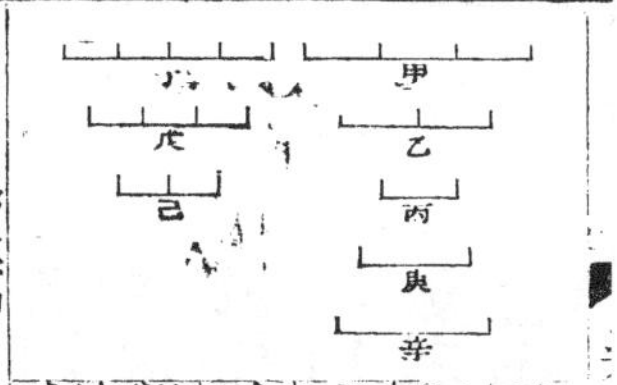

論曰試作庚與丙之比例若戊與己卽乙與丙之比例大於庚與丙而乙幾何大於庚本篇十是甲與小庚之比例大於甲與大乙矣本篇八夫甲與乙之比例元大於丁與戊卽甲與庚之比例更大於丁與戊也次作辛與庚之比例若丁與戊卽甲與庚之比例亦大於辛與庚而甲幾何大於辛本篇十是大甲與丙之比例大於小辛與丙矣本篇八夫辛與丙之比例以平理推之若丁與己也本篇廿二則甲與丙之比例大於丁與己也

第三十二題

此三幾何彼三幾何此第一與二之比例大於彼第二與三之比例此第二與三之比例大於彼第一與二之比例如是錯者以平理推則此第一與三之比例亦大於彼第一與三之比例

解曰甲乙丙此三幾何丁戊己彼三幾何而甲與乙之比例大於戊與己乙與丙之比例大於丁與戊如是錯者題言以平理推則甲與丙之比例亦大於丁與己

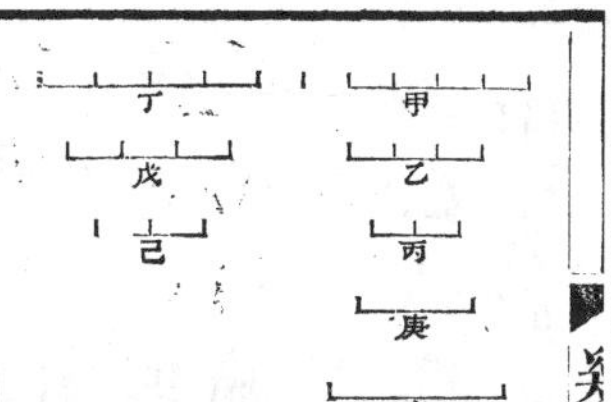

論曰試作庚與丙之比例若丁與戊卽乙與丙之比例大於庚與丙而乙幾何大於庚本篇十是甲與小庚之比例大於甲與大乙矣本篇八夫甲與乙之比例既大於戊與己卽甲與庚之比例更大於戊與己也次作辛與庚之比例若戊與己卽甲與庚之比例亦大於辛與庚而甲幾何大於辛本篇十是大甲與丙之比例大於小辛與丙矣本篇八夫辛與丙之比例以平理推之若丁與己也本篇廿三則甲與丙之比例大於丁與己也

第三十三題

此全與彼全之比例大於此全截分與彼全截分之比例則此全分餘與彼全分餘之比例大於此全與彼全之比例

甲　戊　乙
丙　己　丁

解曰甲乙全與丙丁全之比例大於兩截分甲戊與丙己題言兩分餘戊乙與己丁之比例大於甲乙與丙丁

論曰甲乙與丙丁之比例既大於甲戊與丙己更之即甲乙與甲戊之比例亦大於丙丁與丙己也（本篇廿七）又轉之甲乙與戊乙之比例小於丙丁與己丁也（本篇三十）又更之甲乙與丙丁之比例小於戊乙與己丁也（本篇廿七）戊乙與己丁分餘也則分餘之比例大於甲乙全與丙丁全矣依顯兩全之比例小於截分則分餘之比例小於兩全

第三十四題（三支）

若干幾何又有若干幾何其數等而此第一與彼第一之比例大於此第二與彼第二之比例此第二與彼第二之比例大於此第三與彼第三之比例以後俱如是則此并與彼并之比例大於此末與彼末之比例亦大於此并減第一與彼并減第一之比例而小於此第一與彼第一之比例

解曰如甲乙丙三幾何又有丁戊己三幾何其甲與丁之比例大於乙與戊乙與戊之比例大於丙與己題先言甲乙丙并與丁戊己并之比例大於丙與己次言亦大於乙丙并與戊己并後言小於甲與丁

丁　甲
戊　乙
己　丙

論曰甲與丁之比例既大於乙與戊更之即甲與乙之比例大於丁與戊也（本篇廿七）又合之甲乙并與乙之比例大於丁戊并與戊也（本篇廿八）又更之甲乙并與丁戊并之比例大於乙與戊也（本篇廿七）是甲乙全與丁戊全之比例大於減并乙與減并戊也既爾即減餘甲與減餘丁之比例大於甲乙全與丁戊全也（本篇卅三）依顯乙與戊之比例亦大於乙丙全與戊己全即甲與丁之比例更大於乙丙全與戊己全也又更之甲與乙丙并之比例大於丁與戊己并也（本篇廿七）又合之甲乙丙全與乙丙并之比例大於丁戊己全與戊己并也（本篇廿八）又更之甲乙丙全與丁戊己全之比例大於乙丙并與戊己并也（本篇廿七）則得次解也又甲乙丙全與丁戊己全之比例既大於減并乙丙與減并戊己即減餘甲與減餘丁之比例大於甲乙丙全與丁戊己全也（本篇卅三）則

得後解也又乙與戊之比例旣大於丙與己更之卽乙與丙之比例大於戊與己也(本篇廿七)又合之乙丙全與丙之比例大於戊己全與己也(本篇廿八)又更之乙丙并與戊己并之比例大於丙與己也(本篇廿七)而甲乙丙并與丁戊己并之比例旣大於乙丙并與戊己并卽更大於末丙與末己也則得先解也

若兩率各有四幾何而丙與己之比例亦大於庚與辛卽與前論同理蓋依上文論乙與戊之比例大於乙丙庚并與戊己辛并卽甲與丁之比例更大於乙丙庚并與戊己辛并也更之卽甲與乙丙庚并之比例大於丁

甲 乙 丙 庚
丁 戊 己 辛

與戊己辛并也(本篇十八)又合之甲乙丙庚全與乙丙庚并之比例大於丁戊己辛全與戊己辛并也又更之甲乙丙庚全與丁戊己辛全之比例大於乙丙庚并與戊己辛并也(本篇廿七)則得次解也又甲乙丙庚全與丁戊己辛全之比例旣大於減并乙丙庚與減并戊己辛卽減餘甲與減餘丁之比例大於甲乙丙庚全與丁戊己辛全也(本篇卅三)則得後解也又依前論顯乙丙庚并與戊己辛并之比例旣大於庚與辛而甲乙丙庚全與丁戊己辛全之比例大於乙丙庚并與戊己辛并卽更大

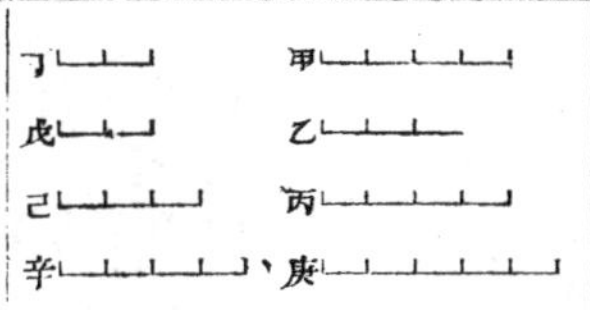

於末庚與末辛也則得先解也自五以上至於無窮俱倣此論可顯全題之旨

幾何原本第六卷之首

泰西　利瑪竇　口譯
吳淞　徐光啟　筆受

界說六則

第一界

凡形相當之各角等而各等角旁兩線之比例俱等爲相似之形

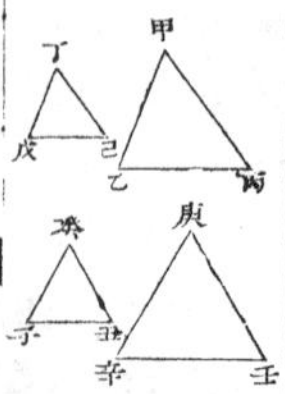

甲乙丙丁戊己兩角形之甲角與丁角等乙與戊丙與己各等其甲角旁之甲乙與甲丙兩線之比例若丁角旁之丁戊與丁己兩線而甲乙與乙丙若丁戊與戊己甲丙與丙乙若丁己與己戊則此兩角形爲相似之形依顯凡平邊形皆相似之形如庚辛壬癸子丑俱平邊角形其各角俱等而各邊之比例亦等者是也四邊五邊以上諸形俱倣此

第二界

兩形之各兩邊線互爲前後率相與爲比例而等爲互相視之形

甲乙丙丁戊己庚辛兩方形其甲乙乙丙邊與戊己己庚邊相與爲比例等而彼此互爲前後如甲乙與戊己若己庚與乙丙也則此兩形爲互相視之形依顯壬癸子丑寅卯兩角形之壬子與丑寅若丑卯與壬癸或壬癸與丑寅若丑卯與壬子亦互相視之形也

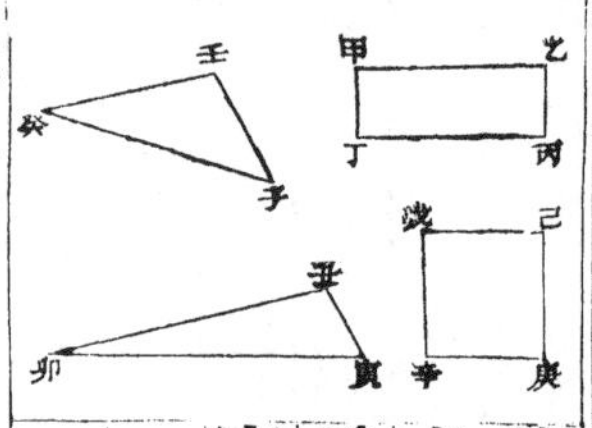

第三界

理分中末線者一線兩分之其全與大分之比例若大分與小分之比例

甲乙線兩分之于丙而甲乙與大分甲丙之比例若大分甲丙與小分丙乙此爲理分中末線其分法見本卷三十題而與二卷十一題理同名異此線爲用甚廣至量體尤所必須十三卷諸題多賴之古人目爲神分線也

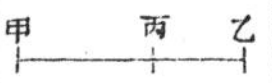

第四界

度各形之高皆以垂線之互爲度

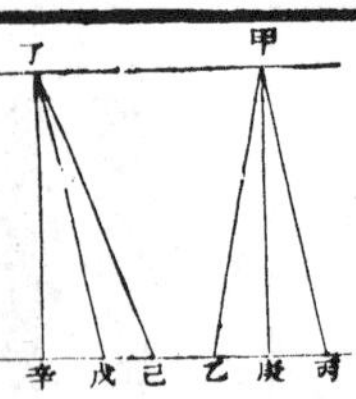

甲乙丙角形從甲頂向乙丙底作甲庚垂線即甲庚爲甲乙丙之高又丁戊己角形作丁辛垂線即丁辛爲丁戊己之高若兩形相視兩垂線等即兩形之高必等如上

兩形在兩平行線之內者是也若以丙己爲頂以甲乙丁戊爲底則不等自餘諸形之度高俱倣此

凡度物高以頂底爲界以垂線爲度葢物之定度止有一不得有二自頂至底垂線一而已偏線無數也

第五界

比例以比例相結者以多比例之命數相乘除而結爲一比例之命數

此各比例不同理而相聚爲一比例者則用相結之法合各比例之命數求首尾一比例之命數也曷爲比例之命數謂大幾何所倍於小幾何若干或小幾何在大幾何內若干也如大幾何四倍於小或小幾何爲大四分之一卽各以四爲命比例之數也五卷界說三今言以彼多比例之命數相乘除而結爲此一比例之命數者如十二倍之此比例則以彼二倍六倍兩比例相結也二六相乘爲十二故也或以彼三倍四倍兩比例相結也三四相乘亦十二故也又如三十倍之此比例則以彼二倍三倍五倍三比例相結也二乘三爲六六乘五爲三十故也

其曰相結者相結之理葢在中率凡中率爲前比例之後後比例之前故以二比例合爲一比例則中率爲轄合之因如兩爿合此爲之膠如兩襟合此爲之紐矣第五卷第十界言數幾何爲同理之比例則第一與第三爲再加之比例再加者以前中二率之命數再加爲前後二率之命數亦以中率爲紐也但彼所言者多比例同理故止以第一比例之命數累加之此題所言則不同理之多比例不得以第一比例之命數累加之故用此乘除相結之理于不同理之中求其同理別爲累加之法其紐結之義頗相類焉下文仍發明借象之術以需後用也

五卷言多比例同理者第一與第三爲再加與第四爲三加與第五爲四加以至無窮今此相結之理亦以三率爲始三率則兩比例相乘除而中率爲紐也若四率則先以前三率之兩比例相乘除而結爲一比例復以此初結之比例與第三比例乘除相結爲一比例也若五率則先以前三率之兩比例

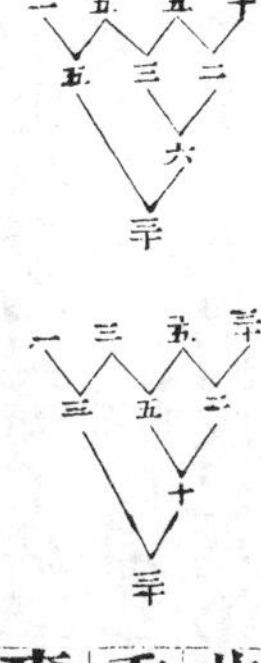

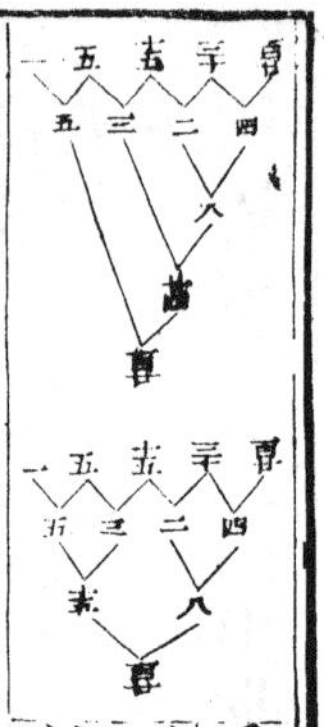

乘除相結復以此再結之比例與第三比例乘除相結又以三結之比例與第四比例乘除相結爲一比例也或以第一第二第三率之兩比例乘除相結以第三第四第五之兩比例乘除相結又以此二所結比例乘除相結而爲一比例也自六以上倣此以至無窮

設三幾何爲二比例不同理而合爲一比例則以第一與二第二與三兩比例相結也如上圖三幾何二比例皆以大不等者其甲乙與丙丁爲二倍大丙丁與戊己爲三倍大則甲乙與戊己爲六倍大二乘三爲六也若以小不等戊己爲第一甲乙爲第三三乘二亦六則戊己與甲乙爲反六倍大也

甲乙與丙丁既二倍大試以甲乙二平分之爲甲庚庚乙必各與丙丁等丙丁與戊己既三倍大而甲庚庚乙各與丙丁等卽甲庚亦三倍大于戊己庚乙亦三倍大於戊己而甲乙必六倍大於戊己

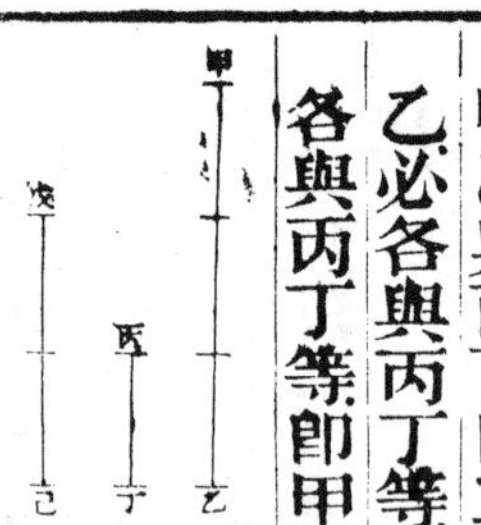

又如上圖三幾何二比例前以大不等後以小不等者中率小于前後兩率也其甲乙與丙丁爲三倍大丙丁與戊己爲反二倍大反二倍大者丙丁得戊己之半卽甲乙與戊己爲等帶半三乘半得等帶半也若以戊己爲第一甲乙爲第三反推之半乘三爲反等帶半也

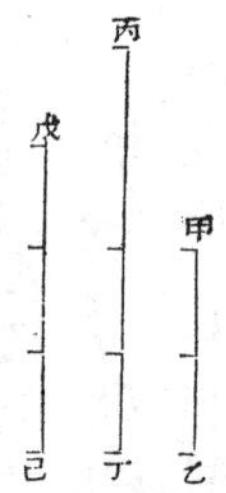

又如上圖三幾何二比例前以小不等後以大不等者中率大於前後二率也其甲乙與丙丁爲反二倍大甲乙得丙丁之半丙丁與戊己爲等帶三分之一卽甲乙與戊己爲反等帶半甲乙得戊己三分之二何者如甲乙二卽丙丁當四丙丁四卽戊己當三是甲乙二戊己當三也

後增其乘除之法則以命數三帶得數一爲四以半除之得二二比三爲反等帶半也若以戊己爲第一甲乙爲第三三比二爲等帶半也

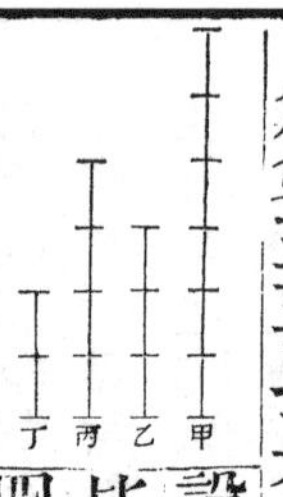

設四幾何爲三比例不同理而合爲一比例則以第一與二第二與三第三與四三比例相結也如上圖甲乙丙丁四幾何三比例先依上論以甲與乙乙與丙二比例相結爲甲與丙之比例次以甲與丙丙與丁相結卽得甲與丁之比例也如是遞結可至無窮也

或用此圖申明本題之旨曰甲與乙之命數爲丁乙與

丙之命數爲戊卽甲與丙之命數爲己何者三命數以一丁二戊相乘得三己卽三比例以一甲與乙二乙與丙相乘得三甲與丙

後增若多幾何各帶分而多寡不等者當用通分法如設前比例爲反五倍帶三之二後比例爲二倍大帶八之一卽以前命數三通其五倍爲十五得分數從之爲十七是前比例爲三與十七也以後命數八通其二倍爲十六得分數從之爲十七是後比例爲十七與八也卽首尾二幾何之比例爲三與八得二倍大帶三之二也

曷謂借象之術如上所說三幾何二比例者皆以中率爲前比例之後後比例之前乘除相結略如連比例之同用一中率也而不同理別有二比例異中率者是不同理之斷比例也無法可以相結當于其所設幾何之外別立三幾何二比例而同中率者乘除相結作爲儀式以彼異中率之四幾何二比例依倣求之卽得故謂之借象術也假如所設幾何十六爲首十二爲尾卻云十六與十二之比例若八與三及二與四之比例八爲前比例之前四爲後比例之後三與二爲前之後後之前此所謂異中率也欲以此二比例乘除相結無法可通矣用是別立三幾何二比例如其八與三二與四之比例而務令同中率如三其八得二十四爲前比例之前三其三得九爲前比例之後卽以九爲後比例之前又求九與何數爲比例若二與四得十八爲後比例之後其二十四與九若八與三也九與十八若二與四也則十六與十二若二十四與十八俱爲等帶半之比例矣是用借象之術變異中率爲同中率乘除相結而合二比例爲一比例也其三比例以上亦如上方所說展轉借象遞結之 詳見本卷二十三題算家所用借象金法雙金法俱本此

十六 八 廿四	三 九	二 九	十二 四 十八	十六 四 廿四	九 五十四	六 五十四	十二 二 十八
十六 六 廿四	九 三十六	四 三十六	十二 二 十八	十六 四 廿四	二 十二	六 十二	十二 九 十八
十六 六 廿四	二 八	四 八	十二 九 十八	十六 四 廿四	六 三十六	二 三十六	十二 一 十八

第六界

平行方形不滿一線爲形小于線若形有餘線不足爲形大于線

甲乙線其上作甲戊丁丙平行方形不滿甲乙線而丙乙上無形卽作己乙線與丁丙平行次引戊丁線遇己乙于己是爲甲戊己乙滿甲乙線平行方形則甲丁爲依甲乙線之有闕平行方形而丙己平行方形爲甲丁

之闕形又甲丙線上作甲戊己乙平行方形其甲乙邊大于元設甲丙線之較爲丙乙而甲己形大于甲丙線上之甲丁形則甲己爲依甲丙線之帶餘平行方形而丙己平行方形爲甲己之餘形

幾何原本第六卷 本篇論線面之比例 計三十三題

泰西 利瑪竇 口譯
吳淞 徐光啟 筆受

第一題

等高之三角形方形自相與爲比例與其底之比例等

解曰甲乙丙丁戊己兩角形等高其底乙丙戊己丙庚戊辛兩方形等高其底乙丙戊己題言甲乙丙與丁戊己之比例丙庚與戊辛之比例皆若乙丙與戊己

論曰試置四形于庚辛子寅兩平行線內凡形自頂至底作垂線即本形之高故等高者必在平行線內見本卷界說四於乙子線內作數底線各與乙丙等爲乙壬壬癸癸子于己寅線內作數底線各與戊己等爲己丑丑寅次從甲從丁作甲壬甲癸甲子丁丑丁寅諸線其甲乙丙甲乙壬甲壬癸甲癸子四三角形既等底而在平行線內即等一卷三八依顯丁戊己丁己丑丁丑寅三三角形亦等則子丙底線大于乙丙若干倍而甲子丙角形大于甲乙丙亦若干倍依顯戊寅之倍戊己亦若丁戊寅之倍丁戊己底線分數與形之分數等故即用三試法若子丙底大于戊寅底則甲子丙形亦大于丁戊寅形也若等亦等若小亦小也一卷三八則一

乙丙所倍之子丙三甲乙丙所倍之甲子丙與二戊己所倍之戊寅四丁戊己所倍之丁戊寅等大小皆同類也而一乙丙底與二戊己底之比例若三甲乙丙與四丁戊己矣五卷六界又丙庚戊辛兩方形各倍大于甲乙丙丁戊己兩角形一卷三十三而甲乙丙與丁戊己之比例既若乙丙與戊己即丙庚與戊辛兩方形之比例亦若乙丙與戊己兩底矣五卷十五或從壬癸子及丑寅各作直線與庚乙辛己平行即依上論推顯

增題凡兩角形兩方形各等底其自相與爲比例若兩形之高之比例

解曰甲乙丙與丁戊己兩角形甲庚乙丙與丁戊己辛兩方形其底乙丙與戊己等題言甲乙丙與丁戊己兩角形之比例甲庚乙丙與丁戊己辛兩方形之比例皆若甲壬與丁癸兩高

論曰試作子壬底線與乙丙等作丑癸底線與戊己等次作甲子丁丑兩線其甲壬子與甲乙丙兩角形等底又等高即等依顯丁癸丑與丁戊己兩角形亦等一卷三八即甲乙丙與丁戊己之比例若甲壬子與丁癸丑也五卷

七今以甲壬丁癸爲底即甲壬子與丁癸丑兩角形之比例若甲壬與丁癸兩底也本篇一而甲乙丙與丁戊己之比例亦若甲壬與丁癸矣又甲乙丙與丁戊己兩角形之比例既以倍大故若甲庚乙丙與丁戊己辛兩方形之比例五卷十五即兩方形之比例亦若甲壬與丁癸兩底也五卷十一若作庚子辛丑兩線亦依前論推顯

第二題二支

三角形任依一邊作平行線即此線分兩餘邊以爲比例必等三角形內有一線分兩邊以爲比例而等即此線與餘邊爲平行

先解曰甲乙丙角形內如作丁戊線與乙丙平行題言丁戊分甲乙甲丙于丁于戊以爲比例必等者甲丁與丁乙若甲戊與戊丙也

論曰試作丁丙戊乙兩線其丁戊乙丁戊丙兩角形同以丁戊爲底同在兩平行線內即等一卷三七而甲戊丁與丁戊乙兩角形之比例若甲戊丁與丁戊丙矣五卷七夫甲戊丁與丁戊乙兩角形亦在兩平行線內若于戊點上作一線與甲乙平行即兩形在其內則甲戊丁與丁戊乙兩角形之比例若甲丁與丁乙兩底也本篇一依顯甲戊與戊丙兩底之比

例亦若甲戊丁與丁戊丙兩角形也（兩形亦在兩平行線內故）是甲丁與丁乙兩線之比例甲戊與戊丙兩線之比例皆若甲戊丁與丁戊乙也或與丁戊丙也（丁戊乙與丁戊丙等）則甲丁與丁乙亦若甲戊與戊丙也（五卷十一）

後解曰甲乙丙角形內有丁戊線分甲乙甲丙于丁于戊以為比例而等題言丁戊與乙丙為平行線

論曰試作丁丙戊乙兩線其甲丁與丁乙兩底之比例若甲戊丁與丁戊乙兩角形也（在兩平行線內故見本篇一）而甲丁與丁乙之比例若甲戊與戊丙即甲戊丁與丁戊乙之比例亦若甲戊與戊丙也（五卷十一）又甲戊與戊丙兩底之

比例既若甲戊丁與丁戊丙（在兩平行線內故見本篇一）則甲戊丁與丁戊乙之比例亦若甲戊丁與丁戊丙也（五卷十一）而丁戊乙與丁戊丙兩角形等矣（五卷九）兩角形同以丁戊為底而等則在兩平行線內（一卷三十九）

第三題（二支）

三角形任以直線分一角為兩平分而分對角邊為兩分則兩分之比例若餘兩邊之比例三角形分角之線所分對角邊之比例若餘兩邊則所分角為兩平分

先解曰甲乙丙角形以甲丁線分乙甲丙角為兩平分題言乙丁與丁丙之比例若乙甲與甲丙

論曰試作乙戊線與甲丁平行次于丙甲線引長之至戊其甲乙戊與乙甲丁為平行線相對之兩內角等外角丁甲丙與內角戊亦等（一卷二十九）今乙甲丁與丁甲丙又等即甲乙戊角與戊角亦等也而甲戊與甲乙兩腰亦等矣（一卷六）則戊甲與甲丙之比例若乙甲與甲丙也（五卷七）夫戊甲與甲丙之比例若乙丁與丁丙也（本篇二）則乙甲與甲丙之比例亦若乙丁與丁丙也（五卷十一）

後解曰乙丁與丁丙之比例若乙甲與甲丙題言甲丁線分乙甲丙角為兩平分

論曰依前作乙戊線與甲丁平行而引丙甲線至戊其乙甲與甲丙之比例既若乙丁與丁丙甲丁線又與戊乙邊平行而乙丁與丁丙之比例若戊甲與甲丙（本篇二）即乙甲與甲丙之比例亦若戊甲與甲丙（五卷十一）是戊甲與乙甲兩線等矣（五卷九）則甲乙戊角與戊角亦等也（一卷五）夫甲乙戊與乙甲丁為平行線相對之兩內角等而外角丁甲丙與內角戊亦等（一卷二十九）則乙甲丁丁甲丙兩角必等

第四題

凡等角三角形其在等角旁之各兩腰線相與為比例必

等而對等角之邊爲相似之邊

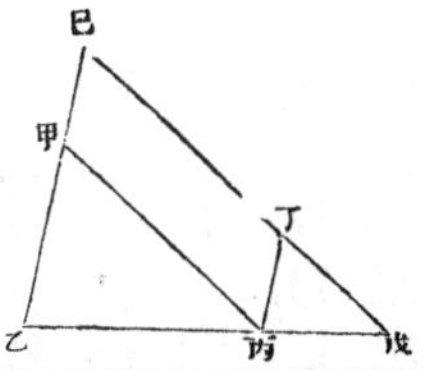

解曰甲乙丙丁丙戊兩角形等角者甲乙丙與丁丙戊甲丙乙與丁戊丙乙甲丙與丙丁戊每相當之各角俱等也題言甲乙與乙丙之比例若丁丙與丙戊甲乙與甲丙若丁丙與丁戊甲丙與乙丙若丁戊與丙戊而每對等角之邊各相似相似者謂各前各後率各對本形之相當等角

論曰試並置兩角形令乙丙丙戊兩底爲一直線而丁丙戊爲甲乙丙之外角其甲乙丙甲丙乙兩角既小于兩直角（一卷二十七）丁戊丙與甲丙乙兩角又等即乙戊兩角亦小於兩直角而乙甲戊丁兩線引出之必相遇（一卷界說十一）即作兩線令遇於己其丁丙戊外角與甲乙丙內角既等即丁丙與己乙爲平行線（一卷二十八）依顯甲丙乙外角與丁戊丙內角既等即甲丙與己戊亦平行線（一卷二十八）而甲己丁丙爲平行線方形則甲己與丁丙兩線等也甲丙與己丁兩線等也（一卷三十四）夫乙戊己角形內之甲丙線既與己戊邊平行即甲乙與等甲己之丁丙之比例若乙丙與丙戊也（本篇二）更之即甲乙與乙丙若丁丙與丙戊也（五卷十六）又乙戊己角形內之丁丙線既與己乙邊平行即乙丙與丙戊之比例若等己丁之甲丙與丁戊也（本篇二）更之即乙丙與甲丙若丙戊與丁戊也（五卷十六）甲乙與乙丙既若丁丙與丙戊而乙丙與甲丙又若丙戊與丁戊平之即甲乙與甲丙若丁丙與丁戊也（五卷二十二）

一系凡角形內之直線與一邊平行而截一分爲角形必與全形相似如上甲乙丙角形作丁戊直線與乙丙平行而截一分爲甲丁戊角形必與甲乙丙全形相似何者甲丁戊外角與甲乙丙內角等甲戊丁外角亦與甲丙乙內角等（一卷二十九）甲角又同即兩形相似而各等角旁兩邊之比例等（本題）

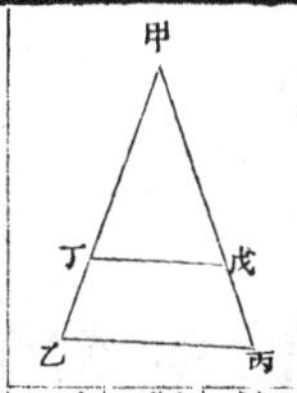

增題凡角形之內任依一邊作一平行線于此邊任取一點向對角作直線則所分兩平行線比例等

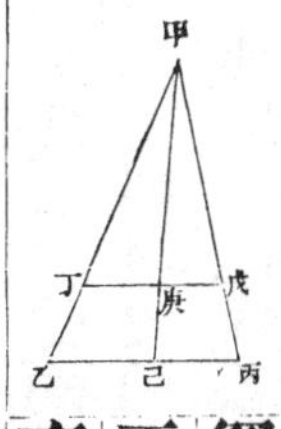

解曰甲乙丙角形內作丁戊線與乙丙平行次于乙丙邊任取己點向甲角作直線分丁戊于庚題言乙己與己丙之比例若丁庚與庚戊

論曰甲己乙甲庚丁兩角形既相似（本系）即甲己與己乙之比例若甲庚與庚丁也更之即甲己與甲庚若己乙

與庚丁也。(五卷十六)依顯甲己與甲庚若己丙與庚戊也。則乙己與丁庚亦若己丙與庚戊也。(五卷十一)更之。即乙己與己丙若丁庚與庚戊也。(五卷十六)

又論曰。甲己乙甲庚丁兩角形。甲己丙甲庚戊兩角形既各相似。即乙己與甲己之比例。若丁庚與庚甲也。(本系)依顯甲己與己丙亦若甲庚與庚戊也。平之。即乙己與己丙若丁庚與庚戊也。(五卷廿二)

第五題

兩三角形。其各兩邊之比例等。即兩形為等角形。而對各相似邊之角各等。

解曰。甲乙丙丁戊己兩角形。其各兩邊之比例等者。甲乙與乙丙若丁戊與戊己。而乙丙與甲丙若戊己與丁己。甲丙與甲乙若丁己與丁戊也。題言此兩形為等角形。而對各相似邊之角。甲與丁。乙與戊。丙與己各等。

論曰。試作己戊庚角與乙角等。作庚己戊角與丙角等。而戊庚己庚兩線遇於庚。即庚角與甲角等。(一卷三二)是甲乙丙庚戊己兩形等角矣。則甲乙與乙丙之比例。若庚戊與戊己也。(本篇四)甲乙與乙丙。元若丁戊與戊己。則庚戊與戊己亦若丁戊與戊己也。(五卷十一)而丁戊與庚戊兩線必等。(五卷九)又乙丙與甲丙之比例。若戊己與庚己。(本篇四)而乙丙與甲丙。元若戊己與丁己。則戊己與庚己亦若戊己與丁己也。(五卷十一)而丁己與庚己兩線必等。(五卷九)夫庚戊庚己兩腰既與丁戊丁己兩腰各等。戊己同底。即丁角與庚角亦等。(一卷八)其餘庚戊己與丁戊己庚己戊與丁己戊各相當之角俱等。(一卷四)而庚角與甲角既等。即丁角與甲角亦等。丁戊己角與乙角。丁己戊角與丙角俱等。

第六題

兩三角形之一角等。而等角旁之各兩邊比例等。即兩形為等角形。而對各相似邊之角各等。

解曰。甲乙丙丁戊己兩角形。其乙與戊兩角等。而甲乙與乙丙之比例。若丁戊與戊己。題言餘角丙與己甲與丁俱等。

論曰。試作己戊庚角與乙角等。作庚己戊角與丙角等。而戊庚己庚兩線遇於庚。依前論推顯甲乙丙庚戊己兩形等角。即甲乙與乙丙之比例。若庚戊與戊己也。(本篇四)甲乙與乙丙。元若丁戊與戊己。則庚戊與戊己亦若丁戊與戊己也。(五卷十一)而丁戊與庚戊兩線必等。(五卷九)夫丁戊庚戊兩邊既等。戊己同邊。庚戊己角與丁戊己角又等丁戊己角與乙角等而己戊庚亦與乙等故卽其餘各相當之角俱等一卷四而庚角既與甲角等庚己戊角既與丙角等卽甲角丙角與丁角戊己丁角各等而甲乙丙丁戊己爲等角形矣

第七題

兩三角形之第一角等而第二相當角各兩旁之邊比例等其第三相當角或俱小于直角或俱不小于直角卽兩形爲等角形而對各相似邊之角各等

解曰甲乙丙丁戊己兩角形其一甲角與一丁角等而第二相當角如甲丙乙丙丙乙兩旁之甲丙丙乙兩邊偕丁己戊兩旁之丁己己戊兩邊比例等其第三相當角如乙與戊或俱小于直角或俱不小于直角題言兩形等角者謂甲丙乙角與己等乙角與戊等

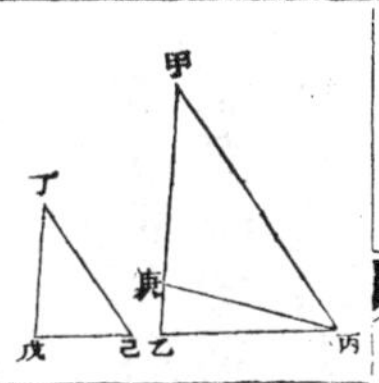

先論乙與戊俱小于直角者曰如云不然而甲丙乙大于己令作甲丙庚角與己等卽甲庚丙角宜與戊等一卷卅二甲庚丙與丁戊己爲等角形矣卽甲丙與丙庚之比例宜若丁己與己戊本篇四而先設甲丙與丙乙若丁己與己戊也是甲丙與丙庚亦若甲丙與丙乙也五卷十一是庚丙與乙丙兩線等也五卷九丙庚乙與丙乙庚兩角亦等也一卷五夫乙既小于直角卽等腰內之丙庚乙亦小于直角則較角之丙庚甲必大于直角也丙庚甲丙庚乙兩角等于兩直角見一卷十三而丙庚甲既與戊等則丙庚乙宜大于直角矣其相等之乙角何由得小于直角也

後論乙與戊俱不小于直角者曰如云不然依先論乙角與丙庚乙角等卽丙庚乙亦不小于直角夫丙庚乙同爲角形內之兩角乃俱不小于直角一卷十七何也則甲丙乙不得不等于丁己戊也而其餘乙與戊角等矣一卷卅二

第八題

直角三邊形從直角向對邊作一垂線分本形爲兩直角三邊形卽兩形皆與全形相似亦自相似

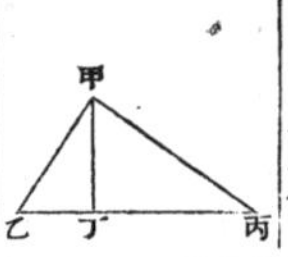

解曰甲乙丙直角三邊形從乙甲丙直角作甲丁垂線題言所分甲丁丙甲丁乙兩三邊形皆與全形相似亦自相似

論曰甲乙丙甲丁丙兩形既各以乙甲丙甲丁丙爲直角而丙角又同卽其餘甲乙丙丁甲丙兩角必等一卷三二則甲乙丙甲丁丙兩形必爲等角形而等角旁之各兩邊比例必等等者謂乙丙與甲丙若甲丙與丙丁也甲丙與甲乙若丙丁與甲丁也乙丙與甲乙若甲丙與甲

丁也。卽甲丁丙角形與甲乙丙全形相似矣。本篇四 依顯甲丁乙角形與甲乙丙全形亦相似也。何者，丙甲乙、甲丁乙兩皆直角，而乙角又同，卽其餘甲丙乙、丁甲乙兩角必等。一卷卅二 甲乙丙、甲丁乙兩形必爲等角形，而等角旁之各兩邊比例必等，故也。依顯甲丁乙、甲丁丙兩角形亦相似也。何者，兩形各與全形相似，卽兩形自相似。

系 從直角作垂線，卽此線爲兩分對邊線比例之中率。五卷十一 而直角旁兩邊各爲對角全邊與同方分邊比例之中率。何者，丙丁與丁甲之比例若丁甲與丁乙也，故丁甲爲丙丁、丁乙兩分邊比例之中率也。又乙丙與丙甲之比例若丙甲與丙丁也，故丙甲爲乙丙、丙丁之中率也。乙丙與乙甲之比例若乙甲與乙丁也，故乙甲爲乙丙、乙丁之中率也。

第九題

一直線求截所取之分。

法曰：甲乙直線求截取三分之一。先從甲任作一甲丙線，爲丙甲乙角。次從甲向丙任作所命分之平度，如甲丁、丁戊、戊己爲三分也。次作己乙直線，末作丁庚線與己乙平行，卽甲庚爲甲乙三分之一。

論曰：甲乙己角形內之丁庚線既與乙己邊平行，卽己丁與丁甲之比例若乙庚與庚甲也。本篇二 合之，己甲與甲丁若乙甲與庚甲也。五卷十八 而甲丁既爲己甲三分之一，卽庚甲亦爲乙甲三分之一也。

注曰：甲乙線欲截取十一分之四。先作甲丙線爲丙甲乙角，從甲向丙任平分十一分至丁。次作丁乙線，末從甲取四分得戊，作戊己線與丁乙平行，卽甲己爲十一分甲乙之四。何者，依上論，丁甲與戊甲之比例若乙甲與己甲也。反之，甲戊與甲丁若甲己與甲乙也。五卷四 甲戊爲十一分甲丁之四，則甲己亦十一分甲乙之四矣。依此可推不盡分之數，蓋四不爲十一之盡分故。

第十題

一直線求截各分如所設之截分。

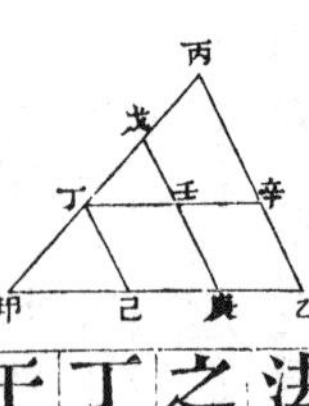

法曰：甲乙線求截各分如所設甲丙任分之丁戊者，謂甲乙所分各分之比例若甲丁、丁戊、戊丙也。先以甲乙、甲丙兩線相聯于甲，任作丙甲乙角，次作丙乙線相聯，末從丁從戊作丁己、戊庚兩線皆與丙乙平行，卽分甲乙

線于己于庚若甲丙之分于丁于戊。

論曰甲丁與丁戊之比例旣若甲己與己庚（本篇二）卽甲己與己庚亦若甲丁與丁戊也更作丁辛線與甲乙平行而分戊庚于壬卽丁戊與戊丙若丁壬與壬辛也亦若等丁壬之己庚（一卷卅四）與等壬辛之庚乙也（本篇二）則己庚與庚乙亦若丁戊與戊丙也。

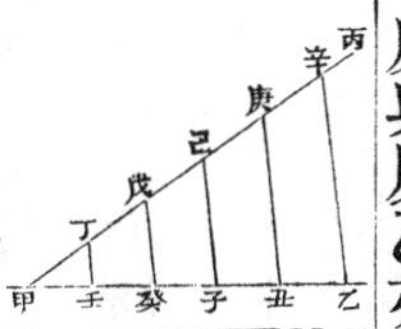

從此題作一用法平分一直線爲若干分。如甲乙線求五平分卽從甲任作甲丙線爲丙甲乙角次從甲向丙任作五平分爲甲丁丁戊戊己己庚庚辛次作辛乙直線相聯末作丁壬戊癸己子庚丑四線皆與辛乙平行卽壬癸子丑分甲乙爲五平分其理依前論推顯。

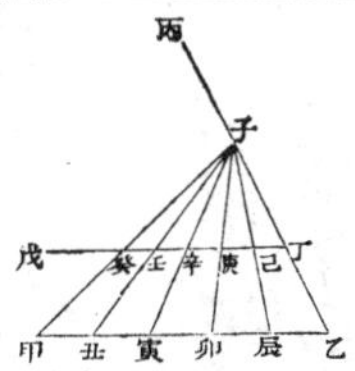

又一簡法如甲乙線求五平分卽從丙任作丙乙線爲丙乙甲角次于乙丙任取一點爲丁作丁戊線與甲乙平行次從丁向戊任作五平分爲丁己己庚庚辛辛壬壬癸而丁癸線令小于甲乙次從甲過癸作甲子線遇乙丙于子末從子作子壬子辛子庚子己四線各引長之而分甲乙于丑于寅于卯于辰爲五平分。

論曰丁戊與甲乙旣平行卽子壬癸與子丑甲兩角子癸壬與子甲丑兩角各等（一卷廿九）而甲子丑同角卽甲子丑癸子壬兩角形相似矣則子癸與癸壬之比例若子甲與甲丑也（本篇四）依顯子壬與壬辛若子丑與丑寅也又癸壬與壬辛等卽子壬與壬癸若子壬與壬辛也（五卷七）則子丑與丑甲亦若子丑與丑寅也而甲丑丑寅兩線等矣（五卷十一）依顯寅卯卯辰辰乙俱與甲丑等則甲乙線爲五平分。

又一簡法如甲乙線求五平分卽從甲從乙作甲丁乙丙兩平行線次從乙任作戊己庚辛四平分次用元度從甲作壬癸子丑四平分末作戊丑己子庚癸辛壬四線相聯卽分甲乙于己于辰于卯于寅爲五平分。

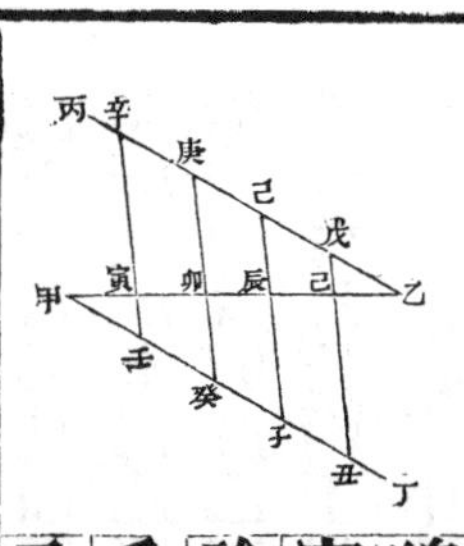

論曰辛庚與壬癸旣平行相等卽辛壬與庚癸亦平行（一卷卅三）依顯己子戊丑俱平行而甲丑旣爲四平分則甲己亦四平分（本題）依顯乙辛旣爲四平分則乙寅亦四平分而通甲乙爲五平分。

又用法先作一器丙丁戊己爲平行線任平分爲若干格每作平行線相聯今欲分甲乙爲五平分卽規取甲乙之度以一角抵戊丙線而一角抵庚辛線如不在庚

辛者卽漸移之令至也既至壬卽戊壬之分為甲乙之分矣

論曰庚癸與子辛既平行相等卽癸子庚辛亦平行相等一卷卅三而丙丁戊己丙諸線俱平行相等戊庚為五平分卽戊壬亦五平分矣本題戊壬之度既與甲乙等卽自戊至壬諸格分甲乙為五平分也如戊丙線上取丑點而甲乙度抵庚辛之外若丑寅卽從庚辛線引長之為庚寅而癸子諸線俱引長之其丑寅仍為五平分如前論若所欲分之線極小則製器宜密令相稱焉

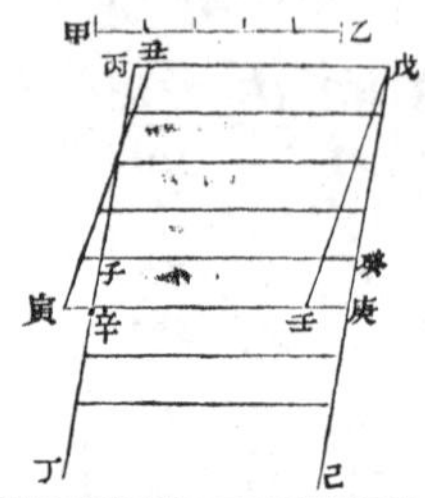

增題有直線求兩分之而兩分之比例若所設兩線之比例

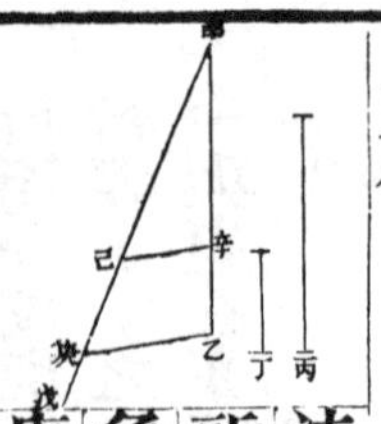

法曰甲乙線求兩分之而兩分之比例若所設丙與丁先從甲任作甲戊線而為甲角次截取甲己與丙等己庚與丁等次作庚乙線聯之末作己辛線與庚乙平行卽分甲乙于辛而甲辛與辛乙之比例若丙與丁說見本篇二

又增題兩直線各三分之各互為兩前兩後率比例等卽兩中率與兩前兩後率各為比例亦等

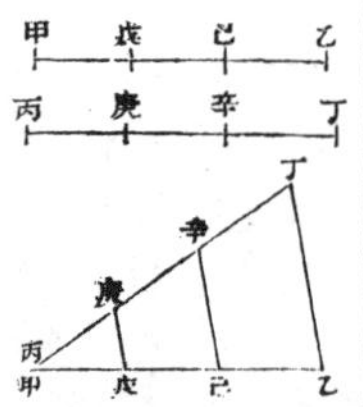

解曰甲乙丙丁兩線各三分之于戊于己于庚于辛各互為兩前兩後率比例等者甲戊與戊乙若丙庚與庚丁甲己與己乙若丙辛與辛丁也題言中率戊己庚辛各與其前後率為比例亦等者甲戊與戊己若丙庚與庚辛己乙與戊己若辛丁與庚辛也

論曰甲戊與戊乙之比例既若丙庚與庚丁卽合之甲乙與戊乙若丙丁與庚丁也而甲己與己乙既若丙辛與辛丁卽合之甲乙與己乙若丙丁與辛丁也又反之己乙與甲乙若辛丁與丙丁也夫己乙與甲乙既若辛丁與丙丁而甲乙與戊乙又若丙丁與庚丁卽平之己乙與戊乙亦若辛丁與庚丁也五卷廿二又轉之戊乙與戊己若庚丁與庚辛也又分之己乙與戊己若辛丁與庚辛也此後解也又甲戊與戊乙既若丙庚與庚丁而戊乙與戊己又若庚丁與庚辛卽平之甲戊與戊己若丙庚與庚辛也此前解也

又簡論曰如後圖聯甲于丙作乙甲丁角次作丁乙辛己庚戊三線相聯其甲戊與戊乙之比例既若丙庚與庚丁卽庚戊與丁乙平行本篇二甲己與己乙既若丙辛

與辛丁。卽辛己與丁乙平行。本篇二而庚戊與辛己亦平行。一卷三十是甲戊與戊己若丙庚與庚辛也。己乙與戊己亦若辛丁與庚辛也。本篇二

第十一題

兩直線求別作一線相與爲連比例

法曰甲乙甲丙兩線求別作一線相與爲連比例者合兩線任作甲角而甲乙與甲丙之比例若甲丙與他線也先于甲乙引長之爲乙丁與甲丙等次作丙乙線相聯次從丁作丁戊線與丙乙平行末于甲丙引長之遇于戊卽丙戊爲所求線。如以甲丙爲前率倣此。

論曰甲丁戊角形內之丙乙線既與戊丁邊平行卽甲乙與乙丁之比例若甲丙與丙戊也。本篇二而乙丁甲丙元等卽甲乙與甲丙若甲丙與丙戊也。五卷七

法曰別有一法以甲乙乙丙兩線列作甲乙丙直角次以甲丙線聯之而甲乙引長之末從丙作丙丁爲甲丙之垂線遇引長線于丁卽乙丁爲所求線。

論曰甲丙丁角形之甲丙丁既爲直角而從直角至甲丁底有丙乙垂線卽丙乙爲甲乙乙丁比例之中率。本篇八之系則甲乙與乙丙若乙丙與乙丁也既從一二得三卽從二三求四以上至于無窮俱倣此。

第十二題

三直線求別作一線相與爲斷比例。

法曰甲乙乙丙甲丁三直線求別作一線相與爲斷比例者謂甲丁與他線之比例若甲乙與乙丙也先以甲乙乙丙作直線爲甲丙次以甲丁線合甲丙任作甲角次作丁乙線相聯次從丙作丙戊線與丁乙平行末自甲丁引長之遇丙戊于戊卽丁戊爲所求線

論曰甲丙戊角形內之丁乙線既與丙戊邊平行卽甲丁與丁戊之比例若甲乙與乙丙。本篇二

第十三題

兩直線求別作一線爲連比例之中率

法曰甲乙乙丙兩直線求別作一線爲中率者謂甲乙與他線之比例若他線與乙丙也先以兩線作一直線爲甲丙次以甲丙兩平分于戊次以戊爲心甲丙爲界作甲丁丙半圜末從乙至圜界作乙丁垂線卽乙丁爲甲乙乙丙之中率

論曰試從丁作丁甲丁丙兩線即甲丁丙爲直角三卷卅一而直角所下乙丁垂線兩分對邊線甲丙其甲乙與乙丁若乙丁與乙丙也本篇八之系則乙丁爲甲乙乙丙之中率

注曰依此題可推凡半圜內之垂線皆爲兩分徑線之中率線如甲乙丙半圜其乙丁爲甲丁丁丙之中率己戊爲甲戊戊丙之中率辛庚爲甲庚庚丙之中率也何者半圜之內從垂線作角皆爲直角三卷卅一故依前論推顯各爲中率也

增題一直線有他直線大于元線二倍以上求分他線爲兩分而以元線爲中率

法曰甲乙線大于甲丙二倍以上求兩分甲乙而以甲丙爲中率先以甲乙甲丙聯爲丙甲乙直角而兩平分甲乙于丁次以丁爲心甲乙爲界作甲戊乙半圜次從丙作丙戊線與甲乙平行而遇半圜界于戊末從戊作戊己垂線而分甲乙于己即戊己爲甲己己乙兩分之中率

論曰試作戊甲戊乙兩線依本題論即戊己爲甲己己乙之中率而甲丙戊己爲平行方形即丙甲與戊己等一卷卅四則丙甲亦甲己己乙之中率也

第十四題二支

兩平行方形等一角又等即等角旁之兩邊爲互相視之邊兩平行方形之一角等而等角旁兩邊爲互相視之邊即兩形等

先解曰甲乙丙辛乙戊己庚兩平行方形等甲乙丙戊乙庚兩角又等題言此兩角各兩旁之兩邊爲互相視之邊者甲乙與乙庚之比例若戊乙與乙丙也

論曰試以兩等角相聯于乙令甲乙乙庚爲一直線其甲乙丙與戊乙庚既等角即戊乙乙丙亦一直線一卷十五增題次從辛丙己庚各引長之遇於丁其辛乙乙己兩平行方形既等即辛乙與乙丁兩形之比例若乙己與乙丁也五卷七而辛乙與乙丁俱在兩平行線之內等高即辛乙與乙丁兩形之比例若其底甲乙與乙庚也本篇一依顯乙己與乙丁兩形亦若其底戊乙與乙丙也則甲乙與乙庚亦若戊乙與乙丙也

後解曰甲乙丙戊乙庚等角兩旁之各兩邊爲互相視之邊者甲乙與乙庚若戊乙與乙丙也題言辛乙乙己兩平行方形等

論曰依上論以兩等角相聯其甲乙與乙庚之比例既若戊乙與乙丙而甲乙與乙庚兩底之比例若平行等高之辛乙與乙丁兩形（本篇一）戊乙與乙丙兩底之比例若平行等高之乙己與乙丁兩形則辛乙與乙丁若乙己與乙丁矣而辛乙乙己兩形安得不等（五卷九）

第十五題二支

相等兩三角形之一角等卽等角旁之各兩邊互相視兩三角形之一角等而等角旁之各兩邊互相視卽兩三角形等

先解曰甲乙丙乙丁戊兩角形等兩乙角又等題言等角旁之各兩邊互相視者謂甲乙與乙戊之比例若丁乙與乙丙也

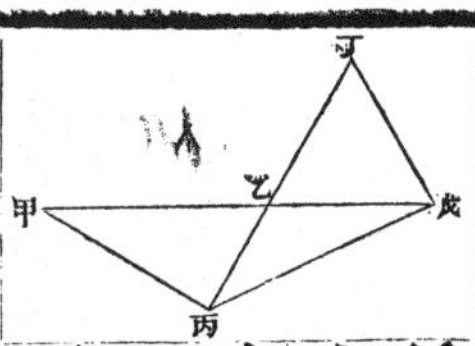

論曰試以兩等角相聯于乙令甲乙乙戊爲一直線其甲乙丙丁乙戊既等角卽丁乙乙丙亦一直線（一卷十五增題）次作丙戊線相聯其甲乙丙乙丁戊兩角形既等卽甲乙丙與乙丙戊之比例若乙丁戊與乙丙戊也（五卷七）夫甲乙丙與乙丙戊兩等高形之比例若其底甲乙與乙戊也而乙丁戊與乙丙戊兩等高形亦若其底丁乙與乙丙也則甲乙與乙戊若丁乙與乙丙

後解曰兩乙角等而乙旁各兩邊甲乙與乙戊之比例若丁乙與乙丙題言甲乙丙乙丁戊兩角形等

論曰依前列兩形令等角旁兩邊各爲一直線其甲乙與乙戊之比例既若丁乙與乙丙而甲乙與乙戊兩底又若其上甲乙丙乙丙戊兩等高角形丁乙與乙丙兩底又若其上乙丁戊乙丙戊兩等高角形則甲乙丙與乙丙戊之比例若乙丁戊與乙丙戊矣而甲乙丙與乙丁戊豈不相等（五卷九）

第十六題二支

四直線爲斷比例卽首尾兩線矩內直角形與中兩線矩內直角形等首尾兩線與中兩線兩矩內直角形等卽四線爲斷比例

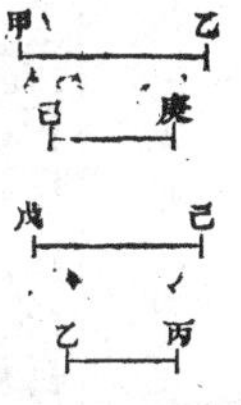

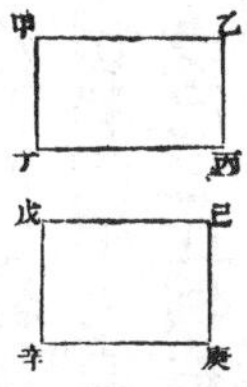

先解曰甲乙己庚戊己乙丙四直線爲斷比例者謂甲乙與己庚若戊己與乙丙也而甲乙丙丁爲甲乙乙丙首尾兩線矩內直角形戊己庚辛爲戊己己庚中兩線矩內直角形題言甲丙戊庚兩形等

論曰兩形之乙與己既等爲直角而甲乙與己庚之比例若戊己與乙丙是乙己等角旁之各兩邊互相視而

甲丙戊庚兩直角形必等。本篇十四

後解曰。甲丙戊庚兩直角形等。題言四線之比例等者。謂甲乙與己庚。若戊己與乙丙也。

論曰。甲丙戊庚兩形之乙與己。既等爲直角。卽等角旁之各兩邊互相視。而甲乙與己庚之比例。若戊己與乙丙也。本篇十四 則四線爲斷比例矣。

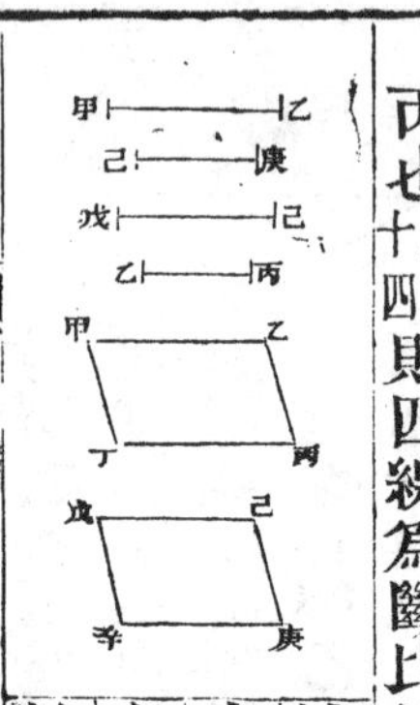

注曰。若平行斜方形而等角。亦同此論。如上圖。

以上二題。卽算家句股法。三數算法所賴也。

第十七題 二支

三直線爲連比例。卽首尾兩線矩內直角形。與中線上直角方形等。首尾線矩內直角形與中線上直角方形等。卽三線爲連比例。

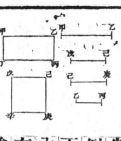

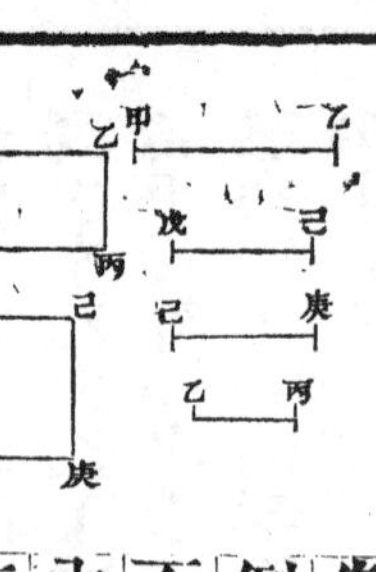

先解曰。甲乙戊己乙丙三線爲連比例者。甲乙與戊己。若戊己與乙丙也。而甲乙丙丁爲甲乙乙丙首尾線矩內直角形。戊己庚辛爲戊己上直角方形。題言甲丙戊庚兩形等。

論曰。試作己庚線與戊己等。卽甲乙乙丙己庚戊己爲比例等。等者。謂甲乙與戊己。若己庚與乙丙也。則戊己己庚矩內直角形。卽戊己上直角方形。與甲乙乙丙首尾線矩內之甲丙形等矣。本篇十六

後解曰。甲丙直角形。與戊庚直角方形等。題言甲乙與戊己之比例。若戊己與乙丙。

論曰。甲丙戊庚既皆直角形。卽甲乙與戊己之比例。若己庚與乙丙也。本篇十六 而己庚與乙丙。亦若等己庚之戊己與乙丙。五卷七 則甲乙與戊己。若戊己與乙丙矣。

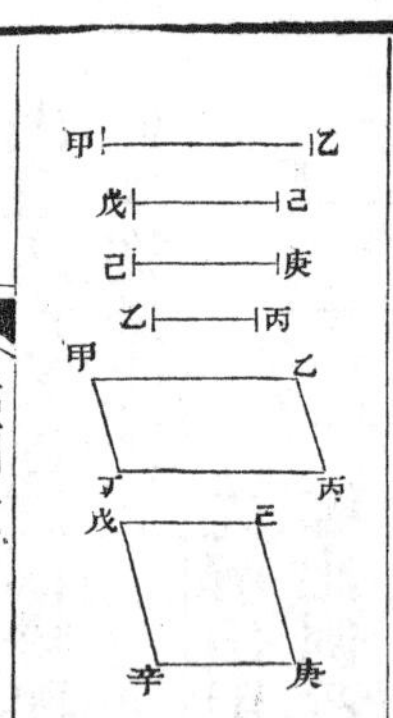

注曰。若平行斜方形而等角。亦同此論。如上圖。

系。凡直線上直角方形。與他兩線所作矩內直角形等。卽此線爲他兩線之中率。何者。依上後論。甲乙乙丙矩內直角形。與戊己上直角方形等。卽可推甲乙與戊己。若戊己與乙丙。而戊己爲甲乙乙丙之中率也。

第十八題

直線上求作直線形。與所設直線形相似而體勢等。

法曰。如甲乙線上。求作直線形。與所設丙丁戊己庚形相似而體勢等。先于設形任從一角。向各對角各作直線。而分本形爲若干角形。如上設形。則從己向丙向丁。

作兩直線而分爲丙丁己丁己戊丙己庚三三角形也次于元線上作乙甲壬甲乙壬兩角與丁丙己丙丁己兩角各等其甲壬乙壬兩線遇于壬卽甲壬乙與丙己丁兩角亦等而甲壬乙與丙己丁兩形爲等角形矣（一卷卌二）次作乙壬辛壬乙辛兩角與丁己戊己丁戊兩角各等其壬辛乙辛兩線遇于辛卽乙辛壬與丁戊己兩角亦等而乙壬辛與丁己戊兩形爲等角形矣末依上作甲壬癸與丙己庚亦爲等角形卽甲乙辛壬癸與丙丁戊己庚兩形等角則相似而體勢等凡設多角形俱倣此

論曰壬甲乙角與己丙丁角旣等而壬甲癸角與己丙庚角又等卽乙甲癸全角與丁丙庚全角等依顯甲乙辛與丙丁戊兩全角亦等而其餘各全角俱等則甲乙辛壬癸與丙丁戊己庚爲等角形矣又甲乙與乙壬之比例旣若丙丁與丁己而乙壬與乙辛亦若丁己與丁戊（本篇四）平之卽甲乙與乙辛亦若丙丁與丁戊也（五卷廿二）則甲乙辛丙丁戊及辛戊角旁各兩邊之比例亦等也（兩形等角卽等角旁各兩邊之比例等見本篇四）又辛壬與壬乙之比例旣若戊己與己丁而壬乙與壬甲亦若己丁與己丙壬甲與壬癸亦若己丙與己庚平之卽辛壬與壬癸亦若戊己與己庚也（五卷廿二）則辛壬癸戊己庚兩等角旁各兩邊之比例等也依顯餘角俱如是則兩形爲等角形而各等角旁各兩邊之比例俱等是兩形相似而體勢等

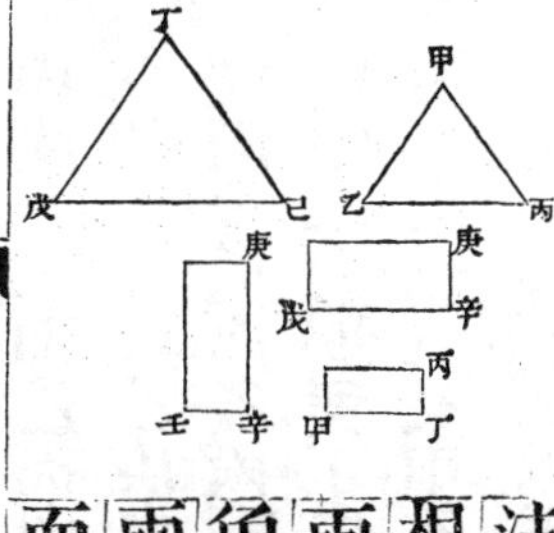

注曰凡線上形相當之各角等卽形相似而體勢等如上甲乙丙丁戊己兩角形其乙丙戊己線上之乙角丙角與戊角己角相當相等者是也若兩形在乙丙丁戊兩線上則雖相似而體勢不等又如上甲丙戊庚兩直角形其甲丁與丁丙之比例若戊辛與辛庚而餘邊之比例俱等亦形相似而體勢等若甲丙壬庚兩直角形雖角旁比例等而在丁丙庚辛線上不相當則體勢不等

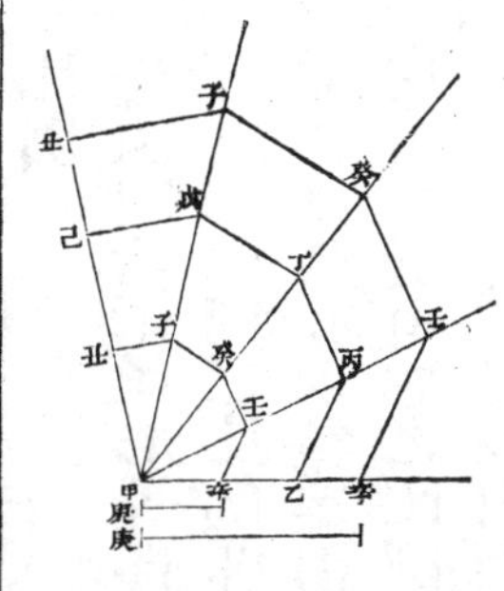

增作本題別有一簡法如設甲乙丙丁戊己直線形求于庚線上作直線形與相似而體勢等先于甲角旁之甲乙甲己兩線任引出之爲甲辛甲丑次從甲向各角各任作直線爲甲壬甲

癸甲子次于甲乙線上截取甲辛與庚線等末從辛作辛壬線與乙丙平行作壬癸與丙丁癸子與丁戊子丑與戊己各平行卽所求

論曰兩形之甲角既同甲乙丙甲己戊兩角與甲辛壬甲丑子兩角各等（一卷廿九）而甲丙乙甲丙丁兩角與甲壬辛甲壬癸兩角各等卽乙丙丁與辛壬癸兩全角亦等依顯丙丁戊丁戊己與壬癸子癸子丑各全角各等則甲乙丙丁戊己與甲辛壬癸子丑兩直線形爲等角形矣又甲辛壬甲壬癸甲癸子甲子丑四三角形與甲乙丙甲丙丁甲丁戊甲戊己四三角形各相似（本篇四之系）卽甲乙與乙丙之比例若甲辛與辛壬也而乙丙與丙甲若辛壬與壬甲也丙甲與丙丁若壬甲與壬癸也平之則乙丙與丙丁亦若辛壬與壬癸也依顯餘邊俱如是則兩形相似而體勢等也

第十九題

相似三角形之比例爲其相似邊再加之比例

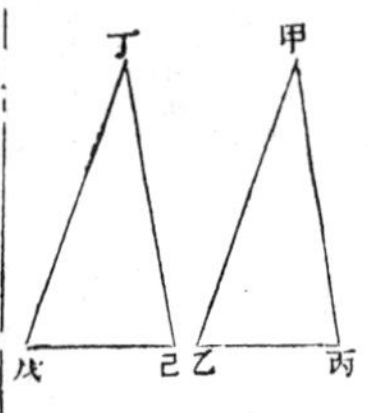

解曰如甲乙丙丁戊己兩角形等角其乙與戊丙與己相當之角各等而甲乙與乙丙之比例若丁戊與戊己題言兩形之比例爲乙丙與戊己兩邊再加之比例

先論曰若兩角形等卽乙丙與戊己兩邊亦等而各兩等邊爲相同之比例卽兩形亦相同之比例就令作再加之比例亦未免爲相同之比例則相等之兩形卽可爲兩等邊再加之比例矣

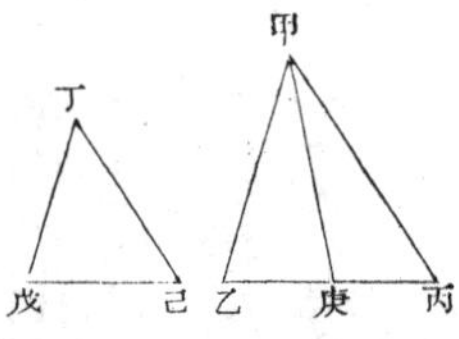

後論曰若乙丙邊大于戊己邊卽于乙丙線上截取乙庚爲連比例之第三率令乙丙與戊己之比例若戊己與乙庚也（本篇十一）次作甲庚直線其甲乙與乙丙之比例若丁戊與戊己更之卽甲乙與丁戊若乙丙與戊己也而乙丙與戊己若戊己與乙庚則甲乙與丁戊若戊己與乙庚也夫甲乙庚與丁戊己兩角形有乙戊兩等角而各兩旁之兩邊又互相視（本篇十五）卽兩形等則甲乙丙形與丁戊己形之比例若甲乙丙形與甲乙庚形矣（五卷七）又甲乙丙與甲乙庚兩等高角形之比例若乙丙底與乙庚底（本篇一）則甲乙丙形與丁戊己形之比例亦若乙丙底與乙庚底也既乙丙戊己乙庚三線爲連比例則一乙丙與三乙庚之比例爲一乙丙與二戊己再加之比例矣是甲乙丙與丁戊己兩形之比例爲乙丙與戊己再加之比例也

系依本題可顯凡三直線爲連比例即第一線上角形與第二線上角形之比例若第一線與第三線之比例如上甲乙丙三直線爲連比例其甲與乙上各有角形相似而體勢等則一甲線與三丙線之比例若甲形與乙形也何者甲線與丙線之比例爲甲線與乙線再加之比例而甲形與乙形之比例亦甲線與乙線再加之比例則甲形與乙形之比例若甲線與丙線矣依顯二乙上角形與三丙上角形相似而體勢等則二乙形與三丙形之比例若一甲線與三丙線

第二十題 三支

以三角形分相似之多邊直線形則分數必等而相當之各三角形各相似其各相當兩三角形之比例若兩元形之比例其元形之比例爲兩相似邊再加之比例

先解曰此甲乙丙丁戊彼己庚辛壬癸兩多邊直線形其乙甲戊庚己癸兩角等餘相當之各角俱等而各等角旁各兩邊之比例各等題先言各以角形分之其角形之分數必等而相當之各角形各相似

論曰試從乙甲戊庚己癸兩角向各對角俱作直線爲甲丙甲丁己辛己壬其元形既相似即角數等而所分角形之數亦等又乙角既與庚角等而角旁各兩邊之比例亦等即甲乙丙與己庚辛兩角形必相似六本篇乙甲丙與庚己辛兩角甲丙乙與己辛庚兩角各等而各等角旁各兩邊之比例各等四本篇依顯甲戊丁己癸壬兩角形亦相似又甲丙與丙乙之比例既若己辛與辛庚而丙乙與丙丁若辛庚與辛壬兩元形相似故平之即甲丙與丙丁若己辛與辛壬也廿二五卷又乙丙丁角既與庚辛壬角等而各減一相等之甲丙乙角己辛庚角即所存甲丙丁角與己辛壬角必等則甲丙丁與己辛壬兩角形亦等角形亦相似矣六本篇

次解曰題又言各相當角形之比例若兩元形之比例

論曰甲乙丙己庚辛兩角形既相似即兩形之比例爲甲丙己辛兩相似邊再加之比例十九本篇依顯甲丙丁己辛壬之比例亦爲甲丙己辛再加之比例則甲乙丙與己庚辛兩角形之比例若甲丙丁與己辛壬兩角形之比例依顯甲丁戊與己壬癸之比例亦若甲丙丁與己辛壬之比例則此形中諸角形之比例若彼形中諸角形之比例此諸形爲前率彼諸形爲後率而一前與一

後之比例，又若并前與并後之比例（五卷十二），卽此一角形與相當彼一角形之比例，若此元形與彼元形之比例矣。

後解曰：題又言兩多邊元形之比例，爲兩相似邊再加之比例。

論曰：甲乙丙與己庚辛兩角形之比例，既若甲乙丙丁戊與己庚辛壬癸兩多邊形之比例，而甲乙丙與己庚辛兩形之比例，爲甲乙、己庚兩相似邊再加之比例（本篇十九），則兩元形亦爲甲乙、己庚再加之比例。

增題：此直線倍大于彼直線，則此線上方形與彼線上方形爲四倍大之比例；若此方形與彼方形爲四倍大之比例，則此方形邊與彼方形邊爲二倍大之比例。

先解曰：甲線倍乙線，題言甲上方形與乙上方形爲四倍大之比例。

論曰：凡直角方形俱相似（本卷界說一），依本題論，則甲方形與乙方形之比例，爲甲線與乙線再加之比例，甲線與乙線既爲倍大之比例，則兩方形爲四倍大之比例矣。何者？四倍大之比例，爲二倍大再加之比例，若一、二、四爲連比例故也。

後解曰：若甲上方形與乙上方形爲四倍大之比例，題言甲邊與乙邊爲二倍大之比例。

論曰：兩方形四倍大之比例，既爲兩邊再加之比例，則甲邊二倍大于乙邊。

系：依此題，可顯三直線爲連比例，如甲、乙、丙，則第一線上多邊形與第二線上相似多邊形之比例，若第一線與第三線之比例。

此系與本篇第十九題之系同論。

第二十一題

兩直線形各與他直線形相似，則自相似。

解曰：甲乙丙、丁戊己兩直線形，各與庚辛壬形相似，題言兩形亦自相似。

論曰：甲乙丙形之各角，既與庚辛壬形之各角等，而丁戊己形之各角，亦與庚辛壬形之各角等，卽兩形之各角自相等（公論一）。兩形之各角既等，則甲乙丙形與庚辛壬形各等角旁各邊之比例等（五卷十一），而丁戊己形與庚辛壬形各等角旁各邊之比例亦等也，是甲乙丙形與丁戊己形各等角旁各邊之比例亦等也。各角既等，各邊之比例又等，卽兩形定相似矣（本卷界說一）。

第二十二題（二支）

四直線爲斷比例則兩比例線上各任作自相似之直線形亦爲斷比例兩比例線上各任作自相似之直線形爲斷比例則四直線亦爲斷比例

先解曰甲乙丙丁戊己庚辛四直線爲斷比例者甲乙與丙丁若戊己與庚辛也今于甲乙丙丁上各任作直線形自相似如甲乙壬丙丁癸于戊己庚辛上各任作直線形自相似如戊己丑子庚辛卯寅題言四形亦爲斷比例者謂甲乙壬與丙丁癸若戊丑與庚卯也

論曰試以甲乙丙丁兩線求其連比例之末率線爲辰（本篇十一）次以戊己庚辛兩線求其連比例之末率線爲巳平之即甲乙與辰之比例若戊己與巳也（五卷廿二）夫甲乙壬與丙丁癸兩相似形之比例若甲乙線與辰線（本篇十九及廿之系）而戊丑與庚卯兩相似形之比例若戊己線與巳線則甲乙壬與丙丁癸之比例亦若戊丑與庚卯矣（五卷十一）

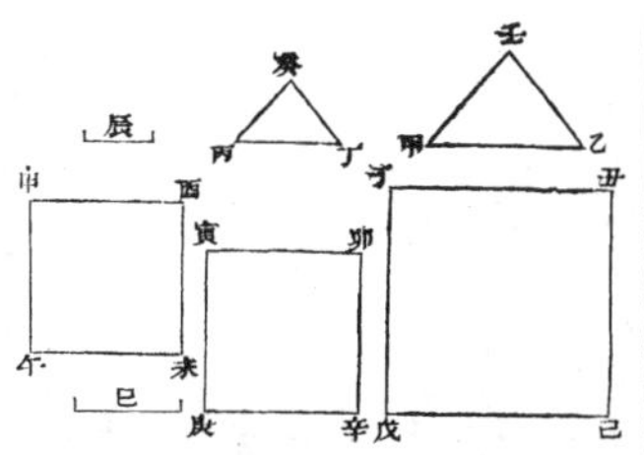

後解曰如前四形爲斷比例題言甲乙丙丁戊己庚辛四線亦爲斷比例

論曰試以甲乙丙丁戊己三線求其斷比例之末率線爲午未（本篇十二）次于午未上作直線形與戊丑相似而體勢等爲午未酉申（本篇十八）午酉與戊丑相似即與庚卯亦相似而甲乙與丙丁之比例既若戊己與午未依上論即甲乙壬與丙丁癸兩形之比例若戊丑與午酉矣夫甲乙壬與丙丁癸之比例元若戊丑與庚卯則戊丑與午酉亦若戊丑與庚卯也（五卷十一）而午酉與庚卯等也（五卷九）午酉與庚卯既等又相似而體勢等即兩形必在等線之上而庚辛與午未必等（見下補論）則戊己與午未之比例若戊己與庚辛也而戊己與午未元若甲乙與丙丁則甲乙與丙丁亦若戊己與庚辛也

補論曰庚卯午酉兩直線形相等相似而體勢等即在等線之上者何也蓋庚辛與午未若云不等者或言庚辛大於午未也則辛卯宜亦大於未酉矣（五卷十四）而庚卯形宜亦大于午酉形矣何先設兩形等也言小倣此（補論者前此未著而論中無他論可徵故別作一論以足未備）

又補論曰甲乙丙丁戊己兩直線形相等相似而體勢等即相似邊如甲乙與丁戊必等者何也蓋云不等者或言甲乙大于丁戊也即令以甲乙丁戊兩線求其連比例之末率線爲庚（本篇十一）其甲乙與丁戊既若丁戊與庚而甲乙大于

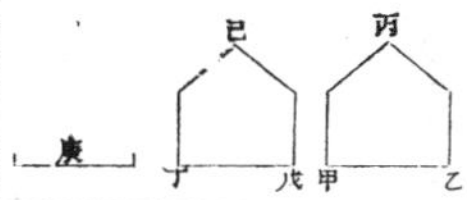

丁戊卽丁戊宜大于庚卽甲乙宜更大于庚矣然甲乙
與庚之比例若甲乙丙形與丁戊己形本篇十九及廿之系甲乙
旣大于庚則甲乙丙宜大于丁戊己何先設兩形等也
是甲乙不能大于丁戊矣言小倣此

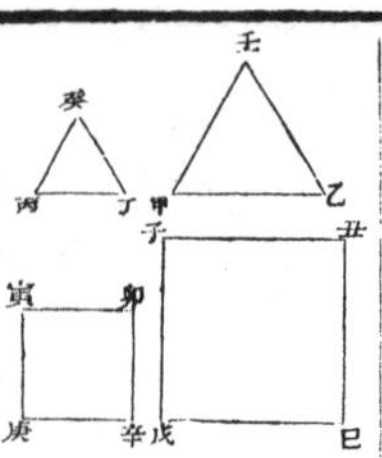

增論曰本題別有簡論今先顯四線之比例等而甲乙壬與丙丁癸兩形之比例若戊丑與庚卯兩形者葢甲乙與丙丁之比例若戊己與庚辛而甲乙壬與丙丁癸之比例爲甲乙與丙丁再加之比例本篇廿九戊丑與庚卯之比例亦爲戊己與庚辛再加之比例是甲乙壬與丙丁癸若戊丑與庚卯也

次增論曰今顯四形之比例等而甲乙與丙丁兩線之比例若戊己與庚辛兩線者葢甲乙壬與丙丁癸之比例若戊丑與庚卯而甲乙壬與丙丁癸之比例爲甲乙與丙丁再加之比例若戊丑與庚卯爲戊己與庚辛再加之比例本篇十九則甲乙與丙丁之比例若戊己與庚辛矣

第二十三題

等角兩平行方形之比例以兩形之各兩邊兩比例相結

解曰甲丙丙己兩平行方形之乙丙丁戊丙庚兩角等題言兩形之比例以各等角旁各兩邊之比例相結者謂兩比例之前率在此形兩比例之後率在彼形如甲丙與丙己之比例以乙丙與丙庚偕丁丙與丙戊相結也或以乙丙與丙戊偕丁丙與丙庚相結也

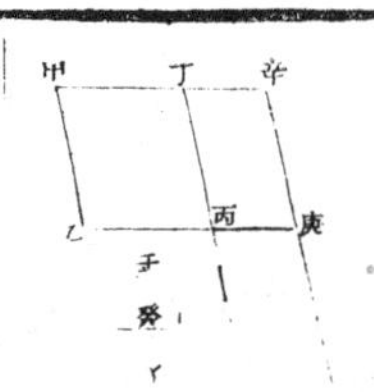

論曰試以兩等角相聯于丙而乙丙丙庚作一直線其乙丙丁角旣與戊丙庚角等卽戊丙丙丁亦一直線一卷十五增次于甲丁己庚各引長之遇于辛次任作一壬線次以乙丙丙庚壬三線求其斷比例之末率線爲癸本篇十二末以丁丙丙戊癸三線求其斷比例之末率線爲子其乙丙與丙庚兩底之比例旣若甲丙與丙辛兩形本篇一而乙丙與丙庚亦若壬與癸則甲丙與丙辛亦若壬與癸也五卷十一依顯丙辛與丙己亦若癸與子也平之卽甲丙與丙己若壬與子也五卷廿二夫壬與子之比例元以壬與癸癸與子兩比例相結本卷界說五而壬與癸癸與子元若乙丙與丙庚丁丙與丙戊則甲丙與丙己之比例以乙丙與丙庚偕丁丙與丙戊兩比例相結也其以乙丙與丙戊偕丁丙與丙庚相結則先以乙丙丙戊爲一直線可依上推顯

後注曰此不同理之比例也兩形不相似本篇十九又不

相等之形也等角旁各兩邊不互相視本篇十四故必用相結之理必須借象之術其法假虛形實所以通比例之窮也以數明之乙丙六十丙庚二十壬三求得癸一丁丙四十丙戊八十癸一求得子二即甲丙之實二千四百與丙己之實一千六百若壬三與子二爲等帶半之比例也其曰壬與癸癸與子兩比例相結者壬三倍大于癸癸反二倍大于子反二倍者癸得子之半三乘半得一五則壬與子爲等帶半之比例也其曰借象者乙丙與丙庚丁丙與丙戊二比例既不同理又異中率故借壬與癸癸與子同中率而不同理之二比例以爲象本卷界說五初作壬與癸若乙丙與丙庚次作癸與子若丁丙與丙戊本篇十二則癸爲前率之後又爲後率之前是爲壬子首尾兩率之樞紐令相象之丙庚丁丙亦化兩率爲一率爲乙丙丙戊首尾兩率之樞紐因以兩比例相結爲首尾兩率之比例雖不能使三率爲同理之兩比例而合爲一連比例亦能使兩不同理之比例首尾合而爲一比例矣自三以上可倣此相借以至無窮也本卷界說五

第二十四題

平行線方形之兩角線方形自相似亦與全形相似

解曰甲乙丙丁平行方形作甲丙對角線任作戊己庚辛兩線與丁丙乙丙平行而與對角線交相遇于壬題言戊庚己辛兩角線方形自相似亦與全形相似

論曰試依一卷廿九題推顯兩角線形等角又庚甲戊與乙甲丁同角而甲戊壬外角與甲丁丙內角等甲庚壬外角與甲乙丙內角等戊壬庚外角與乙己壬內角等乙己壬外角又與乙丙丁內角等則戊庚形與甲丙全形等角矣依顯己辛形亦與全形等角矣今欲顯兩形與全形相似者試觀甲庚壬與甲乙丙兩角形甲戊壬與甲丁丙兩角形既各等角一卷廿九可推仍見本篇四之系即甲乙與乙丙之比例若甲庚與庚壬而庚乙兩角形旁各兩邊之比例等也六卷四又乙丙與丙甲之比例若庚壬與壬甲丙甲與丙丁之比例若壬甲與壬戊平之即乙丙與丙丁若庚壬與壬戊也五卷廿二則乙丙丁庚壬戊兩角旁各兩邊之比例等也依顯各角旁各兩邊之比例皆等是兩角線方形自相似亦與全形相似

第二十五題

兩直線形求作他直線形與一形相似與一形相等

法曰甲乙兩直線形求作他直線形與甲相似與乙相

等先于求相似之甲形任取一邊如丙丁于丙丁邊上作平行方形與甲等爲丙戊一卷四四四五次于丁戊邊上作平行方形與乙等而戊丁庚角與丁丙己角等爲丁辛其丙丁庚己戊辛俱爲直線也一卷四五可推次作一壬癸線爲丙丁丁庚之中率本篇十三末于壬癸上作子形與甲相似而體勢等本篇十八卽子形與乙等

論曰丙丁壬癸丁庚三線既爲連比例卽依本篇二十題系可顯一丙丁與三丁庚之比例若一丙丁上之甲與二壬癸上之子兩形相似而體勢等者之比例也又丙丁與丁庚之比例若丙戊與丁辛兩等高平行方形之比例也本篇一則丙戊與丁辛若甲與子矣夫丙戊與丁辛元若甲與乙也丙戊與甲等丁辛與乙等則甲與乙之比例若甲與子也五卷十一而乙形與子形等矣五卷九

第二十六題

平行方形之內減一平行方形其減形與元形相似而體勢等又一角同則減形必依元形之對角線

解曰乙丁平行方形之內減戊庚平行方形元形減形相似而體勢等又戊甲庚同角題言戊庚形必依乙丁形之對角線

論曰試作甲己己丙對角兩線若兩線爲一直線卽顯戊庚形依甲丙對角線矣如云甲己己丙非一直線令別作元形之對角線而分戊己邊于辛卽作辛壬線與己庚平行其乙丁戊壬兩平行方形既同依甲辛丙一直對角線則宜相似而體勢等矣本篇廿四是乙甲與甲丁之比例宜若戊甲與甲壬也夫乙甲與甲丁元若戊甲與甲庚元設形相似而體勢等今若所云則戊甲與甲庚亦若戊甲與甲壬矣五卷十一而甲壬分與甲庚全亦等矣五卷九可乎若云甲辛丙分己庚于辛卽令作辛壬與己戊平行依前論駁之

第二十七題

凡依直線之有闕平行方形不滿線者其闕形與半線上之闕形相似而體勢等則半線上似闕形之有闕依形必大于此有闕依形

解曰甲乙線平分于丙于半線丙乙上任作丙丁戊乙平行方形其對角線乙丁次作甲乙戊辛滿元線平行方形卽甲丁爲甲丙半線上之有闕依形丙戊爲丙乙

半線上之闕形。本卷界說六 此兩形相等相似體勢又等題言甲乙線上凡作有闕依形不滿線者其闕形與丙戊相似而體勢等即甲丙半線上之甲丁有闕依形必大于此有闕依形。

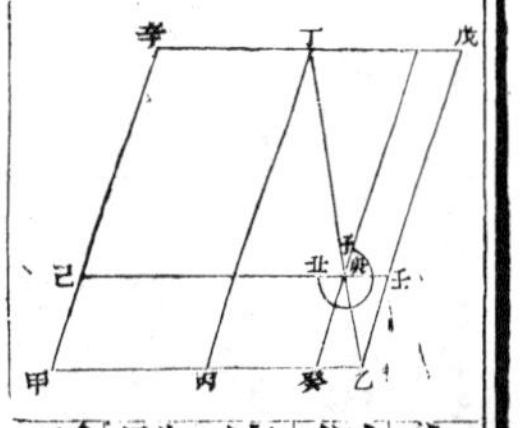

論曰試于乙丁對角線上任取一點爲庚從庚作己庚壬線庚癸線與甲乙乙戊各平行即得甲庚爲依甲乙元線之有闕平行方形而癸壬爲其闕形此癸壬闕形既依乙丁對角線則與丙戊闕形相似而體勢等本篇廿四夫丙庚庚戊兩餘方形既等一卷四三若每加一癸壬角線方形即丙壬與癸戊亦等也又丙壬與丙己俱在兩平行線內底等即兩形等一卷三六而丙己與癸戊兩形亦等若每加一丙庚形是甲庚平行方形與子丑磬折形亦等也丙戊平行方形函子丑磬折形之外尚有庚丁形則丙戊形必大于子丑磬折形而等丙戊之甲丁形。丙戊甲丁同在兩平行線內又等底故見一卷三六必大于等磬折形之甲庚形矣。依顯凡依乙丁對角線作形與丙戊相似者其有闕依形俱小于甲丁也爲其必有庚丁之較故也。

又論甲丁必大於甲庚曰己丁丁壬兩平行方形同在兩平行線內又底等即兩形等一卷卅六而庚戊爲丁壬之分則丁壬大于庚戊較餘一庚丁形其大于丙庚亦如之庚戊丙庚兩餘方形等故見一卷四三 即等丁壬之己丁形其大于丙庚亦較餘一庚丁形也次每加一丙己形則甲丁必大于甲庚矣。

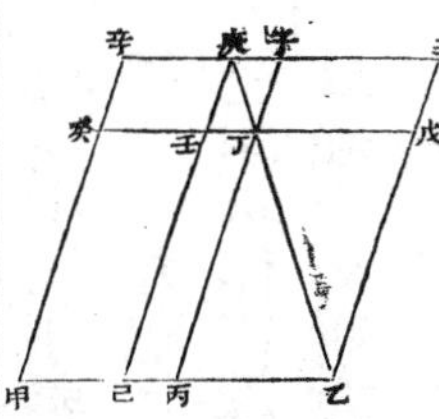

又解曰若庚點在丙戊形外即引乙丁對角線至庚從庚作辛丑線與癸戊平行次引甲癸線至辛引乙戊線至丑而與辛丑線遇于辛于丑末作庚己線與辛甲平行即得甲庚爲依甲乙元線之有闕平行方形又得己丑與丙戊相似而體勢等者兩形同依乙庚對角線故見本篇廿四 爲其闕形也題言甲丁形亦大于甲庚形。

論曰試于丙丁線引出之至子即辛子子丑兩線等一卷卅四而辛丁丁丑兩形亦等一卷卅六其丁丑己丁兩餘方形既等即己丁與辛丁亦等夫辛丁大于辛壬既較餘一庚丁形則己丁之大于辛壬亦較餘一庚丁形也此兩率者每加一甲壬平行方形則甲丁大于甲庚者亦較餘一庚丁形矣依顯凡乙丁對角線引出丙戊形外依而作形與丙戊相似者其有闕依形俱小于甲丁也爲其必有庚丁之較故也。

第二十八題

一直線求作依線之有闕平行方形與所設直線形等而其闕形與所設平行方形相似其所設直線形不大于半線上所作平行方形與所設平行方形相似者

法曰甲乙線求作依線之有闕平行方形與所設直線形丙等而其闕形與所設平行方形丁相似先以甲乙線兩平分于戊次于戊乙半線上作戊己庚乙平行方形與丁相似而體勢等（本篇十八）次作甲辛庚乙滿元線平行方形若甲己平行方形與丙等者（本篇廿五）即得所求矣若甲己大于丙者（題言甲己小即不可作見本篇廿七）即等甲己之戊庚亦大于丙也則尋戊庚之大于丙幾何假令其較爲壬（兩直線形不等相減之較法見一卷四五增）即作癸子丑寅平行方形與壬等又與戊庚形相似而體勢等（本篇廿五）則戊庚平行方形與丙直線形及癸丑平行方形并等而戊庚必大于癸丑矣夫戊庚與癸丑既相似即戊己與己庚兩邊之比例若寅癸與癸子也而戊庚既大于癸丑即戊己己庚兩邊亦大于寅癸癸子也次截取己巳己卯與癸子癸寅等而作己巳辰卯平行方形必與癸丑形相等相似而體勢等矣又卯巳形既與戊庚相似而體勢等必同依乙己對角線也（本篇廿六）次于巳辰線引出抵甲乙元線于卯辰兩界各引出作午未線即甲辰爲依甲乙線之有闕平行方形與丙等而其闕形乙辰與戊庚相似（本篇廿四）即亦與丁相似

論曰辰庚與辰戊兩餘方形既等（一卷四三）每加一乙辰角線方形即乙巳與戊午亦等而與等戊午之戊未亦等（戊午戊未同在平行線內又底等故見一卷卅六）乙巳與戊未既等又每加一戊辰方形即甲辰平行方形與申酉磬折形亦等矣夫申酉磬折形爲戊庚形之分而戊庚與丙及癸丑等戊庚所截去之卯巳又與癸丑等則申酉磬折形與丙等也而甲辰亦與丙等也

第二十九題

一直線求作依線之帶餘平行方形與所設直線形等而其餘形與所設平行方形相似

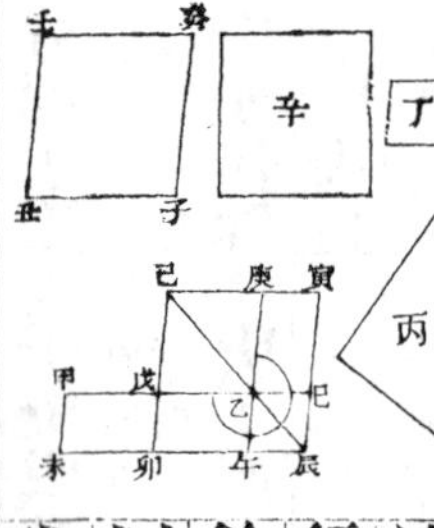

法曰甲乙線求作依線之帶餘平行方形與所設直線形丙等而其餘形與所設平行方形丁相似先以甲乙線兩平分于戊次于戊乙半線上作戊己庚乙平行方形與

丁相似而體勢等。本篇十八次別作一平行方形與丙及戊庚并等爲辛。二卷十四次別作一平行方形與辛等。又與丁相似而體勢等爲壬癸子丑。本篇廿五其丑癸既與辛等。即大于戊庚。而丑癸既與戊庚相似。即丑壬與壬癸兩邊之比例若戊己與己庚也。而丑壬與壬癸兩線必大于戊己與己庚也。若等或小。即丑癸不大于戊庚。次于己戊引之至卯。與壬丑等。于己庚引之至寅。與壬癸等。而作卯寅平行方形。即卯寅與丑癸同依辰己對角線而等。本篇廿六又與戊庚相似而體勢等矣。次于甲乙引之至巳。庚乙引之至午。于午卯引之至未。末作甲未線與己卯平行。即得甲辰帶餘平行方形。依甲乙線與丙等。而巳午爲其餘形。與戊庚相似而體勢等。本篇廿四即與丁相似而體勢等。

論曰。甲卯戊午兩形既等。一卷卌六戊午與乙寅兩餘方形又等。一卷四三則甲卯與乙寅亦等矣。而每加一卯巳形。則甲辰平行方形與戊辰庚磬折形亦等矣。夫戊辰庚磬折形元與丙等。丑癸即卯寅。與丙及戊庚并等。每減一戊庚。即磬折形與丙等。即甲辰亦與丙等。

第三十題

一直線。求作理分中末線。

法曰。甲乙線求理分中末。先于元線作甲乙丙丁直角方形。次依丁甲邊作丁己帶餘平行方形。與甲丙直角方形等。而甲己爲其餘形。又與甲丙形相似。本篇廿九即甲己亦直角方形矣。惟直角方形恆與直角方形相似。則戊己線分甲乙于辛。爲理分中末線也。本卷界說三

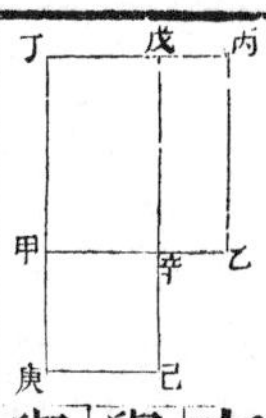

論曰。丁己與甲丙兩形既等。每減一甲戊形。即所存甲己辛丙兩形亦等矣。此兩形之甲辛己戊辛乙兩角既等。兩皆直角故。即兩角旁之各兩邊線爲互相視之線也。本篇十四而等戊辛之甲乙線與等辛己之甲辛線。其爲比例。若甲辛與辛乙也。是甲辛乙線爲理分中末也。

又論曰。甲乙甲辛辛乙凡三線。而第一第三矩內之辛丙直角形與第二甲辛上直角方形等。即三線爲連比例。本篇十七而甲乙與甲辛。若甲辛與辛乙矣。

又法曰。甲乙線求分于丙。而甲乙偕丙乙矩內直角形與甲丙上直角方形等。二卷十一即甲乙之分于丙爲理分中末線。蓋甲乙甲丙丙乙三線爲連比例。故。本篇十七

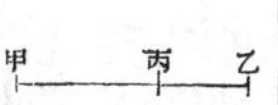

第三十一題

三邊直角形之對直角邊上一形。與直角旁邊上兩形。若相似而體勢等。則一形與兩形并等。

解曰：甲乙丙三邊直角形，乙甲丙爲直角。于乙丙上任作直線形爲乙丙丁戊，次于甲乙、甲丙上亦作甲乙己庚、甲丙壬辛兩形，與乙丁形相似而體勢等。本篇十八題言乙丁形與乙庚、丙辛兩形并等。

論曰：試從甲作甲癸爲乙丙之垂線，依本篇第八題之系，卽乙丙與丙甲兩邊之比例，若丙甲與丙癸兩邊，則一乙丙邊與三丙癸邊之比例，若一乙丙上之乙丁形與二甲丙上之丙辛形也。本篇十九二十之系。或反之，則丙癸與乙丙兩邊之比例，若丙辛與乙丁兩形也。依顯乙癸與乙丙兩邊之比例，若乙庚與乙丁兩形也。乙丙、乙甲、乙癸三邊爲連比例，故見本篇八之系。夫一丙癸與二乙丙之比例，既若三丙辛與四乙丁，而五乙癸與二乙丙之比例，亦若六乙庚與四乙丁，則一丙癸五乙癸并與二乙丙之比例，若三丙辛六乙庚并與四乙丁也。既一丙癸五乙癸并與二乙丙等，則三丙辛六乙庚并與四乙丁亦等。五卷廿四

又論曰：甲乙丙與癸甲丙兩角形既相似，而甲乙丙角形其乙丙與丙甲之比例，若癸甲丙角形之丙甲與丙癸，本篇八卽乙丙與丙甲兩邊相似，則癸甲丙與甲乙丙兩角形之比例，爲丙甲與乙丙再加之比例。本篇十九而丙辛與乙丁兩形之比例，亦爲丙甲與乙丙再加之比例。本篇十九二十則癸甲丙與甲乙丙兩角形之比例，若丙辛與乙丁兩形也。五卷十一依顯癸乙甲與甲乙丙兩角形之比例，若乙庚與乙丁兩形也。是一甲癸丙與二甲乙丙之比例，若三丙辛與四乙丁也；而五癸乙甲與二甲乙丙之比例，若六乙庚與四乙丁也。卽一甲癸丙五癸乙甲并與二甲乙丙之比例，若三丙辛六乙庚并與四乙丁也。五卷廿四既一甲癸丙五癸乙甲并與二甲乙丙等，則三丙辛六乙庚并與四乙丁亦等。

又論曰：一甲丙上直角方形與二乙丙上直角方形之比例，若三丙辛形與四乙丁形。此兩率之比例皆甲丙與乙丙再加之比例，見本篇十九二十。又五甲乙上直角方形與二乙丙上直角方形之比例，若六乙庚形與四乙丁形，卽一甲丙上五甲乙上兩直角方形并與二乙丙上直角方形之比例，若三丙辛六乙庚兩形并與四乙丁形。五卷廿四既甲丙、甲乙上兩直角方形并與乙丙上直角方形等，一卷四七則丙辛、乙庚兩形并與乙丁形等。

增題：角形之一邊上一形，與餘兩邊上兩形相似而體勢等者，其一形與兩形并等，則餘兩邊內角必直角。

解曰甲乙丙角形于乙丙上任作一直線形與甲乙甲丙上兩形相似而體勢等其一形與兩形幷等題言乙甲丙必直角

論曰試作甲丁爲甲丙之垂線與甲乙等次作丁丙線其丙甲丁旣直角卽于丁丙上作一形與乙丙上形相似其丁丙上形與丁甲甲丙上相似而體勢等之兩形幷等矣本題又甲丁與甲乙等其上兩形亦等卽丁丙上形與甲乙甲丙上兩形幷亦等而乙丙上形元與甲乙甲丙上兩形幷等則丁丙乙丙上兩形亦等而丁丙與乙丙兩線亦等本篇廿二補論夫甲丙丁角形之甲丁與甲乙丙角形之甲乙等甲丙同邊其底乙丙丁丙又等卽丁甲丙與乙甲丙兩角必等丁甲丙旣直角則乙甲丙亦直角

第三十二題

兩三角形此形之兩邊與彼形之兩邊相似而平置兩形成一外角若各相似之各兩邊各平行則其餘各一邊相聯爲一直線

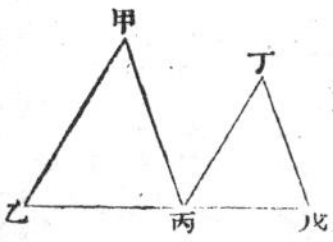

解曰甲乙丙丁丙戊兩角形其甲乙甲丙邊與丁丙丁戊邊相似者謂甲乙與甲丙之比例若丁丙與丁戊也試平置兩形令相切成一甲丙丁外角而甲乙與丁丙甲丙與丁戊各相似之兩邊各平行題言乙丙丙戊爲一直線

論曰甲乙與丁丙旣平行卽甲角與丙相對之甲丙丁等一卷廿九依顯丁角亦與丙相對之甲丙丁等則甲丁兩角等而甲乙丙與丁丙戊兩角形之甲丁兩角旁各兩邊比例又等卽兩形爲等角形而乙角與丁丙戊角必等本篇六次于乙角加甲角于丁丙戊角加等甲之甲丙丁角卽乙甲兩角幷與甲丙丁丁丙戊兩角幷之甲丙戊角等次每加一甲丙乙角卽甲乙丙形之內三角幷與甲丙乙甲丙戊兩角幷等夫甲乙丙形之內三角等兩直角一卷卅二則甲丙乙甲丙戊幷亦等兩直角而乙戊爲一直線一卷十四

第三十三題三支

等圜之乘圜分角或在心或在界其各相當兩乘圜角之比例皆若所乘兩圜分之比例而兩分圜形之比例亦若所乘兩圜分之比例

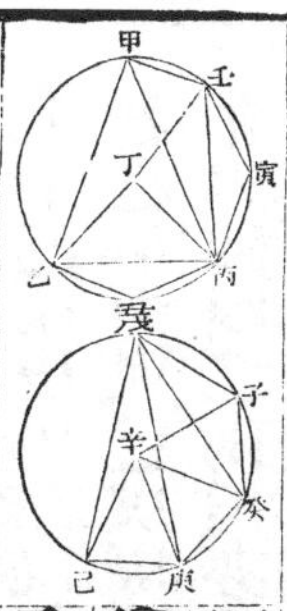

解曰甲乙丙戊己庚兩圜等其心爲丁爲辛兩圜各任割一圜分爲乙丙爲己庚其乘圜角之在心者爲乙丁丙己辛庚在界者爲乙甲丙己戊庚題先言乙

丙與己庚兩圜分之比例若乙丁丙與己辛庚兩角次言乙甲丙與己戊庚兩角之比例若乙丙與己庚兩圜分後言乙丁丁丙兩腰偕乙丙圜分內乙丁丙分圜形與己辛辛庚兩腰偕己庚圜分內己辛庚分圜形之比例亦若乙丙與己庚兩圜分

先論曰試作乙丙己庚兩線次作丙壬合圜線與乙丙等作庚癸癸子兩合圜線各與己庚等四卷一其丙壬既與乙丙等即乙丙與丙壬兩圜分亦等三卷十八而乙丁丙與丙丁壬兩角亦等三卷廿七依顯己庚庚癸癸子三圜分與己辛庚庚辛癸癸辛子三角俱等則乙丙壬圜分倍乙丙圜分之數如在心乙丁壬角或乙丁壬丙地倍乙丁丙角之數而己庚癸子圜分倍己庚圜分之數如在心己辛子角或己辛子內地倍己辛庚角之數何者乙丁壬己辛子兩角或兩地內之分數與乙丙壬己庚癸子兩圜分內之分數各等故也然則乙丁壬角與地若等于己辛子角與地即乙丙壬圜分必等于己庚癸子圜分矣若大亦大若小亦小矣是一乙丙所倍之乙丙壬三乙丁丙所倍之乙丁壬偕二己庚所倍之己庚癸子四己辛庚所倍之己辛子等大小皆同類也則一乙丙與二己庚之比例若三乙丁丙與四己辛庚也五卷界說六

次論曰乙丁丙角倍大于乙甲丙角而己辛庚角亦倍大于己戊庚角三卷二十即乙丁丙與己辛庚兩角之比例若乙甲丙與己戊庚兩角矣五卷廿五則乙甲丙與己戊庚在界乘圜之兩角亦若乙丙與己庚兩圜分也五卷十若作甲壬戊癸直線亦可用先論推顯用地當角說見三卷廿增題

後論曰試于乙丙圜分內作乙丑丙角次于丙壬圜分內作丙寅壬角此兩角所乘之乙甲壬丙與丙乙甲壬兩圜分既等三卷廿七即兩角亦等而乙丑丙與丙寅壬兩圜小分亦相似亦相等乙丙與丙壬兩合圜線等故見三卷廿四次每加一相等之乙丁丙丙丁壬角形即乙丁丙丙丁壬兩分圜形等一卷四則乙丁壬分圜形倍乙丁丙分圜形之數如乙丙壬圜分倍乙丙圜分之數依顯己辛子分圜形倍己辛庚分圜形之數亦如己庚癸子圜分倍己庚圜分之數然則乙丙壬圜分若等于己庚癸子圜分者即乙丁壬分圜形亦等于己辛子分圜形矣若大亦大若小亦小矣五卷界說六是乙丙壬圜分之倍一乙丙圜分乙丁壬分圜形之倍三乙丁丙分圜形偕己庚癸子圜分之倍二己庚圜分己辛子分圜形之倍四己辛庚分圜形等大小皆同類也則一乙丙圜分與二己庚圜分之比例若三乙丁丙分圜形與四己辛庚分圜形也五卷界說六

一系在圜心兩角之比例皆若兩分圜形

二系在圜心角與四直角之比例若圜心角所乘圜分與全圜界四直角與在圜心角之比例若全圜界與圜心角所乘之圜分

案丁先生言歐几里得六卷中多研察有比例之線竟不及有比例之面故因其義類增益數題用補闕如左云竊復增一題竊弁于首仍以題旨從先生舊題隨類附演以廣其用俱稱今者以別于先生舊增也

今增題圜與圜爲其徑與徑再加之比例

解曰甲乙丙丁戊己兩圜其徑甲丙丁己題言甲乙丙與丁戊己爲甲丙與丁己再加之比例

論曰如云不然當言甲乙丙圜與小于丁戊己之庚辛壬圜或大于丁戊己之癸子丑圜爲甲丙與丁己再加之比例也（五卷界說二十增）若言庚辛壬是者試置庚辛壬圜于丁戊己圜內爲同心次于外圜內作丁亥戊未己申酉戌多邊切形其多邊爲偶數又等而全不至內圜也（四卷十六補題）次于甲乙丙圜內作甲午乙寅丙卯辰巳多邊切形與丁戊己圜內切形相似（四卷十六補題可推）其兩圜內兩徑上有丁亥戊未己與甲午乙寅丙相似之兩多邊形則爲兩相似邊再加之比例也（本篇一十）而甲丙與丁己兩線爲兩形之相似邊據如彼論卽甲午乙寅丙與丁亥戊未己兩形甲乙丙與庚辛壬兩圜同爲甲丙與丁己兩線再加之比例也甲乙丙半圜大于甲午乙寅丙形將庚辛壬半圜亦大于丁亥戊未己形乎則分大于全乎若言癸子丑是者亦如前論甲午乙寅丙與丁亥戊未己兩形甲乙丙與癸子丑兩圜同爲甲丙與丁己兩線再加之比例也反之卽癸子丑與甲乙丙兩圜之比例爲丁己與甲丙兩徑再加之比例也試設他圜乾兌離令癸子丑與甲乙丙之比例若丁戊己與乾兌離（五卷界說增）則丁戊己與乾兌離兩圜亦宜爲丁己與甲丙兩徑再加之比例也癸子丑既大于丁戊己卽甲乙丙亦大于乾兌離而丁戊己與小于甲乙丙之乾兌離兩圜能爲丁己與甲丙兩徑再加之比例乎（前已駁有兩圜其第一與他圜之小于第二者不得爲元圜兩徑再加之比例）夫甲乙丙不得與圜之大于丁戊己者小于丁戊己者爲甲丙與丁己再加之比例則止有元兩圜爲其元兩徑再加之比例

一系全圜與全圜半圜與半圜相當分與相當分任相與爲比例皆等盖諸比例皆兩徑再加之比例故

二系三邊直角形對直角邊爲徑所作圜與餘兩邊爲徑所作兩圜幷等半圜與兩半圜幷等圜分與相似兩圜分幷等本篇卅一可推

三系三線爲連比例以爲徑所作三圜亦爲連比例推此可求各圜之相與爲比例者又可以圜求各圜之相與爲比例者本篇十九二十之系可推

一增題直線形求減所命分其所減所存各作形與所設形相似而體勢等

法曰如甲直線形求減三分之一其所減所存各作形與所設乙形相似而體勢等先作丙丁形與甲等與乙相似而體勢等本篇廿五次任于其一邊如丙戊上作丙己戊半圜次分丙戊爲三平分而取其一庚戊次從庚作己庚爲丙戊之垂線本篇九次作己丙己戊兩線末于己丙己戊上作己辛己壬兩形各與丙丁相似而體勢等本篇十八即所求

論曰丙己戊角形既負半圜爲直角三卷卅一即丙丁直線形與己辛己壬相似之兩形幷等本篇卅一而于等甲之丙丁形減己壬存己辛兩形各與丙丁相似而體勢等則與乙相似而體勢等今欲顯己壬爲丙丁三分之一者試觀丙庚己丙己戊兩角形既相似本篇八即丙庚與庚己之比例若丙己與己戊也本篇四夫丙庚庚己庚戊三線爲連比例即丙庚與庚戊爲丙庚與庚己再加之比例本篇八之系而己辛與己壬兩形亦爲丙己與己戊兩相似邊再加之比例本篇十九二十即丙庚與庚戊兩線之比例若己辛與己戊兩形也兩比例爲兩同理比例之再加故合之則丙戊與庚戊之比例若等己辛己壬兩形幷之丙丁與己壬

矣丙戊三倍于庚戊則丙丁亦三倍于己壬而己壬爲等甲之丙丁三分之一

若直線形求減之不論所減所存何形其法更易如甲形求減三分之一先作乙丙平行線形與甲等一卷四四次分乙丁爲三平分而取其一戊丁末從戊作己戊線與丙丁平行即戊丙形爲等甲之乙丙形三分之一本篇一

今附若干大圜求減所設小圜則以圜徑當形邊餘法同前如上圖

又今附依此法可方一初月形方初月形者謂作直

角方形與初月形等如甲乙丙丁圜其界上有附圜四分之一之乙壬丙戊初月形而求作一直角方形與初月形等先從乙丙作甲乙丙丁內切圜直角方形三卷十六次用方形法四平分之即其一爲所求方形與初月形等何者甲乙丙半圜與甲乙乙丙上兩半圜并等本增題之今附甲乙乙丙兩線自相等即其上兩半圜亦自相等而庚乙壬丙分圜形爲大半圜之半即與乙己丙戊小半圜等此兩率者各減一同用之乙己丙壬圜小分其所存乙壬丙戊初月形與庚乙丙角形等而庚己丙辛直角方形與庚乙丙角形亦等則與乙壬丙戊初月形亦等依顯甲乙丙丁直角方形與大圜界上四初月形并等

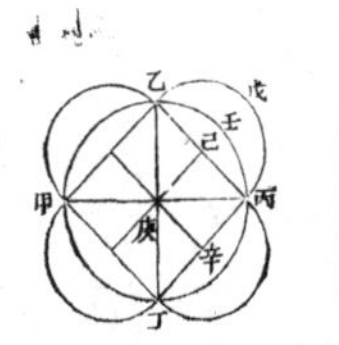

二增題兩直線形求別作一直線形爲連比例

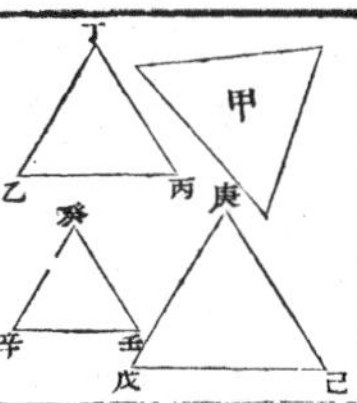

法曰甲與乙丙丁兩直線形求別作一直線形爲連比例先作一戊己庚直線形與甲等與乙丙丁相似而體勢等本篇廿五次以兩形相似之各一邊如戊己乙丙爲前中率線而求其連比例之末率線爲辛壬本篇十一末于辛壬上作辛壬癸形與兩形相似而體勢等本篇十八即所求

論曰戊己乙丙辛壬三線既爲連比例即其上三形相似而體勢等者亦爲連比例本篇廿二

今附有兩圜求別作一圜爲連比例則以圜徑當形邊依上法作之

三增題三直線形求別作一直線形爲斷比例

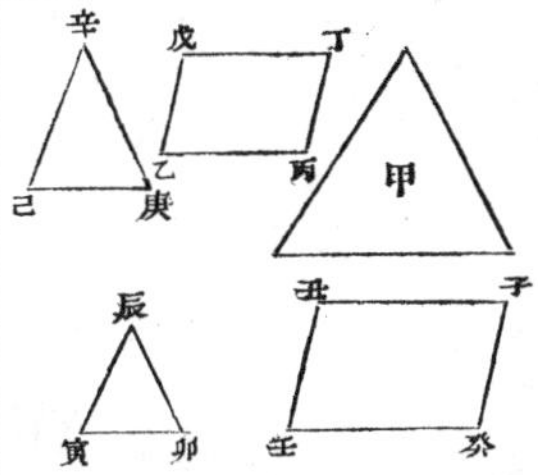

法曰一甲二乙丙丁戊三己庚辛三直線形求別作一直線形爲斷比例先作壬癸子丑形與甲等與乙丁相似而體勢等本篇廿五次以三形之任各一邊如壬癸乙丙己庚爲三率求其斷比例之末率線爲寅卯本篇十二末于寅卯上作寅卯辰形與己庚辛相似而體勢等本篇十八即所求

論曰四線既爲斷比例即其線上形相似而體勢等者亦爲斷比例本篇廿二

今附有三圜求別作一圜爲斷比例亦以圜徑當形邊依上法作之

四增題兩直線形求別作一形爲連比例之中率

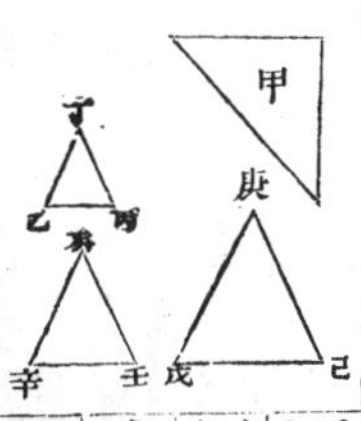

法曰甲與乙丙丁兩直線形求別作一形爲連比例之中率先作戊己庚直線

形與甲等與乙丙丁相似而體勢等本篇廿五次求戊己乙丙兩直線連比例之中率爲辛壬本篇十三末于辛壬上作辛壬癸形與戊己乙丙上形相似而體勢等本篇十八即所求

論曰戊己辛壬乙丙三線既爲連比例即各線上戊己庚辛壬癸乙丙丁三形亦爲連比例本篇廿二

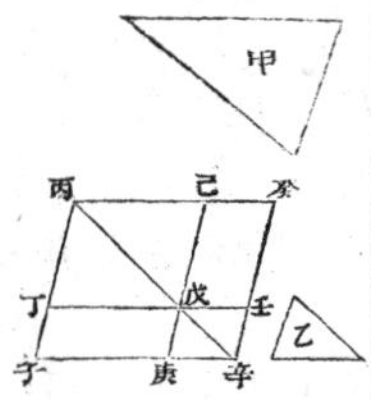

又法曰甲乙兩直線形求別作一形爲連比例之中率先作丁丙己戊平行線形任直斜角與甲等一卷四五次作庚戊壬辛平行線形與乙等與丁己形相似而體勢等本篇廿五次置兩平行線形以戊角相聯而丁戊戊壬爲一直線即庚戊戊己亦一直線一卷十五增末從兩形引長各邊成丙子辛癸平行線形即兩餘方形俱爲丁己庚壬兩形之中率

論曰丁己庚壬兩形既相似而體勢等即丁戊與己戊之比例若戊壬與戊庚也更之即丁戊與戊壬若己戊與戊庚也夫丁戊與戊壬兩線之比例亦若丁己與戊癸兩形己戊與戊庚兩線之比例又若戊癸與庚壬兩形則戊癸爲丁己庚壬之中率矣

又論曰丁己庚壬兩形既相似而體勢等即同依丙辛對角線本篇廿六而子戊戊癸兩餘方形自相等則丁己與戊癸兩形之比例若子戊與庚壬兩形何者此兩比例皆若丁戊與戊壬也則子戊戊癸皆丁己庚壬之中率也

今附若兩圜求作一圜爲連比例之中率亦以圜徑當形邊依上前法作之

五增題一直線形求分作兩直線形俱與所設形相似而體勢等其比例若所設兩幾何之比例

法曰甲直線形求分作兩直線形俱與所設丁形相似而體勢等其比例若所設兩幾何如乙線與丙線之比例先作戊己庚辛直線形與甲等與丁相似而體勢等本篇廿五次任用其一邊如戊辛兩分之于壬令戊壬與壬辛之比例若乙與丙也分法先以乙丙兩線聯爲一直線次截戊壬與壬辛若乙與丙見本篇十次于戊辛上作戊癸辛半圜次從壬作癸壬爲戊辛之垂線次作戊癸癸辛線相聯末于戊癸癸辛上作戊丑子癸癸卯寅辛兩形與戊庚形俱相似而體勢等本篇十八即此兩形并與甲等又各與丁相似而體勢等其比例又若乙與丙

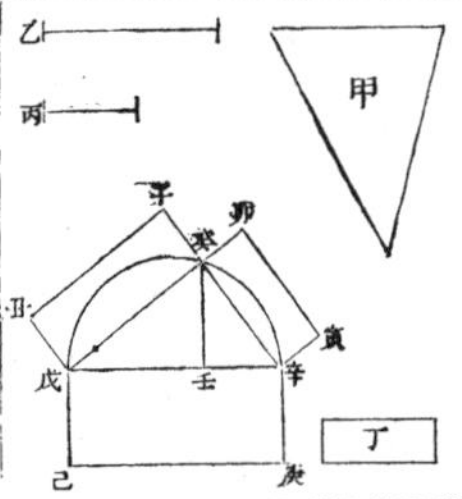

論曰戊癸辛既負半圜爲直角三卷卅一即戊子癸寅兩形

幷與等戊庚之甲等。（本篇卅一）又戊壬與壬癸之比例若戊癸與癸辛。（俱在直角兩旁。故見本篇四）戊壬壬癸壬辛三線爲連比例。即戊壬與壬辛。爲戊壬與壬癸再加之比例。（本篇八之系）而戊子與癸寅兩形亦爲戊癸與癸辛兩相似邊再加之比例。（本篇二十）則戊壬與壬辛之比例亦若戊子與癸寅也。（兩比例爲兩同理比例之再加故）夫戊壬與壬辛。元若乙與丙也。則戊子與癸寅亦若乙與丙也。

今附若一圜求分作兩圜。其比例若所設兩幾何。亦以圜徑當形邊。依上法作之。

六增題。一直線形求分作兩直線形。俱與所設形相似而體勢等。其兩分形兩相似邊之比例若所設兩幾何之比例。

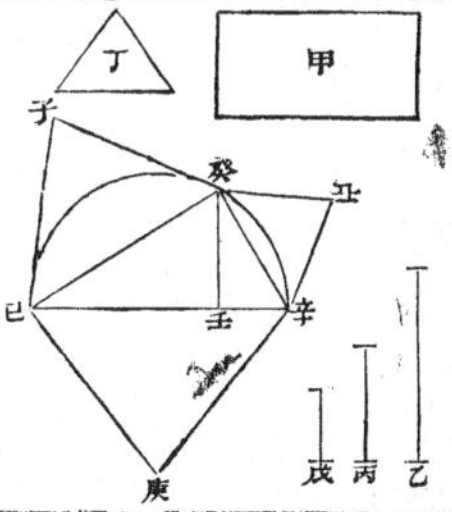

法曰。甲直線形求分作兩直線形。俱與所設丁形相似而體勢等。其兩分形兩相似邊之比例若所設兩幾何。如乙線與丙線之比例。先以乙與丙兩線求其連比例之末率。爲戊。（本篇十一）次作己庚辛直線形與甲等。與丁相似而體勢等。次任用其一邊。如己辛。兩分之于壬。令己壬與壬辛之比例若乙與戊也。（本篇十）次于己辛線上作己癸辛半圜。次從壬作癸壬爲己辛之垂線。次作己癸癸辛兩線相聯。末于己癸癸辛上作己子癸癸丑辛兩形。俱與丁相似而體勢等。即此兩形幷與等甲之己庚辛等。而己癸癸辛兩相似邊之比例若乙與丙。

論曰。己癸辛既負半圜。爲直角。（三卷卅一）即己子癸癸丑辛兩形幷與等己庚辛之甲等。（本篇卅一）又己壬與壬癸之比例若己癸與癸辛。（俱在直角兩旁。故見本篇四）己壬壬癸壬辛三線爲連比例。即己壬與壬辛。爲己壬與壬癸再加之比例。（本篇八之系）夫己壬與壬癸之比例。既若己子癸癸丑辛兩形相似邊之己癸與癸辛。而乙與戊元若己壬與壬辛。乙與戊元爲乙與丙再加之比例。則己癸癸辛之比例。若乙與丙。

今附若一圜求分作兩圜。其兩圜徑之比例若所設兩幾何。倣此。

七增題。兩直線形。求幷作一直線形。與所設形相似而體勢等。

法曰。甲乙兩直線形。求幷作一形。與所設丙形相似而體勢等。先作戊丁己形與甲等。作己庚辛形與乙等。又各與丙相似而體勢等。（本篇廿五）次置兩形。令相似之戊己己辛兩邊聯爲直角。次作戊辛線相聯。末依戊辛線作

戊辛壬與丙相似而體勢等即與上兩形并等本篇卅一如所求

又法曰作一平行方形與甲乙兩形并等一卷四五次作戊辛壬角形與平行方形等又與丙相似而體勢等即所求

今附若兩圜求并作一圜亦以圜徑當形邊依上法作之

八增題圜內兩合線交而相分其所分之線彼此互相視

解曰甲乙丙丁圜內有甲丙乙丁兩合線交而相分于戊題言所分之甲戊戊丙乙戊戊丁為互相視之線者謂甲戊與戊丁若乙戊與戊丙也又甲戊與乙戊若戊丁與戊丙也

論曰甲戊偕戊丙與乙戊偕戊丁兩矩內直角形等三卷卅五即等角旁之兩邊為互相視之邊本篇十四

九增題圜外任取一點從點出兩直線皆割圜至規內其兩全線與兩規外線彼此互相視若從點作一切圜線則切圜線為各割圜全線與其規外線之各中率

解曰甲乙丙丁圜外任取戊點從戊作戊丁戊丙兩割圜至規內之線遇圜界于甲于乙題言戊丙戊乙戊丁戊甲互相視者謂戊丙與戊丁若戊甲與戊乙也又戊丙與戊甲若戊丁與戊乙也

論曰試從戊作戊己線切圜于己即戊丙偕戊乙矩內直角形與戊己上直角方形等三卷卅六又戊丁偕戊甲矩內直角形與戊己上直角方形亦等即戊丙偕戊乙與戊丁偕戊甲兩矩內直角形自相等而等角旁之兩邊為互相視之邊本篇十四又戊丙偕戊乙戊丁偕戊甲兩矩內直角形各與戊己上直角方形等三卷卅六即戊丙戊己戊乙三線為連比例戊丁戊己戊甲三線亦為連比例而戊己為各全線與其規外線之各中率本篇十七

十增題兩直線相遇作角從兩線之各一界互下垂線而每方為兩線一自界至相遇處一自界至垂線則各相對之兩線皆彼此互相視

解曰甲乙丙乙兩線相遇于乙作甲乙丙角從甲作丙乙之垂線從丙作甲乙之垂線若甲乙丙為鈍角即如前圖兩垂線當至甲乙丙乙之各引出線上為甲丁為丙戊其甲戊丙丁交而相分于乙也若甲乙

丙為鋭角即如後圖甲丁丙戊兩垂線當在甲乙丙乙之內交而相分于己也題言兩圖之甲乙乙戊丙乙乙丁皆彼此互相視者謂甲乙與乙丙若丁乙與乙戊也又甲乙與丁乙若乙丙與乙戊也

論曰甲乙丁角形之甲乙丁甲丁乙兩角與丙乙戊角形之丙乙戊丙戊乙兩角各等（兩為直角兩于前圖為交角于後圖為同角故）即兩形為等角形而甲乙與丁乙若乙丙與乙戊也（本篇四）更之則甲乙與乙丙若丁乙與乙戊也

又論曰依前圖可推後圖之甲丁丙戊交而相分于己其甲己己丁丙己己戊亦彼此互相視蓋甲己戊丙己丁既為等角形即甲己與己戊若丙己與己丁也（本篇四）更之則甲己與丙己若己戊與己丁也

十一增題平行線形內兩直線與兩邊平行相交而分元形為四平行線形此四形任相與為比例皆等

解曰甲乙丙丁平行線形內作戊己庚辛兩線與甲丁丁丙各平行而交于壬題言所分之戊庚庚己乙壬壬丙四形任相與為比例皆等

論曰戊壬與壬己兩線之比例既若戊庚與庚己兩形（本篇一）又若乙壬與壬丙兩形即戊庚與庚己亦若乙壬與壬丙也（五卷十二）依顯乙壬與戊庚亦若壬丙與庚己也

十二增題凡四邊形之對角兩線交而相分其所分四三角形任相與為比例皆等

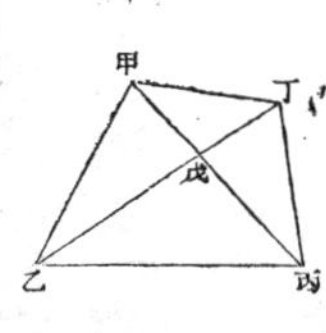

解曰甲乙丙丁四邊形之甲丙乙丁兩對角線交相分于戊題言所分甲戊丁乙戊丙甲戊乙丁戊丙四三角形任相與為比例皆等

論曰甲戊與戊丙兩線之比例若甲戊丁與丁戊丙兩角形又若甲戊乙與乙戊丙兩角形（本篇一）即甲戊丁與丁戊丙兩角形亦若甲戊乙與乙戊丙也依顯甲戊乙與甲戊丁亦若乙戊丙與丁戊丙也

十三增題三角形任于一邊任取一點從點求作一線分本形為兩形其兩形之比例若所設兩幾何之比例

先法曰甲乙丙角形任于一邊如乙丙上任取一點為丁求從丁作一線分本形為兩形其兩形之比例若所設兩幾何如戊線與己線之比例先以乙丙線兩分之于庚令乙庚與庚丙之比例若戊與己（本篇十）其庚與丁若同點即作丁甲線則乙丁與丁丙兩線之比例若乙丁甲與丁丙甲兩角形也（本篇一）是丁甲線所分兩形之比

例若戊與己。

次法曰若庚在丁丙之內亦作丁甲線次從庚作庚辛線與丁甲平行次作丁辛線相聯即丁辛線分本形為兩形其比例若戊與己者謂乙丁辛甲無法四邊形與丁丙辛角形之比例若乙庚與庚丙也亦若戊與己也。

論曰試作庚甲線即辛庚甲庚辛丁兩角形等一卷卅七次每加一丙庚辛角形即丙庚甲丙辛丁兩角形亦等則甲乙丙全形與丙庚甲角形之比例若甲乙丙與丙辛丁也五卷七分之則乙庚甲角形與丙庚甲角形之比例若乙丁辛甲無法四邊形與丙辛丁角形也五卷十七乙庚甲與丙庚甲兩角形之比例既若乙庚與庚丙一本篇則乙丁辛甲無法四邊形與丙辛丁角形之比例亦若乙庚與庚丙也則亦若戊與己也。

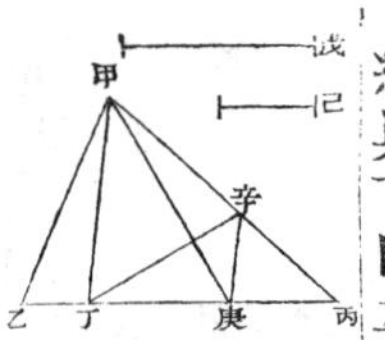

後法曰若庚在乙丁之內亦作丁甲線次從庚作庚辛線與丁甲平行次作丁辛線相聯即丁辛線分本形為兩形其比例若戊與己者謂乙丁辛角形與丁丙甲辛無法四邊形之比例若乙庚與庚丙也亦若戊與己也。

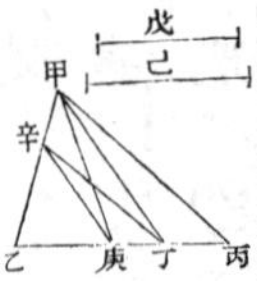

論曰試作庚甲線如前推顯辛庚甲庚辛丁兩角形等一卷卅七次每加一乙庚辛角形即乙庚甲與乙辛丁兩角形亦等則甲乙丙全形與乙庚甲角形之比例若甲乙丙與乙辛丁也五卷七分之則丙庚甲角形與乙庚甲角形之比例若丁丙甲辛無法四邊形與乙辛丁角形也。五卷十七反之則乙庚甲角形與丙庚甲角形之比例若乙辛丁角形與丁丙甲辛無法四邊形也乙庚甲與丙庚甲之比例既若乙庚與庚丙一本篇則乙丁辛角形與丁丙甲辛無法四邊形之比例亦若乙庚與庚丙也則亦若戊與己也。

系凡角形任于一邊任取一點從點求減命分之一如前法作多倍大之比例即得其所作倍數每少于命分之一。如求減四分之一即作三倍大之比例減五分之一即作四倍大之比例也則全形與所減分之比例其倍數若命分之數也。

十四增題一直線形求別作一直線形相似而體勢等其小大之比例如所設兩幾何之比例。

法曰甲直線形求別作直線形相似而體勢等其甲形與所作形小大之比例若所設兩幾何如乙與丙兩線之比例先以乙丙

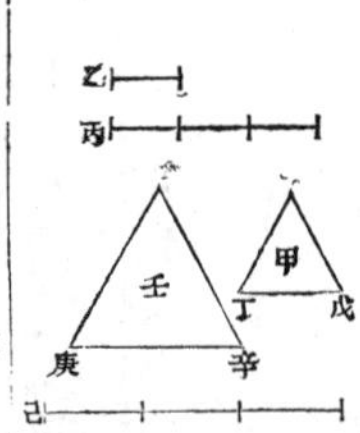

及任用甲之一邊如丁戊三線求其斷比例之末率爲己（本篇十二）次求丁戊及己之中率線爲庚辛（本篇十三）末從庚辛上作壬直線形與甲相似而體勢等卽甲與壬之比例若乙與丙

論曰丁戊庚辛己三線爲連比例卽一丁戊與三己之比例若相似而體勢等之甲與壬（本篇十九二十之系）

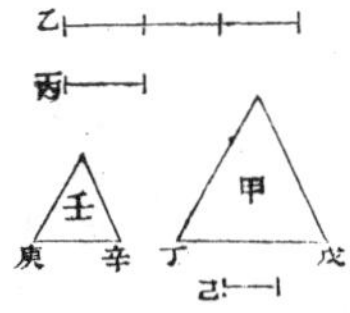

若先設大甲求作小壬若乙與丙其法同如上圖

用此法可依此直線形加作兩倍大三倍四五倍大以至無窮之他形亦可依此直線形減作二分之一三分四五分之一以至無窮之他形其此形與他形皆相似而體勢等

有用法作直角方形平行線形及各形之相加相減者

如甲乙丙丁直角方形求別作五倍大之他形先以甲乙線引長之以甲乙爲度截取五分至戊令乙至戊五倍大于甲乙也次以甲戊兩平分于己次以己爲心甲戊爲界作甲庚戊半圜其乙丙線直行遇圜界于庚卽乙庚爲所求方形之一邊也末作乙庚辛巳直角方形卽五倍大于甲丙何者乙庚既爲戊乙乙甲之中率線（本篇十三之系）卽一戊乙與三乙甲之比例若二庚乙上直角方形與三甲乙上直角方形之比例也（本篇二十之系）戊乙既五倍于乙甲則乙辛亦五倍于甲丙若戊乙爲乙甲之六倍則乙辛亦甲丙之六倍若戊乙爲乙甲三分之一則乙辛亦甲丙三分之一相加相減倣此以至無窮如甲乙丙丁平行直角形求別作二倍大之他形相似而體勢等先以甲乙線引長之以甲乙爲度截取二分至戊令乙至戊二倍大于甲乙也次以甲戊兩平分于己次以己爲心甲戊爲界作甲庚戊半圜其丙乙線直行遇圜界于庚卽乙庚爲所求直角形之一邊也次于甲戊線上截取甲辛與乙庚等從辛作辛壬線與乙丙平行次作甲丙對角線引長之與辛壬線遇于壬末作丁癸癸壬成甲辛壬癸平行直角形卽二倍大于甲丙又相似而體勢等何者戊乙乙庚乙甲三線既爲連比例（本篇十三之系）如前論一戊乙與三乙甲之比例若二等乙庚之甲辛上平行直角形甲壬與三甲乙上平行直角形甲丙也（本篇二十之系）戊乙既二倍于甲乙則甲壬亦二倍于甲丙

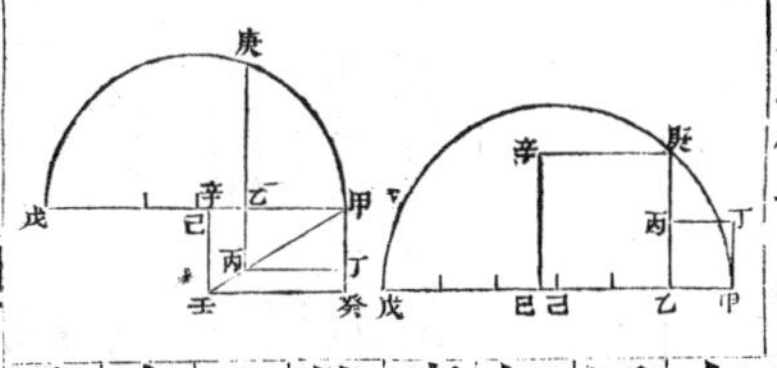

用此法凡甲乙上不論何等形與乙庚上形相似而體勢等者其乙庚上形皆二倍大于甲乙上形相加相減

俱倣此以至無窮.

今附若用前法作圜則乙庚徑上圜亦二倍大于甲乙徑上圜相加相減倣此以至無窮.

以上用法與本增題同但此用法隨作隨得中率線不費尋求致爲簡易耳.

十五增題諸三角形求作內切直角方形.

法曰如甲乙丙銳角形求作內切直角方形先從甲角作甲丁爲乙丙之垂線次以甲丁線兩分于戊令甲戊與戊丁之比例若甲丁與乙丙.（本篇一之增題）末從戊作己庚線與乙丙平行從己從庚作己辛庚壬兩線皆與戊丁平行卽得己壬形如所求若直角鈍角形則從直角鈍角作垂線餘法同.（如第二第三圖是.）

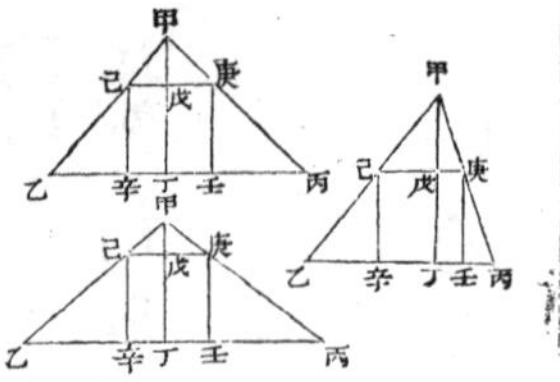

論曰己戊庚線旣與乙丙平行卽乙丁與丁丙若己戊與戊庚也.（本篇四之增題）合之卽乙丙與丁丙若己庚與戊庚也.又丁丙與甲丁若戊庚與甲戊.（甲丁丙與甲戊庚爲等角形故見本篇四之系）平之卽乙丙與甲丁若己庚與甲戊也.又甲丁與乙丙若甲戊與戊丁.平之卽乙丙與乙丙若己庚與戊丁也.乙丙與乙丙同線必等卽己庚與戊丁必等而己庚與辛壬又等.（一卷卅四）戊丁與己辛庚壬亦等則己庚庚壬壬辛辛己四邊俱等.又戊丁辛旣直角卽己辛丁亦直角.（一卷廿九）其餘亦皆直角而己壬爲直角方形.

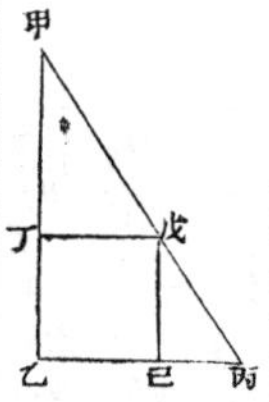

又法曰若直角三邊形求依乙角作內切直角方形則以垂線甲乙兩分于丁.令甲丁與丁乙之比例若甲乙與乙丙.（本篇十）次從丁作丁戊直線與乙丙平行從戊作戊己直線與甲乙平行卽得丁己形如所求.

論曰乙丙與甲乙旣若丁戊與甲丁.（甲乙丙甲丁戊爲等角形故見本篇四之系）而甲乙與乙丙又若甲丁與丁乙平之卽乙丙與乙丙若丁戊與丁乙也乙丙與乙丙同線必等卽丁戊與丁乙必等而丁己爲直角方形.

今附如上三邊直角形依乙角作內切直角方形其方形邊必爲甲丁己丙兩分餘邊之中率.何者甲丁與丁戊若戊己與己丙故.（本篇四之系.）

幾何原本第七卷之首

英國 偉烈亞力 口譯
海甯 李 善 蘭 筆受

界說二十二則

第一界
一者，天地萬物無不出乎一。

第二界
數者，以眾一合之而成。

第三界
分者，數之數，小能度大，以小爲大之一分。

第四界
諸分者，小數度大數而有奇零不盡，以小爲大之幾分。

第五界
若小數能度大者，則大爲小之幾倍。

第六界
偶數者，可平分爲二。

第七界
奇數者，不可平分爲二。

第八界
偶之偶數者，以偶分之，仍得偶。

第九界
奇之偶數者，以偶分之，而得奇。

第十界
奇之奇數者，以奇分之，仍得奇。

第十一界
數根者，惟一能度，而他數不能度。

第十二界
無等數之數者，兩數無數能度。

第十三界
可約數者，有他數能度。

第十四界
有等數之數者，兩數有數能度。

第十五界
乘數者，數有若干倍，即若干爲乘數。

第十六界
面數者，兩數相乘所得，原兩數爲其邊。

第十七界
體數者，三數相乘所得，原三數爲其邊。

第十八界
平方數者，兩等數相乘所得。

第十九界

立方數者三等數相乘所得

第二十界

四數若第一與二偕第三與四爲同理之比例則第一第三之幾倍偕第二第四之幾倍其相視或等或俱爲大或俱爲小恆如是

第二十一界

相似面數及體數者面數體數諸相當邊同比

第二十二界

全數者諸分之合數

幾何原本第七卷

英國 偉烈亞力 口譯

海甯 李善蘭 筆受

第一題

兩不等數輾轉相減餘一而止則爲兩無等數之數

甲·辛··己·········乙
丙··庚···丁
戊——

解曰如甲乙丙丁兩不等數輾轉以小減大未至於一減餘諸數皆不能度題言甲乙丙丁爲兩無等數之數可度者惟一而已

論曰如甲乙丙丁非無等數之數而有他數可度若戊試以丙丁累減甲乙餘甲己小於丙丁以甲己累減丙丁餘丙庚小於甲己以丙庚累減甲己餘甲辛卽一也故若謂戊數度丙丁而丙丁度己乙戊亦度己乙又戊亦度全數甲乙所以亦度餘數甲己惟甲己度丁庚所以戊亦度丁庚惟戊度全數丁丙所以亦度餘數丙庚惟丙庚度己辛所以戊亦度己辛惟戊度全數己甲所以亦度餘數甲辛卽一於理不合也本卷界說三是以甲乙丙丁無數可度而甲乙丙丁爲無等數之數也

第二題

兩數非無等數求其最大等數

法曰甲乙丙丁兩數非無等數丙丁爲小求最

大等數設丙丁度甲乙亦可自度即爲甲乙丙丁之最大等數因他數大於丙丁不能度丙丁故丙丁爲最大等數理自明也設丙丁不能度甲乙則輾轉以小減大必有減餘數可度兩數而減餘非爲一若餘一則甲乙丙丁爲無等數之數而與所設之題相反矣故最後減餘數必爲等數也設丙丁度甲乙餘甲戊小於丙丁以甲戊度丙丁餘丙己小於甲戊以丙己度甲戊恰盡夫丙己既度甲戊甲戊度丁己則丙己亦度丁己惟丙己亦自度所以度全數丙丁惟丙丁度乙戊所以丙己亦

甲……乙
丙……丁

甲…戊……乙
丙‥己…丁
庚——

度乙戊惟丙己亦度戊甲所以度乙甲又丙己亦度丙丁（本論）所以丙己度甲乙丙丁則丙己爲甲乙丙丁之等數亦爲最大等數也若云丙己非甲乙丙丁之最大等數而有大於丙己之數庚可度甲乙丙丁夫庚既度丙丁而丙丁度乙戊則庚亦度乙戊惟庚度全數乙甲故亦度餘數甲戊惟甲戊度丁己所以庚亦度丁己惟庚度全數丁丙則亦度餘數丙己乃以大度小無是理也是以可度甲乙丙丁之數無大於丙己者所以丙己爲甲乙丙丁之最大等數

系凡數可度兩數亦可度兩數之最大等數

第三題

三數非無等數求其最大等數

甲……
乙……
丙…
丁‥
戊——

法曰甲乙丙三數非無等數求最大等數以丁爲甲乙之最大等數而丁或度丙或不度丙若丁度丙丁本度甲乙是丁度甲乙丙三數故丁爲甲乙丙之等數且亦爲最大等數若云丁非甲乙丙之最大等數而大於丁之戊謂可度甲乙丙則戊度甲乙丙亦必度甲乙及甲乙之最大等數（本卷二題系）惟丁爲甲乙之最大等數故戊度丁乃以大度小理所不能是以可度甲乙丙之數無大於丁則丁爲甲乙丙之最大等數

甲……
乙……
丙…
丁…
戊…
己—

若丁不度丙則丙丁非無等數之數蓋甲乙丙既非無等數之數則必有數可度可度甲乙丙即可度甲乙及甲乙最大等數丁（本卷二題系）惟亦度丙故有數可度丁丙而丁丙必非無等數之數設戊爲丙丁最大等數戊既度丁而丁度甲乙則戊亦度甲乙惟戊度丙故兼度甲乙丙而爲甲乙丙之等數且亦爲最大等數若云戊非甲乙丙之最大等數而以大於戊之己謂可度甲乙丙夫己既度甲乙丙亦度甲乙及甲乙最大等數

惟甲乙之最大等數爲丁。所以己度丁。而己亦度丙。則亦度丙丁及丙丁之最大等數。惟戊爲丙丁之最大等數。故己當度戊。乃以大度小。所不能也。故數若大於戊卽不能度甲乙丙。則戊爲甲乙丙最大等數。

一系。凡數可度三數。必可度此三數之最大等數。

二系。依法任若干數。俱可求得最大等數。

第四題

凡小數或爲大數之一分。或爲幾分。

甲……
乙……丙

解曰。兩數。一爲甲。一爲乙丙。小於甲。題言乙丙或爲甲之一分。或爲甲之幾分。

論曰。甲與乙丙或無等數。或非無等數。設爲無等數。則分乙丙爲若干一。一各爲甲之一分。故乙丙內之全分爲甲之幾分。（本卷界說一二）設甲與乙丙非無等。則乙丙或度甲。或不度甲。度甲。則乙丙爲甲之一分。不度甲。則以丁爲甲與乙丙之最大等數。（本卷二）分乙丙爲乙戊戊己己丙。諸數俱等於丁。因丁度甲。則丁爲甲之一分。惟丁等於乙戊戊己己丙各數。所以乙戊戊己己丙各數俱爲甲之一分。則乙丙爲甲之幾分。

甲………
乙‥戊‥己‥丙
丁‥

是以凡小數或爲大數之一分。或爲幾分。

第五題

小數爲大數之一分。若他小數爲他大數之一分。則兩小數和爲兩大數和之一分。亦如之。

解曰。甲爲乙丙之一分。若丁爲戊己之一分。題言甲丁之和爲乙丙戊己和之一分。若甲爲乙丙之一分。

甲…
乙…庚…丙
丁…
戊…辛…己

論曰。丁爲戊己之一分。旣若甲爲乙丙之一分。則乙丙中有若干甲。戊己中有若干丁。分乙丙爲乙庚庚丙。俱與甲數等。分戊己爲戊辛辛己。俱與丁數等。則乙庚庚丙若干分。若戊辛辛己若干分。因乙庚與甲等。戊辛與丁等。故乙庚戊辛和與甲丁和等。又庚丙與甲等。辛己與丁等。庚丙辛己和必與甲丁和等。理同。故乙丙中有若干等甲數。乙丙戊己和中有若干等甲丁和數。所以乙丙中之幾甲。與乙丙戊己和中之幾甲丁和相等。是以甲爲乙丙之一分。若甲丁和爲乙丙戊己和之一分。

第六題

小數爲大數之幾分。若他小數爲他大數之幾分。則兩小數和爲兩大數和之幾分。亦如之。

解曰。甲乙爲丙之幾分。若丁戊爲己之幾分。題言甲乙丁戊和爲丙己和之幾分。若甲乙爲丙之幾分。

甲…庚…乙
丙………
丁…辛…戊
己………

論曰甲乙爲丙之幾分既若丁戊爲己之幾分則甲乙中有丙若干分之幾若丁戊中有己若干分之幾甲乙中甲庚庚乙爲丙之幾分丁戊中丁辛辛戊爲己之幾分卽甲庚庚乙若干分必與丁辛辛戊若干分等而甲庚爲丙之一分既若丁辛爲己之一分則甲庚爲丙之一分必若甲庚丁辛和爲丙己和之一分又庚乙爲丙之一分亦若庚乙辛戊和爲丙己和之一分是以甲乙爲丙之幾分若甲乙丁戊和爲丙己和之幾分

第七題

彼此兩數此全數爲彼全數之一分若此截取數爲彼截取數之一分則此餘數爲彼餘數之一分亦如之

甲····戊··乙
庚····丙·······己····丁

解曰甲乙爲丙丁之一分若截數甲戊爲截數丙己之一分題言餘數戊乙爲餘數己丁之一分若甲乙爲丙丁之一分

論曰甲戊爲丙己之一分若戊乙爲丙庚之一分戊乙爲丙庚之一分既若甲戊爲丙己之一分則甲乙爲庚己之一分若甲戊爲丙己之一分（本卷五）惟甲乙爲丙丁之一分若甲戊爲丙己之一分（本題）故甲乙爲丙丁之一分若甲乙爲庚己之一分則甲乙爲庚己之一分亦卽爲丙丁之一分是庚己與丙丁相等截取公數丙己餘庚丙與餘己丁等又戊乙爲庚丙之一分既若甲戊爲丙己之一分而庚丙與己丁等則戊乙爲己丁之一分若甲戊爲丙己之一分惟甲戊爲丙己之一分若甲乙爲丙丁之一分（本題）故餘數戊乙爲餘數己丁之一分亦若全數甲乙爲全數丙丁之一分也

第八題

彼此兩數此全數爲彼全數之幾分若此截取數爲彼截取數之幾分則此餘數爲彼餘數之幾分亦如之

解曰甲乙爲丙丁之幾分若截數甲戊爲截數丙己之幾分題言餘數戊乙爲餘數己丁之幾分若全數甲乙爲全數丙丁之幾分

甲·····丑·····戊····乙
丙·····················己·····丁
庚·····寅··子·······卯··辛

論曰設庚辛與甲乙相等則庚辛爲丙丁之幾分若甲戊爲丙己之幾分分庚辛爲庚子子辛卽丙丁之幾分亦分甲戊爲甲丑丑戊卽丙己之幾分則庚子子辛若干分與甲丑丑戊若干分等庚子爲丙丁之一分既若甲丑爲丙己之一分而丙丁大於丙己則庚子亦大於甲丑設庚寅與甲丑相等庚寅爲丙己之一分若庚子爲丙丁之一分則餘數寅子爲餘數己丁之一分亦若全數庚子爲全數丙丁之一分（本卷七）又子辛爲丙丁之一分既若丑戊爲丙己

之一分而丙丁大於丙己故子辛必大於丑戊設子卯與丑戊相等則子辛爲丙丁之一分若子卯爲丙已之一分故餘數卯辛爲餘數己丁之一分亦若全數子辛爲全數丙丁之一分惟餘數寅子爲餘數己丁之一分若全數庚子爲全數丙丁之一分本論故寅子卯辛和爲丁己之幾分若全數庚辛爲全數丙丁之幾分惟寅子卯辛和與戊乙等而庚辛與甲乙等故餘數戊乙爲餘數己丁之幾分若全數甲乙爲全數丙丁之幾分

第九題

第一數爲第二數之一分若第三數爲第四數之一分則第一數爲第三數之一分或幾分若第二數爲第四數之一分或幾分

甲……
乙……庚……丙
丁……
戊……辛……己

解曰甲爲乙丙之一分若丁爲戊己之一分甲小於丁題言甲爲丁之一分或幾分若乙丙爲戊己之一分或幾分

論曰丁爲戊己之一分既若甲爲乙丙之一分則乙丙中有若干甲若戊己中有若干丁分乙丙爲若干甲如乙庚庚丙分戊己爲若干丁如戊辛辛己則乙庚庚丙若干分與戊辛辛己若干分等夫乙庚庚丙諸數既俱相等戊辛辛己諸數亦俱相等而此乙庚庚丙諸分與

戊辛辛己諸分又相等則庚丙爲辛己之一分或幾分若乙庚爲戊辛之一分或幾分故乙庚爲戊辛之或一分或幾分若乙丙爲戊己之或一分或幾分本卷五六惟乙庚與甲相等而戊辛與丁相等故甲爲丁之或一分或幾分若乙丙爲戊己之或一分或幾分也

第十題

第一數爲第二數之幾分若第三數爲第四數之幾分則第二數爲第四數之幾分或一分若第一數爲第三數之幾分或一分

解曰甲乙爲丙之幾分若丁戊爲己之幾分題言甲乙爲丁戊之幾分或一分若丙爲己之幾分或一分

甲‥庚‥乙
丙……
丁……辛……戊
己……

論曰甲乙爲丙之幾分既若丁戊爲己之幾分則甲乙中有丙之若干分若丁戊中有己之若干分分甲乙爲丙之若干分如甲庚庚乙分丁戊爲己之若干分如丁辛辛戊則甲庚庚乙若干分與丁辛辛戊若干分等夫甲庚爲丙之一分既若丁辛爲己之一分而丙爲己之幾分或一分若甲庚爲丁辛之幾分或一分本卷九則庚乙爲辛戊之幾分或一分若丙爲己之幾分或一分故甲乙爲丁戊之幾分或一分若甲庚爲丁辛之

幾分或一分。本卷五六惟丙為己之幾分或一分。若甲庚為丁辛之幾分或一分。故甲乙為丁戊之幾分或一分。亦若丙為己之幾分或一分也。

第十一題

大小兩數此全數與彼全數比。若此截數與彼截數比。則此餘數與彼餘數比亦如之。

甲……戊……乙
丙……己…

解曰。全數甲乙與全數丙丁比。若截數甲戊與截數丙己比。題言餘數戊乙與餘數己丁比。若全數甲乙與全數丙丁比。

論曰。甲乙與丙丁比。既若甲戊與丙己比。則甲戊為丙己之幾分或一分。若甲乙為丙丁之幾分或一分。本卷界說二十故餘數戊乙為餘數己丁之幾分或一分。若甲乙為丙丁之幾分或一分。本卷七八所以戊乙與己丁比。若甲乙與丙丁比也。本卷界說二十

第十二題

若干同比例數。一前數與一後數比。若諸前數和與諸後數和比。

甲‥丙‥‥
乙‥‥丁……

解曰。甲乙丙丁諸同比例數。甲與乙比。若丙與丁比。題言甲與乙比。若甲丙和與乙丁和比。

論曰。甲與乙比。既若丙與丁比。則甲為乙之幾分或一分。若丙為丁之幾分或一分。本卷界說二十故甲丙和為乙丁和之幾分或一分。若甲為乙之幾分或一分。本卷五六或甲與乙比。若甲丙和與乙丁和比也。本卷界說二十

第十三題

四數成正比例。則亦成屬比例。

甲‥丙……
乙…丁……

解曰。甲乙丙丁四比例數。甲與乙比。若丙與丁比。題言屬理甲與丙比。若乙與丁比。

論曰。甲與乙比。既若丙與丁比。則甲為乙之幾分或一分。若丙為丁之幾分或一分。本卷界說二十故屬理甲為丙之幾分或一分。若乙為丁之幾分或一分。本卷九與十是以甲與丙比。若乙與丁比也。本卷界說二十

第十四題

彼此諸數。兩兩比例同。則以平理推之。比例亦同。

甲……丁……
乙……戊……
丙… 己‥

解曰。此諸數甲乙丙。彼諸數丁戊己。彼此若干數等。甲與乙比。若丁與戊比。乙與丙比。若戊與己比。題言依平理甲與丙比。若丁與己比。

論曰。甲與乙比。既若丁與戊比。則屬理甲與丁比。若乙與戊比。本卷十三又乙與丙比。若戊與己比。則屬理乙與戊比。若丙與己比。惟乙與戊比。若甲與丁比。故甲與丁比。若丙與己比。是以屬理甲與丙比。若丁與己比。

第十五題

一度第二數若第三數度第四數則依屬理一度第三數若第二數度第四數

解曰甲爲一度第二數乙丙若第三數丁度第四數戊己題言屬理甲度丁若乙丙度戊己

論曰甲度乙丙既若丁度戊己則戊己中有若干丁若乙丙中有若干一分乙丙爲乙庚庚辛辛丙若干一又分戊己爲戊子子丑丑己若干丁乙庚庚辛辛丙若干分與戊子子丑丑己若干分等乙庚庚辛辛丙諸一既俱等戊子子丑丑己諸數亦俱等而乙庚庚辛辛丙諸分與戊子子丑丑己諸分等則乙庚一與戊子數比若庚辛一與子丑數比亦若辛丙一與丑己數比惟一前率與一後率比若諸前率與諸後率比（本卷十二）故乙庚一與戊子數比若乙丙與戊己比惟乙庚一等甲一戊子數等丁數故甲與丁比若乙丙與戊己比是以甲度丁數若乙丙度戊己也（本卷界說二十）

甲·
丁··
乙·庚·辛·丙
戊··子··丑··己

第十六題

二數互乘生二數所生二數必等

解曰甲乙二數甲乘乙生丙數乙乘甲生丁數題言丙丁必等

戊·
甲··
乙···
丙······
丁······

論曰甲乘乙既生丙則乙度丙得若干與甲中之若干一等（本卷界說十五）以一爲戊而度甲得若干與乙度丙得若干等故屬理以戊度乙得若干與甲度丙得若干等（本卷十五）又乙乘甲既生丁則甲度丁得若干與乙中之若干一等戊一度乙亦與乙中之若干一等故戊度乙若甲度丁惟戊度乙亦若甲度丙（本論）故甲度丙與度丁等是以丙與丁等

第十七題

數乘二數所生二數之比若原二數之比

解曰甲乘乙丙二數生丁戊二數題言乙丙之比若丁戊之比

論曰甲乘乙既生丁則乙度丁得若干與甲中之若干一等（本卷界說十五）以己爲一而度甲得若干與甲中之若干一等是甲中有若干己若丁中有若干乙故己與甲比若乙與丁比（本卷界說二十）又己與甲比若丙與戊比理同是以乙與丁比若丙與戊比而屬理乙與丙比若丁與戊比（本卷十三）

己·
甲··
丙···
乙···
丁······
戊······

第十八題

二數各乘一數所生二數之比若原二數之比

解曰甲乙二數各乘丙生丁戊二數題言甲與乙比若

丁與戊比。

甲… 乙…
丙‥
丁……戊……

論曰。甲乘丙生丁。丙乘甲亦生丁。本卷十六乙乘丙生戊。丙乘乙亦生戊。是丙乘甲乙二數生丁戊二數。所以甲與乙比。若丁與戊比。本卷十七

第十九題

四比例數。第一第四乘得數。必等於第二第三乘得數。又若有四數。第一第四乘得數等於第二第三乘得數。則此四數爲比例數

解曰。甲乙丙丁四比例數。甲與乙比。若丙與丁比。戊爲甲丁乘得數。己爲乙丙乘得數。題言戊與己等。

甲……
乙……
丙……
丁……
戊……
己……
庚……

論曰。甲乘丙。設生庚。甲乘丙既生庚。而乘丁生戊。則甲乘丙丁二數生庚戊二數。故丙與丁比。若庚與戊比。丙與丁比。若甲與乙比。本卷十七故甲與乙比。亦若庚與戊比。又甲乘丙既生庚。而乙乘丙生己。是甲乙二數乘丙。生庚己二數。故甲與乙比。若庚與己比。本卷十八惟甲與乙比。若庚與戊比。故庚與戊比。若庚與己比。夫庚與戊比。若庚與己比。則戊與己相等。

又解曰。戊與己相等。則甲與乙比。必若丙與丁比。

論曰。甲乘丙丁。既生庚戊。則丙與丁比。若庚與戊比。惟戊與己相等。故庚與戊比。若庚與己比。惟庚與戊比。若丙與丁比。是以丙與丁比。若庚與己比。而庚與己比。若甲與乙比。本卷十八則甲與乙比。若丙與丁比。

第二十題

三比例數。首與末乘得數。等於中數自乘。又三數若首與末乘得數。等於中數自乘。則此三數爲比例數。

解曰。甲乙丙三比例數。甲與乙比。若乙與丙比。題言甲丙乘得數。等於乙自乘數。

甲………
乙……
丁……
丙…

論曰。設置丁與乙等。則甲與乙比。若丁與丙比。故甲丙乘得數等於乙丁乘得數。本卷十九惟乙丁相等。故乙丁乘得數。與乙自乘之數等。是以甲與丙乘得數等於乙自乘之數。

又解曰。甲丙乘得數。等於乙自乘數。則甲與乙比。必若乙與丙比。

論曰。甲丙乘得數。既等於乙自乘數。則亦等於乙丁乘得數。故甲與乙比。若丁與丙比。本卷十九而乙與丁相等。是以甲與乙比。若乙與丙比。

第二十一題

同比最小數。可度諸同比數。前率度前率。後率度後率。俱等。

甲……
乙……
丙…庚…丁
戊…辛…己

解曰丙丁戊己兩數爲甲乙之最小同比數題言甲中有若干丙丁若乙中有若干戊己

論曰如此丙丁必非甲之幾分設以丙丁爲甲之幾分則戊己爲乙之幾分若丙丁爲甲之幾分（本卷界說二十）是丙丁中有甲內分之幾若戊己中有乙內分之幾丙丁爲甲內分之幾如丙庚庚丁戊己爲乙內分之幾如戊辛辛己則丙庚庚丁若干分與戊辛辛己若干分等丙庚庚丁諸數既相等戊辛辛己諸數亦相等而丙庚庚丁若干分與戊辛辛己若干分等則丙庚與戊辛比若庚丁與辛己比而一前數與一後數比若諸前數與諸後數比（本卷十二）則丙庚戊辛與丙丁戊己同比而丙庚戊辛小於丙丁戊己理所不能因丙丁戊己爲同比最小數故也是故丙丁非甲之幾分必爲甲之一分而戊己爲乙之一分若丙丁爲甲之一分故丙丁度甲等於戊己度乙也

第二十二題

此若干數與彼若干數交錯兩兩同比例以平理推之比例亦同

甲……丁……
乙……戊……
丙……己……

解曰甲乙丙三數丁戊己三數交錯比例同甲與乙比若戊與己比乙與丙比若丁與戊比題言依平理甲與丙比若丁與己比

論曰甲與乙比既若戊與己比則甲己乘得數與乙戊乘得數等（本卷十九）乙與丙比既若丁與戊比則丙丁乘得數與乙戊乘得數等而甲己乘得數與乙戊乘得數等（本論）是甲己乘得數與丙丁乘得數等故甲與丙比若丁與己比（本卷十九）

第二十三題

無等數之數爲同比最小數

甲……乙…
丙……丁…
戊一一

解曰甲乙兩無等數題言甲乙爲同比最小數

論曰若甲乙非同比最小數則甲乙之同比最小數必小於甲乙設爲丙丁夫同比之最小數可度各同比數前率度前率後率度後率俱等（本卷二十一）則丙度甲得若干若丁度乙得若干而甲中有若干丙若戊中有若干一故丁度乙等戊中若干一又丙度甲亦等戊中若干一則戊度甲等丙中若干一戊度乙等丁中若干一是戊度甲乙兩無等數之數理所不能故甲乙同比之數無小於甲乙者是以甲乙爲同比最小數

第二十四題

同比最小數爲無等數之數

解曰甲乙爲同比最小數題言甲乙無等數

甲……乙……
丙—————
丁———戊———

論曰如甲乙非無等數則有數可度設為丙丙度甲得若干若丁中若干一丙度乙得若干若戊中若干一夫丙既以丁中若干一度甲以戊中若干一度乙則丙乘丁得甲乘戊得乙丙乘丁戊兩數既得甲乙兩數則丁與戊比若甲與乙比本卷十七故丁戊與甲乙同比而丁戊小於甲乙必無是理是以可度甲乙之數無大於一者而甲乙無等數

第二十五題

大小兩數無等數有他數可度一數則他數與餘一數無等數

解曰甲乙兩數無等數丙可度甲題言乙丙無等數

甲……
乙……
丙…
丁———

論曰如乙丙非無等數則有數可度設為丁丁既度丙而丙度甲則丁亦度甲惟丁亦度乙是丁度甲乙兩無等數之數理所不能本卷界說十二是以無數可度乙丙而乙丙無等數

第二十六題

大小兩數與他數俱無等數則兩數相乘數與他數仍無等數

解曰甲乙兩數與丙俱無等數甲乘乙生丁題言丙丁無等數

甲…乙…
丙…
丁……
戊——
己——

論曰如丙丁非無等數則有數可度設為戊丙甲既無等數而戊可度丙則戊甲無等數本卷二十五惟戊度丁得若干若己中有若干一則己度丁得若干若戊中有若干一故戊乘己生丁甲乘乙亦生丁是戊己乘得數與甲乙乘得數等夫一四兩率相乘與二三兩率相乘等本卷十九是戊與甲比若乙與己比惟甲戊無等數即為同比最小數本卷二十三同比最小數可度諸同比數前率度前率後率度後率本卷二十一是戊度乙戊亦度丙是戊度乙丙兩無等數之數理所不能是以無數可度丙丁而丙丁無等數

第二十七題

大小兩數無等數則一數自乘所得與餘一數仍無等數

解曰甲乙兩數無等數甲自乘得丙題言乙丙無等數

甲‥乙‥
丙‥‥
丁‥

論曰設丁與甲相等甲乙既無等數而甲與丁等則丁與乙無等數夫甲丁兩數與乙俱無等數則甲丁乘得數與乙仍無等數本卷二十六惟丙為甲丁乘得數故丙乙無等數

第二十八題

此兩數彼兩數兩兩俱無等數則此兩數相乘彼兩數相乘兩得數亦無等數

甲……乙……
戊丙……丁……
己……

解曰甲乙兩數與丙丁兩數皆無等數甲乙相乘生戊丙丁相乘生己題言戊己亦無等數

論曰甲乙與丙俱無等數則甲乙乘得數與丙仍無等數本卷二十六惟甲乘乙得戊故戊與丙無等數又戊與丁亦無等數理同故丙丁與戊俱無等數是以丙丁乘得數與戊無等數本卷二十六惟己爲丙丁乘得數故戊己無等數

第二十九題

兩數無等數各自乘所得兩數仍無等數各再乘所得兩數亦無等數三乘以上俱同

甲‥乙…
丙…丁……
戊……己……

解曰甲乙兩數無等數甲自乘得丙甲乘丙得戊乙自乘得丁乙乘丁得己題言丙丁戊己俱無等數

論曰甲乙既無等數而甲自乘得丙則丙乙無等數本卷二十七夫丙乙既無等數而乙自乘得丁則丙丁無等數又甲與乙既無等數而乙自乘得丁則甲丁無等數甲丙與乙丁既各無等數則甲乘丙乙乘丁所得兩數無等數本卷二十八惟甲乘丙得戊乙乘丁得己是以戊己無等數

第三十題

兩數無等數其和與兩本數各無等數又兩數和與兩本數各無等數則兩本數無等數

甲…乙…丙
丁———

解曰甲乙乙丙二數無等數相加得甲丙題言甲丙與甲乙乙丙俱無等數

論曰如甲丙甲乙非無等數則有數可度設爲丁丁既度甲丙甲乙則可度餘數乙丙惟亦度甲乙是丁度甲乙乙丙兩無等數之數無是理也故無數可度甲乙甲丙是以甲乙甲丙無等數則甲丙與甲乙乙丙俱無等數

又解曰甲丙甲乙無等數題言甲乙乙丙亦無等數

論曰如甲乙乙丙非無等數則有數可度設爲丁丁既度甲乙乙丙則亦度和數甲丙惟亦度甲乙是丁度甲丙甲乙兩無等數之數無是理也是以無數可度甲乙乙丙而甲乙乙丙無等數

第三十一題

數根與不度之數無等數

甲…乙…
丙——

解曰甲爲數根乙爲不度之數題言甲乙無等數

論曰。如甲乙非無等數。則有數可度。設爲丙。而丙非一。本卷界說十一丙既度乙。而甲不度乙。則丙與甲不等。若丙度乙甲。是度數根甲。而與甲不等。理所不能。是以無數可度甲乙。而甲乙無等數。

第三十二題

兩數相乘所得數有數根可度。則此數根亦可度兩本數之一。

甲……乙……
丙
丁……
戊……

解曰。甲乙兩數相乘得丙。而數根丁度丙。題言丁或度甲或度乙。

論曰。如丁爲數根。而不度甲。則甲丁無等數。本卷三十丁度丙得若干與戊中之若干一等。丁度丙。既得戊中之若干一。則丁乘戊生丙。而甲乘乙亦生丙。故丁戊乘得數與甲乙乘得數等。是以丁與甲比。若乙與戊比。本卷十九甲丁爲無等數之數。即同比最小數。本卷二十三同比最小數可度諸同比數。前率度前率。後率度後率。等。本卷二十一是以丁度乙。如丁不度乙。則度甲。其理同也。故丁或度甲或度乙。

第三十三題

可約數。必有數根可度。

解曰。甲爲可約數。題言必有數根度甲。

幾何七　三十二

甲………
乙……
丙…

論曰。甲既爲可約數。則必有數可度。本卷界說十三設爲乙。若乙爲數根。則題理自明。如乙爲可約數。亦有數可度。設爲丙。丙既度乙。而乙度甲。丙亦度甲。若丙爲數根。則題理亦明。若丙爲可約數。又有數可度。如此遞推。至末必有數爲數根。可度前數。亦可度甲。如無數根可度甲。則有無窮之數可度甲。但後數遞小於前數。理所不能。本卷界說二故至末必有數爲數根。可度前數。亦可度甲。是以可約之數。必有數根可度。

又論曰。甲既爲可約數。必有數可度。本卷界說十三設乙爲度甲最小之數。則乙爲數根。若云非數根。而爲可約之數。則有數可度。設爲丙。小于乙。丙既度乙。而乙度甲。則丙亦度甲。惟乙爲度甲最小之數。而丙小于乙。理所不能。是以乙非可約數。而爲數根也。

第三十四題

凡數或爲數根。或爲數根可度之數。

解曰。甲爲數。題言甲或爲數根。或爲數根可度之數。

論曰。如甲爲數根。題理自明。如爲可約之數。則有數根可度。本卷三十三是以凡數或爲數根。或爲數根。可度之數。

第三十五題

有若干數。求同比最小數。

幾何七　三十三

法曰甲乙丙若干數求同比最小數甲乙丙或無等數或有等數若無等數即爲同比最小數本卷二十三若有等數則以丁爲甲乙丙最大等數丁度甲乙丙各數得若干若戊己庚三數各有若干一本卷三故戊己庚各數度甲乙丙各數所得若干各與丁

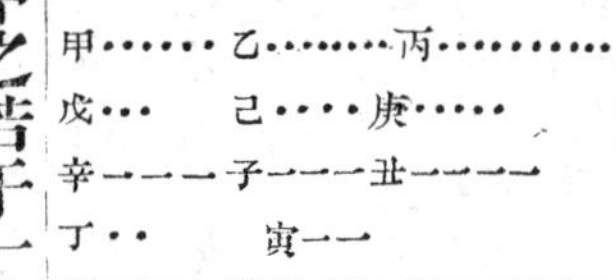

甲……乙……丙……
戊…己…庚…
辛———子———丑———
丁‥寅——

中之若干一等故戊己庚各乘丁生甲乙丙則戊己庚爲甲乙丙同比數本卷十八亦爲最小數若云戊己庚非甲乙丙同比最小數別有甲乙丙同比數小于戊己庚設爲辛子丑辛度甲與子丑度乙丙各相等本卷二十一辛度甲得若干若寅中有若干一子丑度乙丙得若干各與寅中之若干一等辛度甲既得寅中若干一則寅度甲得辛中若干一推之寅度乙丙得子丑中各若干一故寅兼度甲乙丙又辛度甲既得寅中若干一則辛乘寅得甲而戊乘丁得甲本論是戊乘丁辛乘寅兩數相等故戊與辛比若寅與丁比本卷十九惟戊大于辛故寅亦大于丁而度甲乙丙理所不能因丁爲甲乙丙之最大等數故也故甲乙丙同比數無有小于戊己庚者是以戊己庚爲甲乙丙之同比最小數

第三十六題

有兩數求其所度最小數

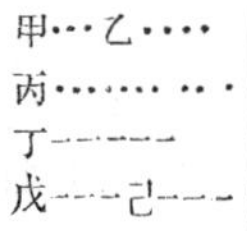

法曰甲乙兩數求其所度最小數甲乙或無等數或有等數設無等數則以丙爲甲乙乘得數乙乘甲得丙則甲乙度丙而丙爲甲乙

甲…乙…
丙……
丁———
戊——己——

所度最小數本卷十六若云非最小別有數小於丙而甲乙可度設爲丁甲度丁得若干與戊中之若干一等乙度丁得若干與己中之若干一等故甲乘戊生丁乙乘己亦生丁而甲戊相乘乙己相乘兩得數等則甲與乙比若己與戊比本卷十九甲乙無等數亦爲同比最小數本卷二十二惟同比最小數度他同比數前率度前率後率度後率等本卷二十一故後率乙度後率戊甲乘乙戊既生丙丁則乙與戊比若丙與丁比本卷十八惟乙度戊故丙度丁而以大度小理所不能故無數小于丙可爲甲乙兩無等數所度而丙爲甲乙所度最小數

甲…乙……
己‥戊…
丙……
丁———
庚——辛——

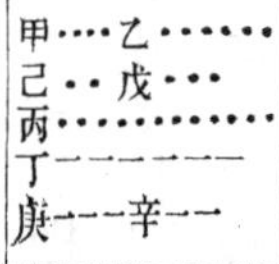

設甲乙有等數則以己戊爲甲乙同比最小數本卷三十五令甲戊相乘與乙己相乘二得數等甲戊乘得數爲丙則乙己乘得數亦爲丙所以甲乙度丙而丙爲甲乙所度最小數若云非最小別有數小于丙爲甲乙所度設爲丁則甲度丁得若干與庚中之若干一等乙度丁得若干與辛中之若干一

等故甲乘庚生丁乙乘辛亦生丁是甲乘庚乙乘辛兩得數等則甲與乙比若辛與庚比（本卷十九）惟甲與乙比若己與戊比故己與戊比若辛與庚比而己戊為甲乙同比最小數最小數度他同比數前率度前率後率度後率相等（本卷二十一）故戊度庚又甲度丙丁既得戊庚則戊與庚比若丙與丁比（本卷十七）惟戊度庚故丙度丁（本卷界說二十）然以大度小理所不能是以小于丙之數甲乙不能度而丙為甲乙所度最小數

第三十七題

兩數度他數則兩數所度最小數亦度他數

解曰甲乙兩數度他數丙丁甲乙所度最小數為戊題言戊亦度丙丁

甲‥乙…
丙……己……丁
戊……

論曰若云戊不度丙丁以戊累減丙丁盡丁己餘丙己小於戊夫甲乙既度戊而戊度丁己則甲乙亦度丁己而甲乙又度全數丙丁是以亦度餘數丙己而謂丙己小于戊必無是理故戊度丙丁

第三十八題

有三數求其所度最小數

法曰甲乙丙三數求其所度最小數以丁為甲乙所度最小數（本卷三十六）而丙或度丁或不度丁設度丁因甲乙亦度丁故丁為甲乙丙所度之數亦為最小數

甲…乙…丙…
丁……
戊……

若云非最小別有小于丁之數為甲乙丙所度設為戊甲乙丙度戊卽甲乙度戊甲乙所度最小數亦度戊（本卷三十七）而甲乙所度最小數為丁丁度戊是以大度小理所不能故甲乙丙所度之數無小于丁者而丁為甲乙丙所度最小數

設丙不度丁則以戊為丙丁所度最小數（本卷三十六）甲乙既度丁而丁度戊則甲乙亦度戊而丙本度戊故戊為甲乙丙所度亦為最小數若云非最小別有己小于戊為甲乙丙所度甲乙丙既度己卽甲乙度己甲乙所度最小數亦度己（本卷三十七）而丁為甲乙所度最小數則丁度己惟丙亦度己卽丁丙度己丁丙所度最小數亦度己而戊為丁丙所度最小數則戊度己乃以大度小無是理也是以甲乙丙所度之數無小于戊者而戊為甲乙丙所度最小數

甲‥乙‥丙…
丁……
戊……
己——

第三十九題

本數度他數則他數之一分以本數為母

解曰乙度甲題言甲之一分以乙為母

甲……
乙…
丙…
丁·

論曰設一為丁丙中有若干丁若甲中有若

干乙，乃乙度甲，得丙中之若干一；丁度丙，亦得丙中之若干一，則丁度丙與乙度甲相等，屬理，丁度乙與丙度甲相等。本卷十五 故丙爲甲之一分，若丁爲乙之一分，惟丁爲乙之一分，命乙爲母，故丙爲甲之一分，命乙爲母，是以甲中有若干丙分，其母爲乙。

第四十題

數有若干分，其分之母數，可度本數。

解曰：甲有若干乙，其母爲丙，題言丙可度甲。

甲……
乙…
丙……
丁·

論曰：乙既爲甲之一分，其母爲丙，丁一爲丙之一分，其母亦爲丙，則乙爲甲之一分，若丁爲丙之一分，是以丁度丙若乙度甲，屬理，丁度乙若丙度甲。本卷十五 故丙度甲。

第四十一題

任設諸分，求有此諸分之最小數。

法曰：任設甲乙丙諸分，求有甲乙丙諸分之最小數。以丁戊己諸數爲甲乙丙之諸母，以庚爲丁戊己所度最小數。本卷三十八

丁…… 三 甲
戊… 三 乙
己…… 四 丙
庚……
辛一一

丁戊己既度庚，則庚之諸分，以丁戊己爲諸母。本卷三十九 惟甲乙丙諸分以丁戊己諸數爲母，故庚有甲乙丙之諸分，亦爲最小數。若云非最小，更有小于庚之辛，有此甲乙丙諸分，夫辛既有甲乙丙諸分，則甲乙丙之諸母可度辛。本卷四十 惟此諸分之母爲丁戊己，是丁戊己可度辛，而辛小於庚，理所不能，則必無小于庚之數，而有甲乙丙諸分者。

幾何七 完

幾何原本第八卷

英國 偉烈亞力 口譯
海甯 李善蘭 筆受

第一題

若干連比例率首尾二率無等數則諸率爲同比最小數

解曰甲乙丙丁連比例率首尾甲丁無等數題言甲乙丙丁爲同比最小數

甲八 乙一二 丙一八 丁二七
戊 己 庚 辛

論曰若云諸率非同比最小數則設戊己庚辛小于甲乙丙丁而與甲乙丙丁同比甲乙丙丁既與戊己庚辛同比而甲乙丙丁若干率與戊己庚辛若干率等則平理甲與丁比若戊與辛比（七卷十四）而甲丁無等數凡無等數之數必爲同比最小數即可度他同比數前率度前率後率度後率等（七卷二十一）則甲度戊乃以大度小理所不能故戊己庚辛小于甲乙丙丁必不與甲乙丙丁同比而甲乙丙丁爲同比最小數

第二題

有同比最小率求連比例最小數

法曰甲乙爲同比最小率求若干連比例最小數如求四數則以甲自乘得丙以甲乘乙得丁以乙自乘得戊又以甲乘丙丁戊得己庚辛以乙乘戊得壬即得己庚辛壬四數蓋甲既自乘得丙乘乙得丁是甲乘甲乙兩數生丙丁兩數故甲與乙比若丙與丁比（七卷十七）又甲乘乙得丁而乙自乘得戊是甲乙各乘乙得丁戊故甲與乙比若丁與戊比（七卷十八）惟甲與乙比若丙與丁比故丙與丁比亦若丁與戊比甲乘丙丁得己庚則丙與丁比若己與庚比惟丙與丁比若甲與乙比故甲與乙比若己與庚比又甲乘丁戊生庚辛則丁與戊比若庚與辛比惟丁與戊比若甲與乙比故甲與乙比若庚與辛比而甲乙乘戊生辛壬則甲與乙比若辛與壬比惟甲與乙己與庚庚與辛俱同

甲二 乙三
丙四 丁六 戊九
己八 庚一二 辛一八 壬二七

比（本論）故己與庚庚與辛辛與壬亦同比則丙丁戊及己庚辛壬諸數俱爲甲乙同比數亦爲同比最小數蓋甲乙既爲同比最小數同比最小數爲無等數之數（七卷二十三）則甲乙無等數惟甲乙各自乘得丙戊各再乘得己壬則丙戊與己壬俱無等數（七卷二十九）凡若干連比例率首尾無等數必爲同比最小數（本卷一）則丙丁戊及己庚辛壬爲甲乙同比最小數

系知此理可明若連比例三率爲同比最小數其首尾爲平方如四率則爲立方

第三題

若干連比例率，爲同比最小數，則首尾無等數。

甲八乙一二丙一八丁二七

戊二己三

庚四辛六壬九

子八丑一二寅一八卯二七

解曰：甲乙丙丁連比例率，爲同比最小數。題言首甲尾丁無等數。

論曰：戊己爲甲乙丙丁同比最小二數，本卷二 庚辛壬爲同比最小三數，推至最小諸數與甲乙丙丁若干率等，命此諸數爲子丑寅卯，則首子尾卯無等數。蓋戊己既無等數，各自乘得庚壬，各再乘得子卯，則庚壬子卯俱無等數。七卷二十九 甲乙丙丁既爲同比最小數，而子丑寅卯爲甲乙丙丁同比最小數，甲乙丙丁若干率與子丑寅卯若干率等，則甲乙丙丁各數與子丑寅卯各數等，是以甲與子等，丁與卯等。子與卯既無等數，則甲丁亦無等數。

第四題

若干同比最小率，求相連同比之最小數。

甲二乙五丙三丁四戊五己六

庚六辛一五壬二〇子二四

丑——寅——卯——辰———

法曰：甲與乙、丙與丁、戊與己，爲各同比最小率，求相連同比最小數。以辛爲乙丙所度最小數，七卷三十六 取庚壬二數，令乙度辛得若干，與甲度庚相等；丙度辛得若干，與丁度壬相等。而戊或度壬，或不度壬。若度壬，則取子，令戊度壬得若干，與己度子相等。甲度庚得若干，既與乙度辛得若干等，則甲與乙比，若庚與辛比，七卷十三 又丙與丁比，若辛與壬比，戊與己比，若壬與子比，理同。故庚辛壬子爲甲與乙、丙與丁、戊與己諸率相連同比之數，亦爲同比最小數。若云非最小，別有數小于庚辛壬子，爲丑寅卯辰，則甲與乙比，若丑與寅比，而甲乙爲最小數，最小數可度諸同比數，前率度前率，後率度後率，俱等。七卷二十一 則乙度寅，又丙亦度寅，是乙丙度寅，而乙丙所度之最小數亦度寅，七卷三十七 乙丙所度之最小數爲辛，故辛度寅，然以大度小，理所不能，故無小于庚辛壬子與甲乙丙丁戊己同比者。

甲四乙五丙二丁三戊四己三

庚八辛一〇壬一五

子三二丑四〇寅六〇卯四五

辰——巳———午————未————

設戊不度壬，則取寅爲戊壬所度最小數，七卷三十六 又取子丑卯，令壬度寅得若干，與庚度子、丑得若干等，戊度寅得若干，與己度卯得若干等。庚度子得若干，既與辛度丑得若干等，則庚與辛比，若子與丑比，七卷十三 惟庚與辛比，若甲與乙比，故甲與乙比，若子與丑比。又丙與丁比，若丑與寅比，理同。戊度寅得若干，既與己度卯得若干等，則戊與己比，若寅與卯比，故子丑寅卯爲甲與乙、丙與丁、戊與己諸率相連同比之數，亦爲最小數。若云非最小，而別有辰巳午未四數，小于子丑寅卯則辰與巳比若甲與乙比而甲乙爲最小數最小數度諸同比數前率度前率後率度後率俱等（七卷二十一）則乙度巳而丙亦度巳故乙丙度巳而乙丙所度最小數亦度巳（七卷三十七）辛爲乙丙所度最小數故辛度巳又辛與巳比若壬與午比（七卷十三）故壬度午（七卷界說二十）而戊亦度午則戊壬度午戊壬所度最小數亦度午戊壬所度之最小數爲寅故寅度午然以大度小理所不能則無小于子丑寅卯之數與甲乙丙丁戊己同比者是以子丑寅卯爲甲與乙丙與丁戊與己相連同比最小數

第五題

面數之比例爲邊之相結比例

解曰甲乙爲二面數丙丁爲甲之二邊戊己爲乙之二邊題言甲乙之比例爲丙丁戊己相結之比例

甲一二乙三〇丙三丁四戊五己六
庚六辛一〇壬一五子二〇

論曰丙與戊丁與己各爲比例率取庚辛壬爲相連同比最小數（本卷四）令丙與戊比若庚與辛比丁與己比若辛與壬比以子爲丁戊乘得數丁乘丙旣生甲而乘戊生子（七卷界說十六）則丙與戊比若甲與子比（七卷十七）惟丙與戊比若庚與辛比（本論）故庚與辛比亦若甲與子比又戊乘丁旣生子而乘己生乙則丁與己比若子與乙比惟丁與己比若辛與壬比（本論）故辛與壬比亦若子與乙比又庚與辛比若甲與子比（本論）故庚與壬比若甲與乙比（七卷十四）夫庚與壬比爲其邊之相結比例（六卷界說五）是以甲與乙比亦爲邊之相結比例

第六題

凡連比例率第一數不度第二數則後諸數皆不相度

解曰甲乙丙丁戊爲連比例率如甲不度乙題言甲乙丙丁戊皆不相度

甲一六乙二四丙三六丁五四戊八一
己四庚六辛九

論曰甲不度乙而甲亦不度餘諸數如甲不度丙是也其理易明設有己庚辛若干率等于甲乙丙若干率而爲甲乙丙同比最小數（七卷三十五）己庚辛旣與甲乙丙爲同比數而甲乙丙與己庚辛之諸率相等則甲與丙比若己與辛比（七卷十四）甲與乙比若己與庚比而甲不度乙則己不度庚（七卷界說二十）故己非一因一無數不可度故也（七卷界說一）而己辛無等數（本卷三）故己不度辛（七卷界說十二）惟己與辛比若甲與丙比是以甲不度丙準此可顯無數可度他數

第七題

若干連比例率首率度尾率則亦度第二率

解曰甲乙丙丁若干連比例率甲度丁題言甲亦度乙

甲二乙四丙八丁一六

論曰：如甲不度乙，則無數度他數。本卷六 與題不合，因甲度丁故也。故甲度丁，則亦度乙。

第八題

彼此各兩數同比，此兩數間有若干連比例率，則彼兩數間亦有若干連比例率。

解曰：甲乙兩數間有丙丁若干連比例率，戊己與甲乙同比。題言甲乙間有若干連比例率，戊己間亦有若干連比例率。

甲二丙四丁八乙一六

庚一辛二壬四子八

戊三丑六寅一二己二四

論曰：庚辛壬子若干率，與甲丙丁乙若干率等，亦爲甲丙丁乙同比最小數。七卷三十五 則首庚尾子無等數。本卷三 甲丙丁乙既與庚辛壬子同比，而甲丙丁乙若干率與庚辛壬子若干率等，則甲與乙比若庚與子比。七卷十四 惟甲與乙比若戊與己比，故庚與子比亦若戊與己比，乃庚子爲同比最小數。七卷二十二 同比最小數可度諸同比數，前率度前率，後率度後率，俱等。七卷二十一 故庚度戊若子度己。又庚度戊得若干，若辛壬各數度丑寅各數得若干。故庚辛壬子度戊丑寅己俱等，而庚辛壬子與戊丑寅己同比。七卷界說二十 惟庚辛壬子與甲丙丁乙同比，故甲丙丁乙亦與戊丑寅己同比，而甲丙丁乙爲連比例率，故戊丑寅己亦爲連比例率。是以甲乙間有若干連比例率，則戊己間亦有若干連比例率也。

第九題

首尾兩無等數之數，中間有若干連比例率，則其首其尾與一之中間，亦各有若干連比例率。

解曰：甲乙兩無等數之數，中間有丙丁若干連比例率，以戊爲一。題言甲乙間有若干連比例率，則甲戊及乙戊間，亦各有若干連比例率。

甲八丙一二丁一八乙二七

戊一

己二 庚三

辛四 壬六 子九

丑八寅一二卯一八辰二七

論曰：己庚爲甲丙丁乙同比率。本卷二 辛壬子爲三同比率，推至丑寅卯辰若干同比率，與甲丙丁乙若干率等。即顯己自乘生辛。本卷二 己乘辛生丑，庚自乘生子，庚乘子生辰。丑寅卯辰爲己庚同比最小數，甲丙丁乙亦爲己庚同比最小數。丑寅卯辰諸率與甲丙丁乙諸率等，則丑寅卯辰各數與甲丙丁乙各數等，故丑與甲等，辰與乙等。又己自乘生辛，己度辛得己中之若干一，而戊度己亦得己中之若干一，故戊度己與己度辛等。是以戊己之比若己辛之比。七卷界說二十 又己乘辛生丑，則辛度丑得己中之若干一，而戊度己亦得己中之若干一，故戊度己與辛度丑等，是以戊己之比若辛丑之比。惟戊己之比若己辛之比。本論 故戊與己，己與辛，辛與丑俱同比。惟丑與甲相等，故戊與己，己與辛，辛與甲，爲同比。又戊與庚，庚與子，子與乙，爲同比。理同。是以甲乙間有若干連比例率，則甲戊及乙戊間，亦各有若干連比例率。

第十題

一與大小二數中間，各有若干連比例率，則此二數間，亦有若干連比例率。

解曰：丁戊及己庚各連比例率，在甲丙乙丙間。題言甲丙乙丙中間，各有若干率，則甲乙間亦有若干率。

論曰：丁乘己得辛，辛乘丁得壬，辛乘己得子。丙與丁比，既若丁與戊比，則丙度丁，若丁度戊。惟丙度丁得丁中之若干一，故丁度戊亦得丁中之若干一。則丁自乘得戊。又丙與丁比，既若戊與甲比，則丙度丁，若戊度甲。惟丙度丁得丁中之若干一，故戊度甲亦得丁中之若干一。則丁乘戊生甲。又己自乘生庚，己乘庚生乙，而丁自乘生戊，乘己生辛，則丁與己比，若戊與辛比（七卷十七）。又丁與己比，若辛與庚比，故戊與辛比，若辛與庚比。又丁乘戊辛生甲壬，故戊與辛比，若甲與壬比（七卷十七）。而戊與辛比，若丁與己比，故丁與己比，若甲與壬比。又丁己乘辛生壬子，故丁與己比，若壬與子比（七卷十八）。惟丁與己比，若甲與壬比，故甲與壬比，亦若壬與子比。又己乘辛庚生子乙，故辛與庚比，若子與乙比。而辛與庚比，若丁與己比，故丁與己比，亦若子與乙比。則丁與己，甲與壬，壬與子，子與乙，俱同比（本論）。即知甲壬子乙爲連比例率。是以甲丙及乙丙間，各有若干連比例率，則甲乙間亦有若干連比例率。

七二乙八一子一二一壬八甲
九庚六辛四戊
三己二丁
一丙

第十一題

兩平方間有一連比例率，兩平方之比例，爲其邊二次比例。

解曰：甲乙爲兩平方數，甲邊爲丙，乙邊爲丁。題言甲乙間有一連比例率，甲與乙之比例，爲丙與丁二次比例。

論曰：丁乘丙生戊。甲之邊既爲丙，則丙自乘生甲（七卷界說十八）。又丁自乘生乙，理同。丙乘丙丁，既生甲戊，則丙與丁比，若甲與戊比（七卷十七）。又丙乘丁生戊，而丁自乘生乙，則丙丁兩數乘丁，生戊乙兩數。故丙與丁比，若戊與乙比（七卷十八）。惟丙與丁比，若甲與戊比，故甲與戊比，亦若戊與乙比。是以甲乙間有一連比例率戊。又甲與乙之比例，爲丙與丁二次比例。蓋甲戊乙既爲連比例率，則甲與乙之比例，爲甲與戊二次比例。惟甲與戊比，若丙

九乙 六戊 四甲
三丁 二丙

與丁比是以甲與乙之比例爲丙與丁二次比例

第十二題

兩立方間有兩連比例率兩立方之比例爲其邊三次比例

解曰甲乙爲兩立方數丙爲甲邊丁爲乙邊題言甲乙間有兩連比例率甲乙之比例爲丙丁三次比例

論曰戊爲丙之自乘數己爲丙乘丁數庚爲丁

甲八 辛一二 壬一八 乙二七
戊四 己六 庚九
丙二 丁三

自乘數辛壬爲己乘丙丁數夫甲爲立方數而丙爲其邊則丙自乘得戊丙乘戊得甲（七卷界說十九）又丁自乘得庚

丁乘庚得乙丙乘丙丁兩數得戊己則丙與丁比若戊與己比（七卷十七）又丙與丁比若己與庚比理同又丙乘戊己兩數旣得甲辛則戊與己比若甲與辛比而戊與己比若丙與丁比故丙與丁比若甲與辛比又丙丁兩數乘己旣得辛壬則丙與丁比若辛與壬比（七卷十八）又丁乘己庚兩數得壬乙則己與庚比若壬與乙比惟己與庚比若丙與丁比故丙與丁比亦若壬與乙比則丙與丁甲與辛辛與壬壬與乙皆同比（本論）是以甲乙間有辛壬兩連比例率又甲與乙之比例爲丙與丁三次比例蓋甲辛壬乙旣爲連比例率則甲與乙之比例爲甲與辛三次比例惟甲與辛比若丙與丁比是以甲與乙之比例爲丙與丁三次比例

第十三題

若干連比例率其各率自乘所生各率仍爲連比例率各率再乘所生各率仍爲連比例率三乘以上皆同

解曰甲乙丙三率甲與乙比若乙與丙比以甲乙丙各自乘得丁戊己以甲乙丙各乘丁戊己得庚辛壬題言丁戊己及庚辛壬俱爲連比例率

論曰甲乘乙得子子乘甲乙兩率得寅卯乙乘丙得丑丑乘乙丙兩率得辰巳丁子戊及庚寅卯辛爲連比例

率與甲乙同比（本卷九又十）而戊丑己及辛辰巳壬爲連比例率與乙丙同比理同惟甲與乙比若乙與丙比故丁子戊與戊丑己同比庚寅卯辛與辛辰巳壬同比惟丁子戊若干率與戊丑己若干率等庚寅卯辛若干率與辛辰巳壬若干率等是以丁與戊比若戊與己比（七卷十四）而庚與辛比若辛與壬比

甲二 乙四 丙八
丁四 子八 戊一六 丑三二 己六四
庚八 寅一六 卯三二 辛六四 辰一二八 巳二五六 壬五一二

第十四題

此平方數度彼平方數則此平方邊度彼平方邊又此平方邊度彼平方邊則此平方數度彼平方數

甲四 戊八 乙一六
丙二 丁四

解曰甲乙兩平方數其邊為丙丁甲度乙題言丙亦度丁

論曰戊為丙丁乘得數則甲戊乙為連比例率與丙丁同比甲戊乙既為連比例率而甲度乙則甲亦度戊本卷七 惟甲與戊比若丙與丁比故丙亦度丁七卷界說二十

又解曰設丙度丁題言甲亦度乙

論曰準前論甲戊乙為連比例率與丙丁同比丙與丁比既若甲與戊比而丙度丁則甲亦度戊又甲戊乙為連比例率是以甲亦度乙本卷七

第十五題

此立方數度彼立方數則此立方邊度彼立方邊又此立方邊度彼立方邊則此立方數度彼立方數

甲八 辛一六 壬三二 乙六四
戊四 己八 庚一六
丙二 丁四

解曰立方數甲度立方數乙丙為甲邊丁為乙邊題言丙度丁

論曰丙自乘得戊丙乘丁得己丁自乘得庚己乘丙丁得辛壬則戊己庚及甲辛壬乙為連比例率與丙丁同比本卷九又十 甲辛壬乙既為連比例率而甲度乙則甲亦度辛本卷七 惟甲與辛比若丙與丁比故丙度丁七卷界說二十

又解曰丙度丁題言甲度乙

論曰甲辛壬乙為連比例率與丙丁同比而丙度丁丙與丁比若甲與辛比故甲度辛則甲亦度乙本卷九

第十六題

此平方數不度彼平方數則此平方邊不度彼平方邊又此平方邊不度彼平方邊則此平方數不度彼平方數

甲九 乙一六
丙三 丁四

解曰甲乙兩平方數其邊為丙丁甲不度乙題言丙不度丁

論曰如丙度丁則甲亦度乙本卷十四 惟甲不度乙故丙不度丁

又解曰丙不度丁題言甲不度乙

論曰如甲度乙則丙亦度丁本卷十四 惟丙不度丁故甲不度乙

第十七題

此立方數不度彼立方數則此立方邊不度彼立方邊又此立方邊不度彼立方邊則此立方數不度彼立方數

甲八 乙二七
丙二 丁三

解曰立方數甲不度立方數乙丙為甲邊丁為乙邊題言丙不度丁

論曰如丙度丁則甲亦度乙本卷十五 惟甲不度乙故丙不度丁

又解曰丙不度丁題言甲不度乙

論曰。如甲度乙。則丙亦度丁。本卷十五惟丙不度丁。故甲不度乙。

第十八題

二相似面數間有一連比例率。兩面數之比例。爲相當兩邊二次比例。

解曰。甲乙二相似面數。丙丁爲甲之兩邊。戊己爲乙之兩邊。相似面數之相當邊同比。七卷界說二十一卽丙與丁比。若戊與己比。題言甲乙間有一連比例率。甲乙之比例。爲丙與戊二次比例。亦爲丁與己二次比例。

甲六庚一二乙二四
丙二丁三戊四己六

論曰。丙與丁比。既若戊與己比。則轉理丙與戊比若丁與己比。七卷十三甲既爲面數。其邊丙丁。則丁乘丙得甲。又戊乘己得乙。理同。丁乘戊得庚。丁既乘丙得甲。乘戊得庚。則丙與戊比。若甲與庚比。七卷十七惟丙與戊比若丁與己比。故丁與己比若甲與庚比。又因戊乘丁得庚。乘己得乙。故丁與己比若庚與乙比。惟丁與己比若甲與庚比。故甲與庚比若庚與乙比。甲庚乙爲連比例率。是以甲乙間有一連比例率庚。又甲與乙之比例。爲丙戊二次比例。亦爲丁己二次比例。蓋甲庚乙既爲連比例率。則甲乙之比例。爲甲庚二次比例。因甲與庚。丙與戊丁與己皆同比。是以甲乙之比例。爲丙戊二次比例。亦爲丁己二次比例。

第十九題

二相似體數。有兩連比例率。二體數之比例。爲相當兩邊三次比例。

解曰。甲乙爲二相似體數。丙丁戊爲甲之三邊。己庚辛爲乙之三邊。相似體數之相當邊既同比。七卷界說二十一則丙與丁比。若己與庚比。丁與戊比。若庚與辛比。題言甲乙間有兩連比例率。甲乙之比例。爲丙與己。丁與庚。戊與辛三次比例。

甲三〇寅六〇卯一二〇乙二四〇
壬六 丑一二 子二四
丙二丁三戊五己四庚六辛一〇

論曰。丙丁之比。既若己庚之比。而丙乘丁得壬。己乘庚得子。則壬子爲同比之面數。此兩面數間有一連比例率丑。本卷十八則丁乘己得丑。本卷十八壬與丑。丑與子。爲同比。丁乘丙既得壬。而乘己得丑。則丙與己比若壬與丑比。七卷十七惟壬與丑比若丑與子比。故壬丑子爲連比例率。與丙己同比。丙與丁比既若己與庚比。則屬理丙與己比若丁與庚比。七卷十三又丁與戊比。既若庚與辛比。則屬理丁與庚比若戊與辛比。故壬丑子爲連比例率。偕丙與己。丁與庚。戊與辛。俱同比。戊辛各乘丑得寅卯。甲既爲體數。而其邊爲丙丁戊則丙丁戊三數連乘得甲，而壬爲丙丁乘得數，故戊乘壬得甲，又子爲己庚乘得數，辛乘子得乙，理同。戊乘壬既得甲，而乘丑得寅，則壬與丑比，若甲與寅比（七卷十七）。惟壬與丑，丙與己，丁與庚，戊與辛皆同比，故丙與己，丁與庚，戊與辛甲與寅皆同比，又戊辛各乘丑，既得寅卯，則戊與辛比，若寅與卯比，惟戊與辛，丙與己，丁與庚俱同比，故丙與己，丁與庚比，若甲與寅，寅與卯比，又辛乘丑既得卯，而乘子得乙，則丑與子比，若卯與乙比，惟丑與子比，若丙與己，丁與庚，戊與辛比，故丙與己，丁與庚，戊與辛比，若甲與寅，寅與卯，卯與乙比，是以甲寅卯乙爲連比例率，與體數之邊同比，又甲乙之比例爲同比兩邊三次比例，或丙與己，或丁與庚，或戊與辛俱同，蓋甲寅卯乙既爲連比例率，則甲乙之比例，爲甲與寅三次比例，甲與寅，丙與己，丁與庚，戊與辛俱同比（本論），故甲與乙之比例，爲諸相當邊三次比例。

第二十題

兩數間有一連比例率，則兩數爲相似面數。

解曰：甲乙兩數間有一連比例率丙，題言甲乙爲相似面數。

論曰：以丁戊爲甲丙同比最小數（七卷三十五），則丁與戊比，若甲與丙比，故丁與戊比，若丙與乙比，故丁庚甲，若戊庚丙，設己中有若干一，若甲中有若干丁，則己乘丁得甲，而乘戊得丙，故甲爲面數，其邊爲丁己，又丁戊亦爲丙乙同比最小數，則丁度丙，若戊度乙，而戊度乙得若干，與庚中之若干一等，則庚乘戊得乙，而乙爲面數，其邊爲戊庚，故甲乙爲兩面數，亦爲相似面數，蓋己庚乘戊得丙，乙則己與庚比，若丙與乙比（七卷十八），惟丙與乙比，若丁與戊比，故丁與戊比，若己與庚比，是以甲乙爲相似面數（七卷界說二十一），其相當邊各同比。

八一乙二一丙八甲

六庚四己三戊二丁

第二十一題

兩數間有兩連比例率，則兩數爲相似體數。

解曰：甲乙兩數間有丙丁兩連比例率，題言甲乙爲相似體數。

論曰：戊己庚爲甲丙丁同比最小數（七卷三十五），則首戊尾庚無等數（本卷三），戊庚間既有一連比例率己，則戊庚爲相似面數（本卷二十），而戊之兩邊爲辛壬，庚之兩邊爲丑寅，則戊己庚連比例率，偕辛與丑，壬與寅同比，戊己庚既爲甲丙丁同比最小數，則平理戊與庚比，若甲與丁比（七卷十四），戊庚爲無等數之數，即爲同比最小數（七卷二十三），最小數可度諸同比數，前

甲二四丙七二丁二一六乙六四八

戊一己三庚九

辛一壬一子二丑四寅三卯三七二

率度前率後率度後率俱等[七卷二十一]故戊度甲若庚度丁而戊度甲得若干與子中之若干一等則子乘戊得甲惟戊爲辛壬乘得數是子乘辛壬乘得數得甲故甲爲體數其邊爲辛壬子又戊己庚亦爲丙丁乙同比最小數則戊度丙若庚度乙而庚度乙得若干與卯中之若干一等則卯乘庚得乙惟庚爲丑寅乘得數是卯乘丑寅乘得數得乙故乙爲體數其邊爲丑寅卯所以甲乙俱爲體數亦爲相似體數蓋子卯乘戊得甲丙故子與卯甲與丙戊與己皆同比[七卷十七]惟戊與己辛與丑壬與寅俱同比故辛與丑壬與寅子與卯俱同比惟辛壬子爲甲之三邊丑寅卯爲乙之三邊所以甲乙爲相似體數

第二十二題

三連比例率首率爲平方數則末率亦爲平方數

甲四乙六丙九

解曰甲乙丙三連比例率甲爲平方數題言丙亦爲平方數

論曰甲丙間既有一連比例率乙則甲丙爲相似面數[本卷二十]惟甲爲平方是以丙亦爲平方

第二十三題

四連比例率首率爲立方數則末率亦爲立方數

甲八乙一二丙一八丁二七

解曰甲乙丙丁四連比例率甲爲立方數題言丁亦爲立方數

論曰甲丁間既有乙丙兩連比例率則甲丁爲相似體數[本卷二十一]惟甲爲立方是以丁亦爲立方

第二十四題

彼此兩數與兩平方同比如彼數爲平方則此數亦爲平方

甲四戊六乙九
丙一六　丁三六

解曰甲乙兩數與丙丁兩平方同比甲爲平方題言乙亦爲平方

論曰丙丁既爲兩平方甲乙爲同比兩數則丙丁間有一連比例率[本卷十八]而丙與丁比若甲與乙比故甲乙間亦有一連比例率戊[本卷八]惟甲爲平方是以乙亦爲平方[本卷二十二]

第二十五題

彼此兩數與兩立方同比彼數爲立方則此數亦爲立方

甲八戊一二己一八乙二七
丙六四丁二一六

解曰甲乙兩數與丙丁兩立方同比甲爲立方題言乙亦爲立方

論曰丙丁既爲兩立方則丙丁爲相似體數中間有兩連比例率[本卷十九]丙丁間有若干比例率則諸同比率間亦有若干比例率故甲乙間有戊己兩連比例率

甲戊己乙既爲四連比例率而甲爲立方則乙亦爲立方本卷二十三

第二十六題

二相似面數與二平方數同比

解曰甲乙兩相似面數題言甲與乙比若二平方數比

甲六 丙一二 乙二四
丁一 戊二 己四

論曰甲乙既爲相似面數則中間有一連比例率丙本卷十八丁戊己爲甲丙乙同比最小數七卷三十五則首丁尾己爲平方數本卷二題系丁與己比若甲與乙比而丁己爲平方數是以甲與乙比若二平方數比

第二十七題

二相似體數與二立方數同比

解曰甲乙爲二相似體數題言甲與乙比若二立方數比

甲一六 丙二四 丁三六 乙五四
戊八 己一二 庚一八 辛二七

論曰甲乙既爲相似體數則中間有兩連比例率丙丁本卷十九乃取戊己庚辛若干率與甲丙丁乙若干率等而戊己庚辛爲甲丙丁乙同比最小數本卷二則首戊尾辛爲立方數本卷二題系惟戊與辛比若甲與乙比是以甲與乙比若二立方數比

幾何原本第九卷

英國 偉烈亞力 口譯
海甯 李善蘭 筆受

第一題

兩相似面數相乘所得爲平方數

解曰甲乙兩相似面數相乘得丙題言丙爲平方數

論曰甲自乘得丁則丁爲平方數甲既自乘得丁而乘乙得丙則甲與乙比若丁與丙比七卷十七甲乙既爲相似面數則中間有一連比例率八卷十八凡兩數間有若干連比例率則同比兩數間亦有若干連比例率八卷八所以丁丙間亦有一連比例率惟丁爲平方數是以丙亦爲平方數八卷二十二

乙五四 甲六
丙三二四 丁三六

第二題

兩數相乘得平方數則兩數爲相似面數

解曰甲乙兩數相乘得平方數丙題言甲乙爲相似面數

乙一二 甲三
丙三六 丁九

論曰甲自乘得丁則丁爲平方數甲既自乘得丁而乘乙得丙則甲與乙比若丁與丙比七卷十七丁及丙既皆爲平方數則丁丙爲相似面數故丁丙間有一連比例率八卷十八惟甲與乙比若丁與丙比故甲乙間亦有

有一連比例率。八卷八凡兩數間有一連比例率則必為相似面數。八卷二十故甲乙為相似面數。

第三題

立方數自乘所得仍為立方數。

解曰。立方數甲自乘得乙。題言乙為立方數。

論曰。置丙為甲之一邊。丙自乘得丁。丙乘丁得甲。七卷界說十九丙自乘既得丁。則丙內有若干一。若丁內有若干丙。故一與丙比若丙與丁比。七卷界說二十又丙乘丁得甲。則甲內有若干丁。若丙內有若干一。故一與丙比若丁與甲比。惟一與丙比若丙與丁比。故

丙二
丁四
甲八
乙六四

一與丙。丙與丁。丁與甲。俱同比。所以一與甲中間有丙丁兩連比例率。今甲自乘得乙。則甲內有若干一。若乙內有若干甲。故一與甲比若甲與乙比。七卷界說二十惟一與甲中間有兩連比例率。故甲與乙中間亦有兩連比例率。八卷八凡兩數間有兩連比例率。第一率為立方。則第四率亦為立方。八卷二十三是以乙為立方數。

第四題

兩立方數相乘所得亦為立方數。

解曰。甲乙兩立方數相乘得丙。題言丙為立方數。

乙二七
丙二一六
甲八
丁六四

論曰。甲自乘得丁。則丁為立方數。本卷三甲既自乘得丁。而乘乙得丙。則甲與乙比若丁與丙比。七卷十七甲乙既為立方數。亦為相似體數。則甲乙間有兩連比例率。八卷十九故丁丙間亦有兩連比例率。八卷八惟丁為立方數。是以丙亦為立方數。八卷二十三

第五題

立方數乘他數而得立方數。則他數亦為立方數。

解曰。立方數甲乘他數乙得立方數丙。題言乙亦為立方數。

乙二七
丙二一六
甲八
丁六四

論曰。甲自乘得丁。則丁為立方數。本卷三甲既自乘得丁。而乘乙得丙。則甲與乙比若丁與丙比。七卷十七丁丙既俱為立方數。則亦為相似體數。故中間有兩連比例率。八卷十九惟丁與丙比若甲與乙比。故甲乙間亦有兩連比例率。八卷八惟甲為立方數。是以乙亦為立方數。八卷二十三

第六題

數自乘得立方數。則原數為立方數。

解曰。甲自乘得立方數乙。題言甲為立方數。

丙五一二
乙六四
甲八

論曰。設甲乘乙得丙。甲自乘得乙。乘乙得丙。則丙為立方數。七卷界說十九又甲自乘得乙。乘乙得丙。則甲與乙比若乙與丙比。七卷十七乙丙既俱為立方數。則亦為相似

體數所以乙丙中間有兩連比例率（八卷十九）而乙與丙比若甲與乙比則甲乙間亦有兩連比例率（八卷八）惟乙爲立方數故甲亦爲立方數（八卷二十三）

第七題

可約數乘他數所得爲體數

解曰甲爲可約數乘他數乙得丙題言丙爲體數

丙四十二　戊二
乙七
甲六　丁三

論曰甲既爲可約數則有數可度（七卷界說十三）設爲丁甲內有若干丁若戊內有若干一故戊乘丁得甲甲既乘乙得丙而丁乘戊得甲是丁戊乘得數乘乙得丙也故乙乘丁戊乘得數亦得丙（七卷十六）是以丙爲體數（七卷界說十七）其邊丁戊乙

第八題

從一起有若干連比例率則每間一率爲平方數每間二率爲立方數每間五率爲平方數亦爲立方數

解曰從一起有甲乙丙丁戊己若干連比例率題言乙丁己爲平方數丙己爲立方數己爲平方數亦爲立方數

己七二九　戊二四三　丁八一　丙二七　乙九　甲三

論曰因一與甲比若甲與乙比故一度甲若甲度乙（七卷界說二十）惟甲中有若干一若乙中有若干甲則甲自乘得乙故乙爲平方數因乙丙丁爲連比例率而乙爲平方數故丁亦爲平方數（八卷二十二）己亦爲平方數以上每間一率俱爲平方數理同又第四率丙爲立方數以上每間二率俱爲立方數理亦同蓋一與甲比若乙與丙比一度甲若乙度丙（七卷界說二十）而甲內有若干一若丙內有若干乙則甲自乘得乙乘乙得丙故丙爲立方數（七卷界說十九）丙丁戊己既爲連比例率而丙爲立方數則己亦爲立方數（八卷二十三）而己亦爲平方數（本論）是以第七率己爲平方亦爲立方也以上每間五率俱兼爲平立方理同

第九題

從一起有若干連比例率若第二率爲平方數則以上諸率俱爲平方數若第二率爲立方數則以上諸率俱爲立方數

解曰從一起有甲乙丙丁戊己諸連比例率若甲爲平方數題言乙以上俱爲平方數

己四〇九六　戊一〇二四　丁二五六　丙六四　乙一六　甲四

論曰前題乙以上每間一率俱爲平方數而此題甲以上俱爲平方數蓋甲乙丙既爲連比例率而甲爲平方數則丙亦爲平方數（八卷二十二）又乙丙丁既爲連比例率而乙爲平方數則丁亦爲平方數以上諸率俱爲平方數理同

己	戊	丁	丙	乙	甲
二六二一四四	三二七六八	四〇九六	五一二	六四	八

又解曰若甲爲立方數題言乙以上俱爲立方數

論曰前題四率以上每間二率爲立方數此題諸率俱爲立方數葢一與甲比若甲與乙比（七卷界說二十）一度甲若甲度乙惟甲中有若干一若乙中有若干甲故甲自乘得乙今甲爲立方數凡立方數自乘得數亦爲立方數（本卷三）故乙爲立方數甲乙丙丁既爲連比例四率而甲爲立方數則丁亦爲立方數（八卷十三）甲乙俱爲立方數則丙亦爲立方數（本卷四）戊亦爲立方數以上至無窮率俱爲立方數理同

第十題

從一起有若干連比例率若第二率非平方則每間一率之外俱非平方若第二率非立方則每間二率之外俱非立方

己	戊	丁	丙	乙	甲
六四	三二	一六	八	四	二

解曰從一起有甲乙丙丁戊己諸連比例率若甲非平方題言丙戊以上俱非平方

論曰乙本爲平方數（本卷八）設丙爲平方數是乙與丙比若兩平方數比而乙與丙比若甲與乙比是甲與乙比亦若兩平方數比如此則甲乙爲相似面數（七卷界說二十一）而乙爲平方數故甲亦爲平方數與題不合所以丙非平方數丙以上每間一率俱非平方數理同

又解曰若甲非立方數題言甲乙丁戊俱非立方數

論曰設丁爲立方數第四率丙本爲立方數（本卷八）而丙與丁比若乙與丙比是乙與丙比若兩立方比如此則乙丙爲相似體數（七卷界說二十一）而丙爲立方數故乙亦爲立方數又一與甲比若甲與乙比故甲內有若干一若乙內有若干甲（七卷界說二十）是甲自乘而得立方數乙凡數自乘而得立方數則原數亦必爲立方數（本卷六）是甲亦爲立方數與題不合是以丁非立方數除每間二率丙己等外俱非立方數理同

第十一題

從一起有若干連比例率任以前率度後率可得諸率中之一率

戊	丁	丙	乙	甲
八一	二七	九	三	一

解曰從甲一起有乙丙丁戊連比例諸率題言前率或乙或丙或丁度後率戊可得或丁或丙或乙

論曰甲與乙比既若丁與戊比則甲度乙若丁度戊（七卷界說二十）故屬理甲度丁若乙度戊（七卷十五）惟甲度丁即一度丁故丁內有若干一若戊內有若干乙是以前率乙度後率戊而得諸率中之一率丁餘可類推

第十二題

從一起有若干連比例率任何數根度末率則亦度第二率

丁二五六 己一二八
丙六四 庚三二
乙一六 辛八
甲四 戊二

解曰從一起有甲乙丙丁若干連比例率題言任何數根度丁則亦度甲

論曰設數根戊度丁則戊亦度甲若云戊不度甲凡數根與不度之數無等數七卷三十一是戊甲爲無等數之數而戊既度丁設戊度丁得己則戊乘己得丁又甲度丁得丙本卷十二則甲乘丙得丁惟戊乘己亦得丁所以甲乘丙戊乘己二得數等而甲與戊比若己與丙比七卷十九今甲戊無等數凡無等數之數爲同比最小數七卷二十三凡同比最小數度諸同比數前後率俱相等七卷二十一設戊度丙得庚則戊乘庚得丙惟甲乘乙亦得丙則甲乙乘得數與戊庚乘得數等故甲與戊比若庚與乙比而甲戊無等數凡無等數之數爲同比最小數七卷二十一設戊度乙得辛則戊乘辛得乙惟甲自乘亦得乙則辛乘戊與甲自乘二得數等故戊與甲比若甲與辛比七卷二十是戊度甲若云不度甲與理不合所以甲戊非無等數而爲可約數凡兩數非無等數則有數根可度七卷界說十四故甲戊有數根可度而戊本爲數根凡數根一之外無數可度七卷界說十一故戊度甲戊即數根戊度甲亦度丁故戊兼度甲丁是以任何數根度丁則亦度甲也

第十三題

從一起有若干連比例率若第二率爲數根則惟本比例諸率可相度他數不可度

丁六二五 丙一二五 乙二五 甲五 一

己⋯庚⋯辛⋯戊

解曰甲乙丙丁若干連比例率第二數甲爲數根題言甲乙丙之外無數度丁

論曰設戊度丁而戊與甲乙丙諸數不相等則戊非數根設戊爲數根而度丁則亦度數根甲本卷十二而與甲不相等於理不合故戊非數根而爲可約數凡可約數有數根可度七卷三十三今斷爲甲外無他數根度戊蓋若有他數根度戊而戊度丁則他數根亦度丁即亦度甲本卷十二而與甲不相等於理不合所以惟甲度戊設戊度丁得己則己與甲乙丙俱不相等者是甲乙丙諸數中有數可度丁而得戊惟甲乙丙每數度丁而得甲乙丙中之一數本卷十一是戊與甲乙丙中之一數相等於理不合所以己與甲乙丙俱不相等己非數根而甲度己理同前蓋若爲數根而度丁則亦度數根甲本卷十二而與甲不相等於理不合故己非數根而爲可約數有數根可度七卷三十三今斷爲甲外無他數

根度己蓋若有他數根度己而己度丁他數根亦度丁則亦度數根甲本卷十二而與甲不相等於理不合所以惟甲度己因戊度丁得己故乘己得丁甲乘丙亦得丁所以甲丙相乘與戊己相乘兩得數等而甲與戊比若己與丙比七卷十九惟甲度戊故己度丙七卷界說二十設得庚準前庚與甲乙俱不相等而甲度庚因己度丙得庚故乘庚得丙甲乘乙亦得丙故甲乙相乘與己庚相乘兩得數等而甲與己比若庚與乙比惟甲度己故庚亦度乙設得辛準前辛與甲不相等因庚度乙得辛故乘辛得乙甲自乘亦得乙則辛庚相乘與甲自乘兩得數等而辛與甲比若甲與庚比惟甲度庚故辛亦度數根甲而與甲不相等於理大不合是以甲乙丙而外無他數度丁

第十四題

有若干數根可度之最小數此諸數根之外無他數根可度

丁五 己……
甲三〇 丙三
乙二 戊……

解曰甲為乙丙丁三數根所度之最小數題言乙丙丁而外無他數根度甲

論曰若云有數根戊度甲而戊與乙丙丁俱不相等戊度甲設得己則戊乘己得甲而乙丙丁三數根俱度甲凡兩數乘得數為數根所度則數根亦度兩原數之一七卷三十二故乙丙丁或度戊或度己戊既為數根而與乙丙丁不相等則不能度故度己而己小於甲於理不合蓋甲為乙丙丁所度之最小數故也是以乙丙丁而外無他數根度甲

第十五題

連比例三率為同比最小數任取二率之和與餘率無等數

丙一六 乙一二 甲九
丁……戊……己

解曰甲乙丙連比例三率為同比最小數題言或甲乙和與丙或甲丙和與乙或乙丙和與甲皆無等數

論曰設丁戊戊己為同比最小之二率則丁戊自乘得甲乘戊己得乙戊己自乘得丙八卷二丁戊戊己既為同比最小數則為無等數之數七卷二十四凡兩數無等數則兩數和與原兩數各無等數七卷三十故戊己丁戊兩數和與戊己無等數凡二數與他數俱無等數則二數乘得數與他數仍無等數七卷二十六所以己丁丁戊乘得數與戊己無等數凡兩數無等數此數自乘所得與彼數亦無等數七卷二十七故己丁乘丁戊所得與戊己自乘所得無等數惟己丁丁戊乘得數與丁戊自乘丁戊戊己相乘兩得數之和等故丁戊自乘丁戊戊己相乘兩得數

之和，與戊己自乘亦無等數，惟甲爲丁戊自乘數，乙爲丁戊戊己乘得數，丙爲戊己自乘數，故甲乙之和與丙無等數，又乙丙和與甲無等數，甲丙和與乙無等數，理俱同。蓋丁己與丁戊戊己俱無等數，（七卷三十）而丁己自乘數與丁戊戊己乘得數無等數，（七卷二十六）惟丁己自乘數與丁戊戊己兩數各自乘，倍丁戊戊己相乘，三得數之和等，（二卷四）所以丁戊戊己各自乘，倍丁戊戊己相乘，三得數之和，與丁戊戊己乘得數無等數，分之，丁戊戊己各自乘，丁戊戊己相乘，三得數之和，與丁戊戊己乘得數無等數，又分之，丁戊戊己各自乘，與丁戊戊己乘得數亦無等數，惟甲爲丁戊自乘數，乙爲丁戊戊己乘得數，丙爲戊己自乘數，是以甲丙之和與乙無等數。

第十六題

兩數無等數，則此與彼比，非若彼與他數比。

丙…… 乙八 甲五

解曰：甲乙無等數，題言甲與乙比，非若乙與他數比。

論曰：設甲與乙比，若乙與丙比，夫甲乙無等數，則爲同比最小數，（七卷二十三）最小數可度諸同比數，前率度前率，後率度後率，俱等，（七卷二十一）則甲度乙，爲前率度前率，而甲亦自度，是甲度甲乙兩無等數之數，於理不合，所以甲與乙比，非若乙與丙比。

第十七題

若干連比例率，首末二率無等數，則第一率與第二率比，非若末率與他數比。

丁二七 丙一八 乙一二 甲八 戊……

解曰：甲乙丙丁諸連比例率，甲丁無等數，題言甲與乙比，非若丁與他數比。

論曰：設甲與乙比，若丁與戊比，則屬理甲與丁比，若乙與戊比，（七卷十三）而甲丁無等數，無等數之數爲同比最小數，（七卷二十三）最小數可度諸同比數，前率度前率，後率度後率，俱等，（七卷二十一）故甲度乙，乃甲與乙比，若乙與丙比，故乙度丙，則甲亦度丙，乙與丙比，若丙與丁比，而乙度丙，則丙亦度丁，又甲度丙，則甲亦度丁，甲亦自度，是甲丁無等數而甲皆可度，於理不合，是以甲與乙比，非若丁與他數比。

第十八題

有兩數，可求三數爲連比例率否。

乙七 甲四

法曰：置甲乙兩數，察之有連比例率否。甲乙或無等數，或有等數，若無等數，則不能有連比例率，（本卷十六）若有等數，則以乙自乘得丙，而甲或度丙，或不度丙，設度丙而得丁，則甲乘丁得丙，惟乙自乘亦得丙，故甲

丙三六 丁九 乙六 甲四

丁相乘與乙自乘兩得數等而甲與乙比若乙與丁比（七卷二十）則甲乙有連比例第三率丁設甲不度丙則不能得連比例三率若云亦能得三率爲丁

丙一六 丁…… 乙四 甲六

則甲丁相乘與乙自乘兩得數等（七卷二十）乙自乘既得丙則甲丁相乘亦得丙甲既乘丁得丙則甲度丙得丁而甲不度丙於理不合是以甲不度丙則甲乙無連比例三率

第十九題

有三數可求連比例四率否

法曰置甲乙丙三數察之有四率否設甲乙丙爲連比例率首末二率無等數則不能有四率（本卷十七）設首末二率有等數則可得四率以乙丙相乘得丁而甲或度丁或不度丁設度丁得戊則甲乘戊得丁惟乙乘丙亦得丁故甲戊相乘與乙丙相乘二得數等而甲與乙比若丙與戊比（七卷十九）所以甲乙丙有四率戊設甲不度丁則不能得四率若云亦可得四率爲戊則甲戊相乘與乙丙相乘兩得數等（七卷十九）惟乙丙相乘得丁則甲戊相乘亦得丁甲既乘戊得丁則度丁得戊是甲可度丁今甲不度丁於理不合故甲不度丁則不能得四率

丙九 乙六 甲四

丁二一六 戊二七 丙一八 乙一二 甲八

丁一三五〇 戊…… 丙四五 乙三〇 甲二〇

第二十題

任置若干數根數根必不盡於此

解曰任置甲乙丙等若干數根題言數根必不盡於此

丙五 乙三 甲二

戊三〇丁一己

論曰取甲乙丙所度之最小數（七卷三十八）爲丁戊加丁己一則戊己或爲數根或不爲數根設爲數根則甲乙丙數根之外又有戊己數根設不爲數根而爲數根庚所度（七卷三十三）則庚與甲乙丙各不相等若云庚與甲乙丙之一數相等而甲乙丙度丁戊則庚亦度丁戊惟庚度戊己則亦度餘數丁己一於理不合故庚與甲乙丙俱不相等而庚亦爲數根故有甲乙丙庚若干數根多於甲乙丙若干數根

第二十一題

若干偶數并之總數仍爲偶

解曰甲乙乙丙丙丁丁戊若干偶數題言總數甲戊亦爲偶

甲……乙……丙‥丁……戊

論曰因甲乙乙丙丙丁丁戊各爲偶數則俱可平分（七卷界說六）故甲戊總數亦可平分凡可平分者爲偶數故甲戊爲偶數

第二十二題

若干奇數并之其若干爲偶則總數爲偶

解曰甲乙乙丙丙丁丁戊若干奇數其若干爲偶題言總數甲戊爲偶

甲……乙……丙……丁……戊

論曰因甲乙乙丙丙丁丁戊各數爲奇每數減一所餘俱爲偶故所餘之總數亦爲偶本卷二十二又所減之若干一爲偶是以總數甲戊亦爲偶

第二十三題

若干奇數并之其若干爲奇則總數亦爲奇

解曰甲乙乙丙丙丁若干奇數其若干爲奇題言總數甲丁亦爲奇

甲……乙……丙……丁戊

論曰丙丁減戊丁一則丙戊爲偶數七卷界說七而甲丙亦爲偶本卷二十二故和數甲戊爲偶本卷二十一惟丁戊爲一是以總數甲丁爲奇

第二十四題

偶數減偶數所餘爲偶數

解曰偶數甲乙減偶數乙丙題言所餘丙甲爲偶數

甲……丙……乙

論曰甲乙爲偶可平分乙丙亦可平分所以餘甲丙亦可平分故甲丙爲偶

第二十五題

偶數中減奇數所餘爲奇數

解曰偶數甲乙中減奇數乙丙題言所餘丙甲爲奇數

甲……丙丁……乙

論曰乙丙中減丙丁一則丁乙爲偶七卷界說七而甲乙亦爲偶故餘數甲丁爲偶本卷二十四惟丙丁爲一是以所餘丙甲爲奇

第二十六題

奇數減奇數所餘爲偶數

解曰奇數甲乙中減奇數乙丙題言餘數甲丙爲偶

甲……丙……丁乙

論曰甲乙爲奇減乙丁一則所餘甲丁爲偶丙丁亦爲偶理同是以所餘甲丙亦爲偶本卷二十四

第二十七題

奇數中減偶數所餘爲奇數

解曰奇數甲乙中減偶數乙丙題言所餘丙甲爲奇

甲丁……丙……乙

論曰甲乙中去甲丁一則丁乙爲偶而乙丙亦爲偶所以丙丁爲偶本卷二十四惟丁甲爲一所以丙甲爲奇七卷界說七

第二十八題

奇數乘偶數所得爲偶數

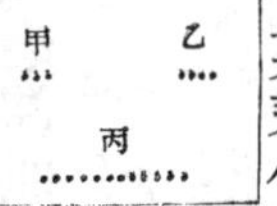

乙 丙 甲

解曰偶數乙乘奇數甲得丙題言丙爲偶數

論曰甲乘乙得丙則甲中有若干一若丙中有若干乙故丙爲偶數之并凡若干偶數并之總數仍爲偶（本卷二十一）是以丙爲偶

第二十九題

奇數乘奇數所得爲奇數

解曰奇數甲乘奇數乙得丙題言丙爲奇數

論曰甲乘乙得丙則甲中有若干一若丙中有若干乙惟甲乙俱爲奇數故丙爲若干奇數之并其若干亦爲奇凡若干奇數并之其若干爲奇總數亦爲奇（本卷二十三）故丙爲奇

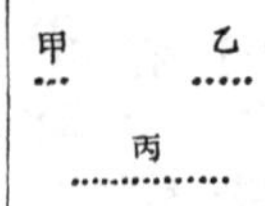

乙 丙 甲

第三十題

奇數度偶數亦度偶數之半

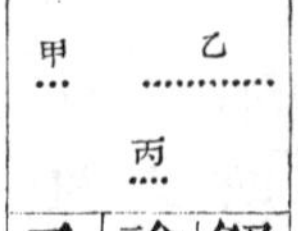

乙 丙 甲

解曰奇數甲度偶數乙題言甲亦度乙之半

論曰甲度乙得丙丙必非奇若云是奇乃甲度乙得丙則乘丙得乙故乙爲若干奇數之并其若干爲奇則乙亦爲奇（本卷二十三）與題理不合因題所設乙爲偶所以甲度乙得數必偶故甲亦度乙之半

第三十一題

奇數與他數無等數則與倍他數亦無等數

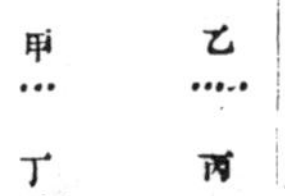

乙 丙 甲 丁

解曰奇數甲與他數乙無等數丙爲乙之倍題言甲與丙亦無等數

論曰若甲丙非無等數則有數可度設爲丁而甲爲奇故丁亦爲奇因丁奇度丙而丙爲偶則丁可度丙之半（本卷三十）惟乙爲丙之半則丁度乙而丁亦度甲是丁度甲乙兩無等數之數於理不合故甲丙無等數

第三十二題

累倍連比例率從二以上皆爲偶之偶數

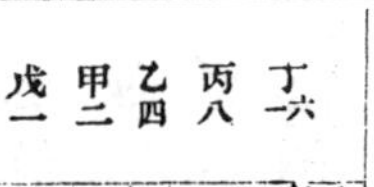

解曰乙丙丁爲累倍甲二之連比例率題言乙丙丁皆爲偶之偶數

丁 十六
丙 八
乙 四
甲 二
戊 一

論曰乙丙丁爲偶之偶數有確証（七卷界說八）因從二以上皆爲兩倍率故知皆爲偶之偶數蓋戊爲一從戊以上有若干連比例率而第二率甲爲數根則甲乙丙之外無數度甲乙丙丁連比例率之最大數丁（本卷十三）惟甲乙丙丁皆爲偶故丁爲偶之偶數乙丙俱爲偶之偶數理同

第三十三題

數之半爲奇則爲奇之偶數

甲

解曰甲之半爲奇題言甲爲奇之偶數
論曰甲爲奇之偶數有確証七卷界說九蓋其半爲奇
而度本數甲得偶故知僅爲奇之偶數若云亦爲
偶之偶數則其半必爲偶而偶數度之得偶數七卷界說八
今其半爲奇於理不合故甲僅爲奇之偶數

第三十四題

偶數若非從二累倍其半又非奇則爲偶之偶數亦爲奇之偶數

解曰甲數非從二累倍而得其半又非奇題言甲爲偶之偶數亦爲奇之偶數

甲

論曰甲爲偶之偶數有確証七卷界說八因其半非奇故也今云亦爲奇之偶數者蓋平分甲又平分其半如此累分之必得奇數此奇數度甲得偶若云累分不得奇數則累分之必得二而甲爲從二累倍之數與題不合故甲爲奇之偶數惟亦爲偶之偶數本論是以甲爲偶之偶數亦爲奇之偶數

第三十五題

有若干連比例率二率末率各以首率減之則二率之餘與首率比若末率之餘與諸前率和比

解曰如甲乙丙丁戊己從最小甲起若干連比例率乙

甲
乙……庚……丙
丁……
戊……子……壬……辛……己

丙戊己二率各減甲卽去庚丙辛己題言乙庚與甲比若戊辛與甲乙丙丁三數之和比

論曰取壬己與乙丙等子己與丁等壬己旣與乙丙等而壬己中之辛己與庚丙等則餘壬辛與乙庚等因戊己與丁丁與乙丙乙丙與甲皆同比而丁與己子乙丙與壬己甲與己辛各相等故戊己與己子己子與己壬己壬與己辛皆同比分之戊子與己子子壬與己壬壬辛與己辛皆同比凡一前率與一後率比若諸前率與諸後率比七卷二十故壬辛與己辛比若戊子子壬壬辛之和與己子己壬己辛之和比惟壬辛與乙庚己辛與甲己子己壬己辛和與丁乙丙甲和俱等本論故乙庚與甲比若戊辛與甲乙丙丁三數之和比是以第二率之餘與首率比若末率之餘與諸前率之和比

第三十六題

從一起有若干累倍連比例率若諸率之和爲數根則以末率乘和數得全數

解曰從一起有甲乙丙丁若干累倍連比例率若諸率之和戊爲數根己庚爲戊丁乘得數題言己庚爲全數

論曰試從戊起取戊辛壬子丑若干累倍連比例率與

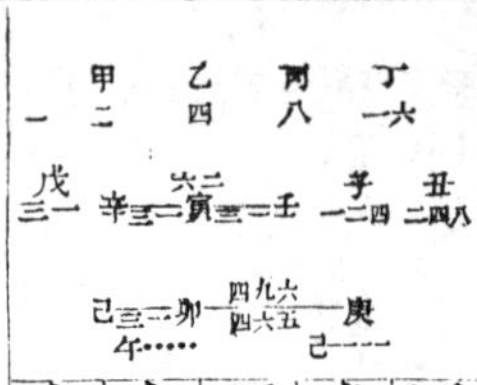

丁 一六　丙 八　乙 四　甲 二　一
丑 二四八　子 一二四　壬 一二　寅 二六　辛　戊 三一
庚 四九六　卯　己　午

甲乙丙丁若干率等則平理甲與丁比若戊與丑比所以戊丁相乘與甲丑相乘二得數等七卷十九戊丁乘得數爲己庚則己庚亦爲甲丑乘得數故甲乘丑得己庚而甲中有若干一若己庚中有若干丑惟甲爲二故己庚爲倍丑而丑子壬辛戊爲累倍之率所以戊辛壬子丑己庚爲累倍連比例率二率辛壬中減等戊之辛寅末率己庚中減等戊之己卯則二率之餘與一率比若末率之餘與諸前率之和比本卷三十五故寅壬與戊比若卯庚與丑子壬辛戊諸率之和比惟寅壬與戊等故卯庚與丑子壬辛戊諸率和亦等惟己卯與戊等而戊與一甲乙丙丁之和等所以己庚與戊辛壬子丑之和加一甲乙丙丁之和等二公論而己庚爲各率所度本卷十一今斷云一甲乙丙丁戊辛壬子丑之外無數可度己庚若云有數可度設爲巳巳與甲乙丙丁戊辛壬子丑各不相等又設己庚中有若干巳猶午中有若干一是午乘巳得己庚惟戊乘丁亦得己庚是戊與午比若巳與丁比七卷十九因甲乙丙丁爲連比例率而次於一之甲爲數根故甲乙丙之外無數可度丁本卷十三而巳與甲乙丙俱不相等故巳不度丁而巳與丁比若戊與午比

故戊不度午七卷界說二十戊爲數根凡數根與不度之數無等數七卷三十一所以戊與午無等數凡數根爲同比之最小數七卷二十三最小數可度諸同比數前率度前率後率度後率俱等七卷二十一而戊與午比若巳與丁比故戊度巳若午度丁惟甲乙丙之外無數可度丁所以午與甲乙丙中之一數相等設爲乙而戊辛壬子若干率與乙丙丁若干率等又戊辛壬子與乙丙丁同比則乙與丁比若戊與子比是乙子乘得數與丁戊乘得數等七卷十九惟丁戊乘得數與午巳乘得數等是午巳乘得數與乙子乘得數等故午與乙比若子與巳比七卷十九而午與乙相等則子與巳相等於理不合蓋巳與先設諸數俱不相等也故一甲乙丙丁戊辛壬子丑之外無數可度己庚而己庚與一甲乙丙丁戊辛壬子丑之和相等本論凡諸分數之和爲全數七卷界說二十二是以己庚爲全數

幾何原本第十卷上之首

英國　偉烈亞力　口譯
海甯　李善蘭　筆受

界說十一則

第一界

凡幾何有他幾何可度爲有等之幾何。

第二界

凡幾何無他幾何可度爲無等之幾何。

第三界

凡正方有面可度其邊爲正方有等之線。

第四界

凡正方無面可度其邊爲正方無等之線。

第五界

準上四說凡線有無窮相與有等及無等線或長短及正方俱有等或僅正方有等或俱無等原線謂之有比例線。

第六界

他線與此線或長短正方俱有等或僅正方有等亦謂之有比例線。

第七界

與此線長短及正方俱無等則謂之無比例線。

第八界

有比例線之正方謂之有比例面。

第九界

他面與此正方有等亦謂之有比例面。

第十界

與此正方無等則謂之無比例面。

第十一界

凡線之正方無相與有等者則謂之無比例線若爲正方形即指其邊若爲他形則指等面正方邊。

幾何原本第十卷上

英國 偉烈亞力 口譯
海甯 李善蘭 筆受

第一題

兩無等幾何遞次去大幾何之大半必至其餘小於小幾何

解曰置甲乙與丙兩不等幾何甲乙大於丙題言甲乙去大半餘甲辛復去其大半餘甲壬如此遞去之必至所餘小於丙

論曰累倍丙必至大於甲乙如丁戊分丁戊爲丁己己庚庚戊三分甲乙去大半乙辛餘甲辛又去大半辛壬如此遞去之至於甲乙之若干分與丁戊之若干分等卽甲壬壬辛辛乙若干分與丁己己庚庚戊若干分等丁戊大於甲乙去一分庚戊甲乙中亦去大半乙辛則所餘庚丁大於辛甲庚丁旣大於辛甲而庚丁去半己庚辛甲去大半辛壬則餘丁己大於甲壬惟丁己等於丙故丙大於甲壬卽甲壬小於丙所以大幾何甲乙遞次之減餘甲壬必小於小幾何丙

設大幾何遞去半亦與題合

又論曰甲乙與丙二不等幾何丙小於甲乙丙旣爲小幾何而累倍之必至大於甲乙設爲丑己分丑己爲丑辛辛庚庚己諸分甲乙去大半乙戊戊甲去大半戊丁如此遞去之至甲乙之若干分與丑己之若干分等設乙戊戊丁丁甲爲其諸分又設壬子子寅寅卯諸分皆等於丁甲令壬卯中若干分與己丑中若干分等又乙戊旣爲甲乙之大半則乙戊大於戊甲所以乙戊甚大於丁甲惟寅卯等於丁甲故乙戊甚大於寅卯又戊丁旣爲戊甲之大半則戊丁大於丁甲惟子寅等於丁甲所以戊丁大於子寅而丁乙大於子卯惟壬子等於丁甲所以全線甲乙大於全線壬卯惟丑己大於乙甲故丑己甚大於壬卯而卯寅寅子子壬三分旣俱相等丑辛辛庚庚己三分亦俱相等丑己之若干分與壬卯之若干分等則壬子與己庚比若壬卯與丑己比五卷十二惟丑己大於壬卯故己庚大於壬子五卷十四惟己庚等於丙壬子等於甲丁故丙大於甲丁

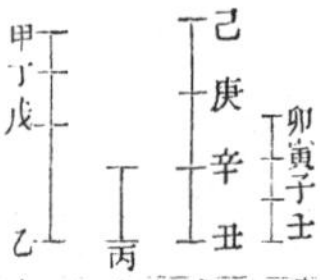

第二題

大小兩幾何輾轉相減而所餘幾何俱不度原幾何則爲兩無等幾何

解曰甲乙丙丁兩幾何甲乙小於丙丁輾轉相減所餘

俱不度原幾何題言甲乙丙丁爲兩無等幾何

論曰若有等幾何則有幾何可度設爲戊以甲乙減丙丁餘丙己小於甲乙以丙己累減甲乙餘甲庚小於丙己輾轉累推至所餘小於戊設即爲甲庚戊既度甲乙而甲乙度丁己則戊亦度丁己惟戊度丙丁所以亦度丙己而丙己度乙庚所以戊亦度乙庚惟戊亦度甲乙則亦度餘甲庚乃以大度小於理不合故甲乙丙丁無幾何可度而爲無等之幾何是以兩不等幾何輾轉相減所餘俱不度原幾何則爲無等之幾何

第三題

兩有等之幾何求其最大等幾何

法曰甲乙丙丁兩有等幾何甲乙小於丙丁求其最大等幾何甲乙或度丙丁或不度丙丁設度丙丁亦自度所以甲乙即爲甲乙丙丁之最大等幾何定爲最大者蓋大於甲乙則不度甲乙故也設甲乙不度丙丁甲乙丙丁既非無等之幾何則輾轉以小減大必至後減餘可度前減餘本卷二以甲乙減丙丁餘戊丙小於甲乙次以戊丙累減甲乙餘甲己小於戊丙而甲己度丙戊甲己既度丙戊而丙戊度己乙故甲己亦度己乙惟甲己亦自度故度全幾何甲乙惟甲乙度丁戊故甲己亦度丁戊惟亦度丙戊故度全幾何丙丁所以甲己度甲乙丙丁而爲最大等幾何蓋非最大則有大於甲己可度甲乙丙丁之幾何設爲庚庚度甲乙而甲乙度戊丁則庚亦度戊丁惟亦度全幾何丙丁故亦度餘丙戊惟丙戊度己乙故庚亦度己乙惟度全幾何甲乙故亦度餘甲己乃以大度小於理不合故度甲乙丙丁者無大於甲己則甲己爲甲乙丙丁最大等幾何

系凡幾何度兩幾何即度兩幾何之最大等幾何

第四題

三有等之幾何求其最大等幾何

法曰甲乙丙三有等之幾何求其最大等幾何先求甲乙之最大等幾何得丁本卷三而丁或度丙或不度丙設度丙是丁兼度甲乙丙故丁爲甲乙丙之最大等幾何蓋可度甲乙丙無大於丁者設云有大於丁之戊可度甲乙丙戊既度甲乙丙則亦度甲乙及甲乙之最大等幾何丁乃以大度小於理不合次設丁不度丙則丙丁必爲有等之幾何蓋甲乙丙爲有等之幾何則必有幾何可度即度

甲乙之幾何是也惟此幾何亦度丁本卷三題系乃故度丙丁而丙丁爲有等之幾何本卷上界說一設戊爲最大等幾何戊既度丁而丁度甲乙則戊亦度甲乙惟亦度丙故戊爲甲乙丙之最大等幾何若云有己大於戊可度甲乙丙己既度甲乙丙則亦度甲乙及甲乙之最大等幾何本卷三題系而丁爲甲乙之最大等幾何故己度丁惟亦度丙故己度丙丁及丙丁之最大等幾何而戊爲丙丁之最大等幾何故己度戊乃以大度小理所不能故可度甲乙丙無大於戊者所以設丁不度丙則戊爲甲乙丙之最大等幾何設丁度丙則丁爲甲乙丙之最大等幾何

系凡幾何度三幾何亦度其最大等幾何自三以上法與系理俱同

第五題

凡有等之幾何相比若數相比

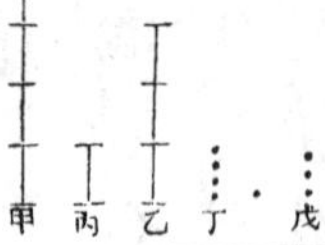

解曰設甲乙爲有等之幾何題言甲乙二幾何比若丁戊二數比

論曰甲乙既爲有等之幾何則必有幾何可度設爲丙丙度甲得若干如丁中有若干一又丙度乙得若干如戊中有若干一因丙度甲而得丁中之若干一一度丁亦得丁中之若干一則一度丁得若干猶丙度甲得若干故丙與甲比若一與丁比而反理甲與丙比若丁與一比又丙度乙而得戊中之若干一一度戊亦得戊中之若干一則一度戊得若干猶丙度乙得若干故丙與乙比若一與戊比而甲與丙比若丁與一比本論則平理甲與乙比若丁與戊比是以甲乙兩有等幾何比若丁戊兩數比

第六題

兩幾何相比若兩數相比則爲有等幾何

解曰甲乙兩幾何比若丁戊兩數比題言甲乙爲有等幾何

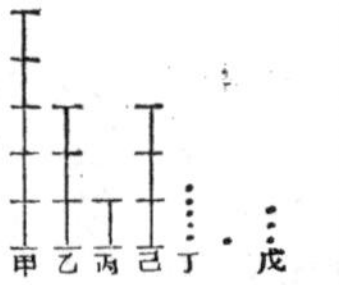

論曰丁中有若干一猶甲中有若干分設丙爲其一分戊中有若干一猶己中有若干等丙之分甲中既有若干分各等於丙如丁中有若干一則一爲丁若干分之一若丙爲甲若干分之一故丙與甲比若一與丁比惟一度丁故丙亦度甲丙與甲比既若一與丁比則反理甲與丙比若丁與一比又戊中有若干一既若己中有若干等丙之分則丙與己比若一與戊比而甲與丙比若丁與一比本論則平理甲與己比若丁與戊比惟丁與戊比若甲與乙比故甲

與乙比若甲與己比甲與乙與己既同比則乙與己等（五卷九）惟丙度己故可度乙惟亦度甲故丙兼度甲乙所以甲與乙爲有等幾何（本卷上界說一）是以兩幾何之比若兩數之比則爲有等幾何

又解曰甲乙兩幾何比若丙丁兩數比題言甲乙兩幾何有等

論曰丙中有若干一依此分甲爲若干分各等於戊則一與丙比若戊與甲比惟丙與丁比若甲與乙比所以平理一與丁比若戊與乙比惟一度丁故戊度乙惟戊亦度甲因一度丙故也所以戊度甲乙兩幾何而甲乙爲有等幾何其等幾何爲戊

系準題有兩數丁戊及直線甲而丁與戊二數比若甲與他線己比甲己間求得連比例中率乙則甲與己比若甲之正方與乙之正方比（六卷二十題系）即一線與三線比若一線之正方與二線之正方比也惟甲己二線比若丁戊二數比所以丁數與戊數比若甲線之正方與乙線之正方比

第七題

無等之幾何相比非若數相比

解曰甲乙兩無等之幾何題言甲與乙比非若數與數比

論曰設甲與乙比若數與數比則甲與乙爲有等之幾何（本卷六）惟非有等之幾何故甲與乙比非若數與數比是以無等之幾何相比非若數相比

第八題

兩幾何相比非若兩數相比則爲無等之幾何

解曰甲乙兩幾何相比非若兩數相比題言甲乙爲無等之幾何

論曰如甲與乙有等則其比若兩數相比（本卷五）惟不若兩數相比故甲乙爲無等之幾何是以兩幾何相比非若兩數相比則爲無等之幾何

第九題

有等線之正方相比若平方數相比又正方相比若平方數相比則正方之邊有等無等線之正方相比非若平方數相比又正方相比非若平方數相比則其邊無等

解曰甲乙爲有等之線題言甲乙之兩正方比若兩平方數比

論曰甲乙既有等則甲與乙比若兩數相比（本卷五）設甲乙之比若丙丁二數之

比則甲乙之二正方比爲甲與乙二次比例葢相似形之比例爲相當邊二次比例故也六卷二十而丙丁之二平方數比爲丙與丁二次比例葢兩平方數間有一連比例率八卷十一而兩平方之比例爲其邊二次比例是以甲乙之兩正方比若丙丁之兩平方數比

又論曰甲乙旣爲有等線則與二數同比本卷五設若丙與丁比以戊爲丙自乘數庚爲丁自乘數丙自乘旣得戊而乘丁得己則丙與丁比若甲與乙比亦若戊與己比七卷十七惟甲與乙比若甲之正方與甲乙之矩形比六卷一故甲之正方與甲乙之矩形比若戊與己比又丁自乘得庚而乘丙得己則丙與丁比卽甲與乙比若己與庚比七卷十七惟甲與乙比若甲乙之矩形與乙之正方比故甲乙之矩形與乙之正方比若己與庚比惟甲之正方與甲乙之矩形比若戊與己比本論故平理甲乙之二正方比若戊與庚比惟戊庚俱爲平方數卽戊爲丙之平方庚爲丁之平方故甲乙之二正方比若二平方數比

又解曰甲乙之二正方比若丙丁二數之平方比題言甲與乙長短有等

論曰甲乙之二正方比旣若丙丁二數之平方比而甲乙之二正方比爲甲乙二次比例六卷二十丙丁二數之平方比爲丙丁二次比例八卷十一故甲與乙比若丙丁二數比而甲與乙有等本卷六

又論曰丙爲戊之邊數丁爲庚之邊數己爲丙丁乘得數則戊己庚爲連比例三率與丙丁同比七卷十七又甲乙之矩形爲甲乙之二正方中率六卷一而己爲戊庚二平方數之中率八卷十一則甲之正方與甲乙之矩形比若戊與己比惟甲之正方與甲乙之矩形比若甲與乙比故甲乙有等因其比若戊己二數之比卽若丙與丁比故也

又解曰甲乙爲無等之線題言甲乙之兩正方比非若兩平方數比

論曰設甲乙之兩正方比若兩平方數比則甲與乙有等乃今無等故甲乙之兩正方比非若兩平方數比

又解曰設甲乙之二正方比非若二平方數比題言甲乙無等

論曰設甲乙長短有等則甲乙之二正方比若二平方數比今無平方數同比故甲乙無等

系凖本題例有等線之正方恆有等而有等正方之邊

非恆有等無等線之正方非恆無等無等正方之邊恆無等

注曰有等線正方之比既若平方數比而凡正方之比若平方數比者其邊亦有等則有等線不獨長短有等其正方亦有等也又凡與平方數同比之正方有等本論其邊亦有等因其正方之比若平方數比故也設正方之比非若平方數之比僅若數與數比而有等者則邊之正方有等而長短無等也故有等線之正方恆有等而有等正方之比必若平方數之比則其邊有等否則邊無等系言無等線之正方非恆無等者因有等正方之邊或非若數與數比則正方有等長短無等故無等線之正方非恆無等也然則長短無等者正方或有等或無等而正方無等者長短必無等若云長短亦或有等夫長短有等正方必有等本論今正方無等於理不合是以正方無等長短亦無等

第十題

凡比例四率一與二有等則三與四亦有等若一與二無等則三與四亦無等

解曰甲乙丙丁四比例率甲與乙比若丙與丁比設甲乙有等題言丙丁亦有等

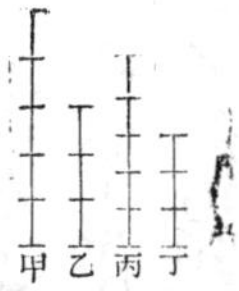

論曰甲與乙既有等則甲與乙比若數與數比本卷五惟甲與乙比若丙與丁比故丙與丁比亦若數與數比所以丙與丁有等本卷六

又解曰設甲乙無等題言丙丁亦無等

論曰甲與乙既無等則甲與乙比非若數與數比本卷七惟甲與乙比若丙與丁比故丙與丁比亦非若數與數比若云丙與丁比若數與數比則甲與乙比亦若數與數比五卷十一而甲與乙有等本卷六於題不合因所設甲乙無等故也故丙與丁比非若數與數比而丙與丁無等本卷八

例準前相似面數之比若平方數之比八卷二十六而兩數之比若平方數之比則為相似面數故設面數非相似則無同比平方數若云有同比則為相似面數矣與所設不合故面數非相似必無同比平方數

第十一題

有一線求作兩他線一僅長短無等一長短正方俱無等

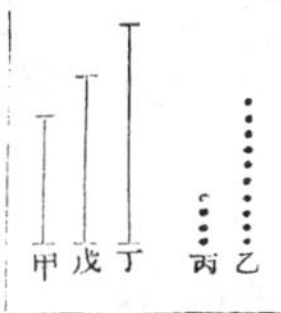

法曰有甲線求兩線一長短與甲無等一長短正方與甲俱無等取兩非若平方數相比數乙丙即非相似面數先設乙與丙比若丁與甲之二正方比本卷六題系則丁甲之二正方有等乙丙

之比既非若二平方數比則丁甲之二正方比亦非若二平方數比故甲與丁長短無等本卷九 甲丁間設戊爲連比例中率則甲丁之比若甲戊之兩正方比六卷二十二題

系 惟甲丁無等故甲戊之兩正方無等本卷十 而甲與戊亦無等是以所設之有比例線甲與丁僅正方有等本卷界說五 與戊長短正方俱無等卽求得與甲僅正方有等之有比例線丁及無比例線戊

第十二題

兩幾何與他幾何俱有等則兩幾何相與亦有等

解曰甲乙與丙俱有等題言甲乙亦有等

己 庚
丁 戊
辛 壬 子
乙 丙 甲

論曰甲與丙既有等則甲與丙比若兩數之比本卷五 設兩數爲丁戊又乙與丙既有等則丙與乙比若兩數之比設兩數爲己庚任依丁戊之比或己庚之比取辛壬子比例數令丁與戊比若辛與壬比己與庚比若壬與子比甲與丙比既若丁與戊比而丁與戊比若辛與壬比則甲與丙比亦若辛與壬比又丙與乙比既若己與庚比而己與庚比若壬與子比則丙與乙比亦若壬與子比惟甲與丙比若辛與壬比故甲與乙比若辛與子比五卷二十三 甲與乙比既若辛子兩數比則甲與乙有等本卷六 是以兩幾何與他幾何俱有等則兩幾何相與亦有等

第十三題

兩幾何一與他幾何有等一與他幾何無等則兩幾何相與亦無等

解曰甲乙兩幾何丙爲他幾何甲與丙有等乙與丙無等題言甲乙亦無等

甲
丙
乙

論曰若云甲與乙有等乃丙與甲本有等則丙與乙亦有等本卷十二 與題不合故甲與乙亦無等

第十四題

兩有等幾何一與他幾何無等則一與他幾何亦無等

解曰甲乙兩有等幾何甲與他幾何丙無等題言乙與丙亦無等

甲
丙
乙

論曰若云乙與丙有等乃甲與乙本有等則甲與丙亦有等本卷十二 與題不合故乙與丙非有等

例有兩不等線求等於兩線正方較積之正方如甲乙及丙兩不等線甲乙大於丙求一正方等於甲乙及丙兩正方之較積法於甲乙線上作甲丁乙半圓自甲至圓界丁作甲丁線令與丙等四卷一 次作丁乙線則甲丁乙爲直角三卷三十一 而丁乙之正方爲甲乙與甲丁卽丙

之兩正方較（四卷十七）又有兩線求等於兩線正方和積之正方如甲丁丁乙為兩線求一正方與此兩線之正方和積等法以兩線作甲丁乙直角次作甲乙線則甲乙之正方與甲丁丁乙兩線之正方和等（一卷四十七）

第十五題

四率比例線如一與二兩線之正方較積方邊與一率有等則三與四兩線之正方較積方邊與三率亦有等又如一二之較積方邊與一率無等則三四之較積方邊與三率亦無等

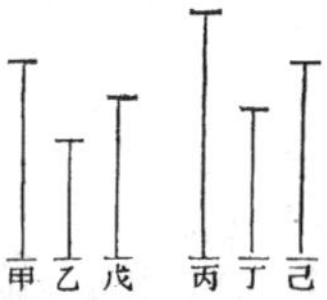

解曰甲乙丙丁為四率比例線甲與乙比若丙與丁比甲乙之兩正方較積等戊之正方丙丁之兩正方較積等己之正方若甲戊有等題言丙己亦有等若甲戊無等題言丙己亦無等

論曰甲與乙比若丙與丁比則甲乙之二正方比若丙丁之二正方比（六卷二十二題系○按徐氏譯本題）惟戊乙之二正方和等於甲之正方而己丁之二正方和等於丙之正方故戊乙之二正方和與乙之正方比若己丁之二正方和與丁之正方比分理戊乙之二正方比若己丁之二正方比（五卷十七）故戊與乙比若己與丁比（六卷二十二）而反理乙與戊比若丁與己比（四卷四）惟甲與乙比若丙與丁比故平理甲與戊比若丙與己比所以甲與戊有等則丙與己亦有等甲與戊無等則丙與己亦無等是以四率比例線一二率之正方較積方邊與一率有等則三四率之正方較積方邊與三率亦有等若一率無等則三率亦無等也

第十六題

兩有等幾何之和與原幾何各有等又若和幾何與原幾何之一有等則原幾何相與亦有等

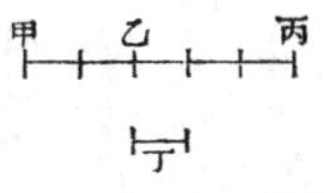

解曰甲乙乙丙兩有等幾何其和甲丙題言甲丙與甲乙乙丙各有等

論曰甲乙乙丙既有等則有幾何可度（本卷界說一）設為丁丁既度甲乙乙丙則亦度和幾何甲丙故甲乙乙丙甲丙俱為丁所度所以甲丙與甲乙乙丙俱有等

又解曰甲丙與甲乙或乙丙有等題言甲乙乙丙亦有等

論曰甲丙甲乙既有等則有幾何可度設為丁丁既度甲丙甲乙則亦度較幾何乙丙惟亦度甲乙故甲乙乙

丙有等

第十七題

兩無等幾何之和與原幾何各無等又若和幾何與原幾何各無等則原幾何相與亦無等

解曰甲乙乙丙兩無等幾何其和甲丙題言甲丙與甲乙乙丙各無等

丙　乙　甲

丁

論曰若云甲丙甲乙非無等則有幾何可度設爲丁丁旣度甲丙甲乙則亦度餘乙丙惟亦度甲乙故甲乙乙丙有等而題設爲無等於理不合故無幾何可度甲丙甲乙而甲丙甲乙無等甲丙丙乙亦無等理同故甲丙與甲乙乙丙各無等

又解曰甲丙與甲乙乙丙兩幾何各無等題言甲乙乙丙無等

論曰若云甲乙乙丙有等則有幾何可度本卷界說一設爲丁丁旣度甲乙乙丙則亦度和幾何甲丙惟亦度甲乙故甲丙甲乙有等而題設爲無等於理不合故無幾何可度甲乙乙丙而甲乙乙丙無等又若甲丙乙丙無等則甲乙乙丙無等理同是以兩幾何無等則和幾何與原幾何各無等

例於一線上任作矩形於此形中去一正方形則所餘爲原線兩分所成之矩形

丁

甲　丙　乙

論曰任於甲乙線上作甲丁矩形較全線上矩形少一丁乙正方則甲丁矩形與甲丙丙乙兩線所成之矩形等蓋丁乙旣爲正方則丁丙與丙乙等而甲丁爲甲丙丙乙兩線所成之矩形理自明是以直線上作矩形去一正方形則所餘爲原線兩分所成之矩形

第十八題

有二不等線大線上作矩形少一正方形與小線上正方四分之一等若大線之兩分有等則大小二線上正方之較積方邊與大線有等又大小二線上正方之較積方邊與大線有等而小線上正方四分之一與大線上矩形少一正方形等則大線二分有等

解曰甲及乙丙爲兩不等線乙丙爲大線乙丙上作少一正方形之矩形與小線甲上正方四分之一等即與半甲線之正方等設矩形爲乙丁丁丙二分所成乙丁丁丙有等題言乙丙及甲兩線上正方之較積方邊與乙丙有等

丙　丁　戊　己　乙

甲

論曰平分乙丙於戊又任取丁己二點令戊己與丁戊等則餘丁丙與乙己等乙丙旣平分於戊又任分之於

丁則乙丁丁丙二線之矩形及戊丁之正方形和與戊丙之正方等二卷五其四倍積亦等故四箇乙丁丁丙之矩形及四箇戊丁之正方形和與四箇戊丙之正方等惟甲之正方與四箇乙丁丁丙之矩形等而丁己之正方與四箇丁戊之正方等因丁己倍丁戊故也又乙丙之正方與四箇戊丙之正方等因乙丙倍戊丙故也故甲及丁己之二正方和與乙丙之正方等而乙丙與甲之二正方較與丁己之正方等今欲明乙丁丁丙有等則乙丙與丁己亦有等之理蓋乙丁與丁丙有等則乙丙與丁丙亦有等本卷十六惟丁丙與丙丁乙己和有等因丁丙乙己相等故也本卷十六故乙丙與乙己丙丁和有等則與餘己丁亦有等本卷十六所以乙丁丁丙有等則乙丙及甲兩線上正方之較積方邊與乙丙有等

又解曰乙丙及甲上兩正方之較積方邊與乙丙有等乙丙上作乙丙丙丁矩形少丙丁上正方形與甲之正方四分之一等題言乙丁與丁丙有等

論曰準前論知乙丙及甲上兩正方之較積與己丁之正方等惟乙丙及甲上兩正方之較積其方邊與乙丙有等故乙丙與己丁有等而與餘乙己丁丙和亦有等本卷十六惟乙己丁丙和與丁丙有等因乙己與丁丙相等故也故乙丙與丁丙有等則乙丁與丁丙亦有等本卷十六

是以二不等線大線上作矩形少一正方形與小線上正方四分之一等若大線之兩分有等則大小二線上正方之較積方邊與大線有等

第十九題

有二不等線大線上作矩形少一正方形與小線上正方四分之一等若大線之兩分無等則大小二線上正方之較積方邊與大線無等又大小二線上正方之較積方邊與大線無等而小線上正方四分之一與大線上矩形少一正方形等則大線二分無等

丙 丁 戊 己 乙

甲

解曰甲及乙丙為兩不等線乙丙為大線乙丙上作少一正方之矩形與小線甲上正方四分之一等設矩形為乙丁丁丙所成乙丁丁丙無等題言乙丙及甲上兩正方之較積方邊與乙丙無等

論曰準前論知乙丙及甲兩正方之較積方邊為丁己今欲明乙丙與丁己無等之理夫乙丁與丁丙既無等則乙丙與丁丙亦無等本卷十七惟丁丙與乙己丁丙和有等故乙丙與乙己丁丙和無等本卷十四則乙丙與己丁無等本卷十七而乙丙與甲兩正方相較餘己丁之正方故乙丙與甲兩線上正方之較積方邊與乙丙無等

又解曰乙丙及甲兩線上正方之較積方邊與乙丙無等乙丙上作乙丙丁丙矩形少一正方形與甲線上正方四分之一等題言乙丁與丁丙無等

論曰準前論知乙丙及甲之兩正方較即丁己之正方惟乙丙及甲上兩正方之較積方邊與乙丙無等故乙丙與丁己無等而與餘乙己丁丙和亦無等本卷十七惟乙己丁丙和與丁丙有等本卷六故乙丙與丁丙無等本卷十四而分理乙丁與丁丙無等本卷十七是以兩不等線大線上作矩形少一正方形與小線上正方四分之一等若大線之兩分無等則大小二線上正方之較積方邊與大線無等

案有等幾何之正方恆有等而有等正方之邊非恆有等此理已見前本卷九系故幾何與有比例之幾何有等則亦為有比例幾何而長短與正方皆有等蓋長短有等之幾何正方亦有等故也凡有幾何與有比例幾何之正方有等而長短亦有等則謂之長短正方俱有等有比例幾何設有幾何與有比例幾何之正方有等而長短無等則謂之僅正方有等有比例幾何

何謂有比例幾何曰有比例幾何有二一長短與正方俱有等一僅正方有等設有諸幾何與此有比例幾何長短無等正方有等則此諸幾何相與亦為有等有比例之幾何或長短正方俱有等或僅正方有等凡有比例幾何必有等理易明蓋有比例幾何與他有比例幾何有等而諸幾何同與一幾何有等則相與亦有等本卷十二所以凡有比例幾何必為有等幾何

第二十題

兩長短有等有比例線之矩形有比例

丁 乙 丙
甲

解曰甲乙乙丙兩長短有等有比例線成甲丙矩形題言甲丙有比例

論曰於甲乙上作甲丁正方則甲丁有等甲乙與乙丙既長短有等而甲乙與乙丁等則乙丁與乙丙必有等惟乙丁與乙丙比若丁甲與甲丙比六卷一而乙丁與乙丙有等故丁甲與甲丙有等本卷十惟丁甲有比例故甲丙亦有比例是以兩長短有等有比例線之矩形有比例

第二十一題

有比例線上作有比例矩形則矩之餘邊有比例而與原邊亦有等

解曰甲乙有比例線上作甲丙有比例矩形矩之餘邊為乙丙題言乙丙有比例而與甲乙有等

論曰甲乙線上作甲丁方形則甲丁有等惟甲丙亦有等故甲丁與甲丙有等本卷十九題案一惟丁甲與甲丙比若丁乙與乙丙比六卷一故丁乙與乙丙有等而乙丁與甲乙等故甲乙與乙丙有等惟甲乙有比例所以乙丙亦有比例而與乙甲有等是以有比例線作有比例矩形矩之餘邊有比例而與本邊有等

例甲爲直線其正方與無比例面等則甲無比例蓋使甲有比例準界說其正方必有比例今正方非有比例則甲必無比例

第二十二題

僅正方有等之兩線成矩形無比例則等此矩積正方之邊亦無比例命爲中線

解曰甲乙乙丙僅正方有等之兩線成甲丙矩形題言甲丙無比例而等積正方之邊亦無比例謂之中線

論曰甲乙線上作甲丁正方則甲丁有等甲乙乙丙無等因所設爲僅正方有等故也而甲乙與乙丁等故乙丁與乙丙無等惟乙丁與乙丙比若甲丁與甲丙比六卷一所以甲丁與甲丙無等惟甲丁有比例故甲丙無比例是以等甲丙正方之邊亦無比例本卷上界說十一此正方旣等於甲乙乙丙之矩形則其邊爲甲乙乙丙連比例中率故謂之中線

例有兩線此線與彼線比若此線之正方與彼此兩線之矩形比如戊己戊庚兩線戊己與戊庚比若己戊之正方與己戊戊庚之矩形比己戊上作己丁正方又作庚己矩形丁戊與戊庚比旣若己丁與己庚比六卷一而己丁爲己戊之正方己庚爲丁戊戊庚之矩形卽己戊戊庚之矩形則己戊與戊庚比若己戊之正方與己戊戊庚之矩形比又庚戊戊己之矩形與戊己之正方比卽庚己與丁己比若庚戊與戊己比

第二十三題

有比例線上作矩形與中線之正方等則矩之餘邊有比例而與原線無等

解曰甲爲中線乙丙爲有比例線乙丙上作乙丁矩形與甲之正方等丙丁爲矩之餘邊題言丙丁有比例而與乙丙無等

論曰甲旣爲中線則其正方等於僅正方有等線之矩形本卷二十二設己庚爲僅正方有等線之矩形

與甲之正方等惟甲之正方等於乙丁故乙丁與己庚等積等角凡等積等角之兩而其彼此夾相當角之兩邊為互視比例六卷十四故乙丙與戊庚比若戊己與丙丁比所以乙丙與戊庚之二正方比若戊己與丙丁之二正方比六卷二十二惟乙丙與戊庚之二正方有等故戊己與丙丁之二正方亦有等惟戊己之正方有比例故丙丁之正方亦有比例而丙丁線有比例己戊與戊庚二線既僅正方有等長短無等本卷二十二而己戊與戊庚比若戊己之正方與己戊戊庚之矩形比本題例故戊己之正方與己戊戊庚之矩形無等本卷十惟丙丁之正方與戊己之正方有等故與戊己戊庚之矩形無等本卷十三而丁丙丙乙之矩形與戊己戊庚之矩形既各等於甲之正方則相與有等故丙丁之正方與丁丙丙乙之矩形無等本卷十三惟丙丁之正方與丁丙丙乙之矩形比若丁丙與丙乙比本題例故丁丙與丙乙長短無等是以丁丙有比例而與丙乙無等本卷十

第二十四題

凡線與中線有等則亦為中線

解曰甲為中線乙與甲有等題言乙亦為中線

論曰丙丁為有比例線丙丁上作丙戊矩形與甲之正方等矩之餘邊為戊丁則戊丁有比例而與丙丁無等本卷二十三丁丙線上又作丙己矩形與乙之正方等矩之餘邊為丁己甲與乙既有等則甲之正方與乙之正方有等本卷九題系惟戊丙矩形與甲之正方等而丙己矩形與乙之正方等故戊丙與丙己兩矩形有等惟戊丙與丙己比若戊丁與丁己比六卷一所以戊丁與丁己長短有等惟戊丁有比例而與丁丙無等本卷二十三所以丁己亦有比例而與丁丙無等本卷十三故丙丁丁己僅正方有等凡僅正方有等有比例線之矩形無比例其等積正方之邊亦無比例而為中線本卷二十二故等丙丁丁己之矩積方邊為中線惟乙之正方與此矩積等所以乙為中線

系觀此題而知凡面與中面有等亦為中面葢其積與僅正方有等線之二正方同比而一線為中線所以餘一線亦為中線準有比例線之例與中線長短有等之線亦為中線長短正方皆有等葢長短有等正方恆有等故也而凡與中線長短正方皆有等則謂之長短正方有等之中線若僅正方有等則謂之僅正方有等之中線

第二十五題

有等二中線之矩形爲中矩形

解曰甲乙乙丙兩有等中線之矩形甲丙題言甲丙爲中矩形

論曰甲乙上作甲丁正方則甲丁爲中面甲乙與乙丙旣長短有等而甲乙與乙丁相等則乙丁與乙丙長短有等故丁甲與甲丙有等惟甲丁爲中面故甲丙亦爲中面（本卷二十四題系）

第二十六題

僅正方有等二中線之矩形或爲有比例矩形或爲中矩形

解曰甲乙乙丙兩正方有等中線之矩形甲丙題言甲丙或爲有比例矩形或爲中矩形

論曰甲乙乙丙兩線上作甲丁乙戊兩正方形則甲丁乙戊各爲中方形設己庚爲有比例線於上作矩形庚辛與甲丁正方形等（一卷四十五）矩之餘邊己辛於辛丑上作丑壬矩形與甲丙矩形等矩之餘邊辛壬於壬寅上作寅子矩形與乙戊正方等餘邊壬子則己辛辛壬壬子相聯爲一直線（一卷十四）甲丁乙戊旣爲中方形甲丁與庚辛等乙戊與寅子等則有比例線己庚上庚辛寅子各爲中面故己辛壬子各有比例而與己庚長短無等（本卷二十三）甲丁與乙戊旣有等則庚辛與寅子亦有等惟庚辛與寅子比若己辛與壬子比（六卷一）故己辛與壬子有等（本卷十）所以己辛壬子爲有等之有比例線故己辛壬子之矩形有比例（本卷二十）乙丁與乙甲旣相等而乙卯與乙丙亦相等則丁乙與乙丙比若甲乙與乙卯比惟丁乙與乙丙比若丁甲正方形與甲丙矩形比（六卷一）又甲乙與乙卯比若甲丙矩形與丙卯正方比故丙卯與甲丙比若甲丙與甲丁比惟甲丁與庚辛等甲丙與丑壬等丙卯與寅子等故庚辛與丑壬比若丑壬與寅子比所以己辛與辛壬比若辛壬與壬子比則己辛壬子之矩形與辛壬之正方形等（六卷十七）惟己辛壬子之矩形有比例（本卷二十）故辛壬之正方形有比例所以辛壬線有比例若辛壬與辛丑長短有等卽與己庚有等則丑壬矩形有比例若辛壬與己庚長短無等則辛壬辛丑兩線爲僅正方有等之有比例線而丑壬爲中矩形（本卷二十五）故丑壬或爲有比例矩形或爲中矩形惟丑壬與甲丙等所以甲丙或爲有比例矩形或爲中矩形是以僅正方有等二中線之矩形或爲有比例矩形或爲中矩形

第二十七題

兩中面之較積無比例

解曰甲乙甲丙兩中面較積丁乙題言丁乙無比例

論曰若云丁乙爲有比例面試置有比例線戊己其上作己辛矩形十卷四十五等於甲乙矩形餘邊爲戊辛去等於甲丙之己庚則壬辛與丁乙兩餘積等甲乙甲丙既各爲中面而甲乙與己辛等甲丙與己庚等則己辛己庚各爲中面此二面在有比例線戊己上故戊辛戊庚各有比例而與戊己無等本卷二十三丁乙若有比例與壬辛等則壬辛亦有比例而壬辛爲戊己線上形則庚辛有比例而與戊己長短有等本卷二十一惟戊庚亦有比例而與戊己無等所以戊庚與庚辛長短無等本卷十三惟戊庚與庚辛比若戊庚之正方與戊庚庚辛之矩形比六卷一故戊庚之正方與戊庚庚辛之矩形無等本卷十惟戊庚庚辛之二正方和與戊庚之正方有等因各有比例故倍戊庚庚辛之矩形與戊庚庚辛之矩形有等則戊庚庚辛之二正方和與倍戊庚庚辛之矩形無等本卷十四所以戊庚庚辛之二正方和加倍戊庚庚辛之矩形卽戊辛之正方二卷四與戊庚庚辛之二正方和無等本卷十七惟戊庚庚辛之二正方和有比例故戊辛之正方無比例本卷界說十則戊辛亦無比例然戊辛本有比例於理不合是以兩中面之較積無比例

第二十八題

求有比例矩形之兩邊爲僅正方有等兩中線

法曰甲乙爲僅正方有等之兩有比例線甲乙間取中比例線爲丙六卷十三令甲與乙比若丙與丁比六卷十二甲乙既爲僅正方有等線則甲乙之矩形卽丙之正方形六卷十七爲中面本卷二十二故丙爲中線甲與乙比既若丙與丁比而甲乙僅正方有等則丙丁僅正方有等本卷十惟丙爲中線故丁亦爲中線本卷二十四則丙丁爲僅正方有等兩中線且其矩形必爲有比例面蓋甲與乙比既若丙與丁比則更之甲與丙比若乙與丁比五卷十六惟甲與丙比若丙與乙比則丙與乙比若乙與丁比所以丙丁之矩形與乙之正方等六卷十七惟乙之正方有比例所以丙丁之矩形亦有比例卽求得有比例矩形之兩邊爲僅正方有等兩中線

第二十九題

求中矩形之兩邊爲僅正方有等兩中線

法曰甲乙丙爲僅正方有等之三有比例線設丁爲甲

甲 丁 乙 丙 戊

乙間比例中率六卷十三令乙與丙比若丁與戊比六卷十二甲乙既爲僅正方有等之有比例線則甲乙之矩形卽丁之正方形六卷十七爲中面故丁爲中線本卷廿二乙丙既爲僅正方有等之有比例線而乙與丙比若丁與戊比則丁戊爲僅正方有等之兩線本卷十惟丁爲中線故戊亦爲中線本卷廿四而此兩中線之矩形必爲中面蓋乙與丙比既若丁與戊比更之乙與丁比若丙與戊比惟乙與丁比若丁與甲比故丁與甲比若丙與戊比所以甲丙矩形與丁戊矩形等六卷十六惟甲丙矩形爲中面本卷廿二所以丁戊矩形亦爲中面卽求得中矩形之兩邊爲僅正方有等兩中線

一例求兩平方數其和仍爲平方數法置甲乙乙丙兩數或俱偶或俱奇凡偶數中去偶奇數中去奇所餘皆爲偶九卷廿四廿六則甲丙爲偶平分甲丙於丁令甲乙乙丙爲相似面數則甲乙乙丙之矩積加丙丁之平方與乙丁之平方等二卷六而甲乙乙丙之矩積爲平方數蓋兩相似面數乘得數必爲平方數也九卷一故乙丁之平方數爲二平方數之和

乙……丙……丁……甲

系觀此而知甲乙乙丙爲相似面數則乙丁與丙丁之兩平方數較卽甲乙乙丙之矩積亦爲平方數又若甲乙乙丙非相似面數則乙丁丙丁之兩平方數較得甲乙乙丙之矩積非平方數

二例求兩平方數其和非平方數法置甲乙乙丙其矩積爲平方數丙甲爲偶數平分於丁則甲乙乙丙之矩積加丙丁之平方等於乙丁之平方二卷六丙丁去一爲丙戊則甲乙乙丙之矩積加丙戊之平方小於乙丁之平方卽非平方數若云亦爲平方數則必當或等或小於乙戊之平方而不能大於乙戊之平方蓋大於乙戊之平方則爲乙丁之平方因一不能分故也而甲乙乙丙之矩積加丙丁之平方等於乙丁之平方與甲乙乙丙之矩積加丙戊之平方者不能相等故不能大於乙戊之平方若云甲乙乙丙之矩積加丙戊之平方可等於乙戊之平方乃甲丙倍丙丁而甲丙中之甲庚倍丁戊則餘丙庚倍戊丙所以庚丙平分於戊而庚乙乙丙之矩積加丙戊之平方等於乙戊之平方二卷六若甲乙乙丙之矩積加丙戊之平方等於乙戊之平方則庚乙乙丙之矩積加丙戊之平方等於甲乙乙丙之矩積加丙戊之平方去公數丙戊之平方則是甲乙等於庚乙於理不合是甲乙乙丙之矩積加丙戊之平方不等於乙戊之平方且亦不小

乙……丙…己·戊·丁·辛·庚·甲

於乙戊之平方益若小於乙戊之平方則可等於乙己之平方乃辛甲倍丁己而辛丙倍丙己所以辛丙平分於己而辛乙乙丙之矩積加丙己之平方等於乙己之平方二卷六 若甲乙乙丙之矩積加丙戊之平方等於乙己之平方則甲乙乙丙之矩積加丙戊之平方等於辛乙乙丙之矩積加丙己之平方於理不合故甲乙乙丙之矩積加丙戊之平方不小於乙戊之平方亦不等於乙戊之平方本論 故甲乙乙丙之矩積加丙戊之平方非平方數

第三十題

求二僅正方有等有比例線上正方之較積方邊與大原線有等

法曰置甲乙有比例線丙丁丁戊兩平方數此兩數之較丙戊非平方數本題一例系 甲乙線上作甲己乙半圓周又作甲己線令丁丙與丙戊比若甲乙甲己之二正方比本卷六題系 又作己乙線甲乙甲己之二正方比既若丁丙與丙戊比則甲乙甲己之二正方有等本卷六 惟甲乙之正方有比例本卷界說八 故甲己之正方亦有比例本卷界說九 而甲己線有比例本卷界說六 又丁丙與丙戊比既非若兩平方數比則甲乙甲己之二正方比亦非若兩平方數比而甲乙甲己二線長短無等本卷九 所以甲乙甲己爲僅正方有等之兩比例線本卷界說三 又丁丙與丙戊比既若甲乙甲己之二正方比則丙丁與丁戊比若甲乙乙己之二正方比五卷十九一卷四十七 惟丙丁與丁戊比若兩平方數比故甲乙乙己之二正方比亦若兩平方數比而甲乙乙己二線長短有等本卷九 惟甲乙之正方與甲己乙己之兩正方和等一卷四十七 故甲乙甲己兩正方之較積方邊乙己與甲乙有等卽求得兩僅正方有等有比例線其二正方之較積方邊與大原線有等

第三十一題

求二僅正方有等有比例線上正方之較積方邊與大原線無等

法曰置甲乙有比例線又置丙戊戊丁兩平方數令相加得丙丁非平方數本卷三十二題例 甲乙線上作甲己乙半圓周又作甲己線令丁丙與丙戊比若甲乙甲己之二正方比本卷六 又作己乙線準前論甲乙甲己爲僅正方有等之有比例線而丁丙與丙戊比若甲乙甲己之二正方比則轉理丙丁與丁戊比若甲乙乙己之二正方比惟丙丁與

丁戊比非若兩平方數比故甲乙乙己之二正方比亦非若兩平方數比而甲乙與乙己長短無等本卷九所以甲己甲乙兩正方之較積方邊乙己與甲乙無等即求得兩僅正方有等有比例線其二正方之較積方邊與大原線無等

例凡兩線有比例則大線與小線比若兩線之矩形與小線之正方比如甲乙乙丙兩有比例線例言甲乙與乙丙比若甲乙乙丙之矩形與乙丙之正方比

戊 丁
甲 乙 丙

乙丙上作乙戊正方又作甲丁矩形則甲乙與乙丙比若甲丁與乙戊比六卷一而甲丁即甲乙乙丙之矩形蓋乙丙與乙丁等故也乙戊為乙丙之正方故甲乙與乙丙比若甲乙乙丙之矩形與乙丙之正方比

第三十二題

求僅正方有等成有比例矩之兩中線其兩正方之較積方邊與大原線有等

甲
丙
乙
丁

法曰甲乙為僅正方有等之兩有比例線令甲乙上兩正方之較積方邊與甲有等本卷三十又令丙之正方與甲乙之矩形等甲乙之矩形為中面本卷廿二故丙之正方亦為中面而丙為中線又令丙丁

之矩形與乙之正方等惟乙之正方有比例故丙丁之矩形亦有比例甲與乙比若甲乙之矩形與乙之正方比而丙之正方與甲乙之矩形等乙之正方與丙丁之矩形等故甲與乙比若丙之正方與丙丁之矩形比惟丙之正方與丙丁之矩形比若丙丁兩線比所以甲與乙比若丙與丁比惟甲與乙僅正方有等故丙與丁亦僅正方有等又丙為中線則丁亦為中線本卷二十四甲與乙比既若丙與丁比而甲乙兩正方之較積方邊與甲有等故丙丁兩正方之較積方邊與丙有等本卷十五即求得丙丁兩僅正方有等成比例矩之兩中線而丙丁上兩正方之較積方邊與丙有等若欲求僅正方有等成有比例矩之兩中線其正方之較積方邊與大原線無等亦可依此題求之

例凡三線有比例則首線與末線比若首線中線之矩形與中線末線之矩形比如甲乙乙丙丙丁三有比例線例言甲乙與丙丁比若甲乙乙丙之矩形與乙丙丙丁之矩形比試於甲點作甲乙之垂線甲戊令與乙丙等從戊作戊庚線與甲丁平行於乙丙丁三點上作乙己丙辛丁庚三線俱與甲戊平行則甲乙與乙丙比若甲己乙辛兩矩形比乙丙與丙

庚 辛 己 戊
丁 丙 乙 甲

丁比若乙辛丙庚兩矩形比六卷一故平理甲乙與丙丁比若甲己與丙庚兩矩形比而甲己矩形卽甲乙乙丙之矩形因甲戊與乙丙等故也丙庚矩形卽乙丙丙丁之矩形因乙丙與丙辛等故也是以凡三線有比例則首線與末線比若首線中線之矩形與中線末線之矩形比

第三十三題

求僅正方有等成中矩形之兩中線其兩正方之較積方邊與大原線有等

法曰置甲乙丙僅正方有等之三線令甲丙上兩正方之較積方邊與甲有等本卷三十又設丁之正方與甲乙之矩形等二卷十四甲乙之矩形為中面本卷廿二故丁之正方亦為中面而丁為中線又設丁戊之矩形與乙丙之矩形等一卷四十五甲乙乙丙之二矩形比旣若甲與丙比六卷一惟丁之正方與甲乙之矩形等而丁戊之矩形與乙丙之矩形等則甲與丙比若丁之正方與丁戊之矩形比惟丁之正方與丁戊之矩形比若丁與戊比本卷三十二例故甲與丙比若丁與戊比惟甲與丙僅正方有等故丁與戊僅正方有等本卷十而丁為中線戊亦為中線本卷廿四甲與丙比旣若丁與戊比本論而甲丙上兩正方之較積方邊與甲有等則丁戊上兩正方之較積方邊與丁有等本卷十五又丁戊之矩形為中面葢丁戊之矩形與乙丙之矩形等而乙丙之矩形為中面故丁戊之矩形亦為中面也卽求得僅正方有等成中矩形之兩中線丁戊其正方之較積方邊與大原線有等若欲求僅正方有等成中矩形之兩中線其正方之較積方邊與大原線無等令甲丙兩正方之較積方邊與甲無等如本題求之卽得

例設甲乙丙為直角三角形乙甲丙為直角甲丁為甲角對邊之垂線則丙乙乙丁之矩形與乙甲之正方等乙丙丙丁之矩形與丙甲之正方等乙丁丁丙之矩形與丁甲之正方等乙丙甲丁之矩形與乙甲甲丙之矩形等葢甲丁旣為直角對邊之垂線則甲乙丁丙甲丁丙乙甲俱為相似三角形六卷八甲乙丙形旣與丁乙甲形相似則丙乙與甲乙比若甲乙與乙丁比六卷界說一故丙乙乙丁之矩形與甲乙之正方等六卷十七乙丙丙丁之矩形與甲丙之正方等理同又直角三角形對邊之垂線旣為對邊二分之比例中率六卷八系則乙丁與丁甲比若丁甲與丁丙比故乙丁丁丙之矩形與甲丁之正方等

準前論甲乙丙甲乙丁二形相似則乙丙與丙甲比若乙甲與甲丁比凡四率比例首末二線矩形等於中二線矩形（六卷十六）故乙丙甲丁之矩形與乙甲甲丙之矩形等試作戊丙矩形又作甲己矩形則戊丙與甲己等積因各倍甲乙丙三角積故也惟戊丙為乙丙甲丁之矩形而甲己為乙甲甲丙之矩形故乙丙甲丁之矩形與乙甲甲丙之矩形等

第三十四題

求兩正方無等之線其兩正方之和為有比例面而兩線之矩形為中面

法曰置甲乙乙丙二僅正方有等有比例線令兩正方之較積方邊與甲乙無等（本卷三十一）平分乙丙於丁又於甲乙線上作少一正方形之矩形與乙丁之正方等（六卷二十八）設為甲戊戊乙之矩形乃於甲乙線上作甲己乙半圓作戊己垂線作甲己己乙二線甲乙乙丙既無等而甲乙乙丙兩正方之較積方邊與甲乙無等又甲乙線上少一正方形之矩形與乙丙正方四分之一等即甲戊戊乙之矩形則甲戊與戊乙無等（本卷十九）甲戊與戊乙比既若甲乙甲戊之矩形與甲乙乙戊之矩形比（六卷一）而甲乙甲戊之矩形與甲己之正方等甲乙乙戊之矩形與乙己之正方等（本題例）則甲己己乙之二正方亦無等所以甲己己乙為二正方無等之線甲乙既有比例則甲乙之正方亦有比例所以甲己己乙兩正方之和亦有比例又甲戊戊乙之矩形與戊己之正方等亦與乙丁之正方等則戊己與乙丁等所以乙丙倍於戊己而甲乙乙丙之矩形倍於甲乙戊己之矩形（六卷一）惟甲乙乙丙之矩形為中面（本卷二十二）故甲乙戊己之矩形亦為中面惟甲乙戊己之矩形與甲己己乙之矩形等（本題例）故甲己己乙之矩形為中面又甲己己乙之兩正方和為有比例面（本論）即求得甲己己乙兩正方無等之線其兩正方之和為有比例面而兩線之矩形為中面

第三十五題

求兩正方無等之線其兩正方之和為中面而矩形為有比例面

法曰置甲乙乙丙僅正方有等二中線令其矩形為有比例面（本卷二十八）又令甲乙乙丙兩正方之較積方邊與甲乙無等（本卷三十二）於甲乙上作甲丁乙半圓平分乙丙於戊點又於甲乙線上作少一正方形之矩形與乙戊正方等（六卷二十八）設為甲

己已乙之矩形則甲己與己乙長短無等本卷十九己點上作甲乙之垂線己丁又作甲丁丁乙二線甲己與己乙既無等則甲乙甲己之矩形與甲乙乙己之矩形無等六卷一本卷十一惟甲乙甲己之矩形與甲丁之正方等甲乙乙己之矩形與丁乙之正方等本卷三十四題例所以甲丁丁乙之兩正方亦無等而甲丁丁乙爲兩正方無等之線甲乙之正方既爲中面則甲丁丁乙二正方之和亦爲中面準前題乙丙既倍於己丁則甲乙乙丙之矩形倍於甲乙己丁之矩形六卷一而二矩形有等惟所設甲乙乙丙之矩形有比例故甲乙己丁之矩形亦有比例惟甲丁丁乙之矩形與甲乙己丁之矩形等本卷三十四題例故甲丁丁乙之矩形亦有比例即求得甲丁丁乙二正方無等之線其正方之和爲中面而矩形爲有比例面

第三十六題

求兩正方無等之線其兩正方之和爲中面矩形亦爲中面而與兩正方和無等

法曰作甲乙乙丙兩僅正方有等之中線令其矩形爲中面又令甲乙乙丙上兩正方之較積方邊與甲乙長短無等本卷三十三甲乙上作甲丁乙半圓一準前題甲己與己乙既長短無等則

丁 甲 己 乙 戊 丙

甲丁與丁乙之兩正方必無等甲乙之正方既爲中面則甲丁丁乙之兩正方和亦爲中面甲己己乙之矩形既與乙戊之正方等亦與丁己之正方等則丁己與乙戊等所以乙丙倍於己丁而甲乙乙丙之矩形倍於甲乙己丁之矩形惟甲乙乙丙之矩形爲中面故甲乙己丁之矩形爲中面惟甲乙己丁之矩形等於甲丁丁乙之矩形本卷三十四題例故甲丁丁乙之矩形亦爲中面甲乙乙丙兩線既長短無等而丙乙與乙戊有等則甲乙與乙戊長短無等故甲乙之正方與甲乙乙戊之矩形無等六卷一本卷十一惟甲丁丁乙之兩正方和與甲乙之正方等而甲乙己丁之矩形與甲丁丁乙之矩形等亦與甲乙乙戊之矩形等故甲丁丁乙之兩正方和與甲丁丁乙之矩形無等即求得兩正方無等之線兩正方之和爲中面矩形亦爲中面而與兩正方和無等

論六和線

第三十七題

兩僅正方有等有比例線之和無比例命爲合名線

解曰甲乙乙丙兩僅正方有等有比例線其和甲丙題言甲丙無比例

論曰甲乙與乙丙長短無等因僅正方有等故也

甲 乙 丙

而甲乙與乙丙比若甲乙丙之矩形與乙丙之正方比六卷一則甲乙乙丙之矩形與乙丙之正方無等本卷十而倍甲乙乙丙之矩形與甲乙乙丙之矩形有等甲乙乙丙之兩正方和與乙丙之正方有等本卷十六故倍甲乙乙丙之矩形與甲乙乙丙之兩正方和無等合之倍甲乙乙丙之矩形加甲乙乙丙之兩正方和即甲丙之正方二卷四與甲乙乙丙之兩正方和無等本卷十七惟甲乙乙丙之兩正方和有比例故甲丙之正方無比例而甲丙線亦無比例命之爲合名線

第三十八題

僅正方有等之兩中線其矩形爲有比例面則兩線之和無比例命爲第一合中線

解曰甲乙乙丙爲有比例矩形之兩中線并之爲甲丙題言甲丙無比例

論曰甲乙與乙丙旣長短無等則甲乙乙丙之兩正方和與倍甲乙乙丙之矩形無等本卷十三故甲乙乙丙之兩正方和加倍甲乙乙丙之矩形即甲丙之正方二卷四與甲乙乙丙之矩形無等所設矩形有比例故甲丙之正方無比例而甲丙線亦無比例命之爲第一合中線

第三十九題

僅正方有等之兩中線其矩形爲中面則兩線之和無比例命爲第二合中線

解曰甲乙乙丙兩僅正方有等之中線其矩形爲中面其和甲丙題言甲丙無比例

論曰丁戊爲有比例線其上作丁己矩形與甲丙之正方等矩之餘邊爲丁庚一卷四十五甲丙上之正方與甲乙乙丙之兩正方和加兩个甲乙乙丙之矩形等二卷四丁戊上作戊辛矩形令與甲乙乙丙之兩正方和等則餘面己辛與兩个甲乙乙丙之矩形等甲乙乙丙旣各爲中線則甲乙乙丙之二正方亦各爲中面惟倍甲乙乙丙之矩形準題亦爲中面而戊辛矩形與甲乙乙丙之兩正方和等辛己與倍甲乙乙丙之矩形等則戊辛辛己各爲丁戊有比例線上之中面故丁辛辛庚兩線俱有比例而與丁戊長短無等本卷廿三甲乙與乙丙旣無等而甲乙與乙丙比若甲乙之正方與甲乙乙丙之矩形比六卷一則甲乙乙丙之矩形與甲乙之正方無等本卷十惟甲乙乙丙之兩正方和與甲乙之正方有等而倍甲乙乙丙之矩形與甲乙乙丙之矩形有等故甲乙乙丙之兩正方和與倍甲乙乙丙之矩形無等本卷

十四惟戊辛矩形與甲乙乙丙之兩正方和等而辛己矩形與倍甲乙乙丙之矩形等故戊辛與辛己無等所以丁辛辛庚二線長短無等而此二線有比例本論故丁辛辛庚爲僅正方有等之比例線所以丁庚無比例本卷三十七而丁戊有比例凡無比例有比例兩線之矩形爲無比例面故丁己面無比例而等丁己之正方亦無比例惟丁己面與甲丙之正方等是以甲丙無比例命爲第二合中線

案甲乙乙丙之矩形若非有比例而爲中面則甲丙爲第二合中線因中面次於有比例面之故凡有比例與無比例二線之矩形無比例理易明蓋若面有比例而在有比例線上則矩之餘邊亦有比例本卷廿一今無比例於理不合故有比例無比例二線之矩形必無比例

第四十題

兩正方無等之線其兩正方之和有比例而矩形爲中面則兩線之和無比例命爲太線

解曰甲乙乙丙兩正方無等之線其兩正方和有比例而矩形爲中面兩線并之得甲丙題言甲丙無比例

甲　乙　丙

論曰甲乙乙丙之矩形旣爲中面則倍甲乙乙丙之矩形亦爲中面本卷廿四題系惟甲乙乙丙之兩正方和有比例故倍甲乙乙丙之矩形與甲乙乙丙之兩正方和無等所以甲乙乙丙之兩正方和加倍甲乙乙丙之矩形卽甲丙之正方二卷四與甲乙乙丙之兩正方和無等本卷十七惟甲乙乙丙之兩正方和有比例故甲丙之正方無比例而甲丙亦無比例命爲太線

案甲乙乙丙兩無比例線之正方和大於倍甲乙乙丙之中矩形故二線之和謂之太線此因比例線之理命之蓋甲乙乙丙爲二不等線若等則甲乙乙丙之二正方和與倍甲乙乙丙之矩形必等而甲乙乙丙之矩形有比例今無比例故甲乙乙丙不等設甲乙大於乙丙而乙丁與乙丙等則甲乙乙丁之二正方和與倍甲乙乙丁之矩形加甲丁之正方等二卷七惟乙丁與乙丙等故甲乙乙丙之二正方和與倍甲乙乙丙之矩形加甲丁之正方等所以甲乙乙丙之兩正方和大於倍甲乙乙丙之矩形其較爲甲丁正方

甲　丁　乙　丙

第四十一題

兩正方無等之線兩正方之和爲中面其矩形爲有比例面則兩線之和無比例命爲比中方線

解曰甲乙乙丙兩正方無等之線如題云云并之爲甲

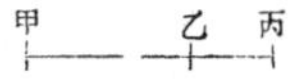

丙題言甲丙無比例

論曰甲乙乙丙之兩正方和既爲中面而倍甲乙乙丙之矩形爲有比例面則甲乙乙丙之兩正方和與倍甲乙乙丙之矩形無等故合之甲丙之正方與倍甲乙乙丙之矩形無等（本卷十七）惟甲乙乙丙之矩形有比例故甲丙之正方無比例而甲丙亦無比例命爲比中方線

案本線之正方函二面一爲有比例面一爲中面故名比中方線而無比例面次於有比例面故先言比次言中

第四十二題

兩正方無等之線其兩正方之和爲中面矩形亦爲中面而與兩正方之和無等則兩線之和無比例命爲兩中面之線

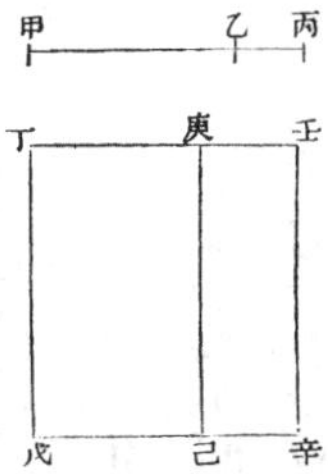

解曰甲乙乙丙兩正方無等之線如題云云并之得甲丙題言甲丙無比例

論曰設丁戊爲有比例線其上作丁己矩形與甲乙乙丙之兩正方和等（一卷四十五）又作庚辛矩形與倍甲乙乙丙之矩形等則丁辛矩形與甲丙之正方等（二卷四）甲乙乙丙之兩正方和既爲中面而與丁己矩形等則丁己必爲中面而在丁戊有比例線上故丁庚有比例而與丁戊長短無等（本卷二十三）庚壬亦有比例而與己庚即丁戊無等理同甲乙乙丙之兩正方和既與倍甲乙乙丙之矩形無等則丁己與庚辛二矩形無等而丁庚與庚壬亦無等（六卷一本卷十）惟兩線有比例故丁庚庚壬爲僅正方有等之兩有比例線所以丁壬無比例爲合名線（本卷三十七）惟丁戊有比例故丁辛矩形無比例（本卷三十九題案）而其等積正方之邊亦無比例惟丁辛矩形與甲丙之正方等積故甲丙無比例命爲兩中面之線

案本線之正方與甲乙乙丙之兩正方和及倍甲乙乙丙之矩形兩中面等故爲兩中面之線

又案凡無比例線上只一點可分爲二線後諸題發明之先設一例

例置甲乙線取丙丁二點分爲不等分設甲丙大於丁乙則甲丙丙乙之兩正方和大於甲丁丁乙之兩正方和

試於戊點平分甲乙線甲丙既大於丁乙去公分丙丁則餘甲丁大於餘丙乙惟甲戊與戊乙等所以丁戊小

於戊丙而丙丁二點距平分之戊點不等大甲丙丙乙之矩形加丙戊之正方與戊乙之正方等二卷五而甲丁丁乙之矩形加丁戊之正方亦與戊乙之正方等則甲丙丙乙之矩形加丙戊之正方與甲丁丁乙之矩形加丁戊之正方等而丁戊之正方小於丙戊之正方故餘甲丙丙乙之矩形小於餘甲丁丁乙之矩形所以倍甲丙丙乙之矩形小於倍甲丁丁乙之矩形其較卽甲丙丙乙上二正方和大於甲丁丁乙上二正方和之較

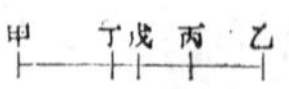

第四十三題

凡合名線只一點可分爲此二分

解曰甲乙合名線上以丙點分爲甲丙丙乙二僅正方有等有比例線題言丙點而外無他點可分爲此二線

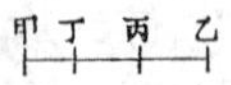

論曰若云可分於丁點令甲丁丁乙爲二僅正方有等之有比例線則甲丙與乙丁必不等若等則甲丁與丙乙等而甲丙與丙乙比若乙丁與丁甲比則甲乙分於丁點一如分於丙點非設難意也故甲丙與丁乙必不等而丙丁二點距平分點亦必不等故甲丙丙乙上二正方和與甲丁丁乙上二正方和之較等於倍甲丁丁乙矩形與倍甲丙丙乙矩形之較因甲丙丙乙之二正方和加倍甲丙丙乙之矩形與甲丁丁乙之二正方和加倍甲丁丁乙之矩形此二積俱等於甲乙之正方故也二卷四 惟甲丙丙乙上二正方和與甲丁丁乙上二正方和之較爲有比例面因二和積俱爲有比例面故也則倍甲丁丁乙矩形與倍甲丙丙乙矩形之較亦爲有比例面今二矩皆爲中面二中面之較不能爲有比例面本卷二十七 於理不合是以合名線上只一點可分爲此二分

第四十四題

第一合中線只一點可分爲此二分

解曰甲乙爲第一合中線於丙點分爲甲丙丙乙僅正方有等二中線成矩形爲有比例面題言丙點而外無他點可分爲此二線

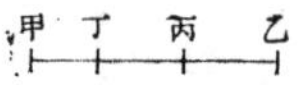

論曰若云甲乙線分於丁點令甲丁丁乙爲僅正方有等二中線成矩形爲有比例面夫倍甲丁丁乙之矩形與倍甲丙丙乙之矩形較等於甲丙丙乙之二正方和與甲丁丁乙之二正方和較惟倍甲丁丁乙之矩形與倍甲丙丙乙之矩形較爲有比例面因二矩面皆有比例故也則甲丙丙乙之二正方和與甲丁丁乙之

二正方和較亦爲有比例面而二和積皆爲中面與理不合本卷二十七 是以第一合中線上只一點可分爲此二分

第四十五題

第二合中線只一點可分爲此二分

解曰甲乙爲第二合中線分於丙點令甲丙丙乙爲僅正方有等二中線成矩形爲中面題言丙點而外無他點可分爲此二線

論曰若云甲乙線分於丁點令甲丙大於丁乙則甲丙丙乙之二正方和必大於甲丁丁乙之二正方和而甲丁丁乙爲僅正方有等之兩中線成矩形爲中面本卷四十三例試置戊己有比例線其上作戊壬矩形與甲乙之正方等截戊庚矩形與甲丙丙乙之二正方和等則餘辛壬矩形與倍甲丙丙乙之矩形等二卷四 又截戊子形與甲丁丁乙之二正方和等而小於甲丙丙乙之二正方和本論 則餘丑壬形與倍甲丁丁乙之矩形等甲丙丙乙之二正方既皆爲中面則戊庚亦爲中面故戊辛爲有比例線而與戊己長短無等本卷廿三 又辛寅爲有比例線與戊己長短無等理同甲丙丙乙既爲僅正方有等之中線則甲丙與丙乙長短無等惟甲丙與丙乙比若甲丙之正方與甲丙丙乙之矩形比六卷一 故甲丙之正方與甲丙丙乙之矩形無等本卷十 而甲丙丙乙之二正方和與甲丙之正方有等因甲丙丙乙爲正方有等之二線故也本卷十六 又倍甲丙丙乙之矩形與甲丙丙乙之矩形有等故甲丙丙乙之二正方和與倍甲丙丙乙之矩形無等惟戊庚矩形與甲丙丙乙之二正方和等而辛壬矩形與倍甲丙丙乙之矩形等故戊庚與辛壬二面無等所以戊辛辛寅二線長短無等而皆爲有比例線則戊辛辛寅爲僅正方有等之二比例線凡僅正方有等二比例線之和爲無比例線謂之合名線本卷三十七 故戊寅爲合名線惟辛點可分本卷四十三 若戊丑丑寅亦爲僅正方有等二比例線則戊寅合名線可分於辛丑二點而戊辛不等於丑寅於理不合蓋甲丙丙乙之二正方和大於甲丁丁乙之二正方和本卷四十三 而甲丁丁乙之二正方和又大於倍甲丁丁乙之矩形故甲丙丙乙之兩正方和相等之戊庚矩形甚大於倍甲丁丁乙之矩形相等之丑壬矩形所以戊辛大於丑寅而不等於丑寅故第二合中線上只一點可分爲此二分

第四十六題

太線惟一點可分爲此二分

解曰甲乙太線分於丙令甲丙丙乙爲兩正方無等之線兩正方之和爲有比例面而甲丙丙乙之矩形爲中面題言丙點而外無他點可分爲此二線

論曰若云甲乙線可分於丁令甲丁丁乙爲兩正方無等之線而兩正方之和爲有比例面矩形爲中面則甲丙丙乙之兩正方和與甲丁丁乙之兩正方和較等於倍甲丁丁乙之矩形與倍甲丙丙乙之矩形較二卷四惟甲丙丙乙之兩正方和與甲丁丁乙之兩正方和較爲有比例面因二和積皆有比例故也則倍甲丁丁乙之矩形與倍甲丙丙乙之矩形較亦爲有比例面而二矩形皆爲中面於理不合本卷二十七是以太線上只一點可分爲此二分

第四十七題

比中方線只一點可分爲此二分

解曰甲乙爲比中方線分於丙令甲丙丙乙爲兩正方無等之線兩正方之和爲中面其矩形爲有比例面題言丙點而外無他點可分爲此二線

論曰若云甲乙線可分於丁令甲丁丁乙爲兩正方無等之線其正方之和爲中面矩形爲有比例面夫倍甲丁丁乙之矩形與倍甲丙丙乙之矩形較等於甲丙丙乙之二正方和與甲丁丁乙之二正方和較二卷四惟倍甲丁丁乙之矩形與倍甲丙丙乙之矩形較爲有比例面則甲丙丙乙之二正方和與甲丁丁乙之二正方和較亦爲有比例面而二和積皆爲中面於理不合本卷廿七是以比中方線上惟一點可分爲此二分

第四十八題

兩中面之線只一點可分爲此二分

解曰甲乙爲兩中面線分於丙令甲丙丙乙二線之正方無等兩正方之和爲中面矩形亦爲中面而與兩正方之和無等題言丙點而外無他點可分爲此二線

論曰若云可分於丁令甲丙大於丁乙試置戊己有比例線其上作戊庚矩形與甲丙丙乙之二正方和等又作辛壬矩形與倍甲丙丙乙之矩形等則戊壬矩形與甲乙之正方等二卷四又截戊子矩形與甲丁丁乙之二正方和等則倍甲丁丁乙之矩形與丑壬矩形等二卷四甲丙丙乙之二正方和爲中面則戊己線上之戊庚矩形亦爲中面故辛戊有比例而與戊己長短無等本卷二十

三又辛寅有比例，與戊己長短無等，理同，甲丙丙乙之二正方和，與倍甲丙丙乙之矩形既無等，則戊庚與辛壬二矩形無等，故戊辛辛寅二線無等，本卷十而俱為有比例線，是戊辛辛寅為僅正方有等有比例線，所以戊寅為合名線，于辛點分為二分，若亦可分于丑點，而戊辛非等於丑寅，是合名線可分於二點，於理不合，本卷四十三是以兩中面線上只一點可分為此二分。

幾何原本第十卷中之首

英國　偉烈亞力　口譯
海甯　李善蘭　筆受

界說六則

第一界

置有比例線及合名線，若合名線二分上正方之較積方邊，與大分長短有等，又若大分與所置比例線長短有等，則全線為第一合名線。

第二界

若小分與所置比例線長短有等，則全線為第二合名線。

第三界

若大小二分與比例線長短俱無等，則全線為第三合名線。

第四界

若合名線二分上正方之較積方邊，與大分長短無等，又若大分與所置比例線長短有等，則為第四合名線。

第五界

若小分與比例線長短有等，則為第五合名線。

第六界

若大小二分與比例線俱無等，則為第六合名線。

幾何原本第十卷中

英國 偉烈亞力 口譯
海甯 李善蘭 筆受

第四十九題

求第一合名線

法曰置甲丙丙乙二數令總數甲乙與乙丙比若二平方數比與甲丙比非若二平方數比（本卷三十題一例系）又置有比例線丁令戊己與丁長短有等則戊己有比例（本卷上界說六）又令甲乙與甲丙比若戊己與己庚之二正方比（本卷六系）則戊己己庚之兩正方有等（本卷六）惟戊己有比例所以己庚亦有比例甲乙與甲丙比既非若二平方數比則戊己與己庚之二正方比亦非若二平方數比所以戊己與己庚長短無等（本卷九）故戊己己庚爲僅正方有等之二比例線而戊庚爲合名線（本卷三十七）亦爲第一合名線

論曰甲乙與甲丙二數比既若戊己與己庚之二正方比而甲乙大於甲丙則戊己之正方大於己庚之正方設己庚與辛之兩正方和與戊己之正方等甲乙與甲丙比既若戊己與己庚之二正方比則甲乙與乙丙比若戊己與辛之二正方比（本卷十九系）惟甲乙與乙丙比若二平方數比故戊己與辛之兩正方比若二平方數比所以戊己與辛長短有等（本卷九）所以戊己之正方大於己庚之正方其較積方邊與戊己有等惟戊己己庚爲有比例線而戊己與丁長短有等是以戊庚爲第一合名線（本卷中界說一）

第五十題

求第二合名線

法曰置甲丙丙乙二數令總數甲乙與乙丙比若二平方數比與甲丙比非若二平方數比（本卷三十題一例系）又置有比例線丁令己庚與丁有等則己庚有比例又令甲丙與甲乙比若己庚與己戊之二正方比（本卷六系）則己庚己戊之二正方有等（本卷六）而己戊有比例（本卷上界說六）甲丙甲乙二數比既非若二平方數比則己庚與己戊之二正方比亦非若二平方數比故己庚與己戊長短無等（本卷九）所以戊己己庚爲僅正方有等之二比例線而戊庚爲合名線（本卷三十七）亦爲第二合名線

論曰甲乙與甲丙二數比既若戊己與己庚之二正方比（五卷十六）而甲乙大於甲丙則戊己之正方大於己庚之

正方。設己庚與辛之兩正方和。與戊己之正方等。則甲乙與乙丙比。若戊己與辛之二正方比。五卷十九系 惟甲乙與乙丙比。若二平方數比。故戊己與辛之二正方比。亦若二平方數比。而戊己與辛長短有等。本卷九 故戊己之正方。大於己庚之正方。其較積方邊。與戊己有等。而戊己己庚爲僅正方有等之有比例線。小分己庚與丁長短有等。是以戊庚爲第二合名線。本卷中界說二

第五十一題

求第三合名線。

法曰。置甲丙丙乙二數。令總數甲乙與乙丙比。若二平方數比。與甲丙比。非若二平方數比。又置一非平方數丁。令丁與甲乙甲丙比。皆非若二平方數比。再置有比例線戊。令丁與甲乙比。若戊與己庚之兩正方比。則戊與己庚之兩正方有等。惟戊爲有比例線。所以己庚亦爲有比例線。本卷六 丁與甲乙比。既非若兩平方數比。則戊與己庚之兩正方比。亦非若兩平方數比。故戊與己庚長短無等。本卷九 又令甲乙與甲丙比。若己庚與庚辛之二正方比。則己庚庚辛之二正方有等。惟己庚有比例。故庚辛亦有比例。而甲乙與甲丙比。既非若兩平方數比。則己庚與庚辛之兩正方比。亦非若兩平方數比。故己庚與庚辛長短無等。本卷九 所以己庚庚辛爲僅正方有等之二比例線。而己辛爲合名線。本卷三十七 亦爲第三合名線。

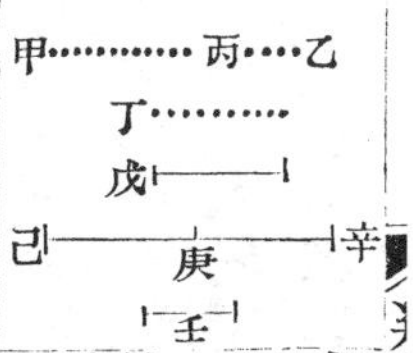

甲……丙…乙
丁……
戊
己——庚——辛
壬

論曰。丁與甲乙二數比。既若戊與己庚之二正方比。而甲乙與甲丙比。若己庚與庚辛之二正方比。則平理。丁與甲丙比。必若戊與庚辛之二正方比。五卷廿二 惟丁與甲丙比。非若二平方數比。故戊與庚辛長短無等。本卷九 甲乙與甲丙比。既若己庚與庚辛之兩正方比。則己庚之正方。必大於庚辛之正方。設庚辛及壬之二正方和。與己庚之正方等。則甲乙與乙丙比。若己庚與壬之二正方比。五卷十九題系 惟甲乙與乙丙比。若二平方數比。故己庚與壬之二正方比。若二平方數比。而己庚與壬長短有等。所以己庚與庚辛上二正方之較積方邊。與己庚長短有等。而己庚庚辛爲僅正方有等之有比例線。皆與戊長短無等。所以己辛爲第三合名線。本卷中界說三

第五十二題

求第四合名線。

法曰。置甲丙丙乙二數。令總數甲乙與二數比。皆非若二平方數比。又置有比例線丁。令戊己與丁長短有等

則戊己爲有比例線。又令甲乙與甲丙比若戊己與己庚之二正方比。則戊己己庚之二正方有等。所以己庚有比例。甲乙與甲丙比。既非若二平方數比。則戊己與己庚長短無等。本卷九 故戊己己庚爲僅正方有等之二比例線。而戊庚爲合名線。本卷三十七 亦爲第四合名線。

論曰。甲乙與甲丙比。既若戊己與己庚之二正方比。而甲乙大於甲丙。則戊己之正方。大於己庚之正方。設己庚及辛之二正方和。與戊己之正方等。則甲乙與乙丙比若戊己與辛之兩正方比。惟甲乙與乙丙比。非若兩平方數比。故戊己與辛長短無等。所以戊己與己庚上二正方之較積方邊。與戊己長短無等。而戊己己庚爲僅正方有等之有比例線。戊己與丁長短有等。故戊庚爲第四合名線。本卷中界說四

第五十三題

求第五合名線。

法曰。置甲丙丙乙二數。令總數甲乙與二數比。皆非若二平方數比。又置有比例線丁。令丁與己庚長短有等。則己庚亦有比例。又令甲丙與甲乙比。若己庚與戊己之二正方比。則戊己亦有比例。甲丙與甲乙比。既非若二平方數比。則己庚與戊己之二正方比。亦非若二平方數比。所以戊己己庚爲僅正方有等之二比例線。本卷九 而戊庚爲合名線。本卷三十七 亦爲第五合名線。

論曰。甲丙與甲乙比。既若己庚與己戊之二正方比。則反理。乙甲與甲丙比。若戊己與己庚之二正方比。五卷四系 所以戊己之正方。大於己庚之正方。設己庚及辛之二正方和。與戊己之正方等。則轉理。甲乙與乙丙比。若戊己與辛之二正方比。惟甲乙與乙丙比。非若二平方數比。所以戊己與辛之二正方比。非若二平方數比。而戊己與辛長短無等。所以戊己與己庚上二正方之較積方邊。與戊己長短無等。而戊己己庚爲僅正方有等之有比例線。小分己庚與丁長短有等。故戊庚爲第五合名線。本卷中界說五

第五十四題

求第六合名線。

法曰。置甲丙丙乙二數。令總數甲乙與二數比。皆非若二平方數比。又置非平方數丁。令丁與甲乙及甲丙比。

皆非若二平方數比。置有比例線戊，令丁與甲乙比若戊與己庚之二正方比，故戊與己庚之二正方有等。惟戊有比例，故己庚亦有比例。本卷上界說六 丁與甲乙比，既非若二平方數比，則戊與己庚之二正方比亦非若二平方數比，所以戊與己庚長短無等。本卷九 又令甲乙與甲丙比若己庚與庚辛之二正方比，故己庚與庚辛之二正方有等。惟己庚之正方有比例，所以庚辛之正方亦有比例，而庚辛為有比例線。甲乙與甲丙比既非若二平方數比，則己庚與庚辛之二正方比亦非若二平方數比，故己庚與庚辛長短無等。本卷九 所以己庚庚辛為僅正方有等之兩比例線，而己辛為合名線。本卷三十七 亦為第六合名線。

論曰：丁與甲乙比既若戊與己庚之二正方比，而甲乙與甲丙比若己庚與庚辛之二正方比，則平理，丁與甲丙比若戊與庚辛之二正方比。惟丁與甲丙比非若二平方數比，故戊與庚辛之二正方比亦非若二平方數比，而戊與庚辛長短無等。本卷九 戊與己庚長短亦無等。本論 故己庚庚辛皆與戊長短無等。甲乙與甲丙比既若己庚庚辛之二正方比，則己庚之正方必大於庚辛之

正方。設庚辛及壬之二正方和與己庚之正方等，則轉理，甲乙與乙丙比若己庚與壬之兩正方比。惟甲乙與乙丙比非若二平方數比，故己庚與壬之二正方比亦非若二平方數比，所以己庚與壬長短無等，而己庚庚辛為僅正方有等之有比例線，皆與戊長短無等，故己辛為第六合名線。本卷中界說六

例：置甲乙乙丙兩正方，令丁乙乙戊為一直線，則己乙乙庚亦必為一直線。十一卷四 如此，甲丙必為正方，而丁庚矩形為甲乙丙二正方連比例中率。丁丙矩形為甲丙丙乙連比例中率。蓋丁乙與己乙既等，乙戊與乙庚亦等，則丁戊與己庚等。惟甲壬辛丙二線各與丁戊等，故甲辛壬丙二線各與甲壬及辛丙等，所以甲丙為正方形。己乙與乙庚比既若丁乙與乙戊比，而己乙與乙庚比若甲乙與丁庚比，六卷一 又丁乙與乙戊比若丁庚與乙丙比，故甲乙與丁庚比若丁庚與乙丙比。五卷十一 而丁庚為甲乙乙丙連比例中率。又甲丁與丁壬比若壬庚與庚丙比，兩兩相等故也。則合之，甲壬與壬丁比若壬丙與丙庚比。惟甲壬與壬丁比若甲丙與丁丙比，而壬丙與丙庚比若丁丙與丙乙比。六卷一 故甲丙與丁丙比

若丁丙與丙乙比而丁丙爲甲丙丙乙連比例中率

第五十五題

有比例線與第一合名線成矩形等面正方之邊無比例爲合名線

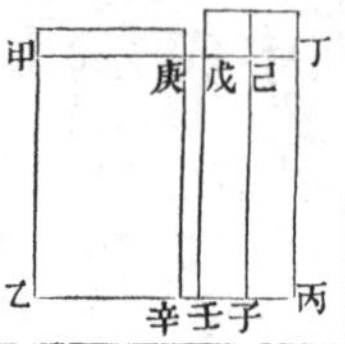

解曰甲乙丙丁矩形甲乙爲有比例線甲丁爲第一合名線題言等甲丙面正方之邊無比例亦爲合名線

論曰甲丁旣爲第一合名線於戊點分爲二分甲戊爲大分則甲戊戊丁爲僅正方有等之二比例線而甲戊戊丁上二正方之較積方邊與甲戊長短有等又甲戊與有比例線甲乙長短亦有等本卷中界說一平分戊丁於己甲戊與戊丁上二正方之較積方邊旣與甲戊長短有等則大分甲戊上少一正方之矩形與小分正方四分之一卽戊己之正方等則甲戊必分於庚爲二有等線本卷十八故甲戊線上甲庚庚戊之矩形與戊己之正方等六卷二十八而甲庚與庚戊長短有等次於庚戊己三點與甲乙丁丙平行作庚辛戊壬己子三線又另作申寅正方與甲辛矩形等二卷十四寅巳正方與庚壬矩形等令丑寅寅卯爲一直線則未寅寅辰亦爲一直線一卷十四補成申巳形必爲正方本題例甲庚庚戊之矩形旣與戊己之正方等則甲庚與戊己比若戊己與戊庚比六卷十七故甲辛與戊子比若戊子與壬庚比六卷一而戊子爲甲辛庚壬二矩形連比例中率惟申寅正方與甲辛矩形等寅巳正方與庚壬矩形等故戊子爲申寅寅巳二正方連比例中率惟丑未爲申寅寅巳連比例中率本題例所以丑未與戊子等惟丑未與辰卯等一卷四十三而戊子與己丙等一卷三十六故戊丙與丑未辰卯和等惟甲辛庚壬二矩形和與甲寅寅巳二正方和等故甲丙與申巳等卽與丑卯之正方等丑卯爲合名線者蓋甲庚與庚戊旣有等則甲庚庚戊各與甲戊有等本卷十六惟所設甲戊與甲乙長短有等故甲庚庚戊各與甲乙有等本卷十二惟甲乙有比例故甲庚庚戊俱有比例所以甲辛庚壬亦有比例本卷二十而甲辛與庚壬有等本卷十惟甲辛與申寅等而庚壬與寅巳等故申寅寅巳二正方卽丑寅寅卯之二正方皆有比例且亦有等甲戊與戊丁旣長短無等而甲戊與甲庚有等丁戊與戊己有等本卷三十七則甲庚與戊己長短無等故甲辛與戊子無等惟甲辛與申寅等而戊子與丑未等故申寅與丑未無等惟申寅與丑未比若辰寅與寅未比故辰寅與寅未無等

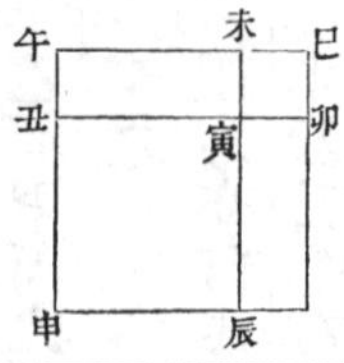

本卷十惟辰寅與丑寅等而寅未與寅卯等故丑寅與寅卯無等而丑寅與寅卯之二正方皆有比例且有等本論故丑寅與寅卯爲僅正方有等之二比例線而丑卯爲合名線其正方與甲丙矩形等本卷三十七

第五十六題

有比例線與第二合名線成矩形等面正方之邊無比例爲第一合中線

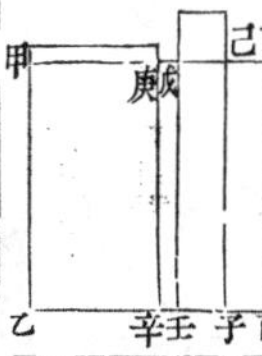

解曰甲乙丙丁矩形甲乙爲有比例線甲丁爲第二合名線題言等甲丙面正方之邊無比例爲第一合中線

論曰甲丁既爲第二合名線於戊點分爲二分甲戊爲大分則甲戊戊丁爲僅正方有等之二比例線甲戊戊丁上二正方之較積方邊與甲戊長短有等而小分戊丁與甲乙長短有等本卷中界說二平分戊丁於己甲戊線上作少一正方之矩形與戊己之正方等即甲庚庚戊之矩形故甲庚與庚戊長短有等本卷十八次於庚戊己三點與甲乙丙丁平行作庚辛戊壬己子三線又另作申寅正方與甲辛矩形等寅巳正方與庚壬矩形等令丑寅寅卯爲一直線則未寅寅辰亦爲一直線乃補戊申巳正方準五十五題論知丑未爲申寅寅巳二正方連比例中率且與戊子等而丑卯之正方與甲丙矩形等丑卯爲第一合中線者蓋甲戊與戊丁既長短無等本卷三十七而戊丁與甲乙長短有等則甲戊與甲乙長短無等本卷十四甲庚與庚戊既長短有等則甲戊與甲庚庚戊俱長短有等本卷十六而甲戊有比例故甲庚庚戊各有比例甲戊與甲乙既長短無等本論而甲戊與甲庚庚戊俱有等則甲庚庚戊俱與甲乙長短無等故甲乙與甲庚庚戊俱爲僅正方有等之有比例線所以甲辛庚壬俱爲中面本卷廿二則申寅寅巳亦必爲中面故丑寅寅卯爲中線又甲庚與庚戊既長短有等六卷一本卷十則甲辛庚壬二矩形有等即申寅寅巳二正方形有等亦即丑寅與寅卯之二正方有等故丑寅寅卯爲正方有等之中線甲戊與戊丁既長短無等而甲戊與甲庚有等戊丁與戊己有等則甲庚與戊己長短無等所以甲辛戊子二矩形無等即申寅與丑未無等而辰寅與寅未長短無等六卷一即丑寅與寅卯長短無等故丑寅寅卯爲僅正方有等之中線又其矩形爲有比例面蓋所設丁戊與甲乙戊己既各有等則戊己與戊壬長短有等而皆有比例所以戊子爲有比例面本卷二十即丑未爲有比例面惟丑

未爲丑寅寅卯之矩形。凡僅正方有等二中線，其矩形爲有比例面，兩線之和無比例，命爲第一合中線。本卷三十故丑卯爲第一合中線。

第五十七題

有比例線與第三合名線成矩形，等面正方之邊無比例，爲第二合中線。

解曰：甲乙丙丁矩形，甲乙爲有比例線，甲丁爲第三合名線，分甲丁於戊點，甲戊爲大分。題言等甲丙面正方之邊無比例，爲第二合中線。

論曰：甲丁既爲第三合名線，則甲戊、戊丁爲僅正方有等之二比例線，甲戊與戊丁上二正方之較積方邊與甲戊長短有等，而甲戊、戊丁皆與甲乙長短無等。本卷中界說三準前論，丑卯之正方與甲丙矩形等，而丑寅、寅卯皆爲中線，故丑卯爲合中線。爲第二合中線者，蓋丁戊與甲乙既長短無等，即與戊壬長短無等，而丁戊與戊己有等，則戊己與戊壬長短無等。惟戊己有比例，則己戊、戊壬爲僅正方有等之有比例線，故戊子爲中面，而戊子等於丑未，即丑寅寅卯之矩形，故丑寅寅卯之矩形爲中面，而丑卯爲第二合中線。本卷三十九

第五十八題

有比例線與第四合名線成矩形，等面正方之邊無比例，爲太線。

解曰：甲丙矩形，甲乙爲有比例線，甲丁爲第四合名線，分甲丁於戊點，甲戊爲大分。題言等甲丙面正方之邊無比例，爲太線。

論曰：甲丁既爲第四合名線，則甲戊、戊丁爲僅正方有等之二比例線，甲戊與戊丁上二正方之較積方邊與甲戊長短無等，而甲戊與甲乙長短有等。本卷中界說四平分丁戊於己，甲戊線上作少一正方之矩形與戊己之正方等，亦與甲庚、庚戊之矩形等，故甲庚與庚戊長短無等。本卷十九次作庚辛、戊壬、己子三線與甲乙平行，又另作申寅正方與甲辛矩形等，寅巳正方與庚壬矩形等，令丑寅、寅卯爲一直線，則丑卯之正方與甲丙矩形等。丑卯爲太線者，蓋甲庚與庚戊既長短無等，則甲辛與庚壬無等，本卷十六卷一即申寅與寅巳無等，故丑寅、寅卯之二正方無等。甲戊與甲乙既長短有等，則甲壬矩形有比例，而與

丑寅寅卯之二正方和等故丑寅寅卯之二正方和有比例丁戊與甲乙既長短無等卽與戊壬長短無等而丁戊與戊己長短有等則戊己與戊壬長短無等故戊壬戊己爲僅正方有等之二比例線所以子戊爲中面卽丑未爲中面（本卷廿二）而丑未爲丑寅寅卯之矩形故丑寅寅卯之矩形爲中面丑寅寅卯上二正方之和爲有比例面（本論）而丑寅寅卯之二正方無等（本論）凡正方無等二線其兩正方之和有比例而矩形爲中面則二線之和無比例命爲太線故丑卯爲太線其正方與甲丙矩形等

第五十九題

有比例線與第五合名線成矩形等面正方之邊無比例爲比中方線

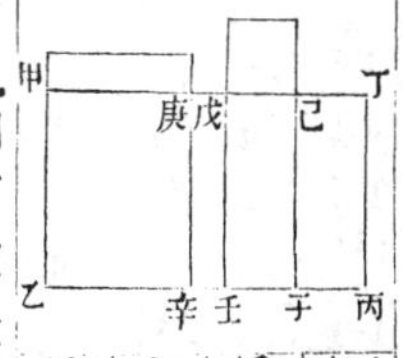

解曰甲丙矩形甲乙爲有比例線甲丁爲第五合名線分甲丁於戊點甲戊爲大分題言等甲丙面正方之邊無比例爲比中方線

論曰如前作丑卯之正方與甲丙矩形等甲庚與戊庚既長短無等則甲辛與辛戊二矩形無等（六卷一本卷十一）卽丑寅寅卯之二正方無等故丑寅寅卯爲正方無等之線

又甲丁既爲第五合名線而戊丁爲小分則戊丁與甲乙長短有等（本卷中界說五）惟甲戊與戊丁長短無等故甲乙與甲戊長短無等（本卷十三）所以甲乙甲戊爲僅正方有等之二比例線故甲壬爲中面（本卷廿一）卽丑寅寅卯之二正方和爲中面丁戊與甲乙既長短有等卽與戊壬長短有等而丁戊與戊己有等則戊己與戊壬有等惟戊壬有比例故戊己亦有比例所以戊子有比例（本卷二十）卽丑未面有比例故丑寅寅卯之矩形有比例丑寅寅卯爲正方無等之二線其二正方之和爲中面（本論）矩形爲有比例面故丑卯爲比中方線（本卷四十一）其正方等於甲丙面

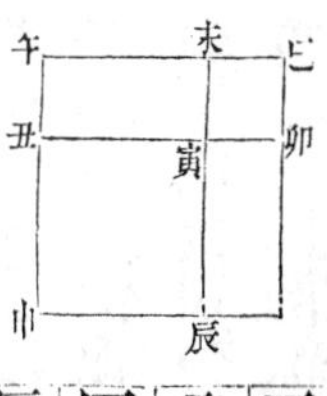

第六十題

有比例線與第六合名線成矩形等面正方之邊無比例爲兩中面之線

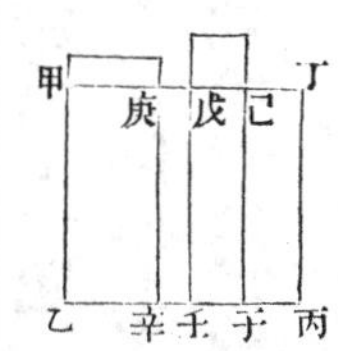

解曰甲乙丙丁矩形甲乙爲有比例線甲丁爲第六合名線分甲丁於戊甲戊爲大分題言等甲丙面正方之邊無比例爲兩中面之線

論曰如前作丑卯之正方與甲丙矩形等而丑寅寅卯

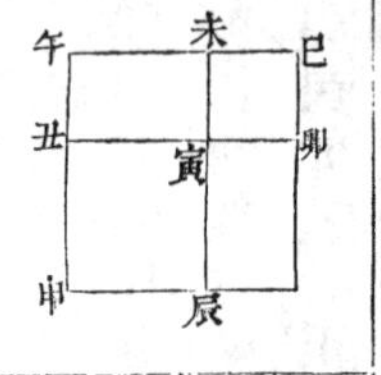

之二正方無等戊甲與甲乙長短無等則戊甲甲乙爲僅正方有等之二比例線故甲壬爲中面本卷廿二卽丑寅寅卯之二正方和爲中面又戊丁與甲乙旣長短無等則己戊與戊壬長短無等所以己戊戊壬爲僅正方有等之二比例線而戊子卽丑未亦卽丑寅寅卯之矩形爲中面戊甲與戊己旣無等則甲壬與戊子兩矩形無等惟甲壬等於丑寅寅卯之二正方和而戊子等於丑寅寅卯之矩形故丑寅寅卯之二正方和與丑寅寅卯之矩形無等而各爲中面又丑寅寅卯之二正方無等故丑卯爲兩中面之線其正方等於甲丙面本卷四十二

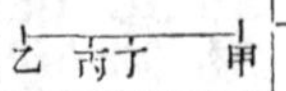

例凡線分爲二不等分則二分之正方和大於倍二分之矩形如甲乙線分於丙甲丙爲大分則甲丙丙乙之二正方和大於倍甲丙丙乙之矩形試平分甲乙於丁甲乙線旣平分於丁而不平分於丙則甲丙丙乙之矩形加丙丁之正方與甲丁之正方等二卷五故甲丙丙乙之矩形小於甲丁之正方所以倍甲丙丙乙之矩形小於倍甲丁之正方而甲丙丙乙之二正方和等於倍甲丁丁丙之二正方和二卷九故甲丙丙乙之二正方和大於倍甲丙丙乙之矩形

第六十一題

凡有比例線上之矩形與合名線之正方等則矩之餘邊爲第一合名線

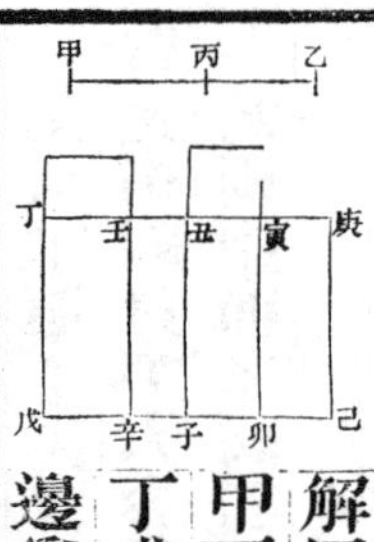

解曰甲乙爲合名線於丙點分爲二分甲丙爲大分置丁戊有比例線其上作丁戊己庚矩形與甲乙之正方等其餘邊爲丁庚題言丁庚爲第一合名線

論曰丁戊有比例線上作丁辛矩形與甲丙之正方等又作壬子矩形與乙丙之正方等一卷四十五則甲乙正方中餘面倍甲丙丙乙之矩形與丑己矩形等二卷四平分丑庚於寅作寅卯線與丑子庚己平行則丑卯寅己二矩形各與甲丙丙乙之矩形等甲乙旣爲丙點所分之合名線則甲丙丙乙爲僅正方有等之二比例線本卷三十七故甲丙丙乙之二正方有比例而相與有等又甲丙丙乙之二正方和與甲丙丙乙之二正方各有等本卷十六故甲丙丙乙之二正方和有比例與丁子矩形等則丁子爲有比例線丁戊上之有比例面故丁丑有比例而與丁戊長短有等本卷二十三又甲丙丙乙旣爲僅正方有等之二比例線則倍甲丙丙乙之矩形卽丑己矩形爲

中面因在丑子卽戊丁有比例線上故丑庚有比例而與丑子長短無等本卷二十三惟丁丑有比例而與丁戊長短有等故丁丑與丑庚長短無等本卷十三惟俱有比例故丁丑丑庚爲僅正方有等之二比例線而丁庚爲合名線本卷三十七爲第一合名線者葢甲丙丙乙之矩形既爲甲丙丙乙之二正方連比例中率本卷五十五例則丑卯爲丁辛壬子二矩形連比例中率故丁辛與丑卯比若丑卯與壬子比卽丁壬與丑寅比若丑寅與丑壬比六卷一故丁壬丑壬之矩形與丑寅之正方等六卷十七又甲丙丙乙二正方既有等則丁辛壬子二矩形亦有等本卷十四故丁壬與壬丑長短有等夫甲丙丙乙之二正方和旣大於倍甲丙丙乙之矩形本題例則丁子矩形大於丑己矩形所以丁丑大於丑庚而丁壬壬丑之矩形與丑寅之正方等卽與丑庚上正方四分之一等而丁壬壬丑長短有等本論凡二不等線其大線上作少一正方之矩形與小線上正方四分之一等而大線所分之二分長短有等則二線上正方之較積方邊必與大線有等本卷十八又丁丑丑庚爲有比例線丁丑爲大線與所設之有比例線丁戊有等本論故丁庚爲第一合名線本卷中界說一

第六十二題

凡有比例線上之矩形與第一合中線之正方等則矩之餘邊爲第二合名線

解曰甲乙爲第一合中線於丙點分爲二分甲丙爲大分置丁戊有比例線其上作丁己矩形與甲乙之正方等其餘邊爲丁庚題言丁庚爲第三合名線

論曰如圖甲乙既爲丙點所分之第一合中線則甲丙丙乙爲僅正方有等之二中線其矩形爲有比例面本卷三十八故甲丙丙乙之二正方和爲中面卽丁子爲有比例線丁戊上之中面而丑丁與丁戊長短無等本卷二十三又倍甲丙丙乙之矩形既有比例則丑己爲有比例線丑子上之有比例面故丑庚有比例而與丑子長短有等本卷廿二卽與丁戊有等故丁丑與丑庚無等本卷十三而皆有比例故丁丑丑庚爲僅正方有等之二比例線而丁庚爲合名線爲第二合名線者葢甲丙丙乙之二正方和既大於倍甲丙丙乙之矩形本卷中六十一題例則丁子矩形大於丑己矩形故丁丑大於丑庚甲丙丙乙之二正方既有等則丁辛壬子二矩形亦有等所以丁壬與壬丑有等而丁壬壬丑之矩形與丑寅之正方等所以丁丑與丑庚上二正方之較積方邊與丁丑有等又丑庚與

丁戊長短亦有等本論故丁庚爲第二合名線本卷中界說二

第六十三題

凡有比例線上之矩形與第二合中線之正方等則矩之餘邊爲第三合名線

解曰甲乙爲第二合中線於丙點分爲二分甲丙爲大分置丁戊有比例線其上作丁己矩形與甲乙之正方等其餘邊爲丁庚題言丁庚爲第三合名線

論曰如圖甲乙既爲丙點所分之第二合中線則甲丙丙乙爲僅正方有等之二中線其矩形爲中面本卷三十九甲丙丙乙之兩正方和爲中面而與丁子等故丁子爲有比例線丁戊上之中面所以丑丁有比例而與丁戊長短無等本卷二十三又丑庚有比例與丑子無等卽與丁戊無等理同故丁丑丑庚皆有比例皆與丁戊長短無等甲丙與丙乙既長短無等而甲丙與丙乙比若甲丙之正方與甲丙丙乙之矩形比六卷一則甲丙之正方與甲丙丙乙之矩形無等故甲丙丙乙之兩正方和與倍甲丙丙乙之矩形無等卽丁子與丑己無等則丁丑與丑庚二線無等而俱有比例故丁庚爲合名線爲第三合名線者準前論丁丑大於丑庚而丁壬與壬丑有等又丁壬壬丑之矩形與丑寅之正方等丁丑丑庚上二正方之較積方邊與丁丑長短有等本卷十八而丁丑及丑庚皆與丁戊無等本論故丁庚爲第三合名線本卷中界說三

第六十四題

凡有比例線上之矩形與太線之正方等則矩之餘邊爲第四合名線

解曰甲乙爲丙點所分之太線甲丙大於丙乙置丁戊有比例線其上作丁己矩形與甲乙之正方等其餘邊爲丁庚題言丁庚爲第四合名線

論曰如圖甲乙既爲丙點所分之太線則甲丙丙乙之二正方無等其二正方之和爲有比例面而矩形爲中面本卷四十甲丙丙乙之二正方和既有比例則丁子亦有比例故丁丑有比例與丁戊長短有等本卷廿一又倍甲丙丙乙之矩形既與有比例線丑子上之中面丑己等則丑庚有比例與丁戊長短無等本卷廿三故丁丑與丑庚長短無等所以丁丑丑庚爲僅正方有等之二比例線而丁庚爲合名線本卷三十七爲第四合名線者準前論丁丑大於丑庚而丁壬壬丑之矩形與丑寅之正方等甲丙與丙乙之二正方既無等則丁辛矩形與壬子矩形無

等本卷十卽壬子與壬丑無等凡二不等線大線上作少一正方之矩形與小線上正方四分之一等而大線所分之二分長短無等則二線上正方之較積方邊亦與大線無等本卷十九故丁丑丑庚兩正方之較積方邊與丁丑無等惟丁丑丑庚爲僅正方有等之二比例線而丁丑與所設之有比例線丁戊有等本論故丁庚爲第四合名線本卷中界說四

第六十五題

凡有比例線上之矩形與比中方線之正方等則矩之餘邊爲第五合名線

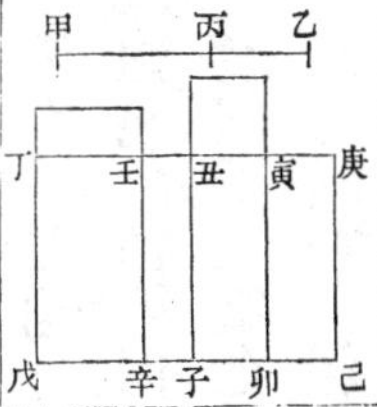

解曰甲乙爲比中方線分於丙點甲丙爲大分置丁戊有比例線其上作丁己矩形與甲乙之正方等其餘邊爲丁庚

題言丁庚爲第五合名線

論曰如圖甲乙既爲丙點所分之比中方線則甲丙丙乙之二正方有等二正方之和爲中面矩形爲有比例面本卷十一四甲丙丙乙之二正方和既爲中面則丁子矩形亦爲中面故丁丑有比例而與丁戊長短無等本卷廿三又倍甲丙丙乙之矩形卽丑己矩形既有比例則丑庚有比例而與戊丁長短有等本卷十一二故丑庚與丁丑無等本卷十三所以丁丑丑庚爲僅正方有等之二比例線而丁庚爲合名線本卷十七三爲第五合名線者準前論丁壬壬丑之矩形與丑寅之正方等丁壬與壬丑長短無等故丁丑與丑庚上二正方之較積方邊亦與丁丑無等本卷十九又丁丑丑庚爲僅正方有等之二比例線其小線丑庚與丁戊長短有等本論故丁庚爲第五合名線本卷中界說五

第六十六題

凡有比例線上之矩形與兩中面線之正方等則矩之餘邊爲第六合名線

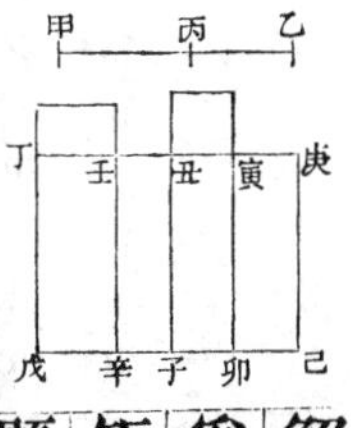

解曰甲乙爲兩中面線分於丙點甲丙爲大分置丁戊有比例線其上作丁己矩形與甲乙之正方等其餘邊爲丁庚

題言丁庚爲第六合名線

論曰如圖甲乙既爲丙點所分兩中面之線則甲丙丙乙之二正方無等兩正方之和爲中面矩形亦爲中面而與二正方之和無等本卷十二四準前論丁子丑己皆爲丁戊線上之中面所以丁丑丑庚皆有比例而與丁戊長短無等本卷十三二又甲丙丙乙之二正方和與倍甲丙丙乙之矩形既無等則丁子丑己二矩形亦無等故丁

丑與丑庚無等。本卷十而丁丑丑庚爲僅正方有等之二比例線。故丁庚爲合名線。爲第六合名線者。準前論。丁壬壬丑之矩形。與丑寅之正方等。而丁壬與壬丑長短無等。故丁丑丑庚二正方之較積方邊。亦與丁丑無等。本卷十九而丁丑丑庚二線皆與所置比例線丁戊長短無等。本論故丁庚爲第六合名線。本卷中界說六

第六十七題

凡線與合名線有等。爲同類合名線。

解曰。甲乙爲合名線。與丙丁長短有等。題言丙丁爲甲乙之同類合名線。

論曰。甲乙既爲合名線。分於戊點。甲戊爲大分。則甲戊戊乙爲僅正方有等之有比例線。本卷三十七設甲乙與丁丙比。若甲戊與丙己比。六卷十二則餘戊乙與餘己丁比。若甲乙與丙丁比。五卷十九惟甲乙與丙丁長短有等。故甲戊與丙己。戊乙與己丁。俱長短有等。本卷十又甲戊戊乙爲有比例線。故丙己己丁亦爲有比例線。又甲戊與丙己比。既若戊乙與己丁比。則屬理。甲戊與戊乙比。若丙己與己丁比。惟甲戊戊乙爲僅正方有等之有比例線。故丙己己丁亦爲僅正方有等之有比例線。所以丙丁爲合名線。本卷三十七與甲乙爲同類者。蓋甲戊戊乙二正方之較積方邊與甲戊或有等或無等。設有等。則丙己己丁二正方之較積方邊。與丙己長短有等。本卷十五如甲戊與所設比例線有等。則丙己與所設比例線亦有等。本卷十二是甲乙丙丁俱爲第一合名線。又若戊乙與所設比例線有等。則己丁與所設比例線亦有等。是甲乙丙丁皆爲第二合名線。如甲戊戊乙與所設比例線俱無等。則丙己己丁與所設比例線亦俱無等。是皆爲第三合名線。若甲戊戊乙二正方之較積方邊。與甲戊長短無等。則丙己己丁二正方之較積方邊。與丙己長短亦無等。本卷十五又若甲戊與所設比例線有等。則丙己與此線亦有等。而皆爲第四合名線。若戊乙與此線有等。則己丁與此線亦有等。而皆爲第五合名線。若甲戊戊乙與此線俱無等則丙己己丁與此線亦俱無等。而皆爲第六合名線。是以與合名線有等之線。爲同類合名線。

第六十八題

凡線與合中線有等。爲同類合中線。

解曰。甲乙爲合中線。設丙丁與甲乙有等。題言丙丁爲甲乙同類之合中線。

論曰。甲乙既爲戊點所分之合中線。則甲戊

戊乙爲僅正方有等之二中線本卷三十八三十九設甲乙與丙丁比若甲戊與丙己比則餘戊乙與餘己丁比若甲乙與丙丁比惟甲乙與丙丁長短有等故甲戊與丙己戊乙與己丁俱長短有等又甲戊戊乙爲二中線故丙己己丁亦爲二中線本卷廿四又甲戊與戊乙比既若丙己與己丁比而甲戊戊乙爲僅正方有等之線故丙己己丁亦爲僅正方有等之線準前論皆爲中線故丙丁爲合中線本卷三十八三十九爲甲乙之同類線者葢甲戊與戊乙比既若丙己與己丁比則甲戊之正方與甲戊戊乙之矩形比若丙己之正方與丙己己丁之矩形比五卷十一六卷一故甲戊與丙己之二正方比若甲戊戊乙之矩形與丙己己丁之矩形比惟甲戊與丙己之二正方有等故甲戊戊乙之矩形與丙己己丁之矩形亦有等設甲戊戊乙之矩形爲有比例面則丙己己丁之矩形亦爲有比例面而皆爲第一合中線本卷三十八設甲戊戊乙之矩形爲中面則丙己己丁之矩形亦爲中面而皆爲第二合中線本卷三十九是以丙丁爲甲乙之同類線

第六十九題

凡線與太線有等則亦爲太線

解曰甲乙爲太線設丙丁與甲乙有等題言丙丁亦爲太線

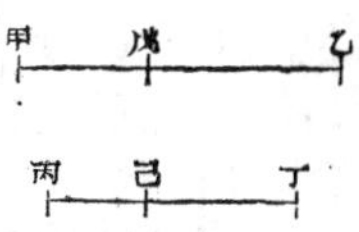

論曰甲乙分于戊點則甲戊戊乙之二正方無等兩正方之和爲有比例面矩形爲中面本卷四十準前論甲乙與丙丁比若甲戊與丙己比亦若戊乙與己丁比則甲戊與丙己比若戊乙與己丁比五卷十一惟甲乙與丙丁有等故甲戊戊乙二線與丙己己丁二線各有等又甲戊與丙己比既若戊乙與己丁比則屬理甲戊與戊乙比若丙己與己丁比合理甲乙與乙戊比若丙丁與丁己比而甲乙與乙戊之二正方比若丙丁與丁己之二正方比六卷廿二又甲乙與甲戊之二正方比若丙丁與丙己之二正方比理同故甲乙之正方與甲戊戊乙之二正方和比若丙丁之正方與丙己己丁之二正方和比所以屬理甲乙與丙丁之二正方比若甲戊戊乙之二正方和與丙己己丁之二正方和比惟甲乙之正方與丙丁之正方有等故甲戊戊乙之二正方和與丙己己丁之二正方和有等惟甲戊戊乙之二正方和有比例本卷四十故丙己己丁之二正方和亦有比例本卷界說九又倍甲戊戊乙之矩形與倍丙己己丁之矩形有等而倍甲戊戊乙之矩形爲中面本卷四十則倍丙己己丁之矩形亦爲中面本卷二十四故丙己己丁

之二正方無等二正方之和爲有比例面而矩形爲中面其全線無比例爲太線故凡線與太線有等則亦爲太線

第七十題

凡線與比中方線有等則亦爲比中方線

解曰甲乙爲比中方線設丙丁與甲乙有等題言丙丁亦爲比中方線

論曰甲乙分於戊點則甲戊戊乙之二正方無等二正方之和爲中面其矩形爲有比例面本卷四十一準前論丙己與己丁之二正方無等甲戊戊乙之二正方和與丙己己丁之二正方和有等甲戊戊乙之矩形與丙己己丁之矩形有等故丙己己丁之二正方和爲中面而丙己己丁之矩形爲有比例面本卷二十四所以丙丁爲比中方線本卷四十一

第七十一題

凡線與兩中面之線有等亦爲兩中面之線

解曰甲乙爲兩中面之線設丙丁與甲乙有等題言丙丁亦爲兩中面之線

論曰甲乙既爲戊點所分兩中面之線則甲戊戊乙之二正方無等二正方之和爲中面其矩形亦爲中面又甲戊戊乙之二正方和與甲戊戊乙之矩形無等本卷十二四準前論丙己己丁二正方無等甲戊戊乙之二正方和與丙己己丁之二正方和有等甲戊戊乙之矩形與丙己己丁之矩形有等故丙己己丁之二正方和爲中面本卷二十四丙己己丁之矩形亦爲中面又丙己己丁之二正方和與丙己己丁之矩形無等是以丙丁爲兩中面之線本卷四十二

第七十二題

凡有比例面與中面和則等積方邊無比例或爲合名線或爲第一合中線或爲太線或爲比中方線凡四類

解曰甲乙爲有比例面丙丁爲中面題言等甲丁面之方邊或爲合名線或爲第一合中線或爲太線或爲比中方線

論曰甲乙或大於丙丁或小於丙丁先設大於丙丁置有比例線戊己於上作戊庚矩形與甲乙等餘邊爲戊辛戊己即辛庚於上作辛子矩形與丙丁等餘邊爲辛壬甲乙既爲有比例面與戊庚等則戊庚爲有比例線戊己上之有比例面故餘邊戊辛有比例而與戊己長短有等本卷二十一又丙丁既爲中面與辛

子等則辛子爲有比例線戊己即辛庚上之中面故餘邊辛壬有比例而與戊己長短無等本卷二十三又丙丁既爲中面而甲乙爲有比例面則甲乙與丙丁無等故戊庚與辛子無等惟戊庚與辛子比若戊辛與辛壬比卷六一故戊辛與辛壬長短無等而皆有比例故戊辛辛壬爲僅正方有等之二比例線所以戊壬爲辛點所分之合名線又甲乙既大於丙丁而甲乙與戊庚等丙丁與辛子等則戊庚大於辛子所以戊辛亦大於辛壬而戊辛與辛壬上二正方之較積方邊與戊辛或有等或無等若有等因戊辛與所設之比例線戊己長短有等故戊壬爲第一合名線本卷中界說一戊己爲有比例線凡有比例線與第一合名線成矩形等面正方之邊爲合名線本卷五十五故等戊子面正方之邊爲合名線即等甲丁面正方之邊爲合名線若戊辛與辛壬上二正方之較積方邊與戊辛無等因戊辛與所設之比例線戊己長短有等則戊壬爲第四合名線本卷中界說四戊己爲有比例線凡有比例線與第四合名線成矩形等面正方之邊爲太線本卷五十八故等戊子面正方之邊爲太線即等甲丁面正方之邊爲太線又設甲乙小於丙丁則戊庚必小於辛子故戊辛線小於辛壬而辛壬與戊辛上二正方之較積方邊與辛壬或有等或無等若有等因戊辛與所設之比例線戊己有等故壬戊爲第二合名線本卷中界說二戊己爲有比例線凡有比例線與第二合名線成矩形等面正方之邊爲第一合中線本卷五十六故等戊子面正方之邊爲第一合中線即等

壬 辛 戊
丙 甲
子 庚 己 丁 乙

甲丁面正方之邊爲第一合中線若辛壬與戊辛上二正方之較積方邊與辛壬長短無等因戊辛與所設之比例線戊己長短有等故戊壬爲第五合名線本卷中界說五戊己爲有比例線凡有比例線與第五合名線成矩形等面正方之邊爲比中方線本卷五十九故等戊子面正方之邊爲比中方線即等甲丁面正方之邊爲比中方線是以凡有比例面與中面和等積方邊無比例或爲合名線或爲第一合中線或爲太線或爲比中方線凡四類

第七十三題

凡二無等之中面和則等積方邊無比例或爲第二合中線或爲兩中面之線凡二類

解曰設甲乙丙丁兩無等之中面并之爲甲丁題言等甲丁面正方之邊無比例或爲第二合中線或爲兩中

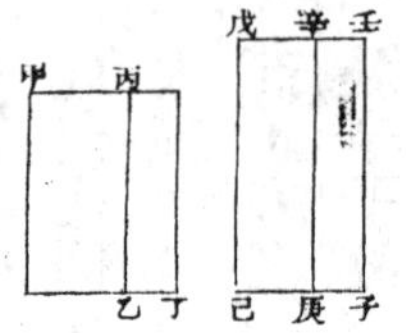

面之線。

論曰。甲乙或大於丙丁。或小於丙丁。先設大於丙丁。置有比例線戊己。於上作戊庚矩形。與甲乙等。餘邊爲戊辛。作辛子矩形。與丙丁等。餘邊爲辛壬。甲乙丙丁。既皆爲

壬 辛 戊
子 庚 己
甲 丙
乙 丁

中面。則戊庚辛子。亦爲比例線戊己上之二中面。二餘邊爲戊辛辛壬。故戊辛辛壬皆有比例。而與戊己長短無等。本卷二十三 甲乙與丙丁既無等。而甲乙與戊庚等。丙丁與辛子等。則戊庚與辛子無等。惟戊庚與辛子比。若戊辛與辛壬比。故戊辛與辛壬無等。所以戊辛辛壬爲僅正方有等之二有比例線。故戊壬爲合名線。而戊辛辛壬上二正方之較積方邊。與戊辛或有等或無等。若有等。因戊辛辛壬二線。與所設有比例線戊己俱長短無等。故戊壬爲第三合名線。本卷中界說三 戊己爲有比例線。凡有比例線與第三合名線成矩形等面正方之邊。爲第二合中線。本卷五十七 故等戊子卽甲丁面正方之邊。爲第二合中線。若戊辛與辛壬上二正方之較積方邊。與戊辛無等。因戊辛辛壬與所設有比例線戊己俱長短無等。故戊壬爲第六合名線。本卷中界說六 戊己爲有比例線。凡有比例線與第六合名線成矩形。等面正方之邊。爲兩中面之線。本卷六十 故等甲丁卽戊子面正方之邊。爲兩中面之線。次設甲乙小於丙丁。等甲丁面正方之邊。或爲第二合中線。或爲兩中面之線。亦同。所以凡二無等中面之和。其等積方邊無比例。或爲第二合中線。或爲兩中面之線。凡二類。

系合名已下六無比例線。皆非中線。相與非同類。葢有比例線上作等中線正方之面。餘邊有比例。與本線同。僅長短無等。本卷二十三 今有比例線上。等合名線正方之面。餘邊爲第一合名線。本卷六十一 等第一合中線正方之面。餘邊爲第二合名線。本卷六十二 等第二合中線正方之面。餘邊爲第三合名線。本卷六十三 等太線正方之面。餘邊爲第四合名線。本卷六十四 等比中方線正方之面。餘邊爲第五合名線。本卷六十五 等兩中面線正方之面。餘邊爲第六合名線。本卷六十六 皆無比例。與本線異。故等面正方之邊俱非中線。又此六餘邊相與非同類。則等面方邊合名已下六無比例線相與亦非同類。理自明。

案以上論六無比例線之理凡七。第一論六線之源。本卷三十七至四十二 第二論只一點可分爲二分。本卷四十三至四十八 第三論作六合名線法。本卷四十九至五十四 第四論六線相與非同類之理。用六合名線以明六線之不同。本卷五十五至六十第

五論六線正方之理用有比例線上等六正方之矩形餘邊爲六合名線以明之本卷六十一至六十六 第六論六線與同類無比例線有等之理本卷六十七至七十一 第七論有比例線與六線不同之理本卷七十二至七十三

又此六線亦有遞加減比例六線各分爲二分其遞加減之中率與本線爲同類如甲乙爲丙點所分之第一合名線則甲丙大於丙乙自明甲丙線內去甲丁與乙丙等平分丙丁於戊則甲戊與戊乙等設己庚等於戊乙則甲丙己庚之較與戊乙丙乙之較等因甲丙己庚之較爲戊丙而已庚丙乙之較亦爲戊丙此爲遞加減比例之本理而己庚與甲乙有等因己庚等於甲乙之半故也故己庚爲合名線本卷六十七 準此即知另作他線之理

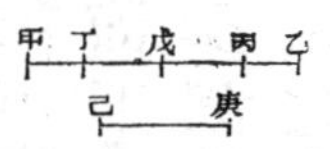

論六較線

第七十四題

僅正方有等二有比例線其較無比例命爲斷線

解曰甲乙乙丙僅正方有等二有比例線甲乙內減乙丙題言其較甲丙無比例命爲斷線

論曰甲乙與乙丙既長短無等而甲乙與乙丙比若甲乙之正方與甲乙乙丙之矩形比則甲乙之正方與甲乙乙丙之矩形無等六卷一 惟甲乙乙丙之二正方和與甲乙之正方有等本卷十六 而倍甲乙乙丙之矩形與甲乙乙丙之矩形有等故甲乙乙丙之二正方和與倍甲乙乙丙之矩形無等所以甲乙乙丙之二正方和與其較甲丙之正方無等蓋甲乙乙丙之二正方和與倍甲乙乙丙之矩形加甲丙之正方等故也二卷七 而甲乙乙丙之二正方和有比例故甲丙之正方無比例所以甲丙無比例本卷十一 命爲斷線

第七十五題

僅正方有等二中線其矩形爲有比例面二線之較無比例命爲第一中斷線

解曰甲乙乙丙僅正方有等二中線其矩形爲有比例面甲乙內減乙丙題言其較甲丙無比例命爲第一中斷線

論曰甲乙乙丙既皆爲中線則甲乙乙丙之二正方和必爲中面惟倍甲乙乙丙之矩形爲有比例面故甲乙乙丙之二正方和與倍甲乙乙丙之矩形無等所以倍甲乙乙丙之矩形與其較甲丙之正方無等二卷七 凡全幾何與所分之一幾何無等則所分兩幾何相與亦無等故也本卷十七 惟倍甲乙乙丙之矩形爲有比例面故甲

丙之正方爲無比例面所以甲丙無比例命爲第一中斷線

第七十六題

僅正方有等二中線其矩形爲中面二線之較無比例命爲第二中斷線

解曰甲乙與乙丙爲僅正方有等二中線其矩形爲中面甲乙內減乙丙題言其較甲丙無比例命爲第二中斷線

甲 丙 乙
丁 己 庚
子 辛 戊

論曰置有比例線丁子其上作丁戊矩形與甲乙乙丙之二正方和等餘邊爲丁庚截丁辛矩形與倍甲乙乙丙之矩形等餘邊爲丁己則餘戊己矩形與甲丙之正方等（二卷七）甲乙乙丙之二正方既皆爲中面則丁戊矩形爲有比例線丁子上之中面其餘邊爲丁庚故丁庚有比例與丁子長短無等（本卷二十三）又甲乙乙丙之矩形既爲中面則倍甲乙乙丙之矩形亦爲中面惟與丁辛矩形等則丁辛爲有比例線丁子上之中面其餘邊丁己故丁己有比例與丁子長短無等又甲乙乙丙既僅正方有等則甲乙與乙丙長短無等所以甲乙之正方與甲乙乙丙之矩形無等（六卷一本卷十一）惟甲乙乙丙之二正方和與甲乙之正方有等（本卷十六）倍甲乙乙丙之矩形與甲乙乙丙之矩形有等（本卷十六）故甲乙乙丙之二正方和與倍甲乙乙丙之矩形無等惟丁戊與甲乙乙丙之二正方和等丁辛與倍甲乙乙丙之矩形等所以丁戊與丁辛無等惟丁戊與丁辛比若丁庚與丁己比（六卷一）故丁庚與丁己長短無等而皆爲有比例線所以丁庚丁己爲僅正方有等二有比例線而己庚爲無比例之斷線（本卷七十四）丁子爲有比例線凡有比例線與無比例線成矩形無比例（本卷三十九系）等面正方之邊亦無比例惟甲丙之正方與戊己之矩形等所以甲丙無比例命爲第二中斷線

第七十七題

二正方無等之線二正方之和爲有比例面矩形爲中面二線之較無比例命爲少線

解曰甲乙乙丙二正方無等之線二正方之和爲有比例面倍甲乙乙丙之矩形爲中面甲乙內減乙丙題言其較甲丙無比例命爲少線

甲 丙 乙

論曰甲乙乙丙之二正方和既爲有比例面而倍甲乙乙丙之矩形爲中面則甲乙乙丙之二正方和與倍甲乙乙丙之矩形無等故甲乙乙丙之二正方和與甲丙

之正方無等(本卷十七)惟甲乙乙丙之二正方和有比例故甲丙之正方無比例所以甲丙無比例命爲少線

第七十八題

二正方無等之線二正方之和爲中面倍矩形爲有比例面二線之較無比例命爲合比中方線

甲　丙　乙

解曰甲乙乙丙二正方無等之線二正方之和爲中面倍甲乙乙丙之矩形爲有比例面甲乙丙減乙丙題言其較甲丙無比例而其正方與有比例面和爲中面故命爲合比中方線

論曰甲乙乙丙之二正方和既爲中面而倍甲乙乙丙之矩形爲有比例面則甲乙乙丙之二正方和與倍甲乙乙丙之矩形無等故其較甲丙之正方與倍甲乙乙丙之矩形無等(本卷十七)惟倍甲乙乙丙之矩形有比例故甲丙之正方無比例所以甲丙無比例命爲合比中方線

第七十九題

二正方無等之線二正方之和爲中面倍矩形亦爲中面二正方之和與倍矩形無等二線之較無比例命爲合中中方線

甲　丙　乙
丁　己　庚
子　辛　戊

解曰甲乙乙丙二正方無等之線二正方之和爲中面倍甲乙乙丙之矩形亦爲中面二正方之和與倍矩形無等甲乙丙減乙丙題言其較甲丙無比例而其正方與中面和爲中面故命爲合中中方線

論曰置有比例線丁子其上作丁戊矩形與甲乙乙丙之二正方和等餘邊爲丁庚丁戊內截丁辛矩形與倍甲乙乙丙之矩形等餘邊爲丁己則所餘己戊矩形與甲丙之正方等(二卷七)甲乙乙丙之二正方和既爲中面與丁戊矩形等則丁戊爲有比例線丁子上之中面餘邊爲丁庚故丁庚有比例與丁子長短無等(本卷二十三)又倍甲乙乙丙之矩形既爲中面與丁辛矩形等則丁辛爲有比例線丁子上之中面餘邊爲丁己故丁己有比例與丁子長短無等又甲乙乙丙之二正方和與倍甲乙乙丙之矩形既無等則丁戊與丁辛二矩形無等惟丁戊與丁辛比若丁庚與丁己比(六卷一)故丁庚與丁己無等(本卷十)而皆有比例所以丁庚丁己爲僅正方有等之有比例線而己庚爲斷線(本卷七十四)己辛爲有比例線凡有比例線與斷線成矩形無比例等面正方之邊亦無比例而甲丙之正方與己戊矩形等故甲丙無比例

命爲合中中方線

第八十題

凡斷線與合名線之小分同宗只有一个

解曰設甲乙爲斷線乙丙與甲乙同宗而甲丙乙丙爲僅正方有等二線本卷七十四題言乙丙而外無如是之線與甲乙同宗

論曰若作乙丁爲甲乙同宗線卽甲丁丁乙爲僅正方有等二線本卷七十四夫甲丁丁乙之二正方和大於倍甲丁丁乙之矩形甲丙丙乙之二正方和大於倍甲丙丙乙之矩形其兩較相等因皆爲甲乙之正方故也又甲丁丁乙之二正方和大於甲丙丙乙之二正方和倍甲丁丁乙之矩形大於倍甲丙丙乙之矩形其兩較亦相等惟甲丁丁乙之二正方和與甲丙丙乙之二正方和其較有比例因二和皆爲有比例面故也則倍甲丁丁乙之矩形與倍甲丙丙乙之矩形其較亦有比例與理不合盖二矩皆爲中面兩中面之較不能有比例故也故乙丙而外凡僅正方有等之線與甲乙非同宗所以斷線與合名線之小分同宗只有一个

第八十一題

凡第一中斷線與第一合中線之小分同宗只有一个

解曰設甲乙爲第一中斷線乙丙與甲乙同宗而甲丙丙乙爲僅正方有等之二中線其矩形爲有比例面本卷七十五題言乙丙而外無如是之線與甲乙同宗

論曰若作丁乙爲甲乙同宗線則甲丁丁乙爲僅正方有等之二中線而甲丁丁乙之矩形爲有比例面本卷七十五夫甲丁丁乙之二正方和大於倍甲丁丁乙之矩形甲丙丙乙之二正方和大於倍甲丙丙乙之矩形二較相等皆爲甲乙之正方二卷七又甲丁丁乙之二正方和與甲丙丙乙之二正方和較等於倍甲丁丁乙之矩形與倍甲丙丙乙之矩形較而兩矩形之較有比例因兩矩形皆爲有比例面故也則甲丁丁乙之二正方和與甲丙丙乙之二正方和較亦有比例於理不合因二和皆爲中面兩中面之較不能有比例故也本卷二十七所以第一中斷線與第一合中線之小分同宗只有一个

第八十二題

凡第二中斷線與第二合中線之小分同宗只有一个

解曰甲乙爲第二中斷線乙丙與之同宗而甲丙丙乙爲僅正方有等二中線成矩形爲中面本卷七十六題言乙丙而外無如此之線與甲乙同宗

論曰若乙丁爲甲乙同宗線則甲丁丁乙爲僅正方有等二中線而甲丁丁乙之矩形爲中面本卷七十六 試置有比例線戊己其上作戊庚矩形與甲丙丙乙之二正方和等餘邊爲戊丑截庚辛矩形與倍甲丙丙乙之矩形等餘邊爲辛丑則所餘戊子矩形與甲乙之正方等二卷七 又於戊己上作戊壬矩形與甲丁丁乙之二正方和等餘邊爲戊寅惟戊子與甲乙之正方等故所餘辛壬與倍甲丁丁乙之矩形等二卷七 甲丙丙乙既爲二中線則甲丙丙乙之二正方俱爲中面其和與戊庚矩形等所以戊庚爲有比例線戊己上之中面餘邊爲戊丑故戊丑有比例與戊己長短無等本卷二十三 又甲丙丙乙之矩形既爲中面則倍甲丙丙乙之矩形亦爲中面惟與庚辛矩形等故庚辛亦爲有比例線戊己上之中面其餘邊爲辛丑故辛丑有比例與戊己長短無等又甲丙丙乙既爲僅正方有等之線則甲丙與丙乙長短無等惟甲丙與丙乙比若甲丙之正方與甲丙丙乙之矩形比六卷一 故甲丙之正方與甲丙丙乙之矩形無等惟甲丙丙乙之二正方和與甲丙之正方有等本卷十六 而倍甲丙丙乙之矩形與甲丙丙乙之矩形有等故甲丙丙乙之二正方和與倍甲丙丙乙之矩形無等而戊庚矩形與甲丙丙乙之二正方和等辛庚矩形與倍甲丙丙乙之矩形等故戊庚與辛庚無等惟戊庚與辛庚比若戊丑與辛丑比六卷一 故戊丑與辛丑長短無等而皆爲有比例線是以戊丑辛丑爲僅正方有等之有比例線所以戊辛爲斷線而辛丑與之同宗本卷七十四 辛寅亦與之同宗理同是合名線之小分與斷線同宗者不止一个于理不合本卷八十 是以第二中斷線與第二合中線之小分同宗只有一个

第八十三題

凡少線與太線之小分同宗只有一个

解曰甲乙爲少線乙丙與之同宗則甲丙丙乙之二正方無等二正方之和爲有比例面倍矩形爲中面本卷七十七 題言乙丙而外無如是之線與甲乙同宗

論曰若乙丁爲甲乙同宗線則甲丁丁乙之二正方無等二正方之和爲有比例面倍矩形爲中面本卷七十七 而甲丁丁乙之二正方和大於甲丙丙乙之二正方和倍甲丁丁乙之矩形大於倍甲丙丙乙之矩形二較相等二卷七 惟甲丁丁乙之二正方和與甲丙丙乙之二正方

和其較爲有比例面因二和皆爲有比例面故也則倍甲丁丁乙之矩形與甲丙丙乙之矩形其較亦爲有比例面於理不合因二矩皆爲中面故也本卷二十七是以少線與太線之小分同宗只有一个也

第八十四題

凡合比中方線與比中方線之小分同宗只有一个

解曰甲乙爲合比中方線乙丙與之同宗則甲丙丙乙之二正方無等二正方之和爲中面倍矩形爲有比例面本卷七十八題言乙丙而外無如是之線與甲乙同宗

論曰若乙丁爲甲乙同宗線則甲丁丁乙之二正方無等二正方之和爲中面倍矩形爲有比例面本卷七十八而甲丁丁乙之二正方和大於甲丙丙乙之二正方和倍甲丁丁乙之矩形大於倍甲丙丙乙之矩形二較相等惟倍甲丁丁乙之矩形與倍甲丙丙乙之矩形其較爲有比例面因二矩皆有比例故也則甲丁丁乙之二正方和與甲丙丙乙之二正方和其較亦爲有比例面於理不合因二和皆爲中面故也本卷二十七是以合比中方線與比中方線之小分同宗只有一个

第八十五題

凡合中中方線與兩中面線之小分同宗只有一个

解曰甲乙爲合中中方線乙丙與之同宗則甲丙丙乙爲正方無等二線兩正方之和爲中面倍矩形亦爲中面與兩正方之和無等本卷七十九題言乙丙而外無如是之線與甲乙同宗

論曰若乙丁爲甲乙同宗線則甲丁丁乙之二正方無等甲丁丁乙之二正方和爲中面倍矩形亦爲中面而二正方之和與倍矩形無等本卷七十九置有比例線戊己其上作戊庚矩形與甲丙丙乙之二正方和等餘邊爲戊丑截辛庚矩形與倍甲丙丙乙之矩形等餘邊爲辛丑則所餘戊子矩形與甲乙之正方等二卷七又於戊己線上作戊壬矩形與甲丁丁乙之二正方和等餘邊爲戊寅惟戊子矩形與甲乙之正方等故所餘辛壬矩形與倍甲丁丁乙之矩形等二卷七甲丙丙乙之二正方和既爲中面而與戊庚矩形等則戊庚爲有比例線戊己上之中面餘邊戊丑故戊丑有比例與戊己長短無等本卷廿三又倍甲丙丙乙之矩形既爲中面而與辛庚等則辛庚爲有比例線戊己上之中面餘邊爲辛丑故辛丑有比例與戊己長短無等本卷二十三又甲丙丙乙之二正方和既與倍甲丙丙乙之矩形無等則戊庚與庚辛無

等所以戊丑與丑辛長短無等（六卷本卷十一）而皆有比例故戊丑丑辛爲僅正方有等之有比例線所以戊辛爲斷線而辛丑與之同宗（本卷七十四）辛寅亦與之同宗理同是斷線與合名線之小分同宗者不止一个於理不合（本卷十八）故合中中方線與兩中面線之小分同宗只有一个

幾何原本第十卷下之首

英國 偉烈亞力 口譯

海甯 李善蘭 筆受

界說六則

第一界

置有比例線及斷線設大線與同宗線上二正方之較積方邊與大線有等而大線與所設之比例線有等則爲第一斷線（大線卽合名線之大分同宗線卽小分斷線爲二分之較）

第二界

若同宗線與所設之比例線有等則爲第二斷線

第三界

若大線同宗線與所設之比例線皆無等則爲第三斷線

第四界

設大線與同宗線上二正方之較積方邊與大線無等而大線與所設之比例線有等則爲第四斷線

第五界

若同宗線與所設之比例線有等則爲第五斷線

第六界

若大線同宗線與所設之比例線皆無等則爲第六斷線

幾何原本第十卷下

英國 偉烈亞力 口譯
海甯 李善蘭 筆受

第八十六題

求第一斷線

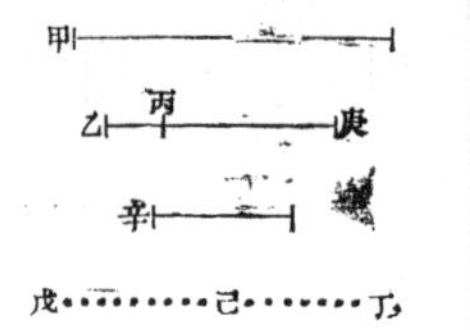

法曰置有比例線甲令乙庚與甲長短有等則乙庚亦爲有比例線又置戊丁戊己二平方數令其較丁己非平方數本卷三十題一例系則戊丁與丁己比非若二平方數比又令戊丁與丁己比若乙庚與庚丙之二正方比故乙庚與庚丙之二正方有等本卷六惟乙庚之正方有比例所以庚丙之正方亦有比例而庚丙爲有比例線又戊丁與丁己比非若二平方數比則乙庚與庚丙之二正方比亦非若二平方數比本卷九故乙庚與庚丙長短無等而皆有比例故乙庚庚丙爲僅正方有等二比例線所以乙丙爲斷線本卷七十四爲第一斷線者試置辛之正方爲乙庚庚丙之二正方較戊丁與丁己比既若乙庚與庚丙之二正方比則轉理戊丁與戊己比若乙庚與辛之二正方比五卷十九系惟戊丁與戊己比若二平方數比則乙庚與辛之二正方比亦若二平方數比故乙庚與辛長短有等本卷九而乙庚庚丙之二正方較即辛之正方故乙庚庚丙上二正方之較積方邊與乙庚有等又大線乙庚與所設之有比例線甲有等故乙丙爲第一斷線本卷下界說一

第八十七題

求第二斷線

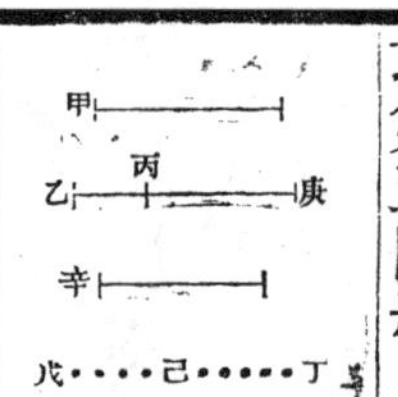

法曰置有比例線甲令庚丙與甲長短有等故丙庚亦爲有比例線又置丁戊戊己二平方數令其較丁己非平方數本卷三十題一例系又令丁己與丁戊比若丙庚與庚乙之二正方比則丙庚與庚乙之二正方有等本卷六惟丙庚之正方有比例故庚乙之正方亦有比例而庚乙爲有比例線丙庚與庚乙之二正方比既非若二平方數比則丙庚與庚乙長短無等本卷九而皆有比例所以丙庚庚乙爲僅正方有等之二比例線故丙乙爲斷線本卷七十四爲第二斷線者試置辛之正方爲乙庚與庚丙之二正方較乙庚與庚丙之二正方比既若戊丁與丁己比則乙庚與辛之二正方比若戊丁與戊己比而戊丁戊己皆爲平方數故乙庚與辛之二正方比若二平方數比所以乙庚與辛長短有等本卷九而乙庚庚

丙之二正方較甲辛之正方所以乙庚庚丙上二正方之較積方邊與乙庚有等又同宗線丙庚與所設之有比例線甲有等所以乙丙為第二斷線本卷下界說二

第八十八題

求第三斷線

法曰置有比例線甲又置戊乙丙丙丁三數令其相比皆非若平方數比而乙丙與乙丁比若二平方數比又令戊與乙丙比若甲與己庚之二正方比而乙丙與丙丁比若己庚與庚辛之二正方比故甲與己庚之二正方有等本卷六 惟甲之正方有比例故己庚之正方亦有比例而己庚為有比例線又戊與乙丙比既非若二平方數比則甲與己庚之二正方比亦非若二平方數比故甲與己庚長短無等本卷九 乙丙與丙丁比既若己庚與庚辛之二正方比則己庚庚辛之二正方有等惟己庚之正方有比例故庚辛之正方亦有比例而庚辛為有比例線又乙丙與丙丁比既非若二平方數比則己庚與庚辛之二正方比亦非若二平方數比故己庚與庚辛長短無等本卷九 而皆有比例故己庚庚辛為僅正方有等之二比例線所以己辛

為斷線本卷七十四 為第三斷線者蓋戊與乙丙比既若甲與己庚之二正方比而乙丙與丙丁比若己庚與庚辛之二正方比則平理戊與丙丁比若甲與庚辛之二正方比五卷二十二 惟戊與丙丁比非若二平方數比則甲與庚辛之二正方比亦非若二平方數比則甲與庚辛無等本卷九 而己庚庚辛皆與所設之比例線甲無等置壬之正方為己庚庚辛之二正方較乙丙與丙丁比既若己庚與庚辛之二正方比則轉理乙丙與乙丁比若己庚與壬之二正方比五卷十九 惟乙丙與乙丁比若二平方數比故己庚與壬之二正方比亦若二平方數比所以己庚與壬長短有等本卷九 卽己庚庚辛上二正方之較積方邊與己庚有等而己庚庚辛皆與所設之有比例線甲無等故己辛為第三斷線本卷下界說三

第八十九題

求第四斷線

法曰置有比例線甲令與乙庚長短有等則乙庚亦有比例又設丁己己戊二數令其總數丁戊與丁己己戊比皆非若二平方數比又令丁戊與己戊比若乙庚與庚丙之二正方比故乙庚與庚

丙之二正方有等本卷六惟乙庚之正方有比例故庚丙之正方亦有比例所以庚丙爲有比例線丁戊與戊己比既非若二平方數比則乙庚與庚丙之二正方比亦非若二平方數比故乙庚與庚丙長短無等本卷九而皆有比例故乙庚庚丙爲僅正方有等之二比例線所以乙丙爲斷線本卷七十四爲第四斷線者試置辛之正方爲乙庚庚丙之二正方較丁戊與戊己比既若乙庚與庚丙之二正方比則丁戊與丁己比若乙庚與辛之二正方比惟丁戊與丁己比非若二平方數比故乙庚與辛之二正方比亦非若二平方數比所以乙庚與辛長短無等本卷九而乙庚與庚丙之二正方較卽辛之正方故乙庚庚丙上二正方之較積方邊與乙庚長短無等又大線乙庚與所設之有比例線甲有等故乙丙爲第四斷線本卷下界說四

第九十題

求第五斷線

法曰置有比例線甲令與庚丙有等則庚丙亦有比例又置丁己己戊二數令總數丁戊與丁己己戊比皆非若二平方數比又令己戊與丁戊比若丙庚與庚乙之二正方比故丙庚庚乙之二正方有等本卷六惟丙庚之正方有比例故庚乙之正方亦有比例而庚乙爲有比例線又丁戊與己戊比既若乙庚與庚丙之二正方比而丁戊與己戊比非若二平方數比則乙庚與庚丙之二正方比亦非若二平方數比故乙庚與庚丙長短無等本卷九而皆有比例故乙庚庚丙爲僅正方有等之二比例線所以乙丙爲斷線本卷七十四爲第五斷線者置辛之正方爲乙庚庚丙之二正方較乙庚與庚丙之二正方比既若丁戊與戊己比則轉理丁戊與丁己比若乙庚與辛之二正方比惟丁戊與丁己比非若二平方數比故乙庚與辛之二正方比亦非若二平方數比所以乙庚與辛長短無等本卷九又乙庚與庚丙之二正方較卽辛之正方故乙庚庚丙上二正方之較積方邊與乙庚長短無等而同宗線庚丙與所設之有比例線甲有等故乙丙爲第五斷線本卷下界說五

第九十一題

求第六斷線

法曰置有比例線甲又置戊乙丙丙丁三數令其相比皆非若平方數比乙丙與乙丁比亦非若二平方數比又令戊與乙丙

比若甲與己庚之二正方比而乙丙與丙丁比若己庚與庚辛之二正方比戊與乙丙比既若甲與己庚之二正方比則甲與己庚之二正方有等惟甲之正方有比例故己庚之正方亦有比例而己庚爲有比例線又戊與乙丙比既非若二平方數比則甲與己庚之二正方比亦非若二平方數比故甲與己庚長短無等本卷九 又乙丙與丙丁比既若己庚與庚辛之二正方比則己庚與庚辛之二正方有等惟己庚之正方有比例故庚辛之正方亦有比例而庚辛爲有比例線本卷六 又乙丙與丙丁比既非若二平方數比則己庚與庚辛之二正方比亦非若二平方數比所以己庚與庚辛長短無等本卷九而皆有比例故己庚庚辛爲僅正方有等之二比例線所以己辛爲斷線本卷七十四 爲第六斷線者蓋戊與乙丙比既若甲與己庚之二正方比而乙丙與丙丁比若己庚與庚辛之二正方比則平理戊與丙丁比若甲與庚辛之二正方比惟戊與丙丁比非若二平方數比故甲與庚辛之二正方比亦非若二平方數比所以甲與庚辛長短無等本卷九 而己庚庚辛皆與所設之比例線甲長短無等置壬之正方爲己庚庚辛之二正方較乙丙與丙丁比既若己庚與庚辛之二正方比則轉理乙丙與乙丁比若己庚與壬之二正方比五卷十九 惟乙丙與乙丁比非若二平方數比故己庚與壬之二正方比亦非若二平方數比所以己庚與壬無等本卷九 又己庚與庚辛之二正方較卽壬之正方故乙庚庚辛上二正方之較積方邊與己庚長短無等而己庚庚辛皆與所設之有比例線甲無等故己辛爲第六斷線本卷下界說六

按求上六線更有捷法如求第一斷線置第一合名線甲丙以甲乙爲大分本卷十九四 截乙丁與乙丙等則甲乙與乙丁卽乙丙爲僅正方有等二比例線本卷中界說一 甲乙與乙丁卽乙丙上二正方之較積方邊與甲乙長短有等而甲乙與所設之有比例線長短有等卽得甲丁爲第一斷線本卷下界說一 第二以下諸合名線求諸斷線理同本卷五十至五十四

第九十二題

有比例線與第一斷線成矩形則等面正方之邊爲斷線

解曰有比例線甲丙與第一斷線甲丁成甲乙矩形題言等甲乙面正方之邊爲斷線

論曰甲丁既爲第一斷線設庚丁爲其同宗線則甲庚庚丁爲僅正方有等之二比例線甲庚與所設之有比例線甲丙長短有等而甲庚庚丁上二正方

之較積方邊與甲庚長短有等本卷下界說一故甲庚上作少一正方之矩形等於丁庚正方四分之一則必分甲庚爲長短有等之二分本卷十八平分丁庚於戊甲庚上少一正方之矩形卽甲己己庚之矩形與戊庚之正方等則甲己與己庚長短有等次從戊己庚三點作戊辛己壬庚子三線與甲丙平行甲己與己庚既長短有等則甲庚與甲己己庚皆長短有等本卷十六惟甲庚與甲丙有等故甲己己庚皆與甲丙有等本卷十二惟甲丙有比例故甲己己庚皆有比例而甲壬己子皆爲有比例面本卷二十又丁戊與戊庚既長短有等則丁庚與丁戊戊庚皆有等而丁庚爲有比例線與甲丙長短無等則丁戊戊庚皆有比例而與甲丙長短無等所以丁辛戊子皆爲中面本卷二十二作丑寅正方令與甲壬矩形等二卷十四截丑辰寅公角上卯午正方令與己子矩形等則丑寅午卯爲同對角線之二正方以辰未爲對角線而作圖甲己己庚之矩形既與戊庚之正方等則甲己與戊庚比若戊庚與己庚比六卷十七惟甲己與戊庚比若甲壬與戊子二面比而戊庚與己庚比若戊子與己子二面比六卷一故戊子爲甲壬己子連比例中率又寅卯爲丑寅卯午連比例中率本卷五十五題

辰 卯 丑 地 午 申 天 人 寅 酉 未

例而甲壬矩形與丑寅正方等己子矩形與卯午正方等所以寅卯與戊子等惟戊子與丁辛等一卷三十七而寅卯與丑午等一卷四十三所以丁子面與天地人磬折形加卯午正方等而甲子面與丑寅卯午二正方之和等故餘面甲乙與申酉正方等卽與丑卯之正方等所以丑卯爲等甲乙面正方之邊其爲斷線者蓋甲壬己子既皆爲有比例面而與丑寅卯午二正方等則丑寅卯午必爲有比例面卽丑辰辰卯之二正方爲有比例面又丁辛矩形既爲中面而與丑午等則丑午亦爲中面丑午既爲中面而卯午爲有比例面則丑午與卯午無等而丑午與卯午比若丑辰與辰卯比六卷一故丑辰與辰卯長短無等本卷十而皆有比例故丑辰辰卯爲僅正方有等之二比例線而丑卯爲斷線其正方與甲乙面等本卷七十四故等甲乙面正方之邊爲斷線

第九十三題

有比例線與第二斷線成矩形則等面正方之邊爲第一中斷線

解曰有比例線甲丙與第二斷線甲丁成甲乙矩形題言等甲乙面正方之邊爲第一中斷線

論曰以庚丁爲甲丁同宗線則甲庚庚丁爲僅正方有

等之二比例線丁庚與所設之有比例線甲丙長短有等又甲庚丁庚上二正方之較積方邊與甲庚長短有等本卷下界說二故甲庚上作少一正方之矩形等於丁庚上正方四分之一即分甲庚線為有等之二分本卷十八平分丁庚於戊甲庚上少一正方之矩形即甲己己庚之矩形與戊庚之正方等故甲己與己庚長短有等又從戊己庚三點作戊辛己壬庚子三線與甲丙平行甲己與己庚既長短有等則甲庚與甲己己庚皆長短有等本卷十六惟甲庚為有比例線而與甲丙長短無等故

甲己己庚皆有比例而與甲丙長短無等所以甲壬己子二矩形皆為中面本卷二十二又丁戊與戊庚既有等則丁庚與丁戊戊庚皆有等惟丁庚有比例與甲丙長短有等故丁戊戊庚皆有比例與甲丙長短有等所以丁辛戊子二矩形皆為有比例面作丑寅正方令與甲壬矩形等二卷十四截丑辰寅公角上卯午正方令與己子矩形等則丑寅卯午為同對角線之二正方六卷二十六以辰未為對角線而作圖甲壬己子既為二中面而相與有等又與丑辰辰卯之二正方等則丑辰辰卯之二正方亦為中面而相與有等故丑辰辰卯為正方有等之二

中線又甲己己庚之矩形既與戊庚之正方等則甲己與戊庚比若戊庚與己庚比六卷十七惟甲己與戊庚比若甲壬與戊子二面比而戊庚與己庚比若戊子與己子二面比六卷一故戊子為甲壬己子連比例中率又寅卯為丑寅卯午連比例中率本卷五十五題例而甲壬與丑寅正方等己子與卯午正方等故寅卯與戊子等惟丁辛與戊子等一卷三十七而丑午與寅卯等一卷四十三故丁子面與天地人磬折形加卯午正方等而甲子面與丑寅卯午二正方之和等則餘面甲乙與申酉正方等即與丑卯之正方等所以丑卯為等甲乙面正方之邊為第一中

斷線者蓋戊子既為有比例面本論與寅卯等即與丑午等則丑午亦為有比例面即丑辰辰卯之矩形惟卯午為中面本論故丑午與卯午無等而丑午與卯午比若丑辰與辰卯比故丑辰與辰卯長短無等所以丑辰辰卯為僅正方有等之二中線其矩形為有比例面而丑卯為第一中斷線本卷七十五其正方與甲乙面等故等甲乙面正方之邊為第一中斷線

第九十四題

有比例線與第三斷線成矩形則等面正方之邊為第二中斷線

解曰有比例線甲丙與第三斷線甲丁戊甲乙矩形題言等甲乙面正方之邊爲第二中斷線

論曰以庚丁爲甲丁同宗線則甲庚庚丁爲僅正方有等之二比例線而甲庚庚丁皆與所設之有比例線甲丙無等甲庚庚丁上二正方之較積方邊與甲庚有等（本卷下界說三）則甲庚上作少一正方之矩形等於丁庚上正方四分之一必分甲庚爲有等之二分（本卷十八）故平分丁庚於戊而甲庚上少一正方之矩形與戊庚之正方等卽甲己己庚之矩形故甲己與己

庚有等又從戊己庚三點作戊辛己壬庚子三線與甲丙平行惟甲己己庚有等所以甲壬己子二矩形有等又甲己己庚有等則甲庚與甲己己庚皆有等（本卷十六）惟甲庚有比例與甲丙長短無等故甲己己庚皆有比例與甲丙長短無等所以甲壬己子二矩形皆爲中面（本卷二十二）又丁戊與戊庚既有等則丁庚與丁戊戊庚皆有等惟丁庚有比例與甲丙長短無等故丁戊戊庚皆有比例與甲丙長短無等所以丁辛戊子二矩形皆爲中面（本卷二十二）又甲庚庚丁既爲僅正方有等之線則甲庚與庚丁無等惟甲庚與甲己有等而庚丁與庚戊有等

故甲己與庚戊無等（本卷十三）惟甲己與庚戊比若甲壬與戊子二矩形比（六卷一）故甲壬與戊子無等作丑寅正方令與甲壬等截丑辰寅公角上卯午正方令與己子等（二卷十四）則丑寅卯午爲同對角線之二正方（六卷二十六）以辰未爲對角線而作圖甲己己庚之矩形旣與戊庚之正方等則甲己與戊庚比若戊庚與己庚比（六卷十七）惟甲己與戊庚比若甲壬與戊子比戊庚與庚己比若戊子與己子比（六卷一）故甲壬與戊子比亦若戊子與己子比所以戊子爲甲壬己子二矩形連比例中率惟寅卯爲丑寅卯午二正方連比例中率而甲壬矩形與丑寅正方

等己子矩形與卯午正方等所以戊子與寅卯等惟寅卯與丑午等（一卷四十三）而戊子與丁辛等（本卷三十七）故丁子矩形與天地人磬折形加卯午正方等而甲子矩形與丑寅卯午二正方之和等故所餘甲乙與申酉正方等卽與丑卯之正方等而丑卯爲等甲乙面正方之邊爲第二中斷線者蓋甲壬己子皆爲中面（本論）而與丑辰辰卯之二正方等則丑辰辰卯之二正方皆爲中面所以丑辰辰卯皆爲中線又甲壬與己子既有等則丑辰辰卯之二正方有等又甲壬與戊子既無等則丑寅與寅卯無等卽丑辰之正方與丑辰辰卯之矩形無等故丑

辰與辰卯無等所以丑辰辰卯為僅正方有等之二中線又戊子既為中面與丑辰辰卯之矩形等則丑辰辰卯之矩形亦為中面而丑卯為第二中斷線（本卷七十六）其正方與甲乙面等是以等甲乙面正方之邊為第二中斷線

第九十五題

有比例線與第四斷線成矩形則等面正方之邊為少線

解曰有比例線甲丙與第四斷線甲丁成甲乙矩形題言等甲乙面正方之邊為少線

論曰以丁庚為甲丁同宗線則甲庚丁庚為僅正方有等之二有比例線而甲庚與所設之有比例線甲丙有等甲庚丁庚上二正方之較積方邊與甲庚無等（本卷界說四下）則甲庚上作少一正方之矩形等於丁庚上正方四分之一必分甲庚為二無等分（本卷十八）平分丁庚於戊而甲庚上少一正方之矩形與戊庚之正方等即甲己己庚之矩形故甲己與己庚無等又從戊己庚三點作戊辛己壬庚子三線皆與甲丙平行甲庚既有比例與甲丙長短有等則甲子矩形為有比例面（本卷二十）又丁庚與甲丙既無等而皆有比例

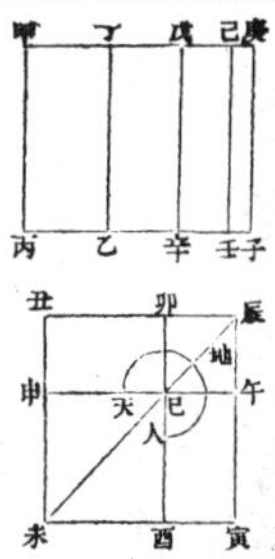

則丁子矩形為中面（本卷二十二）又甲己與己庚既無等則甲壬與己子二矩形無等（六卷一）作丑寅正方令與甲壬矩形等截丑辰寅公角上卯午正方令與己子矩形等則丑寅卯午為同對角線之二正方以辰未為對角線而作圖甲己己庚之矩形既與戊庚之正方等則甲己與戊庚比若戊庚與庚己比（六卷十七）惟甲己與戊庚比若甲壬與戊子比而戊庚與己庚比若戊子與己子比（六卷一）故戊子為甲壬己子二矩形連比例中率惟寅卯為丑寅卯午二正方連比例中率而甲壬矩形與丑寅正方等己子矩形與卯午正方等故戊子與寅卯等惟戊子與丁辛等（一卷三十四）而寅卯與丑午等（一卷四十三）故丁子矩形與天地人磬折形加卯午正方等又甲子矩形既與丑寅卯午二正方之和等則所餘甲乙與申酉正方等即與丑卯上正方等故丑卯為等甲乙面正方之邊為少線者蓋甲子矩形既為有比例面與丑辰辰卯之二正方和等則丑辰辰卯之二正方和為有比例面又丁子矩形既為中面與倍丑辰辰卯之矩形等則倍丑辰辰卯之矩形亦為中面又甲壬與己子無等（本論）則丑辰辰卯之二正方無等所以丑辰辰卯為正方無等之二線二正方之和為有比例面倍矩形為中面而丑卯

爲少線本卷九十七 其正方與甲乙面等是以等甲乙面正方之邊爲少線。

第九十六題

有比例線與第五斷線成矩形則等面正方之邊爲合比中方線。

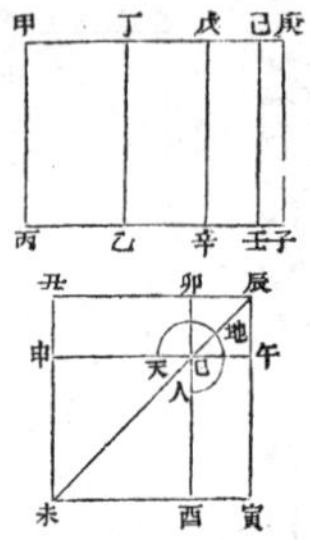

解曰有比例線甲丙與第五斷線甲丁成甲乙矩形題言等甲乙面正方之邊爲合比中方線。

論曰以丁庚爲甲丁同宗線則甲庚丁庚爲僅正方有等之二比例線而丁庚與所設之有比例線甲丙長短有等甲庚丁庚上二正方之較積方邊與甲庚長短無等本卷下界說五故甲庚上作少一正方矩形等於丁庚上正方四分之一必分甲庚爲二無等分本卷十九平分丁庚於戊甲庚上少一正方之矩形即甲己己庚之矩形與戊庚之正方等則甲己與己庚長短無等又從戊己庚三點作戊辛己壬庚子三線皆與甲丙平行甲庚旣與甲丙長短無等而皆有比例則甲子矩形爲中面本卷二十二又丁庚旣有比例與甲丙長短有等則丁子矩形爲有比例面本卷二十作丑寅正方令與甲壬矩形等截丑辰寅公角上卯午正方令與己子矩形等則丑寅卯午爲同對角線之二正方本卷二十六如前以辰未爲對角線而作圖則丑卯之正方與甲乙矩形等丑卯爲合比中方線者葢甲子爲中面本論與丑辰辰卯之二正方和等則丑辰辰卯之二正方和亦爲中面丁子爲有比例面本論與倍丑辰辰卯之矩形等則倍丑辰辰卯之矩形亦爲有比例面又甲壬與己子無等則丑辰辰卯之二正方無等所以丑辰辰卯爲正方無等之二線二正方之和爲中面倍矩形爲有比例面而丑卯爲合比中方線本卷七十八 其正方與甲乙面等是以等甲乙面正方之邊爲合比中方線。

第九十七題

有比例線與第六斷線成矩形則等面正方之邊爲合中中方線。

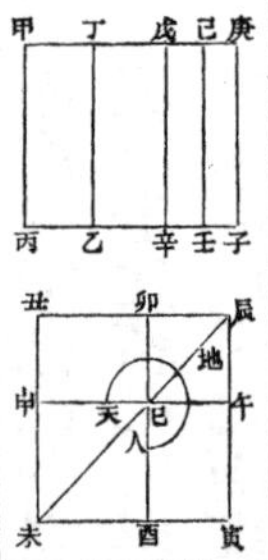

解曰有比例線甲丙與第六斷線甲丁成甲乙矩形題言等甲乙面正方之邊爲合中中方線。

論曰以庚丁爲甲丁同宗線則甲庚丁庚爲僅正方有等之二比例線而皆與有比例線甲丙長短無等甲庚丁庚上二正方之較積方邊與甲庚長短無等本卷下界說六則甲庚上作少一正方之矩形等於丁庚上正方四分

之一。必分甲庚爲二無等分。本卷十九 平分丁庚於戊。而甲庚上少一正方之矩形。卽甲己己庚之矩形。與戊庚之正方等。故甲己與己庚長短無等。惟甲己與己庚比若甲壬與己子比。六卷一 所以甲壬與己子無等。本卷十 又甲丙甲庚既爲僅正方有等二有比例線。則甲子爲中面。本卷二十二 甲丙丁庚既爲長短無等二有比例線。則丁子亦爲中面。又甲庚丁庚既爲僅正方有等之線。則甲庚與庚丁長短無等。惟甲庚與丁庚比若甲子與丁子比。六卷一 所以甲子與丁子無等。本卷十 作丑寅正方。令與甲壬矩形等。二卷十四 截丑辰寅公角上卯午正方。令與己子矩形等。則丑寅卯午爲同對角線之二正方。六卷二十六 如前以辰未爲對角線而作圖。則丑卯之正方與甲乙矩形等。丑卯爲合中中方線者。蓋甲子爲中面。本論 與丑辰辰卯之二正方和等。則丑辰辰卯之二正方和亦爲中面。丁子爲中面。本論 與倍丑辰辰卯之矩形等。則倍丑辰辰卯之矩形亦爲中面。又甲子與丁子無等。本論 則丑辰辰卯之二正方和與倍丑辰辰卯之矩形無等。又甲壬與己子無等。本論 則丑辰與辰卯之二正方無等。故丑辰辰卯爲正方無等之二線。二正方之和爲中面。倍矩形亦爲中面。其二正方之和與倍矩形無等。而丑卯爲合中中方線。其正方與甲乙面等。本卷七十九 是以等甲乙面正方之邊。爲合中中方線。

第九十八題

有比例線上作矩形。與斷線之正方等。其餘邊爲第一斷線。

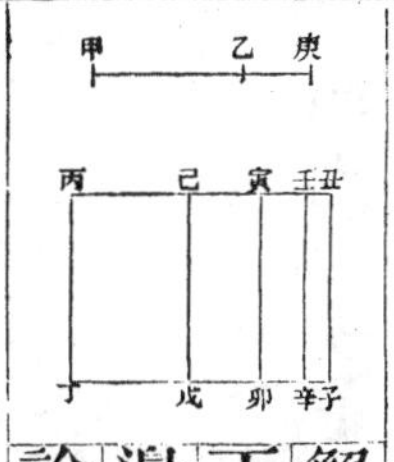

解曰。甲乙爲斷線。丙丁爲有比例線。丙丁上作丙戊矩形。與甲乙之正方等。餘邊爲丙己。題言丙己爲第一斷線。

論曰。設甲乙與乙庚同宗。則甲庚庚乙爲僅正方有等二有比例線。本卷七十四 丙丁上作丙辛矩形。與甲庚之正方等。又作壬子矩形。與乙庚之正方等。一卷四十五 則丙子與甲庚庚乙之二正方和等。其丙戊面與甲乙之正方等。故餘己子面與倍甲庚庚乙之二矩形等。二卷七 平分己丑於寅。作寅卯線與丙丁平行。則己卯子寅俱與甲庚庚乙之矩形等。又甲庚庚乙之二正方既爲有比例面。而丙子矩形與甲庚庚乙之二正方和等。則丙子爲有比例線丙丁上之有比例面。其餘邊爲丙丑。故丙丑有比例。與丙丁長短有等。本卷二十一 又倍甲庚庚乙之矩形既爲中面。而子己矩形與倍甲庚庚乙之矩形等。則子己亦爲中面。而子己爲有比例線丙丁上之面餘邊爲己丑故己丑有比例與丙丁長短無等（本卷二十三）又甲庚庚乙之二正方皆爲有比例面而倍甲庚庚乙之矩形爲中面則甲庚庚乙之二正方和與倍甲庚庚乙之矩形無等惟丙子矩形與甲庚庚乙之二正方和等而己子矩形與倍甲庚庚乙之矩形等故丙子與己子無等惟丙子與己子比若丙丑與己丑比（六卷一）故丙丑與己丑長短無等而皆有比例故丙丑丑己爲僅正方有等之二有比例線而丙己爲斷線（本卷七十四）爲第一斷線者蓋甲庚庚乙之矩形爲甲庚庚乙上二正方之連比例中率（本卷五十九題例）而丙辛矩形與甲庚之正方等寅子矩形與甲庚庚乙之矩形等壬子矩形與乙庚之正方等則寅子爲丙辛壬子連比例中率故丙辛與寅子比若寅子與壬子比惟丙辛與寅子比若丙壬與寅丑比而寅子與壬子比若寅丑與壬丑比所以丙壬壬丑之矩形與寅丑之正方等（六卷十七）即與己丑上正方四分之一等又甲庚與庚乙之二正方既有等則丙辛與壬子二矩形有等惟丙辛與壬子比若丙壬與壬丑比故丙壬與壬丑有等（本卷十）所以丙丑丑己爲二不等分線而丙丑上作少一正方之矩形即丙壬壬丑之矩形與己丑上正方四分之一等而丙壬與壬丑有等則丙丑丑己上二正方之較積方邊與丙丑長短有等（本卷十八）又丙丑與所設之有比例線丙丁長短有等故丙己爲第一斷線（本卷下界說一）是以有比例線上矩形與斷線之正方等則餘邊爲第一斷線

第九十九題

有比例線上作矩形與第一中斷線之正方等其餘邊爲第二斷線

解曰甲乙爲第一中斷線丙丁爲有比例線丙丁上作丙戊矩形與甲乙之正方等餘邊爲丙己題言丙己爲第二斷線

甲 乙 庚
丙 己 寅 壬 丑
丁 戊 卯 辛 子

論曰設乙庚與甲乙同宗則甲庚庚乙爲僅正方有等二中線其矩形爲有比例面（本卷七十五）丙丁上作丙辛矩形與甲庚之正方等餘邊爲丙壬又作壬子矩形與庚乙之正方等餘邊爲壬丑（一卷四十五）則丙子與甲庚庚乙之二正方和等所以丙子爲有比例線丙丁上之中面其餘邊爲丙丑故丙丑與丙丁長短無等（本卷二十三）丙子既與甲庚庚乙之二正方和等而甲乙之正方與丙戊矩形等則所餘己子即倍甲庚庚乙之矩形（二卷七）惟倍甲庚庚乙之矩形爲有比例面故己子爲有比

例線己戊上之有比例面其餘邊爲己丑所以己丑有比例與丙丁長短有等（本卷二十一）又甲庚庚乙之二正方和即丙子矩形既爲中面而倍甲庚庚乙之矩形即己子矩形既爲有比例面則丙子與己子無等惟丙子與己子比若丙丑與丑己比（六卷一）故丙丑與丑己長短無等而皆有比例故丙丑丑己爲僅正方有等之二比例線而丙己爲斷線（本卷七十四）爲第二斷線者試平分己丑於寅作寅卯線與丙丁平行則己卯寅子二矩形各與甲庚庚乙之矩形等又甲庚庚乙之矩形爲甲庚庚乙之二正方連比例中率而甲庚之正方與丙辛矩形等甲庚庚乙之矩形與寅子矩形等庚乙之正方與壬子矩形等則寅子爲丙辛壬子二矩形連比例中率故丙辛與寅子比若寅子與壬子比惟丙辛與寅子比若丙壬與寅丑比而寅子與壬子比若寅丑與壬丑比（六卷一）故丙壬與寅丑比若寅丑與壬丑比所以丙壬壬丑之矩形與丑寅之正方等（六卷十七）即與己丑上正方四分之一等又甲庚與庚乙之二正方既有等則丙辛與壬子二矩形有等即丙壬與壬丑二線有等故丙丑丑己爲二不等分線其大線丙丑上作少一正方之矩形即丙壬壬丑之矩形與己丑上正方四分之一等又丙壬與壬丑有等故丙丑丑己上二正方之較積方邊與丙丑長短有等（本卷十八）而己丑與所設之有比例線丙丁有等故丙己爲第二斷線（本卷下界說二）是以有比例線上作矩形與第一中斷線之正方等則餘邊爲第二斷線

第一百題

有比例線上作矩形與第二中斷線之正方等其餘邊爲第三斷線

解曰甲乙爲第二中斷線丙丁爲有比例線丙丁上作丙戊矩形與甲乙之正方等餘邊爲丙己題言丙己爲第三斷線

論曰設乙庚與甲乙同宗則甲庚庚乙爲僅正方有等二中線其矩形爲中面（本卷七十六）丙丁上作丙辛矩形與甲庚之正方等餘邊爲丙壬壬辛上作壬子矩形與庚乙之正方等餘邊爲壬丑（一卷四十五）則丙子與甲庚庚乙之二正方和等而甲庚庚乙之二正方皆爲中面故丙子爲有比例線丙丁上之中面餘邊爲丙丑所以丙丑有比例與丙丁長短無等（本卷二十三）又丙子既與甲庚庚乙之二正方和等而丙戊矩形與甲乙之正方等則所餘己子即倍甲庚庚乙之矩形（二卷七）平分己丑

於寅作寅卯線與丙丁平行則己卯寅子二矩形皆與甲庚庚乙之矩形等惟甲庚庚乙之矩形爲中面所以己子爲有比例線戊己上之中面餘邊爲己丑故己丑有比例與丙丁長短無等（本卷二十三）又甲庚庚乙既僅正方有等則甲庚與庚乙長短無等所以甲庚之正方與甲庚庚乙之矩形無等（六卷一本卷十）惟甲庚庚乙之二正方和與甲庚之正方有等而倍甲庚庚乙之矩形與甲庚庚乙之矩形有等故甲庚庚乙之二正方和與倍甲庚庚乙之矩形無等惟丙子矩形與甲庚庚乙之二正方和等而己子矩形與倍甲庚庚乙之矩形等故丙子與己子無等惟丙子與己子比若丙丑與己丑比故丙丑與己丑長短無等（本卷十）而皆有比例故丙丑己丑爲僅正方有等之二比例線而丙己爲斷線（本卷七十四）爲第三斷線者盖甲庚庚乙之二正方既有等則丙辛壬子二矩形有等故丙壬與壬丑有等又甲庚庚乙之矩形既爲甲庚庚乙之二正方連比例中率（本卷五十五題例）而丙辛矩形與甲庚之正方等壬子矩形與乙庚之正方等寅子矩形與甲庚庚乙之矩形等則寅子爲丙辛壬子二矩形連比例中率故丙辛與寅子比若寅子與壬子比惟丙辛與寅子比若丙壬與寅丑比（六卷一）而寅子與壬子比若寅丑與壬丑比故丙壬與寅丑比若寅丑與壬丑比所以丙壬壬丑之矩形與寅丑之正方等（本卷十七）卽與己丑上正方四分之一等故丙丑己丑爲二不等分線而丙丑上作少一正方之矩形卽丙壬壬丑之矩形與己丑上正方四分之一等又丙壬與壬丑有等則丙丑丑己上二正方之較積方邊與丙丑長短有等（本卷十八）而丙丑己丑皆與所設之有比例線丙丁長短無等故丙己爲第三斷線（本卷界說三下）是以有比例線上作矩形與第二中斷線之正方等其餘邊爲第三斷線

第一百一題

有比例線上作矩形與少線之正方等其餘邊爲第四斷線

解曰甲乙爲少線丙丁爲有比例線丙丁上作丙戊矩形與甲乙之正方等餘邊爲丙己題言丙己爲第四斷線

論曰設乙庚與甲乙同宗則甲庚庚乙爲正方無等之二線二正方之和爲有比例面倍矩形爲中面（本卷七十七）丙丁上作丙辛矩形與甲庚之正方等餘邊爲丙壬又作壬子矩形與乙庚之正方等餘邊爲壬丑（一卷四十五）則丙子與甲庚庚乙之二正方和等惟甲

庚庚乙之二正方和、爲有比例面、故丙子爲有比例線
丙丁上之有比例面、餘邊爲丙丑、故丙丑爲有比例線、
而與丙丁長短有等。本卷二十一 又丙子既與甲庚庚乙之
二正方和等、而丙戊矩形與甲乙之正方等、則所餘己
子、即倍甲庚庚乙之矩形。二卷七 平分己丑於寅、作寅卯
線與丙丁平行、則己卯寅子二矩形皆與甲庚庚乙之
矩形等、而倍甲庚庚乙之矩形爲中面、既與子己矩形
等、則子己爲有比例線己戊上之中面、餘邊爲己丑、故
己丑有比例、與丙丁長短無等。本卷二十三 又甲庚庚乙之
二正方和既爲有比例面、倍甲庚庚乙之矩形爲中面、

則甲庚庚乙之二正方和與倍甲庚庚乙之矩形無等、
惟丙子矩形與甲庚庚乙之二正方和等、而己子矩形
與倍甲庚庚乙之矩形等、故丙子與己子無等、惟丙子
與己子比、若丙丑與己丑比、六卷一 所以丙丑與己丑長
短無等。本卷十 而皆有比例、故丙丑丑己爲僅正方有等
之二比例線、而丙己爲斷線。本卷七十四 爲第四斷線者、蓋
甲庚庚乙爲正方無等之線、則甲庚庚乙之二正方無
等、而丙辛矩形與甲庚之正方等、壬子矩形與庚乙之
正方等、則丙辛與壬子無等、惟丙辛與壬子比、若丙壬
與壬丑比、所以丙壬與壬丑長短無等、又甲庚庚乙之

矩形爲甲庚庚乙之二正方連比例中率、本卷五十五題例 而
丙辛與甲庚之正方等、壬子與庚乙之正方等、寅子與
甲庚庚乙之矩形等、則寅子爲丙辛壬子二矩形連比
例中率、故丙辛與寅子比、若寅子與壬子比、惟丙辛與
寅子比若丙壬與丑寅比、寅子與壬子比若寅丑與壬
丑比、故丙壬與丑寅比若寅丑與壬丑比、所以丙壬壬
丑之矩形與丑寅之正方等、六卷十七 即與丑己上正方四
分之一等、故丙丑丑己爲二不等分線、而丙丑上作少
一正方之矩形與丑己上正方四分之一等、必分丙丑
爲丙壬壬丑二無等分、故丙丑丑己上二正方之較積

方邊與丙丑無等、本卷十九 丙丑與所設之有比例線丙丁
有等、故丙己爲第四斷線。本卷下界說四 是以有比例線上矩
形與少線之正方等、則餘邊爲第四斷線。

第一百二題

有比例線上作矩形與合比中方線之正方等、其餘邊爲
第五斷線。

解曰、甲乙爲合比中方線、丙丁爲有比例線、丙丁上作
丙戊矩形與甲乙之正方等、餘邊爲丙己、題言丙己爲
第五斷線。

論曰、設乙庚與甲乙同宗、則甲庚庚乙爲正方無等之

二線二正方之和為中面倍矩形為有比例面本卷七十八丙丁上作丙辛矩形與甲庚之正方等餘邊為丙壬又作壬子矩形與乙庚之正方等餘邊為壬丑卷一四十五則丙子與甲庚庚乙之二正方和等惟甲庚庚乙之二正方和為中面故丙子矩形為有比例線丙丁上之中面餘邊為丙丑故丙丑有比例而與丙丁長短無等本卷二十三又丙子既與甲庚庚乙之二正方和等而丙戊矩形與甲乙之正方等則所餘己子即倍甲庚庚乙之矩形二卷七平分己丑於寅作寅卯線與丙丁平行則己卯寅子二矩形皆與甲庚庚乙之矩形等又倍甲庚庚乙之矩形既為有比例面與己子矩形等則己子為有比例線戊己上之有比例面餘邊為己丑故己丑有比例與丙丁長短有等本卷二十一又丙子矩形既為中面而己子矩形為有比例面則丙子與己子無等惟丙子與己子比若丙丑與己丑比六卷一所以丙丑與己丑長短無等本卷十而皆為有比例線故丙丑己丑為僅正方有等之二比例線而丙己為斷線本卷七十四為第五斷線者蓋丙壬壬丑之矩形與寅丑之正方等即與己丑上正方四分之一等又甲庚與庚乙之二正方無等而甲庚之正方與丙辛矩形等庚乙之正方與壬子矩形等則丙辛與壬子無等惟丙辛與壬子比若丙壬與壬丑比故丙壬與壬丑長短無等丙丑丑己既為二不等分線而丙丑上作少一正方之矩形與己丑上正方四分之一等必分丙丑為丙壬壬丑二無等分故丙丑丑己上二正方之較積方邊與丙丑長短無等本卷十九又己丑與所設之有比例線丙丁長短有等故丙己為第五斷線本卷界說下五是以有比例線上作矩形與合比中方線之正方等則餘邊為第五斷線

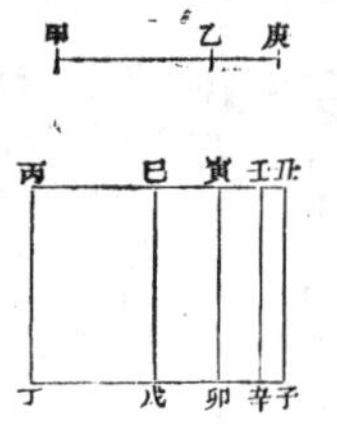

第一百三題

有比例線上作矩形與合中中方線之正方等其餘邊為第六斷線

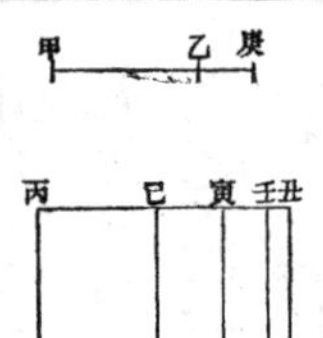

解曰甲乙為合中中方線丙丁為有比例線丙丁上作丙戊矩形與甲乙之正方等餘邊為丙己題言丙己為第六斷線

論曰設乙庚與甲乙同宗則甲庚庚乙為正方無等之二線二正方之和為中面倍甲庚庚乙之矩形亦為中面甲庚庚乙之二正方和與倍甲庚庚乙之矩形無等本卷七十九於丙丁上作丙辛矩形與甲庚之正方等餘邊

爲丙壬又作壬子矩形與乙庚之正方等餘邊爲壬丑則全面丙子與甲庚庚乙之二正方和等所以丙子爲有比例線丙丁上之中面餘邊爲丙丑故丙丑有比例與丙丁長短無等（本卷二十三）丙子既與甲庚庚乙之二正方和等而丙戊矩形與甲乙之正方等則所餘己子即倍甲庚庚乙之矩形（二卷七）惟倍甲庚庚乙之矩形爲中面故己子爲有比例線己戊上之中面餘邊爲己丑故己丑有比例與丙丁長短無等又甲庚庚乙之二正方和既與倍甲庚庚乙之矩形無等而丙子矩形與甲庚庚乙之二正方和等己子矩形與倍甲庚庚乙之矩形等則丙子與己子無等惟丙子與己子比若丙丑與己丑比（六卷一）故丙丑與己丑長短無等（本卷十）而皆有比例故丙丑與己丑爲僅正方有等之二比例線而丙己爲斷線（本卷七十四）爲第六斷線者葢己子既與倍甲庚庚乙之矩形等試平分己丑於寅作寅卯線與丙丁平行則己卯寅子二矩形皆與甲庚庚乙之矩形等又甲庚庚乙既爲正方無等之二線則甲庚庚乙之二正方無等惟丙辛矩形與甲庚之正方等而壬子矩形與庚乙之正方等故丙辛與壬子無等惟丙辛與壬子比若丙壬與壬丑比（六卷一）故丙壬與壬丑無等又甲庚庚乙之矩形既爲甲庚庚乙之二正方連比例中率（本卷五十五題例）而丙辛與甲庚之正方等壬子與庚乙之正方等寅子與甲庚庚乙之矩形等則寅子爲丙辛壬子二矩形連比例中率如前推得丙丑丑己上二正方之較積方邊與丙丑無等又丙丑丑己皆與所設之有比例線丙丁無等故丙己爲第六斷線（本卷下界說六）是以有比例線上作矩形與合中中方線之正方等則餘邊爲第六斷線

第一百四題

凡線與斷線有等則亦爲斷線且同類

解曰甲乙爲斷線設丙丁與甲乙長短有等題言丙丁亦爲斷線且與甲乙同類

甲　乙　戊
丙　丁　己

論曰甲乙爲斷線設乙戊與之同宗則甲戊戊乙爲僅正方有等二有比例線（本卷七十四）又設乙戊與丁己比若甲乙與丙丁比凡幷前率與幷後率比若各前率與各後率比（五卷十二）故甲戊與丙己比若甲乙與丙丁比惟甲乙與丙丁有等故甲戊與丙己亦有等而乙戊與丁己亦有等惟甲戊戊乙爲僅正方有等二有比例線故丙己己丁亦爲僅正方有等二有比例線（本卷十）所以丙丁亦爲斷線（本卷七十四）與甲乙同類者葢甲戊與丙己比若戊乙與己丁比屬理甲

戊與戊乙比若丙己與己丁比五卷十六而甲戊戊乙上二正方之較積方邊與甲戊或有等或無等設有等則丙己己丁上二正方之較積方邊與丙己亦有等若甲戊與所設之有比例線有等則丙己與有比例線亦有等若戊乙與有等則丁己亦與有等若甲戊戊乙皆與之無等則丙己己丁亦皆與之無等又設甲戊戊乙上二正方之較積方邊與甲戊無等則丙己己丁上二正方之較積方邊與丙己亦無等若甲戊與所設之有比例線有等則丙己亦與有等若戊乙與有等則己丁亦與有等若甲戊戊乙皆與之無等則丙己己丁亦皆與之無等所以丙丁為斷線本卷下界說且與甲乙同類

第一百五題

凡線與中斷線有等則亦為中斷線且同類

甲 乙 戊
丙 丁 己

解曰甲乙為中斷線設丙丁與甲乙長短有等題言丙丁亦為中斷線且與甲乙同類

論曰甲乙為中斷線設乙戊與甲乙同宗則甲戊戊乙為僅正方有等二中線本卷七十五七十六又設甲乙與丙丁比若乙戊與丁己比惟甲戊戊乙為僅正方有等二中線故丙己己丁亦為僅正方有等二中線所以丙丁亦為中斷線與甲乙同類者葢甲戊與戊乙比若丙己與己丁比惟甲戊與戊乙比若甲戊之正方與甲戊戊乙之矩形比六卷一而丙己與己丁比若丙己之正方與丙己己丁之矩形比故甲戊之正方與甲戊戊乙之矩形比若丙己之正方與丙己己丁之矩形比惟甲戊與丙己之二正方有等故甲戊戊乙之矩形與丙己己丁之矩形亦有等若甲戊戊乙之矩形為有比例面則丙己己丁之矩形亦為有比例面若甲戊戊乙之矩形為中面則丙己己丁之矩形亦為中面故丙丁為中斷線且與甲乙同類

第一百六題

凡線與少線有等則亦為少線

甲 乙 戊
丙 丁 己

解曰甲乙為少線設丙丁與甲乙有等題言丙丁亦為少線

論曰如前作圖甲戊戊乙為正方無等二線則丙己己丁亦為正方無等二線甲戊與戊乙比既若丙己與己丁比則甲戊與戊乙之二正方比若丙己與己丁之二正方比六卷二十二又甲戊戊乙之二正方和與戊乙之正方比若丙己己丁之二正方和與己丁之正方比屬理亦同五卷十八惟乙戊丁己之二正方有等故甲戊戊乙之二正方和與丙己己丁之二正方

和有等本卷十惟甲戊戊乙之二正方和爲有比例面故丙己己丁之二正方和亦爲有比例面又甲戊之正方與甲戊戊乙之矩形比若丙己之正方與丙己己丁之矩形比屬理亦同惟甲戊與丙己之二正方有等故甲戊戊乙之矩形與丙己己丁之矩形有等惟甲戊戊乙之矩形爲中面故丙己己丁之矩形亦爲中面本卷二十四所以丙己己丁之二正方無等二正方之和爲有比例面矩形爲中面是以丙丁爲少線本卷七十七

又解曰甲爲少線設乙與甲有等題言乙亦爲少線

論曰設丙丁爲有比例線丙丁上作丙戊矩形與甲之正方等餘邊爲丙己故丙己爲第四斷線本卷一百一又作己庚矩形與乙之正方等餘邊爲己辛甲與乙既有等則甲之正方與乙之正方亦有等惟丙戊矩形與甲之正方等而己庚矩形與乙之正方等故丙戊與己庚有等惟丙戊與己庚比若丙己與己辛比六卷一故丙己與己辛有等本卷十惟丙己爲第四斷線故己辛亦爲第四斷線本卷一百四所以己庚爲有比例線己戊及第四斷線己辛之矩形則等積方邊爲少線本卷九十五惟等積方邊爲乙故乙爲少線

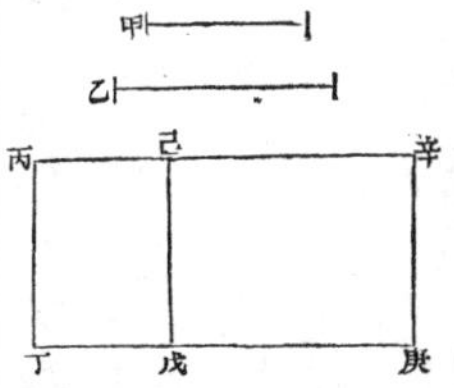

第一百七題

凡線與合比中方線有等則亦爲合比中方線

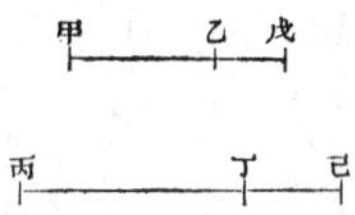

解曰甲乙爲合比中方線設丙丁與甲乙有等題言丙丁爲合比中方線

論曰乙戊與甲乙同宗則甲戊戊乙爲正方無等之二線其二正方之和爲中面矩形爲有比例面本卷七十八如前作圖令丙己與己丁比若甲戊與戊乙比甲戊戊乙之二正方和與丙己己丁之二正方和有等甲戊戊乙之矩形與丙己己丁之矩形有等故丙己己丁之二正方亦無等丙己己丁之二正方和亦爲中面其矩形亦爲有比例面故丙丁亦爲合比中方線本卷七十八

又解曰甲爲合比中方線設乙與甲有等題言乙亦爲合比中方線

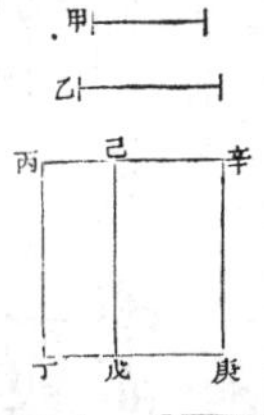

論曰置有比例線丙丁其上作丙戊矩形與甲之正方等餘邊爲丙己則丙己爲第五斷線本卷一百二又於己戊上作己庚矩形與乙之正方等餘邊爲己辛甲與乙既有等則甲與乙之二正方亦有等惟丙戊矩形與甲之正方等己庚矩形與乙之正方等故丙戊與己庚有等而丙己

與己辛有等惟丙己爲第五斷線故己辛亦爲第五斷線本卷一百四 己戊爲有比例線凡有比例線與第五斷線成矩形則等積方邊爲合比中方線本卷九十六 惟乙之正方與己庚矩形等是以乙爲合比中方線

第一百八題

凡線與合中中方線有等則亦爲合中中方線

解曰甲乙爲合中中方線丙丁與之有等題言丙丁亦爲合中中方線

論曰設乙戊與甲乙同宗如前作圖則甲戊乙之二正方無等二正方之和爲中面矩形亦爲中面其二正方之和與矩形無等準前論甲戊戊乙與丙己己丁各有等甲戊戊乙之二正方和與丙己己丁之二正方和有等甲戊戊乙之矩形與丙己己丁之矩形有等故丙己己丁之二正方無等二正方之和爲中面矩形亦爲中面二正方之和與矩形無等故丙丁亦爲合中中方線本卷九十七

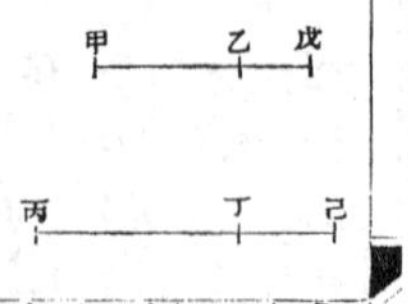

第一百九題

有比例面內減中面則較積方邊無比例或爲斷線或爲少線

解曰有比例面乙丙內減中面乙丁戊丙爲較面題言等戊丙面正方之邊無比例或爲斷線或爲少線

論曰置有比例線己庚其上作庚辛矩形與乙丙面等其內減庚壬矩形與乙丁面等則餘辛子矩形與丙戊面等夫乙丙爲有比例面乙丁爲中面而乙丙與庚辛等乙丁與庚壬等則庚辛爲有比例線己庚上之有比例面而庚壬爲有比例線己庚上之中面故己辛與己庚長短有等本卷二十一 而己壬有比例與己庚長短無等本卷二十三 故己辛與己壬長短無等本卷十三 己辛己壬爲僅正方有等二有比例線所以壬辛爲斷線壬己與之同宗本卷七十四 而己辛己壬上二正方之較積方邊與己辛或有等或無等若有等因大線己辛與所設之有比例線己庚有等故壬辛爲第一斷線本卷下界說一 凡正方面與有比例線及第一斷線所成之矩形等積則方邊爲斷線本卷九十二 故等子辛即丙戊面正方之邊爲斷線若辛己己壬上二正方之較積方邊與辛己無等因辛己與所設之有比例線己庚有等故壬辛爲第四斷線本卷下界說四 凡正方面與有比例線及第四斷線所成之矩形等積則方邊爲少線本卷九十五 故等子辛即丙戊面正方之邊爲少線

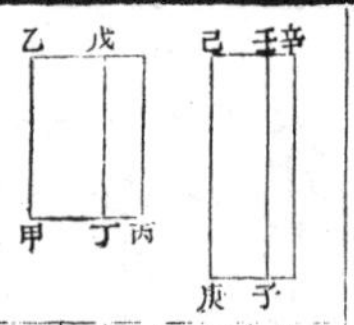

第一百十題

中面內減有比例面則較積方邊無比例或爲第一中斷線或爲合比中方線。

解曰：乙丙中面內減乙丁有比例面，其較面戊丙題言等戊丙面正方之邊無比例或爲第一中斷線或爲合比中方線。

論曰：如前置有比例線己庚，於其上作二矩形，則己辛有比例，與己庚長短無等。（本卷二十一）己壬有比例，與己庚長短有等。（本卷二十三）故己辛、己壬爲僅正方有等二有比例線，所以辛壬爲斷線，己壬與之同宗。（本卷七十）而己辛、己壬上二正方之較積方邊與己辛或有等或無等。若有等，因同宗線己壬與所設之有比例線己庚有等，故辛壬爲第一斷線。（本卷下界說一）惟己庚爲有比例線，故等辛子即丙戊面正方之邊爲第一中斷線。（本卷九十三）若己辛、己壬上二正方之較積方邊與己辛無等，因同宗線己壬與所設之有比例線己庚有等，故辛壬爲第五斷線。（本卷下界說五）所以等辛子即丙戊面正方之邊爲合比中方線。（本卷九十六）

第一百十一題

兩無等之中面相較，則較積方邊無比例或爲第二中斷線或爲合中中方線。

解曰：乙丙、乙丁二無等中面，乙丙內減乙丁，其較丙戊題言等丙戊面正方之邊無比例或爲第二中斷線或爲合中中方線。

論曰：乙丙、乙丁既爲二無等中面，而乙丙與庚辛等，乙丁與庚壬等，則庚辛與庚壬無等，故辛己與己壬長短無等。（六卷一、本卷十一）辛己、己壬爲僅正方有等二有比例線。（本卷二十三）所以辛壬爲斷線，（本卷七十四）己壬與之同宗。而辛己、己壬上二正方之較積方邊與己辛或有等或無等。若有等，因辛己、己壬與所設之有比例線己庚俱無等，故辛壬爲第三斷線。（本卷下界說三）惟壬子爲有比例線，凡有比例線及第三斷線成矩形，等積方邊爲第二中斷線。（本卷九十四）故等辛子即丙戊面之方邊爲第二中斷線。若辛己、己壬上二正方之較積方邊與辛己無等，因辛己、己壬與所設之有比例線己庚俱無等，故辛壬爲第六斷線。（本卷下界說六）凡第六斷線及有比例線成矩形，等積方邊爲合中中方線。（本卷九十七）故等子辛即丙戊面之方邊爲合中中方線。

第一百十二題

凡斷線與合名線不同類。

解曰：甲乙爲斷線，題言甲乙與合名線不同類。

論曰若云此二線同類試置有比例線丙丁於其上作丙戊矩形與斷線甲乙之正方等餘邊爲丁戊二卷四十五甲乙既爲斷線則丁戊必爲第一斷線本卷九十二設戊己與之同宗則丁己己戊爲僅正方有等二有比例線丁己己戊上二正方之較積方邊與丁己有等丁己與所設之有比例線丙丁有等本卷下界說一甲乙若又爲合名線則丁戊爲第一合名線本卷六十一分丁戊於庚丁庚爲大分則丁庚戊庚爲僅正方有等二有比例線本卷中界說一又丁庚庚戊上二正方之較積方邊與丁庚有等其大分丁庚與所設之有比例線丁丙有等故丁己與丁庚有等本卷十二亦與餘線己庚有等丁己與己庚既有等而丁己有比例則己庚亦有比例又丁己與己庚既有等而丁己與己戊無等則己庚與己戊亦無等而皆有比例故己庚己戊爲僅正方有等二有比例線則戊庚爲斷線本卷七十四今戊庚有比例本論與理不合是以斷線與合名線不同類

系斷線已下六無比例線皆非中線相與非同類葢有比例線上作等中線正方之矩形餘邊有比例與原線無等本卷二十三而有比例線上等斷線正方之矩形餘邊爲第一斷線本卷九十八等第一中斷線正方之矩形餘邊爲第二斷線本卷九十九等第二中斷線正方之矩形餘邊爲第三斷線本卷一百等少線正方之矩形餘邊爲第四斷線本卷一百一等合比中方線正方之矩形餘邊爲第五斷線本卷一百二等合中中方線正方之矩形餘邊爲第六斷線本卷一百三皆無比例與等中線正方矩形之餘邊異故斷線已下六無比例線皆非中線又此六餘邊相與不同類故等積正方邊之六無比例線相與皆非同類理自明

準前論斷線與合名線不同類本卷本題故凡有比例線上矩形與斷線已下六無比例線之正方等積則諸餘邊同爲斷線卽第一斷線已下六斷線是也凡有比例線上矩形與合名線已下六無比例線之正方等積則諸餘邊同爲合名線卽第一合名線已下六合名線是也故六斷線六合名線相與不同類所以無比例線之數其十有三詳列於左

一中線

二合名線

三第一合中線

四第二合中線

五太線

六比中方線

七兩中面之線

八斷線

九第一中斷線

十第二中斷線

十一少線

十二合比中方線

十三合中中方線

第一百十三題

合名線上之矩形與有比例線之正方等則其餘邊爲斷線此斷線之二分與合名線之二分有等且比例同亦爲同類

解曰甲爲有比例線乙丙爲合名線大分丙丁設乙丙戊己之矩形與甲之正方等題言戊己爲斷線其二分己壬壬戊與丙丁丁乙俱有等且比例同亦爲同類

論曰設乙丁及庚成矩形與甲之正方等則乙丙戊己之矩形與乙丁及庚之矩形等故乙丙與乙丁比若庚與戊己比（六卷十六）惟乙丙大於乙丁故庚亦大於戊己設戊辛與庚等則乙丙與乙丁比若戊辛與戊己比分理丙丁與丁乙比若辛己與己戊比（五卷十七）又令辛己與己戊比若己壬與壬戊比則辛壬與壬己比若壬己與壬戊比因一前率與一後率比若諸前率與諸後率比故也（五卷十二）惟己壬與壬戊比若丙丁與丁乙比故辛壬與壬己比若丙丁與丁乙比惟丙丁丁乙之二正方有等（本卷三十七）故辛壬壬己之二正方有等（本卷十）惟辛壬與壬己之二正方比若辛壬與壬戊比因辛壬壬己壬戊爲連比例三率故也（本卷二十題二系）故辛壬與壬戊有等則辛戊與戊壬亦有等（本卷十六）又甲之正方與辛戊乙丁之矩形等而甲之正方爲有比例面則辛戊乙丁之矩形爲有比例線乙丁上之有比例面故辛戊有比例與乙丁長短有等（本卷二十一）而與辛戊有等之戊壬亦有比例與乙丁長短有等丙丁與丁乙比既若己壬與壬戊比而丙丁丁乙爲僅正方有等之線則己壬壬戊亦爲僅正方有等之線惟壬戊有比例與乙丁長短有等故己壬壬戊爲僅正方有等二有比例線所以戊己爲斷線（本卷七十四）而丙丁丁乙上二正方之較積方邊與丙丁長短或有等或無等設有等則己壬壬戊上二正方之較積方邊與己壬長短亦有等若丙丁與所設之有比例線

有等則己壬與所設之有比例線亦有等若乙丁與有等則壬戊亦與有等若丙丁丁乙皆與無等則己壬壬戊亦皆與無等又設丙丁丁乙上二正方之較積方邊與丙丁長短無等則己壬壬戊上二正方之較積方邊與己壬長短亦無等若丙丁與所設之有比例線有等則己壬與所設之有比例線亦有等若乙丁與有等則壬戊亦與有等若丙丁丁乙皆與無等則己壬壬戊亦皆與無等故戊己為斷線其二分己壬壬戊與合名線之二分丙丁丁乙有等其比例皆同且為同類

第一百十四題

斷線上之矩形與有比例線之正方等則餘邊為合名線其二分與斷線之二分有等且比例同亦為同類

解曰甲為有比例線乙丁為斷線設乙丁上作矩形與甲之正方等餘邊為壬辛題言壬辛為合名線其二分壬己己辛與乙丙丙丁俱有等且比例同亦為同類

論曰設丁丙與乙丁同宗則乙丙丙丁為僅正方有等二有比例線（本卷七十四）令乙丙與庚成矩形與甲之正方等甲之正方為有比例面故乙丙及庚所成之矩形為有比例線乙丙上之有比例面是以庚為有比例線與乙丙長短有等（本卷二十一）又乙丙庚之矩形既與乙丁壬辛之矩形等則乙丙與乙丁比若壬辛與庚比（六卷十六）惟乙丙大於乙丁故壬辛大於庚設壬戊與庚等則壬戊與乙丙長短有等又乙丙與乙丁比若壬辛與壬戊比轉理乙丙與丙丁比若壬辛與辛戊比設壬辛與辛戊比若辛己與己戊比則餘壬己與己辛比若壬辛與辛戊比即若乙丙與丙丁比（五卷十九）惟乙丙丙丁為僅正方有等之線故壬己己辛亦為僅正方有等之線又壬辛與辛戊比既若壬己與己辛比而壬辛與辛戊比又若辛己與己戊比則壬己與己辛比若辛己與己戊比而壬己與己戊比若壬己己辛之二正方比（六卷二十題二系）故壬己與己戊比若壬己己辛之二正方比壬己己辛之二正方有等蓋壬己己辛為正方有等之二線故也即壬己與己戊長短有等故壬己與壬戊長短有等（本卷十六）惟壬戊有比例與乙丙長短有等故壬己亦有比例與乙丙長短有等又乙丙與丙丁比既若壬己與己辛比則屬理乙丙與壬己比若丙丁與己辛比惟乙丙與壬己有等故丙丁與己辛有等（本卷十一）又乙丙丙丁為僅正方有等二有比例線故壬己己辛亦為僅正方有等二有比例線所以壬辛為合名線（本卷三十七）而乙丙丙丁

上二正方之較積方邊與乙丙長短或有等或無等設有等則己壬己辛上二正方之較積方邊與己壬有等若乙丙與所設之有比例線有等則己壬與所設之有比例線亦有等若丙丁與有等則己辛亦與有等若乙丙丙丁皆與無等則己壬己辛亦皆與無等設乙丙丙丁上二正方之較積方邊與乙丙無等則己壬己辛上二正方之較積方邊與己壬亦無等若乙丙與所設之有比例線有等則壬己與所設之有比例線亦有等若丙丁與有等則己辛亦與有等若乙丙丙丁皆與無等則壬己己辛亦皆與無等故壬辛為合名線其二分壬己己辛與乙丙丙丁二分各有等且比例同亦為同類本卷中界說 本卷下界說

第一百十五題

斷線與合名線成矩形若斷線之二分與合名線之二分有等且比例同則等面之方邊為有比例線

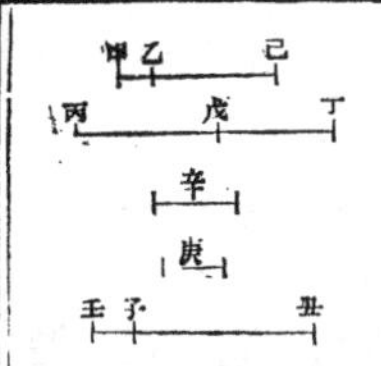

解曰甲乙斷線與丙丁合名線成矩形設合名線之二分丙戊戊丁與斷線之二分甲己己乙有等且比例同等面之方邊為庚題言庚為有比例線

論曰置有比例線辛於丙丁上作矩形與辛之正方等餘邊為壬子一卷四十五則壬子為斷線其二分壬丑丑子與合名線之二分丙戊戊丁有等比例亦同本卷一百十三惟丙戊戊丁與甲己己乙有等而比例同故甲己與己乙比若壬丑與丑子比五卷十一屬理甲己與壬丑比若己乙與丑子比故餘甲乙與餘壬子比若甲己與壬丑比五卷十九惟甲己與壬丑有等所以甲乙與壬子有等本卷十惟甲乙與壬子比若丙丁甲乙之矩形與丙丁壬子之矩形比六卷一故丙丁甲乙之矩形與丙丁壬子之矩形有等惟丙丁壬子之矩形與辛之正方等故丙丁甲乙之矩形與辛之正方有等惟丙丁甲乙之矩形與庚之正方等故庚辛之二正方有等惟辛之正方為有比例面故庚之正方亦為有比例面所以庚為有比例線其正方與丙丁甲乙之矩形等是以斷線與合名線成矩形若斷線之二分與合名線之二分有等且比例同則等面正方之邊為有比例線

系準題無比例線之矩形中亦有有比例面

第一百十六題

從中線起依法遞推得無數無比例線各與前六和六較線皆不同類

解曰甲為中線從甲起依法遞推得無數無比例線題

言此無數無比例線各與前六和六較線皆不同類。

論曰置有比例線乙令丙之正方與甲乙之矩形等則丙為無比例線本卷上界說十一蓋凡無比例線與有比例線成矩形為無比例之面故也本卷三十九題案此面與前諸題中六和六較線之正方面不同類蓋前諸題中各線之正方積在有比例線上其餘邊皆非中線故也本卷六十一至六十六又九十八至一百三又令丁之正方與乙丙之矩形等則丁之正方為無比例面本卷三十九題案所以丁為無比例線與前六和六較線不同類蓋前諸題中各線之正方積在有比例線上其餘邊皆非丙故也依此法遞推可得無數無比例線皆與六和六較線不同類。

又解曰以甲丙為中線題言從甲丙起遞推得無數無比例線各與前六和六較線不同類。

論曰設甲乙有比例線與甲丙成乙丙矩形則乙丙為無比例面其等積方邊無比例以丙丁為等積方邊則丙丁無比例而與前六和六較線不同類蓋前諸線之正方積在有比例線上其餘邊皆非中線故也又成戊丁矩形則戊丁為無比例面其等積方邊為丁己亦無比例與前六和六較線不同類蓋前諸線之正方積在有比例線上其餘邊皆非丙丁故也所以從中線起依法遞推可得無數無比例線皆與六和六較線不同類。

第一百十七題

凡正方形之邊與對角線無等

解曰甲乙丙丁為正方形甲丙為對角線題言甲丙與甲乙無等

論曰甲丙與甲乙若有等則二數必皆為偶或皆為奇此理即甲丙之正方倍於甲乙之正方可明之一卷四十七甲丙與甲乙有等則甲丙與甲乙比若二數比令二數若戊己與庚而為同比最小數設戊己為一則一與庚比若甲丙與甲乙比惟甲丙大於甲乙則戊己大於庚於理不合故戊己非一而為數又甲丙與甲乙比既若戊己與庚比則甲丙甲乙之二正方比若戊己與庚之二正方比而甲丙之正方倍與甲乙之正方故戊己之正方倍於庚之正方則戊己之正方為偶數而戊己亦為偶數蓋無論有若干數其邊為奇則其積亦必為奇其邊為偶則其積亦必為偶也九卷二十三故戊己為偶平分戊己於辛戊己與庚既為同比之最小數則相與為無等之數戊己

爲偶庚必爲奇若庚亦爲偶則二可度戊已亦可度庚葢凡偶數可折半故也今戊已與庚爲無等之數於理不合故庚必爲奇數戊已既倍於戊辛則戊已之正方必四倍戊辛之正方八卷十一惟戊已之正方倍於庚之正方故庚之正方倍於戊辛之正方所以庚之正方爲偶九卷二十九今庚爲奇於理不合故甲丙與甲乙長短非有等而爲無等之線

又解曰甲爲對角線乙爲邊題言甲與乙長短無等

論曰若云甲與乙有等試令甲與乙比若戊已與庚比而戊已與庚爲同比最小數則相與爲無等之數七卷二十四設庚爲一甲與乙比既若戊已與庚比則甲乙之二正方比若戊已與庚之二正方比惟甲之正方倍於乙之正方故戊已之正方倍於庚之正方惟庚爲一故戊已之正方爲二於理不合故庚非一而爲數又甲與乙之二正方比若戊已與庚之二正方比則反理乙與甲之二正方比若庚與戊已之二正方比惟乙之正方可度甲之正方故庚之正方可度戊已之正方所以庚可度戊已八卷十四惟庚亦可自度是庚可度戊已及庚兩無等數之數於理不合故甲與乙長短非有等而爲無等之線

案凡求得無等二線如甲乙必得其外無等諸面如以丙線爲甲乙連比例中率六卷十三則甲與乙比若甲丙線上二相似等勢形比形無論或方或矩形或以二線爲徑而作圜六卷二十凡二圜相比如徑線上二正方相比十二卷二故求得無等二線必可得無等諸面

又案有二面準前案即知其相與有等無等設有二體欲知其相與或有等或無等於甲乙二線上作相似等高諸體或爲平行稜體或爲錐體則其相與之比如底面之比十一卷三十二十二卷五十六其底面相與若有等則其體亦有等本卷十若無等則其體亦無等

又案設有甲乙二圜面其上作二等高圜錐體則二體之比若二圜面之比其二圜面相與若有等則其體亦有等若無等則其體亦無等本卷十所以體之有等無等一如面與線也

幾何原本第十一卷之首

英國 偉烈亞力 口譯
海甯 李善蘭 筆受

界說二十九則

第一界

體者有長短厚薄廣狹、

第二界

體之界爲面、

第三界

線與平面內諸線成直角、則爲面之垂線、

第四界

二面相遇、此面內與遇線成直角之諸線、亦與彼面內之諸線成直角、則此面爲彼面之垂面、

第五界

凡線斜遇平面、任從斜線一點、作面之垂線、復自垂線底作平線至斜線底、則平線與斜線相交之角度、卽斜線之倚度、

第六界

二面斜相遇、二面內有二線相遇、與面之遇線俱成直角、則此二線之倚度、卽二面之倚度、

第七界

有二面俱斜遇平面、俱如上有二相遇線、其倚度同、則二面之倚度亦同、

第八界

凡平行面、引而廣之至無盡界、永不相遇、

第九界

體之面數同、面勢亦同、謂之相似體、

第十界

體之面數同、面勢及大小俱同、謂之相等相似體、

第十一界

凡三線不在一个面內、相遇于一點、其遇角爲體角、四線以上俱同、又三面以上相遇于一點、理亦同、

第十二界

凡諸邊形爲底、其上各面遇于一點、而成體角、謂之稜錐體、

第十三界

凡體有二面平行、相等相似、餘面俱爲矩形、謂之平行稜體、

第十四界

以圓徑爲心線、以半圓爲界、旋轉成體、謂之球體、

第十五界
半圜旋轉成體其心線不動名球體軸線
第十六界
半圜旋成之體體之心點卽半圜之心點
第十七界
凡線過球心之兩界謂之徑線
第十八界
以直角三角形之一邊爲心線旋轉成體謂之圜錐體如心線與餘邊相等則爲直角錐體如小於餘邊則爲鈍角體大于餘邊則爲銳角體

第十九界
凡直角三角形旋轉成體其心線不動謂之圜錐軸線
第二十界
三角形之餘邊旋成員面卽圜錐底
第二十一界
以長方形之一邊爲心線旋轉成體謂之圜柱體
第二十二界
長方旋轉成體其心線不動謂之圜柱軸線
第二十三界
長方形之底邊旋成圜面卽圜柱底

第二十四界
凡大小圜錐體或圜柱體其軸線與底之徑線比例同則謂之相似圜錐圜柱體
第二十五界
凡體以六個相等之正方爲界謂之正六面體卽立方體
第二十六界
凡體以四個相等等邊三角形爲界謂之正四面體
第二十七界
凡體以八個相等等邊三角形爲界謂之正八面體
第二十八界
凡體以十二個相等等邊等角五邊形爲界謂之正十二面體

第二十九界
凡體以二十個相等等邊三角形爲界謂之正二十面體

幾何原本第十一卷 論體一

英國 偉烈亞力 口譯
海甯 李善蘭 筆受

第一題

凡直線不能一分在面內一分在面外

丙 戊 丁 甲 乙 己

解曰戊己爲面甲乙爲面內之線丙爲面外之點題言甲乙丙不能爲直線

論曰若云甲乙丙爲直線其下甲乙一分在面內其上乙丙一分在面外試引長甲乙得面內之線乙丁是甲乙丙甲乙丁二直線俱有甲乙之一分于理不合蓋彼此二直線相遇止有一點否則二直線合爲一是以凡直線不能一分在面內一分在面外

第二題

凡二直線相交則二線必在一面內又凡三角形亦必在一面內

甲 丁 戊 己 庚 丙 辛 子 乙

解曰甲乙丙丁二線交于戊點題言甲乙丙丁二線必在一個面內又凡三角形亦必在一個面內

論曰戊乙戊丙二線內取己庚二點作乙丙己庚二線又作己辛庚子二線則知戊乙丙三角形在一面內蓋戊乙丙三角形之一分己辛丙或庚乙子在一面內若其餘分在他面內則戊丙或戊乙二直線俱一分在一面內一分在面外又戊丙乙三角形之一分己丙乙庚在一面內若其餘分戊己庚在他面內則戊丙戊乙二直線俱一分在一面內一分在面外于理不合本卷一故戊乙丙三角形在一面內惟戊乙丙三角形所在之面即戊丙戊乙二直線所在之面又戊丙戊乙二直線所在之面亦即甲乙丙丁二直線所在之面本卷一是以相交之甲乙丙丁二直線必在一面內而凡三角形亦必在一面內

第三題

凡二平面相交其交線必爲直線

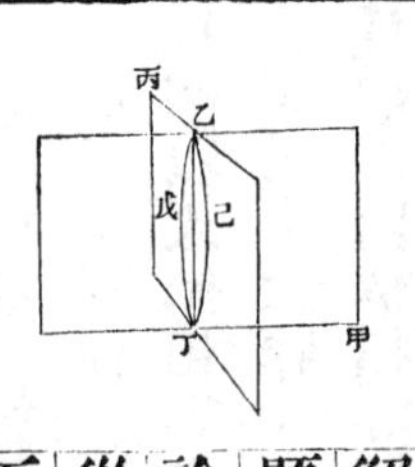

解曰甲乙丙丁二平面相交于丁乙線題言丁乙必爲直線

論曰若謂丁乙非直線而于甲乙面內從丁至乙作丁戊乙直線丙丁面內作丁己乙直線則丁戊乙丁己乙二直線同以丁乙二點爲界而函乙戊丁己面于理不合公論十二所以丁戊乙丁己乙皆非直線丁乙二點界內甲乙丙

丁二面之交線丁乙之外，更無直線。是以二平面相交，其交線必爲直線。

第四題

凡直線遇他二線于交點，各與成直角，則此直線與他二線所在之面亦成直角。

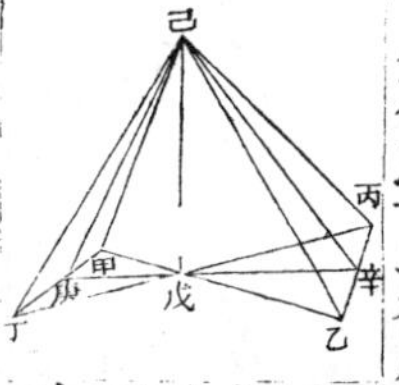

解曰：戊己直線遇甲乙、丙丁二線于交點戊，各與成直角。題言戊己與甲乙、丙丁所在之面亦成直角。

論曰：設甲戊、戊乙、丙戊、戊丁四直線兩兩相等，過戊點任作庚戊辛線，又作甲丁、丙乙二線，

任取戊己線一點己，作己甲、己庚、己丁、己丙、己辛、己乙諸線。甲戊、戊丁二線既與丙戊、戊乙二線等，而其角亦等，（一卷十五）則甲丁底線與乙丙底線亦必等。（一卷四）而甲戊丁三角形與丙戊乙三角形等，丁甲戊角與戊乙丙角等，甲戊庚角與乙戊辛角亦等，（一卷十五）故甲庚戊、乙辛戊兩三角形彼此有二角相等，甲戊、乙戊各爲二角所夾之邊，亦相等，故彼此餘二邊亦相等，（一卷二十六）所以庚戊與戊辛等，甲庚與乙辛等。又甲戊與戊乙既相等，而己戊爲二直角之公邊，則己甲與己乙二底邊等，（一卷四）己丙與己丁相等，理同。又甲丁既等于乙丙，而己甲等于己乙，則己甲、甲丁二邊與己乙、乙丙二邊各相等，己丁與己丙二底邊等，（本論）故己甲丁角與己乙丙角等。（一卷八）又甲庚與乙辛等，（本論）而己甲與己乙等，故己甲、甲庚二邊與己乙、乙辛二邊各相等，又己甲庚角與己乙辛角等，（本論）故己庚與己辛二底邊等。（一卷四）又庚戊與戊辛等，而戊己爲公邊，（本論）則庚戊、戊己二邊與辛戊、戊己二邊各相等，而己庚、己辛二底邊等，故庚戊己角與辛戊己角等。（一卷八）所以庚戊己、辛戊己俱爲直角，故己戊任于何處遇戊點，必與庚辛成直角，而凡同面之線，與戊己線相遇，俱成直角，理同。凡線與面內之諸線成直

角，則爲面之垂線，（本卷界說三）故戊己與甲乙、丙丁二線所在之面成直角。是以凡直線與他二線交于一點，各與成直角，則與二線所在面亦成直角。

第五題

凡直線與他三線遇于一點，且俱與成直角，則三線必在一個面內。

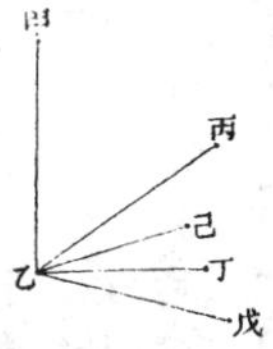

解曰：甲乙直線與乙丙、乙丁、乙戊三線遇于乙點，各成直角。題言乙丙、乙丁、乙戊必在一個面內。

論曰：若云乙丁、乙戊同在面內，而乙丙

在面外試以此面爲平面而以甲乙丙所在之面爲垂面引而廣之則二面相遇之線爲平面內之直線設爲乙己本卷三是甲乙丙乙己三線皆在垂面內又甲乙既與乙丁乙戊二線俱成直角則必與乙丁乙戊二線所在之面亦成直角本卷四惟乙丁乙戊所在之面爲平面而甲乙爲平面之垂線所以亦爲平面內所遇諸線之垂線本卷界說三惟乙己在平面內而遇甲乙故甲乙己爲直角而甲乙丙角題亦設爲直角是甲乙己甲乙丙二角等而乙丙不在平面內于理不合公論九故乙丙非在平面之外而乙丙乙丁乙戊皆在一個面內是以凡直線與三線遇于一點且俱與成直角則三線必在一個面內

第六題

凡二線俱與一面成直角則二線必爲平行線

解曰甲乙丙丁二線俱與一面成直角題言甲乙丙丁必爲平行線

論曰于所遇面之乙丁二點作乙丁直線又于面內作丁戊與乙丁成直角令丁戊等于甲乙又作乙戊甲戊甲丁三線甲乙既爲面之垂線則亦爲面內所遇諸線之垂線本卷界說三惟乙丁乙戊皆在面內而遇甲乙故甲乙丁甲乙戊皆爲直角丙丁乙丙丁戊皆爲直角理同又甲乙既等于丁戊而乙丁爲公邊則甲乙乙丁二邊與戊丁丁乙二邊相等而各成直角故甲丁與乙戊二底邊等一卷四又甲乙既等于丁戊而甲丁等于乙戊則甲乙乙戊二邊與戊丁丁甲二邊相等二底邊同爲甲戊故甲乙戊角與戊丁甲角等一卷八惟甲乙戊爲直角故戊丁甲亦爲直角所以戊丁爲丁甲之垂線惟亦爲乙丁丁丙二線之垂線故戊丁與乙丁丁甲丁丙三線俱成直角于丁點則乙丁丁甲丁丙必在一面內本卷五惟甲乙亦在乙丁丁甲所在之面內凡三角形必在一面內故也本卷二所以甲乙乙丁丁丙三線皆在一面內而甲乙丁及丙丁乙俱爲直角故甲乙與丙丁平行一卷二十八是以凡二線俱與一面成直角則二線必爲平行線

第七題

凡二線平行任于二線內各取一點作線聯之此聯線必在二平行線所在之面

解曰于甲乙丙丁二平行線內取戊己二點作線聯之題言戊己聯線必在二平行線所在之面

論曰。若云戊己聯線在面之外。如戊庚己。依戊庚己作一平面。與二平行線所在之面相交。其交線爲直線戊己。本卷三則戊庚己戊己二直線中函一面。于理不合。公論十二故聯戊己二點之線。不能出甲乙丙丁二平行線所在之面外。是以于二平行線內各取一點。作聯線。此聯線必在二平行線所在之面。

第八題

凡二平行線。此線與面成直角。則彼線與面。亦成直角。

解曰。甲乙丙丁二平行線。甲乙與面成直角。題言丙丁與面。亦成直角。

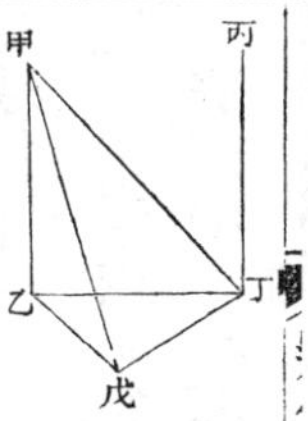

論曰。設甲乙丙丁。與面遇于乙丁二點。作乙丁線。則甲乙。丁丙。丁乙。三線。必在一個面內。本卷七于本面內作丁戊線。與乙丁成直角。令丁戊與甲乙等。又作乙戊甲戊甲丁。三線。甲乙既爲本面之垂線。則亦爲本面內所遇諸線之垂線。本卷界說三故甲乙丁。甲乙戊。皆爲直角。乙丁線既遇甲乙丙丁二平行線。則甲乙丁。丙丁乙。二角。必與二直角和等。一卷二十九惟甲乙丁爲直角。故丙丁乙亦爲直角。所以丙丁爲乙丁之垂線。又甲乙丁與戊丁乙同爲直角。甲乙既等于丁戊。而乙丁爲二角之公邊。則甲丁底邊與乙戊底邊亦等。一卷四甲乙既等于丁戊。而乙戊等于甲丁。則甲乙戊二邊。與戊丁丁甲二邊。各相等。而甲戊爲公邊。所以甲乙戊角。等于戊丁甲角。惟甲乙戊爲直角。故戊丁甲亦爲直角。而戊丁爲丁甲之垂線。惟戊丁亦爲丁乙之垂線。故戊丁爲乙丁丁甲所在面之垂線。本卷四則必爲面內所遇諸線之垂線。惟丁丙在乙丁丁甲二線所在之面。因甲乙乙丁二線。皆在乙丁丁甲所在之面故也。本卷二惟甲乙乙丁二線。皆在丁丙所在之面。本卷七故戊丁與丁丙成直角。惟丁丙與乙丁亦成直角。是丙丁與丁戊丁乙相交之二線成直角。于丁點。卽與丁戊丁乙所在之面成直角。本卷四惟丁戊丁乙所在之面。卽本面。是以丙丁與本面成直角。

第九題

凡二直線與他線非同面。而皆與平行。則此二線亦必平行。

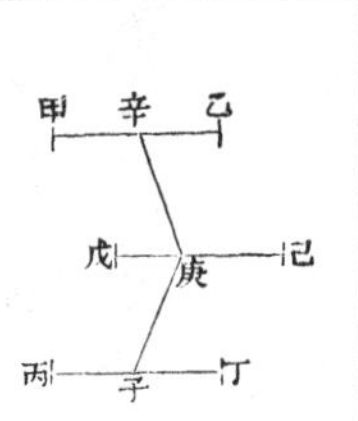

解曰。甲乙丙丁二線。與戊己線非同面。而皆與平行。題言甲乙與丙丁亦必平行。

論曰。戊己線內任取庚點。作庚辛線。在戊己甲乙二線所在面內。而與戊己成直角。又作庚子

線在戊己丙丁二線所在面內亦與戊己成直角戊己既爲庚辛庚子二線之垂線則戊己與庚辛庚子二線所在之面成直角本卷四而戊己與甲乙平行故甲乙與辛庚子三點所在之面亦成直角本卷八丙丁與辛庚子三點所在之面成直角理同是甲乙丙丁各與辛庚子三點所在之面成直角凡二線與一面成直角則此二線必平行本卷六是以甲乙與丙丁平行

第十題

凡二相遇線與他面二相遇線俱平行則彼此二角等

解曰甲乙乙丙二相遇線與他面丁戊戊己二相遇線平行題言甲乙丙角與丁戊己角等

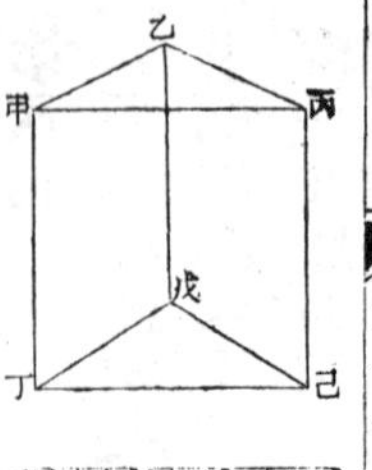

論曰取乙甲乙丙戊丁戊己四線俱等而作甲丁丙己乙戊甲丙丁己五聯線乙甲既與戊丁平行則甲丁與乙戊相等亦平行一卷三十五丙己與乙戊亦相等而平行理同凡二直線皆與他面直線平行則二線亦必平行本卷九故甲丁與丙己相等而平行甲丙丁己爲二聯線亦相等而平行又甲乙乙丙二邊既與丁戊戊己二邊相等而甲丙底邊與丁己底邊等則甲乙丙角與丁戊己角等一卷八是以相遇線與他相遇線平行則彼此二角等

第十一題

面外有點從點求作本面之垂線

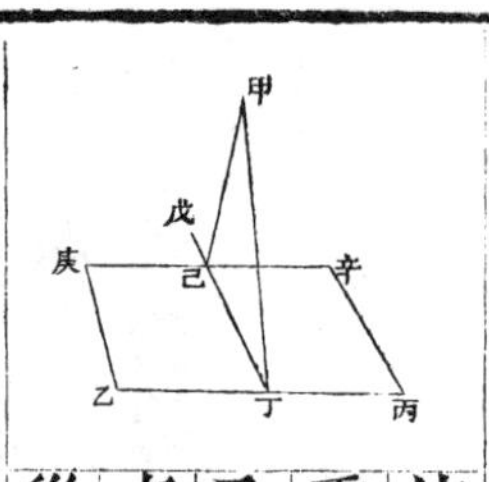

法曰甲爲面外之點從甲點求作面之垂線法于面內任作乙丙線從甲點作乙丙之垂線甲丁本卷十二若甲丁卽本面之垂線則所求已得若非則于本面內從丁點作乙丙之垂線丁戊一卷十一次從甲點作丁戊之垂線甲己本卷十二過己點作庚辛線與乙丙平行乙丙既與甲丁丁戊俱成直角卽與甲丁丁戊二線所在之面成直角而與庚辛平行凡二平行線此線與面成直角則彼線與面亦必成直角本卷八所以庚辛與甲丁丁戊所在之面成直角而與本面內所遇之諸線亦成直角本卷界說三惟甲己在戊丁丁甲所在之面而與庚辛遇故庚辛爲甲己之垂線卽甲己爲庚辛之垂線惟甲己亦爲丁戊之垂線是甲己爲庚辛丁戊二線之垂線凡直線遇他二線于交點而與二線俱成直角則必與二線所在之面成直角本卷四所以甲己與戊丁庚辛二線所在之面成直角惟戊丁庚辛所在之面卽本面故甲己爲從甲點至本面之垂線

第十二題

面內有點，從點求作本面之垂線。

法曰：甲爲面內之點，從甲求作直線與面成直角。任取面外乙點，作面之垂線乙丙，（本卷十一）從甲作甲丁線與乙丙平行。（一卷三十一）甲丁、丙乙二線既平行，而乙丙與面成直角，則甲丁亦必與面成直角，（本卷八）故甲丁爲本面甲點上之垂線。

第十三題

面內一點上不能作二垂線。

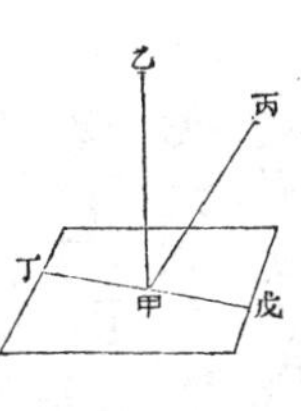

解曰：甲爲面內一點，題言甲點上不能作二垂線。

論曰：若云甲點上可作甲乙、甲丙二線皆與本面成直角，試作甲乙、甲丙所在之面，此面交本面，必過甲點而與本面成一直線。（本卷三）設直線爲丁甲戊，則甲乙、甲丙、丁甲戊三線在一面內。丙甲線既與本面成直角，則凡與本面內所遇之線皆成直角。（本卷界說三）惟丁甲戊直線在本面內而遇丙甲，則丙甲戊爲直角，乙甲戊爲直角理同，是丙甲戊與乙甲戊兩角等而在一面內，于理不合。（公論八九）是以面內一點上不能作二垂線。

第十四題

直線爲二面之垂線，則二面必爲平行面。

解曰：甲乙直線爲丙丁、戊己二面之垂線，題言丙丁、戊己必爲平行面。

論曰：若云二面非平行，則引而廣之必相遇，設遇線爲庚辛。（本卷三）庚辛內任取子點，作甲子、乙子二線。甲乙既爲戊己面之垂線，則必爲戊己面內乙子線之垂線，（本卷界說三）所以甲乙子爲直角，乙甲子亦爲直角理同，是甲乙子三角形內之甲乙二角和等于二直角和，于理不合。（一卷十七）故丙丁、戊己二面引而廣之必不相遇而爲平行，是以直線爲二面之垂線，則二面必平行。

第十五題

此面內二相遇線與彼面內二相遇線平行，則二面必平行。

解曰：此面內甲乙、乙丙二相遇線與彼面內丁戊、戊己二相遇線平行，題言甲乙、乙丙所在之面與丁戊、戊己所在之面引而廣之永不相遇。

論曰：從乙點作乙庚爲丁戊、戊己所在面之垂線，與面遇于庚點本卷十一自庚點作庚辛與戊丁平行作庚子與戊己平行十一卷三乙庚既爲丁戊戊己所在面之垂線則與本面內所遇諸線成直角本卷界說三而庚辛庚子皆于丁戊戊己所在面內遇乙庚故乙庚辛乙庚子皆爲直角又乙甲既與庚辛平行則庚乙甲乙庚辛二角之和與二直角之和等一卷二十九惟乙庚辛爲直角故庚乙甲亦爲直角而乙庚爲乙甲之垂線又爲乙丙之垂線理同乙庚既與甲乙乙丙二線相遇于交點俱成直角則乙庚亦爲甲乙乙丙所在面之垂線本卷四惟乙庚爲甲乙乙丙及丁戊戊己所在二面之垂線則二面必平行本卷十四是以此面內二相遇線與彼面內二相遇線平行則二面亦必平行

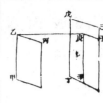

第十六題

凡二平行面與他面相交其二交線必平行

解曰如戊辛面交甲乙及丙丁二平行面其二交線爲戊己庚辛題言戊己庚辛必平行

論曰若云戊己庚辛二線非平行則或向己辛或向戊庚引長之必相遇設向己辛相遇于子點戊己子線既在甲乙面則戊己子內無論何點必皆在一面內而子點爲戊己子內之一點故子點在甲乙面又子點亦在丙丁面理同是甲乙丙丁二面引而廣之當相遇矣惟二面平行必不能遇故戊己庚辛二線向己辛引長之必無相遇之理向戊庚引長之亦不相遇理同凡二線兩端各引長之永不相遇爲平行線一卷界說三十五是以二平行面與他面交其二交線必平行

第十七題

凡二直線爲諸平行面所割各分爲若干段則二線之諸段兩兩比例同

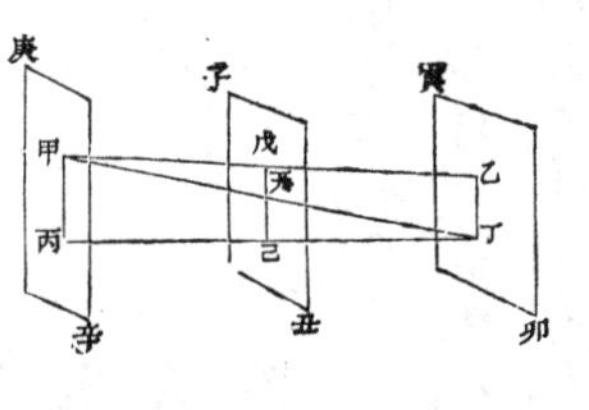

解曰甲乙丙丁二直線爲庚辛子丑寅卯三平行面所割分于甲戊乙丙己丁六點題言甲戊與戊乙二線比若丙己與己丁二線比

論曰作甲丙乙丁甲丁三線令甲丁遇子丑面于天點作戊天己線子丑寅卯二平行面既與戊乙丁天面相遇則其遇線戊天乙丁爲平行線本卷十六又庚辛子丑二面既與甲天己丙面相遇則其遇線甲丙天己亦爲平行線理

同惟戊天與甲乙丁三角形之邊乙丁平行故甲戊與戊乙比若甲天與天丁比（六卷二）又天己與甲丁丙三角形之邊甲丙平行故甲天與天丁比若丙己與己丁比而甲天與天丁比若甲戊與戊乙比（本論）故甲戊與戊乙比若丙己與己丁比（五卷十一）是以二直線為諸平行面所割分為若干段諸段必兩兩比例同

第十八題

凡直線與平面成直角則直線所在之諸面與本面亦成直角

解曰甲乙直線與平面成直角題言甲乙所在之諸面與本面亦成直角

論曰設丁戊為甲乙所在之面丙戊為丁戊與本面之遇線于丙戊線內任取己點于丁戊面內作己庚線與丙戊成直角甲乙既為本面之垂線則必為本面內所遇諸線之垂線（本卷界說三）所以亦為丙戊之垂線而甲乙己為直角惟庚己乙亦為直角故甲乙與庚己二線平行（一卷二十八）惟甲乙與本面成直角故庚己與本面亦成直角（本卷八）凡二面相遇此面內與遇線成直角之諸線亦與彼面成直角則此面為彼面之垂面（本卷界說四）今丁戊面內直線己庚與遇線丙戊成直角而與本面亦成直角則丁戊面與本面必成直角凡甲乙線所在之諸面皆與本面成直角理同是以凡直線與平面成直角則直線所在之諸面與本面亦成直角

第十九題

凡相交之二面俱與他面成直角則二面之交線亦與他面成直角

解曰甲乙乙丙為相交之二面與他面俱成直角其交線乙丁題言乙丁與他面亦成直角

論曰若云交線與他面不成直角而于甲乙面內作丁戊線與甲丁成直角乙丙面內作丁己線與丙丁成直角（一卷十一）甲乙面既與他面成直角而甲乙面內之丁戊線與其交線甲丁成直角則丁戊必為他面之垂線又丁己為他面之垂線理同是他面丁點上有二垂線于理不合（本卷十三）故甲乙丙乙二面之交線丁乙而外無他線為他面丁點上之垂線是以相交之二面俱與他面成直角則其交線亦與他面成直角

第二十題

凡體角為三面角所成則任取二面角之和必大于餘一

面角。

解曰：甲體角爲乙甲丙、丙甲丁、丁甲乙三面角所成。題言任幷其二角，必大于餘一角。

論曰：設乙甲丙、丙甲丁、丁甲乙三角俱相等，則其二角之和必大于餘一角，理自明。設三角不相等，乙甲丙爲三角中之最大者，試于乙甲丙面角內取乙甲戊角與丁甲乙角等（一卷二十三），令甲戊與甲丁線等（一卷三），又令經過戊點之線乙戊丙與甲乙、甲丙二線交于乙、丙二點，次作丁乙、丁丙二線。丁甲既等于甲戊，而甲乙爲公邊，則丁甲、甲乙二邊與甲戊、甲乙二邊等，而丁甲乙與乙甲戊二角又等，故丁乙與乙戊二底邊等（一卷四）。夫丁乙、丁丙二邊和大于乙丙邊，而丁乙與乙戊等（本論），則丁丙必大于戊丙。又丁甲既等于甲戊，而甲丙爲公邊，丁丙底邊大于戊丙底邊，則丁甲丙角必大于戊甲丙角（一卷二十五）。而丁甲乙角等于乙甲戊角（本論），所以丁甲乙、丁甲丙二角和必大于乙甲丙角。設丙甲丁或丁甲乙爲最大角，餘二角之和必大于本角，理同。是以體角爲三面角所成，任幷其二面角，必大于餘一面角。

第二十一題

凡成體角之諸面角和，必小于四直角和。

解曰：甲體角爲乙甲丙、丙甲丁、丁甲乙三面角所成。題言三角之和必小于四直角和。

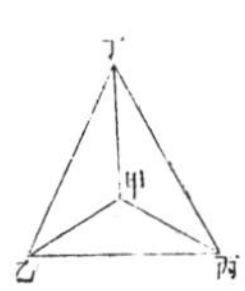

論曰：甲乙、甲丙、甲丁三線內任取乙、丙、丁三點，作乙丙、丙丁、丁乙三線，則有體角乙爲丙乙甲、甲乙丁、丁乙丙三面角所成，其中任取二角和，必大于餘一角（本卷二十），故丙乙甲、甲乙丁二角之和必大于丙乙丁角。又乙丙甲、甲丙丁二角之和必大于乙丙丁角，丙丁甲、甲丁乙二角之和必大于丙丁乙角，理同。所以丙乙甲、甲乙丁、乙丙甲、甲丙丁、丙甲丁、甲丁乙六角之和，大于丙乙丁、乙丁丙、丁丙乙三角之和。惟丙乙丁、乙丙丁、丙丁乙三角之和與二直角之和等（一卷三十二），故丙乙甲、甲乙丁、乙丙甲、甲丙丁、丙甲丁、甲丁乙六角之和必大于二直角。惟甲乙丙、甲丙丁、甲丁乙三三角形，每三角之和各與二直角和等，則九角之和必與六直角和等。而其中甲乙丙、乙丙甲、甲丙丁、丙丁甲、甲丁乙、丁乙甲六角之和大于二直角和，故其餘乙甲丙、丙甲丁、丁甲乙三角之和必小于四直角之和。是以成體角之諸面角和，必小于四直角和。

第二十二題

凡三面角，任取二角之和，大于餘一角，其諸邊俱等，則其邊界之三聯線，可成三角形，任并二線，必大於餘一線。

解曰：甲乙丙、丁戊己、庚辛子三面角，任取二角和，大于餘一角，或甲乙丙、丁戊己和，大于庚辛子角，或丁戊己、庚辛子和，大于甲乙丙角，或庚辛子、甲乙丙和，大于丁戊己角，其甲乙、乙丙、丁戊、戊己、庚辛、辛子六邊俱相等，而作甲丙、丁己、庚子三聯線，題言此三聯線可成三角形，即三線中任并其二，必大於餘一線。

論曰：如甲乙丙、丁戊己、庚辛子三角俱相等，則甲丙、丁己、庚子三線可成三角形，理易明。若不相等，試于辛子線內辛點上，作子辛丑角，與甲乙丙角等（一卷二十三），令辛丑與甲乙、乙丙、丁戊、戊己、庚辛、辛子俱相等，又作庚丑、子丑二線。甲乙、乙丙二邊，既與子辛、辛丑二邊等，而乙角與子辛丑角等，則甲丙底邊與子丑底邊等。又甲乙丙、庚辛子二角之和，既大于丁戊己角，而甲乙丙角與子辛丑角等，則庚辛丑角必大于丁戊己角。又庚辛、辛丑二邊之和，既等于丁戊、戊己二邊之和，而庚辛丑角大于戊角，則庚丑底邊必大于丁己底邊（一卷二十四）。惟庚子、子丑二線之和，大于庚丑線（一卷二十），故庚子、子丑和，必甚大于丁己。惟子丑與甲丙等，所以甲丙、庚子二線之和，大于餘一線丁己。又甲丙、丁己二線之和，大于庚子，而庚子、丁己二線之和，大于甲丙，理同。故甲丙、丁己、庚子三線，可成三角形（一卷二十三）。

又解曰：甲乙丙、丁戊己、庚辛子爲三面角，任并二角，大于餘一角，以甲乙、乙丙、丁戊、戊己、庚辛、辛子六相等線，爲三角之諸邊，而作甲丙、丁己、庚子三聯線，題言此三聯線，可成三角形，任并二線，必大于餘一線。

論曰：如乙、戊、辛三角俱等，則甲丙、丁己、庚子三線亦俱等，故任并其二線，必大于餘一線（一卷四）。若乙、戊、辛三角不等，設乙角大于戊、辛二角，則甲丙線必大于丁己、庚子二線（一卷二十四），故甲丙、丁己或庚子、甲丙二線和，必大于餘一線，理自明。而丁己、庚子二線之和，亦必大于甲丙線。試于甲乙線內乙點上，作甲乙丑角，與庚辛子角等（一卷二十三），令乙丑線與甲乙、乙丙、丁戊、戊己、庚辛、辛子六線俱等，而作甲丑、甲丙二線。甲乙、乙丑二邊，既等于庚辛、辛子二邊，而甲乙丑角與辛角等，則甲丑與庚子二底邊必等（一卷四又戊辛二角之和既大于甲乙丙角而辛角與甲乙丑角等則所餘之戊角必大于丑乙丙角又丑乙乙丙二邊既等于丁戊戊己二邊而丁戊己角大于丑乙丙角則丁己底邊必大于丑丙底邊（一卷二十四）惟庚子與甲丑等（本論）故丁己庚子二線之和大于甲丑丑丙二線之和惟甲丑丑丙二線之和大于甲丙（一卷二十）故丁己庚子和甚大于甲丙是以甲丙丁己庚子三線中任取二線之和必大于餘一線所以甲丙丁己庚子三聯線可成三角形（一卷二十二）

第二十三題

有三面角其和小于四直角之和任取二角之和大于餘一角求作體角

法曰如甲乙丙丁戊己庚辛子三面角任取二角之和大于餘一角三角之和小于四直角之和求作體角先截甲乙乙丙丁戊戊己庚辛辛子六線令俱等次作甲丙丁己庚子三聯線此三線成三角形（本卷二十二）即丑寅卯形甲丙與丑寅等丁己與寅卯等庚子與丑卯等（一卷二十二）次作切丑寅卯三角之圓周（四卷五）

次求圓心天或在三角形界內或恰在界上或在界外設在界內作丑天寅天卯天三線則甲乙必大于丑天若云不然而或等于丑天或小于丑天若等于丑天甲乙既等于丑天而甲乙等于乙丙則丑天亦等于乙丙惟丑天等于寅天故甲乙乙丙二邊等于丑天寅天二邊而甲丙底邊等于丑寅底邊所以甲乙丙角等于丑天寅角（一卷八）丁戊己角等于寅天卯角庚辛子角等于卯天丑角理同是甲乙丙丁戊己庚辛子三角等于丑天寅寅天卯卯天丑三角而丑天寅寅天卯卯天丑三角和與四直角和等是甲乙丙丁戊己庚辛子三角之和與四直角和等而今小于四直角和于理不合故甲乙不等于丑天又若小于丑天作天辰等于甲乙作天巳等于乙丙又作辰巳聯線甲乙既等于乙丙則天辰等于天巳故辰丑等于巳寅所以丑寅與辰巳平行而丑寅天與辰巳天二三角形等角（六卷二）故天丑與丑寅比若天辰與辰巳比（六卷四）屬理丑天與天辰比若丑寅與辰巳比（五卷十六）惟丑天大于天辰故丑寅亦大于辰巳惟丑寅等于甲丙故甲丙大于辰巳甲乙乙丙二邊既等于辰天天巳二邊而甲丙底邊大于辰巳底邊則甲乙丙角大于辰天巳角（一卷二十四）丁戊己角大于寅天卯

角庚辛子角大于卯天丑角理同故甲乙丙丁戊己庚辛子三角和大于丑天寅寅天卯卯天丑三角和惟甲乙丙丁戊己庚辛子三角和小于四直角和則丑天寅寅天卯卯天丑三角和必甚小于四直角和今等于四直角和于理不合故甲乙非小于丑天亦不等于丑天本論所以必大于丑天從天點作天未線與平圓面成直角令天未之正方與甲乙丑天之二正方較積等本卷十二作未丑未寅未卯三線未天既爲丑寅卯平面之垂線則必爲丑天寅天卯天三線之垂線本卷界說三 又丑天既等于寅天而天未爲公邊各成直角則未丑底邊等于未寅底邊一卷四 又未卯與未丑未寅俱等理同故未丑未寅未卯三線俱等又天未之正方既等于甲乙及丑天之二正方較則甲乙之正方等于丑天天未之二正方和惟未丑之正方等于丑天天未之二正方和因丑天未爲直角故也一卷四十七 是甲乙之正方等于未丑之正方故甲乙等于未丑惟乙丙丁戊戊己庚辛辛子五線俱等于甲乙而未寅未卯二線俱等于未丑所以甲乙乙丙丁戊戊己庚辛辛子六線與未丑未寅未卯三線俱等又丑未未寅二邊既等于甲乙乙丙二邊而丑寅底邊等于甲丙底邊則丑未寅角等于甲乙丙角一卷八

又寅未卯角等于丁戊己角丑未卯角等于庚辛子角理同故體角未爲丑未寅寅未卯卯未丑三面角所成卽爲甲乙丙丁戊己庚辛子三面角所成

設圓心天恰在三角形寅卯界上作天丑線則甲乙必大于丑天若云不然而或等于丑天或小于丑天若等于丑天則甲乙乙丙二邊和卽丁戊戊己二邊和等于寅天天丑二邊和卽等于寅卯線而寅卯等于丁己是丁戊戊己和等于丁己于理不合一卷二十 故甲乙不等于丑天若小于丑天于理更不合故亦不小于丑天所以甲乙必大于丑天如前作未天線與平圓面成直角令其正方與甲乙丑天之二正方較積等卽得所求

又設圓心天在三角形丑寅卯界外作丑天寅天卯天三線甲乙必大于丑天若云不然而或等于丑天或小于丑天若等于丑天則甲乙乙丙二邊等于寅天天丑二邊而甲丙底邊亦等于寅丑底邊故甲乙丙角等于寅天丑角一卷八 又庚辛子角等于丑天卯角理同所以和角寅天卯等于甲乙丙庚辛子二角之和惟甲乙丙

庚辛子二角之和大于丁戊己角故寅天卯角大于丁戊己角夫丁戊戊己二邊既等于寅天天卯二邊而丁己底邊等于寅卯底邊則寅天卯角等于丁戊己角一卷八今乃大于丁戊己角于理不合故甲乙非等于丑天若小于丑天作天辰線等于甲乙作天巳線等于乙丙又作辰巳聯線甲乙既等于乙丙則天辰必等于天巳故辰丑等于巳寅所以丑寅與辰巳平行六卷二而丑寅天與辰巳天二三角形等角所以丑天與丑寅比若辰天與辰巳比六卷四屬理丑天與天辰比若丑寅與辰巳比惟丑天大于天辰故丑寅亦大于辰巳惟丑寅等于甲丙故甲丙大于辰巳甲乙乙丙二邊既等于辰天天巳二邊而甲丙底邊大于辰巳底邊則甲乙丙角必大于辰天巳角一卷二十五又取天午線等于天辰而作辰午聯線則庚辛子角大于辰天午角理同于丑天線內天點上作丑天申角等于甲乙丙角作丑天酉角等于庚辛子角令申天天酉二線各等于辰天作辰申辰酉申酉三聯線甲乙乙丙二線既等于辰天天申二線而甲乙丙角等于辰天申角則甲丙即丑寅底邊等于辰申底邊一卷四丑卯等于辰酉理同又丑寅丑卯二邊既等于辰申辰酉二邊而寅丑卯角大于申辰酉角則寅卯底邊必大于申酉底邊一卷二十四惟寅卯等于丁己故丁己大于申酉丁戊戊己二邊既等于申天天酉二邊而丁己底邊大于申酉底邊則丁戊己角大于申天酉角一卷二十五惟申天酉角與甲乙丙庚辛子二角和等故丁戊己角必大于二角和今小于二角和于理不合故甲乙非小于丑天亦不等于丑天

本論所以必大于丑天如前作天未線與平圓面成直角令其正方與甲乙丑天之二正方較積等即得所求

附求取未點令未天之正方等于甲乙丑天之二正方較積法甲乙大于丑天于甲乙上作甲丙乙半圓于半圓內作甲丙直線等于丑天而作乙丙聯線甲丙乙既為負半圓角則必為直角三卷十三故甲乙之正方等于甲丙丙乙之二正方和一卷四十七所以甲乙甲丙之二正方較等于丙乙之正方惟甲丙等于丑天所以甲乙丑天之二正方較等于丙乙之正方故取天未等于丙乙則甲乙丑天之二正方較必等于天未即得所求

第二十四題

凡體以六平行面爲界則其相對之面必俱等而爲平行邊形

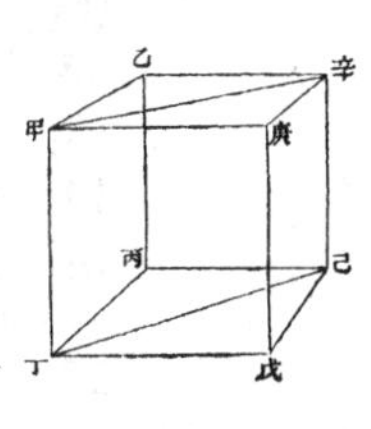

解曰設丙庚體以甲丙庚己甲辛丁己乙己甲戊六平行面爲界題言相對之面俱相等而爲平行邊形

論曰甲辛丁己二平行面既交於甲丙面則其二交線平行（本卷十六）故甲乙與丁丙平行又乙己甲戊二平行面亦交於甲丙面則二交線亦必平行故甲丁與乙丙平行而甲乙與丁丙平行（本論）所以甲丙爲平行邊形又丁己庚己甲辛己乙甲戊五面皆爲平行邊形理同作甲辛丁己二對角線甲乙既與丁丙平行而乙辛與丙己平行則甲乙乙辛二相遇線與丁丙丙己二相遇線平行而非在一面故所成之甲乙辛與丁丙己二角相等（本卷十）又甲乙乙辛二邊既與丁丙丙己二邊等而甲乙辛角與丁丙己角等（一卷四）則甲辛與丁己二底邊等而甲乙辛與丁丙己二三角形相等（一卷四）又乙庚平行邊形倍於甲乙辛三角形丙戊平行邊形倍於丁丙己三角形（一卷三十四）故乙庚與丙戊二平行邊形相等又甲丙庚己二平行邊形相等甲戊乙己二平行邊形相等理同是以凡體以六平行面爲界則相對之面必俱相等而爲平行邊形

第二十五題

凡立方體爲平行於本體面之面所割分爲二分則二分之底面比若二分之體積比

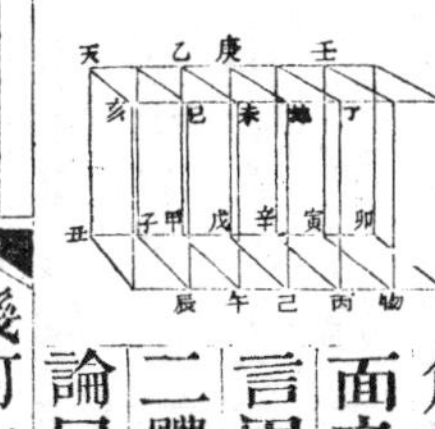

解曰甲丁立方體爲平行於未甲丁辛二面之面地戊所割分爲甲地戊丁二分題言甲己與戊丙二底面比若甲地與戊丁二體積比

論曰甲辛線二端俱引長之任取若干分如辛寅寅卯俱等於戊辛甲子子丑俱等於甲戊作丑辰子午辛物寅申四平行邊形又作丑巳子未丁寅寅酉四體丑子子甲甲戊三線既俱相等則丑辰子午甲己三平行邊形俱相等（一卷三十六）子天子乙甲庚三平行邊形亦俱相等又丑亥子巳甲未俱爲相對平行邊形則俱相等（本卷二十四）戊丙辛物寅申三平行邊形俱相等辛庚辛壬壬卯三平行邊形俱相等丁辛壬物卯酉三平行邊形俱相等理同故丑巳子未甲地三立方體彼此有三面相等惟此三面各與所對之三面相等故丑巳子未甲地三立方體俱相等（本卷界說十）戊丁丁寅寅酉

三立方體俱相等理同故丑己底面爲甲己底面之幾倍若丑地方體爲甲地方體之幾倍卯己底面爲辛己底面之幾倍若卯地方體爲辛地方體之幾倍理同又若丑己與卯己二底面等則丑地與卯地二方體亦等若丑己大於卯己則丑地大於卯地若丑己小於卯己則丑地小於卯地故有四幾何爲甲己己辛二底面甲地地辛二方體又有甲己及甲地二幾何之相等若干倍幾何爲丑己底面及丑地方體己辛及地辛二幾何之相等若干倍幾何爲卯己底面及卯地方體準前論若丑己大於卯己則丑地大於卯地若面相等則體亦相等若丑己小則丑地亦小是以甲己與己辛二底面比若甲地與地辛二體積比（五卷界說五）

第二十六題

直線內任取一點於其上求作體角與所設體角等

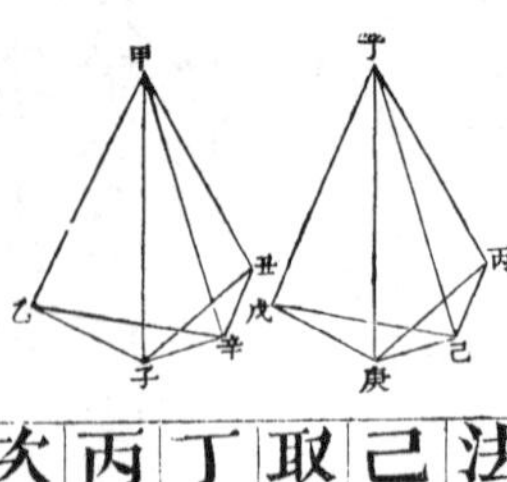

法曰丁爲所設體角乃戊丁丙戊丁己己丁丙三面角所成今於甲乙線內任取甲點於其上作體角與丁角等先於丁己線內任取己點作己庚爲戊丁丁丙二線所在面之垂線遇面於庚（本卷十一）次作丁庚線次於甲點上作乙甲丑角與戊丁丙角等（一卷二十三）又作乙甲子角與戊丁庚角等令甲子等於丁庚（一卷三）從子點作子辛線與乙甲丑子面成直角（本卷十二）令子辛等於庚己次作辛甲線則乙甲丑乙甲辛辛甲丑三面角所成之體角甲與戊丁丙戊丁己己丁丙三面角所成之體角丁等

論曰試取甲乙丁戊二相等線作辛乙子乙己戊庚戊四線己庚既爲戊丁丁丙所在面之垂線則亦爲本面內所遇諸線之垂線（本卷界說三）故己庚丁及己庚戊皆爲直角辛子甲辛子乙皆爲直角理同又子甲甲乙二邊既與庚丁丁戊二邊等則乙子與戊庚二底邊等（一卷四）惟子辛等於庚己又皆與面成直角故辛乙等於己戊又甲子子辛二邊既等於丁庚庚己二邊而俱成直角則甲辛與丁己二底邊等惟甲乙等於丁戊故辛甲甲乙二邊等於己丁丁戊二邊而辛乙與己戊二底邊又等（本論）故乙甲辛與戊丁己二角等又若取甲丑丁丙二線相等而作子丑辛丑庚丙己丙四線則辛甲丑與己丁丙二角必等蓋乙甲丑與戊丁丙二角等而乙甲子與戊丁庚二角等（本論）則子甲丑與庚丁丙二餘角必等又子甲甲丑二邊既與庚丁丁丙二邊等而二角又等則子丑與庚丙二底邊等（一卷四）惟子辛等于庚己故丑

子子辛二邊等於丙庚庚己二邊而皆成直角則辛丑與己丙二底邊等辛甲甲丑二邊既等於己丁丁丙二邊本論而辛丑與己丙二底邊又等故辛甲丑與己丁丙二角等又乙甲丑與戊丁丙二角等乙甲辛與戊丁己二角等本論故直線內取一點所成體角與所設體角等

第二十七題

直線上求作方體與所設之方體相似且體勢等

法曰甲乙爲直線丁丙爲所設方體甲乙線上求作方體與丁丙相似且體勢等法於甲乙線內甲點上作乙甲辛辛甲子子甲乙三面角所成之體角與體角丙等令乙甲辛與戊丙己二角等乙甲子與戊丙庚二角等子甲辛與庚丙己二角等又令戊丙與丙庚比若乙甲與甲子比庚丙與丙己比若子甲與辛甲比六卷十二平理戊丙與丙己比若乙甲與甲辛比五卷二十五補成乙辛方面及甲丑方體即得所求

論曰戊丙與丙庚比既若乙甲與甲子比則夾戊丙庚乙甲子二面角之邊比例同所以庚戊與子乙二方面相似六卷四又子辛與庚己二方面相似己戊與辛乙二方面相似理同故丙丁與甲丑二體彼此有三方面俱相似惟彼此三面各與所對之三面相等相似本卷二十四故丙丁與甲丑二體相似是以甲乙直線上所作方體甲丑與所設丙丁方體相似且體勢等

第二十八題

於方體之相對面內作二對角線在一個平面內此平面分方體爲二等分

解曰於甲乙方體之相對面內作丙己丁戊二對角線在丙戊一個平面內題言丙戊面分甲乙體爲二等分

論曰丙庚己與丙乙己二三角形既等甲丁戊與丁戊辛二三角形又等一卷三十四而丙甲與所對乙戊二平行邊形等本卷二十四庚戊與丙辛二平行邊形等則丙庚己丁甲戊二三角形及庚戊甲丙丙戊三平形邊形五面爲界之平行棱體等於丙己乙丁戊辛二三角形及丙辛乙戊戊丙三平行邊形五面爲界之平行棱體因二體之面俱兩兩相等故也是以甲乙方體爲丙戊平面分爲二等分

第二十九題

二方體等高同一底面旁諸邊自底邊起同以二平行線爲界則體積必等

解曰丙寅丙卯二方體等高同以甲乙爲底面旁諸邊甲己甲庚丑寅丑卯與丙丁丙戊乙辛乙子八線自底邊起俱以己卯丁子二平行線爲界題言丙寅與丙卯二方體等積

論曰丙辛丙子既皆爲平行邊形則丙乙丁辛戊子三線俱相等（一卷三十四）故丁辛等於戊子去公分戊辛則丁戊辛子二餘分等所以丁戊丙與辛子乙二三角形等（一卷八）而丁庚與辛卯二平行邊形等（一卷三十六）甲己庚與丑寅卯二三角形等理同丙己與乙寅二平行邊形等丙庚與乙卯二平行邊形等俱對面故也（本卷二十四）故甲己庚丁戊丙二三角形甲丁庚丙三平行邊形五面爲界之甲戊平行棱體與丑寅卯乙辛子二三角形乙寅卯辛乙卯三平行邊形五面爲界之丑子平行棱體等（本卷界說十）各加甲乙庚辛二對面中間之公體甲辛則丙寅與丙卯二全體必等積是以二方體等高同一底面旁諸邊自底邊起同以平行線爲界則體積必等

第三十題

二方體等高同一底面旁諸邊自底邊起各用相似二平行線爲界則體積必等

解曰丙寅丙卯二方體等高同以甲乙爲底面旁諸邊甲己甲庚丑寅丑卯丙丁丙戊乙辛乙子八線自底邊起各以己丁寅辛及庚巳卯未相似二平行線爲界題言丙寅與丙卯二體等積

論曰引長卯子丁辛二線亦引長庚戊己寅二線令四線交於辰未巳天四點次作甲天丑辰丙巳乙未四線甲乙與己辛二面中間之體丙寅等於甲乙與天未二面中間之體丙辰因同以甲乙爲底面其諸邊甲己甲天丑寅丑辰丙丁丙巳乙辛乙未八線皆起於底邊而皆以己辰丁未二平行線爲界故也（本卷二十九）甲乙與天未二面中間之體丙辰等於甲乙與庚子二面中間之體丙卯因同以甲乙爲底面而其諸邊甲庚甲天丙戊丙巳丑卯丑辰乙子乙未皆以庚巳卯未二平行線爲界故也（本卷二十九）所以丙寅與丙卯二體等積是以二方體等高同一底面旁諸邊從底界起各以相似二平行線爲界則體積必等

第三十一題

等高二方體若底面等則體積亦等

解曰甲戊丙已二等高方體在甲乙丙丁二相等底面上題言甲戊與丙已等積

論曰旁諸邊辛子、乙戊甲庚丑寅辰巳丁已丙房未申與甲乙丙丁二底面俱成直角甲丑乙與丙未丁二角不等引長丙未至酉於未點上作酉未物角等於甲丑乙角令未酉等於甲丑未物等於丑乙（一卷二十三）過物點作天物線與未酉平行作未天底面作物地體酉未未物二邊既等於甲丑丑乙二邊而未丑二角亦等則未天與辛丑二平行邊形相等相似又甲丑與未酉二邊既相等丑寅與未申二邊亦相等所成之角亦相等則未地與甲寅二平行邊形相等相似丑戊與申物二平行邊形相等相似理同是甲戊與物地二體各有三平行邊形兩兩相等相似其相對三面亦俱相等相似（本卷二十四）故甲戊與地物二體相等（本卷界說十）引長丁未天物二線遇於人點又自酉點作酉午與丁人平行引長酉午辰丁二線遇於亥點而作人地未壬二體則得未地與人亢二面中間之體地人等於未地與物心二面中間之體物地因同以未地爲底面旁邊未人未物酉午酉天申氐申卯地亢地心八線俱以人天氐心二平行線爲界故也（本卷二十九）惟物地與甲戊二體等故地人與甲戊二體亦等又物酉與人酉二平行邊形等因同以未酉爲底邊又同以未酉人天二平行線爲界故也（一卷三十五）而物酉與丙丁二平行邊形等因俱等於甲乙故也故人酉與丙丁二平行邊形亦等惟丁酉爲他平行邊形故丙丁與丁酉二面比若人酉與丁酉二面比（五卷七）而丙壬方體爲二對面之平行面未已所割則丙丁與丁酉二底面比若丙已與未壬二體比（本卷二十五）人壬方體爲二對面之平行面未地所割則人酉與酉丁二底面比若人地與未壬二體比惟丙丁與丁酉二底面比若人酉與酉丁二底面比故丙已與未壬二體比若人地與未壬二體比（五卷十一）丙已人地二體與未壬體比例既同則丙已與人地二體等（五卷九）惟人地與甲戊二體等故甲戊與丙已二體等設旁邊甲庚辛子乙戊丑寅丙房辰巳丁已未申與甲乙丙丁二底面俱不成直角甲戊與丙已二斜方體亦等試於子戊庚寅巳已房申八點上作子卯戊酉庚物寅心

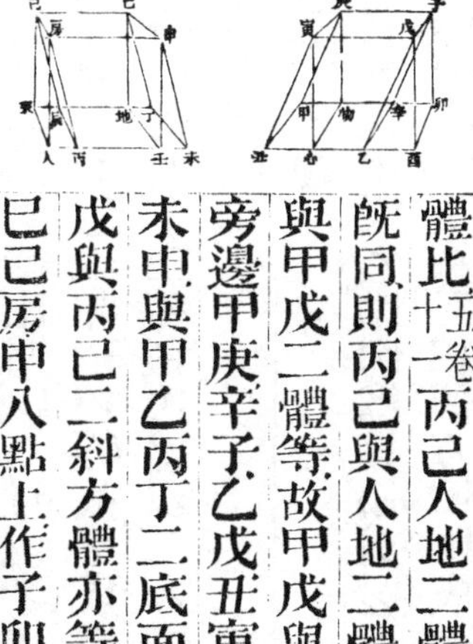

巳天己地房人申壬俱爲底面之垂線遇底面於卯酉物心天地人壬八點又作卯酉物心卯物酉心天地天人人壬地壬八線則子心與巳壬二體等因皆在子寅巳申二相等底上而又等高其旁邊俱與底成直角故也本卷三十而子心與甲戊二體等巳壬與丙己二體等因同以子寅巳申爲底面而又等高其旁邊從底面起同以甲卯丑酉及天丁人未平行線爲界故也本卷三十故甲戊與丙己二體等是以等高二方體底面等體積亦必等.

第三十二題

二方體等高則二體積比若二底面比.

解曰甲乙丙丁二方體等高題言二體積比若二底面比卽甲戊與丙己二底面比若甲乙與丙丁二體積比.

論曰己庚線上作己辛平行邊形與甲戊平行邊形等於上作庚子方體與丙丁方體等高一卷四十五則甲乙與庚子二體相等本卷三十一因二底面甲戊己辛等且等高故也則一如丙子方體爲二對面之平行面丁庚所割故辛己與丙己二底面比若辛丁與丁丙二體積比本卷二十五惟己辛與甲戊二底面相等庚子與甲乙二體積相等故甲戊與丙己二底面比若甲乙與丙丁二體積比是以二方體等高則二體積比若二底面比.

第三十三題

凡相似方體相與之比例爲其相當邊三次比例.

解曰甲乙丙丁爲二相似方體甲戊丙己爲二相當邊題言甲乙丙丁二體積之比例爲甲戊與丙己二邊三次比例.

論曰引長甲戊庚戊辛戊成戊子戊丑戊寅令戊子與丙己等戊丑與己卯等戊寅與己未等次作子丑平行邊形及子辰體戊子戊丑二邊旣與丙己己卯二邊等而子戊丑與丙己卯二角等因甲戊庚與丙己卯二角等甲乙與丙丁二體相似故也則子丑丙卯二平行邊形相等相似子寅與丙未二平行邊形相等相似辰戊與丁己二平行邊形相等相似理同故子辰與丙丁二體彼此有三面相等相似惟三面各與所對面相等相似本卷二十四所以子辰與丙丁二體相等相似本卷界說十作

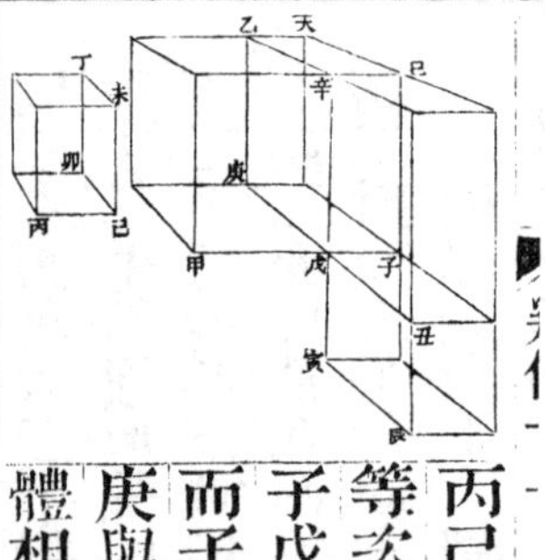

庚子平行邊形，而於庚子子丑二底面上作戊天丑巳二體與甲乙體等高，甲乙丙丁二體既相似，則甲戊與丙己比若戊庚與己卯比，亦若戊辛與己未比，而己丙與戊子，己卯與戊丑，己未與戊寅俱相等，則甲戊與戊子比若庚戊與戊丑比，亦若辛戊與戊寅比，惟甲戊與戊子二邊比若甲庚與庚子二面比（六卷一），庚戊與戊丑二邊比若庚子與子丑二面比，辛戊與戊寅二邊比若巳戊與子寅二面比，故甲庚與庚子二面比若庚子與子丑二面比，亦若巳戊與子寅二面比，惟甲庚與庚子二面比若甲乙與戊天二體比（本卷三十二），庚子與子丑二面比若戊天與巳丑二體比，巳戊與子寅二面比若巳丑與子辰二體比，故甲乙與戊天二體比若戊天與巳丑二體比，亦若巳丑與子辰二體比，凡連比例四率，一率與四率之比例為一率與二率三次比例（五卷界說十一），故甲乙子辰二體之比例為甲乙戊天二體三次比例，惟甲乙與戊天二體比若甲庚與庚子二面比（本卷三十二），亦若甲戊與戊子二邊比（六卷一），所以甲乙子辰二體之比例為甲戊戊子二邊三次比例，惟子辰與丙丁二體相等，戊子與丙巳二邊相等，所以甲乙丙丁二體之比例為甲戊丙巳二相當邊三次比例。

系準題，凡連比例四率，一率與四率比若一率線上方體與二率線上相似方體比，因一率與四率之比例為一率與二率三次比例故也。

第三十四題

凡等積方體底面與其高成反比例，又方體底面與其高有反比例，則體積必等。

解曰：甲乙丙丁為二等積方體，題言底面與高有反比例，即戊辛與卯巳二底面比若丙寅與甲庚二高比。

論曰：取甲庚戊己丑乙辛子丙寅卯天辰丁巳未八旁邊與底邊成直角，則戊辛與卯巳二底面比，若丙寅與甲庚二邊比。設戊辛與卯巳二底面等，甲乙與丙丁二體亦等，則丙寅與甲庚必等，蓋戊辛卯巳二底面等，而甲庚丙寅二高不等，則甲乙與丙丁二體積不等（本卷三十一），惟題設為等積，故丙寅與甲庚二高必等。而戊辛與卯巳二底面比若丙寅與甲庚二高比，即顯甲乙丙丁二方體之底面與高有反比例。設戊辛卯巳二底面不等，戊辛大於卯巳，而甲乙與丙丁等積，則丙寅必大於甲庚，否則甲乙丙丁二積必不等（本卷三十一），試令丙酉等於甲庚，而卯巳底面上以丙酉高成午丙方體是甲乙丙丁二體等積而午丙別為一體凡相等幾何與他幾何成比例俱同五卷七則甲乙與丙午二體比若丙丁與丙午二體比惟甲乙與丙午二體比若戊辛與卯巳二底面比因甲乙丙午二體之高相等故也本卷三十二而丙丁與丙午二體比若寅巳與巳酉二底面比本卷二十五亦若寅丙與丙酉二邊比六卷一故戊辛與卯巳二底面比若寅丙與丙酉二邊比惟丙酉與甲庚等故戊辛與卯巳二底面比若寅丙與甲庚二邊比是以甲乙丙丁二方體之底面與高成反比例

又解曰設甲乙丙丁二方體之底面與高成反比例即戊辛與卯巳二底面比若丙寅與甲庚二高比題言甲乙與丙丁二體積等

論曰設諸旁邊與底面成直角戊辛與卯巳二底面等而戊辛與卯巳比若丙寅與甲庚二高比則丙寅與甲庚二高必等凡等高二方體底面等則體積亦等本卷三十一故甲乙與丙丁二體積相等若戊辛與卯巳二底面不等戊辛大於卯巳則丙丁體高大於甲乙體高即丙寅大於甲庚又令丙酉等於甲庚而成丙午體戊辛與卯巳二底面比既若丙寅與甲庚二邊比而甲庚與丙酉等則戊辛與卯巳二底面比若丙寅與丙酉二邊比惟戊辛與卯巳二底面比若甲乙與丙午二體比因甲乙丙午等高故也本卷三十二又寅丙與丙酉比若寅巳與巳酉二底面比六卷一亦若丙丁與丙午二體比本卷二十五故甲乙與丙午比若丙丁與丙午比而甲乙與丙丁二體積相等五卷九

又解曰設巳戊乙丑庚甲子辛天卯丁辰寅丙未巳八旁邊與底邊不成直角試從巳庚乙子天寅丁未八點作戊辛卯巳二底面之八垂線遇對面於申酉地亥午人壬物八點而成巳亥天物二體若甲乙丙丁二體相等題言底面與高成反比例即戊辛與卯巳二底面比若丙丁甲乙二體之高比

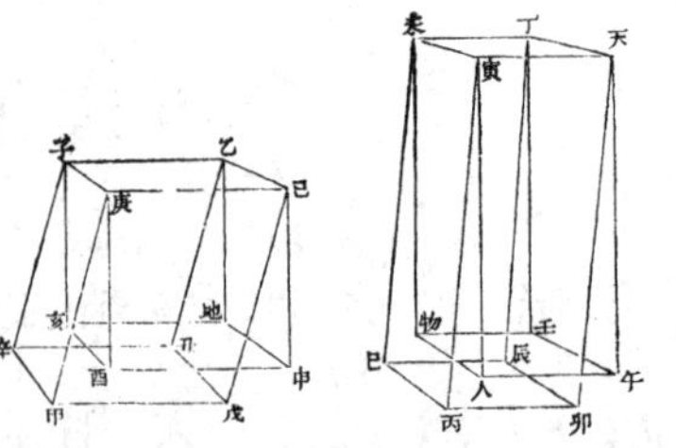

論曰甲乙與丙丁二體積既等而乙酉與甲乙二體相等因同在巳子底面上又等高其諸旁邊起於底邊以相似二平行線為界故也本卷三十又丁丙與丁人二體相等因同在天未底面上又等高其諸旁邊起於底邊以相似二平行線為界故也則乙酉與丁人二體相等準前論等積方體旁

邊與其底面俱成直角則底面與其高有反比例故已子與天未二底面比若丁壬與乙地二高比惟已子與戊辛二底面相等天未與卯巳二底面相等本卷二十四所以戊辛與卯巳二底面比若丁壬與乙地二高比惟丁人乙酉二體與丁丙乙甲二體兩兩等高故戊辛與卯巳二底面比若丁丙與乙甲二體之高比所以甲乙丙丁二體之底面與高成反比例

又解曰設甲乙丙丁二方體之底面與高有反比例即戊辛與卯巳二底面比若丙丁與甲乙二體之高比題言甲乙與丙丁二體等積

論曰如前圖戊辛與卯巳二底面比既若丙丁與甲乙二體之高比而戊辛與己子等卯巳與天未等則己子與天未二底面比若丙丁與甲乙二體之高比因甲乙丙丁二體之高與乙酉丁人二體之高等故己子與天未二底面比若丁壬與乙地二高比所以乙酉丁人二方體底面與高成反比例凡方體之傍邊與底邊成直角其底面與高成反比例則其體積必等故乙酉與丁人二體積相等惟甲乙乙酉二體積等因同在已子底面上又等高其諸旁邊起於底邊以相似二平行線爲界故也本卷三十又丁人丁丙一體積等因同在天未底面

上又等高其諸旁邊起於底邊以相似二平行線爲界故也是以甲乙與丙丁二體等積

第三十五題

有二面角相等從二角各向面外作直線各與面角二邊成二角兩兩相等任於二直線內各取一點從點作線各與原面成直角從此二直角點於面內作二線各至原角則此二線與前所作二線成角必等

解曰乙甲丙戊丁己二相等面角從甲丁二角點作甲庚丁寅二直線各與本角二邊成二角兩兩相等即寅丁戊與庚甲乙二角等寅丁己與庚甲丙二角等甲庚

丁寅二線內任取庚寅二點作庚丑寅卯爲乙甲丙戊丁己二面之垂線遇面於丑卯二點又作丑甲卯丁二線題言庚甲丑與寅丁卯二角等

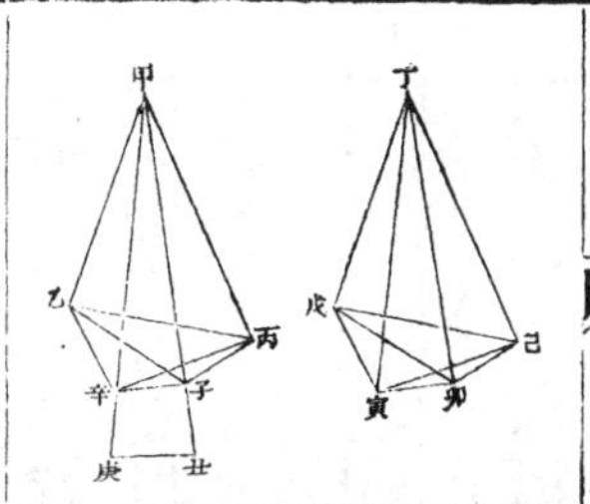

論曰截取甲辛與丁寅等自辛點作辛子線與庚丑平行惟庚丑爲乙甲丙面之垂線所以辛子亦爲乙甲丙面之垂線本卷八從子卯二點作子乙子丙卯戊卯己爲甲乙甲丙丁戊丁己四線之垂線又作辛丙丙乙寅己己戊四線辛甲之正方既等於辛子子甲之二正方和而子丙丙甲之二

正方和等於子甲之正方一卷四十七則辛甲之正方等於辛子丙子丙甲之三正方和惟辛丙之正方等於辛子子丙之二正方和故辛丙甲之正方等於子辛丙丙甲之二正方和故辛丙甲爲直角寅己丁爲直角理同故甲丙辛與丁己寅二角等惟辛甲丙與寅丁己二角等故寅丁己辛甲丙二三角形彼此有二角兩兩相等又甲辛與丁寅相等而皆爲直角之對邊則二形之餘邊亦兩兩相等一卷二十六所以甲丙與丁己相等又甲乙與丁戊相等理同試作辛乙寅戊二線甲辛之正方旣等於甲子子辛之二正方和而甲乙乙子之二正方和等於甲子之正方則甲乙乙子子辛之三正方和等於甲辛之正方惟乙辛之正方等於乙子子辛之二正方和因辛子爲乙甲丙三角形之垂線則辛子乙爲直角故也故甲辛之正方等於甲乙乙辛之二正方和所以甲乙辛爲直角丁戊寅亦爲直角理同乙甲辛與戊丁寅二角旣等而甲辛等於丁寅則甲乙等於丁戊甲丙旣等於丁己而甲乙等於丁戊則丙甲甲乙二邊與己丁丁戊二邊兩兩相等丙甲乙與己丁戊二角又等故乙丙與戊己二底邊等則彼此兩三角形無不等者一卷四所以甲丙乙與丁己戊二角等惟甲丙子與丁己卯二直角

等所以餘乙丙子與戊己卯二角等丙乙子與己戊卯二角等理同所以丙乙子己戊卯二三角形彼此有二角兩兩相等又乙丙與戊己相等而皆爲二等角所夾之邊則其餘邊無不等者一卷二十六所以丙子與己卯等惟甲丙與丁己等所以甲丙丙子二邊與丁己己卯二邊兩兩相等而俱成直角則甲子與丁卯二底邊等一卷四甲辛與丁寅旣等則甲辛與丁寅之二正方必等惟甲子子辛之二正方和等於甲辛之正方因甲子辛爲直角故也一卷四十七而丁卯卯寅之二正方和等於丁寅之正方因丁卯寅爲直角故也所以甲子子辛之二正方和等於丁卯卯寅之二正方和惟甲子與丁卯之二正方等故餘子辛與卯寅之二正方亦等而辛子與寅卯相等辛甲甲子二邊與寅丁丁卯二邊旣兩兩相等而辛子與卯寅二底邊又等則辛甲子與寅丁卯二角必等一卷八

系準此凡有二相等面角從角向面外作相等二直線與原面之邊成角兩兩相等則從二直線端各作原面之垂線此二垂線必等

第三十六題

以連比例三線爲邊之方體與中率線上之等邊方體等

積則二體之角兩兩相等

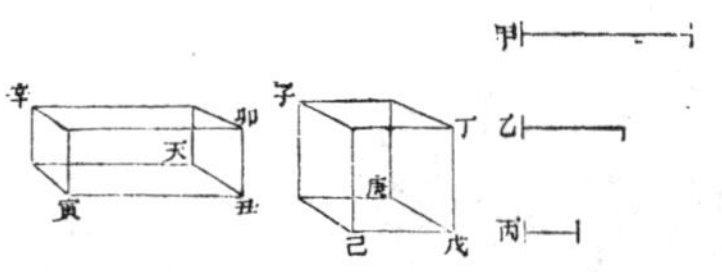

解曰甲乙丙爲連比例三線甲與乙比若乙與丙比題言甲乙丙爲三邊之方體與乙線上之等邊方體等積則二體之角必兩兩相等

論曰設戊子方體之戊角爲丁戊庚庚戊己己戊丁三面角所成丁戊庚戊己戊三線俱等於乙又丑辛方體之丑角爲卯丑天天丑寅寅丑卯三面角所成與戊子體之戊角等（本卷二十六）而丑寅等於甲丑天等於乙丑卯等於丙甲與乙比既若乙與丙比而甲與丑寅等乙與丑天戊己戊庚戊丁四線俱等丙與丑卯等則丑寅與戊己比若丁戊與丑卯比是夾寅丑卯丁戊己二等角之邊交互比例等故寅卯與丁己二平行邊形等積（六卷十四）又丁戊己卯丑寅二角既等而與戊庚丑天二等線相遇戊庚丑天二線與夾丁戊己卯丑寅二角之邊成角兩兩相等庚天二點上作垂線遇卯丑寅丁戊己二面皆相等（本卷三十五系）所以丑辛戊子二體等高凡方體底面等而又等高必等積（本卷三十一）所以丑辛與戊子二體等積惟丑辛體爲甲乙丙三線所成戊子體爲乙線所成故甲乙丙三線所成之體與乙線所成之體等積而戊子體與辛丑體之角兩兩相等是以用連比例三線爲邊之方體與中率線上之等邊方體其角兩兩相等則二體必等積

第三十七題

四率比例線上皆作方體相似而體勢等則此四方體亦有比例又四方體相似而體勢等若有比例則其四底邊亦有比例

解曰甲乙丙丁戊己庚辛四比例線甲乙與丙丁比若戊己與庚辛比於四線上作子甲丑丙寅戊卯庚四方體俱相似而體勢等題言子甲與丑丙比若寅戊與卯庚比

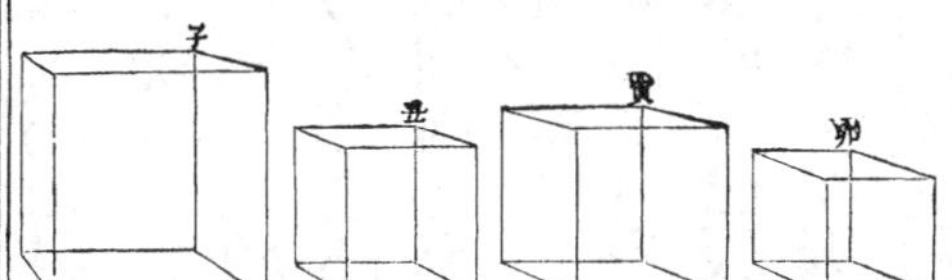

論曰子甲既與丑丙相似則子甲丑丙之比例爲甲乙丙丁二邊三次比例（本卷三十三）寅戊卯庚之比例爲戊己庚辛二邊三次比例理同惟甲乙與丙丁比若戊己與庚辛比故子甲與丑丙比若寅戊與卯庚比

又解曰子甲與丑丙二體比若寅戊與卯庚二體比題言甲乙與丙丁二邊比

若戊己與庚辛二邊比.

論曰子甲與丑丙比爲甲乙與丙丁三次比例寅戊與卯庚比爲戊己與庚辛三次比例而子甲與丑丙比若寅戊與卯庚比則甲乙與丙丁比若戊己與庚辛比是以四比例線上相似而體勢等之四方體有比例又四方體相似而體勢等若有比例則其四底邊亦有比例

第三十八題

二面彼此相與爲垂面則此面內任取一點作彼面之垂線此垂線必遇二面之交線.

解曰丙丁爲甲乙之垂面交線甲丁丙丁面內任取戊點題言從戊作甲乙面之垂線必遇甲丁線.

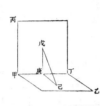

論曰若云垂線不遇交線如戊己遇甲乙面之己點試從甲乙面內之己點作己庚爲甲丁之垂線（一卷十一）卽丙丁面之垂線（本卷界說四）次作戊庚線己庚既與丙丁面成直角而其遇線戊庚在丙丁面內則己庚戊爲直角（本卷界說三）若戊己亦與甲乙面成直角則戊己庚爲直角是戊己庚三角形之二角皆爲直角與理不合（一卷十七）故從戊點作甲乙面之垂線遇點不能出甲丁交線之外是以二面相與爲垂面任取此面內一點作彼面垂線必遇交線.

第三十九題

平分方體之諸面各以對面之平分線爲界作諸割面則諸割面之交線與體之對角線必相交於一點此交點平分諸線.

解曰丁庚方體上之相對面丙己甲辛其諸邊爲子丑寅卯天巳辰午八點所平分而作平分線以平分線爲界作子卯天午二面地申爲二面之交線丁庚爲體之對角線題言地申丁庚二線之交點平分諸線卽地酉等於酉申丁酉等於酉庚.

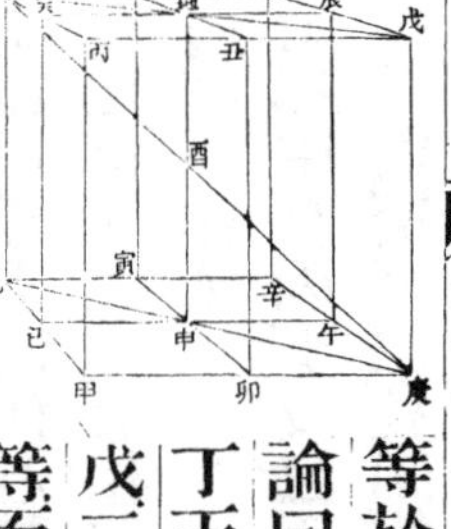

論曰試作丁地地戊乙申申庚四線丁天與辰戊既平行則丁天地地辰戊二角等（一卷二十九）丁天與辰戊既相等而天地與地辰相等其所夾之角亦等則丁地與地戊二底邊等卽丁天地與戊辰地二三角形等則二形之餘角俱等（一卷四）故天地丁與辰地戊二角等所以丁地戊爲直線（一卷十四）乙申庚爲直線而乙申與申庚等理同又丙甲與丁乙既相等而平行丙甲與戊庚亦相等而平行（一卷三十四）則丁乙與戊庚相等

而平行一卷三十惟丁戊乙庚爲此二線之聯線故丁戊乙庚相等而平行一卷三十三於二線內取丁地庚申四點作丁庚地申二聯線二聯線必同在一面本卷七丁戊與乙庚既平行則戊丁酉與乙庚酉二角等交互相對故也一卷二十九惟丁酉地與庚酉申二角等一卷十五是丁酉地庚酉申二三角形彼此各有二角兩兩相等又丁地庚申爲丁戊乙庚之半則二線必等而皆爲對等角之邊故二形之餘邊亦俱相等一卷二十六所以丁酉與酉庚等地酉與酉申等故用平分方體相對諸面之線爲界作諸割面則諸割面之交線與體之對角線必交於一點而此交點必平分諸線

第四十題

兩箇等高三平行棱體一以平行邊形爲底面一以三角形爲底面平形邊形之面積倍於三角形之面積則二體等積

解曰甲乙己庚辛卯爲二等高三平行棱體甲乙己體以甲己平行邊形爲底面庚辛卯體以庚辛子三角形爲底面甲己面積倍於庚辛子面積題言甲乙己與庚辛卯二棱體等積

論曰試補成甲天庚辰二方體甲己平行邊形既倍於庚辛子三角形辛子平行邊形亦倍於庚辛子三角形一卷三十四則甲己與辛子二平行邊形等積凡等高二方體底面等則體積亦等本卷三十一故甲天與庚辰二體等積惟甲乙己棱體爲甲天方體之半庚辛卯棱體爲庚辰方體之半是以甲乙己與庚辛卯二稜體等積

幾何原本第十二卷論體二

英國 偉烈亞力 口譯
海甯 李 善蘭 筆受

例有兩不等幾何大幾何累次去大半若干次後所餘必小於小幾何

解曰設甲乙及丙二幾何甲乙大於丙例言甲乙丙去大半所餘又去大半累次去之必至小於小幾何丙

丁 己 庚 戊
丙
甲 子 辛 乙

論曰若累次倍丙必至大於大幾何甲乙如丁戊爲丙之若干倍大於甲乙分丁戊爲丁己己庚庚戊三分各等於丙甲乙內去其大半乙辛乙辛內又去其大半辛子累次去之至甲乙內之幾分與丁戊內之幾分等卽甲子子辛辛乙若干分與丁己己庚庚戊若干分等丁戊旣大於甲乙而丁戊所去戊庚爲小半甲乙所去乙辛爲大半則餘庚丁必大於辛甲又庚丁旣大於辛甲而庚丁內所去庚己爲其半辛甲內所去辛子爲大半則餘丁己必大於甲子惟丁己等於丙故丙大於甲子而甲子小於丙所以大幾何甲乙之餘分甲子小於小幾何丙若累去大幾何之半理同

又論曰甲乙及丙二幾何丙小於甲乙累次倍丙必至所得幾何大於大幾何甲乙如所得幾何爲己寅分爲寅辛辛庚庚己三分皆等於丙甲乙內去大半乙戊戊甲內去大半戊丁累去之令甲乙若干分與己寅若干分等設爲乙戊戊丁丁甲三分另設子丑丑卯卯天諸分皆與丁甲等令子天內若干分與己寅內若干分等乙戊旣爲甲乙之大半則乙戊必大於戊甲故乙戊甚大於丁甲惟天卯與丁甲等故乙戊大於天卯又戊丁旣爲戊甲之大半則戊丁必大於丁甲惟卯丑與丁甲等故戊丁大於卯丑而丁乙大於天丑惟丑子等於丁甲故甲乙大於天子惟寅己大於乙甲故寅己甚大於天子又天卯卯丑丑子三分旣俱相等寅辛辛庚庚己三分亦俱相等而寅己內之若干分與天子內之若干分等則子丑與己庚比若天子與己寅比五卷十二惟己寅大於天子故己庚大於丑子五卷十四惟己庚與丙等而子丑與甲丁等所以丙大於甲丁

己 庚 辛 寅
丙
甲 丁 戊 乙
天 卯 丑 子

善蘭案此條卽十卷一題西國不足本或掣去七八九十四卷而本卷中有引此條處故改其題爲例列于首不知何時復闌入足本中今姑仍其舊

第一題

凡內切圜相似多邊形相與之比若徑線上正方之比。

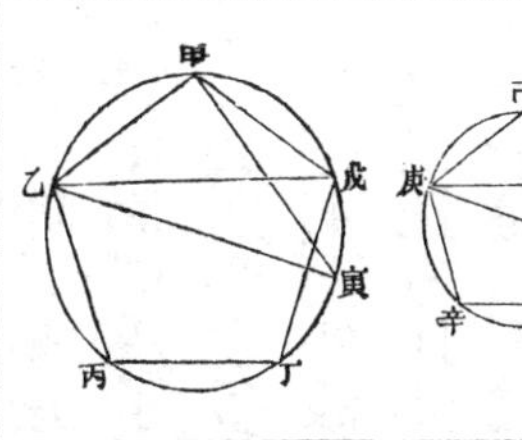

解曰甲丁乙己子庚為二圜甲乙丙丁戊己庚辛子丑為內切圜相似二多邊形乙寅庚卯為二徑題言乙寅與庚卯上二正方比若二多邊形比。

論曰試作乙戊甲寅庚丑己卯四線甲乙丙丁戊與己庚辛子丑二多邊形既相似則乙甲戊角與庚己丑角等而乙甲與甲戊比若庚己與己丑比（六卷界說一）又此夾角之二邊既兩兩同比則甲乙戊己庚丑為等角三角形（六卷六）故甲戊乙角與己丑庚角等而甲戊乙角與甲寅乙角亦等因為負圜等分角故也己丑庚角與己卯庚角等理同（三卷二十一）又乙甲寅與庚己卯俱為直角（三卷三十一）則甲乙寅與己庚卯二餘角亦等故甲乙寅己庚卯為二等角三角形而乙寅與庚卯比若乙甲與庚己比（六卷四）惟乙寅與庚卯上兩正方之比例為乙寅與庚卯二次比例（六卷二十）而甲乙丙丁戊與己庚辛子丑二多邊形之比例為乙甲與庚己二次比例（六卷二十）故乙寅與庚卯之二正方比若甲乙丙丁戊與己庚辛子丑二多邊形比。是以內切圜多邊形之比若徑線上正方之比。

第二題

凡圜面之比若徑線上正方之比。

解曰甲丙戊庚為二圜面乙丁己辛為二徑線題言乙丁與己辛二徑線之正方比若甲丙與戊庚二圜面比。

論曰若云不然而乙丁與己辛之二正方比若甲丙圜面與或大或小於戊庚圜面之面比試先設申面小於戊庚面內切戊庚圜周作戊己庚辛正方形必大於戊庚圜面之半蓋於戊己庚辛四點上作四切線相遇成外切圜正方則戊己庚辛內切圜方形必為外切圜方形之半而圜面小於外切圜方形（一卷四十七 三卷三十一）所以戊

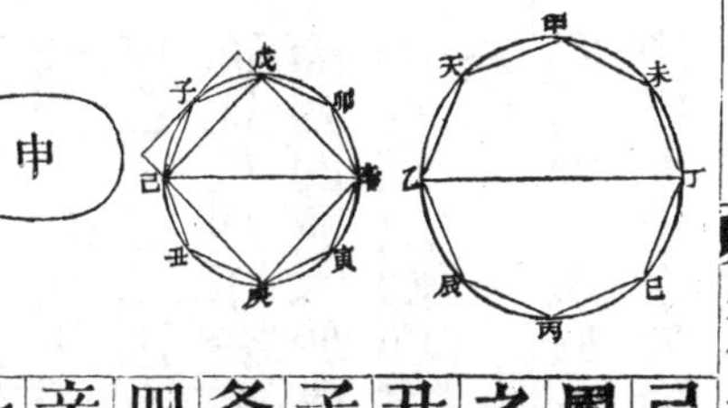

己庚辛方形必大於戊庚圜面之半圜周之四分戊己己庚庚辛辛戊各平分之於子丑寅卯四點作戊子子己己丑丑庚庚寅寅辛辛卯卯戊八直線成戊子己己丑庚庚寅辛辛卯戊四三角形各大於同底圜分之半蓋於子丑寅卯四點上作四切線而於戊己己庚庚辛辛戊四線上補成四矩形則戊子己己丑庚庚寅辛辛卯戊四三角形各為矩形之半（一卷三十七）惟各圜分小於各矩形是以戊子己己

丑庚庚寅辛辛卯戊四三角形各大於同底圜分之半再以圜周之諸分平分之而作通弦累推之必至圜分小於戊庚圜面與申面之較蓋有二不等幾何大幾何累次去大半若干次後所餘必小於小幾何故也本題例設於戊庚圜面內戊子子己己丑丑庚庚寅寅辛辛卯卯戊八線上作圜分小於戊庚圜面與申面之較則戊子己丑庚寅辛卯多邊形大於申面又於甲丙圜內作甲天乙辰丙巳丁未多邊形與戊子己丑庚寅辛卯多邊形相似則乙丁與巳辛之二正方比若甲天乙辰丙巳丁未與戊子己丑庚寅辛卯二多邊形比本卷一今乙丁與巳辛之二正方比若甲丙圜面與申面比則甲丙圜面與申面比若甲天乙辰丙巳丁未與戊子己丑庚寅辛卯二多邊形比屬理甲丙圜面與所容多邊形比若申面與戊子己丑庚寅辛卯多邊形比惟甲丙圜面大於所容之多邊形則申面大於戊子己丑庚寅辛卯多邊形而所設小於多邊形於理不合故乙丁與巳辛之二正方比非若甲丙圜面與小於戊庚圜面之面比巳辛與乙丁之二正方比非若戊庚圜面與小於甲丙圜面之面比理同

次設乙丁與巳辛之二正方比若甲丙圜面與大於戊庚圜面之面比命大於戊庚之面爲申反理巳辛與乙丁之二正方比若申面與甲丙圜面比惟申面與甲丙圜面比若戊庚圜面與小於甲丙圜面之面比是巳辛與乙丁之二正方比若戊庚圜面與小於甲丙圜面之面比於理不合本論故乙丁與巳辛之二正方比非若甲丙圜面與大於戊庚圜面之面比亦非若甲丙圜面與小於戊庚圜面之面比本論是以凡圜面比若徑線上正方比

案若申面大於戊庚圜面則申面與甲丙圜面比若戊庚圜面與小於甲丙圜面之面比設申面與甲丙圜面比若戊庚圜面與酉面比則酉面小於甲丙圜面蓋申面與甲丙圜面比旣若戊庚圜面與酉面比則申面與戊庚圜面比若甲丙圜面與酉面比五卷十六惟申面大於戊庚圜面所以甲丙大於酉面故申面與甲丙圜面比若戊庚圜面與小於甲丙圜面之面比

第三題

凡三角底錐體可分爲四體二爲相似相等三角底錐體皆與全體相似二爲相等平行棱體其和大於全體之半

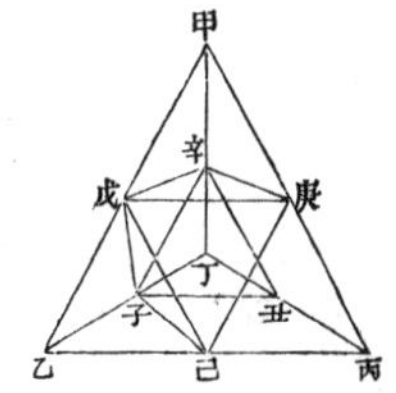

解曰設錐體以甲乙丙三角形爲底面丁爲頂點題言甲乙丙丁錐體可分爲四體二爲相等相似三角底錐體各與全體相似二爲相等平行棱體二平行棱體之和大於原體之半

論曰平分甲乙乙丙丙甲甲丁丁乙丁丙六線於戊己庚辛子丑六點甲戊既等於戊乙而甲辛與辛丁等則戊辛聯線與丁乙平行（六卷二）辛子與甲乙平行理同故辛戊乙子爲平行邊形所以辛子與戊乙等（一卷三十四）惟戊乙與甲戊等故甲戊與辛子等惟甲辛與辛丁等故

甲戊甲辛二邊與子辛辛丁二邊兩兩相等而戊甲辛與子辛丁二角等（一卷二十九）戊辛與子丁二底邊亦等（一卷四）則甲戊辛辛子丁二三角形相等相似甲辛庚辛丁丑二三角形相等相似理同又戊辛辛庚二相遇線與子丁丁丑二相遇線非在一面而兩兩平行則所成之二角必等（十一卷十）故戊辛庚子丁丑二角等戊辛辛庚二邊與子丁丁丑二邊既兩兩相等戊辛庚與子丁丑二角又等則戊庚子丑二底邊必等故戊辛庚子丁丑二三角形相等相似又甲戊庚辛子丑二三角形相等相似所以甲戊庚辛與辛子丑丁二錐體相等相似又辛

子線既與甲丁乙形之甲乙邊平行則甲丁乙與辛丁子二三角形等角（一卷二十九）其相當邊亦同比（六卷四）故甲丁乙與辛丁子二三角形相似又丁乙丙與丁子丑二三角形相似甲丁丙與辛丁丑二三角形相似理同又乙甲甲丙二相遇線與子辛辛丑二相遇線非在一面而俱平行則所成之二角等（十一卷十）故乙甲丙與子辛丑二角等又乙甲與甲丙比若子辛與辛丑比故甲乙丙與辛子丑二三角形相似（六卷六）所以甲乙丙丁與辛子丑丁二錐體相似惟辛子丑丁與甲戊庚辛二錐體相等相似（本論）故甲戊庚辛辛子丑丁二錐體各與甲乙丙

丁原錐體相似乙己與己丙既相等則戊乙己庚平行邊形倍於庚己丙三角形（一卷四十一）凡兩個等高三平行棱體一以平行邊形爲底面一以三角形爲底面平行邊形之面積倍於三角形之面積則二體等積（十一卷四十）故乙子己庚戊辛與庚己丙丑辛子二棱體相等一以戊乙己庚爲底面辛子爲頂邊一以庚己丙爲底面子丑辛爲頂面此二稜體俱大於甲戊庚辛及辛子丑丁二錐體理自明試作戊子戊己二線則戊乙己庚辛子棱體大於戊乙己子錐體惟戊乙己子與甲戊庚辛二錐體等（十一卷界說十）因各以相等相似面爲界故也故戊乙

己庚辛子棱體大於甲戊庚辛錐體惟戊乙己庚辛子與庚己丙辛子丑二棱體等而甲戊庚辛與辛子丑丁二錐體等故二棱體大於甲戊庚辛及辛子丑丁二錐體是以甲乙丙丁全錐體分爲四體二爲相等相似錐體俱與全體相似二爲相等平行棱體大於全體之半

第四題

有等高三角底面之錐體各分爲四體二爲相等錐體俱與全體相似二爲相等平行棱體其二錐體如前各分爲四體如此累分之彼此各等則二全錐體底面比若二體內諸平行棱體和積比

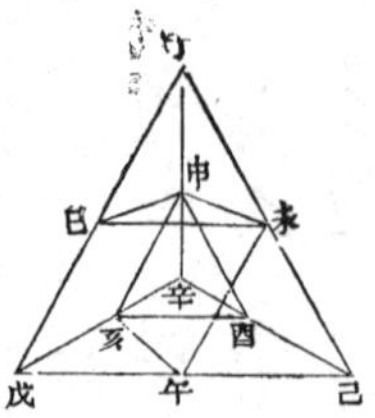

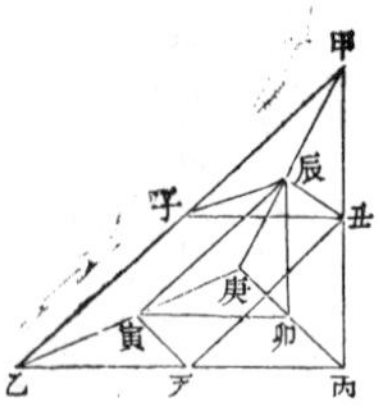

解曰有二等高錐體以甲乙丙丁戊己二三角形爲底庚辛爲二頂點二體各分爲四體二爲相等錐體皆與原體相似二爲相等平行棱體所分二錐體如前又各分爲四體如此累分之彼此各等題言甲乙丙與丁戊己二底面比若甲乙丙庚與丁戊己辛二體內諸平行棱體之和積比

論曰乙天與天丙既等而甲丑與丑丙亦等則天丑與甲乙平行六卷二 甲乙丙與丑天丙二三角形相似六卷四 丁戊己與未午己二三角形相似理同又乙丙既倍於丙天而戊己倍於己午則乙丙與丙天比若戊己與己午比乙丙丙天二線上有甲乙丙丑天丙二形相似戊己己午二線上有丁戊己未午己二形相似故甲乙丙與丑天丙二三角形比若丁戊己與未午己二三角形比六卷二十二 屬理甲乙丙與丁戊己比若丑天丙與未午己比惟丑天丙與未午己比若丑天丙辰寅卯與未午己申亥酉二平行棱體比本卷三 故甲乙丙丁戊己二三角形比若丑天丙辰寅卯與未午己申亥酉二平行棱體比五卷十一 又甲乙丙庚錐體內之二棱體既相等而丁戊己辛錐體內之二棱體亦相等則子丑天乙寅辰與丑天丙辰寅卯二棱體比若戊巳未午亥申與未午己申亥酉二棱體比所以合理子丑天乙寅辰及丑天丙辰寅卯二棱體和與丑天丙辰寅卯棱體比若巳未午戊亥申及未午己申亥酉二棱體和與未午己申亥酉棱體比五卷十八 屬理子丑天乙寅辰及丑天丙辰寅卯二棱體和與巳未午戊亥申及未午己申亥酉二棱體和比若丑天丙辰寅卯棱體與未午己申亥酉棱體比而丑天丙辰寅卯與未午己申亥酉二棱體比若丑天丙與未午己二底面比亦

若甲乙丙與丁戊己二底面比，本論故甲乙丙與丁戊己二三角形比若甲乙丙庚錐體內二棱體之和與丁戊己辛錐體內二棱體之和比。又以第一次分得之二錐體辰寅卯庚及申亥酉辛如前再分之，則辰寅卯與申亥酉二底面比若辰寅卯庚錐體內二棱體之和與申亥酉辛錐體內二棱體之和比。惟辰寅卯與申亥酉二底面比若甲乙丙與丁戊己二底面比，故甲乙丙與丁戊己二底面比若甲乙丙庚錐體內二平行棱體和與丁戊己辛錐體內二平行棱體和比，又若辰寅卯庚錐體內二平行棱體和與申亥酉辛錐體內二平行棱體和比，亦若此體內四平行棱體和與彼體內四平行棱體和比。以甲子丑辰丁巳未申二錐體分得平行棱體理同，累分得諸平行棱體理亦同。

案丑天丙與未午己二三角形比若丑天丙辰寅卯與未午己申亥酉二棱體比。以理明之，從庚辛二點各作甲乙丙丁戊己二三角形之垂線必相等，因二錐體等高故也。庚丙線及庚點下之垂線既俱為甲乙丙辰寅卯二平行三角面所割，則所分之分比例必同，十一卷十七惟庚丙平分於割點卯，故庚點至甲乙丙面之垂線亦必平分於辰寅卯面之割點。辛點至丁戊己面之垂線平分於申酉亥面之割點，理同。惟庚辛二點至甲乙丙丁戊己二面之垂線等，故從辰寅卯申亥酉二面至甲乙丙丁戊己二面之垂線必等。所以丑天丙底面辰寅卯頂面與未午己底面申酉亥頂面二棱體等高。凡等高二方體相與之比若二底面比，十一卷三十二半體亦然，故丑天丙與未午己二底面比若二平行棱體比。

第五題

凡三角底面等高錐體相與之比若其底面之比。

解曰：甲乙丙丁戊己二三角形為等高錐體之二底面，庚辛為二頂點。題言甲乙丙與丁戊己二底面比若甲乙丙庚與丁戊己辛二錐體比。

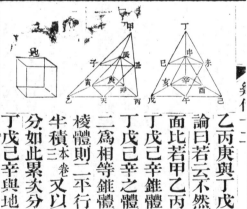

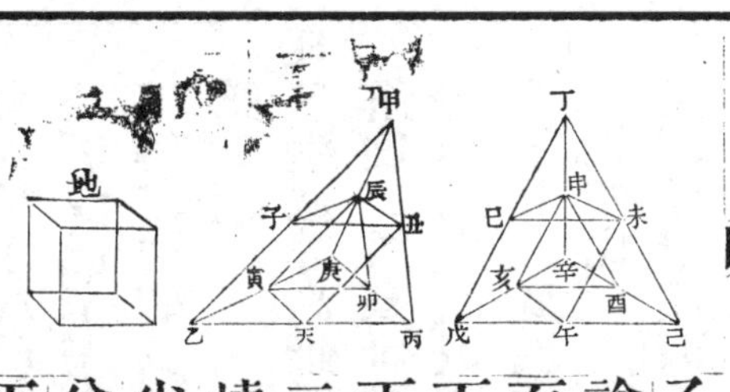

論曰：若云不然，而甲乙丙丁戊己二底面比若甲乙丙庚錐體與或小或大於丁戊己辛錐體之體比。先設地為小於丁戊己辛之體，試分丁戊己辛為四體，二為相等錐體與全體相似，二為平行棱體，則二平行棱體之和積大於全體半積。本卷三又以所分得之錐體如前再分，如此累次分之，直至所得錐體小於丁戊己辛與地二體之較。設所分之錐

體爲丁巳未申申亥酉辛則丁戊己辛體內所餘諸平行棱體必大於地體又累分甲乙丙庚體令與丁戊己辛體之若干分等則甲乙丙與丁戊己二底面比若甲乙丙庚與丁戊己辛二體內諸平行棱體之和比本卷四今設甲乙丙與丁戊己比若甲乙丙庚體與地體比故甲乙丙庚體與地體比若甲乙丙庚與丁戊己辛二體內諸平行棱體之和比屬理甲乙丙庚體與所容諸平行棱體比若地體與丁戊己辛體所容之諸平行棱體比而甲乙丙庚體大於所容之諸平行棱體和則地體當大於丁戊己辛體所容之諸平行棱體和今反爲小

於理不合故甲乙丙與丁戊己二底面比非若甲乙丙庚錐體與小於丁戊己辛錐體之體比又丁戊己與甲乙丙二底面比非若丁戊己辛錐體與小於甲乙丙庚錐體之體比理同又設甲乙丙與丁戊己二底面比若甲乙丙庚錐體與大於丁戊己辛錐體之體比設爲地體反理丁戊己與甲乙丙二底面比若地體與甲乙丙庚錐體比而地體與甲乙丙庚體比若丁戊己辛體與小於甲乙丙庚體之體比則丁戊己與甲乙丙二底面比若丁戊己辛體與小於甲乙丙庚體之體比於理不合本論故甲乙丙與丁戊己二底面比非若甲乙丙庚體

與大於丁戊己辛體之體比亦非若甲乙丙庚體與小於丁戊己辛體之體比本論是以凡三角底面等高錐體相與之比如其底面之比

第六題

凡多邊底等高錐體相與之比如其底面之比

解曰二等高錐體以甲乙丙丁戊及己庚辛子丑二多邊形爲底面寅卯爲二頂點題言甲乙丙丁戊與己庚辛子丑二底面比若甲乙丙丁戊寅與己庚辛子丑卯二錐體比

論曰分甲乙丙丁戊底面爲甲乙丙甲丙丁甲丁戊三

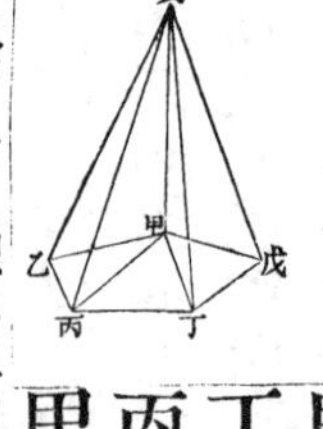

三角形亦分己庚辛子丑底面爲己庚辛己辛子己子丑三三角形每三角形上俱作錐體與原錐體等高則甲乙丙與甲丙丁二三角形比若甲乙丙寅與甲丙丁寅二錐體比本卷五合理甲乙丙丁多邊形與甲丙丁三角形比若甲乙丙丁寅與甲丙丁寅二錐體比五卷十八又甲丙丁與甲丁戊二形比若甲丙丁寅與甲丁戊寅二錐體比平理甲乙丙丁與甲丁戊二底面比若甲乙丙丁寅與甲丁戊寅二錐體比五卷二十二又

合理甲乙丙丁戊與甲丁戊二底面比若甲乙丙丁戊寅與甲丁戊寅二錐體比己庚辛子丑與己子丑二底面比若己庚辛子丑卯與己子丑卯二錐體比理同又甲丁戊寅己子丑卯既爲三角底等高二錐體則甲丁戊寅與己子丑二底面比若甲丁戊寅與己子丑卯二錐體比（本卷五）夫甲乙丙丁戊與甲丁戊二底面比既若甲乙丙丁戊寅與甲丁戊寅二錐體比而甲丁戊與己子丑二底面比又若甲丁戊寅與己子丑卯二錐體比則平理甲乙丙丁戊與己子丑二底面比若甲乙丙丁戊寅與己子丑卯二錐體比而己子丑與己庚辛子丑二底面比若己子丑卯與己庚辛子丑卯二錐體比故平理甲乙丙丁戊與己庚辛子丑二底面比若甲乙丙丁戊寅與己庚辛子丑卯二錐體比是以凡多邊底面等高錐體相與之比如其底面之比

第七題

凡三平行棱體可分爲三相等三角底錐體

解曰甲乙丙爲三平行棱體之底面丁戊己爲頂面題言甲乙己體可分爲三相等三角底錐體

論曰作乙丁戊丙丙丁三線甲乙戊丁既爲平行邊形其對角線爲乙丁則甲乙丁與戊丁乙二三角形等（一卷三十四）故甲乙丁丙戊丁乙丙二錐體等（本卷五）惟戊丁乙三角底面丙頂點之錐體即戊乙丙三角底面丁頂點之錐體同用諸面爲界故也故甲乙丁丙與戊乙丙丁二錐體等又己丙乙戊既爲平行邊形其對角線丙戊則戊丙己與丙乙戊二三角形等（一卷三十四）故丙乙戊丁與戊丙己丁二錐體等（本卷五）惟丙乙戊丁與甲乙丁丙二錐體等（本論）所以丙戊己丁與甲乙丁丙二錐體亦等故甲乙己平行棱體分爲三相等三角底面錐體又甲乙丁底面丙頂點錐體即丙甲乙底面丁頂點錐體同用諸面爲界故也而甲乙丁丙錐體爲甲乙己平行棱體三分之一故此三錐體並爲甲乙己平行棱體三分之一

系任何棱錐體俱爲同底等高平行棱體三分之一蓋平行棱體之底面若爲多邊形其頂面相似可分爲三角頂底面諸平行棱體故也

第八題

凡相似三角底錐體相與之比例爲其相當邊三次比例

解曰如相似體勢等之二錐體以甲乙丙丁戊己二三角形爲底庚辛爲二頂點題言甲乙丙庚與丁戊己辛

二錐體之比例爲乙丙戊己二邊三次比例

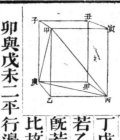

論曰作乙丑戊辰二方體甲乙丙庚與丁戊己辛二錐體既相似則甲乙丙丁戊己二角等庚乙丙辛戊己二角等甲乙庚丁戊辛二角等十一卷界說九而甲乙與丁戊二邊比若乙丙與戊己二邊比亦若乙庚與戊辛二邊比甲乙與丁戊比旣若乙丙與戊己比是夾等角之邊同比故乙寅與戊巳二平行邊形相似乙卯與戊未二平行邊形相似乙子與戊天二平行邊形相似理俱同惟寅乙乙子乙卯三平行邊形與其相對三平行邊形俱相似相等戊巳戊天戊未三平行邊形與其相對三平行邊形俱相似相等十一卷二十四所以乙丑與戊辰二體之諸面皆相似而面數同故乙丑與戊辰二體相似十一卷界說九凡相似方體相與之比例爲其相當邊三次比例十一卷三十三故乙丑與戊辰二體之比例爲乙丙與戊己二相當邊三次比例惟乙丑與戊辰二體之比若甲乙丙庚與丁戊己辛二錐體之比五卷十五蓋錐體爲方體六分之一因平行稜體即方體之半爲錐體之三倍故也是以甲乙丙庚與丁戊己辛二錐體之比例爲乙丙與戊己三次比例

系準題凡相似多邊底錐體相與之比例亦爲相當邊三次比例蓋各分其底爲諸三角面俱彼此相似而面數等相當面皆與其全面同比六卷二十則彼此二體內各相當三角底錐體相與之比若彼此二體內諸三角底錐體和相與之比卽若二全錐體相與之比惟二三角底錐體之比例爲其相當邊三次比例故二相似多邊底錐體之比例亦爲相當邊三次比例

第九題

凡三角底錐體等積則底面與高有反比例又三角底錐體底面與高有反比例則體積等

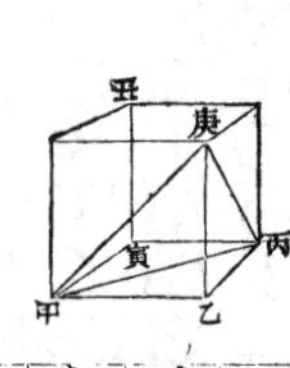

解曰二錐體以甲乙丙丁戊己二三角形爲底面庚辛爲二頂點題言甲乙丙庚與丁戊己辛二體之底面與高有反比例卽甲乙丙與丁戊己二底面比若丁戊己辛與甲乙丙庚二體之高比

論曰作乙丑及戊辰二方體甲乙丙庚與丁戊己辛二錐體既等積甲乙丙庚錐體爲乙丑方體六分之一丁戊己辛錐體爲戊辰方體六分之一則乙丑與戊辰二方體等

積五卷十五凡等積方體底面與高有反比例十一卷三十四故乙寅與戊巳二底面比若戊辰與乙丑二體之高比惟乙寅與戊巳二底面比若甲乙丙與丁戊己二三角形比故甲乙丙丁戊己二三角形比若戊辰與乙丑二體之高比惟戊辰方體與丁戊己辛錐體等高乙丑方體與甲乙丙庚錐體等高故甲乙丙與丁戊己二底面比若丁戊己辛與甲乙丙庚二錐體之高比是以甲乙丙庚與丁戊己辛二錐體之底面與高有比例

又解曰甲乙丙庚丁戊己辛二錐體之底面與高有反比例卽甲乙丙與丁戊己二底面比若丁戊己辛與甲乙丙庚二體之高比題言甲乙丙庚與丁戊己辛二錐體等積

論曰如前圖甲乙丙與丁戊己二底面比旣若丁戊己辛與甲乙丙庚二錐體之高比而甲乙丙與丁戊己二底面比若乙寅與戊巳二平行邊形比則乙寅與戊巳二平行邊形比若丁戊己辛與甲乙丙庚二錐體之高比惟丁戊己辛錐體與戊辰方體等高甲乙丙庚錐體與乙丑方體等高故乙寅與戊巳二底面比若戊辰與乙丑二方體之高比凡底面與高有反比例則方體必等積十一卷三十四故乙丑與戊辰二方體等積而甲乙丙庚錐體爲乙丑方體六分之一丁戊己辛錐體爲戊辰方體六分之一故甲乙丙庚與丁戊己辛二錐體等積是以三角底錐體底面與高有反比例則體積等

第十題

凡圓錐體爲同底等高圓柱體三分之一

解曰如圓錐體與圓柱體同以甲乙丙丁平圓爲底面其高又等題言圓錐體爲圓柱體三分之一卽圓柱體三倍圓錐體

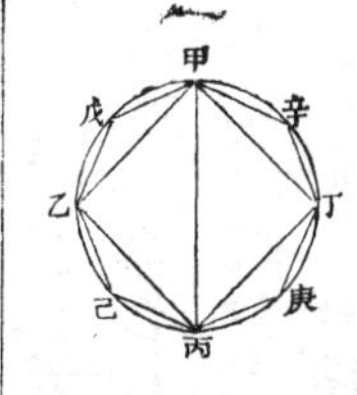

論曰若云圓柱體非三倍圓錐體而或大或小者先設大於三倍圓錐體試作甲乙丙丁內切圓方形甲乙丙丁方形必大於甲乙丙丁圓形之半於方形上作稜錐體與圓柱體等高則稜錐體亦必大於圓錐體之半蓋作外切圓方形則內切圓方形爲外切圓方形之半以二方形爲底面作二等高錐體則二錐體相與之比若二底面之比故內切圓方形上之錐體爲外切圓方形上錐體之半而圓錐體小於外切圓方形上之錐體故甲乙丙丁內切圓方形上之錐體與圓柱體等高必大於圓錐體之半平分甲乙乙丙丙丁丁甲四弧線於戊己庚辛四點作甲戊戊乙乙己己丙丙庚庚丁丁辛辛

甲八線則甲戊乙乙己丙丙庚丁丁辛甲四三角形各
大於同底圜分之半本卷二四三角形上各作錐體與柱
體等高則諸錐體各大於諸圜分上錐體之半試過戊
己庚辛四點作甲乙丙丙丁丁甲四線之平行線而
成諸平行邊形其上作錐體與圓柱等高則此諸錐體
倍於甲戊乙乙己丙丙庚丁丁辛甲四三角形上之錐
體諸圜分小於諸平行邊形故甲戊乙乙己丙丙庚丁
丁辛甲四三角形上之錐體大於同底四圜分上錐體
之半以諸三角形減諸圜分所餘諸小圜分又平分之
作諸通弦成諸三角形每三角形上作錐體與柱體等
高如此累推至於諸餘分之和小於圓柱體與三倍圓
錐體相較之底十卷一設有此分命爲甲戊戊乙乙己己
丙丙庚庚丁丁辛辛甲則其餘面甲戊乙己丙庚丁辛
多邊形爲底作柱體與圓柱體等高亦大於三倍圓錐
體惟甲戊乙己丙庚丁辛多邊底面上與圓柱體等高
之柱體即三倍甲戊乙己丙庚丁辛多邊底面上與圓
柱體等高之錐體本卷七是甲戊乙己丙庚丁辛多邊底
面上與圓柱體等高之錐體大於甲乙丙丁底面之圓
錐體然實小於圓錐體因此體爲圓錐體所容故也於
理不合故圓柱體不能大於三倍圓錐體亦不能小於

三倍圓錐體假設小於三倍圓錐體以反理推之是圓
錐體大於圓柱體三分之一試於甲乙丙丁圜內作甲
乙丙丁內切圓方形則此方形必大於圜面之半甲乙
丙丁方形上作棱錐體與圓錐體等高則棱錐體大於
圓錐體之半蓋甲乙丙丁方形爲外切圓方形之半二
方形上作錐體與圓錐體等高則甲乙丙丁方底之錐
體爲外切圓方形上錐體之半本論惟外切圓方形上之
錐體大於圓錐體因圜爲方所容故也故甲乙丙丁方
底之錐體與圓錐體等高大於圓錐體之半平分甲乙
乙丙丙丁丁甲四弧線於戊己庚辛四點作甲戊戊乙
乙己己丙丙庚庚丁丁辛辛甲八通弦則甲戊乙乙己
丙丙庚丁丁辛甲四三角形各大於同底圜分之半本論
於四三角形上各作錐體與圓錐體等高則諸錐體各
大於諸圜分上錐體之半又平分諸餘小圜分作諸通
弦成諸三角形於上作錐體與圓錐體等高累推至諸
圜分上錐體之和小於圓錐體與圓柱體三分之一之
較十卷一設有此分命爲甲戊戊乙乙己己丙丙庚庚丁
丁辛辛甲則其餘積甲戊乙己丙庚丁辛多邊底面與
圓柱體等高之錐體大於圓柱體三分之一惟甲戊乙
己丙庚丁辛多邊底面上與圓柱體等高之錐體即甲

戊乙己丙庚丁辛底面上與圓柱體等高之平行棱體三分之一（本卷七系）是甲戊乙己丙庚丁辛多邊底面上與圓柱體等高之平行棱體大於甲乙丙丁底面上之圓柱體然實小於圓柱體因爲圓柱體所容故也於理不合故圓柱體不能小於三倍圓錐體亦不能大於三倍圓錐體（本論）是以圓柱體三倍圓錐體而圓錐體爲同底等高圓柱體三分之一

第十一題

凡等高圓錐或圓柱體相與之比若其底面之比

解曰二等高圓錐或圓柱體以甲乙丙丁及戊己庚辛二平圓爲底面子丑及寅卯爲二軸線甲丙戊庚爲底面之徑題言甲乙丙丁與戊己庚辛二圓面之比若甲丑與戊卯二圓錐體或二圓柱體之比

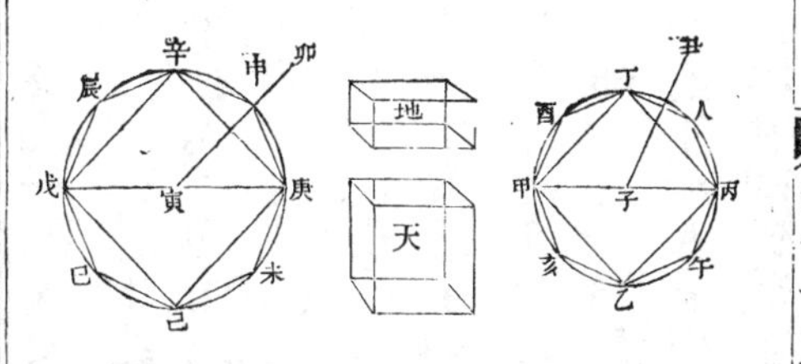

論曰若云不然而甲乙丙丁與戊己庚辛二圓面比若甲丑圓錐體與或小或大於戊卯圓錐體之體比先設天體小於戊卯圓錐體令地體等於戊卯圓錐體與天體之較則戊卯圓錐體與天地二體之和等戊己庚辛圓面內作戊己庚辛方形此方形大於圓面之半於方形上作錐體與圓錐體等高則方錐體大於圓錐體之半試作外切圓方形其上作錐體與圓錐體等高則內切圓方形上錐體等於外切圓方形上錐體之半蓋錐體相與之比若其底面之比故也（本卷六）而圓錐體小於外切圓方形之錐體故戊己庚辛方形上等圓錐高之錐體大於圓錐體之半次平分戊己己庚庚辛辛戊四弧線於辰巳未申四點作辛辰辰戊戊巳巳己己未未庚庚申申辛八通弦則辛辰戊戊巳己己未庚庚申辛四三角形各大於同底圓分之半於四三角形上各作錐體與圓錐等高則諸錐體各大於諸圓分上錐體之半前平分之各弧線又各平分之作諸通弦成諸三角形其上作諸錐體與圓錐體等高如此累推至於諸圓分上錐體之和小於地體（十卷一）設有此諸錐體以辛辰辰戊戊巳巳己己未未庚庚申申辛爲諸底面之直邊則辛辰戊巳己未庚申多邊底面與圓錐體等高之錐體大於天體乃於甲乙丙丁圓面內作丁酉甲亥乙午丙人多邊形與辛辰戊巳己未庚申多邊形相似其上作錐體與甲丑圓錐體等高甲丙與戊庚二正方比既若丁

酉甲亥乙午丙人與辛辰戊巳己未庚申二多邊形比。亦若甲乙丙丁與戊己庚辛二圓面比。本卷二六卷二十本卷一則甲乙丙丁與戊己庚辛二圓面比若丁酉甲亥乙午丙人與辛辰戊巳己未庚申二多邊形比。五卷十一今甲乙丙丁與戊己庚辛二圓面比若甲丑圓錐體與天體比。而丁酉甲亥乙午丙人與辛辰戊巳己未庚申二多邊形比若丁酉甲亥乙午丙人丑與辛辰戊巳己未庚申卯二錐體比。本卷六故甲丑圓錐體與天體比。亦若丁酉甲亥乙午丙人丑與辛辰戊巳己未庚申卯二錐體比。屬理。甲丑圓錐體與所容稜錐體比若天體與戊卯圓錐體所容稜錐體比。惟甲丑圓錐體大於所容之稜錐體。故天體大於戊卯圓錐體所容之稜錐體。今小於稜錐體。於理不合。故甲乙丙丁與戊己庚辛二圓面比。非若甲丑圓錐體與小於戊卯圓錐體之體比。而戊己庚辛與甲乙丙丁二圓面比。非若戊卯圓錐體與小於甲丑圓錐體之體比。理同。又設天體大於戊卯圓錐體。以反理推之。戊己庚辛與甲乙丙丁二圓面比若天體與甲丑圓錐體比。惟天體與甲丑圓錐體比若戊卯圓錐體與小於甲丑圓錐體之體比。故戊己庚辛與甲乙丙丁二圓面比若戊卯圓錐體與小於甲丑圓錐體之體

比。準前論。於理不合。故甲乙丙丁與戊己庚辛二圓面比。非若甲丑圓錐體與大於戊卯圓錐體之體比。亦非若甲丑圓錐體與小於戊卯圓錐體之體比。本論故甲乙丙丁與戊己庚辛二圓面比若甲丑與戊卯二圓錐體比。凡圓錐體相與之比若圓柱體相與之比。因柱體三倍錐體故也。本卷十故甲乙丙丁與戊己庚辛二圓面比。若其面上等高圓柱體或圓錐體比。

第十二題

凡相似圓錐體或圓柱體相與之比例為其底徑三次比例。

解曰。兩相似圓錐體或圓柱體。以甲乙丙丁及戊己庚辛二平圓為底面。乙丁。己辛為二徑線。子丑寅卯為二錐體或柱體之軸線。題言甲乙丙丁丑與戊己庚辛卯二圓錐體之比例為乙丁與己辛二徑線三次比例。

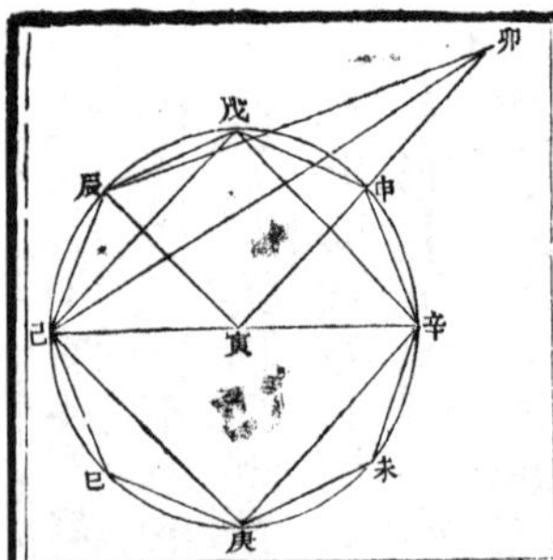

論曰。若云甲乙丙丁丑與戊己庚辛卯二圓錐體之比例非二徑線三次比例。而甲乙丙丁丑圓錐體與或小或大於戊己庚辛卯圓錐體之體比為二徑線三次比例。先設天體小於己卯圓錐體。試於戊

己庚辛圓面內作戊己庚辛方形
則此方形大於戊己庚辛圓面之
半又於八方形上作錐體與圓錐體
等高則此錐體大於圓錐體之半
平分戊己己庚庚辛辛戊四弧線
於辰巳未申四點作戊辰辰己己
巳巳庚庚未未辛辛申申戊八通

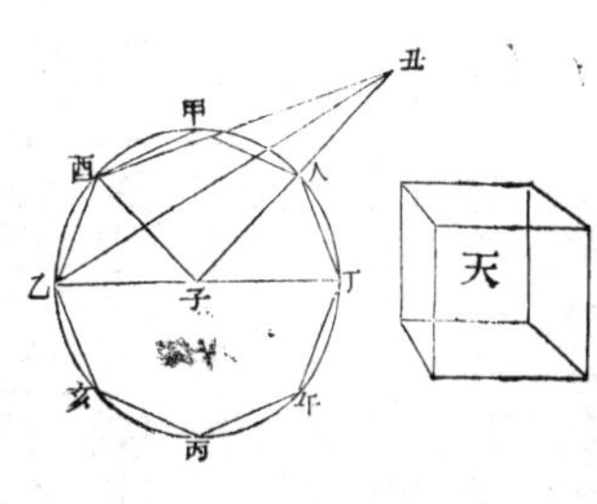

弦則戊辰己己巳庚庚未辛辛申戊四三角形各大於
同底圓分之半於四三角形上各作錐體與圓錐體等
高則各錐體俱大於各圓分上錐體之半又平分戊辰
辰己等諸弧線作諸通弦成諸三角形其上各作錐體
與圓錐體等高如此累推至於諸圓分上錐體之和小
於戊己庚辛卯圓錐體與天體之較一十卷設有此諸錐
體以戊辰辰己己巳巳庚庚未未辛辛申申戊諸圓分
爲底面則戊辰己巳庚未辛申卯之錐體大於天體試
於甲乙丙丁圓內作甲酉乙亥丙午丁人多邊形與戊
辰己巳庚未辛申相似其上作錐體與本圓錐體等高
丑乙酉三角形爲甲酉乙亥丙午丁人丑錐體之一面
卯己辰三角形爲戊辰己巳庚未辛申卯錐體之一面
又作子酉寅辰二線甲乙丙丁丑與戊己庚辛卯既相

似則乙丁與己辛比若子丑與寅卯比十一卷界說二十四惟乙
丁與己辛比若乙子與己寅比故乙子與己寅比若子
丑與寅卯比屬理乙子與子丑比若己寅與寅卯比又
乙子丑與己寅卯同爲直角夾二角之邊又同比故乙
子丑與己寅卯二三角形相似六卷六又乙子與子酉比
既若己寅與寅辰比而又爲夾乙子酉己寅辰二等角
之邊以此二角所對之弧皆爲八分圓周之一故也所
以乙子酉與己寅辰二三角形相似六卷六又乙子與子
丑比既若己寅與寅卯比本論而乙子與子酉比若己寅
與寅辰比則子酉與子丑比若寅辰與寅卯比是夾酉
子丑辰寅卯二等角之邊同比故丑子酉與卯寅辰相
似惟乙子丑己寅卯既相似而丑乙與乙子比若卯己
與己寅比乙子酉己寅辰二三角形又相似而子乙與
乙酉比若寅己與己辰比則平理丑乙與乙酉比若卯
己與己辰比五卷二十二又丑酉子卯辰寅二三角形既相
似而丑酉與酉子比若卯辰與辰寅比子乙酉寅己辰
二三角形又相似而子酉與酉乙比若寅辰與辰己比
則平理丑酉與酉乙比若卯辰與辰己比而酉乙與乙
丑比若辰己與己卯比本論所以平理酉丑與丑乙比若
辰卯與卯己比故丑酉乙卯辰己二三角形之相當邊

俱同比。則此二三角形必相似。六卷五 所以乙酉子丑與己辰寅卯二錐體相似。因其面俱相似而面數等故也。十一卷界說九 凡三角底面相似錐體相與之比例。為其相當邊三次比例。本卷八 故乙子酉丑與己寅辰卯二錐體之比例。為乙子與己寅三次比例。又從甲八丁午丙亥六點至子心作諸線。從戊申辛未庚巳六點至寅心作諸線。所成之諸三角形上作錐體與圓錐體等高。則此圓錐內諸棱錐體與彼圓錐內諸相當棱錐體之比例。為乙子與己寅相當邊三次比例。或乙丁與己辛二徑亦同。凡一前率與一後率比。若諸前率與諸後率比。五卷十二

故乙子酉丑與己寅辰卯二錐體比。若甲酉乙亥丙午丁八丑與戊辰己巳庚未辛申卯二錐體比。所以二錐體之比例。為乙丁與己辛三次比例。令甲乙丙丁丑圓錐體與天體比。為乙丁與己辛三次比例。是甲乙丙丁丑圓錐體與天體比。若甲酉乙亥丙午丁八丑與戊辰己巳庚未辛申卯二錐體比。屬理。甲乙丙丁丑圓錐體與其所容甲酉乙亥丙午丁八丑錐體比。若天體與戊辰己巳庚未辛申卯錐體比。惟圓錐體必大於棱錐體。能容之故也。故天體必大於戊辰己巳庚未辛申卯錐體。今天體反小。於理不合。故甲乙丙丁丑圓錐體與小於戊己庚辛卯圓錐體之體比。非為乙丁與己辛三次比例。又戊己庚辛卯圓錐體與小於甲乙丙丁丑圓錐體之體比。非為己辛與乙丁三次比例。理同。又甲乙丙丁丑圓錐體與大於戊己庚辛卯圓錐體之體。其比例非為乙丁與己辛三次比例。設天為大體。以反理推之。天體與甲乙丙丁丑圓錐體之比。為己辛與乙丁三次比例。夫天體與甲乙丙丁丑圓錐體比。若戊己庚辛卯圓錐體與小於甲乙丙丁丑圓錐體之體比。是戊己庚辛卯圓錐體與小於甲乙丙丁丑圓錐體之體比。為己辛與乙丁三次比例。準前論。於理不合。故甲乙丙丁丑

圓錐體與大於戊己庚辛卯圓錐體之體比。非為乙丁與己辛三次比例。與小體亦然。本論 故甲乙丙丁丑圓錐體與戊己庚辛卯圓錐體之比例。為乙丁與己辛三次比例。惟二圓錐體相與之比。若二圓柱體相與之比。蓋圓錐體為同底等高圓柱體三分之一故也。本卷十 所以二圓柱體相與之比例。亦為乙丁與己辛三次比例。

第十三題

凡圓柱體為其二對面之平行面所割。分為二圓柱體。則二圓柱體比若二軸線比。

解曰。甲丁圓柱為甲乙丙丁二面之平行面庚辛所割。

交軸線戊己於子點分爲二圓柱體題言乙庚與庚丁二圓柱體比若戊子與子己二軸線比

論曰戊己軸線兩端引長之至丑寅二點任取戊卯卯丑皆等於戊子軸線又任取己天天寅皆等於子己軸線過丑卯天寅四點作辰巳未申酉亥午人四面皆與甲乙丙丁二面平行以丑卯天寅諸點爲心作諸圓面皆與甲乙丙丁二圓面等而成巳未未乙丁酉酉人四圓柱體丑卯卯戊戊子三軸線既俱相等則巳未未乙乙庚三圓柱相與之比如其底面之比（本卷十一）惟諸底面俱相等故巳未未乙乙庚三柱體相等又丑卯卯戊戊子三軸線既俱相等而巳未未乙乙庚三圓柱體俱相等丑卯卯戊戊子若干軸線與巳未未乙乙庚若干柱體等則子丑軸線爲戊子軸線之幾倍若巳庚柱體爲庚乙柱體之幾倍又寅子軸線爲子己軸線之幾倍若人庚柱體爲庚丁柱體之幾倍理同故設子丑軸線與子寅軸線等則巳庚柱體與庚人柱體等若子丑軸線大於子寅軸線則巳庚柱體大於庚人柱體若小則亦小故有四幾何卽戊子子己二軸線及乙庚庚丁二柱體取戊子軸線及乙庚柱體幾倍之各相等卽子丑軸線及巳庚柱體是也又取子己軸線及庚丁柱體幾倍之各相等卽子寅軸線及庚人柱體是也是以戊子與子己二軸線比若乙庚與庚丁二柱體比（五卷界說五）

第十四題

凡等底面圓柱體及圓錐體相與之比若其高之比

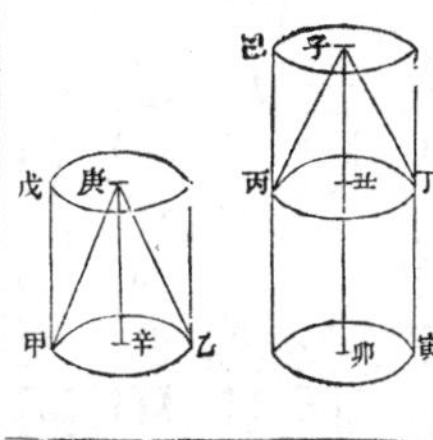

解曰己丁戊乙二圓柱體在甲乙丙丁二相等底面上題言戊乙與己丁二圓柱比若庚辛與子丑二軸線比

論曰引長子丑軸線至卯令丑卯等於庚辛軸線卽以丑卯爲丙寅圓柱之軸線戊乙丙寅二圓柱既等高則其相與之比若二底面之比（本卷十一）惟二底面相等故戊乙丙寅二圓柱相等乃己寅圓柱體既爲二對面之平行面丙丁所割則丙寅與己丁二圓柱體比若丑卯與子丑二軸線比（本卷十三）惟丙寅與戊乙二圓柱體等而丑卯與庚辛二軸線等故戊乙與己丁二圓柱體比若庚辛與子丑二軸線比惟戊乙與己丁二圓柱體比若甲乙庚丙丁子二圓錐體比因圓柱體三倍圓錐體故也是以庚辛與子丑二軸線比若甲乙庚與丙丁子二圓錐體比亦若戊乙與己丁二圓柱體比

第十五題

凡等積圜錐或圜柱體其底與高有反比例又若底與高有反比例則圜錐或圜柱體必等積

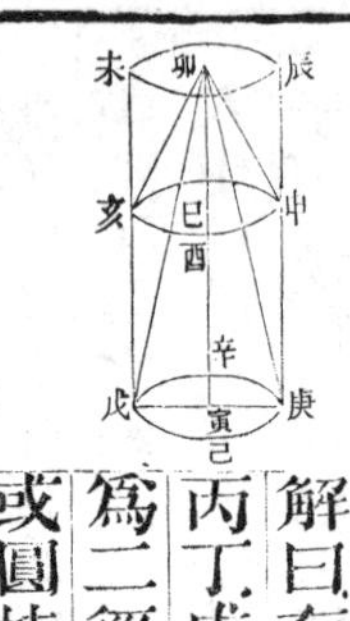

解曰有二等積圜錐或圜柱體以甲乙丙丁戊己庚辛二圜面爲底甲丙戊庚爲二徑線子丑寅卯爲二軸線卽圜錐或圜柱體之高設作甲天辰戊二圜柱體題言二體之底面與高有反比例卽甲乙丙丁與戊己庚辛二底面比若寅卯與子丑二高比

論曰子丑與寅卯二高或等或不等設等則甲天與戊辰二圜柱之底亦等凡等高圜錐或圜柱體相與之比若其底面之比（本卷十一）故甲乙丙丁與戊己庚辛二底面必等所以成反比例卽甲乙丙丁與戊己庚辛二底面比若寅卯與子丑二高比設二高不等寅卯大於子丑試於寅卯內取寅巳高與子丑等以戊己庚辛未辰二對面之平行面酉亥申割戊辰圜柱體過巳點成戊申圜柱體以戊己庚辛爲底面寅巳爲高甲天與戊辰二圜柱體既等積戊申爲別圜柱體則甲天與戊申二圜柱體比若戊辰與戊申二圜柱體比（五卷七）惟甲天與戊申二圜柱體比若甲乙丙丁與戊己庚辛二底面比因甲天戊申二體等高故也（本卷十一）而戊辰與戊申二圜柱體比若寅卯與寅巳二高比因戊辰體爲二對面之平行面酉亥申所割故也（本卷十三）故甲乙丙丁與戊己庚辛二底面比若寅卯與寅巳二高比惟寅巳與子丑二高等所以甲乙丙丁與戊己庚辛二底面比若寅卯與子丑二高比是以甲天戊辰二等積圜柱體之底面與其高成反比例

又解曰設甲天戊辰二圜柱體底面與高有反比例卽甲乙丙丁與戊己庚辛二底面比若寅卯與子丑二高比題言甲天與戊辰二體等積

論曰準前圖甲乙丙丁與戊己庚辛二底面比若寅卯與子丑二高比而子丑與寅巳等高則甲乙丙丁與戊己庚辛二底面比若寅卯與寅巳二高比惟甲乙丙丁與戊己庚辛二底面比若甲天與戊申二圜柱體比（本卷十一）因等高故也而寅卯與寅巳二高比若戊辰與戊申二圜柱體比（本卷十三）故甲天與戊申二體比若戊辰與戊申二體比是以甲天與戊辰二圜柱體等積圜錐體理同（五卷九）

第十六題

大小同心二圜面求作大圜內切偶數等邊形與小圜周不相遇

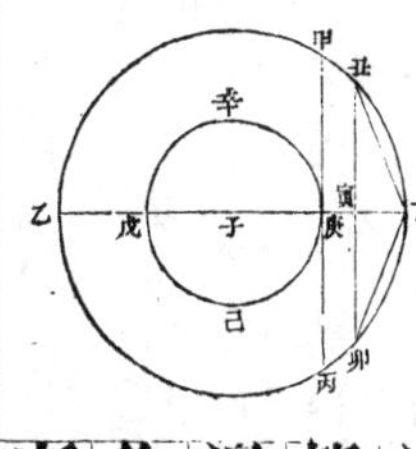

法曰甲乙丙丁戊己庚辛大小二圜面皆以子點爲心求作大圜內切偶數等邊形與小圜周不相遇法過圜心子點作乙丁直線從庚點作乙丁之垂線甲庚引長之至丙點則甲丙爲戊己庚辛小圜之切線（三卷十六）次平分乙甲丁半圜周其所分之一分又半之如此累推至於所分弧分小於甲丁弧（十卷一）命其分爲丑丁從丑點作乙丁之垂線丑寅引長之至卯作丑丁丁卯二線丑丁與丁卯必等丑卯既與甲丙平行而甲丙爲戊己庚辛小圜之切線則丑卯不切小圜周丑丁丁卯二線愈不切小圜周是以於大圜內作諸通弦皆與丑丁等則成偶數等邊形與戊己庚辛小圜周不相遇

第十七題

大小同心二球體大球內求作多面體與小球界不相遇

法曰大小二球體同以甲點爲心大球內求作多面體與小球界不相遇先設大球爲過圜心甲點面所割則二半球之平面皆爲平圜凡球體爲半平圜繞軸旋轉

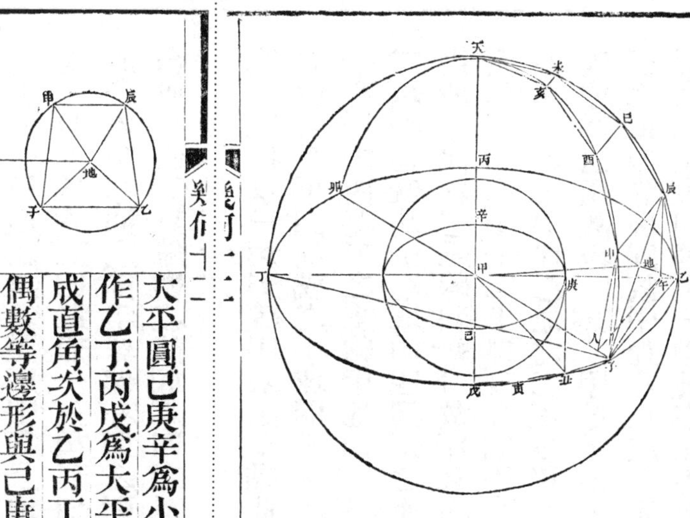

所成故也（十一卷界說十四）故半圜周不論何點繞軸一周必成球體內之平圜繞心一周爲大平圜蓋球內諸線徑線爲最大故也（三卷十五）故乙丙丁戊爲大球之最大平圜己庚辛爲小球之最大平圜作乙丁丙戊爲大平圜二徑線相與成直角次於乙丙丁戊大平圜內作偶數等邊形與己庚辛小平圜之周不相遇（本卷十六）如乙子子丑丑寅寅戊諸邊皆在乙戊象限弧線內次作子甲線引長之至卯次從甲作乙丙丁戊平圜之垂線甲天遇球界於天次過甲天乙丁二線作一面又過甲天子卯二線作一面此二面皆爲球內之大平圜則乙丁子卯二徑線上有二大平圜乙天丁子天卯爲其二半圜天甲直線既爲

乙丙丁戊平圓之垂線，則過天甲線之諸面，必為乙丙丁戊平圓之垂面（十一卷十八）所以乙天丁子天卯二半圓皆為乙丙丁戊之垂面，而此二半圓必相等，因在乙丁子卯相等二徑線上故也。則乙戊乙天子天三象限皆等，故乙戊象限內有若干邊，則乙天子天二象限內各有若干邊，皆與乙子子丑丑寅寅戊諸邊等。次作乙辰辰巳巳未未天子申申酉酉亥亥天諸邊，次作申辰酉巳亥未諸線，次從申辰二點作乙丙丁戊平圓面之二垂線，此二垂線在三平圓面之交線乙丁子卯上（十一卷三十八）因乙天丁子天卯二半圓面皆為乙丙丁戊平圓之

垂面故也。故此二垂線為辰午申人，次作午人線。乙天丁子天卯二半圓內既取圓周之等分乙辰子申二弧，而作辰午申人，則辰午必等於申人，而乙午必等於子人。惟乙甲子甲二半徑等，所以午甲人甲二餘線等，故乙午與午甲比若子人與人甲比，則人午與子乙必平行（六卷二）又辰午申人二線既皆為乙丙丁戊圓面之垂線，則辰午與申人必平行（十一卷六）而亦相等（本論）故人午申辰為相等平行線（一卷三十三）又人午既與申辰平行，亦與子乙平行（本論）則申辰與子乙亦平行（十一卷九）而乙辰子申為二聯線，故子乙辰申四邊形在一面內。凡二直線平行

於二線內各任取二點作二聯線，必與平行線同在一面內故也（十一卷七）又申辰巳酉酉巳未亥二四邊形各在一面內，理同。又亥未天三角形亦在一面內（十一卷二）故從辰申巳酉未亥六點至甲點各作線，即成多面體之一分為諸棱錐體之所合。此諸棱錐體在乙天子天兩象限界內，子乙辰申申辰巳酉酉巳未亥三箇四邊形及亥未天三角形為諸錐體底，甲為公頂點。子丑丑寅寅戊三邊上各作三四邊形一三角形，皆如子乙上諸形，餘三象限亦如之，餘半球體亦如之，則球內成諸錐體合成多面體。其錐體之諸底為四邊及三角形，皆與子

乙上四邊及三角形等，甲為公頂點。此多面體之諸面與己庚辛平圓旋成之小球界必不相遇。試從甲點作子乙辰申四邊形之垂線甲地（十一卷十一）次作乙地子地二線，甲地既為子乙辰申四邊形之垂線，則亦為本面內所遇諸線之垂線（十一卷界說三）故甲地與乙地子地皆成直角。又甲乙甲子二半徑既等，則甲乙與甲子之二正方亦必等。惟甲地乙地之二正方和與甲乙之正方等，因地為直角故也（一卷四十七）甲地子地之二正方和與甲子之正方等，理同。故甲地乙地之二正方和與甲地子地之二正方和等。去一甲地之正方，則餘乙地子地之

二正方亦必等故乙地與子地二線必等又作辰地申地二線與乙地子地二線必等理同故乙地或子地為半徑地為心旋成圓周必過辰申二點所以子乙辰申為內切圓之四邊形又子乙既大於人午而人午與申辰等則子乙必大於申辰惟子乙與子申及乙辰皆等故子申乙辰各大於申辰子乙辰申既為內切圓之四邊形子乙辰子申皆等辰申略小乙地為聯心點之線則子乙之正方必大於倍乙地之正方從子點作乙丁之垂線子午乙丁既小於倍丁午而丁乙與丁午比若丁乙乙午之矩形與丁午午乙之矩形比六卷十一則丁乙乙午之矩形小於倍丁午午乙之矩形又作子丁線則丁乙乙午之矩形與子乙之正方等丁午午乙之矩形與子午之正方等六卷十八故子乙之正方小於倍子午之正方惟子乙之正方大於倍乙地之正方故子午之正方大於乙地之正方又乙甲既與子甲等則乙甲與子甲之二正方等而乙地地甲之二正方和與乙甲之正方等子午午甲之二正方和與子甲之正方等一卷四十七故乙地甲地之二正方和與子午午甲之二正方和等惟子午之正方大於乙地之正方本論故餘午甲之正方小於餘甲地之正方所以甲地大於午甲故甲地甚大於甲庚惟甲地為多面體一面之垂線甲庚為小球之半徑所以多面體之面與小球界不相遇

又捷法甲地大於甲庚有確據試從庚點作庚丑與甲庚成直角又作甲丑線次平分乙戊弧線又平分其半累平分之至弧線之通弦小於庚丑十一卷命此弧線為乙子乙子申辰既為內切圓之四邊形辰乙乙子子申皆等而申辰略小則乙地子為鈍角所以乙子大於乙地惟庚丑大於乙子所以庚丑甚大於乙地而庚丑之正方大於乙地之正方又甲丑與甲乙既等則甲丑與甲乙之二正方亦等惟甲庚庚丑之二正方和等於甲丑之正方乙地地甲之二正方和等於甲乙之正方故甲庚庚丑之二正方和等於乙地地甲之二正方和惟乙地之正方小於庚丑之正方本論所以餘地甲之正方大於餘甲庚之正方故甲地必大於甲庚是以同心二球於大球內作多面體其面與小球界不相遇

系凡小球內作多面體與大球內作多面體相似則小球內多面體與大球內多面體之比例為小球徑與大球徑三次比例蓋其體分為同類諸錐體其錐體大小必相似凡相似錐體相與之比為相當邊三次比例本卷八系故子乙辰申四邊底面甲頂點之錐體與小球內同類

錐體之比爲二體相當邊三次比例卽大小二球半徑三次比例又大小二球內凡相當二錐體之比爲大小二球半徑三次比例凡一先率與一後率比若諸先率與諸後率比（五卷十二）所以大小二球內二多面體之比爲大小二球半徑三次比例亦卽大球徑乙丁與小球徑三次比例

第十八題

凡球相與之比例爲其徑三次比例

解曰甲乙丙丁戊己二球體乙丙戊己爲二徑題言甲乙丙丁戊己二球體之比例爲乙丙戊己二徑三次比例

論曰若云不然而甲乙丙球體與或大或小於丁戊己之球體比爲乙丙與戊己二徑三次比例先設甲乙丙與小球庚辛子比令丁戊己庚辛子二球同心大球丁戊己內作多面體其面與小球界不相遇（本卷十七）又甲乙丙球內亦作多面體與丁戊己球內之體相似則甲乙丙與丁戊己二球內二多面體之比爲乙丙與戊己三次比例（本卷十七系）今甲乙丙與庚辛子二球之比亦爲乙丙與戊己三次比例是甲乙丙與庚辛子二球比若甲乙丙丁戊己二球內二多面體比（五卷十一）屬理甲乙丙球與所容之多面體比若庚辛子球與丁戊己所容多面體比惟甲乙丙球大於所容多面體則庚辛子球亦當大於丁戊己球所容之多面體今反小於多面體而爲所容於理不合故甲乙丙球與小於丁戊己之球體比非爲乙丙與戊己三次比例又丁戊己球與小於甲乙丙之球體比非爲戊己與乙丙三次比例理同而甲乙丙球與大於丁戊己之球體比亦非爲乙丙與戊己三次比例設大球爲丑寅卯以反理言之丑寅卯與甲乙丙二球之比爲

戊己與乙丙二徑三次比例而丑寅卯與甲乙丙二球比若丁戊己球與小於甲乙丙之球體比蓋因丑寅卯球大於丁戊己球故也是丁戊己球與小於甲乙丙之球體比爲戊己與乙丙三次比例於理不合（本論）所以甲乙丙球與大於丁戊己之球體比非爲乙丙與戊己三次比例又與小於丁戊己之球體比亦非爲乙丙與戊己三次比例（本論）是以甲乙丙與丁戊己二球之比爲乙丙與戊己三次比例

幾何原本第十三卷 論體三

英國 偉烈亞力 口譯
海甯 李善蘭 筆受

第一題

凡理分中末線大分與半全線和之正方五倍半全線之正方

解曰甲乙直線於丙點分爲中末線甲丙爲大分引長甲丙至丁點令甲丁等於甲乙之半題言丙丁之正方五倍甲丁之正方

論曰作甲乙之正方甲戊作丁丙之正方丁己丁己爲本圖引長己丙至庚甲乙線既於丙點分爲中末線則甲乙乙丙之矩形與甲丙之正方等（六卷十七又界說三）惟丙戊矩形等於甲乙乙丙之矩形甲丙之正方等於己辛正方故丙戊矩形等於己辛正方又甲乙既倍於甲丁而甲乙等於甲壬甲丁等於甲辛則甲壬倍於甲辛惟甲壬與甲辛比若壬丙與辛丙二矩形比（六卷一）故壬丙倍於丙辛又子辛辛丙二矩形之和倍於丙辛矩形（一卷四十三）所以壬丙矩形等於子辛辛丙二矩形之和惟丙戊矩形等於己辛正方（本論）故甲戊全正方等於丑寅卯磬折形又乙甲既倍於甲丁則乙甲之正方四倍甲丁之正方（六卷二十題系）即甲戊正方四倍丁辛正方惟甲戊正方等於丑寅卯磬折形故丑寅卯磬折形四倍丁辛正方所以丁己全正方五倍丁辛正方惟丁己爲丙丁之正方丁辛爲甲丁之正方所以丙丁之正方五倍甲丁之正方是以大分與半全線和之正方五倍半全線之正方

案凡算理或先知其當然求其所以然是謂反求或求其所以然乃知其當然是謂正求

不用圖依理反求之

甲乙直線於丙點分爲中末線以甲丙爲大分設甲丁等於甲乙之半今言丙丁之正方五倍丁甲之正方

論曰丙丁之正方既五倍丁甲之正方而丙甲甲丁之二正方和加倍丙甲甲丁之矩形等於丙丁之正方（二卷四）則丙甲甲丁之二正方和加倍丙甲甲丁之矩形爲五倍甲丁之正方以分理推之則丙甲之正方加倍丙甲甲丁之矩形爲四倍甲丁之正方惟乙甲甲丙之矩形等於倍丙甲甲丁之矩形因乙甲倍於甲丁故也而甲丙之正方等於甲乙乙丙之矩形因甲乙分爲中末線故也（六卷十七）故甲乙甲丙之矩形加甲

乙乙丙之矩形。爲四倍甲丁之正方。惟甲乙甲丙之矩形加甲乙乙丙之矩形。爲甲乙之正方。（二卷二）而甲乙之正方恰四倍甲丁之正方。因乙甲倍於甲丁故也。（六卷二十）即得確証。

不用圖。依理正求之。

論曰。甲乙之正方。既四倍甲丁之正方。而甲乙之正方爲乙甲甲丙之矩形。加甲乙乙丙之矩形。（二卷二）則乙甲甲丙之矩形。加甲乙乙丙之矩形。爲四倍甲丁之正方。惟乙甲甲丙之矩形等於倍丁甲甲丙之矩形。而甲乙乙丙之矩形等於甲丙之正方。故甲丙之正方加倍丁甲甲丙之矩形。爲四倍丁甲之正方。而丁甲甲丙之二正方和加倍丁甲甲丙之矩形。爲五倍丁甲之正方。惟丁甲甲丙之二正方和。加倍丁甲甲丙之矩形。爲丁丙之正方。（二卷四）故丁丙之正方。五倍丁甲之正方。

第二題

直線之正方。若五倍本線一分之正方。則倍此一分而分爲中末線。中末線之大分。即本線之餘分。

解曰。甲乙線之正方。五倍其一分甲丙之正方。倍甲丙爲丙丁。題言分丙丁爲中末線。則大分丙乙。即本線之餘分。

論曰。作甲乙丙丁二線之正方甲己丙庚。以甲己爲本圖。引長己乙至戊。甲乙之正方。五倍甲丙之正方。即甲己正方。五倍甲辛正方。故丑寅卯磬折形四倍甲辛正方。丁丙既倍於丙甲。則丙丁之正方四倍丙甲之正方。（六卷二十）即丙庚正方四倍甲辛正方。惟丑寅卯磬折形四倍甲辛正方。（本論）故丑寅卯磬折形等於丙庚正方。又丁丙既倍於甲丙。而丁丙與丙壬等。甲丙與丙辛等。則丙壬倍於丙辛。故壬乙矩形倍於乙辛矩形。又子辛辛乙二矩形之和。倍於辛乙矩形。（一卷四十三）故壬乙矩形等於子辛辛乙二矩形之和。而丑寅卯磬折形等於丙庚全正方。故餘辛己正方等於餘乙庚矩形。惟乙庚爲丙丁丁乙之矩形。因丙丁等於丁庚故也。辛己爲乙丙之正方。故丙丁丁乙之矩形等於丙乙之正方。而丁丙與丙乙比。若丙乙與乙丁比。（六卷十七）惟丁丙大於丙乙。故丙乙大於乙丁。即分丙丁爲中末線。丙乙爲大分。是以直線上正方。若五倍本線一分之正方。倍此一分。分爲中末線。則本線之餘分。即中末線之大分。

案。倍甲丙。必大於乙丙。（上論）如云不然。而乙丙倍於丙甲。則乙丙之正方四倍丙甲之正方。而乙丙丙甲之二正方和爲五倍丙甲之正方惟乙甲之正方五倍丙甲之正方是乙甲之正方等乙丙丙甲之二正方和於理不合二卷四故乙丙非倍於丙甲又倍丙甲非小於乙丙理同所以倍甲丙必大於乙丙

依理反求之

丙丁直線之正方五倍其一分甲丁之正方甲乙爲倍丁甲於丙點分甲乙爲中末線今言其大分甲丙爲丙丁原線之餘分

論曰甲乙既分於丙點爲中末線甲丙爲大分則甲乙乙丙之矩形等於甲丙之正方六卷十七惟乙甲

甲丙之矩形倍於丁甲甲丙之矩形因乙甲倍於丁甲故也又甲乙乙丙之矩形加乙甲甲丙之矩形卽甲乙之正方二卷二亦卽倍丁甲甲丙之矩形加甲丙之正方惟甲乙之正方四倍丁甲之正方六卷二十所以倍丁甲甲丙之矩形加甲丙之正方四倍丁甲之正方故丁甲甲丙之二正方和加倍丁甲甲丙之矩形卽丙丁之正方爲五倍甲丁之正方與題所設合

依理正求之

論曰丙丁之正方既五倍丁甲之正方而丁甲甲丙之二正方和加倍丁甲甲丙之矩形等於丙丁之正方則丁甲甲丙之二正方和加倍丁甲甲丙之矩形爲五倍丁甲之正方二卷四以分理推之則倍丁甲甲丙之矩形加甲丙之正方爲四倍甲丁之正方惟甲乙之正方四倍甲丁之正方六卷二十所以倍丁甲甲丙之矩形卽乙甲甲丙之矩形又加甲丙之正方等於甲乙之正方惟甲乙之正方等於甲乙乙丙之矩形加乙甲甲丙之矩形二卷二故乙甲甲丙之矩形加甲乙乙丙之矩形等於乙甲甲丙之矩形加甲丙之正方去其公用乙甲甲丙之矩形則餘甲乙乙丙之矩形等於甲丙之正方故乙甲與甲丙比若甲丙與丙乙比六卷十七惟乙甲大於甲丙故

甲丙大於丙乙所以甲乙線於丙點分爲中末線甲丙爲大分六卷界說三

第三題

凡直線分爲中末線則小分與半大分和之正方五倍半大分之正方

解曰甲乙線於丙點分爲中末線其大分甲丙平分於丁題言乙丁之正方五倍丁丙之正方

論曰作甲乙之正方甲戌甲丙倍於丙丁則甲丙之正方四倍丙丁之正方卽未申正方四倍己

庚正方。又甲乙乙丙之矩形。既等於甲丙之正方。六卷十七亦等於丙戊矩形。而甲丙之正方。等於未申正方。則丙戊矩形等於未申正方。惟未申正方四倍己庚正方。故丙戊矩形亦四倍己庚正方。又甲丁既等於丁丙。則辛壬等於壬己。一卷三十四所以己庚正方等於辛子正方。庚壬等於壬子。卽丑寅等於寅戊。所以丑己矩形等於己戊矩形。一卷三十六惟丑己矩形等於丙庚矩形。一卷四十三所以丙庚矩形等於己戊矩形。加公矩形丙寅。則卯辰巳磬折形等於丙戊矩形。惟丙戊矩形四倍己庚正方。本論故卯辰巳磬折形亦四倍己庚正方。所以丁寅正方五倍己庚正方。惟丁寅爲丁乙之正方。庚己爲丁丙之正方。故丁乙之正方。五倍丁丙之正方。

依理反求之

甲乙線於丙點分爲中末線。其大分甲丙之半爲丙丁。今言乙丁之正方。五倍丙丁之正方。

論曰。乙丁之正方。既五倍丙丁之正方。而乙丁之正方等於甲乙乙丙之矩形。加丙丁之正方。二卷六故甲乙乙丙之矩形加丙丁之正方。五倍丙丁之正方。以分理推之。則甲乙乙丙之矩形。四倍丙丁之正方。惟甲丙之正方等於甲乙乙丙之矩形。因甲乙於丙點分爲中末線故也。六卷十七而甲丙之正方恰四倍丙丁之正方。因甲丙倍於丙丁故也。卽得確証

依理正求之。

論曰。甲丙旣倍於丙丁。則甲丙之正方。四倍丙丁之正方。惟甲丙之正方。等於甲乙乙丙之矩形。六卷十七故甲乙乙丙之矩形。四倍丙丁之正方。而甲乙乙丙之矩形加丙丁之正方。卽丁乙之正方。所以丁乙之正方。五倍丙丁之正方。二卷六

第四題

凡直線分爲中末線。則全線及小分之二正方和。三倍大分之正方。

解曰。甲乙直線於丙點分爲中末線。甲丙爲大分。題言甲乙丙之二正方和。三倍甲丙之正方。

論曰。作甲乙之正方甲戊。甲乙旣於丙點分爲中末線。則甲乙乙丙之矩形。與甲丙之正方等。六卷十七甲壬卽甲乙乙丙之矩形。辛庚卽甲丙之正方。故甲壬等於辛庚。又甲己矩形。旣等於己戊矩形。加公方形丙壬。則全形甲壬。等於全形丙戊。所以丙戊甲壬二矩形。倍於甲壬矩形。一卷四十三惟丙戊甲壬二矩形。

等於子丑寅磬折形加丙壬方形故子丑寅磬折形加丙壬方形倍於甲壬矩形又甲壬矩形等於辛庚正方本論故子丑寅磬折形加丙壬正方倍於辛庚正方所以子丑寅磬折形加丙壬辛庚二正方三倍庚辛正方夫子丑寅磬折形加丙壬辛庚二正方卽全正方甲戊加丙壬正方亦卽甲乙乙丙之二正方和而庚辛正方卽甲丙之正方故甲乙乙丙之二正方和三倍甲丙正方

依理反求之

甲乙直線於丙點分爲中末線甲丙爲大分今言甲乙乙丙之二正方和三倍甲丙之正方

論曰甲乙乙丙之二正方和旣三倍甲丙之正方而甲乙乙丙之二正方和等於倍甲乙乙丙之矩形加甲丙之正方二卷七則倍甲乙乙丙之矩形加甲丙之正方三倍甲丙之正方以分理推之則倍甲乙乙丙之矩形等於倍甲丙之正方故甲乙乙丙之矩形等於甲丙之正方而所設甲乙直線於丙點分爲中末線於理恰合

甲 丙 乙

依理正求之

論曰甲乙線旣於丙點分爲中末線甲丙爲大分則甲乙乙丙之矩形等於甲丙之正方六卷十七故倍甲乙乙丙之矩形等於倍甲丙之正方然則倍甲乙乙丙之矩形加甲丙之正方三倍甲丙之正方惟倍甲乙乙丙之矩形加甲丙之正方等於甲乙乙丙之二正方和二卷七故甲乙乙丙之二正方和三倍甲丙之正方

第五題

凡線分爲中末線又引長之如大分則全線亦爲中末線而原線爲大分

解曰甲乙線於丙點分爲中末線甲丙爲大分引長之成甲丁與甲丙等題言全線丁乙於甲點分爲中末線原線甲乙爲大分

論曰作甲乙之正方甲戊甲乙線旣於丙點分爲中末線則甲乙乙丙之矩形等於甲丙之正方六卷十七惟丙戊爲甲乙乙丙之矩形丙辛爲甲丙之正方故丙戊等於丙辛惟丙戊等於辛戊丙辛等於丁辛一卷四十一所以丁辛等於辛戊加公矩形辛乙則全矩形丁壬等於全正方甲戊惟丁壬爲乙丁丁甲之矩形因甲丁等於丁子故也而甲戊爲甲乙之正方故乙丁丁甲之矩形等於甲乙之正方而乙丁與乙甲比若乙甲與甲丁比六卷十七惟乙丁大於乙甲故乙甲大於甲丁是以丁乙於甲點分爲中末線

丁 甲 丙 乙
子 辛 己 壬
戊

甲乙爲大分

依理反求之

乙甲直線於丙點分爲中末線甲丙爲大分作甲丁與甲丙等今言丁乙於甲點分爲中末線乙甲爲大分

論曰丁乙既於甲點分爲中末線乙甲爲大分則丁乙與乙甲比若乙甲與甲丁比（六卷三十）惟甲丁等於甲丙故丁乙與乙甲比若乙甲與甲丙比轉理丁乙與甲丁比若乙甲與乙丙比（五卷十九題系）分理乙甲與甲丁比若甲丙與丙乙比（五卷十七題）惟甲丁等於甲丙故乙甲與甲丙比若甲丙與丙乙比而所設甲乙於丙點

乙　丙　甲　丁

分爲中末線於理恰合

依理正求之

甲乙既於丙點分爲中末線則乙甲與甲丙比若甲丙與丙乙比惟甲丙等於甲丁故乙甲與甲丁比若甲丙與丙乙比合理丁乙與甲丁比若乙甲與丙乙比（五卷十八）轉理丁乙與乙甲比若乙甲與甲丙比（五卷十九題系）惟甲丙等於甲丁故丁乙與乙甲比若乙甲與甲丁比所以丁乙於甲點分爲中末線（六卷界說三）甲乙爲大分

第六題

凡有比例線分爲中末線其兩分皆無比例爲斷線

丁　甲　丙　乙

解曰甲乙爲有比例線於丙點分爲中末線甲丙爲大分題言甲丙丙乙二分皆無比例爲斷線

論曰甲乙引長之至丁令甲丁爲乙甲之半甲乙既於丙點分爲中末線其大分甲丙加甲乙之半甲丁則丙丁之正方五倍丁甲之正方（本卷一）故丙丁與丁甲之二正方有等（十卷六）惟丁甲之正方爲有比例面因丁甲爲甲乙有比例線之半亦有比例故也故丙丁之正方亦爲有比例面（十卷界說六）而丙丁爲有比例線（十卷界說八）又丙丁與丁甲之二正方比非若二平方數比故丙丁與丁甲二線長短無等（十卷九）所以丙丁丁甲爲僅正方

有等二有比例線而甲丙爲斷線（十卷七十四）又甲乙既分爲中末線而甲丙爲其大分則甲乙丙之矩形等於甲丙之正方故甲乙有比例線上作等甲丙斷線正方之矩形其餘邊爲乙丙凡有比例線上等斷線正方之矩形其餘邊爲初斷線（十卷九十八）故乙丙爲初斷線惟甲丙亦爲斷線（本論）是以凡有比例線分爲中末線其二分皆無比例而爲斷線

第七題

凡五等邊形任有三角相等則爲等角五邊形

解曰甲乙丙丁戊五等邊形設相連甲乙丙三角俱相

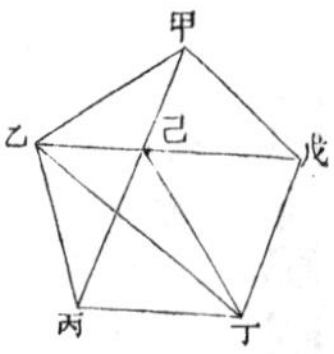

等題言甲乙丙丁戊五角俱相等

論曰作甲丙乙戊己丁三線丙乙甲二邊與乙甲甲戊二邊既兩兩相等丙乙甲與乙甲戊二角又等則甲丙與乙戊二底邊必等甲乙丙與乙甲戊二三角形亦必等故彼此夾邊餘諸角俱相等（一卷四）卽乙丙甲與乙戊甲二角等甲乙戊與丙甲乙二角等所以甲己與乙己二邊亦等（一卷六）惟甲丙乙戊二全底等（本論）故己丙與己戊二餘線亦等惟丙丁與丁戊等故己丙丙丁二邊與己戊戊丁二邊兩兩相等己丁爲其公邊所以己丙丁與己戊丁二角等（一卷八）惟乙丙甲與甲戊乙二角亦等（本論）故乙丙丁與甲戊丁二全角等惟乙丙丁角與甲乙二角俱相等（本題）故甲戊丁角與甲乙二角俱相等又丙丁戊角與甲乙二角俱相等理同是以甲乙丙丁戊爲等角五邊形

又解曰設不相連甲丙丁三角俱相等題言甲乙丙丁戊五角俱相等

論曰作乙丁線乙甲甲戊二邊既與乙丙丙丁二邊相等所成之角亦等則乙戊與乙丁二底邊必等乙甲戊與乙丙丁二三角形亦必等而相當餘諸角彼此相等（一卷四）故甲戊乙與丙丁乙二角等又乙戊丁與乙丁戊二角亦等（一卷六）因乙戊與乙丁二邊等故也（本論）故甲戊丁與丙丁戊二全角等惟丙丁戊角與甲丙二角俱相等（本題）故甲戊丁角與甲丙二角俱相等又甲乙丙角與甲丙丁三角俱相等理同是以甲乙丙丁戊爲等角五邊形

第八題

等角五等邊形相連二角各以夾角二邊爲三角形之二腰作二底邊則二底邊各於交點分爲中末線其大分俱與本形之一邊等

解曰甲乙丙丁戊等角五邊形甲乙爲相連二角補成甲乙丙乙甲戊二三角形其二底邊甲丙乙戊交點爲辛題言辛點分甲丙乙戊二線俱爲中末線其大分辛丙辛戊各等於五邊形之一邊

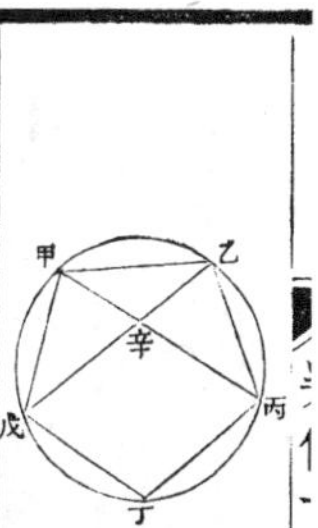

論曰甲乙丙丁戊五邊形作外切圓周（四卷十四）戊甲甲乙二邊既與甲乙乙丙二邊等則乙戊與甲丙二底邊必等甲乙戊與乙甲丙二三角形亦必等而夾底邊之二角彼此相等（一卷四）故乙甲丙與甲乙戊二角等所以甲辛戊角倍於乙甲辛角因爲甲辛乙之外角故也（一卷三十二又六）戊甲丙角亦倍於乙甲丙角（卽乙甲辛角）因戊丁丙圓

分倍於丙乙圓分故也（一卷三十三）故辛甲戊與甲辛戊二角等而辛戊等於戊甲卽等於甲乙（一卷六）又乙甲既等於甲戊則甲乙戊與甲戊乙二角等（一卷五）惟甲乙戊與乙甲辛二角等（本論）故甲戊乙與乙甲辛二角亦等而甲乙戊爲甲乙戊甲乙辛二三角形之公角故乙甲戊與甲辛乙二餘角等（一卷三十二）所以甲乙戊與辛乙甲爲等角三角形而戊乙與乙甲比若甲乙與乙辛比（六卷四）惟乙甲等於戊辛故戊乙與戊辛比若戊辛與辛乙比惟戊乙大於戊辛故戊辛大於辛乙是以乙戊線於辛點分爲中末線其大分辛戊等於五邊形之一邊（六卷三十）又甲丙線於辛點分爲中末線其大分辛丙等於五邊形之一邊理同

第九題

圜內所容六等邊形及十等邊形併二邊爲中末線則六等邊形之邊爲大分

解曰甲乙丙爲圓周乙丙爲所容十等邊形之一邊丙丁爲所容六等邊形之一邊并爲一直線丁乙題言丁乙直線於丙點分爲中末線丁丙爲大分

論曰戊爲圓心作戊乙戊丙戊丁三線又引長乙戊至

甲乙丙既爲十等邊形之一邊則半周甲丙乙五倍乙丙圓分惟甲丙與丙乙二圓分比若甲戊丙與丙戊乙二角比（六卷三十三）所以甲戊丙角四倍丙戊乙角又戊乙丙角等於戊丙乙角（一卷五）故甲戊丙角倍於戊丙乙角（一卷三十二）又戊丙與丙丁二直線等因俱等於甲乙丙圓所容六邊形之一邊故也（本題又四卷十五）故丙戊丁與丙丁戊二角等（一卷五）所以戊丙乙角倍戊丁丙角（一卷三十二）惟甲戊丙角倍戊丙乙角（本論）故甲戊丙角四倍戊丁丙角惟甲戊丙角四倍乙戊丙角（本論）所以戊丁丙與乙戊丙二角等而戊乙丁爲乙戊丙乙戊丁二三角形之公角故乙戊丁與戊丙乙二餘角等（一卷三十二）所以戊乙丁丙乙戊爲二等角三角形故丁乙與乙戊比若戊乙與乙丙比（六卷四）惟戊乙與丁丙等（四卷十五）故丁乙與丁丙比若丁丙與丙乙比惟丁乙大於丁丙故丁丙大於丙乙是以丁乙直線於丙點分爲中末線丁丙爲大分（六卷界說三）

第十題

圓內容五等邊形其一邊之正方等於本圓所容六等邊形十等邊形各一邊之二正方和

解曰甲乙丙丁戊圓內作五等邊形題言其一邊之正方等於本圓所容六邊形十邊形各一邊之二正方和

論曰己爲圜心試作甲己線引長至庚次作己乙線次從己點作己辛爲甲乙之垂線引長至壬次作甲壬壬乙二線次作己丑線正交甲壬於子亦交甲乙於寅次作壬寅線甲乙丙庚半

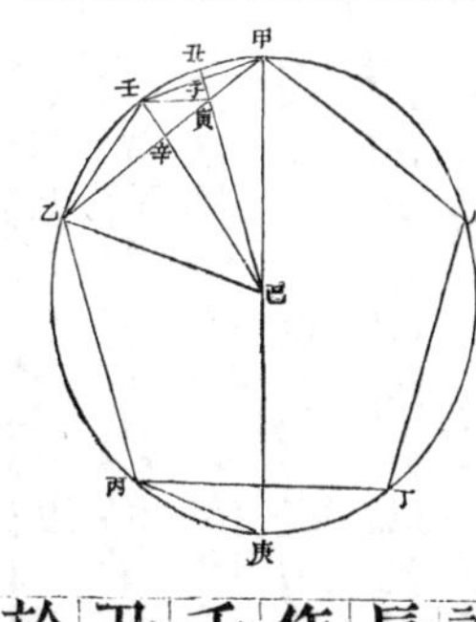

圜既等於甲戊丁庚半圜而甲乙丙圜分又等於甲戊丁圜分則丙庚庚丁二餘分必等惟丙丁爲五邊形之一邊故丙庚爲十邊形之一邊又甲己既等於己乙而己辛爲甲乙邊之垂線則甲己壬與壬己乙二角等甲

壬與壬乙二圜分亦等故甲乙圜分倍於乙壬圜分而甲壬線必爲十邊形之一邊又甲壬圜分倍於壬丑圜分理同甲乙圜分既倍於乙壬圜分而丙丁與甲乙二圜分等則丙丁圜分倍於乙壬圜分惟丙丁倍於丙庚故丙庚等於乙壬又乙壬倍於壬丑因甲壬倍於壬丑故也故丙庚倍於壬丑而丙乙圜分倍乙壬圜分因丙乙等於乙甲故也故乙庚圜分倍乙丑圜分而庚己乙角倍乙己丑角六卷三十三惟庚己乙角倍己甲乙角一卷三十二因己甲乙與甲乙己二角等故也一卷五故乙己寅卽乙己丑與己甲乙二角等而甲乙己角爲甲乙己乙己寅二

三角形之公角故甲己乙與乙寅己二餘角等則甲乙己乙己寅爲等角三角形一卷三十二故甲乙與乙己比若己乙與乙寅比六卷四所以甲乙乙寅之矩形等於己乙之正方六卷十七又甲子等於壬子皆與子寅公邊成直角則壬寅與甲寅二底邊等一卷四故子壬寅與壬甲寅二角等惟壬甲寅與壬乙寅二角等一卷五故子壬寅與壬乙寅二角等而寅甲壬角爲甲乙壬甲壬寅二三角形之公角故甲壬乙與壬寅甲二餘角等而甲乙壬與甲壬寅爲等角三角形一卷三十二故乙甲與甲壬比若壬甲與甲寅比六卷四所以乙甲甲寅之矩形等於甲壬之正

方六卷十七又甲乙乙寅之矩形等於乙己之正方本論故甲乙乙寅之矩形加乙甲甲寅之矩形卽甲乙之正方二卷二等於乙己與甲壬之二正方和惟甲乙爲五等邊形之一邊乙己爲六等邊形之一邊甲壬爲十等邊形之一邊是以圜內容五等邊形一邊之正方等於本圜所容六等邊形十等邊形各一邊之二正方和

第十一題

有比例徑線之圜周內作五等邊形其一邊無比例爲少線

解曰甲乙丙丁戊爲有比例半徑線之圜周內作甲乙

丙丁戊五等邊形題言五等邊形之一邊甲乙無比例爲少線

論曰己爲圜心作甲己乙己二線俱引長之至庚辛二點取己壬爲甲己四分之一惟甲己有比例故己壬亦有比例而乙己有比例故全線乙壬亦有比例惟甲丙庚與甲丁庚二圜分等甲乙丙與甲戊丁又等故丙庚庚丁二餘分亦等作甲丙線子點之二角爲直角而丙丁倍於丙子三卷三丑點之二角爲直角而甲丙倍於丙丑理同甲子丙與甲丑己二三角形之二角既等而子甲丙爲甲子丙甲丑己二三角形之公角故甲丙子與甲己丑二餘角等一卷三十二而甲丙子與甲己丑爲等角三角形故子丙與丙甲比若丑己與己甲比而二前率可倍之六卷四所以倍子丙與丙甲比若倍丑己與己甲比惟倍丑己與己甲比若丑己與半己甲比故倍子丙與丙甲比若丑己與半己甲比而二後率可半之所以倍子丙與半丙甲比若丑己與己甲四分之一比惟丁丙倍子丙丙丑半丙甲己壬爲己甲四分之一故丁丙與丙丑比若丑己與己壬比合理丁丙丙丑和與丙丑比若丑壬與己壬比五卷十八故丁丙丙丑和與丙丑之二正方比若丑壬與壬己之二正方比六卷二十二惟五邊形之二邊爲三角形之腰而底邊甲丙分爲中末線其大分等於五邊形之一邊丁丙本卷八又大分與半全線和之正方五倍半全線之正方本卷一丙丑爲全線甲丙之半故丁丙丙丑和之正方五倍丙丑之正方惟丁丙丙丑和與丙丑之二正方比若丑壬與壬己之二正方比本論故丑壬之正方五倍壬己之正方惟己壬之正方爲有比例面因徑線有比例故也十卷界說六故丑壬之正方亦爲有比例面而丑壬爲有比例線十卷六又乙己既四倍於己壬則乙壬五倍於壬己而乙壬之正方二十五倍壬己之正方六卷二十題系惟丑壬之正方五倍壬己之正方故乙壬之正方五倍丑而甲丙子則此二正方比非若二平方數比故乙壬與壬丑己與無等十卷九惟皆有比例所以乙壬壬丑爲僅正方有等之有比例線凡有比例線內減僅正方有等之線所餘爲無比例線十卷七十四所以丑乙無比例爲斷線而壬丑爲其同宗線又試設寅之正方爲乙壬壬丑之二正方較壬己與己乙既有等則合理壬乙與乙己有等惟乙己與乙辛長短有等故壬乙與乙辛有等十卷十二而壬乙之正方五倍壬丑之正方本論則壬乙與壬丑之二正方比若五與一比轉理壬乙與寅之二正方比若五與四

比（五卷十九題系）即非若二平方數比故壬乙與寅長短無等（十卷九）所以壬乙與其同宗線壬丑上二正方之較積方邊與壬乙長短無等而壬乙與所設之比例線乙辛有等故丑乙為第四斷線（十卷下界說四）凡有比例線及第四斷線之矩形無比例等積正方之邊亦無比例為少線（十卷九十五）惟甲乙之正方等於辛乙乙丑之矩形（六卷十七）試作甲辛線則甲乙辛與乙甲丑為等角三角形（六卷八）而辛乙與乙甲比若甲乙與乙丑比（六卷四）所以五邊形之一邊甲乙無比例為少線

第十二題

內切圓等邊三角形其一邊之正方三倍半徑之正方

解曰甲乙丙圓作內切甲乙丙等邊三角形

題言三角形一邊之正方三倍半徑之正方

論曰丁為圓心作甲丁線引長之至戊又作乙戊線甲乙丙三角形既等邊則乙戊丙圓分為甲乙丙圓周三分之一而乙戊圓分為圓周六分之一所以乙戊線為六邊形之一邊等於丁戊半徑（四卷十五）惟甲戊倍於丁戊故甲戊之正方四倍丁戊之正方即四倍乙戊之正方（六卷二十題系）惟甲戊之正方等於甲乙乙戊之二正方和（一卷四十七）（三卷三十一）故甲乙乙戊之二正方和四倍乙戊之正方以分理推之則甲乙之正方三倍乙戊之正方惟乙戊等於半徑丁戊故內切圓等邊三角形其一邊之正方三倍半徑之正方

第十三題

球內求作正四面體且顯球徑與四面體邊之二正方比若三與二比

法曰甲乙為球徑分於丙點令甲丙倍於乙丙（六卷九）次於甲乙線上作甲丁乙半圓從丙點作丙丁線與甲乙成直角又作丁甲線另作戊己庚圓令其半徑等於丙丁於圓內作戊己庚三角形（四卷二）辛為圓心作辛戊辛己辛庚三線從辛點作辛壬為戊己庚平圓之垂線令等於甲丙次作壬戊壬己壬庚三線辛壬既為戊己庚平圓之垂線則與本面內所遇之諸線必成直角（十一卷界說三）惟辛戊辛己辛庚皆與辛壬遇於辛點故辛壬為辛戊辛己辛庚三線之垂線惟甲丙等於辛壬丙丁等於辛戊而皆成直角則丁甲與壬戊二底邊等（一卷四）又壬己壬庚皆與丁甲等理同故壬戊壬己壬庚俱等又甲丙既倍於丙乙則甲乙三倍於丙乙惟甲乙與丙乙比若甲丁與丁丙之二正方比（後例）故甲丁之正方

三倍丁丙之正方惟己戊之正方亦三倍戊辛之正方（本卷十二）而丁丙與戊辛等故丁甲與戊己亦等惟丁甲與壬戊壬己壬庚三線俱等故戊己己庚庚戊三線與壬戊壬己壬庚三線俱等所以戊己庚壬戊己壬己庚壬庚戊四三角形俱等邊即成正四面體

今顯此正四面體爲本球所容而球徑與四面體邊之二正方比若三與二比

論曰試引長辛壬線至子點令辛子與乙丙等甲丙與丙丁比既若丙丁與丙乙比（六卷八）而甲丙與辛壬等丙丁與辛戊等丙乙與辛子等故辛壬與辛戊比若辛戊與辛子比而辛壬辛子之矩形與辛戊之正方等又壬辛戊戊辛子皆爲直角故壬子上之半圓線必過戊點若作戊子線則子戊壬必爲直角葢戊子壬與辛子戊及辛戊壬俱爲等角三角形故也故壬子爲軸以半圓旋轉一周必過戊己庚三點若作己子子庚二線則子己壬子庚壬必爲直角而戊己庚壬四面體必爲本球所容因所設之壬辛等於甲丙而辛子等於乙丙則壬子徑線與甲乙徑線等故也球徑與四面體邊之二正方比若三與二比者甲丙既倍於丙乙而甲乙三倍於丙乙則轉理甲乙與甲丙比若三與二比而甲乙與甲丙比若甲乙與甲丁之二正方比葢甲乙與甲丁比若甲丁與甲丙比因乙丁甲與丁甲丙爲等角三角形故也（六卷八）凡連比例三率一率與三率比若一率之正方與二率之正方比（六卷二十題系）故甲乙與甲丙比若甲乙與甲丁之二正方比惟甲乙與甲丙比若三與二比故甲乙與甲丁之二正方比若三與二比惟甲乙爲本球之徑甲丁爲四面體之邊是以球徑與四面體邊之二正方比若三與二比

例今欲顯甲乙與乙丙比若甲丁與丁丙之二正方比作甲丁乙半圓次作丁乙線次作戊丙面爲甲丙之正方次作己乙矩形則甲乙與甲丁比若甲丁與甲丙比因甲乙丁與甲丁丙爲等角三角形故也（六卷八）故甲乙甲丙之矩形與甲丁之正方等（六卷十七）而甲乙與乙丙比若戊乙與乙己二矩形比（六卷一）惟戊乙爲甲乙甲丙之矩形乙己爲甲丙丙乙之矩形因甲戊丙己俱與甲丙等故也故甲乙與乙丙比若甲乙甲丙之矩形與甲丙丙乙之矩形比惟甲乙甲丙之矩形等於甲丁之正方甲丙丙乙之矩形等於丁丙之正方因甲丁乙爲直角而丁丙爲甲丙丙乙二分之中率故也（六卷十一）所以甲乙與乙丙比若甲丁與丁

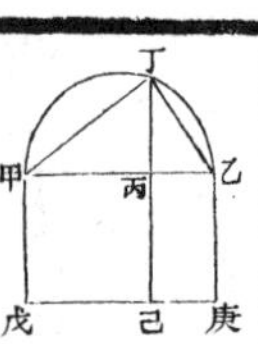

丙之二正方比。

第十四題

容四面體之球內求作正八面體且顯球徑之正方倍於八面體一邊之正方

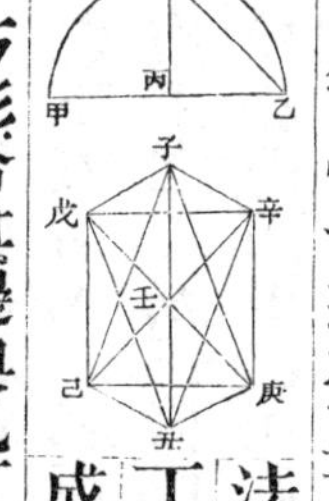

法曰甲乙爲球徑平分於丙次作甲丁乙半圓次從丙點作丙丁與甲乙成直角次作丁乙線另作戊己庚辛方形令其邊與乙丁等次作辛己戊庚二線相交成直角次從壬點作壬子線與戊己庚辛面成直角過面引長之至丑令壬子壬丑二線皆等於壬戊壬己壬庚壬辛各線而作子戊子己子庚子辛丑戊丑己丑庚丑辛八線壬戊既等於壬辛而戊壬辛爲直角則辛戊之正方倍戊壬之正方（一卷四十七） 又壬子既等於壬戊而子壬戊爲直角則子戊之正方倍戊壬之正方惟辛戊之正方亦倍戊壬之正方（本論） 故子戊與辛戊之二正方等而子戊等於辛戊子辛等於辛戊理同故子戊辛爲等邊三角形餘戊己庚辛正方形之邊爲底邊子丑爲頂點之七三角形各等邊理同卽成正八面體

今顯正八面體爲球所容而球徑之正方倍於八面體一邊之正方

論曰壬子壬丑壬戊三線既俱相等則子丑上作半圓必過戊點又以子丑爲軸令半圓旋轉一周必過己庚辛三點而八面體必爲球所容蓋子壬既等於壬丑以壬戊爲公邊而成等角則子戊與戊丑二底邊必等（一卷四） 又子戊丑既爲負半圓之直角（三卷三十一） 則子丑之正方倍於子戊之正方（一卷四十七） 又甲丙既等於丙乙則甲乙必倍於丙乙惟甲乙與乙丙比若甲乙與乙丁之二正方比（六卷八又二十） 故甲乙之正方倍於乙丁之正方惟子丑之正方倍於子戊之正方（本論） 而乙丁與子戊之二正方等因戊壬等於丙乙故也則甲乙與子丑之二正方亦等而甲乙與子丑等惟甲乙爲球徑子丑亦爲球徑故此八面體爲所設之球所容而球徑之正方倍於八面體一邊之正方

第十五題

容四面八面體之球內求作正六面體且顯球徑之正方三倍六面體一邊之正方

法曰甲乙爲球徑分於丙點令甲丙倍於丙乙次作甲丁乙半圓次從丙點作丙丁與甲乙成直角次作丁乙線另作戊己庚辛正方形令其一邊與丁乙等次從戊己庚辛

四點作戊壬己子庚丑辛寅四線皆與戊己庚辛面成直角令各等於戊己己庚庚辛辛戊諸線次作壬子子丑丑寅寅壬四線卽成正六面體

今顯此體爲所設之球所容而球徑之正方三倍六面體一邊之正方

論曰作壬庚戊庚二線壬戊庚必爲直角因壬戊爲己辛面及戊庚線之垂線故也十一卷界說三故壬庚上之半圓周必過戊點三卷三十一又己庚既爲己子己戊之垂線則亦爲己壬面之垂線十一卷四若作己壬線則己庚必爲己壬之垂線而庚壬上之半圓周必過己點餘角並同故

以壬庚爲軸以半圓旋轉一周而成球其六面體必爲球所容又庚己既等於己戊而己爲直角則戊庚之正方倍於戊己之正方一卷四十七惟戊己等於戊壬故戊庚之正方倍戊壬之正方所以庚戊壬之二正方和卽庚壬之正方三倍戊壬之正方一卷四十七又甲乙既三倍於乙丙而甲乙與乙丙比若甲乙與乙丁之二正方比則甲乙之正方三倍乙丁之正方六卷八又二十乃庚壬之正方三倍壬戊之正方本論而壬戊等於乙丁則庚壬等於甲乙惟甲乙爲本球之徑線庚壬亦爲本球之徑線故此六面體爲所設之球所容而球徑之正方三倍六面

體一邊之正方

第十六題

容四面八面六面體之球內求作正二十面體且顯二十面體之各邊無比例爲少線

法曰甲乙爲球之徑線分於丙點令甲丙四倍於丙乙次作甲丁乙半圓次從丙點作丙丁與甲乙成直角次作丁乙線另作戊己庚辛壬圓令半徑與丁乙等次於圓內作戊己庚辛壬五等邊形四卷十一次以戊己己庚庚辛辛壬壬戊五圓分各平分於子丑寅卯辰五點作戊子子己己丑丑庚庚寅寅辛辛卯卯壬壬辰辰戊十線

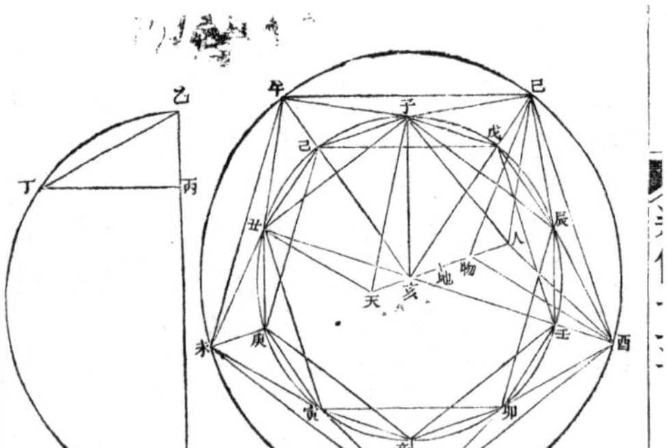

又作子丑丑寅寅卯卯辰辰子五線則子丑寅卯辰爲五等邊形戊辰爲十等邊形之一邊次從戊己庚辛壬五點作戊巳己午庚未辛申壬酉五線俱與圓半徑等而皆與圓面成直角十一卷十二次作巳午午未

未申申酉酉巳五線又作巳子子午午丑丑未未寅寅申申卯卯酉酉辰辰巳十線戊巳壬酉既皆與圜面成直角則二線必平行十一卷六又二線亦相等凡二平行相等線之界作二聯線二聯線亦平行而相等一卷三十三故巳酉與戊壬二線亦平行而相等惟戊壬爲五等邊形之一邊故巳酉亦爲戊己庚辛壬圜所容五等邊形之一邊巳午午未未申申酉四線各爲同圜所容五等邊形之一邊理同故巳午未申酉爲五等邊形又巳戊既等於半徑則爲六邊形之一邊而戊辰爲十邊形之一邊巳戊辰爲直角則巳辰必爲五邊形之一邊葢五邊形一邊之正方與同圜所容六邊形十邊形各一邊之正方和等故也本卷十辰酉爲五邊形之一邊理同惟巳酉亦爲五邊形之一邊所以巳辰酉爲等邊三角形巳子午午丑未未寅申申卯酉四三角形俱等邊理同巳子巳辰既皆爲五邊形之一邊本論子辰亦爲五邊形之一邊則巳子辰必爲等邊三角形子午丑丑未寅寅申卯卯酉辰四三角形俱等邊理同亥爲戊己庚辛壬圜之心三卷一其上作亥人線與圜面成直角過圜面引長之至天乃截取亥物令等於六邊形之一邊又令亥天物人二線皆與十邊形之一邊等作巳人巳物酉人戊

亥子亥子天天丑七線亥物物人二線既皆與圜面成直角則亥物與戊巳平行十一卷六且俱爲六邊形之一邊則相等故戊亥巳物二線亦相等而平行惟戊亥爲六邊形之一邊故巳物亦爲六邊形之一邊乃巳物既爲六邊形之一邊而物人爲十邊形之一邊巳物人爲直角則巳人爲五邊形之一邊本卷十酉人爲五邊形之一邊理同葢作亥壬物酉二聯線卽爲相等平行線而亥壬爲半徑卽六邊形之一邊則物酉亦爲六邊形之一邊惟物人爲十邊形之一邊而酉物人爲直角故酉人爲五邊形之一邊惟巳酉亦爲五邊形之一邊故巳酉人爲等邊三角形而巳午午未未申申酉四線爲底邊皆以人爲頂點之四三角形俱等邊理同又亥子既爲六邊形之一邊亥天爲十邊形之一邊而子亥天爲直角則子天亦爲五邊形之一邊本卷十又作丑亥爲六邊形之一邊則丑天必爲五邊形之一邊理同惟子丑爲五邊形之一邊故子丑天爲等邊三角形而丑寅寅卯卯辰辰子四線爲底邊同以天爲頂點之四三角形俱等邊理同卽成正二十面體

今顯二十面體爲所設之球所容其一邊無比例爲少線

論曰：亥物既爲六邊形之一邊，而物人爲十邊形之一邊，則亥人於物點分爲中末線，而亥物爲大分。本卷九 故人亥與亥物比，若亥物與物人比。六卷界說三 惟亥物與亥子等，物人與亥天等，所以人亥與亥子比，若亥子與亥天比。惟人亥子、子亥天二角俱爲直角，故作子人聯線，則天子人爲直角，因天子亥、子人亥爲等角三角形故也。六卷六 故於天人線上作半圓周，必過子點。三卷三十一 又人亥與亥物比，既若亥物與物人比，而人亥與天物等，亥物與物巳等，則天物與巳物比，若巳物與物人比，理同。若作巳天聯線，則天巳人必爲直角，故天人線上之半圓周，亦必過巳點，餘角並同。故以天人爲軸，以半圓旋轉一周而成球，其二十面體必爲球所容。又於地點平分亥物線，人亥線既於物點分爲中末線，而人物爲其小分，若取物地爲大分之半，則小分半大分和之正方，五倍半大分之正方。本卷三 故人地之正方，五倍地物之正方。惟人天倍於地人，本卷三 故人天之正方，五倍亥物之正方。乃甲丙既四倍丙乙，則甲乙五倍丙乙，惟甲乙與丙乙比，若甲乙與乙丁之二正方比，六卷八又二十 故甲乙之正方，五倍乙丁之正方。今人天之正方，五倍亥物之正方，而丁乙與亥物等，因皆等於戊己庚辛壬圓半徑故也。本論 所以甲乙與天人等，惟甲乙爲本球徑，天人亦爲本球徑，故此二十面體爲所設之球所容。

二十面體之一邊無比例，爲少線者，蓋球徑甲乙既爲有比例線，其正方五倍於戊己庚辛壬圓半徑之正方，則戊己庚辛壬圓之半徑亦爲有比例線，十卷上界說六 故其徑線亦爲有比例線，凡有比例徑線之平圓，所容五等邊形，其一邊無比例，爲少線。本卷十一 而戊己庚辛壬五等邊形之一邊，即二十面體之一邊，是以二十面體之一邊無比例，爲少線。

系 準此題，顯球徑之正方五倍容二十面體上五邊形平圓半徑之正方，球之徑線爲本圓所容六邊形一邊、十邊形二邊之和。

十七題

容四面八面六面二十面諸體之球內，求作正十二面體，且顯十二面體之各邊無比例，爲斷線。

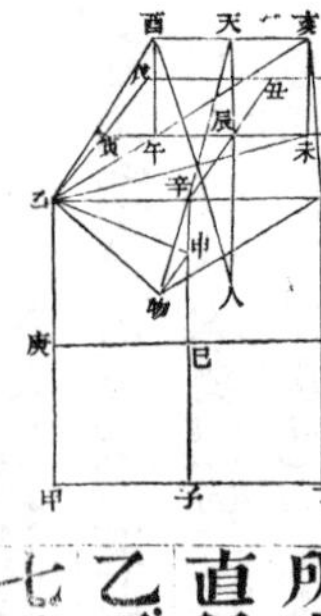

法曰：置甲乙丙丁、丙乙戊己本球所容六面體之二面，本卷十五 相與成直角，甲乙、乙丙、丙丁、丁甲、戊己、戊乙、己丙七邊，於庚辛壬子丑寅卯七點各平分爲二分，次作庚壬辛

子丑辛寅卯四聯線乃取寅辰辰卯辛巳三線於午未申三點各分爲中末線午辰辰未申巳爲三大分次從午未申三點向面外作午酉未亥申物三線各等於午辰辰未申巳三線且各與六面體之面成直角十一卷十二次作酉乙乙物物丙丙亥亥酉五聯線則酉乙物丙亥五邊形必爲等角等邊之平面試作午乙未乙亥乙三線寅辰既於午點分爲中末線辰午爲大分則辰寅寅午之二正方和三倍辰午之正方本卷四而辰寅等於寅乙辰午等於午酉故乙寅寅午之二正方和三倍午酉之正方又乙午之正方等於乙寅寅午之二正方和一卷四十七故乙午之正方三倍午酉之正方所以乙午午酉之二正方和四倍午酉之正方惟乙酉之正方等於乙午午酉之二正方和故乙酉之正方四倍午酉之正方所以乙酉倍於午酉六卷二十惟亥酉倍於午酉因午未倍於午辰即倍於午酉故也故乙酉等於酉亥又乙物物丙丙亥三線各等於乙酉亦即等於酉亥理同所以乙酉亥丙物爲五等邊形試從辰點向面外作辰天線與午酉未亥平行次作天辛辛物二線則天辛物必爲直線蓋辛巳既於申點分爲中末線巳申爲大分則辛巳與巳申比若巳申與申辛比六卷界說三惟辛巳等於辛辰

巳申等於申物即等於辰天故辛辰與辰天比若物申與申辛比而辛辰與申物平行因各與乙丁面成直角故也十一卷六申辛與辰天平行因皆與乙巳面成直角故也凡兩三角形此二邊與彼二邊兩兩相似而平置二形成一外角若相似之邊各平行則其餘二邊聯爲一直線六卷三十二故天辛辛物二線必成一直線凡直線必在一面內故酉乙物丙亥五邊形爲平面又此五邊形亦必等角蓋寅辰既於午點分爲中末線辰午爲大分則寅辰辰午二線和與辰寅比若辰寅與辰午比本卷五惟辰午與辰未等則未寅與寅辰比若寅辰與辰未比故寅未於辰點分爲中末線寅辰爲大分六卷界說三所以寅未未辰之二正方和三倍辰寅之正方本卷四惟辰寅與寅乙等辰未與未亥等故寅未未亥之二正方和三倍寅乙之正方而寅未未亥寅乙之三正方和四倍寅乙之正方惟乙未之正方等於寅未寅乙之二正方和一卷四十七故乙未未亥之二正方和即亥乙之正方四倍寅乙之正方因亥未乙爲直角故也所以亥乙倍於乙寅惟乙丙倍於乙寅故亥乙等於乙丙又乙酉酉亥二邊既等於乙物物丙二邊而亥乙乙丙二底邊又等則乙酉亥乙物丙二角等一卷八酉亥丙乙物丙二角等理

同故乙物丙乙酉亥酉亥丙三角俱等凡五等邊形有三角相等則五角俱等本卷七 故乙酉亥丙物為等角五等邊形而在六面體之一邊乙丙上如法於六面體之十二邊上各作相等相似形即成正十二面體

今顯十二面體為球所容其每邊無比例為斷線

論曰天辰線引長之至人則天人必與球之徑線相交而交點必平分徑線十一卷三十九 設交點即為人則人為容六面體之球心而辰人為六面體之半邊次作酉人線寅未既於辰點分為中末線寅辰為大分則寅未未辰之二正方和三倍寅辰之正方本卷四 而寅未等於天人

因寅辰等於辰人天辰等於辰未故也未辰等於天酉因各等於午辰故也故天人天酉之二正方和三倍寅辰之正方惟酉人之正方等於天人天酉之二正方和一卷四十七 故酉人之正方三倍寅辰之正方凡容六面體球半徑之正方三倍六面體半邊之正方因球內容六面體球徑之正方三倍六面體一邊之正方本卷十五 凡二全比例若二半比例故也而寅辰為六面體之半邊故酉人為容六面體之球半徑惟人點為球心故酉點在球周而十二面體餘諸角點皆在球周理同故十二面體為所設之球所容

十二面體之每邊無比例為斷線者蓋午辰既為寅辰中末線之大分則寅辰與辰午比若辰午與午寅比而二前率可倍之凡兩分之比例與兩倍分之比例等故也五卷十五 故寅卯與午未比若午未與寅午未卯和比惟午辰大於寅午則午未亦大於寅午未卯和故寅卯分為中末線午未為大分惟午未等於酉亥故酉亥亦為寅卯中末線之大分球徑既為有比例線其正方三倍於六面體一邊之正方本卷十五 則六面體之一邊寅卯亦為有比例線十一卷界說六 凡有比例線分為中末線其兩分各無比例為斷線本卷六 故十二面體之一邊無比例為

斷線

系凡六面體之一邊分為中末線其大分為同球所容十二面體之一邊

第十八題

球內求作五體各一邊且顯其比例諸率

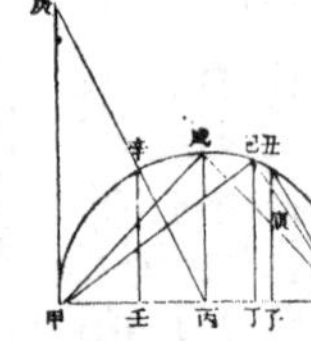

法曰置球徑甲乙平分於丙點又分於丁點令甲丁倍於丁乙次作甲戊乙半圓從丙丁二點作丙戊丁己與甲乙成直角次作甲己己乙二線甲丁既倍於丁乙則甲乙三倍於丁乙轉理甲乙與甲丁比若三

與二比惟甲乙與甲丁比若甲乙與甲己之二正方比（六卷二十）因甲己乙與甲丁己二三角形等角故也（六卷八）故甲乙與甲己之二正方比若三與二比凡球徑之正方與四面體一邊之正方比若三與二比（本卷十三）故甲己為四面體之一邊

又甲丁既倍於丁乙則甲乙三倍於丁乙而甲乙與丁乙比若甲乙與己乙之二正方比（六卷八又二十）故甲乙之正方三倍己乙之正方凡球徑之正方三倍六面體一邊之正方（本卷十五）而甲乙為球徑故己乙為六面體之一邊

又甲丙既等於丙乙則甲乙倍於丙乙惟甲乙與丙乙比若甲乙與乙戊之二正方比故甲乙之正方倍於乙戊之正方凡球徑之正方倍於八面體一邊之正方（本卷十四）而甲乙為球徑故乙戊為八面體之一邊

又從甲點作甲庚線令與甲乙等且與甲乙成直角次作庚丙線次從辛點作辛壬為甲乙之垂線甲庚倍於甲丙因等於甲乙故也而甲庚與甲丙比若辛壬與壬丙比（六卷四）故辛壬倍於壬丙而辛壬之正方四倍壬丙之正方（六卷二十）則辛壬壬丙之二正方和即辛丙之正方（一卷四十七）五倍壬丙之正方而辛丙等於丙乙故丙乙之正方五倍壬丙之正方又甲乙既倍於丙乙而甲乙丙之甲丁倍於丙乙內之丁乙則餘丁乙倍於餘丁丙所以丙乙三倍於丁丙故丙乙之正方九倍丁丙之正方（六卷二十）而丙乙之正方五倍壬丙之正方（本論）故壬丙之正方大於丁丙之正方而壬丙大於丁丙取丙子等於壬丙則壬子等於辛壬因辛壬倍於壬丙故也（本論）從子點作子丑與甲乙成直角次作丑乙線丙乙之正方既五倍壬丙之正方而甲乙倍於丙乙壬子倍於丙壬故甲乙之正方五倍壬子之正方凡球徑之正方五倍容二十面體上五邊形平圓半徑之正方（本卷十六題系）而甲乙為球徑故壬子為平圓半徑即圓內六邊形之一邊又球之徑線為本圓內六邊形一邊十邊形二邊之和（本卷十六題系）而甲乙為球徑壬子為六邊形之一邊甲壬等於子乙則甲壬子乙俱為容二十面體上五邊形平圓所容十邊形之一邊子乙既為十邊形之一邊而丑子為六邊形之一邊因丑子與辛壬距心等即等於辛壬（三卷十四）而辛壬壬子各倍於壬丙則亦等於壬子故也（本論）故丑乙為平圓內五邊形之一邊（本卷十）平圓內五邊形之一邊即球內二十面體之一邊（本卷十六）故丑乙為二十面體之一邊

又己乙既為六面體之一邊於寅點分為中末線寅乙

為大分則寅乙為十二面體之一邊本卷十七題系球徑之正方與四面體一邊甲己之正方比若三與二比本論而倍於八面體一邊乙戊之正方三倍於六面體一邊己乙之正方其比例率球徑方六四面體邊方四八面體邊方三六面體邊方二是以四面體邊方為八面體邊方三分之四而倍於六面體邊方八面體邊方為六面體邊方二分之三故此三體相與成重比例而其外十二面二十面兩體與前三體及相與俱不能成重比例因皆無比例且二十面體邊為少線本卷十六十二面體邊為斷線故也本卷十七

今顯二十面體邊丑乙大於十二面體邊寅乙

論曰己丁乙與甲己乙為等角三角形六卷八故乙丁與乙己比若乙己與乙甲比六卷四凡三線成連比例率則一率與三率比若一率之正方與二率之正方比六卷二十題系故乙丁與乙甲比若乙丁與乙己之二正方比反理乙甲與乙丁比若乙己與乙丁之二正方比五卷四題系惟乙甲三倍於乙丁故乙己之正方三倍乙丁之正方而甲丁之正方四倍乙丁之正方因甲丁倍於乙丁故也故甲丁之正方大於乙己之正方而甲丁大於乙己所以甲子甚大於乙己而甲子於壬點分為中末線壬子

為大分本卷九因壬子為平圓內六邊形之一邊而壬甲為十邊形之一邊故也本論乙己於寅點分為中末線寅乙為大分故壬子大於寅乙惟壬子與子丑等故子丑亦大於寅乙而丑乙大於子丑則甚大於寅乙一卷十九故二十面體之一邊丑乙大於十二面體之一邊寅乙

再顯丑乙大於寅乙甲丁既倍於丁乙則甲乙三倍於丁乙惟甲乙與丁乙比若甲乙與乙己之二正方比因甲乙己與己乙丁為等角三角形故也六卷八故甲乙之正方三倍乙己之正方惟甲乙之正方五倍壬子之正方故五倍壬子之正方等於三倍乙己之正方而三倍

乙己之正方大於六倍寅乙之正方後例故五倍壬子之正方大於六倍寅乙之正方所以壬子之正方大於寅乙之正方而壬子大於寅乙惟壬子等於子丑故子丑亦大於寅乙而丑乙甚大於寅乙

例三倍乙己之正方大於六倍寅乙之正方

論曰寅乙既大於己寅則寅乙乙己之矩形大於乙己己寅之矩形故寅乙乙己之矩形加乙己己寅之矩形大於倍乙己己寅之矩形惟寅乙乙己之矩形加乙己己寅之矩形為己乙之正方而乙己己寅之矩形等於寅乙之正方因乙己於寅點分為中末線初末二率之

矩形等於中率之正方故也〔六卷十七〕故己乙之正方大於倍寅乙之正方所以三倍己乙之正方大於六倍寅乙之正方

案五體之外不能更有等面等邊等角之體

凡二平面不能成體角〔十一卷界說十一〕故四面體之角爲三三角形所成八面體之角爲四三角形所成二十面體之角爲五三角形所成而六箇等邊三角形不能成體角蓋等邊三角形之一角爲直角三分之二〔一卷三十二〕則六角等於四直角故不能成體角凡成體角之諸面角和必小於四直角故也〔十一卷二十一〕而多於等邊三角形之六角更不能成體角理自明又六面體之角爲三方面所成而四方面即四直角不能成體角十二面體之角爲三箇等角五邊形所成而四箇等角五邊形不能成體角蓋等角五邊形之一角爲一直角加直角五分之一〔後例〕則四箇角大於四直角故不能成體角也又體角不能於三邊四邊五邊之外更用他等邊形合成因皆於理不合故也故五體之外更無等邊等角等面之體

例等角五邊形之一角爲一直角加直角五分之一如甲乙丙丁戊爲外切圓等角五邊形己爲圜心作己甲己乙己丙己丁己戊五線各平分五邊形之五角〔四卷十四〕己點上五角和既等於四直角而五角俱相等則任取一角如甲己乙爲一直角少直角五分之一故己甲乙甲乙己二角之和爲一直角加直角五分之一〔一卷三十二〕惟己甲乙與己乙丙二角等故五邊形之全角甲乙丙爲一直角加直角五分之一

幾何原本第十四卷論體四

英國 偉烈亞力 口譯
海甯 李 善 蘭 筆受

此下二卷乃後人所續或言出亞力山太地名虛西格里手卷首列書一通有復以僕所撰者寄呈左右云云而書不署名究不知是虛西氏否也

與薄大古書

某啟推羅白西里第在亞力山太時與家君時相會語講明算學家君甚愛其明悟一日相與論亞波羅泥所著同球容十二面二十面二體較義尚未盡善家君嘗與白西里第改定其例其後僕得亞波羅泥別本論此理甚精微與昔見本不同讀之不覺狂喜此本今已不啻家有其書矣然因閣下與家君及僕累世交好故敢復以僕所撰者寄呈左右閣下於此事稱最精伏祈詳加檢閱誨我不逮幸甚

第一題

從圜心至本圜所容正五邊形之一邊作垂線此線爲本圜所容六邊形十邊形各一邊之半和

解曰甲乙丙平圜乙丙爲本圜所容正五邊形之一邊丁爲圜心作丁戊爲乙丙之垂線引長丁戊至己題言丁戊爲本圜所容六邊形十邊形兩邊和之半

論曰作丁丙丙己二線取庚戊等於戊己從庚點作庚丙線圜周旣五倍乙己丙圜分而甲丙己爲半周丙己爲乙己丙圜分之半則甲丙己半周五倍丙己圜分故甲丙圜分四倍丙己圜分惟甲丙與己丙二圜分比若甲丁丙與己丁丙二角比六卷三十三故甲丁丙角四倍己丁丙角惟甲丁丙角倍戊己丙角三卷二十故戊己丙角倍庚丁丙角卽己丁丙而戊己丙與戊庚丙二角等一卷四故戊庚丙角倍庚丁丙角而丁庚與庚丙等一卷六又三十二又庚丙與己丙等一卷四故丁庚與己丙等而庚戊與戊己亦等本論故丁戊與戊己己丙二線之和等而丁己己丙二線之和倍於丁戊惟丁己等於六邊形之一邊己丙爲十邊形之一邊四卷十四故丁戊爲同圜內六邊形及十邊形各一邊之半和

系準十三卷十二十三二題顯從圜心至本圜所容三角形之一邊作垂線必爲半徑之半

第二題

同球所容十二面體之五邊形與二十面體之三角形爲同圜所容

此題之理在亞理梯五體論中又見亞波羅泥所著同球容十二面二十面二體較義中如所云十二面二十面二體總面之比若二體積之比是也葢從球心作線至十二面體之五邊形心等於球心作線至二十面體之三角面心故也今欲明同球十二面體之五邊形與二十面體之三角形爲同圓所容先作一例明之

例圓內五等邊形以形之二邊爲三角形之二腰而作底邊則一邊之正方加底邊之正方五倍圓半徑之正方

解曰甲乙丙圓甲丙爲所容五邊形之一邊丁爲圓心作丁己爲甲丙之垂線引長之至乙至戊又作甲乙聯線例言乙甲甲丙之二正方和五倍丁戊之正方

論曰作甲戊線爲十邊形之一邊乙戊既倍於戊丁則乙戊之正方四倍戊丁之正方(六卷二十題系)惟乙甲甲戊之二正方和等於乙戊之正方故乙甲甲戊之二正方和四倍戊丁之正方則乙甲甲戊戊丁之三正方和五倍戊丁之正方惟甲戊戊丁之二正方和等於甲丙之正方(十三卷十)故乙甲甲丙之二正方和五倍戊丁之正方如例既有確証乃可明同球十二面體之五邊形二十面體之三角形爲同圓所容之理

解曰甲乙爲球之徑線於球內作十二面體二十面體丙丁戊己庚爲十二面體之五邊形壬子辛爲二十面體之三角形題言此五邊形三角形爲同平圓所容

論曰作丁庚線爲六面體之一邊(十三卷八又十七)另作丑寅線令甲乙之正方五倍丑寅之正方惟球徑之正方五倍本球所容二十面體上容五邊形平圓半徑之正方(十三卷十六題系)故丑寅爲圓半徑於卯點分丑寅爲中末線(六卷三十)丑卯爲大分則丑卯爲十邊形之一邊(十三卷五又九)又乙甲之正方既五倍丑寅之正方亦三倍丁庚之正方(十三卷十五)則三倍丁庚之正方等於五倍丑寅之正方惟三倍丁庚之正方與五倍丑寅之正方比若三倍丙庚之正方與五倍丑卯之正方比(十三卷八本卷七)故三倍丙庚之正方等於五倍丑卯之正方惟五倍壬子之正方等於五倍丑寅之正方加五倍丑卯之正方(九卷五十三卷十)因壬子卽二十面體上五等邊形之一邊故也故五倍壬子之正方等於三倍丁庚之正方加三倍丙庚之正方惟三倍丁庚丙庚之二正方和十五倍容丙丁戊己庚

五邊形圓半徑之正方因丁庚丙庚之二正方和五倍容丙丁戊己庚五邊形圓半徑之正方故也本例而五倍壬子之正方等於十五倍容壬子辛三角形圓半徑之正方因壬子之正方三倍容壬子辛三角形圓半徑之正方故也十三卷十二則彼此十五倍圓半徑之正方相等故二徑線必等是以同球所容十二面體之五邊形二十面體之三角形爲同平圓所容

第三題

容十二面體五邊形之平圓從圓心任至一邊作垂線則三十倍一邊與垂線之矩形等於十二面體諸面之和

解曰甲乙丙丁戊爲十二面體之五邊形作外切平圓己爲圓心作己庚爲丙丁邊之垂線題言三十倍丙丁己庚之矩形等於十二倍甲乙丙丁戊五等邊形卽本體諸面之和

論曰作丙己己丁二線則丙丁己庚之矩形倍於丙丁己三角形故五箇丙丁己庚之矩形等於十箇丙丁己三角形一卷四十一惟十箇三角形成兩箇五邊形各六倍之則三十箇丙丁己庚之矩形等於十二箇五邊形而十二箇五邊形卽十二面體之諸面故三十倍丙丁己庚之矩形等於十二面體之諸面

更論曰作甲乙丙等邊三角形之外切平圓丁爲圓心作丁戊垂線則三十倍乙丙丁戊之矩形等於二十面體之總面蓋乙丙丁戊之矩形倍於丁乙丙三角形故兩箇丁乙丙三角形等於乙丙丁戊之矩形一卷四十一各三倍之則六箇丁乙丙三角形等於三箇乙丙丁戊之矩形惟六箇丁乙丙三角形等於兩箇甲乙丙三角形各十倍之則三十箇乙丙丁戊之矩形等於二十箇甲乙丙三角形卽二十面體之總面故十二面體之總面與二十面體之總面比若丙丁己庚與乙丙丁戊之二矩形比

系十二面二十面二體之總面比若五邊形一邊及從心至邊垂線之矩形與二十面體一邊及從心至邊垂線之矩形比亦卽十二面二十面之二體積比

第四題

同球所容十二面體之總面與二十面體之總面比若六面體之一邊與二十面體之一邊比

解曰甲乙丙丁爲容同球十二面體五邊形二十面體三角形之平圓本卷二其丙作丙丁爲三角形之一邊作甲丙爲五邊形之一邊戊爲圓心戊己爲丁丙之垂線戊庚爲

丙甲之垂線，引長戊庚至乙，作乙丙線，另以辛為本球所容六面體之一邊，題言十二面體之總面與二十面體之總面比若辛與丙丁比，

論曰，戊乙乙丙和既分為中末線，乙戊為大分，戊庚為戊乙乙丙和之半，本卷一 戊己為乙戊之半，則戊庚分為中末線，戊己為大分，辛線分為中末線，丙甲為大分，十三卷十七題系 故辛與丙甲比若戊庚與戊己比，本卷七 所以辛及戊己之矩形等於丙甲戊庚之矩形，六卷十六 又辛與丙丁比若辛及戊己之矩形與丙丁戊己之矩形比，六卷一 丙甲戊庚之矩形既等於辛及戊己之矩形，則辛與丙丁比若丙甲戊庚之矩形與丙丁戊己之矩形比，即十二面體之總面與二十面體之總面比若辛與丙丁比，本卷三題系

又顯十二面體與二十面體之二總面比若六面與二十面二體之邊比，先以一例明之，

例設甲乙戊丙圓內作甲乙甲丙五等邊形之二邊，又作乙丙線，丁為圓心，作甲丁線，引長之至戊，取丁己為甲丁之半，取丙辛為丙庚三分之一，則甲己乙辛之矩形等於五邊形之面積，

論曰，作乙丁線，甲丁既倍於丁己，則甲己為甲丁二分之三，丙庚既三倍於丙辛，則庚辛倍於辛丙，故丙庚為庚辛二分之三，所以甲己與甲丁比若丙庚與庚辛比，而甲己庚辛之矩形等於甲丁丙庚之矩形，六卷十六 惟丙庚等於乙庚，故甲丁乙庚之矩形等於甲己庚辛之矩形，惟甲丁乙庚之矩形，倍於甲乙丁三角形，一卷四十一 故甲己庚辛之矩形倍於甲乙丁三角形，所以五倍甲己庚辛之矩形為十箇甲乙丁三角形，惟十箇甲乙丁三角形為兩箇五邊形，故五倍甲己庚辛之矩形等於兩箇五邊形，而庚辛倍於辛丙，則甲己庚辛之矩形倍於甲己辛丙之矩形，故兩箇甲己辛丙之矩形等於甲己庚辛之矩形，故十倍甲己辛丙之矩形等於五倍甲己庚辛之矩形，即等於兩箇五邊形，所以五倍甲己辛丙之矩形等於一箇五邊形，惟五倍甲己辛丙之矩形等於甲己辛乙之矩形，因辛乙五倍辛丙，而甲己為二形之公邊故也，故甲己乙辛之矩形等於一箇五邊形，

又論曰，置容同球內十二面體五邊形二十面體三角形之甲乙丙圓，其內作乙甲甲丙五等邊形之二邊，次作乙丙線，戊為圓心，作甲戊線引長之至己，取戊庚為甲戊之半，取丙辛為壬

丙三分之一過庚點作丁丑線與甲己成直角則丁丑爲等邊三角形之一邊而甲丁丑爲等邊三角形本卷一題系甲庚辛乙之矩形既等於五邊形本題例而甲庚庚丁之矩形等於甲丁丑三角形十一卷四則甲庚辛乙之矩形與甲庚庚丁之矩形比若五邊形與三角形比惟甲庚辛乙之矩形與甲庚庚丁之矩形比若乙辛與丁庚比六卷一故十二倍辛乙與二十倍丁庚比若十二倍五邊形與二十倍三角形比即十二面體之總面與二十面體之總面比惟十二倍乙辛等於十倍乙丙因乙辛五倍於辛丙而乙丙六倍辛丙故也又二十倍丁庚等於十倍丁丑因丁丑倍丁庚故也故十倍乙丙與十倍丁丑比即乙丙與丁丑比若十二面體總面與二十面體總面比而乙丙爲六面體之一邊十三卷八又十七丁丑爲二十面體之一邊故十二面體之總面與二十面體之總面比若六面體之一邊與二十面體之一邊比

第五題

大小二正方大正方等於中末全線及大分之二正方和小正方等於中末全線及小分之二正方和則大小正方之二邊比若同球所容六面體二十面體之二邊比

論曰置容同球內十二面體五邊形二十面體三角形

之甲乙平圓本卷二丙爲圓心從心至周任作丙乙線於丁點分爲中末線丙丁爲大分則丙丁爲圓內十邊形之一邊十三卷五又九置本球所容二十面體之邊戊十二面體之邊己六面體之邊庚十三卷十八則戊爲本圓內等邊三角形之邊己爲本圓內五邊形之邊而己爲庚之大分十三卷十七題系戊既爲等邊三角形之邊則戊之正方三倍乙丙之正方十三卷十二又乙丙乙丁之二正方和三倍丙丁之正方十三卷四屬理戊之正方與乙丙丙丁之二正方和比若乙丙與丙丁之二正方比惟乙丙與丙丁之二正方比若庚與己之二正方比本卷七蓋己爲庚之大分故也十三卷十七故戊之正方與乙丙乙丁之二正方和比若庚與己之二正方比以屬理反理推之庚與戊之二正方比若己之正方與乙丙乙丁之二正方和比惟乙丙丙丁之二正方和等於己之正方因五邊形一邊之正方等於同圓所容六邊形十邊形二邊之正方和故也十三卷十故庚與戊之二正方比若乙丙丙丁之二正方和與乙丙乙丁之二正方和比惟乙丙丙丁之二正方和與乙丙乙丁之二正方和比即中末全線及大分之二正方和與全線及小分之二正

方和比。本卷七 故庚與戊之二正方比若中末全線及大分之二正方和與全線及小分之二正方和比而庚爲六面體之一邊戊爲二十面體之一邊是以大正方等中末全線及大分之二正方和小正方等全線及小分之二正方和則大小二正方之邊比若同球所容六面體二十面體之邊比

第六題

同球所容六面體之一邊與二十面體之一邊比若十二面體與二十面體比

論曰同球所容十二面體之五邊形及二十面體之三角形既爲同平圓所容本卷二 凡切球界相等之平圓距球心之線必等因從球心至平圓之垂線必等皆在平圓心故也故從球心至平圓所容十二面體之五邊形及二十面體之三角形二面之垂線皆爲圓面之垂線所以十二面體之五邊形二十面體之三角形爲二底面球心爲頂點之二錐體等高凡等高之錐體比若其底面比十二卷五又六 故五邊形與三角形之二面比若十二面體二十面體之各一面爲底球心爲頂點之二錐體比所以十二箇五邊形與二十箇三角形比若十二箇五邊底與二十箇三角底之等高錐體比惟十二箇五邊形爲十二面體之總面二十箇三角形爲二十面體之總面故十二面體與二十面體之二總面比若十二箇五邊底與二十箇三角底之錐體比而十二箇五邊底之錐體即十二面體二十箇三角底之錐體即二十面體所以十二面與二十面二體之總面比若十二面與二十面之二體積比惟十二面與二十面之二總面比若六面與二十面二體之邊比本卷四 是以六面與二十面二體之各一邊比若十二面與二十面之二體積比

第七題

二線俱分爲中末線則二全線與二大分同比例

解曰甲乙於丙點分爲中末線甲丙爲大分丁戊於己點分爲中末線丁己爲大分題言甲乙全線與大分甲丙比若丁戊全線與大分丁己比

甲　丙　乙

丁　己　戊

論曰甲乙乙丙之矩形既等於甲丙之正方丁戊戊己之矩形亦等於丁己之正方六卷十七 則甲乙乙丙之矩形與甲丙之正方比若丁戊戊己之矩形與丁己之正方比所以四倍甲乙乙丙之矩形與甲丙之正方比若四倍丁戊戊己之矩形與丁己之正方比五卷十五 合理四倍

甲乙丙之矩形加甲丙之正方與甲丙之正方比若四倍丁戊戊己之矩形加丁己之正方與丁己之正方比故甲乙丙和之正方與甲丙之正方比若丁戊戊己和之正方與丁己之正方比二卷八所以甲乙乙丙二線和與甲丙比若丁戊戊己二線和與丁己比六卷二十二合理甲乙乙丙二線和加甲丙與甲丙比卽倍甲乙與甲丙比若丁戊戊己二線和加丁己與丁己比卽倍丁戊與丁己比半其二前率則甲乙與甲丙比若丁戊與丁己比也

系凡線分爲中末線則等全線及大分之二正方和與等全線及小分之二正方和二正方之邊比若同球六面體與二十面體之二邊比本卷五而同球六面體與二十面體之二邊比若同球十二面與二十面之二體積比本卷六又同球十二面與二十面二體之總面比若十二面與二十面之二體積比因十二面體之五邊形二十面體之三角形爲同平圓所容故也則同球十二面與二十面之二總面比亦若等全線及大分之二正方和與等全線及小分之二正方和二正方之邊比

幾何原本第十五卷論體五

英國　偉烈亞力　口譯

海甯　李善蘭　筆受

第一題

有正六面體求所容之正四面體

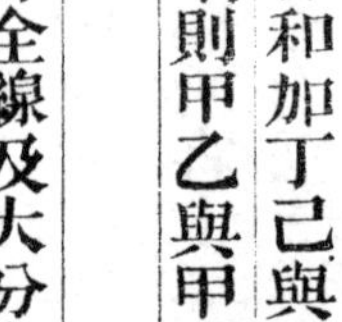

法曰甲乙丙丁戊己庚辛爲正六面體求所容之正四面體作甲丙甲戊丙戊甲辛戊辛丙辛六線則甲戊丙甲辛戊甲辛丙丙辛戊四三角形俱等邊因其諸邊俱爲六面體諸面之對角線故也故甲戊丙辛爲正六面體所容之正四面體十一卷界說二十六

第二題

有正四面體求所容正八面體

法曰甲乙丙丁爲正四面體於戊己庚辛壬子六點平分其諸邊作辛壬辛子戊己己庚等十二聯線甲丙倍於辛壬亦倍於庚己故辛壬與庚己平行而相等又庚辛與己壬亦平行而相等理同故辛壬己庚爲等邊形亦必爲直角形若作甲子丙子二線則丁乙必爲甲子丙面之垂線因甲子丙子爲丁乙之垂線故也而辛壬庚

己與甲丙平行庚辛己壬與丁乙平行故辛壬己庚爲正方形而其邊上子辛壬子壬己子己庚子庚辛戊辛壬戊壬己戊己庚戊庚辛八三角形俱等邊因其邊俱爲正四面體各邊之半故也即成正八面體

第三題

有正六面體求所容正八面體

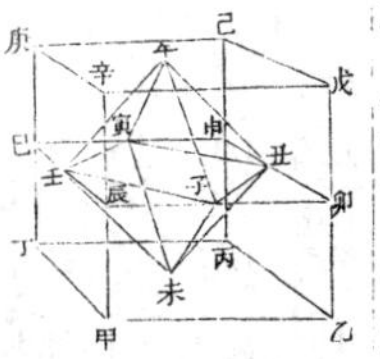

法曰甲乙丙丁戊己庚辛爲正六面體取甲戊戊丙丙庚庚甲四面之心點子丑寅壬作壬子子丑丑寅寅壬四線則壬子丑寅必爲正方形試過壬子丑寅四點作巳

辰辰卯卯申申巳四線與丁甲甲乙乙丙丙丁四線平行則巳辰倍於辰壬卯辰倍於辰子而巳辰與辰卯等故辰壬與辰子亦等而壬子之正方倍於辰子之正方一卷四十七又丑子之正方倍於子卯之正方故壬子與子丑之二正方等壬子與子丑等所以壬子丑寅爲等邊形亦爲直角形又取戊庚乙丁二面之心點午未作午壬午子午丑午寅未壬未子未丑未寅即成八面體之八三角形八三角形俱等邊其理自明

第四題

有正八面體求所容正六面體

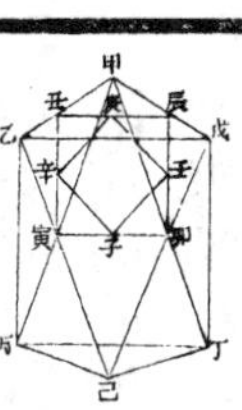

法曰取甲乙丙甲丙丁甲乙戊甲丁戊四三角形形外切圓之心辛子庚壬四點四卷五作庚辛庚壬壬子子辛四聯線則庚辛子壬必爲正方形試過庚辛子壬四點作辰丑丑寅寅卯卯辰四線與戊乙乙丙丙丁丁戊四線平行甲乙丙三角形既等邊則從甲點至甲乙丙三角形形外切圓之心辛作線必平分甲乙丙三角形之甲角故寅辛與丑辛等一卷四又丑庚與庚辰等理同惟丑寅等於丑辰丑辰等於辰卯則寅辛等於丑庚辛丑等於庚辰丑庚等於辰壬又辛丑庚庚辰壬皆爲直角故庚辛與庚壬

等一卷四餘線亦俱相等理同故庚辛子壬爲平行邊形而同在一平面內十一卷七又丑庚辛辰庚壬二角俱爲半直角故外角辛庚壬必爲直角一卷十三其餘三角俱爲直角理同故庚辛子壬爲正方形乃如前取諸三角形之心點作諸聯線又成五面俱爲正方形即求得正八面體所容正六面體

第五題

有正二十面體求所容正十二面體

法曰截二十面體上五邊形爲底面與五箇三角面合成一體角之錐體甲乙丙丁戊己取戊己甲甲己乙乙

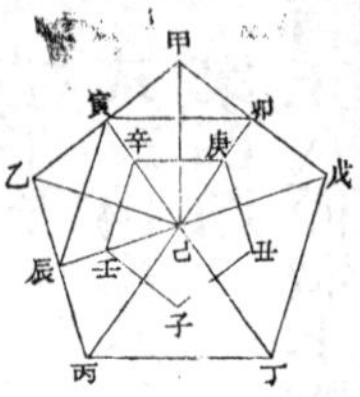

己丙丙己丁丁己戊五三角形之心辛壬子丑庚五點（四卷五）作庚辛辛壬壬子子丑丑庚五聯線次作己庚己辛己壬三線引長之至卯寅辰三點平分戊甲甲乙乙丙三線次作卯寅寅辰二聯線此二聯線必等而卯寅與寅辰比若庚辛與辛壬比（六卷四）所以庚辛與辛壬等庚辛壬子丑五邊形之諸邊俱等理同又此五邊形亦等角葢卯寅寅辰二線與庚辛辛壬二線平行必等角則餘角俱等理自明又若從己點作甲乙丙丁戊五邊形之垂線乃從寅點至垂線之遇點作線從辛

點作平行線則必遇其垂線而辛點之平行線與垂線成直角又若從卯辰二點至甲乙丙丁戊之心作二線又從辛線遇垂線之點至庚壬二點作二線亦必與垂線成直角理自明所以庚辛壬子丑在同面內如法作十二箇五邊形即得所容十二面體

第六題

求五體之諸邊諸角

問二十面體有幾邊答曰二十面體以二十箇三角形為界每三角形有三邊故置二十箇三角形以三邊乘之得六十半之得三十即二十面體之諸邊也十二面體之邊數同葢十二面體以十二箇五邊形為界每形有五邊故以十二乘五得六十半之亦得三十也問何故半之曰體之每邊為二形之公邊故也求四面體六面體八面體之邊法俱同

問求五體之角其法若何荅曰倍前諸體之邊數以每體體角之面數約之如二十面體體角為五面所成則以五約六十故二十面體得十二角十二面體體角為三面所成則以三約六十故十二面體得二十角求餘體之角法同

第七題

求五體之面倚度

論曰置五體各求其每二面相交之倚度此法西士伊雪陶所創其言曰六面體每二面相交之倚度為直角理易明四面體以等邊三角形一邊之二界點為二心各以從角至對邊之垂線（即中垂線）為半徑旋規作二短弧相交從交點至二心各作聯線二聯線所成角即倚度也八面體於三角形一邊上作正方以方形對角線之二界點為二心各以三角形之中垂線為半徑作二短弧相交從交點至心作二線二線所成角以減半周其外角即倚度也二十面體於三角形一邊上作正五邊

形以五邊形之二邊爲三角形之二腰以底邊之二界各爲心仍以本面之中垂線爲半徑作二短弧相交從交點至二心作二聯線所成之角以減半周其外角即倚度也十二面取一五邊形以二邊爲三角形之二腰作底邊以底邊之二界各爲心乃於與底邊平行之邊上任取一點至底邊作垂線用爲半徑作二短弧相交從交點至二心作二線所成之角減二直角即倚度也伊氏所言止此別無發明蓋謂人易明也余謂不可不顯其理令讀者無疑因逐條論之如左

四面體論曰甲乙丙丁爲四面體以四箇等邊三角形

爲界甲乙丙爲底面丁爲頂點平分甲丁邊於戊作乙戊戊丙二線甲丁乙甲丁丙既爲兩箇等邊三角形甲丁又平分於戊則乙戊戊丙爲甲丁之二垂線一卷八而乙戊丙必爲銳角蓋甲丙既倍於甲戊則甲丙之正方四倍甲戊之正方惟甲丙之正方等於甲戊戊丙之二正方和一卷四十七故甲丙與丙戊之二正方比若四與三比丙戊等於戊乙甲丙等於乙丙故乙丙之正方小於乙戊戊丙之二正方和所以乙戊丙爲銳角二卷十三甲丁既爲甲乙丁甲丁丙二面之公邊而二面內乙戊戊丙二線與公邊各成直角

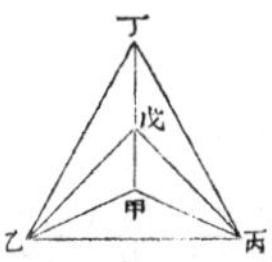

則乙戊丙角爲二面之倚度十一卷界說六其理甚明蓋已有三角形之一邊乙丙亦有從角至對邊之二垂線戊乙戊丙故以乙丙二界點各爲心以三角形之對角垂線爲半徑則二短弧必相交於戊從戊點至乙丙各作線成二面之倚度與伊氏說合因乙戊戊丙各大於乙丙之半故也若從乙丙二心各以乙丙之半爲半徑則二圜必相切若小於乙丙之半則不相切安得相交而大於乙丙之半則必相交觀此而四面體之理自明

八面體論曰甲乙丙丁方形上作錐體以戊爲頂點旁面俱爲等邊三角形此甲乙丙丁戊錐體爲八面體之

半平分三角形之一邊甲戊於己作乙己己丁己二線此二線必相等而皆爲甲戊之垂線則乙己丁必爲鈍角試作乙丁對角線甲丙既爲正方形而乙丁爲對角線則乙丁之正方倍於丁甲之正方惟丁甲與丁己之二正方比若四與三比故乙丁與丁己之二正方比若八與三比而丁己等於己乙故乙丁之正方大於乙己己丁之二正方和所以乙己丁爲鈍角二卷十二甲戊既爲甲乙戊甲丁戊二面之公邊二面內成鈍角之線乙己己丁皆與公邊成直角故乙己丁角減於半周其外角爲甲乙戊甲丁戊二面之

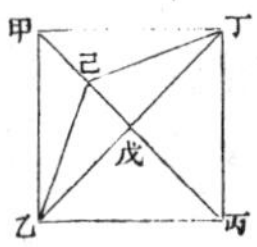

倚度十一卷界說六故得乙己丁角即得倚度而既有八面體上三角形之一邊甲丁即得甲乙丙丁正方形及乙丁對角線又得乙己己丁二三角形之中垂線則亦得乙己丁角所以三角形之一邊上作甲丙方形又作乙丁線以乙丁二點各為心以三角形之中垂線為半徑則二圓必相交於己從己點至乙丁各作線成乙己丁角以減半周則其外角為二面之倚度乙己己丁各大於乙丁之半因乙丁與丁己之二正方比若八與三比故二圓必相交乙丁之正方四倍於半乙丁之正方六卷二十故乙己己丁各大於半乙丁也

二十面體論曰甲乙丙丁戊五等邊形其上作錐體己為頂點各傍面俱為等邊三角形則甲乙丙丁戊己錐體為二十面體之一分平分三角形之一邊己丙於庚作乙庚庚丁相等二線皆為己丙之垂線則乙庚丁必為鈍角蓋乙丁為乙丙丁鈍角之對邊而乙庚庚丁二邊小於乙丙丙丁二邊則乙庚丁角更大於乙丙丁角故必為鈍角一卷廿一以乙庚丁角減半周其外角為乙己丙丙己丁二面相交之倚度故得乙庚丁角即得二十面體之倚度而既有二十面體三角形一邊上之五邊形及五邊形二邊之底乙丁及三角形之二垂線乙庚庚丁則亦得乙庚丁角故以乙丁二點各為心以三角形之垂線為半徑則二圓必相交於庚自庚點至乙丁各作線乃以庚角度減二直角其外角為倚度因乙庚庚丁二線各大於乙丁之半其理易明試作辛壬子等邊三角形壬子上作壬丑寅卯子五邊形作丑子聯線又作三角形之垂線辛辰辛辰必大於聯線丑子之半試從壬作壬巳為子丑之垂線壬子巳角既大於直角三分之一即大於壬辛辰角又作子午線令巳子午角等於壬辛辰角則巳子為等邊三角形之垂線其一邊為午子所以午子與子巳之二正方比若四與三比惟壬子大於午子一卷廿一故壬子與子巳之二正方比大於四與三比而壬子與辛辰之二正方比若四與三比故壬子與子巳比大於壬子與辛辰比所以辛辰大於子巳五卷十

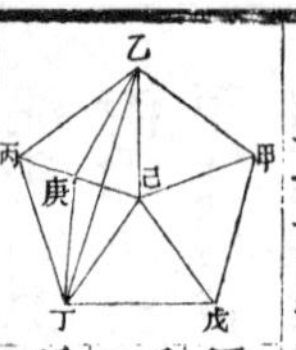

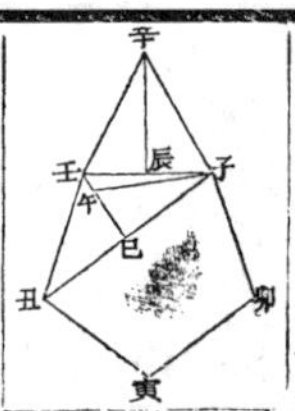

十二面體論曰甲乙丙丁為十二面體所容六面體之一面十三卷十七甲戊乙己庚庚丁辛丙己為十二面體之二面則甲乙丁丙為甲乙戊丁丙辛二三角形之底邊平分己庚於壬從壬點於二面內作壬子壬丑為二底邊之垂線亦

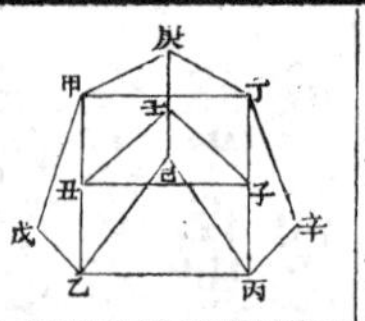

與己庚戍直角，次作丑子線，則丑壬子爲鈍角。葢十二面體之理從壬點作甲乙丙丁方形之垂線等於五邊形一邊之半，十三卷十七則必小於丑子之半，故丑壬子爲鈍角。又壬子之正方等於六面體半邊之正方加垂線之正方，而壬子與壬丑相等，則各大於丑子之半，十三卷十七故以丑壬子角減二直角，其外角爲倚度。甲乙丙丁方形之一邊既爲五邊形二邊之底邊，而有五邊形即得丑子，亦得丑壬壬子二線，因即爲甲乙底邊及己庚邊之垂線故也。所以伊氏謂五邊內必作二邊之底邊等於六面體之邊，底邊二界各爲心，從平行於底邊之邊作底邊之垂線爲半徑，如壬子、壬丑作二圜界必相交，從交點至二心各作線，所成角減於二直角，其外角爲二面之倚度，其說甚精也。壬子壬丑二垂線各大於丑子之半，理見前。

南滙張文虎覆校